Detlef Busche · Jürgen Kempf · Ingrid Stengel

Landschaftsformen der Erde

Detlef Busche · Jürgen Kempf · Ingrid Stengel

Landschaftsformen der Erde

Bildatlas der Geomorphologie

Wissenschaftliche Buchgesellschaft

Das Werk ist in allen seinen Teilen urheberrechtlich geschützt.
Jede Verwertung ist ohne Zustimmung des Verlags unzulässig.
Das gilt insbesondere für Vervielfältigungen, Übersetzungen,
Mikroverfilmungen und die Einspeicherung in und Verarbeitung
durch elektronische Systeme.

© 2005 by Wissenschaftliche Buchgesellschaft, Darmstadt
Die Herausgabe des Werkes wurde durch die Vereinsmitglieder
der WBG ermöglicht.
Unterstützt durch

VICTORINOX

Redaktion: Gerd Hintermaier-Erhard
Satz: Lohse Design, Büttelborn
Umschlaggestaltung: Peter Lohse, Büttelborn
Umschlagbild: Tropischer Turmkarst in Südchina, Foto: Johannes Müller
Gedruckt auf säurefreiem und alterungsbeständigem Papier
Printed in Germany

www.wbg-darmstadt.de

ISBN 3-534-17220-5

Inhaltsverzeichnis

Vorwort 8

1. Einleitung 11

2. Plattentektonik 32

Rifting 32
Vulkanismus 33

3. Vulkanismus 34

Vulkantypen 34
Caldera 35
Rezenter Vulkankomplex 36
Pseudokrater 37
Hydrothermaler Zersatz,
 Staukuppen 38
Hydrothermale Sinterbildung 39
Hydrothermale Kalksinterausfällung,
 Schlammkrater 40

4. Verwitterung 41

Gesteinssprengung 41
Desquamation, Abschuppung 42
Abris, Tafoni 43
Kluftnachzeichnung,
 Wabenverwitterung 44

5. Karst 45

Lösungskleinformen 45
Kluftkarren 46
Gipskarst 47
Küstenkarst, Bioerosion 48
Einsturzdoline 49
Dolinenebene 50
Lösungsdolinen 51
Trockental, Hungerbrunnen,
 Ponor 52
Polje 53
Kalksinter-Barriere 54
Quellsinter 55
Turmkarst 56
Turmkarst (Mogotes) 57

Kegelkarst, Cockpitkarst 58
Paläo-Cockpitkarst, Tropfsteine 59
Kuppenalb, Paläo-Turmkarst 60
Salzkarst 61
Granitlösungsformen 63
Sandsteinkarst 64

**6. Chemische
 Intensivverwitterung** 66

Kernsteine 66
Isovolumetrische Verwitterung 67
Saprolit, Eisenkruste 68
Divergierende Verwitterung, Laterit 69
Zersatzabspülung, Quarzzersatz 70
Verwitterungsbasis 71
Turmbildung durch Zersatz-
 ausspülung 72
Turmausbildung in den Mittelbreiten 73

7. Rumpfflächen 74

Saprolitdecke, Verwitterungsbasis 74
Spülmulde, Schildinselberg 75
Strukturkappung, Flächenstreifen 76
Intramontane Becken 77

8. Inselberge 78

Erbinselberge, Strukturbedingter
 Inselberg 78
Inselbergtypen 79
Druckentlastung, Fußzone 80
Inselgebirgsplateau 81
Exhumierte Inselberge 82
Ektropische Inselberge 83

9. Schichtkämme 84

Strukturanpassung,
 Vulkanschlotruinen 84
Schichtkammlandschaft,
 Strukturunabhängigkeit 85

10. Altrelief in Gebirgen 86

Gipfelflur, Rumpftreppe, Pultscholle 86
Gipfelplateaus 87

11. Stufen 88

Rampen statt Stufen 88
Plateaus/Mesas 89
Traufschichtstufe, Walmschichtstufe 90
Walm, Plateaurandbucht 91
Stufenpässe 92
Plateauzertalung, Stufenpässe 93
Strukturabhängige Stufentreppung,
 Subsequenzfurche 94
Treppung in hartem Gestein 95
Treppung in weichem Gestein 96
Steilwände, Akkordanzfläche 97
Monoklinalstufen, Strukturanpassung 98
Antiklinalhang, Salzdom-
 Antiklinalhänge 99
Ungetreppter Stufenhang 100
Haldenhang-Stufe 101

12. Pedimente 102

Typusregion, Modell, Kleinform 102
Unzerschnittenes Pediment,
 Kleinform Rock Fans 103
Saprolitunterlage 104
Saprolitunterlage, Rock Fan 105
Schwemmfächerüberdeckte
 Pedimente 106
Pedimentkonvergenz 107
Zerschnittenes Pediment,
 Sandschwemmebenen 108
Pediment Dome, zertaltes Pediment 109
Glacis 110
Grabenrand-Glacis 111

13. Talformen 112

Einleitung, Regentropfeneindrücke 112
Hangrillen, Quellmulde 113
Dellen 114
Muldental, asymmetrisches Tal 115
Schlucht, Klamm 116

Schluchtvarianten 117
Suffosionsschluchten, Piping/
    Pseudokarst 118
Kerbtal, Sohlenkerbtal 119
Sohlenkerbtal aktiv/inaktiv 120

14. Talboden 121

Mäander 121
Mäanderebene 122
Festgelegte Mäander, Abschnürung 123
Talbodengliederung,
    periodischer Fluss 124
Schotterbett, perennierender Fluss 125
Abflussdynamik 126
Flussbettdynamik bei einem
    Abflussereignis I und II 128
Hochwasserfolgen 130
Verzweigter Fluss, anastomosierender
    Fluss 131
Anastomosierende Abflusslinien/
    Braided River 132
Talbodenschwemmfächer 133

15. Schwemmflächen 134

Schwemmfächerkleinformen 134
Zerschnittener Schwemmfächer,
    Schwemmkegel 135
Schwemmfächer auf Pediment 136
Schwemmfächergenerationen 137
Muren, Murkegel 138
Murkegel, Murenfächer/
    Mudflow Fan 139
Flussdelta 140
Endpfanne, geflutet 141
Endpfanne, trocken 142
Trockenrissflächen, Tonpfanne 143
Trockenrisse 144
Salar/Sebkha 145
Playa-/Kevirzonierung 146
Playa/Kevir, Kevirsee 147

16. Talgeschichte 148

Rumpfstufen-Wasserfall 148
Syngenetische Zertalung
    einer Schichtstufe 149
Jungtertiäre Rumpfflächenzertalung 150
Junge Tektonik und Gebirgs-
    zertalung 151
Jungtertiäre Plateauzertalung 152
Aride Talnetzverdichtung 153
Talmäander 154
Gleitmäander 155

Umlaufberg 156
Durchbruchstal/Epigenetisches Tal 157
Quartärzeitlich exhumiertes Tal I
    und II 158
Canyon, symmetrisch eingetieft 160
Canyon, asymmetrisch eingetieft 161
Flussterrassen 162
Glazifluviale Terrassen,
    jung- und spätglazial 164
Terrassensedimenttypen 165
Reliktschotter-„Recycling" 166
Quartärzeitliche Terrassenabfolge:
    Beispiel Elbetal 167
Quartärzeitliche Terrassenabfolge:
    Beispiel Maintal 168
Reliefgenerationen:
    Beispiel Unterfranken 169
Holozäne Lateralterrassen 170

17. Hänge 171

Bergstürze, rezent 171
Großer Bergsturz, Toma-Landschaft 172
Felsstürze 173
Wandabbrüche, Windows 174
Rutschungen, Abrissbereich 175
Rutschungen, rezent/holozän 176
Gealterte Rutschungen 177
„Aride" Rutschungen 178
Schichtunabhängigkeit, Haldenhang 180
Hangprofilgenerationen 181
Rezenter Hangschutt 182
Bastionen, Muren, Hangschuttdecken-
    Zerschneidung 183
Hangschuttgeschichte 184

18. Krusten 186

Kieselkruste/Silcrete 186
Kalkkruste/Calcrete,
    Reliefpositionen 187
Calcrete, Klufterweiterung durch
    Kalkausfällung 189
Pedogene Kalkkruste,
    Kalkkonkretionen 190
Kalkzementierte Flusssedimente 191
Kalkzementierte Terrassenkörper 192
Wurzelnachzeichnung
    durch Kalkausfällung 193
Typen von Kalkkruste/Calcrete 194
Lösung in Calcrete, Kluftbeläge 195
Gipskruste/Gypcrete 196

19. Periglazialformen 197

(Geli)solifluktion 197
Glatthang, Solifluktionsdecken 198
Exkurs: Salzinduzierte,
    nicht-periglaziale Solifluktion 199
Solifluktionsterrassen 200
Solifluktionsloben 201
Blockgletscher 202
Blockmeer, Wanderschuttdecke 203
Steinringe 204
Strukturbodenformen 205
Hakenschlagen, Deckschichten,
    Eisrinde, letztglazial 206
Kryoturbationsformen,
    letztglazial 207
Eiskeile 208
Palsen, Buckelwiese 209
Pingos 210
Nivationsformen 211

20. Glazialformen 212

Eisstromnetz 212
Eiskappe, Auslassgletscher 213
Gletschereisrelief 214
Gletschereis 215
Untermoräne, Ablationsmoräne 216
Detersion, Gletscherschrammen 217
Kare 218
Trogtäler 219
Getrepptes Trogtal 220
Seitenmoränen 221
Eisrand, Gletscherzunge 222
Eisrand, Endmoräne, Gletschertor 223
Endmoränenstaffel, Nieder-
    taurelief 224
Stauchendmoräne,
    überfahrene Endmoräne 225
Zungenbeckenverlandung,
    Kames 226
Seeterrassen, „Trompetentälchen"-
    Terrassen 227
Sander 228
Grundmoräne 229
Mittelmoränen, kalbender
    Gletscher 230
Kalbender Gletscher 231
Seentreppe, Transfluenzstufe 232
Rundhöcker, Gletschermühle 233
Trogtalseebecken, Trogschulter 234
Trogtäler, Schmelzwasserterrasse 235
Eisstauseesediment 236
Eisstauseeterrassen, Bänderton 237
Eisrandlagen, Alpenvorland 238
Drumlins, alpines Glazifluvial 239

21. Pleistozäne Inlandeis-Glazialformen 240

Grundmoräne, Sölle 240
Toteissee, Sander 241
Stauchendmoränen 242
Drumlin, Zungenbecken 243
Satzendmoräne, Geschiebe 244
Oser 245
Subaquatisches Os, Kame 246
Grundmoränenaufschlüsse 247
Eisstauseeaufschlüsse 248
Glazial- und Frühholozänaufschlüsse 249
Glazialtektonik 250

22. Moore 252

Verlandung, Niedermoor 252
Biberwiese, Schwingmoor 253
Hochmoor 254
Hochmoor, Torfabbau 255

23. Quasinatürliche Reliefveränderung 256

Flächenhafter Bodenabtrag 256
Móhella-Erosion, Island 258
Gullyanfang, Erdpyramiden 259
Gullies 260
Komplexe Bodenerosion 261
Mitteleuropäische Beispiele 263
Wanderweg-Erosion, Auelehm 264
Mittelalterliche Wölbäcker 265

24. Küstenformen 266

Einleitung; Phytogen (mit)gestaltete Küsten 266
Außensand, Sandwatt 268
Strandwälle 269
Ausgleichsküste, bewachsene Strandwälle 270
Strandversatz 271
Sturmflut-Strandwälle 272
Schotterstrand, hoher Tidenhub 273
Lagune, geschlossene Nehrung 274
Nehrung, Molluskenschalensand 275
Schlickwatt, Marsch 276
Marschenkliff 277
Riaküste, Flussmarsch 278
Beachrock 279
Fjord, Schären 280
Steilküste, Brandungstor 281
Steilküste mit Rutschungen, Moränenkliff 282
Felsschorre, exhumiert; Saumriffoberfläche 283
Brandungshohlkehle, exhumiert 284
Brandungshohlkehle, Vorzeitform 285
Schorre, unzerschnitten; Brandungsgasse 286
Junge Küstenhebung, Brandungstor 287
Marine Terrasse, gehobene Brandungshöhle 288

25. Äolische Akkumulationsformen 289

Prozesse, Turbulenz, Strömungsfäden 289
Strömungsfäden, Windstreifung 290
Transport und Absatz von nassem Sand 292
Positive Sandbilanz: vom Sandschleier zum Barchanembryo 293
Negative Sandbilanz: Sandfleckaufzehrung 294
Sandrippeln und Rippelgenerationen 295
Polygenetische Rippelfläche 296
Polygenetische gekappte Rippeln 297
Rippelauslöschung 298
Sandschwänze 299
Stufeneinsandung 300
Leedünen 301
Sandrampen 302
Barchane 304
Querdünen/Transversaldünen 306
Längsdünen 308
Polygenetische Dünentypen, Draa 310
Polygenetische Dünentypen, Sterndüne 311
Rhourd, bewachsene Draa 312
Nasse Dünen 313
Altdünen mit Verwitterung 314
Zerstörte Altdünen 315
Ergrand 316
Küstendünen 318
Küstendünen, Deflation 319
Lössdecken 320
Lössgenerationen 321

26. Äolische Erosionsformen 322

Deflation 322
Windschliff 324
Windschliffwirkung: Politur, Kannelüren, Facetten 325
Windschliff, Windkanter 326
Windschliff 327
Windstich 328
Yardangs 329
Yardangs, selektiver Windschliff 330
Windrelief in Fels 331
Altes Windrelief 332
Korrasionsüberprägtes Altrelief 333
Windrelieflandschaft 334
Korrasionswannen 336

Literatur 338

Register

Regionalregister 346
Sachregister 348

Vorwort

Nein, dies ist *kein* Bildband! Dazu fehlen dann doch die stimmungsvollen Sonnenuntergangs-Bilder mit ihren informationsfrei-tiefen Schatten ... Dennoch enthält das Buch ästhetisch ansprechende Fotos, auch wenn sie in erster Linie aufgenommen wurden, um Informationen über die Vielfalt der Oberflächenformen des festen Landes zu übermitteln. Die Bilder zeigen daher nicht „den" schönsten Canyon oder „die" schönste Dune; für keines der Fotos wurde extra ein Hubschrauber gechartert oder eine halbe Weltreise zur Aufnahme eben jener berühmten Felsformation unternommen, die ein Muss für jeden Bildband zum Thema „Wunder der Natur" ist. Die Bilder sind nicht mehr, aber auch nicht weniger als die Dokumentation von geomorphologischer Feldarbeit oder von Objekten, die Ziel von Exkursionen waren. Die meisten Bilder zeigen deshalb bewusst ganz *alltägliche* Erscheinungsformen des Reliefs, wie sie der aufmerksame Reisende nahezu überall außerhalb völlig überbauter Gebiete finden kann.

Dem Studenten, interessierten Laien oder den Kollegen aus den Nachbarwissenschaften sollen die Bildbeispiele das Wiedererkennen, die Zuordnung und Interpretation von für ihre jeweilige Region *typischen* Reliefformen erleichtern. Wegen ihrer schwer zu systematisierenden Vielfalt kann das Buch dennoch kein Gegenstück etwa zu einem Pflanzenbestimmungsbuch sein; es entspräche eher einem „Katalog von Pflanzengesellschaften". Die meisten Bilder wurden zwar wegen eines bestimmten Objekts aufgenommen, leben aber von dessen Vergesellschaftung mit seiner geomorphologischen Umgebung.

Etliche Bilder sind so komplex, dass es sinnvoll schien, *Erläuterungsskizzen* beizufügen, entweder als grafische Abstraktion des Fotos mit Zuordnung der Fachbegriffe oder als schematische Darstellung. Die leidvolle Erfahrung vieler Studentenexkursionen zeigt, dass allein die aus dem Text von Lehrbüchern angeeignete Information in der Realität nur schwer umgesetzt werden kann. Insofern ist dieses Buch auch eine umfassende „virtuelle Exkursion" zur Geomorphologie.

Die „Reiseziele" sind zwar weltweit gestreut, dabei jedoch nicht wirklich gleichmäßig über die ganze Erde und ihre Klimazonen verteilt. Die Bilder stammen vor allem aus der Sammlung des erstgenannten Autors, die allein wegen der größeren Zahl seiner Dienstjahre thematisch und regional umfangreicher ist als die der Mitautoren, die die meisten anderen Bilder beisteuerten. Unser Dank gilt weiteren, im Bildnachweis genannten Kollegen, die uns Bilder überließen zu Themen, die im eigenen Bestand fehlten. Dieses Auswahlprinzip bot den Vorteil, dass genug Hintergrundinformation vorhanden war, die in den jeweiligen Erläuterungstext einfließen konnte.

Zahlenmäßig sind Bilder aus *Trockengebieten* eher überrepräsentiert, weil sich Reliefformen im Bild nun einmal besser erkennen lassen, wenn sie nicht vollständig von Vegetation bedeckt sind. Dies ist jedoch keine thematische Vorauswahl oder Einschränkung, denn der größte Teil des heutigen Reliefs besteht ohnehin aus *Vorzeitformen*, die nicht unter dem Klima und der zugehörigen Vegetationsbedeckung gebildet wurden, unter der sie sich heute aber befinden. Gerade auch der Formenschatz arider Gebiete enthält die gesamte Bandbreite langfristiger Reliefformung, wie sie gleichfalls in anderen Klimazonen vorkommt, und kann daher für deren Darstellung im Bild herangezogen werden.

Soweit eigene Schrägluftbilder der Autoren vorlagen, wurden diese als Überblicksbilder eingesetzt. In anderen Fällen wurde Überschaubarkeit dadurch erzielt, dass Bilder von *Kleinformen* (im Sachregister unter diesem Stichwort zusammengefasst) eingefügt wurden. Dies geschah auch deshalb, weil sich auf dieser Maßstabsebene die Auswirkungen rezenter Prozesse übersichtlich in einem einzigen Bild darstellen lassen. Ergänzt wird die Bildauswahl außerdem durch *Aufschlussbilder*. Nicht nur bei Gedichten hilft es dem Verständnis, Form und Inhalt gemeinsam zu betrachten!

Für Studenten der Geowissenschaften wird hier zugleich ein – wenn auch etwas ungewöhnliches – *Lehrbuch* der Geomorphologie vorgelegt. Darin stehen erstmals Bild und Text *gleichwertig* nebeneinander, und zwar buchstäblich, denn durchgängig steht der Text auf genau derselben Doppelseite, auf der auch die erläuterten Bilder angeordnet sind.

Da sich längst nicht alles, was zu jeweils mehreren, thematisch zusammenhängenden Bildern zu schreiben ist, unterbringen lässt, enthält der Text jeweils Hinweise auf weiterführende Literatur.

Wo immer bei den Autoren genügend Detailwissen aus eigener Forschung vorhanden ist, wird auf Probleme gängiger Lehrmeinungen hingewiesen. Dabei ist den Autoren klar, dass man mit „Bestätigungswissenschaft" in deutlich weniger Fettnäpfchen tritt als mit unkonventionellen Ansichten. Schließlich war Julius Büdel, dessen Gedenken – auf Vorschlag des Erstautors – dieser Band gewidmet ist, mit seiner von uns geteilten Überzeugung von der Wichtigkeit des besonders von ihm entwickelten klimagenetischen Ansatzes nach seinem Tod bei manchem Kollegen zur wissenschaftlichen „Unperson" geworden, zugunsten von auf W.M. Davis zurückgehenden Ansätzen, die eigentlich nur noch wissenschaftsgeschichtlich von Interesse sein sollten. Abweichende Auffassungen werden hier natürlich nicht um des Widerspruchs willen vertreten, sondern weil wir von ihrer Richtigkeit als Fakten oder ihrer hohen Wahrscheinlichkeit als Hypothesen überzeugt sind und weil wir finden, dies anhand der Bildinformation auch belegen zu können. Entsprechend wird in den beiden äolischen Kapiteln statt auf gängige Lehrbuchinformation meist auf die Monographie von Ingrid Stengel (1992) zurückgegriffen.

Auf Aufsätze wird immer dann verwiesen, wenn nur dort ein bestimmter Forschungsfortschritt gut dokumentiert ist oder es sich um wissenschaftsgeschichtlich wichtige Arbeiten handelt. Bewusst wurde bei keinem Thema versucht, einen umfangreichen Literaturüberblick zu bieten, sondern nur eine noch überschaubare Einführungsbibliographie zu zitieren.

Die enge Verbindung zwischen Bild und Text hat den schon angesprochenen Vorteil, dass die Belege für die geäußerten Auffassungen unmittelbar in den Bildern zu finden sind. Sich daraus ergebende weiterführende Hypothesen können Anstoß zu eigenen kritischen Überlegungen geben. Eventuelle empörte Reaktionen von Kollegen sind an den Erstautor zu richten. Dies gilt auch für das Einführungskapitel, in dem die geomorphologische Perspektive der Autoren umrissen wird, mit dem schon angesprochenen Schwerpunkt auf der *klimagenetischen Geomorphologie* und der starken Betonung der Rolle der Vorzeitformen im heutigen Relief, aber keinesfalls unter Vernachlässigung der beobachtbaren oder nachvollziehbaren aktuellen Prozesse.

Würzburg/Pretoria, im Sommer 2005
Detlef Busche
Jürgen Kempf
Ingrid Stengel

Hinweise zur Benutzung

Das Buch ist, wie schon erwähnt, so aufgebaut, dass sich der Text einer Doppelseite direkt auf deren Bilder und die sie oft zusätzlich erläuternden Skizzen bezieht. Die Abbildungen wurden so angeordnet und die Texte so formuliert, dass jedes der 26 Kapitel fortlaufend gelesen werden kann, dass dabei aber auch jede **Doppelseite** – und manchmal auch die Einzelseite – für sich gesehen ein eigenständiger Kurzessay ist, der wie der längere Eintrag in einer Enzyklopädie genutzt werden kann. Der Preis für diese Eigenständigkeit sind gelegentliche Wiederholungen. Viele Seiten beginnen mit allgemeinen Aussagen zum Thema der Doppelseite oder Seite. Jeder Bezug auf eine der Abbildungen der Doppelseite ist im Text mit einer Abbildungsnummer angegeben.

Bei der Suche nach einem gewünschten Thema, ausgehend von der im Inhaltsverzeichnis ersichtlichen Gliederung in 26 Kapitel, hilft die **zweiteilige Kopfzeile** jeder Seite: sie nennt zuerst das Kapitel, dann in Stichworten den Inhalt der Seite.

Wie in einer Enzyklopädie sind die **Kernbegriffe** einer Seite fett gedruckt. Terminologisch wichtige Begriffe, aber auch inhaltliche Akzente, sind *kursiv* hervorgehoben. Damit soll für den Anfänger das Erkennen von **Fachbegriffen** erleichtert werden, sodass beim Durcharbeiten der Texte auch ein umfangreiches geomorphologisches Arbeitsvokabular aufgebaut werden kann.

Im Hinblick darauf, dass viele Publikationen heute in englischer Sprache geschrieben werden (müssen), sind die wichtigsten *englischen* Fachbegriffe ebenfalls *kursiv* und in Klammern angegeben. Einzelne häufig gebrauchte Begriffe erscheinen auch in anderen Sprachen, vor allem in Französisch.

Da in vielen Bildern neben der Haupt- auch Nebeninformationen zu anderen Themen enthalten sind, wird sehr viel mit **Verweisen** gearbeitet. Diese sind, um das Suchen zu erleichtern, mit der entsprechenden Abbildungsnummer angegeben, auch wenn sich der Verweis nicht auf das Bild oder eine Erläuterungsskizze, sondern auf den zugehörigen Text bezieht. Verweise auf das Einleitungskapitel sind mit einer Seitenangabe („S.") gekennzeichnet. Damit auch jede Doppelseite für sich allein gelesen werden kann, werden Verweise auch für Informationen innerhalb eines Kapitels vergeben.

Die **Literaturverweise** beziehen sich primär auf Belegstellen in der leicht zugänglichen Lehrbuch- oder Monographienliteratur. Über deren Bibliographien ist dann der Zugang zur weiterführenden Literatur gegeben. Zusätzlich und insbesondere für die neuere Literatur finden sich Verweise auf relativ leicht erreichbare weiterführende Zeitschriftenaufsätze. Bei wissenschaftsgeschichtlichen Skizzen werden auch Literaturzitate angegeben, in denen ein Thema erstmals angesprochen wurde.

Die Bildunterschrift jeder Abbildung enthält neben der Kurzbeschreibung des Inhalts auch die Angabe des Gebiets und des Staates, aus dem das Bild stammt. Diese Informationen finden sich im vollständigen **Regionalregister** wieder.

Der Inhalt des Buches ist in einem sehr ausführlichen **Sachregister** aufgeschlossen, in dem versucht wurde, das Auftreten einer bestimmten Form oder eines Phänomens wirklich in jedem Bild, in dem es eine signifikante Rolle spielt, aufzuführen. Auf diese Weise kann die Spannweite der Erscheinungen ein und derselben Reliefform in verschiedenen Klimazonen, Gesteinen oder Altersstellungen erfasst werden. Wie im Text selbst beziehen sich alle Verweise auf Abbildungen oder, mit vorgestelltem „S.", auf Seiten des Einleitungskapitels.

Das Register umfasst außerdem auch all die Begriffe, die lediglich im Text zu einer bestimmten Abbildung erscheinen. Bei mehreren Nummern zum selben Stichwort sind diejenigen Abbildungen, in denen der Begriff Hauptgegenstand des Bildes ist, oder Abbildungen, in deren Text ein Begriff inhaltlich erläutert wird, durch Fettdruck hervorgehoben. Fremdsprachige Begriffe erscheinen im Register wie auch im Text *kursiv*. Da sich die Erläuterungsskizzen jeweils auf das vorangehende oder folgende Bild beziehen, sind sie nicht gesondert im Register aufgeführt.

Mit diesen Hilfen ist das Buch, dessen Inhalt sich natürlich am besten beim fortlaufenden Lesen und Betrachten der Bilder erschließt, auch als Nachschlagewerk zu sämtlichen Teilgebieten der Geomorphologie einsetzbar.

Danksagung

Zu jedem Aufschluss oder Bild eines Oberflächendetails gehört ein Maßstab. In Hunderten unserer Bilder und in immerhin zwanzig der davon für dieses Buch ausgewählten, ist dieser Maßstab *das* „Schweizer Offiziersmesser" der Firma Victorinox®, nicht nur wegen des auffälligen Rots seiner Griffschalen. Wohl ebenso oft ist der Zentimetermaßstab des Fischentschuppers fotografiert worden. Die Messer, meist in einer ihrer größeren Versionen, sind seit Jahrzehnten auf jeder Forschungsreise der drei Autoren als universell einsetzbares Arbeitsgerät dabei, sei es abendlich als Küchengerät, bei zugleich mit dem großen Messer ausgeklappter Schere als Gabelersatz für stilvolles Essen während der Mittagsrast, zur Notreparatur von Brillengestellen, Kameras oder Messgeräten und – gar nicht so selten – auch zum Reparatureinsatz im Geländefahrzeug.

Insgesamt sind mit dem stets griffbereiten Messer wohl mehr Ton- und andere Sedimentproben als Esswaren geschnitten worden. Zwei Nachteile des Messers konnten dennoch festgestellt werden: bei Benutzung als Hammer geht die betreffende Plastikschale irgendwann doch zu Bruch (und wurde dennoch ohne Berechnung im Werk ausgewechselt!) und das Messer meldet sich nicht, wenn der vergessliche Erstautor es nach einem Foto – wieder einmal – im Aufschluss liegen gelassen hat. Ein Exemplar ist auf diese Weise in den Besitz einer südafrikanischen Pavianherde gelangt und könnte dort einen Evolutionsschub ausgelöst haben.

Wozu im Vorwort eines wissenschaftlichen Buches eine solche Lobeshymne auf ein Taschenmesser? Zum einen: die Messer sind wirklich hervorragend. Zum anderen aber: sie ist unser herzlicher Dank dafür, dass das Erscheinen dieses Buches durch einen finanziellen Beitrag der Firma Victorinox® deutlich erleichtert wurde. Daneben geht unser ganz besonderer Dank an die Wissenschaftliche Buchgesellschaft dafür, dass sie das Risiko auf sich genommen hat, dieses umfangreiche Buch in ihr Verlagsprogramm aufzunehmen, speziell auch an Gerd Hintermeier-Erhard für das sorgfältige Lektorat, Peter Lohse für die kompetente Umsetzung unseres Layout-Entwurfs und, last but not least, an Wolfram Schwieder, ohne dessen Einsatz das Buch wohl nicht über das Manuskriptstadium hinausgekommen wäre.

Einleitung

Gegenstand dieses Buches sind jene rund 26 % der Erdoberfläche, die weder vom Weltmeer noch von den großen Inlandeisdecken der Antarktis und Arktis eingenommen werden und als **Reliefsphäre** bezeichnet werden, in Analogie zu den Begriffen Atmosphäre, Biosphäre oder Lithosphäre für die Luft-, Lebens- und Gesteinshülle der Erde. Als Grenzfläche zwischen Lithosphäre und Atmosphäre wurde und wird sie unter dem Einfluss der in beiden Sphären wirksamen Prozesse gestaltet: **endogen** durch die aus dem Erdinnern wirksamen Prozesse, exogen durch die des Klimas.

Gegenstand dieses Kapitels ist eine Einführung in die grundlegenden Begriffe, Modelle und Konzepte der klimagenetischen Geomorphologie, welche die Kapitelabfolge des Bildatlas' begründen und die Einordnung der interpretierten Bilder in das Gesamtgebäude der Geomorphologie erleichtern sollen.

Der Bildatlas ist Julius Büdel (8. 8. 1903 – 28. 8. 1983) in Erinnerung an seinen einhundertsten Geburtstag gewidmet, zu dem das Manuskript eigentlich schon abgeschlossen sein sollte. Er war es nämlich, der das Gedankengebäude der **klimagenetischen Geomorphologie** in entscheidender Weise mit- und weiterentwickelt hat. Ein wesentlicher Teil des Vokabulars in dieser Einleitung und im Bildteil stammt von ihm und hat sich, teils auch international, durchgesetzt. Da die Entwicklung besonders einer noch recht jungen erdwissenschaftlichen Disziplin wie der Geomorphologie jedoch weitergeht, werden auch die Ideen Büdels kritisch gegen die anderer Autoren abgewogen. Wo es manchem Büdel-Kritiker zu „büdelig" wird, ist das, zumindest nach unserer Selbsteinschätzung, keine kritiklose Heldenverehrung, sondern das Ergebnis eigener Forschungserfahrung. Der Erstautor hat Büdel auch erst nach seiner Emeritierung kennen gelernt, stellte aber fest, dass er, neben abweichenden Ergebnissen, unabhängig von ihm in zahlreichen Punkten zu Einsichten gekommen war, die denen seines Ansatzes recht ähnlich waren. Diese bis heute weiterentwickelten eigenen Vorstellungen sind selbstverständlich auch in diese Einleitung eingegangen.

Dieses Buch ist vor allem ein Bildatlas. Deshalb können in dieser Einleitung nur Grundzüge angesprochen werden, viele „Wenn und Aber" sowie Interpretationsvarianten mussten ausgespart bleiben. Für sie wird auf die weiterführende Literatur verwiesen. Dabei wurde, wie auch im Bildteil selbst, weitestmöglich versucht, auf **leicht zugängliche** Zusatzinformationen hinzuweisen. Häufig sind deshalb zur Vertiefung die deutschsprachigen Geomorphologie-Lehrbücher von Ahnert (3. Auflage 2003), Büdel (1977), Bremer (1989), Leser (2003) und Louis & Fischer (1979) neben spezielleren Lehr- und Handbüchern genannt. Leicht zugängliche weitere Erläuterungen bieten auch die im *Lexikon der Geographie* (2002) gut repräsentierten geomorphologischen Stichworte oder die ausführlicheren Darstellungen in der von Fairbridge (1968) herausgegebenen *Encyclopedia of Geomorphology*.

Aktualismus und Geomorphologie

Die reliefbildenden Prozesse beruhen auf fundamentalen physikalischen und chemischen Gesetzmäßigkeiten und sind im Verlauf der Ausgestaltung des Reliefs der Erde, in der **Reliefgeschichte**, immer gleich geblieben – ob es sich nun um die Schwerkraft, die Wirkung des fließenden Wassers, des Windes oder aggressiver Säuren handelt. Es ist diese Vorstellung des **Aktualismus** (engl. *uniformitarianism*), die seit dem späten 18. Jahrhundert allmählich die aus christlich-religiösem Denken abgeleitete **Katastrophentheorie** abgelöst hat und die in dem Schlagwort, dass die Gegenwart der Schlüssel zur Vergangenheit sei, zusammengefasst werden kann. Der wichtigste Vertreter der Verbreitung dieser Idee war der englische Geologe *Charles Lyell* (1797 – 1857). Nach diesem Prinzip kann etwa aus der Kenntnis der heutigen Ablagerungsprozesse die Entstehung eines durch ebensolche Prozesse vor vielen Millionen Jahren entstandenen Sedimentgesteins erklärt werden. Aus der Sicht eines Geologen ist dementsprechend die Geomorphologie – die Wissenschaft, die sich mit der Reliefsphäre der Erde befasst – nichts anderes als die gegenwärtige Fortsetzung geologischer Prozesse, oft auch **Aktuogeologie** genannt. In der englischsprachigen akademischen Welt ist sie deshalb auch in der Regel den geologischen Instituten zugeordnet.

Das *aktualistische Prinzip* erscheint auf den ersten Blick sehr einfach. Schwierigkeiten bei seiner Anwendung ergeben sich allerdings daraus, dass zwar die naturwissenschaftlichen Grundgesetzlichkeiten im Verlauf der Erd- und Reliefgeschichte gleichgeblieben sind, nicht aber deren Vergesellschaftung. Dies liegt vor allem an der dominanten Rolle, welche die **exogene Dynamik** – Wind und Wetter beziehungsweise das Klima – bei der Ausformung des Reliefs spielt. Dem-

1. Einleitung

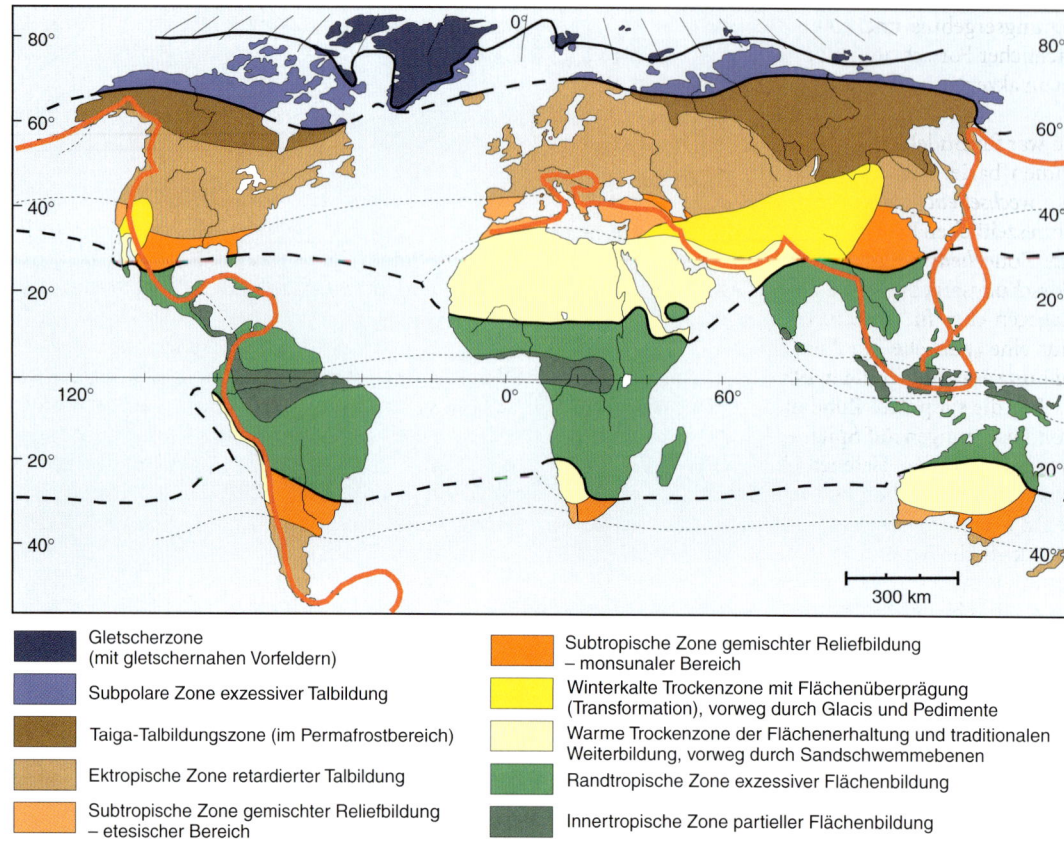

▶ Abb. 1: Die klimamorphologischen Zonen der Gegenwart nach J. Büdel (1977), mit den Original-formulierungen der Legende, ergänzt durch den Verlauf der Hochgebirge.

- Gletscherzone (mit gletschernahen Vorfeldern)
- Subpolare Zone exzessiver Talbildung
- Taiga-Talbildungszone (im Permafrostbereich)
- Ektropische Zone retardierter Talbildung
- Subtropische Zone gemischter Reliefbildung – etesischer Bereich
- Subtropische Zone gemischter Reliefbildung – monsunaler Bereich
- Winterkalte Trockenzone mit Flächenüberprägung (Transformation), vorweg durch Glacis und Pedimente
- Warme Trockenzone der Flächenerhaltung und traditionalen Weiterbildung, vorweg durch Sandschwemmebenen
- Randtropische Zone exzessiver Flächenbildung
- Innertropische Zone partieller Flächenbildung

gegenüber sind die **endogen,** aus dem Erdinnern wirksamen Kräfte, lediglich die allerdings *unabdingbare Voraussetzung* für alle Reliefentwicklung: Ohne die Schaffung von Höhenunterschieden – sei es direkt durch die Tektonik oder im Zusammenspiel mit dem Vulkanismus – gäbe es keine Reliefbildung, die letztlich auf zwei Vorgänge, nämlich Abtragung und Aufschüttung bzw. **Erosion** und **Akkumulation** reduziert werden kann. Deren vielfältige Ausprägungsformen sind das Ergebnis des unterschiedlichsten Zusammenwirkens von Schwerkraft, Wasser – flüssig oder als Eis – und Wind sowie der Aufbereitung durch Verwitterung, die der Gesteinsabtragung meist vorausgeht. Die Art des Zusammenwirkens wird durch das jeweilige Klima bestimmt, von den extrem warmfeuchten Bedingungen der inneren Tropen bis zur frostgeprägten Umwelt der Polarregionen.

Klimageomorphologie

Aus der Erkenntnis über den engen Zusammenhang zwischen Reliefformen und Klima hat sich seit der Zeit vor dem Zweiten Weltkrieg die Arbeitsrichtung der Klimageomorphologie entwickelt. Wenn dieses Konzept tragfähig ist, müssten die Grenzen einer Klimakarte der Erde mit einer Karte der gegenwärtig auf dem Festland herrschenden Muster der Reliefbildung weitgehend übereinstimmen. Eine entsprechende Darstellung findet sich als Vorsatzblatt in der *Klimageomorphologie* von Julius Büdel (1977, hier Abb. 1).

Büdels Karte soll zeigen, welche **Prozessgefüge** bei dem gegenwärtigen Klima auf dem Festland die *heutige* Reliefgestaltung steuern, ausgedrückt im Verhältnis von linienhafter Abtragung – Erosion – zu flächenhafter Abtragung – Denudation. Ein nicht unproblematisches Unterfangen, denn dazu mussten diese zonal dominanten Prozessgefüge ja erst einmal identifiziert werden – unter notwendiger Ausblendung der endogenen Komponente, die besonders in den jungen Gebirgsbildungsgebieten der Erde als Ergebnis plattentektonischer Bewegungen nicht unerheblich ist. Wegen der aus menschlicher Perspektive geringen Geschwindigkeit der reliefbildenden Prozesse ist darüber hinaus der Zusammenhang zwischen Formen und den sie vermutlich verursachenden Prozessen gerade bei den flächenmäßig bedeutendsten Reliefformen vielfach nicht eindeutig. Versuche, das komplizierte Gefüge quantifizierend allein mit Niederschlags- und Temperaturwerten zu erfassen, haben sich als wenig brauchbar erwiesen (z.B. Peltier 1950)[1]. Für Büdel war die Karte, wie er in seinem Vorwort schreibt, das Ergebnis von drei Jahrzehnten eigener geomorphologischer Forschung. Sie ist damit zwangsläufig subjektiv wie jedes Forschungsergebnis und sollte demnach als wichtiger fachlicher Fortschritt, jedoch nicht kritiklos als allgemein akzeptierter Wissensstand angesehen werden.

So war für Büdel die auf seinen Forschungen in Südindien basierende Überzeugung sehr wichtig, dass die *wechselfeuchten* Tropen mit ihrem ausgeprägten jahreszeitlichen Kontrast von Trocken- und Regenzeit die Zone *heutiger* intensiver Flächenbildung seien. Forschungsergebnisse von Hanna Bremer sprechen dagegen eher für die *inneren* Tropen, für die Büdel nur eine „partielle", in Ansätzen wirksame Flächenbildung annahm (Bremer 1989, Kap. 2.4.2; 1993).

Für die subpolare Zone meinte Büdel, ausgehend von Forschungen auf Spitzbergen, den „**Eisrindeneffekt** als Motor der Tiefenerosion" (1977, Kap. 2.2.17) identifiziert zu haben und damit von einer subpolaren **Zone exzessiver Talbildung** sprechen zu können. Eine kritische Befundzusammenstellung von Semmel (1985, S. 29 ff.) spricht allerdings dafür, dass die rezente Einschneidung in der Zone eher gering ist und dort vorkommende, tief eingeschnittene Täler als Vorzeitformen anzusehen sind.

Allgemeine Zustimmung dürfte es dagegen zur Bezeichnung der humiden Mittelbreiten als gegenwärtige „**ektropische Zone retardierter**" – also abgeschwächter – **Talbildung** geben, denn die jüngste Einschneidungsphase, welche die periglazial durch verschwemmten Frostschutt aufgehöhten Talböden zur Niederterrasse machte, gehört noch in das Endstadium der letzten Kaltzeit. Gegenwärtig dominiert in dieser Zone vielfach sogar die durch menschliche Eingriffe gesteuerte Formung, von Mortensen (1954/55) als **quasinatürliche Oberflächenformung** bezeichnet. In der nicht unumstrittenen Terminologie von Rohdenburg (1970, 1971) wäre die Gegenwart eine **morphologische Stabilitätszeit**, in der Bodenbildung unter Vegetation dominiert, im Kontrast zur bedeutenden Reliefumgestaltung während der letztkaltzeitlichen **Aktivitätszeit**[2].

Ebenso allgemein akzeptierbar ist die Einstufung der warm- und kaltariden Zonen als solche der Flächenüberprägung, Flächenerhaltung oder **traditionalen Weiterbildung**, die durch andere Prozesse weiterentwickelt werden als jene, welche die ursprüngliche Form geschaffen haben, aber unter weitgehender Bewahrung der ursprünglichen Reliefform.

Die Kritikbeispiele bezüglich der Büdelschen Definition der rezenten klimamorphologischen Zonen zeigen, wie schwierig es bei vielen Reliefformen ist, zwischen Neubildung, Weiterbildung und Umprägung zu unterscheiden. Am ehesten ist dies, wie in der angelsächsisch geprägten Geomorphologie überwiegend praktiziert, noch möglich, wenn Prozesse oder, mit der aus dem Englischen übernommenen Terminologie von Ahnert (2003) gesprochen, **Prozessresponssysteme** für sich isoliert betrachtet werden. Allerdings sind die dabei auftretenden messtechnischen Probleme enorm, etwa bei dem Versuch, Denudationsraten in verschiedenen Abtragungsmilieus mit Hilfe des gegenwärtigen Abflusses zu bestimmen. In vielen Fällen ist es sogar unmöglich, aus den identifizierten rezenten Prozessen den jeweiligen Formenschatz eines Gebiets zu erklären. Dieser ist nämlich oft weitgehend unter anderen als den heutigen Umweltbedingungen entstanden und lediglich unterschiedlich stark überprägt worden.

Klimagenetische Geomorphologie

Wenn es darum geht, zu erklären, wie ein bestimmtes Relief entstanden ist, kann die Identifikation der heute aktiven Prozesse lediglich die „nötige Vorstufe" (Büdel 1977, Vorwort) zu demjenigen Ansatz sein, der die Reliefgeschichte unter dem Einfluss ständigen Klimawandels sieht, der **klimagenetischen Geomorphologie**. Die als rezent identifizierten Prozesse einer Zone dienen dabei zum einen zur Erklärung von Vorzeitformen einer anderen Zone. Zum anderen dienen sie innerhalb derselben Zone dazu, vorzeitliche von rezenter Formung zu trennen.

Am leichtesten fassbar wurde die Erkenntnis, dass heutiges Relief auch das Ergebnis anders gearteter *vorzeitlicher* Prozesse sein könne, etwa am Beispiel der quartären Vereisungen. Als sich nach 1875 die Erkenntnis durchgesetzt hatte, dass die Inlandeisbedeckung der Erde in der jüngsten geologischen Vergangenheit mehrfach viel ausgedehnter als heute gewesen war (Gellert 1975, Liedtke, Hrsg., 1990, S. 3 – 26; Abb. 3), ergab sich zwangsläufig, dass es in heute eisfreien Gebieten einen Formenschatz geben müsse, der durch fließendes und abschmelzendes Eis geschaffen wurde. Um diesen allerdings eindeutig als solchen identifizieren zu können, waren Vergleichsuntersuchungen zu rezenten Vereisungsgebieten unumgänglich. So baute der Nestor der Glazialmorphologie von Schleswig Holstein, Karl Gripp, bei seinen Arbeiten auf Feldbefunden auf Spitzbergen auf (Gripp 1964).

Klimatische „Unfälle" der Reliefentwicklung?

Die große Teile von Kontinenten erfassende Reliefbildung durch das Eis wurde allerdings lediglich als eine Unterbrechung in der *normalen* Reliefbildung der Erde angesehen. Das ist sicher auch zutreffend, denn die

---

1 Eine gute Übersicht über klimageomorphologische Forschungsansätze bietet eine von Edward Derbyshire (1973) zusammengestellte Anthologie.

2 Ursprünglich hatte Rohdenburg dieses Begriffspaar allerdings als Ersatz für die Begriffe *Pluvial* und *Interpluvial* zur Kennzeichnung des Formungswechsels in Trockengebieten vorgeschlagen.

▶ Abb. 2: Das Abtragungsmodell des geographischen Zyklus vom Gebirge zum Endrumpf nach William Morris Davis.

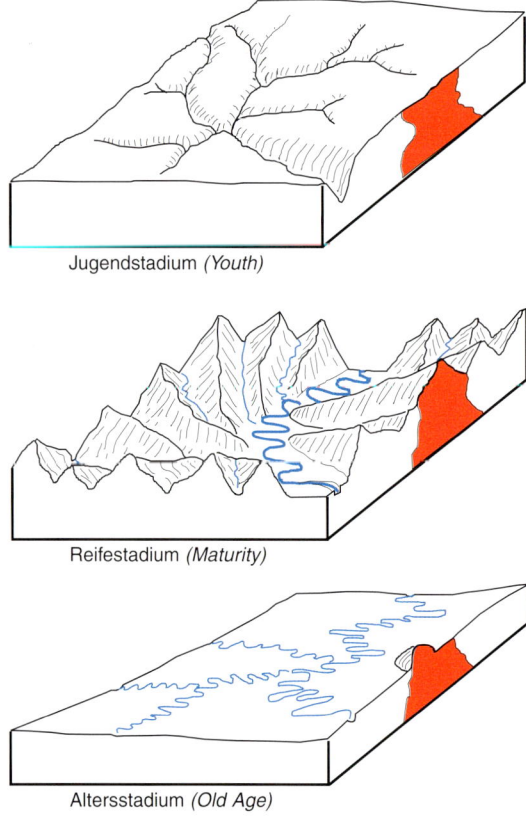

vorletzte Periode einer Reliefbildung durch Inlandeis, auf dem Gondwana-Kontinent der Südhalbkugel, hatte ihren Höhepunkt vor etwa 300 Millionen Jahren. In ihrem Hauptverbreitungsgebiet, dem heutigen südlichen Afrika, wird sie als *Dwyka-Eiszeit* bezeichnet (Junge & Eissmann 2003; nach Frakes et al., 1992, von 325 – 260 Mio. Jahren).

Der „Normalfall" der Reliefentwicklung wurde in einem bis heute besonders im englischen Sprachraum fortwirkenden deduktiven Modell von dem Geologen William Morris Davis als **geographical cycle** bzw. als **normal cycle of erosion** formuliert (Davis 1899, 1912, Bremer 1989, Kap. A 3.2; Fairbridge 1968, S. 161, S. 412). Danach vollzieht sich die Abtragung in lang andauernden Zyklen und beginnt mit einer schnellen initialen Hebung auf Hochgebirgsniveau. Die Intensität der damit einsetzenden Abtragung wird allein durch die Stärke des Fluss- bzw. Hanggefälles bestimmt, nimmt also mit der Abtragung zum Mittelgebirgsrelief und letztlich zur **Peneplain** (Fastebene, lat. pene = fast, beinahe), zum *Endrumpf* im Meeresniveau ab (Abb. 2), soweit der Zyklus nicht vorzeitig durch einen erneuten Hebungsimpuls unterbrochen wird. Analog zur Entwicklung von Lebewesen kennzeichnete Davis die Hauptstadien (stages) mit den Begriffen *youth, maturity* und *old age,* von Rühl (Davis 1912) als **Jugend-, Reife-** und **Greisenstadium** übersetzt.

Diese Vorstellung ist durchaus nicht losgelöst von der Wirklichkeit des geomorphologischen Formenschatzes entwickelt worden. Vor allem am Beispiel von Nordamerika standen die jungen Faltengebirge des Westens für das Jugendstadium der Reliefentwicklung, die Mittelgebirgslandschaft der Appalachen für das Reifestadium sowie die zur Ost- und Südküste der USA abfallende Peneplain des Piedmont für das Greisenalter der Reliefentwicklung. Altflächenreste in jüngerem Relief wurden als die Reste älterer Zyklen interpretiert. Später wurde dieser Normalzyklus für andere Klimate noch durch den *glazialen* und den *ariden* Zyklus ergänzt.

Insgesamt wurde die Rolle des Klimas aber auf die ausreichende Bereitstellung von Wasser als Agens der Erosion – verstanden als *linienhafte* Abtragung – beschränkt. Vorbild war die Situation in den heutigen humiden Mittelbreiten, und der Beobachtungszeitraum umfasste durchgängig die langen Zeiträume der Erdgeschichte, über die sich notwendigerweise schon ein einziger Zyklus ausgedehnt haben muss. Klimaänderungen zum Ariden oder Glazialen waren in diesem Geschehen lediglich *accidents*, Zufälle, so auch bei den Geomorphologen, die Davis' Gedanken weiterentwickelten. Ganz deutlich wird dies im Titel des zu seiner Zeit viel beachteten Lehrbuchs von C. A. Cotton (1947): „*Climatic accidents in landscape making*". Das Klima ist lediglich verantwortlich für Ausreißer, für Zwischenfälle im Verlauf der normalen Reliefbildung. Zum Verständnis einer solchen Auffassung lässt sich allerdings vorbringen, dass sich die Vorstellungen über die Entwicklung des Klimas im Verlauf der Erdgeschichte erst allmählich entwickelten. So erschien die erste zusammenfassende Paläoklimatologie der Erde auf deutsch von M. Schwarzbach erst 1961 (5. Aufl. 1993).

Klimawandel als Normalfall

Die geomorphologische Forschung seit Davis hat nicht nur ergeben, dass Klimaparameter auch außerhalb des ariden und glazialen Sonderzyklus eine bedeutende Rolle spielen und gespielt haben, etwa in den Periglazialgebieten der Erde der Permafrost (Washburn 1973, Karte 1979). In den feuchten Tropen ermöglicht erst das feucht-heiße Klima extreme chemische Verwitterung und erleichtert die fluviale Abtragung des so aufbereiteten Gesteins. Gemeinsam mit der geologisch-paläoklimatologischen Forschung hat die Geomorphologie gezeigt, dass sich das irdische Klima nicht nur ausnahmsweise während der quartären Kaltzeiten geändert hat, sondern ständig und in allen Zonen der Erde bedeutenden Änderungen unterworfen gewesen ist.

Zwar ist die Klimageschichte noch voller Fragezeichen, selbst auf einer sehr generalisierenden globalen Ebene (Frakes et al. 1992, Schwarzbach 1993, www.scotese.de). Auf der regionalen Ebene zum Beispiel, mit einer höheren zeitlichen Auflösung für das Tertiär, zeigt die für reliefgeschichtliche Zwecke durchgeführte Paläoklimadatenaufbereitung von Boldt (2001, S. 29 ff.) für Süddeutschland die noch bestehenden Wissenslücken. Unbestritten ist jedoch mittlerweile, dass der klimatische Normalfall der Gegenwart, von dem Davis noch meinte ausgehen zu können, selbst im Vergleich zu früheren Warmzeiten des Quartärs eine *Ausnahme*, möglicherweise sogar eine Singularität in der Klimageschichte der Erde ist.

Denn ebenso wenig wie die vom Klima unabhängigen Zyklen der Reliefbildung nach Davis gibt es, bezogen auf ihre terrestrischen Auswirkungen, durchgängig wirksame Zyklen der Klimageschichte, auch wenn dies, ausgehend von den heute genau erfassbaren Unregelmäßigkeiten der Erdbahnelemente bei der Umkreisung der Sonne eigentlich so sein sollte (Denton & Hughes 1983, Liedtke, 1990, Hrsg., S. 312 – 337; Oeschger 1987). Aber selbst für den relativ überschaubaren Zeitraum des Eiszeitenquartärs lassen sich die in Modellen geforderten etwa 100 000 Jahre für einen Eiszeit/Warmzeit-Zyklus kaum mit der immer präziser werdenden Quartärstratigraphie in Einklang bringen (vgl. Ehlers 1994, 1996 für Nordeuropa). Für die präquartäre Klimageschichte, die für die Entwicklung des heutigen Reliefs mit berücksichtigt werden muss, sind etwaige Klimazyklen zumindest auf dem Festland vollständig durch andere Einflüsse überlagert worden und nicht oder nicht mehr nachweisbar. Am auffälligsten zeigt sich dies am Beispiel der schon erwähnten Dwyka-Eiszeit, nach deren Höhepunkt es, der heutigen Befundlage nach, fast 300 Millionen Jahre lang keine weitere vergleichbare Eiszeit bis zum Quartär gab, abgesehen von der schon im Oligozän, vor rund 34 Millionen Jahren, einsetzenden Vereisung der Antarktis (Schwarzbach 1993, Frakes et al. 1992). Eissmann sieht deshalb auch nicht in den Erdbahnparametern, sondern – im Rahmen einer „multilateralen Entstehung der Eiszeiten" – in der Kontinentaldrift eine besonders wirkungsvolle Ursache, da die Verteilung der Festlandsflächen den Nutzungsgrad der der Erde zugeführten Strahlungsenergie maßgeblich beeinflusst (Junge & Eissmann 2003, S. 346 f.).

Die geomorphologische Ära

In weiten Teilen der Erde ist das heutige Relief, gemessen an der gesamten geologischen Entwicklung der Erde von mehr als 4,5 Milliarden Jahren, recht jung. Insbesondere für die Nordhalbkugel ist dies die Folge davon, dass der Weltmeeresspiegel nach dem Zerbrechen des im Verlauf der Trias entstandenen jüngsten „Urkontinents" Pangäa bis zur Oberkreide so weit angestiegen war, dass weite Teile des heutigen Festlands zum Teil über 300 m tief als marine Sedi-

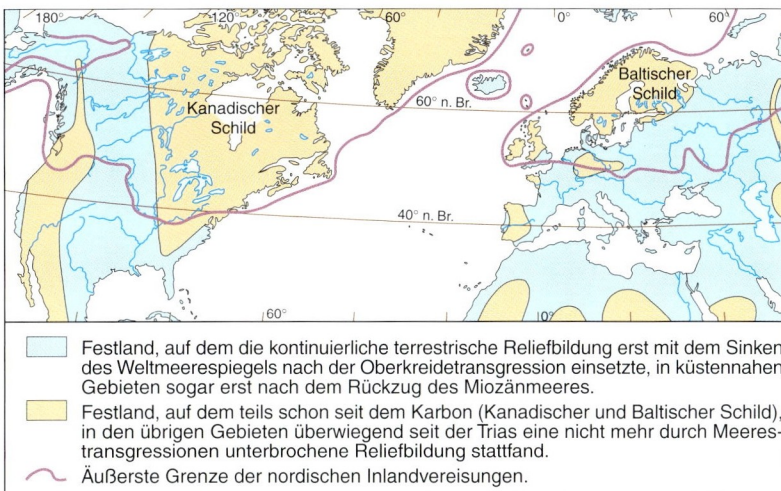

▲ Abb. 3: Das Einsetzen von nicht mehr durch Meerestransgressionen unterbrochener Abtragung auf Teilen der Nordhalbkugel.

mentationsgebiete unter dem Meeresspiegel lagen (Abb. 3). Europa als Festland bestand nur noch aus wenigen Inseln und Halbinseln, längs durch Nordamerika gab es eine Meeresverbindung vom heutigen Golf von Mexiko bis zum Polarmeer, und ebenso lagen weite Teile von Nordafrika unter dem Meeresspiegel, vermutlich sogar mit einer Meeresverbindung vom Golf von Guinea zum Mittelmeer.

In all diesen Gebieten konnte die Reliefbildung erst in dem Maße wieder einsetzen, in denen der Meeresspiegel seit dem Höhepunkt der Transgression sank. In Mitteleuropa ist somit der größte Teil des festländischen Reliefs nicht älter als Oligozän, also meist weniger als 40 Millionen Jahre alt. Deshalb bezeichnete Büdel diesen Zeitraum als „**geomorphologische Ära**". Zu den ältesten freiliegenden Reliefelementen Mitteleuropas gehören die Karsttürme der Frankenalb, die im Zuge der Oberkreide-Transgression vollständig von marinen Sanden begraben und bis heute weitgehend wieder freigelegt worden sind (Pfeffer 1986; Ahnert, Hrsg., 1989, S. 353 – 360), aber auch bis auf ihren kristallinen Sockel abgetragene Mittelgebirgsflächen wie die des Rheinischen Schiefergebirges mit seiner **mesozoisch-tertiären Verwitterungsrinde** (Felix-Henningsen 1990).

Generell älter ist diese geomorphologische Ära allerdings in jenen Teilen der Erde, in denen die präkambrischen Schilde die Landoberfläche bilden, so in Abb. 3 der Kanadische und der Baltische Schild, vor allem aber die freiliegenden Schildbereiche auf den als **Gondwana** zusammengefassten Südkontinenten. So kann für weite Teile insbesondere des südlichen Afrika eine riesige Rumpffläche (King 1967) nachgewiesen werden, die sich in den zur Zeit von **Pangäa** noch angrenzenden heutigen Kontinenten fortsetzte. Deren Bildung ging bereits im Laufe der Kreidezeit – nämlich mit dem Zerbrechen von Pangäa – *zu Ende*, im südlichen Afrika vor etwa 130 Millionen Jahren, mit allerdings danach weitergehender flächenhafter

1. Einleitung

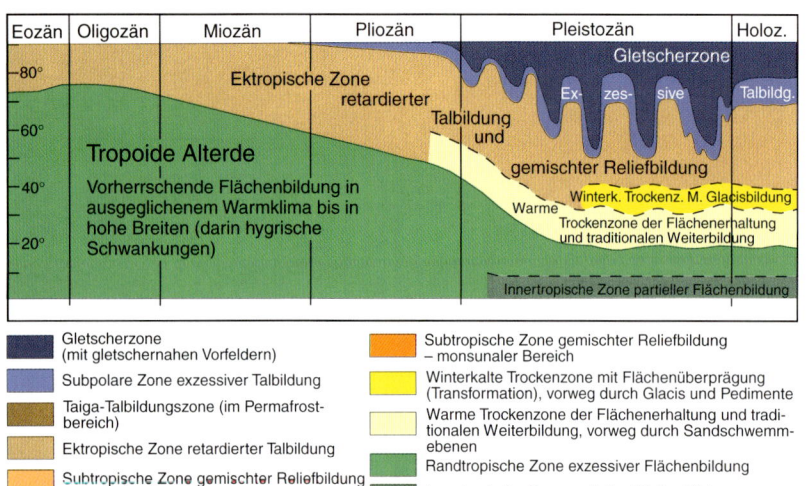

▲ Abb. 4: Die Entwicklung der geomorphologischen Zonen seit der Oberkreide (nach Büdel 1977, Abb. 1). Zur gegenwärtig gültigen Tertiärgliederung vgl. Rothe (2000, S. 212).

Abtragung im größten Teil dieser Ausgangsfläche. Es gab aber auch ausgedehnte Bereiche mit vorwiegend festländischer Sedimentation in langsam absinkenden Beckenbereichen dieser Schilde, im südlichen Afrika etwa die bis über 10 000 m mächtige Karoo-Supergruppe oder ihr Gegenstück, die Paraná-Formation Südamerikas. In Becken wie diesen wurden neben Flachmeersedimenten vor allem die Produkte von Verwitterung und Abtragung der angrenzenden und sich im Laufe der Erdgeschichte vielfach verlagernden Schwellenregionen abgesetzt (für Nordafrika *vgl.* Faure 1966, S. 90 f.; Klitzsch 1970).

Auf diese Weise gibt es Krustenteile, auf denen die geomorphologische Ära schon mehrere hundert Millionen Jahre angedauert hat, und entsprechend bedeutend ist die Abtragung über solch lange Zeiträume gewesen. Auf den Schwellen stehen vielfach Gesteine an, aus deren Mineralbestand sich ablesen lässt, dass ihre bis ins Präkambrium zurückreichende Umwandlung aus Sedimentgesteinen durch Druck und Hitze, ihre Metamorphose, in mehreren Zehner Kilometer Tiefe abgelaufen ist. In allen Schildbereichen liegen also heute die Wurzeln alter Gebirgsbildung abtragungsbedingt an der Erdoberfläche.

Während in diesen Gebieten die Landoberfläche kontinuierlich durch die fortschreitende Abtragung verändert wurde – vor allem als planparallele Tieferlegung von Flächen, gibt es aber auch solche, in denen durch die Abtragung überdeckender Sedimentgesteine altes Relief wieder exhumiert worden ist. So ist in Südalgerien, in der Umgebung des Hoggar, weiträumig die Landoberfläche einer spätordovizischen Inlandvereisung mit ihrem glazialen Formenschatz im Laufe des Tertiärs exhumiert worden (Buf et al. 1971; Frakes et al. 1992). Das südafrikanische Gegenstück sind die freigelegten Flächen der permokarbonen Dwyka-Vereisung (Abb. 491). In Südnamibia wurden sogar zahlreiche Inselberge, die bereits im ausgehenden Präkambrium bei einer Meerestransgression ein-

sedimentiert worden waren, wieder exhumiert und dürften damit nicht nur die ältesten Inselberge der Erde (mehr als 600 Mio. Jahre alt), sondern das älteste erhaltene und (wieder) freiliegende Relief überhaupt sein (Stengel & Busche 2002; Abb. 143 – 145). Die zu diesen Inselbergen gehörende Rumpffläche, die weitflächig noch unter einer dünnen Lage spätpräkambrischer Sedimente konserviert ist, schneidet wie auch in anderen Schildregionen bereits in zahlreichen Kilometern Tiefe gebildete metamorphe Gesteine an. Hier, wie auch an der Basis erhaltener Sedimentauflagen auf anderen Schilden, wird deutlich, dass ein wesentlicher Teil der flächenhaften Abtragung bereits präkambrisch erfolgt ist.

Die tropoide Alterde

Die festländische Reliefbildung während dieser in verschiedenen Teilen der Erde unterschiedlich langen geomorphologischen Ära verlief bis zum Ausklang des Tertiärs, bis vor ungefähr 2 Millionen Jahren, weitestgehend unter Klimaten, die denen heutiger feucht- und randtropischer bis feucht-subtropischer Klimate entsprochen zu haben scheinen. Büdel bezeichnete daher den präquartären Teil der geomorphologischen Ära als die Zeit der **tropoiden Alterde.**

Die Bezeichnung „tropoid" = tropenartig wurde deshalb gewählt, weil der Begriff „tropisch" in seiner ursprünglichen Bedeutung die Einstrahlungsverhältnisse der Sonne zwischen den Wendekreisen beinhaltet. Der Begriff steht aber für warme und feuchte Klimate, die weltweit bis in polnahe Breiten vorherrschten, obwohl die Neigung der Erdachse, und damit die sich im Jahreszyklus ändernden Beleuchtungsverhältnisse, derjenigen der jüngeren geologischen Vergangenheit entsprochen haben dürfte. Die einzige Ausnahme scheint die Antarktis gewesen zu sein, die schon im Alttertiär in ihre südpolare Lage gedriftet war und mit ihrer Abkühlung und Vereisung, nach Frakes et al. (1992) schon ab der Grenze Eozän/Oligozän, vor etwa 34 Mio. Jahren, langfristig zur Abkühlung der tropoiden Alterde und dem Beginn des von Eiszeiten beherrschten Pleistozäns beigetragen haben dürfte (vgl. Junge & Eissmann 2003, S. 352 f.).

Eindrucksvolle Belege für ein tropenartiges Klima bis in subpolare Breiten ist die Existenz auch tertiärer Kohlelagerstätten auf Spitzbergen (um 70 °N), obwohl die Insel schon zu deren Bildungszeit in nahezu der heutigen Position lag und damit eine Anpassung der tropoiden Vegetation an Bedingungen der Polarnacht möglich gewesen sein muss. Befunde für tropoide Klimate finden sich als Reste chemischer Intensivverwitterung aus unterschiedlichen Zeiten des Tertiärs nahezu überall auf der Erde. Dazu gehört das frühtertiäre Bauxit-„Ereignis" (event) mit der wohl extremsten chemischen Verwitterung zumindest der jüngeren Erdgeschichte, dessen mächtige Lagerstätten nicht nur in Indien – damals in Äquatornähe -, in Südafrika und Südamerika bis südlich von damals 20 °S gebildet wurden (Prasad 1985), sondern etwa auch in Arkansas (USA), bei nahezu der heutigen Breitenlage um 35 °N. Dazu gehören auch die mittel- bis jungtertiären abbauwürdigen Kaolinlagerstätten Mitteleuropas, deren Bildung ebenfalls nur unter tropoiden Bedingungen möglich war (Felix-Henningsen 1990) und die auch noch in mitteltertiären Vulkaniten, wie denen des Vogelsberg, stattgefunden hat, oder auch die Kaolinlagerstätte auf der Ostseeinsel Bornholm. Ebenso sind die Spuren dieser tropenartigen Alterde in den heute extremsten Wüstengebieten der Erde zu finden, so auch in der Sahara (Busche 1998) oder in Südnamibia (Kaiser 1923; *s. a.* Abb. 210).

Die Veränderung der Nordgrenze der tropoiden Alterde in Abb. 4 im Jungtertiär ist natürlich stark generalisiert. Büdel (1986, S. 54) schätzt, dass ihr „Erlöschen" in den Polargebieten schon im Oligozän stattfand, im heutigen borealen Nadelwaldgürtel im Altmiozän und in Mitteleuropa im Altpliozän. Die Grenzverschiebung ist zwar in erster Näherung das Ergebnis einer allmählichen Klimaänderung bis zur Entwicklung der quartären Klima- und Reliefzonendifferenzierung im Quartär der Nordhalbkugel. Die Indizien für zahlreiche Fluktuationen innerhalb dieses Trends, für die die Paläoklimatologie zunehmend Indizien findet (*vgl.* Zusammenfassung bei Boldt 2001), kann die Kurve natürlich nicht nur aus Maßstabsgründen nicht darstellen, weil diese sich in der Reliefentwicklung nur stark gedämpft ausgewirkt haben dürften. Ein Beispiel dafür, wie sich der Klimawandel mit empfindlicheren Indikatoren als dem Relief, aber ebenfalls noch mit großen Unsicherheiten, erfassen lässt, ist die aus paläobotanischen Befunden abgeleitete Kurve in Abb. 5. Außerdem sind Hinweise auf Umbrüche in der Reliefentwicklung immer nur noch in Spuren zu finden und entsprechend schwierig zu rekonstruieren, wobei insbesondere tektonische und klimatische Einflüsse schwer zu trennen sind. So ist auch das generelle Ende der Rumpfflächenbildung in Mitteleuropa wohl nicht generell ins Altpliozän zu setzen, weil diese in wachsender Einschränkung auf jeweils noch geeignete Gesteine ausgeklungen ist (Boldt 2001).

Als ein Beispiel sei die vermutlich schon vor dem Obermiozän erfolgte Einschneidung des Urnaab-Systems der Oberpfalz um über 200 m genannt, die wahrscheinlich eine tektonische Ursache hatte, denn nach der Verfüllung durch Braunkohlensümpfe und deren Überdeckung durch einen riesigen Schwemmfächer hat sich die Rumpfflächenbildung in der Region noch mindestens bis zum Mittelpliozän fortgesetzt (Louis 1984, S. 60). Ebenfalls in die Zeit der noch weit nach Norden reichenden tropoiden Alterde gehört die **Messinische Salinitätskrise** des Obermiozäns (Rothe 2000, S. 169), während der das gesamte Mittelmeer mehrfach vollständig austrocknete, weil

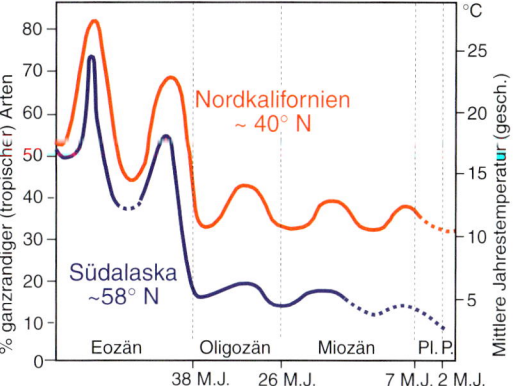

◀ Abb. 5: Die Temperaturentwicklung in den Mittelbreiten im Känozoikum für Nordamerika, abgeleitet aus Veränderungen des prozentualen Anteils glattrandiger und gezahnter Blätter im Verlauf der Vegetationsgeschichte (n. Stanley 2001, Abb. 17.18).

sich die Straße von Gibraltar schloss. Dahinter steckt zwar eine plattentektonische Ursache, aber die Wasserbilanz des Mittelmeerraums muss zu jener Zeit zumindest so negativ gewesen sein, dass die mehrmalige kurzfristige Verdunstung eines ganzen Binnenmeeres möglich war und die Region zumindest vorübergehend – oder nicht mehr – zur tropoiden Alterde gehörte.

Differenzierung von Klima und Reliefbildung im Quartär

Mit zunehmender Detailkenntnis dürfte also auch die Grenzlinie der tropoiden Alterde mit deutlichen zeitlichen Veränderungen der Breitenlage zu zeichnen sein, wie auch die Gliederung und Benennung der quartären Zonen entsprechend den obigen Ausführungen zu modifizieren wären. Ausschlaggebend ist aber die Aussage des Diagramms, dass sich erst als Ergebnis eines weltweiten Klima-Umschwungs im jüngsten Tertiär die Entwicklung von einer klimatisch und auch auf die Reliefbildung bezogen weitgehend *einheitlichen* Erde zu einer ausgeprägten *Zonierung* des Klimas und damit auch der Reliefbildung vollzogen hat.

Von den Polen bis zu den Mittelbreiten führte diese Entwicklung zur Ausbildung der pleistozänen Eis- bzw. Kaltzeiten im Wechsel mit Warmzeiten. Das Büdel-Diagramm enthält dabei schematisch nur diejenigen Schwankungen, die sich auch morphologisch ausgewirkt haben. Aus sedimentologischer, vegetationsgeschichtlicher oder meeresgeologischer Sicht wäre die Zahl der Ausschläge beträchtlich zu vergrößern[3]. Vor allem im Bereich der Wendekreise, aber auch in extrem meeresfernen Gebieten bildeten sich die Wüsten- und Halbwüstengebiete heraus (Warme und Winterkalte Trockenzone in Abb. 1), mit einem mehrfachen Wechsel von gegenüber heute feuchteren

---

[3] Zur Gliederung des Pleistozäns für Norddeutschland und die Niederlande nach vor allem sedimentologischen Befunden vgl. Ehlers 1994, S. 162 ff.

1. Einleitung

▲ Abb. 6: Teil der südindischen Tempelanlage von Mahaballipuram (8. Jh. n. Chr.); ein Beispiel für die geringe Verwitterung freier Gesteinsoberflächen selbst bei warmem und jahreszeitlich extrem feuchtem Monsunklima.

Pluvialzeiten und in ihrer Intensität unterschiedlich ariden **Interpluvialzeiten,** die allerdings *nicht* synchron mit den Kalt- und Warmzeiten der polwärtigen Breiten abgelaufen sind.

Unter Berücksichtigung der Kritik an Büdels Zone der exzessiven Flächenbildung wäre die Grenzlinie zwischen Flächen- und Talbildung auf die Breitenlage der innertropischen, immerfeuchten Zone abzusenken. Da sich die pleistozänen Klimaschwankungen aber auf sämtliche Klimazonen ausgewirkt haben, mit den entsprechenden zonal unterschiedlichen Veränderungen im Prozessgefüge der Abtragung, könnte die Diskussion darüber, ob nun die Randtropen oder die inneren Tropen die Zone rezenter Flächenbildung sind, darauf hinauslaufen, dass das Klima seit dem Beginn des Quartärs in beiden Zonen bestenfalls noch traditionale Weiterbildung erlaubt, aber keine Flächenbildung mehr im Sinne einer Neubildung. Für Wirthmann (1987, 1999) steht gerade in den immerfeuchten Tropen die besonders intensive rezente Zertalung der dortigen jungen Faltengebirge im Vordergrund. Der Umbruch in der Reliefbildung der Erde vom Tertiär zum Quartär ist also vermutlich noch größer gewesen als in Abb. 4 angedeutet.

Die geomorphologische Gesteinshärte

Sowohl die sinkenden Temperaturen als auch die regional abnehmende Feuchtigkeit führten im Übergang zum Quartär zu einer generellen, nach Klimazonen aber unterschiedlich starken **Abnahme der Leistungsfähigkeit der chemischen Verwitterung,** damit zu einer nachlassenden Aufbereitung der Gesteine für die Abtragung und im Endeffekt zu einer wachsenden Differenzierung bezüglich der Abtragung unterschiedlicher Gesteine. Verbunden damit war die zunehmende Entwicklung von Formen, die als **gesteinsbedingt** bezeichnet werden können.

Mit dem Klimawandel und der zonalen Klimadifferenzierung veränderte sich also die Bedeutung der **Härte** der Gesteine. Dieser Satz muss für einen Geologen oder Mineralogen sinnlos erscheinen, denn gemessen an einem unverwitterten Handstück ist die Härte im Laborversuch als mechanische Festigkeit eindeutig zu bestimmen. Ebenso ist die Härteskala nach *Mohs,* schon 1804 als relative Ritzhärteskala aufgestellt, eindeutig, in ihrer Abfolge vom Talk mit Härte 1, der mit dem Fingernagel ritzbar ist, über den mit dem Messer ritzbaren Kalkspat (Härte 3) und die Glas ritzenden Minerale (Quarz Härte 7) bis zum Diamant mit Härte 10.

Dem steht für die Reliefbildung der Erde der wichtigere Begriff der **geomorphologischen Härte** gegenüber, verstanden als die relative Resistenz eines Gesteins gegenüber den Verwitterungsbedingungen seiner Umgebung. Bremer (1989, S. 73 ff.) führt vier Faktoren an, welche die Gesteinshärte in diesem Sinne mitbestimmen: a) den **Grad der Gesteinszerrüttung** durch Schichtung, Spalten und Klüfte, die Angriffsflächen für die Verwitterung liefern; b) den **Mineralbestand** und das c) **Mineralgefüge** eines Gesteins, welche die Verwitterungsstabilität beeinflussen und bei den Mineralen vom leicht löslichen Gips bis zum extrem stabilen Zirkon reicht; und d) besonders wichtig, die „morphologische Lage" eines Gesteins im Relief, aus der sich unterschiedliche Durchfeuchtung und Verwitterungsintensität ergeben. Die morphologische Härte ist demnach kein eindeutig messbarer Wert und kann immer nur als *relative* Größe angegeben werden, die sich aus der Reliefanalyse ergibt.

Letztlich ist die geomorphologischen Härte die Verwitterungsresistenz eines Gesteins in seiner jeweiligen Reliefposition. Die Verwitterung wiederum ist vorrangig von Wasser und Wärme und damit vom Klima abhängig. Wie kompliziert das Verwitterungsgeschehen im Einzelnen tatsächlich ist, zeigen speziell diesem Thema gewidmete Lehrbücher wie die von Ollier (1969) oder Yatsu (1988) oder die entsprechenden Kapitel bodenkundlicher Lehrbücher (etwa Scheffer/Schachtschabel 2002 oder Kuntze et al. 1994). Ändert sich in einem Gebiet das Klima, ändert sich damit auch die geomorphologische Härte der dortigen Gesteine. Zum Beispiel ist ein ausbeißender Granit im heutigen Klima der Mittelbreiten ein kaum verwitterndes Gestein, der *rock of ages* der amerikanischen Grabsteinwerbung. Unter dem Periglazialklima des letzten Hochglazials dagegen kann derselbe Granit stark von Frostsprengung zerlegt worden sein. Unter den permanent warm-feuchten Bedingungen, wie sie unter der Bodenoberfläche in den immerfeuchten Tropen herrschen, gehört der Granit wegen der chemischen Verwitterungsanfälligkeit vor allem seiner Feldspäte zu den leicht verwitterbaren Gesteinen, ist dort also geomorphologisch „weich". Und so reagierte der Granit auch in den Mittelbreiten, als dort noch das tropoide Klima des Tertiärs in seinen Varianten herrschte.

Liegt derselbe Granit aber frei, sodass Regenwasser schnell ablaufen kann und die starke Sonnenstrahlung an seiner Oberfläche **edaphisch** – also lokal bedingt – aride Bedingungen schafft, reagiert derselbe Granit auch im feuchten Tropenklima als hartes Gestein. Als Beispiel mögen um 1300 Jahre alte Granitskulpturen aus Südindien dienen, die trotz der jährlichen feucht-heißen Monsunzeit mit fast 1500 mm Niederschlag bis heute nur minimale Verwitterungsspuren aufweisen (Abb. 6). Die vermutlich schon einige Millionen Jahre lang exponierte steilflankige Inselberggruppe, aus der die Tempelanlage von Mahaballipuram herausgearbeitet worden ist, besteht immer noch aus bergfrischem Granit, in unmittelbarem Kontakt zur umgebenden Rumpffläche, in der dasselbe Gestein, ständig durchfeuchtet, längst zu Ton verwittert ist. Bremer (1974) hat für diese Auswirkung der Lage eines Gesteins auf die geomorphologische Härte den wichtigen Begriff der **divergierenden Verwitterung und Abtragung** eingeführt (vgl. auch Bremer 1989, S. 78).

Die Einmaligkeit der Reliefbildung seit dem Endtertiär

Es ist also die geomorphologische Gesteinshärte, die sich – am wenigsten in den heutigen immerfeuchten Tropen – mit dem Übergang von den tropoiden Klimaten des Tertiärs zur Klimadifferenzierung des Quartärs geändert hat. Damit haben sich aber auch Verwitterung und Abtragung, unabhängig von ihrer endogenen Beeinflussung, weltweit in starkem Maße verändert. Das Relief, das dabei mit zunehmender Differenzierung entstanden ist, ist nicht nur *vielfältiger*, sondern auch weitgehend *anders* als das Relief, das noch zur Zeit der tropoiden Alterde entstanden war. Darüber hinaus ist es aber auch, entgegen jeder Zyklenvorstellung, in vielen seiner Elemente *erstmalig* und einmalig in dieser Form auf der Erde aufgetreten.

Die Zeit des Übergangs vom Permokarbon zum Perm (Stanley 2001), also vor etwa 300 Mio. Jahren, wäre vielleicht die einzige Zeit der jüngeren Erdgeschichte mit einer ähnlichen Reliefentwicklung wie der des Quartärs gewesen. Damals existierte, allerdings über einen viel längeren Zeitraum als den des Quartärs, ein riesiger Eisschild im Süden des gerade erst zusammengewachsenen Südkontinents Gondwana. Es gab eine bedeutende klimazonale Differenzierung, denn gleichzeitig wuchs auf der Nordhalbkugel in Äquatornähe in riesigen tropischen Sümpfen eine üppige Vegetation, deren Überreste zu Steinkohle geworden sind (Abb. 7). Es muss bedeutende Wechsel zwischen Warm- und Kaltzeiten auf der Südhalbkugel gegeben haben, da sich Steinkohlenflöze (mit dem Farnfossil *Glossopteris*) auch zwischen Glazialsedimenten der **permokarbonen Eiszeit** finden, und Indizien sprechen dafür, dass es auch Trockenklimate gegeben hat (Schwarzbach 1993; www.scotese.com). Dementsprechend muss es auch, wie später erst wieder mit dem Übergang zum Quartär, eine starke regionale Differenzierung der reliefbildenden Prozesse gegeben haben, bis hin zum glazialen Formenschatz (Junge & Eissmann 2003, 347 ff.).

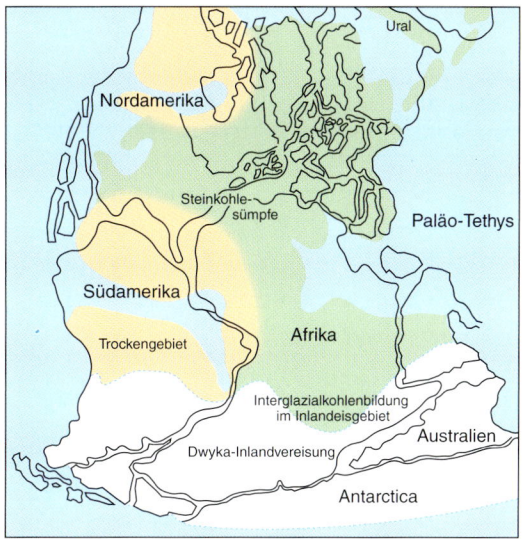

◀ Abb. 7: Kontinentlagen und klimabedingte Differenzierung vom Inlandeis über warm-feuchte Sumpfwaldgebiete späterer Steinkohlebildung bis zu Trockengebieten im Oberkarbon, vor ca. 300 Millionen Jahren. (Ausschnitt aus *www.scotese.com*.)

Wesentliche Unterschiede zwischen dem permokarbonen und dem quartären Eiszeitalter ergeben sich natürlich auch aus der ganz anderen Konfiguration der Kontinente zu beiden Zeiten. Unabhängig davon gibt es nach dem Ende der Dwyka-Vereisung bis zum Quartär keine Hinweise auf eine vergleichbare Differenzierung von Klima und Formenschatz. Es dominierten, sicherlich mit Variationen insbesondere der Feuchtigkeit, die Verhältnisse der tropoiden Alterde. Allerdings ist bei den in der geologischen Literatur häufigen Schlüssen auf aride Klimate, vor allem im Perm und der Bildungszeit des triassischen Buntsandsteins[4], zu beachten, dass riesige Schwemmfächer auch sehr viel Wasser brauchten, um geschüttet zu werden, dass der in gewaltigen Mengen angelieferte Quarzsand – der Hauptbestandteil der Sandsteine – nur durch intensive chemische Verwitterung, und damit unter feuchtwarmen klimatischen Bedingungen, bereitgestellt werden konnte, dass rote Sedimentfarben für intensive Bodenbildung und damit gerade *nicht* für Aridität sprechen und dass mächtige Dünen nur aufgeweht werden konnten und können, wenn Flüsse oder die Meeresbrandung in großem Umfang den auszuwehenden und dazu immer wieder

---

4 Zur paläoklimatischen Interpretation des Buntsandsteins vgl. Geyer 2003, S. 107 ff.; auch Rothe 2000, S. 112 ff.

aufzumischenden Sand bereitstellen, auch in den heutigen Tropen. Für die Bildung von Salzlagerstätten wiederum, vor allem des Zechsteins, die nur durch Verdunstung möglich war, dürfte weniger extreme ganzjährige Aridität als vielmehr die vielfach wiederholte Flutung und Abriegelung von flachen Becken und Lagunen bei starker Wassererwärmung und durchaus auch nur jahreszeitlicher Aridität hinreichend gewesen sein.

Das Primärrumpf-Konzept

Manche Klein- oder auch so genannte Mesoformen im Meter- bis Kilometerbereich können in sehr kurzer Zeit entstehen, sogar in Minuten; man denke etwa an den Aufschüttungsbereich eines Bergsturzes, den Schuttkegel einer Mure oder einen Wasserriss in einer Lockergesteinsoberfläche ohne schützende Vegetation, oder eine Vielzahl gleichzeitiger Regentropfeneindrücke sogar im Augenblick des Aufpralls. Es gibt allerdings eine **Formgrößen-Existenzdauer-Regel** (Ahnert 2003, S. 14 ff.) nach der Reliefformen umso länger erhalten bleiben, je größer sie sind. Für die meisten Reliefformen gilt aber auch, dass die Bildung von Formen umso länger gedauert hat, je größer sie sind.

Der Grund liegt in der größeren Arbeit, die von den geomorphologischen Prozessen sowohl für die Schaffung einer Form als auch für ihre Zerstörung zu leisten ist beziehungsweise war. Für Rumpfflächen gilt die Regel im engeren Sinne allerdings nur für deren Zerstörung, wie zu erklären sein wird. Haben größere Reliefformen aber Jahrhunderttausende oder sogar Jahrmillionen für ihre Entstehung gebraucht, dann umfasst ihr Bildungszeitraum besonders für die jüngere Reliefgeschichte auch mehr als ein Klima. In großen Flusstälern der Mittelbreiten, zum Beispiel, zeigt sich dies in der Abfolge von Flussterrassen als Ergebnis des Wechsels von Akkumulation und Erosion, bedingt durch den mehrfachen Wechsel warm- und kaltzeitlicher Bedingungen im Quartär.

Anders liegen die Dinge bei der flächenmäßig wichtigsten Reliefform der Erde, den **Rumpfflächen**. Sie sind zwar, wie nachfolgend zu erläutern sein wird, von Anfang an als Flächen entstanden. Ihre Bildung hat sich aber vielfach über den größten Teil der geomorphologischen Ära bis zum oder sogar ins Quartär erstreckt. Das Ende der Bildung einer Rumpffläche ist deshalb oft schwer zu erfassen, weil, entsprechend der eben genannten Regel, Rumpfflächen sehr „zählebige" Reliefformen sind, insbesondere unter Bedingungen der traditionalen Weiterbildung.

Die Rumpfflächenbildung muss unter den klimatischen Bedingungen der *tropoiden Alterde* sofort überall dort eingesetzt haben, wo ein flächenhafter mariner oder festländischer Aufschüttungsbereich sich über die **Haupterosionsbasis** der Erde, den Weltmeeresspiegel, erhob. Mit sinkendem Meeresspiegel seit der Oberkreide muss sich also der von Rumpfflächenbildung eingenommene Teil der Erdoberfläche bis zum Ende der vorherrschenden Flächenbildung stark ausgeweitet haben, und zwar in Ergänzung derjenigen Schildregionen, auf denen die Rumpfflächenbildung schon viel länger wirksam gewesen war.

Auch die Areale der exhumierten Rumpfflächen sind dazu zu rechnen, denn deren Freilegung als Altflächen war nur möglich, wenn die das Deckgebirge entfernenden Prozesse ebenfalls die der Flächenbildung waren.

Am eindrucksvollsten zeigt sich die Dominanz der Rumpfflächenbildung in der Zeit der tropoiden Alterde in allen jungen – tertiären – **Faltengebirgen** der Erde. Überall finden sich nämlich heute oft mehrere Tausend Meter hochliegende Flächenreste, von eng begrenzten Gipfelplateaus bis zu ausgedehnten Altflächen etwa im Hochland von Tibet oder dem Altiplano der Anden. Wie für jede Rumpffläche charakteristisch, schneiden sie alle tektonischen Strukturen und zeigen damit, dass diese geologisch jungen Kollisionszonen aufeinander treffender Platten nicht von Anfang an Gebirge im geomorphologischen Sinne gewesen sind.

Die Gebirgsbildung im geologischen Sinne, die vielfältige Deformation und partielle Umwandlung der Gesteine, setzte viel früher als die geomorphologische Gebirgsbildung ein, im Gefolge des Auseinanderbrechens von Pangäa seit dem Jura und dem anschließenden Aufeinandertreffen einzelner driftender Platten etwa seit dem Ende des Mesozoikums, seit der Oberkreide. Bis weit ins Tertiär hinein wurde die damit verbundene Hebung allerdings durch die Abtragung ausgeglichen. Dies war nur möglich, wenn die Erosion nicht linienhaft, sondern flächenhaft vor sich ging, wenn die Abtragung überall *gleichzeitig* angreifen konnte. Anders als im Modell von W. M. Davis wurde ein Krustenteil also nicht erst bis zu einer beträchtlichen Höhe über das Meeresniveau hinausgehoben und dann durch Zertalung bis zum **Endrumpf** abgetragen, sondern die Abtragung setzte sofort und flächenhaft mit der Heraushebung eines Krustenstücks über die Erosionsbasis ein.

Es bildete sich ein **Primärrumpf**. Dieser Begriff und das Konzept dazu wurden von dem Geomorphologen Walter Penck (1924) geschaffen, als Gegenstück zu dem damals fast unangefochtenen Modell von Davis. Allerdings berücksichtige Penck nur die tektonische Situation, nicht das Klima, das für eine die Hebung kompensierende Abtragung notwendig war, mit entsprechend hoher Verwitterungs- und damit verbundener Abtragungsleistung.

Dies bedeutet nicht, dass die Kollisions- und Hebungsbereiche morphologisch überhaupt nicht in Erscheinung getreten wären. Auch für die flächenhafte Abtragung von feinen Partikeln und den Oberflächenabfluss ist ein Mindestgefälle nötig. So dürften die Alpen in jener Phase ihrer Entwicklung ein flacher Schild zwischen den Senkungsbereichen der heutigen Po-Ebene im Süden und dem Molassetrog im Norden gewesen sein. Das in diese Senken aus dem Aufwölbungsbereich geschwemmte Material war kein Abtragungs*schutt*, sondern überwiegend Sand und Ton. Beide sind aber das Ergebnis intensiver chemischer Verwitterung, deren Existenz sich auf allen tertiären Abtragungsflächen, wenn auch oft nur noch in Spuren, nachweisen lässt.

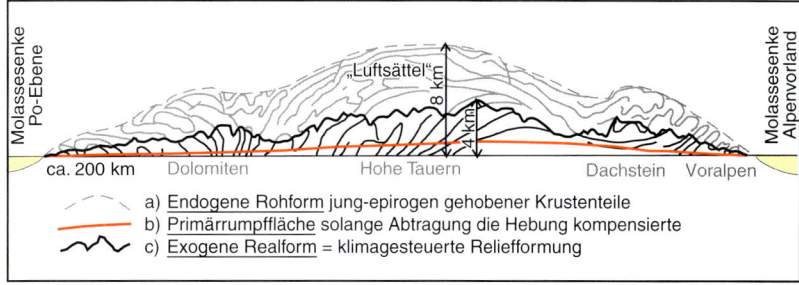

In den Schottern, die sich in den Schwemmfächern der so genannten *Nagelfluh* am Alpenrand finden, sind selbst die harten Quarze gut gerundet, was kaum allein auf den kurzen Transportweg von den Zentralalpen, sondern auf eine intensive vorhergehende Verwitterung und Kernsteinbildung (Abb. 100) zurückzuführen ist. Vergleichbare Befunde aus anderen jungen Faltengebirgen belegen, dass – als Folge der Primärrumpfbildung – weit ins Tertiär hinein und weit über den Beginn der tektonischen Gebirgsbildung hinaus der Verlauf der Faltengebirgszüge von Abb. 1 lediglich als *Schwellenregionen* mit Rumpfflächenrelief in Erscheinung traten. Die dort heute das Landschaftsbild bestimmenden Hochgebirge sind also *morphologisch jung* und mit großer Wahrscheinlichkeit auch *erstmalig* so auf der Erde ausgebildet worden, unter dem Einfluss von Klimaten, durch deren chemische Verwitterung und Abtragung die Hebungsraten seit dem jüngeren Tertiär nicht mehr ausgeglichen werden konnten. Lediglich im skizzierten permokarbonen oder in früheren Eiszeitaltern mögen vergleichbare Verhältnisse geherrscht haben, auch wenn keine Spuren sedimentbegrabener, zertalter höherer Gebirge aus jener Zeit bekannt sind.

Die Annahme liegt nahe, dass Primärrümpfe auch im Bereich der älteren, als kaledonisch und variskisch bezeichneten Gebirgsbildungen existiert haben, aus der Zeit der Kollisionen, die zur Ausbildung von Pangäa geführt haben. Die **Diskordanzen**, die jeweils das gefaltete Grundgebirge vom ungefalteten Deckgebirge trennen, verlaufen dort, wo sie aufgeschlossen und verfolgbar sind, als gerade Linien, zeichnen also Rumpfflächen nach. Beobachtbare oder erbohrte Höhenunterschiede solcher Diskordanzen lassen sich unschwer als Folge späterer Deformation, durch Bruch- oder Verbiegungstektonik, erklären, in der Weise, in der auch die tertiären Rumpfflächen im deutschen Mittelgebirge zu Schwellenregionen wie Rhön oder Spessart und Odenwald bis heute um einige hundert Meter aufgebogen worden sind (Abb. 236). Kleinräumige starke Höhenunterschiede lassen sich, sofern es sich nicht um einsedimentierte Horste, also endogen gebildete Formen, handelt, als alte Inselberge identifizieren, die wiederum zum Formeninventar von Rumpfflächen gehören (Abb. 143 – 145). Träfe das Modell von Davis zu, nachdem ein Zyklus auch vor dem Erreichen des Endrumpfstadiums abgebrochen worden sein kann, müssten durchaus auch zertalte Mittelgebirgsreliefs von nachfolgenden Transgressionen begraben und konserviert worden sein, was aber nicht der Fall zu sein scheint.

Obwohl die Befunde, die sich aus der Struktur der Diskordanzen ableiten lassen, von Geologen stammen, wird insbesondere in den für eine breitere Öffentlichkeit bestimmten Publikationen getreu dem Davisschen Modell für die alten wie für die tertiäre Gebirgsbildung immer noch von der damaligen Existenz mehrere Kilometer aufragender Hochgebirge entlang der Kollisionszonen ausgegangen. Aber auch die ganz überwiegend feinkörnigen, als Molasse zu bezeichnenden Sedimente der zur geologischen Gebirgsbildung gehörenden Randsenken liefern keine Indizien für die damalige Existenz angrenzender Hochgebirge.

Aus dem Mineralbestand metamorpher Gesteine dieser und noch älterer Gebirgsbildungen lassen sich aus rekonstruierbaren Druck- und Temperaturverhältnissen zur Bildungszeit Absenkungsbeträge von teils Zehner Kilometern rekonstruieren. Liegen die Gesteine heute an der Erdoberfläche, muss danach eine entsprechende Hebung erfolgt sein. Nach dem Davisschen Modell gehörten sie zu dem Endrumpf eines Gebirges, dessen Höhe sogar die des heutigen Himalaya weit übertroffen haben müsste, es sei denn, es wären in solchen Gebieten, etwa im südlichen Afrika, mehrere Davis-Zyklen mit den zugehörigen Hebungsphasen abgelaufen, wofür sich aber weder tektonische noch sedimentologische Beweise finden lassen.

Am Beispiel der Ostalpen (Abb. 8) hat Büdel (1977, Abb. 8) demonstriert, dass die „exogene Rohform" des Gebirges ohne gleichzeitige Hebung ein „jugendliches" Relief von etwa 8 km hätte haben müssen. Das tatsächliche Relief, einschließlich der Hebung, die erst nach der Zerstörung des Primärrumpfs erreicht worden ist, beträgt dagegen maxi-mal 4 km. Die geschätzte Höhe der Primärrumpfschwelle (in der Zeichnung ergänzt) dürfte im Scheitelbereich bestenfalls knapp einen Kilometer betragen haben.

Immerhin haben wir heute auf der Erde junge Hochgebirge, deren höchster Gipfel, der Mt. Everest, 8848 m erreicht. Diese Entwicklung war nur möglich,

▲ Abb. 8: Querprofile durch die Ostalpen a) unter der theoretischen Annahme fehlender Abtragung während der tektonischen Gebirgsbildung, b) während des wahrscheinlich bis zum mittleren Tertiär gegebenen vollständigen Ausgleichs der Tektonik durch die flächenhafte Abtragung als Primärrumpf und c) als Ergebnis zunehmender Vorherrschaft der endogenen gegenüber der exogenen Dynamik und der sich daraus ergebenden starken Hebung und Zertalung (n. Büdel 1977, Fig. 8).

1. Einleitung

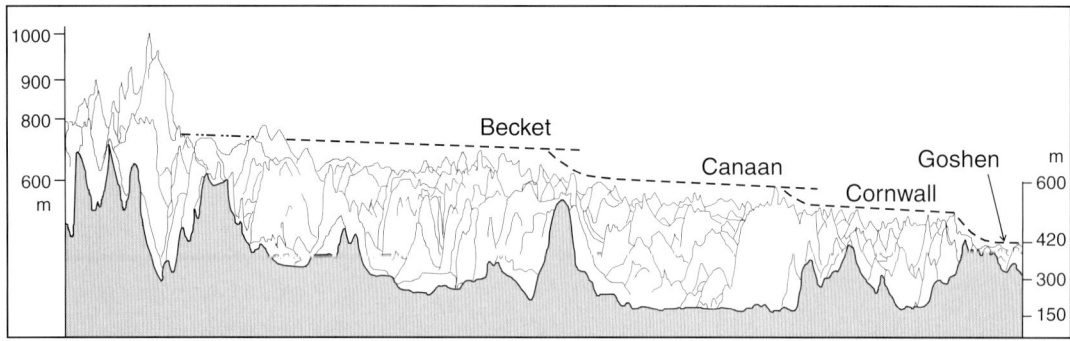

Abb. 9: Die aus gleichen Gipfelhöhen rekonstruierte Rumpftreppe der nördlichen Appalachen, interpretiert als Ergebnis mehrerer Flächenbildungszyklen nach W.M. Davis. Nach Thornbury 1965, Abb. 9.8).

weil im Laufe des jüngeren Tertiärs, gegen Ende der tropoiden Alterde, die Intensität der chemischen Verwitterung und der damit verbundenen leichten Abtragung so stark abnahm, dass sich das über den größten Teil der geomorphologischen Ära bestehende *Gleichgewicht* zwischen Hebung und Abtragung deutlich zugunsten der endogenen Dynamik verschob und damit zumindest für die letzten etwa 300 Mio. Jahre der Erdgeschichte *erst- und einmalig* eine so starke Höhendifferenzierung des festländischen Reliefs entstehen konnte.

Rumpftreppen

Rumpfflächen sind, wie erwähnt, die Reliefform mit der größten Ausdehnung auf der Erde, da sie in der Zeit der tropoiden Alterde nahezu überall als Primärrümpfe entstehen konnten. Sie sind es aber auch deshalb, weil sie weltweit in *getreppter* Form, ineinander eingeschachtelt, vorkommen, von den höchsten Flächenresten im Gipfelniveau der jungen Faltengebirge bis zu den möglicherweise noch rezent in tropisch-immerfeuchten Küstenbereichen bei langsamer Hebung als Primärrumpf gebildeten Flächen (Bremer 1989, S. 330). In mäßig gehobenen Krustenteilen, also außerhalb der jungen Faltengebirge, sind sie bei mitunter nur geringen vertikalen Unterschieden durch Stufen voneinander getrennt. Die in verschiedenen Höhen übereinander vorkommende Flächen sind zwar überall mehr oder weniger stark von Tälern zerschnitten. Abseits der Zerschneidungsbereiche sind jedoch diese Altflächen in allen heutigen Klimabereichen oft eindrucksvoll gut erhalten. Erhaltung ist dabei nicht als unveränderliche Bewahrung zu verstehen. Vielmehr werden diese präpleistozänen Reliefformen mit einem Begriff, den Bremer (1971) eingeführt und Büdel als einen seiner Kernbegriffe übernommen hat, in den unterschiedlichen posttertiären Klimazonen *traditional weitergebildet*, sei es als Sandschwemmebenen in Vollwüsten, als so genannte Kryoplanationsflächen mit periglazialer Überformung in den subpolaren Breiten oder als bodenbedeckte, stabile Altflächen im Mittelgebirgsrelief der Mittelbreiten.

Der Grund für ihre Erhaltungsfähigkeit liegt darin, dass alle fluvialen reliefbildenden Prozesse außer eben der Flächenbildung, die heute möglicherweise nur noch in den inneren Tropen eine gewisse Rolle spielt, mit abnehmendem Gefälle immer weniger leistungsfähig werden und demnach die vererbten Ebenheiten nur schwer angreifen können. Die Tatsache, dass auf diese Weise die Altflächen heute noch in allen Klimazonen „bei häufig nur geringfügiger späterer Umprägung *erhalten*" werden können, war für Büdel (1977, S. 140) „einer der wichtigsten Sätze der Geomorphologie".

Es ist diese gute Erhaltungsfähigkeit, die in der präpleistozänen Vergangenheit auch schon für diejenigen Flächen galt, die nicht mehr aktiv geformt wurden, die zur Bewahrung auch älterer Flächen und damit zur Entwicklung von Flächen- bzw. Rumpftreppen (Abb. 156) geführt hat. Die Entwicklung der Vorstellungen zur Rumpftreppengenese wird u. a. bei Bremer (1989, S. 330 ff.) beschrieben. Da Rumpftreppen selbstverständlich auch im Mittelgebirgsrelief der Appalachen zu beobachten waren, wurden sie dort als Beleg für die Davissche Zyklentheorie als Reaktion auf einen mehrfachen Wechsel von Hebung und unvollständiger Abtragung gesehen (Abb. 9). In der ersten Arbeit über eine Rumpftreppe in Mitteleuropa, die von Albrecht Penck (1924) im Fichtelgebirge durchgeführt und als „Piedmont-Treppe" beschrieben worden ist, wandte er sich, wie auch mit seinem Modell des Primärrumpfs, gegen diese Auffassung.

In Fortführung der Gedanken des früh verstorbenen Albrecht Penck führte Büdel Anfang der 1930er Jahre seine erste, grundlegende Arbeit zur Rumpftreppenthematik im westlichen Erzgebirge durch (Büdel 1935, referiert in Büdel 1977, S. 205 f.), weil dort für eine paläontologische Datierung geeignete Tertiärreste unter der Basaltdecke auf der obersten Fläche erhalten waren. Neben der Identifizierung von vier Flächenniveaus übereinander gelang ihm der Nachweis, dass die ganze Abfolge seit dem Alttertiär gebildet worden war und dass es sich um klimatisch bedingte Vorzeitformen handelte, für welche die Hebung des Gebirges zwar eine notwendige, aber keine hinreichende Voraussetzung war. Davon ausgehend, dass die Rumpftreppenlandschaften der wechselfeuchten Tropen rezent gebildet würden, ging er für ihre Ausbildung von dem Klima aus, das er später als das der tropoiden Alterde bezeichnete.

Die Auswirkungen abnehmender Verwitterungsintensität auf die tertiärzeitliche Abtragung.

Nach allen paläoklimatischen Indizien gab es, sicherlich mit Schwankungen, von der Oberkreide bis zum Ende des Tertiärs eine allmähliche Abschwächung des tropoiden Weltklimas. Damit verbunden war eine generelle Abnahme der Verwitterungsintensität. Für die Rumpfflächen wirkte sich das so aus, dass in Gebieten geringer Landhebung die alttertiäre Flächenbildung etwa bis zum Miozän noch über sämtliche Gesteine hinweg ging, während sich bei den durch Stufen abgesetzten jüngeren Rumpfflächen eine zunehmende Einschränkung auf chemisch leichter verwitterbare Gesteine zeigt.

In Gebieten stärkerer Hebung, wie dem Erzgebirge, muss das Gleichgewicht zwischen Hebung und flächenhafter Abtragung auch bereits vor dem Obermiozän zweimal so stark gestört worden sein, dass Flächenteile von der weiteren Tieferlegung ausgenommen wurden und zur Altfläche wurden, die nur noch traditional weitergebildet wurde. Relative Unterschiede der morphologischen Härte gaben den Ausschlag dafür, ob ein Stück Landoberfläche bei der weiteren Flächentieferlegung ausgespart und als Hochgebiet erhalten blieb, zumindest in den Ektropen – den (feucht-)außertropischen Breiten – bis zum Ende der Flächenbildung im Jungpliozän. In den relativen Unterschieden der morphologischen Härte in Verbindung mit unterschiedlichen Hebungsraten ist auch der Grund dafür zu sehen, warum etwa in verschiedenen Mittelgebirgen Rumpftreppen mit unterschiedlicher Stufenzahl identifiziert wurden (vgl. Ergenzinger 1965). Ihre Zahl ist davon abhängig, wie oft bei der Tieferlegung *Schwellenwerte* überschritten wurden, die einen Flächenteil von der weiteren Denudation ausschlossen.

Das zu Zeiten der intensivsten chemischen Verwitterung noch bestehende Gleichgewicht zwischen endogen bedingter Hebung und Abtragung verschob sich also erst – in beschleunigter Weise zum Jungtertiär – zugunsten einer zunehmend *selektiv* wirkenden Flächenbildung, bis letztlich, meist im Übergang zum Quartär, die selektiv und *linienhaft* wirkende Erosion an Stelle der flächenhaften Denudation trat.

Zunehmend bestimmte dabei auch die Zerrüttung der Gesteine die zunehmend selektive Verwitterungsarbeit. So führte die bessere Wasserzügigkeit entlang großer Klüfte und insbesondere bei Scharen dicht beieinanderliegender Klüfte in tektonisch stark beanspruchten Bereichen zu einer stärkeren und schneller in die Tiefe greifenden chemischen Verwitterung als

in den weniger beanspruchten Bereichen dazwischen. Mit einsetzender Zerschneidung der Rumpfflächen waren das auch die Bereiche, in denen die Einschneidung der Flüsse besonders leicht möglich war. Als Folge davon zeichnen viele Laufstrecken von Flüssen das bruchtektonische Muster des Untergrunds nach (Abb. 319, 327) und erleichtern auch in vielen anderen Fällen dem Geologen die Identifikation von Strukturen, die ohne den Klimawandel zum Jungtertiär nicht sichtbar geworden wären. Besonders eindrucksvoll wurde die zunehmend selektive chemische Intensivverwitterung (Tiefenverwitterung) zum Ende des Tertiärs in jenen Rumpfflächenbereichen sichtbar, in denen die pleistozänen Inlandeisdecken den Gesteinszersatz nahezu vollständig ausgeräumt und so den verwitterten Teil des Kluftnetzes weitflächig nachgezeichnet haben. In dem Satellitenbildausschnitt von Abb. 10 ist dieses Ausräumungsmuster von schwarz erscheinenden Seen und Flüssen deutlich nachgezeichnet.

In den aktiven Kollisionszonen mit den stärksten Hebungsbeträgen muss sich die abnehmende Verwitterungsintensität bei gleichzeitig großen Hebungsraten am frühesten und dann auch am stärksten ausgewirkt haben. Auf diese Weise wurden große Störungszonen nachgezeichnet, etwa in den Alpen die geradlinigen Abschnitte des Inntals oder des Vorderrheins. Auf diese Weise waren die Hochgebirge zum Ende des Tertiärs bereits intensiv fluvial zerschnitten. Als bei weiterer Abkühlung des Erdklimas in ihnen die Eisbildung einsetzte, waren die Abflussbahnen für die wachsenden Gletscher bereits vorgezeichnet und die präglazialen Täler wurden lediglich durch den Eisschurf *überprägt*.

In nur relativ langsam gehobenen Krustenteilen oder infolge des sinkenden Meeresspiegels, vor allem aber in Gesteinen, die unter dem jeweiligen Klima

▲ Abb. 10: Dem Kluftnetz angepasstes Gewässernetz in der zerschnittenen Rumpffläche des Kanadischen Schilds. Es ist als Folge von an Klüften verstärkt in die Tiefe greifender tertiärzeitlicher chemischer Intensivverwitterung und nachfolgend mittels Ausräumung der Zersatzbereiche durch mehrmalige Inlandeisüberfahrung im Pleistozän entstanden. Ausschnitt aus einer Landsat-TM-Satellitenbildszene.

noch morphologisch weich reagierten, setzte sich die Flächenbildung in den Mittelbreiten ebenso wie in den heute ariden Gebieten noch bis zum Ende des Tertiärs fort. Insbesondere gilt dies für Flächen, deren Bildung in Tonsteinen oder in leicht löslichen, verkarstungsfähigen Kalksteinen ablief. Als Beispiele wären zu nennen, als jeweils unterste Verebnungsflächen in einer getreppten Landschaft: die streifenförmigen Rumpfflächen *(straths)* in den gefalteten Appalachen im Osten der USA, eingesenkt in die Ausgangsfläche, die auch noch die Sandsteine der heutigen Schichtrippen *(ridges)* geschnitten hatte (Thornbury 1965, S. 109 ff.), die ausgedehnten Poljes im dinarischen Karst Südosteuropas (Büdel 1977, S. 252 ff.) oder, als deutsches Beispiel, die unterfränkische Hauptgäufläche (Büdel 1977, S. 219 ff). Diese schneidet die Schichten des oberen Muschelkalks sowie Tonsteine des unteren Keupers, während die nächsthöhere Rumpffläche, auf der Hochfläche des Steigerwalds erhalten, auch noch Sandsteine schnitt. Weitere Beispiele finden sich dort, wo vor der Großen Randstufe in Südnamibia nach Durchteufung der untersten harten Deckschicht die letzte Phase der Rumpfflächenbildung in bereits präkambrisch verwittertem, exhumierten Gesteinszersatz noch leicht ablaufen konnte (Stengel 2002, Abb. 178), ebenso wie in der südsaharischen Ténéré von Südalgerien und Nordniger (Busche 1998, S. 18 ff.; Abb. 167).

Schicht- und Rumpfstufen

Die Reihe der Beispiele ließe sich beliebig in allen heutigen Klimazonen mit Varianten, aber bei prinzipieller Gleichheit fortsetzen: Es gibt eine bis etwa zum Miozän gebildete weit gespannte **Ausgangsrumpffläche** für die weitere eingeschränkte Flächenbildung, die in ihrem Niveau noch einheitlich über alle Gesteine der jeweiligen Region hinwegzog. Diese wird in der Regel von einzelnen Plateaus oder Restbergen, oder, durch jeweils eine Stufe abgesetzt, von einer oder mehreren höheren Altflächen überragt. Sie ist also die unterste und ausgedehnteste Fläche einer mehrstufigen Rumpftreppe. Schon einzelne Restberge auf dieser Ausgangsfläche sind der Beweis dafür, dass sie selbst aus einer höheren Fläche hervorgegangen ist (Abb. 131, 136, 146). Analog zu schließen und bei Sedimentgesteinen unschwer aus dem Fehlen von jüngeren Schichten ablesbar, die aus der Kenntnis der andernorts rekonstruierten vollständigen Schichtenfolge einmal vorhanden gewesen sein müssen, ist dann auch die nächsthöhere Rumpffläche ihrerseits aus einer noch höheren und älteren Fläche entstanden.

Es war die Zerschneidung dieser „miozänen" Ausgangsfläche, die bei schwach verstellten Schichten zur Schicht**stufen**landschaft (Abb. 164 ff.), bei stark verstellten Schichten zur Ausbildung von Schichtrippen- bzw. Schicht**kamm**landschaften (Abb. 149 – 154) und in kristallinen Gesteinen zu **Rumpfstufen** führte, also in den Mittelbreiten zum Bild heutiger Mittelgebirgslandschaften. Den Anstoß dazu, welcher Teil der Ausgangsfläche tiefer gelegt wurde und welcher als Hochfläche oberhalb einer Stufe erhalten blieb, gab das Nebeneinander von Gesteinen auf der Ausgangsrumpffläche, die auf den jungtertiären Klimawandel morphologisch unterschiedlich hart reagierten. Stießen also bei leicht verstellten Schichten auf der Ausgangsfläche Sandstein und Tonstein aneinander, deren Härteunterschiede bei der Ausbildung der Ausgangsfläche noch keine Rolle gespielt hatten, so wurde in der Folgezeit der Tonsteinbereich weiter flächenhaft abgetragen, während der Sandstein zum harten, flächenerhaltenden Stufenbildner wurde (Abb. 167). Ähnlich wurden auch Gesteinsunterschiede beiderseits von Verwerfungen in Wert gesetzt.

Zwei Punkte sind bei dieser jungtertiären Reliefentwicklung besonders wichtig. Die *Grenzlinie* zwischen zwei Gesteinsbereichen unterschiedlicher morphologischer Härte auf der Ausgangsfläche bestimmt bis heute weitgehend den Verlauf einer Stufe. Deren Position im Raum ist also *nicht* durch Abtragung an der Stufenfront nennenswert verändert worden, auch wenn in vielen Modellen zur Schichtstufenbildung die Ausbildung der Vorlandfläche durch langfristige Stufenrückverlegung über viele Kilometer hinweg als Dogma gilt[5].

Der zweite Punkt ist, dass es *keinen* grundsätzlichen genetischen Unterschied zwischen Schicht- und Rumpfstufen gibt (u. a. Büdel 1977, S. 130 ff.). Beide sind aus einer Ausgangsrumpffläche hervorgegangen, die das Ergebnis noch weitestgehend undifferenzierter flächenhafter Abtragung bei noch intensiverer chemischer Verwitterung als zur Zeit der Stufenausbildung war. Eindeutig belegt wurde dies im nigerianischen Jos-Plateau, wo dieselbe langgestreckte Stufe vom Kristallin in Kreideschichten übergeht, also von einer Rumpf- zur Schichtstufe (Bremer 1971, 1972). Ebenso können Stufen vom Normalfall der Schichtstufe, mit hartem Stufenbildner über weichem Gestein am Stufenhang – auch als **heterolithische Stufen** bezeichnet (Louis & Fischer 1979, S. 331 ff., 635) – bruchlos in eine **homolithische,** über die ganze Stufenhöhe aus dem harten Gestein des Stufenbildners aufgebaute Stufe (Abb. 170) übergehen, etwa am Westrand des zentralsaharischen Murzuk-Beckens (Busche et al. 1979). Auch Rumpfstufen selbst können in ihrem Verlauf aus unterschiedlichen Gesteinen aufgebaut sein, so etwa die Große Randstufe in Namibia (Abb. 188) als Anschnitt einer Rumpffläche aus

---

5 Eine Zusammenschau der auch heute noch in vielen Lehrbüchern zu findenden Vorstellungen zur Stufenrückwanderung bietet Blume (1971), der allerdings in einer späteren Arbeit (Blume & Barth 1973) selbst gezeigt hat, dass die große Stufe der Allegheny-Front am Ostrand des südlichen Appalachenplateaus nicht zurückgewandert ist.

unterschiedlich alten Metamorphiten, Graniten und Gneisen (Kempf 2000, S. 445 ff.). Schwieriger als bei der „klassischen" Schichtstufe ist bei den Rumpfstufen allerdings die Ursache für die Stufenausbildung an der gegebenen Position zu finden, insbesondere weil die Indizien auf der heutigen Vorlandseite ja der Abtragung zum Opfer gefallen sind.

Dachflächenzerschneidung, Intramontane Ebenen und Flächenpässe

Während in Gunstgebieten geringerer morphologischer Widerständigkeit der Gesteine noch bis zum Ende des Pliozäns Flächenbildung herrschte, ging die Abtragung in den erhaltenen Plateauteilen – auch als **Dachfläche** der Stufenlandschaft zu bezeichnen – natürlich auch weiter. Vor allem geschah dies als *linienhafte* fluviale Zerschneidung, die vom Dachflächenrand als regionaler Wasserscheide (Abb. 313) ausging. Im Normalfall, insbesondere bei Schichtstufen, setzt diese Zerschneidung unmittelbar hinter der Stufe ein, sodass die Ausgangsfläche dort also oft nur noch als wenige hundert Meter breiter Streifen erhalten ist (Abb. 178).

In anderen Teilen der Ausgangsfläche bildeten sich **intramontane Becken** oder Ebenen aus, die über Täler mit der Vorlandfläche verbunden und in gleicher Weise wie diese tiefer gelegt waren, weshalb Büdel für sie auch den Begriff **Flächeninsel** verwendete (128, 130). Da sie in wenn auch oft bis zur Unkenntlichkeit zerschnittene Plateaus eingetieft sind, müssten sie eigentlich als **Intraplateaubecken** bezeichnet werden. Auch sie kommen in allen Plateaulandschaften der Erde vor, seien es die schon erwähnten *straths* des Appalachen-Längstals, die wegen ihrer besonderen Vegetation als Parks bezeichneten Becken *(intermontane basins)* in den südlichen Rocky Mountains der USA (Thornbury, 1965, S. 341 ff.), oder die ausgedehnten intramontanen Ebenen innerhalb der MacDonnell Mountains in Inneraustralien (Bremer 1975). Andere Beispiele hat Büdel aus den südindischen Ost-Ghats beschrieben und auch den verkürzten Begriff **Intramontebene** in die Literatur eingeführt (Büdel 1977, S. 124 ff., Büdel 1986, S. 47 ff.). Wie stark ein Gebirgsbereich insgesamt durch intramontane Becken aufgelöst sein kann, zeigt Abb. 11 mit einem Beispiel aus dem nördlichen Zagros-Gebirge Irans. Die wohl bekanntesten, wenn auch selten so bezeichneten intramontanen Ebenen sind die **Poljes** der Karstlandschaften (Büdel 1977, S. 252 ff.), deren Abflusslosigkeit sich vielfach erst in der Spätzeit der Eintiefung entwickelt hat, wie an Pässen in ihrer Umrahmung zu erkennen ist (Abb. 68, 69).

Für die ausführliche Diskussion der Genese von intramontanen Ebenen sei auf die zitierte Literatur verwiesen. Hier ist nur wichtig, dass es sich dabei *nicht* um zu breit geratene Täler handelt, denn dann müssten ihre Böden in einer Richtung gleichsinnig geneigt sein und nur von einem Fluss entwässert werden. Auch bei den Beispielen aus dem Appalachen-Längstal ist dies nicht der Fall, ebenso wenig wie bei der weltgrößten langgestreckten Intramontebene, dem über 2000 km langen, eine Hauptstörungszone nachzeichnenden Rocky Mountain Trench in den kanadischen Rocky Mountains, der von zahlreichen, durch flache Schwellen im Längsverlauf des Grabens voneinander getrennten Flüssen entwässert wird. Es ist ein typisches Kennzeichen der intramontanen Ebenen, dass sie von mehreren Flüssen in unterschiedlicher Richtung entwässert wurden oder werden, wobei die Flüsse lediglich als Transportbahnen für die Produkte der flächenhaften Abspülung auf den Beckenböden dienten und ihre Einzugsgebiete durch flache Wasserscheiden als Flächenpässe getrennt sind (*vgl.* Bremer 1975, Abb. 1 bzw. Büdel 1977, Abb. 47).

Büdel führte den Begriff **Flächenpass** 1965 (Büdel 1977, S. 121) zur Beschreibung der flächenhaften Verbindungen zwischen Inselbergen auf einer Rumpffläche ein. Flächenpässe stellten oder stellen vielfach aber auch die Verbindungen zwischen einem Netz von intramontanen Ebenen oder dem Vor- und Hinterland einer Stufe dar und erlauben so die recht gute Verkehrsdurchgängigkeit von Stufenlandschaften. Die Häufigkeit solcher Pässe an einem Beispiel aus dem Süddeutschen Schichtstufenland (Steigerwald, Frankenhöhe), ebenso wie die rückseitig bis fast an die Stufe reichende Plateauzerschneidung zeigen zwei Abbildungen in Busche et al. (1989, Abb. 6a/b, *s. a.* Müller 1998, Abb. 51/52).

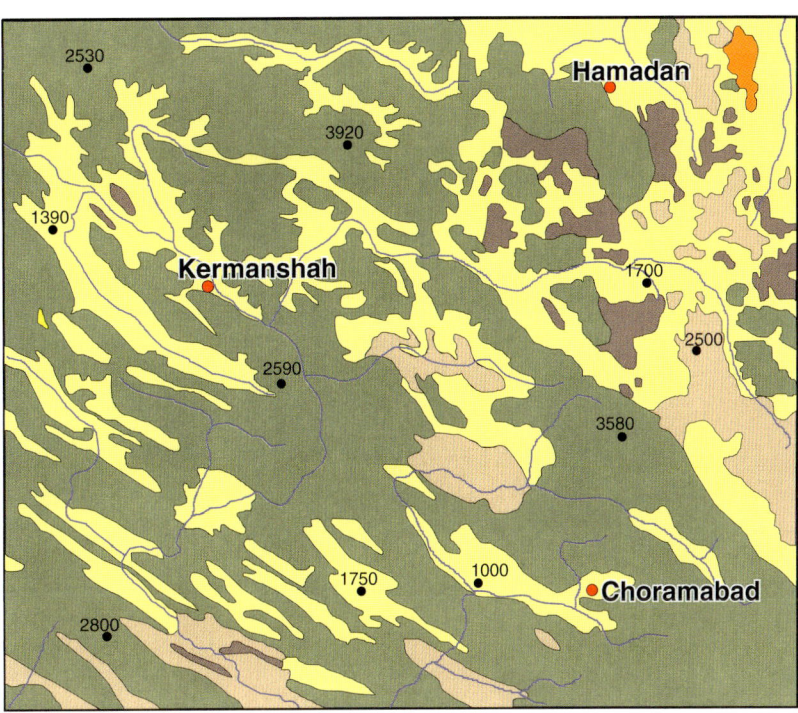

▲ Abb. 11: Intramontane Becken im nördlichen Zagros-Gebirge (n. Busche et al. 1990).

1. Einleitung

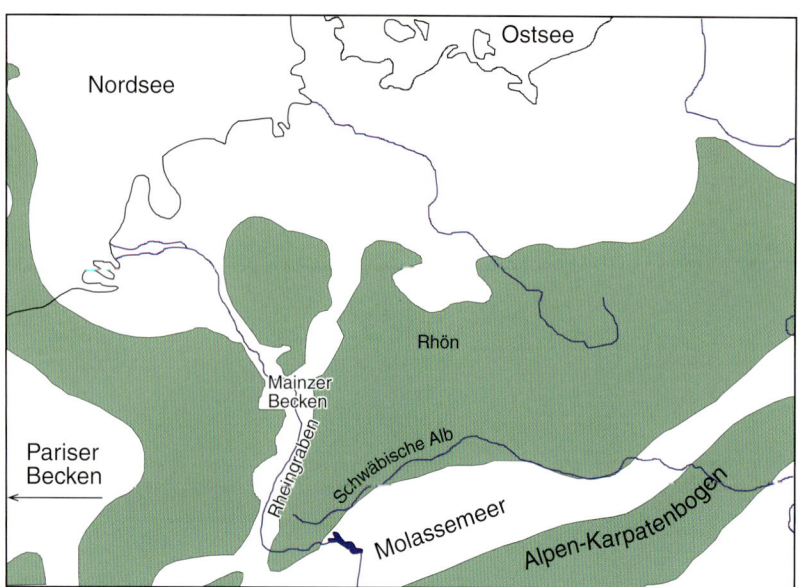

▲ Abb. 12: Die Küstenlinie im Miozän als Erosionsbasis der damaligen Rumpfflächenbildung (nach Schmidt & Walter 1990, S. 205).

Konnte die Tieferlegung eines Flächenpasses nicht mehr mit der seiner zugehörigen Fläche Schritt halten, etwa weil eine geomorphologisch härtere Schicht erreicht worden war, wurde er in einen getreppten **Stufenpass** umgewandelt (Abb. 176–181). Bei Stufen mit unterschiedlicher Lithologie können solche Pässe in verschiedenen Höhen über dem heutigen Vorland auftreten. In der älteren Schichtstufenliteratur sind sie als **geköpfte Täler** bezeichnet worden (Abb. 356), in Verbindung mit der Vorstellung weiträumiger **Stufenrückverlegung** (z.B. Ahnert 2003, S. 252, S. 300 ff.; Wagner 1960, S. 160 ff.). Trotz der starken Heraushebung der Alpen konnten solche Flächenpässe auch dort noch unterschiedlich lang im Jungtertiär weitergebildet werden und erleichtern heute, etwa am Brenner-Pass, den Verkehr durch das Gebirge. Irgendwann im Zuge des tertiär-quartären Klimawandels wurden sie jedoch gestuft. Für den Maloja-Pass in der Südschweiz zeigt dies Abb. 65 in Louis & Fischer (1979).

Die bisherigen Ausführungen machen deutlich, dass die oft gemachte Vereinfachung „Flächenbildung im Tertiär, Talbildung in Quartär" nicht richtig ist. Zutreffend ist nur, dass als Folge des Klimawechsels zumindest außerhalb der feuchten Tropen im Quartär *keine* Flächenbildung mehr, andererseits aber Talbildung *auch* im Tertiär möglich war, nämlich überall oberhalb des Niveaus der jeweils einzigen aktiven Rumpffläche, vor allem natürlich in den jungen Kollisionsbereichen, in denen schon früher als in Gebieten langsamerer Krustenaufwölbung die Denudation nicht mehr mit der Hebung Schritt halten konnte. Bei den oberen Stufen von Rumpftreppen setzte die Plateauzertalung jeweils schon ein, wenn die selektive Tieferlegung der nächsttieferen Fläche einsetzte. So meint Young (1977) aus New South Wales sogar eine präeozäne Zertalung bei der Zerschneidung einer exhumierten präpermischen Rumpffläche nachweisen zu können.

Der Meeresspiegel als Erosionsbasis der Rumpfflächenbildung

Auch wenn gerade Young der jetzt folgenden Aussage widerspricht, erscheint es mittlerweile doch gesichert, dass *ausgedehnte* Rumpfflächen nur im Anschluss an das Meeresniveau entstehen konnten, nach dem oben vorgestellten Modell des Primärrumpfs. Weitere Begründungen für die Bindung der Flächenbildung an den Meeresspiegel liefert Bremer (1989, S. 267, 329). Aber auch die Paläogeographie liefert entsprechende Belege. In Mitteleuropa verlief die Küstenlinie zu Beginn der jungtertiären Schichtstufenbildung und damit die Erosionsbasis der dortigen Flächenbildung vom Kasseler Becken über das Mainzer Becken und den Rheingraben und umgrenzte im Süden zwischen der Schwelle der zukünftigen Alpen und der Schwäbischen Alb das Molassebecken (Abb. 12).

Auch bis zum Ende der tertiären Flächenbildung war die Einstellung auf den weiter sinkenden Meeresspiegel gegeben, sei es im sich ausbildenden Schichtstufenland der Küstenebene im Südosten der USA, am Ostrand der von Büdel so genannten Tamilnad-Fläche Südindiens, in der südafrikanischen Flächennamib oder der sich vom Mittelgebirgsrand bis ins Nordseebecken erstreckenden Fläche, die heute unter der Sedimentdecke von drei Eiszeiten liegt. Auch für die Rumpfflächen der zentralen Sahara lässt sich für jene Zeit der Anschluss an das sich allmählich aus Süd-Niger zum Golf von Guinea und nach Norden in die Syrtebucht zurückziehende Meer nachweisen (u.a. Busche 1998, S. 11).

Die Leistungsfähigkeit der jungtertiären Flächen- und Stufenbildung

Nimmt man nur diese unvollständige Aufzählung, zeigt sich, dass das Ausmaß der jungtertiären Flächenbildung, also derjenigen, während der unter Zerstörung der etwa bis ins Miozän gebildeten Ausgangsrumpffläche die Schicht- und Rumpfstufenlandschaften der Erde entstanden, *keinesfalls unbedeutend* war. Nach dem mitteltertiären Klima-Umbruch, der sich möglicherweise in der *Messinischen Salinitätskrise* geäußert hat, die nicht nur ein plattentektonisches Ereignis gewesen sein kann, haben Wärme und Feuchtigkeit und die daraus resultierende chemische Verwitterung offensichtlich noch einmal günstige Bedingungen für die Flächenbildung erreicht, auch wenn innerhalb dieses Zeitraums immer mehr Flächenbereiche aus der weiteren Tieferlegung herausfielen. Die Entstehung von bis zu mehrere hundert Meter hohen Stufen in jener Zeit bedeutet ja auch, dass noch der gewaltige Ausraum von mehreren hundert Metern Flächentieferlegung möglich war und dieser teils über Hunderte von Kilometern ins Meer geschwemmt werden konnte.

Ein eindrucksvolles Beispiel ist jene über 500 km lange, leicht bogenförmige saharische Schichtstufe, die sich als Tassili n'Ajjer vom Nordostrand des südalgerischen Hoggar-Gebirges bis zu der als Dissilak bezeichneten Stufe am Ostrand der Ténéré von Ost-Niger erstreckt. Auch ihre Bildung gehört in den genannten Zeitraum. Die Aufwölbung der Kruste war im Gebiet des aufsteigenden Hoggar-Gebirges in jener Zeit am höchsten; in Nord-Niger war sie nur sehr gering. Als Ausdruck dieser Hebungsunterschiede setzt die Dissilakstufe an ihrem Südende mit nur wenigen Metern Höhe ein, um dann bis in das Gebiet der Oase Djanet allmählich auf etwa 800 m relativer Höhe anzusteigen – bei Erhaltung einer einzigen, durchgehenden Rumpffläche am Fuß der Stufe. Das bedeutet, dass selbst im Bereich der stärksten Hebung diese im Vorland der allmählich in die Höhe „wachsenden" Stufe noch durch die Flächenbildung kompensiert werden konnte, allerdings begünstigt durch die schon erwähnte präkambrische chemische Vorverwitterung jener Rumpffläche, die von den paläozoischen Sandsteinen der heutigen Stufe begraben worden war. Erst mit dem Ende der tropoiden Alterde wurde diese heute in einem vollariden Klima liegende Fläche in typischer Weise zerschnitten beziehungsweise traditional weitergebildet.

Bei einer großzügig geschätzten Dauer der Stufenbildung von 20 Millionen Jahren hätte demnach die Tieferlegung im Bereich der stärksten Hebung 40 mm in 1000 Jahren, oder, in der entsprechenden Maßeinheit, 40 Bubnoff (B) betragen (*vgl.* Ahnert 2003, S. 21), und dies gleichzeitig über eine Fläche von weit über 10 000 km2 im Übergang zu der noch viel ausgedehnteren Fläche der Ténéré. Am Südende der Stufe, im Gebiet der geringsten Hebung, kann die Tieferlegung dagegen nur knapp 0,5 B betragen haben, bei einer mittleren Stufenhöhe von 200 m in der Region immerhin noch 10 B.

Der Mechanismus der doppelten Einebnung

Mit der Frage, welche Abtragungsprozesse für eine bei entsprechender Hebung derartig leistungsfähige flächenhafte Abtragung verantwortlich waren, hat sich Büdel sehr intensiv befasst. Ausgehend vom aktualistischen Ansatz suchte er nach Gebieten mit rezenter Flächenbildung und meinte, ein solches Gebiet nach eigenen Feldarbeiten in der Rumpffläche von Tamil Nadu im Südosten des indischen Subkontinents gefunden zu haben, also in den wechselfeuchten Tropen. In seiner Karte der klima-morphologischen Zonen (Abb. 1) wies er diese Zone deshalb, wie erwähnt, als „Randtropische Zone exzessiver Flächenbildung" aus. Zur Erklärung der Bildungsweise einer in dieser Zone „lebenden" Rumpffläche entwickelte Büdel das Modell des „Mechanismus der doppelten Einebnung" (Abb. 118), zusammengefasst dargestellt in Büdel (1977, S. 94 ff.) und letztmalig ausgearbeitet in Büdel (1986, S. 26 ff.).

Danach findet ganzjährig eine intensive chemische Verwitterung an der **Verwitterungsbasisfläche** statt, im Kontaktbereich zwischen einigen Metern völlig zu Rotlehm verwitterten Gesteins und völlig unverwittertem Gestein mit einer schaligen Übergangszone mit knetbarem kaolinitischen Ton von nur 2 bis 2,5 cm (Abb. 214). Die Basisfläche ist natürlich wegen bevorzugt verwitterbarer Kluftbereiche unregelmäßig ausgebildet (Abb. 115, 116). Während an ihr die chemische Intensivverwitterung kontinuierlich in die Tiefe greift, erfolgt parallel dazu an der Landoberfläche in der Regenzeit, vor allem vor dem Aufkommen schützender Vegetation, die Abspülung der tonigen Verwitterungsprodukte nach vorheriger Aufschlämmung in einem flachwelligen Relief von **Spülscheiden** und **Spülmulden**, bei nur wenigen Metern absoluter Höhenunterschiede auf mehrere Kilometer Horizontaldistanz (Büdel 1986, Abb. 4). Die Spülmulden tiefen sich dabei nicht schneller als die Spülscheiden ein. Sie dienen lediglich als **passive Transportbänder** im überall gleich verfügbaren Boden. Parallel dazu erfolgt fast ganzjährige **Lösungsabfuhr** entlang der durchfeuchteten Verwitterungsbasisfläche. Die hohe Abtragungsleistung ergibt sich daraus, das die Denudation auf der Fläche überall *gleichzeitig* abläuft, im Gegensatz zur nur linienhaft wirkenden Erosion in anderen Klimaten.

Büdels Überzeugung, dass die Flächenbildung auf der Tamilnad-Fläche immer noch ungestört ablaufe, ist sicherlich nicht zutreffend. Abgesehen von der menschlichen Beeinflussung der Oberflächenprozesse in dieser intensiv genutzten Reisanbaulandschaft zeigen die Sedimente entlang der Hauptentwässerungslinie der Ebene, des Cauvery, dass es auch hier im Pleistozän klimabedingte Einschneidung gegeben hat, allerdings mit anschließender Verfüllung, sodass diese Fläche sich wohl in traditionaler Weiterbildung sehr nahe am Originalzustand befindet. Unbestritten ist dennoch die Existenz der Verwitterungsbasisfläche, in der englischen Literatur als *weathering front* (Mabbutt 1961, bei Ollier, z.B.1969 auch basal surface of weathering) bezeichnet, und ebenso finden sich dort auch Varianten zur „doppelten Einebnung" (Thomas 1994).

Das Klima der Flächenbildung

In der Literatur gibt es neben der Zuordnung der Flächenbildung zu einem tropisch-wechselfeuchten Klima auch abweichende Vorstellungen dazu, unter welchem Klima Flächenbildung stattfinden kann. Eine kritische Zusammenstellung bietet Wirthmann

(1987, 1994, 1999, Kap. 2.5). Die Modelle reichen dabei bis zur vorherrschenden Flächenbildung weltweit unter semiaridem Klima (King 1962) oder dem zeitlichen Wechsel zwischen Talbodenpedimentation im feucht-tropischen und Hangpedimentation im trocken-wechselfeuchten Klima (Rohdenburg 1971, Wirthmann 1987, Kap. 2.5.3). Am besten durch Feldbefunde belegt ist das Modell von Bremer (zuerst 1971), das zwar auch von der Vorstellung der doppelten Einebnung ausgeht, wonach aber Flächenbildung durch **divergierende Verwitterung und Abtragung** nur in den immerfeuchten Tropen möglich ist. Ausschlaggebend ist dabei die Umkehr der Denudationsbedingungen in den Ektropen, die auf den Hängen am besten sind. Bei tropischem Klima sind sie dagegen gerade in den flachen Geländeteilen am besten. Diese sind nach Niederschlägen länger und intensiver durchfeuchtet, sodass die Verwitterung dort, begünstigt durch aggressive organische Säuren im Bodenwasser, besonders effizient ablaufen kann, ebenso wie die Abtragung durch Tonausschwemmung an der Oberfläche und *subterrane* Materialabfuhr (Bremer 1989, u. a. S. 140, 154; 1993).

Die detaillierte Bestimmung von Werten, unter denen eine Flächenneubildung möglich sein soll, wird zum einen durch unzureichende Messdaten erschwert, vor allem aber dadurch, dass schwer zu bestimmen ist, ob eine Fläche noch aktiv oder nur traditional weitergebildet wird. Infolge der erwähnten Zählebigkeit der Flächen und ihrer Bodendecke dürfte die Formung nur sehr verzögert einem Klimawechsel gefolgt sein. Trockenphasen, wie es sie im Tertiär wie auch gerade im Quartär immer wieder gegeben haben dürfte, dürften so abgepuffert worden sein und morphologisch nicht in Erscheinung treten (Bremer 1989, S. 141). Da aber für die Flächenneubildung auf jeden Fall eine dichte Rotlehmdecke für die intensive Verwitterung unabdingbar ist, werden stellvertretend die für eine solche Bodendecke notwendigen Klimabedingungen angenommen (nach Späth 1981): ca. 1650 mm Jahresniederschlag und mindestens acht humide Monate (S. 140), verbunden mit der optimalen Durchfeuchtung in ebenem Gelände.

Im Rahmen der von Bremer in Sri Lanka durchgeführten Studien berechnete Stein (1981) für die immerfeuchten Teile der Insel eine Abtragungsgeschwindigkeit von etwa 32 B (mm/1000 Jahre; s. a. Bremer 1982). Dieser Wert liegt noch unter dem oben für das Tassili-Vorland geschätzten Maximalwert, sodass dort eigentlich noch extremere feuchtklimatische Verhältnisse bis ins Jungtertiär geherrscht haben müssten, Zweifel an der Büdelschen Klimazuordnung also angebracht erscheinen.

Es scheint aber so zu sein, dass auch in den heutigen feuchten Tropen nur in bevorzugten Arealen (noch?) Flächenbildung stattfindet wie etwa den in ältere Flächenniveaus eingetieften Flächenstreifen (Bremer 1981; Abb. 127). Darüber hinaus gibt es Zweifel, ob das heutige feucht-tropische Klima selbst in seinen Extremen für Flächenneubildung ausreicht. Wirthmann (1987, 1994, 1999), der kritisiert, dass es in der deutschen Tropengeomorphologie geradezu eine Fixierung auf die Flächenbildung gegeben habe (Kap. 2.2), beschreibt und diskutiert ausführlich die geradezu extreme Zerschneidung tektonisch junger, teils erst im Pleistozän entstandener Gebirgsbereiche in den feuchten Tropen. Er kommt zu dem Ergebnis, dass die tropische Flächenbildung der jüngeren Vergangenheit offensichtlich nicht in der Lage war und ist, *„eine der in Orogenen üblichen Hebungsrate adäquate Tieferschaltung zu bewirken"* (Kap. 7.7), dass also der Mechanismus der Primärrumpfbildung mindestens seit dem Pleistozän nicht mehr wirksam ist.

Die zeitliche Trennung von Tiefenverwitterung und Flächenbildung

Offensichtlich funktionierte er aber, wie dargestellt, zur Zeit der tertiären Orogenentwicklung, und unbestritten finden sich nahezu überall auf der Erde Reste dieser mit dem Übergang zum Quartär ausklingenden Ära der Flächenbildung. Eine Lösung des Problems wäre die schwer beweisbare Annahme, dass das tertiäre Flächenbildungsklima Charakteristika hatte, die keinem der heutigen Klimate entsprachen, auch nicht denen der feuchten Tropen. Für die Zeit des schon erwähnten alttertiären Bauxit-Events (Prasad 1985) wäre das vielleicht denkbar, da heute wohl nirgendwo mehr in großem Umfang Bauxit gebildet wird; es gilt jedoch, nach bisherigen paläoklimatischen Erkenntnissen, nicht für die jungtertiäre Zeit, in der ja auch noch vielerorts Flächenbildung möglich war. Gegen die andere Lösung, dass über entsprechend lange Zeiträume hinweg überall eine Fläche entstehen werde – als Variante des Davisschen Modells –, spricht neben dem geologisch gesehen geringen Alter vieler Rumpfflächen, deren Bildung erst mit dem post-oberkretazischen Sinken des Weltmeeresspiegels einsetzen konnte, auch die plattentektonisch bedingte, starke endogene Dynamik der Erdkruste.

Wirthmann (1987, Kap. 4.1.4) schlägt als Ausweg ein Modell vor, in dem die Tiefenverwitterung zeitlich von der Flächenspülung getrennt ist, etwa nach den Vorstellungen von Rohdenburg (1981). Danach wäre das gut dokumentierte Büdelsche Modell der gleichzeitigen doppelten Einebnung lediglich ein *Sonderfall*, der nur den jüngeren Teil der Reliefentwicklung der tropoiden Alterde beträfe. Dafür spricht, dass das nach Büdel typische, flachwellige Relief einer Rumpffläche aus Spülmulden und Spülscheiden zwar im Niveau der untersten, jüngsten Rumpffläche generell zu finden ist, allerdings bei bereits weitgehender Entfernung der ursprünglichen Rotlehmdecke. Auf stark gehobenen, älteren Flächen kommen Spülmulden, in der Terminologie von Louis, als **Flachmuldentäler** vor (Abb. 124), die von ihm in Tanzania untersucht wurden (Louis & Fischer 1979, S. 258).

Gut erhaltene Reste der etwa miozänen Ausgangsfläche oder noch älterer Flächen mit anderer Hebungsgeschichte zeigen dagegen, abgesehen von junger Zerschneidung, über weite Flächen eine nahezu perfekte Ebenheit (Abb. 164, 181). Insbesondere gilt dies für die von Wirthmann als „vollendet" bezeichneten Rumpfflächen der alten Gondwana-Kontinente (1987, S. 123), aus deren Untersuchung sich vor allem seine Kritik an den Büdelschen Vorstellungen entwickelt hat. Dank fehlender Vegetation besonders gut zu sehen ist sie aber auch auf den ausgedehnten Dachflächen der zentralsaharischen Schichtstufenlandschaft (Busche 1998, Foto 2, mit dem Gegensatz in Foto 13; Abb. 164, Horizontlinie in Abb. 176, Abb. 181 als namibisches Beispiel).

Dekompositionssphäre und Saprolitisierung

Ebenfalls für die Sonderstellung des Büdel-Modells spricht, dass es den Fall von nur wenigen Metern Rotlehm im scharfen Kontakt zum unverwitterten Anstehenden darunter zwar gibt, dass er aber nicht die Regel ist. Büdel (1977, S. 96) selbst weist darauf hin, „…dass sich in vielen Fällen unter der feuchttropischen Pedosphäre noch eine Dekompositionssphäre von der vielfachen Mächtigkeit erstrecken kann". In der weiteren Diskussion seines Modells spielt sie jedoch keine Rolle. In der Tat ist diese **Dekompositionssphäre**, die Decke chemischen Gesteinszersatzes aus der Zeit der tropoiden Alterde (Büdel 1977, Abb. 2), noch weit verbreitet erhalten. Eine Zusammenstellung weltweiter Belege für bis zu mehrere hundert Meter in die Tiefe reichender chemischer Verwitterung bietet Ollier (1969).

Vor allem aus bodenkundlicher Sicht hat Felix-Henningsen (1990) sie detailliert im Rheinischen Schiefergebirge untersucht und als **mesozoisch-tertiäre Verwitterungsdecke** (MTV) bezeichnet (für Sachsen *vgl.* Eismann 1997). Selbst dort, wo die Zersatzdecke fast vollständig abgespült worden ist, ist sie noch an Felsburgen (Abb. 131, 135) oder Blockmeeren (Abb. 446) erkennbar. Der Formenschatz der Tiefenverwitterung, der insbesondere in Massengesteinen gut ausgeprägt ist, wurde zusammenfassend von Wilhelmy (1958, 1981) beschrieben. Zu finden ist er auch in den Trockengebieten der Erde (z. B. für die Sahara Busche 1998, Kap. 1.2; für Namibia Kempf 2000, Kap. 4.2) oder, nach eigenen noch nicht veröffentlichten Geländeergebnissen, weitflächig im Zentral- und Nordiran, auch wenn er dort bis jetzt weitgehend übersehen oder fehlinterpretiert worden ist.

Der Zersatz wird heute meist als **Saprolit** (Abb. 100 ff.), im Französischen als *roche pourrie* bezeichnet, was beides „verfaultes Gestein" bedeutet, im Englischen neben *saprolite* auch als *regolith* (ursprünglich für mechanisch aufbereitete Schuttdecken verwendet). Die saprolitische Verwitterung, die in Sandsteinen in der Wüste von Nordost-Niger noch bis unter die Fußzone von etwa 400 m hohen Inselbergen nachzuweisen ist (Busche & Sponholz 1989, 1991), ging unterhalb der Rotlehmdecke mit Grundwasserbleichung und starker Lösungsabfuhr einher. So wurde trotz der weitgehenden Umwandlung der Gesteinskomponenten in Tonminerale die Gesteinsstruktur bewahrt, obwohl ein Gewichtsverlust von mehr als 20 % eingetreten sein kann. Ollier (1969) hat dafür den Begriff der **isovolumetrischen** Verwitterung eingeführt (Abb. 101, 104).

In einem derart aufbereiteten Gestein konnte Flächenbildung auch bei im Laufe des Jungtertiärs zunehmend weniger feucht-tropoidem Klima noch ungehindert ablaufen. Die extrem hohen Werte, die oben für die Tassili-Vorlandfläche geschätzt worden sind, wären insofern gar nicht mit einer im Jungtertiär noch besonders feucht-tropischen Verwitterung in diesem heute ariden Raum zu erklären, sondern lediglich mit dem „Aufbrauchen" eines Saprolitreservoirs, das in diesem speziellen Fall, wie erwähnt, sogar noch aus dem Präkambrium stammte.

Saprolit konnte in allen Gesteinen gebildet werden – außer in denen, die durch einfache Lösung aufbereitet werden können, vor allem also Kalkstein, aber auch Dolomit, Gips und Salze. Vom Kalkstein blieb nach dessen Lösung lediglich der klastische, meist aus Ton bestehende „Verschmutzungsanteil" übrig und wurde durch Bodenbildung überprägt. Erhalten blieb er in Karstschlotten oder als „lehmige Albüberdeckung" der Schwäbischen Alb. Anders als beim Saprolit lässt sich die summierte Mächtigkeit der Tiefenverwitterung dieses weiteren Zeugen der tropoiden Alterde nur grob auf dem Weg abschätzen, dass die nicht karbonatischen Anteile im Ausgangskalkstein nur wenige Prozent betragen haben und so ein Meter Tonanreicherung schon für einen sehr bedeutenden Lösungsabtrag steht.

In einem tief reichenden Reservoir derartig saprolitisierten Gesteins dürfte die Abspülung der Dekompositionssphäre insbesondere bei schütterer Vegetationsdecke zu beträchtlich großen Bubnoff-Einheiten geführt haben. Allerdings lässt sich nicht die gesamte Flächenbildung mit dieser alten Intensivverwitterung erklären. Auch auf erst jungtertiär geförderten Basalten, in Deutschland etwa im Schildvulkan des Vogelsbergs oder in der Rhön, führte die chemische Intensivverwitterung ebenfalls noch bis zur Bildung reiner Kaolinite. Anderseits gibt es aber auch den schon erwähnten präkambrischen Saprolit, dessen leichte Ausräumbarkeit sowohl die heutige Reliefentwicklung in der Namib oder in Teilen der Sahara als auch die Geschwindigkeit der tertiären Flächenbildung beeinflusst haben dürfte.

Restriktive Flächenbildung

Die gesamte jungtertiäre Flächen- und Stufenbildung kann die angenommene zeitliche Trennung von Tiefenverwitterung und Abspülung allerdings auch nicht erklären, etwa in Übertragung des Rohdenburgschen Wechsels von Aktivitäts- und Stabilitätszeiten (1970) auf diesen präquartären Zeitraum. Im süddeutschen Mittelgebirgsraum finden sich, ausgehend von den Hängen, zwar auch eindeutige Saprolitreste (Boldt & Kempf 2002). Aber dennoch zeigt sich im Jungtertiär nicht nur der schon beschriebene Umbruch von einer Ausgangsfläche zur Bildung einer komplizierten Schichtstufen- und Schichtrippenlandschaft (s. a. Abb. 150). Darüber hinaus hat die detaillierte Untersuchung insbesondere der Stufenentwicklung im Übergang vom Pliozän zum Pleistozän, die von Boldt (2001) an der Keuperstufe der unterfränkischen Hassberge durchgeführt wurde, ergeben, dass der Prozess der Stufenbildung durch eine zunehmend starke **Inwertsetzung von Gesteinsunterschieden** gekennzeichnet war, dass also immer mehr Gesteine als morphologisch hart reagierten.

Dies führte bei fortschreitender Eintiefung des Vorlandes zu jeweils sprunghafter, wenn auch relativ geringer Verkleinerung der Flächenbildungsareale bei Lagekonstanz der einmal angelegten Stufen, von ihm als „restriktive Flächenbildung" bezeichnet (zuerst 1997)[6]. Diese führte auch dazu, dass Tonsteine, die ursprünglich Teil einer Kappungsfläche waren, bis auf eine sie unterlagernde harte, leicht verkippte Schicht abgetragen wurden. So konnten – auch in anderen Schichtstufenlandschaften zu beobachten – ursprünglich schichtenkappende Rumpfflächenteile zu gesteinsangepassten Schichtflächen umgestaltet werden. Mortensen (1949) führte für diese Anpassung den Begriff der **Akkordanz** (Abb. 191) ein.

Struktur- oder Skulpturformen?

Damit ist ein in der Geomorphologie immer wieder kontrovers diskutiertes Thema angesprochen, nämlich ob bei der Reliefbildung die geologisch-tektonische Struktur den Ausschlag gibt oder die exogene, klimatisch gesteuerte Dynamik, ob das Relief also von **Struktur-** oder **Skulpturformen** dominiert wird (vgl. Bremer 1989, Kap. 1.1.1). Unter dem Gesichtspunkt der klimagenetischen Geomorphologie und Reliefgeschichte ist dies allerdings nur ein *Pseudo-Gegensatz*.

Wie auch immer im Einzelnen die Klimaentwicklung oder die Flächenbildung in der geomorphologischen Ära abgelaufen sein mag: unbestritten ist, dass es in erster Näherung bis zum Ende des Tertiärs in den Ektropen einen generellen Trend von extrem-feuchttropenartigen zu nach heutigen Begriffen als feuchtsubtropisch anzusprechenden Klimabedingungen gegeben hat, mit direkten, bei der Flächenbildung sicherlich auch verzögerten Auswirkungen auf den Formenschatz. Die regional viel früher einsetzende Reliefbildung der Gondwana-Kontinente (s. o. S. 13) sei an dieser Stelle aus dem Grund der Vereinfachung nicht berücksichtigt. So entstand, wie dargestellt, am Anfang selbst in plattentektonisch bedingten Kollisionszonen, die gerade zu Festland wurden, dank der Leistungsfähigkeit von Verwitterung und Abtragung nur ein undifferenzierter Primärrumpf, etwa bis zum Miozän. Bei abnehmender Leistungsfähigkeit des Abtragungssystems bildete sich daraus im jüngeren Tertiär in Regionen schwacher Hebung und Verkippung ein Schicht- bzw. Rumpfstufenrelief, mit zunehmender Einschränkung der Flächenbildung auf die unter den gegebenen Umständen noch geomorphologisch „weich" reagierenden Gesteine.

In Regionen starker geologischer Gebirgsbildung ging die Flächenbildung entsprechend früher in die geomorphologische Gebirgsbildung über. In dem Maße, in dem sich die jungen Faltengebirge über ihr Umland erhoben, beeinflussten sie als Strömungsbarrieren auch zunehmend die planetarische Zirkulation und trugen so, neben der sich verändernden Lage der Kontinente oder Veränderungen der Erdbahnparameter, zur Entwicklung einer zunehmend **klimazonierten Erde** mit den entsprechenden zonalen Veränderungen im Formungsstil des Erdreliefs bei.

Die weitere Klimaentwicklung im Jungpliozän und die damit verbundene weitere Differenzierung der Gesteine nach ihrer morphologischen Härte führte schließlich – den Problemfall feuchte Tropen einmal herausgelassen – zu zunehmender Herauspräparierung von Gesteinsgegensätzen und den Folgen tektonischer Beanspruchung. In anderen Worten: Im Verlauf von etwa 30 Millionen Jahren gab es Veränderungen der Reliefbildung, die von einer alle Gesteine unterschiedslos kappenden flächenhaften Abtragung zu einer wachsenden Inwertsetzung geologischer und tektonischer Strukturen führte. Fortgeführt wurde dieser Trend im Zuge der klimazonalen Differenzierung im Pleistozän.

Die Struktur wurde also gegenüber der Skulptur immer wichtiger. Die Abtragung lehnte sich immer stärker an strukturelle Gegebenheiten an, sei es nun bei der Nachzeichnung von Kluftsystemen durch ein sich eintiefendes Talnetz (Abb. 319) oder die Ausbildung einer Geländestufe entlang einer steil aufgebogenen harten Schicht, einer Monokline (Abb. 193). Die Frage, ob für die Reliefbildung eines Gebiets die Struktur oder die Skulptur ausschlaggebend war, kann also nur mit der Gegenfrage „*Wann?*" beantwortet werden und danach, aus welcher Zeit der geomorphologischen Ära Reliefelemente bis heute erhalten geblieben sind.

---

[6] Zur Besprechung der Arbeit und Begriffsdiskussion vgl. Busche (2002).

Nur dank dieser zunehmenden Anpassung der Abtragung an die Strukturen des Untergrunds ist eine geologische Kartierung überhaupt möglich, muss dementsprechend aber ohne künstliche Aufschlüsse auf einer gut erhaltenen Rumpffläche versagen. Da die Wirklichkeit immer komplizierter als das Modell ist, versagt sie aber mitunter auch, wenn aus der Existenz eines über die Rumpffläche aufragenden Inselbergs auf in Wirklichkeit nicht vorhandene Gesteinsunterschiede zwischen Berg und Umland geschlossen wird (Abb. 134, 136).

Reliefgenerationen statt Formungszyklen

Die bisherigen Ausführungen haben hoffentlich deutlich gemacht, dass die Reliefentwicklung *keinesfalls zyklisch*, entsprechend der Theorie von W. M. Davis, abgelaufen ist, sondern aus einer Abfolge von Phasen unterschiedlichen Formungsstils als Reaktion auf Klimawandel und Klimageschichte bestand. Scheinbar zyklisch verlief lediglich die quartäre Reliefbildung der Mittelbreiten im Wechsel von Glazialen und Interglazialen oder von Pluvial- und Interpluvialzeiten in den Trockengebieten. Morphologisch relevant ist aber weniger der mögliche klimatische Zyklus, als das, was sich als Folge davon im Relief ausgeprägt und erhalten hat, und auch die Klimazyklen selbst dürften nur in großen Zügen identisch gewesen sein. Wie wäre es sonst zu erklären, dass das Netz von bis zu 400 m tiefen, breiten und Zehner Kilometer langen Rinnen in der nord- und nordostdeutschen Rumpffläche ausschließlich während der Elstereiszeit gebildet wurde (Ehlers 1994, S. 175 ff.; Junge & Eissmann 2003, S. 353) oder dass die Übertiefung der Alpentäler und Zungenbeckenseen im Alpenvorland erst in der vorletzten Eiszeit, im Riß-Glazial, stattfand (Eiszeitalter und Gegenwart 1979, Bd. 29)?

Büdel führte zur Klassifizierung dieses Wandels im Formungsstil den Begriff der **Reliefgenerationen** ein (u. a. Büdel 1977, S. 197–203.), der durchaus unterschiedlich in den einzelnen klimamorphologischen Zonen, in seiner „Klimamorphologie" aber nur für die Mittelbreiten, die Alpen und den Mediterranraum angewandt wird. Für erstere, seine „ektropische Zone der retardierten Talbildung", gliedert er, weiter in Teilreliefgenerationen differenziert, vier große Reliefgenerationen aus: die der mehrgliedrigen tertiären Rumpfflächensysteme; die jüngstpliozäne bis altpleistozäne der Breitterrassen (oft auch als Hauptterrassen bezeichnet), im Übergang von Flächen- zu Talbildung; die dritte Großreliefgeneration des Kaltzeiten-Pleistozän und als vierte und kürzeste die des Holozäns (Büdel 1977, S. 211, Abb. 62; Abb. 352 ff.). Da sich überall auf dem Festland das Gesamtrelief aus mehreren solcher Reliefgenerationen zusammensetzt, sah er ihre Erforschung als eine *Kernfrage* der Geomorphologie an (S. 197).

In der Tat lässt sich das Modell der Reliefgenerationen auch für die anderen klimamorphologischen Zonen anwenden. Dabei scheint die *erste* Reliefgeneration zumindest für die Regionen, in denen die geomorphologische Ära erst mit der ausgehenden Oberkreide beginnt, für alle heutigen Zonen gleich zu sein, gekennzeichnet durch allgemeine **Primärrumpfbildung** ohne die Existenz nennenswerter Gebirge (Abb. 121 ff.). Entweder als Teilreliefgeneration oder – abweichend von der Büdelschen Zählung – besser noch als eigenständige Reliefgeneration, die ebenfalls noch weltweit ausgebildet ist, wäre als *zweite* die der **Schicht- und Rumpfstufenbildung** mit zunehmend eingeschränkter Flächenbildung zu nennen (Abb. 161 ff.), gleichzeitig mit beginnender morphologischer Gebirgsbildung in den aktiven Orogenen. Zu untersuchen wäre, ob es für die dritte Generation, jene der zwar breiten, aber nur wenig eingeschnittenen und schon die heutigen Talverläufe vorzeichnenden *Breitterrassen* (Abb. 352), Äquivalente auch in anderen Klimazonen gibt oder ob in dieser Übergangszeit schon die zonale Differenzierung eingeleitet wurde, die seit dem Pleistozän – mit der Dominanz der **Talbildung** – die Reliefentwicklung des Festlands bestimmt.

Dieser **historisch-genetische Ansatz** steht im Gegensatz zu vor allem der angelsächsischen Geomorphologie, bei der die detaillierte Erforschung der rezenten Prozesse, bis in die Feinheiten ihrer zugrunde liegenden physikalischen und chemischen Gesetze, im Vordergrund steht. Ahnert (2003) hat in seinem Lehrbuch diesen Ansatz für den deutschen Sprachraum umfassend dargestellt. Die Wichtigkeit dieses **prozessorientierten Ansatzes**, bis hin zu weitgehender Mathematisierung (Scheidegger 1990), insbesondere für ingenieurmorphologische und -geologische Fragestellungen, ist unbestritten.

Allerdings muss bedacht werden, dass die Analyse rezenter Prozesse oft nicht geeignet ist, den Formenschatz, in dem diese untersucht werden, zu erklären. Das Relief der Mittelbreiten, das nach Büdel (1977, S. 197) am stärksten von Klimaänderungen betroffen wurde, besteht vielfach bis zu 95 % und mehr aus dem „Formenerbe älterer Reliefgenerationen". Dies liegt vor allem daran, dass die Formungsmechanismen im erst knapp 10 000 Jahre alten Holozän – für Büdel der Zeitraum der jüngsten, vierten Reliefgeneration der Mittelbreiten – nur zu kurz und schwach wirksam gewesen sind und selbst die nächstältere (dritte) Reliefgeneration des Kaltzeiten-Pleistozäns nur wenig überprägt haben. Andererseits beeinflussen aber die älteren Reliefgenerationen die Ausprägung heutiger Prozesse in der Landschaft. Jede Reliefbildung fand und findet immer auf einer Bühne statt, deren Dekoration in der vorangehenden Phase entstanden ist und vielleicht noch Reste älterer Phasen enthält.

2. Plattentektonik · Rifting

Abb. 13: Kleiner tektonischer Graben in einer Flutbasaltdecke im festländischen Teil des mittelatlantischen Rückens; Thingvellir, Südisland.

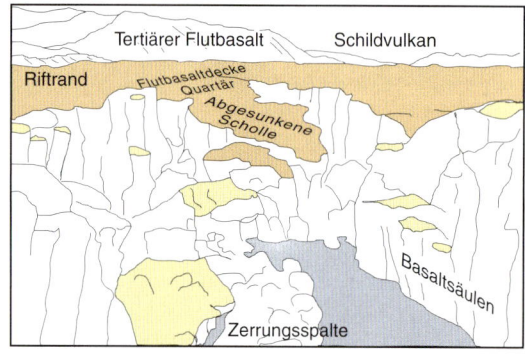

Abb. 14: Erläuterungsskizze.

2 cm pro Jahr ist die früh-nacheiszeitlich gebildete Flutbasaltdecke des Gebiets um den See Thingvallavatn östlich von Rejkjavik neben der 8 km langen Almannagjá *(sprich gjau)* in zahlreichen weiteren Spalten in NE-SW-Richtung zerrissen worden. Gleichzeitig hat sich der Grabenboden in den 9000 Jahren der Nacheiszeit, meist langsam, um 60 bis 90 m gesenkt, allerdings auch bei einem einzigen Erdbeben, 1789, gleich um 60 cm (Schutzbach 1985: S. 54 ff.)

Abb. 13 zeigt eine dieser kleinen Parallelspalten, an der schräg abgesunkenen Scholle zwischen den Wänden aus Flutbasaltsäulen (senkrecht zur Abkühlungsfläche) zugleich auch die Kleinform eines aufgrund der Krustendehnung einsinkenden, symmetrischen tektonischen Grabens. Links hinten am Bildrand ist der aufgebogene Rand zur Almannagjá zu ahnen, rechts die nächste Zerrspalte. Das präpleistozäne, vom Inlandeis überformte Basaltplateau zeichnet den westlichen Scheitelgrabenrand nach; die sanfte Kuppel dahinter ist der im letzten Interglazial entstandene **Schildvulkan** Ok.

Eng verbunden mit den ozeanischen Rücken sind die großen festländischen **Grabensysteme (Rifts)**, an denen das Auseinanderdriften der gegenwärtigen Kontinente fortschreitet. Am ausgeprägtesten ist dieser Prozess im ostafrikanischen Grabensystem, in dessen nördlicher Fortsetzung, dem Rotmeergraben, bereits neue ozeanische Kruste gebildet wird (Nicolas 1995, S. 161). Die Verbindung zwischen ozeanischen Rücken und Gräben zeigt sich auch im Übergang des Natal-Rückens des Indischen Ozeans in den Südanfang des ostafrikanischen Riftsystems, das sich nach Norden in einen West-Ast mit den großen ostafrikanischen Seen, und in einen Ost-Ast aufspaltet. Einen Abschnitt von dessen Ostrand in Nordtansania mit dem Lake Manyana zeigt Abb. 15. Anders als beim symmetrischen Oberrheingraben (Abb. 230) besteht der Westrand nur aus einer zunehmenden Verbiegung der Schichten, einer Flexur. An der Bruchstufe am Ostrand des **Halbgrabens** lässt sich aus dem beidseitigen Schichtenvergleich ein senkrechter Versatzbetrag von mehreren Kilometern ableiten.

Die heutige Lage der Kontinente, ihre Umrisse bis zum Schelfrand, die Struktur junger Faltengebirge, das Verteilungsmuster vulkanischer Erscheinungsformen und der Verlauf großer Bruchzonen sind das Ergebnis plattentektonischer Bewegungen seit dem Aufbrechen von Pangäa vor etwa 165 Mio. Jahren. Dabei entwickelte sich auf den neu entstehenden Ozeanböden das längste Gebirge der Welt, das System der **ozeanischen Rücken** (Nicolas 1995) Es ist rund 75 000 km lang, ragt mit 500 bis 1000 km breitem Querprofil im Normalfall 1500 bis 2500 m über den zwischen 3000-6000 m tiefen Tiefseeboden auf (Louis & Fischer 1979, S. 11 ff.) und hat als durchlaufendes Reliefelement einen **Scheitelgraben**, in dem ständig neue ozeanische Kruste entsteht.

Das in Abb. 13 dargestellte Gebiet liegt innerhalb des einzigen festländischen, 350 km großen Anteils dieses Scheitelgrabens, auf Island, weil der mittelatlantische Rücken dort von einem seit etwa 18 Mio. Jahre alten stationären Bereich erhöhter Magmaförderung, einem **Hot Spot**, überlagert wird. Durch die beidseitige Spreizung des Scheitelgrabens um etwa

Infolge gleichzeitiger Tieferlegung der Rumpfflächen (S. 20 ff.) östlich und Sedimentverfüllung westlich der Bruchlinie – wohl schon seit dem Jura mit dem Aufbrechen von Pangäa – dürfte der Graben über lange Zeit seiner Entwicklung als Reliefform gar nicht sichtbar gewesen sein, wie dies für viele Verwerfungen in Rumpfflächen noch heute gilt. Erst als Folge abnehmender Verwitterungsintensität seit etwa

dem Miozän – wie in Schichtstufenlandschaften (Abb. 161 ff.) und wohl auch beschleunigter Tektonik – entstand die heute sichtbare **Bruchstufe** mit ihrer durch Spülprozesse gebildeten Fußfläche und deren späterer Zerschneidung (Abb. 203 ff.). Der Hangabsatz im Vordergrund, anders als etwa in Abb. 182 f., ist die abgesunkene Scholle eines für solche großen Störungen typischen **Staffelbruchs**. Die Haupt- und die etwa parallel dazu verlaufenden Nebenbruchlinien sind nur bei gründlicher Geländearbeit unter der Bodendecke zu identifizieren, zeigen jedoch stets in solchen Fällen, dass die Bruchstufe zwar überformt, aber *nicht* nennenswert durch Abtragung zurückverlegt worden ist.

Der tiefer liegende Teil des Stufenkante im Mittelgrund ist höchstwahrscheinlich ein durch den Bruch abgeschnittenes tieferes Rumpfflächenniveau. Der baumfreie Streifen am Seeufer ist die Folge häufiger regenzeitlicher Überschwemmungen.

Abb. 17 zeigt ein geradlinig verlaufendes „Tal", das im Zusammenspiel von spaltenaufreißender Tektonik und Vulkanismus im festländischen Scheitelgrabenteil Islands, im Südteil der aktiven Zentralzone, entstanden ist. Diese Eldgjá (Feuerspalte) verläuft in etwa 100 km Entfernung parallel zum Almannagjá-Spaltenkomplex. Anders als dort war hier, wie an weiteren solchen Spalten Islands, die Zerrung so stark, dass Magma aufsteigen konnte.

Im hier gezeigten nördlichen Mittelteil der insgesamt 40 km langen Störung riss die **Spalte** im Jahr 934 in einer gewaltigen linearen Ascheneruption auf. Im grönländischen Inlandeis gefundene Asche erlaubte die genaue Datierung. Anschließend strömte dünnflüssige Lava, die am Boden der Spalte aufquoll, etwa 50 km weit nach Süden bis an die Küste. Die Gesamtfördermenge wird auf 9 km3 geschätzt (Schutzbach 1985, S. 98 ff.). Es ist der weltweit einmalige Fall im Holozän, in dem eine Schlucht tatsächlich durch das Aufreißen von Kruste entstanden ist. Die Hänge dieser hier fast 150 m tiefen und ca. 600 m breiten Spal-

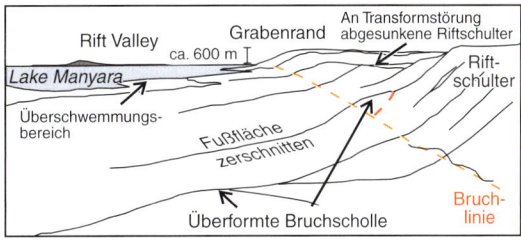

te, die in etwas über 1000 Jahren weitgehend durch Frostschuttbildung (Abb. 38, 389) überdeckt und abgeschrägt worden sind, schneiden eine Abfolge von pleistozänen **Flutbasaltdecken** und unter Eisbedeckung entstandener **Hyaloklastit**lagen (Abb. 244, 799, 18, 642) an; das Plateau darüber wurde im letzten Glazial vom isländischen Inlandeis überschliffen. Der Berg Gjátindur im Hintergrund ist ein erst danach im Holozän entstandener **Aschenvulkan**. Die Flutbasaltdecke am Boden der Spalte liegt mittlerweile unter einer vor allem von Schneeschmelzfluten weiter aufgehöhten Flussschotterdecke. Einzelne **Pseudovulkane** (Abb. 29) sind noch nicht ganz einsedimentiert. Der unterhalb des Wasserfalls gebildete Schwemmfächer (Abb. 280) hat den von oberhalb kommenden Bach an den gegenüberliegenden Talhang abgedrängt.

▲ Abb. 15: Rand eines Rifts; Ostrand des östlichen der Ostafrikanischen Gräben, Lake Manyara, Nordtanzania.

◀ Abb. 16: Erläuterungsskizze zu Abb. 15.

▽ Abb. 17: Bei einer Eruption 934 n. Chr. aufgerissene Zerrspalte in einer Spreizungszone der Kruste; Eldgjá-Spalte, Südisland.

3. Vulkanismus · Vulkantypen

▲ Abb. 18: Schildvulkan (r.) und unter Inlandeisbedeckung entstandener Stapi-Vulkan; Lägafell und Skjaldbreiður, Südisland.

▶ Abb. 19: Erläuterungsskizze zu Abb. 18.

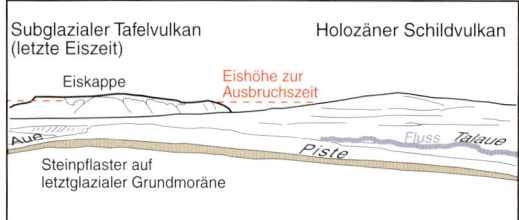

▼ Abb. 20: Aschenvulkan mit Strom scharfkantig zerrissener Aa-Lava; Sunset Crater, Colorado Plateau, Arizona, USA.

Erscheinungformen der Plattentektonik lassen sich wegen ihrer Größe am besten im Satellitenbild darstellen (Short & Blair 1986, S. 27 ff.); deshalb hier nur drei terrestrische Bilder dazu. Anders ist es beim plattentektonisch bedingten Vulkanismus, zu dem aber in Schmincke (2000), in derselben Reihe wie dieses Buch, so viel Bildmaterial zusammengestellt worden ist, dass auch hier nur wenige Beispiele aus geomorphologischer Perspektive ergänzt werden.

Abb. 18 zeigt zwei sehr verschieden aussehende Vulkane, die bei gleichen Umweltbedingungen beide, wie der Skjaldbreiður (1060 m NN) rechts, als basaltische **Schildvulkane** ausgebildet worden wären. Dieser bildet einen perfekten flachen Kegel von 10 km Durchmesser und 550 m Höhe (Schutzbach 1985, S. 82 ff.), einer von etwa drei Dutzend Schildvulkanen Islands. Um ein Vielfaches größer sind die über submarinen **Seamounts** aufgebauten Schilde der Hawaii-Inseln und Kanaren, vom Tiefseeboden gemessen über 8000 m hoch aufragend (Schmincke 2000, S. 69 ff.). Während sie im Schildstadium über fast eine Million Jahre mit Unterbrechungen aus einer Vielzahl nur wenige Meter mächtiger Lavaströme aufgebaut wurden, sind die isländischen Schildvulkane in nur einer einzigen Ausbruchsphase – *monogenetisch* – entstanden, der Sjaldbreiður im Holozän.

Der ebenfalls basaltische Vulkan (links) mit seinen steilen Hängen aus verfestigten, braunen Basaltglasfragmenten, dem **Hyaloklastit** (= *zerbrochenes Glas*, Abb. 799) und einer Decke aus Basaltlaven unter einer holozänen Eiskappe, ist ein **Tafelvulkan** – auf isländisch *Stapi*. Er wurde deshalb kein Schildvulkan, weil seine Eruption im letztglazialen Inlandeis stattfand (Schutzbach 1985, S. 68 ff.). Unter dem Wasserdruck der ins Eis geschmolzenen Höhle erstarrte die Lava zuerst, wie in den Seamounts, zu Kissen *(pillow lava)*. Als Folge der Aufhöhung und damit abnehmender Auflast entstand bei Explosionen im Wasserkontakt der Hyaloklastit. Als der Vulkan die Eisoberfläche erreicht hatte, erfolgte die abschießende Förderung wie beim Schildvulkan durch Basaltströme, die im Ausschmelzbereich erstarrten. Ihre Höhe markiert somit die der *damaligen Inlandeisdecke*. Gegen die Interpretation von Schmincke (2000, S. 191), dass der Hyaloklastit in postglazialen Eisstauseen entstanden sei, sprechen die Steilhänge der Stapis – wie bei Kames durch das angrenzende Eis bedingt (Abb. 517) – sowie fehlende Hinweise auf entsprechende Eisstauseen. Tafelvulkane gibt es auch in British Columbia (Kanada) und der Antarktis.

Das zweite Beispiel (Abb. 20) zeigt einen etwa 300 m hohen, ebenfalls in einer einzigen Eruption um 1065 n. Chr. entstandenen **Aschenvulkan** in den seit etwa 2 Mio. Jahren vulkanisch aufgebauten San Francisco Mts. des Colorado-Plateaus. Ein Kegel aus Asche konnte in der damaligen Halbwüste nur entstehen, wenn genug Grundwasser vorhanden war, so dass es zu heftigen, als **phreatomagmatisch** bezeichneten Wasserdampfexplosionen kam (Schmincke 2000, Kap. 12). Während die gröberen Aschenteile den Kegel aufbauten, wurden die feineren Bestandteile über eine Fläche von 2000 km² ausgebreitet. Die Asche bildete dort eine gegen Verdunstung schützende und vermutlich auch düngende Decke, auf der sich nach archäologischen Befunden eine bis zur großen Dürre um 1300 intensive Landwirtschaft in einem vor der Eruption kaum nutzbaren Gebiet entwickeln konnte (Butcher 1976). Gegen Ende der Eruption trat am Fuß des Aschekegels noch ein recht zähflüssiger Lavastrom aus, dessen unter die Fließtemperatur von 11 – 1200 °C abkühlende Außenhaut zu scharfkantigen Schollen zerbrach und nach dem hawaiianischen Begriff als **Aa** bezeichnet wird (Schmincke 2000, S. 38, 115).

Abb. 21 zeigt die größere von zwei **Calderen** *(sing. Caldera)* im Scheitelbereich eines weiteren festländischen Schildvulkans, des sich um 1000 m über sein Umland erhebenden Tarso Toussidé (2200 m) im zentralsaharischen Tibestigebirge. In untypischer Weise wurde er jedoch im Jungtertiär aus wechsellagernden dunklen basaltischen und hellen (sauren) Laven aufgebaut. Aufgeschlossen sind diese heute an den Steilwänden eines Kessels von etwa 1 km Durchmesser und Tiefe, der nach einer gewaltigen Förderung glühender Asche (Schmelztuff, **Ignimbrit**) über der geleerten Magmakammer eingebrochen war. Der Ignimbrit bedeckte die Tarso-Flanken teils über 100 km weit. Die Caldera selbst liegt in einem flachen, älteren Einbruchsbecken von 6 km Durchmesser, über deren Rand sich im Pleistozän noch der **Stratovulkan** Ehi Toussidé auf 3265 m Höhe aufbaute. Ebenfalls im Quartär drang am Boden der Caldera erst ein seitdem fluvial zerschnittener Sekundärvulkan auf, dessen bereits erstarrte Schlotfüllung ab-

Abb. 21: Caldera mit Sekundärvulkanen in einem Schildvulkan; Trou au Natron, Tibesti-Gebirge, Tschad.

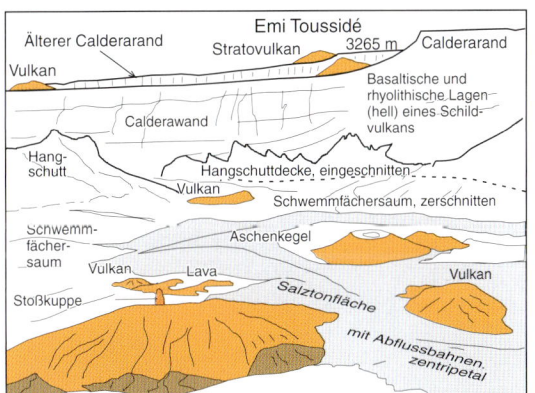

Abb. 22: Erläuterungsskizze zu Abb. 21.

schließend wie ein Korken aus einer Sektflasche als **Stoßkuppe** herausgepresst wurde. Danach wurden noch eine zähflüssige **Quellkuppe** (Abb. 30) und zuletzt ein ca. 80 m hoher **Aschenkegel** gebildet, an dessen Fuß, wie am Sunset Crater, abschließend noch ein Basaltstrom ausfloss. Die helle Decke im Krater ist durch Staubfall gebildeter Löss (Abb. 766 ff.). Wozu die Basaltdecke hinter der Stoßkuppe gehört, lässt sich wegen der Überdeckung durch die zum Zentrum konvergierenden, zerschnittenen jungquartären und holozänen **Schwemmfächerdecken** (Abb. 282 ff.) schwer feststellen. Die starke Verdunstung im Vollwüstenklima hat zur Auskristallisation von Natron und Steinsalz im Zentrum der Playa (Abb. 306 ff.) geführt (Busche 1998, S. 162 f., Kaiser 1972, Vincent 1963). Pluvialzeitlich dürfte in der Caldera mehrfach ein kaum erst untersuchter Süßwassersee bestanden haben (Kaiser 1972).

3. Vulkanismus · Rezenter Vulkankomplex

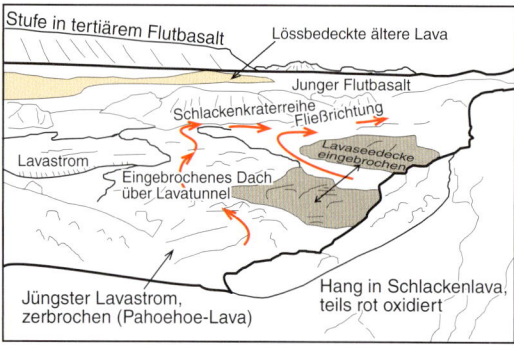

▲ Abb. 23: Pahoehoe-Lavastrom und Schlackenkraterreihe; Krafla-Gebiet, Nordisland.

▶ Abb. 24: Erläuterungsskizze zu Abb. 23.

▼ Abb. 25: Zu Stricklava aufgeschobene Flut basaltoberfläche, angewittert; Tingvallavatn, Südisland.

Einen viel komplizierten **Caldera**boden zeigt Abb. 23: die am jüngsten überformte, westliche Hälfte der nur schwach eingesunkenen Einbruchsstruktur Krafla *(sprich Kratla)* mit knapp 10 km Durchmesser nördlich des nordisländischen Sees Myvatn (Schutzbach 1985, S. 110 ff). Von ihrem sich je nach Füllungsstand der darunterliegenden Magmakammer hebenden oder senkenden und in Spalten aufreißenden Boden sind in der Nacheiszeit etwa 20 Eruptionen ausgegangen. Die jungen blauschwarzen Lavaflächen im Bildvordergrund sind erst 1975 – 1982 aus einer Spalte ausgeflossen, die **Kraterreihe** Leirhnúkur im Mittelgrund und das Lavafeld dahinter entstanden 1725 – 1729 und umflossen dabei die boden- und vegetationsbedeckte Insel älteren Basalts vor dem Plateau aus jungtertiären **Flutbasalten**. In der letzten von vier Ausbruchsphasen erreichte dabei die schnell wie Wasser fließende Lava den mehrere Kilometer entfernten Myvatn, als kleines Gegenstück zu jenen riesigen festländischen Flutbasaltereignissen zwischen Perm und Tertiär, bei denen einzelne Ströme schon bis zu 10 000 km2 überdecken konnten (Schmincke 2000, S. 96 ff.), etwa die vor 65 Millionen Jahren ausgeflossenen indischen Dekkan-Basalte (Abb. 186).

Die auf einer Spalte aufgereihten Kraterränder sind aus herabfallenden, noch plastischen Lavafetzen wie den jüngeren vorn rechts im Bild verschweißt worden, teils durch Oxidation des Eisenanteils rot gefärbt (Schmincke S. 122). Die dünnflüssige jüngste Lava ist gleichzeitig im Kontakt mit dem kühlen Boden und der Luft abgekühlt und erstarrt, während dazwischen die vor Abkühlung geschützte Lava über weite Strecken weiterfließen konnte, teils in gewundenen **Tunneln** mit durch Hitze und Gas aufgebrochenen Decken wie dem, der auf den großen **Schlackenkegel** zuläuft. Die Risse rechts davon zeigen, dass dort die Decke über einem ausgelaufenen Lavasee eingebrochen ist.

Die glatte, im frischen Zustand mit glasiger Haut überzogene Lava wird nach ihrem hawaiianischen Begriff als **Pahoehoe** *(sprich Paheuheu;* Schmincke S. 112) bezeichnet. Wenn die abkühlende Haut noch plastisch ist, kann sie, wie in Abb. 25, als Seil- oder **Stricklava** quer zur Fließrichtung zusammengeschoben werden, während an der Unterseite der Platte Spuren erneuten Anschmelzens in Längsrichtung verlaufen. Das Beispiel der zentimeterbreiten Wülste vom steil gestellten Rand der Almannagjá (Abb. 13) war unter einer Bodendecke aus eingewehtem Löss (Abb. 612) braun verwittert.

Statt dünnflüssig zu verströmen kann Lava, wie beim Sunset Crater oder den Schlackenkegeln von Abb. 23 **phreatomagmatisch,** also im Kontakt mit verdampfendem Grundwasser, von groben Fetzen bis zu feiner Asche zerrissen werden. Diese werden unabhängig von der Korngröße als **Tephra** oder **Pyroklastika** bezeichnet (Schmincke S. 121 ff.). Grobe Fragmente über 64 mm werden als Bomben, solche zwischen 2 und 64 mm als **Lapilli** *(ital. Steinchen)* bezeichnet. Wie jene in Abb. 28, die 1980 mehrere Kilometer vom Ausbruchsort – dem Spaltenvulkan Hekla – als bereits erstarrte Steinchen niedergegangen waren, sind sie voller von der Explosion aufgeschäumter Hohlräume. So können sie viel Wasser aufnehmen, sind damit für Frost- wie chemische Verwitterung sehr anfällig und werden bald zu Trägern einer neuen Vegetationsdecke. Der Prozess wird in Island heute durch Aussaat von Wildkräutern beschleunigt. Trocken sind die Lapilli so leicht, dass sie

3. Vulkanismus · Pseudokrater

verweht und sogar zu großen Windrippeln angeordnet werden können.

Aus Tephra aller Korngrößen, schwarz oder rot oxidiert, sind die zahlreichen Krater in Abb. 26 aufgebaut – oft so dicht beieinander, dass sie sich überlappen. Die größten Formen sind bis 30 m hoch und haben bis 300 m Durchmesser. Auch sie sind eine phreatomagmatische Erscheinungsform: sie sind nicht etwa dadurch entstanden, dass an vielen Stellen gleichzeitig Lava in Schloten aus dem Untergrund gefördert wurde, sondern dadurch, dass ein Flutbasaltstrom, wie in Abb. 23, mit hoher Geschwindigkeit eine feuchte Niederung überdeckt hat, das Wasser im Kontakt mit der Lava schlagartig verdampfte und in Explosionen die Pahoehoe-Decke des Lavastroms durchschlug. Oberflächennah geschah dasselbe, was bei einer echten explosiven Eruption im Kontakt mit dem Grundwasser geschieht.

Die Einzelformen können durchaus wie „echte" Aschen- oder Schlackenkegel wie in Abb. 29 ausgebildet sein. Diese Form, auch als **Hornito** *(span. kleiner Schornstein)* bezeichnet, entstand mit anderen nach der Explosionsphase der Eldgjá (934 n. Chr., Abb. 17), als Flutbasalt in einer letzten Phase nach Süden strömte; das geschah sicherlich in zeitlichem Abstand zur initialen Explosions- und Flutbasaltphase, da bereits ein feuchter Talgrund bestanden haben musste. Ruinen zeigen, dass viele Kegel seither vom Fluss erodiert worden sind.

Wegen ihrer nicht primär vulkanischen Entstehung werden diese Formen als **Pseudo-** oder **Scheinkrater** bezeichnet. Diejenigen von Abb. 26 sind entstanden, als bei einem der Ausbrüche der Krafla-Caldera vor etwa 2000 Jahren Flutbasalt etwa 20 km bis in die südliche, nasse Uferzone und flache Seeteile des Myvatn geflossen war (Schutzbach S. 86). Die feinkörnige Tephra vieler Kraterrampen ist so wasserzügig, dass sie bis heute noch, teils durch Schafüberweidung, wieder vegetationsfrei geworden sind. Im stehenden Wasser der Senken haben sich durch **Verlandung** vom Ufer zum Zentrum Moorflächen entwickelt – teils als Schwingrasen um die Restseen (Abb. 595 ff.). Verschiedene Grün- und Brauntöne zeichnen das differenzierte Vegetationsmuster nach.

Die flächenhaften Einbrüche und die gewundenen Basaltrücken im Mittelgrund lassen sich im Vergleich zu einem benachbarten trockenen Lavagebiet (Dimmuborgir) erklären. Es sind Bereiche, in denen die erstarrte dünne Decke bei weiterem Abströmen der Lava eingebrochen ist, nur tiefer als im Einbruchsgebiet in Abb. 23, oder in denen die erstarrten und aufgebrochenen Decken von **Lavatunneln** erhalten geblieben sind.

◀ Abb. 26: Pseudokrater, durch Wasserdampfexplosionen im Flutbasalt über feuchtem Untergrund entstanden; Myvatn, Nordisland.

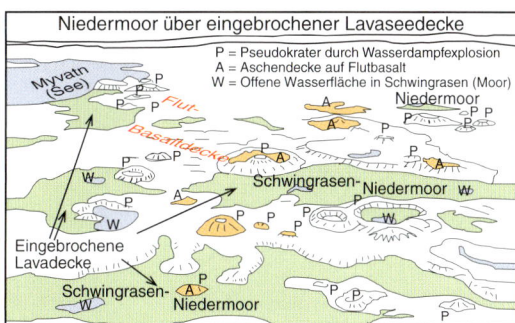

◀ Abb. 27: Erläuterungsskizze zu Abb. 26.

◀ Abb. 28: Lapilli; Hekla-Asche von 1980, mit seit 1985 wachsendem ersten Schachtelhalm; Südisland.

▼ Abb. 29: Holozäner Pseudokrater; Boden der Eldgjá-Spalte, Südisland.

3. Vulkanismus · Hydrothermaler Zersatz, Staukuppen

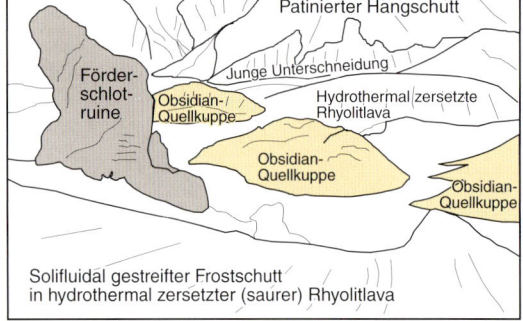

◂ Abb. 30: Hydrothermal zersetzte saure Rhyolithlava, Vulkanschlot und Obsidian-Staukuppen; Landmannalaugar, Zentralisland.

▸ Abb. 31: Erläuterungsskizze zu Abb. 30.

▾ Abb. 32: Rezente Lavazersetzung durch hydrothermale Wässer und Dämpfe; Land-mannalaugar, Zentralisland.

In rezenten und auch nicht mehr aktiven Vulkangebieten spielen oder spielten **hydrothermale** Prozesse eine geomorphologisch wichtige Rolle. Grundwasser oberhalb einer Magmakammer wird erhitzt, und das heiße Wasser kann das durchströmte Gestein leicht angreifen, da die meisten chemischen Prozesse bei Erwärmung schneller ablaufen; die dabei aufgenommenen Ionen verstärken zusätzlich die chemische Aggressivität des Wassers. Die hydrothermale Verwitterung führt letztlich zur Umwandlung aller Minerale zu Tonmineralen, verbunden mit starker Abfuhr von gelösten Verwitterungsprodukten mit dem zirkulierenden Grundwasser. Das Endergebnis ist dem der chemischen Intensivverwitterung der Tropen und tertiär tropoiden Regionen sehr ähnlich und mit ihnen zu verwechseln (Abb. 100 ff.).

Zu den Unterschieden gehört jedoch, dass die hydrothermal gebildeten Tonmineralkristalle – vor allem Kaolinit – besonders gut ausgebildet sind (allerdings nur im Rasterelektronenmikroskop erkennbar), dass Schwefel im Zersatz angereichert ist – an Wasserdampfaustritten wie in Abb. 32 ist der Geruch des Schwefelwasserstoffs nach faulen Eiern unverkennbar – bis zur Auskristallisation von messingfarbenen Schwefelkieswürfeln (Pyrit), und dass die Verwitterungsintensität anders als bei der klimatischen Verwitterung mit der Tiefe nicht ab- sondern zunimmt. Ein weiteres Indiz sind flächige Verfärbungen wie in beiden Bildern dieser Seite durch Mineralanreicherung und -umwandlung an Bahnen bevorzugten Dampf- oder Wasseraufstiegs – gelb durch wasserreiches Eisenoxid (Goethit), rot durch wasserärmeren Hämatit, blasse Violetttöne durch etwas Mangan –, die es in geringerer Intensität und eher schlierenförmig auch bei der Tiefenverwitterung geben kann. In den weiß-grauen Partien von Abb. 32 ist das schwarze vulkanische Glas (Obsidian) – in einigen Bruchstücken noch erkennbar – bereits vollständig, bei Lösungsabfuhr der Eisenverbindungen, zu **Kaolinit** umgewandelt worden, was längstenfalls in wenigen Jahrhunderten geschieht (s. u.).

Abb. 30 zeigt einen Ausschnitt aus einem Gebiet jungpleistozäner rhyolithischer, chemisch saurer Lava, die so stark chemisch verändert ist – der Geologe würde von **Alterierung** sprechen –, dass Stücke mit der Hand zerbrochen werden können. Bei der starken Frostverwitterung (Abb. 38) im Gebiet von Landmannalaugar zerfällt der Saprolit in scherbige Bruchstücke, die, wie die Streifung im Vordergrund zeigt, durch die Kriechprozesse flachgründiger **Solifluktion** (Abb. 432 ff.) leicht verlagert werden können. Auch der Sporn, die Kuppe und die durch Unterschneidung abgerutschten beigefarbenen Steilhänge und Tälchen im Hintergrund sind Folgen der mechanischen Instabilität des Zersatzes und damit leichter Erodierbarkeit. Auf diese Weise ist auch die Ruine einer ihrerseits stark angewitterten **Schlotfüllung** freigelegt worden. Die graue Farbe der hinteren Hänge stammt von einer Auflage chemisch unverwitterten, basaltischen Frostschutts.

Ebenfalls hydrothermal unverwittert ist die als zähflüssige Schmelze aufgedrungene kleine **Quellkuppe** in der Bildmitte. Zusammen mit den beiden anderen gleichfarbigen Lavaausbissen liegen sie im Anfangsgebiet eines wohl erst im 16. Jahrhundert ausgequollenen, chemisch sauren und deshalb zähflüssigen Lavastroms. Chemisch mit dem Rhyolith fast identisch, wurden bei schneller Abkühlung aber keine Kristalle ausgebildet, sondern er erstarrte zu Schollen aus vulkanischem Glas = **Obsidian** (Schutz-

3. Vulkanismus · Hydrothermale Sinterbildung

bach 1985, S. 102, Schmincke 2000, S. 35 ff.).

Ein Kennzeichen hydrothermaler Gebiete sind **heiße Quellen**. Für Landmannalaugar trifft es zu, von postvulkanischer Aktivität zu sprechen, nicht jedoch für das Beispiel aus dem zentraliranischen Halbwüstengebiet (Abb. 33), in dem es keinerlei jungen Vulkanismus gibt, aber an aktiven Störungen die Temperatur mit der Tiefe schnell zunimmt und dort Grundwasser aufgeheizt werden kann. Die dabei bis zur Sättigung hydrothermal aus dem Gestein gelösten Stoffe werden an Quellaustritten als Folge von Abkühlung und Entgasung als Sinter ausgefällt, einerseits als **Kalksinter** (Abb. 33), andererseits als **Kieselsinter** (Abb. 35). Abhängig von der Wassertemperatur überziehen unterschiedlich gefärbte **Bakterienrasen** die Auslaufbereiche, hier rot nahe dem Quellaustritt in Abb. 35 und gelb im nur noch warmen Wasser der schwach schüttenden Kalksinterquelle.

Abb. 33: Holozäne Kalksinterkegel und rezente Sinterausfällung; Westseite Shir-Kuh-Gebirge, Zentraliran.

Sinterausfällung setzt dort ein, wo bei besonders geringem Wasserfilm Verdunstung, Entgasung und Abkühlung zur Übersättigung führen. Es bildet sich dort etwa quer zur Strömung eine sich in Selbstverstärkung aufhöhende kleine **Barriere**; die nächste wird sich nach dem Ausgleich momentaner Untersättigung an der nächsten Flachstelle bilden. Als rhythmisches Phänomen haben sich so im heißen Karbonatwasser Terrassen im Abstand von wenigen Zentimetern gebildet, da leichte Löslichkeit mit leichter Ausfällung einhergeht, im mit schwer löslicher Kieselsäure gesättigten Wasser dementsprechend erst im Dezimeterabstand.

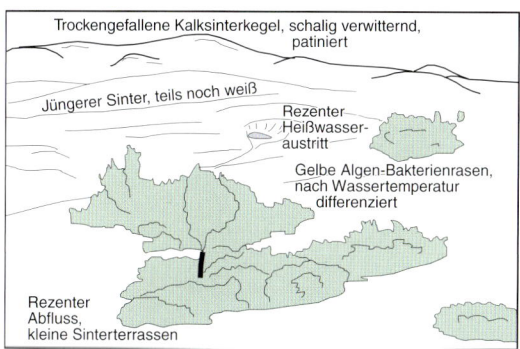

Abb. 34: Erläuterungsskizze zu Abb. 33.

Jede der braun verwitterten Kuppen im Hintergrund von Abb. 33 hatte einmal in ihrem Scheitel einen Wasseraustritt und haben sich aus den dünnen Sinterlagen des in wechselnden Bahnen abfließende Wassers weiter aufgehöht. Heute werden die Lagen von der Verwitterung aufgeblättert. Die heute nur geringe Sinterbildung hängt mit zunehmender Aridität und damit geringerem Grundwasseranfall in den letzten Jahrhunderten zusammen.

Auch die kleinen Barrieren des flachen **Sinterkegels** im Vordergrund von Abb. 35 sind grau angewittert, also nicht mehr voll aktiv, seit bei dem vermutlich heftigen Ausbruch der ursprünglichen Springquelle – eines Geysirs – dessen druckaufbauendes Leitungssystem zusammenbrach und ein nicht allseitig gleichmäßig überlaufender **Quelltrichter** entstanden war. Zuvor dürften Zerstäubung, rasche Abkühlung und starker allseitiger Abfluss bei Eruptionen die insgesamt langsame Ausfällung des neu entstehenden Minerals – **Geyserit** – begünstigt haben.

Abb. 35: Kieselsinterausfällung auf der Abdachung eines ehemaligen Geysirs; Grand Prismatic Spring, Yellowstone National Park, Wyoming, USA.

3. Vulkanismus · Hydrothermale Kalksinterausfällung, Schlammkrater

▲ Abb. 36: Hydrothermale Bildung von Kalksinterterrassen; Mammoth Hot Springs, Yellowstone National Park, Wyoming, USA.

▶ Abb. 37: Eindickung von Ton aus hydrothermal zersetztem Vulkangestein in einer heißen Quelle; ein „Schlammvulkan"; Viti-Krater, Krafla-Vulkangebiet, Nordisland.

Während ein Geyseritkegel nur um etwa 2 cm in 100 Jahren durch Ausfällung aufgehöht wird, werden im Quellbereich von Abb. 36, auch im Yellowstone Park, etwa 2 Tonnen Kalksinter pro Tag, eine meist poröse Form von **Travertin**, bei fast beobachtbarem Wachstum in den jeweils gerade überflossenen Partien einer Sintertreppe ausgefällt. Sie liegt im Ausbiss einer Kalkschicht unter Glazialsedimenten, in der bei reichlich Niederschlag und damit Grundwasserneubildung das Wasser den Kalkstein deshalb leicht lösen kann, weil es von einer oberflächennahen Magmakammer aus stark erhitzt und mit Kohlensäuregas angereichert wird, Letzteres eine Grundvoraussetzung für die Verkarstung von Kalkstein (Abb. 48 ff.).

An Stellen mit sehr starkem Abfluss baut schnelle Ausfällung steile konvexe Sinterbeläge auf; bei geringerem Abfluss bilden sich schnell trommelförmig in die Höhe wachsende Treppen aus Sinterbarrieren um Becken von wenigen Zentimetern Wassertiefe auf. Unter fast kochendem Wasser bleibt der Sinter weiß, in kühleren Bereichen leben auch hier Bakterienrasen. Mit Änderungen im Karstwassersystem, aber auch bei häufigen kleinen Erdbeben verlagern sich häufig die aktiven Sinterbereiche. Die trockengefallenen Oberflächen verwittern schnell von grau zu beige (Bildmitte). Zusätzlich greifen Frost und Schmelzwasser – bei über 2000 m Meereshöhe – die trockenen Bereiche stark an.

Die letzte hydrothermale Erscheinungsform heißer Quellen ist ein **Schlammtopf** (Abb. 37), fälschlich oft auch „Schlammvulkan" genannt, so im 1726 explosiv entstandenen Viti-Krater der isländischen Krafla (Abb. 23), deren heutiger See danach über Jahrzehnte in dieser Weise blubberte. Das Wasser einer solchen Quelle ist aggressiv genug, jedes Gestein völlig zu Ton, hier in grau reduzierter Farbe, zu zersetzen, aber zu wenig, um den Zersatz auch fortzuspülen. Bei abnehmender Förderung oder infolge Verdunstung wirft das fast kochende Ton-Wasser-Gemisch zähe Blasen – wie kochender Pudding – auf, bei sinkendem Wasserstand entstehen erst runde Minikrater, und zuletzt entstehen neben Trockenrissen im Ton trichterförmige Heißdampfaustritte, die **Fumarolen**, wie im Vordergrund. Das Bild wurde nach frischer Wasserzufuhr nach einem Regen aufgenommen. Deshalb werden die Blasen des teigigen Zustands nur durch das Muster der schwimmenden Tonhaut nachgezeichnet.

Damit Erosion und Akkumulation das Relief verändern können, muss Festgestein in eine **transportfähige** Form gebracht werden – außer bei schleifendem Abtrag durch Eisschurf (Abb. 40, 534 f.), Schotterbewegung (Abb. 268 f.) oder Windschliff (Abb. 797 ff.). Auch phreatomagmatische Explosionen (Schmincke 2000, S. 183 ff.), tektonisches Zerbrechen (spröde Deformation) oder Zermahlen zwischen bewegten Krustenteilen (Mylonitisierung; für geologische Begriffe vgl. Murawski & Meyer 1998) wirken so. Die meiste Aufbereitung geschieht allerdings durch **Verwitterung.** Deshalb wird sie außer in speziellen Monographien (etwa Ollier 1969, Yatsu 1988) in jedem Geomorphologielehrbuch – so auch hier – behandelt (etwa Louis & Fischer S. 110 ff.) oder aber, da sie auch für die Bodenbildung unverzichtbar ist, in Bodenkundelehrbüchern (z.B. Scheffer & Schachtschabel 1992, Kuntze et al. 1994).

Die wichtigste Form physikalischer Verwitterung ist die **Frostsprengung** *(frost wedging)*. Sie wirkt einmal durch die Ausdehnung gefrierenden Wassers um 9 %. Da in den nach außen offenen, vorgegebenen Rissen diese auch nach außen geht, spielt der Druck der wachsenden Eiskristalle quer zur Abkühlungsfläche – dem Riss – die größere Rolle. Am Ende steht scherbiger Zerfall, regelmäßig entlang von Klüften und Schichtfugen, oder, wie im Glazialgeschiebe in Abb. 38, in der für Phonolithgestein typisch unregelmäßigen Form. Seit dem ungefähr datierbaren Austauen aus der nahen Gletscherzunge des Skaftafellsjökull waren dafür etliche Jahrzehnte häufigen Frostwechsels nötig. Beim Gefrieren von Haft- und Kapillarwasser ist die Zerkleinerung bis Schluffkorngröße (< 0,02 mm) möglich und dürfte für die pleistozänkaltzeitliche Lössproduktion wichtig gewesen sein.

Ein weniger bedeutender, aber spektakulärer Fall von Drucksprengung ist die durch wachsende Baumwurzeln, die, wie in Abb. 39, sogar zur Sprengung großer Blöcke führen kann. Auch hier muss ein Riss mit Feuchtigkeit und etwas Feinmaterial – durch Verwitterung oder Eintrag von außen – vorgegeben sein, damit ein Keimling geschützt aufwachsen kann. Nach 1945 war **Wurzelsprengung** nach Birkensamenanflug in Kriegsruinen häufig, heute ist sie durch in rissige Mauerfugen eindringenden Efeu ein Problem beim Schutz von Baudenkmälern.

Scherbiger Gesteinszerfall in heißen Trockengebieten wird gern durch **Insolationsverwitterung** erklärt, d.h. durch unterschiedliche Ausdehnung verschiedener Minerale eines Gesteins bei Erhitzung. Viele Labor- und Feldversuche haben aber eindeutig gezeigt, dass die Volumenvergrößerung von Salz – wiederum in vorgegebenen Rissen – durch Kristallwachstum und vor allem **Hydratation** – die Anlagerung von Wassermolekülen – verursacht wird. Dazu ist aber immer, wenn auch nur in geringen Mengen, die Anwesenheit von Wasser nötig (Besler 1992, S. 40 ff).

Die nach unten abnehmende Kluftweitung in Abb. 40 zeigt, dass auch dieser Prozess in vielen kleinen Schritten abläuft. Das häufige Auseinanderrücken derartiger Verwitterungsscheiben geschieht durch den Druck quellenden Tons im Boden bei Durchfeuchtung, wobei Quellung eingewehter Tonpartikel in aufgeweiteten Rissen auch wichtig ist. Die braune Patina des Blocks, an den grauen oberen Rändern zu sehen, gehört zur älteren Vorverwitterung des Blocks, wie auch die Frostsprengung während einer vorzeitlichen winterfeuchten Klimaphase, die ihn aus seinem Gesteinsverband gelöst hat.

▲ Abb. 38: Durch Frostsprengung scherbig zerfallenes Phonolith-Glazialgeschiebe; Skaftafellsjökull-Gletschervorfeld, Südisland.

◀ Abb. 39: Durch Wurzelsprengung eines Wacholders gespaltener Sandsteinfels; Canyonlands National Park, Utah, USA.

▼ Abb. 40: Durch Salzkristallausdehnung und Tonquellung an Schichtfugen zerlegter Sandsteinblock; semiarides Südnamibia.

4. Verwitterung · Desquamation, Abschuppung

▲ Abb. 41: Schattenverwitterung unter einer durch Druckentlastung abgelösten Desquamationsschale in Sandstein; Canyonlands National Park, Utah, USA.

▶ Abb. 42: Die Oberflächenform nachzeichnende Abschuppung einer Granitoberfläche; Blutkuppe, Inselberg in der Namib-Wüste, Südnamibia.

Eine für die Ausgestaltung von Großformen wichtige Form mechanischer Gesteinsaufbereitung zeigt Abb. 41, die **Desquamation** *(Abschuppung)* oder **Exfoliation** *(Aufblätterung)*, erklärt durch **Druckentlastung** *(sheeting)*. Im physikalischen Detail offenbar erst schwer fassbar (Yatsu 1986, S. 140 ff.), erscheint der Vorgang der „Kluftbildung durch Beseitigung von Überlastungsdruck" nach geologisch-geomorphologischen Feldbeobachtungen jedoch gut abgesichert (Louis & Fischer 1979: S. 115 ff.).

Die geomorphologisch wichtigste Feststellung ist die, dass sich, unabhängig von dem Kluftmuster von Gesteinen, das durch endogen-tektonische Prozesse entstanden ist, in schichtungsarmen so genannten Massengesteinen Klüfte ausbilden, die nicht nur hangparallel verlaufen, sondern auch Talverläufe nachzeichnen. Da sie, mit abnehmendem Kluftabstand, tiefer als alle Temperaturschwankungen reichen und zudem beim Tunnelbau, in Bergwerken und Steinbrüchen die Druckentlastung messbar ist, lassen sich solche Formen nur auf Entspannung zurückführen.

In Abb. 41 sind drei konvex gekrümmte Schalen zu sehen, die das Profil eines älteren Talhangs nachzeichnen. Die senkrecht dazu stehenden Kluftflächen und Klüfte am Unterhang sind das Ergebnis „normaler" Tektonik. Bereiche älterer und jüngerer Schalenablösung lassen sich durch unterschiedlich intensive Patinierung unterscheiden. In die dunkelbraunen Flächen sind an benachbarten Wänden mindestens Jahrhunderte alte indianische Felsgravuren erhalten. Vom Aufreißen einer Kluft bis zum Absturz einer Schale kann offenbar viel Zeit vergehen; so viel, dass die äußere Schale von ihrer Unterseite her durch **Schattenverwitterung** – dort, wo sich die für chemischen Angriff notwendige Feuchtigkeit länger halten kann – stark ausgehöhlt worden ist. Die scharfkantigen Abbrüche unten an der rechten Schale sind entstanden, als kein stützendes Widerlager mehr vorhanden war.

Der Block in Abb. 42 ist Teil einer abgestürzten Druckentlastungsplatte im Granit. Die Ausbildung und Ablösung eines Stapels von nur wenige Millimeter dicken Schuppen ist das felsmechanische Gegenstück zu den dezimeterdicken Desquamationsplatten. Sie sind immer *parallel* zur vorgegebenen Oberfläche ausgebildet. Selbst bei starken konvexen und konkaven Krümmungen wie hier sind sie so auch häufig im Innern aktiver Tafoni (Abb. 44, 45) ausgebildet. Irrtümlich werden sie daher nicht als *Folge*, sondern als Ursache der Zurundung von großen Kernsteinen (Abb. 100) angesehen. Sie schneiden quer durch das Kristallgefüge des Granits, und genauso wie die großen Platten verbiegen sie sich bei der Ablösung (unten rechts) und klingen dementsprechend beim Anschlagen hohl, wie eine Trommel. Auch bei den dünnen Schuppen erfolgt die Ablösung langsam, so dass chemische Verwitterung zwischen den Lagen angreifen und die Ablösung beschleunigen kann. Zu **Grus** zerfallen die Schuppen aber erst nach dem Herabfallen im gelegentlich durchfeuchteten Boden.

Da die Ablösung ihre Ursache im Ausgleich von Materialspannungen hat, kommen Groß- wie Kleinformen in *allen* Klimaten vor, im ariden Klima allerdings begünstigt durch das verdunstungsgesteuertes Aufwandern von Ionen nach Durchfeuchtung bei der Wüstenlackbildung (Besler 1992, S. 51 ff.).

Zu den vermutlich durch eine Kombination aus physikalischer und chemischer Verwitterung gebildeten Formen gehören die nach einer Typuslokalität auf Korsika bezeichneten **Tafoni** (Klaer 1956). Es sind Halbhöhlen von wenigen Dezimetern bis vielen Metern Höhe mit unterschiedlich stark überhängenden Dächern, die meist in steile, kluftarme Felsflächen eingearbeitet sind. Am Anfang stand wahrscheinlich ungleichmäßige Befeuchtung einer Felswand mit dort beschleunigter Verwitterung. Einmal gestartet, trat die sich selbst verstärkende Schattenverwitterung infolge längerer Bewahrung von Feuchtigkeit und damit mehr Verwitterung immer stärker in den Vordergrund. Anlösung durch Flechten oder das beschriebene Abplatzen kamen als weitere Prozesse hinzu. Bei der damaligen Erstbeschreibung wurde die Verwitterung durch aggressives Salzspray vom Meer betont, wie dies vermutlich auch für die Tafoni in Abb. 44 von der West- und Wetterseite Sardiniens gilt.

Tafoni kommen allerdings auch in Trockengebieten vor, in jeder Exposition, und durchweg als bestenfalls traditional weitergebildete Vorzeitformen (Besler 1992, S. 48 f.; Buschc 1998, S. 151). Das Beispiel von Abb. 45 stammt vom Scheitel eines Inselbergs der (Halb-)wüste Namib. Die Halbhöhlen mit dem Übergang zu kleinen **Bröckellöchern** sind in der oberen von zwei Druckentlastungsplatten ausgebildet. Dünnschaliges Abplatzen auf der unteren Platte ist wenig aktiv, da patinafreie frische Flächen fehlen. Die hellen Rückwände der Tafoni erscheinen dagegen unpatiniert frisch, möglicherweise durch salzhaltigen Nebel der nahen Küste angegriffen, aber es fehlt herabgefallener Grus.

Die graue Verwitterung der großen Tafoni in Abb. 44 spricht dort ebenfalls für nur geringe Abwitterungsaktivität. Weit vorragende **Tafonidächer** wie rechts außen sind selten, vermutlich an anderen Stellen bereits abgebrochen, oder die Tafoni sind, wie der in der Mitte, schräg von unten in die Wand eingewittert. Es könnten also zwei Generationen von Tafoni diese Wand gliedern.

Tafoni-Großformen wie in Abb. 43 werden französisch als Abri (Schutzdach) bezeichnet. Sie sind der Normalfall an den Füßen der Inselberge auf den südalgerischen Tassili-Plateaus. Bei ihrer Ausbildung dürfte, wie auch bei kleineren **Basis-Tafoni** in anderen Wüsten, vom Boden aufsteigende Feuchte die Rückwitterung ermöglicht haben, müssen im bodentrockenen ariden Milieu also Vorzeitformen sein. Sie waren es auch im letzten Pluvial, denn bis zu 10 000 Jahre alte Felsmalereien sind seither nicht durch weiteres Abwittern der Rückwände zerstört worden.

Eine offensichtlich noch ältere Vorzeitform ist die braune **Hartrinde** (Besler 1992, S. 48), in die sowohl die Abris als auch die kleinen Tafoni darüber eingetieft sind. Sie überzieht mit einem dichten Rissmuster alle Unregelmäßigkeiten des Inselberghangs, wird als **Schildkrötenpanzer** oder Elefantenhaut beschrieben (Busche 1998, S. 149) und kommt auf Sandstein wie Granit von der zentralen Sahara bis in den Sahel in unterschiedlichen Formen der Zerstörung vor. Hart ist aber kaum mehr als der oberste Millimeter, unter dem an Einbruchstellen die Ausräumung leichtes Spiel hatte. Das Rissmuster selbst greift aber etliche Zentimeter tief in den Fels ein, vielerorts sichtbar, wo der Panzer flächenhaft abgetragen worden ist. Weder Abri, Tafoni noch Schildkrötenpanzer dieses Wüstenreliefs sind also unter einem Wüstenklima entstanden. In den beiden anderen Fällen mag Salzspray eine Weiterbildung ermöglichen. Schildkrötenpanzer entstehen vermutlich heute nirgends neu.

▲ Abb. 43: Durch Schattenverwitterung entstandene Halbhöhle (Abri) in einem Sandsteinfelsen mit Schildkrötenpanzer-Verwitterung; Tassili n'Ajjer-Plateau, Südalgerien.

◀ Abb. 44: Große Tafoni und Abris an einem Trachytfelsen; Westküste von Sardinien, Italien.

▼ Abb. 45: Kleine Tafoni in einer Druckentlastungsschale in Granit; Blutkuppe, Inselberg in der Namib-Wüste, Südnamibia.

4. Verwitterung · Kluftnachzeichnung, Wabenverwitterung

◀ Abb. 46: Kluftnachzeichnende Verwitterung in metamorphem Gestein des Brandungsbereichs; Côte Sauvage, Bretagne, Frankreich.

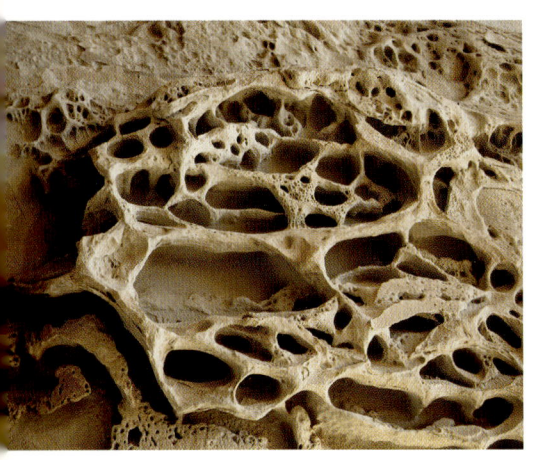

▲ Abb. 47: Wabenverwitterung an der Rückwand eines Sandstein-Abri, Golden Gate Highlands Park, Rep. Südafrika.

Chemische Verwitterung greift auf jeder Gesteinsoberfläche an, sofern Feuchtigkeit vorhanden ist. Die unterschiedlichen Angriffsweisen, von der **Hydratation** – allein durch Anlagerung von Wasser an Mineraloberflächen – bis zu der ein Festgestein völlig zu Ton umwandelnden **Hydrolyse**, tragen in unterschiedlich intensiver Weise zur Reliefbildung bei, von sehr selektiver bis alles ausgleichender Abtragung bei Groß- wie Kleinformen. Eine gute Einführung in die dabei ablaufenden unterschiedlichen chemischen Prozesse findet sich bei Louis & Fischer (1979, S. 118 ff.).

Diese Seite zeigt zwei Beispiele für relativ gering intensive und damit sehr selektive chemische Verwitterung. Abgesehen von manchen Formen reiner Karbonatverwitterung (Abb. 48) oder Salzlösung (Abb. 88) setzt sie an den Schwachstellen eines Gesteins an und zeichnet diese nach. Im Normalfall sind dies Klüfte in allen Gesteinen und Schichtfugen in Sedimentgesteinen.

An dem Brandungsfelsen von Abb. 46 ist beides an einer freien Felsfläche gut sichtbar nachgezeichnet worden. So ist erkennbar, dass bei nicht zu starker Metamorphose während der kaledonischen Gebirgsbildung teilweise die ursprüngliche fluviale Schichtung (oben rechts) erhalten blieb. Nachgezeichnet wurde sie durch Hydratation und die chemische Aggressivität der Salze von Gischt und aerosolreicher Seeluft. Im unteren Teil des Felsens ist das dort allein vorhandene, fast rechtwinklige **Kluftnetz** einige Zentimeter tief nachgezeichnet worden. Am bei Flut regelmäßig überspülten Fuß dominiert der schleifende Abtrag der Brandung über den chemischen Angriff. Dort ist auch zu sehen, dass glatt abgeschliffene, mit Quarz verheilte Klüfte weniger resistent als das umgebende Gestein reagiert haben und nach oben durch Lösung nachgezeichnet worden sind. Sämtliche Gesteinskanten sind außerdem durch lösende Verwitterung abgerundet worden.

Ein Dünnschliff unter dem Mikroskop würde zeigen, dass es außer den angewitterten Klüften auch Mikroklüfte gibt, die in diesem Fall, vermutlich weil relative Härteunterschiede nicht gegeben waren, nicht nachgezeichnet worden sind.

Im zweiten Beispiel (Abb. 47) hat die Verwitterung noch *selektiver* gewirkt – in dem porenreichen, wasserdurchlässigen Sandstein, allerdings anders als im praktisch porenfreien Metamorphit. Dabei sind irgendwann auch kleinste Kluftflächen einer langen tektonischen Beanspruchung durch gelöste und wieder ausgefällte Kieselsäure verkittet und damit widerstandsfähiger als das sie umgebende Gestein geworden. So wurde das Muster für die spätere **Wabenverwitterung** als einer Variante der feuchtigkeitsabhängigen Schattenverwitterung vorgezeichnet.

Die bis zu 30 cm weiten und heute bis etwa 6 cm tiefen größeren Waben sowie jene mit teils nur einigen Millimetern Grundfläche auf einer tieferen Fläche knapp 2 cm über der untersten Fläche der Felswand sind das Ergebnis einer *mehrphasigen* Entwicklung. Von einer glatten Ausgangswand, abzuleiten aus den gleich hohen Stegen zwischen den Waben, bewirkte dort angreifende Feuchtigkeit zwischen den morphologisch etwas härteren Klüften eine gleichmäßig tiefe Ausräumung. Die abgerundete Nachzeichnung ursprünglich gerader Kluftflächen dürfte auf eine von einer Kluft in die Poren allmählich abnehmenden Verkittung zurückgehen.

Derart tiefe Näpfe sind an der Wand außerhalb des Bildes nur an wenigen Stellen erhalten. Es lässt sich ableiten, dass nach einem weiteren Milieuwechsel die meisten Stege auf das Niveau der löcherigen Fläche am unteren Bildrand herabwitterten, also wieder eine glatte Fläche entstanden war. Danach setzte – bei noch stärkerer Selektivität – die nächste Phase sehr kleinformatiger Lochverwitterung ein, die auch noch feinste Festigkeitsunterschiede zwischen Mikroklüften nachzeichnete, während in den erhaltenen großen Näpfen die Eintiefung in gleicher Weise auf dasselbe Niveau weiter ging.

Kalkstein gehört mit Dolomit, Gips und Steinsalz zu den Gesteinen, die allein durch Niederschlagswasser leicht in Lösung überführt werden können. Kalkstein ist dabei bei weitem das wichtigste, dank dessen weiter Verbreitung auf der Erde ein spezieller Formenschatz entstanden ist und in vielen Ausprägungen auch heute noch weiter gebildet wird. Seit den grundlegenden Arbeiten des Serben Jovan Cvijć im namengebenden nordostadriatischen, **dinarischen** Raum hat der Begriff **Karst** zusammen mit dem von ihm eingeführten serbischen Vokabular Eingang in die geomorphologische Forschung gefunden. Wegen seiner Verbreitung und Vielfalt ist dieser Ausprägung der Lösungsverwitterung ein eigenes Kapitel gewidmet. Als begleitende einführende Literatur bieten sich die Stichworte von Pfeffer und Sponholz im Lexikon Geographie (2002) an, sowie Pfeffer (1978) oder Louis & Fischer (1979, S. 382 f.) oder – ganz kurz – Mark 2005.

▲ Abb. 48: Kleinformen der Kalklösung auf paläozoischem Schwarzkalk; Große Randstufe, Südnamibia.

Löslich ist Kalk in Wasser nur bei der allerdings immer gegebenen Anwesenheit von CO_2. Außerhalb von Klüften ist er wegen fehlender Poren *wasserundurchlässig*. Die Lösung kann also an tektonisch vorgegebenen Wasserwegen oder auch direkt auf einer freiliegenden Kalkfläche ansetzen, wie in Abb. 48. Im humiden Klima würde ablaufendes Regenwasser bis dezimetergroße, scharfgratige Rinnenkarren schaffen. Die für semiaride Kalkgebiete typischen **Miniaturkarren** hier werden seit Arbeiten aus dem ersten Drittel des 20. Jahrhunderts wegen der seltenen Niederschläge durch Taufall erklärt (vgl. Besler 1992, S. 50). Während manche noch kleinere „Taurillen" eindeutig auf Kalk leicht entstehende äolische Formen sind (Busche 1998, S. 204 f.), sind diese doch eher als die Folge – wenn auch seltenem – ablaufenden Regenwassers zu erklären. Taufall ist ebenfalls in semiariden Gebieten – außer in Küstennähe – sehr selten, und er müsste sehr stark sein, dass Adhäsion und Oberflächenspannung der Tautropfen überwunden werden und Abfluss möglich wird, wie ihn die Miniaturmäander (u.a. links) bezeugen. Außerdem muss genug Wasser durch die Karren zusammenlaufen, dass der Boden der kleinen Becken – hier durch zusammengespülten äolischen Staub hell gefärbt – flächenhaft unter Wasser angelöst werden kann. Für Lösung durch **zusammengelaufene** Tautropfen sprechen allerdings die oft viel häufigeren Näpfe (u. a. oben Mitte) von wenigen Zentimetern Durchmesser.

Die nur wenig größeren Karren eines kleinen Marmorinselbergs in Abb. 49 sind allerdings wegen der dafür nötigen Wassermenge kaum noch mit ablaufendem Tau zu erklären. Die braunen Bänder sind tektonisch mehrfach deformierte ehemalige Ton-Eisenlagen aus der Zeit der Kalkschlammsedimentation. Ablaufendes Wasser hat Näpfe und Karren wie in Abb. 48 geschaffen und nachfolgend wieder aufgelöst. So wurde die Oberfläche unterhalb aller Kalksilikatbänder mineralgrenzscharf um mehrere Zentimeter tiefer gelegt.

Wie die ebene Oberfläche des breiten braunen Bandes stellvertretend für viele solche zeigt, muss es vor dieser selektiven Lösungsphase allerdings eine deutlich intensivere gegeben haben, die möglicherweise bei gleichmäßiger Durchfeuchtung ohne schnellen Abfluss unter einer Bodendecke stattfand. Dabei konnten offenbar der schwer lösliche Ton-Eisenstein und der Marmor in gleicher Intensität überall auf den Hängen dieses Gebiets flächenhaft gelöst werden. Auch hier wieder zwei auf eine deutliche Milieuveränderung hinweisende Reliefgenerationen *en miniature*.

▼ Abb. 49: Durch Lösung tiefer gelegte Gesteinsfläche in Marmor mit einem Silikatband; Harmony Dome, Fuß der Großen Randstufe, Zentralnamibia.

5. Karst · Kluftkarren

▲ Abb. 50: Angeschnittenes Karrenfeld mit Resten von Terra Rossa; Raum Cartagena, Südostspanien.

▼ Abb. 51: Von Inlandeis überschliffenes Karrenfeld in Kalkstein; County Clare, Nordirland.

Den **Rinnenkarren** (Karren engl. *karren, lapiés*) einer nackten Kalkoberfläche – auch in den humiden Mittelbreiten kaum über 1 dm hoch – stehen auf dieser Seite die etliche Dezimeter hohen *Kluftkarren* gegenüber. Erstere sind Formen des **unbedeckten**, letztere des **bedeckten**, unter einer Bodendecke entstandenen Karstes. Die Verkarstung ist dort intensiver, weil durch mikrobiellen Prozesse die CO_2-Konzentration in der Bodenluft und damit auch im Bodenwasser weit über die derzeit 0,038 % der Luft erhöht wird. Zusätzlich wirken säurebildende Mikroorganismen lösungssteigernd. Im wegen seiner Porenfreiheit wasserundurchlässigen Kalkstein kann die Lösung nur entlang von Klüften in die Tiefe greifen. Dazwischen erhaltene, sich nach oben verjüngende „Wände" sind die Kluftkarren.

An dem frischen Anschnitt in Abb. 50 ist zu erkennen, wie Tiefe und Aufweitung von Klüften variieren können. Das Calcium wird in Lösung abgeführt. Dabei werden die in reinem Kalk meist unter 5% klastisch-tonigen Bestandteile angereichert. Erst in diesem kalkfreien Substrat kann die *Bodenbildung*, klimazonal unterschiedlich, einsetzen. Das heißt, dass zur Bildung eines ein Meter tiefen Bodens Kalkstein im Zehnmeterbereich gelöst worden sein muss.

Der als roter, noch nicht abgespülter Überzug auf den Kluftflächen sowie der in einigen Karsttaschen (rechts oben) erhaltene dunkelrotbraune Boden ist eine **Terra Rossa** (Skowronek 1978; Eitel 1999, S. 147 f.), nach der FAO- bzw. WRB-Klassifikation (World Reference Base, FAO 2002) ein *Chromic Luvisol*. Dieser für mediterrane Kalksteingebiete so typische, durch das Eisenoxidmineral **Hämatit** rot gefärbte Boden ist eine wohl unter einem wärmeren subtropischen Klima im Tertiär entstandene Vorzeitform, und damit sind zwangsläufig auch die Karstkarren alt.

Dass sie heute, grau angewittert, eine kaum passierbare Felsoberfläche bilden, ist die Folge lang andauernder Bodenzerstörung durch menschliche Nutzung (Bodenerosion, s. Abb. 609 ff.) im Mittelmeerraum. Der heutige Niederschlag schärft die freigelegten Karren zu. Auf geneigten Flächen (vorn links) sind kleine **Rillenkarren** entstanden, die durchaus den angeblichen Taurillen der Vorseite entsprechen. Die spärliche, der Trockenheit angepasste Vegetation wächst in den Bodenresten zwischen den Karren wie in Blumentöpfen und jeder Niederschlag gelangt fast unverzögert in den verkarsteten Untergrund, ebenso wie in Abb. 51.

Das regelmäßige Fischgrätenmuster der geweiteten Klüfte dort zeigt eindeutig die ehemalige Ausbildung – nicht mehr vorhandener – Karren entlang von wasserzügigen Klüften. Die Fläche ist nämlich mehrfach im Pleistozän vom westlichsten Teil des europäischen Inlandeises *überschliffen* worden und dabei vermutlich um mehr als einen Meter mechanisch tiefer gelegt worden, wie die breiten Sockel ehemaliger Karren andeuten. Die einmal vorhandene Grundmoränendecke ist holozän abgespült worden, im angrenzenden Gebiet aber noch vorhanden und belegt so wie auch der große **Findling** aus Fremdgestein (hinten links; Abb. 568) die glaziale Überprägung. Einstige Gletscherschrammen (Abb. 491, 543) haben wegen der rezenten Kalklösung im regenreichen irischen Klima nicht überdauern können.

Befunde wie diese, aber auch aus den englischen Midlands und den Alpen (Louis & Fischer 1979, S. 386 f.), belegen ebenso wie die Terra Rossa-Karren, dass auch relativ kleine Formen des bedeckten Karsts eine mindestens bis ins Pleistozän zurückreichende Geschichte haben.

5. Karst · Gipskarst

Gips ist deutlich leichter löslich als Kalkstein und kommt deshalb im humidem Klima nur als wasserfreier **Anhydrit** ($CaSO_4$) an der Oberfläche vor, hochgepresst als **Gipshut** über einem Salzdiapir, aber auch als angeschnittene Schicht, vor allem des Zechstein oder Unteren Keuper. Anders als beim Kalkstein wird bei der Lösung erst durch **Hydratation**, also Wassereinbau ins Kristallgitter, bei starker Volumenzunahme Gips $CaSO_4 \cdot 2\,H_2O$) gebildet, der auch ohne die Mitwirkung von Kohlensäure schon mehr als 20 Mal leichter löslich als Kalkstein ist. Als Ausdruck *unterirdischer* Gipsverkarstung ist die Trümmerlandschaft in Abb. 53 durch den weitgehenden Einbruch einer größeren Höhlen entstanden. Wie beim Kalkstein folgt die oberflächliche Lösung den Klüften (rechts außen), geht aber zwischen ihnen so schnell und gleichmäßig vonstatten, dass sich in dem weichen Gestein statt Rillenkarren nur eine raue Lösungsoberfläche gebildet hat und statt Zuschärfung freiliegender Karren Kantenabrundung vorherrscht.

Wie im Kalkstein haben sich Höhlen durch Ausweitung wasserzügiger Klüfte gebildet, und zwar unter **phreatischen** Bedingungen, d.h. bei vollständiger Füllung durch langsam strömendes Grundwasser. In Abb. 53 ist dies noch an den flachkonvexen **Lösungsnäpfen** (1 in Abb. 53) aller original erhaltenen Anhydritflächen erkennbar. Ein wesentlicher Unterschied zu Kalksteinhöhlen ist, dass große wie kleine Röhrenprofile nicht rund oder oval, sondern nach unten V-förmig ausgebildet sind, eine Folge der höheren Löslichkeit. Bei nur langsamer Wasserbewegung nimmt schwerkraftbedingt die Ionenkonzentration nach unten zu und damit die Lösungfähigkeit ab. Aufgrund des Löslichkeitsgradienten (fast null am Boden, maximal im Bereich der oberen runden Profilhälfte) bildete sich entsprechend ein **Kerbenprofil** (2) aus.

Der steil angeschnittene Schacht vorn links (3) und das runde Profil dahinter stehen für viele senkrechte Röhren, die später durch die größeren V-Röhren waagerecht zerschnitten wurden, als diese sich quadratkilometerweit an den sich kreuzenden Klüften zu einem Höhlengitter entwickelten. Auch hier gibt es also (mindestens) zwei Phasen wahrscheinlich paläoklimatisch bedingter subterraner Reliefbildung durch unterschiedliches Grundwasserverhalten.

Die V-Profile der zweiten Verkarstungsgeneration sind in beiden Höhlenstockwerken mit Lösslehm (4) überdeckt, der von der in diesem Fall nur wenige Meter über dem Höhlendach liegenden Rumpffläche bei jedem Regen in die sonst weitgehend trockene Höhle eingewaschen wird. Wie auch bei Kalksteinhöhlen war es die **Tieferlegung der Vorflut** durch die pleistozäne Talbildung (Abb. 312 ff.), die das oberflächennahe phreatische System anschnitt, so dass es heute nur zeitweilig, je nach Niederschlägen, geflutet wird. Druckentlastung und Schwerkraft haben seitdem dazu geführt, dass immer wieder Platten von der abschnittsweise schon an die Schichtflächen angepassten Decke (5) herabbrechen.

▲ Abb. 52: Lösungsformen auf Anhydritblöcken eines eingestürzten Höhlendachs; Sauerland.

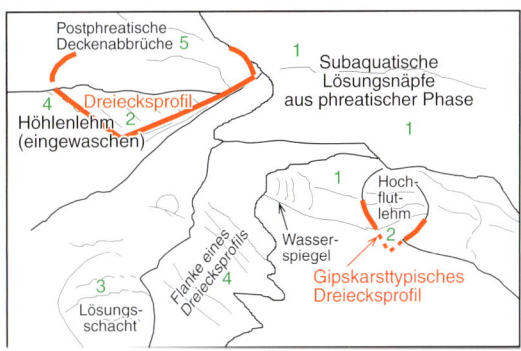

◀ Abb. 53: Erläuterungsskizze zu Abb. 54.

▼ Abb. 54: Zwei Höhlenstockwerke mit V-Profilen in Anhydritschichten; Unterfranken.

5. Karst · Küstenkarst, Bioerosion

▲▲ Abb. 55: Brandungsüberschliffenes Karrenfeld und so genannter durch Bioerosion gebildeter Spritzwasserkarst; Cap Rhir, Marokko.

▲ Abb. 56: Durch Bioerosion geschaffene Wannen und Karren des so genannten Spritzwasserkarsts; Cap Rhir, Marokko.

▶ Abb. 57: Verkarstete marine Terrasse; bei Playa Larga, Südkuba.

Auch an Kalksteinküsten kommt Karst vor, unabhängig von der und ein Vielfaches älter als die – erdgeschichtlich gesehen – Momentaufnahme der Land-Meer-Grenze. Sie kann allerdings marin überformt sein, wie die gehobene, heute inaktive Brandungsplattform vorne in Abb. 55. Der Teil einer einstigen **Schorre** (Abb. 675, 680) wird heute nur noch bei Sturmflut überspült. Die am Kluftnetz orientierten Schlitze und Streifen dazwischen sind die Reste von durch Brandungsschotter abgeschliffenen Karren, ähnlich den durch Eis abgeschliffenen in Abb. 51.

Auch die meerseitig etwas tiefer liegende Verebnung ist bereits über die bei Ebbe freiliegenden Teile der rezenten Schorre (mit Person) herausgehoben und gehört zum **Supralitoral** (über dem Strand), der Zone des Brandungsspritzwassers. Ihre scharfgratige Oberfläche wurde ursprünglich als durch aggressives Seewasser geschaffenen **Spritzwasserkarst** erklärt. Tatsächlich handelt es sich um eine Form von **Biokarst** oder **Bioerosion** (Kelletat 1989, S. 116). In dieser Form beschränkt auf Kalkstein und an regelmäßige Benetzung bei Flut gebunden, wird dieses Kleinrelief von einer ganzen Reihe von Meeresorganismen gebildet, die Kalk abtragen können; sei es, um sich Schutzpositionen vor Brandung oder Feinden zu schaffen oder zur Nahrungsaufnahme. Letzterem widmen sich die von grauen Seepocken besetzten Napfschnecken im Vordergrund, die mit ihrer Reibezunge *(Radula)* den Kalk flächig abtragen, um an Algen zu gelangen, die dort vor anderen Feinden geschützt, aber in einigen Mikron Tiefe noch vom Licht erreichbar, **endolithisch** leben. So entstehen kleine Becken, die von **biogen** zugeschärften und allmählich aufgezehrten Graten umgeben sind, in denen sich spezielle marine Biotope gebildet haben. Dazu gehören auch der Tang am Boden oder die rotbraunen, geschlossenen Seeanemonen, die die nächste Füllung der Wanne im Vordergrund durch Spritzwasser abwarten.

Echten Karst zeigt dagegen Abb. 57, einen Ausschnitt aus einer marinen Terrasse (Abb. 683, 686) an der Südküste Kubas. Die extreme, an einen Schwamm erinnernde Durchlöcherung der ganzen Kalkschicht ist typisch für tropischen Karst (Abb. 81). Geschaffen wurde sie als Form des bedeckten Karsts unter einer warm-feuchten Bodendecke in einem durch biogene Säuren sehr kalkaggressiven Milieu. Der marine Beitrag zur Formung war die Abräumung der Bodendecke durch Brandung irgendwann im Pleistozän, als das Gebiet zur Schorre wurde. Rezent werden durch Regenwasserlösung die Röhrenränder zu messerscharfen Karren umgeformt. Zu den Karstformen gehört auch die grundwassergefüllte **Doline** *(sinkhole)* im Hintergrund. Vermutlich ohne Kenntnis des kaum passierbaren Karstreliefs fand in diesem Bereich im April 1961 die fehlgeschlagene exilkubanisch-amerikanische Invasion in der Schweinebucht statt.

5. Karst · Einsturzdoline

Das Trümmergelände von Abb. 52 ist insofern ungewöhnlich, weil dort ein weitflächiges oberflächennahes Höhlensystem eingebrochen ist. Der Normalfall im Kalksteinkarst ist eine **Einsturzdoline,** aus felsmechanischen Gründen mit rundem Grundriss und nur wenigen Metern bis Zehnermetern Durchmesser. Eine solche Form, die vermutlich schon vor einigen Jahrhunderten eingebrochen und seitdem stark verändert worden ist, zeigt Abb. 58. Ein junger Einsturz von 1988 (Busche et al. 1989, S. 177), wie dieser in Schichten des oberen Muschelkalks, sowie Feldbefunde bilden die Grundlage der Erläuterungsskizze.

Nach dem Einsturz eines Stücks der Höhlendecke hatte sich im Innern eines vermutlich über 20 m tiefen Schachtes mit senkrechten bis überhängenden Wänden ein symmetrischer Schuttkegel am Höhlenboden gebildet. Für die Region typisch, waren die oberen Meter des Einbruchs aus verschwemmtem Löss über dem pleistozän-periglazial entstandenen Frostschutt der so genannten Eisrinde (Abb. 456) ausgebildet. In diesem Schichtpaket schrägte sich in der Folgezeit der Hang durch Abspülung und Abrutschen bis zum Erreichen eines reibungsbedingten Gleichgewichts ab und verursachte so die erste Phase der Verfüllung der Doline. Die Hauptmenge der heute bis auf wenige Meter unter den Rand reichenden Auffüllung besteht jedoch aus eingeschwemmtem **Lösslehm.**

Zum einen war dies möglich, weil die Doline, wie bei subterraner Lösung häufig, in einem flachen Muldental liegt, unter dessen Grundwasserstrom die Verkarstung offensichtlich begünstigt war. Darauf weisen weitere Erdfälle talabwärts der Doline hin. Wegen der offenbar starken Verkarstung und direkten Wasserabfuhr in den Untergrund fließt der Bach in diesem für Karstlandschaften typischen **Trockental** nur nach längerem Niederschlag, bevorzugt im Winter über zuvor gefrorenem und damit undurchlässigem Boden (Abb. 60) oder nach starken Frühjahrsregen (Abb. 58). Seit ihrem Einbruch endet der wenige Tage im Jahr fließende Bach in der Doline. Die auf die neue Abflussbasis eingestellte Einschneidung und rückschreitende Erosion (Abb. 271) griff etwa 100 m weit zurück. Die Kerbe wurde jedoch bald wieder in dem Maße verfüllt, in dem die Doline von dem erwähnten Lösslehm aufgefüllt wurde.

Dies wiederum kann nur deshalb möglich gewesen sein, weil im heute bewaldeten Einzugsgebiet des etwa noch 1 km langen Bachoberlaufs früher Ackerbau betrieben und von unbestellten Feldern der Oberboden abgeschwemmt wurde. Der Schwebeintrag verfüllte teilweise das Höhlensystem, und im fast stehenden Wasser der Doline konnte sich der gelbbraune Lösslehm absetzen und einen sich von Flut zu Flut aufhöhenden horizontalen Dolinenboden schaffen. Etwas Ablauf muss noch möglich gewesen sein, als mit der Wiederbewaldung die Bodenabspülung fast aufhörte. Heute besteht die Sedimentfracht des klaren Wassers fast nur noch aus Herbstlaub, das im Mündungsbereich des Tälchens einen Schwemmfächer bildet. Bei mäßiger Wasserführung verschwindet das Wasser noch in mehreren, einige Dezimeter weiten Schächten im Lehm. Bei stärkerer Zufuhr erzeugt der schlechte Abfluss kleine Teiche über den Schlucklöchern, deren Ränder bei der Durchfeuchtung nachbrechen und so das Höhlensystem weiter verstopfen. Wenige Stunden später wandelt sich die Doline zu einem randvollen See und der Bach fließt für kurze Zeit wieder über die Doline hinaus.

▲ Abb. 58: Teils verfüllte Einsturzdoline im Muschelkalk; Gramschatzer Wald nördlich Würzburg, Unterfranken.

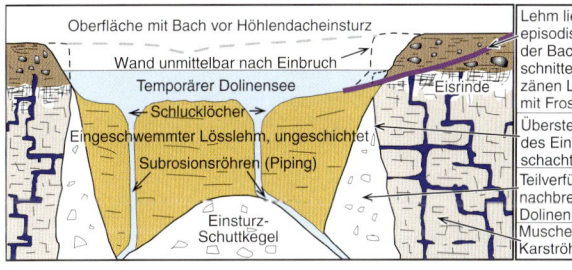

▲ Abb. 59: Modell der teilverfüllten Einsturzdoline von Abb. 58.

▶ Abb. 60: Schlucklöcher im eingeschwemmten Löss der Doline von Abb. 58.

5. Karst · Dolinenebene

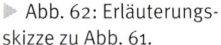

Abb. 61: Rumpffläche mit verfüllten Dolinen; Küstenmeseta südlich Rabat, Marokko.

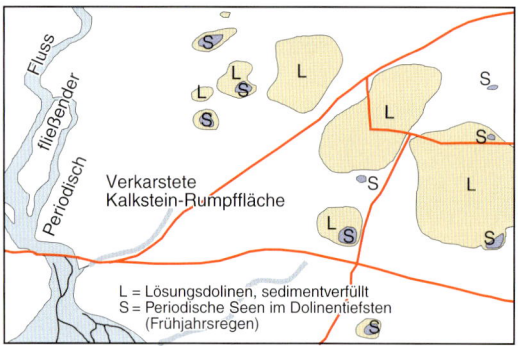

▶ Abb. 62: Erläuterungsskizze zu Abb. 61.

Abgesehen von den als Erdfällen bezeichneten Kleinformen sind Einsturzdolinen als Großformen seltener als solche, die allein durch Lösung entstanden sind. Die zahlreichen **Lösungsdolinen** in Abb. 62 liegen in einer die wenig verstellten Kalksteine kappenden Rumpffläche, nahezu im Niveau des Vorfluters. Mit einem trockengefallenen Höhlensystem und darüber einbrechenden Deckenteilen ist hier bei zu geringer Taleintiefung also nicht zu rechnen. Die zwei deutlich unterschiedlichen Größenklassen in demselben Kalkstein lassen auf zwei verschiedene Phasen der Dolinenbildung schließen.

Kurz nach dem Ende der für das südliche Mittelmeerklima typischen Winterregen steht flaches Wasser in mehreren Dolinen, umgeben von dunkelgrüner Sumpfvegetation. Die durch subterrane Lösungsabfuhr geschaffenen Formen sind also heute durch den Eintrag von Bodensediment fast bis auf das Niveau der umgebenden Rumpffläche aufgefüllt worden, wobei die Passagen für eine schnelle Karstentwässerung vollständig abgedichtet worden sind. Wegen Überschwemmungsgefahr werden diese Flächen nicht als Ackerland genutzt. Das fleckenhafte Vegetationsmuster der beiden großen Dolinenböden zeigt, dass starke sommerliche Verdunstung und damit Salzkonzentration ein weiterer Grund für die fehlende agrarische Nutzung sind.

Verfüllung und Abdichtung sind Belege dafür, dass diese Dolinen *Vorzeitformen* sind. Allerdings müssen sie jünger als die flächenhaft gleichmäßig abgetragene Rumpffläche sein. Vermutlich war es erst das mit der beginnenden leichten Zerschneidung einsetzende Absinken eines sehr hohen Grundwasserspiegels, das die subterrane Lösungsabfuhr an besonders anfälligen Stellen ermöglichte.

Lässt sich der Nachweis, dass es sich in Abb. 61 im Lösungsdolinen handelt, nur indirekt erbringen, so sind die Befunde in den beiden folgenden Beispielen eindeutig. In Abb. 63 ist der freiliegende Fels des recht ebenen Dolinenbodens sichtbar, einschließlich der durch die Grasdecke nachgezeichneten geweiteten Klüfte, durch die die subterrane Entwässerung stattfindet. In Abb. 63 ist außer im Zentrum der Doline – mit etwas zusammengeschwemmtem Material (Kolluvium) an dem sanft geneigten Hang – der anstehende freigelegte Kalk erkennbar. Beide Dolinen sind vollständig von höherem Gelände umgeben, sodass der Abtransport des abgetragenen Materials nur mit Lösungsabfuhr in den Untergrund möglich war. Für die im semiariden Gebiet von Abb. 64 theoretisch auch mögliche Deflation (Abb. 771 ff.) finden sich im Gebiet mit seinem mediterranen Gebirgsklima aber keinerlei Hinweise.

In Abb. 63 belegen die großen scharfgratigen **Rinnenkarren** rechts vorn kräftige rezente Lösung auf den Felsflächen. Die Hohlform selbst dürfte zu einer Zeit noch weitgehender Bodenbedeckung entstanden sein, worauf die vielen tief reichenden, stark geweiteten Klüfte hinweisen. Die unterschiedliche Bankung rechts und links der Doline und deren größere Längsachse quer dazu lassen erkennen, dass die Abtragung sich auf eine Störung mit senkrechtem Versatz konzentriert hat und auf ihr wiederum durch eine Konzentration von quer laufenden Klüften begünstigt wurde. Kluftkreuzungen sind generell bevorzugte Ansatzpunkte für Lösungsdolinen.

Aus der deutlichen Abfolge von Verebnungsresten in der Umrahmung des Dolinenbodens ist eine flächenhafte Tieferlegung mit abnehmender Intensität abzuleiten (vgl. Markierungen am rechten Bildrand). Unter Einbeziehung der Bildumgebung lässt sich nachweisen, dass zu Beginn der Beckeneintiefung neben der Karstentwässerung auch noch nach außen

5. Karst · Lösungsdolinen

Abb. 63: Mit zunehmender Eintiefung verkleinerte steilwandige Lösungsdoline; El Torcal-Massiv, Südostspanien.

gerichtete oberflächliche – **exorheische** – Entwässerung möglich war. Zu Beginn einer zunehmend restriktiven Flächentieferlegung (Abb. 182 ff.) ragte das Gipfelgebiet im Hintergrund als Inselberg aus einer Rumpffläche auf (Abb. 131 ff.), in die sich in der Folgezeit eines von zahlreichen intramontanen Becken (Abb. 128 f.) eintiefte. Im weiteren Verlauf muss die Leistungsfähigkeit der chemischen Verwitterung diskontinuierlich abgenommen haben, so dass zunehmend Oberflächenbereiche von der weiteren Eintiefung ausgespart wurden. Bei nahezu einheitlichem Gestein fällt dies als Ursache aus – theoretisch könnte beschleunigte Hebung die Ursache sein. Im regionalen Vergleich sind jedoch klimatische Veränderungen mit dem Überschreiten von heute nicht mehr fassbaren Schwellenwerten die wahrscheinlichere Ursache.

Es gab also eine stufenweise Verkleinerung des Eintiefungsbereichs, verbunden mit dem Übergang zu ausschließlich subterraner Materialabfuhr. Das bedeutet aber auch, dass die Terra Rossa, die heute nur noch in wenigen Relikten zu finden ist, mit dem Übergang zu endorheischem – nach innen gerichtetem – Abfluss von den Felshängen und Klüften ebenfalls über das unterirdische Karstsystem abgeführt worden sein muss, ohne dass dieses davon verstopft wurde. Die Ergebnisse derartiger Einschwemmung finden sich als **Höhlenlehm** in fast allen Karsthöhlen.

Im Kleinen lief hier die Entwicklung ab, die im Großen zur Bildung von Rumpftreppen (Abb. 156) geführt hat. Dazu gehört auch der kleine, durch divergierende Verwitterung herauspräparierte Inselberg auf dem Boden der Doline (vorn Mitte).

Weniger eindrucksvoll verlief die Bildung der flachen Doline in Abb. 64 auf etwa 2000 m Meereshöhe, aber bei wohl geringerer Hebungsintensität zur Bildungszeit. Auch hier belegen die zwei Felsterrassen beiderseits des Gerinnes im Hintergrund, dass es eine frühere Phase mit auch noch oberirdisch-exorheischer Entwässerung gegeben hat. Die Eintiefung der Doline setzte über einem Versickerungsbereich am Boden des damals in Felsterrassenhöhe verlaufenden Tälchens ein. Offensichtlich konnte die flächenhafte Lösung der umgebenden Hänge unter einer Bodendecke mit der Eintiefung im Zentralbereich – außer bei den Felsterrassen – Schritt halten, so dass statt einer Doline mit Steilwänden nur eine sanfte Mulde entstand.

Das heutige Fehlen einer Bodendecke ist hier nicht die Folge semiariden Klimas, sondern anthropogener Degradation (Abb. 609 ff.). In geringer Entfernung sind noch Reste des Zedernwalds zu finden, der hier einmal wuchs. Der Schutt im Vordergrund besteht nicht aus durch Lösung im Boden entstandenen Karstscherben, sondern ist – wie benachbarte Aufschlüsse zeigen – kaltzeitlicher Frostschutt.

Abb. 64: Flache Lösungsdoline; Nordabdachung des Hohen Atlas bei Ifrane, Marokko.

5. Karst · Trockental, Hungerbrunnen, Ponor

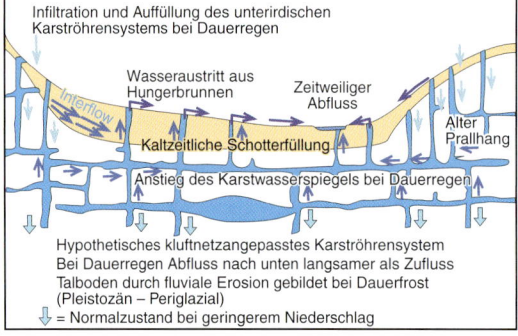

▲ Abb. 65: Wasseraustritt am Boden eines Trockentals nach Stark-regen; Wolfertstal, Schwäbische Alb.

▶ Abb. 66: Erläuterungsskizze zu Abb. 65.

▼ Abb. 67: Schluckloch (Ponor) der Karstentwässerung eines Trockentals; Valle de Vinales, Westkuba.

Täler sind *per definitionem* Formen subaerischer fluvialer Erosion (Büdel 1970), abgesehen von Gletschertälern, die aber eine fluviale Vorform hatten (Abb. 539) oder der Freilegung von Abschnitten eines Höhlenflusses durch ausgedehnten Einbruch eines Höhlendachs (Gavrilović 1982). Täler ohne jeden oder mit nur episodischem Abfluss in Karstgebieten, wie in Abb. 60, die als **Trockentäler** bezeichnet werden, müssen also notwendigerweise Vorzeitformen sein. Entweder entstanden sie bei allgemein hohem Grundwasserniveau, etwa nahe dem Meeresniveau wie in Abb. 75, oder der Untergrund war, wie für die Teile der Mittelbreiten während der pleistozänen Kaltzeiten, zeitweilig durch wasserundurchlässigen **Dauerfrostboden** (Abb. 457 ff.) versiegelt.

Ein solches Trockental zeigt Abb. 65. Sein ursprünglich breit angelegter Talboden ist im Laufe der jüngsten Taleintiefung während der letzten Kaltzeit auf einen schmalen Streifen (rechts) reduziert worden. Die hauptsächliche Formung geschah durch flächenhafte Spülprozesse, ebenfalls bei genannter Permafrostabdichtung, die vom Fuß der höheren Hangseite links ausgingen und ein *Glacis* (Abb. 229) geschaffen haben. Anders als meist in Nichtkarstgebieten ist es allerdings kaum zu einem Flussterrassenglacis zerschnitten worden (Abb. 358).

Heute versickert Regen im Normalfall sofort und ohne Oberflächenabfluss, außer über gefrorenem Boden, oder dann, wenn – hier im Bild – nach längeren Regen die Karstgefäße im Untergrund vollständig aufgefüllt sind. Dann können Stellen, an denen normalerweise der Regen in der Fläche bevorzugt versickert, kurzzeitig unter dem artesischen Druck von höher im Relief liegenden gefüllten Gefäße zu kräftig sprudelnden Quellen werden, wie hier an zwei Stellen in der Mitte der Glacisfläche. Auf der Schwäbischen Alb werden solche Stellen als **Hungerbrunnen**, allgemein als **Speilöcher** bezeichnet.

Stellen entlang einer Tiefenlinie, in der die Verbindung zur unterirdischen Entwässerung besteht, werden als **Schlucklöcher** oder **Ponore** (*ponor, swallow hole*) bezeichnet. Demnach ist auch die Doline von Abb. 58 f. der gegenwärtigen Funktion nach ein Ponor. Eher der Normalfall sind Stellen wie die in einem Trockental der feuchten Subtropen, in denen das Wasser durch einen **Karstschlot** (Louis & Fischer 1979, S. 389) in den Untergrund verschwindet. Das Wasser des nur gelegentlich aus dem baumbestandenen Bereich im Hintergrund herausfließenden Baches und örtlicher Oberflächenabfluss haben die dünne Decke anscheinend noch rezenter, geringmächtiger Terra Rossa über dem Kalk des Ponorbereichs abgespült. Auf diesen sind neben den freigelegten Kluftkarren neue Rillenkarren entstanden. Die häufig überspülten Kalksteinpartien sind gelbbraun angewittert, schon länger freiliegende, von der heutigen Entwässerung nicht mehr erreichbare Ausbisse sind grau verwittert.

Große, oberflächlich abflusslose Becken werden mit einem weiteren der von Cvijič (1893) aus dem *dinarischen* Karst eingeführten Regionalbegriffe als **Polje** (Feld, *polje*) bezeichnet, weil sie eben und mit ihrer oft aus dem degradierten Mittelgebirgsumland zusammengeschwemmten Bodendecke die einzigen für Ackerbau geeigneten Gebiete sind. Bei einer Größe bis zu einigen Hundert km² sind sie, wie Büdel (u.a. 1977, S. 252 ff.) überzeugend nachgewiesen hat, lediglich die oberflächlich abflusslose Karstvariante jener Becken, die weltweit bei zunehmend selektiver bzw. restriktiver Flächenbildung im Jungtertiär in ältere ausgedehnte Rumpfflächen eingetieft worden sind und die als **intramontane Becken** (Abb. 128 f.) bezeichnet werden. Als solche kommen sie, etwa im iranischen Zagros-Gebirge (Abb. 11), in unmittelbarer Nachbarschaft zu diesen vor.

Abb. 68 und 69 zeigen den linken und rechten Teil eines kleineren, gut überschaubaren Poljes im Süden des semiariden Zagros-Gebirges. Typisch ist der durch flächenhaften Lösungsabtrag völlig ebene Boden im Zentrum über alle zu erwartenden Störungen und Verstellungen im Kalkstein hinweg – der Sonderfall einer Karstrumpffläche. Im tiefsten Bereich hinten links, an der hellgrauen Farbe des Salztons erkennbar, breitet sich nach ergiebigen Winterregen zeitweilig ein flacher See aus und die dortigen Ponore werden zu Speilöchern. Oberhalb davon wird je nach verfügbarem Grundwasser, in den Randbereichen abhängig vom Winterregen, Ackerbau betrieben, desgleichen im Zentrum auf jungem, zusammengeschwemmten Bodensediment.

Die Weiterentwicklung des Beckenbodens ist im Jungquartär zumindest eingeschränkt worden, denn von den Beckenrändern, beiderseits in Abb. 68 zu sehen, ist ein Saum seither leicht zerschnittener Schwemmfächer (Abb. 282 ff.) aus frostverwittertem Kalkschutt geschüttet worden, durch deren Kastentälchen heute das Niederschlagswasser der Umrahmung ins Polje gelangt.

Die höheren Verebnungsreste und Hügel vorn in Abb. 68 und im größten Teil des Beckenteils von Abb. 69 sind Teil eines ehemaligen höheren Beckenbodens, wie er auch im dinarischen Karst zu finden ist. Büdel (u.a 1977, S. 256) hat dafür den Namen **Podi-Flächen** eingeführt. Als sie zerschnitten und nur noch ein eingeschränkter Teil des Poljebodens weiter tiefer gelegt wurde, war die Entwässerung schon eindeutig in den Untergrund gerichtet, wie die allseits höher hinaufreichende Umrahmung zeigt.

Einer von zwei der für viele Poljes typischen **Pässe** in ihrer Umrahmung, der heute von der Asphaltstraße überquert wird, zeigt aber, dass bis zur Eintiefung zum unteren Pass (dem gezeigten) Entwässerung und Materialabfuhr – wenn auch damals beim Kalkstein schon bis auf wenige Prozent Lösungsfracht reduziert – oberirdisch aus dem Becken heraus möglich waren. Zu jener Zeit – nach allen reliefgeschichtlichen Indizien noch im Jungtertiär – muss ein noch sehr oberflächennaher Grundwasserspiegel die auch damals, bei warm-feuchten Bedingungen, besonders aktive Karstlösung im Untergrund für das oberflächliche Geschehen unwirksam gemacht haben. Erst mit weiterer Hebung und Einschneidung der Vorfluter und damit verbunden mit dem zumindest partiellem Auslaufen der bis dahin **phreatischen**, vollständig wassergefüllten Karstgefäße unter der intramontanen Ebene kann der Umschlag zur **subterranen** Entwässerung und Lösungsabfuhr erfolgt sein.

Die Einschränkung der Tieferlegung, die die randlichen Podiflächen zurückließ, sowie letztlich der Schwemmfächersaum sind Hinweise auf die zunehmende Aridisierung des Raums seit dem jüngsten Tertiär.

▲ Abb. 68: Polje mit periodisch gebildetem See; Zagros-Gebirge westlich Shiraz, Südiran.

▼ Abb. 69: Fortsetzung desselben Polje nach rechts mit ehemaliger Abflusspforte aus der Zeit, als das Becken weniger eingetieft war.

5. Karst · Kalksinter-Barriere

Abb. 70: Kalksinterbarriere, hinter der ein weiterer See aufgestaut ist; Plitvicer Seen, Südkroatien.

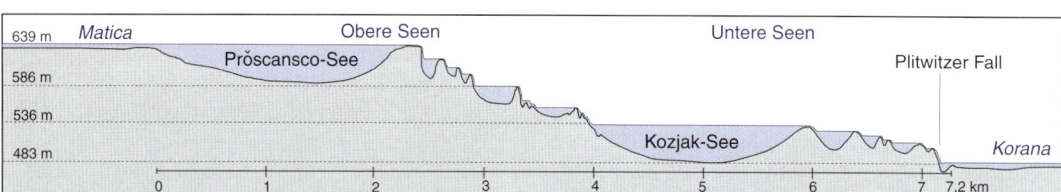

Abb. 71: Sinterbarrieren der Plitvicer Seenkette (n. Louis & Fischer 1978).

Abb. 72: Detail vom Überlauf einer Sinterbarriere.

sinter" wird das ausgefällte Material auch als **Kalktuff** bezeichnet, besonders wenn es wegen zahlreicher inkrustierter Pflanzenreste und Hohlräume durch später zersetzte organische Substanz locker aufgebaut ist. Die Ausfällung kann entweder an **Quellaustritten** wie in Abb. 73/74 geschehen oder bei sehr karbonatreichem Wasser auch in der Form einzelner oder einer Abfolge von **Barren** bzw. Barrieren quer zum Verlauf eines Flusses, ähnlich den Kleinformen in Abb. 33 und 35.

Ein Musterbeispiel ist die Treppe von 13 Barren und den hinter ihnen aufgestauten Becken der Plitvicer Seen in Kroatien (Louis & Fischer 1979, S. 412 f.). Begonnen hat ihre Bildung in der Nacheiszeit vermutlich an Gefällsbrüchen, also Stromschnellen, mit turbulentem Fließen. Wie in Abb. 70 ist die Außenseite jeder Barre steil oder durch Auswittern unter-

In gleicher Weise wie im hydrothermalen Milieu (Abb. 23) führt auch unter normalen Temperaturbedingungen die CO_2-Entgasung zur Ausfällung des bei der Verkarstung gelösten $CaCO_3$. Während hydrothermal allein schon die Abkühlung des Wassers zum Erreichen des Sättigungspunktes und der Ausfällung reichen kann, wie in Abb. 26, spielt bei normalen Temperaturen die Aufnahme von CO_2 aus dem Wasser für die Photosynthese von überspülten Algen, Moospolstern und Wasserpflanzen eine wichtige Rolle. Die Abb. 72 zeigt solche Moospolster und auch einen weiteren wichtigen Faktor für die Entgasung: turbulenten Abfluss. Alternativ zum Begriff „Kalk-

halb senkrechter Sinterschleppen, die im Bereich des Überlaufs einsetzen, sogar überhängend aufgebaut. Ausfällungsunterschiede und mechanische Erosion im schießenden Abfluss haben eine kuppige Barrenkante geschaffen, die zu einem Nebeneinander von Wasserfällen und zeitweilig nicht überströmten Abschnitten führt. In Abb. 72 findet derzeit die Ausfällung natürlich nur in den überflossenen Teilen statt. Mit deren Aufhöhung wird der Abfluss sich in den Bereich der jetzigen Kuppen verlagern.

Der höchste Wasserfall der Seentreppe ist etwa 20 m hoch, die Barren, auf ihrer Rückseite unter Wasser als Rampen ausgebildet, dürften bis zu 50 m hoch sein (Abb. 71). Parallel zu ihrem Aufbau muss auch das gesamte verkarstete Flussbett gleich zu Beginn durch Sinterausfällung plombiert worden sein, so dass die Seen entstehen konnten, durch deren Wasserstau selbstverstärkend die weitere Aufhöhung der Barren möglich wurde. Auf den längere Zeit nicht überflossenen Abschnitten der auch flussaufwärts in die Breite wachsenden Barren hat sich bei rezenter Bodenbildung aus den nicht karbonatischen Anteilen des Tuffs und dem als Schweb mit dem Wasser eingetragenen silikatischen Material ein artenreicher Laubmischwald entwickelt. Im Bereich der Matica-Mündung (Abb. 71) wird durch die Schotter-Sohlenfracht des Flusses der oberste See durch das rezent vorrückende **Delta** (Abb. 294 ff.) eingeengt, und all es gröbere Sediment, gebremst durch das stehende Wasser, dort abgesetzt. An den Barrieren kommt also nur noch klares oder nach starken Regen mit Schwebstoffen beladenes Wasser an.

5. Karst · Quellsinter

Die postglaziale Kalktuffbildung verlief im Holozän, gebunden an dessen Klimaschwankungen, nicht einheitlich. Sie ist noch aktiv. In Mitteleuropa, vermutlich auch noch in Südosteuropa, fällt aber die Phase der intensivsten Bildung mit dem warmfeuchten **Atlantikum** (ca. 7000 – 5000 v. h.) zusammen, als mit der schnellen nacheiszeitlichen Erwärmung eine gegenüber heute 2 – 3 °C höhere Jahresmitteltemperatur erreicht wurde. An Quellen bildeten sich abbauwürdige Lagerstätten. Dieses junge, im bergfeuchten Zustand leicht zu schneidende, an der Luft aber schnell durchhärtende Gestein war seit dem Mittelalter ein begehrter Baustein, so dass in Mitteleuropa die Quelltuffkörper bald fast vollständig abgetragen waren. So sind große Teile der barocken Bausubstanz von Burghausen an der Salzach aus Kalktuff gebaut worden.

Der nicht mehr aktive Quellsinterkörper in Abb. 73 entspricht den aus Mitteleuropa beschriebenen Formen. Zugleich belegt er, dass es auch in den heutigen Trockengebieten im Holozän Zeiten intensiver Tuffbildung dort gegeben hat, wo heute infolge von Grundwassermangel die Quellen versiegt sind und der Prozess derzeitig abgeschlossen ist. Da die Ausfällung als Reaktion auf kleine Abflussveränderungen schichtweise erfolgt ist und in ihrer zeitlichen Abfolge auf Umweltveränderungen reagiert hat, sind solche Sinterkörper, ebenso wie Tropfsteine in Höhlen (Abb. 83), als Paläoklimaarchive auszuwerten.

Zu seiner Hauptaktivitätsphase erfolgten Wasserablauf und Ausfällung am Rand eines flachen Quellteichs, nachgezeichnet durch den abgerundeten Rand, über den das Wasser auf voller Breite auslief, und zwar über den abgebrochenen Block in der Mitte hinweg. Aus dem Befund lässt sich rekonstruieren, dass der steile Fronthang, der immer weiter gegen das Flussbett vorgeschoben worden war, durch seitliche Erosion unterschnitten wurde (Abb. 270). Während links so nur ein Überhang entstand, brach der seines Widerlagers beraubte Mittelteil nach vorn herunter. Der Block fiel trocken und verwitterte zur heutigen grauen Farbe mit **Algenbesatz**, wie auch der linke Teil, der nach einer Ablaufverlagerung nicht mehr überflossen wurde. An der frischen Abbruchkante bildete sich eine neue, diese abrundende senkrechte Sinterüberkleidung aus.

Später verlagerte sich der Auslauf der Quelle von der Oberfläche ins Innere des Sinterkörpers. Die Begehung zeigte, dass im Tuff durch offenbar stark fließendes Wasser eine Höhle erodiert worden war. Das im senkrechten Schattenbereich rechts des abgebrochenen Blocks austretende Wasser bildete, vermutlich auch bei danach reduziertem Wasserangebot, nur noch den etwa 1 m hohen, heute gelbbraun angewitterten Sinterbuckel rechts aus. An seinem Fuß erzeugte das ablaufende Wasser einen kleinen Schwemmfächer aus Sinter und ausgeschwemmten oder von der senkrechten Sinterwand abgewitterten Tuffbruchstückchen. Seitdem auch hier kein Wasser mehr fließt, hat der jeweils nach mediterranen Frühjahrsregen sein ganzes Flussbett nutzende Fluss auch den Sinterfächer durch seitliche Erosion senkrecht unterschnitten.

Aus klimatischen Gründen, möglicherweise aber auch durch Vegetationsdegradierung, Bodenabspülung und damit reduzierter Grundwasserneubildung im Einzugsgebiet ist die sinterbildende Quelle versiegt.

Zur Aufbauzeit dürfte die Oberfläche des grauen Sinterblocks großflächig so ausgesehen haben wie in Abb. 74 der steile Abflussbereich unterhalb einer Hangquelle. Ein dem Wasser CO_2 entziehender **Algenrasen** wird noch vollständig überspült und sorgt für Ausfällung. Dunklere Moospolster dazwischen und angrenzende Gräser und Kräuter profitieren nur noch von der benachbarten Feuchtigkeit. Vermutlich wurde bei einer starken Flut, die den Wasserfaden zum Wasserfall mit Auskolkung an seinem Fuß anschwellen ließ, auch hier der Sinterkörper erosiv unterschnitten. Vor dem Anschnitt hat sich aber seitdem ein kleiner zweiter algenbedeckter Kegel über dem Spiegel des ehemaligen **Tosbeckens** aufgehöht.

Die gegenwärtige Sinterneubildung ist aber nur noch die spärliche Weiterentwicklung an einem Hang, an dem bei stärkerer Quellschüttung unter einem offenbar deutlich feuchteren jungquartären Klima Quellsinter auf einer Fläche von über als einem Hektar in mehreren Metern Mächtigkeit ausgefällt wurde. Der Wasserfaden im Bild ist der Auslauf einer Rinne, die bei heute konzentriertem Abfluss bereits einige Dezimeter tief von mitgerissenen Sintertrümmern im oberen Teil des Kalktuffs ausgeschürft worden ist.

▲ Abb. 73: Inaktive Quellsinterterrasse; Nordmarokko.

▼ Abb. 74: Rezente Kalksinterausfällung; Naukluft-Gebirge, Namib-Naukluft National Park, Südnamibia.

5. Karst · Turmkarst

◂ Abb. 75: Tropischer Turmkarst; Yangshuo, Guangxi, Südchina.

▸ Abb. 76: Erläuterungsskizze (Lehmann aus Büdel 1977, vereinfacht) zu Abb. 75.

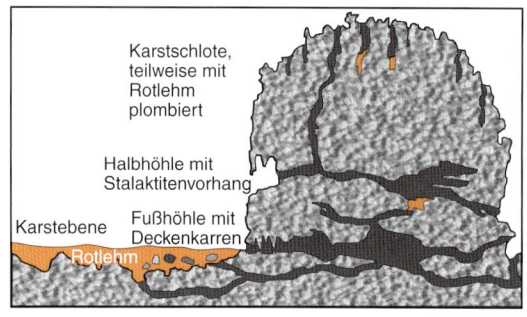

Die großen Oberflächenformen des **dinarischen** Karsts sind ausschließlich **Hohlformen,** die in ältere Rumpfflächen eingesenkt sind. Ihnen steht in den feuchtwarmen Tropen, in dem es den Karstformenschatz der Ektropen aber auch gibt, in zahlreichen Gebieten der **Vollformenkarst** (Williams 1997, Pfeffer 2005) gegenüber, der besonders von Lehmann (zuletzt 1955) beschrieben und mit der höheren Aggressivität der Kalklösung dort erklärt worden ist. Theoretisch kann zwar in kaltem Wasser mehr CO_2 gelöst werden, aber dieser Vorteil wird, wie schon erwähnt (Abb. 50), durch die organisch bedingte Erhöhung des CO_2-Gehalts im Bodenwasser mehr als kompensiert. In seiner extremsten Ausbildung erscheint der Vollformenkarst als meist in dicht gescharten Gruppen auftretender **Turmkarst** *(tower karst),* dessen Säulen sich bis einige hundert Meter, fast rechtwinklig gegenüber der sie umgebenden Karstebene abgesetzt, erheben können (Abb. 75). Weniger extreme Formen werden als **Kegelkarst** *(cone karst)* oder, mit einem Regionalbegriff aus der Karibik, als Mogoten bezeichnet (Abb. 77).

Auch wenn es sich dabei eindeutig um Karstformen handelt, könnten sie doch genauso gut im Kapitel über die Rumpfflächen (Kap. 5) und Inselberge (Kap. 5.1) behandelt werden. Sie sind nämlich, ebenso wie die Poljes (Abb. 68, 69) lediglich eine gesteinsbedingte Variante dieses Formenschatzes, worauf besonders Büdel (u. a. 1977, S. 152) hingewiesen hat. Und ebenso wie Inselberge nicht nur im tropischen, sondern auch im tertiär tropoiden Klima der Außertropen gebildet worden sind (Abb. 146 ff.), kommen sie als Vorzeitformen auch dort vor (Abb. 84 f.). Die Tatsache, dass sie damit Formen aus viel schwerer verwitterbaren Gesteinen weitgehend entsprechen (vgl. Abb. 97), wird von ihm damit erklärt, dass die Unterschiede der Petrovarianz – also der gesteinsbedingten Unterschiede – unter tropisch-feuchten Bedingungen stark *zurücktreten* (Büdel 1977, S. 152).

Abb. 75 zeigt, dass die meisten Türme gleich hoch sind. Im Hintergrund von Abb. 77, am Rand einer ausgedehnten intramontanen Ebene (Abb. 128 ff.) werden sie sehr engständig und gehen dann in ein zerschnittenes Plateau über. Daran lässt sich erkennen, dass es sich in beiden Fällen um Zerschneidungsformen einer Ausgangsrumpffläche handelt, die Turmspitzen in Abb. 75 also auch als **Gipfelflur** (Abb. 9, 155) bezeichnet werden können. Der die anderen Karsttürme überragende Einzelfall muss auf der einstigen Fläche bereits als **Inselberg** (Abb. 131 ff.) existiert haben. Aus ihr wurden die Türme bei offenbar sehr intensiver Lösungsverwitterung nach dem Mechanismus der divergierenden Verwitterung und Abtragung (s.o. S. 26) die Türme und Mogotes herauspräpariert, wobei hangabtragende, abschrägende Prozesse nur im Bereich der abschließenden Kuppen

5. Karst · Turmkarst (Mogotes)

zu Beginn der Bildung eine Rolle gespielt haben können. Seit Beginn der Ausgestaltung der senkrechten Wände ist der Kontrast der Abtragungsleistung zwischen Wand- und Flächenverwitterung extrem ausgebildet.

Die heutige Basis dieser Turmwände liegt im Niveau eines hohen, geschlossenen Grundwasserspiegels, in Abb. 75 am Flusslauf ersichtlich. Etwas außerhalb des Beckens von Viñales fließt sogar ein Fluss durch einen der Mogoten hindurch. Dementsprechend müssen die im Untergrund vielfach nachgewiesenen Karstgefäße vollständig gefüllt sein und der **Tiefenkarst** dürfte sich unter solchen phreatischen Bedingungen heute auch noch weiter entwickeln. Unter der geschlossenen Vegetationsdecke der Ebene verbirgt sich in Abb. 75 ein tropischer Rotlehm, in der Ebene von Viñales entsprechen dem im heutigen wechselfeuchten Klima die rote **Terra Rossa** und die mehr bräunliche **Terra Fusca.**

Die Türme über beiden Ebenen gehören zur **vadosen** Zone des nur noch von Regenwasser durchspülten Karsts. Wie Abb. 76 zeigt, sind mit der Flächentieferlegung und dem relativen Herauswachsen der Türme deren Anteile am ehemals phreatischen System nur noch in angeschnittener Form bewahrt worden. Alle Karstvollformen bestehen innen also zu etlichen Prozent aus **Hohlräumen.** Die Divergenz zwischen schwacher Hang- und starkem Flächenabtrag war und ist deshalb besonders groß, weil die Inselbergabtragung nicht nur durch schnelles Abtrocknen der Flanken nach einem Regen, sondern vor allem durch den Abfluss ins Berginnere reduziert wurde, sobald ein Flächenteil erst einmal aus der weiteren Tieferlegung durch Abspülung der Bodendecke herausgefallen war. Demgegenüber war unter der feuchtwarmen Bodendecke bei hohem Bodenwasser-Säuregehalt in dem so leicht löslichen Gestein die weitere Flächenbildung besonders gut möglich. Wie abrupt der Wechsel von Felserhaltung und Lösung im Flächenniveau – bis hin zur Unterschneidung – ist, zeigt typisch der Mogote vorn rechts in Abb. 77. Seine schüttere, der Trockenheit angepasste Vegetation in einem Gebiet mit etwa 1000 mm Jahresniederschlag macht diese Durchlässigkeit und **edaphische** Trockenheit augenfällig.

Der Ausschnitt von der Steilwand eines Mogoten in Abb. 78 belegt, wie stark im Innern eines solchen Berges die Karstlösung weiter ging. Die Decken von größeren Hohlräumen – hier angeschnitten – bestehen aus oft meterlangen *hängenden*, vom ablaufenden Wasser gelösten Karren mit scharfem Grat am Unterrand, die unterhalb von einem dichten, bei Regen das Wasser liefernden Röhrengeflecht wie in Abb. 57 durchzogen werden. In der Mitte oben ist dort noch eingeschwemmtes rote Bodensediment erhalten. Zwei durch ihre raue Oberfläche und zerfressene Form unterschiedene Partien sind Reste einer dicht gelagerten **Kalksinterschleppe,** der in den Höhlen des Mogoten oft angewitterte, also nur stellenweise weitergebildete Tropfsteine entsprechen. Am ehesten lässt sich dieser Wechsel von der Bildung der **Hängekarren** zum sie überlagerndem Kalksinter und dessen heutige teilweise Zerstörung mit den auch in den Tropen wirksam gewesenen Klimaschwankungen im Quartär erklären.

▲ Abb. 77: Polje mit Karsttürmen (Mogotes); Valle de Vinales, Westkuba.

▼ Abb. 78: Hängende Karren und Sinter an der Flanke eines Mogoten; Valle de Vinales, Westkuba.

5. Karst · Kegelkarst, Cockpitkarst

▲▲ Abb. 79: Zu tropischem Kegelkarst aufgelöste Altfläche; Chocolate Hills, Bohol, Philippinen.

▲ Abb. 80: Großer Lösungstrichter (Cockpit) in tropischem Karst; Süden der Dominikanischen Republik.

▶ Abb. 81: Starke Verkarstung am Hang eines Cockpit; Detail zu Abb. 80.

Eine außergewöhnlich regelmäßige Ausprägung des Vollformenkarsts ist der **Kegelkarst** *(cone karst)* in Abb. 79. Deutlich zeichnet dessen einheitliche Gipfelhöhe die **Ausgangsrumpffläche** nach. Selbst in den immerfeuchten Tropen gab es also den klimatisch bedingten Übergang von einer Zeit flächenhafter Kalklösung auf dem Primärrumpf (S. 18), gefolgt von der Einschränkung auf das in diesem Fall quadratische Kluftmuster der alten Landoberfläche.

Anders als beim Turmkarst stand jedoch die subterrane Lösungsabfuhr entlang der Hauptkluftlinien im Gleichgewicht mit der Hangabtragung. Möglich war und ist dies aber nur, weil die bis 40 ° steilen, vegetationsbedeckten Hänge auch vollständig bodenbedeckt sind. Auf die dunkelbraune Farbe des aus dem nicht karbonatischen Lösungsrückstand des Kalks gebildeten Bodens weist der Name „Chocolate Hills" hin. Dass bei solch steilen Hängen der Boden erhalten bleibt, erklärt sich aus der für die feuchten Tropen fast ausschließlich subterranen, vor allem hangparallelen Lösungsabfuhr im Boden durch **Interflow** an Stelle oberflächlicher Abspülung (Bremer 2004). Bei dominant vertikaler Karstwasserbewegung, wie im gezeigten Turmkarst, hätten auch hier senkrechte Wände statt der steilen, geraden Hänge entstehen müssen. Diese Kegel sind also gar nicht in erster Linie ein Karstrelief, sondern ein besonders regelmäßiges *tropisches Hangrelief,* lediglich gefördert durch die leichte Löslichkeit des Gesteins.

Eine häufigere Variante des Tropenkarsts ist der nach den Hahnenkampfarenen der Karibik genannte **Cockpit-Karst** (Abb. 80). Er ist als ein Typ der **Lösungsdoline** dort entstanden, wo, vermutlich wegen zu schneller Hebung, die Ausbildung einer Rumpffläche zwischen Karsttürmen, wie dem hinten links nur im Fußbereich erfassten Mogoten, nicht möglich war. Jenseits des abgerundeten Rückens rechts davon beginnt der ebenfalls symmetrische Trichter des nächste Cockpits. Der besseren Überschaubarkeit wegen zeigt Abb. 80 eine recht kleine Form. Größere haben eine ebene Fläche – teils mit Ponor – am Boden. Cockpits können auch nach Abtragung des sie trennenden Rückens zu einer steilwandigen, länglichen Form zusammengewachsen sein, im dinarischen Karst als **Uvala** bezeichnet.

Wo trotz des flächendeckenden Ackerbaus auf den rund 40° steilen Hängen der Oberboden noch erhalten ist, ist er eine lockere, gut drainierte Braunerde, die mit scharfer Untergrenze auf einem gekappten, nicht mehr überall vorhandenen und bei Nässe

5. Karst · Paläo-Cockpitkarst, Tropfsteine

extrem rutschigen Rotlehm liegt, der im Bild vorherrscht. Vermutlich ist diese auch auf den Kuppen typische Abfolge das Ergebnis lang anhaltenden Staubeintrags aus dem nordafrikanischen Sahel mit der Passatströmung (Jones et al. 2003).

Dieser Wechsel kann nicht anthropogen sein, anders als die Freilegung von Karstscherben durch die heutige Bodenbearbeitung. Die Bodenerosion macht aber auch sichtbar, dass die Hänge überall ein extrem dichtes Netz kleiner Karströhren kappen wie in Abb. 81, aufgenommen am Fuß des Mogoten von Abb. 80. Aber trotz dieser Durchlässigkeit des Gesteins können sich die Hänge, wie für den Kegelkarst beschrieben, nur unter einer intakten, den Untergrund weitgehend abdichtenden Rotlehmdecke gebildet haben. Das Röhrengeflecht (vgl. auch Abb. 57) müsste demnach noch aus der Zeit vor der Cockpit-Eintiefung, unterhalb der Ausgangsrumpffläche, stammen. Als Vorzeitform kommt es übrigens, in gleicher Reliefposition, auch an Kalkstein-Stufenrändern in der östlichen Sahara vor (Busche 1998, Foto 64/65). Die heutige Bodenabfolge selbst zeigt, dass die Cockpits auch hier im tropisch-feuchten Milieu nur traditional weitergebildete *Vorzeitformen* sind.

Ein dem Cockpit-Karsts ähnliches Relief aus den Mittelbreiten zeigt Abb. 82. Eine Gruppe von Lösungsdolinen liegt am Mittelgebirgsrand eines großen Polje unter zwei Verebnungen mit Wiesen – die obere über dem Steinbruch links, die untere mit einem Haus. Sie entsprechen Büdels **Podiflächen** (Abb. 68/69) unterhalb der flachwelligen Ausgangsrumpffläche. Die Dolinenformen gehören also schon in die jüngere Zeit der Polje-Entwicklung. Deren Hänge können sich aber, wie ausgeführt, auch nur bei Bodenbedeckung gebildet haben. Die weitere Abrundung und sicherlich auch partielle Verfüllung der Trichter ist mit der Bildung und Verlagerung pleistozän-kaltzeitlichen Frostschutts erklärbar. Die Paläo-Cockpits (?) selbst entstanden vermutlich noch im ausgehenden Tertiär.

Überall in Karstgebieten finden sich – als Vorzeitformen unabhängig von heutiger Klimazonierung – mehr oder weniger ausgedehnte Höhlensysteme, etwa die über 20 km langen Gänge der ältesten Schauhöhle der Welt, der Adelsberger (heute Postojna-) Grotten in Slowenien (Jackson 1983). Relativ selten sind begehbare Höhlen im deutschen Muschelkalk, aus dem Abb. 83 stammt, vermutlich weil die meist tonigen Keuper-Deckschichten vielfach erst spättertiär abgeräumt worden waren und bis dahin das Eindringen aggressiven Grundwassers erschwert war.

▲ Abb. 82: Pleistozän-periglazial überformter tertiärer Cockpit-Karst; bei Slunj, Kroatien.

Wie bei jeder notwendigerweise **phreatischen** Erstanlage muss auch diese Höhle kuppelförmig gewölbte, durch Lösung entstandene Decken gehabt haben. Wie bei vielen großen Kammern sind aber nach dem Übergang zum **vadosen** System durch fehlenden Wasserdruck, Druckentlastung und die Schwerkraft Deckenteile herabgebrochen, so dass, wie hier, kluftflächen- oder schichtangepasste Höhlendecken entstanden sind. Selbst an feinen Klüften aufgereiht sind hier strohhalmartige, innen hohle Röhrchen aus Calcit entstanden, der allein durch die Anpassung an den niedrigeren CO_2-Partialdruck der Höhlenluft ausfiel. Älter als diese jüngsten, rezenten sind die auch in Riesenformen vorkommenden **Girlanden** aus seitlich aneinander gewachsenen (hängenden) **Stalaktiten,** die durch eingeschwemmte Bodenpartikel, Schwerminerale oder organische Verbindungen gefärbt sind.

Die Kalkausfällung für die vom Boden aufwachsenden **Stalagmiten** wird durch das die *Entgasung* fördernde Zerspritzen der herabgefallenen Tropfen gefördert. Deren häufig ungleichmäßigen Aufbau belegt die dünne Spitze auf dem breiten Sockel, der zur Bildungszeit ständig überflossen worden sein muss. Es hat sich gezeigt, dass in wärmeren und feuchteren Klimaphasen als heute – dem Atlantikum oder der vorigen Warmzeit, dem Eem – viel schnelleres Wachstum möglich und im Permafrost der Kaltzeiten dagegen natürlich eingestellt war. Gips bildet, wie Abb. 54 zeigt, wegen seiner leichten Löslichkeit überhaupt keine Tropfsteine aus.

▼ Abb. 83: Pleistozäne und holozäne Tropfsteine; Muschelkalkhöhle Eberstadt, Unterfranken.

5. Karst · Kuppenalb, Paläo-Turmkarst

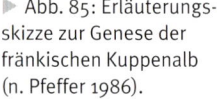

Abb. 84: Kuppenalb: exhumiertes und periglazial überformtes prä-oberkreidezeitliches Turmkarstrelief; Frankenalb.

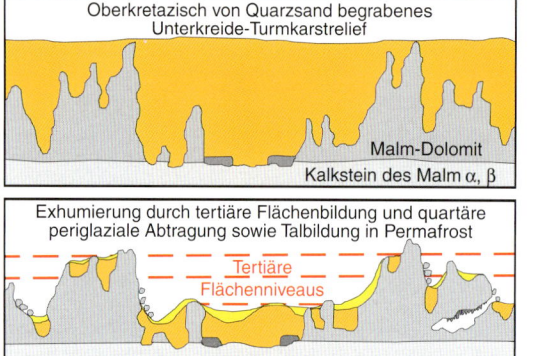

Abb. 85: Erläuterungsskizze zur Genese der fränkischen Kuppenalb (n. Pfeffer 1986).

Die zuvor gezeigten Beispiele für den Tropenkarst und insbesondere den tropischen Vollformenkarst sind aller Wahrscheinlichkeit nach seit dem Tertiär entstanden. Als eine Variante von Inselbergen und damit eines typischen Reliefelements der tropoiden Alterde war ihre Bildung unter vergleichbaren Bedingungen aber auch schon vorher möglich. Dies konnte von Büdel (1977, Kap. 3.3.1.5, mit Erweiterungen 1982) für die Frankenalb nachgewiesen werden und wurde im Detail von Pfeffer (u.a. 1986) weiter untersucht. Demnach waren dort nach dem Ende der Jurameer-Transgression im Zuge der **Primärrumpfbildung** (S. 18) in der Unterkreidezeit bei gleichzeitiger Tiefenkarstentwicklung und Poljebildung steilwandige, bis zu 200 m hohe Dolomitinselberge – also **Turmkarst**formen – mit Basisdurchmessern von 300 – 600 m über einen Zeitraum von etwa 45 Mio. Jahren entstanden. Zwischen ihnen hatte sich eine mächtige feuchttropische, kaolinitisierte Verwitterungsdecke (Abb. 100 ff.) zusammen mit sehr eisenreichen **Lateriten** (u.a. Abb. 106), die seit dem Mittelalter abgebaute Amberger Erzformation, gebildet, als mit der von Nordosten vorrückenden Oberkreide-Transgression dieses Relief vollständig von küstennah abgelagerten Meeressanden begraben wurde.

Bereits in der obersten Kreide wurde die Region wieder landfest. Damit setzte, wie der stark überhöhten Abb. 85 zu entnehmen ist, diejenige flächenhafte Abtragung ein – erneut als Primärrumpfbildung –, in deren Verlauf die Karsttürme über einen Zeitraum von etwa 70 Mio. Jahren bis zum Quartär weitgehend wieder freigelegt wurden. Da dies noch die Zeit der divergierenden Verwitterung und Abtragung war, begünstigt durch die wenig verfestigten Kreideschichten, dürften die bereits freigelegten Turmteile nur wenig überformt worden sein.

Nach Ausweis der kartierten Schuttdecken wurden dagegen die aus ihrer Umhüllung herausragenden Turmteile in dem relativ kurzen Abschnitt der pleistozänen Kaltzeiten durch periglaziale Verwitterung und Abtragung (Abb. 166 ff.) stark erniedrigt und zugerundet. So erscheinen sie im heutigen Relief, wie in Abb. 84, als relativ unbedeutende Kuppen. Ein niedriges, aber scharf abgegrenztes Beispiel liegt unter dem Baumbestand links vorn. Die größeren Kuppen, mit etwa 100 m relativer Höhe, bestehen nur im Zentralbereich aus Dolomit, umgeben von den sanften Hängen der sandigen Oberkreide, welche die steilen alten Turmwände umhüllt. In Aufschlüssen finden sind an den unteren Flanken der Inselberge noch Reste einer ursprünglichen Rotlehmbodendecke oder zumindest chemisch vergruster Dolomit.

Das heutige Relief ähnelt dem der **Kuppenalb**landschaft der nördlichen Schwäbischen Alb, nördlich der Klifflinie des Miozänmeers (Abb. 12). Die dortigen Kuppen – teils, aber nicht immer an Riffe des Jurameers angelehnt – wurden im Zuge der dortigen Rumpfflächenbildung erst im Laufe des Tertiärs neu gebildet. Die der Frankenalb sind dagegen ein viel älteres, exhumiertes und lediglich überformtes Relief und damit, wie Büdel es ausdrückte, „... *die älteste, in ihrer Großform auf die heutige Landoberfläche ver***erbte Reliefgeneration Mitteleuropas**" (Büdel 1977,

5. Karst · Salzkarst

S. 225). Beträchtlich ältere exhumierte Inselberge zeigen Abb. 143/145.

Wegen seiner leichten Löslichkeit sind oberflächliche **Karstformen in Steinsalz** nur in Trockengebieten zu erwarten, wie in Abb. 86 am Salzberg (Kuh-e-Namak) bei Ghom im iranischen Hochland, mit etwa 75 mm Jahresniederschlag. Da das durch Verdunstung in flachen Meeresbecken gebildete Steinsalz unter Druck plastisch reagiert und mit einem spezifischen Gewicht um 2,1 leichter als das Deckgebirge ist, kann es an Störungen in Form von **Diapiren** schlotartig mit einigen mm/Jahr aufsteigen, wird in humiden Klimaten aber im Kontakt mit dem Grundwasser im so genannten **Salzspiegel** aufgelöst. Dann wirkt es sich, wie vereinzelt in Norddeutschland sichtbar (Lüneburg, Bad Segeberg), bestenfalls als flache Lösungssenke in nachgesackten Decksedimenten oder als Hügel aus, wenn der das Salz oft überlagernde, schwerer lösliche Gipshut über die Umgebung herausgedrückt worden ist.

Dank der Kombination von semiaridem Klima und labiler Salze im Untergrund hat **Iran** die größte Konzentration von morphologisch als Salzdome in Erscheinung tretenden Diapiren. Als *subaerische Vollformen* konnten sie aber erst nach dem endtertiären Wechsel von humidem zu aridem Klima aufsteigen, als die Lösung durch Grundwasser zu schwach wurde, in diesem Fall bis auf 320 m relativer Höhe. Mehrere Hangverebnungen wie die hier sichtbare sind echte *Abtragungsflächen*, die jeweils noch im Niveau der sie umgebenden Rumpffläche über sandigem Miozän gebildet wurden, wenn jeweils in den pleistozänen Pluvialzeiten zeitweilig wieder Lösung im Grundwasserniveau möglich war. Das Gipfelplateau ist sehr wahrscheinlich noch ein Rest derjenigen Fläche, die bis zum Einsetzen ariden Klimas ein Teil der umgebenden Rumpffläche war – gewissermaßen das Modell eines herausgehobenen Primärrumpfs. Die beigefarbenen Schichten an der Salzdomflanke sind hochgeschlepptes Miozän. Der Wechsel von Weiß und Braun zeichnet steil stehende Falten von zwei Salzvarietäten nach (Busche et al. 2002).

Die Erhaltung von Altflächen – die heutige Form kann auch als schnell gebildetes Modell für einen Horst mit Rumpftreppe angesehen werden – ist neben dem ariden Klima auch darauf zurückzuführen, dass der Salzdom extrem *verkarstet* ist und Regenwasser schnell subterran abgeführt werden kann, wie es eine der erwähnten Verebnungen in Abb. 87 zeigt. Die vorherrschende Lösungsform sind steilwandige kleine **Cockpits**, an deren Boden senkrechte Schächte von wenigen dm Durchmesser in die Tiefe führen und zwischen denen ein kuppiges Relief und Flächenreste, wie links, erhalten sind. Auf diesen wiederum ist eine Vielzahl senkrechter Röhren angeschnitten, deren zugehörige Lösungstrichter vermutlich auf einem höheren Flächenrest ausgebildet waren, bevor das heutige Niveau erreicht war.

Der braune Überzug, meist 2-3 dm dick, besteht infolge Auswaschung aus nahezu salzfreiem **Residualton**, der als nicht löslicher Bestandteil von wenigen Prozent bei flächenhafter Salzlösung angereichert worden ist, ähnlich wie bei der Terra Rossa (Abb. 50) über Kalk. Jeder Dezimeter Deckenstärke steht also für viele Meter oberflächlicher Abfuhr von in Regenperioden gelöstem Steinsalz. Die **Schrumpfungsrisse** (Abb. 301 ff.) im Vordergrund weisen auf einen Anteil quellfähiger Tonminerale hin. Da das Steinsalz, ebenso wie Gips oder Kalk, porenfrei und damit wasser-

▲▲ Abb. 86: Im Quartär aufgestiegener Salzdom; bei Ghom, nördliches Hochland von Iran.

▲ Abb. 87: Westflanke des selben Salzdoms mit Dolinen.

▼ Abb. 88: Karren in reinem Steinsalz.

undurchlässig ist, bildet sich bei Regen ein salzlösender Wasserfilm unter dem Ton aus, auf dem der durchfeuchtete „Boden" teils breiartig (vorn links), teils als kleine Muren abfließt. In der tonärmeren Salzvariante können sich auf abgespülten Flächen auch messerscharfe **Rillenkarren** bilden, in Abb. 88 bis 20 cm hoch. Das Muster im Salz wird von verheilten Rissen im beim Aufstieg zerbrochenen Salz gebildet. Der Bach im Hintergrund wird von dem am Bergfuß austretendem Salzkarstwasser gespeist. Sein Hochwasserbett ist von einigen Millimetern ausgeblühten Salzes weiß gefärbt.

Erstaunlich ist, dass es beim Herausheben des Salzdoms mehrfach Phasen gegeben hat, in denen bei einsetzender Heraushebung einer Verebnung bis mehrere Meter tiefe Kerb- und **Sohlenkerbtäler** (Abb. 247 ff.) im Salz entstanden sind. Ein kleineres Beispiel verläuft jenseits des vorderen Buckels in Abb. 87, ein mittleres zeigt Abb. 89. Möglich war dies nur bei zwar genug Wasser, aber (noch) fehlender Verkarstung im Salz. Eigentlich dürfte es im leicht plastisch verformbaren Salz gar keine offenen Klüfte als Leitbahnen für Wasser und Lösung geben.

Entsprechende Passagen konnten sich erst bei der Heraushebung über die umgebende Miozän-Rumpffläche bilden, wenn sich bei fehlendem seitlichen Widerlager Zerrungsrisse bildeten, die unter Druck nicht mehr verheilen konnten.

Solange beim Aufstieg ein Stück Salzfläche, gelöst im Niveau eines *pluvialzeitlich* hohen Grundwasserspiegels lag – also noch im Umlandniveau –, war nur Flächenbildung möglich. Mit weiterer Heraushebung bei relativ annehmbarer Lösungsleistung setzte die Zertalung durch episodische Regen ein. Mit weiterer Hebung bildeten sich Risse im Untergrund, und zur oberflächlichen, subaerischen kam die unterirdische Lösung des Tiefenkarsts. Die meisten Tälchen bestehen deshalb heute nur noch aus einer dichten Abfolge von Cockpits entlang der alten Tiefenlinie.

Etwas anders ist die Situation in dem größeren Tal von Abb. 89. Mehrere Verebnungen beiderseits der Tiefenlinie zeichnen die einstige breite, in Teilen noch ebene Talsohle nach, von deren Fortsetzung aus das Foto gemacht wurde. In der ersten Eintiefungsphase bildete sich ein **Muldental** aus (Abb. 238), dessen Profilreste ebenso wie die des Talbodens als **Erosionsterrasse** (Abb. 337 ff.) durch die braune Residualtonauflage nachgezeichnet werden. Die Bildung des jetzigen tiefen **Kerbtals** wurde erzwungen, als sich – durch den Hang verdeckt – am unteren Bildrand ein Lösungsschacht im Tiefsten einer großen Lösungs- **Trichterdoline** bildete, in der das Tal heute endet. Fehlende Dolinen und Schlucklöcher im Tal oberhalb von ihr sind vermutlich die Folge unterschiedlicher Salzzerrung und Klüftung zwischen dem Randbereich des Doms und dem zentralen Teil im Bild. Entsprechend ist der alte (weiße) Talboden im Hintergrund nur oberirdisch stark zerschnitten.

Die bedeutende Verkarstung im Untergrund belegt Abb. 91. Sämtliche nackten Steinsalzwände sind die hangwärtigen Abrissstellen großer Einsturzdolinen an den Hängen der älteren Zertalung über notwendigerweise großen Hohlräumen. Diese müssen aber trotz der Einbrüche immer noch so offen sein, dass die zum Aufnahmezeitpunkt trockenen, braunen Schlammströme der Hänge alle in nicht-plombierten Schlucklöchern enden, so dass gewaltige Mengen Höhlenlehm im Untergrund liegen müssen. Der durch ihn verzögerte Grundwasserabfluss aus dem Berg ermöglicht, dass der Bach von Abb. 87 trotz Aridität ganzjährig fließt.

An allen Bruchflächen ist ein meist horizontal verlaufendes System kleiner Höhlen angeschnitten, das im Unterschied zu den Rundprofilen der Schächte extrem *unregelmäßige* Profile mit fest eingebackenem dünnem Residualüberzug zeigt, wie um die Karren in Abb. 88 – vermutlich die Folge nur noch gelegentlicher vadoser Durchnässung.

▲ Abb. 89: Verkarstetes Tal im Salzdom von Ghom; nördliches Hochland von Iran.

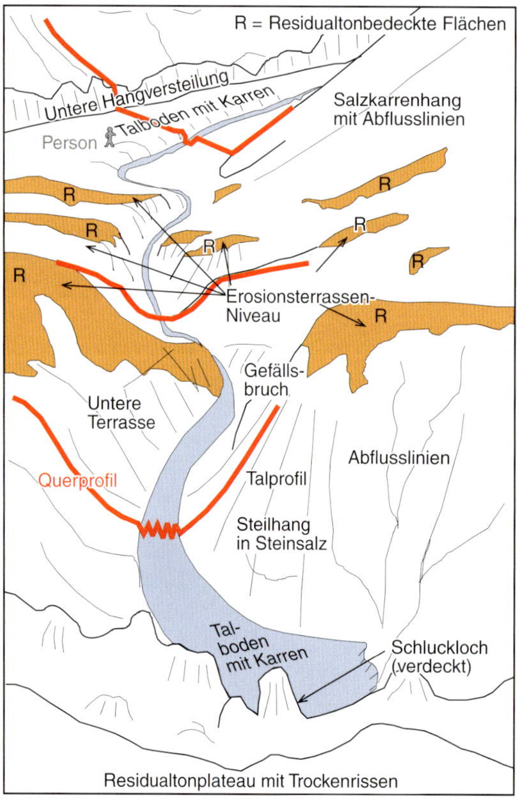

▶ Abb. 90: Erläuterungsskizze zu Abb. 89.

▼ Abb. 91: Einbrüche über Höhlen im Salzdom von Ghom.

5. Karst · Granitlösungsformen

Abb. 92: Verkarsteter Granitinselberg mit Karrentypen und einem Abri mit Röhreneinmündungen; Western Cape, Südafrika.

Formen des ober- und unterirdischen Karsts kommen, wenn auch seltener, ebenfalls **in Silikatgesteinen** vor (Sponholz 1989, 1994; Wiegand et al. 2004), vorzeitlich gebildet durch noch kaum verstandene anorganische und wohl auch organische Prozesse von Lösung und Hydrolyse. Die extremsten Formen sind die des von Wirthmann (1994, 2000, Kap. 7.3) aus dem feucht-tropischen Neukaledonien beschriebene **Peridotitkarsts**. Nicht dazu gehören die nur karstähnlichen Formen des **Pseudokarsts**, wie die Ausspülungshohlräume des *Piping* (Abb. 246).

Lösungsbahnen an Granitinselbergflanken wie in Abb. 92 sind keine Seltenheit, wenn auch selten so extrem ausgebildet wie hier (Abb. 134). Der versteilte Unterhang ist in eine Art Karrenfeld aufgelöst, rechts oben davon sind zuvor breitere Rinnen abgeschnitten worden, und die Mitte wird von vier Großkarren fast bis zum Scheitel zerteilt. Ohne Schutt und Einzugsgebiet fällt fluviale Erosion für die Bildung aus, aber auch die Menge des heutigen Regenwassers, bei trocken-mediterranem Klima, dürfte kaum die Erstanlage ermöglicht haben. Zu den als Vorzeitformen weit verbreiteten „Silikatkarren" auch auf anderen Gesteinen siehe Wilhelmy (1958), zu feucht-tropischen Granitkarren Wirthmann (1994, Abb. 37).

Ebenfalls für mehr Feuchte zur Bildungszeit als heute spricht der große **Abri** links. An seiner Ausweitung war sicherlich Schattenverwitterung (Abb. 43) beteiligt. Den Ansatzpunkt dafür gaben jedoch dort angeschnittene Röhren – die älter sind als die Inselbergform (Abb. 131 ff.) und die heute – wie auch in anderen solchen Fällen – an der Abri-Rückwand

entlang einer vermutlichen Druckentlastungskluft (Abb. 41) einmünden. Zu dem System dürften auch die oberhalb der rechten Großkarre nur als runde Schatten erkennbaren drei Röhrenanschnitte gehören, die demjenigen von Abb. 93 entsprechen. Auf einem anderen Granitinselberg, in Abb. 83, mündet dieser im Dach einer Granithöhle und diente dort vorgeschichtlichen Siedlern als Rauchabzug.

Eine relativ häufige, rein oberflächliche Lösungsform in Granit, aber auch in massigem Sandstein, sind Näpfe und Wannen wie in Abb. 94. Ursprünglich für künstlich gehalten, werden sie als **Opferkessel**, mit anderen Regionalnamen aber auch als Kamenitzas (Polen), **Oriçangas** (Südamerika) oder **Gnammas** (Australien) bezeichnet. Ihr wenige Dezimeter eingesenkter flacher, geschlossener Boden ist von steilen bis überhängenden Wänden umgeben, in denen auch heute in zeitweilig stehendem Wasser noch Lösung abläuft. Möglicherweise rezent durch organische Lösungsprozesse der Kieselsäure weitergebildete Formen haben Bakker et al. (1957, s. Louis & Fischer 1979, S. 137) aus dem tropischen Surinam beschrieben, Wiegand et al. (2004, S. 74) aus Brasilien. Als mit Sicherheit nur traditional weitergebildete Vorzeitformen, etwa in den Sandsteinen von Fontainebleau bei Paris (Wilhelmy 1958), kommen sie auch in den *Ek-* (= Außer-) tropen vor, einschließlich der Trockengebiete. Gestufte Beckenböden, wie hier bei den Kleinformen, weisen auf Phasen abnehmender Bildungsintensität hin. Die aus den beiden großen Opferkesseln auslaufenden Rinnen ähneln den oft sogar noch größeren Formen an Inselbergflanken. In diesem Fall zeigt ihr dichter Flechtenbesatz, dass dieser zwar von dem dort höheren Feuchteangebot nach Regen profitiert, die Rinne selbst aber durch die Flechten nur noch leicht angeätzt wird.

Abb. 93: Austritt einer Lösungsröhre auf dem Dach einer Granithöhle; Domboshawa, Zimbabwe.

Abb. 94: Lösungsnäpfe und eine Abflussrinne auf Granit, Postberg Reserve, Western Cape, Südafrika.

5. Karst · Sandsteinkarst

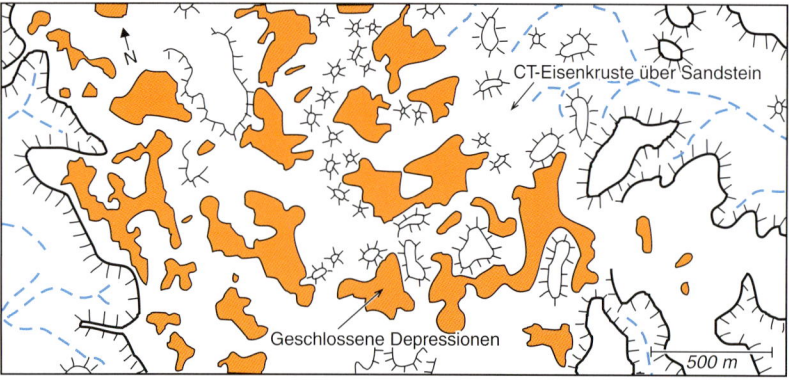

▲▲ Abb. 95: Lösungswannen (Poljes) in tertiärer Eisenkruste über Sandstein; Termit-Plateau, Sahara, Südostniger.

▲ Abb. 96: Kartierung der oberflächlich abflusslosen Hohlformen im Gebiet von Abb. 95 (Sponholz 1989).

Am besten scheint der Silikatkarst in reinen Sandsteinen ausgebildet zu sein, trotz der angenommenen schweren Löslichkeit von Quarz. In größerem Umfang ist er bis jetzt nur aus dem randtropischen Norden Südamerikas, dort aus dem venezuelanischen Roraima-Plateau (zuletzt Galan & Lagarde 1988) und aus Nordostbrasilien (Wiegand et al. 2004), aber auch aus der vollariden zentralen Sahara (Busche 1998, S. 46 ff.; Sponholz 1989, 1994) beschrieben worden. Ausgehend von Funden aus Nordwestaustralien gibt Wray (1997) einen weltweiten Überblick über bisher bekannte Vorkommen. Außer in der jüngsten Literatur ist dabei meist von **Pseudokarst** (etwa Mainguet 1962) die Rede, obwohl der gesamte aus den Karbonatgesteinen bekannte **Exo-** und **Endokarst** – ober- und unterirdisch – in oft nur geringen Abwandlungen auch in Sandstein und Quarzit vorkommt. Aus dem „Wissen", dass es in solchen Gesteinen keine Lösungsformen geben kann, sind sie vermutlich bis heute auch oft einfach übersehen worden.

Die dennoch reale und häufige Existenz von Sandsteinkarst in Ostniger dürfte dadurch begünstigt worden sein, dass die dortigen Sandsteine seit und nach der Oberkreidetransgression einer extremen **Tiefenverwitterung** ausgesetzt waren, die heute noch, wie an dem Inselberg von Abb. 97 nachweisbar, bis über 400 m unter die mitteltertiäre Landoberfläche der heutigen Plateaus hinabreicht. Das Ergebnis der Verwitterung und Lösungsabfuhr fast aller Nicht-Quarzbestandteile war ein weißgebleichter, standfester **Saprolit** (S. 27, Abb. 100 ff.) mit guter Wasserzügigkeit und Tonarmut. Erst in diesem setzte die erstaunlicherweise dennoch – wie im Kalkstein – an Klüften orientierte Verkarstung irgendwann im Alttertiär ein. Ihr Ende kam mit der Zerschneidung der dortigen Ausgangsrumpffläche zu einem Schichtstufenrelief im Jungtertiär (Busche 1998, S. 26 ff.). Die noch weitgehend unverstandenen Verkarstungsprozesse gehören also noch in die Hochzeit der tropoiden Alterde, im Charakter vermutlich „noch" tropischer als im Gebiet der südamerikanischen Vorkommen, denn auch von dort sind nur Vorzeitformen beschrieben worden.

Dass auch noch das Miozän eine Zeit intensiver Verkarstung war, belegt Abb. 95. Die dortige Plateauoberfläche von Termit, ihrerseits noch von kleinen Plateaus überragt und demnach eindeutig eine Rumpffläche, besteht hier aus einer ursprünglich intrasedimentären Eisenkrustenlage des *Continental Terminal*, die vermutlich endoligozän als Sumpferz in Küstennähe abgelagert wurde. Erst nach der Tieferlegung unter das obere Niveau – und damit erst im Miozän, aber noch vor der beginnenden Plateauzerschneidung – ist eine Vielzahl flacher Poljes in die gemeinhin als unlöslich angesehene Eisenkruste eingesenkt worden. Deren Böden liegen weitestgehend schon im unterlagernden Kreidesandstein, in dem eine Vielzahl geweiteter Spalten und senkrechter Röhren die Verbindung zum unterirdischen Karst herstellen. Auch dort, wo vergleichbare Plateaus eine **Silcrete**-Decke tragen (Busche 1998, S. 33 f.) ist, sind sie in gleicher Weise von der Verkarstung erfasst worden. Das helle Material der Lösungswannen ist zusammengeschwemmter Löss, der bei Staubstürmen aus dem Sahel geliefert und teils ebenfalls in den Untergrund abgeführt wird.

Der über 300 m hohe Inselberg in Abb. 97, durch Tieferlegung seines Umlandes im jüngeren Tertiär aus einer Ausgangsfläche herauspräpariert, gibt einen Eindruck von der starken einstigen **Endokarst**entwicklung unter ihr. Der Schattenfall zeichnet eine Vielzahl angeschnittener Hohlräume nach, von engen Röhren bis zu dem Eingang zur größten Höhle rechts im Bild, der allerdings, wie der Abri in Abb. 92, durch jüngere Verwitterung erweitert worden ist. Hinter einer mittelalterlichen Festung auf dem Absatz auf ein Viertel der Berghöhe, die an ihren Mauern erkennbar ist, sind mehrere Höhlen als Räume in die Anlage einbezogen worden. Das Gesamtvolumen der Karstgefäße im Berg beträgt mindestens 3 %. Er ist also möglicherweise nur deshalb nicht zusammen mit der umgebenden Fläche abgetragen worden, weil in seinem Bereich die Verkarstung besonders intensiv war, so ein wesentlicher Teil des auf ihn fallenden Regens nach innen abgeführt wurde und wird und so nicht mehr für die äußere Abtragung zur Verfügung stand. An benachbarten Inselbergen – man könnte auch von Turmkarst sprechen – konnten Höhlen *unterhalb* des Umlandniveaus nachgewiesen werden.

Gerade in den Inselbergen wurden auch über 10 m hohe Höhlen mit über- und unterlagernden Verzweigungen und Stockwerken gefunden, die weit in den Fels hineinreichen. Häufiger sind jedoch kleine Kammern wie in Abb. 98 – übrigens einige 100 km von den anderen Beispielen entfernt und in einem anderen Sandstein -, die an Plateaurändern, Inselbergflanken und häufig auch entlang von in die Stufen eingreifenden, abrupt endenden Tälern nebeneinander aufgereiht sind. Typisch für jede der im Eingangsbereich durch die Steilhangentwicklung abgeschnittenen Kammern sind jeweils mehrere von der Bergseite in sie *konvergierende* kleine Karstgefäße, wie in Abb. 98. Dieses Muster, gelegentliche **Einsturzbereiche** vor den Höhleneingängen oder auch einmal ein als

großer Bogen erhaltenes Höhlenprofil lassen erkennen, dass die Karstgefäße ursprünglich auf eine große Kammer im heutigen Höhlenvorland eingestellt waren, deren Dach zu einem Zeitpunkt während der flächenhaften Vorlandtieferlegung einstürzte und dort die weitere Abtragung beschleunigte (Busche 1998, S. 54 ff.).

Wie im Kalksteinkarst sind mit dem Übergang von phreatischer zu vadoser Wasserführung (Abb. 53, 76) Höhlenprofile verändert worden, sei es durch Einschneidung am Boden – hier durch Einsandung von außen verdeckt – oder das Herabbrechen von Deckenteilen, was an den Blöcken im Vordergrund abzulesen ist. Ursprüngliche Wandteile zeigen allerdings immer glatte und abgerundete Oberflächen, die quer durch die Quarzkörner schneiden.

Einen Eindruck von kaum veränderten Profilen gibt in Abb. 99 der typische Ausschnitt aus einem ausgedehnten, mehrere Meter hohen Gang- und Röhrengeflecht mit meterhohen Auf und Abs des Bodens und der Deckenkuppeln sowie abgerundeten Pfeilern wie dem kleinen in der Bildmitte – Formen, für die jede andere Entstehungsursache als Lösung ausfällt. Die braunschwarze Deckenkruste besteht aus wenige cm langen Stalaktiten, jedoch nicht aus Kieselsäure, sondern aus dem im hochariden Klima auskristallisierten Urin von hängend an der Decke schlafenden Fledermäusen. Echte Kieselsäure-Tropfsteinformen (**Speleotheme**), allerdings auch als Vorzeitformen, beschreiben Wiegand et al. (2004, S. 73) aus dem stets feuchteren Nordostbrasilien.

▲ Abb. 97: Sandsteininselberg mit zahlreichen Höhlenausgängen; Ehi Ouarek, Sahara, Nordostniger.

◄ Abb. 98: Sandsteinhöhle mit Abzweigungen; Stufenhang der Tassili n'Ajjer, Südostalgerien.

▼ Abb. 99: Gang mit Abzweigungen in einer Sandsteinhöhle; Stufe des Plateau von Bilma, Sahara, Ostniger.

6. Chemische Intensivverwitterung · Kernsteine

▲ Abb. 100: Kernsteine (Grundblöcke) aus Dolerit als Ergebnis unvollständiger chemischer Intensivverwitterung, ausgegangen von Kluftflächen; südliche Drakensberge, Südafrika.

▼ Abb. 101: Zweiphasige Intensivverwitterung in Granit. Auch durch Eisenausfällung nachgezeichnete Kernsteine sind vollständig durchgewittert; Nordwesten der Kap-Provinz, Südafrika.

▶ Abb. 102: In weitmaschigem Kluftnetz eines Granits entstandener Riesenkernstein (Wollsack); Devil's Playground, Südaustralien.

Die Bedeutung der **chemischen Intensivverwitterung** *(chemical deep weathering)* und Saprolitisierung für die Reliefbildung während der Zeit der **tropoiden Alterde** und in den heutigen feuchten Tropen ist im Einleitungskapitel dargestellt worden (S. 14 ff.). Ergänzend zu der dort bereits genannten Literatur sei speziell für die morphologischen Bezüge noch auf Bremer (1989, S. 355 ff., 2002), Büdel (1977, S. 95 ff.) und Wirthmann (1987 u. a., Kap. 4.2.3.3 f.) hingewiesen, für die bodenkundliche Analyse der Saprolitisierung nochmals auf Felix-Henningsen (1990) und die dort genannte pedologische Spezialliteratur.

In der Einleitung wurde auch dargestellt, dass die relativ scharf begrenzte **Verwitterungsbasisfläche** *(weathering front)*, wie sie Büdel für den Flächenbildungsmechanismus der doppelten Einebnung postuliert, nur die *eine* Erscheinungsform der chemischen Intensivverwitterung ist, der Büdel die bis in große Tiefen reichende **Dekompositionssphäre** gegenüberstellt (Büdel 1977, S. 96), diese dann aber kaum weiter beachtet. Letztere zeichnet sich dadurch aus, dass die Verwitterung nicht schlagartig an einer gut definierten, wenn auch unregelmäßigen Fläche aussetzt, sondern dass es einen gleitenden Übergang vom nur noch aus Tonen bestehenden tropischen **Latosol** über mit der Tiefe zunehmend erhaltene Partien unverwitterten Gesteins bis zum völlig unzersetzten Fels gibt. Die erste, oft kopierte Rekonstruktion eines solchen Profils wurde nach Befunden aus Cornwall, Südengland, von Linton (1955; Louis & Fischer 1979, S. 149) publiziert.

Abb. 100 zeigt einen heute in einer semiariden Klimaregion liegenden Ausschnitt aus einem solchen Profil, das zu seiner Bildungszeit vermutlich mehrere Zehner Meter tief unter der damaligen Oberfläche lag. Das Ausgangsgestein war eine im Paläozoikum ausgeflossene Lava, als **Dolerit** bezeichnet. Wie bei jedem massiven Festgestein – Wilhelmy (1958) spricht von **Massengestein** – ging die Verwitterung von den Gesteinsklüften aus, hier im Zersatz als zweidimensionales Muster gerader Linien noch erkennbar.

In dem tatsächlich ja dreidimensionalen würfelförmigen Kluftgitter konnte die Verwitterung dort, so sich drei Kluftflächen an dessen Eckpunkten verschnitten, natürlich bevorzugt angreifen. Von dort ausgehend, wurden die scharfkantigen Ecken der Ausgangsformen zunehmend abgerundet und in Verbindung mit der entlang der einzelnen Kluftflächen langsamer eingreifenden Verwitterung bildeten sich allmählich breiter werdende Saprolitsäume aus. Materialabfuhr *in Lösung* und die damit verbundene Volumenabnahme bewirkten offenbar eine *Druckentlastung* in die aufgelockerten Bereiche hinein, so dass sich ein **Zwiebelschalenmuster** dünner, erst teilweise verwitterter und in der Hand leicht zerbrechbarer Gesteinsplättchen (Abb. 42) entwickelte.

Von der Ausgangskluftlinie bis zum festen Gestein lassen sich so die zeitlichen und geometrische Veränderungen im Zuge der Saprolitisierung nachvollziehen. Als die Intensivverwitterung im Bereich dieses Aufschlusses zum Erliegen kam, waren die zentralen Teile der ursprünglichen Würfel (engl. *core*), noch unverwittert. Der Begriff *corestone* (Ollier 1969) ist als Kernstein ins Deutsche übernommen worden (bei Büdel 1977, S. 97 stattdessen **Grundblock**). Bei kleineren Ausgangswürfeln war die Zersetzung vollständig oder es blieben nur kleine, dafür aber perfekt gerundete Kernsteine übrig (links Mitte). Bei größeren Kluftabständen blieben entsprechend größere, an den Kanten und Ecken sehr gut zugerundete Kernsteine erhalten, die aber noch an die Ausgangsform erinnern. Unter der letzten schon angewitterten, aber noch festeren Schale ist jeder von ihnen *völlig unverwittert* und wäre als Baustein verwendbar.

Bei entsprechenden Abflussverhältnissen konnte der die Kernsteine umhüllende Zersatz ausgespült werden; kleinere Blöcke wurden mitgeschwemmt und wurden zu *Schottern* (Abb. 264). Wenige große, in einem sehr weitständigem Kluftgitter gebildet, konnten nicht vom Wasser bewegt werden und wurden, wie in Abb. 102, irgendwann zu Touristenattraktionen mit Phantasienamen wie Teufelsmurmel oder

6. Chemische Intensivverwitterung · Isovolumetrische Verwitterung

– an eine Verpackungsform der frühen Neuzeit erinnernd – als **Wollsäcke** bezeichnet. Im Zersatz nur erst angewitterte und durch weitergehende Druckentlastung gebildete Schalen verändern bei ihrer endgültigen Ablösung noch etwas deren Oberfläche. Ihre abgerundete Form ist aber nicht dadurch, sondern bereits in ihrer Saprolitumhüllung entstanden.

Eine andere Ausprägung der Intensivverwitterung zeigt Abb. 101. Auch hier ging die Granitverwitterung von den geradlinig verlaufenden Kluftflächenanschnitten aus und führte in dem dreidimensionalen Gitter zu allmählich perfekter Zurundung, letztlich aber zu *vollständiger* Zersetzung der nur noch in ihrer Nachzeichnung erkennbaren Kernsteine. Dabei muss es sich um einen mehrphasigen Prozess gehandelt haben. Mehrere der Kernstein**phänomene** sind nämlich von geradlinigen Klüften durchzogen. Da die spröde Deformation durch Brüche in bergfeucht-tonigem Zersatz nicht möglich wäre, müssen noch erhaltene Kernsteine tektonisch zerbrochen worden sein, bevor in einer nachfolgenden erneuten Phase von Intensivverwitterung die vollständige Verwitterung erfolgte. Möglicherweise in einer noch späteren Phase zeichnete sauerstoffreiches Grundwasser durch oxidative Eisenausfällung alte wie junge Klüfte, kugelförmige Oberflächen im Zersatz sowie die ehemaligen Kernsteine selbst im Profil nach.

Im Gebiet dieses Aufschlusses, wie in weiten Teilen des südlichen Afrika, ist nachweisbar, dass *präkambrische* von tertiärer Intensivverwitterung überprägt worden ist (Stengel 2002). Möglicherweise sind in diesem Aufschluss Spuren beider Perioden bewahrt worden, durch mehrere hundert Mio. Jahre voneinander getrennt.

In den heutigen feuchten Tropen ist zu erwarten, dass dort die Intensivverwitterung der tropoiden Alterde, wie in Abb. 4, am längsten angedauert hat, heute vielleicht noch aktiv ist oder zumindest ihre Produkte am besten erhalten geblieben sind. An einer typischen Straßenbaustelle in der Dominikanischen Republik (Abb. 103) konnten die Radlader auch jene nicht roten Partien kristallinen Schiefers wegschieben, die noch ihre Gesteinsstruktur bewahrt haben, aber vollständig durchgewittert sind. Das Muster am Hang ist durch die tropische **Rotlehm-** oder **Latosol**bildung – ohne irgendeine Profildifferenzierung – entstanden, die Teile des bereits älteren Saprolit entlang scharfer Grenzen bis in große Tiefen umgewandelt hat. Dass aber auch dieser Boden bereits eine *Vorzeitform* ist, zeigt der scharfe Farbwechsel in den obersten Aufschlussmetern zu weniger intensivem Rot: es ist vermutlich die schräg angeschnittene Verfüllung eines Tälchens, das in dieser Position allerdings selbst jünger als das heutige natürliche Hangprofil sein muss.

Aus der Nähe sähen die hellen Bereiche des Aufschlusses ähnlich wie in Abb. 105 aus. Hier, im Piedmont der amerikanischen Ostküste, ist ein Granit bis auf wenige Reste vollständig zu Ton umgewandelt worden. Die mit der chemischen Verwitterung einhergehende Volumenvergrößerung – insbesondere der Feldspäte – wurde offenbar vollständig durch **subterrane Lösungsabfuhr** ausgeglichen. Deshalb blieb die Gesteinsstruktur erhalten, was besonders an den weiterhin geradlinig verlaufenden Gängen an der Wand erkennbar ist. Mit Ollier (1969) ist diese das Kristallvolumen und Gesteinsgefüge makroskopisch nicht verändernde Alterierung als **isovolumetrische Verwitterung** (*isovolumetric weathering*) zu bezeichnen. Geringe Festigkeitsunterschiede im Saprolit werden in den beiden vom abgespülten Boden rot gefärbten Runsen nachgezeichnet. Der Hammer als Größenmaßstab ließe sich überall in das plastische Material der Wand hineinschlagen. Der rote Boden ist hier übrigens auch bereits eine tertiäre Vorzeitform. Über den *red-yellow* podzolic soils älterer Terminologie liegen örtlich noch jungquartäre Braunerden, die der Bodenerosion des 19. Jahrhunderts entgangen sind.

Eine Nahaufnahme der isovolumetischen Verwitterung zeigt das Stück eines ehemaligen kristallinen Schiefers (Abb. 104) aus der **mesozoisch-tertiären Verwitterungsrinde** (Felix-Henningsen 1990), wie sie in Teilen der deutschen Mittelgebirge die periglaziale Abtragung im Pleistozän überdauert hat (nahe dem Aufschluss von Abb. 454). In das bergfrische, nur noch aus Ton bestehende Handstück wurde eine Stecknadel mit weißem Glaskopf hineingestochen. Die das Gesteinsgefüge nachzeichnenden Farben sind das Weiß des Kaolinits sowie Mineralausfällungen aus dem ehemals zirkulierenden Grundwasser. Reste des endtertiären tropoiden Bodens sind als schokoladenbrauner Überzug und unterhalb der Stecknadel als Kluftfüllung erhalten.

▲ Abb. 103: Zu Rotlehm und Saprolit verwitterter Metamorphit; Dominikanische Republik

▲ Abb. 104: Im Tertiär bei völliger Strukturbewahrung (isovolumetrisch) zu eisenschüssigem Ton verwitterter Metamorphit; Nordspessart, Süddeutschland. Eine Stecknadel (weißer Kopf) wurde in das bergfeuchte Gestein gedrückt.

▼ Abb. 105: Intensivverwitterung von Granit im Tertiär bei isovolumetrischer Bewahrung der Gesteinsstruktur; Piedmont, Georgia, USA.

6. Chemische Intensivverwitterung · Sapolit, Eisenkruste

▲ Abb. 106: Von spätoligozäner Eisenkruste überdeckte alttertiäre Paläobodendecke; Plateau von Agadem, Sahara, Ostniger.

▶ Abb. 107: Erläuterungsskizze zu Abb. 106.

▼ Abb. 108: Durch Oxidation (rot) nachgezeichnete Tiefe der Saprolitisierung; 1915 aufgelassener Diamantentagebau des „Big Hole", Kimberley, Südafrika.

Der oberhalb der von Büdel so bezeichneten **Dekompositionssphäre** zu erwartende eigentliche tropische Boden (Bremer 1999, 2003) ist in den Ektropen im Quartär weitestgehend abgetragen worden. Auch in den feuchten Tropen ist die häufig als Normalfall dargestellte Abfolge von Rotlehm über Flecken- und Bleichzone zum Saprolit und seiner mit der Tiefe zunehmenden Kernsteinerhaltung bei der Vielfalt heutiger tropischer Böden eher die Ausnahme.

Ein solches Profil, das nach unten allerdings in den völlig gebleichten **Sandsteinsaprolit** ohne Kernsteine wie in Abb. 97 übergeht, ist allerdings im Gebiet von Abb. 106 erhalten geblieben. Erst 1990 entdeckt (Busche 1998, S. 26 f.), ist es in seiner Vollständigkeit bis jetzt das einzige der zentralen Sahara und ein eindeutiger Beleg für dortige *feuchttropische* Bedingungen im Alttertiär. Zum Ende des Oligozäns wurde es hier deshalb nicht abgetragen, weil es – in Kombination von Aufwölbung in der Hoggar-Region und einem Klimawandel – im Übergangsgebiet zwischen flächenhaftem Bodenabtrag im Norden und Sedimentation in einem Küstenraum im Süden lag. Bewahrt vor späterer Abtragung wurde es durch die schwarz patinierte Eisenkruste im Hintergrund, die hier in einem Sumpfgebiet als Teil der Schichtenfolge des schon erwähnten *Continental terminal* (Faure 1966) abgelagert wurde.

Bei der danach erneut einsetzenden Flächenbildung – wiederum als Primärrumpf (S. 18) – wurde der gekappte Boden an der Basis der Eisenkruste hier wieder freigelegt und als Teil eines der kleinen ostnigrischen Plateaus bewahrt, als die jungtertiäre, eingeschränkte Flächenbildung (S. 22) zur Ausbildung der saharischen Schichtstufenlandschaft führte (u. a. Abb. 175 f.) Durch Windschliff am Hang vorn seiner dunkelbraunen Patina teilweise beraubt, besteht das gekappte Paläobodenprofil aus zwei in einer sauerstoffarmen Bodenwasserzone weiß gebleichten Horizonten (der untere nur an einer Stelle am Hang freiliegend) mit einem ober- und unterhalb liegenden roten Boden mit einer kleinkugeligen Ton-Eisenstruktur, die als **Pisolith** (lat. *Pisum* = Erbse) bezeichnet wird. Da die weißen Horizonte jeweils den Unterboden darstellen, liegen hier, unterbrochen durch zwischenzeitliche Sedimentation der Pisolithe, Reste von drei Bodenbildungsphasen vor der Kappung des obersten und der Eisenkrustenbildung.

Bei pleistozän-pluvialzeitlicher Ausspülung am Talschluss ist – vermutlich durch Unterspülung an einer Quelle im wasserdurchlässigen Saprolit – ein **Felssturz** (Abb. 366 f.) abgegangen, wobei die Blöcke des Paläobodens sich entlang von Polygonrissen (Abb. 301 ff.) ablösten, die bei seiner Austrocknung und Aushärtung entstanden waren. Heute ist das Plateau stark äolisch eingesandet. Seltene Regen versickern und eine fluviale Formung findet nicht statt.

Dass die tertiäre Intensivverwitterung *mehrere hundert Meter* in die Tiefe reichen kann, zeigt sich immer wieder bei unerwarteten Schlamm- und Wassereinbrüchen bei Tunnelbauten. Eine ältere Zusammenstellung solcher Befunde bringt Ollier (1969). Im Beispiel von Abb. 108 wirkte sich die Eindringtiefe positiv aus. Im „Big Hole" von Kimberley, Südafrika, heute 1220 m hoch gelegen, konnte von 1875 bis 1915 ein tief verwitterter präkambrischer Vulkanschlot auf der Suche nach darin enthaltenen Diamanten mit Hacke und Spaten bis zu einer Tiefe von 240 m abgebaut werden. In dem ihn umgebenden tauben Gestein, an dessen Grenze der Abbau natürlich aufhörte, hatte die *präquartäre* Verwitterung weniger tief eingegriffen, so dass an den Wänden heute im Farbwechsel von (sekundär angewittertem) Braun zu Schwarz die Verwitterungsbasis aufgeschlossen

6. Chemische Intensivverwitterung · Divergierende Verwitterung, Laterit

ist. Nachgezeichnet wird sie auch durch die stärkere Hangbildung links im Verwitterungsbereich. Überlagert wird das Profil von einem jungen, möglicherweise holozän gebildeten roten Boden, links hinten überlagert von Abraum. Da an der Wand keine Kernsteine zu erkennen sind, ist die obere Wand wohl nur der unterste, noch nicht so weit verwitterte Teil eines ursprünglich viel mächtigeren Verwitterungsprofils, das hier, auf einem stabilen Schild mit langer Abtragungsgeschichte, durchaus schon sehr alt sein kann.

Während das Nebeneinander von unterschiedlich stark verwittertem Gestein durch dessen unterschiedliche Verwitterungsanfälligkeit bedingt war, ist Abb. 109 ein Beleg für die von Bremer seit 1971 formulierte Regel der **divergierenden Verwitterung** (u. a. Bremer 1989, S. 78, 140). An dem Hang des einige Zehner Meter hohen, kuppelförmigen, nacktfelsigen Granitinselbergs im Vordergrund kann das Regenwasser schnell ablaufen. Mit dem Ende jedes Regens herrscht, trotz starker Monsunniederschläge um 2000 mm, auf dem Fels **edaphische Aridität** – an diese Position gebunden. In der hohen Luftfeuchtigkeit der Regenzeit wird lediglich das Wachstum eines schwarzen Überzugs von **Blaualgen** (bzw. Cyanobakterien) ermöglicht. Dessen Geschlossenheit zeigt an, dass auch die Ablösung dünner und dicker **Druckentlastungsschuppen** (Abb. 41) kaum eine Rolle für die weitere Abtragung des Inselbergs spielt.

Vom Bergfuß nur durch den schmalen Streifen eines überwachsenen inaktiven Schutthangs mit kleinen Bäumen getrennt, liegt dahinter eine Fläche, die offenbar aus leicht abgrabbarem Material besteht. Eine Grabung würde wahrscheinlich ergeben, dass es sich mit ebener Oberfläche bis direkt an den Steilabfall des Inselbergs erstreckt. Von Büdel wurde diese oft rezent wie an Vorzeitformen zu beobachtende Zuschärfung eines Inselbergfußes durch **subkutane Rückwärtsdenudation** in einer Rotlehmdecke (Büdel 1977, Abb. 43), später – in Verbindung mit der allmählichen Abtragung einer Rotlehmdecke auch am Unterhang eines Inselberges – als **zentrifugaler Hangfußeffekt** (Büdel 1986, Abb. 5) bezeichnet.

Abb. 110, rechts außerhalb von Abb. 109 aufgenommen, zeigt an einer frischen Abgrabungskante, dass hier völlig zersetztes Gestein abgegraben wird. Es handelt sich um das namengebende Material für den Begriff **Laterit**, wie er in seiner ursprünglichen Bedeutung von dem Engländer Buchanan 1807 (Louis & Fischer 1979, S. 129; Wirthmann 1987 u. a., Kap. 4.2.3.6) vergeben worden ist. Bei der Granitverwitterung ist hier durch intensive Verwitterung selbst der

▲ Abb. 109: Typisches Nebeneinander von „Whaleback"-Inselberg aus unverwittertem Granit und vollständiger Saprolitisierung an seinem Fuß; Ergebnis divergierende Verwitterung; Palghat Gap, West-Ghats, Südindien.

für die tropische Verwitterung kennzeichnende Kaolinit, weitgehend als Kieselsäure gelöst, abgeführt worden. Hauptsächlich bleibt Aluminiumhydroxid in Form von **Gibbsit** übrig, zusammen mit unterschiedlichen Eisen-Manganverbindungen – in der etwas älteren Literatur noch als Sesquioxide bezeichnet –, die die braune Farbe geben. Diese Verwitterung wird als ferrallitisch bezeichnet (a. a. O. S. 128). Das durch Grundwassereinfluss hellfleckige Material – hier im heutigen Monsungebiet wohl auch schon als Paläoboden anzusprechen – wird in Blöcken abgestochen, und die im **desilifizierten** Material enthaltenen Eisenverbindungen lassen die Stücke an der Luft nahezu irreversibel aushärten. Der Gesteinszersatz kann so wie ein gebrannter Ziegel verbaut werden (latein. *later* = Ziegel).

In der jüngeren Literatur ist der Begriff Laterit auf alle Arten von bei seiner Austrocknung ausgehärtetem Material verwendet worden, auch für Eisenkrusten ganz anderer Genese wie die in Abb. 106. Die abgestochenen Blöcke in Abb. 110 werden in der neueren Literatur deshalb als **Plinthit** bezeichnet – diesmal vom *griechischen* Wort für Ziegel abgeleitet.

◀ Abb. 110: Abbau des völlig verwitterten Granits von Abb. 108 als Baustein, der an der Luft (fast) irreversibel durchhärtet: *brick laterite*, das ursprünglich namengebende Material für Laterit.

6. Chemische Intensivverwitterung · Zersatzabspülung, Quarzzersatz

Abb. 111: Streu von Kernsteinen an der Landoberfläche durch Abspülung des feinkörnigen Saprolits; nördliches Swaziland.

Abb. 112: Erläuterungsskizze zu Abb. 113.

Abb. 113: Verwitterter und deformierter Quarzgang zwischen tonigem Saprolit und vom Hang abgeschwemmten Quarz-Kolluvium; bei Madurai, Südindien.

Abb. 114: Stark verwitterter Gangquarz aus dem Kolluvium von Abb. 113.

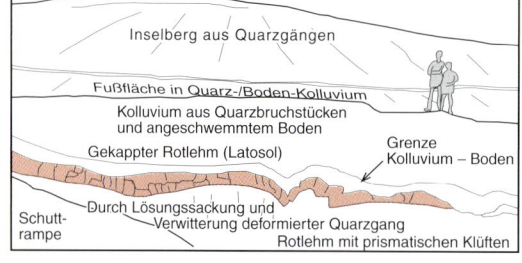

Auch dieses Profil ist stark verkürzt, wie seine fehlende Profildifferenzierung zeigt. Die dünne Lage unter der Grasdecke ist infolge Bodenkappung verschwemmtes Material.

Die **Blockstreu** an der Oberfläche ist aus dem ehemals mächtigeren Rotlehmprofil ausgespült und angereichert worden. Dies muss allerdings schon vor der Bildung des braunen Bodens geschehen sein. Die Konzentration sehr großer Blöcke unter den Bäumen lässt vermuten, dass nach lokal geringerer Verwitterung im Untergrund – vielleicht wegen größerer Kluftabstände – eine Aufragung im Saprolit als **Tor** (Abb. 135, nach Linton 1955) herauspräpariert wurde.

Im Unterschied zu Abb. 100 zeigt Abb. 111 einen zur Bildungszeit dichter an der Landoberfläche gelegenen Ausschnitt eines Tiefenverwitterungsprofils. Um die meisten Blöcke ist das Zwiebelschalenmuster teilverwitterter Gesteinsschalen nicht mehr erkennbar. Die gut abgerundeten Blöcke liegen nicht mehr im Saprolit, sondern in einem **Rotlehm**. Ihre plattig-unregelmäßige Form reflektiert die Verschneidungsrichtungen der ursprünglichen Kluftflächen. Kleine, rot überzogene Steine rechts oben sind die stark aufgelösten und gestörten Reste eines Quarzgangs.

Der Übergang von rot zu rotbraun im oberen Aufschlussteil ist keine Profildifferenzierung des Latosols, sondern zeigt die Überprägung durch eine jüngere und weniger mächtige ektropischen Bodenbildung, die im Vergleich zum unterlagernden Boden nur wenig mächtig ist. Die senkrechten Risse sind Anschnitte der bei der Bodenbildung entstandenen Prismen.

Auch Abb. 113 zeigt trotz etwa 2000 mm Monsunregen *kein* ungestörtes Rotlehmprofil mehr. Der ursprüngliche Boden reicht nur noch bis knapp über das weiße Quarzband. Während der ihn einst umgebende Granit völlig zu Rotlehm umgewandelt wurde, besteht der Quarzgang immer noch aus fast im Verband liegenden Bruchstücken, konnte aber auch schon leicht abgegraben werden. Die Detailaufnahme aufgeschlagener Stücke (Abb. 114), in der Umgebung aufgelesen, zeigt an ihrer Rötung, dass die Bodenbildung aber bereits weitgehend die Kristallgrenzen nachgezeichnet hat. Manche Stücke lassen sich bereits mit der Hand zerbrechen. Kleinkristalline Partien waren anscheinend weniger anfällig und bilden heute ockerfarben patinierte, schon länger freigespülte **Pseudogerölle**, deren Zurundung nur durch Verwitterung, nicht durch den kurzen Transportweg am Hang, erfolgt sein kann.

Im Vergleich zu den geradlinig verlaufenden Quarzganganschnitten in unverwittertem Gestein ist dieser nicht nur zerbrochen, sondern mit seinem welligen Verlauf stark gestört. In für tropische Böden typischer Weise hat die starke, aber nicht gleichmäßige Materialabfuhr durch Lösung im Bodenwasser zu deutlichen Sackungen geführt.

Das irgendwann gekappte Latosolprofil ist durch vom Hang abgespültes **Kolluvium** überdeckt worden, das aus den Pseudogeröllen und verschwemmtem

6. Chemische Intensivverwitterung · Verwitterungsbasis

Rotlehm als **Bodensediment** besteht. Der Berg als Liefergebiet besteht ausschließlich aus breiten Quarzgängen. Angesichts der starken Vegetationsdegradation kann das Kolluvium durchaus erst in historischer Zeit akkumuliert worden sein.

Abb. 115 zeigt eine für die Außertropen typische Situation, in der die Abtragung nach dem endtertiären Ausklingen tropoider Bedingungen bis an die ehemalige Verwitterungsbasis hinabgegriffen hat. Da diese Basaltsäulen erst vor etwa 20 Mio. Jahren erstarrt sind (Geyer 2002, S. 386 ff.), ist dieser Aufschluss in der Rhön auch ein Beleg dafür, dass auch im Jungtertiär die Intensivverwitterung in diesen Breiten noch wirksam war.

Wenig unterhalb des Bildausschnitts geht die Verwitterungsbasis, die eher ein Saum als eine Fläche ist, in den abbauwürdigen unverwitterten Basalt über. Im dargestellten Bereich sind die Säulen zur Oberfläche hin unregelmäßig, aber insgesamt in immer kürzeren Abschnitten quer zerlegt worden, so dass in den höchsten Teilen aus den meist sechseckigen Säulenteilen einige nahezu runde **Kernsteine** entstanden sind. Die tiefer reichende Zerlegung und nach oben völlige Auflösung der Säulen in der Bildmitte zeigt, dass der Basalt hier etwas verwitterungsanfälliger war, vermutlich wegen geringerer Säulendurchmesser. Solche Unregelmäßigkeiten sind typisch für den Verlauf der **Verwitterungsfront** (Abb. 118). Nach oben wird das Profil durch eine dünne pleistozäne **Solifluktionsschuttdecke** (Abb. 447, 454) abgeschlossen, in dem sich – als dunkles Band erkennbar – holozän ein durch die menschliche Nutzung (Abb. 609 ff.) bereits wieder gekappter brauner Boden gebildet hat.

In diesem Aufschluss zeigen – übrigens häufig – fehlende Rotlehmreste an, dass hier die Verwitterung *unterhalb* der Bodendecke im Grundwasserbereich ablief. Ihre Abwesenheit bedeutet aber nicht eine nur noch geringe Intensität der jungtertiären Tiefenverwitterung, sondern lediglich, dass hier Hebung und Abtragung intensiver gewesen sind als z. B. im westlich benachbarten Vogelsberg-Gebiet, in dem auf etwa gleich alten Basalten noch völliger Basaltzersatz, geschlossene Kaolindecken und die im Vorland abgespülten Rotlehmdecken erhalten sind.

Dem Anschnitt der Verwitterungsfront ist in Abb. 116 die flächenhafte Ansicht einer ihrer Überdeckung beraubten **Verwitterungsbasisfläche** im semiariden Südnamibia gegenübergestellt. Angelegt ist sie in einem paläozoischen doleritischen **Lagergang** oder **Sill**, der während der Basaltförderung weitflächig horizontal in ein Schichtenpaket eingedrungen war und im Zuge der Abtragung der Karoo-Deckschichten erst zur Verwitterungsfront und dann freigelegten unregelmäßigen Felsoberfläche wurde. Die Abspülung der Latosol- und Saprolitdecke setzte mit der Ausbildung eines tieferen Flächenniveaus jenseits der heutigen Plateaukante im Bildhintergrund ein.

Zwischen den Blöcken im Vordergrund ist das durch die Verwitterung nur wenig geweitete **Kluftmuster** gut erkennbar. Die Höhenunterschiede innerhalb der ehemaligen Verwitterungsbasis liegen meist unter 10 m. Die chemische Zersetzung darüber muss sehr vollständig gewesen sein, da eine Streu kleinerer Kernsteine völlig fehlt, das heutige Relief aber einen fluvialen Austrag wenig wahrscheinlich macht. Die rekonstruierbare Situation entspricht demnach recht gut dem Büdelschen Modell der **Doppelten Einebnungsfläche** (S. 25; Abb. 118) mit relativ geringem Abstand zwischen beiden Flächen. Die höheren Partien im Hintergrund dürften in der Spätphase der aktiven Flächenbildung – also bis zum Beginn der Stufenbildung und damit veränderter Drainagebedingungen – als **Tors** (Abb. 135) aus der oberen Einebnungsfläche herausgeragt haben.

▲ Abb. 115: Unregelmäßig in die Tiefe greifende jungtertiäre Verwitterung in Basaltsäulen; Rhön, Süddeutschland.

▼ Abb. 116: Freigespülte unregelmäßige Verwitterungsbasisfläche in Dolerit am Rand eines Plateaus; Giants' Playground, Südnamibia.

▲ Abb. 117: Sandsteintürme, durch Bodenausspülung über einer extrem unregelmäßigen Verwitterungsbasis entstanden; Tianzi Shan, Hunan, subtropisches Südchina.

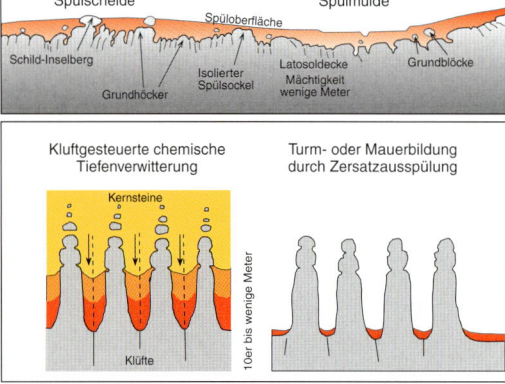

▶ Abb. 118: Normalfall der Verwitterungsbasisfläche nach Büdel (1977, Fig. 41) und Extremfall, der zur Turmbildung führt.

Die bisher gezeigten Beispiele haben gezeigt, dass es offenbar zwei Ausprägungsformen der chemischen Intensivverwitterung gibt, die sich anhand der Verwitterungstiefe unterscheiden. Sie sind in Abb. 118 gegenübergestellt. Der erste Fall ist der, den Büdel mit seinem Modell der doppelten Einebnungsfläche für den heutigen Normalfall der wechselfeuchten Tropen und für den nahezu weltweiten Normalfall in Rumpfflächengebieten zur Zeit der tropoiden Alterde hielt. Der Abstand zwischen der oberen wenig reliefierten **Spülmuldenfläche** und der stärker reliefierten **Verwitterungsbasisfläche** mit ihren **Grundhöckern** – den aufragenden Partien in Abb. 116 – schwankt zwischen mindestens 3 m bis etwa 30 m (Büdel 1977, S. 96), und das Material zwischen beiden Flächen ist ausschließlich ein feuchttropischer, roter Boden.

Dem steht der zweite Fall einer extrem weit in die Tiefe reichenden chemischen Verwitterung entgegen, die **Dekompositionssphäre** der Büdelschen Terminologie. Bilder wie Abb. 103 zeigen, dass die Mächtigkeit der Bodenauflage generell über den Werten für den ersten Fall liegt oder lag. Der größte Teil der Intensivverwitterung hat aber wahrscheinlich ohne die biogenen Prozesse der Bodenbildung als **Saprolitisierung** stattgefunden. Der Unterschied zwischen beiden Typen könnte mit unterschiedlich langen Zeiträumen für die Ausbildung der extremen Tiefenverwitterung zusammenhängen, wie in Abb. 3 angedeutet.

Außer dem Unterschied der Verwitterungstiefe gibt es aber noch einen anderen. Nach Büdel ist die mit der Intensivverwitterung verbundene Flächenbildung ein *kontinuierlicher* Prozess von gleichzeitig in die Tiefe greifender Gesteinsumwandlung zu Boden an der unteren und Abspülung an der oberen Einebnungsfläche bei etwa gleich bleibendem Abstand zwischen beiden. Von der Abtragung verschonte Gesteinsbereiche „wachsen" mit der Tieferlegung von flachen Schildinselbergen zu einige hundert Meter hohen Inselbergen auf (Abb. 131 ff.). Die Befunde zur Stufenbildung aus der Umgebung des Sandsteinkarstinselbergs von Abb. 97 (Abb. 161 ff.) sprechen für dieses Modell.

Solchen Inselbergen stehen aber extreme Turmformen aus Sandstein wie in Abb. 117 gegenüber. Sie erinnern durchaus an die Turmkarstformen in Abb. 75, liegen ebenfalls in Südchina und dürften einer sehr ähnlichen Klimageschichte ausgesetzt gewesen sein. In beiden Fällen sind die Türme aus einer **Ausgangsrumpffläche** herauspräpariert worden, wie ihre gleiche Gipfelhöhe und der Übergang zu noch erhaltenen Plateauteilen gleicher Höhe zeigen. Weiterhin stehen die Türme eng geschart, anders als die oft viele Kilometer auseinander liegenden Inselberge der Rumpfflächen. Ihr Verteilungsmuster, wie auch in Abb. 119/120, ist nicht zufällig, sondern in das Hauptkluftsystem der Region eingepasst.

Bei den Karsttürmen, bei denen es gesteinsbedingt *keine* Übergangsphase des Saprolitisierung zu Bodenbildung geben kann, führte die kluftnetzorientierte Lösung direkt zu Bodenbildung und späterer Abspülung. Bei der nur geringen Tonmenge im Verhältnis zum gelösten Kalk müssen Lösung und Turmwachstum gleichzeitig abgelaufen sein. Bei den Sandsteintürmen, deren Gestein zumindest in Abb. 119/120 *nicht* saprolitisiert ist, war die Intensivverwitterung offenbar ebenfalls auf die Kluftbereiche beschränkt. Bei der trotz subterraner Lösungsabfuhr nicht derart extrem vom Ausgangsgestein unterschiedlichen Menge stellt sich die Frage, ob dort nicht *erst* eine in die Tiefe greifende Verwitterung stattfand und erst danach, bei Veränderung der Vorflutsituation, der Boden zwischen den unverwitterten Partien ausgespült worden ist. Die Türme wären demnach eine Art Großform der Kernsteinbildung.

Sehr stark für die zweite Deutung sprechen die Sandsteintürme der Sächsischen Schweiz in Abb. 119. Wiederum lässt sich für das ganze Gebiet eine Ausgangsrumpffläche nachweisen. Die Türme stehen vielfach so dicht beieinander, dass divergierende Verwitterung sich nur in der weiteren Konzentration auf eine einmal aufgeweitete senkrechte Kluft und die dort gebündelte Wasserzirkulation konzentrieren konnte, also wiederum als Variante der Kernsteinbildung. Das Turmhöhenprofil nach rechts – aber auch auf den Betrachter zu – zeigt, dass diese eng stehenden Türme ein **altes Elbtalhangprofil** zu Beginn der Taleintiefung nachzeichnen. Irgendwann wurde der Boden über diesem Profil und in den verschieden weit eingreifenden Klüften ausgespült. Die Felsreste zwischen ihnen, die Türme oder auch die Mauern in Abb. 120, im Amerikanischen **fins** (Rückenflossen) genannt, entstanden also als subkutan im tief hinab reichenden Boden ausgewitterte Formen, die erst danach, quasi auf einen Schlag, durch dessen Ausspülung sichtbar wurden.

Wie an der mittleren „Flosse" zu sehen ist, spielt beiderseitige Druckentlastung bei der heutigen Weiterbildung der „Flossen" eine Rolle. Sie ist auch als Ursache für die zahlreichen beidseitigen Durchbrüche – **windows** und **arches** – in solchen Wänden (Abb. 369, 370) zu sehen. Für die Ausbildung der glatten, senkrechten Flächen unter tropischer Bodenbedeckung bietet sich eine Variante der Zwiebelschalenabsonderung wie in Abb. 100 an, die zu Beginn ja auch flächig der Ausgangskluft gefolgt ist. Bleibt für die Wandbildung – wie letztlich auch für die der Kernsteine – zu erklären, wie einmal so geschaffene Flächen im Kontakt zum Boden bergfrisch erhalten bleiben konnten. Einen plausiblen Ansatz bieten Beobachtungen von Bremer (2004) an großen, im tropischen Boden „schwimmenden" Blöcken: Entlang eines schmalen Trockenrisses zwischen Gestein und Boden bewirkt Grundwasser, das entlang solcher Bahnen konzentriert und schnell ablaufen kann, ein **bodeninternes Divergieren** von **Verwitterung und Abtragung**. Gleichartige trockenzeitlich gebildete Risse an senkrechten Wänden müssen das Wasser noch effektiver bis an den Boden einer Verwitterungstasche geführt haben, wo es als **Zuschusswasser** deren weitere Tieferlegung förderte. Die glatten Wände blieben erhalten – bis zur Ablösung der nächsten dünnen Druckentlastungsplatte in den offenen Spalt hinein und deren Verwitterung – mit der Ausbildung einer neuen Ablaufbahn an ihrer Rückseite.

Im Einleitungskapitel (S. 26) wurde dargelegt, dass die südindische Tamilnad-Fläche, Büdels Modell einer „lebenden" Rumpffläche, nur noch **traditional** weitergebildet wird. Ohne grundsätzlich den Mechanismus der doppelten Einebnung *ad acta* legen zu wollen, lässt sich aber vielleicht die relativ geringe Mächtigkeit der tropischen Böden dort im Vergleich zu denen der heutigen feuchten Tropen damit erklären, dass seit dem Übergang vom vorzeitlich immerfeuchten zum monsunal-wechselfeuchten Klima die Tieferlegung der Verwitterungsfront nur noch eingeschränkt möglich ist und deshalb die Landoberfläche mit zunehmender Ausbildung von Schildinselbergen immer dichter an die untere Fläche herangerückt ist.

▲ Abb. 119: Sandsteintürme, durch Bodenausspülung freigelegt; Bastei, Elbsandsteingebirge, Sachsen.

▼ Abb. 120: Durch Bodenausspülung freigelegte Sandsteinmauern *(fins)*; Arches National Park, Utah, USA.

7. Rumpfflächen · Saprolitdecke, Verwitterungsbasis

▲ Abb. 121: Unter semiaridem Klima erhaltene Saprolitdecke einer Rumpffläche; östlich Springbok, nordwestliches Südafrika.

▶ Abb. 122: Anschlussdetail zu Abb. 121: saprolitisiertes präkambrisches Konglomerat unter einer Kalkkruste (Calcrete).

▼ Abb. 123: Bis auf die Verwitterungsbasis abgetragene ebene Granitrumpffläche und Inselgebirge: nordwestliches Südafrika.

Rumpfflächen *(etchplain, peneplain)* sind, wie beschrieben, nicht nur die ausgedehnteste festländische Reliefform, sondern auch nach über einhundert Jahren Forschung immer noch die umstrittenste, egal, ob es um rezente oder nicht rezente Bildung, um die Bildungsprozesse, ihr Alter oder das für ihre Bildung notwendige Klima geht. Eine kritische Diskussion der unterschiedlichen Vorstellungen zur Genese bietet Wirthmann (1987, 1994, mit Erweiterungen 1999; Kap. 2.5). Für ihn sind bis heute *weitflächig erhaltene* Rumpfflächen insofern gesteinsbedingte Formen, als sie vor allem auf dem altkristallinen Untergrund der Südkontinente – des alten **Gondwana**-Kontinents – über sehr lange Zeiträume der Verwitterung und Abtragung eingeebnet worden sind – eine Sicht, die allerdings in der englischen Fassung (1999) etwas eingeschränkt worden ist.

Eine dieser uralten Rumpfflächen, deren Abtragung schon Sedimente für die paläozoischen Karoo-Schichten geliefert haben dürfte, zeigt Abb. 121. Erstaunlich ist die abseits von Stufen und Flusseinschnitten über große Entfernungen erhaltene völlige Ebenheit der Fläche, die unterschiedlichste präkambrische, teils aus großen Tiefen aufgestiegene Gesteine und tektonische Strukturen schneidet. Dass sie sich nicht mehr in der Weise weiterentwickelt wie in der jüngeren geologischen Vergangenheit, belegen Schürfe in benachbarten Gebieten, in denen der Felsuntergrund nicht direkt bis an die Oberfläche reicht.

Abb. 122 zeigt ein Profil aus der Mitte des Schurfs. An der hier zum Graben abgeschrägten Oberfläche liegt eine dünne, hellbraune Decke eines sandigen Bodens mit äolischem Materialeintrag, darunter, wie fast überall im heute semiariden südlichen Afrika, eine kompakte Kalkkruste (Abb. 402 ff.), die mindestens pleistozänen Alters ist, über einer schwarzvioletten Schicht, ihrer scharfen Untergrenze nach ein Sediment unbekannten Alters. Darunter folgt ein **Saprolit** aus reinem Ton, in den das Messer als Größenmaßstab hineingesteckt werden konnte. Mit dem Spaten konnten die in ihrer Form noch voll erhaltenen, also **isovolumetrisch** verwitterten Schotter eines alten, präkambrischen Konglomerats glatt abgestochen werden. Dessen unterschiedliche Farben, wie das durch Eisen- und Manganverbindungen überprägte Weiß des Kaolinits, sind erst mit der Verwitterung entstanden.

Das Saprolitprofil ist stark gekappt; dass darüber einmal ein Latosol vorhanden war, kann nur im Analogieschluss vermutet werden. Funde wie dieser sind selten, er ist möglicherweise nur dank der schützenden Kalkkruste erhalten geblieben. Er ist aber ein unbestreitbarer Beleg dafür, dass zumindest die geologisch jüngste – und ebenso unbestreitbare flächenhafte – Abtragung

7. Rumpfflächen · Spülmulde, Schildinselberg

dieser Rumpffläche in einem tropisch-feuchten Milieu abgelaufen ist. Nicht weit von dieser Fundstelle konnten tiefe Gräben für eine Deponie mit dem Bagger im Saprolit ausgehoben werden.

Abb. 123, aus einem trockeneren Teil Südafrikas, zeigt den häufigeren Fall einer ebenfalls kaum welligen Ebene, an deren Oberfläche an vielen Stellen das un- oder wenig verwitterte Anstehende nur dünn mit Boden oder Sediment überdeckt ist. Sollte die so freigelegte Verwitterungsbasis einmal stärker reliefiert gewesen sein, ist sie durch Prozesse der traditionalen Weiterbildung noch ausgeglichen worden. Einige **Schildinselberge**, wie am linken Bildrand, überragen sie. Das Bergland im Hintergrund, das aus denselben altkristallinen Gesteinen aufgebaut ist, belegt die flächenhafte Tieferlegung auf das heutige Niveau der Ebene.

Die Rumpffläche in Abb. 124 mit ihren weiten Senken und Schwellen – hier durch die B1, die wichtigste Nord-Süd-Verbindung Namibias nachgezeichnet – entspricht viel eher als die beiden vorigen sehr ebenen Rumpfflächen dem Büdel-Modell aus **Spülmulden** und **Spülscheiden.** Eine überall vorhandene, das Relief nachzeichnende Decke aus stark verkarsteter Kalkkruste (Abb. 427/428) sowie andernorts eine Auflage aus rot verwittertem Dünensand zeigen, dass es sich hier um eine Vorzeitform handelt. Der häufig für solche nicht mehr aktiven Formen verwendete Begriff „fossil" sollte vermieden werden, weil damit begrabene Formen gemeint sind (lat. *fossa* = *Graben*). Ob das Relief, das in der Terminologie von Louis (Louis & Fischer 1979, S. 258) als Abfolge von **Flachmuldentälern** zu bezeichnen wäre, bereits zur aktiven Bildungszeit oder erst in seiner Endphase entstanden ist, als der Materialexport in der Tiefenlinie bereits der Hangabtragung vorhereilte, kann nicht mehr beantwortet werden.

Eine noch stärker vom semiariden Klima überprägte und von extrem flachen Tälern entwässerte alte Rumpffläche zeigt Abb. 125. Das sich fast 2000 m über die Ebene erhebende Brandbergmassiv (2579 m) besteht auch wieder aus demselben präkambrischen Gesteinen wie die umgebende Fläche und ist somit ein weiteres Beispiel für **divergierende Verwitterung und Abtragung**; es gibt einen Eindruck von der gewaltigen Denudationsleistung zwischen seinem Gipfelplateau und der Vorlandfläche, allerdings über einen Zeitraum von etwa 130 Mio. Jahren (ca. 1,5 cm/kJ), d.h. seit dem Aufbrechen von Gondwana. Der Vordergrund wird von einem der vielen flachen **Schildinselberge** eingenommen, in dessen Granit sich mehrere **Opferkessel** gebildet haben – der größte mit stark unterschnittenem Rand und einer Abflussrinne (Abb. 94).

▲ Abb. 124: Spülmulde einer flachwelligen Rumpffläche; südlich Rehoboth, Zentralnamibia.

▼ Abb. 125: Schildinselberg mit „Opferkessel"; Granitrumpffläche südwestlich des Brandbergs, Zentralnamibia.

7. Rumpfflächen · Strukturkappung, Flächenstreifen

▲ Abb. 126: Gekappter Staffelbruch unter einer Rumpffläche; Kanal von Korinth, Peloponnes, Griechenland.

▼ Abb. 127: Flächenstreifen in einer älteren Granitrumpffläche; Nordrand der Nilgiri Mts., Südindien.

Zu den wenigen Stellen, an denen die wiederholt angesprochene Schichten- und Strukturkappung einer Rumpffläche über etwa 2 km im glatten Anschnitt zu verfolgen ist, gehört der Durchstich des Kanals von Korinth (fertig gestellt 1897) in Südgriechenland. Die vier Schollen und zugehörigen Störungen eines Staffelbruchsystems sind an der Oberfläche glatt abgeschnitten. Bei der anzunehmenden Bildung als Primärrumpf müssen die Verstellungen zeitgleich – **syngenetisch** – mit der Flächenbildung abgelaufen sein.

Nachfolgend ist die Fläche mit dabei gebildeten tieferen Niveaus zu einer Abfolge mariner Terrassen (Abb. 683) umgestaltet worden. Die Häufigkeit von Rumpfflächen mit Küstenanschluss führte v. Richthofen (1886, S. 347 ff.), der den Begriff in die Literatur eingeführt hat, zu der Annahme, dass diese generell durch die vorrückende **Abrasion** der Meeresbrandung entstanden seien.

Das nächste Bild (Abb. 127) zeigt ein kleines Exemplar einer eingeschränkten Form der Flächenbildung, einen **Flächenstreifen** mit Reisfeldern. Er ist nicht viel über 100 m breit, mit scharfem Rand von einer wenig höheren Rotlehmfläche abgesetzt, einige Kilometer lang und auf den ersten Blick als flaches Sohlenkerbtal (Abb. 247) anzusprechen. Allerdings fehlt ihm ein Flusslauf. Nach Büdel wäre er durch Flächenspülung entstanden. In Aufschlüssen sichtbare verfüllte Sackungen und Einbrüche lassen Bremer (2004), der sich am intensivsten mit Flächenstreifen befasst hat, annehmen, dass **subterrane Lösungsabfuhr** der ausschlaggebende Prozess gewesen sei. Für Büdel (1986, Abb. 15) sind Flächenstreifen die Verbindungsbahnen zwischen einer Rumpffläche und **intramontanen Ebenen** oder -**becken** in einem höheren Hinterland.

Abb. 128 zeigt eine von ihnen, die in der Karte von Abb. 11 als **Flächeninseln** von der Vorlandrumpffläche ins Gebirge eingreifen. Die intramontanen Ebenen sind verkehrsgünstig durch heutige Täler, wie im Vordergrund, oder **Flächenpässe** (im Hintergrund) miteinander verbunden. Büdel (zuletzt 1986, S. 57 ff.), der sich intensiv mit der Genese solcher Ebenen befasst hat, hält die Bildung eines solch verzweigten Flächeninselnetzes allein durch Tieferlegung von einer Ausgangsfläche – als **Profundation** bezeichnet – für wenig wahrscheinlich. Nach seinem Modell hätten sich dort, wo die Hebung zu schnell für eine kompensierende Abtragung wurde – Büdel rechnet für die Rumpfflächentieferlegung nur mit 0,5 bis 2 mm/1000 J. (S. 66) – in „*petrographischen Vorzugsinseln*" flache Mulden gebildet. Begünstigt durch ihre Auskleidung mit Rotlehm und den Zufluss säurereichen Wassers aus der höheren bodenbedeckten Umgebung hätten sie sich, über zu Flächenstreifen ausgeweitete Täler, in einer ersten Phase bis auf das Niveau der Vorlandrumpffläche als regionaler Abtragungsbasis eingesenkt. In der nächsten Phase wäre dann eine Ausweitung von Becken und die Schaffung von Flächenpässen zwischen ihnen durch den von Büdel so bezeichneten zentripetalen (gegen

7. Rumpfflächen · Intramontane Becken

ein Zentrum) Hangfußeffekt erfolgt, d. h. das Zurückweichen der Hangfüße und damit verbunden die Versteilung von Hängen bei stabiler Beckenbasis (S. 47 ff.).

Möglich wurde dies, weil am Fuß eines Hanges dank des aggressiven **Zuschusswassers** und durch Hangabspülung der sehr mächtigen Bodendecke in diesem „Rotlehmkragen" (S. 49) besonders intensive Verwitterungsbedingungen herrschten. So versteilte sich der Unterhang bei gleichzeitiger Schaffung eines an seine Stelle tretenden, nur schwach geneigten **Spülsockels** im Anstehenden mit Bodenüberdeckung. Die semiaride Nachfolgeform davon umgibt die Beckenränder im Bild mit einer durch pleistozäne Frostverwitterung und Abspülung geschaffenen Schuttdecke, deren pluvialzeitliche Verwitterung auf den sanfter geneigten bergfernen – distalen – Teilen Bodenbildung und somit den heutigen Trockenfeldbau ermöglichte.

Nach Büdel hätte dann aber Flächenspülung durch seitliche Erosion im Rotlehm allmählich einen flachen, muldenförmigen Beckenboden erst verebnet und dann seitlich ausgeweitet, von ihm als **Nivelation** bezeichnet. Die Nivelationsgebiete im Bild sind die, in denen dank ihrer Ebenheit heute Bewässerungslandwirtschaft möglich ist. Die Flächenausweitung bei sich versteilendem Profil, aber dabei nicht veränderter Lage der örtlichen Wasserscheide, entspricht weitgehend dem Modell Wirthmanns (1987, 1994, 1999, Kap. 7.4.2) zur aktiven Rückverlegung der Hänge in den Tropen. Demnach wäre der kleine Gebirgsrücken links (1 in Abb. 129), der von einen Flächenpass unterbrochen ist, durch Hangverschneidung der beiden sich nebeneinander entwickelnden Becken erniedrigt worden, zum Fluss hin fast bis zur kompletten Aufzehrung. Die einstige Ausgangsfläche zwischen den Becken ist vollständig zu einem Gebirge aufgelöst worden, dessen weitgehend abgerundete Hangformen – vergleichbar mit denen in Abb. 127 – aber noch ein Erbe der tropoiden Vergangenheit sind.

Das weiter südlich im Zagros gelegene Becken in Abb. 130 zeigt vorne die Abdachung eines viel breiteren **Spülsockels**, der zum ebenen Zentralteil überleitet. Die Gebirgsumrahmung, die auch außerhalb des Bildausschnitts geschlossen ist, mit einem sehr hoch liegenden breiten **Flächenpass** links und einem niedrigeren rechts, der von der Straße genutzt wird, zeigen an, dass diese intramontane Ebene in Kalkstein während der Spätphase ihrer Entwicklung zu einem **Polje**, wie in Abb. 68, geworden ist.

▲ Abb. 128: Intramontane Becken; östlich Kermanshar, Zagros-Gebirge, Westiran.

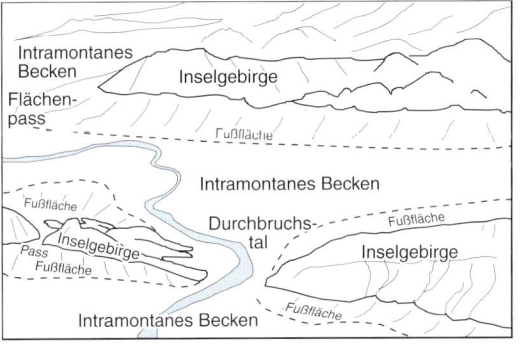

◄ Abb. 129: Erläuterungsskizze zu Abb. 129.

▼ Abb. 130: Intramontanes Becken; südliches Zagros-Gebirge, Iran.

8. Inselberge · Erbinselberge, Stukturbedingter Inselberg

Abb. 131: Granitrumpffläche mit unregelmäßiger Verteilung von Inselbergen und Tors; südlich des Oranje, nördliches Südafrika.

Abb. 132: Entwicklung des Gross Brukkaros.

Abb. 133: Gesteinsbedingter Inselberg mit intramontanem Becken und Niveauresten der flächenhaften Umland-Tieferlegung; Gross Brukkaros, Südnamibia.

Die für alle Rumpfflächen typischen Inselberge (inselbergs) wurden von Kayser (1949) nach Befunden aus dem heutigen Namibia unterteilt in **zonale Inselberge** – oft in Gruppen – im Vorland einer Stufe und **azonale** Einzelberge in stufenfernen Flächenteilen. Büdel (zuletzt ausführlich 1986) bezeichnet sie als **Ausliegerinselberge** (S. 35 ff.) und **Erbinselberge** (S. 66 ff.). Erstere hält er für Restpfeiler, die zwischen konvergierenden intramontanen Ebenen bei der Flächenausdehnung erhalten geblieben sind, wie bei Abb. 128 erklärt. Letztere sind durch relatives Höhenwachstum bei der Flächentieferlegung durch den Mechanismus der divergierenden Verwitterung und Abtragung entstanden. Wichtig ist für beide Typen, dass die sie formenden Prozesse vom Hang und nicht von der sie umgebenden Fläche ausgegangen sind. Weitgehende Einigkeit im europäischen Schrifttum besteht darüber, dass Inselberge Formen der *feuchttropischen* Morphologie sind. Die Tatsache, dass sie in allen (heutigen) Klimaten vorkommen, ist allerdings auch als Beweis für ihre tektonisch-geologische Strukturabhängigkeit angenommen worden (z. B. Twidale in Fairbridge 1968, S. 559).

Danach wären die Inselberge von Abb. 131 im semiariden Teil Südafrikas durchaus keine Vorzeitformen. Der hohe Inselberg am Fotostandort besteht aus unverwittertem Granit, der an seinem Fuß abgebaut wird. Derselbe Granit wurde dagegen in der tropisch-feuchten Vergangenheit in ungünstiger morphologischer Lage – ständig durchfeuchtet – bis auf wenige weitere Erbinselberge flächenhaft abgetragen. Deren unterschiedlich niedrige Höhe lässt erkennen, das in deren Gipfelhöhe die Intensität der Verwitterung etwas abgenommen hatte, so dass mehr Bereiche morphologisch hart reagierten, als **Grundhöcker** an die Oberfläche gelangten und als **Schildinselberge** stabil wurden. Wie schon beschrieben (u. a. Abb. 109), wurden sie wegen schnellen Wasserablaufs und damit **edaphischer Trockenheit** verwitterungs- und abtragungsresistent. Einmal angelegt, konnten sie bei fortschreitender Flächentieferlegung relativ an Höhe gewinnen. Für die erste Freispülung mag schon ungleichmäßiger Wasserzug im Boden ausgereicht haben. Eine steigende Zahl stets niedriger Inselberge auf einer Rumpffläche ist somit ein Indiz für eine *graduelle* Klimaänderung hin zu weniger intensiver chemischer Verwitterung.

Allen Inselbergen im Bild ist der scharf-konkave Übergang vom Fußhang in die Fläche gemein, als Feucht-Trocken-Grenzlinie zum Ende ihrer Bildungszeit. Ob allerdings von dem heutigen Fehlen einer Bodendecke auf eine insgesamt nacktfelsige Entwicklung geschlossen werden kann, erscheint fraglich. Der Divergenzeffekt wirkt auch beim schnelleren Wasserzug unter einer Bodendecke. Für Ausliegerinselberge hat Büdel sogar wahrscheinlich gemacht, dass gerade deren erst allmählich abgetragene Bodendecke für die Hangversteilung am Unterhang verantwortlich war (1986, Abb. 5).

8. Inselberge · Inselbergtypen

Deutliche Unterschiede in Form und Genese zeigt der **gesteinsbedingte** Brukkaros (Abb. 133). Die Formung ging auf einer oberkretazischen Rumpffläche – als schmale Gipfelplateaus noch erhalten – von einem Bereich aus, in dem während phreatomagmatischer Förderung (Abb. 20) aus zahlreichen Vulkanschloten das Dach der entleerten Magmakammer eingesunken war. Die auch in der absinkenden **Caldera** (Abb. 21) abgelagerten und zunehmend versteilten Aschenlagen wurden durch **hydrothermale Einkieselung** verwitterungsresistenter als die umgebenden Gesteine und wurden so zur Ursache der Inselbergbildung. Eine vermutlich im Zentrum der verfüllten Caldera noch vorhandene Einsenkung löste die beschriebene Prozesskette (Abb. 128) aus, die über sich selbst verstärkende Rotlehmverwitterung zur Ausbildung eines kleinen **intramontanen Beckens** führte, das bis zur detaillierten Erforschung der Brukkaros-Genese in den 90er Jahren (Stengel 1999) als Vulkankrater fehlinterpretiert wurde.

Als die Tieferlegung das Niveau der erhaltenen Verebnungen beiderseits der heutigen Schlucht erreicht hatte, nahm offenbar die Verwitterungsintensität stark ab. Der Beckenboden blieb oberhalb einer Wasserfallschwelle am Beckenausgang „hängen", während unterhalb in weicheren Schichten die Schluchtbildung gemeinsam mit der weiteren Vorlandtieferlegung Schritt hielt. Bei Letzterer weitete sich die Grundfläche des Inselbergs durch die Schaffung eines bis über 20° steilen Sockels aus – in quarzitischem Sand- und Tonstein bei noch der Abtragung vorausarbeitender Intensivverwitterung. Dieser später von Schluchten zerfurchte Sockel geht ohne Bruch in die umgebende Fläche über – untypisch für einen „richtigen" Inselberg und noch erklärungsbedürftig.

Typisch ist dagegen der scharfe Fläche/Hang-Gegensatz am Fuß der Spitzkoppe (Abb. 134), die in demselben Granit wie die Fläche angelegt ist. Absätze in verschiedenen Höhen zeigen an, dass sich auch hier die Berggrundfläche, allerdings in steilwandigen Formen, im Zuge der Umland-Tieferlegung *vergrößerte*, also Granitpartien zunehmend morphologisch hart reagierten. Eine sehr lange Zeit der Exposition hat an den Inselbergflanken nicht nur Formen der **Druckentlastung** geschaffen (Abb. 41 f.), sondern auch, allein im Bildbereich, mehrere tiefe **Lösungsrinnen** und rechts einen großen **Abri** (vgl. Abb. 92). Bremer (1965) konnte am zentralaustralischen Ayers Rock (quarzitischer Sandstein) nachweisen, dass entsprechende Formen schon seit dem Alttertiär gebildet worden waren.

Abb. 135 ist das typische Beispiel eines kleinen **Blockinselbergs** – in seiner periglazial überformten Gestalt von Linton (1955) mit dem schottischen Begriff **Tor** belegt. Nach den Regeln der Kernsteinbildung (Abb. 100 f.), muss der Untergrund vor dessen Herauspräparierung sehr tiefgründig verwittert gewesen sein. Seine abgerundete Form, wie auch bei ähnlichen Diorit-Blockinselbergen in Südnamibia, deutet auf eine profilglättende Bodendecke bis zur semiariden Ausspülung hin. Bremer (2004) hat dargelegt, dass durch die Ausbildung großer stabiler Poren in tropischen Böden der *subterrane* Wasserabfluss viel wichtiger ist als der oberirdische. Insofern kann allein unterschiedliche Bodendrainage zum „Aufsteigen" über die Bodendecke geführt haben. Schürfe an anderen Blockinselbergen haben gezeigt, dass nach deren Entstehung die fortschreitende Intensivverwitterung zur vollständigen Saprolitisierung der Kernsteine ihrer Umgebung geführt hat.

Der Inselbergtyp in Abb. 136 – nach US-Vorbildern eher als **Mesa** (*span. Tisch*, Abb. 166) anzusprechen –, ist seiner völlig isolierten Position nach eine Variante des Erbinselbergs. Bei der für Mesas typischen, fast ebenen Oberfläche und oft der großer Ausdehnung wegen passt das Modell der Erstanlage als Schildinselberg allerdings schlecht. Die Sandsteindecke über präkambrischem Saprolit (Stengel 2002) belegt nicht nur, wie der Gipfel der Spitzkoppe, eine enorme Abtragung in seinem Umland, sondern auch, dass an deren Anfang nachweislich bereits eine Rumpffläche stand. Sobald der resistente Sandstein durchteuft war, muss – bei entsprechender Hebung – die Ausräumung des bereits vorverwitterten Gesteins darunter sehr schnell abgelaufen sein (Stengel 2002).

▲ Abb. 134: Gestufter Granitinselberg in einer Rumpffläche desselben Granits; Spitzkoppe, Zentralnamibia.

▼ Abb. 135: Kleiner Inselberg (Tor), aus ausgespülten Granitwollsäcken, ebenfalls in einer Rumpffläche desselben Granits, Südnamibia.

▼▼ Abb. 136: Plateauinselberg mit Flächenrest in silifiziertem Sandstein über saprolitisiertem präkambrischen Metamorphit, der auch die Rumpffläche unterliegt, bei Pofadder, nördliches Südafrika.

8. Inselberge · Druckentlastung, Fußzone

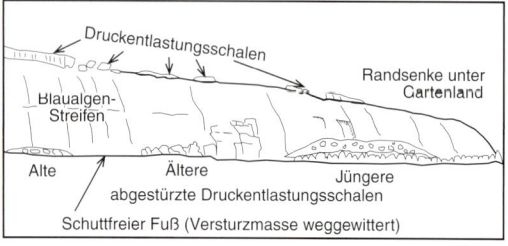

▲▲ Abb. 137: Steilflankiger Dominselberg mit Druckentlastungsplatten und baumbestandener Randsenke; Elephant Mountain bei Madurai, Südindien.

▲ Abb. 138: Erläuterungsskizze zu Abb. 137.

▼ Abb. 139: Erläuterungsskizze zu Abb. 140.

▼▼ Abb. 140: Freigelegte Verwitterungsbasisfläche am Fuß eines Granitinselbergs mit Druckentlastungsklüften; Ameib-Farm, Zentralnamibia.

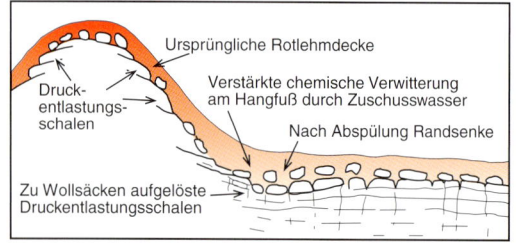

Während das vorige Bild einen in weichem Gestein ausgebildeten Hang zeigt, der – im Vergleich zu anderen Hängen (Abb. 362 ff.) – sich so erst während des Quartärs entwickelt hat, zeigt der steilwandige Erbinselberg von Abb. 137 ein sehr altes Hangprofil. Es ist – quer über den Inselberg – symmetrisch konvex mit nahezu senkrecht im Rotlehm abtauchendem Unterhang. Dieses durchaus nicht seltene Profil erklärt Büdel mit dem von ihm so genannten **zentrifugalen Hangfußeffekt**; allerdings – und damit unzutreffenderweise – ausschließlich für Ausliegerinselberge (Büdel 1986, S. 37 ff.), weil für das Modell der Berg schon in voller Höhe, aber mit noch geringerer Hangneigung und Bodenbedeckung entwickelt sein müsste. In der Bodendecke ablaufendes säurereiches, aggressives Bodenwasser und Tonanreicherung durch Abspülung schaffen am Unterhang eine derart intensivierte Verwitterung, dass dieser progressiv *versteilt* wird. Der Oberhang verliert allmählich seine Bodendecke und wird zum nacktfelsigen **Bornhardt**, wie solche Formen nach dem deutschen Erstbeschreiber (1900) in der englischen Literatur genannt werden.

Von da an fördert bei konstanter Felshangneigung das Zuschusswasser am Bergfuß eine umlaufende **Randsenke** mit verstärkt in die Tiefe greifender Verwitterung. Wegen der besseren Wasserversorgung in der Trockenheit sind dort, wie rechts im Bild, die Gärten mit Obstbäumen angelegt; an anderen Stellen sind in ihr Wasserbecken, als *tanks* bezeichnet, im Boden oder Zersatz gegraben worden.

Reste einer abgelösten Gesteinsplatte links sprechen für Druckentlastung (Abb. 41), die aber schon alt sein muss. Nach rechts ist sie bis auf wenige Blöcke aufgelöst und am Bergfuß, wo der Schutt der abgestürzten Plattenteile zu erwarten wäre, ist dieser schon lange von der chemischen Verwitterung zersetzt worden. Nur rechts ist die Halde eines jüngeren Abbruchs hinter den Gärten sichtbar. Die von Algen und Eisenoxid nachgezeichnete **Regenstreifung** zeigt aber, dass auch dieser Abbruch nicht frisch ist. Allerdings zeichnet ein Wechsel der Hangstreifung die Ablösung von zwei noch jüngeren, aber dünnen Platten nach. Von der bereits in Rechtecke zerlegten, aber noch nicht abgestürzten Platte in der Bildmitte fehlt nur erst links ein Teil, der aber auch schon wieder von den Regenstreifen eingefärbt ist.

Die vollständige Bodenabspülung im semiariden Klima hat in Abb. 140 auch die **Verwitterungsbasisfläche** am Fuß eines andersartigen Inselbergs nachgezeichnet. In deren Relief zeigt sich, dass die leichte Abdachung des Spülsockels unmittelbar am Hangfuß bereits durch das gegenläufige Gefälle eine flache Randsenke unter der einstigen durchgehenden Bodendecke unterbrochen war. Die Ausspülung der **Fußfläche** selbst enthüllte eine zwar nicht tief liegende, aber sehr unregelmäßige Verwitterungsfront. Die in der einstigen obersten Bodendecke besonders weit fortgeschrittene Verwitterung zeigen etliche gut gerundete **Wollsäcke** (Abb. 102) über den noch im Kluftgefüge liegenden Blöcken mit ihren leicht geweiteten Klüften und rundgewitterten Kanten. Der Hang des Inselbergs selbst ist über fast seine gesamte Höhe durch Druckentlastungsklüfte gegliedert. Die zugehörigen Schuppen zeichnen aber nicht das heutige Hangprofil nach, wie es eigentlich sein sollte (Abb. 41), gehören also womöglich noch in eine ältere Phase der Reliefgestaltung, die vor der Aus-

8. Inselberge · Inselgebirgsplateau

Abb. 141: Bodenbedecktes Inselgebirgs- und Intramont-Beckenrelief; Hochplateau der Nilgiri Mountains, Südindien.

bildung des Hang-Spülsockelprofils stattgefunden hat.

Abb. 141 zeigt eine ungewöhnliche Kuppenlandschaft, die sich auf dem Dach des Gebirgsstocks der Nilgiri Mountains gebildet hat. Dessen Ausbildung, mit einer Höhe von 1500 m über der südindischen Hauptwasserscheide, ist aber *weder* auf Gesteinsunterschiede (überall dasselbe Kristallin) *noch* durch Heraushebung als Horst (Bruchlinien fehlen) zurückzuführen. Es muss allein die *Hebungsgeschwindigkeit* gewesen sein, mit der in seiner Umgebung die flächenhafte Abtragung noch Schritt halten konnte.

Aus der Untersuchung der hier vermutlich seit dem Miozän abgelaufenen Reliefentwicklung einer Ausgangsfläche zu einer unruhigen Kuppenlandschaft mit zahlreichen zwischen ihnen ausgebildeten Becken entwickelte Büdel (1986, Kap. 6) sein Modell der Entstehung **intramontaner Becken**, das in Abb. 128 skizziert ist.

Auf dem stark gehobenen Plateau wirkten Intensivverwitterung und Abtragung – an warum auch immer begünstigen Positionen – zusammen und verursachten die Eintiefung zahlreicher Becken. Deren *lokale Erosionsbasis* waren und sind freigespülte Gesteinsschwellen in Tälern am Plateaurand.

Ohne Bodendecke sind sie ähnlich wie Schildinselberge nicht mehr der Intensivverwitterung ausgesetzt und bildeten so eine stabile lokale Erosionsbasis, über die die Entwässerung in Wasserfällen stattfindet und in deren Niveau die Beckeneintiefung oder **Profundation** aufhörte. Bei der anschließenden seitlichen Beckenerweiterung durch **Nivelation** und **zentripetalen Hangfußeffekt** (vgl. Abb. 128) blieben zugerundeten Plateaureste mit Rotlehmbedeckung zwischen ihnen als die das Bild bestimmende Kuppenlandschaft erhalten.

Beim Zusammenwachsen benachbarter Becken übrig gebliebene „Restpfeiler" wurden zu einer Variante von Ausliegerinselbergen wie jener im Bild. Sein typisch runder Grundriss ist das Ergebnis der von oben, ohne seitliche Unterschneidung gesteuerten Hangabtragung. Die für das Gebiet typische Ackerterrassenanlage war nur dank der am Mittel- und Unterhang noch mächtigen Rotlehmdecke möglich. Die Terrassen am künstlichen Einschnitt links, bis auf den hellen **Saprolit** zurückgeschnitten, zeigen, wie weit besonders im Fußbereich die Verwitterung fortgeschritten ist. In diesem „Rotlehmkragen" liefe also, ohne den heute viel stärker das Relief verändernden menschlichen Einfluss, die weitere Hangversteilung ab, und zwar nach dem Modell des **zentrifugalen** – radial nach außen wirkenden – Hangfußeffekts. Dass die Bodendecke am Oberhang nur noch dünn und fleckenhaft ist, wird an zahlreichen Felsausbissen im schütteren Wald sichtbar. Dank guter Bodendrainage und deshalb geringem Oberflächenabfluss (Bremer 2004) ist vielfach aber selbst noch an solchen Steilhängen wie unterhalb des Kamerastandpunkts eine Rotlehmdecke vorhanden.

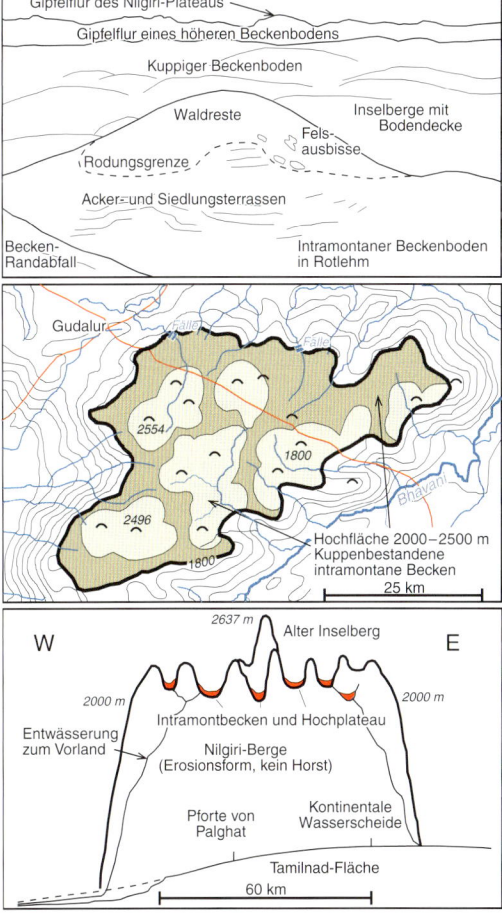

Abb. 142: Morphologische Skizzen der Nilgiri Mountains (n. Büdel 1986).

8. Inselberge · Exhumierte Inselberge

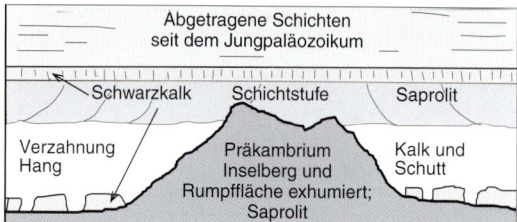

▲ Abb. 143: Aus präkambrischen Kalken exhumierter Saprolit-Inselberg mit Kalkstein der alten Transgression an seinem Fuß; Rote Kuppe bei Bethanien, Südnamibia.

▶ Abb. 144: Erläuterungsskizze zu Abb. 143.

Im Einleitungskapitel (S. 17) wurde die These aufgestellt, dass morphologisch signifikante Gebirgsbildung die jungtertiär-quartäre Ausnahme innerhalb einer zumindest seit der permokarbonen Eiszeit durch Rumpfflächenbildung geprägten Reliefgeschichte sei, auch gestützt durch die aus Diskordanzen ableitbare Paläorelief-Information. Zu vermuten ist dies auch für die noch ältere Reliefgeschichte. Dem scheinbar widersprechend zeigt diese Seite einen von mehreren Bergen im Hinterland der Großen Randstufe von Südnamibia, deren Genese ins Präkambrium zurückreicht. Eine *Bestätigung* der Hypothese sind sie schon deshalb, weil es sich um Inselberge handelt, die nicht erst seit der Zeit der tropoiden Alterde zum Standardinventar einer Rumpffläche gehören.

Der Inselberg in Abb. 143 ist auf den ersten Blick nicht ungewöhnlich für die dortige Halbwüstenlandschaft. Die Hänge sind rund 30° geneigt, am Hangfuß setzt in einer normalen, eng begrenzten Übergangskonkavität eine schwach geneigte Fußfläche mit dünner Schuttstreu ein (rechts), die, wie zu erwarten, aus demselben Gestein wie der Berg besteht. Schon ungewöhnlicher ist, dass Berg wie Fußfläche in Grundgebirgs- (= Basement-) Schichten des mittleren Proterozoikums ausgebildet sind, das irgendwann zwischen 840 – 650 Mio. Jahren *vollständig saprolitisiert* worden ist (Stengel 2002).

Noch ungewöhnlicher sind die durch kluftorientierte Karstlösung voneinander getrennten Blöcke von Schwarzkalk der seit etwa 635 Mio. Jahren sedimentierten Nama-Serie. Einzelne *in situ* (noch an Ort und Stelle) befindliche Blöcke liegen nur wenige Meter vom Hangfuß entfernt. Herausgewitterte, schwarzbraun patinierte Bänder im Kalk bestehen ausschließlich aus blättrig zerfallenen **Saprolitstücken** des Inselberggesteins. Dieser Befund lässt sich nur so deuten, dass eine vor mehr als 600 Mio. Jahren ausgebildete Fußfläche als Übergangsrelief zu einer ausgedehnten Rumpffläche zu einer Uferzone wurde, in der mit wenig Wellenbewegung zwar etwas Schutt mobilisiert, aber kaum abgerollt in einem ausgesprochenen Stillwassermilieu in Kalkschlamm einsedimentiert wurde.

In gleicher Weise wurde auch ein kleines Inselgebirge aus Basement, die Tumaob-Berge in Abb. 145, zunehmend in Kalkschlamm einsedimentiert und letztlich vollständig begraben. Die **Exhumierung** setzte ein, als die mesozoisch-tertiäre Rumpfflächenbildung sich in räumlich eingeschränkter Weise unter das Niveau der Schwarzrandstufe im Hintergrund fortsetzte. Zum Ende der Rumpfflächenbildung, mit dem Übergang zu semiaridem Klima, bildete sich auf dem nur erst an wenigen Stellen (wie an der Roten Kuppe) vollständig abgetragenen Kalk mit zunehmender Inwertsetzung von Gesteinshärteunterschieden die fast perfekte **Akkordanzfläche** (Abb. 191) von Abb. 145 aus, die in feuchten Perioden des Quartärs von großen Sohlenkerbtälern (Abb. 247) zerschnitten wurde.

Erstaunlicherweise sind die **Saprolitberge** bei der Flächentieferlegung nicht mit abgetragen worden, und zumindest in ihrer Fußregion ist auch ihr Relief kaum verändert worden. Das durch die alte Saprolitisierung stark vergrößerte Porenvolumen dürfte eine der Ursachen sein, weil im Gestein leicht versickerndes Wasser nicht für die Oberflächenabspülung zur Verfügung stand. Da der sie umgebende Kalkstein allein durch einfache Lösung abgetragen werden konnte, für die weitere Verwitterung des Saprolit aber die chemisch „kompliziertere" Hydrolyse notwendig war, muss dieses mechanisch anfällige Gestein hier sogar morphologisch härter gewesen sein. Bei einmal freigelegten Inselberghängen trug dann die stabilisierende Wirkung der divergierenden Verwitterung und Abtragung zum Erhalt der Bergformen bei.

Auf diese Weise sind hier die morphologisch ältesten Inselberge Namibias wieder ein Teil des heutigen Reliefs geworden (Stengel & Busche 2002).

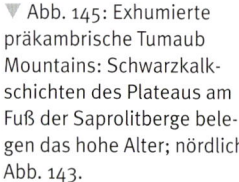

▼ Abb. 145: Exhumierte präkambrische Tumaub Mountains: Schwarzkalkschichten des Plateaus am Fuß der Saprolitberge belegen das hohe Alter; nördlich Abb. 143.

8. Inselberge · Ektropische Inselberge

Die Bilder dieser Seite sollen zeigen, dass Inselberge als **Vorzeitformen der tropoiden Alterde** in heute unterschiedlichsten Klimaten und zu verschiedenen Zeiten gebildet werden konnten. Das Beispiel des Brukkaros (Abb. 133) zeigt, dass ihre Anlage strukturell bedingt sein *kann*. Dass dies nicht so sein *muss*, über einen meist nicht mehr nachweisbaren initialen Impuls zu Beginn des Schildinselbergstadiums hinaus, zeigt die Gruppe von Granit(erb)inselbergen im vollariden Vorland des Hoggar. Hier konnte der *Geologe* Rognon (1967) keine signifikanten Unterschiede zum Granit der sie umgebenden Fläche feststellen. Die Unterhänge der saharischen Inselberge können fast senkrecht aus der Fläche aufsteigen, teilweise sogar über einer freigelegten **Randsenke** (Hagedorn 1971). Häufiger aber ist der Typ mit leicht ansteigender Felsfußfläche und nicht übersteilten Hängen, wie am vorderen Berg. Dieses Relief und häufig starke Gefügelockerung bis zur Vergrusung an den Flanken und das unregelmäßige Relief der freigelegten Verwitterungsbasisfläche sprechen für eine Bodendecke auf Fläche und Unterhängen bis zum Ende der aktiven Bildungszeit.

Inselberge der Mittelbreiten werden im englischen Schrifttum als **Monadnocks** bezeichnet, nach einem sich über die höchste **Peneplain** der nördlichen Appalachen in New Hampshire erhebenden Berg (Fairbridge 1968, S. 709, Thornbury 1965, S. 162), als mutmaßlicher, strukturbedingter Überrest eines *geographic cycle of erosion* des Mittelbreitenklimas im Sinne von W.M. Davis (S. 12). Der Hauptunterschied zu steilwandigen Bornhardts sind die gestreckten Hänge, wie in Abb. 147, die aber auch andere Ursachen haben können (Abb. 133, 136), in den Ektropen z. B. pleistozän-periglaziale oder – wie am Mt. Monadnock – auch glaziale Überprägung.

In den südlichen Appalachen, im Stone Mountain von Georgia, gibt es sogar einen „echten" Bornhardt – aus Granit; desgleichen die Schneekoppe (1605 m NN, Abb. 148), die sich über die nur noch an dieser (West-)seite erhaltene Altfläche erhebt. Die fast perfekte Ebenheit ist die eines teils mit Latschen bewachsenen geringmächtigen Hochmoors (Abb. 600). Den notwendigen Wasserstau bewirkt, wie häufig auf den Altflächen der deutschen Mittelgebirge, ein durch pleistozäne Periglazialprozesse zu **Graulehm** umgewandelter tertiärer Rotlehm.

Auch auf der gut erhaltenen jüngeren Rumpffläche, um 700 m tiefer liegend, gibt es mehrere Inselberge, darunter den in der schlesischen Geschichte berühmten Zobten und, in der Fortsetzung nach NW, auch die Landeskrone von Abb. 147, als Beleg dafür, dass auf jedem Altflächenniveau tertiäre Inselbergbildung möglich war.

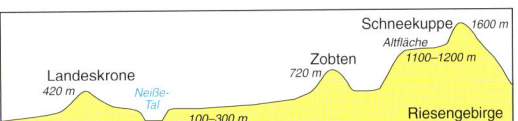

▲▲ Abb. 146: Inselberge und zerschnittene Rumpffläche in einem heute ariden Milieu; nördliches Hoggar-Vorland, zentrale Sahara, Südalgerien.

▲ Abb. 147: Inselberg auf der Rumpffläche im nördlichen Vorland des Riesengebirges; Landeskrone bei Görlitz, Niederschlesien.

◀ Abb. 148 a: Lage der Inselberge von Abb. 147/148 auf verschiedenen Rumpfflächenniveaus.

▼ Abb. 148: Inselberg auf dem nächst höheren Altflächenniveau; Schneekoppe, Riesengebirge, Südpolen.

9. Schichtkämme · Stukturanpassung, Vulkanschlotruinen

▲ Abb. 149: Strukturangepasster Schichtkamm, Rückseite; südlich Monument Valley, Nordarizona, USA.

▼ Abb. 150: Erläuterungsskizze: Herauspräparierung von Vulkanschlotfüllungen und Schichtkämmen durch Rumpfflächen-Tieferlegung bei abnehmender Verwitterungs- und Abtragungsintensität im jüngeren Tertiär und Quartär.

▼▼ Abb. 151: Vulkanschlotruinen und Schichtkämme, Region wie Abb. 149.

Zumindest in den heutigen Ektropen fand im Zuge des in Kap. 1 skizzierten tertiären Klimagangs der Übergang von vollständiger Strukturkappung auf Rumpfflächen zu **zunehmend strukturangepasster Formung** statt. In Gebieten steil stehender Schichten konnte dies zur Herauspräparierung von **Schichtkämmen**, auch als **Schichtrippen** bezeichnet, als einer Variante der divergierenden Verwitterung und Abtragung führen (E. Brunotte: Lexikon d. Geographie Bd. 3, S. 198 f. S. 189; Spönemann 1966).

Ein markantes Beispiel zeigt Abb. 149. Als Dachfläche einer **Mesa** am Südrand des Monument Valley (Abb. 166) ist noch ein Teil der gehobenen Ausgangsfläche bewahrt. Die Fortsetzung im Rücken des Kamerastandpunkts belegt, dass jene Fläche auch über den Schichtkamm (amer. *reef*) hinwegging. Dessen aufgebogene Schichten gehören zu einer der zahlreichen – einseitig aufgebogenen – **Monoklinen** (Abb. 193) des Colorado-Plateaus (Thornbury 1965, S. 407). Die höchsten Teile der unregelmäßigen Kammlinie des *Reef* liegen weit unter dem Ausgangsplateau. Erst als im Hintergrund schon eine niedrige Stufe oberhalb einer noch intakten Vorlandfläche bestand, wirkte sich das Einfallen eines Teils des verstellten Schichtpakets abtragungsverhindernd aus und wurde selbstverstärkend herauspräpariert.

Abb. 151, aus demselben Gebiet, zeigt, dass im Laufe der Tieferlegung auch die zahlreichen Vulkanschlote der Region, die im tief reichenden Grundwasser der mitteltertiären Ausgangsfläche die Lava für phreatomagmatische Maarexplosionen geliefert haben dürften (Schmincke 2000, S. 179 ff.), in unterschiedlicher Höhe (= zu verschiedenen Zeiten) nicht mehr gekappt, sondern zu petrographisch begrenzten Inselbergen wurden, zum *Sonderfall* so genannter **Härtlinge**. Wie der Schichtkamm von Abb. 149, der links noch ins Bild hineinreicht, erfuhr auch der etwas weniger versteilte Schichtenkomplex im Hintergrund links vor seiner jüngsten Überprägung und fluvialen Zerschneidung eine nahezu vollkommene Schichtanpassung oder **Akkordanz**. Drei Spitzen (Mitte rechts) auf der Stufenstirn zeigen neben Auslieger- und Erbinselbergen eine dritte bevorzugte Lokalisierung, nämlich als **Aufsitzerinselberge** auf einer ehemaligen Wasserscheide (Abb. 158).

Das Modell in Abb. 150 zeichnet links die Entwicklung einer heute ariden Schichtkammlandschaft unter der Annahme relativ langsamer Hebung nach – so dass im größten Teil der Region Verwitterung und Denudation sie noch kompensieren konnten – bei gleichzeitig abnehmender Verwitterungs- und damit Abtragungsintensität. Im Modell von Abb. 150 ist eine jungtertiäre Zwischenstufe eingezeichnet, in der sich, nahezu symmetrisch, flache **Schichtrampen** ausgebildet haben. Solche Formen konnten zwischenzeitlich auch in der nordiranischen Halbwüste gefunden werden (mit starker Intensivverwitterung), sind aber am besten am Nordrand der deutschen Mittelgebirge (u.a. Brosche 1968) untersucht worden. Bis zur fast perfekten Anpassung an unterschiedliche Gesteinshärten und damit die Freilegung von Schichtflächen ging die Entwicklung aber nur mit dem Übergang zum ariden Klima. Bei der dann nur noch geringen chemischen Verwitterung wurden selbst geringe Gesteinsunterschiede nachgezeichnet.

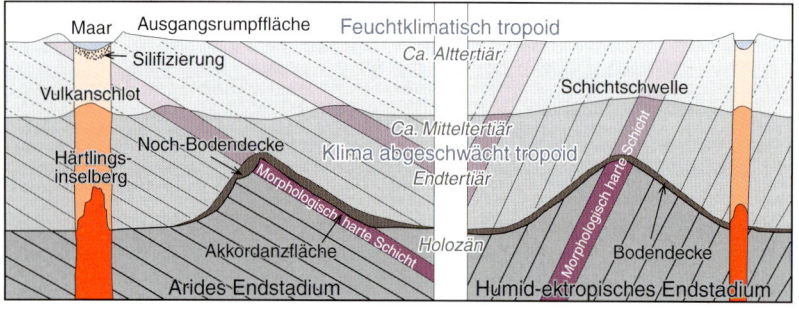

9. Schichtkämme · Schichtkammlandschaft, Stukturunabhängigkeit

In den humiden Mittelbreiten (rechter Modellteil) gab es pleistozän-periglazial eine ähnliche Entwicklung, in Norddeutschland etwa an den Schichtkämmen des Niedersächsischen Berglands (Brunotte a. a. O.; Spönemann 1966), aber selbst in der Lehrbuchvereinfachung stimmen Rückhanggefälle und Schichteinfallen nur annähernd überein. Gerade bei recht steil stehenden Schichten, in denen etwa in Abb. 195 im Semiariden volle Akkordanz entwickelt ist, wie in Abb. 153, bilden **Stirnhang** (*front slope*, rechts) und **Rückhang** (*back slope*) einen schichtunabhängigen, symmetrischen Kamm aus. Dank der Kammeinschnitte im *Reef* von Abb. 149 ist – besonders links – zu ahnen, dass auch dort das Querprofil symmetrisch ist, bei anderer Lage zum ablaufenden Bodenwasser also auch der harte **Kammbildner** angeschnitten werden konnte. Das einzelne Querprofil ist eine schichtungsbedingte Variante des Mechanismus der Inselberggenese – und bis auf das Niveau der zahlreichen Kammpässe war das *Reef* auch noch eine Aufreihung von Inselbergen, wie sie dort, als die Flächenbildung schon früher zum Erliegen gekommen war, vielfach ausgebildet ist.

Abb. 154 zeigt den Extremfall eines **Stirnhangs** in der **Salzton**abfolge einer verstellten Playa (Abb. 308 ff.) mit frischen Salzausblühungen. Diese sehr junge Schichtkammlandschaft hätte wegen des leicht löslichen Gesteins in einem humiden Klima nicht entstehen können. Da die Atacama erst im Quartär arid wurde, muss auch die schichtenverstellende Tektonik sehr jung sein. Dennoch haben sich auch hier Feuchteschwankungen ausgewirkt: Aus den höchsten erhaltenen Resten der Schichten des Stirnhangs und der nächsten Rippe im Mittelgrund lässt sich ein ursprünglich gestreckter Hang ableiten. In der nächsten Phase sind kleinste Resistenzunterschiede nachgezeichnet worden, sodass am Hang eine Abfolge von sehr schichtangepassten Miniaturrippen entstanden ist, die durch eine Abfolge von **Hangrunsen** in Gefällsrichtung aufgeschlitzt wurden. In einer *Pluvial*phase würde das salzgebundene Gestein dieses Stirnhangs breiartig zerfließen und mit Sedimentverfüllung einen geglätteten Hang bilden.

In anderer Weise als in Abb. 154 ist auch die dichte Scharung ebenfalls symmetrischer Schichtrippen in Abb. 152 das Ergebnis intensiver Tektonik: der engständigen, jungtertiären Faltung wenig älterer Schichten bei der kollisionsbedingten jungtertiären Auffaltung des Elbursgebirges. Während dieser Deformation bildete sich – damals noch in Küstennähe und wiederum als Primärrumpf – eine alle Faltungsstrukturen abschneidende **Rumpffläche** aus. Nachweisbar ist dies anhand der einheitlichen Kammhöhen.

Bei der bevorzugten Ausräumung der weicheren Schichten wurde das Faltungsmuster sichtbar – in der Rumpffläche gleichsam angeschnitten wie die Maserung eines Furnierholzes und nachfolgend herausgeätzt. Rechts des Flusses ist so – besonders deutlich

– das Nebeneinander einer unter starkem seitlichem Druck entstandenen dom- bzw. trogförmigen Auf- und Abbiegung entstanden. Welche der beiden Formen **Antiklinale** (Schichteinfallen nach außen) und welche **Synklinale** ist (Schichteinfallen nach innen), lässt sich wegen der Hangsymmetrie aus der Entfernung nicht erkennen.

Das nach Regen oder Schneeschmelze im Gebirge in seiner ganzen Breite durchflossene Tal hat seine ursprüngliche Laufrichtung auf der Ausgangsfläche bewahrt, während es **epigenetisch** (Abb. 330) gleichzeitig mit der Schichtrippenausbildung herabprojiziert wurde.

Bezogen auf einzelne Rippen entstand so ein **Durchbruchstal** (Abb. 330). Seine scharfen Ränder sind die Folge ständiger Verlagerung seiner verflochten wirkenden, anastomosierenden Abflussrinnen (Abb. 278).

▲ ▲ Abb. 152: Durch selektive Erosion aus einer Rumpffläche gebildete Schichtkammlandschaft; Nachzeichnung tektonischer Strukturen; südliches Elburs-Vorland, Nordostiran.

▲ Abb. 153: Strukturunabhängiger Schichtkamm; Teutoburger Wald, Norddeutschland.

▼ Abb. 154: Schichtkämme aus Steinsalz und Salzton, Stirnseite; Cordillera de la Sal, Salar de Atacama, Nordchile.

10. Altrelief in Gebirgen · Gipfelflur, Rumpftreppe, Pultscholle

Abb. 155: Gipfelflur als Rest einer zerschnittenen Rumpffläche; Kalkalpen östlich der Zugspitze, Österreich.

Abb. 156: Flächenniveaus einer Rumpftreppe, Mont aux Sources, Drakensberge, Südafrika.

Abb. 157: Pultscholle; zentrales Zagros-Gebirge, Westiran.

Alle in Kap. 5 beschriebenen Formen kommen als unterschiedlich gut erhaltene Reliktformen auch in stark gehobenen Gebirgen und Hochgebirgen (zum Begriff s. Lexikon der Geographie Bd. 2, S. 114) vor. Vom **Primärrumpf**, der noch im mittleren Tertiär das Relief der heutigen Alpen bestimmte, ist in Abb. 155, östlich der Zugspitze, nur noch eine Landschaft aus etwa gleichhohen Gipfeln erhalten geblieben, von Albrecht Penck (1919) als „Gipfelflur" bezeichnet. Er erklärte sie allerdings nicht als Überrest einer Altfläche, sondern als Ergebnis der Zuschärfung von Talwasserscheiden bei etwa gleichabständigen Tälern, gleicher Lithologie und Struktur. Keine dieser Voraussetzungen ist allerdings gegeben. Dafür sind in anderen Teilen der Alpen noch **Flächenreste** im Gipfelflurniveau erhalten, in Verbindung mit Eisenkonkretionen aus tropoider Bodenbildung in Karstschlotten, formbeschreibend als **Bohnerz** bezeichnet (Gwinner 1978, S. 123) und gut gerundeten Quarzreliktschottern, als **Augensteinflur** bezeichnet (Gwinner 1978, S. 125 ff.).

Tatsächliche **Hangverschneidungen** haben zu Grathöhen unterhalb des Gipfelflurniveaus geführt, wie im Mittelgrund. Höhere Gipfel sind als Reste älterer Altflächen und somit als ehemalige, zu **Nunatakern** (Abb. 474) überprägte Inselberge anzusprechen. Die Gipfelflur wurde mehrmals glazial von Eisstromnetzen (Abb. 474) überformt, hat aber als Niveau überdauert.

Ein Beispiel einer noch gut erhaltenen strukturkappenden **Altfläche**, in anderen Teilen der Rocky Mountains auch zu einer Gipfelflur aufgelöst, zeigt der jungtertiär gehobene Block der Wasatch Range in Abb. 158 (ca. 3000 m hoch). Über die Flächenreste hinausragende Gipfel sind einstige **Aufsitzerinselberge** (Abb. 151). Auf der Altfläche bildete sich kaltzeitlich eine **Plateauvergletscherung** (Abb. 476) aus, verbunden mit einem Eisabfluss durch das im Zentralbereich der Fläche erkennbare Talsystem. Der steile, westexponierte Abfall ist anders als in den Nilgiris (Abb. 142) tektonisch angelegt, eine **Bruchlinienstufe** *(fault-line escarpment)*. Die zugehörige Verwerfungslinie verläuft am Fuß des Gebirges. Hangabtragung während der Heraushebung hat zu kontinuierlicher Abschrägung der Bruchfläche geführt. Die ehemalige Fortsetzung der Dachfläche oder *Summit Plain* liegt unter jungen Sedimenten am Fuß des Gebirges begraben. Die auf die Kleinstadt zu konvergierenden Bänder am Westabfall sind gerodete Skipisten.

Etwa 3300 m hoch liegt ein Altflächenrest als Gipfelplateau im Grenzbereich Südafrika-Lesotho, der ebenfalls einmal als mehrere hundert Meter hoher Inselberg über das oberhalb der Wolken liegende nächste Altflächenniveau hinausragte. Neben schmalen Verebnungen aus der Zeit der weiteren Flächentieferlegung – wie beiderseits des niedrigeren Gipfels im Mittelgrund – sind auch ausgedehntere tiefere Flächenteile einer **Rumpftreppe** am Unterrand der Wolken und auf dem sanften Rücken im Vordergrund erhalten. Die Abrundung der Hänge und die Querstreifen am Hang sind Formen kaltzeitlich-periglazialer Überformung (Abb. 432 ff.) Die Rumpftreppe setzt sich bis zur ausgedehnten Vorlandrumpffläche der Drakensberge bei etwa 1000 m fort.

Das Zusammenspiel von starker flächenhafter Abtragung, Hebung und Verkippung in Abb. 157, deren

10. Altrelief in Gebirgen · Gipfelplateaus

Gipfelbereich sich am Westrand des Zagrosgebirges fast 2000 m über dem Zweistromland (Irak) erhebt, ist die sehr große Version eines Schichtkamms und in dieser Dimension als **Pultscholle** zu bezeichnen. Angelegt ist sie in einer Schichtfolge mesozoischer Kalke. Am Rückhang zeichnet die jüngere Abtragung weitgehend **akkordant** das Einfallen der Schichten nach. Am Stirnhang liegt der weniger steile Abschnitt wohl in etwas tonigeren, weicheren Schichten, da nur zwei harte Kalkbänder durch Vegetation nachgezeichnet werden. Unterhalb des konvexen Hangabschnitts setzt sich außerhalb des Bildes der Steilhang zum Vorland hin fort. Wiederum als ein Niveau einer Rumpftreppe ist im Vordergrund ein nur wenig verstellter Flächenrest erhalten geblieben. Zwischen ihm und der Pultscholle liegt ein tief eingeschnittenes Tal, das vermutlich eine Störung nachzeichnet, auf deren nördlicher Seite die starke Verkippung stattgefunden hat. Bei der heute noch sehr aktiven Hebung ist nicht anzunehmen, dass diese Pultscholle, wie für die niedrigen Schichtkämme im Modell von Abb. 150 dargestellt, aus einer Altfläche durch denudative Umlandtieferlegung herauspräpariert worden ist. In diesem Fall ist der Rückhang eine stark verstellte, vor der Hebung bereits angelegte Altfläche, auf der selektive Abtragung im Wechsel zwischen kaltzeitlichem Frostklima und warmzeitlich-semiarider Abtragung eine weitgehende Akkordanz, also Schichtanpassung, geschaffen hat.

Das letzte Beispiel einer stark gehobenen, hier allerdings nur *aufgewölbten* Rumpffläche zeigt Abb. 160. Auch hier liegen die Reste des Gipfelniveaus nahe an 3000 m NN. Das Plateau jenseits des Passes, von einem ebensolchen aufgenommen, ist der abgeschnittene Förderschlot eines Vulkans. Ebenso sind die hohen Kuppen im Hintergrund und jene rechts des Plateaus **Vulkanstiele**, die, ähnlich wie die Kleinformen in Abb. 151, bei der Tieferlegung der umgebenden Basaltdecken als **Härtlings-Inselberge** herauspräpariert worden sind. Darin unterscheiden sie sich von den sonst in ihrer Form ähnlichen, älteren Inselbergen der Granit-Umrahmung des Hoggar in Abb. 146. Die im Bild sichtbaren Teile des Hoggar-Vulkanismus reichen bis ins Miozän zurück (zusammengefasst bei Skowronek 1987, S. 79 f.), wie wohl auch noch die Kappung der Stiele. Da kein Hinweis auf ehemalige Stratovulkane zu finden ist, dürften sie in phreatomagmatischen **Maaren** (Abb. 151) der Ausgangsfläche geendet haben. Nach Girod (1971, S. 39) entstand das morphologische Zentralmassiv bei reduzierter Abtragung und damit die Freilegung der Förderschlote als Inselberge erst seit dem Altpliozän.

Im Aufschluss am Pass jenseits der Gebäude erscheint weiß zu **Kaolinit-Saprolit** verwitterter Vulkanit, der allerdings ebenso gut das Ergebnis hydrothermaler wie klimatisch gesteuerter Verwitterung sein kann (Skowronek 1987, S. 104 f.), so oder so aber die flächenhafte Abtragung erleichterte.

▲ Abb. 158: Glazial überformte Altfläche und Bruchstufe zum Vorland; Wasatch Range von Westen, Rocky Mountains, Utah, USA.

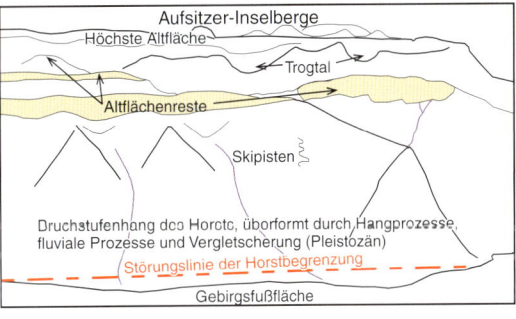

◀ Abb. 159: Erläuterungsskizze zu Abb. 158.

▼ Abb. 160: Gipfelplateau auf einem Vulkanschlot; Atakor, Hoggar-Gebirge, zentrale Sahara, Südalgerien.

11. Stufen · Rampen statt Stufen

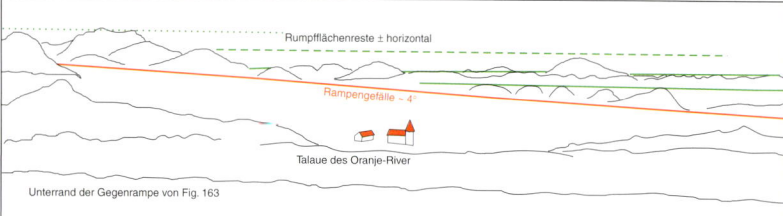

▲ Abb. 161: Über Kilometer sich erstreckende Rampen mit Inselbergen als Verbindung zwischen gehobener Rumpffläche und darin eingetieftem Tal; Oranjetal, Grenze Südafrika/Namibia, Südabdachung.

▲▲ Abb. 162: Querprofil der Rampen beiderseits des Oranje im Bildbereich Abb. 162/164.

▼ Abb. 163: Gegenüber von Abb. 161 von Norden abfallende Rampe zum Oranjetal.

Wie im Einleitungskapitel (S. 10) beschrieben, führte die im Spättertiär abnehmende Intensität der chemischen Verwitterung dazu, dass nicht mehr in allen Gesteinen die Hebung weitestgehend durch Abtragung kompensiert werden konnte. Aus ungegliederten Ausgangsflächen des Primärrumpfs mit nur wenigen Erbinselbergen entstand ein Nebeneinander von nicht mehr flächenhaft tiefer gelegten Plateaus und weiterhin, bis zum Ende des Tertiärs, mit abnehmender Intensität tiefer gelegten Rumpfflächen. Beide Reliefeinheiten wurden im Normalfall durch allmählich an relativer Höhe zunehmende Schicht- oder Rumpfstufen getrennt (Abb. 167 ff.). Abb. 161 und 163, nach Süden und nach Norden über den Oranje-Fluss hinweg aufgenommen, zeigen aber, dass stattdessen auch die Entwicklung etliche Kilometer langer **Rampen** mit mehreren Grad Gefälle möglich war. Das Ausgangsniveau wird durch die Horizontlinie in Abb. 163 nachgezeichnet.

Beide Rampen sind in Granit und metamorphen Gesteinen des präkambrischen Basements als echte **Felskappungsflächen** angelegt, die von zahlreichen, meist niedrigen Inselbergen (Abb. 131 ff.) aus demselben Gestein wie ihre Umgebung bis an den Fluss hinab überragt werden. Dem Halbwüstenklima entsprechend tragen beide Rampen nur eine schüttere Vegetation, zwischen der eine dünne Decke sandiggrusigen Feinmaterials mit kantigen Schuttanteilen über dem Anstehenden erkennbar ist.

Solche Rampen finden sich abschnittsweise entlang mehrerer Flüsse in Namibia; sie kommen vermutlich auch in anderen Regionen vor, scheinen jedoch bis jetzt kaum beschrieben worden zu sein. Sie sind allein schon wegen ihrer Ausdehnung nicht mit den Formen, die Louis (Louis & Fischer 1979, u. a. S. 142 ff., 177 ff.) als **Rampenhänge** beschrieben hat, gleichzusetzen, wie sie am Fuß von Steilwänden, wie im heute wechselfeuchten Tanzania, ausgebildet sind.

Zur Erklärung ihrer Genese soll die Profilskizze von Abb. 162 dienen. Aus den höchsten Inselbergen und Plateauresten der Umgebung lässt sich rekonstruieren, dass die Ausgangsform eine durchgehende Rumpffläche im Niveau der Horizontlinie in Abb. 163 war. Bei einsetzender Zerschneidung tiefte sich der Oranje offenbar so langsam ein, dass Verwitterung und flächenhafte Abspülung Schritt halten konnten. So bildete sich über mehrere Zehner Kilometer Breite ein Tal mit überdimensional langen Talhängen aus. Eine Rolle dürfte dabei die starke Gesteinsaufbereitung durch eine ältere, wahrscheinlich hier auch schon präkambrische Saprolitisierung (Abb. 143, 178) gespielt haben.

Als Beleg, dass tatsächlich noch Flächenbildungsprozesse, lediglich bei stärkerer Neigung, abliefen, dienen die zahlreichen niedrigen **Inselberge** auf den Rampen. In Abb. 163 zeichnet ein Streifen von ihnen ein noch etwas höheres Niveau parallel zum Rampengefälle aus der Zeit nach, als auch diese Felsausbisse noch Teil der durchgehenden Abdachung waren. Die Rampenbildung endete mit der Konzentration des Abflusses auf einzelne leicht eingeschnittene Rinnen in Gefällsrichtung, eingestellt auf den Talboden, der sich als Kastental (Abb. 278 ff.) mit einige Meter hohen Rändern unter das Rampenniveau eingeschnitten hat.

In großer Dimension und mit entsprechender Mitwirkung der Gesteinsverwitterung ist hier noch jungtertiär eine Formung abgelaufen, die in geringerer Ausdehnung im Pleistozän bei der Abschrägung horizontal geschütteter, unverfestigter Sedimente zu **Flussterrassenglacis** ablief (Abb. 343, 358) – ohne die Notwendigkeit einer vorherigen Verwitterung.

11. Stufen · Plateaus/Mesas

Ein wesentliches Kennzeichen der ab hier behandelten **Schichtstufen** *(escarpment, cuesta)* ist eine *leichte Neigung* der Schichten, die als ursächlich für eine ausgeprägte **Frontstufe** und eine **Rückseitenzertalung** in Richtung des Schichteinfallens angesehen wird (Blume 1971). Allerdings gibt es auch Gebiete, in denen Sedimentgesteine fast horizontal anstehen und wo sich allseits etwa gleichförmige, stufenbegrenzte Plateaus gebildet haben, wie in Abb. 164.

Die wiederum bis zum Miozän gebildete Ausgangsrumpffläche lässt sich aus den gleich hohen, erhaltenen Plateauteilen noch rekonstruieren. Zahlreiche kleine, mit Schluff gefüllte Becken sind Lösungsdolinen des tertiären Sandsteinkarsts, wie in Abb. 95 f. beschrieben. Die Plateaus sind allseitig von etwa gleich steilen Stufen umgeben, an deren Fuß sich ein unterschiedlich breiter Fußflächensaum (Abb. 203 ff.) ausgebildet hat.

Um solche Formen in die in den deutschen Mittelgebirgen entwickelten Vorstellungen zur Schichtstufengenese einbinden zu können, schlug Mortensen (1953) vor, die minimal immer vorhandenen Abdachungsrichtungen aus der Orientierung des Flussnetzes abzuleiten und danach **Front-, Diagonal-** und **Achterstufen** in Bezug auf die Haupttäler zu unterscheiden. Danach wären die Stufen im Bildvordergrund parallel zur Zertalung Diagonal- bzw. Achterstufen, die der Piste zugewandten Abschnitte dagegen Frontstufen. Dass die Schichten tatsächlich nicht völlig horizontal liegen, belegt der nur an einer Stelle vorkommende **Rutschungs**komplex hinten rechts (Abb. 378 ff.), da nur dort tonige Schichten am Stufenhang angeschnitten waren und ihn instabil machten.

Allseitig von etwa gleichförmig abgedachten Hängen umgebene Plateaus in nahezu horizontalen Schichten wie in Abb. 166 werden im semiariden Südwesten der USA seit der Zeit der spanischen Kolonisierung als **Mesa** bezeichnet. Die Hangformen (Abb. 384) sind, wie in Abb. 164, erst im Übergang zum semiariden bzw. ariden Klima ausgebildet worden. Das Gebiet liegt nördlich der Schichtkämme von Abb. 280/282. Die für das Monument Valley namengebenden Türme im Vordergrund *(monument = Denkmal)* werden in der deutschen Stufenterminologie als **Zeugenberge** bezeichnet (angeblich Zeugen dafür, dass dort die Stufe zurückgewandert ist); genetisch zutreffender sind sie als Auslieger- oder zonale Inselberge zu bezeichnen (Abb. 167).

Wichtig für beide Gebiete ist, dass das Plateaurelief in beschriebener Weise durch **selektive flächenhafte Tieferlegung** der Ausräumbereiche (S. 26, Abb. 121 ff.) entstanden ist.

▲ Abb. 164: Durch partielle Tieferlegung in Plateaus und Becken aufgelöste, gehobene Rumpffläche; Hamada al Homra, Nordlibyen.

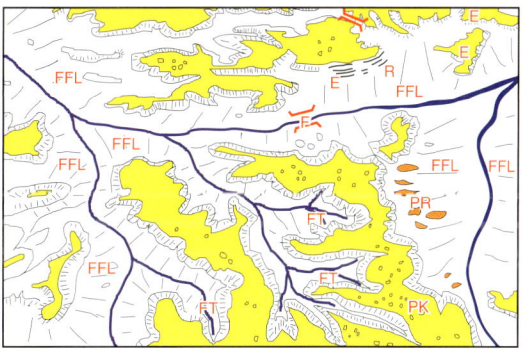

E = Einsandung
F = Flächenpass
FFL = Fußfläche
FT = Flussterrasse
PK = Plateau mit Karstwannen (Sandsteinkarst)
PR = Pedimentreste
R = Rutschungen

▲ Abb. 165: Erläuterungsskizze zu Abb. 164.

▼ Abb. 166: Mesa und Türme als Reste partieller Flächentieferlegung; Monument Valley, Nordarizona, USA.

11. Stufen · Traufschichtstufe, Walmschichtstufe

▲ Abb. 167: Am Plateaurand auskeilende Sandsteinbank einer heterolithischen Schichtstufe als Stufenbildner über präkambrischem Saprolit; Dissilak-Stufe, Ostniger.

▶ Abb. 168: Erläuterungsskizze zu Abb. 167.

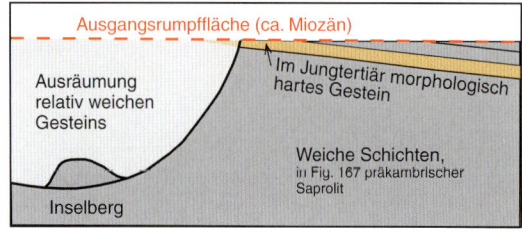

Die deutsche Schichtstufenliteratur unterscheidet nach der Ausprägung des Stufenflächen- bzw. Dachflächenrandes drei Stufentypen: die **Traufschichtstufe ohne Walm** wie in Abb. 167, die **Walmschichtstufe** wie in Abb. 170 oder 182 und als Mischform die **Traufschichtstufe mit Walm** wie in Abb. 201, aber ebenso auch in Abb. 170. Als **Trauf** oder auch **First** wird der scharfkantige Abbruch zum Stufenhang bezeichnet, als **Walm** an dessen Stelle eine Übergangskonvexität (Brunotte in Lexikon d. Geographie 2002, Bd. 3, S. 189 f.). Weiterhin wird der Normalfall der **heterolithischen** Schichtstufe mit hartem Stufenbildner über weichem Sockelbildner, wie in Abb. 167, von der **homolithischen** Stufe, die durchgängig aus demselben Gestein besteht, wie in Abb. 170 (*vgl.* Einleitung S. 23, Louis & Fischer 1979, S. 331 ff., 635) unterschieden.

Am einfachsten zu erklären ist die Ausbildung der einfachen **Traufschichtstufe**. Die Erläuterungsskizze (Abb. 168) und Abb. 167 lassen erkennen, dass der leicht verstellte Sandsteinstufenbildner zum Plateaurand hin fast vollständig auskeilt, die Dachfläche also eindeutig eine Kappungsfläche ist. Der so genannte **Sockelbildner** ist in diesem Fall wieder ein bereits präkambrisch verwitterter Saprolit (Abb. 143) und somit morphologisch weich wie normalerweise ein Tonstein in dieser Position. Auf der noch intakten miozänen Ausgangsrumpffläche waren beide Gesteine in gleicher Intensität abgetragen worden.

Bei abnehmender Verwitterungsleistung reagierte irgendwann der Sandstein als morphologisch härter und die Tieferlegung setzte sich nach den Regeln der **divergierenden Verwitterung und Abtragung** (S. 17) nur noch im weichen Saprolit fort, wie am Beispiel der Inselberge erläutert (Abb. 131 ff.). Dabei blieben einige Saprolit-Ausliegerinselberge auf der Vorlandfläche erhalten. Sie dürfen aber *keinesfalls* als **Zeugenberge** (Blume 1971, S. 65 f. und 94 f.) und damit als Belege für eine Stufenrückwanderung verstanden werden. Die Lage der Stufe lag mit der Nachzeichnung der Gesteinsgrenze fest. Bei einer Sandsteinmächtigkeit von teils unter 2 m am First kann selbst über etliche Millionen Jahre *keine* nennenswerte Rückverlagerung geschehen sein. Eine Rückverlegung hätte in diesem Fall auch über mehrere hundert Kilometer Ténéréfläche hinweg stattgefunden haben müssen (Busche 1998, Foto 7).

Bei größerer Mächtigkeit des Stufenbildners und vor allem bei homolithischen Walmstufen wie in Abb. 170 erklärt sich die Lage der Stufe nur aus der Existenz des **Walms** (nach einer norddeutschen Bauernhausdachform benannt). Auf der Ausgangsfläche setzte sich dasselbe Gestein fort, so dass der Mechanismus wie bei Abb. 167 nicht einsetzen konnte. Durch eine leichte Aufwölbung der Ausgangsrumpffläche kann sich jedoch eine leicht asymmetrische lokale bis regionale **Wasserscheide** ausgebildet haben, an deren steilerer Seite dann wie an der Flanke eines Schildinselbergs wiederum die divergierende Verwitterung und Abtragung mit ihrem Selbstverstärkungsmechanismus ansetzen konnte.

In Abb. 170 liegt der Walm in einem Bereich leichter Schichtaufwölbung, schneidet aber selbst die Schichten und ging, vor einer späteren Versteilung, nach rechts in einem S-förmigen oder **sigmoidalen** Hang über. Aber auch auf den Betrachter zu hat sich

▶ Abb. 169: Erläuterungsskizze zu Abb. 170.

▼ Abb. 170: Homolithische, nur aus einem Gestein aufgebaute Schichtstufe mit Walm; Sandsteinstufe bei Vicksburg, Südafrika.

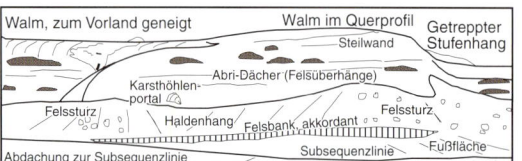

11. Stufen · Walm, Plateaurandbucht

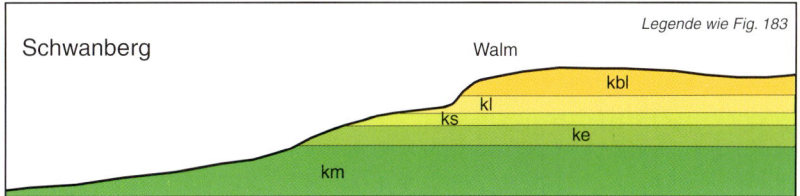

links vom Walm eine entsprechende Abdachung ausgebildet. Da die Wölbung hangabwärts in eine Wand übergeht, wäre dieser Teil eine **Traufschichtstufe mit Walm**.

Die gegenüber Feldbefunden (auch in Abb. 170) unhaltbare Standarderklärung für *homolitische* Schichtstufen ist die, dass nur die oberen Partien wirklich festes Gestein seien und dasselbe Gestein in größerer Tiefe und bei Bergfeuchte stärker verwittert sei (Brunotte, Louis a .a. O.), es also gewissermaßen doch *heterolitische* Stufen seien. Stattdessen bietet sich der genannte Mechanismus der divergierenden Verwitterung und Abtragung an.

Abb. 171 und 172 sollen zeigen, wie gering die Höhenunterschiede im Bereich eines Walms sind. Abb. 171 zeigt die durch eine pleistozän-periglaziale flache **Delle** (Abb. 235 f.) überformte Rückseite des Walms, Abb. 172 im rechten Winkel dazu die Abdachung zum Stufenhang hin, dessen sigmoidales Profil aus dem geologischen Profil (Abb. 173) zu entnehmen ist. Das Profil zeigt auch, dass der Walm eine heterolithische Stufe krönt und insgesamt in relativ hartem Blasensandstein des Keupers angelegt ist. Walmbildung und Lage der Stufe sind in diesem Fall an die Achse einer flachen tektonischen Mulde in Profillängsrichtung gebunden. Deren Sandsteinkern war auf der Ausgangsrumpffläche von stratigraphisch tieferen Tonsteinen in gleicher Höhe umgeben, bei deren beginnender Tieferlegung sich hier die **lokale Wasserscheide** – der spätere Walm – ausbildete. Wichtig ist beim südafrikanischen wie unterfränkischen Beispiel, dass der Walm nicht nur zur Vorlandseite hin leicht gewölbt abfällt, sondern auch zur Rückseite hin, wie es bei einer Wasserscheide zu erwarten ist und auch durch die Entwässerung, hier der Delle in Abb. 171, nachgezeichnet ist.

Ebenso wie der auskeilende Stufenbildner ist auch der Walm ein sicherer Beleg gegen die oft postulierte **Stufenrückverlegung**; denn wie hätte sich ein Walm als erhabene Abtragungsform leicht über dem Niveau der Dachfläche parallel zu sich selbst rückverlagern und noch dazu seine Rückseitenzertalung mitnehmen können? Die so genannten geköpften **Täler** der klassischen Schichtstufentheorie, die als Indiz für die Stufenrückverlegung genommen wurden (Wagner 1960, S. 160 ff.) sind, wie in der Einleitung dargestellt (S. 23), in Wirklichkeit **abgeschnittene Flächenpässe** (Abb. 176 – 282, 356).

Eine weitere, bisher kaum beachtete Variante des Dachflächenrandes, die zumindest in der zentralen Sahara häufig ist, ist die **Plateaurandbucht** in Abb. 175. Sie ist in den stufenwärtigen Rand eines Walms mit einer wenige Meter hohen, bogenförmig verlaufenden eigenen Stufe eingesenkt, bis 100–200 m vom Steilabfall entfernt. Die Stufe ist hier heterolithisch; die Blöcke im Vordergrund sind Teil einer durch unterlagernden Tonstein ausgelösten Rutschung. Der Boden der Bucht liegt aber noch durchgängig im harten, sogar silifizierten Sandstein des Stufenbildners.

Bei derartigen Plateaurandbuchten handelt es sich also um die **erste Phase der Vorlandtieferlegung** und damit der Stufengenese. Allein aus Gesteinsgründen kommen dafür wieder nur die divergierende Verwitterung und Abtragung in Frage. Der Boden von Randbuchten *homolithischer* Stufen kann sogar mit niedrigen Inselbergen besetzt sein (Busche 1998, Foto 10) Die weitere Vorlandtieferlegung, hier um fast 300 m, setzte etwas links außerhalb des Bildes im Bereich der auskeilenden Tonschichten ein, wurde allerdings beim Absitzen einer riesigen Rutschungsstaffel (Abb. 378 ff.) *einmalig* tatsächlich um maximal wenige hundert Meter zurückverlegt.

▲▲ Abb. 171/172: Typische Gefällsverhältnisse auf der Rückseite (l.) und Vorderseite eines Walms (r.), bis ca. 100 m vor Trauf und Steilabfall; Schwanberg, Steigerwald, Unterfranken.

▲ Abb. 173: Walm-Schichtstufenprofil im Bereich von Abb. 171/172.

▼ Abb. 174: Erläuterungsskizze zu Abb. 175.

▼▼ Abb. 175: Plateaurandbucht als erste Phase der Vorlandtieferlegung; heterolithische Messak-Schichtstufe, Nordniger.

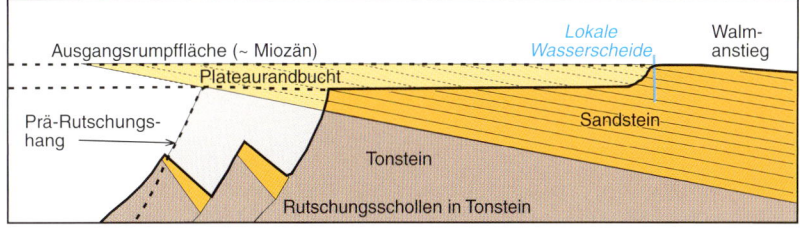

11. Stufen · Stufenpässe

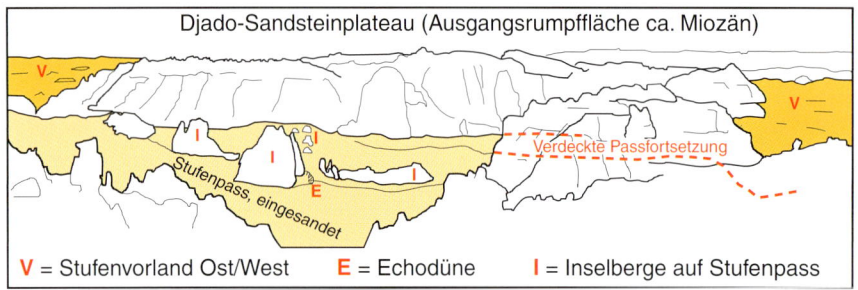

▲▲ Abb. 176: Beiderseits abgeschnittener Pass durch eine homolithische Sandsteinmesa; Djado-Stufe, Sahara, Nordostniger.

▲ Abb. 177: Erläuterungsskizze zu Abb. 176.

▼ Abb. 178: Trogförmiger Stufenpass und rückwärtige Plateauzerschneidung; Rooirandstufe, Südnamibia.

Dank fehlender Vegetation lässt sich im Panorama von Abb. 176 gut zeigen, was für alle Stufen- und Plateaulandschaften der Erde gilt. Die **selektive Tieferlegung** unter das Niveau der miozänen Ausgangsfläche erfolgte, wie schon in Abb. 164 gezeigt, sowohl im Vor- als auch im Hinterland der späteren Stufen. Bei entsprechenden Gesteins- und Abtragungsverhältnissen bildeten sich, wie schon bei den intramontanen Ebenen beschrieben, Flächenpässe aus (Abb. 128). Konnten bei der weiteren Eintiefung die Verwitterung und Abspülung im Passbereich nicht mehr mit derjenigen der beiderseitigen Vorländer Schritt halten, wie in Abb. 176, wurden die Pässe beiderseits abgeschnitten und somit zu **Stufenpässen.** Die kleinen, heute teils eingesandeten Inselberge im Pass unterstreichen ebenso wie das leicht gewölbte Längsprofil, dass seine Bildung ein Ausdruck **bandförmiger Flächenbildung** war und nicht etwa der Abschnitt eines vorn und hinten abgeschnittenen „geköpften" Tals ist, das hier die Stufe gequert hat (Wagner 1960, S. 160 ff.). Weder gibt es das dafür nötige gleichsinnige Gefälle noch wurden jemals in einer solchen Passsituation Flusssedimente gefunden. Das *Herausfallen* aus der weiteren Eintiefung konnte je nach den Abtragungsverhältnissen in jeder beliebigen Höhe über der späteren Vorlandfläche geschehen.

Abb. 178 zeigt eine sehr schmale erhaltene Passzone, erneut in proterozoischem, leicht ausräumbarem Saprolit unter einer harten, nur noch wenige Meter mächtigen Quarzitdecke, dem letzten Rest einer mehrere Kilometer mächtigen Sedimentabfolge (Stengel 2002). Wo diese durchteuft wurde, konnte die Abtragung schnell einsetzen und schuf im Passbereich das trogförmige Profil durch beiderseitige, von oben gesteuerte Hangabtragung. Allein die bessere Drainage auf der lokalen Wasserscheide mag ausgereicht haben, dass die Eintiefung nicht, wie an anderen Stellen, weiter mit der des beiderseitigen Vorlands Schritt halten konnte, denn der Stufenpass und auch die tiefsten Vorlandbereiche liegen noch im Saprolit.

In der so entstandenen **Stufenrandbucht** ist auf die links vorn gerade noch sichtbare Tiefenlinie ein Pediment (Abb. 203 ff.) eingestellt, das von einer zerschnittenen Schwemmfächer-Sedimentdecke (Abb. 282 ff.) überlagert ist. Dank des gelockerten Gesteinsgefüges liefert eine größere Kerbe links vor dem Pass noch genug Grus für einen kleinen steilen Schwemmfächer. Bei festerem Gestein wäre in dem wellig abfallenden Sporn im Vordergrund rechts eine Treppung wie in Abb. 182 f. erhalten geblieben.

Unabhängig vom Sonderfall des proterozoischen Saprolits steht dieses Bild auch generell für die von hinten bis dicht an die Trauf heranreichende **Rückseitenzerschneidung,** ebenso wie hinter der Stufenfront von Abb. 182. Die Inselberge im

11. Stufen · Plateauzertalung, Stufenpässe 93

Hintergrund sind ein weiteres Beispiel für exhumierte präkambrische Inselberge aus demselben Saprolit wie im Stufenvorland (Abb. 143 ff.)

In Abb. 179, in jüngeren paläozoischen Schichten angelegt und somit nur der tertiären Intensivverwitterung ausgesetzt, zeigt die Kammlinie zwei breite **Stufenpässe**. Auf der sichtbaren Seite wurde, ähnlich wie in Abb. 161 f., bei der weiteren Vorlandtieferlegung eine Rampe ausgebildet. Eine tiefer liegende Erosionsbasis auf der anderen Seite der Stufe hat dort zu dem typischen Gefällsbruch wie in Abb. 176 geführt. Das Nebeneinander von zwei Pässen und deren große Breite macht eine Erklärung der Formen als geköpfte einstige Flusstäler sehr unwahrscheinlich (s. Abb. 17).

Abb. 181 zeigt den in allen Stufenlandschaften ebenfalls vorkommenden Fall, dass auch in den Passbereichen die Eintiefung bis zum Ende der Flächenbildung mit der beiderseitigen Vorlandtieferlegung Schritt halten konnte. Ebenso zeigt sie, dass solche Durchlässe auch schon seit Beginn der Zerschneidung der Ausgangsfläche als so genannte **Durchbruchstäler** (Abb. 152, 330) angelegt gewesen sein können. Das Nebeneinander von Pässen und Taldurchbrüchen findet sich in fast allen Schichtstufenlandschaften (etwa Main- und Aisch-„Durchbrüche" durch die süddeutsche Steigerwaldstufe). Der Tal„knoten" im zentralen Bildbereich hat seinen Ursprung vermutlich in Flächenstreifen. Die heute in das Plateau entwässernden **Dreiecksbuchten** (Büdel 1977, S. 124/125) dürften zur Entstehungszeit die umgekehrte Entwässerungsrichtung gehabt haben. Hier hat es also eine leichte tektonische Verstellung gegeben.

Dank der nahezu horizontalen Kalksteinschichten, die das Plateau wie ein Höhenschichtenmodell erscheinen lassen, lässt sich gut nachvollziehen, wie sich die Eintiefung im Unterschied zum Vorland vollzogen hat. Zuerst fielen nur kleine Plateauinseln, zwischen denen breite Flächenpässe lagen, aus der Tieferlegung heraus. Erst in der zweiten Hälfte der Eintiefung erfolgte dann die Konzentration auf die geringe Breite der bis heute bestehenden Talbereiche.

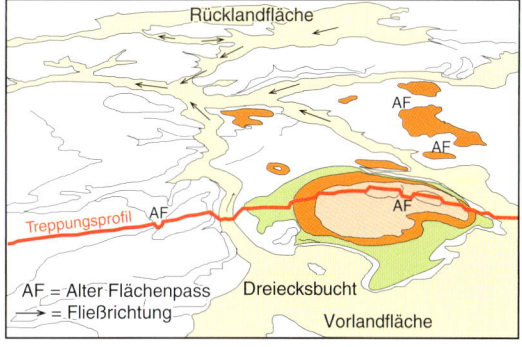

▲ Abb. 179: Zwei breite Stufenpässe, W der Großen Karrasberge, Südnamibia.

◀ Abb. 180: Kartenskizze zu Abb. 181.

▼ Abb. 181: Von Tälern und Flächenpässen zerteilte Kalksteinmesa, Schwarzrand-Plateau, Südnamibia.

11. Stufen · Strukturabhängige Stufentreppung, Subsequenzfurche

▶ Abb. 182: Getreppter Hang einer heterolithischen Schichtstufe; Friedrichsberg, Steigerwald, Unterfranken.

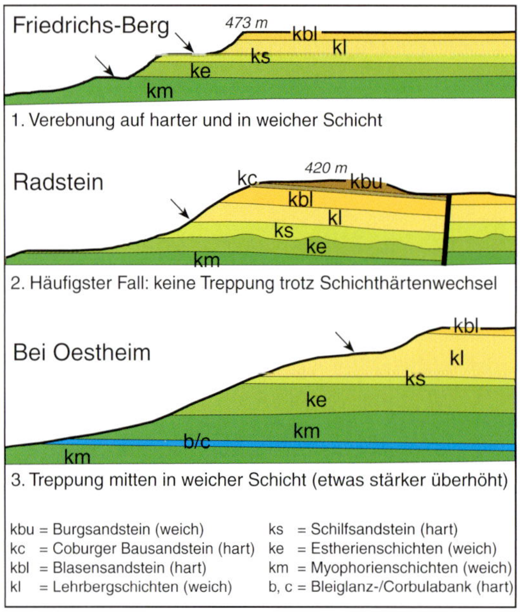

▶ Abb. 183: Unterschiedliche Abtragung harter und weicher Schichten an der Stufe; Steigerwald. Profile aus geologischen Karten. ((Je eine Erläuterungszeile pro Profil, vom Randstreifen in die Abbur:))
1. Obere Verebnung in harter, untere auf weicher Schicht.
2. Häufigster Fall ohne Treppung: harte Schichten gekappt.
3. Verebnung innerhalb weicher Schicht; harte Bank gekappt.
Vgl. Abb. 173

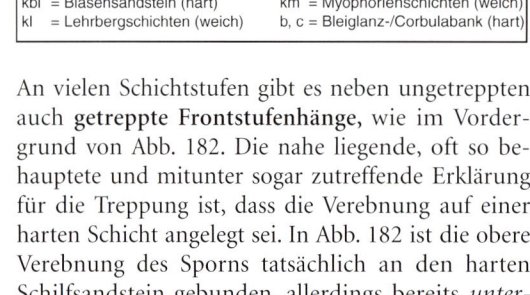

▼ Abb. 184: Entwicklung der Subsequenzfurche von Abb. 185.

▼▼ Abb. 185: Übertiefungszone vor einer getreppten Stufe; Subsequenzfurche der Aisch, südlicher Steigerwald, Unterfranken.

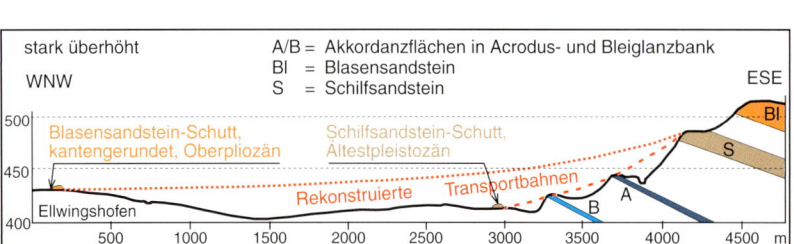

An vielen Schichtstufen gibt es neben ungetreppten auch **getreppte Frontstufenhänge**, wie im Vordergrund von Abb. 182. Die nahe liegende, oft so behauptete und mitunter sogar zutreffende Erklärung für die Treppung ist, dass die Verebnung auf einer harten Schicht angelegt sei. In Abb. 182 ist die obere Verebnung des Sporns tatsächlich an den harten Schilfsandstein gebunden, allerdings bereits unter*halb* der Schichtobergrenze ausgebildet (Abb. 183, 1). Die nächsttiefere Verebnung im Weinberg liegt dagegen in weichen Tonsteinen.

Eine Auswahl von Profilen aus den Blättern der Geologischen Karte 1:25 000 entlang der Steigerwaldstufe zeigt, dass es alle möglichen Kombinationen gibt: In Profil 1 von Abb. 183 liegt die oberste Hangverebnung auf dem harten Schilfsandstein, die untere dagegen in mittlerer Höhe einer weichen Tonsteinfolge. Profil 2 zeigt den häufigsten Fall: den ohne Treppung, wobei derselbe harte Sandstein wie in Profil 1 hier glatt im Hangprofil abgeschnitten ist. In Profil 3 liegt die Verebnung wieder in weichen Schichten und die allerdings nur geringmächtige harte Schicht bildet keine Verebnung. In Abb. 173 sind, noch ausgeprägter als in Abb. 182, sowohl die Verebnung als auch ein Teil des nachfolgenden Anstiegs in demselben harten Sandstein ausgebildet. Auch die Stufenpässe der Steigerwaldstufe, wie in Abb. 356, liegen teils *inmitten* des harten Schilfsandsteins oder ebenfalls in weichem Tonstein.

Die **geologische Gesteinshärte** ist also *keine* hinreichende Erklärung für Stufentreppung und Stufenpässe (Abb. 176). Stattdessen gab es während der Vorlandtieferlegung bei generell abnehmender Leistungsfähigkeit des Systems „chemische Verwitterung/Denudation" mehrfach **lokale Gleichgewichtsverschiebungen**, in deren Folge Flächenteile aus der weiteren Vorlandtieferlegung herausfielen, in Kombination der Auswirkungen von Klima, Petrographie und geomorphologischer Lage. Ausgeprägte Verebnungen sind das Kennzeichen der Hänge von Plateau*spornen*, die bei der dort unvermeidbaren **Divergenz des Hangabflusses** weniger Wasser pro Fläche für Verwitterung und Abtragung zur Verfügung hatten als Stufenbuchten mit ebenso selbstverständlich hangabwärts konvergierendem Abfluss. Auf Flächenpässen, besonders in weichem Gestein, mag allein die bessere Drainage im Passscheitel den Ausschlag für das Zurückbleiben bei der weiteren Tieferlegung gegeben haben.

Eine Fronthangverebnung markiert aber auch *keinen* generellen Halt der Stufenweiterbildung in ihrem Niveau, sondern lediglich für deren Bereich das **Un**-

terschreiten eines Schwellenwerts. Wie bei der Entwicklung von Erbinselbergen (Abb. 131 f.) bewirkte dann der Mechanismus der divergierenden Verwitterung und Abtragung die Erhaltung des Flächenteils.

Am Ende der Stufenentwicklung hatte sich entweder, wie im Mittelgrund von Abb. 182, eine gestreckte **Fußfläche** (Abb. 203 ff.), oder aber davor und vor allem in Abb. 185 eine **Subsequenzfurche** gebildet – d. h. eine Ausraumzone, die in den weichen Schichten durch einen stufenrandparallelen Wasserlauf geschaffen wurde, rechtwinklig zur **konsequenten** Entwässerung im Schichteinfallen jenseits der Trauf, nach der Terminologie von W. M. Davis. An diesen zeigt sich, dass ein wesentlicher Teil der relativen Stufenhöhe erst im Übergangszeitraum Pliozän/Ältestpleistozän erreicht wurde. Dort, wo im Vordergrund von Abb. 185 der Löss (Abb. 766 ff.) durch Bodenerosion (Abb. 609 ff.) abgespült wurde, findet sich eine Steinstreu von kantengerundeten, dunkelbraun patinierten Blöcken aus leicht identifizierbarem Blasen- und Schilfsandstein der Stufe als semiarider Schwemmfächerschutt (**Fanglomerat**; Abb. 220; *vgl.* Stäblein 1968), der nur über eine noch durchgehende Transportfläche hierher gelangt sein kann. *Am Ende* des Pliozäns lag also der Stufenfuß erst in Niveau der obersten Wiesen am Hang.

Schilfsandsteinblöcke liegen aber auch in der Subsequenzfurche auf einer Flussterrasse, die ins Ältestpleistozän datiert wird. Sie belegen, dass die beiden tieferen Verebnungsflächen am Hang – jeweils an eine dünne, harte Gesteinsbank angelegt – erst nach deren Ablagerung im Pleistozän als **Akkordanzflächen** entstanden sein können, bei zunehmender Gesteinsanpassung und abnehmender Verwitterungsleistung (S. 28, Boldt 1998, „restriktive Flächenbildung"). Ein wesentlicher Teil der heutigen Stufenhöhe ist also erst frühquartär entstanden.

Die ausgeprägte Hangtreppung in Abb. 186 ist in den auch bei ihrer Hebung fast horizontal gebliebenen **Flutbasaltdecken** der südindischen Ost-Ghats von Kreide- bis Eozänalter entstanden. Die dunkle Deckschicht links ist Teil einer dicken **Eisenkruste**, die bereits auf einer Kappungsfläche über chemisch intensiv verwittertem Basaltsaprolit abgelagert wurde, über dem es in anderen Plateauteilen zu Rutschungen gekommen war (Abb. 371). Die Resistenz der Eisenkruste, auf der – bei Pandjgani – auch flache Lösungswannen wie in Abb. 95 vorkommen und die mit Sicherheit jenseits des Steilabbruchs noch weiter nach rechts reichte, konnte offenbar dort die Ausräumung nicht verhindern.

Die jüngste Hangformung zeigt zwar leichte Resistenzunterschiede an, wodurch die Flutbasaltlagen überhaupt erst erkennbar werden, aber dennoch sind alle Verebnungen im Basalt angelegt. Ebenso kann dieselbe Basaltlage einmal ins steile Hangprofil einbezogen sein. Bei der unterschiedlichen Höhe der Niveaus kann es sich keinesfalls um sich über steilen Hängen verschneidende Wasserscheiden handeln, da es eindeutig *flächige* Bereiche sind. So bleibt auch hier nur wieder die Erklärung, dass im Verlauf der kontinuierlichen Vorlandtieferlegung aus kaum rekonstruierbaren Gründen der eine oder andere Flächenteil *aus dem Prozess herausfiel*. Die Zunahme solcher Bereiche im Laufe der Tieferlegung engte die Fläche der Stufenvorlandsbucht im Vordergrund in Intervallen bis zum Erreichen des heutigen tiefsten Niveaus ein. Einen anderen Ansatz, dieses Relief durch Hangrückverlegung zu erklären, bietet Wirthmann (1987, 1994, 1999, Kap. 7.5).

Die Abb. 188 schließlich zeigt eine ausgeprägte Treppung, wie sie vielfach am Steilabfall des Great Escarpment in Namibia entwickelt ist. Hier ist sie allerdings unter eine Granit-Rumpffläche eingetieft, von der ein Rest unter der paläozoischen Sandsteindecke oben links erhalten ist, die ihrerseits auch eine Kappungsfläche trägt. Es ist ausgeschlossen, die Treppung im schichtungslosen Granit mit petrographischen Unterschieden zu erklären. Die Inselberge im Vordergrund, aus der Endzeit der Vorlandtieferlegung, sprechen dagegen für eine Variante der divergierenden Verwitterung und Abtragung.

▲ Abb. 186: Treppung in der homolithischen Flutbasaltfolge der Eastern Ghats; Südindien.

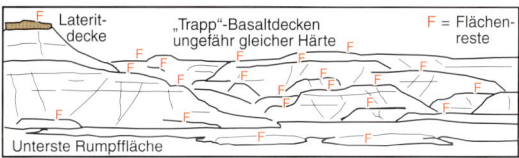

◀ Abb. 187: Erläuterungsskizze.

▼ Abb. 188: Treppung in Granit; Great Escarpment, Zentralnamibia.

11. Stufen · Treppung in weichem Gestein

▲ Abb. 189: Kluftnetzorientierte Auflösung von Zwischenniveaus in einem Pfeiler; Bryce Canyon National Park, Utah, USA.

▼ Abb. 190: Stufentreppung in sehr weichen triassischen Tonschichten; Petrified Forest National Park, Arizona, USA.

Die beiden Bilder dieser Seite sind eine weitere Bestätigung dafür, dass die **Treppung** von Stufen nicht an die absolute Gesteinshärte, sondern jeweils an morphologische Gesteinshärteunterschiede auf einer gegebenen Ausgangsfläche gebunden ist, denn dort entwickelte sie sich nämlich in durchweg *weichen* Gesteinen. Berühmt ist der unzutreffend Bryce „Canyon" (Abb. 189) genannte, stark zerschnittene Abfall des Paunsagunt-Plateaus im Norden der Colorado-Plateaus, vor allem wegen seiner Vielzahl schlanker Türme, die in wenig verfestigten sandig-tonigen Schichten der eozänen Wasatch-Formation entstanden sind, die vor etwa 60 bis 40 Mio. Jahren am Rand eines großen Inlandbeckens abgelagert wurden. Hebung und Abtragung haben das Gebiet seit etwa 13 Mio. Jahren betroffen (Harris & Tuttle 1975, S. 35 ff.). Am Fuß der Stufe verläuft, wie mehrfach in den Colorado-Plateaus, eine große Störung, die der Auslöser für die Stufenbildung war. Thornbury (1965, S. 422 ff.) bezeichnet die seit der tektonischen Auslösung morphologisch stark veränderte Bruchfläche als **fault-line scarp**, als Weiterentwicklung einer allein durch einen Bruch, wie in Abb. 13, geschaffenen Stufe.

Im Bild sind über die Höhen zahlreicher Türme hinweg Flächenreste in verschiedenen Niveaus zu rekonstruieren, vor allem die fast horizontale Turm-„Gipfelflur" des ersten Niveaus unterhalb des in sich gegliederten Reliefs der Plateauoberfläche. Tiefere Niveaus zwischen rechtwinklig zum Plateaurand verlaufenden Schluchten am rechten Bildrand zeichnen eine zur Tiefenlinie sanft geneigte ehemalige Schrägfläche nach. Auch hier lassen sich die Verebnungsreste nur als Gebiete erklären, die im Zuge kontinuierlicher Tieferlegung auf Grund morphologischer Härteunterschiede von der weiteren Tieferlegung ausgenommen blieben, obwohl sie, wie die jüngere Entwicklung der Türme zeigt, durchweg aus wenig resistentem Gestein bestanden haben.

Bei deren Ausbildung dürfte die gegenwärtig noch weitergehende, wegen des schwach durch Eisenoxid und – in den weißen Lagen – durch Kalk verfestigten Gesteins intensive Verwitterung kaum notwendig gewesen sein, anders als in Abb. 117. Die Ausspülung zeichnete ein engmaschiges senkrechtes Kluftnetz nach. Im Zuge dieser Zerschneidung wurden allerdings auch die geringen Härteunterschiede zwischen den Sedimentlagen in Wert gesetzt und haben die Türme zu skulpturenartigen Gebilden werden lassen. Das Gestein wird leicht aufgeweicht, so dass die Turmwände weitgehend von einer mehrere cm starken Schicht herabgelaufenen und wieder verbackenen Sediments überkleidet wird; bei der Aufschlussaufnahme spräche man von einer störenden **Schmutztapete**. An der Plateaukante ist eine Rückverlegung von etwa 30 cm in 50 Jahren ermittelt worden, die allerdings, wie die rekonstruierbaren Verebnungsniveaus zeigen, nicht in die Vergangenheit extrapoliert werden kann. Vielmehr hatte sich – vor der Turmzerschneidung – der Abtragungsbereich immer mehr der Verwerfungslinie *angenähert*, die heute durch den Paria River, rechts außerhalb des Bildes, nachgezeichnet wird. Auf der Gegenseite zum nächsten Plateau ist die Entwicklung ähnlich.

Ebenfalls in ausschließlich weichen Schichten – hier der mesozoischen Chinle-Formation – ist die Treppung in Abb. 190 ausgebildet. Mehr als 1000 m mächtige marine Schichtfolgen von Jura und Kreide waren bereits vollständig bis auf das Niveau der Fläche abgetragen worden, die links und im Hintergrund zu sehen ist. Vor der weiteren Eintiefung bis auf das Flächenniveau rechts am Fuß der Stufe wurde hier noch im Pliozän die mindestens 100 m mächtige Schotterdecke der Bidahochi-Formation abgelagert, die nachfolgend bis auf wenige Reste erodiert wurde. Da in dem weichen Gestein eine Verwitterung vor der Abspülung kaum nötig war, konnte die Flächen- und damit

11. Stufen · Steilwände, Akkordanzfläche

▲ Abb. 191: Stufe mit doppelter Steilwand *(free face)* und akkordantem Vorlandniveau; Grey Cliffs, Colorado-Plateau, Utah, USA.

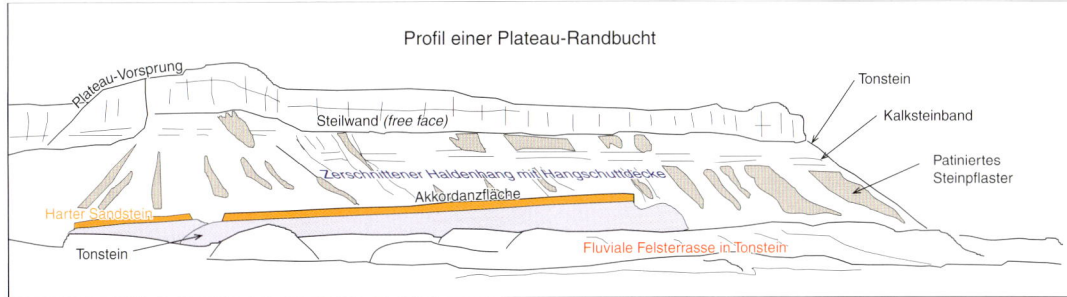

◀ Abb. 192: Profilskizze zu Abb. 191.

Stufenbildung hier also offenbar noch bis ins Quartär hinein wirksam sein, bevor sich der Vorfluter etliche Meter in die mit Gras bewachsene Fläche im Hintergrund einschnitt. Auch hier wurde durch das „*Herausfallen*" höherer Flächenanteile aus der weiteren flächenhaften Ausräumung die Ebene am Stufenfuß um die Breite des getreppten Stufenreliefs *eingeengt*. Die jüngsten Abtragungsprozesse – bei heute ca. 250 mm Jahresniederschlag – haben zu einer Zerrunsung der Hänge geführt, zwischen den Runsen aber auch die Sedimentschichtung herauspräpariert. Zuvor hat selektive Abspülung auf den Flächenresten teilweise eine vollständige Anpassung an im gegebenen Zeitraum morphologisch härter reagierende Schichten geschaffen, die bereits mehrfach erwähnte Akkordanz. Die weitere Zerschneidung hat davon nur noch schmale Bänder übrig gelassen. Ein Beispiel, in Gefällsrichtung zum Vorland, ist im Flächenrest links im Mittelgrund unter einem verkieselten Baumstamm erhalten. Zwei weitere Profile rechts davon haben so ein Gefälle *gegen* die Stufe erhalten.

Die heutige Erosion, die zur Ausbildung kleiner **Schwemmfächer** am Stufenfuß geführt hat, ist in Abb. 233 dokumentiert. Die ausgewitterten Stücke **verkieselter Baumstämme** wurden durch das Ersetzen organischer Substanz durch Kieselsäure im Grundwasserstrom schon bald nach deren Einsedimentierung versteinert. Das Zerbrechen in oft gleich lange Abschnitte wird mit Erdbeben in Verbindung gebracht.

Eine viel ausgedehntere **Akkordanzfläche,** leicht nach links und damit ebenfalls *gegen* die Stufe einfallend, ist in Abb. 191 über dem weichen schwarzen Tonstein ausgebildet, der unter den Fuß der Stufe abtaucht. Die beiden nächsttieferen Niveaus über der Vorlandfläche – im Straßenniveau – sind vollständig in weichen Schichten ausgebildet und dementsprechend heute stark zerschnitten. Sie belegen aber auch hier eine durch flächenhafte Vorlandtieferlegung erfolgte Stufenbildung. Für Thornbury sind diese Gray Cliffs aber dennoch, der „klassischen" Auffassung folgend, „*outstanding examples of receding escarpments*" (Thornbury 1965, S. 423), obwohl dies mit der Treppung unvereinbar wäre und in unmittelbarer Nachbarschaft von Stufen für die Lagekonstanz angenommen wird.

Die Stufe selbst ist heterolithisch, muss sich aber, bei der Mächtigkeit der deckenden Sandsteinlage, zu Anfang wie die homolithische Stufe in Abb. 170 entwickelt haben. Wie für heute semiaride Gebiete typisch, hat sich ein in beiden harten (hellen) Gesteinslagen eine **Steilwand** *(free face)* entwickelt, in den weichen Schichten dazwischen und darunter ein schichtenkappender Haldenhang (Abb. 384, 201, 406). Beide waren nur von einer dünnen, später schwarz patinierten Hangschuttlage überdeckt worden, bevor sie, wie ebenfalls für alle heutigen semiariden Gebiete typisch, stark zerschnitten wurden. Die untere harte Schichtfolge am Hang ist nirgends als Absatz ausgebildet; sie war ursprünglich sogar voll in das Haldenhangprofil einbezogen, was besonders links außen erkennbar ist. Die Traufausbildung zeigt, dass die Dachfläche vor der Stufenbildung bereits ein gegliedertes Relief hatte.

11. Stufen · Monoklinalstufen, Strukturanpassung

▲ Abb. 193: Monoklinalstufe; Hunsberge, Südnamibia

Die Abb. 193, ergänzt durch das Luftbild desselben Gebiets, zeigt den durchaus nicht seltenen, in der deutschen Literatur jedoch wenig beachteten Fall einer **Monoklinalstufe.** In den Colorado-Plateaus im Südwesten der USA ist sie das häufigste Verbindungselement zwischen zwei Flächenniveaus (Thornbury 1965, S. 407). Dank der Stufenzerschneidung ist gut erkennbar, dass die braun patinierten Kalksteinschichten am Stufenfuß fast horizontal liegen, dann den Stufenaufstieg nachzeichnen und auf der Stufenfläche wieder horizontal liegen. Sie sind der Idealfall einer so genannten **Strukturform.** Korrekterweise sollte von einer *strukturnachzeichnenden* Form gesprochen werden (S. 28), da das Hangprofil keinesfalls allein das Ergebnis der Schichtenaufbiegung ist und dies schon gar nicht an der Landoberfläche geschah, sondern unter der Auflast von vermutlich einigen Kilometern Deckgebirge. Dass die *plastische Deformation* dabei auch in Brüche übergehen konnte, zeigt das Nebeneinander von leicht geneigten und senkrechten Schichten rechts vorne in Abb. 193.

Im Zuge der Abtragung müssen höhere Teile der **monoklinal** verbogenen Deckschichten bereits flächenhaft abgetragen worden sein. Als das Niveau der Dachfläche erreicht war, waren die klimatischen Verhältnisse, wie bereits mehrfach angesprochen, offenbar so, dass im Bereich steil stehender Schichten die Verwitterung mit dem leichter eindringenden Wasser effektiver wirken konnte und so die selektive Eintiefung des Vorlandes einleitete. Gegen die Struktur*bedingtheit* spricht, dass abschnittsweise, wie vorn in Abb. 195, ein „normal" die Schichten abschneidender Stufenhang ausgebildet ist. Jenseits der steil stehenden Schichten und links vorn in Abb. 193 lässt die Lage der Schichtränder erkennen, dass wie in Abb. 197 die ursprüngliche Hangform, nach der Ausbildung des Vorlandniveaus, auch durchaus schichtenkappend **sigmoidal** (mit dem Profil eines liegenden S) ausgebildet war. In gleicher Weise haben auch Teile der Dachfläche in Abb. 195 noch eine schicht*unabhängige* Neigung bewahrt. Diese schichtenkappende Formung kann *nur bei noch vorhandener Bodendecke* stattgefunden haben, unter der bei etwa gleichmäßiger Bodenfeuchte die chemische Verwitterung angreifen konnte.

Erst nachfolgend – und typisch für die geringe Leistungsfähigkeit semiarider Verwitterung auf nacktem Gestein – wurden einzelne Schichten akkordant freigelegt. So wurde auch sichtbar, dass im Vordergrund von Abb. 195 sogar oberhalb der Hauptmonoklinalstufe noch ein weiterer monoklinaler Anstieg liegt, an dessen Fuß auch hier ein Zwischenniveau der Vorlandtieferlegung erhalten geblieben ist. Da auch die Schluchthänge der Stufe, wie in der linken Hälfte der Abb. 193, akkordant den Schichtenverlauf im Hanggefälle nachzeichnen, muss während der parallel zur Stufenhangbildung ablaufenden Taleinschneidung ebenfalls noch eine Bodendecke auf ihnen vorhanden gewesen sein.

Jenseits der Tiefenlinie des Huns Rivier (*afrikaans* für Fluss), dessen Lauf durch die Baum- und Strauch-

▶ Abb. 194: Profil der Monoklinalstufe von Abb. 195.

▼ Abb. 195: Luftbild der Monoklinalstufe der Hunsberge, Südnamibia.

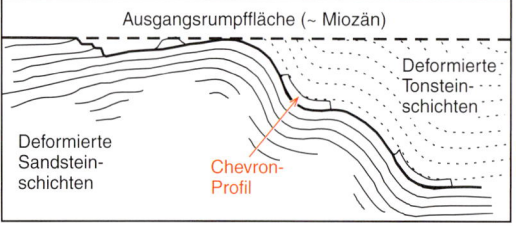

11. Stufen · Antiklinalhang, Salzdom-Antiklinalhänge

reihen beiderseits des Flussbetts deutlich nachgezeichnet wird, fällt die zerschnittene Vorlandfläche noch weiter nach rechts ein. Die Tiefenlinie zeichnet also eine wie in Abb. 185 beschriebene **Subsequenzfurche** nach. Sie konnte dort entstehen, weil das Zuschusswasser vom Hang nach der Phase der Stufen- und Flächenbildung dort noch stärkere chemische Verwitterung als in größerer Stufenferne erlaubte.

Eng verwandt mit Monoklinalstufen sind schichtangepasste **Antiklinalhänge**, wie in Abb. 196, mit dem Unterschied, dass sie nicht in ein Plateau, sondern in einen Gegenhang gleicher Ausprägung übergehen. Die Nachzeichnung einzelner Schichten ist besonders bei solchen in Kalkstein angelegten Hängen deutlich, da das Gestein, wie bei der Darstellung der Karbonatverwitterung ausgeführt (Abb. 48 ff.), auch ohne wasserspeichernde Bodendecke leicht angelöst werden kann. Noch deutlicher als Abb. 193 zeigen die Unterhangbereiche in Abb. 196, dass die ursprüngliche Hangabtragung auch dort ein leicht konkaves, schichtenkappendes Profil geschaffen hatte. Der Gesamthang ist auch hier das Ergebnis der Zerstörung einer Ausgangsrumpffläche, wie bei Abb. 193 beschrieben. Ebenso wie dort muss auch die Erstanlage der kleinen, im Schichtenfallen eingeschnittenen konsequenten Tälchen noch unter einer Bodendecke erfolgt sein. Im Mittelbereich des Bildes wird die Hangform durch den an verstellte Höhenlinien erinnernden Verlauf der einzelnen Schichtköpfe nachgezeichnet. Erst die jüngere fluviale Zerschneidung hat dann die Kerbtälchen zu steilwandigen kleinen Schluchten (Abb. 232 ff.) umgestaltet. Die zwischen zwei solchen Abflussbahnen erhaltenen dreieckigen Unterhangabschnitte werden als **Chevrons** (Winkel militärischer Rangabzeichen) bezeichnet. Ihre Form ergibt sich daraus, dass sie im abtragungsgeschützten Winkel zwischen zwei sich baumförmig (**dendritisch**) den Hang hinauf verbreiternden Einzugsgebieten der Hangentwässerung liegen. Ein größeres derartiges Chevron ist in Abb. 196 zwischen der rechten Schlucht und der flachen asymmetrischen Hangzertalung links davon gut ausgebildet (über den steil stehenden Schichten). Da Monoklinalstufen und Antiklinalhänge stets in Gefällsrichtung zerschnitten sind, sind bei fehlender Bodenbedeckung – also vor allem in ariden Gebieten – Chevrons ein wesentliches Kennzeichen dieser strukturangepassten Formen.

Das **umlaufende Streichen** (die Richtung der Schichtausbisse) und die weitgehende **Akkordanz** zeichnen in Abb. 198 einen **Salzdom** als Sonderfall einer Antiklinalstruktur nach. Der Druck des wie in Abb. 86 gezeigten, als **Diapir** aufgedrungenen Salzes (hellgrau) hat die Sandsteinschichten radial aufgewölbt. Bei feuchterem Klima, als es heute dort herrscht, konnte das aufsteigende Salz allerdings so stark gelöst werden, dass die darüber noch vorhandene Gesteinsdecke kreisförmig einbrach und Salz und Deckgebirge durch die sich bildende Schlucht im Vordergrund als Lösungs- und Sedimentfracht aus der kraterähnlichen Form heraustransportiert wurden.

In den beiden vorigen Beispielen lässt sich aus der regionalen Geologie ableiten, dass die Deformation ehemals tief unter der Landoberfläche ablief. In diesem Fall spricht die weiträumige, sanfte Aufbiegung der umgebenden, von Schluchten zerschnittenen Rumpffläche bis zum „Kraterrand" dafür, dass die Schichtverbiegung oberflächennah stattfand und das aufsteigende Salz der tektonische Impuls für die Ausbildung der umlaufenden Schichtrippen war.

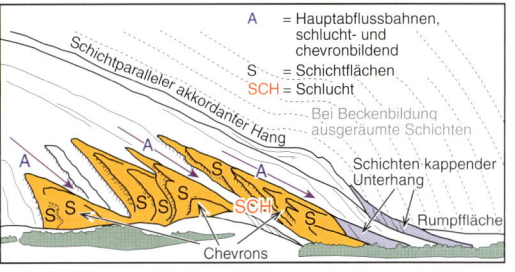

▲▲ Abb. 196: Antiklinalhang mit Chevrons; Bishapur, südliches Zagros-Gebirge, Iran.

▲ Abb. 197: Erläuterungsskizze zu Abb. 196.

▼ Abb. 198: Umlaufende antikline Schichtenaufbiegung um einen erodierten Salzdom; Canyonlands National Park, Utah, USA.

11. Stufen · Ungetreppter Stufenhang

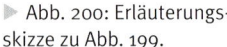
Abb. 199: Profilabfolge am ungetreppten Hang einer heterolithischen Schichtstufe; Nordwestrand Mesa Verde, Südcolorado, USA.

▶ Abb. 200: Erläuterungsskizze zu Abb. 199.

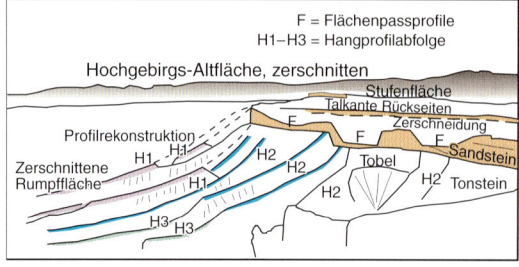

Zur Beweisführung, dass harte Gesteinsschichten für die Treppung von Stufenhängen keine hinreichende Erklärung sind, gehört auch, wie dargelegt, dass es neben getreppten auch **ungetreppte Stufenhänge** gibt, meist sogar an ein und derselben Stufe und besonders an der Umrahmung von Stufenrandbuchten (Abb. 182). Außerdem geht der in Lehrbüchern dargestellte hetereolithische Normalfall von einer *ungetreppten* Stufe aus, mit einem hohen Sockel aus weichem Gestein unter dem geringer mächtigen **Stufenbildner** (Lexikon der Geographie 2002, Stichwort „Schichtstufe"). In dem bis heute (fast) durchgängig humiden Klima bei wenn auch sinkendem Temperaturniveau ist das normale Stufenprofil außerdem **sigmoidal**, d. h. dass das Hangprofil vom Walm abwärts ein gestrecktes liegendes „S" beschreibt, das auf der Vorlandfläche ausklingt.

In den humiden Mittelbreiten, mitunter durch periglaziale Frostverwitterung, vor allem aber in Trockengebieten ist dieses ausgeglichene Profil in fortschreitender Anpassung an die *absoluten* Gesteinshärteunterschiede in ein Profil umgewandelt worden, in dem der harte Stufenbildner – im Idealfall unterhalb eines Walms – in einer senkrechten Wand abfällt, die dort, wo das weiche Gestein einsetzt, in einen nach unten abnehmend konvexen Hang übergeht. L. King (1967, zuerst 1957; vgl. Fairbridge 1968, S. 1007) hat die Steilwand als *free face* (Abb. 191) bezeichnet und den Hang darunter als *debris slope*, der in das *Pediment* (Abb. 203 ff.) übergeht. Er hat dies nicht nur als die **Endform der Stufenentwicklung** in Trockengebieten angesehen, sondern daraus sogar weltweit auf die Stufenhangentwicklung unter ehemals semiariden Bedingungen geschlossen.

Auch Abb. 199 zeigt ein solches **free face**, allerdings anders als im Vorder- und Mittelgrund von Abb. 201 ohne Walm. Wie zu erwarten, ist die Plateauoberfläche in ihren höchsten erhaltenen Teilen (Horizontlinie) fast horizontal, der Sandstein fällt dagegen nach rechts leicht ein. Nachgezeichnet wird dies durch harte Schichten am Oberrand einer Schlucht, die von hinten ausklingend bis fast an die Trauf reicht. Der Plateaurand links des weitesten Vorsprungs zeichnet das Profil eines Stufenpasses (Abb. 176, 178) nach. Rechts davon zeichnet die tiefere Lage des Sandsteins eine Verwerfung aus der Zeit vor der Stufenbildung nach, an die sich zwei weitere, mit Wald bestandene Stufenpässe anschließen. Entsprechend setzt dort der Hang in weichen Tonsteinen erst tiefer ein und führt rechts der Verwerfung in einem schmalen Streifen nach oben über den Sandstein hinweg bis zum Stufenpassniveau hinauf.

Der Tonsteinhang unterhalb der Steilwand entspricht keinesfalls dem gestreckten Schutthang nach L. King, sondern besteht, in einer für Trockengebiete durchaus typischen Ausprägung, aus mindestens drei Generationen von Hangprofilen *zunehmender Konvexität*. Grunert (1983) hat solche Abfolgen auch vom Rand des heute hyperariden Murzuk-Beckens der zentralen Sahara beschrieben und als Anpassungsformen an zunehmende Aridität gedeutet. Vom ältesten baumbestandenen Hangprofil im Mittelgrund, mit schütterer Baumvegetation an den Flanken, ist im weitgehend vegetationsfreien Bereich nur etwa die untere Hälfte erhalten, noch weniger von einem vergleichbaren Profil im Hintergrund. Nach oben extrapoliert, müsste zur Zeit seiner Bildung noch keine Steilwand vorhanden gewesen sein, wie im etwas tiefer angesetzten Profil rechts der Störung. Die nächstjüngere Profilgeneration – teils mit Vegetation – reicht in Gestalt weniger Rücken bereits nur noch bis an den Unterrand der harten Schicht, ebenso wie ein

oder zwei weitere, allerdings im Oberteil beträchtlich steilere Profile. Die Abtragungsprozesse durch **Spüldenudation** (Ahnert 2003, S. 171 f.) sind offenbar in mehreren Phasen akzentuiert worden, nachdem die flächenhafte Abtragung das Vorlandniveau in nicht getreppten Stufenabschnitten erreicht hatte. Die wahrscheinlichste Ursache sind Klimaänderungen, die das Abtragungsregime beeinflussten.

Rechts der Störung, vermutlich wegen geringerer Höhe bis zur harten Schicht, sind ältere Hangteile noch vollständiger erhalten. Dafür hat sich ein steiler **Tobel** als Einzugsgebiet eines Baches am Stufenhang gebildet (Abb. 200). Nicht einfacher wird die Hanggeschichte im Vordergrund noch durch eine Rutschung (Abb. 371 ff.), an deren Stirn der helle Sandstein des Stufenrandes sichtbar ist.

Unkomplizierter ist das Hangprofil in Abb. 201, der umgestalteten nördliche Seite eines breiten Tales. Auch hier ging die Entwicklung von einer Kappungsfläche aus, die über eine Verwerfung mit starker Sprunghöhe hinweg ging. Deshalb ist das Plateau im Hintergrund in einem weißen Sandstein ausgebildet, über den sich zwei **Aufsitzerinselberge**, der höhere mit einem Plateaurest, als Zeugen ehemals flächenhafter Abtragung erheben. Dem senkrechten Abbruch links, unter einem Plateaurandniveau (Abb. 175) in dünn gebanktem Sandstein, entspricht rechts der Störung ein älteres, stark abgerundetes Profil, das so nur unter einer noch bestehenden Bodendecke entstanden sein kann.

Das weitere Profil entspricht nur auf dem ersten Blick dem King-Modell, wonach ein konkaver Unterhang durch die auflagernde Schuttdecke ein gestrecktes Profil haben sollte, oder dem am ausführlichsten bei Louis & Fischer (1979, S. 140 f., Abb. 27) dargestellten **Haldenhang**. Danach sollte die Wand nicht senkrecht, sondern leicht geneigt sein und der Felssockel des Haldenhangs von einer nach unten an Mächtigkeit deutlich zunehmenden Sturzhalde überdeckt sein. Tatsächlich ist der als Haldenhang bezeichnete Felssockel in für semiaride Gebiete durchaus typischer Weise *geradlinig gestreckt* – mit einer **Übergangskonkavität** im untersten Teil –, und die nur noch in Resten vorhandene Schuttdecke ist, ebenfalls typisch, überall etwa gleich dünn (vgl. Abb. 166). Die Grenze zwischen Haldenhang und Wand liegt, wie auch zweimal in Abb. 191, genau an einer Gesteinsgrenze.

Der Unterhang könnte durch dieselben Hangspülprozesse wie in Abb. 199 durch die Umgestaltung eines steil-sigmoidalen Profils entstanden sein, wobei durch die Abtragung der weichen Schicht als Widerlager der Hang darüber nachbrach und allmählich zur Wand versteilt wurde. Auf jeden Fall war die Entstehung mehrphasig, d. h. **polygenetisch**. Die Hangschuttdecke muss jünger als der unterlagernde Felshang sein. Rezente Schuttbildung findet nicht statt, da die Felswand ohne Zeichen frischen Abwitterns stark patiniert ist und der Schutt rezent ausgeräumt wird. Selbst die auflagernden großen Blöcke von **Felssturz**material haben keine zuzuordnenden frischen Abbrüche an der Wand, sind also ebenfalls Vorzeitformen. Das Thema wird im Kap. „Hänge" (Abb. 362 ff.) weiter zu verfolgen sein.

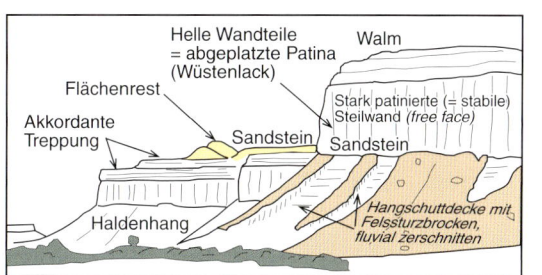

▲ Abb. 201: Talrandstufe mit Steilwand und Haldenhang; Canyonlands National Park, Utah, USA.

◄ Abb. 202: Erläuterungsskizze zu Abb. 201.

12. Pedimente · Typusregion, Modell, Kleinform

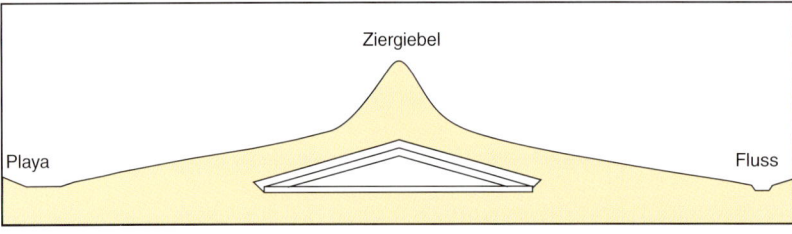

▲▲ Abb. 203: Von Pedimenten umgebene Gebirge: Basin and Range-Relief; Great Basin, Nevada, USA.

▲ Abb. 204: Merkmale von Pedimentlandschaften.

▼ Abb. 205: Durch Brandung angeschnittenes kleines Pedimentprofil in weichem Tonstein; Kephallinia, Griechenland.

Der einschneidende **endtertiäre Klimawandel**, der letztlich zur heutigen Klimazonierung führte, beendete in den Außertropen vollständig und in den Tropen selbst wohl mit Verzögerung die Ära der vorherrschenden Flächenbildung. Deren Areale waren seit dem mittleren Tertiär durch die Bildung von Plateaus mit ihren Stufenrändern, intramontanen Becken, Inselgebirgen und Inselbergen ständig weiter eingeschränkt worden, und zwar auf für das Gleichgewicht zwischen Hebung, chemischer Verwitterung und Abtragung noch geeignete Gebiete. Unter bestimmten Umständen entwickelte sich in dieser Übergangszeit offenbar ein Flächentyp, bei dem nahezu horizontale Rumpfflächenteile am Fuß von Stufen und Inselgebirgen in leicht geneigte Fels-Schrägflächen umgewandelt wurden. Im Quartär wurden diese oft mehrphasig zerschnitten und von Schwemmfächern (Abb. 282 ff.) überlagert. Am auffälligsten sind sie in Trockengebieten und wurden dort auch, wie die in Abb. 203 gezeigte *Basin and Range*-Landschaft, erstmals beschrieben und werden heute weltweit als **Pedimente**, im Deutschen auch als **Fußflächen** bezeichnet. Pedimentation wird nahezu generell als Typ der rezent-ariden Flächenbildung angesehen. Ausgedehnte Wüstenflächen werden dementsprechend oft als **Pediplains** bezeichnet.

Abb. 205 zeigt das in Tonstein angelegte Idealprofil eines Pediments, hier durch Meeresbrandung angeschnitten und, wie es für viele Pedimente gilt, *nicht* in einem ariden Gebiet (*vgl.* Büdel 1977, S. 160). Es besteht aus eine wenige Grad geneigten Rampe, die aus demselben, relativ harten Gestein wie der anschließende Gebirgshang besteht, in den es in einer eng begrenzten Übergangskonkavität, oft als **Hangknick** *(knickpoint)* bezeichnet, übergeht. Dieselbe Form in weichen Gesteinen wird, übernommen aus der französischen Literatur, als **Glacis** oder *glacis d'érosion* bezeichnet. Den zahlreichen Theorien, die zur Pedimentgenese entwickelt worden sind (zusammengestellt u. a. bei Busche 1977, v. a. Kap. 1; Cooke et al. 1993, 188 ff., 227 ff.), ist gemeinsam, dass jeweils *nur* dieser Reliefausschnitt von der Wasserscheide bis zur Tiefenlinie betrachtet wird und dass direkt von den Hängen oder aus Tälern austretendes Wasser in kräftigen, kurzzeitigen **Schichtfluten** von oben her die Pedimentbildung gesteuert haben soll. In der meisten Modellen ist die Fußfläche dabei als Ergebnis des sich durch Abtragung rückverlegenden Hanges entstanden. In der kritischen Übersicht bei Cooke et al. sind diese jedoch bereits als widerlegt ad acta gelegt worden.

Die deutsche Forschungsgeschichte der Pedimente beginnt mit einem *Übersetzungsfehler*. McGee (1897), der Pedimente zuerst beschrieben und benannt hat, beschrieb das Ensemble aus schmalem Gebirgszug *(Range)* mit beiderseits abfallenden Schrägflächen (Abb. 203) als *pediment*, weil es ihn an die so bezeichneten flachen Ziergiebel von klassizistischen Bauten erinnerte. Dem OED (Oxford English Dictionary) nach ist dies eine Verballhornung von pyramid durch damalige Bauhandwerker. Die klassisch gebildeten deutschen Leser sahen jedoch nur die naheliegende Verbindung zu lat. *pes, pedis* = Fuß und übersetzten *pediment* als *Fußfläche*. Von da ab bezog sich auch im Englischen, die Modellbildung zur Genese nur noch auf jeweils die *eine* Fläche auf der einen Seite des namengebenden Ziergiebels. Des Weiteren

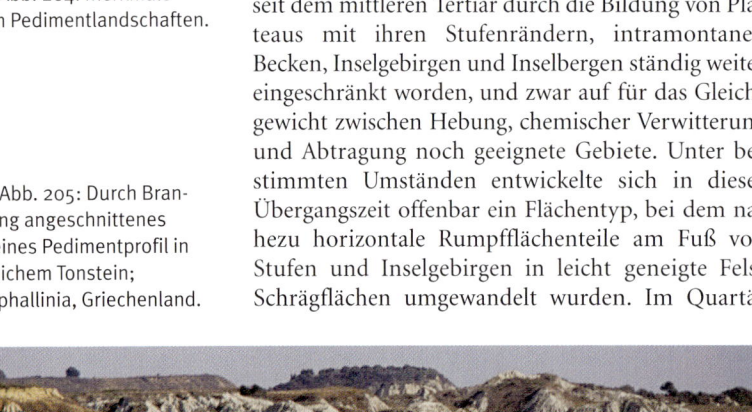

wurden Felssockel und Schuttauflage zu einer Zeit, als klimagenetisch-geomorphologische Gedankengänge noch keine Rolle spielten, genetisch zusammengefasst und die Abtragung auf der Fußfläche durch die scheuernde Wirkung des durchtransportierten Schutts, des *debris in transit,* erklärt. Abb. 203 zeigt jedoch, dass die Schuttdecke pedimentiert und sowohl in Gefällsrichtung als entlang der Tiefenlinien zerschnitten ist, es sich also um keine rezente, bei jedem Starkregen bewegte Decke handeln kann.

Aus der Beobachtung, dass flächenhaft ausbeißender Fels eines Pediments oft nur nahe des Bergfußes zu finden ist, entwickelte Lawson (1915) die Theorie des **suballuvial bench** als exhumierter Vorzeitform (*vgl.* Busche 1973, S. 22 f.), die seither von zahlreichen Autoren übernommen worden ist (u. a. Fairbridge 1968, S. 817, Büdel 1970, 1977 abgeschwächt in Abb. 53 b,d). Da die Ablagerung des von einem Fronthang abgeschwemmten Schutts jeweils am Hangfuß einsetzt, blieb der Felssockel dort vor weiterer Abtragung geschützt. Bei fortschreitender Hangrückverlegung und jeder neuen Schuttdecke ergab sich so eine leichte Aufwärtsverlegung des Hangfußes, sodass unter einer mit wachsender Hangferne mächtiger werdenden Schuttdecke ein **konvex abtauchender Felssockel** entstanden war. Anschließend wurde dieser Sockel zunehmend wieder freigespült – exhumiert – und dabei das konvexe in das beobachtbare flach-konkave Profil umgewandelt.

Bohrungen in unteren Pedimentteilen, die auch in größerer Tiefe keinen Fels erreichten, schienen diese Theorie zu bestätigen. Spätere geologisch-tektonische Arbeiten in der tektonischen Zerrungszone des Great Basin zeigten jedoch, wie in Abb. 204 rechts skizziert, dass der Felssockel nicht infolge konvexen Abtauchens unerreichbar war, sondern weil *nach* der Ausbildung der Felspedimente zentrale Teile der Becken zwischen den Bergen als **tektonische Gräben** (Abb. 13) abgesunken waren. Während der Absenkung wurde die jeweilige Grabenzone gleichzeitig – syngenetisch – mit Schwemmfächerschutt verfüllt, unter dem die abgesunkenen Pedimentteile heute jenseits einer Bruchlinie unter bis zu einigen Kilometern dicken Quartärsedimenten liegen. Gegen die Theorie von Lawson sprach aber schon von Anfang an, dass es außerhalb der Bruchschollenlandschaft des Great Basin auch Pedimente gibt, deren Felssockel, wie in Abb. 205, *durchgängig* bis zur Tiefenlinie zu verfolgen ist.

Viele Arbeiten zur Pedimentgenese wurden an **Kleinformen** in unverfestigtem Gestein durchgeführt (u. a. Schumm 1962), deren Ergebnisse dann in unzulässiger Weise auf Festgesteinsreliefs übertragen wurden, weil die dort notwendige Vorverwitterung nicht beachtet wurde. Abb. 208 zeigt eine solche „Versuchsanordnung der Natur" mit einem oberen Pedimentsaum als Abtragungsform im weichen Anstehenden am Fuß des zerrunsten Hanges (Abb. 233). Nach dessen Unterschneidung bildeten sich auf den nächsttieferen Niveaus Abtragungskegel ebenfalls im anstehenden Quartärsediment aus, als Großformen rock fans genannt (Johnson 1932, *s. a.* Busche 1977, S. 55 f.) und in Abb. 214 dargestellt. Wiederum nach deren Zerschneidung häuften sich darunter auf dem Hochwasserbett des Flusses – und zwischen den *rock fans* – kleine Schwemmfächer (Abb. 282 ff.) als reine Aufschüttungsform auf.

◀ Abb. 206: Pedimente mit Paläobodenbedeckung über Schwemmfächersediment; Atacama-Hochebene, Chile; der gleiche Gebirgsrand wie im Bild liegt hinter dem Aufnahmestandort.

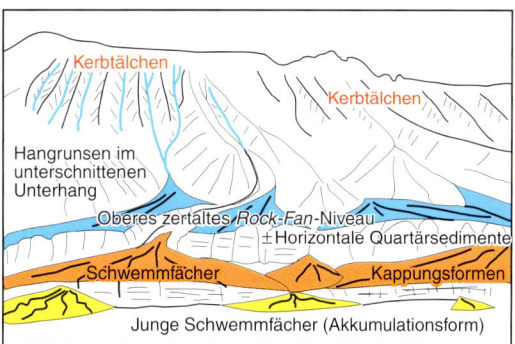

◀ Abb. 207: Erläuterungsskizze zu Abb. 208.

▼ Abb. 208: Pedimentkleinformen vom *Rock Fan*-Typ in Lockergestein; Westrand des Lut-Beckens, Zentraliran.

12. Pedimente · Saprolitunterlage

▲▲ Abb. 209: Granitpediment, auf gemeinsame Tiefenlinie mit einem *Pediment Dome* eingestellt; Richtersveld, nordwestliches Südafrika (aufgenommen vom Stufenfuß).

▲ Abb. 210: Kaolinaufschluss im Pediment von Abb. 209.

▼ Abb. 211: Granitpediment mit erodierter Bodenbedeckung vor wenig zertaltem Gebirgsrand; Südrand Shir-Kuh-Gebirge, zentrales Hochland, Iran.

Die Bilder dieser Doppelseite belegen, dass Pedimente **in anstehendem Fels ausgebildete Vorzeitformen** sind. Abb. 209, im Halbwüstengebiet im Nordwesten der Republik Südafrika aufgenommen, zeigt eine ausgedehnte Pedimentabdachung mit mehreren Grad Gefälle und dichtem, permanentem Bewuchs, in dem die für die aride Pedimentbildung geforderten Schichtfluten nur in sehr abgeschwächter Form auftreten könnten. Die zugehörige Stufe liegt einige hundert Meter hinter dem Aufnahmestandort. Jenseits der Tiefenlinie folgt statt der nächsten Stufe oder Gebirgskette wie in Abb. 203 ein flacher Schild, ein **Pediment Dome** (Abb. 224), der bei selektiver flächenhafter Tieferlegung, ähnlich den Rampen von Abb. 161/163, aus der Ausgangsrumpffläche (Abb. 218) herausmodelliert wurde. Die hellbraune dünne Lage von Granitgrus, der vom Stufenhang abgeschwemmt wurde, wird im Vordergrund und nahe der Tiefenlinie von Granitausbissen durchbrochen.

Der Schurf in Abb. 210 wurde in demselben Pediment angelegt. Unter der dünnen Grusschicht ist also offenbar noch ein brauner gekappter Boden erhalten, vermutlich aus der letzten Feuchtzeit. Während seiner Entstehung muss, in der Terminologie von Rohdenburg (1970), eine **morphologische Stabilitätszeit** bei dichterer Vegetation und höheren Niederschlägen geherrscht haben. Aber auch *davor* kann keine Pedimentation nach dem ariden Abtragungsmodell geherrscht haben, denn der Boden hat sich in einer weiß gebleichten Decke aus **kaolinitischem Saprolit** (Abb. 101 ff.), also dem Produkt einer chemischen Intensivverwitterung, gebildet. Die Handstücke zeigen, von rechts nach links, die gegen die Oberfläche zunehmende Verwitterungsintensität. Das heutige Pediment schneidet also wie auf einer Rumpffläche über eine *unregelmäßige Verwitterungsbasisfläche* (S. 25) hinweg.

In gleicher Weise schneidet auch das Pediment in Abb. 211 als **Felskappungsfläche** über Granit hinweg. Die Ausbisse im Vordergrund lassen teilweise noch das ausgewitterte Kluftmuster erkennen. Nicht weit vom Aufnahmestandort entfernt wurden Schafställe in kaolinisierten Saprolit gegraben und entlang eines Qanats – eines Grundwassersammelstollens – wurde aus den senkrechten Reinigungsschächten ebenfalls Saprolit gefördert. Bei vollständiger Ausspülung des zersetzten Gesteins sähe die Oberfläche vermutlich so aus wie in Abb. 140 am Fuß eines nicht mehr aktiven Inselbergs. Als Folge rezenter Spülprozesse liegen die Granitausbisse etwas höher als die Fläche, aber hier kann lediglich von flächenhafter Bodenerosion (Abb. 609 ff.) auf der heutigen Ziegen- und Schafweidefläche und nicht von ursprünglicher Pedimentbildung gesprochen werden. Die Gärten am Bergfuß zeigen außerdem, dass, wie in Abb. 210, eine sogar noch vollständigere Bodendecke auf dem Pediment liegt.

Die auch außerhalb des Bildbereichs geradlinige Grenze zwischen Hang und Pediment steht in Widerspruch zu jener Pedimentbildungstheorie, die im deutschen Sprachraum vor allem durch v. Wissmann (1951) vertreten wurde. Danach geschähe die Flächenbildung durch seitliche Erosion an den Rändern von – notwendigerweise – bereits leicht eingetieften Schwemmfächern, die **proximal** (bergseitig) aus Taltrichtern auf die Fläche übergehen. Damit wird aber nur die bandförmige Erosion auf nur noch teilaktiven Schwemmfächern (Abb. 286, 288) beschrieben. Tatsächlich könnte bei der Flächenbildung – oder besser -tieferlegung zwar der **distale** (bergferne) Teil vollständig überformt werden, nicht jedoch die Hangfußbereiche zwischen zwei Talaustritten auf die Fläche, wo Gebirgsvorsprünge erhalten sein müssten.

Abb. 212 weist darauf hin, dass Pedimente in den meisten Fällen von Rinnen in Gefällsrichtung zerschnitten sind – auch in jenen Gebieten im Südwesten der USA, in denen die ältere Literatur Flächenspülung

12. Pedimente · Saprolitunterlage, Rock Fan

als Bildungsprozess annimmt. Das Pediment ist hier über einem zu Saprolit verwitterten vulkanischen Gestein, einem Quarzlatit, ausgebildet. Die etwas unterhalb des grasbewachsenen und mit einem Steinpflaster bedeckten Hauptniveaus liegende Verebnung weist darauf hin, dass die Abflussrinne, deren Rand im Saprolit ausgebildet ist, bei geringerer Eintiefung noch eine größere Breite hatte. Die leichte Abschrägung unter der Erosionskante zeigt, dass auch die rezente Rinne nicht mehr in voller Breite durchflossen wird. Die Hänge, an denen das Pediment links außerhalb des Bildes ansetzt, sind ebenfalls wie die im Hintergrund weitgehend mit einer patinierten und zerschnittenen Hangschuttdecke überzogen. Von dort sind weder Hangabspülung mit Rückverlegung noch starke Flächenspülung zu erwarten, sondern lediglich *linienhafter* Abfluss. Auch hier ist das Pediment eindeutig eine Vorzeitform, die bei dem heutigen semiariden Klima zerschnitten wird.

Abb. 214 zeigt das in bergfrischem Gneis ausgebildete felsige große Gegenstück zu den Kleinformen von Abb. 208. Rechtwinklig zur Längsachse durch die Straße angeschnitten, zeigt dieser *Rock Fan* eine typische leichte Querwölbung, welche die ganze Form wie bei einem Schwemmfächer in Lockermaterial bestimmt. Im Hintergrund – nicht sichtbar – beginnt dieser „Felsschwemmfächer" an einem Talaustritt eines niedrigen Inselgebirges. An noch größeren Formen in der kalifornischen Mojave-Wüste, allerdings von Schwemmfächern überlagert, stellte Johnson (1932) die Theorie auf, dass durch seitliche Verlagerung und damit seitliche Erosion der in sie eingeschnittenen Abflussrinnen, ähnlich wie später bei v. Wissmann, der Felsuntergrund zu solchen flachen Kegeln abgeschliffen würde. Von späteren Autoren wurde diese Vorstellung zu Recht abgelehnt (s. Busche 1973, S. 56), aber dennoch gibt es *Rock Fans* offenbar in kleinerer Dimension.

Einen ersten Hinweis auf die Genese in Abb. 214 gibt der Inselberg links, dessen Entstehung in Verbindung mit divergierender Verwitterung und Abtragung (Abb. 131 ff.) sowie chemischer Intensivverwitterung ausführlich dargestellt worden ist. Tatsächlich besteht in Abb. 213, einem Detail aus 214, die braune Auflage nicht aus Sediment, sondern aus Saprolit desselben Gneises, der unterhalb einer sehr scharfen und kaum reliefierten Verwitterungsbasisfläche unverwittert ansteht und durch eine spätere Bodenbildung braun durchgefärbt wurde. Die von dem Gebirgstälchen ausgehende Abspülung dürfte zuerst noch in höheren Profilteilen, im Rotlehm, abgelaufen sein, als

auf vom **Zuschusswasser** fernen Teilen der Rumpffläche mit abnehmender Verwitterungsintensität der flächenhafte Abtrag allmählich zum Erliegen kam. Dank eines größeren Einzugsgebiets im erhöhten Hinterland – einer Stufe oder hier eines Inselgebirges – war dort noch genug Feuchtigkeit sowohl für die **chemische Intensivverwitterung,** für die **Abspülung** an der Oberfläche als auch die **Lösungsabfuhr** an der Verwitterungsbasisfläche vorhanden. Dabei musste sich das abfließende Wasser beim Austritt aus dem engen Gebirgstal zwangsläufig fächerförmig ausbreiten. Offenbar konnte sich die chemische Verwitterung an dieses Muster anpassen, da die Durchfeuchtung zu den Randbereichen des Fächers stärker als entlang der Scheitellinie war. Bei insgesamt nur noch geringer Boden- und Saprolitüberdeckung und vermutlich auch wegen des größeren Bodenwasserzugs gegenüber einer fast ebenen Rumpffläche bildete sich die Verwitterungsbasisfläche in Form eines Felsfächers aus. Als solche ist sie heute, nach oft vollständiger Abtragung des Saprolits, als **Mesoform** (mittelgroße Form) des Felsflächenreliefs vielfach als Überformung eines randlichen Rumpfflächenteils auch in vollariden Gebieten erhalten (Busche 1973, S. 55 ff.).

Möglicherweise gibt es die *großen Rock Fans* tatsächlich, allerdings von Schwemmfächern überdeckt. Johnson (1932) hatte bei seinem Modell lediglich noch nicht die tertiäre/quartäre Klimageschichte und damit die chemische Intensivverwitterung als Vorbedingung für eine fächerförmige Abspülung berücksichtigt.

▲ Abb. 212: Intensiv verwitterter Quarzlatit unter einem zerschnittenen Pediment; bei Khorixas, Zentralnamibia.

▼ Abb. 213: Ausschnitt aus Abb. 214 (bei anderer Beleuchtung): scharfe Grenze zwischen saprolitisiertem und bergfrischem Gneis.

▼▼ Abb. 214: Scharf begrenzte Verwitterungsbasis eines schwemmfächerförmigen Pediments *(rock fan)* in Gneis; östlich Springbok, nordwestliches Südafrika.

12. Pedimente · Schwemmfächerüberdeckte Pedimente

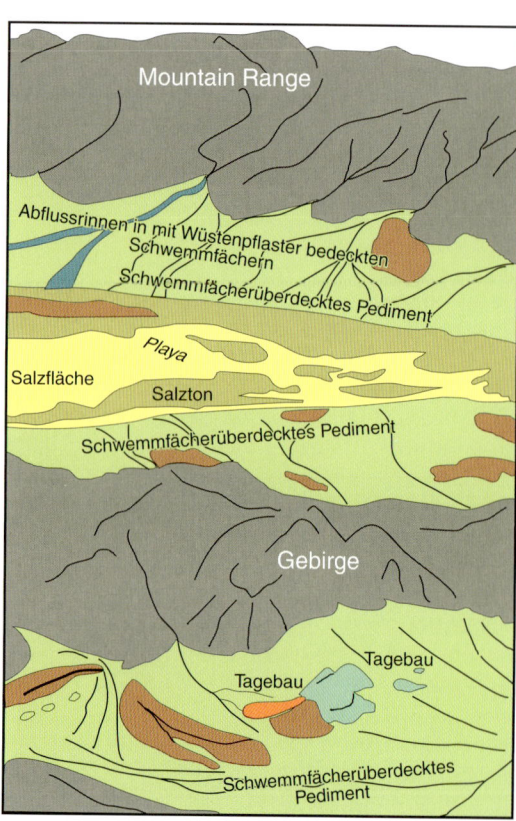

▲ Abb. 215: Schwemmfächerüberdeckte Pedimente, Great Basin, Nevada, USA.

▶ Abb. 216: Erläuterungsskizze zu Abb. 215.

Die Abb. 215 zeigt, aus geringerer Flughöhe als Abb. 203, noch einmal die typische Anordnung von Pedimenten im Gebiet ihrer Erstbeschreibung. Der Tagebau im Vordergrund belegt, dass die Schrägfläche tatsächlich eine Felskappungsform ist. Zwei schuttbedeckte **Felsriedel** mit geringerem Gefälle als die Pedimentoberfläche zeigen, dass es bis zu deren Ausbildung noch eine Tieferlegung der Tiefenlinie und Felsflächenzerschneidung (rechts unten) gegeben hat. Auch jenseits des vorderen Gebirgszugs bezeugen Felsausbisse den Pedimentcharakter.

In typische Weise gilt für die trockensten Teile des Great Basin, dass alle Pedimentflächen von unterschiedlich stark zerschnittenen **Schwemmfächern** (*alluvial fans*) überlagert sind, deren bandförmige, teils divergierende, teils pedimentabwärts sich verbreiternde Abflussbahnen aber gegenwärtig nur einen kleinen Teil ihrer Oberfläche umlagern. Die wegen ihres patinierten **Wüstenpflasters** (*desert pavement*) dunkler erscheinenden Flächenteile sind nahezu inaktiv. Von rezenten, Pedimente (weiter-)bildenden Schichtfluten kann hier nicht die Rede sein. Die trichterförmigen Rücksprünge am hinteren Gebirgsrand, wo die größeren Täler ins Pediment übergehen und dessen keilförmig zwischen ihnen liegende Vorsprünge sind solche Bereiche, die den Anstoß zur Theorie der seitlichen Erosion als Motor der Pedimentbildung und der *rock fans* gaben. Die **Lateralerosion** kann aber, nach den vorherigen Ausführungen, nicht die Pedimente als Ganzes geschaffen, sondern lediglich im proximalen Bereich die Taltrichter ausgeweitet haben.

Die beiden hinteren Pediment-/Schwemmfächersäume sind auf eines der zahlreichen abflusslosen – **endorheïschen** – Becken (s. a. Abb. 203, Hintergrund) eingestellt. Der zentrale Beckenbereich wird durch die weiße Salztonfläche einer **Playa** (Abb. 308 f.) und der in sie einmündenden Schwemmfächerrinnen nachgezeichnet. Entstanden sind sie vermutlich erst im Übergang zum meist **ariden** Klima des Quartärs, als Krustenverbiegungen nicht mehr durch das Einschneiden der Flüsse ausgeglichen und ein Abfluss nach außen – die **exorheïsche** Entwässerung – bis auf die Zeiten **pluvialzeitlicher** Seenbildung nicht mehr möglich war. An abflusslosen Becken Irans gewonnene Ergebnisse lassen sich hier vermutlich übertragen (Busche et al. 2002).

12. Pedimente · Pedimentkonvergenz

Die bisher vorgestellten Pedimenttheorien sind nicht geeignet, die Genese der Felsfußflächen *vor* deren Überdeckung durch die pleistozänen Schwemmfächer zu erklären. Jede genetische Erklärung muss die eindeutigen Hinweise auf **chemische Intensivverwitterung**, die es auch im Great Basin gibt, berücksichtigen, woraus sich zwangsläufig eine **präaride Erstanlage** und **quartäre Überformung** ergibt, also eine polygenetische Entwicklung (Busche 1973; 1998, S. 40 ff.). Dabei lässt sich eine enge Verbindung zu den auch aus den ariden Gebieten nachgewiesenen Rumpfflächen als Vorzeitformen herstellen. Büdel hat 1977, bei weitgehender Abkehr von der „klassischen" Pedimentgenese (nur noch in Abb. 53 d), die Verbindung zwischen Pedimenten und Rumpfflächen akzentuiert (1977, S. 159 ff.) und die Flächenrandbereiche mit Schwemmfächerüberformung ohne nähere Erläuterung als Traditionspedimente bezeichnet (Abb. 53b).

Auf diesen Überlegungen aufbauend, wird hier eine *neue* Theorie der Pedimentbildung vorgestellt (Abb. 218), deren Betrachtungseinheit nicht der „Giebel" (Abb. 204), sondern das *beiderseitige* Gefälle zwischen zwei Bergrücken auf eine gemeinsame Tiefenlinie hin ist. Dafür wird der Begriff der *Pedimentkonvergenz* eingeführt. Diesen Normalfall der Fußflächenanordnung zeigen Abb. 217 und 219, zuvor schon Abb. 203 und 206. Ausgangsform der Pedimentbildung war ein beliebig breiter, ebener **Flächenstreifen**. Bei abnehmender chemischer Verwitterungsleistung und damit dem Vorherrschen tektonischer Hebung gegenüber der Abtragung wurde die Flächenspülung durch *linienhafte* Abtragung ersetzt. Beiderseits der sich aus einer Spülmulde akzentuierenden Tiefenlinie konnte sich in der noch vorhandenen Boden- und Saprolitdecke (Abb. 121) bei *langsamer Eintiefung* leicht eine auf diese eingestellte Spülfläche ausbilden, ähnlich der Rampenbildung von Abb. 161.

Dies war so lange möglich, bis in der **plio-pleistozänen Übergangszeit**, die auch von Cooke et al. (1993, S. 228) als Entstehungszeitraum angenommen wird, die Zersatzdecke sich nicht mehr an die sich einschneidende Tiefenlinie anpassen konnte und „aufgebraucht" wurde. Damit wurde der **Pedimentsockel** beiderseits der Tiefenlinie erst zerschnitten und nachfolgend von Schwemmfächerschutt aus dem Gebirge überschüttet und das Relief wieder ausgeglichen. Begünstigt wurde das Geschehen, wie auch zur Rumpfflächenzeit, durch das Zuschusswasser vom Berg, Gebirge oder der Stufe. In diesem Sinne ist der Felssockel am Inselbergfuß in Abb. 140, wie erwähnt, als zerschnittenes Pediment anzusprechen. Am Fuß von Schicht- oder Rumpfstufen konnten Pedimente im Zusammenhang mit der ebenfalls durch das Zuschusswasser ermöglichten Bildung der **Subsequenzfurche** (Abb. 185) entstehen, während ohne höheres Hinterland die Flächenbildung bereits zum Erliegen gekommen war.

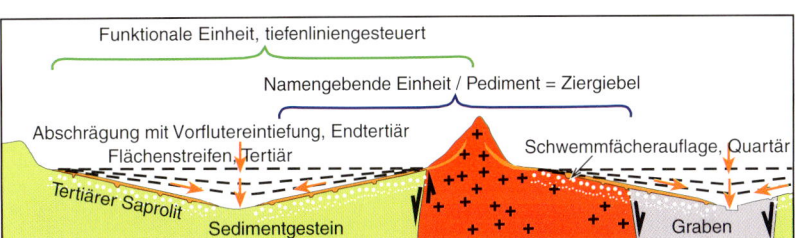

Mit diesem Modell erklärt sich, warum Pedimente *nicht nur* in heute ariden Gebieten vorkommen und ebenso, warum sie in weiten Teilen arider Gebiete *nicht* vorkommen (zu beidem Büdel 1977, S. 160), nämlich überall dort, wo bei fehlendem hohen Hinterland die Rumpfflächen als traditional weitergebildete oder linienhaft zerschnittene Vorzeitform erhalten geblieben sind.

Abb. 217 zeigt eine **Pedimentkonvergenz**, bei der im Vordergrund die Schuttüberdeckung, bedingt durch ein höheres Beckenrandniveau, fehlt. Die flachen Schichtausbisse sind nachgezeichnet, während das entgegengerichtete Pediment in üblicher Weise von einer inaktiven Schwemmfächerdecke überlagert ist, die nach oben bruchlos in eine ebensolche, teilabgetragene Hangschuttdecke übergeht und deren Zerschneidungsrinnen durch niedrige Vegetation nachgezeichnet werden. In Abb. 219 hat die Pedimentkonvergenz einen **Flächenpass** umgestaltet. Bei über 2000 m Höhe, Winterregen und Frösten ist die auflagernde Schwemmfächerdecke nur wenig eingeschnitten und das dichte Rinnennetz wird durch perennierende Gräser und kleine Büsche nachgezeichnet.

▲▲ Abb. 217: Beiderseitige Pedimentabdachung auf eine gemeinsame Tiefenlinie mit Schwemmfächerüberlagerung; Südnamibia.

▲ Abb. 218: Umwandlung eines Flächenstreifens zu konvergierenden Pedimenten bei leichter Taleintiefung im Übergang Tertiär/Quartär. *Skizze*

▼ Abb. 219: Konvergenz zweier Pedimente, von leicht zerschnittenen Schwemmfächern überlagert, zentrales Hochland südlich Yazd, Zentraliran.

12. Pedimente · Zerschnittenes Pediment, Sandschwemmebenen

▲▲ Abb. 220: Zerschnittenes Pediment mit Fanglomerataufflage; Südsardinien.

▲ Abb. 221: Auf zerschnittenem Pediment gebildete Sandschwemmebene, Becken von Bardai, Tibesti-Gebirge, Nordtschad.

▶ Abb. 222: Erläuterungsskizze zu Abb. 221.

▼ Abb. 223: Zerschnittenes Pedimentprofil und Sandschwemmebene, Becken von Bardai, Tibesti-Gebirge, Tschad.

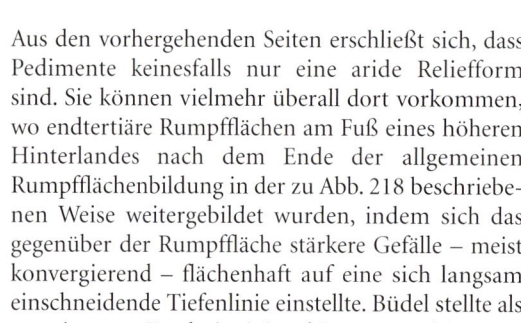

Aus den vorhergehenden Seiten erschließt sich, dass Pedimente keinesfalls nur eine aride Reliefform sind. Sie können vielmehr überall dort vorkommen, wo endtertiäre Rumpfflächen am Fuß eines höheren Hinterlandes nach dem Ende der allgemeinen Rumpfflächenbildung in der zu Abb. 218 beschriebenen Weise weitergebildet wurden, indem sich das gegenüber der Rumpffläche stärkere Gefälle – meist konvergierend – flächenhaft auf eine sich langsam einschneidende Tiefenlinie einstellte. Büdel stellte als gemeinsames Ergebnis einiger bis 1977 erschienenen Arbeiten zu *nicht ariden* Pedimenten heraus, dass derartige Formen alle aus dem **Ältestpleistozän** stammen, also zeitlich zwischen die rumpfflächenbildende Zeit der „tropoiden Alterde" und dem Kaltzeiten-Pleistozän hineinfallen (Büdel 1977, S. 160). Abb. 220 zeigt ein typisches Beispiel eines zerschnittenen Pediments aus Südsardinien (Seuffert 1970). Die Oberfläche des die Schichten kappenden Pediments wurde anschließend leicht zerschnitten, bevor das so entstandene unruhige Relief durch eine Decke von Schwemmfächerschutt (**Fanglomerat**) ausgeglichen wurde. Eine spätere Zerschneidungsphase griff dann tiefer in den Pedimentsockel ein und isolierte auch die Fanglomeratdecke.

In vollariden Gebieten, in denen fluviale und äolische Prozesse abwechselnd dominieren, hat sich als eine Form der **traditionalen Weiterbildung** von Pedimenten die **Sandschwemmebene** entwickelt (Briem 1977, Büdel 1977, S. 161, 173 ff.). Abb. 221 zeigt sie im intramontanen Becken von Bardai, dem Sitz der heute nicht mehr aktiven Forschungsstation der Freien Universität Berlin, von der seit Mitte der 1960er Jahre wesentliche Beiträge vor allem zur geomorphologischen Wüstenforschung geleistet wurden (Hövermann 1965).

Im Vordergrund ist ein Teil, im Mittelgrund der gesamte Bogen der beiden auf das Enneri Bardagué eingestellten konvergierenden Sandsteinpedimente sichtbar. Bei deren Zerschneidung trat der in der zentralen Sahara nicht seltene Fall ein, dass ein Streifen des Pedimentsockels, den man als **distale Pedimentinseln** bezeichnet (Busche 1973, S. 21 f.), unmittelbar an der Tiefenlinie erhalten blieb. Offenbar hatten sich auf dem nicht mehr flächenhaft weitergebildeten Pediment mehrere **dendritische** (baumförmige) Gerinnenetze entwickelt, zwischen deren Mündungen in den Vorfluter dreieckige Flächenreste gewissermaßen im toten Winkel ausgespart blieben, ähnlich den Chevrons an steilen Antiklinalhängen (Abb. 196). Hinter den flussbegleitenden Inseln als Sedimentfallen konnten die Sedimente der späteren starken Flussakkumulation erhalten bleiben. Diese und vom Rückhang gelieferte Sande glichen den zerschnittenen Untergrund hinter den Pedimentinseln aus. Auf tieferem Niveau und eingestellt auf das Hochwasserbett des Flusses, bilden Schwemmprozesse bei seltenen Regen und nur wenigen cm Wassertiefe (Busche 1998, Foto 209, 210) im Wechsel mit äolischer Sandverfrachtung die Fläche auch im gegenwärtig vollariden Milieu weiter. Die flächenhafte Ausbildung zur Sandschwemmebene wurde dadurch begünstigt, dass der Sandstein stark saprolitisiert ist – fast weiß unter der graubraunen Patina – und leicht zu Sand zerfällt.

Die Sandschwemmebene links hinten führt über einen Flächenpass zum nächsten Becken. Oberhalb des getreppten Beckenrandes (Abb. 176, 182 f.) ist die Dachfläche schichtakkordant umgestaltet worden. Ein Rest des höchsten Flächenniveaus ist im Plateau des Kegelberges, eines Vulkanschlots mit Sandsteinummantelung, hinten links erhalten. Der spitze Berg

12. Pedimente · Pediment Dome, zertaltes Pediment

rechts ist ein durch Hangabtragung umgestalteter Stratovulkan.

Auch Abb. 223 zeigt eine Sandschwemmebene. Diese ist allerdings auf einem Erosionsniveau gebildet worden, das durch die seitliche und flächenhafte Erosion des Enneri Bardagué in einer feuchteren Phase des Quartärs geschaffen wurde, exhumiert während der Ausräumung einer mächtigen Schotterterrasse. Die Kammlinie dahinter zeichnet, mit sanfter **Übergangskonkavität**, ein stark zerschnittenes Pediment nach. Die nach rechts zur Tiefenlinie eines Nebenflusses niedriger werdenden Sandsteintürme lassen erkennen, in welchem Maße die tertiäre **chemische Tiefenverwitterung** entlang der Klüfte eingegriffen hatte. Das ausgeräumte Material dürfte bereits tonig gewesen sein, da der Sandstein selbst, wie erwähnt, bereits stark saprolitisiert ist.

Abb. 224 und 225 zeigen die wegen ihrer nur schwachen Aufwölbung und großen Ausdehnung kaum fotografierbare Form von **pediment** oder **desert domes** (Sharp 1957; *dome* = Kuppel) als eine Form der Umgestaltung des Bodens von weiten intramontanen Ebenen, von Büdel (1971) als **Pedimentscheitelrelief** bezeichnet (kleinere *domes* zeigt die Kartierung von Busche 1973, Abb. 2). Aus ihnen zusammengesetzte Ebenen werden auch als **Pediplains** bezeichnet.

In der „klassischen ariden" Pedimenttheorie wird auch für ihre Bildung das Zurückweichen von Hängen bei gleichzeitiger **Schichtflut**pedimentation angenommen. Demnach zeigte Abb. 224, mit nur noch wenigen Restbergen im Scheitelbereich, schon fast das Endstadium dieses Prozesses. Allerdings dürfte es dann diese Form *ganz ohne* Restberg – Abb. 225 zeigt die rechte Hälfte einer solchen Form – gar nicht geben, da zuletzt ja kein flutauslösendes Hinterland mehr vorhanden wäre. Als Ausweg aus dem Dilemma wird die *sehr lange Dauer* eines semiariden Erosionszyklus' mit allmählichem Endzerfall der Restberge angenommen, auch für den am meisten bearbeiteten *desert dome*, den Cima Dome in der kalifornischen Mojave Desert (u. a. Stone in Fairbridge 1965, S. 278).

Abb. 225 belegt jedoch, dass es sich auch bei dieser Form um die **Umgestaltung einer Rumpffläche** handelt, die sich an eine sich langsam einschneidende Tiefenlinie anpasst. Im Bild besteht eine starke Asymmetrie zwischen demjenigen schmalen Pediment, das sich am Fuß der niedrigen, eingesandeten Stufe im Vordergrund gebildet hat, und dem der allseitig

auf solch eine Tiefenlinie (außerhalb des Bildbereichs) eingestellten flachen Abdachung des Gegenpediments. Der *pediment dome* im Hintergrund von Abb. 209 – ohne Restberg – ist dagegen vom Scheitel bis zur Tiefenlinie kleiner als das von der Stufe abgedachte Pediment. Die Doleritblöcke im Vordergrund von Abb. 225 zeigen kräftigen rezenten Windschliff (Abb. 783 f.).

Bei stärker eingeschnittener Tiefenlinie als in Abb. 225 ist die viel häufigere Erscheinungsform eines **zertalten Pediments** wie in Abb. 227 entstanden. Nach dessen Entstehung als stärker geneigte Umgestaltungform des ursprünglichen Beckenbodens konnte irgendwann die flächenhafte, beiderseitige Abschrägung nicht mehr mit der weiteren Eintiefung des Flusses in der Tiefenlinie Schritt halten. Es bildeten sich **bandförmige Zerschneidungsbereiche** aus, die in Anpassung an das Akkumulations- und Erosionsgeschehen des Vorfluters eine eigene **Flussterrassentreppung** (Abb. 341 ff.) entwickelten. Bei einer Höhenlage um 1500 m glätteten vor allem in den pleistozänen Kaltzeiten Frostverwitterung, Bodenkriechen (Abb. 432 ff.) und schließlich auch **Lösssedimentation** (Abb. 766 ff.) die Übergänge zwischen den Niveaus. Heute reicht die winterliche Feuchtigkeit für Trockenfeldbau auf der zerschnittenen, stabilen Pedimentoberfläche aus.

▲▲ Abb. 224: Pedimentschild (pediment dome), nördlich des Oranje, Südnamibia.

▲ Abb. 225: Einstellung des pediment dome auf die Tiefenlinie am Fuß einer Stufe; Detail zu Abb. 224.

▼ Abb. 226: Erläuterungsskizze zu Abb. 227.

▼▼ Abb. 227: Nach Abkoppelung von der Haupttaleintiefung zertaltes Pediment, Ostrand Zagros-Gebirge, Zentraliran.

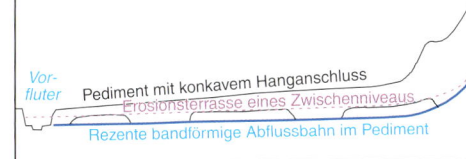

12. Pedimente · Glacis

▲ Abb. 228: Getreppte Fußfläche in weichem Gestein (Glacis); Draatal, Südmarokko.

▼ Abb. 229: Zerschnittenes Glacis; Taleghan-Tal, Elburs-Gebirge, Nordiran.

In der französischen Literatur werden Pedimente als **Glacis** (Tricart et al. 1972) bezeichnet, wobei dieser Begriff, mit entsprechenden Erweiterungen wie *glacis d'épandage* auch Schwemmfächer umfassen kann. In die deutsche Literatur ist der Begriff zur Bezeichnung von Fußflächen in weichem Gestein von Gebirgsvorsenken oder Beckenfüllungen eingeführt worden (Mensching 1973; zur Terminologie *vgl.* Besler 1992, S. 127 ff.). Abb. 228 zeigt ein solches Glacis, in französischer Terminologie ein zerschnittenes *glacis d'érosion*. Bis auf die weniger reliefausgleichende Überformung entspricht seine Bildung dem des zerschnittenen Pediments von Abb. 227. Bei der wenig verfestigten, vermutlich miozänen Beckenfüllung ist lediglich der klimatische Spielraum größer, unter dem sich aus einem ebenen Beckenboden, wie beschrieben (Abb. 217), die beiderseits auf den Fluss eingestellten Schrägflächen bilden konnten, da keine intensive Verwitterung für die nötige Aufbereitung zum Transport durch fließendes Wasser nötig war.

Für die erste, so angelegte geneigte Kappungsfläche hat sich der Begriff **Dachglacis** eingebürgert. In der Atlasregion Nordafrikas ist auf diesem Dachglacis häufig eine **Kalkkruste** (Abb. 403 ff.) ausgebildet. Als Reaktion auf die Hebungsgeschichte der Region und den mehrfachen pleistozänen und holozänen Klimawandel ist das Dachglacis, wie in Abb. 227, bandförmig zerschnitten worden. Dabei sind die distalen Bereiche teils als kleine Mesas vollständig abgetrennt worden. Typisch ist auch, dass die Verbindung zum Beckenrand aus hartem Kalkstein weitgehend abgeschnitten worden ist. Auf dem Einschneidungsniveau ist verschwemmter, nur kantengerundeter Schutt (**Fanglomerat**) abgelagert worden. Dort wo das Dachglacis nahe der Tiefenlinie stark erodiert worden ist, haben sich zwei seitlich zusammengewachsene Schwemmfächer (Abb. 282 ff.) ausgebildet, ebenso dunkelbraun patiniert wie der Schutt auf den Hängen und damit eindeutig eine nicht mehr aktive Vorzeitform. Auf dem rechten Schwemmfächer ist hellbraun die eingeschnittene heutige schmale Entwässerungsbahn zum Talboden hin erkennbar.

Noch ein Reliefstockwerk tiefer als die Schwemmfächer liegt die von bewässerten Feldern und Palmen bestandene **Flussterrasse** (Abb. 341 ff.). Der Ackerbau findet jedoch nicht in weithin verschwemmtem Fanglomerat statt, sondern typischerweise in schluffig-tonigem Feinmaterial, das im frühen Holozän als vorzeitliches Bodensediment von den umgebenden Hängen abgespült worden ist und als *limon des palmeraies* (Palmgartenlehm) bezeichnet wird. Seine Existenz belegt also eine noch weitere Phase in der Zerstörungsgeschichte des Dachglacis. Im Fluss, der nach ergiebigen Winterregen noch viel Wasser führt, werden heute Sand und Kies transportiert, was auf der Sandbank vorn links und auf der Insel zu erkennen ist.

Das zerschnittene **Dachglacis** in Abb. 229 wurde ebenfalls in den relativ weichen Schichten einer mitteltertiären Beckenfüllung angelegt und anschließend, mit der Eintiefung des hier nicht sichtbaren Flusses (um 1700 m hoch gelegen), stark zerschnitten und weitgehend ausgeräumt. Danach wurde jedoch aus der bis um 2500 m hohen Gebirgsumrahmung so viel Schutt angeliefert, dass das Becken fast bis zur Höhe des Dachglacis, dessen zerschnittene Reste rechts im Mittelgrund zu sehen sind, vom Taleghan-Fluss verfüllt wurde. Zu Beginn einer erneuten Einschneidung des Flusses bildete sich auf den etwa horizontal geschichteten Schottern das um mehrere Grad geneigte bildbeherrschende Glacis aus. Von dem älteren Glacis über den Tertiärschichten hebt es sich das glattere und etwas tiefer liegende Niveau der Flächenreste ab. Eine solche Phase der Glacisbildung auf Flusssedimenten ist offenbar der Normalfall bei *zuerst nur langsamer* Einschneidung des Flusses in seine Alluvionen (Abb. 343).

Ein Frühjahrsschneefall zeichnet die spätere Zertalung des Glacis nach. Anders als in Abb. 228 liefen dabei Hangabtragungsprozesse und Einschneidung gleichzeitig ab, sodass sich statt der Schwemmfächerstreifen mit steilen Hängen breite **Kerbtäler** in den Schottern bildeten, deren Hänge zuletzt von den klei-

12. Pedimente · Grabenrand-Glacis

nen, mit Schnee gefüllten Rinnen zerschnitten worden sind.

Abb. 230 ist ein Beispiel dafür, dass Glacis keinesfalls nur in den heute ariden Regionen vorkommen. Nach Stäblein (1968, S. 149) schneidet die von Weingärten bedeckte Fußfläche diskordant über die im tektonisch abgesenkten Rheingraben abgelagerten Sedimente, über tiefer liegende Schollen am Grabenrand sowie über erst kurz vor der Glacisbildung abgelagerte, ins Pliozän gestellte Sande. Damit ergibt sich die gleiche, *endtertiäre* Zeitstellung wie für die Bildung der Pedimente.

Diese Fußfläche wurde im Ältestpleistozän unter schon **periglazialen** Bedingungen erst noch flächenhaft überformt und anschließend, im Zusammenhang mit der Akkumulation und Erosion des Rheins, linienhaft zerschnitten unter starker Abrundung der Hänge von den Flächenresten zu den sie zerschneidenden Tälern. Die bewaldeten Stufen am rechten Bildrand sind überformte **Bruchschollen** am Grabenrand, ähnlich denen von Abb. 15.

Stäblein (1972, S. 77) hat aus der Form der Glacis und der auf ihnen gefundenen, nur kantengerundeten Restschotter auf ein *semiarides* Klima während der oberpliozänen Bildungszeit geschlossen. Die Tatsache, dass Fußflächenteile auch über die harten Gesteine abgesunkener Schollen hinweggreifen, spricht allerdings für eine noch recht intensive chemische Verwitterung zur Flächenbildungszeit. Dass der auflagernde Schutt – von ihm als **Fanger** bezeichnet (abgeleitet von Fanglomerat) – genetisch mit der Flächenbildung verbunden wird, entspricht der traditionellen Pedimenttheorie, aus der wiederum auf ein semiarides Klima zur Bildungszeit geschlossen wird.

Vergleichbare Fußflächen am Rand des Kastilischen Scheidegebirges in Spanien zeigen dagegen die

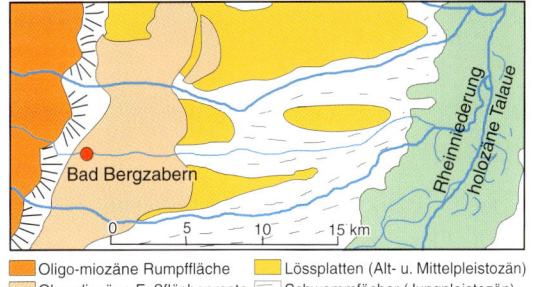

▲ Abb. 230: Zerschnittene Fußfläche; Westrand des Oberrheingrabens, Pfalz.

◀ Abb. 231: Erläuterungsskizze zu Abb. 230 (n. Stäblein 1968).

gleiche Situation wie in Abb. 220, nämlich dass das dort als **Raña** bezeichnete Fanglomerat in rotlehmhaltiger Matrix auf einen bereits zerschnittenen Pedimentsockel geschwemmt worden ist, genetisch also jünger ist. Entsprechende Rotlehmreste finden sich auch am Rand des Oberrheingrabens (Semmel 1996, S. 20). Es lässt sich sogar anzweifeln, ob wirklich ein semiarides Klima für die Ausbreitung der Fangerdecke verantwortlich war, denn paläontologische Hinweise sprechen eher dafür, dass das Klima in jener Übergangszeit nicht zunehmend arider, sondern lediglich kälter wurde (a.a.O.).

Als der Pedimentbegriff Ende des 19. Jahrhunderts in die Fachliteratur eingeführt wurde, spielten paläoklimatische Überlegungen noch keine Rolle und die genetische Verbindung zwischen Reliefform und dem heute herrschenden Klima war nahezu automatisch. Die zahlreichen Missverständnisse, die sich daraus in der Folgezeit für das „Pedimentproblem" ergeben haben, wirken bis heute in der Literatur fort. Das kritische Abschlusskapitel zum Thema „aride Flächenbildung" in Cooke et al. (1993, S. 220 ff.) lässt hoffen, dass sich die historisch-genetische Deutung der Pedimente bzw. Glacis als Vorzeitformen eines nicht ariden Klimas allmählich durchsetzt.

13. Talformen · Einleitung, Regentropfeneindrücke

▶ Abb. 232: Regentropfeneindrücke im feuchten Lösslehm einer Pfütze; Unterfranken.

Mit Abb. 231 wurde die Darstellung der bis zum Ende des Tertiärs dominierenden Flächenbildung beendet – einschließlich deren bis heute bewahrten Reste in Form von Plateaus, Rumpf- und Schichtstufen, Rumpfflächen im Fußniveau dieser Stufen sowie deren partieller Überformung durch Pedimente und Glacis. Selbstverständlich gab es auch im Tertiär linienhafte Zerschneidung und damit neben der Flächenbildung auch Talbildung, nämlich überall *oberhalb* des jeweiligen Niveaus der aktiven Rumpfflächenbildung, die auf den jeweiligen Meeresspiegel als Erosionsbasis eingestellt war (s. S. 24). Die auf einer aktiven Rumpffläche abgelaufenen Abtragungsprozesse werden, der Terminologie Büdels (1977, S. 110 ff.) folgend, nicht als Talbildung bezeichnet.

Bedeutend wurde die Talbildung überall dort, wo im Jungtertiär – in den jungen Faltengebirgsgürteln der Erde – die tektonische Hebung generell nicht mehr durch die flächenhafte Abtragung neutralisiert werden konnte. Nicht unwichtig war sie jedoch auch jenseits der Traufe im Schicht- oder Rumpfstufenland. Dort bildete sich jenseits der lokalen Wasserscheide, gleichzeitig mit der flächenhaften Tieferlegung in den morphologisch noch relativ weicheren Gesteinen des Stufenvorlandes, ein auf den in Fließrichtung nächsten Rumpfflächenbereich eingestelltes Talnetz mit darin eingeschalteten intramontanen Becken (Abb. 128; Busche 1998, Foto 11, 12) aus.

Mit dem **plio-pleistozänen Klimaumbruch** und dem damit verbundenen generellen Ende der aktiven Flächenbildung – zumindest außerhalb der heutigen feuchten Tropen – nahm die Fläche der von Talbildung betroffenen Festlandsteile in starkem Maße zu. Heute findet, wohl auch in den feuchten Tropen, lediglich noch die **traditionale Weiterbildung** von Flächen abseits eingeschnittener Tiefenlinien, aber keine weiträumige Neubildung mehr statt.

Dementsprechend bestimmen die **Talbildung** und die mit ihr untrennbar verbundene **Hangbildung** einschließlich der zugehörigen Aufschüttungsformen die weitere Bildfolge. Sie reicht von den einfachen Formen beginnender Einschneidung bis zu komplexen Talformen, von den auf dem Talboden und den Hängen ablaufenden heutigen Prozessen bis zur komplexen, vor allem durch die Klimaschwankungen des Quartärs gesteuerten Talgeschichte.

Auf jeder nicht von Vegetation schützend bedeckten Lockermaterial- oder Bodenoberfläche beginnt die fluviale Abtragung mit dem Aufprall von Regentropfen und dem kreisförmigen Herausschleudern von Partikeln der Oberfläche. Ist die Oberfläche geneigt, werden die wieder herabfallenden Partikel ein wenig hangabwärts verlagert (Ahnert 2003, S. 136) und das Wasser versickert im Boden. Mit zunehmendem Regen und abhängig vom Verdichtungsgrad der Oberfläche wird die Versickerungsgeschwindigkeit vom Niederschlag übertroffen werden. Der sich entwickelnde Wasserfilm wird die direkte **Planschwirkung** *(Splash)* abschwächen. Durch **Aufschlämmung** werden jedoch feine Partikel in **Suspension** gehen und das zunehmend bodenfarbige Wasser-Suspensions-Gemisch wird in Miniaturrinnsalen von Millimetertiefe abfließen, angepasst an die vorgegebenen Unebenheiten der Oberfläche. So entsteht insgesamt noch der Eindruck von flächenhaftem Abfluss und Abtrag, wobei mit zunehmendem Gefälle oder zunehmender Wassermenge die Turbulenz zunimmt. Mit Erreichen eines auch vom jeweiligen Substrat abhängigen Schwellenwerts wird der Übergang zu konzentriert *linienhaftem* Abfluss in Rillen erfolgen, die sich durch die Turbulenz des fließenden Wassers einschneiden.

Der Bereich oberhalb der beginnenden Einschneidung wurde von dem amerikanischen Wasserbauingenieur in seiner Theorie der Hangentwicklung als **belt of no erosion,** als erosionsfreier Bereich bezeichnet (Horton 1945, S. 315–331; *s. a.* Fairbridge 1965, S. 1000), gefolgt vom Bereich der aktiven Erosion und dem der Sedimentablagerung. Der abrupte Übergang zur Einschneidung im Kleinen entspricht dem von Wasserrissen oder Gullies bei der Bodenerosion (Abb. 609 ff.).

Abb. 232 zeigt den Boden einer fast ausgetrockneten Pfütze, auf dem sich die Tonfraktion von in beschriebener Weise abgespültem Löss einer Baugrube abgesetzt hat. Quell- und schrumpfungsfähige **Dreischicht-Tonminerale** haben als Folge der Austrocknung bereits zur Bildung von **Trockenrissen** geführt. Zuvor haben auf der noch feuchten und damit plastischen Tonoberfläche die Tropfen eines kurzen nachfolgenden Regens ihre Einschlag- oder **Impaktkrater** mit schnell erstarrten Rändern geschaffen und so den Anfang eines mit Ende des Regens abgebrochenen Abtragungsereignisses dokumentiert.

In Abb. 233, im Gebiet von Abb. 190, haben die Summe solche Einschläge und der beginnende Abfluss auf den flach geneigten Scheiteln über dem kleinen **Kerbtal** (Abb. 247) erst zu flächenhafter Verspülung und darunter dann zur Ausbildung zahlreicher, nahezu paralleler **Rillen** in Gefällsrichtung geführt. Die kleinen Hänge selbst, die durch sie zerschnitten werden, können jedoch nicht durch diesen konzentrierten Abfluss geschaffen worden sein. Ihre Entstehung war nur möglich, wenn eine gras- oder krautförmige Bodenbedeckung, vermutlich in Verbindung mit einer wenn auch nur dünnen, den Niederschlag schnell aufnehmenden Bodendecke, den Abfluss bremste. So wirkte insgesamt – wie heute oberhalb der Rillenanfänge – eine langsame Abtragung flächenhaft, gesteuert durch den erodierenden Abfluss in der Tiefenlinie, auf die der jeweilige Hang eingestellt ist.

Bruchstücke eines **verkieselten Baumstamms** entlang der Tiefenlinie wurden zur Zeit der Ablagerung des Tonsteins (Trias, 251 – 208 Mio. Jahre; *s.* Rothe 2000, S. 206) in einem Flusslauf einsedimentiert und nachfolgend wurde die verfaulende Holzsubstanz durch amorphe Kieselsäure ersetzt. Die etwa gleich langen Abschnitte entstanden bei tektonischer Beanspruchung des Gesteins.

Ganz anders als bei fehlender Bodendecke und vor allem, wenn der Abfluss – wie dort – nur unmittelbar während eines Regens erfolgt, fängt die Talbildung bei gleichmäßigem **Austritt von Grundwasser** in einem Boden sowie bei Vegetationsbedeckung so an wie in Abb. 234. Am Fuß eines Hanges mit einer pleistozänen Grundmoränendecke tritt über einem wasserstauenden Bereich Grundwasser diffus an verschiedenen Stellen aus und schafft einen vernässten Bereich. Angepasst an die klimatischen Verhältnisse des isländischen Hochlandes hat flächig wachsendes Moos ein moorartiges Polster gebildet, in dem mehrere kleine

Rinnsale zu einem größeren Bach zusammenlaufen. Die geringe Abspülung von Bodenpartikeln hat lediglich zur Ausbildung einer flachen **Quellmulde** geführt. Da sie an den gesteinsbedingten Wasseraustritt gebunden ist, kann sie sich **nicht** weiter hangaufwärts verlagern, anders als die direkt vom Niederschlag abhängigen Rillen in Abb. 233.

Auf dem braunen, abgestorbenen Fleck im Hintergrund hat noch lange Schnee gelegen, was zu einer verstärkten Ausspülung des torfigen Untergrunds an seinem Fuß durch den kurzzeitig starken Schmelzwasseranfall führte. Die Querrisse im Moospolster sind die Folge von frostbedingtem Bodenkriechen (**gebundene Solifluktion,** Abb. 433).

▲ Abb. 233: Übergang von flächiger Abspülung im Wasserscheidenbereich zu Hangrillenerosion in weichem Tonstein; Petrified Forest National Park, Arizona, USA.

▼ Abb. 234: Moosbewachsene Quellmulde an einem flachen Hang in jungpleistozäner Grundmoräne; Sprengisandur, Zentralisland.

13. Talformen · Dellen

▲▲ Abb. 235: Beginn einer Delle, niederrheinische Terrassenlandschaft.

▲ Abb. 236: Dellenrelief auf einer jungtertiären Rumpffläche, Gäufläche am Fuß des Steigerwalds, Unterfranken. Im Hintergrund die Rhön.

▼ Abb. 237: Übergang von Delle zu trockenem Muldental, Marktheidenfelder Platte, Unterfranken.

Der typische Talbeginn bei geringem Relief in den humiden Mittelbreiten ist eine flache Mulde, als *Delle* bezeichnet (Büdel 1977, S. 234; Semmel 1985, S. 62), die ohne scharfe Begrenzung zur jeweiligen Wasserscheide einsetzt und keine oberflächliche Entwässerung hat. Angelegt sein können Dellen auf älteren Flussterrassen, wie in Abb. 235, oder als junges Reliefelement tertiärer Rumpfflächen. In Gefällsrichtung gehen diese gestreckten Formen in zunehmend stärker eingetiefte **Muldentäler** über, wie in Abb. 237.

Dellen und Muldentäler konnten entstehen, weil einer nur geringen Einschneidungsintensität entlang der Tiefenlinie eine starke seitliche Materialzufuhr von den sich bei der Eintiefung ausbildenden Hängen gegenüberstand. Auch im Querprofil ist ein sanfter Übergang auf den flach-konvexen Scheitel ausgebildet, der benachbarte Dellen, wie in Abb. 236 und 237, miteinander verbindet.

Dellen sind ihrer Anlage nach *Vorzeitformen*, die letztmals in der jüngsten pleistozänen Kaltzeit gebildet wurden. Wichtig für ihre Formung war die **Solifluktion** (Abb. 432 ff.), also Kriechprozesse im Lockermaterial bei Wasserübersättigung in dem im Frühsommer einige Dezimeter tief aufgetauten **Dauerfrostboden**. In allen drei hier gezeigten Beispielen wird die Dellenoberfläche von solifluidal umgelagertem **Löss** (Abb. 766 ff.) gebildet, in dem die periglazialen Umlagerungsprozesse bei gleichmäßig feiner Korngröße besonders leicht ablaufen konnten.

Das heutige Fehlen einer Entwässerungslinie im Dellentiefsten erklärt sich im einfachsten Fall, wie in Abb. 235, damit, dass so dicht an der lokalen Wasserscheide weder viel Boden- noch Grundwasser vorhanden ist, das wenige Wasser leicht in die Tiefe versickern kann und kein ausreichend wasserstauender Horizont für einen Grundwasseraustritt gegeben ist. Das leichte Versickern ist im ersten Fall in unverfestigten Schottern unter dem Löss, in den unterfränkischen Beispielen durch die starke Verkarstung (Abb. 48 ff.) des unterlagernden Muschelkalks gegeben.

Mit der altpleistozänen Eintiefung des Maintals (Abb. 354) war eine gleichzeitige intensive Dellen- und Muldentalbildung trotz der Verkarstung wohl nur deshalb möglich, weil das Gebiet kaltzeitlich zur Permafrostregion (Abb. 457 ff.) gehörte, der **eisversiegelte Untergrund** wasserundurchlässig war und somit ausreichend Wasser für Kriech- und Abspülprozesse zur Verfügung stand. Heute sind auch alle Muldentäler des Kalkgebiets Gebiets **Trockentäler**.

Auf der Rumpffläche von Abb. 236, regional als **Gäufläche** bezeichnet, war die Oberfläche vor Einsetzen der ersten Lösssedimentation zu flachen **Kastentälern** (Abb. 278 ff.) mit steilen Rändern zerschnitten worden. Dieses Relief wurde seit der ersten pleistozänen Kaltzeit – durch teilweise Ausräumung unterbrochen – mit Löss verfüllt, in dem sich durch dessen solifluidale Verlagerung die Dellen und Muldentäler entwickelten, die zum Vorfluter hin in Kerb- und Sohlenkerbtäler (Abb. 247) übergingen, die in Unterfranken als **Klingen** bezeichnet werden (Büdel 1977, S. 234 ff., Müller 1996, S. 198). Das im Dellenbereich entstandene flachwellige Relief der Gäufläche, wie in Abb. 236, ähnelt damit wohl dem ur-

sprünglichen endtertiären Rumpfflächenrelief aus Spülmulden und Spülscheiteln, ist aber keinesfalls direkt von diesem vererbt. Die durch das Dellenrelief geprägte Altfläche ist mit der Aufwölbung des Vulkangebiets der Rhön, im Hintergrund in 70 km Entfernung erkennbar, von um 300 m im Vordergrund um mehrere hundert Meter aufgebogen worden, zum Teil wohl erst im Pleistozän.

Das **Muldental** von Abb. 238 liegt in der ebenfalls um einige hundert Meter aufgebogenen, in der Horizontlinie nachgezeichneten westlichen Fortsetzung der Gäufläche (Müller 1996, S. 281), in der zum Oberrheintalgraben hin stark angehobenen Rampe des Spessarts. Hebung und sehr wirksame Hangabtragung durch Solifluktion, erleichtert durch die tertiäre Saprolitisierung des Sandsteins (S. 27, u. a. Abb. 103 ff.) und verbunden mit starker Ablagerung am Hangfuß schufen die Muldenform. Das quer dazu verlaufende **Dellenrelief** im Bereich der Felder ist dagegen das Ergebnis von einigen Jahrhunderten hangabwärts gerichteter Pflugtätigkeit zwischen Feldrainen in gleicher Richtung. Ebenso ist auch der **Sedimentstau** oberhalb der isohypsenparallelen Hecken, der eine leichte Hangtreppung bewirkt hat, die Folge des durch Ackerbau bedingten Bodenabtrags.

Die Abb. 239/240 zeigen, dass Täler auch **asymmetrisch** ausgebildet sein können (Louis & Fischer 1979, S. 351 f.). Im einfachsten Fall, vor allem in Trockengebieten, kann dies durch **Akkordanz**, durch Anpassung an verstellte Felsschichten an einem der Tälhänge, bedingt sein. In Regionen, die pleistozän-kaltzeitlich geformt wurden, können sie jedoch auch in Terrassenschottern (Büdel 1977, S. 231 ff.) oder auch bei horizontaler Schichtenlagerung, wie im Muschelkalk von Abb. 239/240, angelegt sein, allerdings beschränkt auf etwa **N-S-orientierte** Täler. Ihr Vorkommen auf Riß-Terrassen des Alpenvorlands belegt, dass ihre letzte Anlage periglazial-würmzeitlich ist (Büdel, a. a. O.).

Gedeutet wird die Asymmetrie unterschiedlich: durch stärkere Sonneneinstrahlung auf den nach W exponierten Hängen, die dadurch schnelleres Abtrocknen und weniger Solifluktion bewirkte, aber auch durch stärkere Unterschneidung des Sonnenhangs durch Schmelzwasser bei noch gefrorenem Osthang (s. Louis & Fischer 1979, S. 352). Ausschlaggebend dürfte jedoch sein, dass in der Westwindzone Schnee und Löss bevorzugt im Lee, also auf **Osthängen**, abgelagert wurden und nur im Löss solifluidale Umlagerung möglich war. Bohrungen in asymmetrischen Tälern unweit der beiden abgebildeten haben gezeigt, dass ursprüngliche Sohlenkerbtäler am Fuß der heutigen Steilhänge noch einmal in einem schmalen Bereich weiter eingetieft wurden, wobei die

Asymmetrie vor allem durch die Lössüberdeckung – durch das Ackerland nachgezeichnet – begünstigt worden ist (Müller 1996, S. 116 ff.). Dort, wo auf Schottern, wie im Alpenvorland, oder wie in Unterfranken Schneewächten im Lee für lange sommerliche Durchfeuchtung sorgten, war Solifluktion leichter möglich und vor allem drängten Solifluktion und Abspülung den entwässernden Bach nach Osten an den Fuß des Gegenhangs und trugen so zu seiner Versteilung bei. Da reine **Staubsedimentation** des Lösses überall gleichmäßig abgelaufen sein müsste, ist es für die bevorzugte Leeablagerung notwendig, dass abgelagerter Löss durch Windkorrasion in sandkorngroße **Schluffaggregate** umgeformt und erst so, ebenso wie echter Sand, im Lee von Hindernissen abgelagert und dort solifluidal umgelagert werden konnte. Der äolische Teil dieses Prozesses ist heute in Trockengebieten zu beobachten (Abb. 714 f.).

▲ Abb. 238: In eine stark gehobene endtertiäre Rumpffläche eingetieftes Muldental; Spessart, Unterfranken.

▼ Abb. 239: Ostexponierter sanfter Löss- und westexponierter steiler Muschelkalkhang eines pleistozänperiglazial angelegten asymmetrischen Trockentals; Unterfranken.

▼▼ Abb. 240: Asymmetrisches Trockental mit flachem Löss- (unten links) und steilem Muschelkalkhang (rechts) mit verbuschtem Halbtrockenrasen; Unterfranken.

13. Talformen · Schlucht, Klamm

Abb. 241: Schlucht in Flutbasalt, Thorsá-Zufluss, Zentral-Island.

Abb. 242: Klamm in der Felsschwelle eines glazialen Hängetals; Maligne Canyon, Alberta, Kanada.

Die vorige Doppelseite zeigt Talformen, bei deren Bildung Prozesse der Hangabtragung gegenüber der Einschneidung sehr bedeutend waren: breite flache Dellen und Muldentäler. Diese Doppelseite zeigt das andere Extrem, die fast alleinige vertikale Einschneidung zu **Schluchten** nahezu *ohne* gleichzeitige Hangabtragung. Sie sind die Folge sehr schneller Einschneidung, ohne dass die für die Schaffung von Hängen notwendige vorhergehende Verwitterung Schritt halten konnte. Sind steile Talwände in Fels erst einmal angelegt, besteht wegen ihrer leichten Abspülbarkeit ohne durchfeuchtende Schutt- oder Bodenbedeckung kaum noch die Möglichkeit zur Verwitterung und Hangabschrägung.

Neben der Geschwindigkeit der Einschneidung ist die Existenz *standfesten* Materials die zweite Voraussetzung, wichtiger noch als die mechanische Festigkeit. Die beispielhaft in Abb. 243 nur leicht geneigten Schluchtwände sind in weichem, aber extrem standfestem Löss ausgebildet.

Die **Steilhaltung** von Schluchtwänden erfolgt vielfach durch fluviale Unterschneidung und die dann durch das fehlende Widerlager ausgelösten Wandabbrüche. In Abb. 241 wird diese **Sturzdenudation** durch die senkrechten Basaltsäulen eines tertiären Flutbasalts begünstigt. Mehrere Säulen hängen buchstäblich in der Luft. In beiden isländischen Beispielen (Abb. 241 und 244) ist die Schlucht in ein älteres, breites und flaches Tal eingeschnitten worden. Der Wechsel der Talformung reflektiert wesentliche **Umweltveränderungen,** ausgedrückt in der Änderung des Verhältnisses von Talbildung zu Einschneidung.

In beiden Fällen wurden die präglazialen breiten Talböden vom isländischen Inlandeis – vermutlich mehrfach – überschliffen. Dass die Schlucht schon vor der letzten Eisüberdeckung einen Vorgänger hatte, der dann unter dem Eis entweder von Grundmoräne (Abb. 556 ff.) plombiert war oder als subglazialer Schmelzwasserabfluss genutzt wurde, ist wahrscheinlich, da der Vorfluter, das Thorsá-Tal, in wenigen Kilometern Entfernung bereits unter das Niveau des breiten Talbodens eingeschnitten war, bevor es durch einen Eisstrom des letztglazialen Inlandeises weiter eingetieft wurde. Die gegenwärtige Ausprägung der Schlucht mit ihrer zum Hintergrund endenden Stromschnellenstrecke ist erst *postglazial* entstanden, als sich der Abfluss durch **rückschreitende Erosion** im Flussbett auf das tiefer gelegte Vorfluterniveau einstellen musste. Das schwarze Feinmaterial oberhalb der Schlucht ist Vulkanasche (**Tephra**) von jungen Ausbrüchen des 20. Jahrhunderts. Am rechten Schluchtrand ist sie nur noch in Flecken vorhanden, weil bei starkem Schmelzwasseranfall das Wasser bis auf dieses Niveau angestiegen ist und dort das Lockermaterial erodieren konnte.

In Abb. 244, an der isländischen Südküste, war **Glazialisostasie** für die heutige Ausprägung der Schlucht ausschlaggebend. Zum Ende der letzten Vereisung vor etwa 10 000 Jahren war das Land durch die Auflast des Eispanzers noch so stark niedergedrückt, dass die Verebnung oberhalb der Schlucht nach dem Abtauen des Eises zeitweilig als **Brandungsplattform** (Schorre) umgestaltet wurde (s. Schutzbach 1985). Die wiederum schnell abgelaufene Einschneidung ist die Reaktion auf die **nacheiszeitliche Landhebung** nach Entfernung der Auflast in Anpassung an den nacheiszeitlich weniger stark als das Land angehobenen Meeresspiegel in wenigen Kilometern Entfernung.

Bei niedrigem Wasserstand, wie zum sommerlichen Zeitpunkt der Aufnahme, pendelt der Fluss auf dem Boden der Schlucht zwischen flachen Schotterbänken. Rechts vorn hat sich im Lockermaterial bereits eine bräunlich erscheinende, von einer dünnen Grasdecke bewachsene **Flussterrasse** (Abb. 341 ff.) entwickelt. Dieser ehemalige Talboden wird nur noch bei Hochwasser überspült. Durch die Schotter ist dort auch der untere Teil einer durch **seitliche Unterschneidung** (Abb. 270) geschaffenen Hohlkehle einsedimentiert worden, die links vorn noch freiliegt. Hier wirkt sich die anhaltende Landhebung aus, durch die die Eintiefung der Schlucht, rückschreitend von der Küste, noch weiter geht.

Das durch die Schlucht eingeschnittene Gestein ist **Hyaloklastit** (Schmincke 2000, S. 191; Schutzbach

1985, S. 191), unter dem Inlandeis ausgetretene Lava, die im Kontakt mit dem Schmelzwasser durch **Wasserdampfexplosionen** zu kleinen Fragmenten zerrissen wurde. In dieses aus einer älteren Vereisung stammende weiche, aber standfeste Material war vor der Bildung der Schlucht ein **Muldental** angelegt worden, das durch die Horizontlinie nachgezeichnet wird und vermutlich vom abfließenden Inlandeis weiter überformt wurde. Wegen des weichen Gesteins ist anzunehmen, dass die Schlucht eine postglaziale Erstanlage ist. Unter Eisschurf hätten die fast rechtwinkligen Schluchtränder nicht überdauern können.

Eine eindeutig **exhumierte** Form ist dagegen der Maligne Canyon, der mit seinen zum Teil sogar überhängenden Wänden in der deutschen Terminologie als **Klamm** bezeichnet wird. Er ist in eine Gefällsstufe eingeschnitten, die zwischen einem tief eingeschnittenen Haupttal, in diesem Fall dem des Athabasca River, und einem glazialen Hängetal entstanden war, das bei der Eintiefung des Haupttales durch den Schurf eines größeren Gletschers nicht in gleichem Maße durch seinen Gletscher eingetieft werden konnte. In diese **Konfluenzstufe** (s. Louis & Fischer 1979, S. 464) hat sich bei großem Gefällsunterschied, starkem Schmelzwasseranfall und reichlich **Erosionswaffen** dank des aus der Grundmoräne des Gletschers ausgespülten Schutts bei völlig unbedeutender Hangformung die enge Klamm gebildet, nach Kuhle (1991, S. 49 f.) bereits *unter* dem Eis.

Der Wasserfall markiert eine der Stufen, an denen die Einschneidung heute nur noch langsam im sedimentarmen Wasser weitergeht, weil schleifende Bodenfracht oberhalb der Klamm im See zurückgehalten wird. Bei stärkerem Abfluss frästen sich durch die kreisende Bewegung von Geröllen unter stationären Wirbeln **Kolke** ins Gestein, von denen Reste bei weiterer Eintiefung der Klamm erhalten geblieben sind. In einem der Kolke, hinter der kleinen Fichte, sind noch Überreste einer Moränenschuttfüllung erhalten geblieben. Sie sind der Beweis dafür, dass diese Klamm – durchaus kein Einzelfall – nicht erst eine nacheiszeitliche oder letztglaziale Bildung ist, sondern mindestens bereits vor der letzten Eiszeit vorhanden war. Die enge Schlucht wurde bei erneutem Gletscherwachstum von Grundmoräne und Eis plombiert und erst während des letzten Eisrückzugs wieder ausgeräumt und weiter geformt.

Sehr schnell und einphasig verlief dagegen die Eintiefung der Schluchten in Abb. 243 in die mächtigen **Lössdecken** (Abb. 766) des chinesischen Lössplateaus (Bork & Li 2002), dem größten zusammenhängenden Lössvorkommen der Erde mit Lössmächtigkeiten bis über 200 m. Im Bild sind allerdings auch fluviale Sedimente Teil der Schichtenfolge. Das Relief der zungenförmigen **Riedel**, chinesisch als *Liang* bezeichnet und seit den 1960er Jahren für den Ackerbau terrassiert (Müller 2004), besteht aus den Resten des Vorgängerreliefs, der einen Seite eines sehr großen Muldentales, dessen Boden etwa im Niveau der Zungenenden lag. Erst mit der Einschneidung einer engen Schlucht in dieses Tal, als Reaktion auf die Tieferlegung von dessen Vorfluter, konnte auch die Eintiefung der nahezu rechtwinklig einmündenden **Nebenschluchten** als völlige Neuanlagen beginnen. Hätten sich dort lediglich ältere Nebentäler mit eingetieft, hätte sich der für normale Flussmündungen spitze **Mündungswinkel** (Ahnert 2003, S. 221) bewahrt. Die Abspülung von den Riedeln hat die oberen Teile der Schluchthänge in steile Kerben aufgelöst. An den Unterhängen haben sich, wie in Abb. 201, **Haldenhänge** gebildet. Die Phase vertikaler Einschneidung, bei der sich allein vertikale Wände gebildet hätten, ist also auch bereits abgeschlossen und Hangabtragung dominiert die weitere Talbildung.

▲ Abb. 243: Lössschluchten- (Liang-) Relief, Jixian, Provinz Shanxi, Zentralchina.

▼ Abb. 244: Bei schneller Landhebung in ein Muldental eingetiefte Schlucht in Hyaloklastit (subglazial eruptierte Lava), Küste Südislands.

13. Talformen · Suffosionsschluchten, Piping/Pseudokarst

▲ Abb. 245: Lössbrunnen und Suffosion *(Piping)* im Lössplateau, Shanxi, Zentralchina.

▼ Abb. 246: Austritt einer *Piping*-Röhre in rotverwittertem Saprolit; Nordswaziland.

Ein Prozess, der im chinesischen Lössplateau zur Schluchtenbildung beiträgt, wird auch im Deutschen mit dem englischen Begriff **Piping** = Röhrenbildung (**Suffosion**) belegt (Fairbridge 1968, S. 849 f.). Die an Einsturzdolinen (Abb. 58) erinnernden Löcher im Übergang vom noch unzerschnittenen Lössplateau zu einer Schlucht im Vordergrund sind jedoch keine Lösungs-, sondern *Ausspülungsformen* in dem standfesten Löss, auch als **Lössbrunnen** bezeichnet. Im Untergrund setzen sich diese Öffnungen als Schächte und Gänge unterschiedlicher Neigung fort, die im Wandfußbereich der Schlucht oder an ihren Hängen austreten.

Wegen der Ähnlichkeit mit Karstformen werden sie als Formen des **Pseudokarsts** bezeichnet.

Bei der Ausbildung dieses Formenschatzes wirkt jedoch allein Ausspülung, nicht Lösung. Das spülende Wasser gehört noch nicht zum Grund-, sondern zum Bodenwasser und wird als **Interflow** oder Hangzugwasser bezeichnet.

Voraussetzung für Piping sind offene Passagen für einsickerndes Wasser, seien es Trockenrisse bei quell- und schrumpfungsfähigen Tonmineralen, Grabgänge von Bodensäugern oder auch eine generell hohe Porosität des Untergrunds, sowie die Möglichkeit des Wasseraustritts in einem Einschnitt, sodass eine Durchspülung möglich ist. Eine einmal geschaffene Passage wird bei jedem Regenereignis durch turbulente Ausspülung erweitert. Daraus ergibt sich die beschränkte Lebensdauer dieser oberflächennahen Röhrensysteme, deren Decken leicht einbrechen. Mehrere solche Einbrüche bilden die noch getreppte kleine Schlucht im Mittelteil des Bildes weiter.

Derartige Schluchtenbildung durch das **Einbrechen** von Höhlendecken gibt es auch im echten Karst. Allerdings geschieht die Bildung dort statt in Jahren in einem um mehrere Größenordnungen längeren Zeitraum.

In Mitteleuropa, bei geringer Einschneidung in geringmächtigen Böden und Deckschichten entstehen durch den Einsturz von Suffosionsröhren nur Runsen als Kleinformen, die, da sie schnell zugepflügt oder verfüllt werden können, leicht übersehen werden. Ein wichtiges Element sind die Ausspülungsröhren in Gebieten starker **Bodenerosion**, wie in Abb. 367. Eine *Pipe* ist hier in standfestem **Saprolit** (S. 27) angelegt, der aber infolge der Verwitterung des in diesem Fall granitischen Ausgangsgesteins nicht nur ein hohes Porenvolumen bekommen hat (Felix-Henningsen 1990, S. 126 ff.), sondern auch ohne Probleme von bodengrabenden Tieren durchbohrt werden kann.

Oberflächennahe einbrechende Röhrensysteme bilden dann den Ansatzpunkt für neue **Wasserrisse/Gullies**, welche die landwirtschaftliche Nutzfläche weiter zerschneiden.

Karstformen in nicht karbonatischen Gesteinen (Sandsteinkarst, Abb. 95 ff.) werden vielfach auch noch als Pseudokarst bezeichnet, obwohl es sich dabei, wie gezeigt, um echte, sehr alte Lösungformen statt kurzlebiger Auswaschungsformen handelt.

13. Talformen · Kerbtal, Sohlenkerbtal

Definiert durch ihr Querprofil sind **Kerbtäler** beiderseits spitzwinklig auf eine Tiefenlinie zulaufende, gestreckte Hänge. Sie sind das Ergebnis von Hangabtragungsprozessen, die im *Gleichgewicht* mit der Tiefenerosion entlang des sich einschneidenden Flusses ablaufen. Da dies besonders leicht in weichen Gesteinen geschieht, sind sie dort, meist als Kleinformen, unter semiariden Bedingungen ohne Bodenbedeckung besonders gut entwickelt (*s.* Abb. 208, 233). Bei abnehmender Tiefenerosion würde das Talprofil in seinen unteren Teilen durch die Ansammlung von **Kolluvium**, des von den Oberhängen abgetragenen Materials, in ein **Muldental** (Abb. 238) umgestaltet. Im Gegensatz dazu sind in Abb. 245, jenseits des besiedelten Talbodens, die beiderseitigen Unterhänge mit stärkerem Gefälle eingeschnitten. Die Tiefenerosion eilt also derzeit der Hangabtragung voraus. Demnach sind die leicht bewachsenen Kerbtalhänge darüber Vorzeitformen.

Im Haupttal waren ursprünglich ebenfalls bis auf die damals schmalere **Talsohle** hinabreichende gestreckte Hänge ausgebildet, was aus den Profilresten rekonstruierbar ist. So war ein **Sohlenkerbtal** entstanden, dessen Talboden in ganzer Breite überflossen wurde (*s.* Abb. 249) und auf dem der von den Hängen zugeführte Schutt vollständig abgeführt wurde. Seitdem von den Hängen kaum noch Schutt geliefert wurde, wurden die beiderseitigen Unterhänge vom Fluss durch seitliche Erosion (**Lateralerosion**) unterschnitten, und der untere Teil des Talprofils wurde in ein **Kastental** mit fast senkrechten Felswänden umgestaltet.

Aber auch dieses wird nicht mehr aktiv weitergebildet. Der Fluss hat sich leicht in den Talboden eingeschnitten und fließt nur noch in einem schmalen Bett an dessen in Fließrichtung (orografisch) linkem Rand. Der Talboden ist zu einer als Garten- und Siedlungsland genutzten Flussterrasse geworden; das Steilufer rechts kann nur noch bei extremen Hochwässern weitergebildet werden.

Wie häufig bei geradlinig verlaufenden Kerbtälern ist auch jenes im Bildhintergrund an einer **Störung** angelegt, weil dort die Verwitterung leicht der Abtragung vorarbeiten konnte. Die Schichten des rechten Talhangs fallen leicht nach rechts (W) ein, jene gegenüber fallen steiler ein als der linke Hang selbst. Das belegt, dass die Einkerbung *unabhängig* von dem Einfallen der Schichten abgelaufen ist, so auch im nächsten Kerbtal nach Osten, dessen einer Oberhang gerade noch erfasst ist. Er schneidet die steil ausbeißenden Schichten mit dem gleichem Gefälle wie jenseits des Kammes. Nach der Erstanlage an der Störung hat sich im Verlauf der Einschneidung durch das Pendeln des Stromstrichs wie bei jedem Fließgewässer ein leicht gewundener Talverlauf ausgeformt.

Das steile Gefälle des ursprünglichen Kerbtals war auf einen etwas höheren Talboden des Haupttals eingestellt. Die **Versteilung** der Kerbtalunterhänge ging mit der Einstellung des Nebenflusses auf die sich tiefer legende Abflussbasis einher, als die das Haupttal wirkt. Die Ursachen der Talumgestaltung hier wie in benachbarten Tälern können sowohl durch den pleistozän-holozänen Klimawandel als auch durch weiträumige Hebung bedingt sein.

Auf den gleichmäßig geböschten Hangteilen ist noch eine dünne, durch die kleine Bergstraße rechts angeschnittene **Hangschuttüberkleidung** zu erkennen, unter der sich einzelne härtere Bänke am rechten Hang durchverfolgen lassen. Die Höhenlage über 2500 m und der Vorzeitcharakter der ursprünglichen Talhänge sprechen dafür, dass sie während der letzten pleistozänen Kaltzeit durch Frostschuttverwitterung (Abb. 38) und kriechende Schuttbewegung als so genannte **Glatthänge** (Abb. 435; Louis & Fischer 1979, S. 142 f.) gebildet wurden.

Im unterschnittenen Haupttalhang vorn rechts hat die heute weniger intensive winterliche Frostverwitterung – bei ebenfalls winterlichen Niederschlägen – nur auf weichen, leichter verwitterbaren Schichten einen erneuten, steiler geneigten Frostschutthang geschaffen. Harte Bänke sind dagegen durch die selektiv wirkende Frostverwitterung freipräpariert worden.

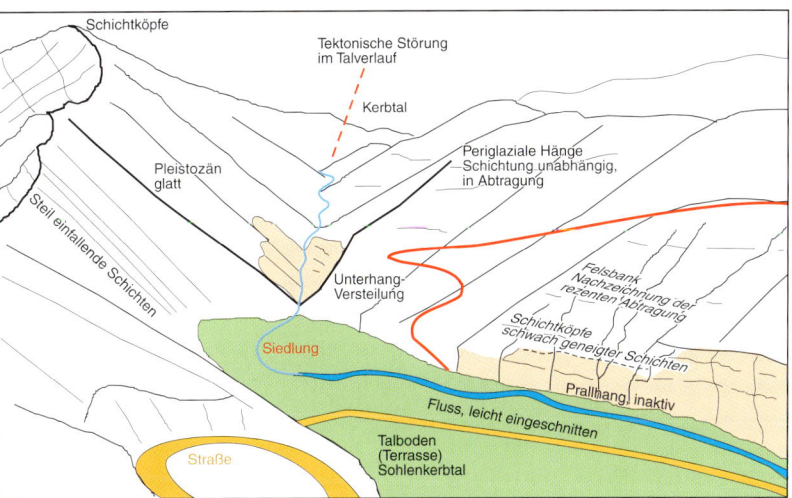

▲▲ Abb. 247: Kerbtal, in ein Sohlenkerbtal mündend; zentrales Elburs-Gebirge, Nordiran.

▲ Abb. 248: Erläuterungsskizze zu Abb. 247.

13. Talformen · Sohlenkerbtal aktiv/inaktiv

Abb. 249: Aktives Sohlenkerbtal bei Landmannalaugar; Zentralisland.

Im Zentrum dieses Bildes ist ein voll **aktives Sohlenkerbtal**, auf das eine Reihe von **Kerbtälern** eingestellt ist. Anders als in Abb. 247, wo nur noch ein Teil der Talbodenbreite von einem schmalen Bett genutzt ist, wird hier die ganze, über 100 m breite Talsohle bei jeder Flut überschwemmt. Bei dem zum Zeitpunkt der Aufnahme herrschenden Niedrigwasser, nach der bis in den August dauernden Schneeschmelze, wird nur ein Band verflochtener Rinnen durchflossen, das als Ganzes von einer Seite des bandförmigen Talbodens zur anderen pendelt.

Dieses Fließrinnenmuster wird im Deutschen oft nicht ganz zutreffend als **verwilderter Fluss** bezeichnet, weil offensichtlich ein Talboden mit Mäandern als „zahmer" Normalfall der Mittelbreiten angesehen wird. Im Englischen sind die Begriffe **anastomosierender** (anastomozing) Fluss oder auch braided channel üblich, ein an die Stränge eines geflochtenen Zopfes (braids) erinnerndes Muster.

Bei Hochwasser werden die Talhänge auf beiden Seiten unterschnitten. Dass dort keine Versteilungen wie im vorigen Bild sichtbar sind, liegt daran, dass bei der starken Frostwechselhäufigkeit in den Übergangsjahreszeiten sehr viel Schutt produziert wird, der über die gestreckten **Glatthänge** in die Kerbtäler oder direkt auf die Talsohle gelangt, sofort abtransportiert wird und/oder zur gegenwärtigen Aufhöhung des aktiven Flussbetts beiträgt.

Begünstigt wird die starke Schuttanlieferung hier dadurch, dass die saure rhyolithische Lava, in der das Relief angelegt ist, postvulkanisch durch hydrothermale Wässer und Dämpfe zersetzt worden ist (s. Abb. 32) und somit sehr leicht durch die **Frostverwitterung** zerkleinert werden kann. Spaltenfüllungen einer späteren vulkanischen Phase wurden weniger stark angegriffen und sind an den Hängen als felsige Ausbisse erhalten geblieben.

Die abgerundeten Kuppen und das breite **Muldenprofil**, das sich aus den Wasserscheiden über den Kerbtälern im Hintergrund rekonstruieren lässt, sind durch die Abtragung unter der letztglazialen Inlandeisdecke Islands (s. Abb. 474) sowie durch periglaziale Kriechprozesse (**Solifluktion**, Abb. 432 ff.) geschaffen worden, bevor die letztlich durch die glazialisostatische Hebung (s. Abb. 244) bedingte fluviale Zerschneidung einsetzte.

Dieses aktive Sohlenkerbtal und seine Umgebung können gut als **Modell** für die Hangabtragungs- und Talbodenaufschüttungsphasen im pleistozänen Periglazial Mitteleuropas dienen.

Das Sohlenkerbtal von Abb. 250 ist dagegen *nicht mehr aktiv* und entspricht bis auf den Unterschied, dass es in einem semiariden Gebiet liegt und der Fluss nur episodisch Wasser führt, den holozänen Verhältnissen in Mitteleuropa. Gebildet wurde es in einer feuchteren Klimaphase, als der Talboden in ganzer Breite überflossen wurde. Bei der Eintiefung unter die Ausgangsrumpffläche führte die Hangabtragung (Abb. 362 ff.) zur Abschrägung der Talränder und letztendlich im semiariden Milieu zu einer scharfen Taloberkante. Die auf ein Niveau etwas oberhalb der Tiefenlinie eingestellten Unterhänge mit ihrem gleitenden Übergang zum steilen Oberhang entsprechen dem **Pedimentmodell** von Abb. 218. Zu Beginn der Einschneidung des nur noch auf einen Teil des Talbodens konzentrierten Flusses erfolgte erst noch eine Abschrägung des ursprünglichen Talbodens durch den Abfluss von den Talhängen – bei ausreichender chemischer Verwitterung –, bevor sich das Flussbett, unter gleichzeitiger **Pedimentzerschneidung**, noch ein wenig tiefer einschnitt. Heute sind alle Reliefelemente außer des in weiten Bögen leicht eingeschnittenen, von Gras und Bäumen nachgezeichneten Flussbetts von **Wüstenpflaster** (Abb. 429 ff.) bedeckt, dessen Patinierung seine weitgehende Bewegungslosigkeit anzeigt.

Abb. 250: Inaktives Sohlenkerbtal mit pendelndem Flusslauf; Südnamibia.

14. Talboden · Mäander

Jeder Wasserlauf, auch der geradlinig „umgebaute" Bach einer Planungsmaßnahme, beginnt von sich aus seitlich zu pendeln und einen bogenförmigen Lauf zu entwickeln. Auslöser ist die Ablenkung im Bereich der größten Fließgeschwindigkeit, des **Stromstrichs,** an jedem noch so kleinen Hindernis, unterstützt durch Massenträgheit und Fliehkraft. Das Flussbett selbst wird dabei im Querschnitt *asymmetrisch*. Die stärkste Einschneidung erfolgt im jeweiligen Verlauf des Stromstrichs, im Längsprofil in einer ständig die Flussbettseite wechselnden Folge von Übertiefungsbereichen – **Kolken** – und **Sand-** oder **Kiesbänken,** was von dem Amerikaner Leopold, der sich anhand eines Baches in Pennsylvania intensiv mit den Prozessen der Flussbettentwicklung befasst hat, als Abfolge von *pools and riffles* bezeichnet wurde (Leopold et al. 1964, u.a. S. 303 f.; Ahnert S. 203 ff.). Dort, wo der Stromstrich gegen das Ufer seines Bettes trifft, wird dieses unterschnitten, es bildet sich ein **Prallhang** aus. Ihm gegenüber, leicht versetzt, im Bereich der schwächsten Strömung und der geringsten Wassertiefe, wird wenig abgetragen oder sogar aufgeschüttet: dort entsteht der **Gleithang**. Ausgeprägte Schlingen dieser Art werden seit der Antike nach dem kleinasiatischen Fluss Mäandros, heute türkisch Menderes, als **Mäander** (Louis & Fischer 1979, S. 228 ff, Leopold et al. 1964, S. 295 ff.) oder **freie Mäander** (Ahnert 2003, S. 213 ff.) bezeichnet.

Abb. 251 zeigt einen solchen Mäander, der sich in das weiche, aber standfeste Material eines Altdünenreliefs eingeschnitten hat. Zwei **Mäandersporne** sind sichtbar. Bei gelegentlichen Hochwässern ist der linke Sporn überspült worden und in dem Bereich der Laufstreckenverkürzung, bei etwas höherem Gefälle, erodiert worden. Im äußeren Teil des Sporns ist sogar durch eine neue Rinne, eine **Mäandersehne,** eine Insel entstanden.

Der Stromstrichverlauf ist dort, wo er am linken Bildrand von der linken auf die rechte Bettseite hinüberschwenkt, durch größere Rippeln der Wasseroberfläche sichtbar. Am nächsten Mäandersporn hat sich dort entsprechend ein Prallhang ausgebildet. Als Folge des Seitenwechsels ist der Hauptabtragungsbereich in Fließrichtung versetzt.

Der nächste, das Bild beherrschende Prallhang in einer **Erosionsterrasse** folgt dort, wo der Stromstrich wieder auf die Gegenseite geschwungen ist. Die Abtragung und Steilhaltung an den Prallhängen ist das Zusammenwirken von Durchfeuchtung, Wandabbruch und Verspülung des abgebrochenen Materials. Die Grasdecke und erhöhte Lage der Mäandersporne über dem Wasserspiegel zeigt, dass der Fluss und damit seine Mäander sich derzeitig eintiefen und somit in ihrer Lage stabilisiert werden.

Anders die Abb. 253: Die Schlingen des **Wiesenmäanders** sind in einem Talboden aus tonigen Flussmarschsedimenten entwickelt, während im Flussbett selbst derzeit bei Hochwasser Kies, sichtbar auf den grasfreien Bänken, transportiert wird. Der Verlauf des steilen Talhangs ist von einem größeren Vorgängerfluss angelegt worden, der sich in einen älteren Talboden eingeschnitten und diesen damit zu einer Flussterrasse umfunktioniert hat. Deshalb ist der Steilhang auch dort ausgebildet, wo der vordere **Mäanderhals** ansetzt. Im Hintergrund wird der Terrassenkörper dadurch, dass der für den Talboden zu kleine Fluss – ein underfit stream in der englischen Terminologie – gerade gegen den alten Talrand gependelt ist, an einem aktiven Prallhang unterschnitten. Entlang des sichtbaren Prallhangs hat die Unterschneidung zum Abreißen des Grassodens geführt. Die Inseln im Flussbett sind auch hier die Folge von Überspülungen der Mäandersporne. Im Vordergrund hat sich so ein kleiner Mäander innerhalb der großen Mäanderschlinge ausgeformt, deren Sporn an einem ehemaligen Prallhang ansetzt.

▲ Abb. 251: Mäander in einem Altdünengebiet; Nordmarokko.

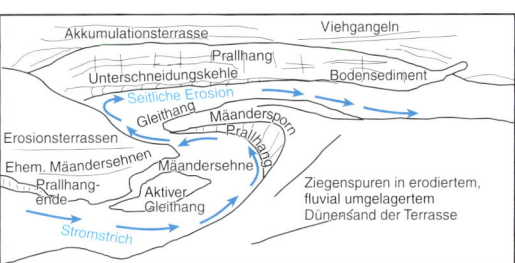

◀ Abb. 252: Erläuterungsskizze zu Abb. 251.

▼ Abb. 253: Wiesenmäander; Nordisland.

14. Talboden · Mäanderebene

▶ Abb. 254: Mäanderebene; Delta des Bear River am Great Salt Lake, Utah, USA.

▶ Abb. 255: Erläuterungsskizze zu Abb. 254.

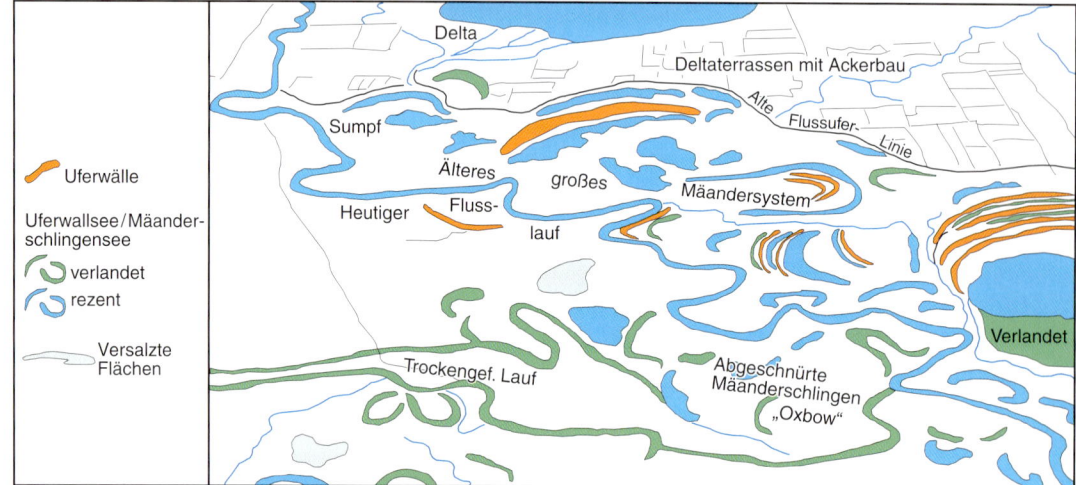

▼ Abb. 256: Mäanderebene des Yukon River; Yukon Flats, Alaska, USA.

Ohne menschlichen Eingriff, wie in den Abb. 254 und 256, werden **Mäanderschlingen** durch Unterschneidung an den Prallhängen stromabwärts verlagert. Am jeweils gegenüberliegenden Ufer wächst mit der Stromstrichverlagerung der Gleithangbereich talabwärts.

Tritt der Fluss bei Hochwasser auf sein **Hochwasserbett** über, nimmt dort schlagartig die Wassertiefe ab. Dabei nimmt die Bodenreibung zu und aus dem somit langsamer fließenden, sedimentreichen Wasser werden **Schwebstoffpartikel** abgesetzt, zuerst und damit unmittelbar am Ufer die gröbsten, mit der Strömungsberuhigung in weiterem Abstand davon die feineren Partikel. So entstehen flache **Uferwälle** (frz., engl. *levées, levies*), in Abb. 254 erkennbar als eine Abfolge sichelförmiger, flacher Wälle im Gleithangbereich *(point bars)*, mit dazwischenliegenden, ebenso geformten **Dammuferseen** (Louis & Fischer 1979, S. 236), von denen ein rezenter und ein größerer verlandeter sichtbar sind.

Am **Mäanderhals** kann die gegeneinander gerichtete Unterschneidung von zwei Prallhängen zur völligen **Abschnürung** einer Schleife führen. Die **Laufverkürzung** erhöht das Gefälle, und der abgeschnürte Mäander wird zum nur noch mit Grundwasser versorgten stehenden **Altwasser**, in Abb. 256 am schwarzblauen klaren Wasser im Unterschied zur Ockerfarbe des schwebreichen Flusses ersichtlich. Solche Altwässer werden, da sie die Amerikaner im 19. Jahrhundert an die Form eines Ochsenjochs erinnerten, bis heute als **Oxbow lakes** bezeichnet. Im Abschnürungsbereich bildet der Fluss einen neuen Mäander aus.

Große Veränderungen des Schwingungsmusters entstehen auch, wenn ein Uferdamm an einer Stelle durchbrochen wird und der Fluss sich, unter Verwendung älterer Schlingenreste, ein neues Bett sucht. Solche **Durchbrüche** können aber auch wegen der im Durchbruch verstärkten Reibung und Sedimentation schnell verheilen *(clay plugs)*. Bei weiteren Hochwässern werden abgeschnürte Schlingen zunehmend mit Sediment verfüllt, sodass letzlich nur noch, wie in Abb. 256 (Mitte links), bogenförmige Seen einstiger Kolkbereiche erhalten bleiben; an anderen Stellen ist nur noch das schmale Band einer fast zusedimentierten **Nahtrinne** – in Abb. 256 als helle Linien in der dichten Talbodenvegetation – sichtbar.

Unterschiedlich verursachte, längerfristige Veränderungen der Wasserführung können auch zur Bildung von Mäandersystemen *unterschiedlicher Größenordnung* führen. So sind in Abb. 254 im Hintergrund eine Reihe größerer Mäanderbögen aus einer Zeit erkennbar, als der Bear River sich leicht in eine noch weitere Deltaebene eingetieft hat, die heute – zur relativ hochwassersicheren Terrasse geworden – als Ackerland genutzt wird. Die fast weißen Bereiche im Vordergrund sind flächenhafte Salzausblühungen, die auf die starke Verdunstung in diesem semiariden Klima und auf das Eindringen von Salzwasser aus dem Great Salt Lake zurückgehen.

In Abb. 256 sind im Innenbereich abgeschnürter Mäanderschlingen im Tiefsten der konvergierenden Dammuferböschungen bei hohem Grundwasserstand flache runde **Umlaufseen** entstanden (Wilhelmy 1958 II, S. 25, s. a. Louis & Fischer 1979, S. 236). Deren Rand wurde nach endgültiger Abschnürung der Durchbruchsstelle durch einen *clay plug* als neues Stück Uferdamm ersetzt, während der *oxbow lake* durch Sedimentation völlig ausgelöscht worden ist. Die Uferwallbildung führt auch dazu, dass – in beiden Bildern sichtbar – Nebenflüsse über lange Strecken *ohne Einmündungsmöglichkeit* parallel zueinander fließen.

Bei geringer Schwebfracht und damit fehlender oder schwacher Uferwallbildung kann ein einmal abgeschnürter Mäander bei Hochwasser auch reaktiviert werden, wie Abb. 259 als überschaubare Kleinform im **Auelehm** (Abb. 628 f.) zeigt. Der wegen Verkarstung des Untergrunds nur episodisch und wegen der Baumvegetation unregelmäßig mäandrierende Bach hat bei einem Hochwasser den **Mäanderhals** durchschnitten und sich dort infolge des erhöhten Gefälles leicht eingeschnitten. Im neuen Lauf, mit gelber Wasserfarbe, erfolgt der Hauptsedimenttransport, aber bei Hochwasser in der aufgegebenen Schlinge wird wiedereindringendes Wasser den Bogen allmählich mit feinen Schwebpartikeln auffüllen. Dies war wohl auf den ursprünglichen Talsohlen der deutschen/mitteleuropäischen Mittelgebirgsflüsse ein gängiger Prozess (Gerlach 1990).

Die Mäander in Abb. 257 sind nur noch bedingt verlagerungsfähig. Der White River fließt auf dem Boden eines flachen **Muldentals**, das in spättertiären feinen Sedimenten aus der Endphase der Aufschüttung der Great Plains angelegt worden ist. Unterhalb der grasbewachsenen, möglicherweise noch ursprünglichen Aufschüttungsebene, als Plateaus links vorn und im Hintergrund rechts erhalten, bildete sich bei weitflächiger Einschneidung ein tieferes Niveau aus, vorn rechts als Grasplateau erhalten. In dieses tiefte sich als nächste **Reliefgeneration** (S. 29) das breite Muldental ein. Auf dieses eingestellt, ist der größte Teil des Zwischenniveaus von einer Vielzahl **ephemerer**, nur bei Niederschlägen durchflossener Rinnen, zu Kerbtälchen und Schluchten zerschnitten worden.

Wie bei jedem Muldental wurde seine Genese stark durch die Abspülung von den Hängen und die **Glacisbildung** bestimmt. Auf dem ebenen zentralen Teil des Bodens, in dem homogen-feinkörnigen Tertiärsediment, bildete sich dennoch ein mäandrierender Abfluss aus. Deutlich erkennbar ist, wie durch das Mäandrieren die Lauflänge mehrfach die Länge eines Talabschnitts übertreffen kann. Dementsprechend ist auch das Flussgefälle deutlich *geringer* als das Talbodengefälle.

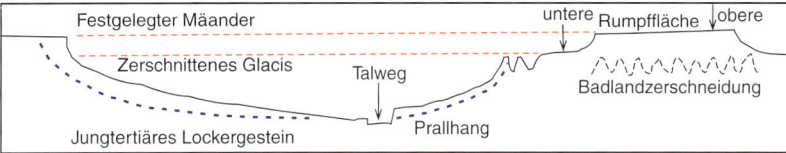

▲▲ Abb. 257: Festgelegte Mäander in einem Muldental; White River, Badlands National Park, South Dakota.

▲ Abb. 258: Querprofil zu Abb. 257.

▼ Abb. 259: Reaktivierung einer abgeschnürten kleinen Mäanderschlinge; Unterfranken.

14. Talboden · Talbodengliederung, periodischer Fluss

▲ Abb. 260: Bettgliederung und Terrassen eines periodisch fließenden Flusses; Zentralchile.

▶ Abb. 261: Erläuterungsskizze zu Abb. 260.

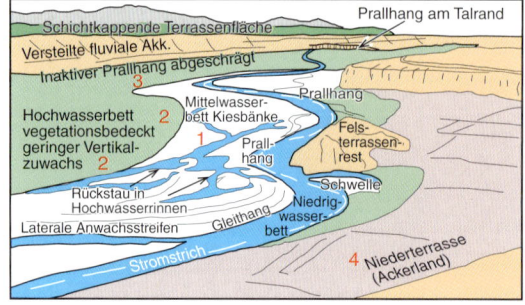

Die Abbildungen dieser Doppelseite zeigen drei verschiedene Ausprägungen eines **Talbodens**, klimatisch bedingt durch unterschiedliche Wasserführung im Jahresgang. Abb. 260 zeigt ein in typischer Weise stark gegliedertes Flussbett bei *stoßweiser* Wasserführung, hier im semiariden Klimaregime. Das **Niedrigwasserbett** verläuft auf dem breiten Talboden als ein in diesem Fall ganzjährig Wasser führendes Band mit Prall- und Gleithängen, vergleichbar denen eines **perennierenden** Flusses im humiden Klima. Seine über die ganze Talbodenbreite pendelnden Krümmungen würden sich unter Beibehaltung dieses Regimes wie die beschriebenen Mäanderschlingen verlagern. Dieses Bett kann bei trockenerem Klima als das eines **periodischen** (*intermittent,* intermittierenden) Abflussregimes auch jahreszeitlich vollständig austrocknen.

Bei stärkerer Wasserführung werden zuerst die nahezu vegetationsfreien Kiesbänke des **Mittelwasserbetts** überschwemmt. Dabei fließt das Wasser verstärkt mit höherem Gefälle in der allgemeinen Gefällsrichtung des Tales, hier erkennbar an der geradlinigen Abflussrinne bei (1) in Abb. 261. Dieses Trockenzeitbild zeigt das Abflussmuster von Kiesbänken, das sich zum Ende eines starken Abflussereignisses, bei dem das gesamte Mittelwasserbett überschwemmt war, *neu* gebildet hat. Zum Höhepunkt der Flut wird jeweils das ganze Kiesbett durch **querstehende Wellen** umgestaltet (Abb. 270). Die Kiesbänke zeigen das Bild einer vorübergehenden, **temporären** Ablagerung (Louis & Fischer 1979, S. 97, 235), dessen Muster sich jedes Mal bei sinkendem Wasserstand und abnehmender Schleppkraft neu ausrichten wird. Bei schwächerem Abkommen werden die Kiesbänke nur flach überspült, kaum aufgearbeitet und die Rinnen können bei mehreren Fluten nahezu ortsfest bleiben. Die wenn auch spärliche Vegetation auf den Kiesbänken im Bild zeigt, dass dies hier der Fall gewesen ist.

Längerfristig kann sich, anders als auf dem angrenzenden **Hochwasserbett**, allerdings keine Vegetationsdecke ausbilden. Auch ist ihre Grenze zu ihm im Prallhang-/Gleithangmuster ausgebildet. Das Hochwasserbett wird nur sehr selten und dann auch nur kurzfristig überschwemmt, sodass eine perennierende Vegetationsdecke bestehen kann. Nur vereinzelt werden Randbereiche mit Kies überschüttet [helle Bänder bei (2)]. Die dominierende Sedimentation ist die des **Schweb**anteils in Wasser, der bei zunehmender Bodenreibung – durch geringe Wassertiefe und den bremsenden Effekt der Vegetation bedingt – abgesetzt wird. Dieses feinkörnige Substrat des Hochwasserbetts, dessen Nährstoffe bei jedem Hochwasser ergänzt werden, wird bei (3), in Abstimmung mit den wahrscheinlichen Fluten im Jahresgang, ackerbaulich genutzt. Bei starken Fluten kann durch seitliche Erosion ein Teil des Hochwasserbetts aufgearbeitet und Teil des Mittelwasserbetts werden.

Die gradlinige **Unterschneidungskante** des Steilufers zeigt, dass bei vorzeitlich stärkeren Fluten der ganze Talboden, so wie heute nur noch das Mittelwasserbett, durchgearbeitet wurde (s. Abb. 249).

Die Felder im Vordergrund liegen auf dem etwas höheren, hochwassersicheren Niveau einer **Flussterrasse** (4), dem Überrest eines älteren und höheren Talbodens aus feinkörnigen Hochwassersedimenten (s. Abb. 228).

Die talaufwärts leicht ansteigenden Schichten in den wenig verfestigten und deshalb eine Böschung bildenden fluvialen Sedimenten des Steilufers zeigen eine junge tektonische Verstellung an. Das fluviale Geschehen während oder nach dieser Verstellung hat eine weit gespannte Kappungsfläche geschaffen, ein **glacis d'érosion** (Abb. 228, 229), das damit heute zugleich eine **Erosionsterrasse** ist, ebenso wie die beiden Niveaus im älteren Fels rechts (D), deren fluviale

14. Talboden · Schotterbett, perennierender Fluss

Decke späterer Abtragung zum Opfer gefallen ist.

Der außer bei winterlicher Gefrornis ständig fließende kleine Fluss in Abb. 262 zeigt bei **Niedrigwasserabfluss** eine mit einzelnen groben Hangschuttblöcken überstreute Schottersohle. Nur bei stärkerem Abfluss, etwa während einer Regenperiode, wenn auch das Niedrigwasserbett außerhalb des Stromstrichs bedeckt ist *(bankfull stage)* werden die Schotter umgelagert. Die nur wenig zugerundeten Blöcke kommen dagegen erst in Bewegung, wenn, vor allem zur Schneeschmelze, auch das hier klimatisch bedingt vegetationsfreie Hochwasserbett oberhalb der vertikalen Unterschneidungskante überflossen und als Teil der **Bodenfracht** *(bedload)* turbulent durchgearbeitet wird. Die Einschneidung des derzeitigen Niedrigwasserbetts ist bei abnehmender Sedimentfracht nach einer solchen Flut erfolgt. Bei einer schwächeren Flut wird das nur wenig höhere Flussbett rechts vorne als Mittelwasserbett überschwemmt, auf das der sichtbare Teil eines kleinen Schwemmfächers vorne links eingestellt ist. Die beiderseitigen Unterschneidungskanten, an denen derzeit bereits ein gravitativ gebildeter schräger Unterhang im Kies entstanden ist, werden dann wieder bis zur Basis versteilt werden.

Die nächsthöhere, noch bis unten steile Unterschneidungskante links zeigt, dass bis dort beim letzten Hochwasser ein älterer, bereits bewachsener **Schwemmfächer** abgeschnitten wurde, der ursprünglich weit nach rechts den Talboden bedeckt hatte.

Der beigefarbene, über 10 m hohe Hang unter der nächsten Verebnung, ist eine **Akkumulationsterrasse** (Louis & Fischer 1979, S. 254 f.) und zeigt an, dass das Tal bei stärkerer Schuttlieferung von den Hängen bis zu dieser Höhe verfüllt und anschließend, bei abnehmender Schuttlieferung, erst bis auf das Niveau der bewachsenen **Niederterrasse** (hinten links) und dann auf das heutige Niveau in Reaktion auf eine junge Klimaschwankung wieder ausgeräumt wurde. Auf die Niederterrasse ist der hintere steile Schwemmfächer unterhalb eines kurzen Kerbtals in der Terrasse eingestellt.

Trotz der kurzen Fließstrecke des Flüsschens zeigen Kies und kleinere Schotter dennoch eine gute Rundung, weil sie aus *hydrothermal* stark verwitterten und damit morphologisch weichen, durch Frostverwitterung zerkleinerten Lavagesteinen bestehen (s. Abb. 30). Die jüngeren unverwitterten Basaltblöcke sind beim Transport lediglich kantengerundet worden.

Auch die *gute* Rundung der groben Schotter auf der Sohle des kleinen, nur wenig turbulenten Flusses der humiden Mittelbreiten mit ganzjährigem, ausgeglichenem Abflussregime ist *nicht* das Ergebnis transportbedingten Abschleifens.

Beiderseits der dicht mit Bäumen bestandenen Uferkante liegt das etwa einen Meter höhere, bewachsene **Hochwasserbett**. Der Hochflutlehm aus dem bei Hochwasser abgesetztem Schweb überlagert ebensolche Schotter wie im rezenten Flussbett, die in zweifacher Weise Vorzeitformen sind. Transportiert und im Flussbett umgelagert wurden sie von den starken sommerlichen Schmelzwässern während der letzten und früheren pleistozänen Kaltzeiten, als Südengland periglazial geprägt und nicht vergletschert war. Die Blöcke selbst sind **Kernsteine** der tertiärzeitlichen chemischen Intensivverwitterung (Abb. 100), die mit dem sie umgebenden Zersatz als Gleitmittel durch **Solifluktion** (Abb. 432 ff.) in die Tiefenlinien verlagert und beim fluvialen Transport lediglich geglättet wurden.

Nur bei extremem Hochwasser dürften die groben Schotter der stabilen **Barre** *(riffle, s. Abb. 251)* im Vordergrund überhaupt bewegt werden (s. Abb. 274). Oberhalb, mit glatter Wasseroberfläche liegt der dann weitergebildete zugehörige flache **Kolk** *(pool)*, stromauf davon der nächste Barrenbereich.

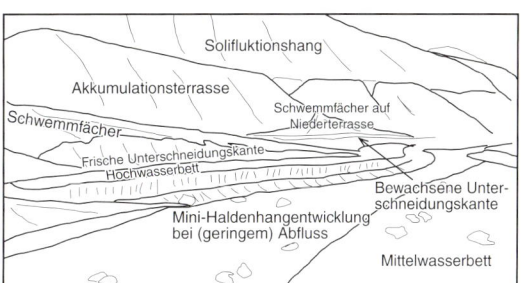

▲ Abb. 262: Bettgliederung und Terrassen eines perennierenden Flusses bei hohem Sedimenteintrag; Landmannalaugar, Zentralisland.

◄ Abb. 263: Erläuterungsskizze zu Abb. 262.

▼ Abb. 264: Bett eines kleinen perennierenden Flusses in den humiden Mittelbreiten; River Dart, Dartmoor, Südengland.

▲ Abb. 265: Dachziegelschichtung von Schottern als Ergebnis hoher Fließgeschwindigkeit; Unterlauf des Fish River bei Ai-Ais, Südnamibia.

▼ Abb. 266: Strömungsmuster in einem sandig-feinkiesigen Flussbett, Südnamibia.

In den humiden Breiten entziehen sich wegen ständiger Wasserbedeckung und oft hohem Schwebstoffgehalt die Prozesse und die daraus resultierenden **Bettformen** am Boden eines größeren Wasserlaufs weitgehend der direkten Beobachtung. Befunde aus Trockengebietsflüssen, deren Betten nur jahreszeitlich (**periodisch**, *intermittent streams*) oder sogar nur in mehrjährigen Abständen (**episodisch**, *ephemeral streams*) durchflossen werden, lassen sich jedoch teilweise übertragen. Abb. 265, vom Unterlauf des Fish River, des größten namibischen Flusses, zeigt vor dem noch wassergefüllten Kolk im Hintergrund eine **Barre** – wieder die *pool and riffle*-Abfolge (Abb. 251). Die mehrere Meter höher liegende Barre besteht aus groben Schottern, die nur bei starken Fluten bewegt werden können, wenn sich in tiefem Wasser Grundwalzen bilden (Louis & Fischer 1979, S. 218 f., Mortensen & Hövermann 1957).

Bei der letzten Flut vor der Aufnahme wurde die Barre allerdings lediglich überschwemmt und im Strömungsschatten hinter einem Hindernis aus Treibgut wurden Schluff und Ton aus der Schwebfracht abgesetzt. Die unterlagernden plattigen, gut gerundeten **Gerölle** – von Wasserbauern als **Geschiebe** bezeichnet – werden, wenn sie von der turbulenten Strömung aufgenommen werden, auf eine der flachen Seiten gekippt, weil sie so der Strömung am wenigsten Widerstand leisten. Sie kommen dabei auf anderen, in gleicher Weise umgelagerten Schottern in Form einer gegen die Fließrichtung geneigten **Dachziegelschichtung** (*imbricated bedding*) zu liegen. Einmal abgelagert ist sie *stabil*, bis durch eine Änderung im Flussbett stromauf oder eine Strömung, die stärker ist als die, die bewirkt hat, dass eine solche Barre aufgearbeitet wird. Im Mittellauf des Fish River ist die Dachziegelschichtung durch eine **Kalkkruste** (Abb. 408 ff.) verkittet worden, die heute oberflächlich wieder gelöst wird; die Schotter werden also nur noch überspült. Die Barren gehören zu einem älteren, stärkeren Abflussregime aus einer feuchteren **Pluvialzeit.** Im Hintergrund dieses Flussabschnitts sind eine junge helle **Akkumulationsterrasse,** die frisch unterschnitten ist, und eine alte höhere **Felsterrasse** erkennbar, an deren Fuß sich bereits eine *Schutthalde* gebildet hat, die bei den heutigen Flutintensitäten nicht ausgeräumt werden kann.

Abb. 266 gibt einen Einblick in die *aktive* Umlagerung in einem sandig-kiesigen Flussbett. Die Strömung nahm zum Ende des Abkommens so schlagartig ab, dass die unter Wasser geschaffenen Bettformen gut erhalten geblieben sind. Bei vorangehender höherer Fließenergie wurde kantengerundeter Schutt transportiert, der im Hintergrund einsedimentiert wurde und gegenwärtig freigespült wird, während, wie im Mittelgrund links, der Felsboden bereits freigespült war. Die heutige Feinsedimentfracht, aus dem tertiären **Saprolit** (S. 29) des kristallinen Gesteins der Region ausgewaschen, wird in langgestreckten **Barren** durch das enge Tal transportiert. Dabei werden die Partikel, ähnlich wie beim äolischen Transport auf dem Luvhang einer Düne (Abb. 728) am oberen Ende der flach ansteigende Rampe erodiert und bei ausreichender Strömungsenergie bis an die Stirn der Barre verfrachtet. Dort gleiten sie, wie am Leehang einer Düne oder der Stirn eines Deltas (Abb. 295) ab und verlagern so die ganze Barre stromabwärts.

In diesem Fall ist erst eine Barrenstirn seitlich gegen einen Kolkbereich, über eine ältere Akkumulation hinweg vorgerückt und ist selbst bis auf etwa 1 m Abstand von der Stirn von einer zweiten, flacheren Barre überwandert worden (Mitte rechts). Bei schnell sinkendem Wasserstand wurde die obere Stirnseite verwaschen, die untere blieb erhalten. Das parallel zur unteren Barrenstirn abströmende Wasser hat, ebenfalls wie bei äolischem Transport (Abb. 713), hinter dem Stein durch einen stationären Wirbel eine bogenförmige **Auskolkung** geschaffen; im Strömungs-

14. Talboden · Abflussdynamik

Abb. 267: Bei starker Flut gebildete Großrippeln; Südnamibia.

schatten wurde ein **Sandschwanz** mit aufsitzenden kleinen Rippeln gebildet. Mit dem restlichen abfließenden Wasser wurde die Barrenstirn leicht im rechten Winkel zerschnitten.

Der dritte Fall, in Abb. 257, ist insofern ungewöhnlich, weil sich normalerweise, auch wenn zum Höhepunkt einer Flut im *ganzen* Flussbett turbulenter Abfluss herrschte, bei *sinkendem* Wasserstand ein hierarchisches Muster anastomosierender Gerinne (Abb. 271) ausgestaltet. Wie in Abb. 266 nahm die Wasserführung nach einem Starkregenereignis so *schlagartig* ab, dass der bei hoher Fließgeschwindigkeit geschaffene Bettzustand erhalten geblieben ist. Die hohe Feinmaterialfracht wurde in diesem Bettabschnitt in breiten **Barren** quer zur Fließrichtung in der für Abb. 266 beschriebenen Weise transportiert. Dabei entstand, wie bei den Schottern in Abb. 265, aus den sich überlappenden Barren ebenfalls eine **Dachziegelschichtung,** die der Strömung den geringsten Widerstand entgegensetzte, stellenweise mit Auskolkung am Fuß der Stirnseiten. Aus dem stehenden Wasser zum Ende der Flut wurde heller Ton aus der **Schwebfracht** abgesetzt und nach dem Austrocknen teilweise vom Wind ausgeweht.

Abb. 269 und Abb. 268 im Detail geben einen Einblick in das extrem turbulente Geschehen während einer Flut im hier trockengefallenen **Stromschnellen**bereich des Oranje, eines großen Flusses an der Grenze von Namibia zu Südafrika. Immer wieder an derselben Stelle entstehende senkrechte Wirbel haben mithilfe strömungsrotierter Schotter und feiner Bodenfracht als Schmirgel **Strudeltöpfe** in den harten Fels geschliffen; in Abb. 268 liegt das Schleifmaterial noch *in situ*. Unter Gletschereis kann in Eisröhren herabstürzendes Schmelzwasser gleichartige Formen, so genannte *Gletschermühlen* (Abb. 536) schaffen.

Abb. 268: Strudeltöpfe; Detail zu Abb. 269.

Abb. 269: Strudeltöpfe in einem Stromschnellenbereich; Oranje River, Grenze Namibia-Südafrika.

14. Talboden · Flussbettdynamik bei einem Abflussereignis I

▲ Abb. 270: Prallhangunterschneidung beim Auslauf des Spülteichs einer Sandgrube, nördliches Niedersachsen.

▼ Abb. 271: Rückschreitende Erosion an einer Dammbruchstelle.

In dieser Bildfolge vom Auslauf eines Spülwasserteichs in einer Sandgrube im Altmoränengebiet Niedersachsens kann eine Reihe **fluvialdynamischer Prozessabläufe** gezeigt werden, die an Großformen räumlich wie zeitlich nur schwer überschaubar wären. Dazu kommt die Seltenheit eines Ereignisses in Kleinform: der Ausbruch des Flusslaufs aus seinem Bett und die *Selbstheilung* der Durchbruchsstelle. Die Abfolge umfasst einen Zeitraum von knapp einer halben Stunde.

Abb. 270 zeigt das normale Abflussgeschehen nach dem Beginn des Abflusses. Im Prallhangbereich des fast in ganzer Breite von turbulent und schnell fließendem Wasser bedeckten Rinnenbodens wird dort, wo der **Stromstrich** auf den rechten Hang trifft, aktiv unterschnitten; versetzt gegenüber ist dagegen, der in Abb. 251 beschriebenen Talbodengeometrie entsprechend, **Gleithangsedimentation** erfolgt. In Unterschneidungsbereichen lösen sich als Folge des fehlenden Widerlagers in der standfesten Böschung an steilen schaufelförmigen Abrissbahnen dünne Schollen ab, die im hinteren Prallhangbereich bereits einige Dezimeter weit herabgerutscht sind. Vorn rechts ist die Rutschung (Abb. 371) bereits in einen kleinen **Bergsturz** (Abb. 362) übergegangen. Ihr Kegel hat kurzfristig den Stromstrich auf die andere Seite des Talbodens gedrängt. Im eingeengten Strömungsquerschnitt hat die dort konzentrierte Energie zu Einschneidung und **rückschreitender Erosion** geführt *(headward erosion)*, die an der Wasseroberfläche als vorübergehend ortsfeste horizontale **Grundwalze** (Louis & Fischer 1979, S. 218 f.) sichtbar wird, deren Drehbewegung stromauf gerichtet ist.

Die Bruchstücke des leicht verbackenen Sandes werden in den nächsten Minuten durchweicht und von der Strömung aufgenommen werden, die gröberen Partikel als **Bodenfracht** *(bedload)*, Schluff und Ton als **Schweb** *(suspended load)*. Die gelbbraune, undurchsichtige Farbe des Wassers zeigt, dass große Sedimentmengen in der **Flusstrübe** transportiert werden.

Stromab und ein wenig später ist durch ebensolche seitliche Erosion, im Bereich von Abb. 271, ein Teil eines künstlichen Sanddamms ins Flussbett gestürzt. An dieser Stelle, links außerhalb des Bildes, hat sich das Wasser einen neuen Weg in ein tiefer liegendes Becken gesucht. Von dem neuen, tiefer gelegenen **Vorflutniveau** aus hat an zwei kleinen Wasserfällen die schnell wirkende rückschreitende Erosion eine Schlucht geschaffen, deren Seitenwände ebenfalls in Form unterschnittener Rutschungsschollen nachbrechen. Die rückschreitende Erosion selbst wird durch **horizontale Wasserwalzen** bewirkt, die in der rechten Rinne an drei Arbeitskanten übereinander angreifen. Das Aufschäumen des Wassers am Anfang beider Schluchten geschieht durch das Aufeinandertreffen des **schießenden Abflusses** im Schnellen- und Wasserfallbereich mit der stromauf gerichteten Rotationsbewegung der den Boden erodierenden **Grundwalze**.

Das Flussbett unterhalb der neuen Schluchten ist nahezu trockengefallen. Der restliche Abfluss hat auf dem Bett aus flachen Wellen quer zur Fließrichtung, etwa wie in Abb. 267, schmale Rinnen gebildet, die in kleinen Kerben den Schluchtrand zerschneiden. In Ansätzen ist rechts ein **anastomosierendes** Gerinnenetz (Abb. 278 ff.) erkennbar, das sich – in Abb. 272 sichtbar – weiter unterhalb des Ausbruchsstelle in den wenigen Minuten des Restabflusses in Überprägung der quer stehenden Wellen des Flussbetts entwickelt hat, ebenso wie am Ende einer Flut in Trockengebieten.

▲ Abb. 272: Rückschreitende Erosion und Schwemmfächerbildung.

Abb. 272 zeigt, in Fließrichtung gesehen und wenige Minuten später aufgenommen, die turbulente **Schnellen**zone, die sich so auch oberhalb von großen Wasserfällen bildet, sowie die beiden kleinen Schluchten, die zwischenzeitlich durch die rückschreitende Erosion um mehrere Meter verlängert worden sind. In dem wenig widerstandsfähigen Sand haben sich links mehrere als Kerben beginnende Nebenschluchten, wie sie oft auch im Fels über lange Zeiträume entstehen (Abb. 312), entwickelt.

Jenseits des **Kolks**, der die *Durchbruchstelle* markiert, kann sich das Wasser auf der tiefer liegenden Fläche ungehindert ausbreiten. Bei gleichbleibender Wassermenge bedeutet dies die *schlagartige* Abnahme der Wassertiefe am Austritt der Schlucht auf die Fläche und damit verstärkte Bodenreibung und Sedimentation. Dabei werden, ebenso wie beim Übertritt eines Flusses auf sein Hochwasserbett, zuerst die gröberen, bei sinkender Fließgeschwindigkeit zu schweren Partikel abgesetzt. Da die mit Ausdünnung des Wasserfilms ebenfalls abgesetzten immer feineren Partikel weniger Volumen haben, hat sich die typische, leicht geneigte Rampe eines noch in seiner Gänze überflossenen **Schwemmfächers** (Abb. 282) ausgebildet.

Abb. 273 zeigt das Ergebnis dieser Schwemmfächersedimentation. Dank des hohen Sedimentgehalts des Wassers an Boden- und Schwebfracht, die beide bei abnehmender Fließgeschwindigkeit zunehmend abgesetzt wurden, hat sich der Schwemmfächer in kurzer Zeit so weit aufgehöht, dass sein Ansatzbereich nur noch in ständig abnehmender Tiefe überspült werden konnte. Dazu staute sich das Wasser am Ausgang der Schlucht und der Kolk mit seiner hohen Fließgeschwindigkeit wurde zum Sedimentationsbereich. In **positiver Selbstverstärkung** *(positive feedback)* wurde so die Durchbruchstelle durch den Schwemmfächer vollständig abgedichtet.

Im Scheitelbereich bestand kurzzeitig noch eine überschwemmte Schleife, die an der oberen Steilkante erkennbar ist und die Schwemmfächerwölbung nachzeichnet. Von diesem Zeitpunkt an wurde die Hauptfließrichtung im alten Bett wieder aufgenommen. Als Folge der *erhöhten* Fließgeschwindigkeit in dem von der rückschreitenden Erosion geschaffenen Schnellenbereich wurde das in Abb. 272 noch sichtbare Flussbett unterhalb der Durchbruchstelle erst in einem schmalen Streifen, dann auf der ganzen Breite erodiert. Damit hat sich ein über die ganze Bettbreite reichender Schnellenbereich mit starker Seitenerosion im verheilten Abschnitt ausgebildet.

Der hier im Kleinen gezeigte Vorgang spielt sich im Großen bei jedem Durchbruch eines echten **Dammuferflusses** mit seiner hohen Sedimentfracht ab. Am Unterlauf des Mississippi, wo solche Vorgänge bei jeder Flut ablaufen können, werden die verheilten Stellen als *clay plugs* bezeichnet. Auch die vollständige Abschnürung von Mäanderschlingen zu *oxbow lakes*, wie in den Abb. 254 und 256, ist auf diese Weise erfolgt.

▼ Abb. 273: Rücklenkung in das Bachbett nach Verheilung des Durchbruchs durch den Schwemmfächeraufbau.

14. Talboden · Hochwasserfolgen

▲ Abb. 274: Uferwälle eines Extremhochwassers; Alt Mor, Schottland.

Die beiden Bilder dieser Seite zeigen die Ergebnisse einer katastrophal schnellen und eine in mehreren „Kleinkatastrophen" (Büdel 1977, S. 31) abgelaufene, völlige Umwandlung eines Talbodens.

Der in Abb. 274 zu sehende **sommerliche Niedrigwasserabfluss** eines kleinen schottischen Flusses findet ohne jeglichen Transport des groben Steinpflasters in seinem Flussbett statt. Grobmaterialtransport und damit Bettumgestaltung können *nur* bei Hochwasser stattfinden. Die etwa 2 m hohen **Uferwälle** aus gerundeten Blöcken von bis über 1 m Durchmesser aus dem angrenzenden Hochland sind bei einem *einzigen* extremen Hochwasserereignis im Sommer 1978 aufgeschüttet worden. Vorher sah das Flussbett etwa so aus wie das des River Dart in Abb. 264. Bis zu dem vier Jahre später aufgenommenen Foto war lediglich das Feinmaterial aus den Uferwällen ausgespült worden, das gemeinsam mit den Blöcken sedimentiert worden war.

Zur Zeit der Aufschüttung wurden die Blöcke nicht, wie bei einem kleinen Hochwasser, durch Unterspülung und Schub in einen so übertieften Bereich hinein weiterbewegt, sondern gemeinsam mit einem hohen Feinmaterialanteil als **Mure** (Abb. 290 ff.), d.h. als ein Wasser-Sedimentgemisch. Dabei bewirkte das gegenüber klarem Wasser erhöhte spezifische Gewicht der turbulent fließenden Wasser-Feinpartikel-Suspension einen *zusätzlichen Auftrieb* und damit den leichteren Transport der großen Blöcke. Durch Wasserverlust im Randbereich des sich schnell bewegenden Schuttstroms herrschte dort größere Reibung und damit die Tendenz zur Sedimentation. So wurden zwei Uferwälle aufgebaut, zwischen denen der Abfluss und Transport bei ausreichendem Wassergehalt noch weitergingen. Aber auch dort wurde stark sedimentiert. Das Flussbett liegt nach dem Ereignis heute wenige Meter *höher* als das Umland jenseits der Schotterwälle.

Der zweite Fall, in Abb. 275 zu sehen, ist das Ergebnis einiger weniger starker Hochwässer mit dennoch extremem Schutttransport am Ausgang der steilen Samaria-Schlucht an der Südküste Kretas. Als die Brücke im Flussbett vor einigen Jahrhunderten gebaut wurde, gab es, nach der Größe ihres Durchlasses zu schließen, hier offenbar nur einen kleinen, vermutlich ständig fließenden Fluss mit mäßigen Hochwässern. Irgendwann in der jüngeren Vergangenheit änderte sich die Stärke des Abflusses und damit der Feststofftransport des Flusses jedoch so sehr, dass große Mengen mäßig gerundeter Schotter aus dem Einzugsgebiet der Schlucht bis ans Meer geschwemmt wurden. Dabei wurde die Straße im ehemaligen Hochwasserbett weggerissen und nur noch der zentrale Teil der Brücke blieb halb einsedimentiert erhalten. Das Abflussregime ist heute, wie für **Torrenten** des Mittelmeerraums typisch, periodisch und an die Winterniederschläge gebunden.

Am ehesten erklärt sich diese Änderung des Sedimenttransports durch die im ganzen Mittelmeerraum häufige Beschleunigung des Abflusses durch Vegetationszerstörung und, damit verbunden, Bodenabspülung sowie den Verlust des Wasserrückhaltevermögens der Hangoberflächen, wie auch am Hang links zu sehen ist. Statt allmählicher Wasserabgabe aus einem durchfeuchteten Boden gibt es, wie in ariden Gebieten, bei einem Regen fast nur noch **sofortigen Oberflächenabfluss**. Mit der hohen und schnellen Wasserzufuhr zu den Tiefenlinien steht viel Energie für den Transport auch grober Gerölle und damit für die völlige Umgestaltung des Flussbetts zur Verfügung.

▼ Abb. 275: Einsedimentierte mittelalterliche Brücke; Ausgang der Samaria-Schlucht, Südkreta.

14. Talboden · Verzweigter Fluss, anastomosierender Fluss

Flüsse, deren Bett von mehreren Flussarmen mit relativ stabilen Inseln durchzogen wird, werden im Deutschen als **verzweigte Flüsse** bezeichnet. Abb. 276 zeigt eher das *verkleinerte* Modell eines solchen Abflusssystems, da es sich dabei normalerweise um Laufabschnitte im Tiefland großer, perennierender Ströme mit häufigen Hochwässern handelt *(anabranches)*; sie enthalten relativ stabile Inseln zwischen schmalen, vergleichsweise tiefen Rinnen bei geringem Gefälle. Bildbeispiele dieser nur im Satellitenbild überblickbaren Flussabschnitte finden sich den Landsat-Aufnahmen von Deltas in Short & Blair (eds., 1986, Kap. 5). Vielfach dürfte es sich dabei um die stabilisierte Form des auf deutsch als **verwildertes Flussbett** bezeichneten Systems handeln, das in einem semiariden Klima angelegt worden war (Fairbridge 1968, S. 92).

Ein solches Muster im Kleinen, aber nur von der *gegenwärtigen* Erscheinungsform her, zeigt der mit starken Schwankungen perennierende Fluss in Abb. 265 in einem intramontanen Becken im Nordwesten von Südafrika. Anders als heute bei den verzweigten Flüssen humider Regionen werden hier bei häufigen Hochwässern auch die Sandbänke überschwemmt. Bei *normalem* Abfluss unterhalb des Mittelwasserniveaus der Sandbänke finden Veränderungen in jeder einzelnen Rinne nach dem Prall- und Gleithangsystem statt.

Abb. 266 zeigt dagegen den Normalfall eines so genannten verwilderten oder wie bei Abb. 249 erklärt – anastomosierenden Laufes *(braided channel)*. Primär setzt die Strömungsteilung dort ein, wo ein Schotterpaket bei *örtlich abnehmender Schleppkraft* abgesetzt worden ist und als Strömungshindernis wirkt. Bei Niedrigwasserabfluss – wie im Bild – verhält sich der pendelnde Stromstrich in jeder Rinne wie ein eigenständiger Wasserlauf, einschließlich seitlicher Unterschneidung der Schotterinseln. Bei steigendem Wasser werden diese überflutet. Dabei entwickelt sich, wie vorne links, ein eigenes Rinnensystem auf ihnen, das sich zum Ende einer Flut am Unterrand leicht einschneiden wird.

Bei weiterem Anstieg bis zum so genannten **bordvollen Abfluss** *(bankfull stage)* und Übertritt auf das Hochwasserbett werden die Inseln vollständig überflutet. An dem quer zur Fließrichtung ausgebildeten Wellenmuster – wie in Abb. 270 – wird dann zu erkennen sein, dass das System der einzelnen Strömungsbänder und Inseln vollständig verschwunden ist und sich bei sinkendem Wasserstand erst neu bilden wird. Daraus erklärt sich, ebenso wie für Abb. 276, die völlige Vegetationsfreiheit der Kies- beziehungsweise Sandbänke. Die am Boden des Niedrigwasserbetts links vorne in Abb. 276 sichtbaren Strukturen geben einen Eindruck von dem Muster, das sich bei einem starken Hochwasser im Bereich von Niedrig- und Mittelwasserbett entwickeln wird.

▲ Abb. 276: Verzweigter perennierender Flusslauf; nordwestliches Südafrika.

▼ Abb. 277: Anastomosierender Fluss; Alamut-Tal, Elbursgebirge, Iran.

14. Talboden · Anastomosierende Abflusslinien/Braided River

Abb. 278: Talboden mit trockengefallenem anastomosierenden Gerinnenetz; Krossá-Tal, Südisland.

Abb. 279 Schwemmfächerwölbung eines Talbodens mit anastomosierten Rinnen; Landmannalaugar, Zentralisland.

Abb. 278 macht deutlich, wie stark sich die Talbodengeometrie in Abhängigkeit von Abflussmenge und Sedimenttransport ändert. Das wie geflochten erscheinende Muster von konvergierenden und divergierenden Rinnen füllt den gesamten Boden des recht geradlinig verlaufenden Tals aus, dessen Rand auf beiden Seiten durchgehend der **seitlichen Erosion** ausgesetzt ist (s. Leser 2003, S. 244ff.). Allerdings ist der Talboden seit etlichen Jahren nicht mehr in der auf der vorigen Seite beschriebenen Weise umgestaltet worden. Langsam wachsende Moospolster, besonders links, zeigen, dass Teile von ihm zumindest vorübergehend zu einer niedrigen **Flussterrasse** geworden sind, ebenso wie der unterschnittene Hauptteil des **Schwemmfächers** rechts. Der vegetationsfreie Bereich wird nur noch bei der Frühjahrsschneeschmelze ganz oder in einzelnen Rinnen als Hochwasserbett genutzt, wie die ungestörte Piste zeigt. Der gegenwärtige Niedrigwasserabfluss mit schwebfreiem, klarem Wasser findet bei beginnender Mäanderbildung und nahezu ohne Geschiebetransport statt.

Die letzte volle Aktivität des Talbodens dürfte aus einer Zeit verstärkten Schmelzwassertransports von der **Eiskappe** (Abb. 476) des Krossájökull im Hintergrund stammen. Der rezente Flusslauf ist für das Tal völlig unterdimensioniert *(underfit stream)*. Insofern ist er ein Modell für die spät- und nacheiszeitliche Entwässerung von **Urstromtälern.**

Auch hier begann die Aufschüttung des Talbodens erst zum Ende der letzten Eiszeit, da das Tal vorher Teil eines Eisstromnetzes (Abb. 474) war. Als Relikt eines älteren Tales ist hier und in Abb. 280 die hohe Felsterrassenfläche erhalten, vielfach als **Trogschulter** (Abb. 539) bezeichnet und als Form des Eisschurfs missverstanden. Das in sie eingeschnittene **Sohlenkerbtal** (Abb. 247) wurde glazial zum **Trogtal** umgestaltet, dessen U-förmiger unterer Profilteil vom Spätglazial bis heute von glazifluvialen Sedimenten (570 ff.) verfüllt wurde. Die kurzen Schluchten sind in dem weichen **Hyaloklastit** (ältere Bezeichnung *Palagonit*, Abb. 244, Vordergrund von Abb. 280) nacheiszeitlich entstanden. Da dieser das Ergebnis subglazialer Eruptionen ist, kann der alte Talboden, anders als etwa in den Alpen, nicht präglazial sein. Er ist lediglich älter als die letzte, jungpleistozäne Vergletscherung.

Abb. 279 zeigt aus der Unterperspektive den Boden eines **anastomosierenden** Bettes, das in seiner gesamten Breite bei Hochwasser überschwemmt wird. Die wenigen Moosinseln zeigen jedoch, dass bei jüngeren Überschwemmungen das Rinnennetz weitgehend stabil geblieben ist. Lediglich die scharfen Rinnenränder sind frisch unterschnitten worden, als nur noch die Rinnen selbst durchflossen wurden. Die durch Überschwemmung und leichte Zerschneidung einer Schotterfläche entstandene Rinne rechts vorne wurde zu dem Zeitpunkt bereits nicht mehr durchflossen und endet in typischer Weise in einer kleinen **Mündungsstufe.**

Die wichtigste Aussage des Bildes ist jedoch, dass der ganze Talboden quer zur Fließrichtung leicht *gewölbt* ist und so einem aktiven Schwemmfächer (Abb. 282) entspricht – nur dass er beiderseits durch die unterschnittenen Talhänge begrenzt wird. Auch der Verlauf der gestreckten Abflussrinne am orographisch (= in Fließrichtung) linken Talrand erklärt

14. Talboden · Talbodenschwemmfächer

sich aus der Querwölbung und somit auch die aktive Unterschneidung bei jedem Hochwasser, die an der frischen (braunen) Unterhangversteilung erkennbar ist. Im Hintergrund von Abb. 281, in demselben Tal, ist erkennbar, dass dort der Niedrigwasserabfluss aufwölbungsbedingt im tiefer liegenden *Randbereich* stattfindet. Entsprechend hat Obenauf (1971) den Boden aktiver Flüsse im ariden Klima des saharischen Tibesti-Gebirges als eine Abfolge von Schwemmfächern beschrieben.

Abb. 280 zeigt einen unterhalb von Abb. 278, allerdings vier Jahre zuvor aufgenommenen Abschnitt im Mündungsbereich eines Nebentals, aus dessen Schlucht ein großer **Schwemmfächer** geschüttet worden ist, der den Abfluss des Haupttales ganz an den gegenüberliegenden Talhang gedrängt hat. Eine derartige Situation war typisch für die *späteiszeitliche* Entwicklung an mitteleuropäischen Flüssen. Nach der Zerschneidung der Schwemmfächer wurde ihre Terrassenoberfläche im Holozän zu einer bevorzugten hochwassersicheren Siedlungslage am Fluss und, ebenfalls schwemmfächerbedingt, an einer Furt.

Die nur noch partielle Aktivität des Schwemmfächers entspricht der des Talbodens von Abb. 278. Die Sedimentation setzte am Schluchtausgang ein, weil das dort ausströmende Wasser ohne nahes Widerlager in Fließrichtung eine immer größer werdende Fläche überströmen konnte: mit zwangsweise abnehmender Wassertiefe, verstärkter Turbulenz und Reibung und damit Sedimentation, mit korngrößenbedingter Abdachung, wie für Abb. 273 beschrieben. Die derzeitige **Teilaktivität** des Schwemmfächers beschränkt sich auf zwei Bänder. Dabei wurden in dem rechten Band nach einer Zeit noch geringeren Abflusses bereits bewachsene Flächen zu kleinen rhombenförmigen Inseln aufgezehrt.

Abb. 281, etwas unterhalb von Abb. 279 aufgenommen, zeigt die **Konvergenz** von zwei flachen Nebentalschwemmfächern, von denen der rechte, wiederum durch seine Querwölbung bedingt, seit längerem nur noch an seinem rechten Rand aktiv ist. Das Abflussband hat sich im unteren Teil des Fächers allerdings selbst wieder zu einem breiten Fächer ausgeweitet. Zusätzlich zum querwölbungsbedingten Verlauf talaufwärts der Einmündung des Schwemmfächers hat dieser auch hier, wie in Abb. 280, den Hauptfluss an den jenseitigen geradlinigen Talrand abgedrängt. Die an der Vegetationsfreiheit der Hänge erkennbare **frische Unterschneidung** wird, wie in den Abb. 30 und 249, durch die hydrothermale Verwitterung (Abb. 32) der rhyolithischen Lava begünstigt. Die Entwässerung des aktiven linken Fächers sammelt sich in der Tiefenlinie zwischen den beiden Fächern.

Die Fließrichtungen werden in einem aufschüttenden Gewässer in der **Sedimentstruktur** der Flussablagerungen gespeichert. Das hier gezeigte Muster höchst unterschiedlicher Sedimentschüttungsrichtungen in einem einzigen Flussbett macht deutlich, welche Interpretationsfehler auftreten können, wenn bei unzureichenden Aufschlussverhältnissen frühere Abflussrichtungen aus der Sedimentschichtung abgeleitet werden sollen.

▲ Abb. 280: Aus einem Neben- ins Haupttal geschütteter Schwemmfächer; Krossá-Tal, Südisland.

▼ Abb. 281: Talboden mit konvergierenden Schwemmfächern; Landmannalaugar, Zentralisland.

15. Schwemmflächen · Schwemmfächerkleinformen

▲ Abb. 282: Proximaler Bereich eines kleinen Schwemmfächers in einer Sandgrube; Norddeutschland.

▼ Abb. 283: Miniaturschwemmfächersaum mit zugehörigem Sedimentliefergebiet; Sandwatt bei Mont St. Michel, Normandie, Frankreich.

Die Vorstellung von Schwemmfächern auf der vorigen Seite begann deshalb nicht mit einer Einzelform, weil der Zusammenhang mit dem anastomosierenden Gerinnenetz in einem Flussbett deutlich werden sollte. Als voll aktive Formen treten beide in Gebieten mit einem so *starken* Sedimentanfall im Liefergebiet auf, dass die Transportkraft auch bei maximalem Abfluss noch voll ausgelastet ist. Eine weitere Voraussetzung sind **Hochwasserspitzen**, getrennt durch Niedrigwasserabfluss oder sogar abflussfreie Zeiten, bei denen kurzzeitig große Sedimentmengen bewegt werden können. Rezent scheinen dies nur Gebirgsgebiete mit saisonal hohem Schmelzwasserabfluss hinein in eine semiaride Fußstufe zu sein, etwa in Zentralasien. **Warm-aride Schwemmfächer** sind heute überall nur *teilaktiv* (Abb. 286, 288). Wegen ihrer Überschaubarkeit erläutert diese Seite die Schwemmfächerbildung an zwei auf die Großformen übertragbaren Kleinformenbeispielen.

Sinkt aus irgendwelchen Gründen die Sedimentanlieferung, durch die der Schwemmfächer als Ganzes aufgeschüttet worden ist, setzt am Austritt aus dem höher liegenden Hinterland in die Aufschüttungsebene Zerschneidung ein. Dieser Fall ist der häufigste, weil zum Ende einer Flut mit abnehmender Wassermenge immer weniger Sediment aus dem Tal zum Fächer transportiert werden kann. Mit dem *Absatz* der Bodenfracht steht erneut Energie für Erosion zur Verfügung, die, wie in diesem Fall, zur Einschneidung in einem schmalen Band auf dem Schwemmfächer führt. Am stärksten ist sie im Bereich des stärksten Gefälles, also unmittelbar im Austrittsbereich des Wasserlaufs, im **proximalen** Teil des Fächers. Dies geschieht regelmäßig zum *Ende* einer Schwemmfächerflut, sodass im Englischen der **fanhead trench** als ständiger Bestandteil eines Schwemmfächers (*alluvial fan, fan*) betrachtet wird, da er in der oft langen Zeit bis zum nächsten Abkommen das Bild prägt. Auch in Abb. 283 wurde er an jedem Fächer zum Ende des Abflusses eingeschnitten.

Im vorliegenden Fall wurde bei starker Sedimentanlieferung erst ein höherer und so mit seiner Spitze weiter ins Tal eingreifender Fächer aufgebaut. In der nächsten Phase, bei starkem Wasser-, aber deutlich geringerem Sedimentanfall, wurde offensichtlich fast der ganze Fächer *flächenhaft tiefer gelegt*. Erhalten geblieben ist davon nur die **Terrasse** hinten rechts. In der französischen Terminologie (Tricart & Cailleux 1989) wäre dies der Übergang von einem *glacis d'accumulation* in ein *glacis d'érosion* (Abb. 228, 229).

Mit abnehmender Wassermenge setzte die Zerschneidung des Fächers ein. Im Prallhangbereich der Rinne ist deutlich die **Querwölbung** des Schwemmfächers erkennbar. Die Treppung gegenüber zeigt, dass die Rinne mit zunehmender Einschneidung immer schmaler wurde. In Fließrichtung ist sichtbar, dass die auf dieselbe **Erosionsbasis** wie der Fächer eingestellte Rinne zwangsläufig mit ihm in einem Niveau zusammenläuft.

Die Kleinformen in Abb. 283 sind bei Ebbe in ein **Sandwatt** eingeschnitten worden. Das dendritische (baumförmige) Gerinnenetz mit seinen durch die *rückschreitende* Erosion steilen Anfängen entspricht dem Muster, das bei Bodenerosion in Lockersubstraten entsteht (Abb. 615). Abhängig von der Größe der Einzugsgebiete haben sich am Austritt der Miniaturschluchten auf den trockengefallenen Teil eines Priels (Abb. 638) unterschiedlich große Schwemmfächer entwickelt, die seitlich zusammengewachsen sind und so das Modell einer **Schwemmfächerschürze** oder **-saumes** bilden, mit dem spanisch-amerikanischen Begriff **Bajada** bedacht. Mit Beginn der Zerschneidung konzentriert sich der Abfluss auf die tiefsten Bereiche der Bajada, auf die **Nahtlinie** zwischen zwei Fächern.

Der Schwemmfächer in Abb. 284 ist weitgehend eine *Vorzeitform*, der in einer Phase stärkeren Wasser- und Schuttanfalls geschüttet wurde, vermutlich zum Ende der Entgletscherung der Hänge im Hintergrund dieses Hochgebirgstals. Durchschnitten wird er von dem sich fächerabwärts leicht verbreiternden Band des Hochwasserbetts des Schneeschmelzabflusses, in die die in diesem semiariden Gebiet im Sommer aus

15. Schwemmflächen · Zerschnittener Schwemmfächer, Schwemmkegel

▲ Abb. 284: Zerschnittener Schwemmfächer in einem Hochtal des Elburs-Gebirges; Taleghan-Tal, Nordiran.

▼ Abb. 285: Steiler Schwemmkegel und Einzugsgebiet; Landmannalaugar, Zentralisland.

trocknende Rinne des Niedrigwasserabflusses eingeschnitten ist. Die typische *Ausweitung* des Hochwasserbettes ist möglich, weil sich dessen Gefälle und das des steileren Fächers zum Fächerende hin *(distal)* annähern und bei seitlicher Erosion an der immer niedriger werdenden Unterschneidungskante zum begrünten Bereich hin immer weniger Material für den gleichen seitlichen Erosionsbetrag bewegt werden muss.

Dank einer generellen Flusseinschneidung sind die höchsten, proximalen Teile des Fächers hochwassersicher geworden und tragen deshalb die Häuser. In dem wegen des sich annähernden Gefälles schon etwas gefährdeterem Bereich liegen die Felder mit dem typischen Oasenbaum dieses winterkalten Trockengebiets, der Pappel. Gelegentlich bricht offenbar bei starkem Hochwasser ein Teil der Flut nach rechts aus und überströmt den unteren Teil des Fächers. Erkennbar ist dies an dem Bereich schütterer Krautvegetation und den sattgrünen Rinnen, die am rechten Bildrand auf eine niedrige, begrünte Terrassenfläche über dem Hochwasserbett des Hauptflusses eingeschnitten ist.

Dieses zeigt ein als Folge steilen Gefälles lang gestrecktes anastomosierendes Rinnen- und Barrenmuster. Der Wasserstand des Hauptflusses, der aus größeren Höhen auch Ende Mai noch von Schmelzwasser gespeist wird, ist aber schon so weit abgesunken, dass neben dem begrünten auch der rezente Einmündungsbereich bis zum nächsten Frühjahr leicht unterschnitten worden ist. Die **Kiesbarren** werden nicht mehr voll überspült und es hat sich ein Abschnitt mit verzweigter Entwässerung ausgebildet, dessen Muster im nächsten Frühjahr völlig umgestaltet werden kann. Die durch den Schwemmfächer geschaffenen Gefällsverhältnisse im Talboden haben, wie in Abb. 280, auch hier den Fluss ganz an den gegenüberliegenden Talrand gedrängt.

Eine in steilen Seitentälern häufige Variante des Schwemmfächers ist der **Schwemmkegel**, in Abb. 285 mit seinem Einzugsgebiet dargestellt. Der in seinen oberen Teilen über 20° steile Kegel, auf den links zwei Rinnen am steilen Hang eingestellt sind, ist durch die Verschwemmung des grau verwitterten Hangschutts aufgebaut worden, der die höheren Hangteile überkleidet. Dort herausragende, weniger verwitterte Vulkanitpartien zeigen, dass der gesamte Hangbereich aktiv ist und durch **Solifluktion** (Abb. 432 ff.) hangparallel tiefer gelegt wird.

Die hellbraune Umrahmung der oberen Kegelteile erscheint auf den ersten Blick wie die jüngste Zerschneidung dieser Hänge. Vorne rechts über dem nahezu trocken gefallenen Vorfluter sind jedoch drei bis vier **Unterschneidungskanten** mit zum Hintergrund leicht ansteigenden Verebnungen dazwischen erkennbar, die ebenfalls die hellbraune Farbe zeigen, also aus umgelagertem Material aus der Umrahmung bestehen. Sie gehören zu einer weniger steilen Schwemmfächerbildungsphase. Dieser Fächer muss, der Abdachung seiner Reste nach, über den gesamten Haupttalboden gereicht haben und wurde mit dessen mehrstufiger Tieferlegung zerschnitten und weitgehend ausgeräumt. Erst danach stellte sich der steile Schwemmfächer auf den jetzt tiefer liegenden Talboden ein, der zumindest in seiner obersten Schuttlage aus dem grauen Material des Oberhangs besteht.

Der Schuttkegel selbst ist bereits nicht mehr *im vollen Umfang aktiv*, wie der Bewuchs rechts seines Hauptabflusses zeigt. Entsprechend hat sich an seinem Fuß ein neuer kleiner, auf das Flussbett eingestellter Schwemmfächer gebildet. Diese hier nachgezeichneten Formungswechsel können alle erst in den wenigen Jahrtausenden seit dem Ende der pleistozänen Vereisung, hier vor weniger als 10 000 Jahren, geschehen sein, reflektieren möglicherweise aber sogar nur junge Klimaoszillationen der letzten Jahrhunderte.

15. Schwemmflächen · Schwemmfächer auf Pediment

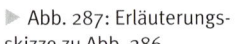
Abb. 286: Zerschnittene, mehrphasig gebildete Schwemmfächer auf einem Pediment; Great Basin, südwestliche USA.

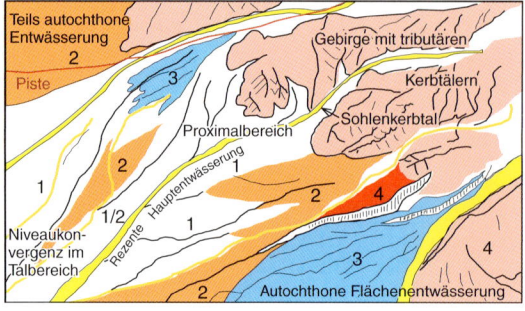

Abb. 287: Erläuterungsskizze zu Abb. 286.

Semiaride Beckenlandschaften, wie im Großen Becken im Südwesten der USA, sind am Fuß der einzelnen Gebirgsketten, der ranges, aus oft *seitlich* zusammengewachsenen Schwemmfächern (*coalescent fans, bajadas,* Abb. 283) aufgebaut. Diese überlagern teils den zerschnittenen Felssockel der Pedimente (Abb. 203 ff.), teils die im Quartär abgesunkenen Füllungen der tektonischen Gräben (Abb. 218). In der Literatur wird häufig nicht zwischen den Pedimenten und ihrer Schwemmfächerauflage differenziert (Abb. 203 ff.).

Da das Zerbrechen einer älteren Landoberfläche, die noch von miozänen Flutbasalten wie im nördlich angrenzenden Columbia-Plateau überflossen war, bereits im Jungtertiär erfolgte (Thornbury 1965, S. 471 ff.), verbunden mit der dortigen Pedimentbildung am Fuß der herausgehobenen Gebirgsstöcke, sind die **Gebirgsränder** im Normalfall nicht durch scharfe Bruchlinien, sondern durch eine intensive Auflösung in Buchten und Täler gekennzeichnet, wie in Abb. 286. Ein System kleiner **Kerbtäler** (Abb. 247), vorne rechts in fast senkrechte Schichten geschnitten, ist auf **Sohlenkerbtäler** (Abb. 249) eingestellt, die sich zum Rand der *range* hin durch seitliche Erosion leicht erweitert haben. Die Piste im Hintergrund folgt solch einem Talboden ins Gebirge.

Die Sedimentdecke, die vom Gebirgsbereich aus auf den Pedimentsockel im Vorland geschüttet worden ist, zeigt eine deutliche Gliederung. Das unterste Niveau sind die schmalen Trockenflussbetten der heutigen periodischen bis episodischen Entwässerung. Darüber erheben sich als Terrassenflächen die ausgedehnten Bereiche der letzten gewaltigen Schwemmfächerakkmulation als Vorzeitform. Das bei ihrer Entstehung vorhandene Muster der anastomosierenden Rinnen ist im Zuge der Ausbildung einer Steinpflasteroberfläche (*desert pavement*) ausgelöscht worden. Stattdessen ist, besonders bei (1) in Abb. 287, ein gestreckt dendritisches, *konvergierendes* Gerinnemuster erkennbar, das innerhalb der Schwemmfächerterrasseninseln einsetzt. Selbst schon wieder eine Vorzeitform, stehen sie für eine feuchtere Zeit, in der ausreichende Niederschläge auf den zerschnittenen Schwemmfächern selbst Abfluss erzeugen konnten.

Ein in Gefällsrichtung *divergierendes* Gerinnenetz im Vordergrund (2) mit abgerundeten Wasserscheidebereichen zwischen den Rinnen hat die Aufschüttung einer nächstälteren Schwemmfächerphase zerschnitten, wobei die Rinnendivergenz in Ansätzen noch das alte Divergenzmuster der Aufschüttungszeit nachzeichnet. Dicht am Gebirgsrand, etwa bei (3), ist der Proximalbereich am Gebirgsaustritt noch gut erhalten. Wie üblich, konvergiert dieses Niveau mit dem nächstjüngeren schwemmfächerabwärts, sodass die Niveaus in größerer Bergferne kaum noch zu trennen sind.

Beiderseits dieses Flussaustritts sowie des nächsten großen bei (4) im Bereich der Piste sind schließlich noch die Reste eines noch höheren und noch älteren Systems seitlich sich verzahnender Schwemmfächer zu erkennen – als **Riedel,** an deren Oberrand Kerbtäler, ebenfalls zwischen gerundeten Lokalwasserscheiden, in flachen Mulden einsetzen. Es ist wieder die Situation, die nur durch Niederschläge und Abfluss auf den bereits isolierten Terrassenteilen erklärbar ist. Die *gerundeten* Wasserscheiden auf den bei den Niveaus deuten auf Verwitterungs- und Abtragungsprozesse, wie sie langsam unter Vegetation stattfinden. Üblicherweise sind in solchen Positionen auch noch die Reste pluvialer (= feuchtzeitlicher) meist roter Böden zu finden.

Derartige Schwemmfächerebenen sind also ein kompliziertes Flächenrelief, die *mehrphasig* durch

15. Schwemmflächen · Schwemmfächergenerationen

den Wechsel von Aufschüttung, teils flächenhafter Ausräumung und, besonders nahe dem Gebirgsrand, von erhaltener bandförmiger *Zerschneidung* gebildet werden. Dessen Erstanlage war nur möglich, weil bereits die älteren Felskappungsebenen des ausgehenden Tertiärs, die Pedimente, als Sockel vorhanden waren (vgl. Abb. 218). Das Schwemmfächergeschehen reflektiert die Klimawechsel zwischen Feuchtzeiten (**Pluvialen**) und wüstenhaften **Interpluvialen** (wie heute) während des Pleistozäns.

Abb. 288 zeigt ein *tektonisch* angelegtes, abflussloses Becken in seiner Gesamtheit, im Südwesten der USA und Lateinamerika *Bolson* (span.) genannt. Im Vordergrund ist der geradlinige, wenn auch zerschnittene Rand einer *mountain range* sichtbar, von dem aus eine deutlich gegliederte Schwemmfächerrampe zu einem rundlichen Becken mit links weiß reflektierender Umrahmung aus Schluff und Ton abfällt, dem Bereich einer **Endpfanne** des nur selten – *episodisch* – abkommenden Flusses von links, vergleichbar dem **Vlei** von Abb. 299. Der bräunliche runde Zentralbereich besteht aus **Salzton**, der infolge Aufquellung bei Durchfeuchtung und Volumenvergrößerung durch Kristallwachstum etwas höher als die beiden Arme des weißen Sediments liegt (s. Abb. 21). Jenseits dieses Beckens steigt die gegenüberliegende Schwemmfächerrampe zum Rand eines wie in Abb. 286 mehr unregelmäßig ausgebildeten Gebirgsrandes an. Auf der Höhe des schmalen Gebirgsstreifens ist noch die Verebnung eines *Altflächenrestes* erkennbar, und im Dunst des Hintergrundes gerade noch der Abfall zum nächsten Becken.

Die Erhaltung der Abdachungsverhältnisse in einem abgeschlossenen Becken war nur möglich, wenn dieses in der Zeit des mehrphasigen Aufbaus der umrahmenden Schwemmfächer in seinem inneren Teil tektonisch abgesenkt wurde. Die *asymmetrische* Lage des Beckentiefsten lokalisiert das Zentrum der Absenkung nahe des jenseitigen Gebirgsrands. Die geradlinige **Störung** am vorderen Gebirgsrand ist dagegen alt, durch divergierende Verwitterung und Abtragung (Abb. 5, 109) noch unter nicht aridem Klima nachgezeichnet. Darauf weisen die zahlreichen Felsausbisse auf der Schwemmfächerseite der Störung hin.

Die *heutige Entwässerung* auf der Abdachung findet nur in schmalen Bändern statt und geht von den zahlreichen Kerbtälern des Gebirgsrandes aus. Darüber erheben sich, nach Patinierung und Zerschneidungstyp unterscheidbar, mit zunehmendem Alter immer kleinere Flächen einnehmende Reste von

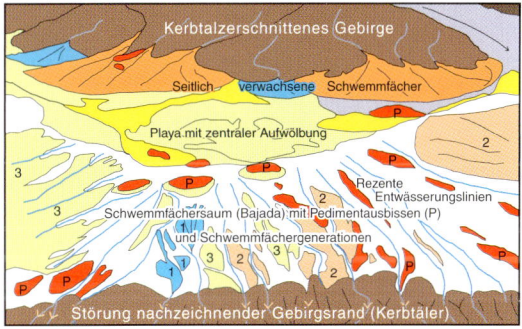

▲ Abb. 288: In ein abflussloses Becken (Bolson) geschüttete, mehrphasig gebildete Schwemmfächer; Great Basin, südwestliche USA.

◀ Abb. 289: Erläuterungsskizze zu Abb. 288.

mindestens *drei* vorhergehenden Akkumulationsphasen (1–3). Eine Besonderheit, aber ähnlich wie in Abb. 221, sind die vier Inseln höheren Niveaus am Unterrand des Schwemmfächersaums. Diese Bereiche sind seit der ersten Zerschneidung der Schwemmfächerrampe in den Zwickeln erhalten geblieben, die sich bei der durch sinkende Wassermenge in Fließrichtung bedingten Konvergenz des Gerinnenetzes gebildet hatten, und zwar gerade noch außerhalb der schmalen Senkungszone (s. Abb. 221).

Als Folge der vielen Sediment anliefernden Tälchen ist auf dieser Seite statt sich verzahnender Schwemmfächer ursprünglich eine fast einheitliche Aufschüttungsfläche gebildet worden. Die Gegenseite beherrschen dagegen zwei große, allerdings auch aus mehreren Zuflüssen aufgebaute Fächer, die mit ihrem typisch bogenförmigen Rand zum ebenen Beckentiefsten abfallen. Im tief liegenden Zwickel zwischen ihnen kann die weiße Endpfannensedimentation bis zum Gebirgsrand ausgreifen.

15. Schwemmflächen · Muren, Murkegel

▲ Abb. 290: Aus einer austauenden Endmoräne auf Firneis ausgeflossene Mure; Tugnafellsjökull, Südisland.

▼ Abb. 291: Murkegel-Kleinform in einer Sandgrube; Niederrhein, Deutschland.

Auf Schwemmfächern wird Geröll als Bodenfracht langsamer als das strömende Wasser in den einzelnen Abflussrinnen transportiert. Wird dagegen reichlich vorhandenes feinkörniges Lockermaterial oder solches mit einem hohen Feinkornanteil mit Wasser durchtränkt, kann das Gemisch als *Ganzes* zum Fließen kommen, und dann können Feststoffe wie Wasser in gleicher, meist hoher Geschwindigkeit bewegt werden. Möglich ist dies, weil jedes einzelne Partikel von einer Wasserhülle umgeben ist und damit die Reibung stark herabgesetzt wird. Da das Gemisch leicht ein spezifisches Gewicht von unter 2 bis mindestens 2,4 erreichen kann, ist der *Auftrieb* so stark, dass auch große Blöcke mitschwimmend transportiert werden können (Fairbridge, S. 761; vgl. Abb. 274). Solche Sedimentströme werden als Muren bezeichnet (*mudflow*, bei hohem Anteil grober Partikel *debris flow*).

Die größten Schlammströme entstehen, wenn bei einem Vulkanausbruch der dabei austretende Wasserdampf kondensiert und als Regen ausfällt, der die Asche auf den Vulkanhängen durchtränkt und der Schlammstrom dann mit hoher Geschwindigkeit viele Kilometer weit abfließt. Sie werden mit einem indonesischen Wort als **Lahar** bezeichnet. Ebenso kann auch bei einem Ausbruch plötzlich schmelzender Schnee riesige Schlammströme auslösen, wie etwa 1980 am Mount St. Helens im Westen der USA (Schmincke 2000, S. 149, 196).

Der Mechanismus eines Murenabgangs wird hier an kleineren Formen demonstriert. In Abb. 290 ist eine von mehreren Muren bei hohem sommerlichen Schmelzwasseranfall am Rand eines isländischen Eisschildes (Abb. 476) abgegangen. Das Feinmaterial ist im Gletschereis enthaltene feinkörnige Vulkanasche, die am Eisrand im Bereich einer flach-schaufelförmig aufgestiegenen Grundmoräne ausgeschmolzen (s. Abb. 486) und so zu einer **Ablationsendmoräne** geworden ist; sie erscheint im Hintergrund als horizontales schwarzes Band.

Die Bewegung der Mure wurde wahrscheinlich durch einen punktuellen Schmelzwasserausbruch und damit schnelle Durchtränkung des lockeren Schutts ausgelöst. Das Asche-Wasser-Gemisch ist mit hoher Geschwindigkeit über 100 m weit geflossen und dann in einer für Muren typischen Weise, mit steilen Rändern und teils in Zungen aufgelöst, *schlagartig* erstarrt. Ebenso typisch und dank des ungestört unterlagernden Altschnees (**Firn**) gut erkennbar ist, dass beim Fließen keine Erosion stattgefunden hat. Dies kann auch beobachtet werden, wenn Muren, wie in Abb. 292, über Gras geflossen sind.

Die schnell fließende Mure erstarrte, sobald ein Schwellenwert unterschritten war. Offenbar gab es auch keinen seitlichen Wasseraustritt, der Schmelzspuren im Firn hinterlassen hätte: ein Sonderfall, da der Feststoffanteil dieser Mure nur aus kleinen Aschenpartikeln bestand. Bei Muren mit einem weiten Korngrößenspektrum ist es das seitlich austretende Wasser, das die Mure bremst. In diesem Fall war das Wasser nur während der Bewegung des Schlammstroms frei beweglich und wurde im Ruhezustand sofort wieder fest an die Aschenpartikel angelagert. Dieses Andocken wird durch den **Dipolcharakter** der Wassermoleküle und die sich daraus ergebenden Ladungsverhältnisse auf Molekularebene ermöglicht. Eine derartige Wasserfreisetzung bei Erschütterung dieses Anlagerungsgefüges wird als **Thixotropie** (Louis & Fischer 1979, S. 160) bezeichnet. Im Versuch sind Verflüssigung und plötzliches Wiedererstarren leicht beim Klopfen mit der Schuhsohle auf den noch feuchten, aber schon standfesten Ton einer austrocknenden Pfütze ohne sichtbares Wasser zu beobachten.

Das schlagartige Erstarren eines thixotropen Gemisches zeigt auch der Miniaturmurenkegel in Abb. 291 in umgelagerten eiszeitlichen Schmelzwassersanden einer Sandgrube. Dort hat herabstürzendes Wasser einen großen Kolk geschaffen. Der herabbrechende, leicht verbackene Sand ist von Wasser durchtränkt und mobilisiert worden. Der Abfluss des Sand-Wasser-Gemisches erfolgte dann in einer Vielzahl von kleinen **Murabgängen,** aus deren zufälliger Abflussrichtung ein steiler Kegel entstanden ist. An dessen Oberfläche sind die erstarrten Zungen der letzten Abgänge deutlich sichtbar.

Größere Murkegel haben sich in Abb. 292 am Fuß einer Stufe in tertiären **Flutbasalten** auf Island ausgebreitet. Eine hohe Schuttproduktion durch winterliche **Frostsprengung,** bei der auch Feinpartikel bis zur Schluff-*(Silt-)*fraktion erzeugt werden, führt bei starker Durchtränkung während der Schneeschmelze nicht nur zur Bildung von Schwemmkegeln, sondern auch zu einzelnen Muren, allerdings eines etwas anderen Typs als in den vorigen Beispielen. Die Murgänge im Vordergrund sind ohne Erosion über den bewachsenen Hang eines älteren, nur noch in seinen oberen Teilen aktiven Schwemm- oder Murenkegels *(mudflow fan)* abgeflossen. Durch schnelles **Durchtränkungsfließen** in relativ grobem Material ist seitlich Wasser auf die Wiese ausgetreten. In den folglich weniger gesättigten Rändern der Mure hat sich dabei die Reibung erhöht. Dadurch ist der Schutt dort liegen geblieben, während im wasserreicheren Zentrum des Schlammstroms der Abfluss weiterhin möglich war. Auf diese Weise hat sich über die gesamte Länge der Mure gleichzeitig mit ihrem Vorrücken beiderseits ein **Uferwall** ausgebildet, ähnlich wie bei dem Hochwasserereignis in Abb. 274. Auch bei der Aufspaltung in mehrere Zungen am Unterhang ist dieses typische Murenprofil zu beobachten. Bei der abschließenden Ausspülung durch klares Wasser bei normalem Abfluss ist diese Rinne, wie vorne rechts sichtbar, wieder bis auf den unterlagernden Rasen freigespült worden.

Eine sehr große Mure mit Uferwallprofil zeigt Abb. 293 aus einem Tal in den argentinischen Anden. Der im Bild als grau angewittertes Band erscheinende Schuttstrom mit über 1 m hohen Wällen ist über mehr als 1 km über einen älteren bewachsenen Schwemm- oder **Murenfächer** abgeflossen, der bereits vom Fluss im Vordergrund unterschnitten worden war. Kurz vor seinem Ende hat er sich, wie in der Kleinform im vorigen Bild, noch aufgespalten.

Nach dem schon vor einigen Jahren erfolgten Murenabgang ist die Rinne zwischen seinen Uferwällen unter normalen Abflussbedingungen ausgespült worden. Der dort erodierte Schutt akkumulierte seitdem in einem daraus gebildeten flachen **Schwemmfächer** unterhalb der Unterschneidungskante. Dieser wiederum ist beim letzten Abkommen des Hauptflusses durch seitliche Erosion unterschnitten worden, während der Schutt vom Fuß der frischen Abbruchkante noch vollständig abgetragen worden ist.

▲ Abb. 292: Schwemmkegel mit Muren an einer Flutbasaltstufe; Alftafjörður, Nordisland.

▼ Abb. 293: Murkegel mit vorgelagertem Schwemmkegel; Anden-Ostseite, Argentinien.

15. Schwemmflächen · Flussdelta

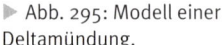

▲ Abb. 294: Aus glazifluvialen Sedimenten aufgebautes Delta an einem Zungenbeckensee; Peyto Lake, Rocky Mountains Alberta, Westkanada.

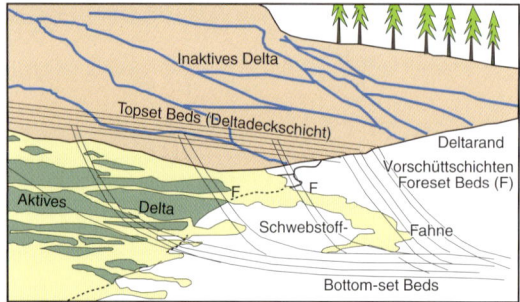

▶ Abb. 295: Modell einer Deltamündung.

▼ Abb. 296: Deltakleinform in einer Sandgrube; Norddeutschland.

Namengebend für **Deltas** ist seit Herodot das tatsächlich der Form des griechischen Buchstabens (Δ) entsprechende größte Delta des Mittelmeerraums, das des Nil. Daneben gibt es, aus dem Wechselspiel zwischen vorschüttender Sedimentation eines Flusses ins Meer und den Küstenprozessen eine Vielzahl von Formen, die in ihrer Ausdehnung allerdings nur im Satellitenbild erfassbar sind (Short & Blair 1986, S. 317 ff.; im Kartenbild s. Ahnert 2003, S. 248). Deshalb ist hier das Beispiel eines in einen See geschütteten Deltas gezeigt. Es ist das Ende eines Flusses, der vom Rand eines Gletschers kommt und an einer geradlinigen Front in den See mündet. Letzterer ist während der jeweiligen Hochglaziale des Pleistozäns durch wiederholten übertiefenden Eisschurf an der Sohle eines Gletschers als Zungenbecken entstanden. Nach dem Rückzug der Gletscher im Spätglazial wurde er zu einem **Zungenbeckensee**, der wie alle solche Seen seither durch ein vorrückendes Delta zunehmend verfüllt wird.

Wie der nur noch gelegentlich durchflossene Teil des Deltas im Hintergrund zeigt, war dessen Oberfläche bei starkem Abfluss die eines Schwemmfächers mit anastomosierendem Gerinnenetz. Der gegenwärtige, relativ schwache Abfluss hat sich auf wenige verzweigte Rinnen konzentriert und entspricht damit dem Muster der großen Deltas, für die **Stromspaltungen** ihrer Dammufersysteme die Regel sind. Als Ergebnis einer windgetriebenen zirkulierenden Strömung im See ist die **Deltakante** leicht landwärts eingebuchtet. Lediglich in dem derzeit stärksten Mündungsarm hat sich eine kleine konvexe **Deltastirn** vorgeschoben.

Das Schmelzwasser hat einen sehr hohen Schwebanteil, dessen Partikel vorwiegend der schleifenden Arbeit am Boden des Gletschers entstammen. Wegen seiner trübweißen Farbe wird es als **Gletschermilch** bezeichnet. Dessen Fahnen zeichnen nach, wie weit die Schwebfracht im Oberflächenwasser des Sees hinausgetragen wird. Seine grüne Farbe ist das Ergebnis der veränderten Reflexion durch die fein verteilten Schwebstoffe und der Calcium-Ionen aus deren Lösung.

Die **Bodenfracht** dagegen wird an der Grenze zum stehenden Gewässer abgebremst und sedimentiert. Da der Boden des Sees tiefer liegt als das vorrückende Flussbett, gleitet die Bodenfracht unter Wasser an der Stirnseite des Deltas hinab und bildet, wie in der Kleinform von Abb. 296 zu sehen ist, eine steile **Schwemmhalde** im natürlichen Böschungswinkel des Sediments aus, vergleichbar der Ausbildung des Rutschhangs einer Düne. Ebenso wie dort geschieht der Massentransport vor allem in einzelnen Zungen. Eine solche ist gerade abgeglitten. Oberhalb ist das zugehörige Liefergebiet mit bogenförmiger **Abrissnische** in dem wassergesättigten, unverfestigten und damit instabilen Sediment des Deltarandes zu erkennen, der gerade bis zu dieser Grenze überschwemmt worden ist.

Kennzeichnend für jedes Delta ist damit der *abrupte* Übergang von der fast horizontalen Oberflächenschichtung des Flussbetts – auch im Deutschen meist als **topset beds** bezeichnet, in das steile Gefälle der Schichten des Vorschüttsediments, der **foreset beds.**

Anders als bei der Kleinform, in der Letztere in einer scharfen Kante gegen den Beckenboden enden, wird bei den Großformen ein Teil des Sediments in so genannten **Trübeströmen** *(turbidity currents)* auf dem Meeresboden des Schelfs weitertransportiert, sodass dort wieder eine fast horizontale Schichtung in den **bottomset beds** entwickelt wird. Das ganze System schiebt sich, sofern starke Strömung quer zur Deltastirn dies nicht verhindert, gegen den See oder das Meer vor. Auf diese Weise kann ein Delta eine sehr lang gestreckte Form einnehmen; im Fall des Mississippi sind dies im Laufe des Quartärs über 900 km gewesen. Wie komplex ein aus mehreren Mündungsarmen bestehendes großes Delta über wie unter Wasser gebaut ist, zeigen die Arbeiten über das sehr gründlich untersuchte Mississippi-Delta (Wright and Frey 1965, S. 161 ff.).

15. Schwemmflächen · Endpfanne, geflutet

Flüsse können deshalb **endorheïsch** sein, weil sie in einem aus tektonischen Gründen abflusslosen Becken enden, im Kleinen wie in Abb. 288, im Großen wie im Aralsee. Sie können es aber auch deshalb sein, weil Flüsse vor der Mündung ins Meer durch Versickern und Verdunstung so viel Wasser verloren haben, dass sie in einem als **Trockendelta** oder **Endpfanne** bezeichneten Bereich enden. Diese unterscheiden sich von **Playas** (Abb. 288, 308 ff.) dadurch, das Letztere über die sie umgebenden Schwemmfächer aus der *Umgebung* des Endbeckens gespeist werden, während die Endpfanne ihr Wasser aus dem *Einzugsgebiet* eines einzelnen Flusses bezieht.

Für die Endpfanne in Abb. 297 ist dies der Tsauchab, der im südnamibischen Teil der Großen Randstufe seinen Ursprung hat. In den meisten Jahren reicht sein Wasser bei einem **Abkommen** nur bis etwas stromab der Schlucht von Sesriem und endet dort in einer lang gestreckten Endpfanne im Tal. Es ist durchaus typisch für Trockengebietsflüsse, dass sich in ihrem Bett eine *Abfolge* von Endpfannen in Anpassung an wechselnde Niederschlags- und damit Abflussintensitäten entwickelt hat. Nur etwa alle 8 bis 10 Jahre reicht der Abfluss des Tsauchab aus, um noch seine gegenwärtige äußerste Endpfanne in einer Reihe von Becken, in Namibia Vlei genannt, zu erreichen.

Der weitere oberirdische Abfluss wird durch die *Dünen* der Namib blockiert, zwischen denen er dann schon über 40 km weit, eingeschnitten in ein 4 bis 5 km breites Schotterterrassenband, geflossen ist. Dieses erstreckt sich seitlich und in Fließrichtung noch weiter unter die Dünen, ist im Vleibereich allerdings weitgehend von hellem Schluff und Ton bedeckt (Abb. 299, 301). Derartige Vleisedimente finden sich noch einige Kilometer weiter nach Westen zwischen den Dünen. Jenseits davon lassen nur im Satellitenbild sichtbare Unregelmäßigkeiten im Dünenmuster der Sandsee vermuten, dass der Fluss in früheren Pluvialen noch knapp 50 km weiter, bis zur Meob Bay, ans Meer reichte. Heute tritt dort allerdings noch eine Süßwasserquelle aus, sodass an ihr in den 1930er Jahren sogar eine bewohnte Station bestand.

Das Luftbild stammt von der bis 2004 letzten, von Niederschlägen des Südwinters bewirkten Flut. Das sedimentreiche Wasser des ephemeren bzw. nur episodisch existierenden **Endsees** versickert und verdunstet je nach Stärke der Flut in wenigen Wochen bis Monaten. Vom dabei gebildeten Grundwasser können flussaufwärts teilweise noch größere Kameldornbestände *(Acacia erioloba)* versorgt werden. Im Bildbereich sind nur einige wenige, die im Wasser stehen,

▲ Abb. 297: Endpfannenbereich (Vlei) in einer Sandsee nach einer Flut; Sossusvlei; Namib, Südnamibia, August 1997.

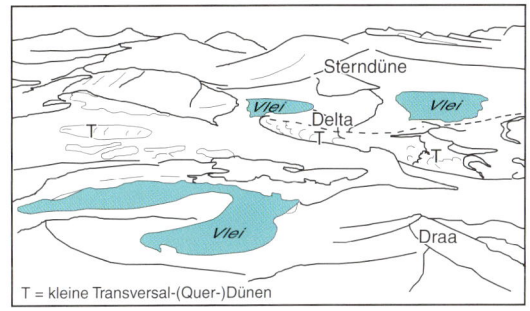

◀ Abb. 298: Erläuterungsskizze zu Abb. 297.

erkennbar. Die größeren Kupsten, über festgehaltenem Dünensand aufgewachsene Pflanzen, welche die bei den Fluten der letzten Jahrzehnte häufig erreichte Uferlinie nachzeichnen, sind der Nara-Kürbis *(Acanthosicyos horridus)* oder das Namib-Dünengras *(Stipagrostis sabulicola)*, das nur in der Namib vorkommt.

Der Endsee hat bereits nicht mehr seinen höchsten Stand, sodass das helle Feinsediment, das aus dem stehenden Wasser abgesetzt wird, bereits wieder zu erkennen ist. Gelegentlich scheinen Fluten auch noch Sand bis ins Vlei zu verschwemmen, vermutlich aus dem in der Trockenzeit eingesandeten Flussbett zwischen den Dünen, sodass daraus ein Feld niedriger **Querdünen** am Fuß der großen **Draa**-Dünen (s. Abb. 741, 743) gebildet werden konnte.

Auch für die großen Dünen selbst waren es regelmäßige Fluten, die den für ihre Aufwehung nötigen Sand in allerdings viel größerem Maße als heute geliefert haben. Nach jedem Trockenfallen der Fluvialsedimente konnte Sand stets nur bis zu einem bestimmten Korngewicht ausgeweht werden; der Rest bildete einen effektiven Schutz vor weiterer Ausblasung, der erst durch die Turbulenz der nächsten Flut aufgehoben wurde (s. Abb. 759).

15. Schwemmflächen · Endpfanne, trocken

▲ Abb. 299: Durch weißen Ton und Schluff markierte trockene Endpfanne; Sossusvlei, Südnamibia.

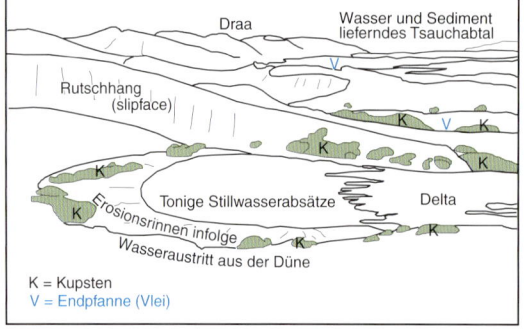

▶ Abb. 300: Erläuterungsskizze.

Abb. 299 zeigt das normale, trockene Bild eines **Endpfannenbereichs**; im Vordergrund liegt eines der Teilbecken, die das Luftbild von Abb. 297 gliedern. Im Hintergrund ist grau der breite **Schottertalboden** des Tsauchab-Rivier zu erkennen, der dann in das Weiß des tonig-schluffigen Sediments übergeht, das sich erst aus dem Stillwasser nach dem Ende einer Flut abgesetzt hat. Die sich vom Hauptvlei in die Dünen erstreckenden Endbecken sind durch scharfgratige, also bei jedem kräftigen Wind weiter- und umgeformte **Dünenkämme** voneinander getrennt, die in flachen Schwänzen auslaufen und zwischen denen sich das Wasser seinen Weg gesucht hat.

Die Fließrichtung und Stärke des Zuflusses in das Becken wird vorne rechts von der niedrigen vertrockneten Vegetation nachgezeichnet. Das turbulent einströmende Wasser hat kurzzeitig, vor dem Vegetationsring, ein kleines **Kliff** im lockeren Dünensand geschaffen. Die Fluten der jüngeren Vergangenheit haben offenbar alle ungefähr dieselbe Höhe erreicht, denn die Pflanzen des Vegetationsrings – dunkelgrün die Büsche von Akazien und Tamarisken und hellgrün die Kupsten der Nara – sind ausdauernde Pflanzen. Mit tief reichenden Wurzeln leben sie vom oberflächennahen Grundwasserkörper und sind grün, während die flachwurzelnden Pflanzen im Einmündungsbereich vertrocknet und/oder abgestorben sind. Die Kupsten werden durch den bei jeder Flut *remobilisierten* Sand weiter gebildet. Die feinkörnige weiße Fläche, die nach dem Trockenfallen zurückblieb, ist vegetationsfrei, nicht wegen Versalzung, sondern vermutlich, weil Restwasser für die Pflanzen nicht nutzbar an die Tone gebunden ist.

Zwischen dem ebenen Vleiboden und dem Oberrand des weißen Sediments hat der Wellenschlag eine kleine **Schorre** (s. Abb. 675) geformt. Nachdem das Wasser nur noch den ebenen Boden bedeckte, ist Wasser, das vorher seitlich in den Dünensand eingedrungen war, wieder ausgelaufen und hat die geraden flachen Rinnen geschaffen, die radial auf den Beckenboden eingestellt sind.

Abb. 301 zeigt den äußeren Teil des Vleis aus dem Hintergrund von Abb. 299. Im Hintergrund dieses Bildes ist der dunkle Streifen des Kameldornbestandes *(Acacia erioloba)* erkennbar, der den Hauptbereich des Grundwasserkörpers nachzeichnet. Der Vordergrund ist, anders als die Oberfläche des kleinen Vleis von Abb. 299, von einem typischen Netz breiter, weit auseinander liegender **Trockenrisse** durchzogen. Sie belegen, dass das Sediment einen großen Anteil von quell- und schrumpfungsfähigen **Dreischicht-Tonmineralen**, vor allem **Smektite**, enthält. Beim Austrocknen ist das bildbeherrschende Muster von rund 10 cm breiten Streifen aufgerissen und nachfolgend eingesandet worden. Bei Aufgrabungen zeigt sich, dass die Risse steilwandig das ganze Sedimentpaket durchschneiden, das nach einer Flut abgesetzt wurde und bis wenige Dezimeter mächtig sein kann.

Nach einer geringeren oder nur kurzzeitigen Überflutung hat sich innerhalb der großen Polygone ein *zweites* Netz schmaler Risse ausgebildet. Die bereits mit Sand gefüllten großen Risse können dabei nur deformiert, aber nicht mehr geschlossen worden sein. Vermutlich wurde der Sand in den Spalten aber vom feinkörnigen Sediment überdeckt und später wieder entfernt. Rechts vorne ist sichtbar, dass sich die großen Platten leicht aufgewölbt haben, so wie dies in Abb. 305 in starkem Maße passiert ist. Anschließend sind diese Stellen besonders vom *Windschliff* (s. Abb. 386 f.) überformt worden, der auch alle anderen Kanten zugerundet, vermutlich die dünne Tonlage über den breiten Rissen entfernt und flächenhaft zu einer Politur der dichten Sedimentlage der Platten geführt hat.

15. Schwemmflächen · Trockenrissflächen, Tonpfanne

Nach dem Ende des letzten, dies bewirkenden Sandsturms ist eine dünne Lage von Dünensand mit einfachen Rippeln (Abb. 689 f.) über Teilen des Vleisediments liegen geblieben. Nach rechts dünnen die **Rippeln** aus Sandmangel aus und das nicht überprägte Muster zeigt, dass der Sand seitdem von keinem weiteren Wind mehr überformt worden ist. Verantwortlich für die ungleichmäßige Sandüberdeckung sind die locker über den Boden verteilten Nara-Büsche.

Ein anderer Typ der Tonpfanne, in Namibia als **pan** (auch Afrikaans) bezeichnet, hat sich in Fortsetzung eines Pediments am Fuß des Gross Brukkaros (*u. a.* Abb. 133) herausgebildet (Abb. 302). Das Feinmaterial ist aus den Böden und Tonsteinen der Bergumrahmung von einer Vielzahl kleiner Rinnsale ausgewaschen worden, die in ihrer Summe so etwas wie eine nur maximal wenige Zentimeter mächtige **Flächenspülung** erzeugten.. Die bergnäheren, noch leicht geneigten und drainierten Teile sind von einer dichten, etwa einen Meter hohen Strauchvegetation aus Dreidorn (*Rhigozum trichotomum*) und Gabbabusch (*Catophraetes alexandri*) bedeckt; der Pfannenboden selbst ist vegetationslos. Das kaum quellfähigen Ton enthaltende Sediment hat ein nur kleines, regelmäßiges **Trockenrissmuster** von ein bis zwei Dezimeter Maschenweite geschaffen.

Der letzte Regen hat das Muster nur schwach durchfeuchtet und es dort, wo das Wasser als flache Pfütze, wie vorne rechts, gestanden hat, etwas verwischt. Auch hier hat über die Fläche getriebener Sand diese leicht überschliffen. Wenige Kupsten, wie links hinten, haben einen Teil davon mit ihrem Wurzelwerk festgehalten. Die Ursache der Vegetationslosigkeit auf dem Pfannenboden selbst dürften Wassermangel und die Nichtnutzbarkeit des an die Tone gebundenen Restwassers, nicht jedoch ein hoher Salzgehalt sein. Die Feinmaterialauflage auf dem Felssockel aus Tonstein ist nur maximal einige Dezimeter dick.

Die einzelnen Steine, die auf ihr liegen, sind zu weit vom Pfannenrand entfernt, um von dort, ohne dass Spülrinnen sichtbar wären, bis hierher geschwemmt worden zu sein. Sie sind bei jedem Quellen des Tons ein wenig *hochgedrückt* worden, niemals voll wieder in die ursprüngliche Lage zurückgesackt und so allmählich an die Oberfläche gelangt. In vielen Fällen sind es vor-neolithische Artefakte des *Middle Stone Age*. Das **Aufwärtswandern**, ein wesentlicher Mechanismus der Bildung von **Steinpflastern** in ariden Gebieten, ist vor allem von Cooke (1970) und Cooke et al. (1993, S. 73 f.) beschrieben worden.

Den Hintergrund von Abb. 302 bildet der völlig isoliert stehende Inselberg Gross Brukkaros (Abb. 133), der sich etwa 500 m über die Pfanne erhebt. Das etwa 100 m hohe Ausliegerplateau rechts am Bildrand war auf die an der rechten Bergflanke noch erhaltene Verebnung eingestellt, die zugleich der Höhe des Bodens im fälschlich für einen Krater gehaltenen *intramontanen Becken* des Berges entspricht (Abb. 133). Die weitere Tieferlegung der umgebenden Fläche führte zum heutigen Niveau der Pfanne.

▲ Abb. 301: Endpfannenboden mit Trockenrissen, windpoliert und teils eingesandet; Sossusvlei, Südnamibia.

▼ Abb. 302: Tonpfanne mit Trockenrissen; Gross Brukkaros Pan, Südnamibia

15. Schwemmflächen · Trockenrisse

▲▲ Abb. 303: Beginnende Trockenrissbildung in einem Stillwasserabsatz durch Wasserabgabe und Schrumpfung des nassen Tons; Nordiran.

▲ Abb. 304: Leicht aufgebogene Tonplatten zwischen frischen Trockenrissen; zuletzt abgesetzte feinste Tonpartikel ziehen sich am stärksten zusammen; Südnamibia.

▼ Abb. 305: Bei Trocknung und Rissbildung stark aufgerollte dünne Tonlage; Südalgerien.

Trockenrisse treten immer dann auf, wenn in einem tonigen, unverfestigten Sediment quell- und schrumpffähige **Dreischicht-Tonminerale** (Scheffer/Schachtschabel 1992, S. 30) enthalten sind. Diese Seite zeigt drei typische Stadien der Bildung von Trockenrissen. Grundlage der Trockenrissbildung ist, dass Tonpartikel – der deutschen Korngrößenklassifikation nach < 0,002 mm (= 2μm) – so klein sein können, dass für ein Gramm Ton eine innere Oberfläche von 600 m2 bis 6000 m2 berechnet worden ist. Dementsprechend groß ist die Oberfläche, an der Wassermoleküle angelagert werden können, besonders wenn die Kräfte, die die Lagen gerade der Dreischicht-Tonminerale zusammenhalten, nur schwach sind. So kann sich das Volumen von Ton bei der Durchfeuchtung um das *Zwei- bis Dreifache* vergrößern.

Wird das eingelagerte Wasser bei dessen Verdunstung wieder abgegeben, verringert sich das Volumen dementsprechend. Bei dem fast nur aus quellfähigem Ton bestehenden Schweb, der in Abb. 303 nach einem Regen in einem Graben abgesetzt worden ist, hat schon eine erst unvollständige Trocknung zur Rissbildung ausgereicht. Am Ufer, wo die Tonlage am dünnsten ist und am schnellsten abtrocknen konnte, haben sich zuerst die Risse in annähernd gleichem Abstand gebildet und sind von beiden Seiten nach innen gewachsen. Bei vollständigem Austrocknen werden sie, vergleichbar zu Abb. 301 oder 304, überall etwa gleich breit geworden sein. Die Risswände stehen nahezu *senkrecht* zur Oberfläche.

Die Rissabstände hängen offenbar vom Tonanteil des Sediments ab. In Abb. 304 hatte das schwebstoffreiche Wasser eine kleine, an beiden Enden bewachsene Sandkupste umflossen. Im Kontaktbereich wurden sandig-schluffige Partikel in das sich absetzende Sediment eingemischt. Entsprechend haben sich dort nur *kleine* Risspolygone gebildet.

An den größeren Platten, deren Durchmesser beim Trocknen um mehrere Zentimeter verkleinert worden ist, lässt sich die Dicke der Sedimentschicht – etwa 4 cm – erkennen, die nach der auch **vertikalen Kontraktion** des Schlamms als Ergebnis einer Überschwemmung übrig geblieben ist. Beim Zusammenziehen ist die Schicht entlang der Korngrenze zu einer dünnen Sandschicht des unterlagernden Sediments *abgeschert* worden, sodass sich jede Platte leicht abheben ließe.

Beim Absetzen der **Schweb**fraktion aus dem stehenden Wasser werden die kleinsten und damit leichtesten Partikel zuletzt abgesetzt, sodass die Zahl der Tonpartikel pro Flächeneinheit im Zuge der Sedimentation nach oben hin kontinuierlich zunimmt *(fining upwards)*. Dementsprechend nimmt auch die Schrumpfung nach oben zu. Da in Abb. 304 offenbar die Korngrößenunterschiede nur gering waren, darüber hinaus aber auch die Steifigkeit der relativ dicken Tonschicht überwunden werden musste, haben sich die Plattenränder dabei nur ein wenig aufgewölbt. Anders als in Abb. 301 sind sie aber noch nicht vom Windschliff abgerundet worden.

Eine extreme **Kontraktion** zeigt Abb. 305. Bei der nur wenige Millimeter starken Tonlage, die aus flachem Wasser abgesetzt worden ist, waren die Korngrößenunterschiede von der Unter- zur Oberseite offenbar so groß, dass die Lage beim Trocknen zu fast geschlossenen Rollen aufgebogen wurde. Die Abtrennung von der Unterlage erfolgte wiederum an einer gröberen Kornlage des älteren Sediments.

Der Sand, der gleich nach dem Abtrocknen die brüchigen Tonhäutchen überweht hat, zum Teil aber auch Viehtritt, hat einen Teil von ihnen zerbrochen. Die aufragenden Teile dürften aber vom nächsten starken Wind fortgerollt und erst dabei zerstört werden. Bei hydrogeologischen Untersuchungen hat sich gezeigt, dass auf diese Weise auch Salze, die im austrocknenden Ton ausgefällt worden sind, aus abflusslosen Depressionen ausgeweht werden können und das Salz beim nächsten Regen nicht in den Boden und letztlich ins Grundwasser eingewaschen werden kann.

15. Schwemmflächen · Salar/Sebkha

Ein fast unpassierbares Kleinrelief entsteht, wenn das in einem **endorheïschen Becken** verdunstende Wasser sehr salzhaltig ist. Für derartige, als **Salar** bezeichnete Becken im Hochland der Anden, wie in Abb. 306, wurde deren Salzgehalt sogar namengebend. Das als Ergebnis einer Vielzahl von Überflutungen und Verdunstungsphasen angereicherte Salz muss nicht allein aus den in fast jedem Süßwasser in geringer Konzentration enthaltenen Salzionen stammen. Es können auch oberflächlich anstehende Salzschichten, wie in den Schichtrippen von Abb. 154, hohe Salzwasserkonzentrationen oder die Ascheschichten der im Hintergrund sichtbare Stratovulkane lösliche Minerale liefern.

Das unpassierbare, scharfkantige und harte Schollenrelief aus **Salzton** ist das Ergebnis schnell wachsender Salzkristalle in dem nassen, mit Salzwasser durchtränkten Ton beim Austrocknen eines episodisch bestehenden flachen Salzsees. Dabei wird die Trockenrisse bildende Kontraktion der Tone völlig durch die starke **Volumenvergrößerung** der wachsenden Salzkristalle überspielt. Durch den überall etwa gleichzeitigen Wachstumsdruck wird die austrocknende Salztonlage zuerst *plastisch* deformiert, mit beginnender Aushärtung *zerbrochen* und die Schollen gegen- und übereinander zu einem Relief im Dezimeterbereich geschoben – im kalifornischen Death Valley touristisch als „*Devil's Golf Course*" bezeichnet.

Bei der letzten Flut wurden nur die weiß erscheinenden Flächen mit deutlich sichtbarer Uferlinie überschwemmt. Das Schollenrelief wurde dabei teilweise aufgelöst. Aus dem stehenden Wasser frisch ausgefälltes Salz hat der Fläche einen weißen Überzug gegeben. Die etwas höher liegende Fläche ist grau, weil die – wenn auch seltenen – Regen etwas Salz von den Oberflächen in Lösung abgeführt und so die dunklen tonigen Bestandteile dort angereichert haben.

Den weniger extremen Fall einer **Salztonpfanne**, in Nordafrika als **Sebkha** bezeichnet, zeigt Abb. 307 in einer durch Sandsteinverkarstung (*s. Abb. 95 ff.*) gebildeten Depression am Fuß einer Schichtstufe (Busche 1998, S. 66, 138). Die etwas höhere, mit Palmen bestandene und somit mit „süßem" Grundwasser versorgte Fläche ist die **Terrasse** eines Sees, der zum Ende des letzten großen saharischen **Pluvials** in seinem tieferen zentralen Teil erst vor etwa 7000 Jahren von einem Süßwasser- zu einem Salzsee und noch später zu einer Salztonpfanne wurde. Das geschah hier früher als an anderen Seen der Region und auch nur hier ging die Entwicklung bis zur nutzbaren Salzlagerstätte, weil salziges Grundwasser aus Oberkreideschichten mit eingetragen wurde.

▲ Abb. 306: Durch Kristallwachstum beim Austrocknen zu Schollen aufgebrochener Salzton in einem Salar; Nordchile.

▼ Abb. 307: Salztonfläche (Sebkha) in einer Stufenfußdepression; Oase Seggedim, Sahara, Nordostniger.

15. Schwemmflächen · Playa-/Kevirzonierung

▲ Abb. 308: Zonierung eines arid-abflusslosen Beckens: Schwemmfächer, Salzton, Salzkruste; Kevir von Saghand, Zentraliran.

▶ Abb. 309: Erläuterungsskizze zu Abb. 308.

Weltweit hat sich für periodisch oder episodisch überschwemmte **Salztonebenen** in abflusslosen Becken der im Great Basin der USA übliche (und eigentlich unzutreffende) Begriff **Playa** (span. = Strand) eingebürgert; daneben werden aber auch die Regionalbezeichnungen wie **Sebkha** (Nordafrika), **Pan, Salar** oder in Iran **Kevir** verwendet. Abb. 308 zeigt die typische Reliefabfolge um und in einer Kevir von nur wenigen Kilometern Durchmesser: die vegetationsarme, hauptsächlich von Kerbtälern zerschnittene Gebirgsumrahmung (pers. *Kuh*), den Pediment- bzw. Schwemmfächersaum (pers. *Dascht*) und die Salzfläche selbst. Diese wiederum ist unterteilt in den äußeren, feinsedimentreichen und selten überfluteten Salztonschollenbereich wie Abb. 306 (pers. *Namak siah* = schwarzes Salz) und den zentralen, meist jährlich im Winterhalbjahr zum Salzsee werdenden Zentralbereich, der im trockenen Zustand aus Schollen von weißem Salz *(Namak sefid)* besteht.

Die Ausfällung einer nur etwa 1 cm dünnen Schicht ziemlich reinen Salzes beim letzten Austrocknen hat lediglich zur gegenseitigen steilen Aufpressung der Schollenränder geführt. Im Verduns-

tungsschutz dieser lichtdurchlässigen Salzlage kann darunter, über tonreicherem Salz, eine dünne Schicht von **Grünalgen** existieren. Das von der *Dascht* abfließende Wasser quert in leicht gewundenen Rinnen die Salztonfläche und mündet entlang eines niedrigen Kliffs in kleinen Schwemmfächern.

Der Schwemmfächer über dem **Pedimentsockel** (Abb. 203 ff.) wird in üblicher Weise nur noch bandförmig über schmale Rinnen entwässert. Wegen des patinierten Steinpflasters (s. Abb. 302) zwischen ihnen erscheint er dunkelbraun wie die ebenfalls von derzeit immobilem *Steinpflaster* dünn überzogenen Gebirgshänge. Im *proximalen* Bereich ist ein höheres, von tieferen Rinnen durchzogenes älteres Schwemmfächerniveau erhalten, das in Gefällsrichtung unter dem jüngeren Fächerniveau abtaucht.

Am Rand der viel größeren Kevir von Abb. 310, die in einem **Grabenbruchgebiet** (Abb. 13) liegt und von hohen, in der winterlichen Regenzeit viel Wasser liefernden Bergen umgeben wird, ist im Prinzip dieselbe Abfolge wie in Abb. 308 zu beobachten. Allerdings ist das Sediment im *distalen* unteren Teil der Daschtfläche so feinkörnig, dass darin im Regenfeldbau und als Bewässerungsland genutzte Felder angelegt werden konnten. Die Drainage auf dem Schwemmfächer ist so gut, dass in unmittelbarer Nähe der Salzfläche Nutzpflanzen wachsen können. Die Hauptentwässerung in das Becken erfolgt über ein breites aktives Schwemmfächerband jenseits des aus verschiedenen Gesteinen aufgebauten Inselbergs in der Bildmitte. Er ist der noch nicht völlig einsedimentierte Teil einer Bruchscholle am Grabenrand.

Die höheren Daschtteile mit gröberem Sediment tragen eine stark überweidete Busch- und Strauchvegetation. Sie werden in üblicher Weise nur noch von einigen hell erscheinenden **ephemeren**, an wenigen Tagen im Jahr durchflossenen Rinnen durchzogen. Hangaufwärts gehen sie, durch eine teils von Planierraupen abgeschobene Schutt- und Paläobodendecke überzogen, in zwei höhere **Bruchschollen** über (s. Abb. 15, 230). Die hellen Felsbereiche im Hintergrund sind nicht etwa schneebedeckt, sondern bestehen aus Marmor als Teil dieser stark metamorphosierten und tektonisch beanspruchten Gebirgsregion.

Nach längeren Winterregen kann die helle Kevirfläche so aussehen wie das Kevirbecken in Abb. 311 nach zweitägigem Dauerregen. Sie ist vorübergehend zu einem **Brackwassersee** geworden, und oft herrscht heftiger Wellenschlag, da die Orbitalbewegungen (s. Abb. 681) der Wellen im nur wenige Dezimeter

15. Schwemmflächen · Playa/Kevir, Kevirsee

Abb. 310: Übergang vom salzfreien Schwemmfächer in die Salztonfläche einer Kevir; tektonisches Becken von Neyriz, Südiran.

flachen Wasser leicht zu Brechern werden können. Der Erdwall in Bildmitte wurde als schützender Begleitdamm parallel zur Straße aufgeschoben, von der aus die Aufnahme gemacht wurde. Um sie ganzjährig befahrbar zu halten, musste die Straße auf einem Damm mit solidem, auch gegen Brandungserosion befestigten Unterbau durch eines der trockensten Wüstengebiete Irans geführt werden.

Auch die Salzfläche von Abb. 310 stand noch vor wenigen Wochen vollständig unter Wasser. Am linken Bildrand ist noch der Übergang vom trockenen Salz zur Wasserfläche zu erahnen. Das beim Austrocknen jeweils wieder frisch ausgefällte Salz wird auf manchen Keviroberflächen noch regelmäßig geerntet, kann aber in der Nachbarschaft von großen Städten wie Shiraz nicht mehr als Speisesalz genutzt werden. Auch die Abwässer, meist noch ungeklärt, werden in die Kevir als regionale Abflussbasis eingetragen und mit ihnen Schwermetalle und andere Schadstoffe.

In der Großen Kevir zeigt sich nördlich der hier dokumentierten Bereiche, dass die Sedimentschicht der Becken nur wenige Meter mächtig ist und zeitlich ins **Quartär** gehört. Sie wird von gekappten, teils leicht geneigten Felsflächen, also fossilen **Rumpfflächen** (Abb. 121 ff.) und Pedimenten (Abb. 203 ff.) unterlagert. Da sich deren Abtragungsmaterial, die **korrelaten Sedimente**, nicht in den Becken befinden, können sie zu ihrer Bildungszeit, also bis zum Ende des Tertiärs, noch nicht abflusslos gewesen sein. Als Erklärung für die heutige Abflusslosigkeit aller Kevirbecken bietet sich an, dass die relativ langsamen tektonischen Krustendeformationen unter damals *humidem* Klima bei ständigem bis häufigem Abfluss erst durch Flächenspülung, dann durch das Einschneiden der Flüsse in so genannten **Durchbruchstälern** (Abb. 330) ausgeglichen werden konnten. Erst mit dem Übergang zu einem periodischen bis episodischen Abflussregime unter *aridem* Klima konnte die Einschneidung nicht mehr mit der Hebung von Schwellen Schritt halten und abflusslose Becken wurden angelegt (Busche et al. 2002). Verallgemeinernd bedeutet es, dass flache abflusslose Becken in heute ariden Gebieten geologisch sehr *junge,* erst im Quartär entstandene Großformen des Reliefs sind.

Einmal abflusslos, also **endorheïsch** geworden, konnten Becken wie nachgewiesenermaßen jene im Südwesten der USA (*u. a.* Abb. 203, 218, 288; Thornbury 1965, S. 483 ff; Reheis 2002,) zwar vorübergehend wieder *exorheïsch* werden, wenn **pluvialzeitliche Seen** von einem Becken ins andere und schließlich bis ins Meer überliefen. Diese Zeiten waren jedoch zu kurz und von längeren, die Tektonik begünstigenden ariden Phasen unterbrochen, um die Abflusslosigkeit der Becken permanent rückgängig machen zu können. In den iranischen Keviren müsste es eigentlich auch pluvialzeitliche Seen gegeben haben. Bis jetzt fehlen jedoch die entsprechenden Feldbefunde.

Abb. 311: Nach ergiebigem Regen vorübergehend überschwemmte Kevir; Modell eines pluvialzeitlichen Sees; bei Tabas, nördliches Hochland von Iran, April 2002.

16. Talgeschichte · Rumpfstufen-Wasserfall

Abb. 312: Wasserfall und Schlucht, im Übergang von zwei Rumpfflächenniveaus durch rückschreitende Erosion im Kristallingestein eines Kratons gebildet; Augrabies Falls, Südafrika.

Zwar endete mit dem Tertiär, die inneren Tropen vermutlich ausgenommen, weltweit die Flächenbildung und wurde durch **Talbildung** ersetzt (S. 28). Dies erlaubt aber keinesfalls den Umkehrschluss, dass es im Tertiär *keine* Talbildung gegeben habe. Diese setzte, wie in der Einleitung zu Kap. 13 (S. 106) skizziert, weiträumig mit der Zerschneidung der etwa mitteltertiären **Ausgangsrumpffläche** (S. 22) und der dadurch bedingten Entstehung von Flächenstockwerken ein, also der Entwicklung von Rumpf- und Schichtstufen und den sie als Dachfläche krönenden Plateaus.

Dementsprechend gibt es Täler, die eine Geschichte haben, die bis in jene Zeit des ersten großen Formungsumbruchs im mittleren Tertiär zurückreicht. Folglich zeigt die Bildfolge dieses Kapitels, die sich mit der **Talgeschichte** befasst, weitgehend eine bis dahin zurückreichende Entwicklung. Erst ab Abb. 341 liegt der Schwerpunkt auf der *quartären* Talgeschichte, aber selbstverständlich sind auch die ältesten Täler und Talnetze bis heute weiter entwickelt worden.

Ein schwer verständliches Element alter Täler sind **Wasserfälle** wie die des Iguaçu (Grenze Argentinien-Brasilien), des Cauvery (Südindien; Wirthmann 1987, Abb. 5), die Victoria Falls des Sambesi oder, in Abb. 312, die Augrabies Falls des Oranje im Nordwesten der Republik Südafrika, die im Zusammenhang mit der Rumpfflächen- und Rumpfstufenbildung der dortigen Schildregionen entstanden sind, und anders als jene jungen Formen wie die Niagarafälle (Ahnert 2003, S. 229 f.), die im Zusammenhang mit der pleistozän-glazialen Reliefbildung entstanden sind.

Die Augrabies Falls sind noch nicht einmal, wie die Cauvery Falls, an der Stufe zwischen zwei Rumpfflächen ausgebildet, sondern sind in eine bis über 600 km vom Meer entfernten, durchgehende Rumpffläche eingeschnitten. Im Bereich der unterhalb einer **Kaskadenzone** (Ahnert 1966, S. 230 f.) etwa 190 m tief in die etwa 240 m tiefe Schlucht stürzenden Wassermassen bildet der Fluss die Tiefenlinie zwischen beiderseitigen, Zehner Kilometer breiten **Rampen**, wie in den Abb. 161/163, wo sie als Spätform der Rumpfflächenbildung interpretiert werden. Diese Fläche mit aufsitzenden Inselbergen ist oberhalb der Schlucht erkennbar. Bis zum Meer durchschneidet der Oranje als **antezedentes Durchbruchstal** (Ahnert 2003, S. 254; Abb. 330) im nördlichen Richtersveld einen Teil der westliche Randschwelle (Jessen 1943) Südafrikas, in dem *dieselbe* Rumpffläche bis über 1200 m aufgebogen und dementsprechend stark zerschnitten worden ist.

Zur Standarderklärung von Wasserfällen gehört, dass sie durch **rückschreitende Erosion** flussauf wandern, wie die Kleinform im Sand von Abb. 161/163. Demnach hätten sich die Augrabies Falls um über 600 km, oder z.B. die Victoria Falls am Zambesi sogar über 1400 km zurückgeschnitten haben müssen, und das in hartem Kristallin und überwiegend zu einer Zeit, als infolge der tertiären chemischen Intensivverwitterung (S. 27, Abb. 100 ff.) überhaupt keine Schotter als **Erosionswaffen** zur Verfügung standen. Ein zweifach rechtwinklig abknickender Schluchtverlauf unterhalb der Fälle, wie im Kleinen in Abb. 319, ebenso wie der Schwellendurchbruch sprechen allerdings für die These von (nicht nur) Bremer (1989, S. 257), dass die Fälle während der Eintiefung des ganzen Flusses *von oben her* unter Nachzeichnung vorangegangener Tiefenverwitterung entstanden sind und als eine Variante der **divergierenden Verwitterung und Abtragung** (S. 17) zu gelten haben.

Demnach wären Wasserfälle wie dieser nahezu *ortsfeste* Gebilde, wie dies Bakker (1965, *s.* Büdel 1977, S. 116) anhand der Artendifferenzierung auf einer Abfolge von Stromschnellen im tropischen Surinam zumindest für den Zeitraum etlicher Jahrtausende nachgewiesen hat. Allerdings fließt der Oranje heute nicht mehr in einem humid-tropischen, sondern semiariden Milieu. Dass er abschleifende Erosionswaffen mit sich führt, zeigen Kolke und Schotterlagen wie in Abb. 268/269. Entlang der Kaskadenstrecke der Fälle gibt es riesige, mehrere Meter tiefe *Kolke* bis über 10 m Durchmesser mit patinierter Oberfläche im Granit, unter deren Niveau sich der Fluss bereits tief eingeschnitten hat. Für ein Zurückschneiden in den Basalten der Victoria Falls sprechen abgerollte paläolithische Werkzeuge auf der Fläche über der Schlucht etwa 20 km unterhalb der Fälle (Wirthmann 1987, 2000, Kap. 7.5 Ende).

Zu differenzieren wäre also zwischen einer Schlucht- und Wasserfallbildung durch *Verwitterungsbahnen nachzeichnende Tiefenerosion* bis zum Ende tropoider Klimabedingungen mit verwitterungsbedingt fehlenden Erosionswaffen und einer *quartärzeitlichen,* noch relativ geringen rückschrei-

16. Talgeschichte · Syngenetische Zertalung einer Schichtstufe

tenden Erosion mithilfe verwitterungsbedingt vorhandener Erosionswaffen. An den Augrabies Falls zeigt sich dieser Wechsel vermutlich im Übergang vom ungegliedert abstürzenden Fall oberhalb der noch beiderseits des Wassers sichtbaren Kante zur Einschneidung der Kaskadenstrecke. Das mechanische Abschleifen dürfte dabei auch noch durch **Kavitation** (Louis & Fischer 1979, S. 223) unterstützt werden, d.h. durch das Herausreißen von Gesteinssplittern mittels zusammenbrechender Luftblasen im stürzenden Abfluss.

Ein ganz anderes, häufigeres Beispiel für bereits tertiäre linienhafte Entwässerung zeigt die Zerschneidung der Dachfläche einer erst in jungtertiären Gesteinen angelegten **Schichtstufe** in Abb. 313. Während der flächenhaft wirkenden Vorlandtieferlegung, von der noch Reste zwischen den *pleistozänen* Kerb- und Sohlenkerbtälern (Abb. 247) erkennbar sind, bildete sich jenseits der lokalen **Wasserscheide** im morphologisch härteren (S. 16) Stufenbildner der Ausgangsrumpffläche (s. Abb. 167 ff.) ein **dendritisches** (baumförmiges) Gewässernetz aus.

Dessen teils schon geradlinig parallelen Bettabschnitte zeigen, dass die Ausgestaltung in einer weitgehend ausgedünnten Verwitterungsdecke ablief, sodass tiefer ausgewitterte **Klüfte** schon einen ordnenden Einfluss bekamen. Vor allem zeigt das mit seinen feinsten Verästelungen bis an die Wasserscheide heranreichende Flussnetz, dass es dort *keine* durch die Stufenerosion angezapften, geköpften Oberläufe gibt. Selbst in dem weichen Gestein hat die quartäre Fronthangzerschneidung nur zur Profil*versteilung* (s. Abb. 199), nicht aber zur Rückverlegung der Wasserscheide geführt. Es hat also, entgegen gängiger Auffassung (Ahnert 2003, S. 300 f.), *keine* signifikante Stufenrückverlegung gegeben.

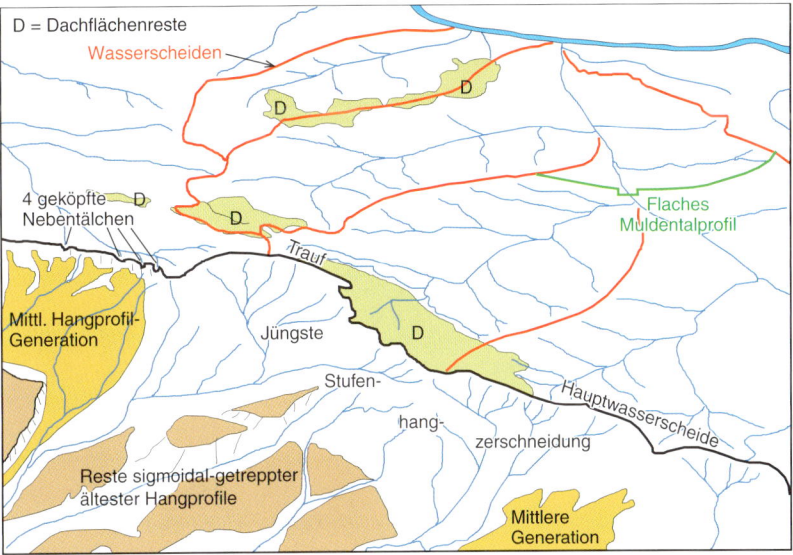

▲▲ Abb. 313: Gleichzeitig mit der Stufenbildung abgelaufene tertiärzeitliche Zertalung der Dachfläche einer Schichtstufe; Northern Great Plains, Montana.

▲ Abb. 314: Erläuterungsskizze zu Abb. 313.

16. Talgeschichte · Jungtertiäre Rumpfflächenzertalung

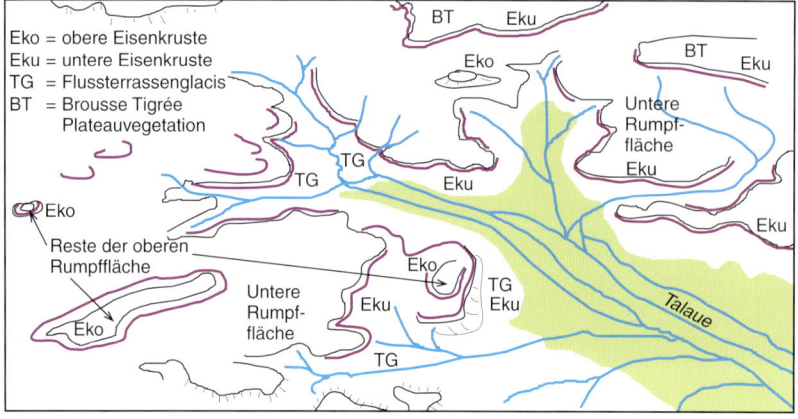

▲▲ Abb. 315: Zertalung einer jungtertiären Rumpffläche; Sahel, Südniger.

▲ Abb. 316: Erläuterungsskizze zu Abb. 315.

Auch die **Talnetzentwicklung** in Abb. 315 geht bis ins **Tertiär** zurück. Dieser Teil der sahelischen Savanne am Südrand der Sahara, hier in einem Trockenzeitbild erfasst, gehörte zu einem küstennahen, meist festländischen Sedimentationsraum, der sich vom Golf von Guinea bis in die heutige Südsahara erstreckte und durch abgeschwemmte Bodenmaterie, Verwitterungsdecken und Lösungsfracht (vor allem Eisen) aus der nördlich angrenzenden Schwellenregion, zu der heute Hoggar und Tibesti gehören, aufgefüllt wurde. Diese von französischen Geologen als *continental terminal* bezeichnete Phase endete etwa mit dem Oligozän (Busche 1998, S. 11 f.). Auf den durch das bis heute fortdauernde Einsinken des Tschadbeckens nur leicht verstellten, wenig verfestigten Schichten fand im Jungtertiär noch Flächenbildung statt.

In den fast horizontalen Schichten des Bildausschnitts blieben in der Spätphase der Flächenbildung einige flache **Plateaus** erhalten, wie vorne links. Deren dunkler Saum, ebenso wie tiefer liegende Säume beiderseits des nach rechts gerichteten Tals, bestehen jeweils aus einer dünnen Schicht **Sumpferz** (wie hinten in Abb. 106) – d. h. Eisenoxid, das durch den von Sumpfpflanzen ins flache Wasser eingebrachten Sauerstoff ausgefällt wurde –, sowie der daraus hervorgegangen Hangschuttdecke, die sich hinab zur nächsten Verebnung zieht.

In der folgenden **Reliefgeneration** entwickelte sich bereits ein auf den sich einschneidenden Niger eingestelltes Talnetz aus. Im Bildzentrum sind die Anfänge eines solchen Tales, in der Region als *Dallol* bezeichnet, erfasst. Mehrere sich zum Haupttal vereinigende Flussläufe mit ihren Nebentälchen greifen in flach eingesenkten Spitzen in das ausgedehnte untere Plateauniveau ein. Die Übereinstimmung von Eisenkrustenband und Taloberkante bzw. Plateaurand zeigt, dass hier die Abspülung bis fast auf die harte Schicht hinunterreichte. Die schwachen rezenten Spülprozesse haben auf kaum geneigten, **akkordanten** Flächenresten im Wechselspiel mit der dortigen Strauchvegetation zum gestreiften Vegetationsmuster der *brousse tigrée* geführt.

Das Tal wird nur in einem Teil seiner Breite vom Flussbett selbst eingenommen, am meisten noch im Haupttal, mit mehreren hell erscheinenden, fast parallelen **Niedrigwasserbetten** (s. Abb. 260) zwischen strauchbestandenen **Hochwasserbett**streifen. Vom Hangfuß der breiten **Kastentäler** bis zur Tiefenlinie erstreckt sich, wie in Abb. 257, beiderseits ein **Talbodenglacis**. In seiner Form entspricht es den ebenfalls talbegleitenden Pedimenten (Abb. 218), nur dass in diesem wenig verfestigten Gestein schon geringe Verwitterung zur Vorbereitung der Abspülung ausreichte und so diese Schrägflächenbildung noch über die in Festgesteinen endtertiäre Zeitgrenze hinaus möglich war. Beim gegenwärtigen semiariden Klima- und Abflussregime sind diese Glacis zerschnitten, erkennbar an den dunklen Linien der strauchbestandenen Glacistälchen, die nur kurzzeitig während der sommerlichen Regenzeit durchflossen werden.

Abb. 317 zeigt die mehrphasige Zertalung in einem Gebiet starker Hebung, die wohl ebenfalls schon im Tertiär einsetzte; es befindet sich in einem heute semiariden Teil auf der Südseite des Elbursgebirges, und es ist ebenfalls Trockenzeit. Auf das Zentrum des **intramontanen Beckens** (Abb. 128) im Hintergrund, heute von einer Kleinstadt mit ihren Oasengärten eingenommen, war zum Ende der Flächenbildung eine ausgedehnte Verebnung eingestellt. Die Oase und ihr Fluss liegen asymmetrisch am jenseitigen Rand des Beckens und am Fuß eines im Dunst gerade noch

16. Talgeschichte · Junge Tektonik und Gebirgszertalung

erkennbaren Anstiegs, der im Vergleich zur sanft ansteigenden Rampe auf dieser Seite der Oase steiler und dicht zerschnitten erscheint. In der auch heute noch tektonisch sehr aktiven Gebirgsregion spricht einiges dafür, dass das Becken ein noch *nach der Flächenbildung* (weiter?) gebildeter **Halbgraben** (s. Abb. 15) ist.

Dessen sanfte, nach Süden ansteigende Rampe lässt sich über die um etliche hundert Meter ansteigenden schmalen **Wasserscheiden** der auf das Becken eingestellten Täler bis zu Resten eines Gipfelplateaus mit der regionalen Hauptwasserscheide verfolgen. Die mit der Hebung einsetzende Zertalung führte in der ersten Phase zu den flachen, mit ihrem Abfluss in Beckenrichtung orientierten Mulden [(1) in Abb. 318] in diesem Gebiet.

Die weitere Zertalung beiderseits der Hauptwasserscheide verlief unterschiedlich. Nach Norden, auf den nur wenige Kilometer entfernten Beckenboden als **lokale Erosionsbasis** eingestellt, bildeten sich im Mittellauf breite **Kerbtäler** aus, die im Unterlauf in schmale **Kastentäler** übergehen, deren Einschneidungstiefe zum Oasenrand hin gegen Null ausläuft. Das Fehlen von Nebentälchen und die dort geringe, kaum abschrägende Talhangentwicklung in diesem unteren Abschnitt erklärt sich aus der heutigen Klimasituation damit, dass der **periodische** Abfluss lediglich aus der feuchteren Hochregion kommt. Zur Zeit der Erstanlage kann es bei einem noch feuchteren Klima auch der verzögerte **Zwischenabfluss** (*Interflow*, s. Lexikon der Geographie, Stichwort Abfluss) innerhalb der Bodendecke oder der **Grundwasserabfluss** darunter gewesen sein, der direkt in die Schluchtstrecken abgegeben wurde.

Um (2) ist erkennbar, dass, wie in Abb. 247, die von patiniertem Schutt überkleideten Kerbtalhänge oberhalb davon in jüngster Zeit unterschnitten und *versteilt* worden sind.

Die Halbgrabenverstellung zeigt sich rechts außerhalb der Oase darin, dass der auf diese eingestellte Hauptfluss (3) nur auf der in Fließrichtung linken Seite eine dichte Schar von Nebentälern hat, aber kein einziges von der rechten Seite, wo sich stattdessen aber ein durchlaufender Steilhang erstreckt. Entsprechend zeigt, auch verkippungsbedingt, jenseits davon der Nebenfluss bei (4) ein stark *asymmetrisches* Talprofil.

Im Vordergrund, diesseits der Hauptwasserscheide, bei einer viel tiefer liegenden regionalen Abflussbasis am Südfuß des Elburs-Gebirges, führte die Zerschneidung der auch hier in den etwa gleich hohen obersten **Zwischentalscheiden** noch zu erahnenden Ausgangsabdachung gegenüber der Beckenseite zu breiteren und tiefer eingeschnittenen Kerbtälern. Ein Teil von ihnen ist aber dort, wo zwei Kerbtäler sich zu einem größeren vereinigen (5), durch **Verschneidung** der Talhänge bis zum Verschwinden erniedrigt worden.

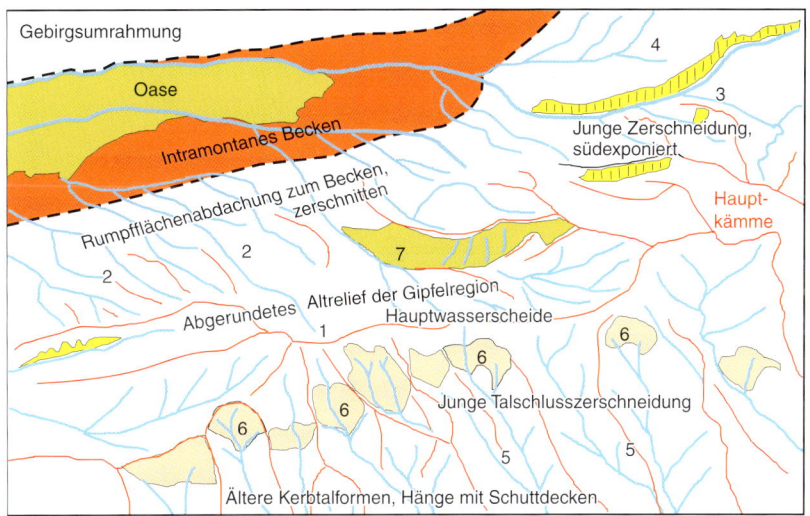

Die Kerbtalhänge und ihre kaum verzweigten Abflussrinnen sind, wie ihre vollständig geschlossene und braun patinierte **Hangschuttdecke** (s. Abb. 385) verrät, gegenwärtig nicht mehr aktiv. Da sie auf der trockeneren Seite des Hauptkamms liegen, fehlt auch die Unterhangversteilung wie bei (2). Allerdings reichen die Niederschläge noch aus, dass die meisten, halbkreisförmig in das Gipfelplateau eingeschnittenen Talschlüsse (6) gegenwärtig intensiv durch Winterregen und Schmelzwasserabflüsse zerrunst werden, wie die hellgrau-frische Gesteinsfarbe dieser Bereiche zeigt, ähnlich wie der kleinere Tobel in Abb. 199. Auf der etwas feuchteren Nordabdachung weist lediglich das größte Tal bei (7) in noch stärkerem Maße rezente Hangzerschneidung auf.

▲▲ Abb. 317: Tektonisch und -klimatisch gesteuerte mehrphasige Gebirgszertalung in der Umrahmung eines intramontanen Beckens; Elburs-Südrand, Nordostiran.

▲ Abb. 318: Erläuterungsskizze zu Abb. 317.

16. Talgeschichte · Jungtertiäre Plateauzertalung

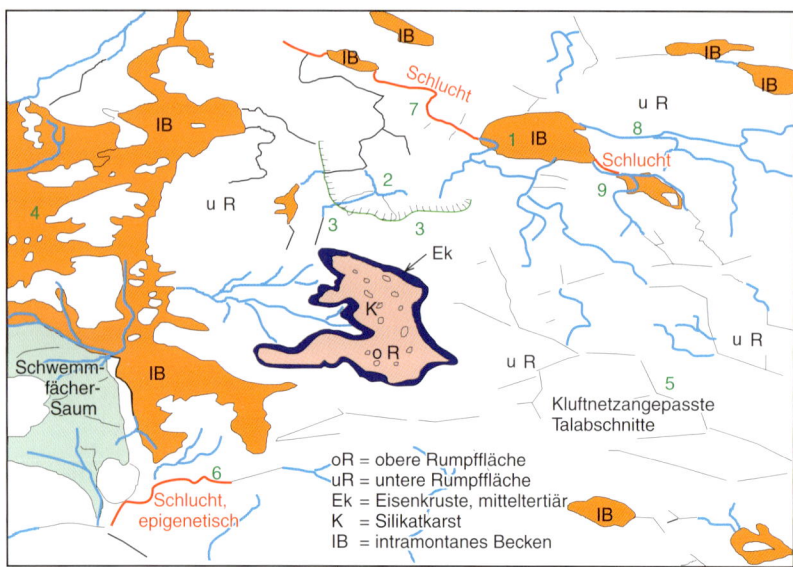

▲▲ Abb. 319: Jungtertiäre Plateauzertalung in einem Aufwölbungsgebiet; nördliches Hoggar-Gebirge, Sahara, Südalgerien.

▲ Abb. 320: Erläuterungsskizze zu Abb. 319.

Auch in Abb. 319 ist die **Flussnetzentwicklung** im Zusammenspiel von *Hebung* und dem *Klimawandel* von humid nach arid entstanden. Zur ältesten Reliefgeneration im Bild gehört der zentrale Plateaubereich, dessen schwarz patinierter Rand, wie in Abb. 315, die Mächtigkeit einer **Eisenkruste** des *continental terminal* nachzeichnet. Die hellen Flecken sind eingewehter Schluff als jüngste Decke der mit Bodensubstrat verfüllten kleinen **Lösungsdolinen** im Zuge einer nicht an Kalkstein gebundenen Verkarstung der Kruste und des unterlagernden Granits (s. Abb. 95).

Die nächste Phase der Abtragung führte im Jungtertiär nochmals zu einer nur wenig tiefer gelegten Rumpffläche im Granit. In der letzten flächenbilden-

den Phase wurden nur noch einige kleine, heute teils mit Flugsand gefüllte **intramontane Becken** (Abb. 128) als Formen der *restriktiven* Flächenbildung (Abb. 186) gebildet. Dabei dürfte zumindest das große runde Becken (1) an eine andere Granitvarietät gebunden sein (s. Busche 1973, S. 19), die auch bei abnehmender Feuchtigkeit noch chemisch tief verwittern konnte. Zwischen diesem tiefsten Niveau und der Fläche unter dem Eisenkrustenplateau liegt noch ein Zwischenniveau (2), entsprechend denen von Schicht- bzw. Rumpfstufen wie in Abb. 182 oder 186; unterhalb einer niedrigen Granitstufe (3) entwässerte es zum Hintergrund hin. Die unregelmäßige Talweitung am linken Bildrand (4), de facto auch ein intramontanes Becken, dürfte infolge alter tektonischer Beanspruchung noch für die ausklingende Flächenbildung anfällig gewesen sein. Dabei wurden zahlreiche kleine Plateaureste als niedrige **Inselberge** und nicht etwa als Terrassenreste einer linear-fluvialen Zerschneidung ausgespart.

Letztere bestimmt aber weite Teile der Fläche rechts des Eisenkrustenplateaus. Die niedrige Stufe bei (3) als *ortsfestes* Gebilde dient dabei, wie in Abb. 313, als lokale Wasserscheide. Nebeneinander kommen auf beiden Niveaus offenbar struktur*angepasste*, geradlinig verlaufende und im scharfen Winkel abknickende Laufstrecken flach eingetiefter Kastentäler neben Bereichen eher baumförmiger, dendritischer Zerschneidung vor, wie bei (2) oder (5). Damit Letzteres sich entwickeln konnte, musste noch eine homogene Boden- und Zersatzdecke vorhanden sein, auf der sich der Normalfall eines **hierarchischen** Flussnetzes entwickeln konnte, wie auch in Abb. 313, 315 oder 321 zu sehen ist.

Im Bereich der gradlinigen Talverläufe war die Bodendecke zu Beginn der Eintiefung nur noch so dünn, dass der Abfluss sich auf die Bereiche tiefer eingreifender chemischer Verwitterung entlang von Klüften konzentrierte, wo dann auch leichtere Einschneidung möglich war. Ein gewundener Talabschnitt wie bei (6) spricht dagegen auch für eine gesteinsunabhängige Laufvererbung (s. Abb. 323 ff.).

Diese kleine Schlucht gehört zu demselben Typ wie das sehr steilwandige Kastental bei (7), das zwei Becken miteinander als so genanntes **Durchbruchstal** verbindet – vielfach als eine Form der rückschreitenden Erosion verstanden (Ahnert 2003, S. 255 ff.). Geht man von dem strukturunabhängigen Normalfall aus, dass Haupt- und Nebenflüsse sich im *spitzen* Winkel in Fließrichtung treffen, dann entwässert es das Becken nach links; der Fluss bei (8) fließt in das Becken hinein und derjenige bei (9) entwässert das Becken nach rechts. Damit ist hier der häufige Fall gegeben, dass ein intramontanes Becken nach mehr als einer Seite entwässert (Bremer 1989, S. 325; Büdel 1977, S. 126).

Es ist aber wenig wahrscheinlich, dass zwei Flüsse durch rückschreitende Erosion aus unterschiedlichen

16. Talgeschichte · Aride Talnetzverdichtung

Richtungen gemeinsam ein Becken ausgeräumt haben sollen, das dann als Erosionsbasis für den weiterhin rückschreitenden Fluss bei (8) diente. Stattdessen bietet sich zur Erklärung das Modell der gleichzeitigen Tieferlegung des gesamten Flussnetzes *von oben* her an (s. Abb. 330; Bremer 1989, S. 259), bei ebenfalls *gleichzeitiger* Tal- und Beckenbildung als Form der restriktiven Flächenbildung (Boldt 1998).

In stärkerem Maße vom endtertiär-quartären Klimawandel von humid nach arid wurde die Talnetzentwicklung in Abb. 321 bestimmt. Sie zeigt einen Ausschnitt aus einer sehr jungen **Rumpfflächenlandschaft** auf kaum verstellten terrestrischen, miozänen Schichten. Wenige große Entwässerungslinien, die ihren Ursprung im nördlich angrenzenden Zagrosgebirge haben – auch dem Liefergebiet der tertiären Sedimente – sind abschnittsweise als flache **Sohlenkerbtäler** mit breitem Hochwasserbett (1) oder als **Talmäander** [(2), s. Abb. 323] ausgebildet.

Auf den noch erhaltenen Flächenresten im Vordergrund ist ein recht weitständiges, wenig eingetieftes Netz von Nebenflüssen entwickelt, dessen Anfänge in flachen Mulden enden. Einige geradlinige Verläufe (3), rechtwinklige Einmündungen (4) und parallel verlaufende Talabschnitte (5) zeichnen, wie in Abb. 319, durch die Verwitterung bevorzugte **Klüfte** nach.

Neben diesen Inseln zeigt aber der größte Teil der ehemaligen Fläche eine sehr engständige Zertalung, die im Mittelgrund teilweise zur vollständigen Umwandlung der Fläche in ein dichtes Netz von Kerbtälchen geführt hat. Am besten bei (1) sichtbar, haben sie die sanft geneigten Talhänge des Haupttales und größerer Nebentäler dicht zerschnitten, von kurzen runsenartigen Tälchen (s. Abb. 233) bis zu fein verzweigten dendritischen Netzen.

Diese Unterschiede lassen sich gut *quantitativ* erfassen, nach Regeln, wie sie u. a. Strahler (1957), aufbauend auf Horton (1945; s. Ahnert 2003, S. 257 ff.) aufgestellt hat, etwa über die unterschiedliche **Flusszahl** (*stream number*) von Teileinzugsgebieten, welche die hierarchische Abfolge von den vielen feinsten Verästelungen erster Ordnung (*fingertip channels*) bis zum Hauptfluss mit der höchsten **Ordnungszahl** ausdrückt. Eine andere Differenzierung wäre die nach der hier sehr auffälligen **Gewässer-** bzw. **Taldichte**, also der Gesamtlänge aller Täler pro km².

Die häufige Begründung solcher Unterschiede durch unterschiedlich durchlässigen Untergrund (Ahnert 2003, S. 259) entfällt wegen der homogenen Sedimentschüttung. Die zweite häufige Begründung

– unterschiedliches Alter der Talnetzentwicklung – gilt nur im Hinblick auf die Klimageschichte. Die ältere weitmaschige Zertalung konnte sich entwickeln, als bei noch feuchtem Klima und ausreichend vorhandener Bodendecke, wie bei Abb. 317 beschrieben, der Abfluss durch *Interflow* (Zwischenwasserabfluss) und Grundwasser zeitlich abgepuffert möglich war.

Der Übergang zu semiaridem Klima in dieser Region an der Grenze Tertiär/Quartär führte mit der Abnahme bodenschützender Vegetation zu verstärkter **Bodenabspülung**. Die abnehmende Speicherfähigkeit begünstigte den rein oberflächlichen Abfluss unmittelbar während der nur noch seltenen, meist kurzen Niederschläge. Dieser bewirkte eine starke **Linearerosion** in dem nur gering verfestigten Gestein und eine Zerschneidung, wie sie heute vielfach als Folge anthropogener Vegetationszerstörung zu beobachten ist (Abb. 617, 618), im weichen Gestein meist als Kerbtälchen ausgeformt. In nur auf den ersten Blick paradoxerweise hat so der klimageschichtliche Wechsel von humid nach (semi-)arid zu einer beträchtlichen *Zunahme* der Taldichte geführt.

▲▲ Abb. 321: Hohe Talnetzdichte einer Rumpffläche in weichem Gestein, die bei semiaridem Klima im Quartär zerschnitten wurde; Zagros-Vorland, Südwestiran.

▲ Abb. 322: Erläuterungsskizze zu Abb. 321.

154 16. Talgeschichte · Talmäander

▶ Abb. 323: Bei der Einschneidung in eine Rumpffläche vererbter Mäander; Goosenecks, San Juan River, Süd-Utah, USA.

▼ Abb. 324: Schematisches Querprofil zu Abb. 325.

▼▼ Abb. 325: Durch Einschneidung vererbtes mäandrierendes Talsystem mit Nebenflüssen; Canyonlands National Park, Süd-Utah, USA.

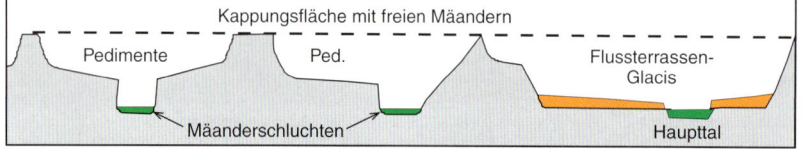

Neben den hochmobilen, bei jedem Hochwasser veränderten *freien* Mäandern der Talböden (Abb. 251 – 256) gibt es tief in den Fels eingeschnittene Mäander. Sie wurden zuerst von W.M. Davis (1899, s. Davis & Rühl 1912) als **vererbte Flachlandmäander** interpretiert, was im Prinzip bis heute gilt. In der Terminologie von Ahnert (2003, S. 217 ff.) zeigt Abb. 203 solch einen von drei aufeinander folgenden **Talmäandern**, dessen Schluchtwände in den unteren dickbankigen Kalksteinen auf beiden Talseiten etwa gleich ausgebildet sind. Davor hatte sich der Fluss unter einem Klima, dessen Verwitterung kräftige Hangabtragung und somit Kerbtalbildung ermöglichte, in die dünngebankten oberen Kalksteine eingeschnitten. Die beiderseitige Prallhangerosion im Bereich der engsten Stelle der Flussschleife (*gooseneck*) muss zeitweilig während der Tieferlegung sogar den höheren Bereich innerhalb der Schlinge als **Umlaufberg** (*meander core*) abgeschnürt haben. Diese Formen und die Felsterrasse auf und beiderseits des Umlaufbergs lassen es allerdings unwahrscheinlich erscheinen, dass sich die Mäander wirklich völlig unverändert in die Tiefe verlagert haben. Unstreitig ist dagegen, dass es auf der Ausgangsfläche irgendwie geformte Mäander gab, die sich mit graduellen Veränderungen eingeschnitten haben.

An den meisten in eine Rumpffläche eingeschnittenen Flüssen finden sich, wie auch am San Juan River von Abb. 323, nur noch einige wenige Schlingen der angenommenen Talbodenmäander. Eine seltene Ausnahme zeigt Abb. 325, wo eine Vielzahl von Talmäandern eingeschnitten worden sind, und die durch die zahlreichen bogenförmigen Steilwände oberhalb des heutigen Talbodens mit seinen pleistozänen **Akkumulationsterrassen** (Abb. 341 ff.) sowie der üblichen **Talbodengliede-**

rung eines semiariden Flusses in unbewachsenes Niedrigwasser- und strauchbestandenes Hochwasserbett (Abb. 260) nachgezeichnet worden sind.

Die Flusslaufgeometrie der Ausgangslandschaft mag ähnlich wie in Abb. 254 ausgesehen haben. Der in Abb. 324 skizzierte Stockwerkbau verdeutlicht allerdings, dass die einigermaßen formtreue Vererbung erst mit der Eintiefung unter die unterste **Felsterrasse** und nicht schon unter den nur noch in kleinen Plateauresten bewahrten nächsthöheren Talboden eingesetzt haben kann. Geradlinig verlaufende und winkelig abknickende Steilwände weisen auf die abschnittsweise **Anpassung an tektonische Strukturen** während der letzten Einschneidungsphase in den Fels hin.

Sehr viel regelmäßiger verlaufen die beiden Mäander in Abb. 326. Auch sie können nur annähernd die hypothetische Ausgangsform in die Tiefe projiziert haben. Die auch bei Talmäandern wirksame Fliehkraft des strömenden Wassers hat in gleicher Weise wie bei den freien Mäandern zur Ausbildung von **Prall-** und **Gleithängen** geführt. Oberhalb der Talsohle sind die Gleithänge als eine heute stark schichtenangepasste Abfolge von **Felsterrassen** bewahrt worden. Ihre Ränder zum nächsthöheren Niveau sind ebenso wie die Steilwände zum Fluss von herabstürzendem Wasser bei Starkregen durch Buchten gegliedert worden. Der gegenwärtige **Stromstrich** wird auf der Gleithangseite durch die strauchbewachsenen eng gescharten **Uferwälle** nachgezeichnet, hinter denen ein lang gestreckter See abgeschnürt wurde. Gegenüber wird der Prallhang auch gegenwärtig aktiv unterschnitten. Die vordere Mäanderschlinge muss im Verlauf der Eintiefung also nach links, die hintere nach rechts „geglitten" sein. In der Terminologie von Ahnert handelt es sich also nicht um die nur im Ideal vorkommenden vererbten Talmäander, sondern um **Gleitmäander** mit ausgeprägt **asymmetrischem** Talquerprofil.

Dieser Begriff wird von Louis & Fischer (1979, S. 313), ebenso wie der Begriff **Zwangsmäander** und die anderen Begriffe abgelehnt, weil vielfach nachgewiesen worden ist, dass sich die Schlingen bei der Eintiefung nicht nur seitlich verlagert, sondern vor allem stark an das **Kluftnetz** angepasst haben und so nicht mehr viel mit der ursprünglichen Form gemeinsam haben können, was auch aus Abb. 327 ersichtlich ist. Aus dem fliehkraftbedingten Lauf eines freien Mäanders (Ahnert 2003, S. 213 f.) wurden geradlinige Talabschnitte (u. a. rechts hinten), die durch Prall- und Gleithangformung verbunden sind. Louis & Fischer bezeichnen sie wegen dieser Strukturanpassung als Anpassungsmäander. Unterstrichen wird die Anpassung an stärker verwitterte Klüfte hier noch durch die geradlinigen Abschnitte von Nebenschluchten.

▲ Abb. 326: Gleitmäander; Green River, Canyonlands National Park, Süd-Utah, USA.

▼ Abb. 327: Anpassungsmäander- und Nebentaleinschneidung in eine Rumpffläche; Fish River, Huns-Plateau, Südnamibia.

▲ Abb. 328: Altpleistozäne Umlaufberge und trockenes Umlauftal; Neckartal nördlich Rottweil.

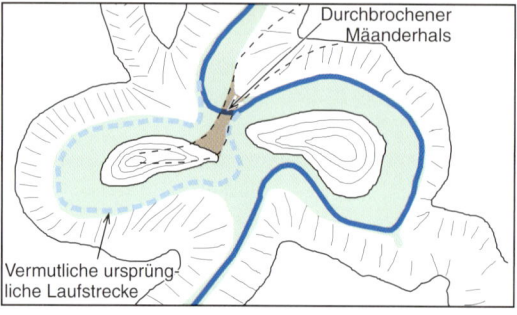

▶ Abb. 329: Kartenausschnitt zur Umlaufbergentwicklung im Bereich von Abb. 328.

Bei der Eintiefung von Talschlingen – seien es nun Gleit- oder Anpassungsmäander, wie auf der vorigen Seite diskutiert – gab es immer wieder den Fall, dass durch beiderseitige Prallhangunterschneidung im Bereich des **Spornhalses** (des *gooseneck* von Abb. 323) dieser vollständig durchschnitten wurde. Die neue Verbindungsstrecke überwand denselben Höhenunterschied wie zuvor die weit ausholende Flussschlinge. Als Folge des höheren Gefälles wurde die gesamte Entwässerung in den sich dabei erosiv erweiternden Durchbruch gelenkt und die alte Mäanderschlinge wurde zu einem trocken gefallenen Umlauftal. Der durch die Abschnürung isolierte Mäandersporn wurde entsprechend zu einem Umlaufberg umgestaltet.

Einen solchen Fall zeigt Abb. 328 aus dem Lauf des an Talmäandern mit und ohne Abschnürung besonders reichen Neckar. Das Tal hat sich in die lössbedeckte, als Ackerland genutzte Muschelkalkrumpffläche am Fuß der bewaldeten Keuperschichtstufe im Hintergrund steilwandig eingeschnitten. Dabei wurden hier sogar *zwei gegenüberliegende* Umlaufberge abgetrennt (Abb. 329), der hintere ist von einer Burg gekrönt. Dessen Umlauftal wird vom heutigen Flusslauf genutzt. Die Talbodenbreite der Umlauftäler steht in keinem Verhältnis zur heutigen Flussbreite. Dies spricht für eine viel größere, vermutlich periglaziale Flussdynamik während der Bildungszeit (s. Abb. 249).

Die zweifache Umlauftalbildung lässt sich so erklären, dass nach Abschnürung des hinteren Umlaufbergs der Fluss im Uhrzeigersinn das vordere Tal durchfloss, während der heutige vordere Umlaufberg noch eine Spornverbindung zum gegenüberliegenden Plateaurand hatte. Erst als dieser durch beiderseitige Unterschneidung aufgezehrt war, wurde die vordere Schlinge ebenfalls zum Umlauftal mit Umlaufberg.

Schwieriger zu erklären ist die Genese des so genannten **Durchbruchstals** im Gebirgsriegel von Abb. 330, dessen Fluss aus einer weiten Rumpffläche im Vordergrund kommt und hinter dem Engtal – gerade noch als grünes Dreieck erkennbar – wieder ein Stück Rumpffläche durchfließt, bevor er im Hintergrund in ein weiteres Durchbruchstal eintritt.

Im Jungpleistozän floss ein **Lavastrom** aus der Ebene in den vorderen „Durchbruch", der danach vom Fluss zerschnitten und teils mit Sedimenten überdeckt wurde, die unter dem Rasen als Flussterrasse erhalten sind.

Das Bild wurde wegen der Überschaubarkeit dieses kleinen Durchbruchstals ausgewählt. Große Beispiele, wie das des Mittelrheintals im Rheinische Schiefergebirge oder die zahlreichen Durchbrüche der *Ridge and Valley Province* der gefalteten Appalachen der östlichen USA (Thornbury 1965, S. 100 ff.), lassen sich nur im Satellitenbild oder in der Karte überblicken. Das Problem, wie solche Durchbrüche entstanden sind, ist dennoch dasselbe.

Seit F. v. Richthofen (1886, S. 170 ff.) werden sie als **epigenetisch** (griech. = nachgeboren) bezeichnet, mit der Vorstellung, dass ein bereits vorhandenes bergiges Relief durch Lockersedimente begraben wird und beim erneuten Einschneiden eines Talnetzes Bergrücken im Zuge ihrer Exhumierung in zufälligen Positionen durchschnitten werden. Beispiele finden sich etwa um Passau, wo Inn und Donau bei der Zerschneidung der jungtertiären fluvialen Alpenvorland-Aufschüttungsebene von oben her zuvor einsedimentierte Sporne des Kristallins der Böhmischen Masse in Schluchtstrecken durchschnitten haben (Louis & Fischer 1979, S. 343). Im englischen bzw. französischen Sprachraum wird für diesen Vorgang der anschaulichere Begriff der *super(im)position* bzw. *surimposition* (Überprägung) verwendet.

Eine andere Erklärung ist die der **Antezedenz** (*antecedence*, von lat. *antecedere* = vorausgehen). Danach hat ein Fluss beim Einschneiden in eine sich quer zur Fließrichtung aufwölbende Schwelle seine Laufrichtung weitgehend beibehalten (Ahnert 2003, S. 254). Zu den möglichen Beispielen (Louis & Fischer 1979, S. 346 ff.) gehören das Mittelrheintal, das während der Aufwölbung des Rheinischen Schiefergebirges seinen Lauf beibehalten hat, oder der Durchbruch der Elbe durch die Sächsische Schweiz (Abb. 352). Als Nachweis für antezedente Durchbrüche gelten *aufgewölbte* alte Flussterrassen im Hebungsbereich (a. a. O. S. 348, für den Mittelrhein Ahnert 2003, S. 240 f.).

Abweichend von diesen Vorstellungen zeigt Abb. 331 den wohl bei weitem *häufigsten* Fall, der sich aus der **klimabedingten Reliefgeschichte** erklärt (Bremer 1989, S. 259 f.). Auf einer sich hebenden Ausgangsrumpffläche wurden, wie dargestellt (S. 18), etwa bis zum mittleren Tertiär noch alle verstellten Schichten von einer durchgehenden Rumpffläche gekappt. Ausschnitte aus solch einer Fläche zeichnen die Horizontlinien in Abb. 330 nach. Mit abnehmender Leistung der chemischen Intensivverwitterung fielen, wie für die Genese von Schichtrippen dargestellt (Abb. 150), verwitterungsresistentere Schichten aus der weiteren Tieferlegung heraus, während in den angrenzenden morphologisch weicheren, etwa tonigen Schichten die Flächenbildung noch räumlich eingeschränkt (**restriktiv**; *s.* Abb. 186) weiterlief.

Die konzentrierte Erosionskraft im Flussbett reichte aber aus, dass sich der Fluss in einem Engtal *von oben her* und *gleichzeitig* mit der angrenzenden flächenhaften Tieferlegung einschneiden konnte. Dies gilt auch für ausgedehnte Plateaus, die gleichzeitig mit der umgebenden Flächenbildung zertalt wurden (Abb. 181), oder für das Nebeneinander der Bildung von intramontanen Becken und Schluchtstrecken wie in Abb. 319.

Völlig abzulehnen ist die am Beispiel der Schichtrippendurchbrüche der gefalteten Appalachen entwickelte Vorstellung, dass Flüsse die Durchbruchstäler mittels *rückschreitender* Erosion von der Ostküste der USA her nacheinander in jede einzelne Sandsteinrippe gesägt und dabei jeweils die Flüsse der Ausraumzonen zwischen ihnen *angezapft* hätten (zusammengefasst bei Ahnert 2003, S. 255). Dies würde bedeuten, dass ein Fluss sein Quellgebiet am Hang einer *ridge* trotz dabei ständig verkleinertem Einzugsgebiet – und dabei weniger Wasser für die Erosion – über den Kamm hinaus rückverlegen konnte, abgesehen davon, dass in Sandstein-Quellmulden (Abb. 234) und ihren Quellbächen kaum stark erodiert wird.

Es ist auch hier anzunehmen, dass, ausgehend von einer als *Schooley Peneplain* bezeichneten Rumpf-

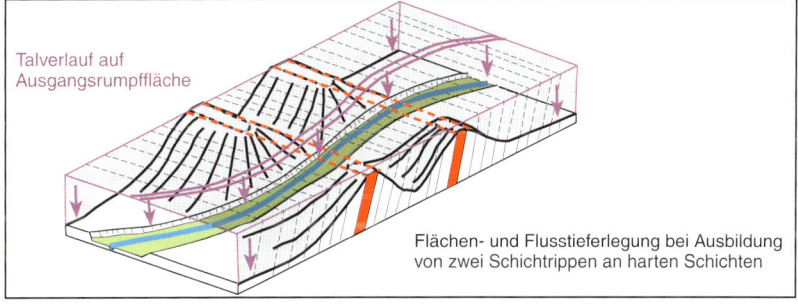

fläche nach Osten wie nach Westen fließende Flüsse von oben her ihre Läufe mit den angesprochenen Modifikationen (Abb. 323 – 327) eintieften. Dabei sägten sie ihre Durchbruchstäler *(water gaps)* in die widerstandsfähigeren Sandsteinschichten ein, während *gleichzeitig* auf den Kalksteinen die Bildung von Flächenstreifen (Abb. 127) und damit die Herauspräparierung der Schichtrippen (Abb. 150) ablief. Im Kontext der Peneplain-Genese (S. 12) als *„weak rock straths"* der *Harrisburg Erosion Surface* bezeichnet (Thornbury 1965, S. 127), entwässerten diese Ausraumbereiche – in Längsrichtung gegliedert durch flache „**Tal**"-**Wasserscheiden** – während der gesamten Tieferlegung zu den die Strukturen querenden Hauptflüssen. Es gab also niemals die Notwendigkeit komplizierter **Anzapfungen**. Die trockenen, unterschiedlich hoch über den pleistozän zertalten **Flächenstreifen** liegenden *wind gaps* in den Schichtrippen lassen sich unschwer als **Stufenpässe** (Abb. 176) erklären.

▲▲ Abb. 330: Durchbruchstal und ein Basaltstrom, der es genutzt hat; Hochfläche des Mittleren Atlas, Marokko.

▲ Abb. 331: Blockdiagramm zur klimagesteuerten Entwicklung eines Durchbruchstals im Jungtertiär.

16. Talgeschichte · Quartärzeitlich exhumiertes Tal I

▲ Abb. 332: Im Jungtertiär verfülltes, im Quartär exhumiertes und weiter eingetieftes Talsystem; Raum Karpfenkliff, Zentralnamibia.

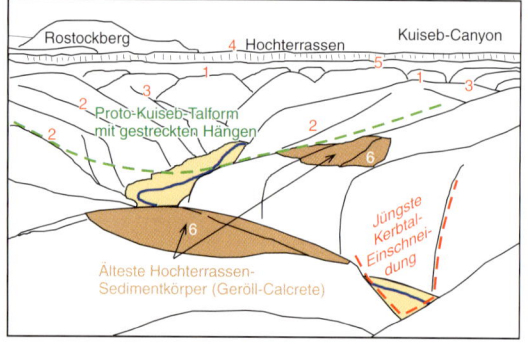

▶ Abb. 333: Erläuterungsskizze zu Abb. 332.

▼ Abb. 334: Schematisches Querprofil zur Verfüllungs- und Exhumierungsgeschichte des Gebiets von Abb. 332 und 335.

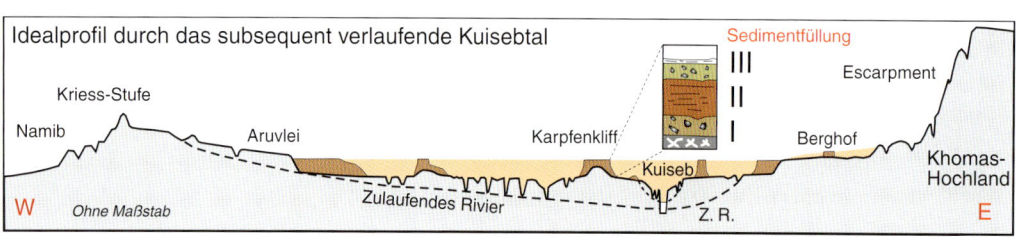

gehört. Die spätpräkambrischen Damara-Schieferserien, in das sie eingeschnitten ist, sind durch tertiärzeitliche chemische Tiefenverwitterung stark **sapro-litisiert** worden (*s.* Abb. 100 ff.), gut erkennbar im Vordergrund von Abb. 335. Zermürbtes Gestein findet sich noch bis 60 m tief in den Canyon des Kuiseb hinein.

Die zugehörige Bodendecke war fast vollständig abgetragen worden, als im Übergang Miozän/Pliozän die Flüsse, die aus der feuchteren Hochregion der Großen Randstufe kamen, breite **Muldentäler** (Abb. 238) schufen, wie das des hier gezeigten Kuiseb. Möglich war die Schaffung dieses Talprofils (2) nur, wenn noch ausreichend örtliche Durchfeuchtung für Hangabtragungsprozesse zeitgleich mit der Einschneidung gegeben war, wenn auch begünstigt durch die saprolitische Vorverwitterung aus einem immerfeuchten Klima.

Möglicherweise mit zeitlicher Verzögerung erfolgte die in der Fläche selbst einsetzende steilwandige Einschneidung eines dichten Netzes enger **Schluchten** mit noch abgerundeten Oberhängen, durch die die Felsterrassenfläche in abgerundete kleine Plateaus aufgelöst worden ist (3). Die weitere steilwandige Eintiefung, ursprünglich nur bis auf das Niveau des Kuisebtals als Vorfluter, muss durch starke Fluten nach Starkregen bei vorherrschender Trockenheit erfolgt sein, da fast keine Hangabtragungsprozesse mehr stattfanden. Diese Schluchten wurden von Rust & Wienecke (1984) nach einem Lokalbegriff als **Gramadullas** bezeichnet.

Im *Übergang Pliozän/Pleistozän* setzte bis zum Mittelpleistozän eine in durch Diskordanzen dreigeteilte Sedimentation ein, zu deren Abschluss Muldentäler, Gramadullas und darüber die Felsterrasse selbst im Bildbereich noch etwa 50 m tief überdeckt waren, bis zum Niveau von (4). Die Abfolge [(5) in Abb. 336] beginnt mit grobem lokalem Schwemmschutt, besteht in ihrem ca. 20 m mächtigen Mittelteil aus einem mindestens 30-maligen Wechsel von Akkumulation und Erosion von Feinmaterial mit zwischengeschalteten rotbraunen Bodenbildungen und Sumpfphasen und wird abgeschlossen von einem hellgrauen Konglomerat aus bestens gerundeten Quarzschottern aus dem Randstufengebiet, im unteren Teil mit Gerölldurchmessern bis 40 cm. Danach wurde die Abfolge im Grundwasserstrom vollständig mit ausgefälltem Kalk zementiert (*Calcrete, s.* Abb. 413 ff.) und anschließend, auch noch in ei-

Die *quartärzeitliche* Talgeschichte besteht in allen heutigen Klimazonen nicht nur aus Eintiefung, sondern auch aus **Aufschüttungs- und Ausräumungsphasen.** Einen Extremfall aus einem heute semiariden Raum zeigen die Abbildungen dieser Doppelseite (Kempf & Busche 2002, S. 13 – 15). Die Talbildung fand im Vorland der Großen Randstufe in Zentralnamibia statt, von der ein Auslieger mit der im Zuge der Vorlandtieferlegung entstandenen Treppung am Horizont erkennbar ist (*s.* Abb. 188). Innerhalb einer breiten, flachen **Subsequenzfurche** hatte sich ein 50 – 80 m eingetieftes und bis 20 km weites Breittal ausgebildet, zu dem die Verebnung [(1) in Abb. 333]

16. Talgeschichte · Quartärzeitlich exhumiertes Tal II

nem deutlich feuchteren Klima als heute, seit dem Mittelpleistozän, verkarstete sie (Kempf 2000).

Danach, irgendwann zwischen einer Million und 200 000 Jahren v. h., wurde der größte Teil dieser Akkumulation durch fluviale Erosion wieder ausgeräumt und ins fast 200 km entfernte Meer gespült: eine gewaltige Abtragungsleistung, die ebenfalls nicht unter den heutigen ariden Klimabedingungen möglich gewesen wäre. Geblieben sind nur kleine Teile der Akkumulation (Abb. 334), in Abb. 332 als hellbraune Stufe bei (4) oder, im Rücken des Aufnahmestandorts von Abb. 334, die im so genannten „Karpfenkliff" angeschnittene Schichtenfolge, an der die hier umrissenen Ergebnisse weitgehend gewonnen worden sind. Zu den Überresten der Akkumulation gehören auch die fest mit Kalk verbackenen beigefarbenen Partien [(6) in beiden Fotos] über dem steil stehenden Damara-Saprolit.

Die Reste in Abb. 332 liegen auf dem Boden des alten Kuiseb-Muldentals. Sie sind der nicht leicht erklärbare Beleg dafür, dass bei diesen geradezu lehrbuchartigen Voraussetzungen für die **Epigenese** (Abb. 330 f.) – Überschüttung eines zertalten Festgesteinssockels mit jungem Lockersediment vor erneuter Einschneidung – gerade *kein* epigenetisches Tal in dem Sinne entstanden ist, dass der in *zufälliger* Position in die Tiefe schneidende Fluss sich irgendwo im Fels ein neues Tal geschnitten hat. Vielmehr wurde im ganzen Gebiet das begrabene Talnetz einschließlich der Gramadullas nahezu vollständig und in Originalform *exhumiert*, wie hier das Muldental des Kuiseb. Erklärbar ist dies nur, wenn, nachdem die flächenhaft fluviale Abtragung das Felsterrassenniveau wieder erreicht hatte, die Lösung des Kalks zwischen den die Täler plombierenden Sedimenten als Vorstufe zur Ausspülung leichter möglich war als die fluviale Abtragung im verwitterten Schiefer daneben.

Nach der Exhumierung des Kuiseb-Muldentals ging die Einschneidung bei nur geringer, wohl saprolitbedingt leichter Hangabtragung noch weiter und schuf die Schlucht mit ihren nur wenig abgeschrägten Wänden. Der dafür nötige Abfluss stammte wohl hauptsächlich aus Niederschlägen im Escarpmentbereich. Die Eintiefung der Gramadullas beiderseits des Kuiseb erfasste nämlich nur die Unterläufe, die jeweils mit einer im Bild nicht sichtbaren Wasserfallstufe gegen das Eintiefungsniveau aus der Zeit vor der Verfüllung abgesetzt sind.

Das **Kliff** in Abb. 335 kann durch seitliche Erosion nur bis zum Erreichen der Schieferbasis unterschnitten worden sein. Danach muss es die Abspülung von

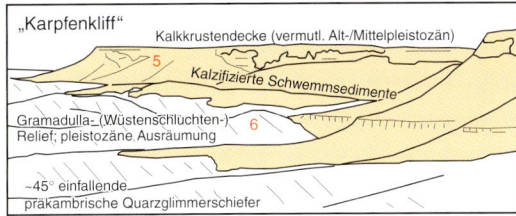

▲ Abb. 335: Bei der Exhumierung gebildeter neuer Talhang, bei weiterer Flusseintiefung zu einer Talrandstufe umgeformt; Karpfenkliff, Blick in Gegenrichtung zu Abb. 332.

◀ Abb. 336: Erläuterungsskizze zu Abb. 335.

der Steilwand selbst gewesen sein, deren Wasser die Gramadulla-Abschnitte freilöste und -spülte, deren Anfänge noch unter der Sedimentdecke des Kliffs liegen. Bevorzugt ist dementsprechend das oberflächlich wieder lockere Sediment auf den abgerundeten Wasserscheiden zwischen den Tälchen erhalten. Die weißen Flecken sind meist Bruchstücke von **verkalkten Wurzeln**.

Nach dem Ende der fluvialen Unterschneidung ging die weitere Formung des Karpfenkliffs durch Prozesse der Hangformung von oben her weiter. Sie führte zur Umgestaltung als Talrandstufe (201, 284). An einigen Stellen – ganz links und ganz rechts – bildete sich in den kalkversinterten Sedimenten ein **Haldenhang** (Abb. 201, 384, 406) aus, der fast bis an den Plateaurand hinaufgewachsen ist. Beiderseits der senkrechten Wandabschnitte haben aber auch *Schuttkegel* aus abgewittertem Wandmaterial zur Überdeckung der unteren Wandabschnitte beigetragen. Die **Rückverwitterung** der Wand geht so selektiv vor, dass nur wenig härtere **verkalkte Wurzelgeflechte** *(Rhizome)* herauspräpariert werden (Abb. 420), aber schnell genug, dass sich flache Halbhöhlen (Abris, Abb. 43, 44) ausbilden konnten. Begünstigt wurde der Prozess dadurch, dass die durch sekundäre Silifizierung weiter verfestigte **Deckelkalkkruste** im heutigen Klima härter als die unterlagernden Schichtglieder ist.

16. Talgeschichte · Canyon, symmetrisch eingetieft

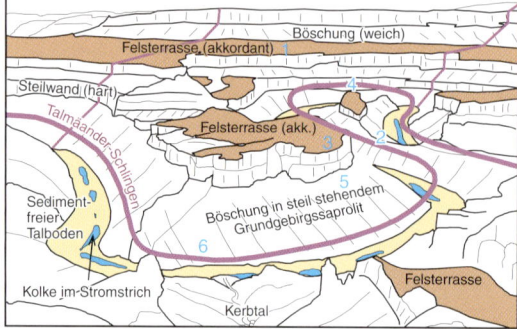

▲ Abb. 337: Symmetrisch eingetiefter Canyon, getreppt mit Felsterrassen und zwei vererbten Mäanderschlingen; Fish River Canyon, Südnamibia.

▶ Abb. 338: Interpretationsskizze zu Abb. 337.

Das spanische Wort *cañon* (Hohlweg, Röhre) ist als **Canyon** im 19. Jahrhundert im Südwesten der USA als ein Begriff für jede Art von größerer Schlucht übernommen worden; daneben hält sich auch der aus dem Französischen stammende (englische) Begriff **gorge**. International und in der deutschen Fachsprache ist mit dem Begriff „Canyon" allerdings heute meist eine große Schlucht mit **getrepptem Talquerprofil** gemeint, nach dem Vorbild des seit seiner Erforschung in der zweiten Hälfte des 19. Jahrhunderts berühmtesten Beispiels, des bis fast 1800 m tiefen und 30 km breiten *Grand Canyon* des Colorado River im Südwesten der USA (Abb. 339; Thornbury 1965, S. 417 f.).

Zum einen ist der Canyon ein **Kerbtal**, zum anderen ein von einer **Ausgangsrumpffläche** – in beiden Bildern als Horizontlinie sichtbar – in Reaktion auf eine kräftige Krustenhebung von oben her eingeschnittenes und damit **epigenetisches** Tal (Abb. 330 f.). Die beiden gezeigten Beispiele sind zugleich auch **antezedente** Täler: der Fish River (Abb. 337), gemeinsam mit dem Unterlauf seines Vorfluters, des Oranje, hat sich in die **Randschwelle** des südwestlichen Afrika eingeschnitten, die im Ausgleich zur Sedimentation auf dem Schelf seit dem Aufreißen des Südatlantik im Jura aufgebogen wird; der Colorado senkte sich in die sich aufwölbende flache Kuppel des Kaibab Uplift ein, den der Canyon auf dessen Südflanke in einem ebenfalls nach Süden gerichteten Bogen schneidet, von Louis & Fischer (1979, S. 349) als für antezedente Flüsse häufiges **ausweichendes Umfließen** bezeichnet. Der Fluss ist, bevor sein Lauf durch Einschneidung festgelegt war, an der Flanke der beginnenden Aufwölbung gewissermaßen „heruntergerutscht".

Als Folge dieser Flankenposition liegt der im Hintergrund sichtbare nördliche Rand des Grand Canyon in derselben Schicht etwa 350 m höher als der südliche Rand (2380 m). Eine weitere Folge dieser Verlagerung ist, dass der Grand Canyon ein sehr *asymmetrisches* Querprofil hat (Abb. 340). Der Flusslauf ist im Bereich der stärksten Aufwölbung dicht an den Südrand (links in Abb. 339) mit seinen deshalb nur kurzen steilen Tälern verschoben, während der Hauptteil des Canyon-Reliefs durch 10 bis über 20 km lange Nebenschluchten von Norden gegliedert ist.

Das Querprofil des Fish River Canyon ist dagegen recht *symmetrisch* aufgebaut. Bei seiner Einschneidung hat er wesentliche Elemente seines **mäandrierenden** Laufes vererben können aus der Zeit, als er noch im kilometerbreiten Niveau der heutigen **Fels(sohlen)terrasse** (1) floss. Diese muss damals noch von fluvialen Sedimenten überlagert gewesen sein, weil sich ohne ein leicht erodierbares feinkörniges Talbodensediment keine freien Mäander hätten ausbilden können (s. Abb. 251 ff.). Im Bild sind zwei **vererbte Mäanderschlingen** (Abb. 323 ff.) erfasst. Der **Mäandersporn** bei (2) ist dabei beiderseits schon so stark unterschnitten worden, dass die sich verschneidenden Hänge die Kammlinie deutlich unter das Niveau der tieferen Felsterrasse (3) abgesenkt haben. Wäre nicht die weite Ausbuchtung in der oberen Felsterrasse (4) gegeben, könnte man sogar annehmen, dass die Talmäander erst von diesem Niveau aus vererbt wären.

Die **getreppte** Abfolge von Steilwänden und Verebnungen ist das Kennzeichen beider Canyons. Trotz bedeutender Gesamteinschneidung existieren, wie im Fish River Canyon, auch im Grand Canyon nur *zwei Hauptniveaus*, ein durchgängiges unteres, die Tonto Platform (Abb. 340) und ein weiteres, schwer fassbares im oberen Viertel der Eintiefung, das in den mauerartigen Bastionen wie der roten im Vordergrund ausgebildet ist. Es ist aufgelöst in eine Reihe von Zwischenniveaus, die gerade an den Plateausporen den Wechsel harter und weicher Schichten nachzeichnen und in ihrer variablen Höhe das Ergebnis

16. Talgeschichte · Canyon, asymmetrisch eingetieft

unterschiedlich weit fortgeschrittener **Hangverschneidung** zwischen den Nebenschluchten ist.

Beide Canyons werden mit der Tiefe immer enger. Beim Grand Canyon wird dementsprechend die in präkambrische Metamorphite eingeschnittene *Inner Gorge* von der sich nach oben weitenden Treppung der Schlucht in einer Folge von Sedimentgesteinen unterschieden, die – ohne Ordovizium und Silur – die gesamte Schichtenfolge des Paläozoikums der Colorado Plateau-Province bis zum Perm umfasst. Ebenso ist auch der Fish River in die steil stehenden Schichten des **Basement**, des Grundgebirges eingeschnitten, unter Deckschichten, die allerdings selbst noch ins Präkambrium gehören.

Die Standarderklärung für die **Treppung** am Grand Canyon ist die, dass *Wandverwitterung* und *Hangrückverlegung* den Canyon ausgeweitet hätten. Dagegen spricht, dass der von Osten in den Grand Canyon einmündende Little Grand Canyon durchweg senkrechte Wände hat, oder dass auch der Fish River durchaus nicht auf seiner ganzen Schluchtstrecke die hier gezeigte Treppung aufweist. Wahrscheinlicher ist, dass sich auch hier eine *klimageschichtliche Entwicklung* spiegelt, mit dem Übergang von noch tropisch-feuchtem Klima zum Beginn der Einschneidung unter starker Mitwirkung der chemischen Verwitterung und damit erleichterter Ausräumung zu vorwiegend mechanischem Abrieb im Flussbett unter den heutigen ariden Bedingungen. Die breiteren Verebnungen wären demnach zu Felsterrassen umgestaltete *alte Talbodenniveaus*.

Am Grand Canyon lässt sich die **Eintiefungsgeschichte** zeitlich grob fassen. Flutbasaltreste am Südrand sind etwa 12 Millionen Jahre alt; etwa 1,6 Millionen Jahre alte Basalte in der *Inner Gorge* liegen nur wenige Meter über dem Fluss. Nach einer Zeit gewaltiger Ausräumung in Haupt- und Nebenschluchten unter noch humiden Klimaten war die Einschneidung im semiariden Quartär also nur noch unbedeutend.

In beiden Flüssen ist die *heutige* Erosion durch das Festhalten von Bodenfracht und Schweb durch Staudämme oberhalb der Canyons stark eingeschränkt. Der Fish River führt nur noch Wasser, wenn es unterhalb des 250 km entfernten Hardap Dam stark regnet oder der Damm überläuft. Das patinafreie Band am Schluchtboden zeigt die dennoch beträchtliche Wasserhöhe stärkerer Fluten an, wobei, wie am ganzjährig fließenden Colorado, der gesamte Talboden eingenommen wird.

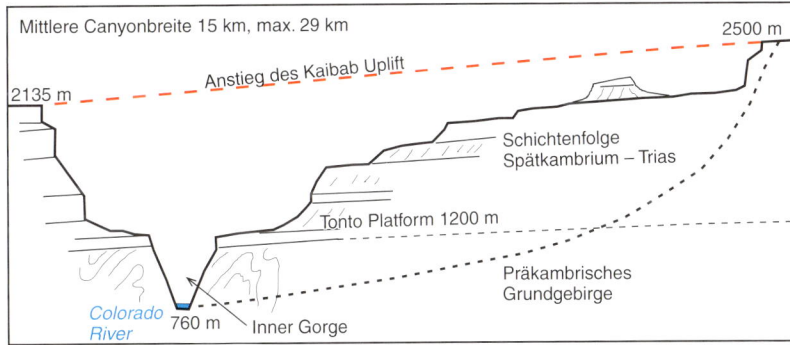

Die heutige Abtragung an den Canyonhängen ist in beiden Fällen gering. Die des Fish River Canyon sind voll *patiniert* und pleistozäne Schuttdecken sind nur noch in Spuren erhalten (5), nach deren Abtragung die Härteunterschiede der Schichten von selektiver Verwitterung nachgezeichnet wurden (6). Am Grand Canyon sind pleistozäne Schutthalden vor allem auf die Tonto Platform eingestellt (Abb. 392) und durchgängig zerschnitten. Steinpflaster und Patinierung belegen *stabile Oberflächen*, noch mehr aber die kaum irgendwo von frischen Abbrüchen gestörte Patinierung der senkrechten Felswände. Die *Red Wall* des gleichnamigen Kalksteins ist im Anschlag *weiß!* **Quellerosion** *(spring sapping)* auf den Ausbissen toniger Schichten, die in feuchteren Zeiten Widerlager ausspülte und zu **Wandabbrüchen** der harten Schichten führte (s. Abb. 369), spielen heute überhaupt keine Rolle.

▲▲ Abb. 339: Asymmetrisch eingetiefter Canyon mit Felsterrassen und Nebenschluchten; Grand Canyon, Nordarizona, USA.

▲ Abb. 340: Profilskizze durch den Grand Canyon.

16. Talgeschichte · Flussterrassen

▲ Abb. 341: Übergang von einer zerschnittenen holozänen Hangschuttdecke in die Akkumulationsterrasse eines Flusses; Landmannalaugar, Zentralisland.

▼ Abb. 342: Zwei ebene Akkumulationsterrassenniveaus in kalkversinterten Schottern; oberes Neretva-Tal, Bosnien-Herzegovina.

Flussterrassen sind ein wichtiges Reliefelement aller größeren Täler, in allen Klimazonen. Mit ihrer Hilfe lässt sich ihre überwiegend *quartärzeitliche* Geschichte von Erosion und Akkumulation (Leser 2003, S. 271 ff.), einschließlich tektonischer Beeinflussung (Abb. 331, Ahnert 2003, S. 240 f.) erfassen. Die ältesten Terrassen sind vielfach nur noch als Felsflächen ohne fluviale Sedimentdecke erhalten (Abb. 337, 339). Sie werden als **Felsterrassen** oder korrekter – sofern ihre fluviale Genese eindeutig ist – als **Felssohlenterrassen,** erodiert durch seitliche Erosion (Ahnert 2003, S. 235), bezeichnet. Dagegen in Abb. 337 spricht die aus den Talmäandern abgeleitete ehemalige Existenz einer **Talaue** mit freien Mäandern, deren langzeitliche Verlagerung wohl auch eine ebene Talsohle in Fels schaffen konnte.

Das Sediment, das einen Talboden auffüllt, stammt von den Talhängen. In jedem talrandnahen Sediment *verzahnen* sich deshalb von flussaufwärts stammende fluviale, meist gerundete mit meist eckigen lokalen Hangsedimenten. In Abb. 341 ist der Übergang vom Hang zur Talbodenaufschüttung in der konkaven Oberflächenform gut erhalten. Das Gebiet war (auch) im letzten Glazial *eisüberdeckt,* wobei die gerundete Form des präglazial schon vorhandenen Hügels geschliffen wurde. Hang- und Terrassenformung gehören also ins Holozän. Der hohe Schuttanfall ist durch Frostsprengung (Abb. 38), die Verlagerung hangabwärts durch **Solifluktion** (Abb. 432 ff.) unter spätglazial-periglazialen Bedingungen (Abb. 531 ff.) entstanden.

Mit dem Übergang zum feucht-kühlen atlantischen Klima kam die Schuttanlieferung ins Tal zum Erliegen. Die Zerschneidung der bald durch den Wurzelfilz einer Gras- und Krautdecke geschützten Oberfläche in junge, noch parallele Runsen (Abb. 233) und frische Kerbtälchen ist **quasi-natürlich** und als Folge zu starker Beweidung und Vegetationszerstörung durch Schafe (Abb. 612 – 614) in den letzten Jahrhunderten zu sehen.

Die Unterschneidung der Hangschuttdecke an der hinteren Steilkante setzte ein, als wegen fehlender Schuttanlieferung von den Hängen im Haupttal der Wechsel von Akkumulation zu Erosion stattfand. Seitliche Erosion schuf so eine **Erosionsterrasse** in der Flussaufschüttung.

Die hintere Kante zur Hangschuttschleppe wird nur noch rechts im Bereich der seitlichen Unterschneidung durch den kleinen Bach weitergeformt. Die dennoch nur lückenhafte Rasendecke am Hang ist ebenfalls das Ergebnis der Überweidung durch Erosion an **Viehgangeln.** Die vordere, etwa 1,5 m hohe Kante wird vom anastomosierenden Fluss – unterhalb des Gebiets von Abb. 279 und 281 – bei Hochwasser in der rechten Hälfte durch seitliche Erosion unterschnitten.

Dort, wo mehr als nur holozäne fluviale Formung stattfand, hat sich im Quartär als Ergebnis vielfacher Klimaschwankungen und damit des Wechsels von Akkumulation und Erosion in größeren Tälern vielfach eine **Terrassentreppe** entwickelt. Entlang kleinerer Flüsse sind die Spuren älterer Akkumulation meist vollständig ausgeräumt worden, aber auch entlang der Hauptflüsse sind oft nur isolierte Terrassenreste in Talweitungen erhalten. Die in der Literatur erwähnten Terrassentreppen, etwa für den Rhein bei Ahnert (2003, S. 239) sind daher in der Regel **Sammelprofile.** Die verschiedenen Möglichkeiten, wie unterschiedlich alte Terrrassenkörper angeordnet oder eingeschachtelt sein können, sind bei Leser (2003, S. 273) zusammengestellt.

Eine Abfolge zweier Terrassen zeigt Abb. 342. Ob es sich dabei um zwei Aufschüttungskörper handelt – einen höheren älteren, in den nach einer Erosionsphase unter das heutige Flussniveau eine zweite Akkumulation eingeschachtelt wurde – lässt sich ohne sedimentologische Differenzierung nicht entscheiden. Die beiden durch eine steile Terrassenkante getrennten Niveaus können auch eine obere Akkumulationsterrasse sein, in die die untere Verebnung, wie in Abb. 341, als Erosionsterrasse eingeschnitten wurde. Die *ebene* Oberfläche beider Terrassen und die wenig zerschnittene hintere Terrassenkante sprechen dafür, dass es sich hier um zwei relativ junge Terrassen handelt. Die obere Terrasse scheint keinen Anschluss an Hangschuttdecken zu haben, ist also wohl ausschließlich mit Material aus dem Oberlauf aufgebaut worden. Das Steilufer zur Neretva lässt erkennen, dass die Schotter – wie in den Abb. 553 – 555 – *kalkverbacken* sind und sich am derzeit nicht mehr aktiv unterschnittenen Kliff **Verwitterungshohlkehlen** gebildet haben.

Abb. 343 ist ein Beispiel dafür, dass ein einziger fluvialer Terrassenkörper auch etliche Zehner Meter hoch aufgeschüttet worden sein kann, wenn aus einem Hochgebirgshinterland mit großer Schuttproduktion zeitweilig genug Sediment geliefert werden konnte. Eine noch höhere Terrasse ist als grüne Verebnung oben rechts zu erkennen; ein durch Erosion zweigeteiltes Terrassenniveau aus andersfarbigem, feinerem Sediment liegt nur einige Meter über dem „verwilderten" Flussbett (Abb. 277) bei Niedrigwasser. Das Querprofil des Chalus-Tals hat sich also im Verlauf des Quartärs in drastischer Weise geändert.

Als mit dem Ende der (vermutlich) letzten Kaltzeit starke **Frostverwitterung** in der Hochregion, Schmelzwasserabflüsse und damit die Sedimentlieferung nachließen und der Fluss sich einzuschneiden begann, konnten Spülprozesse von den Talflanken her offensichtlich noch eine Zeit lang mit der Einschneidung Schritt halten und auf diese Weise den zum Ende der Akkumulationsphase im Querprofil offensichtlich horizontalen Talboden, der viel höher als die heutige Terrassenkante lag, in eine *Schrägfläche* umwandeln. Im Lockermaterial lief hier der gleiche Prozess ab, der im chemisch verwitterten Anstehenden der heutigen Trockengebiete Flächenstreifen zu Pedimenten umgestaltete (Abb. 217, **Pedimentkonvergenz**). Da es sich hier aber um überform-

▲ Abb. 343: Mächtige Akkumulationsterrasse mit zum Glacis abgeschrägter Oberfläche mit Hanganschluss; Chalus-Tal, Elburs-Gebirge, Nordiran.

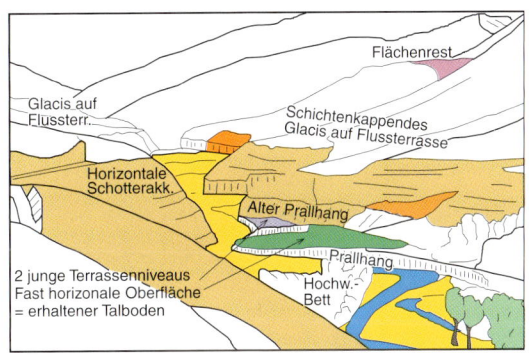

◀ Abb. 344: Querprofil zu Abb. 343.

tes Lockersediment handelt, bietet sich der Begriff **Flussterrassenglacis** für diese Oberflächenform an. Erst mit dem Ende der beiderseits auf die Tiefenlinie gerichteten Spülprozesse – möglicherweise durch Vegetationsbedeckung – begann die Dominanz der vom Oberlauf gesteuerten Tiefenerosion und das steile Kastental wurde in die Terrasse eingeschnitten.

Diese **glacisförmige Abschrägung** von Terrassenoberflächen ist – nicht nur in den Mittelbreiten – durchaus der Normalfall (s. a. Abb. 352 – 356, Abb. 315; Semmel 1996, S. 81, Abb. 31), sofern zum Beginn einer Einschneidungsphase vor dem abflusshindernden Aufbau einer Vegetationsdecke kräftige Spülprozesse von den Talhängen herab möglich waren. Dennoch wird in schematisierenden Querprofilen (etwa Ahnert 2003, S. 239 oder Leser 2003, S. 273) eine Terrassentreppe meist mit *horizontalen* Oberflächen dargestellt und so ein genetisch wichtiges Element der Flussterrassenbildung ausgeblendet. Dass diese Abschrägung bei geringer Hangabspülung oder starkem Übergewicht der Linearerosion jedoch auch fehlen kann, zeigen Abb. 342 oder die beiden unteren Terrassen in Abb. 343.

16. Talgeschichte · Glazifluviale Terrassen, jung- und spätglazial

▲ Abb. 345: Jungpleistozäne glazifluviale Terrassen vor einer glazial überformten Bruchstufe; Snake River im Jackson Hole vor dem Steilabfall der Grand Tetons, Wyoming.

▼ Abb. 346: Glazifluviale Terrassen eines spätglazialen Eisvorstoßes; Glen Roy, Loch Lommond Readvance; Schottland.

Das Ende der letzten Eiszeit hat uns in ehemaliger Eisnähe Flussterrassen hinterlassen, deren Sedimentkörper dank schneller Vegetationsausbreitung vor Abspülung geschützt waren und so ihre Form oft gut bewahrt haben. Gebildet wurden sie, als zwar noch gewaltige Schmelzwassermengen aus den zerfallenden Eisdecken und Gletschern, aber immer weniger vom Eisschurf aufbereiteter Schutt geliefert wurde. Die Energie, die zuvor für den Sedimenttransport gebraucht worden war, stand nun für die **Einschneidung** der Flüsse in die unverfestigten glazifluvialen Sedimente zur Verfügung.

Das Beispiel in Abb. 345 zeigt solche spätglazialen Terrassen aus dem Jackson Hole, einem etwa 2000 m hoch gelegenen tektonischen Becken vor der Kulisse der jenseits einer *Bruchstufe* noch einmal über 2000 m aufragenden, von pleistozänen Gletschern überformten Grand Tetons. Dort wurde noch bis vor 9000 Jahren von Schmelzwässern der letzten, im Westen der USA *Pinedale* genannten Vereisung (Wright & Frey 1965, S. 217 ff.) ein mehrere Kilometer breiter, mächtiger glazifluvialer Schotterkörper *(glacial outwash)* von *anastomosierenden* bzw. „verwilderten" Wasserläufen (Abb. 277 ff.) sedimentiert, weil die Schleppkraft des Wassers für einen weiteren Transport nicht ausreichte.

Das Ergebnis war die ebene, leicht nach links geneigte **Schotterebene**. Mit dem Ende der Sediment-lieferung änderte sich das Abflussregime. Statt einer Vielzahl verzweigter Rinnen konzentrierte sich der Abfluss des Snake River und schnitt sich als schmales Band bis auf das Niveau der auf halber Höhe über dem Fluss liegenden Verebnung ein und machte so das Ausgangsniveau zur Terrasse. Vermutlich an einen Kälterückschlag und damit erneut stärkere Schuttanlieferung gebunden, hörte die Einschneidung vorübergehend auf. In der letzten großen Einschneidungsphase wurde die Breite des Flussbetts weiter eingeengt. Heute fließt der Snake River auf einem **Talboden** *(floodplain)* mit baumbestandenem Hochwasserbett links des Flusses unterhalb einer nur wenig höheren weiteren Terrasse, die unter den Bäumen rechts verborgen, aber im Bereich des bei Hochwasser aktiven Prallhangs bereits ausgeräumt ist. Die obere Terrassenkante hat, seitdem sie nicht mehr durch seitliche Erosion unterschnitten wurde, in den lockeren Schottern einen an die Reibungsverhältnisse zwischen ihnen angepassten stabilen Hang mit scharfer Oberkante ausgebildet.

Dieses Geschehen steht am derzeitigen Ende einer Sedimentation, die in den letzten 9 Mio. Jahren in dem heute noch weiter absinkenden **Halbgraben** fast 10 km Mächtigkeit erreicht hat. Die über 60 km lange Störung verläuft unmittelbar an der Grenze zwischen dem Becken und der im Tertiär und Quartär stark umgeformten **Bruchstufe** *(fault-line scarp)*.

Beträchtlich kleiner dimensioniert ist der glazifluviale Terrassenkörper in Abb. 346, vor dem Hintergrund eines vom Eis überschliffenen und abschließend auch noch periglazial überformten Bergrückens *(s. Abb. 441, 442)*. Die an dem frischen (rezenten) **Prallhang** aufgeschlossenen Schotter- und Kieslagen sind von den Schmelzwässern eines spätglazialen nochmaligen Eisvorstoßes aus dem Schottischen Hochland hier abgelagert worden.

Die nachfolgende Zerschneidung verlief nicht kontinuierlich, sondern schuf, bei abnehmender Flussbreite, in dem unverfestigten Material mehrere *Erosionsterrassen*. Links des frischen Prallhangs ist – als Ergebnis älterer Unterschneidung – nur die allerunterste Terrasse noch als schmaler Streifen erhalten; sie wird in größerer Breite derzeit am flussabwärts nächsten Prallhang zurückgeschnitten. Gegenüber liegt die niedrige Zunge des zugehörigen **Gleithangs** im Hochwasserniveau. Die Terrasse links darüber liegt in ihrer Höhe zwischen den beiden Niveaus rechts des hohen Prallhangs und zeigt so an, dass auch dort nicht alle Einschneidungsphasen erhalten sind.

Der vegetationsarme Hang vorn rechts ist nicht durch Unterschneidung, sondern wiederum, wie in Abb. 341, durch Schaftritt verändert worden, worauf das dichte Netz von leicht schräg den Hang schneidenden **Viehgangeln** (s. Abb. 609) hinweist.

Die beiden nächsten Beispiele zeigen, dass sich nicht nur das Einschneidungsregime, sondern auch die Art der in Terrassenkörpern abgelagerten Sedimente als Reaktion auf veränderte Umweltbedingungen stark ändern können. Auf dem in Abb. 347 gezeigten Stück Talboden des Huns Riv(i)er im semiariden Südnamibia wird gegenwärtig bei Fluten nur das braune sandig-feinkiesige Sediment (1) abgesetzt, das zuvor noch *durchtransportiert* werden konnte. Es überlagert einen von stärker strömendem Wasser antransportierten und in teils erhaltener **Dachziegelschichtung** abgesetzten flachen Schotterkörper (2). Beide sind nur in erosiv geschaffenen flachen Wannen in der ältesten Füllung dieses Tals erhalten (3), einer Mischung aus teils gut gerundeten Schottern und Bruchstücken von wenig kantengerundetem Hangschutt, teils mehrere Dezimeter groß. Diese groben Komponenten sind durch tonig-sandiges Feinmaterial voneinander getrennt. Dieses **matrixgestützte** Gefüge, typisch für einen Transport als Schlammstrom (s. Abb. 274, 293) nach extremen Starkregen bei hohem Schuttangebot an den Hängen, hat sich später betonhart zu **Calcrete** (Abb. 402) verfestigt.

Dennoch wurde der größte Teil dieser Akkumulation wieder ausgeräumt. Nach einer unverfestigten, auch weitgehend schon wieder ausgeräumten Schotterakkumulation (im Bild nicht sichtbar) wurde der Talboden mehrere Meter hoch von dem tonig-schluffigen und gut gebankten Feinsediment mit zu Kalkkrustenlagen umgewandelten Schilfwurzelhorizonten (**Pseudomorphosen**; Abb. 419) verfüllt. Dieses bildet auch morphologisch, der Form nach, noch eine Terrasse (4) vor dem braun patinierten Sandsteinrand des **Kastentals** (5). Akkumuliert wurde es in einem lang gestreckten **Durchlaufsee** und zeitweiligen Schilfsumpf aus abgespülten Böden.

Auch in Abb. 349 belegt das Terrassensediment im Vordergrund einen starken *Milieuwechsel*. Weit über die Breite des heutigen Nigerflussbetts hinaus wurde hier, vermutlich zu Beginn des Pleistozäns, ein noch wenig eingetieftes Tal durch einen Schotterkörper verfüllt. Dieser wurde anschließend, gemeinsam mit eingeschalteten **Schilfsumpfbereichen,** durch eisenreiche Bodenwässer mit einer harten Eisenkruste imprägniert, die nach Ausspülung des unterlagernden Granitsaprolits in großen Blöcken den Hang zur nächsttieferen Terrasse herabgeglitten ist. Diese besteht aus Feinmaterial bis hin zur Sandfraktion, auf der die abgeernteten Hirsefelder angelegt sind.

Von wahrscheinlich noch weiteren Terrassenkörpern sind hier keine Spuren mehr erhalten. Flussterrassen sind daher meist ein nur *unvollständiges* Archiv. Bei der daraus abgeleiteten Flussgeschichte sollten allerdings nicht, wie es häufig geschieht, die enorme Abtragung übersehen werden, bei der der größte Teil ihrer Sedimente wieder ausgeräumt wurde.

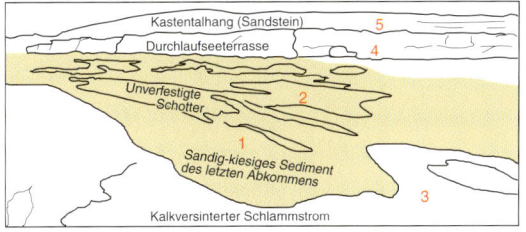

▲ Abb. 347: Mit Kalkzement verfestigtes Terrassenkonglomerat unter der feinkörnigen Terrasse eines Durchlaufsees in einem Kastental; Huns Rivier, Südnamibia.

◀ Abb. 348: Querprofil der Terrassen im Huns Rivier (s. Abb. 347).

▼ Abb. 349: Mit Eisenoxid verkrustete Schotter- über einer Feinmaterialterrasse; Niger-Fluss oberhalb Niamey, Niger.

▲ Abb. 350: Weiße Quarzrestschotterstreu auf mehreren Flussterrassen-Niveaus; Einzugsgebiet des Fish River, Südnamibia.

▼ Abb. 351: Die Quelle der Schotter: ein präkambrisches Konglomerat, durch tertiäre Intensivverwitterung aufgelöst.

Eine seit Jahren gängige Methode zur Erforschung der Geschichte von Flusssystemen ist die **Formanalyse der Schotter** (Stäblein 1970), unter der leider nicht immer zutreffenden Grundannahme, dass diese tatsächlich durch die Prozesse geformt wurden, die während der Bildungszeit eines Terrassenkörpers geherrscht haben.

So muss die gute Zurundung von Schottern keinesfalls allein das Ergebnis langen und turbulenten fluvialen Transports sein. Das Ausgangsmaterial können durch chemische Intensivverwitterung vorgeformte **Kernsteine** sein (Abb. 100, 264), die schon nach kurzer Transportstrecke perfekt gerundet erscheinen. Außerdem können bei späterer Verwitterung im Terrassenkörper nur besonders widerstandsfähige **Restschotter** (Abb. 415, 428, 554) überdauert haben und so ein nur unvollständiges Bild überliefern.

Diese können auch bei der **Aufarbeitung** einer älteren Akkumulation als Vorzeitelemente in einen jüngeren Sedimentkörper übernommen worden sein. Einen Extremfall zeigen die Abb. 350 und 351. Wie hier im Einzugsgebiet, mit zum Unterlauf hin abnehmender Intensität, sind die höchsten und ältesten Flussterrassen entlang des namibischen Fish River (s. a. Abb. 337) in der Halbwüste weithin erkennbar an einem schneeweißen **Steinpflaster** (Abb. 429 – 431) aus überall gleich perfekt gerundeten Kiesen und Schottern aus chemisch wie mechanisch sehr resistentem Gangquarz (s. Abb. 113).

Wie in Abb. 350 kommen sie überall in verschiedenen Niveaus sowie auf den Hängen zwischen ihnen in gleicher Ausbildung vor. Dank ihrer starken Reflexion zeigen die Quarzkiese im Gelände wie im Satellitenbild überdeutlich, dass der Fluss in dieser Frühzeit seiner Eintiefung eine Breite von mehreren Kilometern gehabt hat.

Erklären lässt sich dieses Verbreitungsmuster so, dass im Zuge der Einschneidung, bei der das nächsttiefere Flussbett jeweils schmaler wurde, nur ein Teil der Schotter erodiert und jeweils irgendwo stromab im nächsten Akkumulationsbereich als Bestandteil eines zukünftigen Terrassenkörpers wieder abgesetzt wurde. Dort blieben die Quarzkiesel nach Ausspülung feiner und verwitterunganfälligerer Komponenten neben wenigen anderen, allerdings nur gut kantengerundeten **Restschottern** aus rotem Carneol und dunkelgrünem Jaspis übrig. Gemeinsam wurden sie so von oben nach unten „durchgepaust", von Niveau zu Niveau vererbt, jedoch durch den fluvialen Transport nicht fassbar verändert.

Abb. 351 zeigt aber, dass ein Teil der Quarzschotter auch für jedes neue Eintiefungsniveau ergänzt werden konnte, und zwar aus dem riesigen *Depot* einer bereits im Präkambrium entstandenen und im Zuge der Abtragung bis zum Jungtertiär wieder freigelegten Schotterakkumulation. Das Bild zeigt ein *kieselig gebundenes Konglomerat* (eine Variante von **Silcrete**, Abb. 398) mit gleicher mechanischer Festigkeit im Bindemittel wie in den Schottern, sodass die junge Bruchfläche – vermutlich das Ergebnis winterkalt-pluvialer Frostsprengung – in gleicher Weise durch Schotter und Matrix hindurchgeht.

Die Quarzkiesel der quartären Flussterrassen sind also die umgelagerten Bestandteile einer mehrere hundert Mio. Jahre alten fluvialen Akkumulation. Ihre Aussage zur quartären Flussdynamik ist lediglich die, dass jeweils dort, wo sie liegen, die Schleppkraft des strömenden Wassers für einen weiteren Transport nicht ausreichte. Ihre Form und ihr Zurundungsgrad dagegen sind *uralt*. Die aus anderen Quellen stammenden anderen Restschotter wurden bei gleichen maximalen Transportstrecken lediglich kantengerundet.

Um die Schotter für den fluvialen Transport wieder zugänglich zu machen, war die chemische **Intensivverwitterung** des Tertiärs (Abb. 100 ff.) nötig, um Schotter und Matrix voneinander zu trennen. Im oberen Bereich des Blocks im Vordergrund ist ein Rest der alten **Verwitterungsfront** (Abb. 116, 209 – 211) angeschnitten, in der die Kiese und Schotter bereits lose im braun oxidierten Bindemittel sitzen. Am unteren Bildrand liegen die aus den Resten dieser Verwitterungsreserve bereits herausgefallenen Exemplare.

16. Talgeschichte · Quartärzeitliche Terrassenabfolge: Beispiel Elbetal

Mit den spektakulären Canyons von Abb. 337/339 hat das Elbtal südlich von Dresden gemeinsam, dass es sich ebenfalls um ein so genanntes **Durchbruchstal** handelt, also um ein Tal, dessen Einschneidung mit der Hebung der Schwelle des Elbsandsteingebirges Schritt halten konnte. Wie jedes **antezedente** Tal ist es jedoch zugleich auch **epigenetisch**, da die Einschneidung *von oben her* erfolgte. Als solches ist es typisch für alle Täler der Mittelgebirge in den Mittelbreiten. Dort konnte bis zum Ende des Tertiärs die generelle Landhebung durch immer stärker eingeschränkte Rumpfflächenbildung ausgeglichen werden (*u. a.* Abb. 182, 128), bevor als Reaktion auf den weiteren Hebungsausgleich die pleistozänen Klimaschwankungen nur noch bandförmig entlang der sich einschneidenden Täler erfolgte.

Diese Einschneidung begann in Abb. 352 wie überall mit der Ausbildung von nur wenig in die Rumpffläche (1) eingesenkten, mehrere Kilometer breiten Tälern, deren Reste – oft aus mehr als einem Niveau bestehend – unterschiedlich als **Hauptterrassen** (*s.* Ahnert 2003, S. 239), **Trogflächen** oder **Breitterrassen** (Büdel 1977, 200 ff.) bezeichnet werden. Ein derartiges Niveau (2) liegt oberhalb der Steilwände des Prallhangbereichs der Elbe (3) und eines Nebenflusses. Derartige *Übergangsformen* zwischen Flächen- und Talbildung sind in ihrer Eintiefungsphase als eine Variante von **Flächenstreifen** (Abb. 127) zu verstehen, wurden danach aber bereits als fluviale Transportbahnen und gleich orientierte Vorläufer der heutigen Flussläufe genutzt (*u. a.* Quitzow 1969, S. 44; *s.* Büdel 1977, S. 211). Sie entstanden vor etwa *2 Mio. Jahren* im Übergang vom Plio- zum Pleistozän.

In einem enormen Formungsumbruch schnitten sich darin viel schmalere, steilwandige **Kastentäler** ein, deren unterschiedliche Tiefe an verschiedenen Flüssen die Reaktion auf unterschiedliche Hebungsintensität war. Wie hier nehmen Flussbett und Hochwasserbett (4) nur einen Teil des Querprofils ein. Auf der Gleithangseite liegen darüber die (weitgehend) hochwassersichere **Niederterrasse** (5) mit Verkehrswegen und Siedlungen und, mit mindestens einer dazwischenliegenden Verebnung, ein aus mehreren Sedimentkörpern aufgebauter Akkumulationsterrassenbereich (6) als Reaktion auf den *mehrfachen* Wechsel zwischen Akkumulation und Erosion während des Pleistozäns. Der bewaldete Fuß des Prallhangs bei (7) liegt ebenfalls im Niederterrassenniveau und zeigt, dass hier seit dem Ende der letzten Kaltzeit der Fels nicht mehr unterschnitten wird. Seine geringe Höhe (8) zeigt, dass über ihm ein Felsterrassenniveau erhalten geblieben ist, dessen Äquivalent möglicherweise unter den Aufschüttungsterrassen begraben ist.

Zu Anfang wurde die Einschneidung unter das Breittalniveau sicherlich durch die **Saprolitzone** der Tiefenverwitterung begünstigt, wie Abb. 119 aus diesem Gebiet zeigt. Sie zeigt aber auch, dass in einer

▲ Abb. 352: Terrassenabfolge von der plio-/pleistozänen Breitterrasse über die periglazial überformten pleistozänen Akkumulationsterrassen im Kastental bis zur holozänen Auelehmdecke; Elbtal, Sächsische Schweiz.

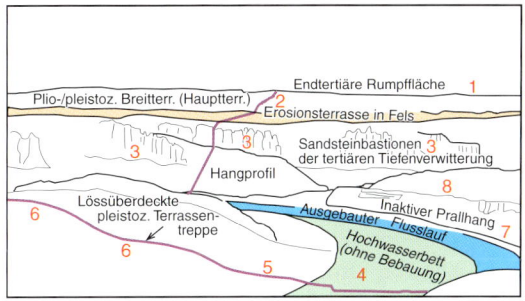

◀ Abb. 353: Erläuterungsskizze.

ersten Phase abschrägende Hangprozesse noch wirksam waren und erst danach nur noch senkrecht eingeschnitten wurde, im Prallhangbereich mit besonders starker seitlicher Erosion.

Mithilfe der Übertragung von Forschungsergebnissen aus Spitzbergen hat Büdel (1977, S. 82 f.) diese „exzessive Talbildung" mit dem **Eisrindeneffekt** im Dauerfrostboden (Abb. 457 ff.) unter im Winter frostbedingt trockengefallenen Talsohlen erklärt: Statt durch schleifende Erosion in festem Gestein wird der Talboden durch das **Austauen** und Verschwemmen von Gesteinstrümmern der winterlicher Eissprengung tiefer gelegt. Neben den mit Beispielen aus dem heutigen Permafrost belegten Einwänden von Semmel (1985, S. 28 ff.) gilt auch der, dass es auch außerhalb der pleistozän-periglazial geformten Mittelbreiten tiefe Kastentäler gibt.

Es gibt allerdings den sehr wichtigen *Unterschied*, dass deren Flussbetten – auch des Grand Canyon (Abb. 339), des Oranje (Abb. 268, 312) oder des Niger (Abb. 349, *Hintergrund*) – durch zahlreiche Stromschnellen und Wasserfälle unterbrochen sind (Büdel 1977, S. 116), die deren Nutzung als durchgehende Wasserstraßen stark einschränken.

▲ Abb. 354: Lössüberdeckte Terrassenabfolge in einer altpleistozänen Talbucht; Maintal bei Karlstadt, Unterfranken.

▶ Abb. 355: Terrassenabfolge und Querprofil im Bereich von Abb. 254.

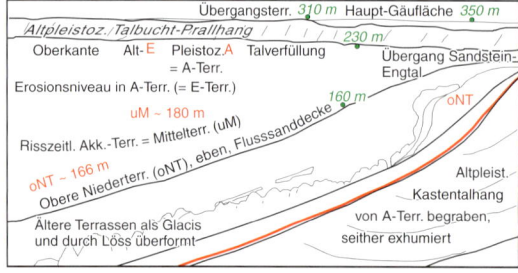

müsste dies unter einer Variante des Dauerfrostklimas geschehen sein, bei der es trotz Frostverwitterung keinen nennenswerten Hangabtrag gab. Danach müsste sich außerdem das Klima im Altpleistozän noch einmal stark erwärmt haben, denn in der nachfolgenden Akkumulation wurden Fossilien von wärmeliebenden Großsäugern (s. Geyer 2002, S. 408 f.) und rote mediterranartige Bodenreste in Klüften im Kalk der Flusssohle (s. Abb. 50) gefunden.

Für auch danach noch gewaltige klimagesteuerte Veränderungen im Tal spricht seine anschließende Verfüllung bis zur halben Höhe, im Bild bis zum Waldansatz, obwohl sich das Einzugsgebiet des Mains seit der Breitterrassenzeit nicht mehr verändert hatte (Boldt 2001, S. 153 ff.). Seit Körber (1962) wird sie als **A-**(= **Aufschüttungs-**)**Terrasse** bezeichnet. Sie ist zweifach interessant, denn in ihr stecken, wie Kurz (1988) gezeigt hat, Sedimente von 11(!) Kalt- *und* Warmzeitzyklen bis zur mittelpleistozänen Mindel-Kaltzeit. Außerdem besteht sie, wie auch die jüngeren Terrassen, fast ausschließlich aus Quarzsanden aus dem Sandsteinkeuper des Regnitzgebiets und aus sehr widerständigen Kristallinkiesen aus dem Obermaingebiet (Abb. 358), mit einem nur unbedeutenden Anteil an eingetragenem Muschelkalkhangschutt im Verzahnungsbereich. Offenbar war tertiärzeitlicher **Saprolit**, den es im leicht löslichen Muschelkalk ja nicht geben konnte, der Hauptsedimentlieferant.

Die gesamte Akkumulation und Erosion von der A-Terrasse bis zur Niederterrasse unmittelbar am Fluss fand nur noch *oberhalb* des Niveaus der tiefsten Einschneidung in unverfestigten, meist feinkörnigen Sedimenten statt.

Die **Terrassentreppe** jenseits des Mains zeigt keinerlei scharfe Kanten. Das liegt einmal an einer mehrgliedrigen, das Relief ausgleichenden Lössdecke (Abb. 766 ff.) oberhalb der Niederterrasse, die zur Zeit der letzten – würmkaltzeitlichen – Losssedimentation ja noch das aktive Flussbett war. In Löss und Sand bildeten sich flache **Dellen** (Abb. 235) und seit dem jungsteinzeitlichen Beginn des Ackerbaus wurde bis zu 1 m des holozänen Bodens meist flächenhaft abgespült und bedeckte als **Auelehm** den holozänen Talboden.

Zur Veränderung der ehemals horizontalen Talböden hat aber hauptsächlich die in Abb. 343 vorgestellte Bildung von **Flussterrassenglacis** beigetragen. In Abb. 358 schneidet ein solches Glacis die horizontale Schichtung der A-Terrasse. Der steile Rand der alt*pleistozänen* Taleintiefung verläuft nur wenige Meter jenseits der rechten Abbauwand am Fuß des

Auch das Maintal in Abb. 354 ist in gleicher Weise wie das Elbtal in Abb. 352 als 60 bis 70 m tiefes **Kastental** unter das **Breitterrassenstadium** eingeschnitten worden, und zwar im offenbar leicht ausräumbaren Muschelkalk mit bis zu 3 km Breite, im Übergang zum Buntsandstein am rechten Bildrand auf unter 1 km (Müller 1996, S. 197). Unter Sedimenten oder an freistehenden Bastionen (nicht im Bild) ist erkennbar, dass wie im Elbtal die Eintiefung schnell und nahezu *ohne* gleichzeitige Hangabtragung abgelaufen ist. Vom Weinbau genutzte Steilhänge wie im Vordergrund oder der teils mit Wald bestandene einstige Prallhang im Hintergrund sind erst im Laufe des Pleistozäns durch Frostverwitterung und periglaziale **Solifluktion** (Abb. 432 ff.) abgeschrägt worden.

Anders als an Rhein oder Elbe schnitt sich der Main gleich bei seiner *ersten* altpleistozänen Eintiefung auf voller Breite bis unter das heutige Talbodenniveau ein, vermutlich infolge von Bewegungen der süddeutschen Großscholle (s. Müller 1996, S. 196). Als theoretisch höchst leistungsfähiger Mechanismus böte sich der bei Abb. 352 diskutierte **Eisrindeneffekt** im Zusammenspiel mit seitlicher Erosion in den vielen Einzelrinnen eines periglazialen Flusses an, etwa wie in Abb. 278 – 281. Allerdings

16. Talgeschichte · Reliefgenerationen: Beispiel Unterfranken

Weinbergs. Die eindeutig pleistozäne Glacisbildung (Beck 1977, 1989) konnte also auch die im Periglazialklima morphologisch weich reagierenden Mergelschichten des Mittleren Muschelkalk erfassen, ebenso wie in Abb. 356 (5) das in den Keupertonen einsetzende Glacis zwischen Stufenfuß und Mainterrassen. Die letzte *nicht anthropogene* Überformung der Einheit von Hang und Glacis in Abb. 358 geschah im Würm-Periglazial. Vorn links in dem durch die holozäne Bodenbildung verbraunten obersten Horizont vermischen sich Terrassensand und eckiger Hangschutt.

Zum Abschluss dieses Themas fasst Abb. 356 am Beispiel des mainfränkischen Beckens die gesamte Reliefgeschichte einer Mittelgebirgslandschaft zusammen, die von Büdel (1977, u. a. S. 211) als eine Abfolge von **vier Hauptreliefgenerationen** gegliedert worden ist. Die Horizontlinie zeichnet die bis etwa zum Miozän über die ganze Region hinweggehende *Rumpffläche* (1) nach, in der sich im Jungtertiär mit abnehmender Intensität der Flächenbildung die **Keuperschichtstufe** mit einem Zwischenniveau rechts [(2); *vgl.* Abb. 173, 182) und mehreren **Stufenpässen** [(3); Abb. 176 ff.] gebildet hat, die fälschlich oft als geköpfte Täler (Wagner 1960, S. 160 ff.; *s.* Abb. 171) bezeichnet werden. Mit dem Erreichen der Höhe der unteren Waldkante endete die erste Reliefgeneration mit dem Niveau der **Hauptgäufläche**.

Zur *zweiten* Generation (Übergang Plio-/Pleistozän) gehören das rechts (4) etwa 40 m tiefer liegende, mehrere Kilometer breite **Breitterrassen**niveau und das daran anschließende, am Stufenfuß auf weichen Tonsteinen ausgebildete Glacis (5). Darin ist seit dem Altpleistozän als *dritte* Reliefgeneration das **Maintal** erst 70 m tief eingeschnitten, dann zur Hälfte wieder von der A-Terrasse (6) verfüllt und danach erneut teilweise ausgeräumt worden. Zwei von Körber in der

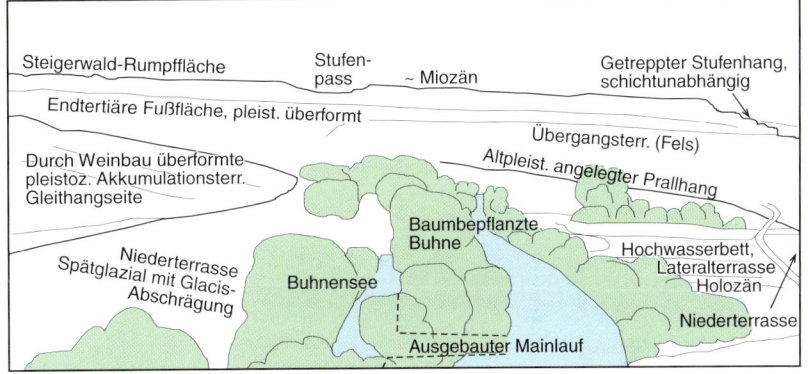

Region kartierte risszeitliche **Mittelterrassen** sind links erst durch die Terrassenglacisbildung und endgültig durch die Flurbereinigung der 1960er Jahre ausgeglichen worden. Am rechten ursprünglichen Muschelkalktalhang (7), der durch kaltzeitliche **Solifluktions**prozesse (Abb. 432 ff.) abgeschrägt worden ist, sind sie im Prallhangbereich des würmzeitlichen Mains durch seitliche Erosion des verwilderten bzw. **anastomosierenden** Flusses (Abb. 249, 277 ff.) vollständig abgetragen worden.

Es ist diese breite spätglaziale **Niederterrassenfläche** (8), mitunter im Übergang zur risszeitlichen Mittelterrasse, die in den periglazial überprägten Mittelgebirgen der Ektropen zu deren leichter Verkehrserschließung entlang der Täler beigetragen hat (Büdel 1977, S. 83). Beiderseits des durch **Buhnenbau** seit Ende des 19. Jahrhunderts für die Schifffahrt eingeengten und durch Staustufen des 20. Jahrhunderts erhöhten Wasserspiegels liegt das untere Niveau der Niederterrasse unter eine hauptsächlich anthropogenen Decke von **Auelehm** (Abb. 628 f.).

▲▲ Abb. 356: Reliefgenerationen von der jungtertiären Stufenbildung bis zur holozänen Talbodenentwicklung; Maintal und Steigerwaldstufe, Unterfranken.

▲ Abb. 357: Querprofil von der Steigerwaldstufe bis zum Maintal (s. Abb. 356).

▼ Abb. 358: Glacisüberformung einer Akkumulationsterrasse; altpleistozäne Aufschüttungsterrasse; Maintal nördlich Würzburg.

16. Talgeschichte · Holozäne Lateralterrassen

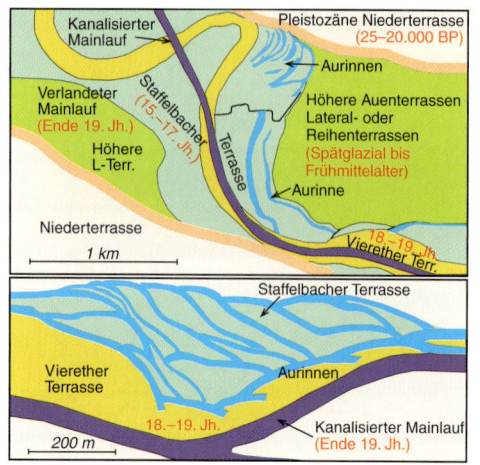

▲▲ Abb. 359: Zwei holozäne Reihen- bzw. Lateralterrassen mit Terrassenkante und Auenrinne; Maintal im Steigerwalddurchbruch, Unterfranken.

▲ Abb. 360: Lateralterrassenbildung durch talabwärts gerichtete Mäanderverlagerung, nach Schirmer (1983).

▼ Abb. 361: Holozäne Lateralterrasse mit einsedimentierten Baumstämmen (Rannen) der damals vollständig bewaldeten Talaue; Maintal im Steigerwalddurchbruch, Unterfranken.

Die **vierte Großreliefgeneration** in der Gliederung von Büdel umfasst die Formung im **Holozän**. Begründet wird sie mit dem Wechsel von kalt- zu warmzeitlichen Verhältnissen. Wegen ihrer kurzen Dauer von erst etwa 10 000 Jahren ebenso wie wegen der nur geringen Reliefveränderungen im Holozän ist sie mit den früheren Reliefgenerationen aber nur bedingt vergleichbar. Büdel selbst (1977, S. 83) schätzt, dass etwa 95 % des pleistozänen Periglazialreliefs noch in der Gestalt erhalten sind, das ihm die letzte Kaltzeit aufgeprägt hat. In der Annahme, dass der Wechsel von Kalt- und Warmzeiten mit dem Holozän nicht abgeschlossen ist, wäre die gegenwärtige Reliefbildungsphase ohnehin nur eine von mehreren, wenn auch kaum erhaltenen Vorgängerinnen in jeder früheren Warmzeit der dritten Reliefgeneration.

Abgesehen von den quasi-natürlichen Reliefveränderungen durch den Menschen sind im Holozän Mitteleuropas die stärksten Reliefveränderungen auf den *Sohlen* der großen Täler abgelaufen. Mit dem Ende periglazial-kaltzeitlicher Bedingungen und vor allem der schnell zunehmenden Vegetationsbedeckung und Bodenbildung erfolgte der *Wechsel* vom verwildert-anastomosierenden (Abb. 249, 277 ff.) zum *mäandrierenden* Abflussregime (Abb. 251 ff.): von seitlicher Erosion zur talabwärts gerichteten Verlagerung von Mäanderschlingen durch *Prall- und Gleithangentwicklung*, im Maintal um 30 bis 40 m pro Jahrhundert.

Diese Verlagerungen verliefen aber keineswegs gleichmäßig, sondern haben ebenfalls zur Bildung von voneinander unterscheidbaren Terrassen geführt (Schirmer, u. a.1983, zusammengefasst in Gerlach 1990, Busche et al. 1989, S. 165 ff.). Im Unterschied zu den pleistozänen Terrassen, die im Prinzip übereinander liegen und von Schirmer als V-(= Vertikal-)Terrassen bezeichnet werden, liegen die Terrassen der holozänen Flussaue *nebeneinander* als sieben **Reihen-** bzw. **L-(Lateral-)Terrassen**, mit nur im Dezimeterbereich liegenden Höhenunterschieden der in drei Gruppen zusammengefassten **Auenterrassen**).

Abb. 359 zeigt den markantesten aller Höhenunterschiede zwischen der spätmittelalterlichen Staffelbacher Terrasse und der einzigen Terrasse des untersten Niveaus, der Vierether Terrasse aus der Wende 18./19. Jahrhundert. Die Grenzlinie wird auf dem unteren Niveau durch eine **Auenrinne** nachgezeichnet, den durch Stillwassersedimentation und Vermoorung (Abb. 595 ff.) nachgezeichneten Rest einer Mäanderschlinge. Zwischen den älteren Reihenterrassen ist diese **morphologische Diskordanz**, die sich unter der Oberfläche als steile Grenzfläche fortsetzt, nur noch als schmale **Nahtrinne** nachgezeichnet. Im flachwelligen Relief der unteren Terrasse sind noch Reste von Uferwällen im Gleithangbereich *(point bars)* erhalten.

In Aufschlüssen wie dem in Abb. 361 zeigt sich jeweils – über den Schottern des Niederterrassenkörpers – eine nach oben von Kies zu Sand feiner werdende Akkumulation unter einer Decke anthropogenen **Auelehms** (Abb. 628 f.) als Ergebnis der Bodenerosion auf den Talhängen. Datieren lassen sich die Lateralterrassen unter anderem dank einsedimentierter Baumstämme, im Maingebiet **Rannen** genannt, die durch Unterschneidung des Auwaldufers in den Fluss gestürzt waren. Bis 1200 v. h. sind es überwiegend Eichen, in den beiden jüngsten Terrassen sind es Bäume einer fast nur noch aus *Weichhölzern* wie Erle oder Weide bestehenden Aue. Als weitere Unterscheidungsmöglichkeit bieten sich die unterschiedlich stark entwickelten Parabraunerden im Bodensediment auf den unterschiedlich alten Terrassenkörpern an. Als wichtigstes Datierungsmittel bietet sich der Gehalt von eingeschwemmten Keramikscherben an, wobei – wie bei den Rannen – jeweils die jüngsten und nicht ältere umgelagerte ausschlaggebend sind.

Jeder Terrassenkörper wird als das Ergebnis der Aufarbeitung älterer Sedimente in Zeiten intensiver Hochwässer, verbunden mit der Abschnürung von Mäanderschlingen, angesehen. Nach zwei weiteren, spätglazial geprägten Terrassenkörpern werden für das Holozän am Main sieben weitere Terrassen bis zum Ende der Entwicklung durch den Mainausbau für die Schifffahrt unterschieden. *Übereinstimmungen* in den Abfolgen an Niederrhein und Donau sprechen für eine übergeordnete klimatische Steuerung der Umgestaltungsphasen des Flussbetts mit starker Beeinflussung durch menschliche Eingriffe.

17. Hänge · Bergstürze, rezent

Streng genommen besteht der gesamte durch Denudation, also *Flächen erzeugende* Abtragung entstandene Formenschatz des Festlands, und damit ihr größter Teil, aus unterschiedlich stark geneigten **Hängen**. Nach dem Ansatz von Louis & Fischer (1979, S. 138 – 216 bzw. 275), die von **Abtragungsböschungen** sprechen, müsste der größte Teil der bisher behandelten Formen, seien es Inselberge, Pedimente oder die ohne ihre Hänge nicht existierenden Täler gemeinsam in diesem Kapitel behandelt werden. Stattdessen werden in diesem Kapitel Formen gezeigt, die vorwiegend auf schwerkraftgesteuerte, also **gravitative** und meist episodische Sturz- und Gleitvorgänge zurückgehen, die auf wie auch immer zuvor geschaffenen steilen Hängen abgelaufen sind, ebenso wie die für die Reliefgeschichte wichtigen Aspekte von Hangprofilen und Hangschuttdecken.

Die dramatischste Form gravitativer Massenbewegungen sind **Bergstürze** (Louis & Fischer 1979, S. 153 ff.; Ahnert 2003, S. 127 f.; Leser 2003, S. 206 f.). Morphologische Kennzeichen, wie in den Abb. 362 – 365, sind eine das anstehende Gestein schneidende **Abrissnische**, eine *Sturzbahn* im durch den Bergsturz versteilten Hang und eine *chaotisch* abgelagerte Gesteinsmasse am Hangfuß. Der Auslöser für den Hope Slide in Abb. 363 war vermutlich ein kurz vor dem Ereignis am 9. Jan. 1965 aufgezeichnetes Erdbeben in dem Gebiet; Ähnliches gilt wahrscheinlich auch für den viel kleineren Bergsturz aus dem erdbebenreichen Zagros-Gebirge. Die Ursache kann in der Lagebeziehung zwischen Gesteinsschichten oder Störungen und dem Hang liegen. In pleistozän vergletscherten Gebieten wie in Abb. 363/365 wa-ren es wahrscheinlich hangparallele, durch **Druckentlastung** (Abb. 41) entstandene Klüfte, nachdem der abgeschmolzene Talgletscher nicht mehr als Widerlager wirkte (Abele 1964).

In Abb. 362 zeigt sich die Frische von mehreren kleinen Abbrüchen in der *fehlenden Patina*. Zum Teil sind nur einzelne Blöcke den Hang herabgestürzt. Ein tiefer liegender patinierter Hangbereich im oberen Drittel der Rutschung und die Hügel am Fuß als stark abgetragene, ebenfalls patinierte Reste einer älteren Bergsturzmasse belegen, dass hier ein *älterer* Bergsturzbereich noch ein zweites Mal in kleinerem Maße betroffen wurde.

Beim viel größeren Bergsturz des Hope Slide stürzten die höchsten abgerissenen Teile aus etwa 1900 m auf den Talboden in 670 m. Die in Sekunden abgestürzte Masse verfüllte den Talboden auf einer Breite von 3 km etwa 70 m tief. Die Abdachung im Vordergrund zeigt, dass der Schutt Zehner Meter hoch den Gegenhang hinaufgeschleudert wurde. Im Abrissbereich ist der freigelegte Fels zu erkennen. In den 19 Jahren seit dem Ereignis ist der Bergsturz durch *sekundäre Abrisse* und Rutschungen (Mitte rechts) sowie durch *fluviale Zerschneidung* (Mitte links) überformt worden.

▲ Abb. 362: Junger Bergsturz neben den Hügeln eines alten Bergsturzes; Mittlerer Zagros, Zentraliran.

▼ Abb. 363: Junger Bergsturz (1965, aufgenommen 1984), bei dem der Schutt den Gegenhang hinaufgeschleudert wurde; Hope Slide, südliches British Columbia, Kanada.

17. Hänge · Großer Bergsturz, Toma-Landschaft

▲ Abb. 364: Bergsturz durch Abgleiten eines Antiklinalhangs (hinten rechts); im Vordergrund ein kleiner Teil des Ablagerungsbereichs; Seymarreh-Bergsturz, südliches Zagros-Gebirge, Südiran.

▼ Abb. 365: Tomalandschaft: isolierte Schollen eines Bergsturzes (Abrissnische hinten rechts); Vatnsdalur, Nordisland.

Abb. 364 zeigt einen Ausschnitt aus dem größten bekannten **Bergsturz** der Erde im südlichen Zagros-Gebirge. Ausgelöst wurde er im jüngeren Pleistozän, als sich auf mehreren km Länge ein Teil der südlichen Flanke des Seymarreh-Tals ablöste. Begünstigt wurde der Abgang dadurch, dass der gesamte Hang, wie links im Hintergrund erkennbar, im Schichtenfallen eines von tiefen Schluchten (pers. *Tang*) zerschnittenen steilen **Antiklinalhangs** angelegt ist, eines ungefähr 2000 m hohen Schichtkamms. Rechts des senkrechten Abbruchs am Hang löste sich ein etwa 300 m mächtiges Paket aus oligozänem Kalkstein und dünnen Kalk- und Mergelschichten des Eozäns auf einer Länge von 5 km, mutmaßlich begünstigt durch eine tonige wasserführende Schicht. Auslöser mag auch hier – vorbereitet durch die Unterschneidung der steil stehenden Schichten durch den Fluss – eines der häufigen Erdbeben gewesen sein.

Nach Watson & Wright (1969, zit. in Bloom 1978, S. 182 f.) glitt die Scholle auf der Schichtfläche, die seitdem bereits wieder von kleinen Schluchten eingeschnitten worden ist, maximal 900 m in die Tiefe. Sie schoss auf einer Länge von 18 km durch das Tal und überquerte zugleich den nächstgelegenen, parallelen, etwa 600 m hohen Schichtkamm in das angrenzende Becken. Das Abgleiten muss mit einer auf 300 km/h geschätzten Geschwindigkeit offenbar kurzzeitig ohne jede Reibung erfolgt sein. Zugleich kann die Bewegung aber nicht turbulent gewesen sein, denn die Schuttfragmente haben noch in groben Zügen die ursprüngliche Stratigraphie bewahrt. Der Bildvordergrund zeigt den über 100 m mächtigen kuppig-welligen Schuttkörper im Tal und eines der Becken mit eingeschwemmtem Feinmaterial, die mit Gipslösung am Talboden unter dem Schutt erklärt wurden, aber wohl eher auch beim plötzlichen Ende der Bewegung entstanden sind.

Einen viel kleineren Bergsturz, bei dem ebenfalls Schuttmassen vom Abrissbereich im Hintergrund rechts kilometerweit ins Vorland geglitten sind, zeigt Abb. 365. Nach der Lokalbezeichnung eines ähnlichen Reliefs bei Ems im Tal des Alpenrheins wird ein solcher Absetzungsbereich als **Toma-Landschaft** bezeichnet. Da das Gebiet im Würm eisbedeckt war, kann der Bergsturz frühestens im Spätglazial erfolgt und durch die erwähnte Druckentlastung nach dem Eiszerfall ausgelöst worden sein. Seitdem sind die unteren Hügelteile, die aus chaotisch gelagertem Schutt aller Korngrößen bestehen, von Flusssedimenten verhüllt worden und mehrere „normale" Rutschungen wie in den Abb. 374 – 376 sind den Berghang links hinabgeglitten.

Die einzige, bis jetzt aber nicht bewiesene Vorstellung, wie riesige Gesteinsmassen bei einem solchen Bergsturz notwendigerweise fast *ohne* Reibung kilometerweit bewegt werden können, ist die, dass sie kurzzeitig so lange auf einem Luftkissen gleiten, bis die Luft seitlich entweichen kann.

17. Hänge · Felsstürze

Gemessen an den großen Gesteinsmengen eines Bergsturzes sind **Felsstürze** unbedeutend, eher gelegentliche **Kleinkatastrophen**, nach einem Begriff, den Büdel (1977, S. 31) allerdings für den nur bei Hochwasser stattfindenden Schottertransport in Flüssen verwendet hat. Der Normalfall wäre regelmäßiger Steinschlag, wie er vor allem infolge Frostverwitterung zur Bildung von Schutthalden beiträgt (Abb. 389).

Abb. 366 ist ein Beispiel dafür, dass Felsstürze an derselben Stelle möglicherweise nur *einmalige* Ereignisse sind, weil ihre Auslösung Teil der nicht zyklischen, klimagesteuerten Reliefgeschichte ist. Der frische, helle Abbruch war Teil eines einige Zehner Meter hervorragenden **Abri** (Abb. 43, 44), dessen Fortsetzung rechts, durch den Schattenfall nachgezeichnet, noch erhalten ist, links aber bereits fehlt. Der Zeitraum zum vorhergehenden Abbruch muss sehr lang gewesen sein, denn die Wand dort ist vollständig *patiniert* und von fast schwarzen **Blaualgenstreifen** überzogen, ebenso wie die dort einst herabgestürzten Blöcke, was im krassen Gegensatz zum frischen Felssturz steht. Von denen ist offenbar der größte Teil verwittert und zu verkleinerten Bestandteilen der Schutthalde geworden, die rechts unter dem noch erhaltenen Abri noch nicht gebildet werden konnte.

Die Herauswitterung einzelner Klüfte an der Wand dort zeigt, dass der Prozess des Rückwitterns, als dessen Ergebnis sich der Überhang des Abri erst bilden konnte, sehr langsam verläuft, jedoch schneller als die Patinierung. Die Wabenverwitterung in Abb. 47 ist an der Rückwand eines vergleichbaren Abri entstanden, in dessen Nähe ebenfalls patinierte Blöcke eines herabgebrochenen Daches liegen.

Die Wand in Abb. 366 selbst wurde gebildet, als bei abnehmender Leistungsfähigkeit der flächenhaften Tieferlegung (**restriktive Flächenbildung**, Abb. 186) nur noch ein Teil der darüber liegenden Kappungsfläche – eines Flächenstreifens (Abb. 127) unter einer ausgedehnten Ausgangsrumpffläche – weiter ausgeräumt wurde (s. u. a. Abb. 182). Das Ergebnis ist zugleich eine **Rumpf**- (Abb. 188) oder, da zwei verschiedene Sandsteine angeschnitten sind, eine **Schichtstufe** (Abb. 161ff.). Aus der Frühzeit der Eintiefung hat sich ein ausgeprägter **Walm** (Abb. 170) erhalten. In geringem Maße hat sich hier mit der Abribildung und dem Abbrechen des Daches ein **Hangrückzug** eingestellt, der aber erst nach neuer Abribildung fortschreiten könnte.

Noch unspektakulärer als der Abbruch eines Abridachs ist das Herabstürzen von Blöcken an einer heterolithischen Schichtstufe (Abb. 167). Durch die leichte Abtragung des proterozoischen **Saprolits** am Stufenhang und damit die Entfernung des Widerlagers unter den harten Schichten des stark geklüfteten, dünnen **Stufenbildners** (Abb. 168) müssten eigentlich ständig Blöcke herabstürzen. Tatsächlich ist aber an dieser in einer semiariden Klimazone liegenden Stufe zumindest seit Jahrtausenden nichts mehr passiert, wie überall im namibischen Stufenland. Nicht nur die abgestürzten Blöcke am Hang, sondern auch die Stufenstirn ist über einem hellen Kalkstein vollständig dunkelbraun patiniert. Die Felsstürze gehören offenbar in eine feuchtere Vorzeit, in ein quartärzeitliches Pluvial, als Wasseraustritte an der Grenze Sand-/Tonstein durch Unterspülung (**Quellerosion**, *spring sapping*, Abb. 339) die Blöcke zum Absturz brachten.

Überall an den leicht zertalten Stufenhängen findet sich, der Einheitlichkeit von Patinierung und Verwitterung nach, nur *eine* Felssturzgeneration. Entweder sind ältere Spuren vollständig durch chemische Verwitterung ausgelöscht oder es gab sie in noch feuchterer Vorzeit gar nicht. Die mit jedem Abbruch verbundene **Stufenrückverlegung** war also auch hier auf einen kurzen, jungen Abschnitt der Stufenentwicklung beschränkt.

▲ Abb. 366: Frischer Felssturz durch das Abbrechen eines Abri-Dachs; Golden Gate Highlands Park, Südafrika.

▼ Abb. 367: Hangstreu aus abgestürzten Blöcken von der Traufwand einer heterolithischen Schichtstufe (präkambrischer Saprolit unter Kalkstein); Schwarzrandstufe, Südnamibia.

17. Hänge · Wandabbrüche. Windows

▲ Abb. 368: Moment eines Wandabbruchs über einem Kegel älterer Abbrüche; Grube in saalezeitlichen Schmelzwassersanden, östliches Schleswig-Holstein.

▼ Abb. 369: Wandabbruch aus einer senkrechten Druckentlastungsschuppe; Monument Valley, Nordarizona, USA.

▶ Abb. 370: Durchbrüche in einer Sandstein„mauer" durch beiderseitige bogenförmige Wandausbrüche, sog. *Windows*; Arches National Park, Utah, USA.

Abbrüche an Steilwänden durch Druckentlastung (Abb. 41) sind eine weitere Form rein gravitativer Massenbewegung. An der Flanke eines Inselbergs im Gebiet von Abb. 166 sind dafür geologisch lange Zeiträume nötig, da die Sturzmasse älterer derartiger Ausbrüche überall vollständig verwittert und abgetragen worden ist (s. Abb. 113 f.). Der Aufbau des *Schuttkegels* an einer Grubenwand in unverfestigten saalezeitlichen Schmelzwassersanden in Abb. 368 setzte dagegen schon Monate nach dem Ende des Abbaus ein. Der Sand der wandparallel absitzenden und dabei zerfallenden Platten schützt den überdeckten Hangfuß vor weiterer Abtragung, sodass hier in kurzer Zeit aus einer bis zum Boden reichenden Steilwand eine Variante des Haldenhangs (u. a. Abb. 201, 384) entstanden ist.

Im Moment der Aufnahme ist gerade ein solcher Abbruch erfolgt. Das fallende Rasenstück zeigt, dass sich eine knapp 2 m breite Scheibe unterhalb einer kleinen Senke abgelöst hat. Abbrüche lösen sich dort, wie der Schuttkegel zeigt, bevorzugt ab. Die dunkelbraune Auflage ist weichselzeitliche **Grundmoräne** der letzten Eisüberdeckung, die dort zu gleichmäßigerer Durchfeuchtung von oben als im reinen, durchlässigen Sand und damit zur Verminderung der Standfestigkeit führt.

Stabiler ist die Wand dagegen dort, wo sich unterhalb der nächsten Senke aus versetzten und abgeschleppten Schichten ein in typischer Weise nach unten etwas schmaler werdender **Grabenbruch** (Abb. 13) ableiten lässt, der durch Nachsacken über den glazifluvialen Sedimenten (570 ff. u. a.) zu Beginn der vorletzten Warmzeit, dem Eem, entstanden ist.

Wenn es vor dem jungen, auch schon wieder leicht patinierten Wandabbruch in Abb. 369 einen älteren gegeben hat, so sind dessen Schuttmassen bereits völlig verwittert und abgeführt worden. Steil stehende scharfe Kanten beiderseits und in der Mitte des Ausbruchs zeigen, dass erst eine größere dünne und dann die innere dicke Scheibe abgebrochen sind. Die Bogenform lässt sich ebenso wie der Vorgang der Druckentlastung felsmechanisch nur unvollständig erklären (Yatsu 1988, S. 140 ff.). Der unmittelbare Auslöser (mit wie viel Verzögerung?) mag das Auswittern des im Vordergrund sichtbaren weichen Tonsteins an der Unterkante der horizontal ungeklüfteten Wand gewesen sein.

In direkter Nähe des Felssturzes befindet sich eine Felsmauer (Abb. 370) mit zwei jener Durchbrüche, in dieser Form als **Windows** bezeichnet. Die Wand selbst ist eine der Fins wie in den Abb. 120/121, die nach der tertiären **Intensivverwitterung** zwischen weitständigen Klüften ausgespült worden waren. Im breiteren Mittelteil zwischen den Fenstern ist an einer Kluft die halbe Auswölbung über einem **Abri** wegen des fehlenden Widerlagers vor relativ kurzer Zeit abgebrochen, da die in gleicher Weise wie an der Wand patinierten Trümmer noch erhalten sind. Beide Fenster dürften dagegen durch Druckentlastung, wie in Abb. 369, nur von *beiden* Wandseiten her, schon vor langer Zeit nach mehreren Abbrüchen durchgebrochen sein, denn davon ist an solchen Formen im Park nirgends noch Schutt erhalten. Bogenförmige Klüfte, besonders links über dem Fenster, die nichts mit der ursprünglichen Sedimentation zu tun haben, zeichnen künftige Abbrüche vor, durch die der „Fenstersturz" zu einem schmalen Bogen werden wird.

Den schnellen Berg- und Felsstürzen stehen als weiterer Typ gravitativer Massenbewegungen die **Rutschungen** (engl. *landslide* oder *slide*) gegenüber, deren reibungsbedingt langsame Bewegungen zwischen einigen Zentimetern pro Jahr und mehreren Metern pro Monat liegen können. Die zahlreichen Typen beschreiben Dickau et al. (1996). Vorbedingungen sind an einem Hang angeschnittene tonig-schluffige Schichten, in denen bei vollständiger Durchfeuchtung steigender **Porenwasserdruck** die **Scherspannung** zwischen den Partikeln herabsetzt, die Entfernung eines **Widerlagers** am Hangfuß und meist eine harte Gesteinsdecke als **Auflast**. Ausgelöst werden können Rutschungen auch mit Überschreitung eines Schwellenwerts durch das zusätzliche Gewicht bei Wassersättigung, aufwachsendem Wald oder Bebauung. Je nach Standfestigkeit des abrutschenden Gesteins gibt es alle Übergänge von **Blockschollen**- oder **Rotations**rutschungen (engl. *rotational slide, slump*) bis zum breiartigen Fließen *(rock flow* oder *debris flow)*.

Bei einer Rotationsrutschung (Dickau et al. 1996, S. 43 ff.) bildet sich ein hangnahes **Abscherungsprofil** aus, das im überwiegend weichen Gestein der Rutschung einer Zylinderkrümmung entspricht. Dies entsteht allein als Reaktion auf die Spannungen im Gestein (Ahnert 2003, S. 121 f., 129), folgt im harten Auflastgestein wie in Abb. 371 allerdings auch vorgegebenen Klüften. Das Deckgestein dort ist eine alttertiäre lateritische, schwarz patinierte Eisenkruste (Abb. 95, 106), die auf einer Rumpffläche gebildet wurde und an der Kante einer Rumpfstufe zum Stufenbildner (Abb. 167 f.) wurde. An der **Abrisskante** ist die Oberfläche in typischer Weise fast senkrecht nach unten abgesackt, mit leichter Verstellung der Oberfläche nach hinten, als das unterlagernde weiche Gestein – in diesem Fall durch chemische Verwitterung zu Ton umgewandelter Basalt – am Hangfuß nach außen gepresst wurde.

Diesem in der älteren Literatur als **synthetisch** bezeichneten Abrutschen steht das **antithetische** Abkippen nach außen gegenüber, d. h. durch Auspressung unmittelbar an der Basis der harten Schicht. Es zeigt sich in den nach oben weiter werdenden Abrissspalten am Rand der abgesessenen Scholle.

Ein rezentes antithetisches **Abkippen** (engl. *topple*; Dickau et al. 1996, S. 29 f.), das jederzeit zum Abstürzen nach rechts und dann zu einem Felssturz führen kann, zeigt Abb. 372. Der Riss folgt den Grenzen zwischen senkrecht stehenden **Basaltsäulen** (Abb. 13, 115, 241) und verläuft deshalb nicht geradlinig. Das Widerlager wurde durch die Einschneidung der Schlucht entfernt, deren Steilwände auf diese Weise abgeschrägt werden. Das unter der Auflast ausgepresste Material ist eine durchfeuchtete und verwitterte Tufflage (Schmincke 2000, S. 121).

Die in Keupertonstein ohne Auflage einer harten Deckschicht abgleitende Rutschung in Abb. 373 zeigt die Langsamkeit, mit der normalerweise derartige Bewegungen ablaufen. Die jungen Fichten rechts des Abrisses sind durch die **antithetische** Bewegung der Oberfläche nach außen verkippt. Bei jungen Bäumen erzeugt senkrechtes Weiterwachsen so genannten **Säbelwuchs**, angedeutet an der dickeren Fichte im Hintergrund. Das oberflächennahe Abreißen wird durch straff gespannte Wurzeln sichtbar gemacht und vorübergehend auch gebremst.

▲ Abb. 371: Abrissbereich einer Schollenrutschung in Laterit (Eisenkruste); Flächenbucht in den West Ghats, bei Pandjgani, Südindien.

◀ Abb. 372: Abrissspalte im Säulenbasalt an einem Schluchtrand; Dettifoss-Wasserfall, Südisland.

▼ Abb. 373: Gespannte Baumwurzeln in einer sich langsam weitenden Abrissspalte; Keuperstufe bei Nagold, Württemberg.

17. Hänge · Rutschungen rezent/holozän

▲ Abb. 374: Durch Flussunterschneidung ausgelöste Rutschung in wenig verfestigten Miozänschichten; Alamut-Tal, Elbursgebirge, Nordiran.

▼ Abb. 375: Abrisswand in Basalt und kuppiges Hangrelief einer gealterten holozänen Rutschung; Blöndudalur, Nordisland.

Der Talhang in Abb. 374 ist in wenig verfestigten und überwiegend tonigen miozänen Schichten angelegt. Der Hang ist in der jüngeren Vergangenheit von dem zum Aufnahmezeitpunkt nur periodisch fließenden Bach unterschnitten worden (s. Abb. 270). Als Folge des **fehlenden Widerlagers** geriet der instabile Hang ins Rutschen und es bildete sich eine Rotationsrutschung unterhalb einer **Abrissnische** (engl. *scarp*) aus; da in der Mitte der sich bewegenden Masse die größte **Zugspannung** wirkte und zu den Rändern hin der Untergrund stabil blieb, ist sie bogenförmig. Sie ist so frisch, dass noch die senkrechten Abrutschspuren erkennbar sind. Analog zu Abscherungsflächen in Festgestein werden sie auch als **Rutschungsharnische** bezeichnet. In der abrutschenden Masse blieb dort, wo die geringste Bewegung erfolgte, der Gesteinsverband wenig gestört und es bildete sich ein weiterer scharfer Abriss aus.

Die Oberfläche darunter zeigt ein verwaschenes kuppiges Relief. Entlang der im semiariden Klima stärker begrünten Senken lassen sich im oberen Teil ältere Abrisswände erahnen. Darunter ist in den Kuppen das radiale Muster einer **Rutschungszunge** erkennbar, dass sich ausbildete, als diese sich ohne sichtliche Hindernisse seitlich auf dem Talboden ausbreitete (engl. *lateral spreading*; Dickau et al. 1996, S. 121 ff.).

Bei Bohrungen würde erkennbar, dass der tiefste Teil der Abscherung *unterhalb* des Talbodens liegt, denn nur so kann die Rutschungszunge auf dem unteren Teil der Gleitfläche leicht aufwärts und nach vorn gepresst werden. Das verwaschene Oberflächenrelief gehört in diese Zeit der ersten Rutschung. Seither ist an beiden Flanken ein kleines Tälchen erodiert worden. Es waren offenbar die Erosion der den Talboden teilweise blockierenden Zunge und die frische *Übersteilung*, die zur Reaktivierung der Gleitbahn und dem Wachsen der Rutschung hangaufwärts bis zum frischen Abbruch geführt hat. Auf diese Weise wurde aus einer einfachen eine **mehrfache Schollenrutschung** (engl. *single* und *multiple slide*).

Sämtliche konkaven und konvexen Unregelmäßigkeiten am Hang sind die verwaschenen Spuren älterer Rutschungen, die steile Taloberkante die Abrisswand einer größeren Rutschung. Auch das nach rechts gerichtete Schichteinfallen links der Rutschung ist rutschungsbedingt. Das tektonisch bedingte Einfallen, hinten links sichtbar, ist dagegen nach links gerichtet.

Die verwaschenen Formen der großen **einfachen Schollenrutschung** in Abb. 375 können erst im Holozän entstanden sein; wie bei Bergstürzen wurde sie vielleicht auch hier durch **Druckentlastung** ausgelöst, nachdem das Tal eisfrei geworden war. Oben rechts ist das ursprüngliche, durch Eis abgerundete Hangprofil erhalten. In der die oberen Teile der **Abscherungsfläche** nachzeichnenden Wand sind die horizontalen Lagen tertiärer Flutbasalte erkennbar, die oben zerrunst und unten von steilen **Schuttkegeln** (Abb. 389, 390) überdeckt sind.

Die Fortsetzung der Wand nach links ist fast bis zur Oberkante von Hangschutt überdeckt. Da das Gestein dasselbe ist, muss hier die Schuttproduktion schon länger möglich gewesen sein. Die Wand gehört also zu einer älteren holozänen Rutschung. Von den quer zum Hang verlaufenden Wällen der Rutschung sind links nur noch leichte Unregelmäßigkeiten erhalten, die in Gefällsrichtung von geraden Abflussbahnen leicht durchschnitten sind. Die durch Frostverwitterung und **Solifluktion** (Abb. 38, 432) abgerundeten Kämme zeigen, dass der Gesteinsverband in jeder der einzelnen abgeglittenen Schollen aufgrund der langsamen Bewegung einigermaßen bewahrt worden war. Das rutschfähige Material dürften durch chemische Intensivverwitterung im Tertiär entstandene **autochthone** (an Ort und Stelle entstandene) oder eingeschwemmte (**allochthone**) Tone gewesen sein.

Rutschungen, die wie hier quer zur Gesteinsschichtung abgeglitten sind, sind immer Rotationsrutschungen. In der Neigung des Ausgangshanges einfallende Schichten tendieren dagegen zu **Translationsrutschungen** (engl. *translational slide*, Dickau et al. 1996, S. 63 ff.). Bei steilerem Schichteinfallen wie auf dem Antiklinalhang in Abb. 364 wird dann das anfängliche Gleiten in einen Bergsturz übergehen.

Gibt es am Fuß einer abgeglittenen Rutschung keine Veränderungen durch Unterschneidung wie in Abb. 374 und auf ihr keine zusätzliche Auflast, bleibt die Form stabil und ihre Oberfläche wird danach entsprechend den herrschenden Abtragungsverhältnissen einer Klimazone ausgeglichen werden. Im Basalt von Abb. 375 waren dies vor allem Frostverwitterung und Solifluktion. Auf dem Tonstein der Rutschung im semiariden Nordmarokko in Abb. 376 erfolgte die Alterung im Sinne einer zunehmenden Abrundung der einzelnen Rutschungsschollen als Summe vieler kleiner Umlagerungsprozesse, einschließlich Bioturbation durch bodenbewohnende Organismen, als der Wald dieses Gebiets noch nicht gerodet worden war. Ohne Vegetationsbedeckung hätten sich auf und besonders zwischen den frischen Schollen kräftige Wasserrisse entwickelt (*vgl.* Abb. 618 ff.).

Die Abrundung der Schollen dürfte schnell erfolgt sein, weil hier ausschließlich durchfeuchteter, verwitterter Tonstein nach kräftiger Durchfeuchtung abgeglitten war. Bei dem heutigen Trockenklima sind solche Verhältnisse nicht gegeben. Die Rutschung ist also das Ergebnis einer jüngeren *feuchteren Klimaphase* des Holozäns. Die gegenwärtige Überformung findet vor allem durch ständig weidende Ziegenherden und den von ihnen erzeugten **Viehgangeln** (Abb. 609) statt, die auch links, außerhalb des Rutschungsbereichs, den Hang strukturieren.

Deutlich ist entlang der Kammlinie noch der oben bogenförmig nach links verlaufende Rand des **Abrissbereichs** erkennbar. Im Mittelgrund ist das Hangrelief flachwellig, als untrügliches diagnostisches Merkmal gegenüber den geradlinigen Hangprofilen außerhalb der Rutschung, wie links vorn im Bild.

Ebenfalls nur am *quer* zur Gefällsrichtung welligen Relief ist auch das Rutschungsgebiet in Abb. 377 erkennbar. Der gestreckte Ausgangshang war in oberkretazischen Tonsteinen der *London Clays* ausgebildet; Auslöser dürfte wieder die **Hangunterschneidung** durch einen Wasserlauf gewesen sein. Die nachfolgende Abtragung hat auch hier die einzelnen Schollen stark abgerundet; Senken und gegenläufiges Gefälle, wie hinten links, sind jedoch nicht ausgeglichen worden. Wahrscheinlich auch deshalb nicht, weil die Bewegungen bei ständiger Durchfeuchtung des Untergrunds kontinuierlich weitergehen, wenn auch so langsam, dass die Vegetationsdecke dabei nicht zerstört wird.

Vergleichbar **wellige Hangprofile** finden sich nur noch in pleistozänen Glazialgebieten, vor allem in Stauchendmoränen (Abb. 562). In allen anderen Gebieten sind derartige Hänge im kleinkuppigen Stauchungsbereich am Fuß von Rutschungen auch als **Buckelfluren** bezeichnet worden (Louis & Fischer 1979, S. 158) – ein untrügliches Kennzeichen dafür, dass der Untergrund instabil ist und jede Veränderung, sei es durch den Bau eines Hauses oder die Anlage eines Straßeneinschnitts, den Vorgang der Rutschung beschleunigen oder neu auslösen wird.

▲ Abb. 376: Kuppiges Relief einer gealterten Rutschung; alte Abrisskante durch Schaftritt nachgezeichnet; Nordmarokko.

▼ Abb. 377: Kuppiges Hangrelief einer jederzeit reaktivierbaren Rutschung in kreidezeitlichen London Clays; North Downs, Südengland.

17. Hänge · „Aride" Rutschungen

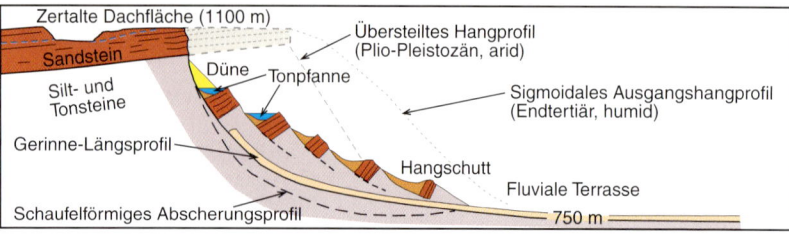

▲▲ Abb. 378: Rotationsschollenrutschung als feuchtklimatische Vorzeitform an einer saharischen heterolithischen Schichtstufe; Messak Mellet, Nordniger.

▲ Abb. 379: Modell der Rotationsrutschungen an der Messak-Stufe (n. Busche & Grunert 1979).

▼ Abb. 380: Kuppen einer breiartig abgeglittenen Rutschung; Ostrand des Djado-Plateaus, Sahara, Nordostniger. Unter dem Pfeil besteht noch ein Rest des vor der Rutschung gebildeten Hangprofils unterhalb einer Plateaurandbucht.

Die Abb. 378 und 380 zeigen Rutschungen aus dem wahrscheinlich *ausgedehntesten* Rutschungsgebiet der Erde. Es zieht sich mehrere hundert Kilometer entlang von Stufenrändern der zentralen Sahara, überall dort, wo an **heterolithischen Schichtstufen** (Abb. 167) der massive Stufenbildner über Ton- und Schluffsteinen lagert (Busche 1998, S. 70 ff; Busche 2001, Grunert 1983). Im heute grundwasserfreien Gestein der **Vollwüste** muss zur Rutschungszeit also genug Wasser für den auslösenden Überdruck an Porenwasser vorhanden gewesen sein.

Nach den Befunden aus Nordniger war dies letztmalig im plio-pleistozänen klimatischen Übergangszeitraum (S. 28) der Fall, denn die Rutschungen sind über bereits *zerschnittene* Pedimente geglitten und ihre Fußbereiche werden von der ältesten Flussterrasse der Region überlagert.

Für die gleichzeitige Instabilität der Hänge in der gesamten Sahara bietet sich eine klimagenetische Erklärung an: Die nur noch in Resten an homolithischen Schichtstufen erhaltenen ursprünglich *sigmoidalen* Hangprofile der Stufen (s. u. a. Abb. 201) wurden mit dem Übergang vom tertiär-humiden zum pleistozän-ariden Klima *versteilt* (Abb. 201, *s. auch* Abb. 199) und bildeten das aride Standardprofil aus **Steilwand** (engl. *free face*) und **Haldenhang**. Dieses Profil wurde offenbar instabil, als in einer letztmaligen Rückkehr zu einem niederschlagsreichen Klima selbst auf isolierten kleinen Plateaus die ihre Deckschichten unterlagernden Ton- und Schluffsteine vollständig von häufigen Regen durchtränkt wurden. Da das einstige **Widerlager** der sanft ausklingenden Unterhänge nicht mehr vorhanden war, wurden die weichen Gesteine ins Vorland gepresst und lösten so das Abgleiten teils riesiger Rutschungsschollen aus.

Diejenigen in Abb. 378 sind an der etwa 300 m hohen Stufe bei Schollenlängen von mehreren hundert Metern bis über 2 km weit ins Vorland geglitten. Einheitliches Muster und Verwitterungsgrad zeigen, dass es sich, anders als in Abb. 383, trotz zahlreicher hintereinander liegender Schollen wie besonders in Abb. 380, fast überall um nur einmalige, *einfache* Rotationsrutschungen handelt.

Unterhalb der Steilwand der Abbruchkante wurden die **Rotationsharnische** zu heute zerschnittenen **Haldenhängen** (s. Abb. 384) und teils von Flugsand überdeckten Hangschuttdecken umgeformt, die stellenweise von Felssturzblöcken überlagert sind. Die bei der Rotation gegen den Stufenhang gedrehten Schollendächer haben ein *gegenläufiges* Gefälle und sind damit **Sedimentfallen** für Bodensedimente und anderes Feinmaterial geworden, was besonders an der hellen Tonpfanne auf der zweitobersten Scholle deutlich wird.

Ausgedehnte fluviale Sedimentkörper liegen auch im Mittelgrund von Abb. 380 zwischen den Rutschungsschollen. Als Folge der nur dünnen Sandsteindecke sind die Schollen dieser Rutschung beim Abgleiten stärker zerbrochen. Die **Durchfeuchtung** muss vollständig und ausdauernd gewesen sein, denn bei weniger als 100 m Höhenunterschied sind hier die Schollen auf einer nur schwach geneigten Scherfläche letztlich bis fast 3 km weit in die Stufenbucht hinausgeglitten.

Die Rutschung geschah erst, als die Plateaurandbucht (Abb. 175) im Hintergrund bereits unter die Dachfläche eingetieft worden war. Rechts des großen Einsandungsbereichs am

Stufenhang ist noch ein Stück des **prärutschungszeitlichen Haldenhangprofils** erhalten es liegt hinter der Steilwand eines erst nach der Rutschungsphase eingeschnittenen Wasserfalls, aus einer Zeit, als auch die Rutschungen überall von kleinen Schluchten zerschnitten wurden. Es gibt immer noch ausreichend Abfluss, obwohl die lokale Wasserscheide fast immer direkt an der Plateaukante lag. Die Einsandung zeigt, dass fluviale Aktivität heute fast Null ist.

Horizontal gebliebene Terrassenflächen wie hier zeigen jedoch – mit bisher nur einer gefundenen Ausnahme –, dass auch in späteren **Pluvialen** die Rutschungen nicht reaktiviert wurden; wohl auch deshalb, weil die

jetzt als Widerlager dienenden untersten Schollen noch erhalten sind. Äolische **Einsandung** und die dunkle **Patinierung** zeigen, dass es nur an hier nicht sichtbaren schuttfreien Tonhängen kleine junge Abbrüche und Rutschungen gibt, aber nur an den Flanken der stabilen Schollen.

Abb. 381 ist ein Beispiel für viele in Südnamibia gefundenen Rutschungen, die darauf verweisen, dass die klimagesteuerte Reliefgeschichte des plio-pleistozänen Übergangs zumindest in diesem Trockengebiet der Südhalbkugel derjenigen der Nordhalbkugel entspricht. Wo immer in der dortigen Stufenlandschaft rutschfähiges Gestein unter dem harten Stufenbildner anstand, haben sich – ebenfalls nach einer Hangversteilungsphase und als ebenfalls einmaliges Ereignis – **Rutschungsstaffeln** wie an diesem Plateausporn ausgebildet (Stengel 2001). Das bei starker Durchtränkung gleitfähige Material war hier der unter dem paläozoischen Kalkstein liegende proterozoisch verwitterte Kristallin**saprolit** (Abb. 143, 178; Stengel & Busche 2002); der geringeren Zahl der Rutschungen nach allerdings weniger gleitfähig als durchweichte Ton- und Schluffsteine.

Die äußerste Scholle ist, wie zu erwarten, am stärksten rotiert und dementsprechend erodiert, und die weiche Rutschungsmasse zur nächsthöheren Scholle ist stark ausgeräumt worden. Alle schwarz patinierten Schollenränder sind einstige Fortsetzungen der Sandsteindecke am Plateaurand. Der flache **Aufsitzerinselberg** (Abb. 151, 158) dort zeigt, dass die etwas tiefere Fläche das Äquivalent einer **Plateaurandbucht** ist, der letzten noch ausgedehnteren Tieferlegungsphase vor der eigentlichen Vorlandausräumung und Stufenbildung. Eine einstige Fortsetzung des Niveaus ist die Plateaufläche im Vordergrund; die weißen Gesteinsfragmente sind Reste einer in Gesteinsspalten noch erhaltenen **Kalkkruste** (Calcrete, u. a. Abb. 408). Die Überdeckung der Rutschungsschollen mit zerschnittenen und teils abgetragenen **Hangschuttdecken** entspricht derjenigen der rutschungsfreien Hänge – also auch hier kein Hinweis auf eine jüngere Bewegung.

Bei ausreichend tief reichender pluvialzeitlicher Zerschneidung der Rutschungshänge gibt es immer wieder Aufschlüsse von der *Basis* der Rutschungen, so in Abb. 382 aus dem Zungenbereich einer Rutschung an einer niedrigen Stufe. Unterhalb eindeutig rotierter Schollen ist der äußere Teil eine einfache, auf flacher Rampe ins Vorland geglittene **Translationsrutschung** (*s.* Abb. 375). Über stark in kleine Stücke zerbrochenem, aber noch in zwei Schichten zu gliederndem Sand- und Tonstein**saprolit** liegt eine im feuchten Zustand breiartige, verknetete und abwärts gekrochene Lage aus Ton und Tonsteinfragmenten. Darüber im frischen Dünensand liegen die dunkel patinierten Blöcke der Eisenkruste vom Plateau (Abb. 106), die hier aus dem einstigen Schuttstrom (engl. *debris-* oder *mudslide*) pluvialzeitlich ausgewaschen worden sind.

▲ Abb. 381: Schollen einer Rotationsrutschung an einer Talrandstufe; Kalkstein über präkambrischem Saprolit; Schwarzrandstufe, Südnamibia.

▼ Abb. 382: Schichtdeformation an der Basis einer Rutschung in tertiär intensiv verwittertem Gestein mit abgeglittenen Eisenkrustenblöcken auf dem Rutschungshang; Plateau von Agadem, Sahara, Südostniger.

17. Hänge · Schichtunabhängigkeit, Haldenhang

▲ Abb. 383: Hangformung ohne Bezug zum Schichteinfallen, sichtbar nach anthropogenem Boden- und Substratabtrag; zentrales Zagros-Gebirge, Westiran.

▼ Abb. 384: Talrandstufe aus Steilwand *(free face)* und gestrecktem Haldenhang; Namib-Ostrand, Südnamibia.

Im westiranischen, heute semiariden Zagrosgebirge sind durch die weitgehende Abholzung des immergrünen Eichenwaldes und vor allem durch Überweidung (s. Abb. 609) die Böden und die sie unterlagernde **Substrat**decke häufig so stark abgetragen worden, dass weitflächig der nackte Gesteinssockel freigelegt ist.

Die abgeräumten Hänge sind in dünnbankigem Kalkstein angelegt worden, der im Zuge der tertiären Gebirgsbildung verkippt, verbogen, zerbrochen und überschoben wurde, so dass rechts sogar fast senkrecht und waagerecht gelagerte Schichten aneinander stoßen. Bei der Hangformung wurden derartige Schichtungsunterschiede durch die der Abtragung vorauseilende chemische Verwitterung unter einer Bodendecke vollständig überspielt. Erst nach deren Abtragung sind die **Schichtköpfe** härterer Bänke herauspräpariert worden. Gegenwärtig bildet sich durch **Frostverwitterung** im feuchten Winter eine neue feinkörnige Schuttdecke als Substrat für eine neue Bodenbildung, die vorn rechts bereits einen Teil der Schichten verdeckt.

Während die kleine Schlucht in der Bildmitte das in zwei Hangprofilen noch erhaltene **Muldentälchen** zerschnitt, konnte unterhalb der Engstelle, etwa rechts bei der einzelnen Eiche, die Hangformung noch mit der Einschneidung Schritt halten, denn die gestreckten Hänge reichen dort ohne Profilbruch bis auf den Talboden.

Ein völlig anderes Hangprofil zeigt Abb. 384: einen **Haldenhang** (Louis & Fischer 1979, S. 140 ff.); nach dem in der angelsächsischen Geomorphologie weitgehend akzeptierten Modell von King das Standardprofil für semiaride Gebiete (*u. a.*1967; Fairbridge 1968, S. 318, 1007; Louis & Fischer 1979, S. 213 f.) mit der Abfolge einer Dachfläche mit **Übergangskonvexität** *(waxing slope)*, der **Steilwand** *(free face)*, dem mit einem Knick einsetzenden geradlinigen *debris slope* über einem leicht konkaven Felshang und der **Übergangskonkavität** zum *pediment* (Abb. 203 ff.), das angeblich mit einem scharfen **Hangknick** *(knickpoint)* einsetzt.

Bei genauer Betrachtung passen weder das eine noch das andere Modell vollständig, weder hier noch in Abb. 191 und besonders Abb. 201, wo die Haldenhangentstehung schon angesprochen wurde. Nach dem King-Modell ist solch ein Profil das Ergebnis langdauernder **Stufenrückverlegung**, eine dank zahlreicher Gegenbelege wohl nicht mehr haltbare Vorstellung (*s.* Abb. 181, 191, 313, 366). Wie in Abb. 201 fehlt hier das Pediment, weil der Unterhang auf einem Talboden endet.

Nach dem zuerst von W. Penck (1924) entwickelten **Haldenhangmodell** hat die Rückverlegung nur vom Hangfuß bis zur Steilwand stattgefunden. Dabei hätte von einer senkrechten Ausgangswand herabfallender Schutt deren Fuß vor weiterer Abtragung geschützt. Dieser Schutzbereich sei mit fortlaufendem Abbruch kleiner Fragmente von der dabei logischerweise zurückweichenden Wand schräg in die Höhe gewachsen und hätte so unter dem als **Sturzhalde** bezeichneten Schutthang einen etwas weniger geneigten **Felskern**, den eigentlichen Haldenhang, hinterlassen, der unmittelbar am Wandfuß nur dünn und zum Hangfuß hin mit zunehmender Mächtigkeit überdeckt sei.

Das Modell passt aber hier (und auch in Abb. 191, 201, 406) nur bedingt. Bei kontinuierlichem Abbruch an der Wand müsste diese eine *scharfe* Oberkante haben. Die **Übergangskonvexität** belegt aber, dass Prozesse der **Spüldenudation** (Ahnert 1996, S. 171 f.) dort von oben her abgetragen haben. Anders als bei King ist das Felsprofil unter der Wand nicht leicht durchhängend, wie entlang der zahlreichen Hangeinschnitte in Gefällsrichtung erkennbar ist. Andererseits wird aber die Schuttdecke nach unten *nicht* mächtiger. Sie ist, soweit erhalten, überall *gleich geringmächtig*, so dass eher anzunehmen ist, dass *nach* der Bildung des Hanges erst darauf eine Schuttdecke in Verbindung durch langsame Kriechprozesse und nicht primär durch Sturz von der Wand abgelagert wurde (s. Busche 1998, S. 78 f.)

Im King-Modell, wie in Abb. 191/201, fällt der Wechsel von Wand zu Schräghang mit dem von hartem zu weichem Gestein zusammen, nicht so im Haldenhangmodell und in Abb. 384. Der theoretische Endpunkt dieser Entwicklung – ein gestreckter Haldenhang bis zum Plateaurand – ist an Trockengebietsstufen *nirgends* ausgebildet, andererseits kommt dieser Hangprofiltyp (vermutlich) nur in Trockengebieten vor. So bietet sich eher, wie für Abb. 199 beschrieben, die *Umformung* aus einem feuchtklimatisch gebildeten *sigmoidalen* oder, wie in Abb. 383, gestreckten Profil an, bei dessen Versteilung sich das „**Haldenhangprofil**" entwickelte. Die vollständige Patinierung der Wand und die Zerschneidung des Schräghangs zeigen, dass unter dem heutigen Klima die Entwicklung, die zu dieser Hangform geführt hat, *nicht* weiter geht.

Dasselbe gilt auch für die ursprüngliche Hangform in Abb. 385. Der Übergang zwischen dem zunehmend steilen Hang in den dünn gebankten Schichten und dem massiveren Gestein einer im Tertiär tektonisch darüber geschobenen Decke (1 in Abb. 386) ist so allmählich, dass ein ursprünglich *sigmoidales* Hangprofil noch abzuleiten ist. Die Decke selbst wurde erst bei der jungtertiären und quartären Flächen- und anschließenden Talbildung (s. Abb. 317) als sogenannte **Überschiebungsstirn** freigelegt; nur ein zufälliger Schnitt quer durch die auch in ihrer Mächtigkeit hier stark reduzierte Decke.

Am Ende der ersten Talentwicklung stand ein **Muldental**, dessen Talboden im hintersten Querprofil (2) noch erhalten ist. Dieser Bereich wurde zur **Talwasserscheide**, als ein kürzeres und tieferes Muldental dadurch entstand, dass die Hangabtragungsprozesse mit der Einschneidung Schritt halten konnten. Reste dieses zweiten Talquerprofils sind die grün bewachsenen **Riedel** (3) zwischen den fast vegetationsfreien Kerbtälern (4).

Diese entstanden, als Verwitterung und Spüldenudation nicht mehr bei gleichmäßiger Durchfeuchtung und relativ langsam abliefen, sondern nur noch linearer, sich einschneidender Abfluss möglich war. Die dennoch gleichzeitige Abschrägung zu relativ breiten Neben-**Kerbtälern**, im Gegensatz zum persischen Normalfall steilwandiger Schluchten (pers. *Tang*) in dieser Phase der Reliefentwicklung (s. Abb. 364) war hier möglich, weil das gesamte Gestein unter der Überschiebungsfläche tiefgründig saprolitisiert worden war (Abb. 100 ff.). Im lösungs- und frostverwitterten Kalkstein der Überschiebungsstirn bildeten sich **Bastionen** zwischen kluftorientierten kleinen Schluchten (5) aus, die in die Saprolitkerbtäler übergehen.

Ebenfalls aus der Zeit der tertiärzeitlichen **Intensivverwitterung** und der hier nur damals möglichen divergierenden Verwitterung und Abtragung (S. 17;

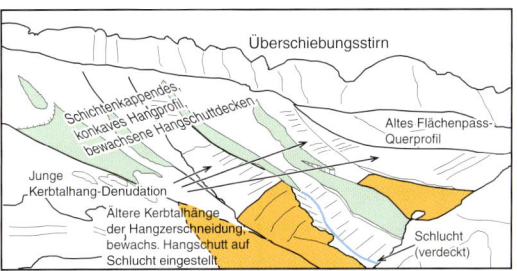

▲ Abb. 385: Von Kerbtälern zerschnittenes konkaves Hangprofil unter einer Überschiebungsstirn; zentrales Elburs-Gebirge, Nordiran.

◀ Abb. 386: Erläuterungsskizze zu Abb. 385.

Abb. 109) stammt das Felshangprofil in Abb. 388. Beim nahezu vollständigen Abbau einer mächtigen, durch Bodenbildung verbraunten letztglazialen **Frostschuttdecke**, deren Profil im Pass hinten rechts noch weitgehend erhalten ist, wurde das unterlagernde **präpleistozäne Hangprofil** im Kalkstein freigelegt. In ihm setzt sich, besonders ausgeprägt bei (1) in Abb. 387, der typische Steilhang eines nacktfelsigen **Inselbergs** (u. a. Abb. 134, 137) bis auf die noch vom Schutt begrabene zugehörige **Rumpffläche** fort. Die nackten Steilhänge (2) oberhalb des Schutthangprofils sind also im Quartär durch Frostverwitterung nur gering überformte tertiär-tropoide (S. 14) **Inselberghänge**.

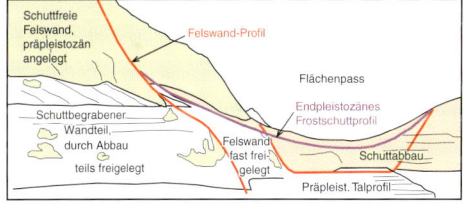

▲ Abb. 387: Erläuterungsskizze zu Abb. 388.

▼ Abb. 388: Hangprofilveränderung von Steilwand zu konkavem Hang durch pleistozäne Frostschuttakkumulation; Südrand des Elburs-Gebirges westlich Karadj, Iran.

17. Hänge · Rezenter Hangschutt

▲ Abb. 389: Aus abgewittertem Frostschutt aufgebauter holozäner Schuttkegel *(scree slope)*; Lake Louise, Alberta, Kanada.

▼ Abb. 390: Rezente Schuttkegelbildung, subrezente Murenkegel und Bastionsbildung bei starker Frostverwitterung in tertiären Flutbasalten; Ostisland.

Nach dem Modell von Louis & Fischer (1969, S. 141) ist der **Schuttkegel** in Abb. 389 nur eine Variante des Haldenhangs, also ebenfalls mit einem Felskern versehen. Der in Spitzen aufgelöste Oberrand, wie in Abb. 390 rechts, sei eigentlich der Normalfall einer aus einzelnen Kegeln zusammengesetzten Sturzhalde mit Felskern. Tatsächlich verläuft der Übergang vom Hang zur Wand in Abb. 384 trotz fehlender Gesteinsgrenze sehr *geradlinig*, ist also offenbar etwas ganz anderes als Abb. 389 und die anderen als Haldenhang bezeichneten Formen.

Der Schuttkegel in Abb. 389 konnte sich erst *nach dem Eisrückzug* im Spätglazial an der bis dahin vom Eis überschliffenen Trogtalwand bilden. Als erste Sedimentationsform entstand eine um ein Drittel weniger hoch die Wand hinaufreichende **Schuttrampe**, deren Oberfläche außerhalb der von Sträuchern und Kiefern *(lodgepole pine = Pinus contorta)* bedeckten Teile dunkelgrau patiniert ist, also heute bis auf einige Rinnen der Vegetation *inaktiv* ist.

In der Folgezeit konzentrierte sich die Schuttlieferung auf einige nahe der Spitze des heutigen Kegels zusammenlaufende Steinschlagrinnen und eine kleinere Rinne rechts davon. Der Schutt vieler kleiner Felsstürze breitete sich bei einem Schwemmfächer (Abb. 280 ff.) infolge *zufälliger* Richtungswechsel des Transports als Teilkegel aus, der wegen der inneren Reibung des Schutts etwa 30° Gefälle aufweist. Die gröbsten Blöcke rollen trägheitsbedingt am weitesten und würden sich in einem auch durch Kriechprozesse weniger steilen Saum ansammeln, wenn dieser Kegel sich nicht direkt in den See fortsetzte.

Es ist unwahrscheinlich, dass dieser **Sturzkegel** (engl. *talus cone* oder amer. *talus*; Fairbridge 1968, 1106 ff.) einen felsigen Haldenhangkern enthält, denn dann hätte die geradlinige Trogtalwand auch dort, wo kein Schutt aufgehäuft wurde, im Holozän um fast 100 m zurückgewichen sein müssen. Der den Kegel vollständig aufbauende Schutt [engl. *talus* (vorw. amer.) oder *scree* (vorw. brit.)] stammt ausschließlich aus den erkennbaren Rinnen. In sie stürzen die Schuttpartikel von den darüber liegenden Wandteilen jahreszeitlich vor allem im Frühjahr und im Tagesgang mit Einsetzen der Besonnung ab, wenn das Eis in den Rissen taut, die es bei der Frostsprengung (Abb. 38) geschaffen hat – eine ausschließlich *gravitative* Variante des Eisrindeneffekts (Abb. 352).

In der jüngeren Vergangenheit – mutmaßlich in der „Kleinen Eiszeit" zwischen etwa 1500 und 1850 – muss die Schuttproduktion deutlich intensiver als heute gewesen sein, denn ein großer Teil des Schuttkegels ist mit Sträuchern, ein Teil sogar mit den Jahrzehnte alten *lodgepole pines* bestanden und freie Schuttoberflächen sind auch hier dunkelgrau patiniert. Nur in einzelnen Rinnen, die auch als Lawinenbahnen genutzt werden, erreicht etwas Schutt heute das Seeufer.

Auch die in mitteltertiären **Flutbasalten** angelegten Hänge in Abb. 390 waren im letzten Glazial die Randbereiche eines **Gletschertrogs** (Abb. 496). Die abgerundeten Oberkanten einzelner Flutbasaltdecken

17. Hänge · Bastionen, Muren, Hangschuttdecken-Zerschneidung

und die durch Ausräumung zwischenlagernder Tuffe und Verwitterungsdecken geschaffene **Treppung** ist glazial. Die Vielzahl kleiner Runsen ist wohl das Ergebnis von Ausspülung bei einem von heute abweichenden Frostverwitterungsregime, denn diese Hangteile sind gegenwärtig bewachsen.

Überdeckt werden diese Formen hinten rechts von zahlreichen sehr steilen *Frostschuttkegeln,* deren Spitzen sich in tief eingeschnittene **Steinschlagrinnen** hinaufziehen. Als Folge der im atlantischen Klima sehr häufigen Frostwechsel sind die Kegel unter den höchsten und damit kältesten Hangteilen vollständig aktiv, sodass der Schutt bis zum Talboden hinabstürzt. Mit der sich selbst verstärkenden Konzentration des Schutttransports auf die Steinschlagrinnen ist die ursprünglich vom Eisschurf weitgehend geglättete Talwand in eine Vielzahl von **bastionsartigen** Vorsprüngen aufgelöst worden. Die zwischen ihnen in die Höhe wachsenden Vorsprünge verfüllen so die unteren Teile der Rinnen.

Bei geringerer Schuttproduktion auf dem niedrigeren und deshalb weniger der Frostverwitterung ausgesetzten Vorsprung links sammelt sich der Schutt in einer langen und einigen kürzeren Rinnen. Bei dessen Transport spielt Wasser eine wesentliche Rolle, denn unter der letzten erkennbaren Basaltschicht sind zwei sich verschneidende **Murkegel** aufgebaut worden (Abb. 290 ff.). Zwei frische Hauptrinnen zeigen das typische Murenquerprofil mit beiderseitigen Uferwällen. Gegenwärtig findet in ihnen aber wohl nur noch gelegentliche Durchspülung statt, da frische Schuttzungen am Murende fehlen und die Kegel ebenso wie die Hänge überwachsen sind.

Frostverwitterung spielt auch in der kontinentalen Fortsetzung des Mittelmeerraums, südlich von 40°N, aber in über 1500 m Höhe, eine wichtige Rolle. Die Hauptschuttproduktion fand auch hier wohl in den pleistozänen Kaltzeiten statt. Am Unterhang wird, wie in Abb. 388, der Hangschutt in einem lang gestreckten Tagebau gewonnen. Die älteste Schuttgeneration zeigt sich in bräunlichen länglichen Inseln am Hang; der nächstjüngere Hangschutt, der nach zeitweiliger Erosion die Ausräumungsbereiche füllte, hat eine dunkelgrau *patinierte* Oberfläche. Der heutige Schutttransport findet während der Schneeschmelze in Muren statt, von denen derzeit aber auch nur die größten, durchgehenden aktiv sind. Der Schutt der kürzeren, auf diese eingestellten Nebenrinnen ist auch schon weitgehend patiniert. Die Rinnen zwischen den Bastionen sind, anders als die frischen Formen in Abb. 390, teilweise bis zum Kamm mit altem Schutt verfüllt. Dieser liefert auch das Material für die rezente Muraktivität, da nirgends unpatinierter frischer Schutt flächenhaft am Oberhang zu sehen ist.

Auch der Schutthang am Südhang des Grand Canyon (Abb. 339) dürfte im Zusammenspiel von Winterniederschlägen und häufigen Frostwechseln in einer Höhe von über 1500 m aufgebaut worden sein und ist, wie alle Hänge im Canyonbereich, unter den heutigen, trockeneren Verhältnissen *zerschnitten* worden. Er setzt als Talhang an der Grenze zwischen dünn gebankten, weniger standfesten Schichten und den dicken Schichten der Wand ein. Frische Abbrüche, aus denen neuer Schutt kommen könnte, fehlen dort. Ebenfalls wieder bastionsartig vorspringende Wandteile links sind schwarzbraun patiniert. Ausbrüche in der unteren Wandhälfte, die für die nächste Zeit intensiver Frostsprengung eine instabile Situation vorbereitet haben, sind ihrerseits ebenso wie die glattere Wand rechts rot patiniert. Im frischen Anschlag wäre der Fels hellbeige. Helle Bänder dort zeichnen gelegentliche Wasseraustritte nach.

Da das Wasser für die **Rinnen** aus dem nur kleinen Einzugsbereich der höher liegenden Wände eines Seitentalsporns kommt, klingt deren Erosion nach unten aus. Da die Einschneidung im oberen Drittel aber in den Fels hineingeht, ist erkennbar, dass die Schuttdecke nach oben hin keineswegs ausdünnt. Der Schutt ist lediglich über einen bereits bestehenden Hang *hinweg* transportiert und zum Teil auf ihm als gleichförmige Decke abgelagert worden.

▲ Abb. 391: Von rezenten Murbahnen durchzogener älterer Hangschutt und alte Bastionen; Nordostiran, Grenzgebiet zur Türkei.

▼ Abb. 392: In Zerschneidung begriffene jungpleistozäne Hangschuttdecke über steilem Felshang; Südhang des Grand Canyon, Arizona, USA.

17. Hänge · Hangschuttgeschichte

▲ Abb. 393: Vorzeitliche, extrem grobblockige Hangschuttdecke im heute ariden Klima Nordafrikas; Kaouar-Stufe, Sahara, Ostniger.

▼ Abb. 394: Schuttdecke gleichen Typs im semiariden Klima des südlichen Afrikas; Stufe bei Twyfeltontein, Nordwestnamibia.

Hangschuttdecken spielen *außerhalb* ihres rezenten Bildungsbereichs in Periglazialgebieten und als pleistozän-periglaziale Deckschichten (Semmel 1985, S. 62 ff., Völkel 1995) in der geomorphologischen Forschung nur eine untergeordnete Rolle, sind aber auch außerhalb jener Gebiete wichtige Archive der jüngeren Relief- und Klimageschichte (Busche 1998, S. 78 ff.), zum Beispiel die Hangschuttdecke in Abb. 393.

Sie bedeckt den Sporn einer homolithischen **Sandsteinschichtstufe** (Abb. 170), die insofern *heterolithisch* (Abb. 167) geworden ist, als dass der Sandstein grundwassergebleicht und saprolitisiert wurde (Busche 1998, S. 26 ff; S. 27) und später die Landoberfläche eine **Silcrete**-Decke (Abb. 398) erhielt. Am Hang fallen zuerst mehrere Meter große Blöcke aus diesem Silcrete in chaotischer Lage auf, dazwischen eine Streu kleiner Bruchstücke, aus denen – im Gelände wie im Bild kaum sichtbar – vor Jahrhunderten Verteidigungsmauern sowie eine Festung auf dem steilwandigen Silcrete-Plateau gebaut wurden.

Zum Vordergrund dünnt die Schuttdecke aus und *nicht* äolischer Sand liegt zwischen den Blöcken als Indiz ihres relativ leichtem Zerfalls. Die Decke kann nicht das Ergebnis von Felsstürzen (Abb. 366 f.) sein, denn schon bei einem Aufprall aus 1 m Höhe zerfällt der Saprolit vollständig zu Sand (Busche 1998, S. 27). Die Verlagerung hangabwärts muss also kriechend erfolgt sein, ähnlich wie bei breiartigen Rutschungen im nur wenig nördlich gelegenen „normal"-heterolithischen Stufengebiet (Busche 1998, S. 72 f.) – einschließlich der großen, sonst weiter zerbrochenen Blöcke.

Ein an wenigen Einschnitten sichtbarer höherer Feinmaterialanteil zeigt, dass die heutige sehr raue Oberfläche durch **Ausspülung** entstanden ist. Der Transport des ursprünglichen Korngrößengemisches ist nur bei beträchtlicher Durchfeuchtung denkbar und nicht unter den heutigen 20 mm Jahresniederschlag, bei denen der Schutt mit unterschiedlichen Zerstörungsgraden patiniert, also lagestabil ist.

Eine vergleichbare Übergangsform zwischen Schuttdecke und Rutschung bedeckt in Abb. 394 die Hänge einer heterolithischen Stufe im semiariden Zentralnamibia. Von der ursprünglich fast schwarzen Patina heben sich die vermutlich wie in der Sahara jungsteinzeitlichen Felsgravuren mit ihrer hellen Patina ab. Bei höheren Niederschlägen als im Gebiet von Abb. 293 sind Blöcke teils durch **Tafonierung** und **Wabenverwitterung** (Abb. 44 – 47) angegriffen worden. Insbesondere die „richtige" Lage der Felsgravuren belegt, dass die Blöcke seither nicht mehr in Bewegung waren. Auch hier fehlen heute weitgehend das dafür nötige Feinmaterial und die entsprechende Durchfeuchtung.

Eine andere **Mehrphasigkeit** der Hangschuttentwicklung zeigt der Straßenanschnitt in Abb. 395 aus einer heute ebenfalls semiariden Region. Der Hang hatte sich auf dem steil stehenden präkambrischen Metamorphit mit zahlreichen auch senkrechten, hell erscheinenden Quarzgängen entwickelt, der bereits vor der jungproterozoischen Überlagerung durch die Decke grau verwitterter Silcrete **saprolitisiert** worden war (Stengel 2000). Auf diesem Hang hat sich bei stabilen Bedingungen unter einem jahreszeitlich feuchten Klima ein **roter Boden** entwickelt, von dem in der nachfolgenden Abtragungsphase nur noch der Übergang zum Anstehenden erhalten geblieben ist. Gebildet wurde er wahrscheinlich erst im jüngeren Quartär, da darüber nur die eine dünne Lage des Silcreteschutts vom Oberhang liegt. In ihrer gleichförmigen mehrlagigen Ausprägung ist sie nicht mit dem Felssturzmaterial von Abb. 367 vergleichbar. Auch hier muss der Schutt in einer *feinkörnigen* Matrix als Gleitmaterial den Hang langsam herabgewandert sein, bevor diese weitgehend *ausgespült* wurde und der Hang heute semiarid-stabil ist.

Die Geschichte im Hanganschnitt von Abb. 396 beginnt wie in Abb. 393 mit der tertiärzeitlichen chemischen **Intensivverwitterung**. In einer ursprünglich flachen Mulde am Hang sind von der Verwitterung einer alten Basaltdecke noch **Kernsteine** (Abb. 100) im Übergang zu einer unregelmäßigen **Verwitterungsbasisfläche** im unverwitterten Basalt erhalten. Die nachfolgende Ausräumung zeichnete deren Relief nach. In der nächsten Hangformungsphase wurde eckiger **Hangschutt**, wieder in feinkörniger Matrix, hangabwärts verlagert und verfüllte und überdeckte die Mulde. In der nächsten Phase entwickelte sich in diesem Substrat ein **brauner Boden**. Als dieser flächenhaft durch **Spüldenudation** (Ahnert 2003, S. 171) gekappt wurde, kam eine neue flache Mulde mit ihrem Zentrum über dem ehemaligen Hochgebiet rechts zu liegen. Unter der heute weitgehend stabilen Decke grasig-krautiger Hochgebirgsvegetation hat sich ein neuer dünner, ebenfalls brauner Boden entwickelt, der oberflächlich durch die vom Schattenfall nachgezeichneten Trittschäden entlang der Wildtierpfade beeinflusst wird.

Ganz typisch für die recht *gleichmäßige* Dicke einer semiarider Hangschuttauflage ist das Profil in Abb. 397. Die zwei über die Decke hinausragenden Buckel zeichnen zwei von zahlreichen **Förderschloten** des kreidezeitlichen Vulkanismus im Gebiet des Brukkaros (Abb. 133, 203) nach, die zur Zeit der Schuttdeckenbildung resistenter waren als die sie umgebenden violettbraunen Nama-Schichten. Die Schuttpartikel, ebenfalls in feinkörniger Matrix, sind mit ihren Längsachsen weitgehend in Gefällsrichtung *eingeregelt*. Das vollständig patinierte **Steinpflaster** *(desert pavement)* belegt die heutige Bewegungsruhe. Das rostbraune, nur noch teilweise vorhandene Band darunter gehört zum untersten Teil einer vor der Pflasterausbildung weitgehend abgetragenen **Bodendecke**. Aufgeschlossen wurde das Profil durch eine von zahlreichen kleinen Schluchten, die erstmalig in der Hangentwicklung der Region etliche Meter tief in die zum zentralen Becken (Abb. 134) einfallenden Schichten eingeschnitten wurden.

In allen fünf gezeigten Fällen sind die **quartärzeitlichen Schuttpartikel** im Dezi- und Zentimeterbereich selbst im Sandsteinsaprolit nur **kantengerundet** mit recht glatten Bruchflächen. Solche kommen zwar auch in schieferigem Saprolit als Ergebnis chemischer Verwitterung vor (Abb. 395). Wo dieser fehlt, bleibt als Ursache aber nur noch die Frostverwitterung. Winterfröste während der winterlichen Regenzeit reichten offenbar selbst in heute vollariden subtropischen Gebieten dafür aus, dass Schuttdecken von oft über 1 m Dicke sämtliche Hänge überziehen konnten. Natürlich geschah dies nicht unter einem kaltzeitlich periglazialen Klima wie bei der Deckschichtenbildung der Mittelbreiten, aber auch bei deren Materialverlagerung spielte starke, allerdings sommerliche Durchtränkung eine wesentliche Rolle (*u.a.* Büdel 1977, S. 67 ff.). Der für aride Gebiete typische Schutt hat also eine weitgehend *nicht* aride Geschichte.

▲▲ Abb. 395: Talhang mit präholozäner Rotverwitterung auf präkambrischem Saprolit unter dünner Silcrete-Blockstreu; Südnamibia.

▲ Abb. 396: Verflachung einer Hangmulde in kernsteinverwittertem Basalt mit Frostschutt und nachfolgender Bodenbildung; Drakensberge, Südafrika.

◀ Abb. 397: Patinierte und zerschnittene Hangschuttdecke mit zwei Härtlingsbereichen; Gross Brukkaros, Südnamibia, mit zwei Förderschloten des kreidezeitlichen Vulkanismus (*vgl.* Abb. 133).

18. Krusten · Kieselkruste/Silcrete

Abb. 398: Eingekieselte Sandsteindecke *(Silcrete)* mit typisch säuligen Absonderungsformen; Südaustralien.

Abb. 399: Silcrete-Plateaufläche mit windschliffpolierten Blöcken zwischen verfüllten flachen Silikatkarstdepressionen; Plateau du Mangueni, Nordniger.

Abb. 400: Kissenförmiger Block aus Silcrete bzw. Braunkohlen„quarzit" aus den Decksanden eines mitteltertiären Braunkohleflözes; ehem. Tagebau Zwenkau bei Leipzig, Sachsen.

Abb. 401: Verkieseltes Holz aus demselben Tagebau.

Durch Verkittung von Lockermaterial sind wiederholt im Lauf der Erd- und Reliefgeschichte bis etliche Meter mächtige **Krusten** *(duricrust, hardpan)* entstanden, französisch als *carapace* oder *cuirasse* (Rüstungsplatte), englisch/international in Anlehnung an *concrete* (Beton) nach ihrem jeweiligen Zementierungsmaterial bezeichnet (Lamplugh 1902). Eisenkrusten *(ferricrete)*, vielfach auch als Laterit bezeichnet, und ihre Ausfällung in einem warm-feuchten Milieu sind schon mehrfach angesprochen worden (Abb. 95, 106, 315, 319, 341, 371) und werden deshalb hier nicht weiter behandelt.

Klimageschichtlich bedingt stimmen heutige Vorkommen und das dort herrschende Klima meist nicht überein, auch wenn dies für **Kieselkrusten** (*Silcrete*, aus *silica* und *concrete*) häufig angenommen wurde: Da ihr Hauptuntersuchungsgebiet in den ariden Teilen Australiens liegt (Abb. 398), wurden sie meist als das Ergebnis von Kieselsäuremobilisierung und Ausfällung unter extrem wüstenhaften, alkalischen Bedingungen erklärt (zur Literaturübersicht Cooke et al. 1993, S. 62 ff.; Langford-Smith, ed. 1978). Erst Wopfner (1978) wies für Australien überzeugend nach, dass die **Einkieselung** zu Silcrete unter feucht-tropischem Klima abgelaufen ist. Das Gleiche gilt auch für die saharischen Silcretes (Busche 1983; Busche 1998, S. 32 f.) und wohl generell. Morphologisch sind Kieselkrusten bedeutend, weil sie wegen ihrer Härte seit der im Mitteltertiär einsetzenden Stufenbildung (Abb. 161 ff.) als **Stufenbildner** und Abtragungsschutz wirkten, auch außerhalb heute arider Regionen. (Im geologischen Sprachgebrauch wird diese Oberflächenbildung manchmal noch als **Quarzit** bezeichnet, der Begriff sollte aber nur noch für metamorph umgewandelte Sandsteine gelten.)

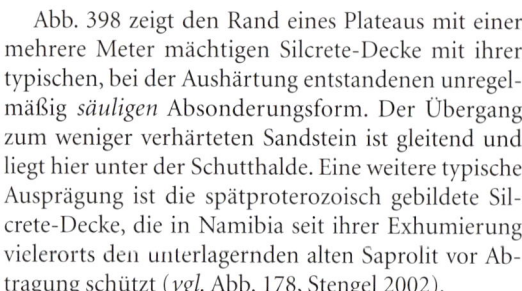

Abb. 398 zeigt den Rand eines Plateaus mit einer mehrere Meter mächtigen Silcrete-Decke mit ihrer typischen, bei der Aushärtung entstandenen unregelmäßig *säuligen* Absonderungsform. Der Übergang zum weniger verhärteten Sandstein ist gleitend und liegt hier unter der Schutthalde. Eine weitere typische Ausprägung ist die spätproterozoisch gebildete Silcrete-Decke, die in Namibia seit ihrer Exhumierung vielerorts den unterlagernden alten Saprolit vor Abtragung schützt (*vgl.* Abb. 178, Stengel 2002).

Die saharische Silcrete-Decke in Abb. 399 ist dagegen erst im *Mitteltertiär* auf einer küstennahen Rumpffläche gebildet worden (S. 18). Die säulige Struktur im Untergrund setzt sich an der Oberfläche in *kissenförmigen* Absonderungsformen fort, die besonders bei Windschliff in der Patina eine glänzende Oberfläche entwickelt. Diese Decke liegt in demselben Niveau wie weiter südlich die auch teilweise eingekieselte und noch miozän **verkarstete Eisenkruste** von Abb. 95. Unter der von feinem Schutt bedeckten Schluffdecke der Bildmitte liegt auch hier eine von vielen flachen **Lösungswannen** des Sandsteinkarsts, in deren junger Sedimentfüllung sich ein roter pluvialzeitlicher Boden entwickelt hat.

Die Abb. 400/401 zeigen eine vergleichbare Silifizierung, die in Mitteleuropa im mittleren Tertiär in denjenigen Sandlagen ablief, die wiederholt die später zu Braunkohleflözen transformierten Sümpfe überdeckt hatten. Dabei bildeten sich in ihnen kissenförmige Blöcke von einigen Quadratmetern Grundfläche zwischen unverfestigten Sanden, deren abgerundete Oberfläche vermutlich bereits wieder die Folge einer Kieselsäurelösung ist. Für diese auch als **Braunkohlen„quarzite"** bezeichneten Blöcke war von Anfang an eine Entstehung unter humiden Bedingungen abgeleitet worden. Einen Hinweis auf den damaligen Vegetationsbestand geben **eingekieselte Baumstämme**, wie sie auch aus fluvialen Sedimenten der Trias oder der Kreide bekannt sind.

Weite Flächen in semiariden Gebieten sind von **Kalkkrusten** bedeckt (*calcrete*, span.-amer. *Caliche*; u. a. Kempf 2000, Kap. 5; Cooke et al. 1993), mit einer vermutlich ausschließlichen Konzentration auf der polwärtigen Seite der Wüsten. Sie sind ganz überwiegend **Vorzeitformen**, sodass dieses Verbreitungsmuster auch die Folge verstärkter *Entfernung* durch Lösung auf der monsunalen Seite der Trockengebiete sein kann. Ihre Indikatorfunktion für ein bestimmtes rezentes oder vorzeitiges Klima ist gering, weil die Ausfällung hauptsächlich von der Abnahme des für die Löslichkeit von Kalk in Wasser verantwortlichen **Kohlensäuregehalts**, des CO_2-Partialdrucks im Boden-, Grund- oder Oberflächenwasser, abhängig ist und dies verschiedene Ursachen haben kann. In der Reliefgeschichte arider Gebiete markieren die ältesten, bei **schwankenden Grundwasserverhältnissen** ausgefällten Krusten allerdings den Übergang von dauerfeuchten Klimaten ständiger Kalklösung zu **wechselfeuchten Klimaten mit Ausfällung** und deren teilweiser Bewahrung.

Die im südlichen Afrika besonders verbreitet erhaltenen Kalkkrusten (*u. a.* Netterberg 1980) haben diesen Raum neben dem Südwesten der USA (*u. a.* Gile et al. 1966) zu einem Schwerpunkt ihrer Erforschung gemacht, von deutscher Seite vor allem mit dem Fokus auf Namibia (*u. a.* Blümel 1981; Eitel 1994), von wo auch die hier gezeigten Beispiele stammen.

Von den mehreren **Kalkkrustengenerationen** sind es besonders die älteren, die reliefbeeinflussend wirken. In Abb. 402 ist dies eine bis 80 m mächtige Kruste, die als **Grundwassercalcrete** eine vermutlich pliozäne Beckenfüllung zementiert hat. Dank Lösung und damit leichter Abspülung der *nicht* karbonatischen Sedimentanteile konnte darin noch im frühen Pleistozän eine Stufe mit vorgelagertem **Glacis** gebildet werden. Die Akkumulation selbst *verkarstete* bis zur Bildung begehbarer Höhlen. Auf dem auch durch fluviale Erosion wieder freigelegten Beckenboden entstand aus der aufgelösten Calcrete eine neue Kalkkrustengeneration.

Die weit verbreitete Kalkkruste in Abb. 403 liegt als vermutlich **pedogene**, in einem Bodenprofil entstandene Ausfällung als „Deckel" auf den jungtertiären fluvialen Kalahari-Sedimenten. In typischer Weise (Blümel 1981) sind die oberen Profilteile so stark verhärtet, dass sie als Baustein verwendet werden, während die unterlagernden Teile so weich sind, dass sich in wenigen Jahren im Anschnitt kleine **Halbhöhlen** bilden konnten.

Am Stufenrand in Abb. 404 ist die Basis dieser Kalahari-Sedimente als stufenbildende Grundwassercalcrete ausgebildet. Als Stufenbildner liegt sie diskordant auf einer **Rumpffläche**, die paläozoische Karoo-Sedimente schneidet. Die Stufe entstand hier als ein Steilufer des endtertiär mehrere Zehner Kilometer breit eingeschnittenen Fish River-Tals und ist heute als typisch ektropische Breiterrasse (*s.* Abb. 353) mit ihrer weißen Quarzschotterstreu aus dem wiederaufbereiteten Konglomerat von Abb. 350 erhalten.

▲ Abb. 402: Plateaurand und Stufe in mächtiger Kalkkruste *(Calcrete)*; Mittellauf des Ugab Rivier westlich Outjo, Nordnamibia.

▲ Abb. 403: Straßenanschnitt in flächenhaft an der Landoberfläche anstehender Calcrete; Ovamboland, Nordwestnamibia.

◀ Abb. 404: Calcrete als Stufenbildner über paläozoischen Karoo-Sedimenten; Weißrandstufe, Südnamibia.

Abb. 405: Kastental, eingeschnitten in kalkzementierte Schotter eines größeren Vorgängertals; Auob Rivier, Südnamibia.

Abb. 406: Dünne Kalkkruste auf einem Haldenhang in kalkfreiem Sandstein; Talrandstufe im Tsondab-Sandstein, Namib-Ostrand, Südnamibia (nahe bei Abb. 483).

Abb. 407: Verschieden alte Calcretes auf zwei Flussterrassenniveaus; südlich Marienthal, Südnamibia.

Kalkkrustenbildung ist ein bis heute in unterschiedlicher Intensität und Ausprägung immer wieder seit dem *Jungtertiär* ablaufender Vorgang. Dementsprechend kommen Kalkkrusten auch in **verschiedenen Reliefpositionen** vor. Unterhalb des Niveaus riesiger, durch Stufen begrenzter Kalkkrustenflächen wie in Abb. 402 – 405 liegt die Kalkkruste in Abb. 405 auf dem Boden einer **Breitterrasse**, die wohl zeitgleich mit der des Fish River am Fuß der Stufe von Abb. 404 ist.

Wie in Abb. 402 und 404 ist auch dies ein **Grundwassercalcrete**: Calcium- und teilweise auch Magnesium-Ionen wurden aus einem Grundwasserstrom harten Wassers bei CO_2-Entgasung in gleicher Weise ausgefällt, wie an oberflächlichen Wasseraustritten Sinterbildungen entstehen (Abb. 70 – 74; auch hydrothermal: Abb. 36). Nur wird die Entgasung dadurch ausgelöst, dass das Wasser aus der gesättigten Zone eines Grundwasserstroms in einen als Folge **schwankender Grundwasserführung** zeitweilig trockengefallenen oder zumindest nicht grundwassergesättigten Sedimentkörper eindringt. Die Kohlensäure entweicht in die offenen Poren; dementsprechend wird Calcit ausgefällt und ummantelt die Sedimentpartikel. Entscheidend für die Geschwindigkeit dieses Prozesses ist, wie *häufig* der Wechsel von vollständiger und partieller Wasserfüllung stattfindet und wie oft damit CO_2-Entgasung und Ausfällung wiederholt werden können. Die Kalkausfällung war und ist also, unter der Voraussetzung, dass überhaupt ein an Ca-Ionen reicher Grundwasserstrom ein Gebiet überhaupt erreicht, nicht klimatisch, sondern **milieudeterminiert**. Definierbare Niederschlagsmengen für ein spezielles „Kalkkrustenbildungsklima" kann es demnach *nicht* geben.

Heute bildet sich an Grundwasseraustritten am Boden des mit Akazien bestockten Kastentals ein **Sinterschleier** aus. Der Calcrete-Terrassenkörper an der Talkante ohne Grundwasseranschluss wird dagegen bei gelegentlichen Regenfällen angelöst. Die weißen Schlieren an der Kante sind jedoch rezente Ausfällungen aus gelegentlichem Hangwasserzufluss (= *Interflow*) aus einem angrenzenden Dünenkörper.

Durch einen derartigen Hangwasserstrom muss auch der Kalk von der Oberkante der Talrandstufe von Abb. 406 (s. Abb. 284) in die Schuttauflage des **Haldenhangs** eingebracht worden sein. Als weißes Band zeichnet sie das bis zum Talboden *gestreckte* Hangprofil nach. Für die bisher gezeigten Fälle ist die Herkunft des Kalks kein Problem, weil im Einzugsgebiet der Grundwässer Kalk liefernde Sedimente anstehen. Hier liegt das Einzugsgebiet aber in einem *kalkfreien* Sandstein, dessen auflagernder Paläoboden jedoch leicht karbonatisch ist. Auch in diesen kann der Kalk bei abwärtsgerichtetem (**deszendentem**) **Sickerwasserstrom** nur von außen, also als Staub durch die Luft gelangt, trocken abgelagert oder mit dem Regen aus der Luft ausgewaschen worden sein. Insofern könnte diese Kalkkruste auch eine *pedogene* Komponente haben, durch direkt von der Hangoberfläche infiltrierten Kalkstaub.

Gebiete mit in einem Bodenprofil entstandenem **pedogenen** Calcrete, in die der Kalk keinesfalls durch das Grundwasser, sondern allein durch die Luft gelangt sein kann, sind keine Seltenheit (Blümel 1991; Cooke et al. 1993, S. 57). Im Südwesten der USA ist ein beträchtlicher heutiger Kalkeintrag durch **Staub** gemessen worden (Schlesinger 1985).

Sowohl für den äolischen wie für den fluvialen Eintrag ist die **Aufarbeitung** älterer Kalkkrusten wichtig. Für Eitel (1994) erklärt sich die Abfolge von Kalkkrustengenerationen in Namibia weitgehend aus dem „Recycling" – er spricht von **Autozyklen** – älterer Kalkkruste.

Die Kalkkruste im Vordergrund von Abb. 407, wiederum durch den

18. Krusten · Calcrete, Klufterweiterung durch Kalkausfällung

Grundwasserstrom im Schotterkörper eines höheren Talbodens vor dessen Zerschneidung zur Terrasse ausgeschieden, kann also durchaus längs des Flusses durch Abspülung, Sickerwasser und Auswehung zur Kalklieferung für die tiefere Kalkkruste im Niveau der Niederterrasse beigetragen haben.

Die Abb. 408 und 409 zeigen die in Kalkkrusten sehr häufig zu beobachtende **Auflösung** des ursprünglichen Sedimentverbands. In Lockersedimenten stellt sich dabei die Frage, ob alte Strukturen gelöst und durch Kalk ersetzt worden sind oder ob Material verdrängt worden ist, es also – wie in diesen beiden Fällen – zu einer oft beträchtlichen **Volumenvergrößerung** gekommen ist (Cooke et al. 1993, S. 58). In dem Straßenbauaufschluss von Abb. 408 zeigen die scharfen Grenzflächen des durch seinen Bitumengehalt schwarzen Kalks keinerlei Lösungsspuren; so bleibt als Erklärung nur das mechanische **Auseinanderreißen** des Gesteinsverbands entlang seiner Schichtfugen und Klüfte.

Die reinen *Calcrete*-Lagen sind teils genauso dick sind wie die durch sie getrennten Bänke. Sie können eigentlich auch nur in der ungesättigten, **vadosen** Zone eines Grundwasserkörpers ausgefällt worden sein. Für das Auseinanderbrechen bietet sich, *analog* zu Frostsprengung und Eisrindeneffekt (Abb. 38, 352, 456) der Wachstumsdruck der Calcitkristalle an. Es bleibt aber die Frage, wie dann jeweils die für die nächste Durchfeuchtung und Kalkausfällung nötigen Passagen für das Wasser offen blieben.

Stimmt hier die Grundwasserhypothese, muss das Calcrete *sehr alt* sein, denn das Vorkommen liegt heute auf einem Pass innerhalb der Randstufe. Durchaus jünger dürfte die Kalkverbackung in dem auflagernden **Hangschutt** mit seinen vollständig kalkumhüllten Partikeln sein. In der Schichtung oben links hat die Kalkausfällung die Schichtung und Einregelung des Hangschutts nachgezeichnet.

In Abb. 409, ebenfalls in einer beim Straßenbau geschaffenen Bruchfläche, muss das Ausgangsmaterial ein aus kleinen **Quarzkieseln** bestehendes fluviales Sediment mit eingelagerten Schollen eines braunen Tonsteins gewesen sein. Im Zuge der Calcretebildung wurden die Kiesel und Sandkörner durch den sich ausfällenden Kalk allseitig auseinander gedrängt, wie in Abb. 423, ebenso wie die Tonsteinfragmente, zwischen denen bereits das fluviale Sediment lag. Unterhalb des Messers „schwimmen" so nur noch einzelne braune Bruchstücke in der Kalkkruste. Darüber hinaus weitete die Karbonatausfällung aber auch feinste Risse im Tonstein um mehrere Millimeter auf, sodass eine **Ausdehnungsbrekzie** entstand. Fragmentierung und Umhüllung müssen *gleichzeitig* mit der Aushärtung abgelaufen sein, da in der beigefarbenen Matrix keine Verwürgungen wie bei periglazialer Kryoturbation (Abb. 448 f., 457 f.) erkennbar sind.

Eigentlich hätte zum Ende der Entwicklung ein *porenfreies* Material entstanden sein müssen. Schneeweiße Calcrete-Bänder, die sich im Mittelteil des Blockes deutlich vom Beige der übrigen Rissfüllungen unterscheiden, belegen jedoch, dass es – wie auch immer – noch eine *spätere Infiltrationsphase* gegeben haben muss.

▲ Abb. 408: Kluftnetzerweiterung durch Calcretebildung in Schwarzkalk; Zarishogte-Pass, Südnamibia.

▼ Abb. 409: Kieselumhüllende und an Klüften und Rissen in roten Tonstein eingedrungene *Calcrete*; südlich Rehoboth, Zentralnamibia.

18. Krusten · Pedogene Kalkkruste, Kalkkonkretionen

▲▲ Abb. 410: Plattig ausgeschiedene Kalkkruste im Übergang zu plattig aufgelöstem Saprolit; südlich Rehoboth, Zentralnamibia.

▲ Abb. 411: In kleinen und großen Konkretionen im Boden einer alten Flussterrasse angereichertes Calcrete; östlich Gross Brukkaros, Südnamibia.

▼ Abb. 412: Konkretionen aus dem Bereich von Abb. 411.

Die Kluftweitung durch die gelblich angewitterten Bänder der Calcrete hat auch in Abb. 410 zu einer **Brekziierung** geführt. Anders als in Abb. 408 wurde hier die etwa horizontale Schichtung des Wirtsgesteins *(host rock)*, eines weichen karbonatfreien Tonsteins, nur ungefähr nachgezeichnet. Nahe der Oberfläche besteht die Aufschlusswand überwiegend aus Calcrete mit nur wenigen Tonsteineinschlüssen. Die mit der Tiefe abnehmende Dicke der Kalklagen erklärt sich am ehesten aus einer **deszendenten** (= absinkenden) Bewegung des karbonatreichen **Bodenwassers**, nachdem der eingetragene Staub zuvor dank des durch die Atmung der Bodenorganismen hohen CO_2-Gehalts im einstigen Oberboden gelöst worden war.

Wie in Abb. 408/409 findet sich kein Hinweis darauf, dass Ton in Lösung abgeführt und dessen Platz volumenneutral durch Kalk ersetzt worden wäre. Die mit der Aufweitung von Klüften und Rissen verbundene **Volumenzunahme** weit über die bloße Füllung von Poren hinaus muss zu einer entsprechenden *Hebung* der Bodenoberfläche geführt haben, da der Druck weder zur Seite noch nach unten weitergegeben werden konnte. So ist denkbar, dass mit zunehmender Tiefe und damit wachsender Auflast die Hebung durch das Kristallwachstum immer weniger möglich war und die Calcrete-Lagen nicht nur deshalb nach unten Tiefe dünner wurden, weil der meiste Kalk schon in geringerer Tiefe ausgefällt worden war.

Der Aufschluss in Abb. 411 ist Teil einer alten Schotterakkumulation des Fish River im **Breitterrassen**niveau. Einige **Reliktschotter** aus Quarz und anderen sehr resistenten Gesteinen sind im **Steinpflaster** und vorne rechts in der Wand erkennbar. Die braune Farbe ist das Ergebnis einer alten **Bodenbildung**, die unregelmäßig körnige Textur darin sind Anschnitte in teils lamellenartigen (links), teils unregelmäßigen **Kalkkonkretionen**. Da Verbraunung durch Freisetzung von Eisen erst nach vorangegangener Entkalkung stattfinden kann (Scheffer/Schachtschabel 1992, S. 371), muss die Konkretionsbildung *jünger* als die Bodenbildung sein.

Derartige Konkretionen, als **noduläres Calcrete** bezeichnet, scheinen typisch für pedogene Kalkkrustenprofile mit darüber lagerndem weichen und/oder harten Horizont zu sein, wie in Abb. 403. Da der noduläre Horizont hier an die Oberfläche grenzt, müssen die höheren Profilteile abgetragen worden sein. Für eine nicht unbeträchtliche Tieferlegung der Bodenoberfläche und damit Anreicherung spricht die dichte Lagerung der mehr oder weniger kugeligen beigefarbenen Konkretionen im Steinpflaster, in Abb. 412 im Detail gezeigt, die im Boden nur in weiten Abständen vorkommen.

Die in Abb. 412 aufgeschlagenen **Konkretionen** zeigen, dass eine durch den Einschluss von Bodenpartikeln braune **laminare** Kalkkruste konzentrisch um einzelne Kiesel – meist aus Quarz – herum ausgefällt worden ist, dass (links davon) aber auch die gleiche Textur ohne einen Anlagerungskern entstehen konnte. Die beigefarbene raue Außenhaut ist, wie die drei Restschotter oben rechts zeigen, erst in einer *jüngeren* Phase ausgefällt und im Steinpflaster teilweise wieder in Lösung gegangen. Der Napf in der Mitte unten ist eine halbierte Konkretion, die nach dem Herauswittern ihres Kiesels ihren Überzug erhielt. Die gleiche Farbe der unregelmäßigen Nodule und der Überzüge spricht für eine *zeitgleiche* Ausfällung in dieser zweiten Phase der Calcretebildung in dem Paläoboden.

Laminare Krusten werden allgemein als an der *Erdoberfläche* entstandene **Sinterbildungen** erklärt (Blümel 1981, S. 194 ff.). Für diese eindeutig laminar

18. Krusten · Kalkzementierte Flusssedimente

aufgebauten Konkretionen, die nach allen Seiten gleichmäßig wachsen konnten, trifft dies sicherlich *nicht* zu.

Während pedogene Kalkkrusten bestenfalls eine nach unten ausdünnende Mächtigkeit von wenigen Metern haben, sind die durch die Calcium-Ionenzufuhr mit einem Grundwasserstrom geschaffenen Kalkzementationen in ihrer Dicke offenbar lediglich durch die Mächtigkeit des durchströmten Schotterkörpers beschränkt worden. In der in Abb. 413 gezeigten, bis um 30 m tief eingeschnittenen Schlucht von Sesriem zeigt sich bis zu ihrem Boden das gleiche harte Kalkkonglomerat wie an der Oberkante (Abb. 414). Die vermutlich altpleistozänen Sedimente zeigen keine fluviale Schichtung, lediglich weit abständige horizontale Absonderungsfugen. Die *matrixgestützte*, durch Feinmaterial getrennte Lagerung der Schotter ist typisch für **Schlammströme** (s. Abb. 263), deren Sedimentcharakteristik demnach lediglich kalkverhärtet wäre. So eindeutig die Befunde für eine **Volumengrößerung** in den Abb. 408 – 410 sind: bei einer derart hohen Auflast wie hier ist nicht anzunehmen, dass Schotter aus unteren Profilteilen in gleicher Weise wie nahe der Oberfläche noch denkbar nach oben auseinander gepresst worden wären. Letztlich könnte aber nur die Dünnschliffanalyse zeigen, ob – wie vielfach angenommen (Cooke et al. 1993, S. 58) – andere Partikel aufgelöst und durch Kalk ersetzt wurden oder ob das *ursprüngliche* Porenvolumen groß genug war, dass allein dessen Verfüllung für die Zementierung ausreichte.

Ein noch viel ausgedehnteres und wahrscheinlich gleich altes Calcrete-Konglomerat wie das des Schlammstromfächers bei Sesriem zeigt der Ausschnitt der Kuiseb-Terrassenlandschaft in Abb. 415. Die scheinbare Mauer im Vordergrund ist eine Terrassenkante in einem nahe der Oberfläche kugelig abgesonderten Calcrete. Die dadurch versinterten Schotter bestehen neben dem ausgewitterten weißen **Gangquarz** auf der Terrassenfläche fast ausschließlich aus perfekt eiförmig zugerundeten klaren Quarzen mit hellbrauner Verwitterungsrinde aus dem östlich anschließenden Hochland.

Auch die wie Lockersediment aussehenden Schleppen an den Hängen aus karbonatfreiem Quarzglimmerschiefer bestehen aus den gleichen Schottern und sind in gleicher Weise *hart* zementiert. Der Kalk dafür kann nicht oder nicht nur als Staub angeliefert worden sein, denn dann müsste der Zementationsgrad überall gleich sein. Nach Ward (1987, S. 69) nimmt aber der **Zementationsgrad** nach Osten, zur Randstufe *(escarpment)* deutlich zu, sodass ein aus dem Hochland kommender Grundwasserstrom die Kalkquelle sein muss. Die gewaltige fluviale Sedimentausräumung unter das Niveau der obersten Schotter und die damit verbundene *Glacisbildung* kann erst in Verbindung mit Lösung nach der Calcretisierung geschehen sein, weil danach die oberen Hangschleppen nicht mehr vom Grundwasserstrom erreichbar gewesen wären.

▲ Abb. 413: An einer Schlucht tief aufgeschlossenes, durchgängig kalkzementiertes Flusssediment; Sesriem, Namib-Ostrand, Südnamibia.

◀ Abb. 414: Detail desselben Calcrete-Terrassenkörpers; Tsauchab-Tal, Namib-Naukluft-Park, Südnamibia.

▼ Abb. 415: Kalkverkittete Schotter, flächenhaft und als Erosionsrampen (Glacis) an den Hängen; Region Kuiseb-Tal, Südnamib.

18. Krusten · Kalkzementierte Terrassenkörper

▲ Abb. 416: Kalkzementierte Schlammstromterrasse mit Lösungshohlkehle am Flussbett; Salzausblühung; nördlich des Brandberg, Nordnamibia.

▼ Abb. 417: Aufschlussdetail zu Abb. 418, mit tafoniartiger Lösungsform auf einem Terrassenabsatz.

▼▼ Abb. 418: Zu mächtiger Kalkkruste verfestigte Schwemmfächerakkumulation; Fuß des Gross Brukkaros, Südnamibia.

Kalkzementierte Flussterrassen in heute semiariden Gebieten sind in mehrfacher Weise ein Hinweis auf vorzeitlich zumindest jahreszeitlich *feuchtere* Klimate, nötig für die gegenüber heute stärkere Hangschuttaufbereitung, für die nur bei Starkregen mögliche Auslösung von **Schlammströmen** (Abb. 413), die aber auch bei kleinem Einzugsgebiet Talsysteme meterhoch verfüllen konnten wie in Abb. 416. Schließlich musste für die Bildung der Grundwasser- oder phreatischen Kalkkrusten ein regelmäßiger Grundwasserstrom die wie auch immer in ihn gelangten Ca-Ionen liefern und verteilen. Nicht zu unterschätzen sind auch die Niederschläge für die *Ausräumung* selbst kalkverbackener Terrassen aus Gebieten, in denen schwächere Fluten zuvor ihr Sediment hatten absetzen müssen.

Auch der **kalkzementierte Schlammstrom** in Abb. 416 ist aus dem Haupttal weitgehend entfernt worden, mit Ausnahme seiner untersten Teile, der den zementierten, *terrazzoartigen* Boden vieler namibischer Täler bildet (Abb. 347). Die weiße Decke ist ausgeblühtes Salz, nicht Kalk, was für einen nur geringen Karbonatgehalt im heutigen Flusswasser spricht. Die **Hohlkehle** in dem Grundwassercalcrete dürfte in einer Kombination von seitlicher Unterschneidung (Abb. 270) und Lösung geschaffen worden sein, die einzelne fest einzementierte Schuttstücke von ihrer Kalkumhüllung befreit hat.

Für die Kalkherkunft bleibt hier und in Abb. 418 wieder nur der **Staubeintrag,** da ältere Kalkkrusten im Einzugsgebiet kaum vorkommen und für die Freisetzung aus Feldspäten der metamorphen Gesteine zur Zementationszeit die chemische Verwitterung nicht mehr ausgereicht haben kann. Auch am Brukkaros (Abb. 133, 302) hätten wenige Karbonatitgänge (einer fast nur aus Calcium bestehenden Lava) in seinen sonst kalkfreien Gesteinen keinesfalls die Kalkmengen liefern können, die einen mehrere Meter mächtigen, aus dem intramontanen Becken des Berges heraus geschütteten Schwemmfächer standfest verfestigt haben.

Nicht unbeträchtlich müssen auch die zeitweiligen Niederschlagsmengen gewesen sein, die bei dem kleinen Einzugsgebiet erst den kilometerweiten Transport des groben Schutts (Abb. 417), später dessen häufige Durchsickerung und Verfestigung zu einem **Fanglomerat** (aus *fan* = Schwemmfächer und *Konglomerat*) und noch später wieder dessen weitgehende Ausräumung ermöglichten. Pedogene Zementation hätte zur Verfestigung von mehreren Metern nicht gereicht und es fehlt auch jede vertikale Differenzierung. Es muss also eine Kombination aus Kalkstaubeintrag, dessen anschließende Auflösung und letztlich die Ionenverfrachtung in einem Grundwasserstrom gegeben haben.

Eine komplizierte Verkalkungsgeschichte ist im schon in Abb. 335 gezeigten Karpfenkliff (Abb. 419; Kempf 2000, 420 ff.) aufgezeichnet. Sichtbar wurde sie durch das selektive Abwittern einer ebenfalls kalkversinterten **Schmutztapete,** die in feuchteren Zeiten von oben her die Wand überdeckte und oben links noch in Resten erhalten ist. In der Bänderung des Übersichtsbildes und im Detail (Abb. 419) sind dünne Kalklagen wie in Abb. 410 unten zu sehen; im Feinmaterial dazwischen ist Kalk überall – nur mit verd. Salzsäure nachweisbar – fein verteilt.

Dazu kommen unregelmäßige, längliche, ± senkrecht orientierte runde Gebilde, die dank des langsamen Herauswitterns der weniger verfestigten Matrix freipräpariert worden sind. Es handelt sich dabei um die ungefähre Nachzeichnung ehemaliger Pflanzenwurzeln als Calcrete-**Pseudomorphosen** (der Größe nach mindestens von Sträuchern), teils aber auch um **Rhizome** – das Wurzelgeflecht – von Schilfbeständen. Zusammen mit bräunlichen Bändern, in denen Bo-

18. Krusten · Wurzelnachzeichnung durch Kalkausfällung

denbildung bewahrt worden ist, belegen die Inkrustierungen, dass es in der Sedimentationszeit einen *häufigen Wechsel* von Feinmaterialsedimentation, Bodenbildung und Sumpfphasen gegeben hat.

Die Verkalkung der ausgefaulten Wurzeln als eine Form der **pedogenen** Krustenbildung dürfte dabei *mehrfach* im Verlauf der Sedimentation erfolgt sein, weil sonst die Hohlformen nicht erhalten geblieben wären. Auch **noduläre** Horizonte gehören dazu. Die Bänderung gehört dagegen zum Typ der **Grundwasser-Calcretisierung**. Sie geschah wahrscheinlich im Zusammenhang mit der betonharten Verfestigung einer abschließenden Quarzschotterakkumulation ähnlich der von Abb. 415 und hat in gleicher Weise die gesamte Mächtigkeit des Profils erfasst.

Die als helle Bänder angeschnittenen Ausfällungsschichten zeichnen eine leichte Fragmentierung und Verdrängung des zu jener Zeit wohl noch plastisch reagierenden Sediments nach. Eine Volumenvergrößerung scheint es in diesem Profil *nicht* gegeben zu haben. Die Schotter – außerhalb des Bildes – sind ebenso wie die des Brukkaros-Fächers in Abb. 417 nur ummantelt worden und in ihrer ursprünglichen Position geblieben.

Das Calcium für die mehrphasige Zementierung des Karpfenkliffs in einer kalkfreien Gesteinsumgebung kann in den mit Bodenbildung verbundenen Phasen nur durch äolischen Transport, als abgesetzter oder bei Regen ausgewaschener **Staub** eingetragen worden sein. Für die Sumpfphasen und vor allem die abschließende Schotterzementation ist wiederum eine Kalkanlieferung mit dem Grundwasser aus dem im Osten angrenzenden Hochland anzunehmen.

Eine mit Sicherheit aus dem unterlagernden Gestein stammende Calciumquelle hat die Verkalkung eines tonigen bis feinsandigen Sediments in Abb. 421 ermöglicht. Es handelt sich um den abgestürzten Block eines heute zerschnittenen Sedimentkörpers, der *pluvialzeitlich* von einer Quelle auf der Kuppe eines stark abgetragenen Vulkanschlotkomplexes aufgebaut wurde. Damit gehört er zu einem Typ von Kalkkruste, der eng mit den Kalksinterbildungen von Abb. 70 – 74 verwandt ist.

Die Löcher in der Kruste sind durch das **Auswittern** des Wurzelgeflechts eines Schilfsumpfs und anderer Pflanzen, zwischen dem in einem ständig durchflossenen Sumpf Schlamm abgesetzt worden war, entstanden. Die flächenhafte **Entgasung** von der Wasseroberfläche und der CO_2-Verbrauch der Vegetation aus der bodennahen Luft bewirkten eine intensive Kalkausfällung, gefolgt von späterer Aushärtung bei der Austrocknung des Quellsumpf. Eine solche **biogen-exhalativ** entstandene zelluläre Kruste ähnelt auch in der Genese Sumpferz-Eisenkrusten wie in Abb. 349.

◀ Abb. 419: Calcifizierte Pflanzenwurzelgänge und bei pedogener Kalkausfällung gebildete Leisten, durch differenzierte Lösung aus dem Calcrete der Terrasse herauspräpariert. Detail zu Abb. 420.

▲ Abb. 420: Kalkzementierte vielphasige Sumpfsedimentterrasse mit lösungsgesteuerter Wandübersteilung und Abri-Bildung; Karpfenkliff, Zentralnamibia (*vgl.* Abb. 335).

◀ Abb. 421: Zelluläre Kalkkruste aus ausgehärtetem Quellsumpfsediment; die Löcher zeichnen ehemaliges Wurzelgeflecht nach; Vorland des Gross Brukkaros, Südnamibia.

18. Krusten · Typen von Kalkkruste/Calcrete

▲ Abb. 422: Calcrete mit Schottern eines älteren Calcrete; Nordwest-Namibia.

▼ Abb. 423: Calcrete mit Quarzkieseln und Bruchstücken eines älteren Calcrete (rostbraun); südlich Rehoboth, Zentralnamibia.

Als Ergebnis verschiedener Arten der Ausfällung und sich überlagernder **Generationen** von Kalkkrusten gibt es recht unterschiedliche **Erscheinungsformen** und Spuren, die auf mehrere Bildungsformen und -phasen in *einem* Stück Calcrete hinweisen. Die massive, einige Dezimeter dicke Kalkkrustenplatte in Abb. 422, entlang geradliniger, vermutlich tektonisch angelegter Bruchkanten rund verwittert und vor der Aufrichtung beim Straßenbau an ihrer Unterseite angeätzt, stammt aus der Decke von Abb. 403. Sie zeigt, dass ihre Entwicklung komplizierter verlaufen ist als die einer nahe der Oberfläche stark und darunter im zeitgleichen Profil schwach zementierten Schicht.

Der rechte Teil ist hellbräunlich gefärbt und schieferähnlich gebrochen. Links davon setzt an einer scharfen Grenze eine eher cremefarbene Matrix ein. (Die schwarzen Punkte sind aufwachsende Algen, wie an der Oberkante.) Darin eingeschlossen sind runde bis gut kantengerundete Schotter, die ihrerseits auch aus – allem Anschein nach – fluvial transportierten und dabei gerundeten Calcrete-Bruchstücken bestehen. Eine senkrecht stehende schmale, etwa hammerstiellange Ellipse rechts neben dem großen dreieckigen Geröll besteht ihrerseits bereits aus Calcrete-Fragmenten. Makroskopisch lassen sich also mindestens *vier* miteinander verkittete Bildungsphasen unterscheiden, eine nicht selten zu machende Beobachtung in scheinbar einfach nur pedogen aufgebauten Krusten.

Noch komplizierter ist das Bild in Abb. 423. Mit den in ihr eingeschlossenen, elliptisch angeschnittenen **Quarzkieseln** ähnelt sie dem hellen Teil der Kruste von Abb. 409, stammt auch aus derselben Calcrete-Oberfläche. Außer ihnen stecken auch Sand- und Feinkieskörner in der cremefarbenen Matrix. Ähnlich wie die Tonsteine durchschneidet sie hier im oberen Drittel ein genau so aufgebautes, nur *hellbräunliches Calcrete*, um die sich im unteren Drittel an mehreren Stellen ein heller millimeterbreiter Rand zieht. Daneben gibt es auch gelbbräunliche Einschlüsse oder eine derartige Umfärbung sowohl am Rand der Matrix als auch der Einschlüsse. Deren unregelmäßige Begrenzungen, besonders bei den größeren Stücken, und fließende Grenzen sprechen für **Anlösung** und **Materialersatz** neben der **Volumenvergrößerung** in der Matrix. Das Stück ähnelt einer wahrscheinlich noch präpleistozänen Kruste, die in der Kalahari in den so genannten Botletle-Schichten verbreitet ist. Auch hier liegt wieder eine mehrphasige unverstandene Entwicklungsgeschichte vor, die mit einem fluvialen Sediment aus schwer verwitterbaren Bestandteilen begann.

Die **Lamellenkruste** in Abb. 424 ähnelt jener der kugeligen Konkretionen von Abb. 412, nur umhüllt sie hier einen Konglomeratblock, der seinerseits aus einer hellbraunen Kalkumhüllung der schon bekannten klaren Quarzkiesel besteht. Angeschnittene Lamellen besonders unten links am Block zeigen, dass er

▲ Abb. 424: Drei Kalkkrustentypen: konkretionär (links), schotterzementierend und laminar, Südnamibia.

▲ Abb. 425: Laminarer Aufbau eines Calcrete, durch Lösung nachgezeichnet; Südnamibia.

▲ Abb. 426: Kalkausfällung im Tonsteinsaprolit mit Nachzeichnung alter Kernsteine, im Anschnitt als Leisten sichtbar; verwittertes Anstehendes unter der Schwemmfächerkalkkruste von Abb. 418.

von außen stark *angelöst* worden ist. Einige kleine „Gerölle" der Bodenstreu, u. a. oben rechts, haben Überzüge wie die Konkretionen in Abb. 412. Links neben dem Messer liegt ein völlig anderer Typ von Kruste, unvollständig zusammengebacken aus kleinen Nodulen mit noch offenen Zwischenräumen, in denen wohl einmal Bodensubstrat steckte. Die glatte Oberfläche erscheint angelöst. Eine schwer zu ordnende Kalkkrustenvielfalt in einem Steinpflaster.

Die zitierte gängige Lehrmeinung (Abb. 412), dass **Lamellencalcrete** als eine Art Sinterkruste an der Erdoberfläche auf anderem Calcrete ausgefällt worden sei, lässt sich weder dort, in Abb. 424 noch in Abb. 425 halten. Hier sind die Lamellen an der Oberfläche *senkrecht* angeschnitten. An anderen Stellen aufgeschlossen, zieht sie sich wohl auch hier unter dem an Klüften abgesonderten braunen Kalksteinblock mit kleinen Lösungsnäpfen herum, ebenso wie um die kleineren Bruchstücke oben links. Außer in der Geometrie entspricht sie den Konkretionen von Abb. 412 als eine Abfolge von Ausfällungen aus einer Boden- oder Grundwasserlösung. Unklar ist, ob auch hier Klüfte durch das Kristallwachstum allmählich geweitet wurden wie in Abb. 408, oder ob hier durch Karstprozesse im anstehenden Kalk aufgeweitete Klüfte laminar verfüllt wurden, wie dies im Schwarzkalkgebiet geschehen ist.

Das feinädrige Geflecht dünner Kalkbändchen in Abb. 426 ist in saprolitisiertem Tonstein vermutlich durch **Infiltration** während der Zementation des auflagernden Schotterkörpers von Abb. 417/418 entstanden. Was wie die Profile von Schottern aussieht, sind vollständig durchgewitterte kleine **Kernsteine** wie jene von Eisenausfällung umhüllten im Granit von Abb. 101. Wie dort sind auch Risse quer durch die Kernsteine von einer dünnen Kalklage plombiert worden. Das durch die Lösungsabfuhr bedingte große Porenvolumen im Saprolit bot genug Platz für die Bildung durchgehender Calcreteflächen.

In den Abb. 427 und 428 sind zwei Details zur starken **Verkarstung** (Abb. 48 ff.) der mächtigen älteren Kalkkrusten gezeigt, die an der Oberfläche, etwa auf der Weißrandstufe (Abb. 404), zu einer Vielzahl von meist runden und flachen Lösungsdolinen (afrikaans/engl.: *pan*) und im Untergrund, wie erwähnt (Abb. 402), sogar zur Höhlenbildung geführt hat.

Eine von vielen **Lösungstaschen** ist in einem blättrig ausgefällten Calcrete angelegt, in dem auch wieder vereinzelte Quarzkiesel stecken. Die Matrix der **Karstschlotten** (s. Abb. 669) besteht aus **Terra Rossa** (Abb. 50), die Füllung aber hauptsächlich aus eben jenen Quarzkieseln. Für solch eine typische Konzentration von Kieseln müssen etliche Meter Calcretedecke mit wechselnder Dynamik aufgelöst worden sein, da sich die Schlotten, wie auch in Abb. 428, erst gebildet haben kann, als die heutige Oberfläche erreicht worden war. Ebenso erfordert die Terra Rossa, die ja lediglich aus den unlösbaren klastischen Residualbestandteilen eines Kalks besteht, eine beträchtliche Lösungskonzentration.

Das Gegenstück des dünnen, rot gefärbten Bandes am linken Rand der Schlotte von Abb. 427 ist in Abb. 428 freigewaschen worden. Beide Schlotten waren ursprünglich von einer heute teils durch Lösung entfernten weißen Kalkkruste ausgekleidet, die, wie abschnittsweise erkennbar ist, auch **laminar** angelegt ist. Nach oben zeichnet das Band die Aufweitung der Schlotte zu einer flachen Wanne nach. Ebenso wenig wie in den früheren Beispielen ist hier keine an der Bodenoberfläche abgelaufene vielphasige Sinterüberkleidung anzunehmen, wobei Überhänge und Konkavitäten nicht derart hätten ausgekleidet werden

können. Außerdem hätte der Sinter dann am abflusslosen Boden der Hohlform am dicksten und nicht gerade am dünnsten sein müssen (am Hammerkopf).

Die Quarzschotterfüllung entspricht der des vorigen Bildes, nur mit stärkerer Bodenauswaschung. An dieser Stelle ist aber die Abtragung der Kalkkruste *vor* der Schlottenbildung schon so weit fortgeschritten gewesen, dass fast das unterlagernde Anstehende erreicht war (links als saprolitisierter Schiefer erkennbar).

Unter sämtlichen Varianten des gegenwärtigen semiariden Klimas in Namibia werden die Kalkkrusten derzeit **gelöst** oder sind in der jüngeren Vergangenheit gelöst worden. Dies führt dazu, dass an vielen Landoberflächen überhaupt *keine* Spur von Calcrete mehr zu finden ist. Regelmäßig ist dies jedoch an frischen Anschnitten der Fall, wie hier in einem stark geklüfteten, kalkfreien Tonstein. Hier sind es nur dünne Überzüge, die sich auf wenig auseinander bewegten Kluftflächen gebildet haben. Im Schwarzkalk können so, allein in dessen durch Verkarstung geweiteten Klüften, dicke laminare Auskleidungen bewahrt worden sein, die aber gegenwärtig von der Mitte der Verfüllung her aufgelöst werden.

Die für die Landschafts- und Klimageschichte wichtige Frage, *wann* denn verschiedene Kalkkrusten gebildet worden seien, lässt sich bis jetzt nur mithilfe deren Korrelation mit anderen datierbaren Reliefelementen erfassen. Für die Radiokarbonmethode sind die meisten zu alt und das Material ist zu sehr aus unterschiedlich alten Anteilen zusammengesetzt. Für den überlegten Einsatz anderer Datierungsmethoden müssten aber zuvor wohl noch einige der vielen offenen Fragen zur *Calcretegenese* geklärt werden.

▲▲ Abb. 427: Lösungstasche (Karstschlotte) in einem Flussterrassen-Calcrete, gefüllt vom Lösungsrückstand aus Quarzschottern in Terra Rossa; südliche Rehoboth, Zentralnamibia.

▲ Abb. 428: Mit laminarer Kalkkruste ausgekleidete Schlotte in einem Flussterrassen-Calcrete, mit durch Lösung aufkonzentrierten Quarzschottern; südlich Windhoek, Zentralnamibia.

▼ Abb. 429: Pedogene Kalkausfällung auf Klüften als Vorzeitform: von der Oberfläche her bereits wieder aufgelöst; Südnamibia.

18. Krusten · Gipskruste/Gypcrete

▶ Abb. 430: Rezente Gipskruste (weiß) unter dem Steinpflaster einer Terrassenoberfläche; Küste bei Cape Cross, Nordnamibia.

Die Genese von **Gipskrusten** *(Gypcrete)* ist noch mindestens so umstritten wie die der Kalkkrusten (Cooke et al. 1993, S. 54 ff.). In Namibia kommen sie in einem bis über 50 km breiten Streifen entlang der Küste vor. Da die **Küstennebel** etwa so weit ins Land reichen, sind zahlreiche Theorien über den Eintrag des für die Gipsbildung unabdingbaren Sulfats durch Nebelnässen und die Umwandlung einer Kalk- ($CaCO_3$) in eine Gipskruste ($CaSO_4$) entwickelt worden, kritisch diskutiert bei Kempf (2000, 217 ff.). Jede dieser Hypothesen krankt aber an chemischen Problemen und der Tatsache, dass das Küstennebelwasser sich gerade durch *extreme Reinheit* und Neutralität auszeichnet (Goudie & Parker 1998, S. 350).

Für die Trockengürtel der Nordhalbkugel ergab dagegen die Forschung, dass nahezu alle Gypcretes durch die Zufuhr und Akkumulation aus bereits *vorhandenen* Gipsliefergebieten stammen (Watson 1979), insbesondere Schotts, Sebkhas und auch die nordamerikanischen Playas, in denen der Gips durch Verdunstung als **Evaporit** ausgefällt worden ist. Diese leicht löslichen Gipskrusten sind deshalb auch *jung*, da sie erst nach dem letzten Pluvial und dem Austrocknen der genannten Becken entstanden sind. Dazu kommen noch die in gipshaltigen Grundwasserströmen gebildeten großkristallinen **Sandrosen**, die schon in wenigen Jahren auskristallisieren können.

Für die möglicherweise bis 10 000 km² große Hauptgipskrustenfläche der Namib, die nach ihrer Verzahnung mit fluvialen Terrassen jünger als die Hauptkalkkrustenfläche sein muss und eindeutig eine Vorzeitform ist (Kempf a. a.O), wird dagegen ein zum Teil bis vor das Pleistozän zurückgehendes Alter angenommen. Die teilweise mehrere Meter mächtige Gipsakkumulation kommt in verschiedenen Erscheinungen vor, von faserigen Kristallen bis zu kompaktem Alabaster. In den beiden Fotos, dicht an der Küste aufgenommen, ist sie durch eine **Paläobodenbildung** braun eingefärbt und zeigt erst im Anschlag die weißen Gipskristalle (Abb. 431). Das wie bei den meisten Kalkkrusten seiner ehemals auflagernden Profilabschnitte beraubte und gekappte Profil ist von einem scherbigen **Steinpflaster** überdeckt, das von einem nahe gelegenen Hügel herabgeschwemmt worden und heute immobil ist; man erkennt es an seinem Bewuchs mit orangefarbenen **Flechten** (vorn rechts) und anderen Arten.

In Abb. 430 liegt zwischen den Resten desselben braunen Bodens und dem wie auch im anderen Bild stark angewitterten Oberteil der Kruste unbekannter Mächtigkeit eine Lage von weißem, pulverförmigen bis krümeligen weißen Gips, offensichtlich eine geringmächtige **Neubildung** über der alten Kruste. In geringer Entfernung gibt es eine größere Lagune (Abb. 652), die heute an der Oberfläche eine Salzkruste trägt, in der in der jüngeren Vergangenheit auch Gips ausgefällt und dann von den vorherrschenden Westwinden ausgeweht worden sein kann. Bei gelegentlichen Regen muss der Gips dann in den braunen Boden eingewaschen worden sein, vermutlich auch durch das Steinpflaster aus feinem Kies des Omaruru-Flusses hindurch, auf dessen vermutlich jungpleistozäner Terrasse die alte sowie die dünne neue Gipskruste gebildet worden sind.

Da die Hauptgipsterrasse eine vorzeitliche Bildung ist und heute trotz sehr geringer Niederschläge angelöst wird, kann ihre Bildung auch *nicht* mit den heutigen Umweltbedingungen erklärt werden. Die für diesen Aufschluss beschriebene Situation bietet sich als Modell für die Gypcrete-Genese an (Kempf 2000, 237 ff.). Während des letzten kaltzeitlichen Meerestiefstandes lag die Küstenlinie etwa 100 km weiter westlich am Schelfrand. Vom Schelf sind bedeutende, wahrscheinlich miozäne Pyrit- (Schwefelkies-) und Gipslagerstätten bekannt. Aus diesen und aus neu entstandenen Evaporationspfannen auf dem trockengefallenen Schelf können bei aridem Klima und kaltzeitlich höheren Windgeschwindigkeiten **Gipsstäube** landeinwärts geweht worden sein. Danach wurden sie entweder in jahreszeitlichem Wechsel oder in feuchteren Phasen der letzten Kaltzeit in den Boden eingewaschen und in ihm als Gipskruste ausgefällt.

▼ Abb. 431: Ältere, braun angewitterte Gipskruste unter grobem Steinpflaster; Omaruru-Mündung, Nordnamibia.

19. Periglazialformen · (Geli)solifluktion

Gegenstand dieses Kapitels sind **Periglazialformen**, seit v. Lozinski (1909; s. Karte 1979) verstanden als Formen, die dem ursprünglichen Wortsinn nach in der Umgebung eines Gletschers entstanden sind, dort auch vorkommen können, aber tatsächlich Formen sind, die durch frostgesteuerte Prozesse entstehen. Als **rezente** Formen treten sie in den polaren und subpolaren Breiten sowie in Hochgebirgen bis in die Tropen auf (Karte 1979), und als **Vorzeitformen** in den Regionen, die in den pleistozänen Kaltzeiten entsprechenden Frostklimaten ausgesetzt waren. Die Vielfalt ihrer Formen ist in den zahlreichen Schwarzweißbildern des Lehrbuchs von Washburn (1973) dargestellt; bei Büdel (1977, S. 67 ff.) sind zum rezenten Periglazial auf Spitzbergen durchgeführten Studien sowie die zum Periglazial der Mittelbreiten zusammengefasst dargelegt. Drei deutschsprachige Lehrbücher (Karte 1979, Weise 1983, Semmel 1985) befassen sich ausschließlich mit dem Periglazial, daneben ist es Gegenstand in allen Geomorphologie-Lehrbüchern (u. a. Ahnert 2003, S. 137 ff.; Louis & Fischer 1979, S. 159 ff.). Im Deutschen werden, mit unterschiedlichen Definitionen, nebeneinander die Begriffe „**periglazial**" und „**periglaziär**" verwendet (*periglacial*, frz. *périglaciaire*, Karte 1979, S. 1 f.); hier wird in Anpassung an den englischen Wortgebrauch nur die Form „periglazial" verwendet.

Zur Hangabtragung durch Spüldenudation (Ahnert 2003, S. 171 f.) kommt in Periglazialgebieten als zusätzlicher Prozess die **Solifluktion** hinzu. Da der von Andersson (1906) eingeführte Begriff sich auf jedes klinotropes (neigungsbedingtes) **Übersättigungsfließen** bezieht, wird die frostgesteuerte Variante u. a. als Gelisolifluktion (Karte 1979, S. 68 f.) bezeichnet; meist, wie auch bei Büdel (1977), wird jedoch einfach von Solifluktion gesprochen.

Am auffälligsten und ausgeprägtesten ist die **Gelisolifluktion** auf vegetationsfreien Hängen wie in Abb. 432. Auf der hangaufwärtigen Seite der Felsausbisse hat sich der den Hang hinabwandernde Schutt teils bis zu deren Oberkante gestaut. Da unterhalb der Hindernisse kein Nachschub von oben kommt, setzt dort die Schuttoberfläche mehrere Dezimeter tiefer ein. Die **Fließerde-** bzw. **Wanderschuttdecke** zeigt im Staubereich keine Differenzierung; man spricht von **amorpher** Gelisolifluktion. Der durch die Lücken zwischen den Blöcken weitergeglittene Schutt hat im Wechsel mit den schuttärmeren Hangabschnitten im Lee der Blöcke zu einer Streifung im amorphen Fließgefüge geführt. Der Hang im Hintergrund zeigt, dass bei stärkeren Neigungen rein *gravitative* Schuttbewegung und linienhafte *Abspülung* die Abtragung bestimmen.

Zwei Grundmechanismen bestimmen die Schuttbewegung am Hang (Washburn 1973, S. 170 ff.): das **Frostkriechen** (*frost creep*) und das eigentliche Frostbodenfließen (Gelifluktion, *gelifluction*; Baulig 1956, S. 50 f.; s. Washburn 1973, S. 173). Beim Kriechen werden Schuttpartikel durch säulig aufwachsende **Kamm**eiskristalle hangparallel in die Höhe gedrückt, sinken schwerkraftbedingt bei dessen Austauen senkrecht nach unten und werden so bei jedem Frostwechsel hangab bewegt. Leistungsfähiger ist das schwerkraftbedingte, breiartig-viskose Fließen beim Auftauen des Bodens als Folge von **Wasserübersättigung**. Diese entsteht durch austauendes Eis, das in der Frostperiode durch gefrierendes Kapillarwasser und kondensierende Luftfeuchtigkeit angereichert wurde. Gehalten wird die Feuchtigkeit durch den Feinmaterialanteil im Boden.

In Abb. 433 ist dies ein steinfreier brauner Boden unter dem durch **Auffrieren** (u. a. Leser 2003, S. 155) gebildeten Steinpflaster. Die Zunge ist in frostverwittertem **Moränenschutt** gebremst worden, zusätzlich auch durch das Wurzelwerk der Zwergbirke, sodass hier von **gehemmter** Solifluktion gesprochen werden kann. Wie in Abb. 432 ist hier die Stufe vor allem durch das Abwandern von Feinmaterial unterhalb der Blöcke entstanden.

Ein eindeutiger Beleg für das langsame Hangabwärtswandern der Solifluktionsdecke um einige Zentimeter pro Jahr ist die freigegrabene oberflächenparallele **Wurzellängung** von Pflanzen wie der Strandgrasnelke (*Armeria maritima*) in Abb. 434. Seit ihrem Keimen sind ihre oberirdischen Teile mehrere Dezimeter hangab verlagert worden, ohne dass die Pflanze von ihren Feinwurzeln abgerissen wurde.

▲▲ Abb. 432: Hangtreppung durch Schuttstau oberhalb und Schuttabfuhr unterhalb von Felsausbissen; durch den Wechsel von Gefrieren und Auftauen gesteuerte Solifluktion; Landmannalaugar, Zentralisland.

▲ Abb. 433: Solifluktionsterrasse, durch Zwergbirkenbewuchs (*Betula nana*) nachgezeichnet; Steinpflaster, durch Frosthub gebildet; Zentralisland.

◀ Abb. 434: Wurzellängung einer Strandgrasnelke (*Armeria maritima*) in Anpassung an rezente Solifluktion, Zentralisland.

19. Periglazialformen · Glatthang, Solifluktionsdecken

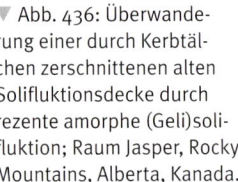

▲ Abb. 435: Durch periglaziale Auffrier- und Solifluktionsprozesse gebildeter Glatthang; Whistler Mountain, Rocky Mountains, Alberta, Kanada.

▼ Abb. 436: Überwanderung einer durch Kerbtälchen zerschnittenen alten Solifluktionsdecke durch rezente amorphe (Geli)solifluktion; Raum Jasper, Rocky Mountains, Alberta, Kanada.

Die Formen der **Gelisolifluktion** sind am ausgeprägtesten in der sommerlichen **Auftauzone** *(active layer)* über dem **Dauerfrostboden** *(permafrost)* ausgebildet, weil das überschüssige Wasser nicht in den Untergrund versickern kann. Bei ozeanisch-winterkaltem Klima können sie auch *ohne* Dauerfrostboden bis zum sommerlichen vollständigen Austauen der Bodengefrornis gebildet werden, wie in den Abb. 432 – 434 und 439/450 – 452. Auch der *Glatthang* in Abb. 435 liegt noch nicht in der periglazialen Höhenstufe, sondern im *subnivalen* Bereich oberhalb der natürlichen Waldgrenze.

Bei einer Neigung von etwas unter 30° kappt eine dünne Decke aus scherbigem Frostschutt präkambrische Sedimente. Einzelne größere Blöcke in der Decke sind mit ihrer Längsachse hangab **eingeregelt**. Louis & Fischer (1979, S. 143) beschreiben den Formungsprozess als *langsame* **Versatzdenudation**. Zuerst beschrieben wurde diese Hangform 1957 von Spreitzer (1960). **Frostwechsel** dürften sowohl für die Schuttproduktion als auch bei deren Verlagerung dominant sein. Das hier entwickelte dichte, im Gegenlicht spiegelnde **Steinpflaster** mit vollständig oberflächenparalleler Schuttlagerung spricht allerdings dafür, dass hier rezent *keine* Bewegung mehr abläuft, sondern auffrierende Steine wie in Abb. 433 zu einer derzeit stabilen Entmischung vom unterlagernden Feinmaterial geführt haben. Die **Runsen** in einer flachen Hangmulde im Vordergrund belegen zeitweiligen linienhaften Abfluss.

Kaltzeitlich lag das Gebiet vollständig unter Eis. Zumindest die Ausgestaltung des Glatthangs ist demnach erst *postglazialen* Alters. Auf Verebnungen wie im Hintergrund liegen noch einzelne **Geschiebe**. Die dortige Fläche ist aber ein sowohl vom Eis als auch von der Solifluktion lediglich traditional weitergebildeter tertiärer **Altflächenrest** (s. Abb. 158; Büdel 1977, S. 57), auch wenn solche Verebnungen in Periglazialgebieten vielfach als das Ergebnis von **Kryoplanation** erklärt werden (Washburn 1973, S. 205 ff.).

Der Hang in Abb. 436 zeigt sowohl die Auswirkungen postglazialer Klimaschwankungen als auch der **Höhenstufung**. Auf diesem vom Eisstromnetz (Abb. 474) der kanadischen Rocky Mountains überdeckten Hang wurde nach der Enteisung ebenfalls ein weitgehend gestrecktes Hangprofil ausgebildet, zumindest in den unteren Hangteilen über Glazialsedimenten. Darauf bildeten sich oberhalb der Baumgrenze als Querstreifung in einer niedrigen Vegetationsdecke erkennbare Terrassen der **gebundenen** Solifluktion aus. Rezent wird der Hang durch nach unten zunehmend tiefer werdende **Kerbtäler** zerschnitten.

Am Oberhang dagegen ist eine zumindest aus der Entfernung ungegliederte, **amorphe** Gelisolifluktionsdecke entstanden, durch die die vom Eis abgerundete Gipfelzone weiter ausgeglichen und abgetragen wird.

Der hellbraun erscheinende Schutt überwandert von oben her die Vegetationsdecke, die in den oberen Hangteilen nur noch stellenweise als lang gestreckte grüne Inseln erkennbar ist. Dass in der **Wanderschuttdecke** eine Struktur vorhanden ist, zeigen die zahlreichen, unterschiedlich weit hangab reichender schmalen Zungen, die die Kerbenanfänge verfüllen. Ihre Bewegung spricht für frühsommerlich ausreichende Durchfeuchtung und damit zumindest auch hier, wie in den Abb. 432/433, für eine **Bodengefrornis,** die bis zu ihrem vollständigen Austauen im Lauf des Sommers das Versickern des Schmelzwassers unterbindet. Das bis dahin offenbar reichlich austretende Wasser aus Schnee und Bodeneis schneidet jährlich die Tälchen nach unten hin weiter ein. Da diese zum Aufnahmezeitpunkt Anfang August weitgehend trocken sind, wird von oben offenbar kein Wasser, etwa von der Oberfläche eines Permafrostkörpers mehr geliefert. Die Decke ist damit bis zum nächsten Winterende *immobil*.

Andersson (1906), der den Begriff *solifluction* einführte, bezog ihn auf *jede* Art von hangabwärts gerichtetem Durchtränkungsfließen (Washburn 1973, S. 173). Abb. 437 zeigt einen Fall, in dem Solifluktion nicht nur *ohne* Frostwirkung stattgefunden hat, sondern dies auch noch in der vermutlich trockensten Wüste der Erde, der nördlichen Atacama. In der ersten geomorphologischen Beschreibung aus dieser Region beschreibt Mortensen (1927), dass dort die Hänge durch eine wenige Millimeter starke Staubhaut verklebt und somit vor Deflation geschützt seien. Da in seinen Proben diese Haut kaum Salz enthielt, eine Salzstaubschicht darunter aber erst in etwa 10 cm Tiefe angetroffen wurde, nahm er an, dass die Verkittung durch das Kristallwasser der Staubpartikel, das bei extremer Verdunstung an deren Oberfläche gelangt sei, geschehen sei. Die **Staubhaut** müsse, da sie überall vorhanden sei, nach jedem der mit mehreren Jahrzehnten Abstand fallenden Regen neu gebildet werden.

Dass an manchen Hängen aber mehr als nur Staubhautbildung geschieht, zeigt Abb. 437. Die Hangoberfläche ist durch überwiegend hangabwärts orientierte, dunkle, verwaschen wirkende Girlanden zwischen helleren Oberflächen gegliedert. Vorne links besteht die Hangoberfläche aus sich überlappenden *Loben*. Auf dem Rücken vorne rechts und am Hang hinten links verlaufen die Bänder allerdings konvex zum Gefälle und darunter erscheint ein kleines gebändertes Muster. Erklärbar wird dieses Muster als das Ergebnis oberflächlicher, wahrscheinlich mehrphasiger Bewegungsprozesse, also durch Solifluktion entstanden. Da jede derartige Bewegung an Wasser gebunden ist, kann sie hier nur in großen zeitlichen Abständen abgelaufen sein, wobei die Staubhaut, die im Vordergrund, wie in Abb. 438 flächenhaft ausgebildet ist, vielfach unterbrochen und verlagert worden ist.

Als Feinmaterial, das nach einem der seltenen Regen die Feuchtigkeit hielt und so Gleitbewegungen ermöglichte, bietet sich das stark hygroskopische, Wassermoleküle anlagernde Salz in der Staubschicht unter der Oberfläche an. Abele (1992) spricht deshalb von **salzinduzierter Solifluktion**. Die abgerundeten **Glatthangformen** hier und ebenso in Abb. 438 aus demselben Gebiet sprechen dafür, dass wiederholt kriechender Salztonbrei die Profile ausgeglichen hat. Die Durchfeuchtung kann nur von einer Art Landregen mit langsamer Infiltration stammen, da die Staubhaut ja erst mit den Fließ- oder Kriechbewegungen zerstört worden ist.

Ganz anders dagegen das Oberflächenmuster des Hanges in Abb. 438. Das abgerundete Relief wird von einer Vielzahl schmaler, kaum eingetiefter heller Abflussrinnen untergliedert: Einerseits verlaufen sie wie typische **Hangrunsen** (Abb. 208) zuerst parallel zueinander, fließen hangabwärts zusammen und bilden so Anfänge eines **dendritischen** Gerinnemusters; andererseits liegen sie extrem dicht nebeneinander. Der Niederschlag, der diesen Hang ohne den Vordergrund erfasst hat, muss ein kurzer kräftiger Schauer mit sofort einsetzendem Oberflächenabfluss gewesen sein, der die Staubhaut oberflächlich zerschnitten und den hellen Untergrund freigelegt hat, bevor das Wasser einsickern und Kriechprozesse auslösen konnte. Am Unterhang rechts zwischen den Rinnen ist eine verwaschene horizontale Textur erkennbar, die von älterer Salz-Solifluktion stammen könnte.

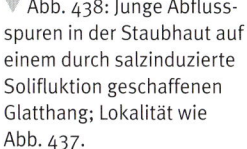

▲ Abb. 437: Salzinduzierte Konvergenzformen zu periglazialer Solifluktion; Atacama-Wüste, nördlich Iquique, Nordchile.

▼ Abb. 438: Junge Abflussspuren in der Staubhaut auf einem durch salzinduzierte Solifluktion geschaffenen Glatthang; Lokalität wie Abb. 437.

19. Periglazialformen · Solifluktionsterrassen

▲ Abb. 439: Terrassetten der gebundenen Solifluktion mit partiell zerstörter Vegetation; Thorsmörk, Südisland.

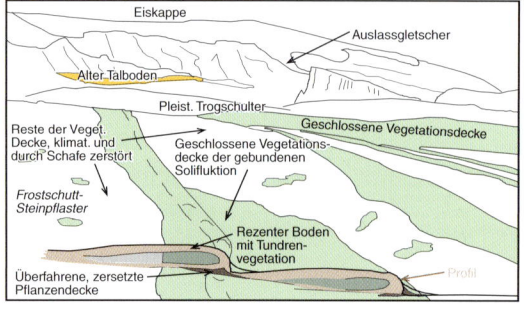

▶ Abb. 440: Erläuterungsskizze zu Abb. 439.

Im Gegensatz zu den kaum strukturierten Schuttdecken der amorphen (Geli)solifluktion von Abb. 432 und 436 zeigt diese Seite Ausprägungen der **differenzierten** Solifluktion, die beide aus heute permafrostfreien Gebieten stammen und nicht mehr aktiv sind. Abb. 439 zeigt eine typische Abfolge von weitgehend isohypsenparallelen **Fließerdestufen** bzw. **Terrassetten** (*steps*; Washburn 1973, S. 126 f.), Abb. 441 in der Übersicht und Abb. 442 im Detail **Fließerdeloben** (*gelifluction lobes*; Washburn 1973, S. 173 ff.), deren Stirn hangabwärts bogenförmig durchhängt. Fließerdestufen finden sich meist bei Hangneigungen zwischen 5° und 15°, Loben zwischen 10° und 30° (Karte 1979, S. 74 f.).

Gemeinsam ist beiden Gebieten eine niedrige, aber in ihrer Wurzelmasse stark verfilzte Vegetationsbedeckung, die in unterschiedlichem Maße die Bewegung des Lockermaterials angeblich behindern soll. Mit einem von Büdel (1953) eingeführten Begriffspaar wird zwischen der durch Vegetation **gebundenen** und **freien Solifluktion** unterschieden, in Fällen partieller, teilweiser Vegetationsbedeckung handelt es sich um **gehemmte Solifluktion**. Es erscheint allerdings fraglich, ob Vegetation wirklich Solifluktion bremsen kann, ob sie nicht eher nur auf Bewegungen, z. B. mit der Wurzellängung (Abb. 434) reagiert oder ob sie durch Verbesserung der Wasserhaltigkeit nicht sogar die Bewegung fördert (Washburn 1973, S. 188).

In Abb. 439 ist der gesamte, nach Nordwesten geneigte Hang bis zur fast ebenen Plateaufläche in etwa 30 cm hohe Stufen gegliedert, deren Flächen kaum merklich hangwärts geneigt sind. Die Vegetationsbedeckung ist auf den Verebnungsrand und die Stufenstirn konzentriert. Der hintere Teil der obersten Stirn ist in sich noch in kleine Absätze gegliedert, was wie bei der Skizze *gegen* eine Einrollung einer aktiven Form in Abb. 440 spricht. Die geschlossene Vegetationsdecke auf der Talrandstufe im Hintergrund, der ebenfalls vollständig bewachsene, unregelmäßig gegliederte Gegenhang im Mittelgrund und zwei ebenfalls voll bewachsene niedrige Zwischenniveaus im Vordergrund sprechen dafür, dass es sich hier nicht um gehemmte Solifluktion, sondern um durch Vegetationszerstörung *degradierte* Formen der gebundenen Solifluktion handelt. Auslöser für die Unterbrechung der auf den Verebnungen noch fleckenhaft erhaltenen Vegetationsdecke dürfte wie fast überall an Islands Hängen, die lang anhaltende **Überweidung** durch Schafe sein (Abb. 612/613) Austrocknung und Windschurf greifen die Vegetationsreste an.

An den Stufenstirnen wird der Vegetationserhal durch die **bessere Wasserversorgung** begünstigt, da bei Regen leicht in das Steinpflaster eindringen und dann hangab sickern kann. Das durch das Auffrieren (s. Abb. 448) wie in Abb. 433 gebildete ungestörte **Steinpflaster** sowie die auf diesem sitzenden Vegetationsreste sprechen dafür, dass diese Solifluktionsstufen in der jüngeren Vergangenheit nicht mehr aktiv gewesen sind. Dafür sprechen auch das bewachsene Zwischenniveau im Vordergrund, das nach rechts in mehrere durch Vegetationsflecken nachgezeichnete noch niedrige Stufen aufgelöst ist und schräg zu Treppung der großen Stufen liegt. In der Aktivitätsphase an der Stufenstirn **überfahrene Vegetation,** wi in Abb. 440, war an einer Aufgrabung nur noch al stark zersetztes organisches Band erkennbar.

Das Plateau im Hintergrund ist von der **Eiskapp** (Abb. 476, 478) des Eyjafellajökull (1666 m) bedeck die in Form eines **Auslassgletschers** nach Norden ab fließt (Abb. 476 ff.). Das Kerbtal- und Gratrelief kan erst in den letzten 10 000 Jahren nach dem Zerfall der Inlandeisdecke entstanden sein, zeitweilig unter Mitwirkung weiterer Auslassgletscher an Stelle der jetzigen Schneeflecken.

Während die Stufen in Abb. 439 hauptsächlich durch die langsamen **Kriechprozesse** der hangparallelen Frosthebung und des senkrechten Wiederabsenkens mit anschließender Verebnung durch die Entwicklung des Steinpflasters entstanden sein dürften, dominierte in den Loben der Abb. 441/442 die *zweite* Komponente der Gelisolifluktion: das **Durchtränkungsfließen** beim sommerlichen Auftauen. Wie in Abb. 439 sind die solifluidalen Abtragungsformen in Abb. 441 auf einem durch glazialzeitliche Eisbedeckung abgerundeten, in diesem Fall noch tertiär geschaffenen **Altrelief** gebildet worden. Der Oberhang links einer **Karrückwand** (Abb. 493 f.) ist fast schuttfrei und zeigt im spiegelnden Bereich vorne noch eine **Eisschurffläche**, während der Abhang im Vordergrund mit einem geschlossenen **Frostschuttpflaster** überzogen ist.

An den tieferen Hangpartien waren genug Schutt und wasserspeicherndes Feinmaterial vorhanden, die dort in unregelmäßigen Girlanden hangabwärts geglitten sind und eine leichte Treppung mit allerdings fast im Hanggefälle geneigten Stufen geschaffen haben. Die herbstlich gelbbraune Vegetation zeichnet vor allem die besser mit Wasser versorgten und durch Ausspülung aus den oberhalb angrenzenden Loben feinmaterialreicheren Bereiche unterhalb der **Fließwülste** nach. Diese erscheinen als weitgehend vegetationsfreie Bereiche aus grobem Schutt dunkel. Das Muster zeigt, wie bei der Salzsolifluktion in Abb. 437, auch Zehner Meter lange, hangabwärts *sichelförmig* ausgebildete Formen. Von links ist das unregelmäßige Fließrelief durch Flecken des ersten Herbstschnees nachgezeichnet.

Hier ist trotz vorhandener Vegetation schlecht von gebundener oder gehemmter Solifluktion zu sprechen, da es sich, wie das Detail von einem benachbarten Hang in Abb. 442 zeigt, hier um **Vorzeitformen** handelt. Diese könnten nach dem Abtauen der Inlandeisdecke der britischen Inseln, aber bei dem erneuten Kälterückfall der jüngeren Dryas, im so genannten *Loch Lommond Readvance* der Talgletscher (s. Abb. 346) auf den Hängen dazwischen als Formen der *freien* Solifluktion gebildet worden sein.

▲ Abb. 441: Spätglaziale, sekundär von Vegetation bedeckte Solifluktionsloben der freien Solifluktion; Cairn Gorm, Schottland, rund 1400 m NN.

Die über 2 m hohen Lobenstirne und die Zwickel zwischen ihnen sind seitdem ausgespült und das Feinmaterial ist zwischen den Steinen des nächsttieferen Solifluktionskörpers abgesetzt worden. Entsprechend dürfte auch das Feinmaterial, in dem die Vegetationsdecke oberhalb der Lobenstirne aufgewachsen ist, zumindest teilweise von oben eingespült worden sein.

Nur die Gelisolifluktion ist in der Lage, die durch die Ausspülung sichtbar gewordenen, zum Teil tonnenschwere Blöcke in einer solchen Dichte bei nur geringer Hangneigung zu bewegen. (In einer Grundmoräne stecken große Geschiebe nur vereinzelt wie Rosinen im Kuchen; s. Abb. 487, 578). Der starke **Flechtenbewuchs** auf den Blöcken im Vordergrund ist ein weiteres Indiz dafür, dass diese Solifluktionsloben derzeit nicht mehr bewegt werden. Nach Messungen in der Arktis dürfte die jährliche Bewegung bei wenigen cm pro Auftausaison gelegen haben (Washburn 1973, S. 179).

▼ Abb. 442: Spätglaziale Solifluktionsschuttloben mit Grobschuttfreispülung an der Stirn; Cairn Gorm, Schottland, rund 1400 m NN.

19. Periglazialformen · Blockgletscher

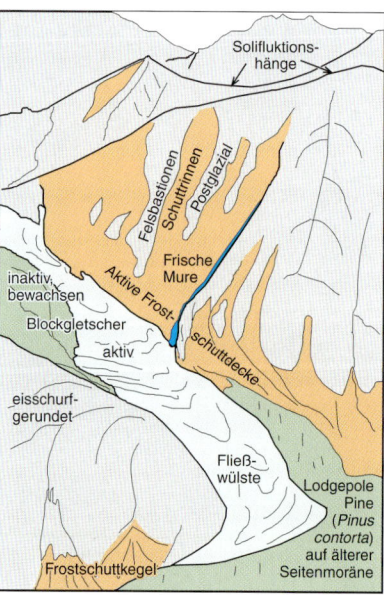

Abb. 443: Zunge eines Blockgletschers; Äußeres Hochebenkar, Ötztal, Österreich.

Abb. 444: Blockgletscher mit Fließwülsten im eiszementierten Frostschutt; Rocky Mountains, Alberta, Kanada.

Abb. 445: Erläuterungsskizze zu Abb. 444.

Die beiden Abbildungen dieser Seite zeigen ein kleines und ein besonders großes Beispiel von Formen, die im *oberen* Teil der **periglazialen Höhenstufe** vorkommen und, da sie sich im aktiven Zustand gletscherähnlich bewegen (Abb. 474 ff.), als **Blockgletscher** *(rock glacier)* bezeichnet werden – außer bei Louis & Fischer (1979, S. 163 f.), die von periglazialen **Blockfließmassen** bzw. **Block-(Pseudo)gletschern** sprechen, da derartige Formen nicht durch Gletscher hervorgebracht werden (Washburn 1973, S. 195 ff.; Karte 1979, S. 78 f.; Ahnert 1993, S. 145 f.). In Deutschland hat sich besonders Dietrich Barsch (u.a. 1977) mit ihnen befasst.

Abb. 443 zeigt die Zunge eines solchen Blockgletschers auf dem Boden eines ausgetauten Kars, dessen Schwelle als Rest eines alten Talbodens *(s. Abb. 539)* im Hintergrund zu sehen ist. Der *grobblockige Schutt* an seiner Oberfläche ist das Ergebnis einer Anreicherung nach der Ausspülung von Feinmaterial im sommerlichen Auftaubereich. Im tieferen Auftaubereich und im gefrorenen Kern des Blockgletschers findet sich ein breites Korngrößenspektrum. Die *Steilheit* der Stirn ergibt sich aus dem Winkel der inneren Reibung des ungefrorenen Schutts.

Blockgletscher sind Formen des **sporadischen** bis **diskontinuierlichen,** nur inselhaft auftretenden **Permafrosts.** Der perennierende Eiskern umhüllt wie die Eisrinde im oberen Dauerfrostboden des anstehenden Gesteins (Abb. 456) die einzelnen Schuttpartikel *(interstitial ice).* Diese Eis-Schutt-Mischung ist offenbar genau so fließfähig wie Gletschereis (Abb. 482). Gemessene Geschwindigkeiten liegen bis über 1 m/Jahr (Louis & Fischer 1979, S. 163) und damit unter jenen der meisten Gletscher, aber weit über der Geschwindigkeit einer Gelisolifluktionsdecke, die allerdings auf einer viel größeren Fläche in Bewegung ist.

Das Eis muss in einem bereits bestehenden Schuttkörper durch gefrierendes Sicker- und Kondenswasser die Hohlräume und Poren gefüllt haben. Als Ausgangsformen sind Schutthalden wie in Abb. 389, aber auch Rutschungen angenommen worden. Ebenso könnte schuttüberdecktes **Toteis** – nicht zu den Blockgletschern gerechnet –, wie im Zungenbereich von Abb. 498, wieder in Bewegung geraten sein.

Der über 1 km lange Blockgletscher in Abb. 444 liegt in einem ehemaligen **Gletschertal.** Als eisüberschliffene Form ist noch der Rücken vorne rechts erhalten. Die Blockgletscherbewegung äußert sich in den typischen bogenförmigen Querwülsten, die besonders als **Stauchungsformen** unterhalb einer Steilstrecke am Anfang des Schuttstroms ausgebildet sind. Der Blockgletscher dient als Transportband für den Frostschutt, der durch Lawinen, Muren und Steinschlag reichlich von den angrenzenden Hängen angeliefert wird. Erst nachdem hier das vollständig das Talrelief ausfüllende Eisstromnetz (Abb. 474) ausgetaut war, können jene **Bastionen,** wie in Abb. 390/391, durch die sich einschneidenden Schuttexportrinnen entstanden sein.

Ob ein Blockgletscher, wie jener kleine in Abb. 443, noch aktiv ist, lässt sich nur durch Bewegungsmessungen feststellen. Der Eiskörper in seinem Inneren wird dank der isolierenden Deckschicht noch lange überdauern können.

Den Blockgletschern ähnliche Formen finden sich als **Block-** oder **Felsenmeere** und, bei geringerer Mächtigkeit, als **Blockströme** vielerorts in den Mittelbreiten. Die größte derartige Form der Rhön, in Nordexposition an der Flanke eines tertiären Phonolit-Vulkanschlots, zeigt Abb. 446. Vergleichbare Formen sind auch aus den feuchten Tropen beschrieben worden (u. a. Wilhelmy 1958, S. 29). Jene sind aber, über das schwerkraftbedingte Herabrollen einzelner Blöcke hinaus, nicht gewandert, sondern es sind lediglich freigespülte **Residualhalden** oder **Pseudoblockströme** aus Kernsteinen (Abb. bei Büdel 1977, S. 97, hier **Grundblöcke** genannt). Eine verwandte Form wäre der aus solchen freigespülten Kernsteinen aufgebaute kleine Inselberg in Abb. 135.

Die häufige Nachbarschaft zu Spuren tertiärer Tiefenverwitterung und noch *in situ* vorhandener Kernsteine (Abb. 115) in den Mittelbreiten belegt, dass Felsenmeere auch dort als Residualansammlung freigewaschener Kernsteine entstanden sind. Die Annahme von Ahnert (1993, S. 147), dass dies wie in den Tropen ohne wesentliche Eigenbewegung geschah, gilt jedoch nicht für das Blockmeer in Abb. 446. Unterhalb des um 30° steilen Oberteils besteht das Blockmeer aus einer deutlichen Abfolge von Rücken und Mulden, die sich unter dem Wald auf einer Buntsandsteinunterlage in einer Wanderschuttdecke wie in Abb. 447 fortsetzt.

Beide Befunde sprechen eindeutig dafür, dass dieses Blockmeer sich bewegt hat. Nicht nachweisbar ist allerdings, ob diese Bewegung, wie bei einem echten Blockgletscher, durch Eis in den Hohlräumen oder mit durchtränktem Ton der tertiären Tiefenverwitterung als Schmiermittel, wie er vielerorts in den Mittelgebirgen noch in Hangschuttdecken zu finden ist, als eine Großform des Übersättigungsfließens in sommerlichen Auftauperioden bewegt worden ist. Spuren kaltzeitlicher Eiskeilnetze und eine ubiquitäre Eisrinde (Büdel 1977, S. 67) als Hinweis auf Permafrost (Abb. 460 ff.) sind sogar unter 300 m NN südlich der Rhön gefunden worden; demnach hätte sich in 900 m NN zwischen den Blöcken durchaus ein fließfähiger Eiskörper bilden können.

Das Blockmeer ist fast nur randlich von Bäumen bewachsen, weil das zwischen den Blöcken ehemals vorhandene Feinmaterial weitgehend ausgespült worden ist. An vielen Blöcken, wie jenen im Vordergrund, ist die einstige **Zurundung** der chemischen Intensivverwitterung durch Frostsprengungsflächen und **Kantenrundung** ersetzt worden.

Eine häufigere Form kaltzeitlich-periglazialer Aktivität in den Mittelbreiten sind **Wanderschuttdecken** wie in Abb. 447; sie existieren überall dort, wo ein Liefergebiet grober Blöcke durch alte Tiefenverwitterung oder jüngere Frostsprengung entstanden ist und Wasser haltendes Feinmaterial vorhanden war. Die De-

▲ Abb. 446: Periglazial gebildetes Blockmeer der letzten Eiszeit; Schafstein, Rhön, Süddeutschland.

cke am Südfuß eines der Inselberge im Vorland des Riesengebirges besteht aus Felsblöcken, die von dessen Hang, selbst noch bei einem Gefälle von deutlich unter 5°, über einen Kilometer weit ins Vorland herabgewandert sind, wo sie unter holozänen Alluvionen abtauchen. Diese Bewegung war nur als **amorphe Gelisolifluktion** möglich.

Aufschlüsse in solchen Wanderschuttdecken zeigen jedoch, dass die heutige **Blockanreicherung** an der Oberfläche erst das Ergebnis eines *holozänen*, vermutlich weitgehend anthropogenen Boden- und Feinmaterialabtrags ist (*s*. Abb. 624 ff.). Bewegt haben sie sich in einer Matrix aus allen Korngrößen bis zum bei Durchfeuchtung besonders gleitfähigen Ton. Eine gleichartige Blockstreu findet sich auch in der Umgebung des Schafstein-Blockmeers. Die zwischen den Blöcken erfolgte Bodenbildung, in anderen Fällen auch überlagernde Vermoorung (s. Abb. 600 ff.) belegt, dass diese Decken im Holozän *nicht* mehr in Bewegung waren.

▼ Abb. 447: Weichselzeitliche periglaziale Wanderschuttdecke; Zobten, Schlesien, Polen.

19. Periglazialformen · Steinringe

▲ Abb. 448: Durch Frostsortierungsprozesse über Dauerfrostboden gebildete inaktive Steinringe; Nordkapp, Norwegen.

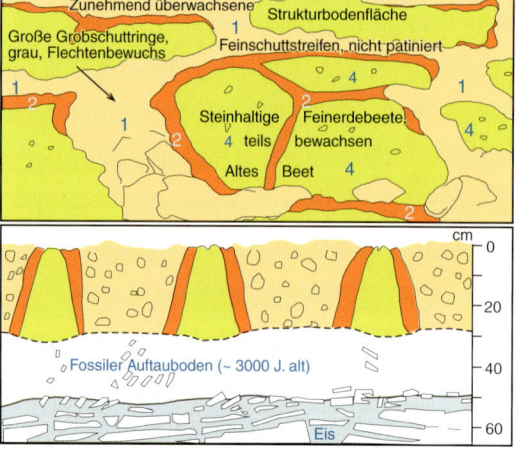

▶ Abb. 449: Erläuterungsskizze (Draufsicht) und Querprofil von Steinringen.

Durch Frostwechselprozesse auf nahezu ebenen Oberflächen geschaffene periglaziale Kleinformen werden seit Meinardus (1912) als **Strukturböden** bezeichnet. Troll (1944), der den ersten zusammenfassenden deutschsprachigen Aufsatz dazu schrieb, sprach von **Frostmusterböden** und bezeichnete die Prozesse, bei denen, anders als bei der an Hangneigungen gebundenen **Makrosolifluktion**, nur Materialsortierungen *in situ* ablaufen, als Mikrosolifluktion. Die englischen und französischen Begriffe sind *patterned ground* bzw. *figuration périglaciaire* (Karte 1979, S. 36).

Der Prozess der Materialumlagerung, der in einzelnen, sich gegenseitig beeinflussenden Zellen abläuft, die an der Oberfläche zu **Steinpolygonen** (*sorted polygons*) und **Steinkreisen** (*sorted circles*) führt, wird als Kryoturbation bezeichnet. Sofern es sich, wie in Abb. 448 um echte Periglazialformen handelt, sind sie, nach Aufgrabungen auf Spitzbergen, entsprechend der sommerlichen **Auftautiefe** des Dauerfrostbodens, der *active layer*, rund 30 cm tief, wobei unter den **Feinerdebeeten** im Kern der Strukturen die Permafrostoberfläche 8–16 cm tiefer als unter den **Grobschuttbeeten** liegt (Abb. 449; Büdel 1977, S. 52). Als Faustregel entspricht die Tiefe dem Radius der Ringe. Zur Erklärung der Sortierungvorgänge hat Büdel (1977, S. 53–57) 16 Teilprozesse identifiziert.

Steinringe mit Durchmessern zwischen 0,5 und 3 m sind typische Formen der arktischen **Frostschuttzone** (Washburn 1973, S. 108 ff.). Dementsprechend sind die großen Ringe (1) in Abb. 448 inaktive *Vorzeitformen*, denn sie sind, auf einer viel von Touristen begangenen Fläche, einer im Hintergrund noch vorhandenen Vegetationsdecke beraubt. Außerdem zeigt der **Flechtenbewuchs** auf den grau verwitterten, vielfach tangential steil aufgepressten Steinen deren Inaktivität an. Innerhalb des vorderen Kreises haben sich drei neue Zellen gebildet. Zwischen ihnen und am Rand zum alten Kreis liegt ein schmaler Streifen heller, frisch bewegter Steine (2).

Diese müssen während mehrerer Winter jeweils um einige cm aufgefroren sein, wahrscheinlich dadurch, dass sie bei der Volumenvergrößerung und damit **Aufpressung** des **Feinerdekerns** angehoben wurden und beim Austauen nicht mehr voll in die ursprüngliche Position zurückgleiten konnten (Leser 2003, S. 228; zu den verschiedenen Theorien s. Washburn 1973, S. 71 f.). Bei sommerlichem **Tauschwund** und oberflächlicher Austrocknung mit etwa 10 % Volumenverringerung sind **Randspalten** aufgerissen, die sich, sobald erste Steinchen sie füllen, sich nicht mehr voll schließen können. Im Frühjahr gleiten auf den noch aufgewölbten Feinerdekernen liegende Steine seitlich ab, nachdem sie bei raschen **täglichen Frostwechseln** durch **Kammeis** bis einige cm senkrecht zur gewölbten Oberfläche angehoben wurden und bei dessen Austauen vertikal abgesunken sind. Als Ergebnis fanden sich in den aufgegrabenen Steinringen außer der durch winterlichen Gefrierdruck steil gestellte Ring aus großen Steinen und darin ein von Büdel so genannter dagegengepresster **Feinkiesmantel**. Drainagewasser von der austauenden Permafrostoberfläche sammelt sich über deren Tieflagen unter den Feinerdekernen und führt diesen durch die so genannte **Filterspülung** neues Feinmaterial zu.

Bei der Reaktivierung der Steinkreise (4) dieses Bildes sind offenbar nur noch kleine Schuttstückchen

19. Periglazialformen · Strukturbodenformen

us geringerer Tiefe, in der es keine großen Steine mehr gab, nach oben gewandert. Insgesamt sind die rezenten Bewegungen so gering, dass die Wurzeln von Jahrzehnte alten Zwergbirken im Vordergrund nicht mehr zerrissen werden.

Strukturbodengroßformen brauchen *mehrere Jahrzehnte* zu ihrer Entwicklung, Kleinformen wie die in Abb. 450 nur eine Saison, werden dann aber über Jahre weitergebildet. In dem tonigen Feinmaterial konnten sich Trockenrisse besonders leicht bilden; neue durchziehen die aus Vulkanaschebröckchen aufgebauten, in gleicher Weise wie die Großformen gebildeten Ringe. Wie bei der Solifluktion in den meisten Teilen von Island (Abb. 432 – 434) haben sich auch diese Formen *nicht* über Dauerfrostboden, sondern im Winter in einer durchgefrorenen feuchten Senke gebildet. Der Schutt kann bis aus der Tiefe angehoben werden, bis in die der Frost jeweils mit dem damit verbundenen Frosthub reicht.

Die Kleinformen der Frostsortierung in Abb. 451, auch als **Erdknospen** bezeichnet, sind erst nach der vermutlich auch durch Schaf-Überweidung (*vgl. Abb. 439*) entblößten Oberfläche entstanden. Vorne rechts ist noch ein Teil der Vegetationsdecke erhalten, wie absterbende Moospolster, vorne mit einer Zwergbirke. Bei sehr geringer Hangneigung haben sich hier, wie auch bei den Großformen der Arktis, Übergänge von den runden Feinerdebeeten reiner Kryoturbation – auch hier *nicht* über Permafrost – zu elliptischen bis länglichen Formen einer beginnenden Solifluktion entwickelt. Die ursprünglichen Steinringe haben sich, besonders rechts von der vorderen Strandnelke, zu in Gefällsrichtung orientierten Streifen umgebildet, durch die ein zügiger Wasserablauf – bei den Großformen wäre das die **Drainagespülung** – zur Feinmaterialabfuhr beiträgt. Bei erneuter Ausbildung einer Vegetationsdecke, deren Anfänge sich in den beiden Nelken zeigt, wird die Weiterentwicklung wegen des veränderten Wärmeflusses zum Erliegen kommen, wie es auch in Abb. 448 der Fall war.

Abb. 453 zeigt, wie Großformen auf Spitzbergen ab einer anfänglichen Hangneigung von 2° bis zum Gefälle von 11° sich von Ellipsen über Halbmond- und Kometenschweifformen bis zum völligen Aufbrechen der Ringe und dem Übergang zu **gefällsparallelen Streifen** bis etwa 25° Gefälle fortentwickeln (Abb. 453; nach Büdel 1977, Abb. 27). Messungen mit eingeschlagenen Nägeln ergaben, dass die Hangabwärtsbewegung dabei in den Feinerdestreifen und insbesondere an deren Oberfläche am schnellsten war, aber auch nur um 2 cm/Jahr (Büdel 1977, S. 70 f.). In den Kleinformen in Abb. 452, wieder ohne Permafrost, zeigt sich das gleiche Bild – bei noch einigen Querverbindungen im Grobmaterial. Und wie auch bei den Kryoturbationsformen gibt es im Querprofil die gleiche Abfolge von feuchtem **Feinerdebeet** – als Mäuerchen einige cm tief – mit beiderseitigem bereits abgetrockneten schmalen **Feinkiesstreifen** und dann dem *groben* Material. Für die Aufrechterhaltung des Streifenmusters über fast beliebig lange Hänge sind wie auf ebenem Gelände die winterliche Aufpressung und das Auffrieren von Grobkomponenten notwendig.

◀ Abb. 450: Durch Frostsortierung ohne Permafrost gebildete kleine Steinringe auf ebener Oberfläche; Westisland.

◀ Abb. 451: Auslängung von kleinen Strukturbodenformen in Gefällsrichtung im Übergang von Kryoturbation zu Solifluktion ohne Permafrost; Südisland.

◀ Abb. 452: Voll entwickelte Steinstreifen-Kleinformen ohne Permafrost bei stärkerem Gefälle; Südisland.

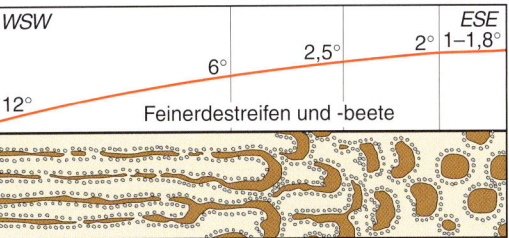

◀ Abb 453: Übergang von Steinringen zu Steinstreifen mit zunehmender Hangneigung (nach Büdel 1977, Fig. 27).

19. Periglazialformen · Hakenschlagen, Deckschichten, Eisrinde, letztglazial

▲ Abb. 454: Letztglazial-periglaziales Hakenschlagen durch Solifluktion in steil stehenden Quarzitbänken; Nord-Spessart, Süddeutschland.

▶ Abb. 455: Durch ungeregelte Solifluktion gebildete dreilagige Deckschicht der letzten Kaltzeit; Bayerischer Wald.

▼ Abb. 456: Durch eiszeitlich-periglaziale Eissprengung und Umlagerung gebildete Frostschuttlage (ausgetaute Eisrinde) unter Löss; Unterfranken.

Zu den Spuren, die pleistozän-periglaziale Kryoturbation, (Geli)solifluktion und Permafrost in den Mittelbreiten hinterlassen haben, gehören die auf nahezu allen Hängen gebildeten, meist mehrgliedrig aufgebauten **Deckschichten**, in grober Ausprägung auch als **Schuttdecken** bezeichnet (Semmel 1985, S. 62 ff.; Völkel (ed.) 1995; Völkel et al. 2002). Deren unterste, als **Basisschutt** oder **Basislage** bezeichnet, zeigt Abb. 454. Im Übergang zum anstehenden Quarzit zeigt sie das für steil stehende Sedimentgesteine typische **Hakenschlagen**. Dabei ist der entlang von Klüften zerbrochene Schutt **bogenförmig** in Gefällsrichtung des Hanges durch langsame Frostkriechprozesse (Abb. 432) umgelagert worden.

Die **Gefügelockerung** des Anstehenden ist hier nicht erst durch den Frost, sondern schon im Tertiär an der chemischen Verwitterungsfront (Abb. 116) erfolgt. Die leicht rosa-braune Farbe des Anstehenden stammt nämlich von eingeschlämmtem **Rotlehm** entlang bereits bestehender Klüfte. Von der Verwitterungsdecke des ursprünglichen Hanges ist nichts mehr erhalten. Da der Basisschutt nicht durch eine warmzeitliche Bodenbildung von einer jüngeren Schuttdecke getrennt ist, sondern die holozäne **Verbraunung** in ihn eingegriffen hat, gehören Hakenschlagen und Schuttdecke in die letzte pleistozäne Kaltzeit. Das bedeutet aber, dass die Spuren von Solifluktionsdecken älterer Periglazialphasen jeweils *vollständig* abgetragen worden sein müssen.

Auch die **dreilagig** aufgebaute **Deckschicht** in Abb. 455 gehört in die letzte Kaltzeit, überwiegend wohl auch noch in deren jüngere Abschnitte. Die oberste als **Hauptlage** bzw. als **Deckschutt** bezeichnete Schicht wurde sogar erst im *Spätglazial* gebildet, da sich in ihr häufig Aschen des Laacher See-Vulkanausbruchs von vor 12 900 Jahren (Schmincke 2000, S. 170 f.) befinden (Semmel 1985, S. 66; Völkel et al. 2000, S. 52 f.). Die **Basislage**, die andernorts auch mehrgliedrig und über 2 m mächtig sein kann, besteht in Abb. 455 vor allem aus chemisch vergrustem Kristallin der an diesem Hang im Tertiär abgelaufenen chemischen **Intensivverwitterung**, ebenso wie die dunklen Bänder in der Hauptlage. Das eingeschlossene braune Stück unter dem Meterstab könnte ein im gefrorenen Zustand mitgenommener Rest einer alten **Mittellage** sein, deren letztglaziales Gegenstück den braunen Mittelteil des Profils aufbaut. Diese nicht überall vorkommende Mittellage hat immer eine starke **äolische** Komponente in Form von **Löss**, der auch die hellen Bänder der Hauptlage, die ansonsten durch einen höheren Schuttanteil gekennzeichnet ist, aufbaut. Von oben hat die **Verbraunung** durch die holozäne Bodenbildung in die Hauptlage eingegriffen.

Kryoturbation und Solifluktion haben die unregelmäßige Bänderung und die Verwürgungen im gesamten Profil geschaffen. Die Mehrgliedrigkeit wird mit Schwankungen im damaligen Periglazialklima erklärt.

Abb. 456 zeigt das typische Bild periglazialer Gesteinszerstörung in ebenem Gelände in der schon mehrfach erwähnten **Eisrinde** (Abb. 443, 446; Büdel 1977, S. 60 f., 64 f.). Unter einer scharfen Grenze zum überlagernden Löss, einem einstigen **Steinpflaster,** ist der ursprünglich horizontal gelagerte Muschelkalk in seinen oberen Teilen kryoturbat, darunter durch das Nachsacken des zuvor durch Eissprengung zerrissenen Gesteins beim endgültigen Austauen stark gestört worden. Rezent entsteht die Eisrinde polarer Breiten unter dem sommerlichen **Auftauboden,** der *active* *layer*, im obersten Bereich des Dauerfrostbodens. Nach Büdel reißen bei allwinterlichen **Extremfrösten** Spalten auf, in denen sich ein in jedem Winter weiterwachsender **Nadeleiskörper** bildet, der das Gestein zerreißt und zu einer Eisanreicherung von 40 – 60 % und sogar zu größeren reinen Eiskörpern führen kann.

Besonders dort, wo zu Beginn des Holozäns *keine* Lössdecke über dem Anstehenden lag, war nur dank der **periglazialen Gesteinszerrüttung** eine schnelle Bodenbildung möglich. Wie wenig im Postglazial auf festen Felsflächen geschehen sein kann, zeigt z. B. Abb. 534. Eisrinde und periglaziale Deckschichten bildeten in den Mittelbreiten das unverzichtbare **Substrat** für die holozäne Bodenbildung auf Festgesteinen. Als bedeutender Faktor der Geoökosystems beeinflussen sie auch stark den oberflächennahen Wasser- und Stoffhaushalt.

Wie **Kryoturbationsformen** im Untergrund aussehen können, zeigen die Aufschlusszeichnungen von Büdel (1977, S. 59, 70) in Steinring- und Steinstreifengebieten (Abb. 449). Ganz andere, auch der Kryoturbation zugeschriebene Formen wie in Abb 457, finden sich in prä-weichselzeitlichen Lockersedimenten. Die hier in einem kissenförmigen Bereich in vier Wirbeln verwürgten, ursprünglich glazifluvialen Schichten (u. a. Abb. 579) werden neben zahlreichen anderen Begriffen als **Würge-** oder **Brodelböden** (*in-* oder *convolutions,* Washburn 1973, S. 147) bezeichnet. Erklärt werden derartige Formen – auch nach Laborversuchen – durch Deformation unter hohem Druck sowie **Schweresortierung** des durchtränkten Materials zwischen der Oberfläche des Dauerfrosts und dem herbstlichem Wiedergefrieren von der Oberfläche. Rezent ist dies anscheinend nie beobachtet worden, stattdessen aber Dehydrierung und Kompaktion durch Abwandern des Bodenwassers an die beiden Frostfronten (Ehlers 1994, S. 95 f., Ehlers 1996, S. 116).

Oft über längere Strecken sind in jeder Richtung – bei geeigneten Aufschlüssen – **Tropfen-** oder **Taschenböden** verfolgbar, die sich im wasserübersättigten frühsommerlichen *Auftauboden,* als **Mollisol** oder **Weichboden** bezeichnet, durch Dichtetrennung von ursprünglich übereinander abgelagerten Schichten gebildet haben (Eissmann 2000, S. 108 f.); es sind Formen, die als *load casts* (**Einsinkausgüsse**) auch aus anderen wasserreichen Sedimenten bekannt sind. Bei höchster Bodenlabilität im durchtränkten Zustand dürften schon kleine Erschütterungen, etwa durch Wildtiertritt, zu einer langsam gleitenden Trennung nach unterschiedlicher Materialdichte bzw. -schwere geführt haben. In diesem Fall war es ein toniges Sediment, das zwischen zwei Paketen eines **ablualen** Sediments abgelagert wurde und darin eingesunken ist, rechts möglicherweise in zuvor durch Frosttrockenrisse vorgezeichnete Formen. **Abluation** bezeichnet die flächenhafte Abschwemmung feinerer Korngrößen in der sommerlichen Auftauperiode in Periglazialgebieten, bevorzugt von Hängen in Glazialsedimenten einer älteren Inlandvereisung. Die Nachzeichnung durch **Eisenoxidbänder** geschah postglazial durch die Ausfällung aus Sickerwasser.

In einem Altmoränensediment in Abb. 459 sind auf ebenem Gelände wohl ebenfalls durch **Dichtetrennung** im Auftauboden entstandene Kessel im Kontakt zwischen einer rötlichen warthezeitlichen Grundmoräne (Abb. 556 ff.) und einem in sie eingesunkenen Feinsand entstanden und im Übergang zum Hang gleichzeitig durch langsame (**geli**)**solifluidale Verlagerung** verkippt und ausgelängt worden. Überlagert werden sie durch einen ebenfalls noch periglazialen steinreichen, hellen **Geschiebedecksand** (Abb. 579 f.) unter einem dünnen schwarzgrauen Podsol an Stelle einer durch flächenhafte Bodenerosion (Abb. 609 ff.) zuvor abgetragenen Braunerde.

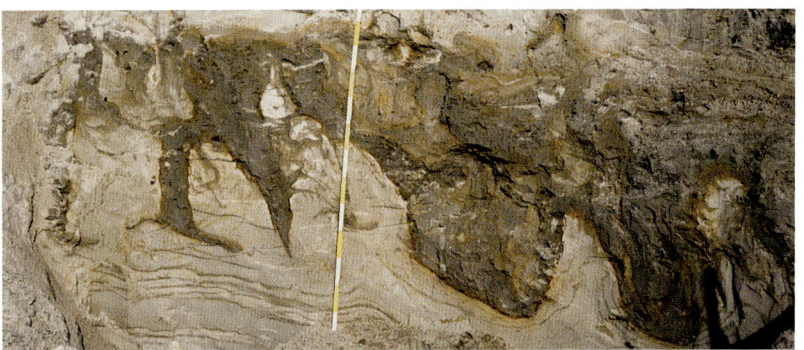

▲▲▲ Abb. 457: Schichtstörung durch Gefrierdruckprozesse in durchtränktem Substrat (Brodelboden), letztglazial (Weichsel), in Glazifluvialsediment der vorletzten Eiszeit (Saale); Niederrhein, Deutschland.

▲▲ Abb. 458: Durch Dichtetrennung in letztglazialem Auftauboden (Mollisol) entstandener Taschenboden, aus einer Tonlage zwischen weichselzeitlich-periglazialem Ablualsand; Geest, Niedersachsen.

▲ Abb. 459: Durch Solifluktion in Hanglage verzogene letztglaziale Kryoturbationsformen; warthezeitliche Harburger Berge, Hamburg.

19. Periglazialformen · Eiskeile

▲ Abb. 460: Rezent-periglaziales Eiskeilnetz im Dauerfrostgebiet (Permafrost) mit sommerlich ausgetauten Thermokarstseen; Spitzbergen.

▶ Abb. 461: Sandgefüllte Spalte eines letztglazialen Eiskeilnetzes (Eiskeilpseudomorphose) unter Geschiebedecksand; westfälisches Altmoränengebiet (Geest).

▼ Abb. 462: Eiskeilpseudomorphose in periglazialen Schottern der letzten Eiszeit; Seine-Tal, Frankreich.

▶ Abb. 463: Teil eines durch Vegetation nachgezeichneten Frostspaltennetzes; Sprengisandur, Zentralisland.

Während Kryoturbationsformen auch ohne Permafrost entstehen können, ist ein **Eiskeil-** oder **Eisspaltennetz** *(ice-wedge polygons)* ausschließlich eine Form des **kontinuierlichen Perma/Dauerfrosts** (Karte 1979, S. 37 ff.; Büdel 1977, S. 61 ff.; Ahnert 2003, S. 144). Die Eisrinde ist durch periodische, das Eisspaltennetz durch **episodische Tieffröste** entstanden, bevorzugt in weichen tonigen Sedimenten. Voraussetzungen sind im kalthumiden Klima (Jahresmittel < – 4 °C, kältester Monat < – 20 °C) seltene extreme Temperaturstürze um 20 °C, die zu **Kontraktionsrissen** von 10 – 12 m Abstand im eisreichen Dauerfrostboden geführt haben. Diese **Frostspalten** füllen sich in der Schmelzperiode mit Eis und Bodenpartikeln und reißen an der Schwächezone im nächsten Extremwinter, vielleicht erst in Jahrzehnten, wieder auf. So sind sie im erst im Holozän eisfrei gewordenen Spitzbergen (Abb. 460) etwa 8 m tief gewachsen, in pleistozän unvergletscherten Periglazialgebieten Sibiriens in etwa einer Million Jahren bis 30 m tief, mit einem jährlichen Zuwachs der senkrechten parallelen Eislamellen von 0,2 – 1 cm (Büdel 1977, S. 62).

Die unterhalb der jährlich auftauenden **Mollisol-** *active layer* steil stehenden **Eiswände** erscheinen durch regelmäßiges sommerliches Antauen von oben als deutliche Furchen (Abb. 460). Nebeneinander kommen in besser drainierten Bereichen wie vorne rechts leicht aufgewölbte **Hochpolygone** *(high-center polygons)* und an feuchteren Stellen leicht eingesenkte **Flach-** *(low-center)* **Polygone** vor. Unter ihnen kann die im Wasser gespeicherte Wärme die Oberfläche des Permafrosts verstärkt anschmelzen. Als Formen des **Thermokarsts** haben sich so die flachen kleinen Seen als Form der **Selbstzerstörung** von Polygonen gebildet (Karte 1979, S. 83).

Rezente Anschnitte von Eisspalten sind als **Eiskeile** *(ice wedges)* oft an frisch unterschnittenen Flussufern aufgeschlossen (Büdel 1977, S. 63; Washburn 1973, S. 36), als meist deutlich kleinere sedimentgefüllte **Eiskeilpseudomorphosen** in den Sand- und Lössgruben der pleistozänen Periglazialgebiete als eindeutige Belege kaltzeitlichen Permafrosts (Abb. 461/462; Eissmann 2000, S. 105 ff.). Die unregelmäßig plumpe Form in saalezeitlichem Schmelzwassersand in Abb. 461 entstand durch nur eine wenig tief greifende, aber relativ häufige Frostkontraktion. Nach oben endet der Keil im Niveau des ehemaligen Auftaubodens, hier später durch den graubraun ausgebildeten, strukturlosen **Geschiebedecksand** als Ergebnis von Kryoturbation und (Geli)solifluktion überlagert, nachdem der helle Sand, der den Keil verfüllt hat, weitgehend abgetragen worden war. Die bei weniger Tieffrösten als in Abb. 461 und daher ideal keilförmig ausgebildete Pseudomorphose in Abb. 462 zeigt das typische *Abbiegen* der angrenzenden Schichten im Gefolge des langsamen Austauens.

Aus mutmaßlich trockeneren und stärker kontinentalen Periglazialgebieten des Pleistozäns oder auch damals nur lokal vegetationsfreien Gebieten sind auch **Sandkeile** *(sand wedges)* und **Sandkeilpolygone** bekannt. Auch sie sind als durch Frostschrumpfung aufgerissene **Kongelitraktionsformen** entstanden, wurden aber nicht erst mit Eis, sondern gleich mit eingewehtem Feinmaterial verfüllt, das dann in vertikalen Bändern erhalten ist. Im Unterschied zu den Eiskeilen wie in Abb. 462 sind bei Sandkeilen die angrenzenden Schichten *nach oben* gepresst worden (Karte 1979, S. 43).

Im fließenden Übergang zu den Kontraktionsformen im Dauerfrostboden treten in Gebieten mit **diskontinuierlichem** Permafrost oder in reinen Winterfrostböden bei geringer Schneebedeckung **Frostspaltenmakropolygone** *(seasonal frost crack polygons)* wie in Abb. 463 auf. Da in solchen Gebieten die für Eiskeilnetze extremen Fröste selten sind, wird das Aufreißen von Zehner Meter langen Spalten zumindest teilweise durch Gefriertrocknung, durch **Dehydratation** erklärt. Nicht auszuschließen ist aber auch hier, dass es sich um heute nur durch Winterfröste *reaktivierte* Eiskeilpolygone der bis Mitte des 19. Jahrhunderts herrschenden „Kleinen Eiszeit" handelt. Auf dieser nur leicht geneigten, durch amorphe (Geli)solifluktion und **Steinpflasterbildung** fast perfekt ausgeglichenen, gut drainierten Schotterfläche ist in die Frostspalten Feinmaterial eingeschwemmt worden. Von dessen besserer Wasserhaltigkeit profitiert die in den Spalten konzentrierte Vegetation. Wie immer auf Island stellt sich für die Fläche zwischen den Spalten auch hier die Frage, ob die spärliche Vegetation nicht die Folge von **Überweidung** durch Schafe ist (*s.* Abb. 612 f.).

Eine typische Form im Gebiet des diskontinuierlichen bis sporadischen, inselhaften Permafrosts sind die **Palsen** (internat. *palsas*) oder **Tundrentorfhügel** in Abb. 464. Sie kommen plateau-, kuppen- oder flach schildförmig ausschließlich in den Mooren der Tundra vor. Die zahlreichen, wenige cm dicken Eislinsen, die ihren Kern zwischen Torflagen aufbauen, konnten dank der großen Wärmeleitfähigkeit und damit schnellen Abkühlung des *feuchten* Torfs auffrieren und bleiben dank der guten Isolierung durch den in Hangposition *abgetrockneten* Torf gut erhalten. Für das weitere Aufwachsen spielen sicherlich auch **Sublimation** – die Eisbildung durch Kondensation aus der Bodenluft – und Wasser aus dem jahreszeitlich ungefrorenen Untergrund eine Rolle. Durch das **Aufreißen** der Torfdecke, wie links im Bild, kann verstärkt Wärme eindringen; die Eislinsen werden von oben her ausschmelzen und der **Pals** wird, wie jener im Vordergrund, zusammenfallen, allein durch **Selbstzerstörung**. Nach dem endgültigen Austauen wird eine flache nasse Senke bleiben, in der bevorzugt die Vermoorung fortschreiten wird.

Ähnliche Formen können auch, wie in Abb. 465, allein durch die Bildung von Eislinsen aus **Segregationseis** entstehen. Dabei schlägt sich Wasserdampf an der kalten Oberfläche der Frostfront oder des schon bestehenden Eises als Folge des bei der Abkühlung erreichten Kondensationspunktes nieder – 100 % relative Luftfeuchte sind erreicht! – und wächst in Form von senkrecht zur ursprünglichen Abkühlungsfläche stehenden **Kammeisnadeln** *(needle ice)* empor. Feuchtigkeit wird durch kapillaren Aufstieg aus dem Bodenwasser an begünstigten Stellen nachgeliefert. Dies können frostfreie Bereiche im Dauerfrostboden sein, die so genannten **Taliki** (russisch, *Sing.* Talik). So haben sich hier einige Dezimeter lange reine Eisnadeln gebildet, die die Bodenoberfläche aufgewölbt haben. Die vordere Hälfte der Kuppe ist, wahrscheinlich durch einen Eingriff in die Vegetationsdecke, flach niedergetaut.

Als eine Form, die auch, aber nicht nur im Permafrost vorkommt, zeigt Abb. 466 eine dichte Scharung von Rasenhügeln oder Erdbülten – isländisch-international **Thufur** *(earth hummocks)* – in einer feuchten Wiesensenke auf tonigem Feinmaterial. Sie sind immer von grasiger Tundrenvegetation bedeckt, tauen im Sommer vollständig aus und haben einen **Mineralbodenkern**. In einem Thufur kann auch ein einzelner größerer Stein stecken, durch dessen Auffrieren (Abb. 433) die Aufwölbung durch aufsteigendes Kapillarwasser und Kammeisbildung in dieser Form der **Kongeliturbation** begünstigt wurde.

◂ Abb. 464: Im Permafrostgebiet durch Eislinsenbildung in Hochmoortorf entstandene Palsen; Nordfinnland.

◂ Abb. 465: Angeschnittene Eislinse aus Segregationseis; Dempster Highway am Polarkreis, Nordwestkanada.

▾ Abb. 466: Rasenhügel (Thufur) mit jahreszeitlich gefrorenem Kern in einer nassen Senke; Nordisland.

19. Periglazialformen · Pingos

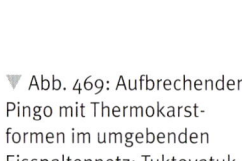

▲ Abb. 467: Durch vorrückenden Permafrost in einem verlandeten See aufgepresster Pingo mit benachbarten Thermokarstseen; Mackenzie-Delta, Nordwestkanada.

▶ Abb. 468: Profilskizze zu Abb. 467.

▼ Abb. 469: Aufbrechender Pingo mit Thermokarstformen im umgebenden Eisspaltennetz; Tuktoyatuk, Mackenzie-Delta, Nordwestkanada.

Rückt in einem Gebiet mit sich neu aufbauendem Dauerfrostboden die vorrückende **Eisfront** gegen eine Linse ungefrorenen wasserreichen Bodens, den **Talik** vor, wird erst unter *hydrostatischem*, nach Gefrieren des Wassers und seiner damit verbundenen etwa zehnprozentigen Volumenvergrößerung die überlagernde Oberfläche durch *kryostatischen Druck* zum größten Typ von **Frosthügeln** aufgewölbt, die bis zu mehrere hundert Meter Durchmesser und einigen Zehner Meter Höhe erreichen können. Nach der Inuit-Bezeichnung aus einem ihrer Hauptverbreitungs- und Erforschungsgebiete, dem nordkanadischen Mackenzie-Delta, entstehen derartige **Pingos** mit *abgeschlossenem* Wassersystem *(closed-system* oder *Mackenzie-type pingos;* Karte 1979, S. 55 ff; Washburn 1973, S. 153 ff.) dort fast ausschließlich in verlandeten Seebecken, unter denen durch die sommerliche Wasserwärme die Dauerfrostfront abgesenkt war.

In Sibirien bilden sie sich vor allem unter kleinen Seen am Boden von dolinenartigen **Thermokarst-Wannen** (jakutisch u. intern. **Alas**, *Pl.* Alasse; Washburn 1973, S. 237 f.), die meist nach Waldbränden durch die Zerstörung der den Permafrost isolierenden Taiga-Vegetation entstehen. **Open-system Pingos** vom *Ostgrönlandtyp* entstehen unabhängig vom Substrat über lückenhaftem Permafrost durch teils explosionsartiges Ausbrechen und Gefrieren von artesischem, also gespanntem Grundwasser zu **Injektionseis** (Büdel 1977, S. 64 f.). Die weitere Entwicklung verläuft in allen Fällen mit **Segregationseis** (Abb. 465).

Der Pingo in Abb. 467 ist in einem Seebecken entstanden, in dem zuvor bereits ein lokales Eiskeilnetz mit **low-center polygons** entstanden war, deutlich erkennbar an den aufgepressten und etwas trockeneren Rändern der Furchen über den Eisspalten. Wie in Abb. 460 sind in ihnen mehrere **Thermokarstseen** entstanden. Bei der Aufwölbung des Pingos – im ersten Jahr 1 – 2 m – wurde das dortige Eisspaltennetz gedehnt. Die anders als bei den Palsen (Abb. 464) *mineralische* Sedimentdecke reißt bei fortschreitender Aufwölbung irgendwann vollständig auf und lässt die sommerliche Luftwärme eindringen.

Im Pingo von Abb. 469 ist als Folge davon durch den Thermokarst – auch als **Depergelation** bezeichnet (Karte 1979, S. 83) – die ursprüngliche Kuppe zu einem Krater ausgeschmolzen. Die dabei durch radial ablaufendes Schmelzwasser zerstörten Flanken sind anschließend wieder verheilt und durch Strauchvegetation stabilisiert worden. In dem am Fuß des Pingos besser drainierten Eiskeilnetz hat dessen Ausschmelzen über den tiefer liegenden Eisspalten eingesetzt.

Meist deutlich kleinere fossile Pingos der Mittelbreiten sind nach dem Austauen des Eiskerns nur als niedriger Ringwall aus gestörtem Sediment um eine flache Senke erhalten geblieben und haben sich im Holozän zu einem verlandenden Tümpel entwickelt (Wiegand 1965).

19. Periglazialformen · Nivationsformen

Übergangsformen zwischen dem periglazialen und dem glazialen Formenschatz sind die nahe der Schneegrenze gelegenen *Nivationsnischen (nivation hollows;* Washburn 1973, S. 204 ff., Embleton & King 1968, S. 544 – 558). Der Prozess der **Nivation**, der Abtragung unter temporären oder perennierenden Schneeflecken, zuerst von Matthes (1900) beschrieben, stand vermutlich auch am Anfang der Entwicklung von Karen (Abb. 493 f.). Ein wesentlicher Unterschied zu Karen ist jedoch das *Fehlen* von Übertiefung und Karschwelle.

Die **Eintiefung** einer wie auch immer entstandenen Ausgangssenke am Hang bis zum Extremfall eines tief eingesenkten, steilwandigen Lochs wie links in Abb. 470 geschieht in einer Kombination von Prozessen. Kriechender Schnee und unter ihm ausspülendes Schmelzwasser werden von Louis & Fischer (1977, S. 475) als Hauptursache angesehen. Für Ahnert (2003, S. 142) ist der beim Abtauen hangaufwärts wandernde Bereich der Ort stärkster Schmelzwasserdurchfeuchtung, Gelifluktion und damit hangversteilender Abtragung am Unterrand eines Schneeflecks. Dazu dürften dann noch Frostsprengung (Abb. 38) und Rillenspülung beitragen, was durch Schmelzwasser unter dem Schnee und durch Schmelz- und Regenwasser aus der Umgebung sowie an den Abflussbahnen zwischen den Vegetationsstreifen in Abb. 470 erkennbar ist.

In der kurzen schneefreien Zeit des Sommers kann sich an den Steilwänden keine ausdauernde Vegetation bilden. An der ungeschützten Oberfläche können unter wie über dem Eis bei ausreichender Durchfeuchtung häufige sommerliche **Frostwechsel** das Gestein – hier vulkanische Aschen – wirksam durch Frostsprengung aufbereiten. Die oft zitierte verstärkte Frostverwitterung an der so genannten **Schwarz-Weiß-Grenze** (Louis & Fischer 1979, S. 472) dürfte vor allem durch die erhöhte Produktion und das häufige Wiedergefrieren von Schmelzwasser als Folge der verstärkten Wärmeabstrahlung des den Schnee umrahmenden dunklen Gesteins wirken.

Zum Ende des Sommers ist der etwas höher an vegetationsfreien mobilen Hängen liegende Schneefleck von Abb. 471 – von deutlich versteilten Hängen umgeben – durch Schmelzwasser und vermutlich auch den Wärmefluss aus dem Gestein von unten her zu einer Höhle ausgeschmolzen. In der Nähe liegt das hydrothermale Gebiet von Abb. 32. Nach Regen dürfte seitlich durch die Aschenlagen eindringendes Sickerwasser zur Ausspülung beitragen. Zum Aufnahmezeitpunkt ist diese nur noch schwach, weil der Kontakt Schnee zum Boden bereits weitgehend fehlt und die Wärmezufuhr dort nur noch durch die Luft erfolgt. Die Oberfläche des Schneeflecks ist zuletzt durch direkte Verdunstung zu als **Schmelzschalen** bezeichneten **Ablationshohlformen** umgestaltet worden, die insgesamt ein durch Schmutzgrate nachgezeichnetes **Wabenschnee**muster bilden (Marcinek 1984, S. 41).

In Abb. 472 ist über einen im Vordergrund bereits vollständig ausgetauten Schneefleck so viel Feinmaterial abgeglitten und hat den Schnee an seinem Fuß so vollständig überdeckt, dass es dort eine isolierende Schutzdecke gebildet hat, die links in Rücken, rechts ohne Oberflächenabfluss in Kegel und Grate niedergetaut ist. Nach völligem Abtauen wird hier ein Wall erhalten bleiben. Großformen aus Steinschlagschutt, die über Schneerampen herabgerollt sind, werden als **Schneeschuttwälle** *(protalus ramparts;* Washburn 1973, S. 199 f.) bezeichnet.

▲▲ Abb. 470: Tiefe Nivationsnischen, holozän durch Schneeschmelzausspülung unter Schneeflecken entstanden; Landmannalaugar, Zentralisland.

▲ Abb. 471: Schmelzwasserausspülung einer Nivationsnische mit Altschnee im August; Landmannalaugar, Zentralisland.

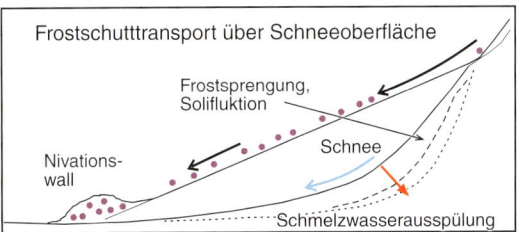

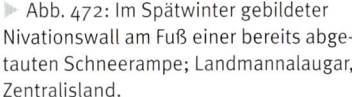

▶ Abb. 472: Im Spätwinter gebildeter Nivationswall am Fuß einer bereits abgetauten Schneerampe; Landmannalaugar, Zentralisland.

◀ Abb. 473: Profilskizze zur Nivationsnischen- und Nivationswallbildung.

20. Glazialformen · Eisstromnetz

▲ Abb. 474: Dendritisches Eisstromnetz, Kare und über das Eis aufragende, stark frostverwitternde Nunatakker, Rasmussenland, Ostgrönland.

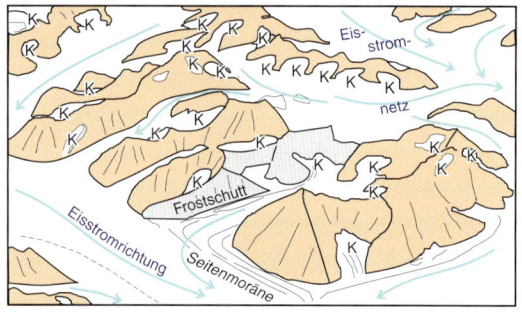

▶ Abb. 475: Erläuterungsskizze zu Abb. 474.

Etwa 10 % der Festlandsfläche liegen unter Eis und werden durch **glazigene** Prozesse – durch die Bewegung und das Abschmelzen von Eis – geformt; sie schaffen dabei einen spezifischen **glazialen** Formenschatz, der im Deutschen zur Abgrenzung vom pleistozän-glazialen Geschehen auch als **glaziär** bezeichnet wird (Louis & Fischer 1979, S. 414). In Geomorphologie-Lehrbüchern werden, da es um das heutige, wann auch immer vom Eis geschaffene Relief geht, rezentes und pleistozänes Glazial gemeinsam behandelt, am ausführlichsten in Louis & Fischer 1979 (S. 414–483), als kürzere Einführungen bei Ahnert (2003, S. 326–354) und Leser (2003, S. 276 ff., mit mehreren einprägsamen Blockdiagrammen. Das Lehrbuch *Glazialgeomorphologie* von Kuhle (1991) setzt bereits entsprechende Kenntnisse voraus und bezieht sich hauptsächlich auf die Hochgebirgs-Glazialgeomorphologie, vor allem des Himalayas. Speziell die Gletscherkunde wird ausführlich bei Wilhelm (1965) behandelt, als zugänglichere Einführung bei Marcinek (1984/85). Eine gute englischsprachige Einführung, auch in das Fachvokabular, bieten Sugden & John (1977).

Abb. 474 gibt einen Eindruck davon, wie Hochgebirge der Mittelbreiten während der pleistozänen Kaltzeiten ausgesehen haben könnten. Am Ostrand des grönländischen Inlandeises ist ein Gebiet von ineinander übergehenden **Talgletschern** erfasst, deren Verlauf ein präglaziales Talsystem nachzeichnet, das in seiner stark rechtwinkligen Erstreckung eng an ein von der damaligen chemischen Verwitterung nachgezeichnetes Kluftnetz angepasst ist. Ausgehend von den rekonstruierten kaltzeitlichen Verhältnissen der Alpen wird es als **Eisstromnetz** bezeichnet. Bei Sugden & John (1977) und nordamerikanischen Autoren kommt dieser Begriff, in Ehlers (1996, S. 16) als *ice-stream network* übersetzt, nicht vor. Ein ausschlaggebendes Kennzeichen sind nämlich **Transfluenzen**, das in den Alpen kaltzeitlich häufige Überfließen von gestautem Eis aus den zum Alpenkörper parallel verlaufenden Haupttälern über Pässe hinweg in die zum Gebirgsrand orientierten kleineren Täler. In den nordamerikanischen Gebirgen konnte der Eisabfluss dagegen weitestgehend in einem an die alten Flusstäler gebundenen, dendritischen Eisstrommuster erfolgen, wie auch in Abb. 474 (*icefield;* Sugden & John 1977, S. 68).

Die Eisströme des Bildes beginnen, besonders ausgeprägt bei (1) in Abb. 475, in der lehnsesselförmigen Felsumrahmung von **Karen** (Abb. 493 f.). Einige liegen deutlich über dem Talgletscherniveau (2, 3), allerdings zumindest bei (3) ohne die meist vorhandene **Karschwelle**. Die meisten sind, da keine Gefällsbrüche im Eis sichtbar sind, aber offenbar stufenlos angeschlossene **Gletscherursprungsmulden**, vom Eis umgestaltete alte Talschlüsse, die so nicht unbedingt der Kar-Definition entsprechen (s. Kuhle 1991, S. 28). Die Eisoberflächen im Hintergrund liegen noch vollständig im **Nährgebiet** *(accumulation area)* der Gletscher, mit auch zum hochsommerlichen Aufnahmezeitpunkt vollständiger Schneebedeckung und flachkonkaven Querprofilen bei positiver Eisbilanz. Der Übergang zum **Zehrgebiet** *(Ablation area)* ist bei (4) an den dunklen, schneefreien *Seitenmoränen* und bei (5) an den Ausschmelzstrukturen des großen Gletschers im Vordergrund erkennbar.

An den eisfreien Hängen ist die **Frostverwitterung**, von der die Seitenmoränen ihren Schutt beziehen, so stark, dass der Schutt an den Unterhängen die horizontale Basaltschichtung überdeckt, die an den Oberhängen durch kleine Schneeflecken nachgezeichnet wird. Die Hänge sind in ihrer Gesamthöhe von **Wandschluchten** (Kuhle 1991, S. 13 f.) zerrunst, durch die der Schnee überwiegend über schuttreiche Lawinen zur Gletscheroberfläche gelangt. Diese Hangzerschneidung bildet sich offenbar sehr schnell

20. Glazialformen · Eiskappe, Auslassgletscher

(Kuhle S. 13 f.), sodass Eisschliffspuren des letztkaltzeitlich höheren Eisstandes in wenigen Tausend Jahren bereits vollständig *ausgelöscht* worden sind. Die durch die frostgesteuerte Abtragung oberhalb der Kare und die Karentwicklung selbst geschaffenen scharfen **Grate** *(arêtes)* und Gipfel – letztere als **Karlinge** *(horns)* bezeichnet – überragen das Eisstromnetz als **Nunatakker** (*Sing.* Nunatak), auch wenn der grönländische Inuit-Begriff streng genommen nur Aufragungen über das Inlandeis selbst bezeichnet.

Als kleine Äquivalente des antarktischen und grönländischen Inlandeises zeigen der **Plateaugletscher** in Abb. 476 und die im Profil flach kuppelförmige **Eiskappe** (beide als *ice cap*) den Übergang von dort **reliefübergeordneter** zur **reliefuntergeordneten** (Louis & Fischer 1979, S. 432 f.) Vergletscherung in der Form von Auslassgletschern (*outlet glacier*; Sugden & John 1976, S. 64 f.); dies sind allerdings winzige Formen im Vergleich zu den bis 200 km langen und viel schneller fließenden Großformen.

Im Hintergrund fließt das Eis in mehreren Strömen zwischen Nunatakkern aus. Der dort nach allen Seiten abgetragene Frostschutt wird erst am Eisrand als Seitenmoräne transportiert. Ab dort, wo zwei Seitenmoränen zusammenkommen, wird er, an der talwärtigen Bergspitze einsetzend, als schwarzes Band einer **Ober-** bzw. **Mittelmoräne** weitertransportiert. Sichtbar sind die Moränenstreifen nur im Bereich des gegenwärtigen, sommerlichen **Zehrgebiets**, in dem Schnee und Firn an der Gletscheroberfläche abgeschmolzen sind.

Im Vordergrund hat das Eis vollständig die runde Hohlform eines **Vulkankraters** ausgefüllt und ist so zu einer nach allen Seiten über den Rand ausfließenden eigenen **Eiskappe** geworden. Zum Teil liegt es **reliefübergeordnet** auf den Vulkanflanken. Der größte Teil fließt jedoch radial – im Hintergrund mit der großen Eiskappe vereint – durch im Laufe des ganzen Pleistozäns geschaffene, steil eingeschnittene Täler ab, und zwar unterschiedlich weit, je nach der Größe des Auslasses am Kraterrand.

In Abb. 478 sind die beiden aneinander stoßenden Auslassgletscher links in typischer Anpassung am steilen Plateaurand in quer zur Fließrichtung verlaufenden Spalten abgerissen. Ob durchgängig *Spalten* bis zu den beiden **ausgeaperten**, schneefreien grauen Buckeln vorhanden sind, ist wegen der oberhalb noch weitgehend vorhandenen Schneedecke nur zu vermuten. Beiderseits des im Profil kegelförmigen Berges enden die beiden Gletscher rechts an zwei bogenförmigen Endmoränen mit einem durch das Auseinanderfließen bedingtem **radialen Spaltennetz**. Unterhalb dieser Bögen liegt noch Altschnee in **perennierenden**, mehrjährigen **Schneeflecken** oder sogar über mit den Gletschern nicht mehr verbundenem **Toteis** an den Hängen zwischen älteren, an scharfen Graten erkennbaren **Ufermoränenbögen** ehemals längerer Gletscherzungen.

In der rechten Bildhälfte zeichnet die Untergrenze des Schnees eine ältere Zungenposition nach. Im ausgeaperten, dunklen Steilabfall sind noch die Reste dieses Auslassgletschers zu erkennen. Das wellige Gelände im Vordergrund ist von **Grundmoräne** der letztglazialen Inlandvereisung Islands bedeckt, als das Gebiet der heutigen Eiskappe, mit höherer Eisbedeckung, ein kleiner Teil davon war.

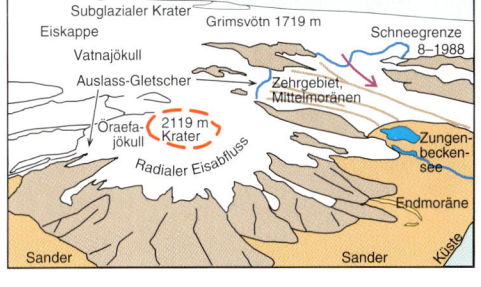

▲▲ Abb. 476: Auslassgletscher eines Plateaugletschers und radiales Gletschertalnetz um die Eiskappe eines Vulkans; Vatnajökull und Oraefijökull, Südisland.

▲ Abb. 477: Erläuterungsskizze zu Abb. 476.

▼ Abb. 478: Auslassgletscher einer uhrglasförmig gewölbten Eiskappe; Thorisjökull, Westisland.

20. Glazialformen · Gletschereisrelief

Abb. 479: Durch den Felsuntergrund und die Eisdynamik bedingte Spaltensysteme eines Gletschers; Krossájökull, Südisland.

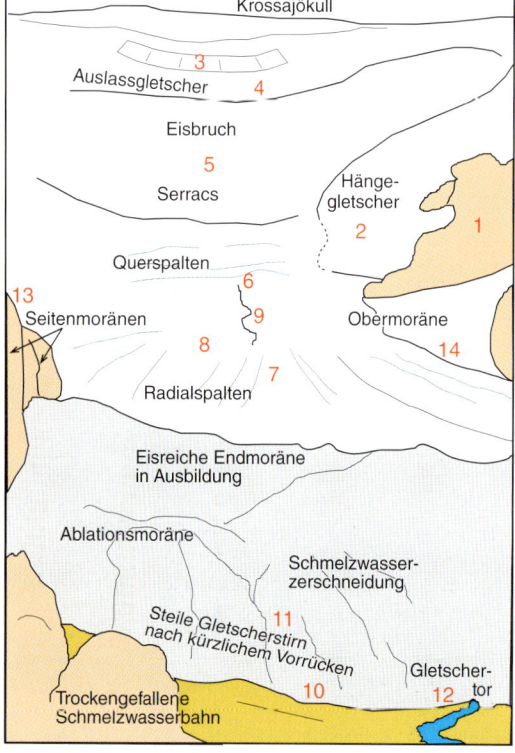

Abb. 480: Erläuterungsskizze zu Abb. 479.

Abb. 479 zeigt einen weiteren **Auslassgletscher**, der aus einer *flach-konkaven* Einwölbung der Eiskappe – wie bei einem in einem Kar beginnenden Gletscher – aus dem Bereich der reliefübergeordneten Vereisung reliefuntergeordnet in ein kurzes steiles Trogtal übergeht, dessen in Blickrichtung rechte Flanke im Vordergrund bereits frei liegt [(1) in Abb. 480] und im Hintergrund noch teilweise von einem steilen **Wandgletscher** (2) überdeckt ist.

Im Idealfall hat ein Gletscher im Nährgebiet wegen der höheren Fließgeschwindigkeit im Bereich der größten Eismächtigkeit ein flach-konkaves, im Zehr- oder **Ablations**gebiet als Folge des Schubs der aus dem Firngebiet nachdrängenden Eismassen ein konvexes Querprofil. Der gesamte von der Eiskappe abfließende Eisstrom liegt im Gebiet negativer Eisbilanz. Lediglich unterhalb des obersten Eisabbruchs liegt dem ausgeaperten Eis noch eine steile Rampe aus hellerem **Firn** (3) auf. Das nach sommerlichem Abtauen gut sichtbare Muster der **Gletscherspalten** (Louis & Fischer 1979, S. 433; *crevasses*) ist vor allem durch die Topographie des unterlagernden Felsreliefs bedingt. Der Bereich unterhalb der Firnrampe ist flach-konkav (4) als Folge des in der Mitte schnelleren Abfließens zum Rand des schwerkraftbedingten **Gletscherbruchs** (5) mit völligem Zerreißen des hier nicht mehr plastisch, sondern *spröd* reagierenden Eises (*extending flow*; Sudgen & John 1977, S. 44) zu einem nur grob quer zur Fließrichtung geordneten Gewirr von Blöcken und Schollen, den Séracs von Abb. 483.

Die Verebnung unterhalb und der nachfolgende Abschnitt mit durch Zerrung entstandenen **Querspalten** (*transverse crevasses*) (6) zeichnet eine weniger steile Felsschwelle nach. Die sich geradlinig über die gesamte Gletscherbreite erstreckenden Spalten sind ein Kennzeichen der hier herrschenden **Blockschollenbewegung** (Louis & Fischer 1979, S. 419) bei schnellem Abfluss. Das typischerweise leicht konvexe Zungenende ist durch teils stark ausgetaute **Radialspalten** [(7), engl. *radial crevasses*] gegliedert. Der spaltenfreie Bereich oberhalb (8) weist auf **kompressiven** Abfluss, auf Stauchung hin, sein leicht konkaves Querprofil auf starke oberflächliche Schmelzwasserabtragung in Richtung auf den zentralen Schmelzwasserbach (9). Die Radialspalten unterhalb davon sind durch die seitliche Ausbreitung der Zunge (*extending flow*) im Vorland des Plateauabfalls aufgerissen.

Insgesamt ist das Zungenrelief aber das Ergebnis mehrjährigen starken Eisabbaus. Die breite, von ausgetauter schwarzer Vulkanasche – durch **Ablation** – überdeckte, unregelmäßig kuppige Umrahmung des weißen Gletschereises zeigt bei (10) die steile Stirn einer noch vor einigen Jahren schnell vorgestoßenen Zunge ohne Endmoräne. Deren Oberfläche wird jetzt weitgehend durch steile **Kerbtäler** (11) im sich nicht mehr bewegenden, **stagnierenden** Eis gebildet und ist teilweise an den Talhängen als weiße Flecken aufgeschlossen. Das in Eisspalten abfließende Schmelzwasser tritt konzentriert am **Gletschertor** als Schmelzwasserbach (12) aus. Insgesamt hat die Sedimentdecke aber das Niedertauen so stark gebremst (Abb. 488), dass dieser Zungenteil deutlich höher liegt als der weiße, ungehindert abtauende Teil dahinter, im Querprofil bei (13) deutlich sichtbar an der noch weitgehend aus Eis bestehenden Seitenmoräne. Das Sediment ist als **Untermoräne** (Abb. 487) entlang von im Zungengebiet schaufelförmig aufsteigenden **Scherflächen** (Abb. 485; Louis & Fischer 1979, S. 417 f.) an die Eisoberfläche gelangt. Aus schuttreichen Lawinen und Steinschlag stammt dagegen die randliche **Obermoräne** rechts auf dem Gletscher bei (14).

Abb. 481 von der Wand eines Eistunnels zeigt in schrägem Anschnitt die für Gletschereis typische **Bänderung** durch Staub, der im Akkumulationsgebiet auf dem Schnee der Gletscheroberfläche abgelagert, dort durch Ablation konzentriert (s. Abb. 471) und so Teil einer **Jahresschicht** erst des Firn- und dann des Eiszuwachses wurde. Sowohl bei der Umkristallisation zu den hier durch die Blitzreflektion teils nachgezeichneten Gletschereiskristallen als auch bei der Eisbewegung sind diese Sedimentpartikel zu diffusen Bändern ausgezogen worden. In der Diagonalen sind sie entlang einer wieder verheilten Bruchlinie im Eis konzentriert worden.

Abb. 482 stammt von einer Gletscheroberfläche des stark austauenden Zungenbereichs. Der Schmelzvorgang hat die Grenzen der teils mehrere Zentimeter großen, hier im bewegungslos gewordenen Eis unregelmäßig gewachsenen Eiskristalle nachgezeichnet. Sie sind das Ergebnis der Setzung von Altschnee zu Firn (Abb. 484) und daraus der Auflast jüngerer Firnschichten, des teilweisen Schmelzens und Wiedergefrierens (**Schmelzmetamorphose**) und schließlich der **Rekristallisation** zu glasigem, im Gegensatz zum Firn luftundurchlässigen **Gletscherkorn** mit einer Dichte von 0,82 bis 0,85 g/cm³. Der Durchmesser der Kristalle nimmt mit Fließgeschwindigkeit und -strecke zu (Louis 1979, S. 415 f., Marcinek 1984/85, S. 51 f.; detailliert bei Wilhelm 1975, S. 135 ff.). Die klaren Kristalle enthalten noch feine Luftblasen, aus deren Analyse klima- und umweltgeschichtliche Zeitreihen ableitbar sind (Marcinek 1984/85, S. 53 f.). Die Kristalle sind miteinander verzahnt und lassen sich – bei herausgeschlagenen Eisstücken – mit einem knarrenden Geräusch gegeneinander bewegen.

Als Folge häufiger Asche fördernder Eruptionen auf Island sind dort im Gletschereis besonders viele Staubpartikel erhalten. Sie haben sich in Abb. 482 in typischer Weise beim Ausschmelzen angereichert und fließen als Schwebfracht (Abb. 270 – 273) in kleinen Rinnsalen oder als wasserdurchtränkter Brei ab, bei größerer Mächtigkeit als **Fließmoräne** (Ehlers 1994, S. 36) oder *supraglacial flow till* (Ehlers 1995, S. 63). Auch die Mure auf Firn in Abb. 290 besteht daraus.

Die durch Schmutzbänder nachgezeichnete **Jahresschichtung** kann auch über längere Fließstrecken bewahrt bleiben. Deutlich ist dies in der horizontalen Bänderung der bereits als **Séracs** bezeichneten Eistürme im Bereich des **Gletscherbruchs** von Abb. 483 erkennbar. Das Gletschereis zerreißt hier an einem starken Gefällsbruch im Übergang zwischen den zwei Trogtalbodenniveaus von Abb. 499. Das im frischen Abbruch eines Turms in der Bildmitte freigelegte, noch nicht angeschmolzene Gletschereis mit seinen farblosen Kristallen erscheint typisch hellblau, weil das Eis alle größeren Wellenlängen des eindringenden Lichts absorbiert und nur den blauen Teil der kurzwelligen Strahlung reflektiert. Der freigetaute Fels im Vordergrund ist teils vom Eis rundgeschliffen worden (**Detersion**; engl. *abrasion*, s. Abb. 490), teils sind im Steilbereich Felsbrocken entlang von Klüften durch **Detraktion** (*plucking*; Ahnert 2003, S. 335) herausgerissen worden.

Das schon länger angetaute Eis der Séracs in Abb. 483 ebenso wie das der Gletscheroberfläche oberhalb des länglichen Firnrests in Abb. 484 ist zum Teil grau als Folge des beim Tauen angereicherten Staubs, weiß statt blau aber überall dort, wo bereits wieder Luft und Wasser in das Eis eingedrungen sind. Der Firnrest, links mit kleinen **Ablationsnäpfen**, rechts mit Schmelzwasserrinnen, reflektiert weiß – also alle sichtbaren Wellenlängen gemeinsam –, weil hier noch Luft im Gefüge vorhanden ist. Quer zu ihm verlaufen zwei ausgetaute **Scherflächen** des Eises, rechtwinklig und schräg dazu ausgetaute Bruchflächen im Eis. Durch die aufsteigende Eisbewegung im Zehrgebiet steil gestellt sind die Staublagen der **Jahresbänderung** des Gletschereises. Rechts vorne hat das durch direkte Verdunstung des Eises – durch **Sublimation** – angereicherte Feinmaterial bereits die Schichtung überdeckt.

◀ Abb. 481: Staubbänder im Gletschereis als Folge sommerlicher Ablation auf einstigen Firnoberflächen; Tunnel im Rhônegletscher, Schweiz.

▼ Abb. 482: Gletschereiskristalle (Gletscherkorn) und durch Austauen (Ablation) angereichertes Feinmaterial für eine Fließmoräne; Skaftafjell, Südisland.

▼ Abb. 483: Türme einer Eisbruchzone *(Séracs)* in blau durchscheinendem Gletschereis über eisgeschliffenem Fels, Rhônegletscher, Schweiz.

▼ Abb. 484: Firnrest in einer Spalte der hochsommerlich freigetrauten Gletscheroberfläche mit Jahresbänderung im Zehrgebiet; Rhônegletscher, Schweiz.

20. Glazialformen · Untermoräne, Ablationsmoräne

▲ Abb. 485: An aufsteigender Scherfläche austauende Untermoräne; Swinafell, Südisland.

▶ Abb. 486: Erläuterungsskizze zu Abb. 485.

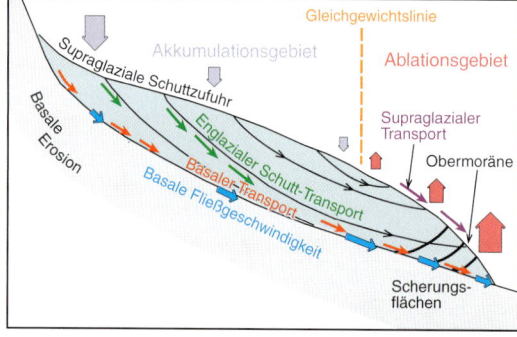

▶ Abb. 487: Gletscherbasis mit ausgetauter Grund- und im Eis eingefrorener Untermoräne; Rhônegletscher, Schweiz.

▼ Abb. 488: Durch Austauen von Gesteinspartikeln im Eis gebildete Ablations-Obermoräne, hier vor allem aus Vulkanasche; Skaftafell, Südisland.

Alles Material, das von einem Gletscher mitbewegt oder beim Austauen des Eises abgelagert worden ist, wird als **Moräne** bezeichnet, wobei der Begriff sowohl für das Sediment als auch für die daraus gebildeten Formen verwendet wird (Louis & Fischer 1979, S. 436 ff., Kuhle 1991, S. 66 ff.; Sugden & John 1976, S. 235 ff; in Kurzform Ahnert 2003, 339 ff. und Leser 2003, S. 280 ff.). Von den vielen Typen zeigen die drei Abbildungen dieser Seite noch eine direkt mit dem Gletschereis verbundene Moräne.

Die entlang einer scharfen Grenze einsetzende **diamiktitische,** aus allen Korngrößen bestehende dünne Sedimentauflage in Abb. 485 ist ursprünglich als **Untermoräne** im Nährgebiet des Gletschers an dessen Boden aufgenommen worden. Dann – wie in Abb. 486 dargestellt – im Nährgebiet entlang einer Scherfläche (Louis & Fischer 1979, S. 426; Kuhle 1991, S. 48) schräg aufgestiegen, hat sie so die Eisoberfläche im äußeren Zungenbereich erreicht und ist dort mit deren Tieferlegung durch starkes Abtauen unterhalb der Austrittslinie flächenhaft abgelagert worden. Oberhalb dieses **Scherhorizonts,** der immer Flächen sprunghaft unterschiedlicher Fließgeschwindigkeit voneinander trennt, hat der austauende Staub der Jahresschichten dem Eis lediglich eine schmutzige Oberfläche gegeben. In dem **stagnierenden** Eis der Zunge sind **Radialspalten** wie die im Vordergrund zu kleinen Schmelzwasserschluchten umgestaltet worden, deren schon weiß reflektierende Eiswände (s. Abb. 483) durch **Ablationsnäpfe,** entstanden durch direkte Verdunstung, gegliedert sind.

Abb. 487 zeigt ein Stück einer nur knapp 30 cm mächtigen **Untermoräne** des stark abtauenden Rhônegletschers, der durch die abgestrahlte Wärme der Felswand außerhalb des Bildes freigeschmolzen wurde. Der scharfe Kontrast zum gebänderten Eis mit geringer Staubeinlage darüber wird durch die **Abschmelzanreicherung** an der Oberfläche übertrieben. In Wirklichkeit sind meist nur rund 5 % dieser Schicht Gesteinsmaterial, das an der Basis eines **temperierten** *(warm-based)* Gletschers in dem Bereich, in dem es bei Temperaturen um den **Druckschmelzpunkt** (Ahnert 2003, S. 327) zum Wechsel von Auftauen und Wiedergefrieren (**Regelation**, engl. desgl.) und somit zur Mitnahme eingefrorenen Schutts kommt, aufgenommen wird. Das Grobmaterial am Eisrand ist durch Ausspülung des Feinmaterials angereichert worden.

Abb. 488 zeigt eine vollständig durch **Ablationsschutt** bedeckte Gletscherzunge. Im Hintergrund ist es weitgehend das Material aller Korngrößen, das an Scherflächen aufgewandert ist, erkennbar an der dichten *Geschiebestreu*. Im Vordergrund ist es die angereicherte **Vulkanasche** aus den ausgetauten Jahresschichten. Unter einer dickeren, isolierenden Decke ist so ein mehrere Meter hoher Eishügel erhalten geblieben, dessen Flanke noch erfasst ist. Aber auch die kleinen Hügel auf der tiefer getauten Fläche haben noch ihren Eiskern. Teils sind sie linienhaft entlang von Bruchlinien oder im Eis oder an ihren Kreuzungen angeordnet, an denen mehr Feinmaterial, aber nicht überall gleich stark, konzentriert worden war. So ist eine **Miniaturinsel-Berglandschaft** (s. Abb. 131 ff.) in Eis durch flächenhafte Tieferlegung einer nicht ganz homogenen Oberfläche entstanden.

20. Glazialformen · Detersion, Gletscherschrammen

Ein Teil des Feinmaterials, das als **Untermoräne** in das Eis aufgenommen und meist als **Grundmoräne** abgelagert wird, ist durch die schleifende Wirkung der schuttbewehrten Eisbasis (**Detersion**) erzeugt worden. Da das Schleifmaterial dabei selbst abgeschliffen wird, muss es ständig durch gletscheraufwärts neu aufgenommenes, durch **Detraktion** aus dem Felsuntergrund herausgerissenes Grobmaterial ersetzt werden. Bereits im Eis vorhandenes Grobmaterial, das als auf die Gletscheroberfläche gestürzter Schutt im Nährgebiet entlang der Transportlinien im Eis abgesunken ist (Abb. 486; Louis & Fischer 1979 S. 418), kann durch das Abschmelzen an der Basis eines temperierten Gletschers zusätzlich in schleifenden Kontakt mit dem Untergrund verbracht werden (Sugden & John 1976, S. 154). Für weiteres Abschleifen zu fein gewordene Körner werden durch den Schmelzwasserstrom an der Gletscherbasis als **Gletschermilch** ausgespült (s. Abb. 294).

Rundhöcker wie in Abb. 489 werden zusätzlich durch den Schutt abradiert, der in jeder beliebigen Höhe gegen, um und über das Hindernis bewegt wird. An der **Stirnseite** ist durch den Stau vor dem Hindernis mit besonders starkem Druck abgeschliffen worden, durch den auch die breiten Riefen mit flachmuldenförmigem Querprofil geschaffen wurden. Das teils unregelmäßige Rissmuster ist vermutlich erst nach dem Abschmelzen des Eises durch Druckentlastung (Abb. 41) entstanden.

In Abb. 490 hat das schuttbewehrte Eis des Gletschers von Abb. 483 bzw. 499 bei noch größerer Ausdehnung ebenfalls die Oberfläche von links nach rechts glatt geschliffen. Eine braune **Patina**, die im steilen Leebereich aus einer Zeit längerer Eisfreiheit noch erhalten war, ist weitgehend abgetragen worden. Zeitweilig muss der Gletscher aber in diesem Bereich bis zur Basis unter dem Gefrierpunkt abgekühlt gewesen sein, sodass das am Fels festgefrorene Eis bogenförmigen **Sichelbrüche** (*shatter marks* oder *friction cracks*; Sugden & John 1976, S. 136 f.) geschaffen hat, die allerdings häufiger in der Gegenrichtung gekrümmt auftreten.

In Abb. 491 haben mit dem Eis bewegte (noch) scharfkantige Blöcke, die härter als der Felsuntergrund waren, auf flachen Rundhöckern deutliche **Gletscherschrammen** bei zu verschiedenen Zeiten leicht unterschiedlicher Eisbewegungsrichtung hinterlassen. Auch die **Schliffkante** dürfte durch **Gletscherschliff** erzeugt worden sein. Die zum Teil fehlenden abgelösten dünnen Platten gehen auch hier auf Druckentlastung zurück. Diese kann allerdings nicht nur die Folge einer einstigen Inlandeisüberlagerung, sondern die der Abtragung der paläozoischen Karoo-Sedimentdecke sein, denn dieser exhumierte Gletscherschliff entstand während der oberkarbonen Dwyka-Eiszeit vor etwa 290 Mio. Jahren.

Erst vor wenigen Jahrzehnten aus dem Eis ausgetaut ist allerdings das aus einem saprolitisierten Vulkanit bestehende **gekritzte Geschiebe** in Abb. 492. In dem weichen Material haben während der Eisbewegung an ihm entlangschrammende härtere und scharfkantige Steine geradlinige Ritzungen in unterschiedlichsten Richtungen hinterlassen. In pleistozänen Glazialsedimenten sind sie als Folge nacheiszeitlicher Verwitterung nur erhalten, wenn auch das gekritzte Gestein schon sehr hart war.

▲ Abb. 489: Rundhöcker: unter dem Gletscher stromlinienförmig geschliffene Felsen; Pasterze, Großglockner-Gebiet, österreichische Alpen.

◀ Abb. 490: Sichelbrüche in jung überschliffener Felsfläche und erhaltene Patina im Leebereich; Rhônegletscher, Schweiz.

◀ Abb. 491: Schliffkante und Gletscherschrammen; exhumierter Rundhöcker der karbonzeitlichen Dwyka-Inlandvereisung, Karbon (ca. 290 Mio. Jahre), Noitgedacht, nördlich Kimberley, Südafrika.

▼ Abb. 492: Gekritztes Geschiebe; Skaftafell, Südisland.

20. Glazialformen · Kare

▲▲ Abb. 493: Ausgetautes Kar mit älterer (bewachsener) und junger Moräne; Hohe Tauern, Österreich.

▲ Abb. 494: Eisgefülltes Kar mit überschliffener Karschwelle; Ötztal, Österreich.

▼ Abb. 495: Großkare der eiszeitlichen Alpenvergletscherung; Hohe Tauern, Österreich.

Das kleine und damit gut überschaubare, eisfreie **Kar** (*cirque*) in Abb. 493 lag zu seiner Bildungszeit deutlich *über* der Schneegrenze (Kuhle 1991, S. 17), in einer Höhe, in der *kaltes,* sprödes Eis beim Abreißen an der Rückwand, dem Bergschrund, Felsbrocken entfernte und der Grundschliff durch die Umlenkung des Gletscherflusses aus der vorherrschend vertikalen in die horizontale Richtung den Boden durch **Detersion** übertiefte. Typisch ist der Übergang der halbkreisförmigen Karrückwand (*headwall*) von dem noch leicht geneigten Oberhang zum fast senkrechten Unterhang. Am Boden geht er in einer **Unternagungskehle** – im aktiven Kar unter Gletschereis, hier unter Firn und Schutt verborgen – in das wellige **Rundhöckerrelief** des Karbodens (Vordergrund) über (Louis & Fischer 1979, S. 469 ff.; Ahnert 2003, S. 336 f.). In der jüngsten, stark abgeschwächten Aktivitätsphase hat die unter dem Eis fortschreitende Rückwandabtragung nur noch die flache Nische oberhalb der Firnschneerampe im Hintergrund weitergeformt.

Präglaziale **Vorformen,** in denen sich erst einmal der Schnee sammeln konnte, dürften steile Talschlüsse oder Nivationsnischen (Abb. 470 f.) gewesen sein. Seit der letzten Entgletscherung haben sich am Wandfuß **Frostschutthalden** (vorn links; Abb. 389 f.) gebildet. Da dies in jeder Warmzeit des Pleistozäns geschah, dürfte die interglaziale **Verwitterung** einen wesentlichen Anteil als der mehrphasigen Ausgestaltung der Karformen gehabt haben (Kuhle 1991, S. 27). Der letzte kleine Gletscher, der bis in die 1920er Jahre nur noch den hinteren Teil des Karbodens eingenommen hatte, hinterließ einen niedrigen, in der Mitte vom Schmelzwasserabfluss durchbrochenen **Endmoränenwall.**

Während die Karoberkante in Abb 493 vom Eis während seiner größten Mächtigkeit rundgeschliffen wurde, ist die Umrahmung des größeren Kars in Abb. 494 (nacheiszeitlich erneut?) durch scharfkantiges **Frostschuttrelief** geprägt worden. Nur der linke Teil des Kars (mit Skilift) wird noch von einem kleinen Gletscher eingenommen; rechts davon hat sich eine hohe nacheiszeitliche **Schuttrampe** entwickelt. Bei größerer Eismächtigkeit ist das Trogtalquerprofil mit seinen rundgebuckelten Rändern im Mittelgrund geschliffen worden.

Im Vordergrund, jenseits eines nicht einsehbaren Karsees und rechts mit einem kleinen **Endmoränenwall** versehen, ist eine für Kare typische **Karschwelle** im Bereich abnehmender Tiefenerosion entwickelt. Erklärbar ist die starke Aus- und Überschleifung nur, wenn hier kaltes, starres und damit besonders reibungsintensiv wirkendes Eis, wie es nur weit oberhalb der Schneegrenze vorkam, in einer **Blockschollenbewegung** den Untergrund beanspruchte (Louis & Fischer 1979, S. 466 f.). Kare eignen sich also nicht, entgegen älteren Vermutungen, zur Rekonstruktion kaltzeitlicher Schneegrenzhöhen (Kuhle 1991, S. 18).

Abb. 495 zeigt eine Abfolge von vier **Großkaren,** bei denen sich, wegen eines andersartigen präglazialen Reliefs, keine Karschwellen ausgebildet haben. Etwa nachgezeichnet durch die Grate zwischen den Karen bestand in dem schwächer geneigten Bereich oberhalb des quer dazu verlaufenden Trogtals die linke Flanke eines breiten Muldentals. Deren Gefälle wurde durch die Karbildung deutlich *verflacht*, was an den zum Haupttal abnehmenden, auch vom Hauptgletscher abgeschliffenen Begrenzungen erkennbar ist. Gegen die Annahme, dass Großkare durch das Abschleifen trennender Grate aus schmalen Karen entstanden sind (Kuhle 191, S. 19), spricht hier das Fehlen von Resten einstiger Trennwände. Hier standen eher breite Quermulden des ursprünglichen Talhangs am Anfang der Entwicklung.

Talabwärts gehen Kare als Anfänge eines Hauptgletschers jeweils in ein **Trogtal** *(trough, U-shaped valley)* über. Wie die noch unvollständige Vegetationsbedeckung der Trogwände Ende der 1960er Jahre in Abb. 496 zeigt, waren die Talbereiche hier erst seit wenigen Jahrzehnten ausgetaut und noch nicht wesentlich durch die glazifluviale Aufschüttung eines ebenen Talbodens wie in Abb. 501 und durch Schuttrampen an den Hängen umgestaltet worden. Somit kann anhand der Felsform die tatsächliche Ausbildung eines Troges nachgewiesen werden. Sie ist dadurch entstanden, dass das *zähplastische* Eis mit zur Tiefe steigendem Druck bei gleichzeitiger Einengung des vermutlich präglazialen Kerbtalprofils gleichzeitig an den Wänden und der Sohle abgeschliffen hat, auf Letzterer vor allem in der Mitte, im Bereich der höchsten Fließgeschwindigkeit des Eises. Allerdings gibt es, vermutlich weltweit sogar mehrheitlich, auch **glazigene Kerbtäler**, und zwar überall dort, wo entweder nur eine kurze Zeit für die Überformung eines präglazialen Tales zur Verfügung stand oder wo – bei steilem Talgefälle – bei stärkerem **Zug** statt Druck die Flankenreibung zurücktritt (Kuhle 1991, S. 1f.).

Zur Zeit der größten Eismächtigkeit wurde der Rücken zwischen den beiden Gletschern rund zugeschliffen und die **Grundmoränen**blöcke im Rasen dort abgelagert. Zum Hintergrund zeigt der Übergang zu scharfgratigem Frostverwitterungsrelief die Felsbereiche an, die als **Nunatakker** bzw. **Karlinge** über die Eisoberfläche aufragten. Nach dem Rücktauen der beiden Karlgletscher hinten links sind unterhalb zwei unterschiedlich hohe **Konfluenzstufen** sichtbar geworden. Am rechten Bildrand wird der Zusammenfluss eines Wandgletschers mit starkem **Eisbruch** und dem Hauptgletscher durch eine breite Mittelmoräne nachgezeichnet. Die beiden schmaleren daneben gehören zu Gletscherkonfluenzen weiter talaufwärts; große Teile der niedertauenden Zungen sind von **Hangschutt** überdeckt worden [s. (14) in Abb. 479].

Das Querprofil in Abb. 498 zeigt den typischen Übergang von schwächer geneigten Hangrelikten des *präglazialen* Tales zum eisgeschliffenen Trogtalprofil. Die Oberkante des in den letzten Jahrzehnten stark abgeschmolzenen Gletschers wird durch den fast unbewachsenen Schutt seiner **Grundmoräne** nachgezeichnet. Ein schwach bewachsenes Schuttdreieck mit geringerem Hanggefälle als die Trogtalwand im Mittelgrund rechts belegt, dass der Gletscher bei seinem letzten Vorrücken während der „Kleinen Eiszeit" bis zum 19. Jahrhundert *postglaziale Schuttkegel* ausgeräumt hat. Der Zungenbereich ist zu stark mit Obermoränen und Hangschutt bedecktem Toteis *(dead ice)* geworden. Vier darin aktive **Gletschertore**, die das Schmelzwasser abführen, sind als Folge der Unterspülung durch steile Abbrüche gekennzeichnet.

Abb. 496: Stark ausgetaute Trogtäler mit eisüberschliffener Schwelle zwischen ihnen; Rotmoosferner (r.) und Geisbergferner (l.), Ötztal, Österreich, 1973.

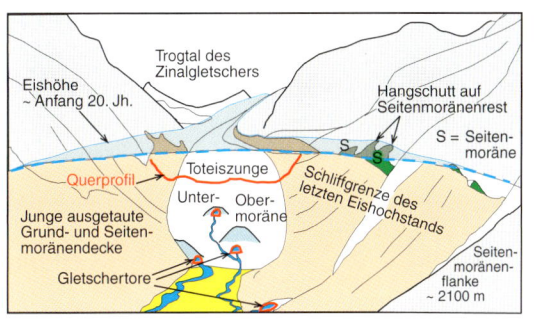

Abb. 497: Erläuterungsskizze zu Abb. 498.

Abb. 498: Rezent eisfrei gewordenes Kerb-Trogtal mit stark niedergetauter Gletscherzunge und Gletschertoren; Zinalgletscher, Oberwallis, Schweiz.

20. Glazialformen · Getrepptes Trogtal

▲ Abb. 499: Steilwandiger Trogtalabschluss und höheres Talbodenniveau mit Gletscher eines getreppten Glazialtals; Rhônegletscher, Schweiz, 1987. (Gletscher um 1900 noch am Fuß der Wand.)

▶ Abb. 500: Erläuterungsskizze zu Abb. 499.

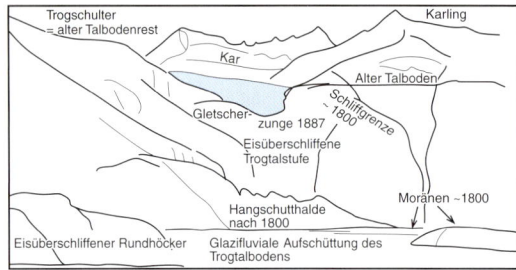

▼ Abb. 501: Blick von der Gletscherzunge des Rhônegletschers auf das Trogtal und die Engtalstrecke der nächsten Talstufe.

Typisch für das Längsprofil großer Glazialtäler sind starke **Übertiefungen**, die in Fjorden (Abb. 667; Louis & Fischer 1979, S. 463) leicht zu loten sind; aber auch unter inneralpinen Talböden und im Gebirgsvorland sind ausnahmslos **prä-würmzeitlich** durch Eisschurf bis zu mehr als 600 m tiefe, langgestreckte Becken geschaffen worden (Ehlers 1994, S. 219 f.), deren glaziale und glazifluviale Verfüllung (s. Abb. 515) bedeutende Grundwasserspeicher geschaffen hat. Erklärt worden sind sie mit hohen Eisfließgeschwindigkeiten an Engstellen. Oberirdisch im Talverlauf vorkommende Gefällsbrüche bis etwa 100 m sind oft als **Konfluenzstufen** gedeutet worden, die durch verstärkten Eisdruck beim Zusammenfluss zweier Gletscher geschaffen wurden (Louis & Fischer 1979, S. 462 ff.).

Dadurch können allerdings nicht solche mehrere hundert Meter hohen Stufen wie jene im oberen Rhônetal erklärt werden. Abb. 499 zeigt die oberste Stufe unterhalb des Karniveaus (im Hintergrund), über die vor knapp 100 Jahren die 1987 kaum noch über die Kante reichende Gletscherzunge sich einst bis zum Talboden im Vordergrund erstreckte. Einer von mehreren zeitweise stationären **Eisrandlagen** ist durch die kleine Moräne rechts (1) markiert. Der eisüberschliffene Rundhöcker links (2) belegt, dass das steil die Stufe herabfließende Eis hier nicht generell unter das Talbodenniveau übertieft haben kann. Abb. 501, von der Gletscherzunge aus aufgenommen, zeigt einen in typischer Weise nach dem Austauen durch Schmelzwassersedimente verebneten Talboden, unter dem das durch den Eisschurf geschaffene trogartige Querprofil nur zu vermuten ist. Die Talhänge bilden statt der durch Eisschurf übersteilten Wände eines typischen Trogtals, wie in dem Abschnitt des Rhônetals von Abb. 540, nur ein breites **Sohlenkerbtal** (Abb. 251), das erst an seinem Ende mit einer fluvial geprägten steilen Schluchtstrecke in ein solches übergeht.

Sowohl die Talquerprofile als auch die Treppung können *nicht* eisdynamisch erklärt werden, sondern sind vom Eis überarbeitete *präglaziale* Formen. Deren Treppung lässt sich mit **rückschreitender Erosion** bei einfacher Landhebung in einem schon bestehenden Talsystem erklären (Louis & Fischer 1979, S. 465). Eine einstige **Wasserfallstufe** am Ausgang eines hoch liegenden intramontanen Beckens – wie in den Abb. 132/142 – wurde so vom Eis im oberen Teil rundgeschliffen und bekam im Zentrum eine trogförmige Eintiefung. Die höhere Verebnung links davon (3), als **Trogschulter** bezeichnet (Abb. 539), ist der an der **Trogkante** rundgeschliffene Rest eines **präglazialen Talbodens** (Büdel 1977, S. 243; Leser 2003, S. 288 ff.).

Zur Zeit des alpinen **Eisstromnetzes** dürfte die Schwelle nur eine kleine Gefällsversteilung in der flach-konkaven Eisoberfläche gewesen sein. Der dünne holozäne Gletscher hatte dort dagegen immer eine starke **Eisbruchstrecke,** von der die Séracs (4) – im Detail in Abb. 483 – nur noch kleine Überreste sind. Die erst teilweise abgeschliffene **Verwitterungsrinde** auf dem Fels in Abb. 490 – hier bei (5) – ist Beleg dafür, das die Gletscherzunge im Holozän schon mindestens einmal noch weiter zurückgeschmolzen war als heute.

Nahezu alle Gletscher sind seit dem Ende der „Kleinen Eiszeit" (Glaser 2001, S. 176 ff.) auf dem Rückzug. Dies gilt auch für die **Auslassgletscher** des westkanadischen Columbia Icefield.

Der Eisrückgang in Abb. 502 zeigt sich vor allem im flächenhaften **Niedertauen** der Gletscherzunge. Zum Höhepunkt des letzten Hochstands im 18. Jahrhundert reichte das Eis, bei konvexer Wölbung der Zunge, noch über das bereits verwaschene Niveau des **Ufermoränen**kamms am in Blickrichtung rechten Gletscherrand. In dessen Umbiegungsbereich zur einstigen **Endmoräne** ist sein Dreiecksquerprofil angeschnitten. Die Fortsetzung ist links vorne erfasst.

Beim Fließen einer schon stark erniedrigten Zunge wurde aus der deutlich tiefer liegenden Seitenmoräne links die noch mit scharfem Kamm erhaltene jüngere Ufermoräne geschaffen; diese ist außen gegen den Grundmoränenboden abgesetzt, der nach dem Rückschmelzen der hohen Zunge und während des erneuten Vorstoßes einer schmaleren Zunge von Lodgepole-Kiefern *(Pinus contorta)* besiedelt wurde. Rechts ist das Gegenstück dieser markanten Moräne kaum erkennbar, weil hier das noch mit dem Eis bewegte Seitenmoränensediment lediglich an die ältere Ufermoränenflanke angelagert wurde. Nach Louis & Fischer (1979, S. 437) wird seitlich austauendes Untermoränenmaterial, soweit es als Saum neben dem Gletscher abgelagert ist, als Ufermoräne bezeichnet, während der Schutt, der noch mit der Eisbewegung am Gletscherrand mitbewegt wird und so auch eine gewisse Textur in Längsrichtung bekommen kann (Kuhle 1991, S. 68), erst noch als **Seitenmoräne** bezeichnet wird (engl. beides *lateral moraine*).

Eine solche Seitenmoräne, allerdings mit ungewöhnlich abgerundetem Querprofil, erstreckt sich links parallel entlang einer deutlichen Grenzkerbe zur Ufermoräne. Dass sie noch weitgehend auf dem **Toteis** liegt, ist an dem steilen Querprofilanschnitt durch Abbrüche über einem Gletschertor wie in Abb. 498 erkennbar. Die nicht mehr bewegte Eiszunge wird in ihrer linken Hälfte durch Schmelzwasserabfluss entlang einer sich dunkel abzeichnenden Tiefenlinie schuttfrei gehalten, die in ein steiles Kerbtal im Toteis übergeht. Die rechte Hälfte ist dagegen vollständig von einer isolierenden **Obermoräne** aus dem Schutt des Talhangs und der alten Ufermoräne bedeckt. Der baumbestandene Wiesenhang im Vordergrund ist Teil einer noch älteren postglazialen Moräne.

Zum Ende des letzten Hochglazials vor etwa 10 000 Jahren war diese Glaziallandschaft Teil eines Eisstromnetzes. Seitdem haben Frostverwitterung und Gelisolifluktion (Abb. 432 ff.) hier die einstige Trogtalflanke weitgehend zu einem Glatthang (Abb. 435) umgestaltet. Im Hintergrund dagegen, der noch länger dem abschleifenden und heute noch unterschneidenden Einfluss des Auslassgletschers ausgesetzt ist, ist dagegen die extreme Steilheit aus dem Spätglazial, wenn auch mit zerrunster Oberfläche, erhalten geblieben.

Abb. 504 zeigt dagegen eine **Trogtalwand**, die erst etwa 15 Jahre vor dem Aufnahmezeitpunkt 1979 eisfrei geworden war. Zwischen eispoliertem Granit und der Eiszunge hatte sich nur die dünne Lage einer **Grundmoräne** – in Abb. 498 noch geschlossen erhalten – befunden. Sie ist seitdem durch ein schnell entstandenes System noch weitgehend parallel zueinander verlaufender Runsen (s. Abb. 233) und Kerbtälchen abgespült worden. Am Mittelhang sind weitgehend nur noch die Grate zwischen den einstigen Runsen mit dreieckigem Querprofil auf dem freigespülten Fels erhalten geblieben.

▲ Abb. 502: Ufer- und Seitenmoränen beiderseits einer zu Toteis transformierten, stark einsedimentierten Gletscherzunge; Auslassgletscher des Columbia Icefield, 1983, Alberta, Kanada.

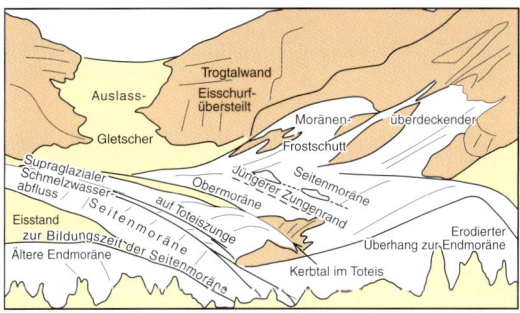

◄ Abb. 503: Erläuterungsskizze zu Ab. 502

▼ Abb. 504: Stark fluvial erodierte Moränenreste auf einer seit etwa 15 Jahren eisfreien Trogtalwand; Glacier Bay 1969, Südalaska.

▲ Abb. 505: Bildung einer Satzendmoräne innerhalb eines großen älteren Moränenbogens; Falljökull, Thorsmörk, Südisland, 1989.

▼ Abb. 506: Fast ohne Endmoränenbildung austauende Gletscherzunge, eisrandparalleler Schmelzwasserabfluss vom Gletschertor von Abb. 508; Skaftafellsjökull, Südisland, 1989.

Wie in Abb. 479 ist die Zunge *(snout)* dieses Auslassgletschers in den letzten Jahren vor der Aufnahme vorgerückt und zeigt deshalb die für einen **vorstoßenden** Gletscher typische steile Stirn. Die Seitenmoräne links biegt in den durch basaltische Vulkanasche schwarzen Zungenbereich um, aus dessen mineralischem Bestand bei weiterem Austauen eine **Endmoräne** *(end moraine)* werden wird, sofern der Eisrand über längere Zeit *stationär* bleibt und so genug Sediment in demselben Bereich akkumuliert wird. Dieses stammt vom Gletscherboden, ist also entlang der aufsteigenden Bewegungsbahnen im Zehrgebiet an die Eisoberfläche gelangte **Untermoräne**, ebenso wie es sich bei den schwarzen Streifen jenseits der zu Kerbtälchen eingeschnittenen **Radialspalten** dahinter um an Scherflächen aufgewandertes Sediment handelt (s. Abb. 485). An der schwarzen Eiswand links sind die aufsteigenden Bänder im Eis erkennbar. Schmelz- und auch sommerliches Regenwasser haben in der Stirn ein sich schnell veränderndes Muster von **Kerbtälern** geschaffen, deren Abtauen durch die Sedimentauflage gebremst wird (s. Abb. 488).

Während ein Talgletscher außer an seiner Sohle Schutt von den frostverwitternden Höhen seiner gesamten Umrahmung aufnimmt, bekommen Auslassgletscher den oberflächlichen Schutt nur von den Seiten geliefert. So stammt in Abb. 505 das Material der beiderseitig niedrigen, noch im Eis steckenden und mit ihm talab bewegten Seitenmoränenwälle lediglich aus dem kurzen Laufstück bis zu den obersten Felsausbissen im Hintergrund. Dasselbe gilt für die scharfgratige Ufermoräne links, deren Schutt während eines stärkeren jungen Zungenvorrückens auch erst als Seitenmoräne aufgehäuft wurde. Die aus einem Übertiefungsbereich unter dem Eis ansteigende Rampe im Vordergrund trägt eine frostverwitterte und zum Steinpflaster angereicherte Grundmoränendecke.

Die Gletscherzunge in Abb. 506 ist schon längere Zeit nicht mehr vorgerückt und so in etlichen Sommern stark niedergetaut *(wasted)*. Vor dem stagnierenden Eisrand sammelt sich das von der Eisoberfläche und in den ausgetauten, vorwiegend radialen Spalten abfließende Wasser in einem nur kleinen eisrandparallelen Bach. Auf dessen rechtem Ufer liegen wenige noch nicht abgespülte Reste der letztjährigen, unbedeutenden Endmoränenbildung, ähnlich den dementsprechend als **Jahresmoränen** bezeichneten niedrigen Wälle auf der mit kleinen Toteisseen besetzten Grundmoränenfläche im Hintergrund.

Die Hauptentwässerung der Gletscherzunge findet subglazial statt. Der in typischer Weise **anastomosierende** Schmelzwasserstrom (Abb. 278) tritt an dem Gletschertor von Abb. 508 aus und folgt bis zur Bildmitte dem Eisrand. Der Fluss im Hintergrund von Abb. 505 ist die derzeitige Hauptentwässerungsbahn. Das Gletschertor ist durch die vom Wasser abgegebene Wärme in typischer Weise zu einer breiten Höhle ausgeschmolzen; daher auch der englische Begriff *ice cave* für Gletschertor. Die Zungenoberfläche

ist ähnlich wie in Abb. 505 als Kerbtal zerschnitten, nachgezeichnet durch die dünne Decke einer **Ablationsmoräne**, die vorwiegend durch die aus dem Eis ausgetaute Vulkanasche gebildet wird (Abb. 482); rechts hinten, unterhalb der Eiswand, ist das Dach des Schmelzwasserstroms eingebrochen. Auf der durch den Gletscherbach unterschnittenen Eiswand hat das Schmelzwasser von oben scharfgratige **Karren** geschaffen – karstähnlich, nur vergänglicher. Auf der ausgetauten Flanke sind aber auch die leicht nach links aufsteigende **Schichtung** im Eis anhand der Schmutzbänder sowie einzelne eingefrorene Geschiebe erkennbar, im Vordergrund als überwiegend nur kantengerundetes fluviales Sediment angereichert.

Auch auf der Oberfläche des vorderen Zungenbereichs in Abb. 506 werden durch den im Eis eingelagerten Staub, wie in Abb. 484, die steil aufsteigenden Jahresschichten des Eises nachgezeichnet. Der dunkle, rechtwinklig zum Eisrand verlaufende dunkle Streifen im Mittelgrund ist das Ende einer **Mittelmoräne**, die durch Schuttaufnahme unterhalb eines Nunataks im Eisstrom wie rechts hinten in Abb. 476 (s. a. Abb. 528) entstanden ist. Etwas davor ist das Eis entlang ausgetauter Scherflächen in randparallele Blöcke aufgelöst. Bei starker Schmelzwassersedimentlieferung wären sie gute Kandidaten für Einsedimentation und späteres Austauen als Toteislöcher.

In Abb. 507 liegt der Bereich von Abb. 506 mit seinem Schmelzwasserabfluss, hier 13 Jahre später aufgenommen, jenseits eines Streifens deutlich *höherer* Endmoränen als die Miniaturformen in Abb. 506. Höhere Wälle wie hier können nur entstehen, wenn der *stationäre* Zustand des Eisrandes über mehrere Jahre gegeben war und so größere Mengen austauender Grundmoräne und aus dem Eis stammendes Ablationsmoränensediment in einem schmalen Streifen akkumuliert werden können. Typisch ist das abschnittsweise Auftreten mehrerer Kämme als Ergebnis kleiner Oszillationen des Eisrandes, wobei auch in der **Satzendmoräne** *(depositional end moraine)* Stauchungen durch vorrückendes Eis entstehen können.

Im Vordergrund ist eine mehrere Jahrzehnte ältere, noch höhere und bereits durch Abtragung zugerundete und in Teilen bewachsene **Endmoräne** durch Schneeschmelzwasser angeschnitten worden, deren Wall fast ausschließlich aus durch stauchendes Eis aufgeschobenen glazifluvialen Schottern besteht. Zwischen ihr und dem Eisrand, an dem die nächst-

jüngere Moräne aufgebaut worden ist, hatte sich noch ausgeprägter als in Abb. 506 eine eisrandparallele **Schmelzwasserbahn** entwickelt, deren Sedimente die flache **Übertiefung** aufgefüllt haben, die der in der „Kleinen Eiszeit" weiter vorstoßende Gletscher geschaffen hatte. Mit dem weiteren Rückschmelzen des Eisrandes in dieser flachen Wanne (s. Abb. 518) hatte sich bereits 1989 die jetzt auf das *tiefer* liegende Gletschertor eingestellte neue Abflussbahn am Eisrand gebildet und die größere alte war trockengefallen. Das hierarchische Muster der allmählich ausgeglichenen Rinnen entspricht dem von Abb. 279.

▲ Abb. 507: Zwei Endmoränenwälle, durch den rezenten Schmelzwasserabfluss von Abb. 506 und eine ältere, trockengefallene Abflussbahn vom Eisrand getrennt; Skaftafellsjökull, Südisland, 1902.

▼ Abb. 508: Eines der Gletschertore des Skaftafellsjökull; Eisstand von 1989.

Abb. 509: Endmoränenstaffel eines Eisrandes um 1900, Tungnafellsjökull, Südisland.

Abb. 510: Junge Niedertaulandschaft einer Eiszunge; kuppige Grundmoräne, Ufer- und Endmoräne; bei Abisko, Nordschweden, 1966.

Das heutige Geschehen an den Zungen der südisländischen **Auslassgletscher** ist äußerst unbedeutend gegenüber der dort noch vor etwa 100 Jahren herrschenden Eisdynamik. Verbunden mit teils über 1 km weiten Vorstößen gab es auch kurzfristige **Oszillationen** des Eisrandes. Dabei ist in typischer Weise die mehrere hundert Meter breite **Endmoränenstaffel** in Abb. 509 entstanden. Im Vordergrund liegt der höchste, aber nicht äußerste von etwa einem Dutzend sich teils überschneidender Wälle.

Im Unterschied zum feinkörnigen Ablationssediment der rezenten Eisränder (Abb. 482, 508) bestehen diese Wälle ganz überwiegend aus *kantengerundeten* Blöcken unterschiedlicher Größe. Da im Randbereich der Eiskappe kaum höheres, Schutt lieferndes Gebirge vorhanden ist, kann das Sediment nur das Ergebnis kräftiger **Exaration**, des „Aufpflügens" letztkaltzeitlicher lockerer Glazialsedimente an der Gletscherbasis sein; weniger infrage kommen **Detersion** und **Detraktion**, das Abschleifen und Herausreißen von Fels, da dazu ein kalter Gletscher mit **Blockschollenbewegung** besser in der Lage wäre als der rezent warme Gletscher mit seinem laminar-gleitenden Eisfluss (Abb. 493).

Jeder der Wälle steht für einen *erneuten* kurzzeitigen Eisvorstoß, oft verbunden mit Stauchungen (Abb. 511), oder für eine längere stationäre Eisposition, bei der sich in einem Streifen viel austauendes Material in einer **Satzendmoräne** ansammeln konnte. Die nach rechts abnehmende Höhe der Wälle wird durch ihre Ablagerungen am aufsteigenden Hang eines glazialen Übertiefungsbereichs nachgezeichnet, in dem vor dem heutigen Eisrand noch ein Schmelzwassersee vorhanden ist. Die Kämme sind in hundert Jahren durch Abtragung etwas erniedrigt und zugerundet, und dabei das Grobmaterial durch Ausspülung oberflächlich angereichert worden. Das in Rinnen eingespülte Feinmaterial bildet die Grundlage für die grünen Vegetationsstreifen der gelegentlichen Entwässerung.

Ganz anders das junge Glazialrelief in Abb. 510, das durch das kurzzeitige und vollständige **Niedertauen** einer Gletscherzunge entstanden ist. Zur Zeit, als – auch erst vor etwa 100 Jahren – der Ufer- und Endmoränenwall im Vordergrund gebildet wurde, muss die Zunge des frisch vorgerückten Gletschers deutlich über den Moränenkamm aufgeragt haben, sodass von ihr als **Obermoräne** transportierte riesige Blöcke eines **Bergsturzes** auf den Wall herabrutschen konnten. Innerhalb des im Zentrum stark ausgespülten Endmoränenbogens liegt das grobe Material nur in einem Streifen etwa bis zu dem heutigen Bach, der eine Schmelzwasserbahn nachzeichnet.

Jenseits eines parallel dazu noch erhaltenen niedrigen Moränenwalles ist aus der Überlagerung von Grundmoräne und feinkörnigerer Obermoräne eine chaotisch erscheinende **kuppige Grundmoränenlandschaft** im Kleinen entstanden. Im Senkrechtluftbild wäre darin sicher eine gewisse Ordnung als Folge der Sedimentkonzentration entlang ausgetauter Kluftlinien erkennbar, an denen das durchtränkte Sediment auch *aufgepresst* worden sein kann (Abb. 525). Dazu kommen zahlreiche **Toteisdepressionen**, von denen mindestens zwei zu kurzlebigen kleinen Seen geworden sind.

Die Niedertaulandschaft der jungen Zunge liegt auf einer nur dünn mit Moräne bedeckten **Grundhöckerfläche**, die gemeinsam mit dem rundbuckeligen Berg hinten links unter dem letzten Inlandeis abgeschliffen worden ist.

Der nächste, auch wegen seiner Überschaubarkeit ausgewählte kleine **Stauchendmoränen**komplex in Abb. 511 liegt wieder im Vorland eines der südisländischen Auslassgletscher. Die Abfolge des glazialmorphologischen Geschehens in diesem Ausschnitt lässt sich in erster Näherung **morphostratigraphisch** – aus der Überlagerung verschiedener Formungseinheiten – ableiten. Zuerst müssen flache **Toteisbereiche** in einer Grundmoräne oder Schmelzwasserschottern vom erneut vorrückenden Eis überfahren worden sein. Von dessen nur von kurzen Halten unterbrochenem Abschmelzen sind die nur als schmale Striche erkennbaren **Jahresmoränen** erhalten geblieben. Zwischen dem hinteren Schmelzwasserfluss und dem linken See lassen sich anhand unterschiedlicher, etwas höherer Endmoränenrücken mindestens drei aufeinander folgende kleine **Zungenvorstöße** mit ihren Oszillationen unterscheiden; am auffälligsten davon ist die Abfolge von vier haarnadelförmig gekrümmten Bögen, die auf die Lücke zwischen den beiden Seen eingestellt ist. Erst nachdem vom dort austauen-

20. Glazialformen · Stauchendmoränenstaffel, überfahrene Endmoräne

den Eis keine Schmelzwassersedimente mehr kamen, können die beiden Seen endgültig ausgetaut sein, da sie sonst bereits zuvor von glazifluvialen Sedimenten verfüllt worden wären.

Zuletzt stieß eine Eiszunge über den heute vom Schmelzwasser erodierten Bereich vor und schob die dort liegenden älteren Glazialsedimente zu einem stark *asymmetrischen* Wall auf. In unmittelbarer Küstennähe und noch dazu am warmen Ende der „Kleinen Eiszeit" gab es keinen stabilisierenden Dauerfrostboden im Gletschervorland. So war es möglich, dass durch den Eisdruck das Sediment entlang nach außen flach ansteigender **Scherflächen** und mit in dieser Richtung abnehmender Intensität in Schuppen übereinander geschoben werden konnte. Verbunden mit wulstförmigen Aufwölbungen an der Stirn jeder Schuppe entstand so eine zum Vorland in ihrer Höhe abnehmende, teils bogenförmige, teils gestreckte Abfolge von weiteren **Stauchendmoränenwällen** mit ebenfalls stark asymmetrischen Querprofilen (s. Abb. 562).

Dass dieses Geschehen jünger als der Aufbau der bewachsenen Hangschuttdecke im Vordergrund ist, ergibt sich aus der Überprägung ihres Unterrandes durch den Stauchendmoränenkomplex. Dessen eiswärtige Rampe wird an den **Prallhängen** des Schmelzwasserflusses aufgezehrt. Durch die Rippeln des Stromstrichs ist erkennbar, dass beim gegenwärtigen Wasserstand nur der linke Prallhang erodiert wird.

Unterschneidung an Prallhängen war es auch, welche die durch jüngere Hangabtragungsprozesse schon wieder etwas ausgeglichenen Steilhänge in Abb. 514 in zwei verschieden alten **Schmelzwasserbahnen** geschaffen hat. In der älteren rechten ist das ehemalige **Niedrigwasserbett**, das heute von der unbefestigten Straße ohne Probleme gequert wird, durch ein frisches, grünes Vegetationsband nachgezeichnet, wird also nicht mehr durchflossen. Der trockenere und deshalb gelbliche, von Rinnen durchzogene **Hochwasserbereich** ist in beiden Rinnen nicht mehr aktiv und damit auch nicht die schon teilweise bewachsenen unteren Prallhangabschnitte. Das breite ursprüngliche Niedrigwasserbett der linken Rinne wird dagegen zeitweilig noch von einem schmalen Abflussband genutzt, für das das Niedrigwasserbett jetzt zum gelegentlich ebenfalls noch genutzten Hochwasserbett geworden ist – erkennbar an der geringeren Vegetationsbedeckung.

Die Hügelstreifen zwischen den Rinnen sind in ihrer ursprünglichen Gestalt nicht mehr identifizierbare Teile einer **Endmoränenstaffel**. Die von rechts nach links orientierte Streifung der Oberfläche, erst später durch Schmelzwasserbahnen und Prallhänge unterbrochen, weist darauf hin, dass dieser Komplex noch einmal von einer vorrückenden Eiszunge **überfahren** und durch schleifende Abtragung an der Gletscherbasis *stromlinienförmig* umgestaltet wurde. Vorn links sind dabei kurze **Drumlins** (Abb. 565) entstanden. Der Bereich der längeren schmalen Rücken auf dem mittleren Moränenstreifen wird im Englischen als *fluted moraine* bezeichnet (Sudgen & John 1976, S. 237 f.). Zum Zeitpunkt der Überfahrung muss noch Toteis im Untergrund vorhanden gewesen sein, sodass später mehrere kleine längliche Seen austauen konnten.

◀ Abb. 511: Stauchendmoränenkomplex und Toteisseen; Skaftafell, Südisland.

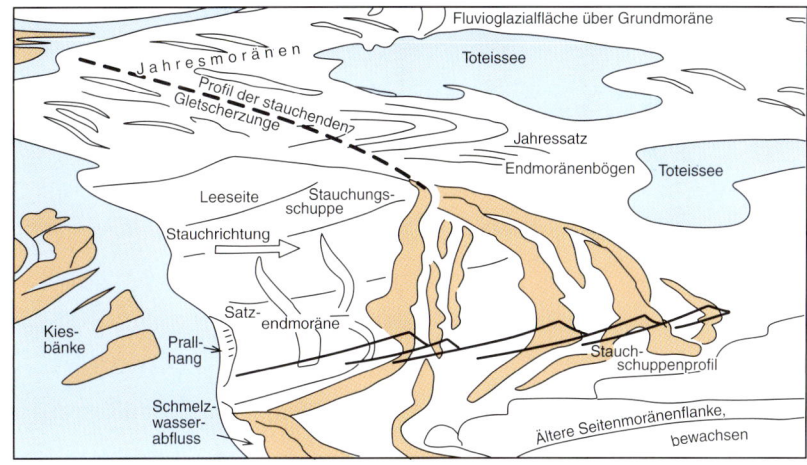

▼ Abb. 512: Erläuterungsskizze zu Abb. 511

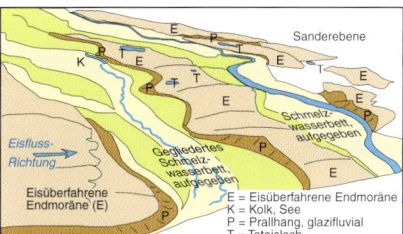

▼ Abb. 513: Erläuterungsskizze zu Abb. 514.

◀ Abb. 514: Eisüberfahrene Endmoränenwälle und aufgegebene Schmelzwasserbahnen; Skaftafell, Südisland.

20. Glazialformen · Zungenbeckenverlandung, Kames

▲ Abb. 515: Von einem vorrückenden Delta verfüllter Eisschurf-Übertiefungsbereich vor einer Endmoräne; Feegletscher, Südschweiz.

▶ Abb. 516: Kame-Terrassenbildung; Erläuterungsskizze zu Abb. 517.

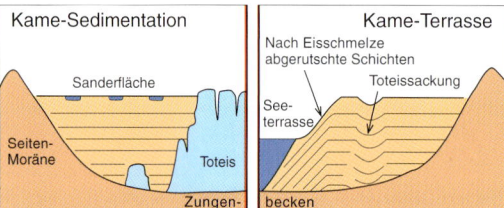

▼ Abb. 517: Kame-Terrasse, Breiðamerkurjökull, Südisland.

Durch Eisschurf *übertiefte* Becken am Untergrund eines Gletschers (*s.* Abb. 499) werden nach dem Abschmelzen des Eises zu geologisch kurzlebigen Seen. Die Lebensdauer der endpleistozänen **Zungenbeckenseen**, etwa des deutschen Alpenvorlandes, verlängerte sich dadurch, dass sie noch so lange mit **Toteis** gefüllt blieben, bis keine sedimentreichen Schmelzwassermassen des Eiszerfalls mehr die Becken erreichten und sie nur noch dem relativ geringen holozäne Sedimenteintrag in Form vorrückender Deltas und organogener Verlandung (Abb. 595) ausgesetzt waren. Eine dagegen schon fast vor dem Abschluss stehende Auffüllung zeigt Abb. 515. Beim Vorrücken des Fee-Gletschers während der „Kleinen Eiszeit" wurde in den spätglazialen Sedimenten des Trogtals oberhalb einer Engstelle im Lockermaterial ein Zungenbecken ausgeschürft, talwärts abgeschlossen durch einen links gerade noch angeschnittenen Endmoränenwall. Die *erste* Übertiefung der alpinen Trogtäler im Fels ist bereits älter als würmzeitlich (s. Abb. 499; Ehlers 1994, S. 219 f., van Husen 1979, 1990).

Dieses Becken wurde zur **Sedimentfalle** für die gesamte Boden- und einen Teil der Schwebfracht der Schmelzwässer der abtauenden Gletscherzunge, sodass der größte Teil des Zungenbeckensees bereits durch ein gegen das Seeende vorrückendes **Delta** (Abb. 294) verfüllt worden ist. Zum Aufnahmezeitpunkt hat in der Hochregion bereits der Frost eingesetzt. Bei kaum noch Sediment lieferndem Zufluss wird im stehenden Wasser des Sees bis zum nächsten Frühjahr über dem gröberen und damit helleren Sediment des Sommers eine millimeterdünne Lage des feinsten Schwebs abgesetzt werden, entsprechend den **Warven** kaltzeitlicher Eisstauseen (Abb. 548).

Die Schotter in Abb. 517 sind nicht in einen See, sondern in die Lücke zwischen der hohen **Ufermoräne** hinten rechts und dem stagnierenden oder toten Eis im Bereich des heutigen Zungenbeckensees links geschüttet worden, als der Auslassgletscher im Hintergrund letztmals die nahe Küste erreichte. Das an einem sehr stark schüttenden Gletschertor hinten rechts austretende Wasser füllte mit seinen Schottern, die es wegen des vergrößerten Abflussquerschnitts im Gletschervorfeld nicht mehr bewegen konnte, eine **Schmelzwasserrinne** zwischen Eisrand und Moräne auf (*s.* Abb. 506/507). Die oberen Verebnungen zeichnen das höchste Aufschüttungsniveau nach. Nach dem Abschluss der Sedimentation, als die Schmelzwässer bereits in den sich bildenden See abflossen, entstand durch Nachsacken über einem im Schotter langsam schmelzenden Eisblock das **Toteisloch** im Vordergrund. Austauende größere Eisreste, zwischen denen sedimentiert worden war, ließen die Schotterbereiche als kleine Plateaus stehen, deren Hänge als Folge der *fehlenden Widerlager* bis zum natürlichen, durch die innere Reibung bestimmten Böschungswinkel abrutschten. Der Hauptabfall bildete sich zum Seeufer, als dort das Toteis vollständig ausgetaut war. Die einzelne isolierte Schotterkuppe bzw. das Plateau wird als **Kame**, die Gesamtheit als **Kame-Komplex** bezeichnet; aus der Lage am Rand eines Sees oder einer entsprechend liegenden Sedimentfläche ergibt sich die Bezeichnung als **Kame-Terrasse** (Ehlers 1994, S. 64 f.; Sugden & John 1976, S. 332 f.), als Element einer **Niedertaulandschaft** (Gripp 1974, S. 197).

20. Glazialformen · Seeterrassen, „Trompetentälchen"-Terrassen

In einem Bereich geringerer Glazialübertiefung existierte im Gletschervorfeld von Abb. 518 auch zeitweilig ein See. Zuvor hatte die stark vorstoßende Eiszunge ein flaches Becken ausgeschürft und in seiner Umrahmung einen **Stauchendmoränenwall** (Abb. 511) mit typisch asymmetrischem Querprofil aufgeschoben. Zwischen ihm und der danach abtauenden Zunge sammelte sich das Schmelzwasser kurzzeitig in einem **Eisstausee**, bis das Wasser im Niveau der höchsten **Klifflinie** am sanft geneigten Innenrand der Stauchendmoräne einen Überlauf fand. Dass das Schmelzwasser dort nicht sofort eine den See vollständig drainierende Schlucht einschnitt, liegt daran, dass er mit nur sehr flachem Wasser auf dem erst teilweise flächenhaft niedergetauten Toteis der Zunge lag.

Das weitere Abtauen verlief als Reaktion auf jahreszeitliche Temperaturwechsel und auch den über mehrere Jahre nicht gleichmäßigen Fortgang der Erwärmung. Während jeder längeren *Unterbrechung* des Niedertauens von vermutlich nur wenigen Monaten vor dem winterlichen Überfrieren des Sees und bis zum nächsten Einschnitt eines Überlaufs bildete sich durch den Wellenschlag in der lockeren Moräne entweder ein kleines Kliff mit zugehöriger **Schorre** (s. Abb. 635) oder bei geringem Absinken auf der fast trockengefallenen Schorre ein kleiner **Strandwall** (s. Abb. 636).

Das Fehlen toniger Stillwasserabsätze über dem geschiebe- und schotterreichen Sediment zeigt, dass dieser Eisstausee nur wenige Jahre existierte. Er kann aber als überschaubares *Modell* für die Uferzonen der zahlreichen spätglazialen Eisstauseen der letzten Inlandvereisung dienen, z. B. für die ausgeprägtesten Uferzonen um den 950 000 km² großen **Lake Agassiz** nördlich der großen Seen Nordamerikas (Ehlers 1996, S. 393 ff.).

Die Abfolge junger, noch mit scharfen Kanten erhaltener und nur teilweise bewachsener **Flussterrassen** (s. Abb. 346) in Abb. 521 gehört zu den **Außensaumformen** (Louis & Fischer 1979, S. 443) einer Eisrandlage. Zum Zeitpunkt des letzten starken Vorrückens des Auslassgletschers im Hintergrund wurde, ausgehend von seinem Gletschertor, ein **Schwemmfächer** bis zum Niveau der obersten Terrassenfläche aus den Schottern und Kiesen abgesetzt, die wegen der großen zu überspülenden Fläche vor dem Gletscher und der damit abnehmenden Wassertiefe und Schleppkraft nicht weiter transportiert werden konnten. Dieser glazifluviale Sonderfall eines Schwemmfächers (Abb. 282 ff.) wird als **Gletschertorsander** oder **Übergangskegel** bezeichnet.

Mit jeder *Stillstandsphase* beim Zurückweichen der Gletscherzunge und damit auch des *obersten* Punktes der Schwemmfächerschüttung bildete sich eine *neue* Gefällskurve des Abflusses und der Sedimentation aus, sodass sich bei gleichbleibender Abflussbasis auf einem gegebenen Querprofil zunehmend schmalere **Einschneidungsbänder** wie jene eines nur teilweise überflossenen Schwemmfächers (Abb. 282) einstellten. Nach mehreren Rückverlegungshalten war so die **Terrassentreppe** links des Flusses entstanden (s. a. Abb. 284). Zur Beschreibung eines solchen Musters im Kartenbild führte K. Troll (1926, S. 170) den Begriff „**Trompetentälchen**" ein (Abb. 520).

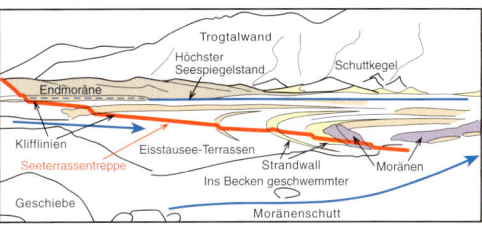

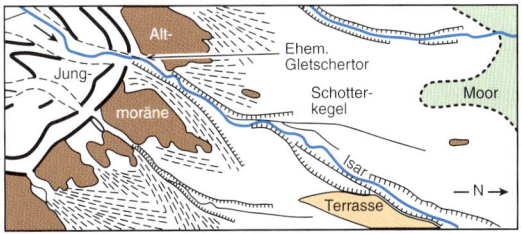

▲▲ Abb. 518: Terrassen und Strandwälle eines kurzzeitig bestehenden Eisstausees innerhalb eines Endmoränenbogens; Morsádalur, Südisland.

▲ Abb. 519: Erläuterungsskizze zu Abb. 518.

◄ Abb. 520: Trompetentälchen (nach Troll 1926).

▼ Abb. 521: In Anpassung an einen zurückschmelzenden Eisrand eingeschachtelte Schmelzwasserterrassen; Kvíárjökull-Abfluss, Südisland.

228   20. Glazialformen · Sander

▲ Abb. 522: Trockene Sanderfläche mit seitlichem Schmelzwasserabfluss aus einem Gletschertor; Skeiðarárjökull, Südisland. Auf dem Eis gewundene Mittelmoränen als Folge schnellen Vorrückens, eines Surge.

▼ Abb. 523: Derselbe Sander bei normalem Schmelzwasserabfluss.

Schon 1858 kam der Schwede Otto Torell, dessen Vortrag in Berlin am 3. Nov. 1875 über die Gletscherschrammen auf dem Muschelkalk von Rüdersdorf bei Berlin endlich den Durchbruch für die Inlandvereisungstheorie in Deutschland brachte, zu der Deutung der Heideflächen Norddeutschlands als glazifluviale **Sanderflächen**, wie er sie auf einer Islandreise kennen gelernt hatte. Der Begriff *Sandur*, später zu Sander eingedeutscht, wurde bereits 1875 von Keilhack in die deutsche Literatur eingeführt (Ehlers 1994, S. 78). Beide Abbildungen dieser Seite zeigen den größten dieser namengebenden proglazialen Schmelzwasserablagerungen Südislands.

Abb. 522 dokumentiert eines der **Gletschertore** am Skeiðarárjökull, aus denen das Geröll für den Sanderaufbau bei nur sehr geringem Schmelzwasserabfluss geliefert wird. Die gewundene schwarze **Mittelmoräne** auf der stark zerklüfteten Eiszunge darüber belegt ein zeitweilig sehr schnelles Vorrücken des Eises von bis zu 5 m/h, eine **Surge** (Sugden & John 1976, S. 50; Ehlers 1994, S. 8 f.). Vor dem durch Aschen anreichernde **Ablation** schwarzen Eisrand ist nur eine recht unbedeutende, junge **Endmoräne** zu erkennen, vor der von zahlreichen kleinen Wasseraustritten, weitgehend wohl vor deren jungem Aufbau, der Streifen eines **Bortensanders** (Louis & Fischer 1979, S. 443; Kuhle 1991, S. 168 ff.) geschüttet worden ist. Ab einer scharfen Grenzlinie setzt der sich schnell verbreiternde Hochwasserbereich des aktiven anastomosierenden Abflusses (Abb. 278) ein. Am zerrunsten Hang rechts haben sich die unteren Teile seiner Vegetationsbedeckung nach einem jungen Gletschervorstoß oder einer enormen Flut noch nicht erholt. Die eisüberschliffene Flutbasaltfläche am Horizont endet in einem fossilen marinen **Kliff** (s. Abb. 669 ff.) mit einer Schutthalde als Zeuge nacheiszeitlicher *glazialisostatischer* Landhebung nach dem Abtauen der Auflast des Inlandeises.

Abb. 523 zeigt denselben Sander bei *normalem* Schmelzwasserabfluss mit einzelnen, teils trockenliegenden Schotterbänken zwischen den anastomosierenden Rinnen, aufgenommen von der ihn querenden – 1974 fertig gestellten – 964 m langen Brücke. Bei dieser Abflussintensität wird immer nur ein Teil des Sanders in einem sich zur Küste verbreiternden Band durchflossen, sodass bis ins Mittelalter Teile im Osten zwischenzeitlich mit einer fruchtbaren Schicht von nacheiszeitlichem Löss (isländ. *Móhella*, Abb. 612 f.) überdeckt und besiedelt waren. Eine vollständige, dann allerdings *katastrophale* Überflutung und Überformung findet nämlich nur während eines im Abstand mehrerer Jahre sich wiederholenden **Gletscherlaufs** *(Jökulhlaup)* statt (zuletzt 1996), wenn unter der Eiskappe des Vatnajökull, in etwa 40 km Entfernung, im Zusammenhang mit einem **subglazialen Vulkanausbruchs** gewaltige Mengen Schmelzwasser erzeugt werden. Diese suchen sich mit mehrtägiger bis vierwöchiger Verzögerung unter dem Eis ihren Weg, überformen in wenigen Tagen mit gewaltigen Wasser- und Schuttmassen sowie mitgerissenen Gletscherteilen die Sanderfläche und schieben kurzfristig die Küste gegen das Meer vor (Schutzbach 1985, S. 145 ff.; Schmincke 2000, S. 190; Ehlers 1994, S. 71 f.). Auch andere südisländische Sander werden von Gletscherläufen heimgesucht. Die „Mutter aller Sander" ist also ein höchst *untypisches* Modell für die pleistozänen Inlandeissander.

20. Glazialformen · Grundmoräne

◀ Abb. 524: Spätglazial ausgetaute wellige Grundmoräne, Hochland südlich Akureyri, Nordisland.

Das nach dem Abschmelzen eines Gletschers oder eines Inlandeises angereicherte Glazialsediment, wie in Abb. 524, wird als **Grundmoräne** bezeichnet (Ehlers 1994, S. 34 f.). Die scheinbar frische Grundmoräne in Abb. 524 ist spätglazial ausgetaut, nur liegt sie unter ihrem periglazialen **Steinpflaster** aus frostverwittertem Moränenschutt in einer scheinbaren Kältewüste, entstanden unter den Umweltbedingungen von unter 500 mm Jahresniederschlag, wachstumshemmender Kälte, hoher Wasserdurchlässigkeit und jahrhundertelanger Überweidung. Bei nur geringer fluvialer Zerschneidung ist die Form der unregelmäßig flachwelligen Grundmoränendecke mit zahllosen *abflusslosen*, teils seeerfüllten Senken, gut bewahrt worden.

Die Kleinstrukturen in Abb. 525, auf Toteis am rechten Rand des in einem Zungenbeckensee endenden Gletschers von Abb. 529 aufgenommen, sind das Modell eines Typs der **kuppigen Grundmoräne**, die spätglazial in der Umrahmung der Ostsee entstanden ist. Beim Aufschwimmen ist das Eis in Blöcke – hier nahezu rechtwinklig – zerbrochen worden. Bei sinkendem Wasserstand setzten sich die Blöcke auf der völlig durchtränkten Grundmoräne ab und pressten einen Teil davon mauerartig in den Spalten an die Eisoberfläche (Gripp 1964, S. 181; Sugden & John 1976, S. 218; *subglacial flowage*), wo sich so an der Eisoberfläche ausgeschmolzene feinkörnige **Ablationsmoräne** mit dem aufgepressten grobmaterialreicheren Sediment der Grundmoräne vermischt haben.

Die an einem Prallhang frisch aufgeschlossene junge **Grundmoräne** in Abb. 526 besteht aus mehreren Einheiten komplexer Entstehung. Die fast horizontalen Lagen unten rechts mit unregelmäßig darin verteilten kleinen Geschieben sind vor allem **Absetzmoräne** *(lodgement till)* und sind an der Basis des sich noch bewegenden warmen Eises infolge Reibung sedimentiert worden. Besonders bei dem hohen Erdwärmefluss in Island dürfte im stagnierenden Eis dazu noch ein Anteil von **Ausschmelzmoräne** *(melt-out till)* durch das Abschmelzen von unten gekommen sein. Die schräg über die Schichtung schneidenden braunen Schlieren sind von der Eisoberfläche abge-

▲ Abb. 525: Eisspalten nachzeichnende Aufpressungsleisten in einer rezent eisfrei gewordenen Grundmoräne; Breiðamerkurjökull, Südisland.

▼ Abb. 526: Frischer Anschnitt einer Grundmoräne; Tungnafellsjökull, Südisland.

glittene **Ablationsmoräne** *(flow till,* Abb. 482, 488) und enthalten mitgenommene Blöcke von Obermoräne (Ehlers 1994, S. 34, Sugden & John 1976, S. 215 ff.). Die nach links absinkende Scherfläche deutet auf eine abschließende **Überfahrung** der Sedimente hin. Beim endgültigen Ausschmelzen dieses Zungenteils reicherte sich eine abschließende Decke aus allen in (**Innenmoräne**) und auf dem Eis befindlichen Partikeln (Ablationsmoräne, Obermoräne) mit teils großen Geschieben (im Hintergrund) an. Rezent hat sich auf ihr bereits ein **Steinpflaster** wie in Abb. 524 gebildet.

20. Glazialformen · Mittelmoränen, kalbender Gletscher

▲ Abb. 527: Mittelmoränen als dunkle Bänder im Eis eines Piedmontgletschers und als parallele Rücken im ausgetauten Bereich, jeweils aus dem Zusammenfluss von zwei Gletschern entstanden; Südalaska.

▼ Abb. 528: Ins Meer mündender, kalbender Gletscher (Eisberge) mit kräftiger Mittelmoräne; Südalaska.

Bei starkem Eisnachschub können die Gletscher eines Gebirges sich im Vorland zu einem **Piedmontgletscher** vereinigen. In Abb. 527 ist der Übergang zwischen dem vergletscherten Gebirgsbereich im Hintergrund und dem küstennahen Vorland leider durch eine niedrige Stratuswolkendecke verhüllt, sodass anders als in Abb. 528 oder 496 (rechts) nicht zu sehen ist, wie sich beim Zusammenfließen benachbarter Talgletscher aus zwei **Seitenmoränen** eine gemeinsame schmale, durch die Eisbewegung bandförmig ausgezogene **Obermoräne** bildet. Da die ursprüngliche Seitenmoräne an der eisbedeckten Trogtalwand in eine **Grundmoräne** überging (Abb. 498, 504), werden auch diese Teile vereinigt werden und so eine sich vielfach bis zum Gletscherboden mauerartig durchziehende **Mittelmoräne** ausbilden (Leser 2003, S. 282, Abb. 4.6/1).

In diesem Fall haben sich im Hinterland offenbar eine Vielzahl von Gletschern vereinigt, sodass im bereits ausgetauten Vorlandbereich eine **parallelstreifige Mittelmoränenlandschaft** entstanden ist, die nach rechts, vermutlich weil hier niedergetautes Toteis überflossen wurde, in eine pockennarbige Eiszerfallslandschaft im Lee eines Zungenbeckensees übergeht. In der nur noch dünnen Eisdecke links davon ist ein Mittelmoränenmuster entstanden, dass *nicht nur* aus dem Zusammenfließen einzelner Gletscher erklärbar ist. Zum einen sind drei spitz zulaufende und schon weitgehend ausgetaute Moränenbereiche ausgebildet, an deren Enden nicht nur die dunkle Moräne als *stark ausgelängte* Endmoräne haarnadelartig umbiegt, sondern ebenso das sich in Fließrichtung anschließende Eis. Eingeschlossen werden diese Keile von offenbar „normaler" Mittelmoräne. Allerdings setzt die zwischen dem ersten und zweiten Keil von rechts in einem Bereich leicht divergierender Eisströmung ein und gabelt sich leicht stromab, während sie stromaufwärts offenbar unter dem Eis abtaucht.

Erklärbar ist dieses ungewöhnliche Muster mit der Annahme, dass bei stark unterschiedlicher Fließgeschwindigkeit der einzelnen zusammengeflossenen Gletscher bereits vorhandene Zungen durch zwischen ihnen schneller vorstoßendes Eis in die Länge gezogen wurden, Eisstreifen erst stromab dieser Hindernisse konvergieren und dass Mittelmoränen teils von schuttarmem Eis überflossen wurden. Eine ähnliche Situation schildert Kuhle (1991, S. 73) aus Nordtibet.

Übersichtlicher ist der Normalfall von drei **Mittelmoränen** *(medial moraine)* in Abb. 528. Die größte stammt aus einer nicht einsehbaren Konfluenz im Hinterland; die kleinere linke setzt im Lee des den Eisstrom spaltenden **Nunataks** ein. Der in Fließrichtung rechte Gletscherast wird allerdings durch den Haupteisstrom blockiert, sodass die Mittelmoräne sich mit der durchgehenden Seitenmoräne vereinigt. Die an **Konfluenzbereich** im Wolkenloch des Hintergrunds einsetzende starke Mittelmoräne wird durch ein schmales *paralleles* Schuttband, oberhalb des Berges bereits als Seitenmoräne sichtbar, begleitet. Offenbar erfolgt die Hauptschuttaufnahme erst unmittelbar im Konfluenzbereich. Die ungewöhnlich scharfe Biegung der beiden Mittelmoränen oberhalb des eisfreien Rückens ließe sich so erklären, dass der große rechte Gletscher in jüngster Zeit *stagniert* und so das Eis links davon vor diesem Hin

20. Glazialformen · Kalbender Gletscher

dernis gestaut und abgelenkt wurde. Dafür spricht auch, dass die Mündung des rechten Gletschers ins Meer zum Bestandteil einer **Ausgleichküste** (Abb. 642) ohne frische Abbrüche umgestaltet worden ist, während der andere Gletscher bis auf den Teil, der genetisch zum rechten gehört, stark vorgestoßen ist und sich an seiner Zunge entsprechend viele **Eisberge** abgelöst haben.

Die beiden folgenden Abbildungen zeigen das Abbrechen eines im Wasser endenden Gletschers, das **Kalben** *(calving)*, aus der Nähe. Die Ursache des Abbrechens ist, dass die in einen Wasserkörper vorstoßende Gletscherzunge *aufschwimmt* und das Eis entlang der bei seiner Bewegung entstandenen Klüfte und Spalten (u. a. Abb. 505) auseinander bricht (Abb. 525). Dabei können ständig kleine Eisstücke, wie in Abb. 530, von der Stirn abbrechen. Durch Schmelzwasserlösung und/ oder Wellenschlag können, wie an dem Eisberg in der Mitte von Abb. 529, **Brandungshohlkehlen** entstehen, über denen das Eis abbricht oder aber aufschwimmende Blöcke lösen sich insgesamt an einer senkrecht durchgehenden Kluft. In den beiden letztgenannten Fällen wird die Gletscherstirn steil gehalten, wie in Abb. 529. Daneben gibt es bei großen ins Meer mündenden Gletschern den sich auf die angrenzenden Küstenbereiche meist zerstörerisch auswirkenden Fall, dass an einer noch auf dem Boden aufsitzenden Zunge zunächst die Brandung in die Oberfläche eine Plattformkerbe eingeschnitten hat und danach dieser Zungenteil abbricht, plötzlich aufschwimmt und so eine starke Wellenfront erzeugt (Schilderungen bei Marcinek 1984, S. 24 f.).

Im frischen Abbruch in Abb. 530 erscheint das noch luft- und wasserfreie Gletschereis blau (Abb. 483). Dort, wo von der Oberfläche her und an Spalten bereits Schmelzwasser und Luft eingedrungen ist, reflektiert das Eis weiß, wie auch beim größten Teil der Eisberge in Abb. 529 (Wilhelm 1975, S. 142). Da die Eisberge sich nach dem Abbrechen unterschiedlich gedreht haben, kommen die **Sedimentbänder** im Eis zum Vorschein – hier hauptsächlich Vulkanasche in jeder beliebigen Richtung. Auf der austauenden Gletscheroberfläche im Hintergrund zeichnet ihr konzentrisches Muster eine *flach schüsselförmige* Verbiegung der Eisschichten nach.

Bei frei schwimmenden Eisbergen werden die feinen Partikel des **englazialen** Sediments, der Innenmoräne, in Suspension gehen und sich dann, durch etwaige Turbulenz des Wassers beeinflusst, als Schlamm am Boden – hier des abgeschlossenen Eis-

stausees – absetzen und zu einer Verlandung beitragen; dies geschieht in jahreszeitlich unterschiedlich starker Vermischung mit dem Sediment, das sonst als Sander, in diesem Fall aber **subglazial** vor den Gletschertoren mit dem von der Basis des warmen Gletschers kommenden Schmelzwasser angeliefert wird (s. Abb. 574; Sugden & John 1976, S. 225 f.).

Da je nach Sedimentgehalt nur 1/7 bis 1/9 eines Eisbergs aufgetaucht ist, werden Eisberge im Flachwasser vielfach stranden. Ihr gesamtes Sedimentspektrum wird sich dann an diesem Ort anreichern, was im späteren Aufschluss als Nester im umgebenden Feinmaterial erkennbar sein wird. Gleichfalls erlauben die aus einem noch schwimmenden Eisberg ausgetauten Geschiebe als herabgefallene **dropstones** anhand der beim **Impakt** entstandenen Schichtendeformation die Unterscheidung einer „normalen" von einer auf dem Land abgelagerten **Grundmoräne**.

▲ Abb. 529: Eisberge mit eingebetteter Grundmoräne und Aschenlagen in einem rezenten Zungenbeckensee; Breiðamerkurjökull, Südisland. Auf dem Gletscher konzentrisch austauende, schüsselförmig deformierte Vulkan-aschenlagen.

▼ Abb. 530: Eisabbruchwand eines kalbenden Gletschers mit blaugrün durchscheinendem Gletschereis, bei Schmelzwasser auf den Kornflächen weiß erscheinend; Glacier Bay, Südalaska.

20. Glazialformen · Seentreppe, Transfluenzstufe

▲ Abb. 531: Von einer Klamm durchschnittene Stufe zwischen zwei durch Eisschurf entstandenen Paternosterseen; Glacier National Park, Montana, USA; vgl. Abb. 499.

▼ Abb. 532: Diffluenzpass zwischen zwei Glazialtälern; Cairn Gorm, Schottland.

▶ Abb. 533: Erläuterungsskizze zu Abb. 532.

Zu den nach Kuhle (1991, S. 25) oft beschriebenen, aber selten beobachteten Glazialformen gehört die von Lehmann (1920) postulierte **Kartreppe**, die dadurch entstanden ist, dass nach interglazialer fluvialer Zerschneidung der äußeren Teile eines Karbodens sich im folgenden Glazial in diesen ein weiteres Kar eingetieft hat. Dabei könnte es sich nach Louis & Fischer (1979, S. 478) aber genauso gut um eine Treppe aus kurzen **Trogtalabschnitten** handeln (*glacial stairway*), deren Gefällsbrüche traditionell mit verstärkter Übertiefung unterhalb von **Gletscherkonfluenzen** erklärt werden (Fairbridge 1968, S. 467 f.) Bei extremen Stufen wie in Abb. 531 ist jedoch die für die Abb. 499/501 diskutierte Erstanlage als präglazialtropoid angelegter **Wasserfallstufen** wie bei hochliegenden Intramontbecken überzeugender (Büdel 1986, S. 47 f., s. a. Wirthmann 1994/2000, Kap. 4.2.4.1; Abb. 141/142).

Bei deren glazialer Überprägung sind, wie in Abb. 531, sowohl ober- wie auch unterhalb der Wasserfallstufen Becken ausgeschürft worden (s. Abb. 493/494). Solche nach dem Bild der Perlen einer Rosenkranzkette – mit Wasserfällen als verbindendem Faden – aufgereihten getreppten Seeabfolgen werden deutsch wie englisch als **Paternosterseen** bezeichnet (Fairbridge 1968, S. 467). Die sie trennenden Schwellen werden langfristig überdauern, da notwendige Erosionswaffen in den Seebecken abgefangen werden. Außerdem sind die **Klammen** ursprünglich wohl weniger durch schleifende Bodenfracht im Schmelzwasser als unter dem Eis durch subglaziale **Kavitationskorrasion** geschaffen worden, d. h. durch die hammerschlagartige Bearbeitung des Gesteins beim Zusammenbrechen kurzzeitig entstandener Hohlräume zwischen unregelmäßigem Fels und Wasser bei schießendem Abfluss und/oder unter hydrostatischem Druck (Louis & Fischer 1979, , S. 223, Kuhle 1991, S. 49 f.; Abb. 242).

Wie überall im eisfrei gewordenen Gebiet haben Frostverwitterung (Abb. 38), Steinschlag, fluviale Erosion und in einmal angelegten Rinnen Mur- und Lawinenabgänge in den knapp 10 000 Jahren des Holozäns die zuvor eisüberschliffenen Hänge zerschnitten, in Bastionen aufgelöst (s. a. Abb. 390, 444) und an ihrem Fuß bereits gewaltige Schuttkegel und -halden aufgebaut (Abb. 389 f.).

In geringerem Umfang trifft dies auch für das schottische Glazialrelief in Abb. 532 zu. Im Hintergrund sind gerade noch das distale Ende eines Sees, die Schwelle und der Abfall zum nächsttieferen Paternostersee von Abb. 537 erkennbar. Noch im Übertiefungsbereich hat das in einer **Diffluenzzone** seitlich abfließende Eis letztglazial einen alten Talboden überflossen, dann eine ebenfalls wohl schon präpleistozän, mit Sicherheit aber schon vor der letzten Kaltzeit (in England **Devensian** genannt) angelegte Stufe überflossen und darunter ein weiteres Seebecken geschaffen. Die geringe Eintiefung des die beiden Seen verbindenden Baches spricht für den geringen Eintrag von Erosionswaffen aus der mit Solifluktionsloben bedeckten Schwelle (s. Abb. 441) und nur geringe Vorarbeit durch subglaziale Schmelzwassererosion. Der Unterhang der Schwelle ist vom Eis zu einem unregelmäßig-kuppigen **Grundhöckerrelief** mit kleinen Wasserlöchern abgeschliffen worden.

Einen Ausschnitt aus dem ausgedehnten Grundhöckerrelief der Abtragungsgebiete des nordhemisphärischen Inlandeises zeigt Abb. 535. Die allein aus der Untermoräne der niedertauenden Eisdecke stammende dünne Grundmoränendecke, auf der der Wald stockt, ist von dem stromlinienförmig eisüberschliffenen Felsrücken (*whaleback*) nacheiszeitlich bald abgespült worden. Er und die unregelmäßigen, mit etwas Moräne ausgeglichenen Becken in ihm sind die Teile jener **Verwitterungsbasisfläche** einer ausgedehnten endtertiären Rumpfflächenlandschaft, deren Boden- und Verwitterungsdecke schon seit der ersten

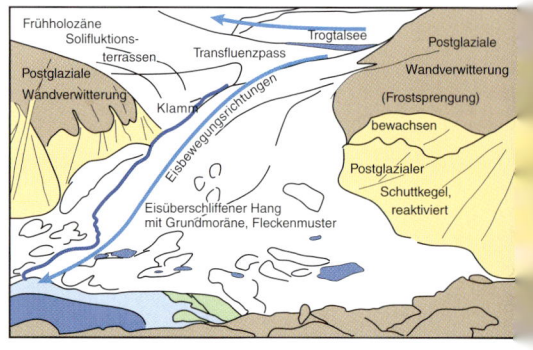

20. Glazialformen · Rundhöcker, Gletschermühle

Inlandvereisung ausgeräumt (**Exaration**) und die in der Folgezeit durch Eisschurf überschliffen wurde (**Detersion**). Das Rundhöckerrelief ist also letztlich nur traditional weitergebildetes (S. 11) **Grundhöckerrelief** (Abb. 118, 131) der tertiären chemischen Intensivverwitterung und Flächenbildung (Büdel 1977, S. 238; Abb. 10).

Während die chemische Verwitterung Klüfte in jeder Richtung angriff, sind durch den Eisschurf bevorzugt Klüfte in Richtung der Eisbewegung ausgeweitet worden. So lassen sich schon in erster Näherung die **Eisbewegungsrichtungen** aus dem Rückenrelief ableiten, deren Details vor allem aus den erhaltenen Gletscherschrammen gewonnen werden (Abb. 491; Ehlers 1994, S. 14 ff.). Zeitweilig von den Vorgängern der heutigen Ostsee überflutet – dem Baltischen Eisstausee, dem noch weitgehend mit Süßwasser gefüllten *Yoldia-Meer*, dem *Ancylus-See* und ab etwa 8 500 v. h. dem *Litorina-Meer* (Ehlers 1994, S. 214 ff.) – tauchen höhere Teile des Grundhöckerreliefs erst in der jüngeren Vergangenheit mit dem glazialisostatischen Wiederaufsteigen nach dem Verschwinden der Auflast des Inlandeises (*isostatic rebound*) als **Schären** wieder aus dem Meer auf.

Abb. 534 zeigt das größere Inlandeisgegenstück zum Rundhöcker in Abb. 489. Das von links kommende Eis hat von der **Stoßseite** her ein strömungsgünstiges Muster von gestreckten flachen Rücken und Mulden in Längsrichtung in den unverwitterten Granit eingeschliffen, vergleichbar dem Relief der überfahrenen Endmoränenlage in Abb. 514. Rechts endet die auch in größeren Dimensionen vorkommende Form in diesem – häufigen – Fall mit unregelmäßigen Ausbruchsformen der **Detraktion**, möglicherweise weil die Eisbasis im Anstiegsbereich unter dem **Druckschmelzpunkt** lag und auf der Leeseite durch etwas sinkenden Druck am Fels anfrieren konnte (**Regelation**; Abb. 487). Derartigen (engl., frz., dt.) nach der Form von mit Hammelfett geglätteten Perücken des 18. Jahrhunderts benannten **roches moutonnées** (Fairbridge 1965, S. 963) stehen die unter durchgehend kaltem Eis auch im Lee glatt geschliffenen Formen gegenüber wie der **whaleback** in Abb. 535 (Sudgen & John 1977, S. 170 ff.). Die Risse quer zur Schleifrichtung sind erst nach der Enteisung im Zuge der Druckentlastung (Abb. 41) und oberflächenparallelen Ablösung von Platten entstanden. Die geringe Geschwindigkeit postglazialer Verwitterung auf frischem Fels belegt die prähistorische Schiffsgravur im Vordergrund.

In Abb. 526 hat das langfristige, nahezu ortsfeste Aufreißen von Spalten im über einen Rundhöcker fließenden Eis langzeitig Oberflächenschmelzwasser senkrecht in die Tiefe stürzen lassen und so mithilfe rotierender **Rollsteine** kleine, als **Gletschermühlen** (*potholes*) bezeichnete Strudeltöpfe (s. Abb. 269) senkrecht in den Fels seiner unregelmäßigen Leeseite geschliffen. Bei den Auskolkungen direkt am Steilabfall, deren Gegenrand im Eis bestanden haben muss, dürfte die erwähnte **Kavitationskorrasion** ausschlaggebend gewesen sein. Mehrere Meter tiefe Großformen mit spiralig gedrehten Innenwänden wie im Gletschergarten von Luzern werden noch von Riesenformen von bis zu 20 m Tiefe und über 10 m Durchmesser übertroffen, die unter dem zerfallenden Inlandeis entstanden sind (Sudgen & John 1977, S. 302 ff.).

◀ Abb. 534: Inlandeis-Gletscherschliff auf einem Rundhöcker; Bornholm, Schweden. Die prähistorische Schiffsgravur zeigt die geringe Verwitterung der Felsfläche in über 1000 Jahren.

▲ Abb. 535: Flacher Rundhöcker (*roche moutonée*), vom Inlandeis aus der tertiären Verwitterungsbasisfläche geschliffen; Tampere, Finnland.

▼ Abb. 536: Strudellöcher (Gletschermühlen), durch Schmelzwasser aus Eisspalten im Lee eines Rundhöckers geschliffen; Etschtal, Südtirol, Norditalien.

20. Glazialformen · Trogtalseebecken, Trogschulter

Abb. 537: See in einem übertieften Trogtal; Loch Avon, Cairn Gorm, Schottland.

Im Unterschied zu den bisher gezeigten, teils noch mit Eis gefüllten Trogtälern (Abb. 496 ff.) sind diejenigen dieser Doppelseite bereits seit dem Ende des letzten Glazials eisfrei und entsprechend stärker überformt. Ein Teil des **Trogtals** von Abb. 537, unterhalb von Abb. 532 gelegen, hat in seinem durch Eisschurf geschaffenen **Übertiefungsbereich** (Ehlers 1994, S. 219, Louis & Fischer 1979, S. 462 ff.) einen See (schottisch *loch*), auf dessen Boden das ursprüngliche, im Idealfall U-förmige Glazialprofil eingestellt war. Die heutigen unteren Trogabschnitte sind dagegen auf den Seespiegel eingestellte Schuttrampen. Das kuppige Relief beiderseits des Baches rechts ist rutschungsbedingt, ähnlich wie in Abb. 374 f. Talabwärts anschließend ist ein nur dünn mit Schutt bedeckter Oberhang von zahlreichen Runsen zerschnitten, die unten in Schuttkegeln enden. Die beiden weit in den See reichenden Vorsprünge sind dagegen die Reste zweier zeitweiliger Rückzugshalte des einstigen Gletschers, also von **Endmoränen**. Der Übergang zum Plateau ist fast überall abgerundet, da im Hochglazial das ganze Gebiet unter einer geschlossenen Inlandeiskappe lag. So ist schwer zu entscheiden, welchen Anteil die präglaziale Talformung, Gesteinshärteunterschiede oder das abschürfende Eis an dem heutigen Querprofil haben.

Anders die Situation in Abb. 539, wo eine deutliche Verebnung oberhalb einer abschnittsweise scharf ausgebildeten **Trogkante** auf beiden Talseiten als **Trogschulter** ausgebildet ist. Zahlreiche Studien haben gezeigt, dass es sich dabei um Felsterrassenreste eines präglazialen Hochtalreliefs handelt, die Büdel mit den **Breitterrassen** der Mittelgebirge gleichgesetzt hat (Büdel 1977, S. 244; Louis & Fischer 1979, S. 460) und nicht etwa mit durch die Dynamik des fließenden Eises geschaffenen Verebnungen. Unterhalb des Frostschuttreliefs der Gipfel, deren höchste Teile als Nunatakker (Abb. 474) aus der kaltzeitlichen Eisdecke geragt haben, sind heute nur noch kleine Gletscher und perennierende Schneeflecken vorhanden, unter denen Nivation (Abb. 470) stattfindet.

Der größte Schneebereich zeichnet ein breites **Kar** nach, von dem aus einer von zahlreichen Nebengletschern sich einst im Niveau der Trogschulter mit dem Hauptgletscher vereinigte – vergleichbar der Situation in Abb. 474, d. h. hoch über der Schneegrenze im Nährgebiet. Dementsprechend war die gemeinsame Eisoberfläche im Querprofil *flach-konkav*. Insofern ist es müßig, hier nach dem **Schliffbord** als Obergrenze des Eisschurfs zu suchen, der in Profilzeichnungen (z. B. Leser 2003, S. 289) gemeinhin unzutreffend mit dem ausgeprägt *konvexen* Querprofil des Zehrgebiets dargestellt ist, das talauswärts und beträchtlich tiefer gelegen haben müsste (zur Kritik s. a. Louis & Fischer 1979, S. 461 f.).

An der Trogkante haben sich postglazial zahlreiche **Runsen** ausgebildet, die an der Spitze eines Dreiecks zu einer einzigen gestreckten Abflussrinne konvergieren. Besonders ausgeprägt ist dieses Muster am Trogtalhang rechts in Abb. 540, an die sich nach unten ein steiler, ackerbaulich genutzter **Schwemmkegel**bereich anschließt. Auch hier setzt das Zerschneidungsrelief unterhalb eines schmalen Trogschulter- bzw. Talbodenrestes ein, auf den ebenfalls ein breites glaziales Hochtal eingestellt ist. Dessen umgebende Karlinge – rechts der Berner, links der Savoyer Alpen – gehören zu einer rund 3000 m hohen Gipfelflur (Abb. 155), unter der links noch ein vom Schnee nachgezeichneter **Altflächenrest** erhalten ist.

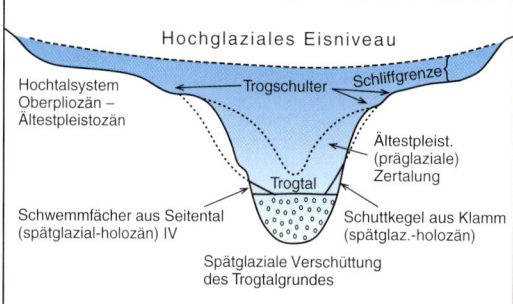

Abb. 538: Schema der Trogschulterentstehung (nach Büdel 1977, Fig.77).

Abb. 539: Trogschulter: eisüberformter präglazialer Talbodenrest; Ötztal, Tirol, Östereich.

20. Glazialformen · Trogtäler, Schmelzwasserterrasse

Die Kerben unterhalb der Trogkante, im Winter auch als Lawinenbahnen genutzt, sind bereits in hoch hinaufreichende, durch ihr gestrecktes Profil kenntliche postglaziale, bewachsene **Schutthalden** (s. Abb. 389) eingeschnitten. Das ursprüngliche Trogprofil des Gletschers ist hier also durch Akkumulation, die auf den durch fluviale Prozesse eben aufgeschütteten Talboden eingestellt ist, stark überformt worden. Der dreieckig begrenzte, in Fels angelegte gestreckte Hang im rechtwinkligen Umbiegungsbereich des Rhônetals zeigt allerdings, dass zumindest in diesem Abschnitt auch das Eis kein steiles Trogwandprofil geschaffen hat. Die geradlinigen Talverläufe und das Umbiegen zum im Dunst kaum erkennbaren Genfer See folgten bereits bei der ersten, tertiären Taleintiefung zwei durch die chemische Verwitterung nachgezeichneten Störungsrichtungen.

Die scharfe – also junge – von Häusern bestandene Geländekante im Tal von Abb. 542 begrenzt ebenfalls den Rest eines ehemaligen Talbodens: den einer **glazifluvialen Akkumulationsterrasse** des Spätglazials. Zu ihrer Bildungszeit wurde sie von den Schmelzwassersedimenten während eines Rückschmelzhalts des Stubaigletschers aufgeschüttet. Das starke Oberflächengefälle entspricht dem eines Schwemmkegels (Abb. 280 ff.), der in seiner seitlichen Ausdehnung durch die Talwände eingeschränkt wurde. Mit dem weiteren Rückschmelzen des Gletschers bildete sich, wie bei dem Trompetentälchen von Abb. 520 dargestellt, ein neues, im Bildbereich bereits flacher geneigtes Längsprofil aus, das der Wiesentalboden nachzeichnet. Dabei wurde der größte Teil der vorhergehenden Akkumulation wieder fluvial ausgeräumt. Die Neigung des steilen Terrassenhangs ist an den Reibungswiderstand zwischen den Schottern angepasst. Die Buckel am Hang oberhalb der Häuser sind weitgehend Moränenreste. Die Hangneigung zeigt, dass der Talgletscher auch hier, möglicherweise abhängig von der präglazialen Vorform, kein idealtypisches Trogtalprofil geschaffen hat, anders als etwa in Abb. 543.

Abb. 543 zeigt, als Gegenstück zu den rezenten **Auslassgletschern** (Abb. 476 ff.), ein hochglazial von einem solchen des isländischen Inlandeises genutztes Tal, etwas nördlich der Grundmoränenlandschaft von Abb. 524. Jenseits der durch Frostverwitterung und Steinpflasterbildung umgestalteten **Grundmoränendecke** ist der hier verdeckte Talschluss steiler als die auch hier postglazial durch Hangprozesse abgeflachten Trogtalflanken. Nur im Oberhangbereich sind die vom Eis überschliffenen Bänke tertiären Flutbasalts noch unter dem rezenten Frostschutt zu erkennen. Der im Oberlauf noch kleine Bach hat hier noch keine Talsohle entwickelt, sodass sich die rezenten Schuttrampen im Taltiefsten verzahnen. Die nicht an eine Schicht angepasste Oberhangverebnung hinten rechts könnte auch hier ein präglazialer Talbodenrest sein, der die Inlandeisüberformung überdauert hat.

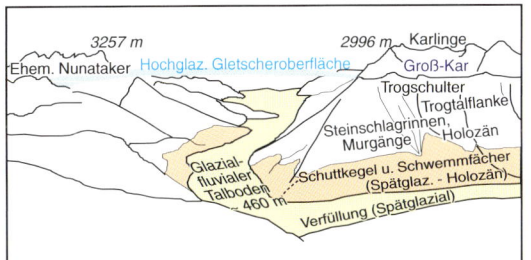

▲ Abb. 540: Trogtal mit ebenem, glazifluvial geschaffenem Talboden; Rhônetal bei Martigny, Schweiz.

◀ Abb. 541: Erläuterungsskizze zu Abb. 540.

▼ Abb. 542: Spätglaziale Schmelzwasserterrasse; Stubaital, Tirol, Österreich.

▼▼ Abb. 543: Trogtalbeginn eines pleistozänen Auslassgletschers; südlich Akureyri, Nordisland.

20. Glazialformen · Eisstauseesediment

Abb. 544: Fluvial zerschnittene schluffige Eisstauseesedimente in einem intramontanen Becken; Bow River Valley bei Banff, Rocky Mountains, Alberta, Kanada.

Abb. 545: Erdpyramiden in Eisstauseesedimenten; Steilufer des Bow River, Lokalität wie 544.

Überall, wo der Schmelzwasserabfluss entweder durch vorstoßende oder rückschmelzende Gletscher oder das Inlandeis behindert war, haben sich kurzzeitig existierende **Eisstauseen** gebildet (Ehlers 1994, S. 83 ff.). Deren Größe reicht von fast eine Million km² großen Riesenformen des letzten Spätglazials wie dem Lake Agassiz auf dem kanadischen Schild oder dem etwa gleich großen Baltischen Eisstausee im Ostseebecken bis zu Kleinformen wie in Abb. 518. Nachweisbar sind sie häufig noch anhand erhaltener Klifflinien und Strandwälle, häufiger jedoch anhand ihrer Sedimente, welche die Seebecken, wie im Kleinen in Abb. 515, vom Zufluss her mit vorrückenden Deltafronten verfüllt haben und gleichzeitig flächendeckend den übrigen Seeboden mit der Schwebfracht des Wassers, dem absinkenden Schluff und Ton der **Gletschermilch** (Abb. 294) überdeckt haben. Besonders bei Eisstauseen in Gebirgstälern wurden die Sedimente sofort mit dem beginnenden Ausbruch durch die Überwindung der Eisbarriere zerschnitten und oft weitgehend ausgeräumt.

In dem **intramontanen Becken** (Abb. 128) in Abb. 544, im Süden der hier rund 3000 m hohen kanadischen Rocky Mountains, bestand in der spätglazialen Zerfallszeit des *Cordilleran Ice Sheet* ein solcher Eisstausee. Mit der Öffnung des Abflusses zum östlichen Gebirgsvorland wurde der trockengefallene Seeboden von dem ihn in weiten Bögen überfließenden Bow River einige Zehner Meter tief bis auf das Anstehende zerschnitten. Das übertiefte Becken des einzigen natürlichen heutigen Sees (im Hintergrund) war zur Sedimentationszeit zumindest noch mit Toteis gefüllt, taute erst nach dem Auslauf des Eisstausees aus und blieb so unverfüllt erhalten. Der ebene Seeboden wurde zu einer heute von Nadelwald bestandenen **Terrasse.** Das wenig verfestigte Stillwassersediment wird an den aktiv unterschnittenen **Talhängen** des Flusses (s. Abb. 259) – jenseits des Berges im Becken als helle Bänder sichtbar – so stark abgetragen, dass dort nur vereinzelt Bäume wurzeln können.

Abb. 545 zeigt einen solchen Prallhangbereich. Bei der starken Hangabtragung sind einige Partien zwischen den Runsen nicht nur als Bastionen wie in Abb. 390 f. erhalten geblieben. Zusätzlich haben sich durch Abspülung durch direkt auftreffenden Niederschlag und die ihr vorarbeitende Frostverwitterung in dem schluffig-weichen, aber standfesten Seesediment Erdpfeiler gebildet, örtlich als *Hoodoos*, allgemein als **Erdpyramiden** bezeichnet. Deren berühmteste Beispiele sind am Ritten bei Bozen (Ehlers 1994, S. 42), dort allerdings in einer durch den Druck des ehemals auflastenden Eises überkonsolidierter Grundmoräne, ausgebildet. Zumindest zu Beginn der Abspülung dürften im Sediment enthaltene Gesteinsblöcke – hier entweder aus einer Deltaschüttung oder als aus Eisschollen ausgetaute *dropstones* (Abb. 529) – die heutigen Spitzen der Türme geschützt haben. Einige etwas stärker herausragende Steine bilden die unruhige Oberfläche der Pfeiler.

Abb. 546 zeigt eines der Haupttäler der präglazial und glazial stark zerschnittenen Plateaulandschaft im südlichen British Columbia, in dem spätglazial ebenfalls für einen Zeitraum von wohl nur einigen Jahrhunderten der Abfluss durch das Eis blockiert war und weit über 100 m Stillwassersediment akkumuliert wurden. An den mit Wald bestandenen Hängen rechts im Hintergrund sind diese Sedimente, wie an vielen anderen Stellen des Tals, beim Wiedereinsetzen der fluvialen Entwässerung vollständig erodiert worden. Auf dem noch mit Sedimenten bedeckten Hang links hat sich an den Spornen zwischen Seitentälchen ein gestrecktes Profil entwickelt, das wegen der Mobilität des Lockersediments nur schütter mit Bäumen bestockt ist. Das Sichtbarwerden der horizontalen Schichtung links über dem Fluss und die dort in dem weichen Material ausgebildeten senkrechten Halbpfeiler über einem schichtenkappenden **Haldenhang** (Abb. 384) sind die Folge der Hangprozesse, die erst durch die Unterschneidung bei der Anlegung der Eisenbahntrasse etwa ein Jahrhundert vor der Aufnahme ausgelöst wurden.

Beiderseits der Provinzgrenze Quebec/Ontario im südlichen Kanadischen Schild basiert eine ganze Landwirtschaftsregion, der *Clay Belt*, auf tonigen Stauseesedimenten der letzten Eiszeit. Die dunkelbraunen Tone in Abb. 547, hier in Norddeutschland vor einiger Zeit noch für die Ziegelherstellung abgebaut, stammen bereits vom Ende der Elstereiszeit vor etwa 430 000 Jahren – es war der erste quartäre Gletschervorstoß, der das nördliche Mitteleuropa erreichte. Nach ehemaligen Aufschlüssen am Steilufer der Elbe bei Lauenburg wird das Vorkommen als **Lauenburger Ton** bezeichnet (Ehlers 1994, S. 177). Abgelagert wurde der Ton in einem riesigen Eisstausee am Südrand des abschmelzenden Eises, bevorzugt in den bis 400 m tiefen und breiten Rinnen, die in diesem Ausmaß nur das vorrückende Elstereis in die weichen Tertiärschichten Norddeutschlands und den Boden des Nordseebeckens geschürft hatte. Der Ton kommt von den Gebieten des niederländischen *Potklei* bis nach Mecklenburg-Vorpommern mit erhaltenen Mächtigkeiten bis 150 m vor. In den untersten Abschnitten der Sedimentation wurden in Schleswig-Holstein marine Fossilien gefunden, ein Hinweis auf eine starke – glazialisostatisch induzierte – Krusteneindellung im Laufe der Elstereiszeit.

In den besser sortierten und feineren oberen Schichten des Tons, wie in Abb. 547, sind mögliche Jahresschichten ausgebildet, aus denen Ehlers für den Hamburger Raum auf einen Ablagerungszeitraum von etwa 2000 Jahren schließt. Die schräggeschichteten Ablagerungen an der hinteren Aufschlusswand sind bei der Materialentnahme durch den Bagger künstlich entstanden.

Eine authentische Schichtung ist in Abb. 548 an einer Aufschlusswand der **Baumkirchener Bändertone**, 12 km östlich von Innsbruck (Ehlers 1994, S. 240), zu beobachten. Infolge Frostverwitterung ist auch die zuvor durch ablaufendes Wasser im aufgeweichten Ton erzeugte Schmutztapete abgeblättert und einzelne Schichten – **Warven** (*auch* Varven) – sind nachgezeichnet. Bereits Ende des 19. Jahrhunderts hatte der Schwede de Geer, ausgehend vom Bodensediment abgelassener Mühlteiche, erkannt, dass in den geschichteten Tonen Jahresabfolgen gespeichert sind. Wie die Detailbilder in Abb. 581 ff. zeigen, beginnt die Bildung jeder Warve mit dem Absatz relativ grober und daher hell erscheinender Partikel aus dem Schweb, der mit dem Einsetzen sommerlicher, sedimentreicher Schmelzwasserzufuhr (*s.* Abb. 508) in einen Süßwassersee abgesetzt wird. Mit dem herbstlichen Ende der Schmelzwasserzufuhr gibt es einen gleitenden Übergang zum langsamen Absinken der feinsten Ton- und auch organischen Partikel aus dem bald eisbedeckten Gewässer zur Bildung der dichten und dunklen Winterlage, die dann mit den scharfen Grenzen, die die Wand in Abb. 548 gliedern, von der jeweils nächsten Sommerlage abgesetzt wird (Ehlers 1994, S. 84 f.; *im deutschen Text falsche Hell-/Dunkel-Zuordnung*).

Kompliziert wird das Bild durch so genannte **Tageswarven** etwa als Ergebnis eines einzelnen Unwetters oder dadurch, dass in Salzwasser – etwa während der marinen Phasen der Ostseeentwicklung – infolge von Ausflockung die Schichtung verwischt bis ausgelöscht wird. Dennoch konnte bis 1940 die erste vollständige Warvenzählung für Schweden vorgelegt werden, aus der sich – mit jüngeren Revisionen – Jahr für Jahr bei geringer Fehlerrate der spätglaziale Eisrückzug in Schweden von im Mittel 200 – 300 m, rechtwinklig zu den Gletscherschrammen, rekonstruieren lässt; die bis heute erfasste (Ehlers 1994, Abb. 54) Gesamtzahl beträgt 10 429 Warven.

Anders als in Schweden wurden die über 100 m mächtigen Baumkirchener Bändertone in einem Eisstausee vor dem *vorrückenden* Gletscher abgesetzt, ablesbar an dem über 70 m mächtigen Vorstoßschotter, der über den Tonen und unter einer Grundmoräne liegt; sein Alter bewegt sich zwischen 31 000 und 26 000 Jahren vor heute.

▲▲ Abb. 546: Glazifluviale Terrassenreste eines tiefen Eisstausees in einem zerfallenden Eisstromnetz; Thompson River Valley, British Columbia, Kanada.

◀ Abb. 547: Aufschluss in spät-elsterzeitlichem Eisstauseeton; Lauenburger Ton, nördliches Niedersachsen.

◀ Abb. 548: Bändertonsediment eines letztglazialen (würmzeitlichen) Eisstausees; Baumkirchener Bändertone, Inntal, Tirol.

20. Glazialformen · Eisrandlagen Alpenvorland

▲ Abb. 549: Kuppiges Endmoränen- und Toteisrelief; Hausruck, oberösterreichisches Alpenvorland.

Das süddeutsche Alpenvorland ist diejenige Landschaft, in der zuerst die **glaziale Serie** als Abfolge von Zungenbecken mit Drumlins, Endmoränengürtel und anschließendem Schotterfeld definiert wurde. Leider ist der glaziale Formenschatz dieser Landschaft im terrestrischen Bild nur schwer zu erfassen: Die Endmoränenkämme etwa, die in der klassischen Karte des Inn-Chiemseegletschergebiets von C. Troll (1924; Louis & Fischer 1979, S. 450) oder im Isohypsenbild topographischer Karten so „lehrbuchhaft" dargestellt sind, sind gerade in ihren morphologisch eindeutigsten Teilen, da reliefbedingt schlecht landwirtschaftlich nutzbar, meist unter Wald verborgen, wie in Abb. 549 und 551. Und das waldfreie Glazialrelief ist, wie auch in Norddeutschland, durch die landwirtschaftliche Nutzung oft so stark überprägt, dass die Reliefinterpretation dort meist nur mithilfe von Bohrprofilen vervollständigt werden kann.

Insofern sind die beiden kleinen Ausschnitte dieser Seite typisch. Abb. 549 zeigt einen nicht zu stark reliefierten und deshalb noch gut nutzbaren Teil eines **Endmoränenbogens**. Die flache abflusslose Senke im Vordergrund ist entweder über austauendem Toteis eingesackt oder liegt zwischen zwei nacheiszeitlich ausgeglichenen Stauchendmoränenwällen. Anders als im Inlandeisgebiet gibt es hier wegen des groben Sediments im Untergrund keine Vernässung.

In Abb. 551 ist nur der äußere Unterhang der mit Wald bestandenen Endmoräne zu erkennen, der in einer Übergangskonkavität in die leicht abgedachte Fläche davor übergeht. Diese Form, das kleine Beispiel eines **Übergangskegels**, besteht aus verschwemmtem, glazifluvialem Sediment – eigentlich ein kleiner Sander. Aber obwohl die namengebenden isländischen *Sandurs* (Abb. 522, 523) auch aus grobem Sediment aufgebaut sind, wird der Begriff heute ganz auf die aus Schmelzwassersand aufgebauten Formen der Inlandvereisung bezogen. Neben dieser häufigen Schmelzwasserform gab es natürlich auch die starke Sedimentschüttung, die an Gletschertore gebunden war und die zur Beschreibung ihrer trichterförmig zum ehemaligen Eisrand hin konvergierenden Terrassen als **Trompetentälchen** (Abb. 520, 521; Louis & Fischer 1979, S. 444) bezeichnet werden.

Die frisch gepflügte, von dem relativ steilen und deshalb nur extensiv genutzten Wiesenhang begrenzte Senke parallel zur Landstraße ist eine zuerst von C. Troll (1924) so bezeichnete **Umfließungsrinne**, die von Schmelzwasser zwischen den Bögen zweier Eisrandlagen eingeschnitten wurde (s. Abb. 506, 507). Mit der Einschneidung des Hauptabflusses wurde diese Rinne späteiszeitlich zum **Trockental**. Der Anstieg im Vordergrund gehört bereits zu einer rißeiszeitlichen Endmoräne, bei Grabungen erkennbar durch letztglazial-periglaziale Überprägung (s. 457 ff.) und Paläobodenreste der vorigen Warmzeit (= Eem).

Typisch für den Formenschatz im Hinterland einer Eisrandlage ist der **Drumlin** in Abb. 552 (gälisch/irisch druim = Höhenrücken; Louis & Fischer 1979, S. 455; Sugden & John 1976, S. 238 ff., für das Alpenvorland Ebers 1937). Untypisch ist der gezeigte Ausschnitt, wie in Abb. 565, deshalb, weil nur ein einzelner stromlinienförmig gestalteter Rücken erfasst ist, denn Drumlins treten mindestens in kleinen **Schwärmen**, wie im Alpenvorland, oder gleich zu Hunderten bis Tausenden in den jüngsten Grundmoränenlandschaften Nordeuropas oder Kanadas auf (Luftbilder und Karten bei Sudgen & John 1975, S. 265 ff.); in der Regel sind sie zueinander versetzt mit dazwischen verlaufenden flachen Pässen. In Abb. 552 gehört der Hang im Vordergrund zu einem Drumlin, im Mittelgrund ist nach rechts wie links der leichte Anstieg zu zwei Drumlins außerhalb des Bildes erkennbar; die Straße folgt der Senke hinter jenen Drumlins.

Zur **Genese** dieser Formen gibt es fast so viele Theorien wie untersuchte Drumlinfelder. Einigkeit besteht darin, dass es sich um vom bewegenden Eis in Glazialsedimente derselben Eiszeit eingeschnittene stromlinienförmige Körper ähnlich den Felsformen von Abb. 489 und 534/535 handelt, dass sie als Form relativ kleiner Zungenbecken wie hier an leicht ansteigendes Gelände zur Endmoräne hin gebunden

▶ Abb. 550: Erläuterungsskizze zu Abb. 551.

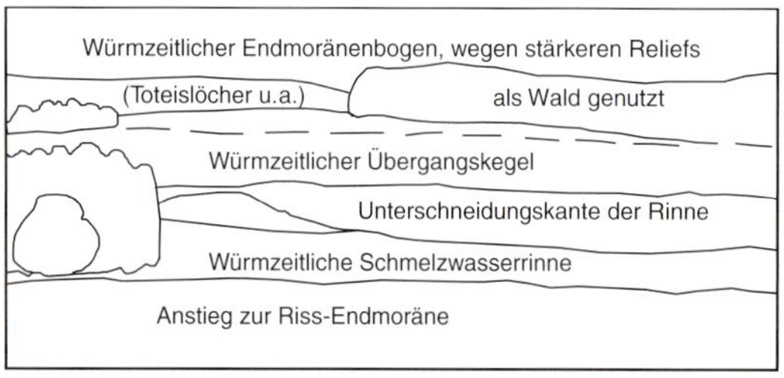

▼ Abb. 551: Würmzeitliche Eisrandlage, Übergangskegel und Schmelzwasserrinne; Alpenvorland südlich München.

| Würmzeitlicher Endmoränenbogen, wegen stärkeren Reliefs |
| (Toteislöcher u.a.) als Wald genutzt |
| Würmzeitlicher Übergangskegel |
| Unterschneidungskante der Rinne |
| Würmzeitliche Schmelzwasserrinne |
| Anstieg zur Riss-Endmoräne |

sind, nicht aber unbedingt so im Inlandeisgebiet, und dass sie, über unterschiedlichem, überfahrenen Glazialsediment, immer eine Decke von Grundmoräne tragen. Deren dichte Lage spricht für die Akkretion austauender Untermoräne bei Erreichen des Druckschmelzpunkts in warmem Eis als **Absetzmoräne** (*lodgement till,* Abb. 526). Die strömungsdynamischen Ursachen für die weiträumige derartige Umgestaltung der Sedimentdecke unter dem Eis durch Exaration und Ablagerung, die eine Vielfalt von Drumlinformen und -größen geschaffen haben, sind noch umstritten (Sudgen & John 1976, Abb. 12.3), nur liegt der höchste Teil einer Einzelform generell an der gegen die Eisbewegung gerichteten Stoßseite.

Der Nachweis, dass es mehr als eine alpine Vergletscherung im Pleistozän gegeben hat, wurde von A. Penck & E. Brückner (1901 – 1909) zuerst für die drei letzten Vereisungen (Mindel, Riss und Würm, alphabetisch nach Alpenvorlandsflüssen benannt) **morphostratigraphisch,** aus der relativen Altersabfolge von Formen, aus dem Studium der Flussterrassen des deutschen Alpenvorlandes und deren Verknüpfung mit einzelnen Endmoränen gewonnen (Ehlers 1994, S. 222 f.). Als Reliefformen der von Louis & Fischer (1997, S. 553) so bezeichneten *Außensaumzone glazialer Aufschüttungslandschaften* sind sie im Überblick wieder nur in Karte oder Luftbild gut darstellbar – deshalb hier nur drei Aufschlussbilder.

Die nur noch als Riedel erhaltenen Terrassenschotter sind seit A. Penck traditionell als Ältere und Jüngere bzw. Obere und Untere **Deckenschotter** der Günz- bzw. Mindeleiszeit zugeordnet worden. Seither sind aber nicht nur ältere Schotterdecken einer Biber- und Donau-**Kaltzeit** nachgewiesen, möglicherweise zeitlich noch vor die Alpenvergletscherung zu stellen und deshalb nicht als Eiszeit bezeichnet. Die innere Gliederung dieser Schotterkörper durch Paläoböden und die Zeit, die für deren Bildung notwendig war, spricht sogar für ein bis ins Pliozän zurückgehendes Alter der Deckenschotter (Ehlers 1994, S. 224 ff.).

Typisch für die Älteren Deckenschotter ist ihre starke Konglomeratbildung („Nagelfluh") durch **Kalkversinterung** wie in Abb. 553, voll mit jener der Calcrete-Bildungen in Schotterkörpern arider Gebiete vergleichbar und eine Bestätigung der These, dass die Kalkkrustenbildung nicht einem bestimmten Klima zugeordnet werden kann (Abb. 402 ff.). Der Kalk wurde wohl mit dem Grundwasserstrom aus den nördlichen Kalkalpen zugeführt, was wegen der dafür nötigen Strömungsverbindung allerdings noch vor der Zerschneidung der Älteren Deckenschotter geschehen sein muss.

Der Ausschnitt einer Deckenschotters unbekannt hohen Alters in Abb. 554 zeigt zum einen Schotter aus schwer verwitterbaren Gesteinen, dazwischen aber auch Anschnitte von Schottern aus mürbem, kaolinitisch verwittertem Kristallin – beides Indizien dafür, dass *präglaziale* chemische Vorverwitterung, einschließlich Kernsteinbildung (Abb. 100, 263) das Material für diese im Alpenraum auch als **Nagelfluh** bezeichneten Schotter aufbereitet hat.

Die braunen **Verwitterungsschlotten** im gekappten Profil einer würmeiszeitlichen Schotterakkumulation von Abb. 555 sind ein Beleg für die holozän warmzeitlich einsetzende Verkarstung in kalkreichen Schottern (nach örtlicher Abfuhr der karbonatischen Bestandteile (s. Abb. 50). Als **geologische Orgeln** mit vollständiger Abfuhr des Karbonats (s. Abb. 669) sind sie in wohl mehr als den wenigen Warmzeiten der klassischen Eiszeitgliederung mit bis zu 10 m Tiefe in die ältesten Deckenschotter hineingelöst worden (Ehlers 1994, S. 237).

▲▲ Abb. 552: Durch Eisüberfahrung einer Moräne stromlinienförmig geformter Drumlin; bei Königsdorf, oberbayerisches Alpenvorland.

▲ Abb. 553: Interglazial kalkzementierte altpleistozäne glazifluviale Terrasse; Deckenschotter im Lechtal, schwäbisch-bayerisches Alpenvorland.

◄ Abb. 555: Holozäne Entkalkungsschlotten in glazi-fluvialen kalkreichen Schottern; Lechtal, schwäbisch-bayerisches Alpenvorland.

▼ Abb. 554: Glazifluviale altpleistozäne Schotter mit kristallinen Saprolitgeröllen; schwäbisches Alpenvorland.

21. Pleistozäne Inlandeis-Glazialformen · Grundmoräne, Sölle

Abb. 556: Wellige Grundmoräne; Angeln, Schleswig-Holstein.

Abb. 557: Toteisloch (Söll) in flacher Grundmoräne; nördlich Travemünde, Schleswig-Holstein.

Abb. 558: Wellige Grundmoräne mit Baumgruppen in erhaltenen Toteislöchern, westliches Mecklenburg.

In der glazialen Serie des Alpenvorlands oder auch anderer Gebirgsvergletscherungen spielt die **Grundmoräne**, auf Zungenbecken beschränkt oder von Schmelzwassersedimenten überdeckt, nur eine geringe Rolle im Relief. Im Akkumulationsbereich der nordischen Inlandeisdecke ist sie dagegen das flächenhaft bedeutendste Reliefelement. Als flache oder wellige Grundmoräne in den Abb. 556 und 558 ist sie als **Niedertaulandschaft** auf einem nur schwach reliefierten Untergrund entstanden.

Dieser, das Grundmoränengebiet der vorletzten (Saale-) Eiszeit, war während der nachfolgenden Eem-Warmzeit unter einer dichten Vegetationsdecke kaum verändert worden, ebenso wie es heute, im Holozän, ohne menschliche Eingriffe der Fall wäre. Seit dem Beginn der Weichselkaltzeit vor etwa 70 000 Jahren war das Gebiet aber bei einem Dauerfrostklima kräftiger, reliefausgleichender statt periglazialer Solifluktion (Abb. 432 ff.), vor allem frühsommerlicher Schmelzwasserabspülung (**Abluation** Abb. 566) ausgesetzt gewesen, unterbrochen von fünf Interstadialen, in denen die Strauchtundra noch einmal durch kiefernreiche Nadelwälder ersetzt wurde.

Die Hauptvereisung erreichte erst spät, dafür aber in knapp 5000 Jahren bis um 18 000 v. h. ihre größte Ausdehnung bis ins südliche Brandenburg und zur Mitte der jütischen Halbinsel (Liedtke 1975, S. 11; Ehlers 1994, S. 200), bei noch mindestens 700 m Eismächtigkeit in der südlichen Ostsee (Liedtke 1975, S. 17). Das Rückschmelzen bis nach Mittelschweden, kaum durch Vorstöße unterbrochen, dauerte dann knapp 10 000 Jahre.

In der **Eiszerfallszeit** nach dem Pommerschen Stadium (älter als 13 500 v. h; Ehlers 1994, S. 202), dem letzten von drei großen Eisstagnationsphasen, entstand im **Germaniglazial** der skandinavischen Terminologie (Liedtke 1975, S. 16) die Grundmoränendecke von Abb. 556 bis 559 durch **Ablation** (Abb. 488), das unsortierte flächenhafte Niedertauen und die Anreicherung der etwa 10 Volumenprozent von Ton, Sand und Geschieben aus den unteren Dekametern des Inlandeises (Liedtke 1975, S. 18) zu einer das ältere Relief überkleidenden Decke von teils unter 10 m und kaum über 20 m Dicke. Vor dieser Ausschmelzmoräne (ablation till, Abb. 526) unter dem stagnierenden, sich nicht mehr bewegenden Gletscher (Liedtke 1975, S. 42), war unter dem sich noch bewegenden Eis auch die meist plattig spaltbare, kompakte **Absetzmoräne** (*lodgement till*, bei Liedtke 1985, S. 18 **Basalgrundmoräne**; Abb. 526) abgesetzt worden. Unter dem Oberen Geschiebemergel des Pommerschen Stadiums liegt in Schleswig-Holstein noch der Untere Geschiebemergel des dort ersten weichselzeitlichen Vorstoßes (Stephan 1995, S. 9).

Das vorrückende Eis war den präglazialen Tiefenlinien gefolgt und hatte das Relief abgehobelt, überschüttet und gestaucht. Bei der **subaerischen Enteisung** tauten so unter dem ebenen Schild des stagnierenden Eises zuerst die Kuppenbereiche aus, während das endgültige Austauen dickeren Eises in Senken, als **unterirdische Enteisung**, noch einige tausend Jahre dauern konnte, bis zum Ende des letzten Kälterückschlags, dem der Jüngeren Tundrenzeit (Jüngere Dryas; 12 700 – 11 500 v .h., ältere Datierung Ehlers 1994, S. 206: 10 800 – 10 300 v. h.; Liedtke 1975, S. 44). Das unregelmäßig-wellige Relief aus flachen Kuppen und zahllosen abflusslosen Senken ist aber nicht nur die Folge des ungleichmäßigen Niedertauens, sondern auch der gleichzeitig erneut wirksamen, reliefausgleichenden periglazialen Prozesse im lange übersehenen Permafrostmilieu des Spätglazials (Liedtke 1975, S. 46).

Erst mit dem letzten Austauen der durch Toteis plombierten und so *konservierten* Hohlformen kam es zu einer **Reliefakzentuierung** im Jungmoränengebiet. Am häufigsten sind die meist auf den Grundmoränenplatten vorkommenden **Sölle** (Abb.

21. Pleistozäne Inlandeis-Glazialformen · Toteissee, Sander

557), die bereits 1889 als Toteisformen erkannt wurden. Nur wenige Meter tief bei 20 – 60 m Durchmesser, sind ihr heutiger reduzierter Durchmesser und die oft scharfe Oberkante durch das Pflügen bedingt. 1938 wurden allein in Mecklenburg 29 000 Sölle gezählt (Liedtke 1975, S. 45). Als vernässte Senken sind sie meist durch Weidegebüsche gekennzeichnet, nach Drainage oder auf Sanderflächen wurden sie oft verfüllt. Gegen ihre Deutung als ausgetaute Pingos (Abb. 467 ff.) spricht, dass es keine sie umgebenden Wälle als Reste der kollabierten Form gibt. Dagegen können scheinbare Sölle auch Mergelgruben sein, denen unverwitterte kalkhaltige Grundmoräne, **Geschiebemergel**, entnommen wurde. Aus Transportgründen liegen sie meist auf Hügelkuppen (Liedtke 1975, S. 46). Die bei der nacheiszeitlichen Bodenbildung entstandene Braunfärbung in Abb. 558 geschah bei weitgehender Entkalkung zu **Geschiebelehm**.

Zu den größeren Toteisformen gehört der hier besonders kleine und so in seinem morphologischen Zusammenhang noch überschaubare **Rinnensee** in einer kuppigen Grundmoräne. Eher ist er noch mit der Regionalbezeichnung **Pfuhl** zu belegen, denn die großen, teils einige Zehner Meter tiefen und bis über 20 km langen ehemaligen, meist wohl subglazialen ausgeschürften Schmelzwasserbahnen haben nicht, wie hier, sanft abfallende Hänge, sondern steile Böschungen, die durch Abrutschen beim Austauen entstanden sind (Liedtke 1975, S. 45, 49).

Der Reliefunterschied zwischen Grund- und Endmoräne kann, wie in Abb. 560, bei einem nur kurzzeitigen Eishalt recht unbedeutend sein. Die spätglaziale Eisrandlage ist nur an der Konzentration großer Geschiebe (Abb. 567 f.) erkennbar, die am kurzzeitig stationären Eisrand ausgetaut waren und zusätzlich von den Schmelzwässern freigespült wurden, die in der flachen, hier von Heureutern eingenommenen **Umfließungsrinne** (Abb. 551) abliefen.

Ein Beispiel für die terrestrisch kaum fotografierbare, ausdruckloseste Reliefform des Inlandeisgebiets ist der Ausschnitt aus einem **Sander** (*outwash plain*, Abb. 522) in Abb. 561, mit gleichmäßiger, leichter Abdachung, die vom ehemaligen Eisrand ausgeht – hier ohne die auch auf ihnen vorkommenden Toteislöcher. Als Gegenstück zu den kleinen Trompetentälchen (Abb. 521) sind im Inlandeisgebiet beim Eisrückzug um Zehner Kilometer auch entsprechende, leicht eingeschnittene Sandertäler oder Schlauchsander entstanden (Liedtke 1975, S. 26).

▲ Abb. 559: Rinnenförmige Toteisdepression in kuppiger Grundmoräne; Choriner Eisrandlage, Ostbrandenburg.

▼ Abb. 560: Schmelzwasserabflussrinne in spätglazialer Grundmoräne vor der Findlingsstreu einer kurzzeitigen Eisrandlage; Südfinnland.

▼▼ Abb. 561: Völlig ebene Schmelzwassersandfläche eines Sanders, südliches Mecklenburg.

21. Pleistozäne Inlandeis-Glazialformen · Stauchendmoränen

Abb. 562: Vor der Stirn einer schnell vorrückenden Gletscherzunge aufgepresste Wellen einer weichselzeitlichen Stauchendmoräne; Hüttener Berge, Schleswig-Holstein.

1	Reihenfolge der
2	weichselzeitlichen
3	Eisvorstöße
4	

Schmelzwasserrinne

Z Zungenbecken

ST Stauchendmoräne

Abb. 563: Stauchendmoränenmuster im Bereich der Hüttener Berge.

Abb. 564: Wellen eines Stauchendmoränenkomplexes; südliches Jütland. Blick in Richtung des Eisschubs.

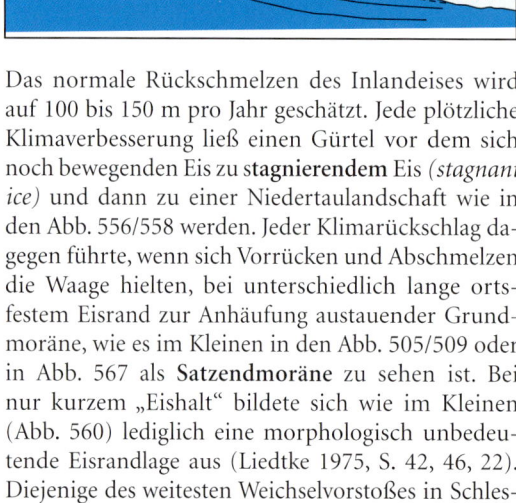

Morphologisch auffälliger sind dagegen die **Stauchendmoränen** (Abb. 562 bis 564, s. Abb. 511; Ehlers 1994, S. 60 ff.). Sie entstanden, wenn, durch das subglaziale Relief vorgegeben, einzelne Zungen des Inlandeisrandes kurzfristig noch einmal vorstießen und dabei mit ihrer steilen Stirn (s. Abb. 479) planierraupenartig den Untergrund vor sich auftauchten. Der auch geäußerten Hypothese, dass allein das Gewicht des Eisrandes zur Aufpressung des Untergrundes geführt habe, widerspricht, dass Stauchendmoränen gerade *nicht* überall am noch geschlossenen Eisrand gebildet wurden, sondern nur dort, wo eine schmale und damit relativ leichte Zunge vorstieß. Im Fall der Hüttener Berge stießen solche Zungen als Verzweigungen am inneren Ende zweier Förden vor, an Gletscherbetten, die zu Ostseebuchten wurden.

Der Entstehungsmechanismus wurde von K. Gripp, von dem auch das Begriffspaar „Satz"- und „Stauchendmoräne" stammt, zusammen mit anderen Glazialphänomenen im aktualistischen Ansatz (S. 9) nach eigenen Studien an Gletschern auf Spitzbergen erklärt (Gripp 1938, 1964, S. 180 ff., S. 166, Tafel 35; Liedtke 1975, S. 21).

Stauchendmoränen wie die der südlichen Umrahmung des Oderbruchs oder der Rosenthaler Staffel des Stettiner Haffs (Liedtke 1965, S. 67, Reinke & Löser 2000) sind steiler reliefiert als die Hüttener Berge, aber leider bewaldet. So ist nur in weniger ausgeprägten und damit noch beackerbaren Beispielen wie hier oder in Abb. 564 die Abfolge der im Spätglazial solifluidal ausgeglichenen, im Außenbereich bananenförmig gekrümmten **Stauchungsschuppen** und der abflusslosen Senken zu sehen.

Während des Rückschmelzens vom äußersten Eisrand war das ausgetaute Vorland bei einer wohl mehr als 12 °C niedrigeren Jahresmitteltemperatur als heute (um 8 °C) wieder zu Dauerfrostboden (Abb. 443 f.) geworden (Liedtke 1975, S. 47). So war es möglich, dass Grundmoräne und Schmelzwassersande im gefrorenen Zustand unter Bewahrung ihrer Schichtung wie Festgesteine steil gestellt und deformiert werden konnten (s. Aufschlussbilder Abb. 589 ff.). Die Senken zeichnen die Bereiche nach, an denen einzelne Schuppen entlang schaufelförmiger Bahnen abgeschert wurden. Die Stauchung setzte sich mit nach außen abnehmender Höhe fort. Abb. 562 zeigt etwa die untere Hälfte des so entstandenen welligen Abfalls zum Vorland. Anders als in der Modellvereinfachung (Gripp 1965, S. 183, Abb. 32) ist aber die älteste, d. h. innerste Schuppe in beiden Beispielen nicht die höchste und die inneren Wellen sind ungefähr gleich hoch, wie in Abb. 564. Gleichzeitig mit der Aufpressung konnte die Eiszunge leicht ein flaches Becken ausschürfen, das heute von einem **Zungenbeckensee** eingenommen wird, da der Untergrund durch den Erdwärmestrom unter der isolierenden Eisdecke nicht gefroren war.

Das normale Rückschmelzen des Inlandeises wird auf 100 bis 150 m pro Jahr geschätzt. Jede plötzliche Klimaverbesserung ließ einen Gürtel vor dem sich noch bewegenden Eis zu **stagnierendem** Eis *(stagnant ice)* und dann zu einer Niedertaulandschaft wie in den Abb. 556/558 werden. Jeder Klimarückschlag dagegen führte, wenn sich Vorrücken und Abschmelzen die Waage hielten, bei unterschiedlich lange ortsfestem Eisrand zur Anhäufung austauender Grundmoräne, wie es im Kleinen in den Abb. 505/509 oder in Abb. 567 als **Satzendmoräne** zu sehen ist. Bei nur kurzem „Eishalt" bildete sich wie im Kleinen (Abb. 560) lediglich eine morphologisch unbedeutende Eisrandlage aus (Liedtke 1975, S. 42, 46, 22). Diejenige des weitesten Weichselvorstoßes in Schleswig-Holstein verläuft deshalb als auch im Gelände kaum erkennbarer flacher Rücken im Hintergrund von Abb. 562.

21. Pleistozäne Inlandeis-Glazialformen · Drumlin, Zungenbecken

Die morphostratigraphische Analyse in Abb. 563 zeigt die Abfolge von der Niedertaulandschaft des weitesten Weichselvorstoßes bis zu den unterschiedlich alten Vorstößen der kaum über 3 km breiten Eiszungen. Der dabei entstandene Stauchungsbereich der Hüttener Berge ist etwa 6 km lang. Vor allem in Jütland sind aber auch einzelne Schollen aufgepresst worden, dort als *hatformet bakke* (**Huthügel**) bezeichnet (Gripp 1965, Tafel 33).

Abb. 565 zeigt den Blick quer über ein größeres, unregelmäßig reliefiertes Zungenbecken auf den bewaldeten Rand des ihn umgebenden Endmoränenbogens. Die Wasserflächen gehören zu mehreren ebenfalls unregelmäßig begrenzten **Grundmoränenseen** (Liedtke 1975, S. 50; v. a. der Parsteiner See). Das Bild beherrscht einer von mehreren **Drumlins** (Abb. 552; Liedtke 1975, S. 20) – aufgenommen von einem von ihnen –, wie sie zum häufigen Formenschatz eines Zungenbeckens gehören, in dem das Eis nach dessen Erstanlage noch ein zweites Mal kurz vorgestoßen ist. Möglicherweise sind mit diesem Vorstoß die im Endmoränenbogen zu beobachtenden Stauchungen verbunden. Untypisch für diesen Stromlinienkörper ist, dass sein höchster Punkt, anders als in Abb. 552, nicht im Stoß-, sondern im Leebereich des von links vorgerückten Eises liegt. Da dieser und die anderen Drumlins aus einer Grundmoränendecke herausgefräst worden sind, muss zwischen ihnen gleichzeitig eine sehr bedeutende **Exaration** stattgefunden haben, deren Ausraum sich heute im Endmoränenbogen befindet. Die Oberfläche des Drumlins, dessen Kern theoretisch aus jeder Art von Glazialsediment bestehen kann, besteht aus der Grundmoräne des Eises, das ihn geformt hat. In diesem bildete sich im Holozän eine fruchtbare Braunerde, sodass der Drumlin bis auf seinen steilsten Bereich als Ackerland genutzt wird.

Drumlins sind in Altmoränenlandschaften (Liedtke 1975, Kartenbeilage) sehr selten. Fraglich ist, ob dies die Folge starker periglazialer Abtragung derartig hoher Körper war oder ob es sie dort nie gegeben hat, denn zahlreiche Endmoränenzüge, deren starkes Relief ursprünglich mit der Frische jungglazialer Formen erklärt wurde, wurden tatsächlich bereits oft in der *vorletzten* Eiszeit aufgebaut (meist durch Stauchung). Offenbar wurden sie bis zum Weichselhochglazial nicht periglazial nivelliert und dann von dem schnell vorrückenden und dabei im Regelfall – also anders als in Abb. 565 – nur wenig exarierenden Weichseleis lediglich mit einer dünnen Grundmoränendecke überzogen (Bussemer et al. 1993).

Dementsprechend hat auch das Glazialrelief der Lüneburger Heide (Abb. 566) die 60 000 Jahre weichselzeitlich-periglazialen Klimas wie hier im Gebiet des Wilseder Bergs (164 m) relativ gut überdauert. Es ist Teil eines komplizierten Systems von **Endmoränenbögen**, die dem Maximalvorstoß des jüngsten Abschnitts der Saale-Eiszeit, dem Warthestadium, zugeordnet werden (Liedtke 1975, S. 95). In einem dieser Höhenzüge wurden ebenfalls ältere Stauchungen mit tertiär- und elsterzeitlichen Sedimenten gefunden, die wiederum lediglich vom jüngsten Eis des vorletzten Glazials überfahren worden waren (Ehlers 1994, S. 191). Im Weichselglazial wurden die Moränen, anders als in Festgesteinen, kaum durch Solifluktion, sondern durch selektive Abspülung von Feinsand, Schluff und Ton abgetragen, also durch Abluation (Liedtke 1990). So entstanden die sanft konkaven Unterhänge und der ebene, aufgehöhte Beckenboden durch abluale, vor allem feinsandige Sedimentation an Stelle der tiefer liegenden Form, die wahrscheinlich als Zungenbecken entstanden war.

▲ Abb. 565: Drumlin in einer Jungmoräne, Toteissee; Choriner Eisrandlage, östliches Brandenburg.

▼ Abb. 566: Vermutliches Zungenbecken mit Endmoränenumrahmung im Altmoränengebiet; Totengrund, Wilseder Berg, Lüneburger Heide, Nord-Niedersachsen.

244   21. Pleistozäne Inlandeis-Glazialformen · Satzendmoräne, Geschiebe

▲ Abb. 567: Durch längerfristiges ortsfestes Abtauen des vorrückenden Inlandeises aufgebaute blockreiche Satzendmoräne, Salpausselkä-Eisrandlage, Südfinnland.

▶ Abb. 568: Glazialgeschiebe mit beim Eistransport abgeschliffener Bodenfläche, nördliches Brandenburg.

▼ Abb 569: Geschiebereiche Oberfläche einer spätweichselglazialen Endmoräne, Südfinnland.

Die sehr geschiebereiche **Satzendmoräne** in Abb. 567 gehört zum Salpausselkä-Stadium, die während des letzten Eisvorstoßes in der Jüngeren Dryas-Zeit (10 800 – 13 00 v. h.) in Südfinnland abgelagert wurde, als im bereits lange eisfreien Norddeutschland Rentiernomaden lebten (Ehlers 1994, S. 206). Bis zur Endmoränentypisierung durch K. Gripp (1938) nach seinen in Spitzbergen gemachten Beobachtungen waren allein solche teilweise noch dichteren **Blockpackungen** von Geschieben als Endmoränen angesprochen worden (Liedtke 1975, S. 20). Das polymikte, aus allen Korngrößen von etwa 10 % Ton zu tonnenschweren Blöcken bestehende Gefüge im Aufschluss entstand, während am wohl einige Jahrhunderte stationären Eisrand die an schaufelförmigen Transportbahnen aufgestiegene Untermoräne (Abb. 479, 485 ff.) ausschmolz und als Ablationsmoräne die steile Gletscherstirn herabfloss – und kollerte. Nach dem Zurückschmelzen des Eisrandes blieb ein auf der Innenseite steiler und nach außen, wie in Abb. 567, flacherer Hang im Übergang zum Sander. Durch bevorzugte Abspülung des Feinmaterials, die bis in die Gegenwart anhält, reicherten sich große Geschiebe, wie auch in Abb. 569, zusätzlich an der Oberfläche an.

Besonders die großen Geschiebe sind *kristallin*, weil sie weniger leicht als weichere Sedimentgesteine zerrieben werden konnten. Dass diese ortsfremden **Erratika** oder **Findlinge** in Norddeutschland nur aus Skandinavien stammen konnten, war schon Ende des 18. Jahrhunderts bekannt. Allerdings war dafür zuerst, analog zur biblischen Sintflut, eine gewaltige **Rollsteinflut** angenommen worden, bis 1802 das Austauen der Blöcke aus bei einem höheren Meeresspiegelstand südwärts gedrifteten Eisschollen beobachtet wurde, weshalb im Englischen für Grundmoräne neben *till* noch der Begriff *(glacial) drift* existiert (Sugden & John 1976, S. 214). Die Idee des Transports durch Inlandeis setzte sich in Deutschland erst nach dem noch mit dem Spott der Physiker bedachten Vortrag des Schweden O. Torell in Berlin am 2. Nov. 1875 über Gletscherschrammen auf dem Muschelkalk bei Rüdersdorf östlich Berlin und nach der 1877 gemachten Wiederentdeckung von Schrammen auf Porphyrkuppen bei Oschatz östlich von Leipzig (A. Penck 1879) durch, also mehr als 10 Jahre nachdem die Glazialtheorie in England und den USA, und über drei Jahrzehnte nachdem sie in der Schweiz akzeptiert worden war (Ehlers 1994, S. 1 ff.; Gellert 1975, Kaiser 1975, Liedtke 1975 S. 20).

Seitdem die Geologie Skandinaviens ausreichend bekannt war, konnten markante **Leitgeschiebe** ihren eng begrenzten Herkunftsgebieten zugeordnet werden (Hesemann 1975, zuerst 1939) – etwa unterschiedlichen Eisströmen und Eisrichtungsänderungen (Ehlers 1994, S. 43 ff.).

Abb. 568 zeigt zwei Geschiebe, die während des Eistransports beim Abschleifen des Untergrunds selbst einseitig flach geschliffen worden sind. Normal sind allerdings mehr oder weniger runde Formen, die durch

21. Pleistozäne Inlandeis-Glazialformen · Oser

Eistransport nicht erklärbar sind, besonders nicht nach nur kurzem Transportweg wie in Abb. 567. Am plausibelsten ist deren Erklärung als vom Eis aufgenommener, überformter **Kernsteine** (Abb. 100) der tertiärzeitlichen Intensivverwitterung, die ja bis in hohe Breiten wirksam gewesen war (S. 19). Dazu passen bis 20 % Kaolinitgehalt in der Tonfraktion von Altmoränen (Ehlers 1994, S. 51) oder dass Quarz (fast) nur in der Sandfraktion vorkommt (Ehlers 1994, S. 51, 48), was typisch ist bei der chemischen Verwitterung von Kristallingesteinen.

Die recht unregelmäßige Form der freigespülten großen Geschiebe auf einer mittelfinnischen Endmoräne könnte sowohl die Folge holozäner Frostverwitterung (Abb. 38) als auch die des mechanischen Herausbrechens (Detersion, Abb. 490) sein; auch der kurze Transportweg durch das Eis in einer nach zwei Eiszeiten schon bis auf das frische Gestein abgeschliffenen Umgebung (s. Abb. 535 f.) kommt infrage.

Zum Formenschatz des *stagnierenden* Eises hinter einer Endmoräne gehören schmale, gewundene und langgestreckte Rücken aus fluvial geschichtetem Sand und Kies, nach dem schwedischen Ås allgemein **Os** (pl. Oser) genannt (walisisch-englisch esker). Nach Liedtke (1975, S. 33 f.) entstanden sie *supraglazial* durch Sedimentation am Boden von in das Eis eingeschnittenen Schmelzwassertälern. Nach dem Abtauen der Talwände und des Eises unter ihnen sitzen sie als Formen der Reliefumkehr bei gleichbleibender Höhe in Norddeutschland 10 – 20 m und mit steilen Flanken auch hügeliger Grundmoräne auf. Beim schnellen spätglazialen Zerfall des Laurentischen Inlandeises in Kanada entstand so eine Vielzahl von bis über 400 km langen Eskern. Durch die fluviale Nachzeichnung von Radialspalten (s. Abb. 474) und somit auch parallel zu Gletscherschliffen, bilden sie die Richtung der letzten Eisbewegung nach (Ehlers 1994, S. 76 f., 86).

In Norddeutschland sind Oser dagegen nur kurz und selten, am häufigsten noch in Mecklenburg in der Eiszerfallslandschaft nördlich der Pommerschen Eisrandlage (Liedtke 1975, Abb. 10). Mit etwa 70 km Länge ist der altsaalezeitliche Münsterländer Kiessandzug noch der größte. Das spätweichselzeitliche kurze Os in den Abb. 570/571 besteht in typischer Weise aus beim Austauen gestörten Schmelzwassersanden. Das untypisch sanfte Querprofil dagegen entstand, als die Eistalfüllung noch einmal vom Eis überfahren wurde, was durch eine Grundmoränendecke belegt wird, die am linken Bildrand (Abb. 570) bis zur Kante abgeschoben ist.

Damit könnten die Sande dieses Os bereits in einem *Tunnel* im noch aktiven Eis, also *en-* oder *subglazial* akkumuliert worden sein – für Ehlers der

▲ Abb. 570: Beim Austauen einer Schmelzwassertalfüllung entstandenes Os, durch eine anschließende Eisüberfahrung abgeflacht; Jungmoränengebiet bei Heiligenhafen, Schleswig-Holstein.

◀ Abb. 571: Aufschluss in den Schmelzwassersanden des Os von Abb. 570.

Normalfall (1994, S. 76). Sehr wahrscheinlich in einem Eistunnel entstand das Os der Abb. 572/573, denn das Toteisloch in Abb. 573, als **Osgrube** oder -auge bezeichnet, ist am ehesten durch einen von der Tunneldecke herabgebrochenen und dann umflossenen Eisblock erklärbar (Reinke 2003). Die begleitenden und damit notwendigerweise in der Grundmoräne unter dem Eis gebildeten flachen **Osgräben** dürften als Ausgleichsformen entstanden sein, als im dauerfrostfreien, weichen Sediment unter dem Fluss zwischen ihnen die Grundmoräne durch Eisauflast von unten in den Osrücken eingepresst wurde. Ein derartiges **Aufpressungs-Os** – in Mecklenburg nicht selten (Liedtke 1975, Abb. 10) – muss auch unmittelbar am zerfallenden Eisrand geendet haben, denn jeder Abschnitt, der älteste im Süden, endet in einem subaerisch geschütteten Kegel (Delta) aus Schmelzwassersand (Abb. 572). Diese komplizierten Formen sind zwar auch Talfüllungen im Inlandeis, unterscheiden sich jedoch stark von den langen, bahndammförmigen Osern der spätglazialen Eiszerfallslandschaft in Skandinavien und vor allem in Kanada.

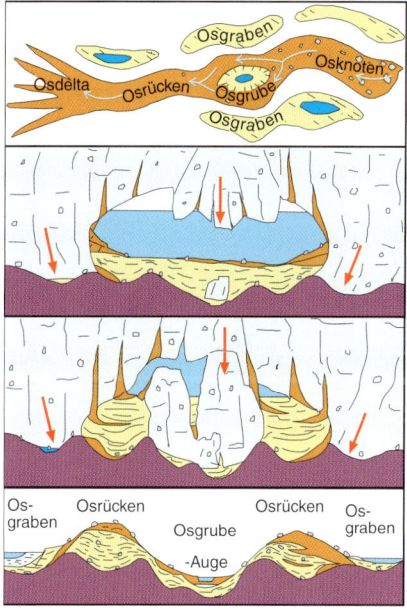

▲ Abb. 572: Genese eines gespaltenen Os; Erläuterung zu Abb. 573.

▶ Abb. 573: Osgrube innerhalb eines subglazial angelegten Oszugs; Rühlower Os östlich Neubrandenburg, Mecklenburg-Vorpommern.

21. Pleistozäne Inlandeis-Glazialformen · Subaquatisches Os, Kame

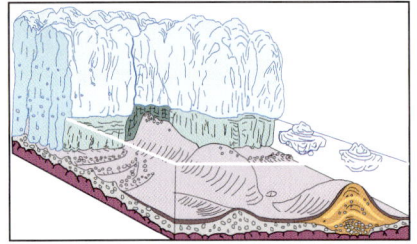

▲▲ Abb. 574: Subaquatisches Os, in einem Eisstausee an einer Tunnelmündung des Eisrandes sedimentiert; Eisstauseeboden bei Uppsala, Mittelschweden.

▲ Abb. 575: Genese subaquatischer Oser.

▶ Abb. 576: Genese eines Kame; Erläuterung zu Abb. 577.

▼ Abb. 577: Aufgeschnittene Flanke eines von Schmelzwassersanden zwischen Eisblöcken sedimentierten Kame; bei Padasjoki, Südfinnland.

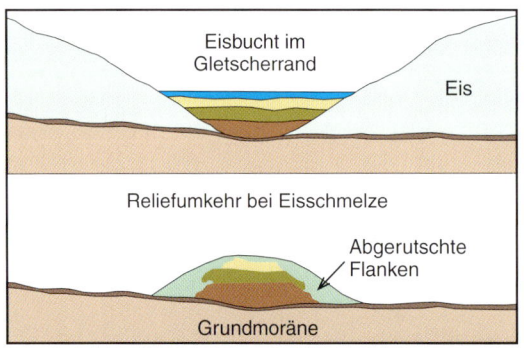

Im Gegensatz zu gewöhnlichen Osern, zu deren Merkmalen eine durchgängig gleiche relative Höhe gehört, besteht das **Os** in Abb. 574 aus einer Reihe von Kuppen, von denen einige allerdings vorgeschichtlich als Grabhügel verändert worden sind. Es liegt auf dem Boden eines großen spätglazialen Eisstausees und seine sandig-kiesigen Sedimente sind seitlich – links im Bild – mit dessen Bändertonen (Abb. 548, 583) verzahnt. Das Os muss also unter Wasser gebildet worden sein. Dieser aus Norddeutschland unbekannte Typ ist in Skandinavien mit seinen zahlreichen Eisstauseen immerhin so häufig, dass er als Modell in den National Atlas of Sweden (Fredén 1994, Bd. 12, S. 103) Eingang fand.

Ähnlich den Jahresabfolgen der Bändertone markiert die Abfolge von Hügeln eine zeitliche Abfolge im Rückschmelzen eines in einem Eisstausee endenden Gletschers (Abb. 527). Voraussetzung ist ein am Boden des Gletschers mündender Eistunnel, dessen ausströmendes Wasser im Kontakt mit dem stehenden des Sees abgebremst wurde und so seine Bodenfracht absetzte, ähnlich wie bei einem Delta (Abb. 294). Zur Zeit des stärksten sommerlichen Schmelzwasseranfalls bildete sich so vor der Tunnelmündung jeweils ein Sedimenthügel. Ebenfalls noch im Sommer muss dann aber der Eisrand durch Kalben (Abb. 527, 530) zurückverlegt worden sein, damit im kommenden Jahr, dem Eisrand folgend, ein weiterer Hügel aufgebaut werden konnte.

Die niedrigen Rippen quer zur Osflanke im Mittelgrund könnten Streifen von Grundmoräne sein, die seitlich des subaquatischen Gletschertors am Boden der aufschwimmenden oder von unten abgeschmolzenen Eisfront als **sublakustrine Moräne** abgelagert wurden (für größere derartige Formen s. Sudgen & John 1976, S. 249).

Auch Abb. 577 zeigt eine Form der Eiszerfallslandschaft im stagnierenden Eis, ein **Kame**. Erfasst ist die Kante eines sich nach rechts fortsetzenden Plateaus und links davon ein gestreckter Rutschhang in gut geschichteten glazifluvialen Sanden und Kiesen mit gestörter Randzone, hier durch abgerutschten Sand verhüllt. Die Schichten enden im Nichts, weil sie gegen einen Block des zerfallendes Eisrandes geschüttet wurden.

Der schottische Begriff *kaim* für Hügel wurde in der Schreibweise *kame* von Holmes (1947; Ehlers 1994, S. 88) umdefiniert. Abhängig vom Grundriss eisfreier Räume im zerfallenden Eis kommen Kames in allen möglichen Grundrissformen und Größen vor; in diesem Fall hier mit ebenem Plateau, wenn sie direkt auf bereits eisfreier Grundmoräne abgesetzt wurden, aber auch mit durch Sackungen unregelmäßig kuppiger Oberfläche, wenn sie auf erst langsam niedertauendem Toteis abgesetzt worden waren. Kames sind insofern eine durch Resteis gestörte Sonderform des Sanders (Abb. 523). In ihrer häufigen Verzahnung mit Grundmoräne und deren Toteisformen wird im Englischen von einer *kettle and kame-* oder *pitted outwash-*Topographie gesprochen (Sugden & John 1976, S. 333 ff.), wie in Südbayern im Gebiet der Osterseen (Topogr. Atlas Bayern 1998, s. Karte 120). Eine **Kame-Terrasse** entstand zwischen eisfreiem Gelände und einer Eiswand, wie subrezent in Abb. 517 an einer Seitenmoräne.

Für den Geologen Karl Gripp war „*Eiszeitgeologie … weitgehend erdgeschichtliche Auswertung der Oberflächenformen*", also morphographisch-formenbeschreibende Geomorphologie, wie sie etwa aus der

Höhenschichteneinfärbung topographischer Karten gewonnen werden kann (Gripp 1964, Karten 1,2 und Erläuterungen). Mehr noch als bei anderen Akkumulationsformen ist aber in Inlandeisgebieten für eine gesicherte Aussage zur Reliefgenese die Betrachtung des glazialsedimentären Untergrunds, also die glazialgeologische Perspektive eine unumgängliche Ergänzung, wie etwa zur Unterscheidung der beschriebenen Os-Typen (Abb. 570 ff.), oder auch in der angewandten Forschung, etwa bei Baugrundbeurteilungen. Das Kapitel endet deshalb mit einer Auswahl von **Aufschlussbildern,** deren genaue Ausdeutung natürlich durch Laboranalysen zu ergänzen wären (s. a. Eismann 2000).

Abb. 578 zeigt den Kontakt zwischen zwei **Grundmoränen**, die nicht durch ein warmzeitliches Sediment oder einen Paläoboden getrennt sind und so zwei Eisvorstöße innerhalb einer Eiszeit dokumentieren. Die untere Moräne ist hell durch einen hohen Anteil an heutigem Ostseeboden – wenig östlich – d. h. ausgeschürfter und deshalb auch erst wenig zerkleinerter Kreidepartikel und kann so als **Lokalmoräne** bezeichnet werden. Das weite Korngrößenspektrum des noch nicht warmzeitlich entkalkten und deshalb weichselzeitlichen **Geschiebemergels** (Abb. 568) mit einem Kristallingeschiebe und zwei schwarzen Feuersteingeschieben der Oberkreide mit ihrer typischen, bereits im Anstehenden gebildeten weißen **Hydratationsrinde** (s. Abb. 40, 46) sowie die chaotische Verteilung der groben Partikel sind typisch für eine **Ausschmelzmoräne** (Abb. 526, 556). Das durch anderes Lokalmaterial grau gefärbte, gleichmäßig feinkörnige Sediment ist dagegen eine unter dem bewegten Eis entstandene **Absetzmoräne** (Abb. 526, 556), die frei von Kies und Geschieben ist, weil diese, nach oben im Eis festgefroren, weiterbewegt wurden, während die feinen Partikel an der Eisbasis voll ausgetaut waren und horizontal plattig verdichtet übereinander abgesetzt wurden (Ehlers 1994, S. 35). Die Überkonsolidierung durch den Eisdruck von oben zeigt sich in der wandparallelen Absonderung des kompakten Sediments durch **Druckentlastung** (Abb. 41).

Das fließende Eis hat zuvor die untere Moräne glatt abgeschnitten. Das schmale Band darüber entstand ausweislich der darin enthaltenen und etwa horizontal eingeregelten Grobanteile als **Sohlmoräne** (Ehlers 1994, S. 39) aus dem erodierten Lokalmaterial der unteren Moräne, das noch nicht vollständig in die obere Untermoräne des Gletschers eingearbeitet worden war.

Abb. 579 zeigt unter der Decke sandiger Grundmoräne an der Tagfläche deren **Verzahnung** mit einem sandig-kiesigen Schmelzwassersediment. Die unregelmäßige Rostfleckigkeit, als unterste Profilteile einer postsaale-, also eemzeitlichen Bodenbildung entstanden, zeichnet eine Stauchung des unteren Moränenteils nach. An der Oberfläche, deren holozäne Bodendecke vor dem Sandabbau abgeschoben wurde, liegt noch ein Rest des letztglazial fast überall aus Glazialsedimenten periglazial durchgearbeiteten und deshalb schichtungslosen **Geschiebedecksandes** (Liedtke 1975, S. 47 f.). Da die obere Moräne das fluviale Sediment überlagert, muss es sich bei ihm um einen vom vorrückenden Eis aus verschwemmten **Vorschüttsand** handeln, der danach überfahren und von Grundmoräne überdeckt wurde.

In Abb. 580 dagegen überlagert ein wohl geschichteter glazifluvialer **Nachschüttsand** die saalezeitliche Grundmoräne. Die Anreicherung teils senkrecht stehender Steine unter der einstigen Oberfläche spricht für kryoturbates Aufwärtswandern (s. Abb. 448) bis hin zur Bildung einer Steinsohle. Ebenso sind der Sandeinschluss links und die Verwürgungen rechts Formen des Permafrosts und wurden vor einer leichten fluvialen Kappung und nachfolgender Akkumulation gebildet.

◀ Abb. 578: Geschiebe- und kreidereiche Grundmoräne unter einer dunkel-tonigen Grundmoräne, weichselzeitlich; Kliff am Brodtener Ufer, Schleswig-Holstein.

◀ Abb. 579: Übergang von ungeschichteter sandiger Satzendmoräne (links) in eine Sanderschüttung (rechts), saalezeitlich; Niederrhein, Norddeutschland.

◀ Abb. 580: Grundmoräne mit Steinsohle unter Schmelzwassersand, saalezeitlich; nördliches Niedersachsen.

▶ Abb. 581: Eisstauseeton zwischen saalezeitlichem Vorschüttsand (unten) und Grundmoräne; Leipziger Bucht, Sachsen.

▶ Abb. 582: Spätelsterzeitlicher Lauenburger Ton über glazifluvialem Sand; nördliches Niedersachsen.

▶ Abb. 583: Spätsaalezeitlicher Bänderton mit gut ausgebildeter Warvenschichtung; Leipziger Bucht, Sachsen.

Sediment fast horizontal im stehenden Wasser abgesetzt. Im zuerst noch gut durchlüfteten Sediment wurden die unteren Tonlagen und der oberste Kies rostbraun oxidiert. Darüber blieb der Bänderton (zur Genese s. Abb. 548) mit seinen farbgebenden organischen Anteilen schwarz. Nach oben geht die Schichtung bruchlos in das ungeschichtete braune Sediment einer feinkörnigen Absetzgrundmoräne (lodgement till) über, wie in Abb. 578 beschrieben.

Diese Abfolge von **Vorstoßbänderton** an der Basis jeder Grundmoräne ist typisch für die Elster- und Saalevereisung im sächsisch-thüringischen Raum (Eissmann 1975, 1994). Über den Schmelzwassersedimenten eines mit wahrscheinlich bis über 100 m pro Jahr schnell vorrückenden Gletschers bildeten sich zwischen Eisrand und dem nach Süden ansteigenden Mittelgebirgsrelief nur wenige Jahrzehnte bestehende **Eisstauseen**, wie die geringe Zahl ihrer Jahresschichten zeigt, die bald vom vorrückenden Eis überfahren wurden (Ehlers 1994, S. 84; Eissmann 1975, 1994).

Auch in Abb. 582 gibt es über einem feinkörnigen glazifluvialen Sand einen oxidierten Übergangsbereich. Die dünnen gröberen und daher hellen Tonlagen zwischen den dickeren und dunklen sprechen dafür, dass bei größerer Uferferne nur ein Bruchteil des sommerlichen Schmelzwassersediments bis hierher gelangte. Tonmächtigkeit und nicht eindeutiger Jahresrhythmus könnten die Folge von Salzwassereinfluss sein, denn bei konzentrierten elektrolytischen Verhältnissen flockt Ton leicht aus und bildet ein *symmiktes*, ungeschichtetes Sediment, das nur von gelegentlichem Schluffeintrag unterbrochen wird. Dafür spricht auch die an der Basis des hier gezeigten spätelsterzeitlichen **Lauenburger Tons** gefundene marine Fauna (Ehlers 1994, S. 128). Dessen hohe Gesamtmächtigkeit (bis 150 m) spricht für die Langlebigkeit spätglazialer Seen aus der Zeit des Eiszerfalls – auch des Weichselglazials (s. Abb. 547), entgegen denen der Vorstoßphase.

Abb. 583 zeigt einen eindeutig *diatakten* Warventon mit **Jahresschichten**. Die auch hier sichtbare, wenn auch geringere Dicke der Warven dürfte unterschiedliche Witterungsverläufe von Jahr zu Jahr wiedergeben, z.T. sehr dünne Lagen, so genannte **Tageswarven**, auch einzelne Wetterereignisse. Wie bei der Baumringdatierung (*Dendrochronologie*) erlauben aber gerade diese Unregelmäßigkeiten die Verknüpfung benachbarter Profile, wodurch die skandinavische Warvenchronologie vom Spätglazial bis heute überhaupt erst möglich wurde (s. Abb. 548; Liedtke 1975, S. 37; Ehlers 1994, S. 85).

Im Zentrum von Abb. 584 steht ein **Eiskeil**, sozusagen als Querschnitt zu den Eisspaltenpolygonen in Abb. 460, 463. Am Beginn seiner Bildung stand eine plötzliche Temperaturerniedrigung auf Permafrostbedingungen, die zur Kontraktion und dem Aufreißen des bindigen braunen Sediments aus kryo-

Von drei Aufschlüssen mit feinkörnigen, geschichteten **Staubeckenabsätzen** zeigt Abb. 581 zuunterst eine schräg geschichtete kiesige Schmelzwasserschüttung. Oberhalb einer Diskordanz – Beleg für eine Abtragungsphase – wurde ein dünn gebanktes toniges

turbat und fluvial umgelagerter Grundmoräne führte, die, wie in Abb. 579, diskordant auf einem Vorschüttsand liegt. Der auflagernde Kies ist periglazialfluvial abgelagert worden, da das Weichseleis Sachsen nicht erreicht hat. Mit seiner Füllung wurde der ausgetaute Eiskeil zu einer **Eiskeilpseudomorphose**. Der im älteren Sediment gebildete, als *epigenetisch* bezeichnete Eiskeil wuchs während der Kiessedimentation mit in die Höhe – an den steil eingeregelten Kiesen erkennbar – und geht in einen *syngenetischen* Eiskeil über (Ehlers 1994, S. 100 f.). Auf dem Kies wurden noch spätglazial Dellen erodiert (Abb. 235) und vom graubraunen Band eines frühholozänen Torfs überlagert (*s.* Abb. 604).

Das schichtungslose Sediment im unteren Teil von Abb. 585 ist eine sandige Grundmoräne, die bei erneuter Eisüberfahrung zerschert und deformiert wurde (Ehlers 1994, S. 24 f., *s.* Abb. 588). Eisenhaltiges Bodenwasser hat warmzeitlich mittels Eisenausfällung diese Flächen hellbraun nachgezeichnet. Erneut (weichsel-)kaltzeitlich führte die Deflation (*s.* Abb. 771 ff.) der feinen Korngrößen zur Anreicherung grober Partikel in einem linienhaft sichtbaren **Steinpflaster**, häufig mit Windkantern (Abb. 783 ff.). Auf ihr wurde im spätglazialen Periglazial in typischer Weise eine geringmächtige **Flugsanddecke** (Ehlers 1994, S. 119 ff.) abgelagert, deren Schichtung von selektivem Windschliff (Abb. 591 f.) nachgezeichnet worden ist.

Besonders in den Niederlanden und östlich davon auf den trockengefallenen Terrassenflächen der nicht mehr benutzten Urstromtäler (Ehlers 1994, S. 90 f.; Liedtke 1975, S. 27) wurden bei reichem Sandangebot von Westwinden in der mittleren/älteren Tundrenzeit (um 13 000 v. h.) statt oder auf Flugsanddecken auch bis 30 m hohe, nach Westen offene, langgezogene **Parabel**- oder kürzere **Bogendünen** aufgeweht (Liedtke 1975, S. 94 f.; Ehlers 1994, S. 119 ff.), die in der jüngeren Tundrenzeit, nach dem Alleröd-Interstadial vor etwa 12 000 Jahren, überprägt wurden. Die langgezogenen Parabeläste entstanden wohl, weil die unteren Randbereiche bereits von Vegetation festgelegt waren, während der höhere Zentralbereich weiter nach Osten verlagert wurde, teils bis zum völligen Durchbruch und der Bildung zweier paralleler Strichdünen. In Abb. 586 ist als Reaktion auf einzelne Starkwindereignisse in einzelnen, nach rechts einfallenden Lagen mit jeweils steiler Schrägschichtung ein solcher Dünenkörper aufgebaut worden. Darüber hat sich im Holozän ein kräftiger **Podsol** mit hellgrauem Bleichhorizont (Ae) und darunter folgender Eisenoxidanreicherung (Bs) entwickelt. Der humose, dunkle A-Horizont ist durch Entwaldung und Dünenreaktivierung in historischer Zeit abgetragen worden (*s.* Abb. 624 f.).

Auch die scharfe Obergrenze des weißfleckigen, kreidereichen **Geschiebemergels** in Abb. 587 ist die Folge einer Bodenbildung. Mit der Entkalkung

◁ Abb. 584: Von oben nach unten frühholozäner Torf über weichselzeitlichem Periglazialschotter, Eiskeil in elsterzeitlicher, durch Eisdruck und Kryoturbation gestörter Grundmoräne über einer frühelsterzeitlichen Terrasse; Leipziger Bucht, Sachsen.

◁ Abb. 585: Sandige Stauchmoräne (Saale) mit Steinsohle (Weichsel) unter spätglazialem Flugsand; westliches Münsterland, Nordrhein-Westfalen.

◁ Abb. 587: Eemzeitliche Umwandlung von kalkhaltigem *Geschiebemergel* zu verbrauntem, entkalkten *Geschiebelehm*; Altmoränengebiet südlich Hamburg.

◁ Abb. 586: Spätglazialer Dünensand mit holozäner Podsol-Bodenbildung; Aller-Urstomtal, nördliches Niedersachsen.

(*s.* Abb. 50) setzte eine tief greifende Verbraunung zu **Geschiebelehm** ein. Der Aufschluss liegt im vom Weichseleis nicht mehr erreichten Gebiet südlich der Elbe, ist also Warthe-Grundmoräne der vorletzten Eiszeit. Hier kaum erkennbar ist sein oberster Teil unter dem durch Bodenerosion gekappten rezenten Boden, der weichselzeitlich-kryoturbat gestört ist wie in Abb. 459 (aus demselben Gebiet). Der noch mit über 3 m Tiefe darunter erhaltene Boden ist also ein **Paläoboden**rest der vorletzten Warmzeit (Eem).

21. Pleistozäne Inlandeis-Glazialformen · Glazialtektonik

▶ Abb. 588: Durch Eisdruck in Kreideschichten eingeschuppte Grundmoräne; Insel Møn, Dänemark.

▼ Abb. 589: Faltung durch Eisdruck in jungtertiärem Seesediment mit Vulkanaschelagen; Nordjütland, Dänemark.

Bei einer rekonstruierten Geschwindigkeit des vorrückenden Inlandeises von bis über 100 m/Jahr und dem Druck eines Eisschildes, der selbst im Südteil der europäischen Inlandvereisung noch mehrere 100 m dick gewesen sein muss, konnte der überfahrene Untergrund offenbar auch unter dem Eis selbst und nicht nur im Zungenbereich von Stauchendmoränen (Abb. 562) **glazialtektonisch** deformiert, abgeschert und in großen Schollen verlagert werden (Ehlers 1994, S. 12, 14, 62; Sugden & John 1976, S. 232 ff.). Bei Festgestein war dies offenbar möglich, wenn Hochgebiete dem Eisstrom entgegenstanden, wie z. B. die durch Salztektonik aufgepresste Kreide auf Rügen oder – in Abb. 588 – auf der dänischen Ostseeinsel Møn. An dem holozän erodierten Kliff (Abb. 669) ist so ein Keil weichselzeitlicher Grundmoräne zwischen den Kreideschichten zu liegen gekommen, wobei sowohl die ursprünglich sicherlich nicht so unterschiedlich mächtige Grundmoräne als auch der auflagernde Fels vom Eis abgeschert und verschoben worden sein müssen.

Ebenso muss die wie das Ergebnis normaler Tektonik aussehende Falte mit der Abscherung in ihrem Scheitel durch Eisdruck erzeugt worden sein, denn deformiert wurde ein aus Kieselalgen bestehendes Seesediment (Diatomit) mit eingelagerten Aschebändern des jungtertiären Schonen-Vulkanismus, mehrere hundert Mio. Jahre nach der letzten Gebirgsbildung in dieser Region.

Die Schichtendeformation in Abb. 590 ereignete sich nahe des spätsaalezeitlichen Eisrands. In Fließrichtung des Eises sind ein Geschiebemergel und ein Schmelzwassersand abgeschert, im unteren Aufschlussteil steil verstellt und darüber schräg verschuppt worden. Als Gleitmaterial dürfte der Ton der Grundmoräne gedient haben, denn die horizontale Schichtung des Schmelzwassersands links unter der ersten Schuppe ist *in situ* erhalten geblieben. Das Sandpaket oben rechts ist fast unverformt nach links verschoben worden. Darüber hat das Eis eine alles kappende ebene Oberfläche hinterlassen, ebenso wie im großen Maßstab am Westrand des Oderbruchs, wo das saalezeitliche Eis Elster-Grundmoräne mit tertiäre Braunkohle in verschuppten Schollen schräg an die Oberfläche gedrückt hat, die von dort aus abgebaut werden konnte (Ehlers 1994, S. 60; s. a. die eindrucksvollen Bilder zur Glazialtektonik aus den mitteldeutschen Braunkohletagebauen bei Eismann (2000, S. 98 ff.).

▲ Abb. 590: Im Untergrund einer ebenen saalezeitlichen Grundmoränenfläche aufgeschuppte Moränen- und Schmelzwassersandschichten, Elbe-Weser-Dreieck, nördliches Niedersachsen.

◀ Abb. 591: Weichselzeitliche Faltung in Schmelzwassersanden und Grundmoräne; Südjütland.

21. Pleistozäne Inlandeis-Glazialformen · Glazialtektonik

Abb. 592: Liegende Eisdruckfalten in weichselzeitlichem Schmelzwassersand; nördliches Mecklenburg.

Abb. 593: Durch Eisdruck des jüngeren Saaleeises verpresstes Glazifluvial der älteren Saale (Drenthe); Leipziger Bucht, Sachsen.

Die Grundmoräne des Eises, das die Deformationen in Abb. 590 geschaffen hat, ist weichselzeitlichperiglazial abgetragen worden. Die damalige Eisbewegung kann jedoch aus der Einmessung der Deformationsrichtungen rekonstruiert werden. Bei der Verformung kann sogar die ursprüngliche Einregelungsrichtung plattiger Geschiebe (Abb. 578 Mitte) in einer Absetzmoräne (s. Abb. 526, 578) verändert worden sein (Ehlers 1994, S. 26).

In Abb. 591 sind weichselzeitliche Vorschüttsande unter dem vorrückenden Eis zu einer großen und – rechts davon – auch kleinen Falten verformt worden, auch hier ohne Spuren an der ebenen Landoberfläche. Bei der *plastischen* Deformation von Kies und Sand wurde die Schichtung in den einzelnen Paketen bewahrt, die durch Brüche *spröder* Deformation voneinander getrennt worden sind. Eine horizontale Verschiebung oberhalb der Falte nach rechts belegen die ausgewalzten isolierten Fetzen dunkelbrauner Grundmoräne, die kleine Falte in einer andersfarbigen Grundmoräne rechts davon und die sie umgebenden verdrehten Blöcke fluvialen Sediments.

Bei zuvor eisfreiem Vorland und dementsprechendem Permafrost ist, wie bei den Stauchendmoränen (Abb. 562 ff.), eine Deformation im *gefrorenen* Zustand vor der Gletscherzunge wahrscheinlich, wobei der Partikelverbund durch die Eisverkittung erhalten blieb. Ebenso könnten große, an der Basis eines kalten Inlandeisbereichs angefrorene Schollen abgerissen und verfrachtet worden sein. Dagegen wird die hohe Sedimentmobilität und starke Deformation wie die der extrem flachen liegenden Doppelfalte in Abb. 592 heute nach Befunden aus der Westantarktis durch Schmelzwasserdurchtränkung des *ungefrorenen* Untergrunds unter warmem Eis bei durch dessen Auflast bedingtem hohen **Porenwasserdruck** bei gleichzeitig fehlender Entwässerung erklärt. Das antarktische Beispiel zeigt, dass der auch als Ganzes unter dem Eis so bewegbare, **verformbare Untergrund** bis 10 m mächtig sein kann und so auch bei geringerer Bodenreibung die hohen Geschwindigkeiten des Inlandeises erklären würde (Ehlers 1994, S. 12 ff.; Boulton 1986).

In Abb. 592 ist bei der Deformation die ursprüngliche Schichtung des Schmelzwassersandes anscheinend weitgehend bewahrt worden. In Abb. 593 ist dagegen zwar der Materialzusammenhang einzelner Schichten bewahrt geblieben, diese sind aber unterschiedlich stark ausgewalzt worden. Daher stammt z. B. die wechselnde Dicke des dunklen, tonigen Bandes, aber auch die durch eisenschüssige Bänder nachgezeichnete Kleinverformung im Zentimeterbereich.

Wie in Abb. 592 hat auch in Abb. 594 selektive Auswehung die Schichtung eines Schmelzwassersandes sowie deren Versatz entlang etlicher Verwerfungen sichtbar gemacht. Dieses Modell einer komplizierten Grabenbruchtektonik (s. Abb. 13) entstand durch Abscherung beim Nachsacken über in der Tiefe austauendem **Toteis**, wobei zwischen den Bruchflächen die ursprüngliche Schichtung bewahrt blieb.

Abb. 594: Bruchtektonische Kleinformen in saalezeitlichem Schmelzwassersand durch Sackung über austauendem Toteis; Schichtennachzeichnung durch selektive Auswehung; Elbe-Weser-Dreieck, nördliches Niedersachsen.

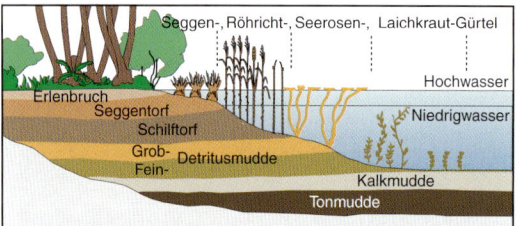

▲ Abb. 595: Biogene Verlandungszonen eines Sees; Allmindingen, Bornholm, Schweden.

▶ Abb. 596: Verlandung und Niedermoorbildung in einem See der Mittelbreiten (n. Overbeck 1975, Abb. 7).

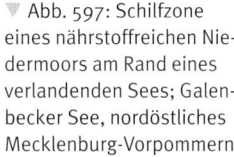

▼ Abb. 597: Schilfzone eines nährstoffreichen Niedermoors am Rand eines verlandenden Sees; Galenbecker See, nordöstliches Mecklenburg-Vorpommern.

Moore *(peatlands)* werden normalerweise in Geomorphologie-Lehrbüchern nicht behandelt. Als Torf und die ihn bildende Vegetationsdecke sind sie Forschungsgegenstand der Botanik, und der Torf selbst als Sonderfall einer warmzeitlichen Bodenbildung, die unter ständigem Wasserüberschuss und Sauerstoffmangel aus mehr oder weniger unvollständig zersetztem organischem Gewebe besteht, gehört als Bodentyp (**Histosol**) in die Bodenkunde. Geomorphologisch sind Moore wegen der durch ihr Wachstum geschaffenen Reliefveränderungen gleichwohl relevant. Durch *topogene*, an Grundwasseraustritte gebundene und damit relativ *primäre* **Niedermoore** (brit. *fen*, amer. *swamp*) sind Seebecken und Flusstäler der mittleren und nördlichen Breiten nacheiszeitlich meterhoch mit Torf verfüllt worden. Die allein von ausreichendem Niederschlag abhängigen und damit ombrogenen **Hoch-** oder **Regenmoore** [*(raised) bog*, brit. auch *moss*] haben entweder als Sekundärmoore oberhalb des Grundwasserspiegels die Gebiete von Niedermooren weiter aufgehöht oder sind als *wurzelechte* (Overbeck 1975, S. 56), primäre Hochmoore direkt auf Mineralboden aufgewachsen und haben die Oberfläche flach geneigter Hänge, auch über Wasserscheiden hinweg, höher gelegt.

Niedermoore können *azonal*, eben an hohe Grundwasserstände gebunden, überall und sogar in den Oasen von Wüstengebieten vorkommen, Hochmoore dagegen nur in Regionen mit starkem Niederschlagsüberschuss. Dies sind vor allem die subpolaren Regionen (bei relativ geringen Niederschlägen, aber auch nur geringer Verdunstung), ozeanisch geprägte Gebiete des Boreals und der Mittelbreiten und Gebiete in den immerfeuchten Tropen (Succow & Joosten 2001, Vorsatzblatt, für Europa S. 258 f.; Overbeck 1975, S. 162 f.).

Alle Niedermoore sind durch **Verlandung** eines relativ nährstoffreichen, eutrophen Gewässers entstanden. In Abb. 595 ist dies ein über ausgetautem Toteis (s. Abb. 557) entstandener See, in Abb. 597 das Zungenbecken im nördlichen Vorland der Rosenthaler Endmoräne (s. Abb. 566; Reinke & Löser 2000), in Abb. 599 die Senke zwischen zwei Strandwällen (Abb. 644). An allen Küsten sind Niedermoore in küstennahen Flusstälern zuerst durch die sich verschlechternden Abflussbedingungen während des postglazialen Meeresspiegelanstiegs als **Versumpfungsmoore** (Succow & Joosten 2000, S. 338 f.) entstanden. Jeweils an eine bestimmte Wassertiefe gebunden, wachsen unterschiedliche Pflanzengesellschaften *zentripetal* von den Seerändern zur Seemitte und höhen durch die im jahreszeitlichen Wechsel absterbende Vegetation den Seeboden auf, bis eine geschlossene Vegetationsdecke wie im linken Teil des Beckens von Abb. 599 entstanden ist. Dabei bleibt jede Pflanzengesellschaft jeweils nur eine begrenzte Zeit an einem Ort. Die dort ablaufende **Sukzession** zeigt sich später in dem Übereinander verschieden alter Torfe (Abb. 596).

Im nördlichen Mitteleuropa bildet den äußersten Gürtel ein Rasen von Armleuchteralgen *(Characeen)* auf dem Seeboden, gefolgt von Laichkraut- und anderen flutenden Pflanzen, bei denen lediglich die Blüten über der Wasseroberfläche erscheinen. Die folgenden, an und über der Wasseroberfläche wachsenden Gürtel zeigt Abb. 595: einen hier nur schmalen Schwimmblattgürtel aus Seerosen *(Nymphaea)*, im Vordergrund anschließend den Röhrichtgürtel, hier aus Schilf *(Phragmites)* bestehend, hinten links den Großseggengürtel aus Bulten bildenden *Carex*-Arten und im Übergang zum mineralischen Untergrund des Seeufers Weidengebüsch und ein an seinen weißen Stämmen erkennbarer Birkenbestand. In Mitteleuropa stünde hier ein Erlenbruchwald.

In Abb. 597 ist frühjahrsbedingt der Seerosengürtel vor dem breiten Schilfgürtel noch nicht aufgewachsen. Der Großseggengürtel fehlt vollständig, Weidengebüsch und Erlenbruch sind (fast) nur noch im Hintergrund vorhanden, denn dieses mit 9000 ha größte Niedermoorgebiet Deutschlands ist ab 1730 durch Entwässerung in das Grasland der Großen Friedländer Wiese umgewandelt worden. Zuvor war in dem Becken des spätglazialen Haff-Eisstausees, bedingt durch den Grundwasseranstieg der *Litorina*-Transgression der Ostsee, ab etwa 6000 v. Chr. ein **Verlandungsmoor** mit schrumpfendem See entstanden. Darüber wuchs dank der relativ nährstoffreichen Grundwässer von der südlich angrenzenden Endmoräne das Moor beschleunigt als Durchströmungsmoor bis zu einer Torfdeckenmächtigkeit von über 4 m auf. Die Verlandung des nur noch 1 m tiefen Restsees wurde durch Karpfen-Intensivhaltung und die damit verbundene Überdüngung seit 1965 stark beschleunigt. Als Folge der Entwässerung ist der Grünlandanteil des Moors stark *gesackt* und liegt örtlich heute bis 0,8 m unter dem mittleren Seespiegel.

Der breite Schotter-Talboden in Abb. 598, oberhalb des Beckens von Abb. 544, wurde zu einem Versumpfungsmoor umgewandelt, weil Biber den Fluss aufstauten, damit die Eingänge ihrer Burgen, von denen zwei als Astanhäufungen zu sehen sind, ständig unter Wasser liegen. Der dichte Auwald des einstigen Hochwasserbetts aus hochstämmigen Weiden (wie im Hintergrund) und der häufigsten Baumart des westkanadischen borealen Nadelwalds, der *Lodgepole Pine* (*Pinus contorta*, Bildmitte) starb durch Überflutung vollständig ab und an seiner Stelle entstand über geringmächtigem Niedermoor eine gras- und krautreiche Wiese. Zusammen mit den darin wachsenden strauchförmigen Weiden waren weite Futterflächen für Pflanzenfresser entstanden, deren Wildreichtum seinerzeit indianische Jäger anzog. Schott (1934) erkannte in diesen **Biberwiesen** ein wesentliches Element für die menschliche Erschließung – indianisch wie europäisch – des kanadischen borealen Nadelwalds. Vermutlich als Folge geringen Wildbesatzes durch die Nähe zu Banff sind auf der Biberwiese Kiefern erneut aufgewachsen.

Bei der Entwicklung von an größere Wassertiefen gebundenen Verlandungsmooren kann das dichte Wurzelgeflecht zu einem nach außen keilförmig ausdünnenden, schwimmenden **Schwingrasen** werden, der seine Höhenlage mit schwankendem Wasserspiegel verändert, in Abb. 599 als *floating bog* durch den Grundwasserrückstau als Folge der Gezeiten im angrenzenden Meeresarm. Die kleine Insel links in Abb. 595 könnte bei einem Sturm davon abgerissen worden sein. Nur im Stirnbereich wird das Moor allerdings über freiem Wasser schwimmen. Weitgehend wird sich darunter *Torfmudde* – wegen Lichtmangel ohne Algen – angesammelt haben, die bei kurzzeitig stark sinkendem Wasserspiegel zum freien Wasser hin ausgequetscht werden kann (Overbeck 1975, S. 645 f.).

Ähnlich wie in Mitteleuropa der Erlenbruchwald oder in Abb. 595 die Birken und Weiden rücken im Gefolge der Verlandung hier Kiefern und Weidengebüsch in den einstigen Seebereich vor. Die ursprüngliche Uferlinie eines verlandenden Sees ist auf diese Weise nur noch ungefähr zu erfassen.

▲ Abb. 598: Durch Biberdämme ausgelöste Verlandung mit Biberwiesenbildung; Bow River, kanadische Rocky Mountains, Alberta, Kanada.

▼ Abb. 599: Verlandung eines Sees mit Schwingrasenbildung *(floating bog)*; bei Anchorage, Alaska.

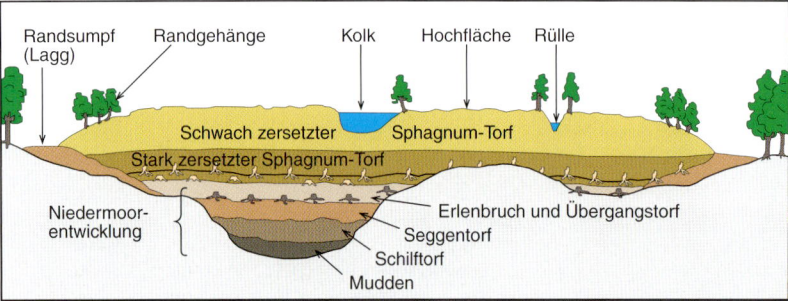

◄◄ Abb. 600: Ombrosoligenes Mittelgebirgshochmoor in Hanglage mit Fichtenbewuchs; Sonneberger Moor, Harz, Niedersachsen.

◄ Abb. 601: Modell eines echten Hochmoors (n. Overbeck 1975, Abb. 9).

▼ Abb. 602: Bohrkern: Übergang von spätglazial-mineralischer zu warmzeitlich-organischer Sedimentation zu Beginn einer Niedermoorbildung; Dosenmoor (Hochmoor), Schleswig-Holstein.

► Abb. 603: Torfmoos (Sphagnum) in einer Schlenke; Südfinnland.

Die **Hochmoorbildung** setzte im nördlichen Mitteleuropa erst etwa 1000 Jahre später als die der Niedermoore ein, als seit etwa 8000 Jahren v.h., mit dem Beginn der Mittleren Wärmezeit (Atlantikum), der jährliche Niederschlagsüberschuss für das starke Wachstum von Torfmoos- *(Spagnum-)*Polstern ausreichte, aber auch höhere Temperaturen bis in die Subarktis das bei heutigem Klima so nicht mögliche Torfwachstum der heutigen Dauerfrost-Polygonmoore mit ihren Pingos (Abb. 467) oder der Palsamoore (Abb. 464) ermöglichten (Overbeck 1975, S. 195 f.).

In Norddeutschland ist die ursprüngliche Oberfläche der Hochmoore mit ihrer namengebenden *uhrglasförmigen* Aufwölbung (Abb. 501) als Folge stärkerer Drainage und damit abnehmenden Torfmooswachstums von der Mitte zum Rand (Abb. 601) nach über 100 Jahren intensiven Torfabbaus nirgends mehr vorhanden (Jäger 1994, S. 54 f.). Die Vielfalt intakter Hochmoore zeigt der Farbbildteil in Succow & Joosten (2001, S. 265 ff.). Relativ unverändert ist noch das **Mittelgebirgsmoor** im Harz von Abb. 600, zwar südlich der **ombrogenen Moorregion** (Overbeck 1975, S. 238 ff., 337 ff.), aber bei bis 1500 mm jährlichem Stauniederschlag in einer Hanglage zwischen 822 und 760 m Höhe seit etwa 3600 Jahren in 1,2 km Länge 4 – 5 m hoch aufgewachsen.

Wegen des Nährstoffeintrags mit dem Wasser vom Oberhang ist es ein **ombro-soligenes** Moor. Das Bild zeigt den Übergang vom mehr niedermoorartigen höheren Teil mit den weißen Punkten des Wollgrases und vor allem durch Gras, Seggen und Binsen aufgebauten Bülten zum nährstoffarmen *Sphagnum*-Hochmoor. Vom etwas höheren Nährstoffgehalt, heute verstärkt durch den anthropogen verursachten Stickstoffgehalt der Niederschläge, lebt der lockere Fichtenbewuchs. Die Wasserfläche im Vordergrund ist ein für **Hangmoore** typischer Einsturztrichter im Torf über einer Abflussbahn unter dem Moor (Overbeck 1975, S. 332, 338).

Der Bohrkern in Abb. 602 zeigt im Farbwechsel von grau zu schwarz den Übergang von späteiszeitlich noch rein mineralischer Sedimentation in einer Toteissenke zu der von organischer **Mudde** in einem bei zunehmender Erwärmung stark belebten See. Die darüber folgende Niedermoorsedimentation von Schilf- und Seggen- zu Bruchwaldtorf und der Übergang zum nur noch direkt niederschlagsabhängigen Hochmoortorf ist im unteren Teil des Lackprofils von Abb. 605, über der dortigen Muddeschicht, an den unvollständig humifizierten Makropflanzenresten nachzuweisen.

Die Oberfläche eines lebenden Hochmoors besteht meist aus einem kleinräumigen Mosaik im Meterbereich von allein mit Torfmoos *(Sphagnum)* bewachsenen **Schlenken** im Niveau des Moorgrundwasserspiegels (Abb. 603) und einige dm höheren trockeneren Bulten aus einer anderen *Sphagnum*-Art zusammen mit Kleinsträuchern wie Heidekraut oder Rauschbeere, aber auch Wollgras und Blattmoosen. Das *Sphagnum* kann bis 30 cm/Jahr aufwachsen, während seine unteren Teile gleichzeitig im sauerstoffarmen Moorgrundwasser unvollständig humifiziert zu Torf werden (Overbeck 1975, S. 58).

Die verbreitete Vorstellung, dass in einem **Regenerationszyklus** das *Sphagnum* der besser wasserversorgten Schlenken über die angrenzenden Bulten wachse und oberhalb dieser durch Vernässung eine neue Schlenke entstände, hat sich nicht bestätigt. Torfaufschlüsse wie jener in Abb. 604 zeigen, dass stattdessen – hier durch die hellen Bänder verstärkter

22. Moore · Hochmoor, Torfabbau

Abb. 604: Torfprofil mit Rekurrenzflächen eines trockengelegten Moors nach der Entfernung der Weißtorfdecke; Ahlenmoor, nördliches Niedersachsen.

oberflächlicher Torfzersetzung nachgezeichnet – Bulten und Schlenken über Jahrhunderte in gleichbleibender Position mit unterschiedlichen *Sphagnum*-Arten etwa gleich schnell in die Höhe gewachsen sind (Overbeck 1975, S. 298 ff., S. 593 ff., 598). In diesen als **Rekurrenzflächen** bezeichneten Bändern mit dazwischenliegendem so genanntem **Brauntorf** sind Trockenperioden aus der Übergangszeit von der älteren **Schwarztorf**- zur jüngeren **Weißtorfbildung** vor etwa 2 500 Jahren registriert. Es war ein Wechsel von einer Torfbildung bei höheren Temperaturen, aber teils schlechterer Wasserversorgung und damit besserer Durchlüftung und stärkerer Humifizierung zur nachwärmezeitlichen Vertorfung unter kühleren, aber feuchteren Bedingungen mit verschlechterter Zersetzung. Dieser klimatische Übergang ist aber, abhängig von lokalhydrologischen Unterschieden, selbst innerhalb eines Moores nur selten in einem einzigen **Grenzhorizont** markiert (Overbeck 1975, S. 593 ff.).

Bis nach dem Zweiten Weltkrieg wurde vor allem der dichte Schwarztorf als Brennmaterial abgebaut, seither aber der in Gärten verwendete Weißtorf, wodurch der Übergang zum Schwarztorf in Abb. 604 erhalten blieb und auch der Abbau in Abb. 597 nur bis auf den **Schwarztorf-Weißtorf-Kontakt** geht. Die heute maschinell gestochenen Torfsoden müssen vor der Verarbeitung mehrere Monate aufgeschichtet trocknen, wobei sie auf ⅓, bei Schwarztorf auf ⅕ des ursprünglichen Volumens schrumpfen. Die Bruchfläche eines Soden in Abb. 506 zeigt in der Matrix aus den Schüppchen und Stielen des Torfmooses gut erhaltene Wurzelreste von Wollgras.

Wegen seiner stärkeren Humifizierung wuchs der Schwarztorf nur wenige cm pro Jahrhundert auf, der raschwüchsige Weißtorf bei außerdem geringerer Zersetzung dagegen bis zu 18 cm/Jh. (Overbeck 1975, S. 611 ff.), bei einem Substanzverlust zwischen 51 % für Weiß- und 81 % für Schwarztorf (S. 106). Die Stelen in Abb. 608 zeigen, wie stark typischerweise die so entstandene Hochmooroberfläche in 140 Jahren durch **Sackung** als Folge von Entwässerung und damit beschleunigter Oxidation zu CO_2 und N (Succow & Joosten 2001, S. 47 ff.), vor allem aber durch den Torfabbau selbst erniedrigt worden ist.

Abb. 605: Lackabzug eines Hochmoortorfprofils; Moormuseum Elisabethfehn, Ostfriesland.

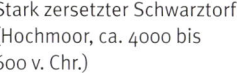

Stark zersetzter Schwarztorf (Hochmoor, ca. 4000 bis 600 v. Chr.)

Wollgrastorf (Übergangsmoor) ca. 5500 v. Chr.

Bruchwaldtorf (Ende Niedermoorbildung)

Schilf-/Seggentorf ca. 7000 v Chr.

Mudde ca. 10 000 v. Chr.

Geschiebedecksand, spätglazial

Abb. 606: Trockenes Torfstück mit Wollgrasresten (Weißtorf); Ahlenmoor, nördliches Niedersachsen.

◂◂ Abb. 607: Zur Trocknung aufgeschichtete Weißtorfsoden nach Abtorfung bis zur Schwarztorfobergrenze; Dümmer.

▾ Abb. 608: Höhenveränderung durch holozänes Hochmoorwachstum und rezente Entwässerung und Abtorfung; Moormuseum Elisabethfehn, Ostfriesland.

23. Quasinatürliche Reliefveränderung · Flächenhafter Bodenabtrag

Abb. 609: Typisch dichtes Netz von Viehgangeln von Ziegen und Schafen, in semiaridem Kerbtalrelief; südliches Zagros-Gebirge, Iran.

In den letzten Jahrtausenden ist besonders in den zunehmend dichter besiedelten Gebieten der Erde der Mensch der wichtigste Faktor der Morphodynamik geworden. Die *beabsichtigten* Reliefveränderungen zur Anpassung der Umwelt an die eigenen Bedürfnisse, etwa durch die Anlage von Siedlungen und Verkehrswegen, die Umgestaltung von Hängen und Flächen durch Ackerterrassen, die Veränderung von Flüssen durch Begradigung und Dämme oder von Küstenlinien durch Deiche sollen hier jedoch nicht dargestellt werden, sondern nur einige jener *unbeabsichtigten* Veränderungen, die sich vor allem durch weitflächige Zerstörung der ursprünglichen, die Abtragung hemmenden Vegetationsdecke ergeben, in der Terminologie Rohdenburgs (1970, 1971, S. 65 ff.) die Auslösung morphodynamischer Instabilität in einer Stabilitätszeit.

Der Gesamtkomplex menschlicher Umweltveränderungen für Mitteleuropa – nicht allein des Reliefs – ist bei Jäger (1994) dargestellt. Der geomorphologische Aspekt bildet als *„Environmental Geomorphology"* das Abschlusskapitel des Lehrbuchs von Garner (1994, S. 677 ff.). Speziell mit der anthropogenen – durch den Menschen verursachten – *Aufschüttung* von Flusstiefländern im Mediterranraum am Beispiel des Alpheios bei Olympia auf dem griechischen Peloponnes endet jenes von Büdel (1977, S. 259 ff.). Er hält sie für noch wichtiger als die Abtragungsschäden in den Gebirgen, weil die korrelate, sich daraus ergebende *beschleunigte* Sedimentation auch zu einem beschleunigten Vorwachsen der anschließenden Küsten geführt hat, was in Europa am ausgeprägtesten im oberitalienischen Po-Delta zu beobachten ist.

In den Trockengebieten der Erde, die nach Einschätzung des United Nations Environment Programme (UNEP) 47,2 % des Festlands umfassen, bilden vor allem die unbeabsichtigten Eingriffe in das Relief ein wesentliches Element der **Desertifikation**, des „Wüst*machens*" durch den wirtschaftenden Menschen in einer durch ihre starken Niederschlagsschwankungen ohnehin besonders veränderungsanfälligen Umwelt (Mensching 1990; World Atlas of Desertification 1997).

Die unbeabsichtigten Eingriffe des Menschen in die Reliefbildung wirken sich generell in einer starken Zunahme der Abtragungsgeschwindigkeiten, aber auch in der Schaffung eines eigenen Formenschatzes aus, der in manchen Aspekten dem natürlichen der Trockengebiete entspricht. Nachdem in den USA bei dem schnellen Vorrücken der Frontier, der europäischen Siedlungs- und Landwirtschaftsgrenze nach Westen, verbunden mit Waldrodung und dann vor allem dem Umbrechen des Graslands der Inneren Ebenen, verheerende Abtragungsschäden aufgetreten waren (*dust bowl*: Middleton & Thomas 1997, S. 149 ff.), wurde dafür der Begriff „soil erosion" eingeführt (Bennett 1931; Blume 1971, S. 91 ff.). Er wird, meist in landessprachlicher Übersetzung wie „**Bodenerosion**" (Richter 1998), mittlerweile weltweit verwendet. Entsprechend dem englischen Sprachgebrauch umfasst erosion allerdings sowohl linien- als auch flächenhafte Abtragung und die Abtragung von soil umfasst natürlich nicht allein den Boden, sondern auch unterlagernde Verwitterungs- und Lockersedimentdecken, weshalb Louis & Fischer (1979, S. 106) lieber von „Abtragungsbeschleunigung durch den Menschen" (*accelerated erosion,* Louis & Fischer 1979, S. 106) sprechen.

Ein wesentliches Kennzeichen der Bodenerosion ist es, dass die *beschleunigten* Prozesse zwar durch den Menschen ausgelöst werden, dann aber wie natürliche Prozesse in einer anderen Umwelt ablaufen. Deshalb führte Mortensen (1954/55) den Begriff „**quasinatürliche Oberflächenformung**" ein, der auch die Reliefveränderungen durch die korrelaten Sedimente der Bodenerosion umfasst.

Wie im Kerbtalrelief von Abb. 609 kann sie durchaus unspektakulär sein. Am Anfang stand die vollständige Entwaldung der Hänge zugunsten einer

23. Quasinatürliche Reliefveränderung · Flächenhafter Bodenabtrag

Gras- und Krautvegetation als Schaf- und Ziegenweide. Verbunden war sie mit einer fast vollständigen flächenhaften Abtragung der Bodendecke, sodass die stark überweidete Vegetation an vielen Stellen unmittelbar auf dem Substrat der weichen miozänen Gipsschichten wächst. Die nur kleinen strauchbestandenen Flächen im Taltiefsten zeigen, dass der größte Teil des abgeschwemmten Bodens erst außerhalb des Bildes im Haupttal abgelagert wurde. Die Gesamtheit dieser Veränderungen als Schritte zur Desertifikation wird heute mit dem ebenfalls aus dem Englischen übernommenen Begriff der **Land-Degradation** (Kempf 1994) umrissen.

Da vermutlich höchstens Touristen sich in Hängen in Gefällsrichtung bewegen, besteht das typischerweise durch häufigen Weidegang entstandene Muster aus den flachen Rhomben der sich verschneidenden, nur schräg zum Hang verlaufenden Tierpfaden. Im weichen Untergrund, besonders wohl nach Durchfeuchtung, ist so entlang der Trittspuren oder **Viehgangeln** der vom Wurzelfilz zusammengehaltene Restboden ein wenig hangabwärts verpresst worden und bildet so eine Vielzahl kleiner Stufen am Hang. Bei Regen hemmen diese offenbar erfolgreich den Abfluss, sodass weder Wasserrisse oder Gullies wie etwa in Abb. 620 entstanden sind, noch frisches Kolluvium entlang der Tiefenlinie erkennbar ist.

In Abb. 610 wird die ebenfalls fehlende lineare Zerschneidung vor allem durch das Steinpflaster unterbunden, das selbst am Unterhang nicht von Kolluvium überdeckt wird. Besonders links des einzigen noch verbliebenen großen Baumes am Mittelhang stammen die Steine weitgehend aus den durch starken Weidegang fast vollständig zerstörten Feldsteinmauern der rechts noch besser erhaltenen Ackerterrassen mit ihren Nutzbaumrelikten, die noch bis vor wenigen Jahrzehnten vom im Boden zurückgehaltenen Niederschlagswasser ausreichend versorgt werden konnten. Die schützende Steinanreicherung bis zu einer anthropogenen Hamada (*s.* Abb. 167) ging allerdings einher mit einer so weitgehenden Ausspülung der feinen, wasserhaltenden Korngrößen, dass – verbunden mit der starken Überweidung – hier keine perennierende Gras- und Krautdecke mehr existiert.

Die Steine für die Mauern stammten ebenso wie die des Steinpflasters in Abb. 611 aus der Frostschuttdecke, die in über 2000 m Meereshöhe in der letztglazialen Kaltzeit entstanden war. Der holozän gebildete braune Waldboden ist zusammen mit der Kraut- und Strauchschicht vollständig verschwunden. Mit abnehmender Nutzungsintensität ist dennoch eine Verjüngung des im benachbarten Gebiet von Abb. 64 bereits vollständig vernichteten Zedernbestandes möglich (dünne Stämme rechts), und links vorne können sich trotz starken Viehverbisses erste Rasenpolster als Beginn einer neuen Bodenentwicklung halten.

▲ Abb. 610: Aufgegebene Ackerterrassen auf einem von Ziegen und Schafen intensiv beweideten Hang in semiaridem Klima; Anti-Atlas, Südmarokko.

▼ Abb. 611: Vollständiger Bodenabtrag im Zedernwald durch Überweidung und Abspülung, bis auf den pleistozänen Kalk-Frostschutt; Mittlerer Atlas, Südmarokko.

23. Quasinatürliche Reliefveränderung · Móhella-Erosion, Island

▲▲ Abb. 612: Flächenhafte Abtragung von Rasen und Lössdecke (Móhella) durch Schaf-Überweidung; Südisland.

▲ Abb. 613: Abtragung der holozänen Móhelladecke bis auf den unterlagernden Frostschutt; Südisland.

▼ Abb. 614: Hohlkehle in Móhella, durch Wind und dort Wetterschutz suchende Schafe erodiert; Südisland. Die schwarzen Bänder markieren die für Lössdatierung geeignete Lagen vulkanischer Asche.

Bei der geringen Neubildungsrate von Böden oder des Substrats, aus dem sie sich entwickeln, wird durch Bodenerosion eine im menschlichen Zeitrahmen nicht erneuerbare Ressource zerstört. In Island ist das Substrat arktischer Braunerde die lössartige **Móhella**, ein Sand- oder Moldlöss, der als Ergebnis nacheiszeitlicher Frostverwitterung, Auswehung aus Schmelzwassersedimenten, der Korrasion von Palagonit (Abb. 799) und der äolischen Umlagerung von Vulkanaschen seit etwa 5000 Jahren die ganze Insel überdeckt hatte (Venske 1986, S. 189). Seit der norwegischen Landnahme im 9. Jahrhundert haben die Rodung des niedrigen Birkenwaldes und die Überweidung durch Schafe zu oft vollständigem Bodenabtrag geführt, was durch die starke Zunahme der Schafzucht nach dem 2. Weltkrieg (Thorarinsson 1962) noch beschleunigt wurde. Die Abtragung geschieht vor allem durch Deflation (Abb. 771 ff.) und Schneeschmelzerosion (Richter 1998, S. 43 ff.).

Die relativ große Mächtigkeit der Móhella von teilweise über 1 m unter der Weidegrasnarbe in Abb. 612 ist selbst schon das Ergebnis älterer Bodenerosion. In ihren oberen Lagen ist sie das korrelate äolische Sediment der Móhella-Erosion in der näheren Umgebung. Die Aufhöhungsrate ergibt sich aus der **Tephrochonologie**, d. h. der Zuordnung von meist dunklen Aschenlagen im Löss zu bestimmten, zeitlich fassbaren Eruptionen isländischer Vulkane (Abb. 614) sowie dem äolischen Eintrag in die isländischen Moore. Dabei zeigte sich, dass der jährliche Zuwachs von rund 0,05 bis über 1 mm in historischer Zeit vier bis fünf Mal höher liegt als vor der Besiedlung (Thorarinsson 1962, S. 107 ff.), bei nach oben im Profil zunehmender Korngröße von Schluff zu Fein- und sogar Grobsand.

Die noch am wenigsten zerstörten Bereiche in Abb. 612 sind durch sich seitlich ausweitende Wasserrisse *(gullies)* in Gefällsrichtung zerschnitten worden. Danach haben Winderosion direkt an der Kante der als **rofbard** bezeichneten Móhella-Reste und flächenhafte Abspülung zur Freilegung der vormals durch den Löss ausgeglichenen endglazialen Grundmoränen- und Felsoberflächen geführt. Bei weitflächig vollständiger Abtragung wie im inneren Hochland entsteht so, wie in Abb. 524 oder 525, der Eindruck einer natürlichen **Kältewüste** (Schunke 1979, Venzke 1984). Um 1972 betrug der jährliche Verlust an Weidefläche 20 km²/Jahr (Venzke 1984, S. 332) und nahm in den folgenden Jahren bis zum Greifen von Kontrollmaßnahmen noch weiter zu.

Zur Zeit einer noch geschlossenen Vegetationsdecke konnte der Staubniederschlag auch an steilen Hängen wie in Abb. 613 festgehalten werden. Im Vordergrund ist die Móhella schon vor längerer Zeit bis auf die nach der Entgletscherung zu scharfkantigem Frostschutt (Abb. 38 u. a.) verwitterte letztglaziale Grundmoräne (Abb. 485, 534) abgetragen worden. Seither sind Bodenreste durch Abspülung und Solifluktion in einer neu entstandenen, etwa 50 cm hohen, von einer Zwergweide durchwurzelten Stufe der gebundenen Solifluktion (Abb. 439) festgehalten worden. Auf deren langsame Verlagerung weisen die freigespülten, ausgelängten Wurzeln hin (Abb. 434). Auf der Flussterrassenfläche im Hintergrund ist die Móhella-Decke bereits vollständig abgetragen worden.

Die typische Hohlkehle des *rofbard* unter dem Wurzelfilz der Vegetationsdecke zeigt Abb. 614 aus der Nähe. Sie wird nicht nur durch Deflation geschaffen, sondern auch durch das Abscheuern des wenig verfestigten Sediments durch Schafe, die dort Schutz vor Wind und Regen suchen. Die im Unterschied zu den Lössen der Mittelbreiten (Abb. 766 ff.) – wegen des rein vulkanischen Ursprungs von Island – quarz- und kalkfreie Móhella ist wegen kürzerer äolischer

23. Quasinatürliche Reliefveränderung · Gullyanfang, Erdpyramiden

Transportwege recht grob, mit nur ca. 30 % Schluff (gegenüber 65 – 80 % in Mitteleuropa) und fast 60 % Sand, trocknet schnell aus und ist damit leicht erodierbar (Venzke 1986, S. 189). Lediglich die unterschiedlich mächtigen Aschenbänder einzelner Eruptionen erhöhen die Bindigkeit.

Bodenerosion ist ein an *Feinmaterial* gebundener Prozess (Rohdenburg 1971, S. 70). Seine auffälligste Erscheinungsform sind **Wasserrisse** (*gullies,* auch deutsch; Louis & Fischer 1979, S. 173, 279; Ahnert 2003, S. 152 f.), die an Stufen und bei geeignetem Substrat in wenigen Jahrzehnten Zehner Meter tief eingeschnitten werden können (vermutlich so in den Abb. 243 und 245). Das überschaubare Beispiel in Abb. 615, eingestellt auf ein Regenwassersammelbecken, ist in einem standfesten fluvialen Lockersediment nach vollständiger Vernichtung der Savannenvegetation durch Abholzung und Überweidung durch Ziegen und Schafe entstanden. Bei einem Starkregen ist hier nach Überschreiten eines Schwellenwerts der Übergang von flächenhafter Abspülung auf der durch Viehtritt verdichteten Oberfläche zu linearer Zerschneidung bei etwas höherer Wassertiefe in einer flachen Senke erfolgt, in der einzelne Wasserfäden zu einem dendritischen Gerinnenetz (u. a. Abb. 196) zusammengelaufen sind.

Die Linearerosion setzte dicht an der Beckenkante ein. Das sich dabei schnell vergrößernde Gefälle des Einschnitts führte selbstverstärkend zu höherer Fließgeschwindigkeit und damit schneller **rückschreitender Erosion,** wie sie bei der Flut in Abb. 260, vermutlich in mehreren, an härtere Sedimentlagen gebundenen, hintereinander herlaufenden Stufen erfolgt sein dürfte. Deren oberste bildet sich in der für Gullies typischen Weise als **Kerben-** oder **Tilkensprung** aus (westfälischer Begriff, s. a. Brunotte et al. 1994, S. 69 ff.). Jede Kopfstufe (*gully-head scarp*) dieses jetzt eingetieften dendritischen Systems greift bei jedem Regen unabhängig vom Vorfluter mit einer oft übersteilten Rückwand weiter in die Fläche ein, vor allem durch Unterspülung im Tosbecken (*plunge pool,* Abb. 74) eines kleinen Wasserfalls. Wie schnell das geschieht, zeigt der in wenigen Minuten bei ablaufendem Wassers im Watt entstandene Gully in Abb. 283. Bei zeitweilig starkem **Interflow** (Abb. 79, 245) kann das Gullywachstum auch durch das Einbrechen von *Piping-Röhren* (Abb. 245, 246) verstärkt werden.

In Abb. 616 sind die beiden sich überschneidenden Anfänge eines Gully (*gully heads*) in der Krümmung eines Grabens parallel zur Piste entstanden, und zwar in einer Kombination von seitlicher Erosion und Wasserzufuhr von der verdichteten Oberfläche des Fahrwegs. Bei anschließender vollständiger Durchfeuchtung und bei wegen der Unterschneidung fehlendem Widerlager sind zwei kleine **Rotationsrutschungen** (Abb. 378 f.) mit typisch bogenförmiger Abrissnische abgeglitten, dabei selbst in zahlreiche abkippende Blöcke zerfallen und anschließend bereits teilweise wieder durch fluviale Erosion ausgeräumt worden. Ohne Eingriffe wird hier nach wenigen weiteren Regen die Straße durchschnitten sein.

Der bei jedem Regen auf ungeschützten Feinmaterialoberflächen auftretende flächenhafte Bodenauftrag fällt normalerweise nicht ins Auge. In Abb. 617, an einer Straßenböschung in sandigem Sediment, ist bei einem kurzen Platzregen, der nicht zu völliger Durchfeuchtung und damit breiigem Zerfließen führte, das Feinmaterial unter einzelnen vor dem Aufprall der Regentropfen (Abb. 233) schützenden Steinchen erhalten geblieben. Die Miniatur-**Erdpyramiden** (Abb. 545) belegen so einen insgesamt flächenhaften Abtrag von mehreren Zentimetern.

▲ Abb. 615: Bei Oberflächenabspülung durch rückschreitende Erosion wachsender Gully (Wasserriss) in einer kahl abgeweideten Fläche; Nordnamibia.

▲▲ Abb. 616: Rückschreitende Erosion durch Unterspülung und Schollenrutschen an einem Gullyanfang (Kerbensprung); Nordiran.

▼ Abb. 617: Kleine Erdpyramiden unter schützenden Steinen, deren Höhe die Abspülung bei einem einzigen Starkregen anzeigt; Piedmont, Südgeorgia, USA.

▲ Abb. 618: Großer Gully mit Rutschungen in zuvor von den Hängen abgespültem Boden (Kolluvium); Drakensberge, Südafrika.

▼ Abb. 619: Gealterter Gully in einem Eukalyptusbestand; Südaustralien.

Der große **Gully** in Abb. 618 ist nicht, wie häufig und wie in Abb. 615, aus einer kleinen Unregelmäßigkeit innerhalb einer landwirtschaftlich übernutzten Fläche entstanden, sondern durch die Reaktivierung eines alt angelegten Tales. Dessen ursprüngliche Form war in kristallinem Fels angelegt, im Oberlauf als breite Mulde, erkennbar an den grau erscheinenden, freiliegenden Felsbereichen unter einer nur dünnen Boden- und überweideten Grasdecke. Dann wandelte es sich wahrscheinlich in ein breites Sohlenkerbtal, das in einer nächsten Entwicklungsphase mindestens so tief, wie der heutige Gully eingeschnitten ist, von Feinmaterial zu einem flachen Muldental verfüllt wurde.

Das grusige Feinmaterial und der darin entwickelte Boden lag im scharfen Kontakt zum kaum verwitterten Kristallingestein, wie auf dem *rock fan* der Abb. 213/214 und wurde, wie die blanken Felsflächen im Hintergrund zeigen, vollständig bis zu dieser Verwitterungsbasis abgespült. Ob die dafür nötige Zerstörung der vor Abtragung schützenden Pflanzendecke eine Trockenperiode oder bereits in voreuropäischer Zeit anthropogene Ursachen hatte, ist noch zu untersuchen. Die erneute Störung des geoökologischen Gleichgewichts ist offenbar mit der weitgehenden Auflichtung der Baumflur oder sogar eines Waldes verbunden, von dem seit der Umwandlung der Landschaft zu Weideland nur noch Reste am Unterhang und auf dem durch die Gullyeinschneidung zur Flussterrasse gewordenen alten Talboden vorhanden sind.

Mit der Tieferlegung der Abflussbasis im Vorfluter schritt die Einschneidung in die unverfestigte Talverfüllung schnell voran. In Bereichen seitlichen Oberflächenzuflusses bildeten sich geradlinige Nebenschluchten aus. Alle Oberkanten des neuen Talsystems sind *scharfkantig*, da flächenhafte, kantenabrundende Hangabtragung unbedeutend ist. Die steilsten Hänge haben sich – im Mittelgrund links – an Spornen zwischen den Einmündungen von Nebenschluchten erhalten. An anderen Stellen hat starke Bodendurchfeuchtung durch Niederschlagswasser, wie in Abb. 616, zu teils schollen-, teils breiartigen **Rutschungen** geführt. Unterhalb der hier auch teilweise bogenförmigen Abrissnischen hat sich so eine unregelmäßige Verebnung ausgebildet, die aber morphogenetisch *keine* fluviale Terrasse ist. Durch das unter Rückverlegung der Gullyhänge von beiden Seiten abgerutschte Material ist der ursprünglich breitere Boden des Gully stark eingeengt worden. Die Vegetationsbedeckung auch der Rutschungsstirn zeigt, dass es in jüngster Zeit kein starkes Abkommen mehr gegeben hat. Bleibt dies so bei Rücknahme der Überweidung und Hemmung des Oberflächenabflusses, wird der Einschnitt so allmählich zu einem Muldenprofil „verheilen", woran auch Sedimentation oberhalb der rutschungsbedingten Engstellen beteiligt sein wird. Das Wachstum der tributären Seitengullies wird spätestens beim Erreichen des alten Felstalprofils enden.

Auch der Gully in Abb. 619 ist, vermutlich durch stabilisierende Maßnahmen im Einzugsgebiet, nicht mehr voll aktiv. Bei der ursprünglichen Ausbildung war ein Kastentalprofil mit starker Seitenerosion an beiden Rändern des ebenen Talbodens wie in Abb. 259 entstanden. Die rechtwinklig nach unten abgeknickten Eukalyptuswurzeln können erst nach der Gully-Entstehung parallel zum Steilhang in die Tiefe gewachsen sein. Seither war es nicht mehr die Unterschneidung, sondern die *vom Oberhang her* gesteuerte Formung ähnlich der Haldenhangentwicklung im Großen (Abb. 384), wodurch abschnittsweise bereits eine niedrige steile Rampe entstanden ist – dazwischen im seitlichen Übergang zu steilen **Schwemmkegeln** (Abb. 285) –, durch die am Gullyboden nur noch eine schmale gewundene Tiefenlinie erhalten geblieben ist. Verbunden damit haben auch die Hangabschrägung und Abrundung der Gullyoberkante – mit dem Zwischenstadium eines Überhangs im oberflächennahen Durchwurzelungsbereich (links, wie in Abb. 614) – das ursprüngliche Gullyprofil verändert. In ähnlicher Weise hat auch in Abb. 615 der Regenwasserabfluss über die Gullyoberkante dort, wo es längere Zeit keinen Abbruch durch Unterschneidung mehr gegeben hat, zu einer Kanten-

23. Quasinatürliche Reliefveränderung · Komplexe Bodenerosion

abrundung und zu steilen Runsen durch das die Wände herabfließende Wasser geführt.

Der Hang in Abb. 620 zeigt ein komplexes Bild der Bodenerosion in leicht abtragbaren Tertiärsedimenten. Auch hier ist, wie in Abb. 609, die ursprüngliche Waldbedeckung durch eine Weidevegetation ersetzt worden, und ebenso hat sich darin, bei Erhaltung der geschlossenen, vor Abtragung schützenden Pflanzendecke das rhombische Muster der **Viehgangeln** (1) entwickelt. Die größere Trockenheit auf den südexponierten Seiten der flachen Hangmulden hat vermutlich den Ausschlag gegeben, dass die durch den Weidegang geschwächte Pflanzendecke dort besonders stark (2) oder sogar vollständig zerstört worden ist (3). In dem weichen Gestein hat sich, besonders bei (4), ein nur noch für das Erreichen der restlichen Weideflächen genutztes *weitabständigeres* Viehgangelmuster aus dem ursprünglichen entwickelt.

Der so jeweils von rechts kommende verstärkte Oberflächenabfluss bei Regen hat in den Tiefenlinien der Hangmulden große Wasserrisse entstehen lassen, die im Mittelhang, im Bereich des größten Wasserangebots vom Oberhang, am stärksten eingeschnitten sind. Nach unten nimmt die Erosionsleistung ab, weil dort Energie für den Durchtransport des oberhalb erodierten Lockergesteins verbraucht wird, das – im Bild nicht sichtbar – in kleinen Schwemmfächern (Abb. 282 f.) am Bergfuß und damit im Dorfbereich abgesetzt wird.

Die Verästelungen des rechten Gullys haben sich durch rückschreitende Erosion, wie für Abb. 609 beschrieben, bei ergiebigem Winterregenabfluss bis fast an den Kamm herangeschnitten und damit den *belt of no*[linear] *erosion* von noch ausschließlich flächenhafter Abspülung der Abb. 233 stark eingeengt (5). Die nur geringe Einschneidung und seitliche Ausweitung des Zuflusses zum linken Gully aus dem noch bewachsenen Gebiet (6) zeigt deutlich die den Abtrag verringernde Wirkung selbst der degradierten Vegetation. Dementsprechend ist auch die seitliche Ausweitung der Gullies fast nur auf der jeweils vegetationsfreien Seite ausgebildet. In den nicht zu den großen Gullies entwässernden vegetationsfreien Bereichen hat die nächste Phase der Hangzerstörung durch **Runsen** eingesetzt (7).

Nach der Zerstörung der Vegetationsdecke wurde die Unterhangzerschneidung bei (8) dadurch beschleunigt, dass dort seit langem durch die Entnahme von Baumaterial für die Lehmmauern der traditionellen Gebäude und Grundstückseinfriedungen die Unterhänge versteilt worden waren.

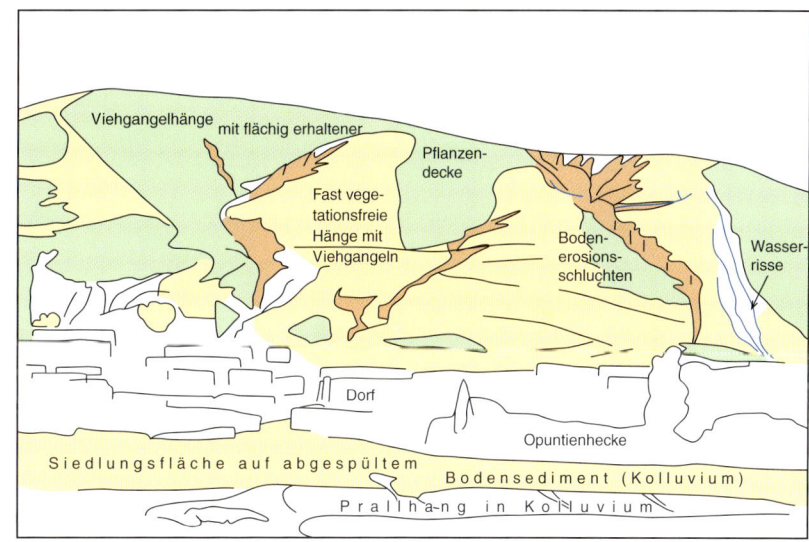

Soweit das von den ungeschützten Hängen und in den Gullies abfließende Wasser nach Regenfällen nicht unmittelbar am Bergfuß versickert, dürfte es über die unbefestigten Straßen des Dorfes zum Flussbett im Vordergrund ablaufen. Bei Grabungen im Garten am Ortsrand oder an dem bewachsenen, also nur selten unterschnittenen Prallhang im Vordergrund (9) würden Keramikbruchstücke im Sediment zeigen, dass die oberen Profilteile des Glacis (Abb. 229) und des angrenzenden Talbodens aus in historischer Zeit zusammengeschwemmtem jungem **Kolluvium** als korrelatem Sediment der Bodenerosion am Hang bestehen (s. Abb. 628/629). Der fruchtbare Boden des Gartens ist also vor allem ein Boden*sediment*, rezent überprägt durch die *authochthone* – vor Ort – ablaufende Bodenbildung.

▲▲ Abb. 620: Bodenerosion bis zu völliger Vegetationslosigkeit und Gullybildung durch Überweidung an einer Bergflanke in wenig verfestigtem Sedimentgestein; semihumides Nordmarokko.

▲ Abb. 621: Erläuterungsskizze zu Abb. 620.

23. Quasinatürliche Reliefveränderung · Komplexe Bodenerosion

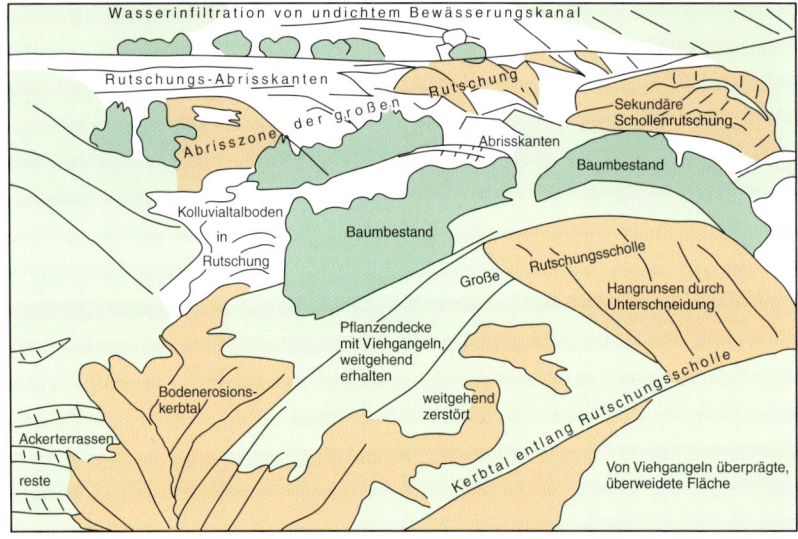

▲▲ Abb. 622: Durch den Wechsel von Terrassenfeldbau zu Weidewirtschaft und Überweidung ausgelöste, beschleunigte quasinatürliche Reliefveränderung; Taleghan-Tal, Elburs-Gebirge, Nordiran.

▲ Abb. 623: Erläuterungsskizze zu Abb. 622.

Das komplexe Bodenerosionsrelief in *feinkörnigen* Tertiärsedimenten in Abb. 622 ist innerhalb weniger Jahrzehnte entstanden, nachdem das zuvor nur schwer erreichbare Hochtal in 2200 m NN in den 1950er Jahren durch eine Straße an das nördliche Elburs-Vorland angeschlossen worden war, ein Teil der Bevölkerung in die dortigen Städte abwanderte und ein intensiver Ackerbau auf bewässerten Terrassen zugunsten der weniger personalintensiven Ziegen- und Schafweidewirtschaft aufgegeben worden war. Reste der **Ackerterrassen** sind links von einer **Bodenerosionsschlucht** (1), rechts (2) durch eine **Rutschung** abgeschnitten worden. Ausgelöst wurde die Erosion vermutlich dadurch, dass der durch die Baumreihe nachgezeichnete Bewässerungskanal (3) oberhalb des gestörten Gebiets in das bereits vorhandene Tal bei (4) vorübergehend ausgebrochen war.

Dazu kam, dass im Übergang von den nicht mehr bestellten, vorübergehend nackten Ackeroberflächen zur stabilisierenden Grasnarbe des neuen Weidelands verstärkter **Oberflächenabfluss** die Erosion beschleunigte. Schließlich führte die starke Beweidung der folgenden Jahrzehnte, wie an den Hängen links (5) oder im Vordergrund rechts (6), zu verstärkter Abtragung. Das Bild zeigt den grünen Frühjahrsaspekt nach winterlichen Regen- und Schneefällen. Die Herbstregen werden auf eine noch stärker reduzierte verdorrte Vegetationsdecke mit nur geringem Wasserrückhaltevermögen und damit großer Erosionsanfälligkeit treffen.

Durch die weitere Einschneidung des großen **Kerbtals** (Abb. 247) rechts (7) und des sich an einer dreigliederigen Kopfstufe in den älteren Talboden zurückschneidenden kleineren Tals links (8) werden ältere Hänge *übersteilt* und von unten her durch Abrutschen ihrer Vegetationsdecke aufgezehrt. An den fast nackten Hängen, besonders bei (9), gliedern **Runsen** zunehmend die ursprüngliche Abdachung.

Die wegen des Baumbestandes nicht einsehbare fluviale Einschneidung auf dem von unten her zunehmend aufgezehrten Talboden hat bei (10) kleine Rutschungsstaffeln ausgelöst. Bei (11) ist der gesamte Talhang in einer großen **Rutschung,** vom Typ wie jene in Abb. 374, nur mit einer höheren Abrisswand, in einer Abfolge von mehreren rotierten Schollen abgeglitten.

Einmal durch menschliches Fehlverhalten ausgelöst, laufen alle im Bild erkennbaren Prozesse „*quasinatürlich*" weiter. Die so entstandenen Rutschungen oder die frischen Zerschneidungsformen der Hänge und Kerbtäler unterscheiden sich nicht von Formen, die bei der Reduzierung der Vegetationsdecke etwa durch zunehmende Aridität entstehen würden. Wegen der *Schnelligkeit* der Bodenerosionsprozesse bietet sich dieser quasinatürlich entstehende Formenschatz deshalb zum Verständnis jener Großformen an, deren Entwicklung für die unmittelbare Erfassung zu große Zeiträume umfasst.

Auch in der mitteleuropäischen Agrarlandschaft schnitten sich, besonders während einer Serie von Unwetterjahren zwischen 1342 und 1347, vor allem in die Lösslandschaften tiefe Bodenerosionsschluchten ein, die aber oft durch das Kolluvium von angrenzenden Äckern wieder vollständig verfüllt worden sind (Bork et al. 1998, S. 226 ff., Verfüllungsprofile u. a. S. 54, 58, 97). Weniger spektakulär, aber überall vorhanden ist seit dem jungsteinzeitlichen Beginn des Ackerbaus der **flächenhafte Bodenabtrag**, mit Maximalwerten über 2 m und der zugehörigen **kolluvialen Aufhöhung** an den Unterhängen und in den anschließenden Tälern (Jäger 1994, S. 69 ff.). Nachweisen lassen sich solche Reliefveränderungen durch unterschiedlich stark gekappte bzw. überschüttete Bodenprofile.

In Abb. 624 ist selbst die auf den ersten Blick natürlich erscheinende Dellenform durch hangabwärtiges Pflügen zwischen ständig bewachsenen Feldrainen anthropogen entstanden. Im Bereich des Hochsitzes ist durch Abpflügen und Verspülung auch eine über 1 m hohe Kante entstanden. Eine noch höhere entstand rechts davon in einem **Stufenrain**, oberhalb durch kolluviale Aufhöhung und unterhalb durch Abspülung des Sediment einfangenden Gehölzstreifens. Die geringere Abtragung unter dem Wald im Hintergrund ließe sich bei einer Begehung durch eine etwa 1 m hohe **Waldkante** dokumentieren.

Unterhalb der Wintersaatfläche hat Regenwasserabfluss über noch gefrorenem Untergrund trotz quer zum Gefälle verlaufender, abflusshemmender Pflugspuren eine flache Rinne erodieren können. Der in ihr abgeschwemmte Boden hat im Übergang zu dem Wasserkörper, der über feinkörnigem Kolluvium einige Tage bestehen kann, einen Schwemmfächer geschüttet, zu dessen Aufbau auch kleine Rinnen von rechts beitragen. Der Schweb, der unmittelbar nach dem Regen das Wasser noch braun gefärbt hatte, ist inzwischen als neue Sedimentlage abgesetzt worden. Diese Erosions- und Akkumulationsvorgänge fallen im Löss kaum auf, da ihre Spuren bei jedem Pflügen leicht auszulöschen sind.

Seit dem Mittelalter haben sich in Mitteleuropa dagegen unter Wald die Spuren von **Hohlwegen** als Formen der Bodenerosion erhalten, wie in Abb. 625 (Jäger 1994, S. 77 f.) dokumentiert. Vor allem dort, wo unbefestigte Altstraßen aus den Tälern auf das verkehrsgünstig ebene Relief der Altflächen der Mittelgebirge hinaufführten, wie hier an der unterfränkischen Keuperstufe, schnitten sich die Räder in den tonigen Untergrund ein. Hatten zusätzlich Regen und Schmelzwässer die eine Wagenbreite weiten Rinnen zu sehr ausgespült, wurde daneben eine neue Spur gewählt. In der Regel ziehen so ganze, trotz Profilzurundung durch Hangabtragung noch gut erkennbare Hohlwegbündel die Hänge hinauf.

Abb. 626 zeigt keine Hohlwege, sondern den mittleren von drei Wällen mit dazwischenliegenden Gräben einer jungsteinzeitlich bis keltenzeitlich genutzten **Wehranlage** (Pescheck 1975, S. 255 ff.), deren Hauptwall (rechts) wohl im 9. Jahrhundert n. Chr. noch einmal erhöht wurde. Nach der letztmaligen Wiederbewaldung seit etwa tausend Jahren, unter Wald vor Abtragung geschützt, ist dieses anthropogene Relief zwar etwas ausgeglichen, aber weitgehend erhalten geblieben.

▲▲ Abb. 624: Beschleunigter Bodenabtrag bei Ackerbau auf Lössboden; Unterfranken.

▲ Abb. 625: Gealterter Hohlweg am Hang einer Schichtstufe; im Keuperton der Steigerwaldschichtstufe, Unterfranken.

▼ Abb. 626: Unter Wald erhaltenes Wall- und Grabensystem einer prähistorischen Fliehburg; Schwanberg, Steigerwaldplateau, Unterfranken.

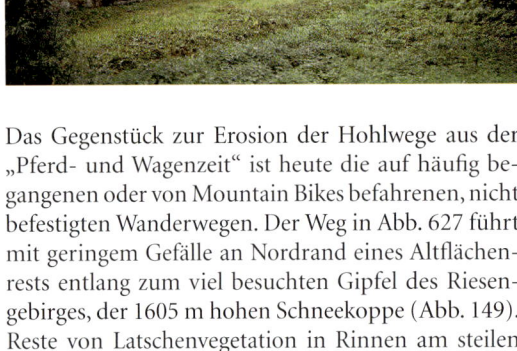

▲ Abb. 627: Bodenabtrag bis auf den pleistozänen Frostschutt auf einem stark genutzten Wanderweg; Weg zur Schneekoppe im Riesengebirge, Schlesien, Südpolen.

▶ Abb. 628: Teilweise durch Auelehm einsedimentierte spätmittelalterliche Scheune auf einem Talboden; Ostabdachung Thüringer Wald, Thüringen.

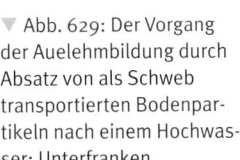

▼ Abb. 629: Der Vorgang der Auelehmbildung durch Absatz von als Schweb transportierten Bodenpartikeln nach einem Hochwasser; Unterfranken.

gebirgshochmoors, auf dem nach Aufgabe dieser Nutzungsform ein dichter Latschenbestand als quasinatürliche Vegetation aufgewachsen ist. Das vermutlich durch Luftverschmutzung aus den benachbarten tschechischen Braunkohlekraftwerken verursachte Baumsterben wird zu keiner beschleunigten Abtragung führen, da die baumfrei werdenden Flächen sofort von Gräsern und Kräutern eingenommen werden.

Auf dem Weg von der nahen Seilbahnstation haben dagegen unzählige Schritte von „Gipfelstürmern" den ursprünglichen Boden mechanisch abgetragen, während die organischen Bestandteile durch Oxidation gasförmig wurden und verstärkter Abfluss auf dem verdichteten Untergrund, besonders während der jährlichen Schneeschmelze, die zerstörten Bodenaggregate leicht abspülen konnte. Auf diese Weise ist der grobblockige Anteil der letztkaltzeitlichen periglazialen **Wanderschuttdecke** freigelegt worden, während selbst feinere Schuttpartikel zerrieben, frostverwittert und abgetragen wurden.

Das Gegenstück zum flächenhaften Bodenabtrag insbesondere in den mitteleuropäischen Lössgebieten (Abb. 624) ist die Sedimentation der feinsten Korngrößen, die nicht an den flacheren Unterhängen liegen geblieben sind, auf dem Hochwasserbett der Vorfluter. Diese **Auelehmsedimentation** setzte bereits mit der ersten Waldrodung und den Anfängen des Ackerbaus in neolithischer Zeit ein. Bereits römerzeitlich wurde so ein Weihebezirk im nordwürttembergischen Osterburken einsedimentiert (Jäger 1994, S. 68 f.). Der Eindruck scheinbarer prähistorischer Siedlungsleere auf den Talauen entstand dadurch, dass jungsteinzeitliche und keltische Siedlungen und Gräberfelder von oft mehreren Metern des anthropogenen Sediments bedeckt worden sind. Die klimageschichtlich relevante Frage, ob die Sedimentation vor allem die Folge einzelner Starkregenereignisse oder des unauffälligen jährlichen Geschehens war, hat Hahn für das unterfränkische Taubereinzugsgebiet (1992) in letzterem Sinne entschieden (s. a. Glaser 2001). Auelehmsedimentation zum Verständnis der jungen Veränderungen eines großen Flusses hat Gerlach (1990) am Beispiel des Mains untersucht (Abb. 359 f.).

Ein Beispiel erst mittelalterlicher bis frühneuzeitlicher, durch höhere Siedlungsdichte und intensivere Ackernutzung *beschleunigter* Auelehmsedimentation zeigt die bis zur Hälfte ihres Untergeschosses einsedimentierte alte Scheune in einem kleinen Tal am Rand des Thüringer Waldes, besonders am hinteren Bogen erkennbar. Mit dem Aufwachsen des Hochwasserbetts stieg auch die Höhe der Hochwässer. Auf diese

Das Gegenstück zur Erosion der Hohlwege aus der „Pferd- und Wagenzeit" ist heute die auf häufig begangenen oder von Mountain Bikes befahrenen, nicht befestigten Wanderwegen. Der Weg in Abb. 627 führt mit geringem Gefälle an Nordrand eines Altflächenrests entlang zum viel besuchten Gipfel des Riesengebirges, der 1605 m hohen Schneekoppe (Abb. 149). Reste von Latschenvegetation in Rinnen am steilen Hang der Schneekoppe belegen die anthropogene Zerstörung der ursprünglich geschlossenen Vegetationsdecke, gefolgt von weitgehender Abtragung der nur noch in Resten unter dem Steinpflaster erhaltenen Bodendecke.

Noch vor wenigen Jahrzehnten führte der Weg über den torfigen Untergrund des ursprünglich für Zwecke der Heugewinnung trockengelegten Mittel-

Weise war die um 1200 gebaute Achatiuskapelle in Grünsfeldhausen, in einem Nebental der Tauber, bis zur Freilegung ihres vollständig einsedimentierten Untergeschosses 3,90 m tief einsedimentiert worden (Jäger 1994, S. 68; Hahn 1992; S.101).

Trotz vielfältiger Maßnahmen zur Reduzierung der Bodenerosion ist sie wegen der anbaubedingten zeitweiligen Vegetationslosigkeit von Bodenoberflächen nicht vollständig vermeidbar. Das Bild zeigt einen Kleingarten auf mehrere Meter mächtigem Auelehm im Pleichachtal nördlich von Würzburg nach dem Rückgang eines leichten frühsommerlichen Hochwassers. Auf allem niedrigen Laubwerk und dem Boden selbst ist eine millimeterstarke Lehmschicht abgesetzt worden. Ausschlaggebend für die Mächtigkeit der Sedimentation ist die Dauer der Überstauung durch fast stehendes Wasser, da nur dann die feinsten Korngrößen abgesetzt werden können.

Im unterfränkischen Muschelkalk-Karstgebiet hat die jungholozäne Auelehmsedimentation den positiven Effekt gehabt, dass dadurch im frühen Holozän nur periodisch auf ganzer Länge durchflossene Trockentäler durch Plombierung ihrer Karstschwinden ganzjährigen Abfluss bekamen, was seit dem Mittelalter wichtig für den Betrieb von Mühlen war (Busche 1999).

Mit der Einführung des schollenwendenden Beetpflugs mit festem Streichbrett seit dem 2. Jh. v. Chr. wurde über 1500 Jahre lang in Mitteleuropa eine Pflugtechnik gebräuchlich, bei der durch das beiderseitige Wenden der Schollen zur Mitte der oft unter einem Meter breiten Parzellen hin parallele Beete von bis zu einem Meter hohen **Wölb-** oder **Hochäckern** aufgepflügt wurden (Jäger 1994, S. 72 f.; Blockdiagramm im Lexikon d. Geographie). Dadurch entstand weitflächig ein rein anthropogenes Kleinrelief, in Abb. 630 in einem Bauernhausmuseum rekonstruiert. Im heutigen Ackerland sind dessen Spuren längst verschwunden, in Wüstungen – also irgendwann auf-

gegebenen Siedlungen – unter Wald jedoch erhalten geblieben. Dadurch ließ sich nachweisen, dass der frühmittelalterliche Ackerbau – wohl vor dem Kälterückschlag der Kleinen Eiszeit – bis in über 600 m NN möglich war.

Abb. 631 zeigt den Bereich einer derartigen Wüstung mit ihrem regelmäßig welligen Relief. (Der Querwall hinter dem Aufschluss entstand erst beim ersten Ausheben des Profilgrabens). Erfasst ist der Ausschnitt mit dem Übergang zur *kolluvialen* Auffüllung zwischen zwei recht breiten Beeten. Der schmalere und höhere Wölbacker in Abb. 632 zeigt anhand der seitlich abgeschnittenen hellen Schicht unter dem dünnen rezenten Waldboden eine entlang der Tiefenlinie einsetzende lineare Bodenerosion. In Hanglagen konnten dort bei Aufgabe der Felder tiefe Wasserrisse entstehen (Bork et al. 1998, S. 93 f.).

▲ Abb. 630: Durch mittelalterliche Pflugtechnik entstandene Wölbäcker; Rekonstruktion in einem Museumsdorf, Südjütland, Dänemark.

◀ Abb. 631: Unter Wald erhaltenes mittelalterliches Wölbackerrelief; Asselbecker Gehege, östliches Schleswig-Holstein.

▼ Abb. 632: Durch Erosion in der Tiefenlinie akzentuiertes Relief eines Wölbackerbeets; Eichsfeld, südliches Niedersachsen.

24. Küstenformen · Einleitung; Phytogen (mit)gestaltete Küsten

▲ Abb. 633: Mangrove als Schlickfänger; Nordküste der Dominikanischen Republik.

▼ Abb. 634: Angeschwemmtes Seegras als temporärer Erosionsschutz; Ostküste von Sardinien.

In einer Momentaufnahme der Erdgeschichte sind derzeit etwas über 70% der Erde von Ozeanen bedeckt (Kelletat 1999, S. 24), in Analogie zur vorletzten Warmzeit, dem Eem mit weltweit noch etwas höherem Meeresspiegelanstieg, bis heute mit noch leicht steigender Tendenz von um 15 cm/Jh., möglicherweise beschleunigt durch menschliches Zutun (Lozán et al. 1998, S. 201 ff.). In der Oberkreide lag der Meeresspiegel wegen höherer Wassertemperaturen, Eisfreiheit und damit größerem Wasservolumen noch 200 – 300 m höher (S. 13). In den quartären Eiszeiten, bei auch warmzeitlich tieferen Temperaturen (+4 °C, die Temperatur der größten Wasserdichte am Tiefseeboden) und wegen der kaltzeitlich im Inlandeis gebundenen Wassermassen lag er bis 180 m, im Weichselhochglazial noch 100 – 130 m tiefer als heute.

Mit dem Abschmelzen der Inlandeisschilde (außer Antarktis und Grönland) und dem damit verbundenen **eustatischen** Meeresspiegelanstieg der **Flandrischen Transgression** seit etwa 14 000 Jahren erreichte das Weltmeer vor etwa 6000 Jahren wieder sein warmzeitliches Niveau. In der Nordsee, im Wechselspiel mit der durch die Beseitigung der Eisauflast bedingten **glazialisostatischen** Hebung, fand bereits an der südlichen Nordseeküste vor etwa 3700 Jahren der Wechsel von der schnellen **Calais-** zur nur noch langsamen **Dünkirchen-Transgression** statt. Um die tatsächliche Lage jungquartärer Küstenlinien abschätzen zu können, müssen aber etwa für Skandinavien zugleich für das letzte Hochglazial – bei etwa 2 500 m Eismächtigkeit – eine eustatische Krusteneindellung um bis zu 800 m und für den Bottnischen Meerbusen allein postglazial über 200 m Hebung berücksichtigt werden – bei gegenwärtig noch fast 1 cm/Jahr weiterer Hebung (Ehlers 1988, S. 11 f, 23 f.; Ehlers 1994, S. 124 f.; Kelletat 1999, S. 78 ff.; Kelletat 2002, II, 365 f.).

Die wichtigste aller natürlichen Grenzen (Ahnert 2003, S. 354) und das am weitesten verbreitete Landschaftselement der Erde gab es seit dem Entstehen der ersten Ozeane, aber in ständig veränderter Lage. In ihrer gegenwärtigen Position ist sie eine extrem *junge* Reliefform, mit sehr rascher morphologischer Veränderung bei hohen Energieumsetzungen in einem sehr schmalen Bereich, dessen Ausgestaltung durch Wellenwirkung und Brandung noch längst nicht abgeschlossen ist. Ihrer Länge nach ist sie die bedeutendste Reliefform der Erde, die nach Kelletat (1994, S. 85 f.), aus Karten mittleren Maßstabs abgeschätzt (ohne Inselküsten) 286 300 km, und in der fraktalen Wirklichkeit ihrer starken Gliederung sicherlich über 1 Mio. km misst.

Die Küste ist auch keine festliegende Linie, sondern ein unterschiedlich breiter *Grenzsaum* zwischen jeweils äußerster landwärtiger und seewärtiger Brandungswirkung, vom morphologisch wirksamen Salzspray bis zu den ersten Brechern am seewärtigen Rand der Schorre. Insofern ist die Küste auch die Einheit von **Ufer** und **Schorre**, von **trockenem Strand** oberhalb der **Uferlinie** des mittleren Tidehochwassers (MThw) einerseits und dem bei Ebbe trockenfallenden **nassen Strand** mit anschließendem, ständig überfluteten **Vorstrand** andererseits (Kelletat 1994, S. 86). Die Breite dieses Streifens hängt von den gezeiten- oder windbedingten *Wasserstandsschwankungen* ab, die von der Neigung des Küsten- und des Unterwasserhangs bestimmt werden; an Flachküsten können dies mehrere Kilometer sein. Geomorphologisch bedeutend werden diese Spiegelschwankungen aber erst durch die durch sie ausgelösten *Druck*- und *Sogströme* und die ständige *Höhenverlagerung* des Angriffsbereichs der Brandungswellen.

Die ersten Versuche einer **Küstenklassifikation** (Suess 1885) gingen von der geotektonischen Festlandssituation aus. Danach werden im englischen Sprachraum noch heute die tektonischen Strukturen schneidenden, diskordanten Küsten **atlantischen Typs** von jenen des **pazifischen Typs** unterschieden, die konkordant und parallel zu den tektonischen Strukturen laufen (Fairbridge 1968, S. 34 f.). Fast gleichzeitig und ähnlich unterschied v. Richthofen (1886, S. 292 ff.) nach der Ausprägung der an der Küste angeschnittenen Gebirgsstrukturen Längs- und Querküsten, Beckenrandküsten an der Innenseite von Faltenbögen, Hoch- oder Schollenküsten an Tafelländern und Schwemmlandküsten, weiter nach regionalen Vorkommen wie etwa dem dalmatinischen oder patagonischen Typ differenziert. W. M. Davis (1912) versuchte eine Klassifikation nach den beim Auf- und Untertauchen von Küsten angenommenen unterschiedlichen Prozessen.

Von den zahlreichen weiteren Klassifikationen (13 bei C. King 1972 vorgestellt; Louis & Fischer 1979, S. 562 ff.; Valentin 1972) hat die *genetische* von Valentin (1952, mit Weltkarte) die weiteste Verbreitung gefunden, da sie lückenlos auf alle Küsten der Erde angewandt werden kann und in einem streng *hierarchischen* System auf 5 Ebenen nach Zustand und Prozessen unterscheidet (Ahnert 2003, S. 358 ff., s. Fairbridge 1968, S. 154 f., erweitert bei Kelletat 1999, S. 202 f.). In einem Kreisdiagramm werden auf der ersten Ebene **vorgerückte** Küsten (Landgewinn) und **zurückgewichene** Küsten (Landverlust) gegenübergestellt, auf der nächsten Ebene **aufgetauchte** (tektonisch gehobener Meeresboden), durch Sedimentation **aufgebaute, untergetauchte** und durch Abtragung zerstörte Küsten weiter nach der Art der sie gestaltenden Prozesse unterteilt.

Der bis jetzt einzige Versuch, Küsten auch klimamorphologisch zu klassifizieren, stammt, aufbauend auf Valentin (1979), von Louis & Fischer (1979, S. 565 ff., zur Kritik Kelletat 1999, S. 202 ff.). Unterschieden werden sechs **Hauptzonen der Küstenformung** (hochpolar, subpolar, kalttemperiert, mildtemperiert, subtropisch und tropisch), die durch vorherrschende Prozesse und resultierende Formen gekennzeichnet sind. Ahnert (2003, S. 386) weist als klimatisch bedingte Küstentypen glazigene Küsten und Korallenküsten aus.

Die **Mangrovenküste** von Abb. 633 gehört in der tabellarischen Darstellung von Valentin (1952) zur ersten Gruppe der vorgerückten, aufgebauten, organisch gestalteten und phytogenen Küsten. Mit über 30 Baum- und Straucharten spezieller Salzresistenz kennzeichnet diese Verlandungsgesellschaft der Schlickwatten die *tropische* Hauptzone von Louis & Fischer (1979) zwischen Mittelwasserlinie und oberstem Hochwasserstand (*s*. Verbreitungskarte Kelletat 1999, S. 166). Wirksamer Brandungsschutz und Sedimentfänger sind ihre hier als bogenförmige Knieaber auch als Brett- oder Stelzwurzeln vorkommenden speziellen Verankerungssysteme. Die vielen Jungpflanzen dazwischen sind *vivipar:* voll entwickelte Schösslinge fallen mit speerförmigen Wurzeln in den weichen, nassen Boden und tragen so zusätzlich zur Beruhigung auflaufender Wellen und den Absatz von deren Schweb als Schlick bei. Vor allem entlang von Wattwasserläufen geht die Mangrove in Sumpfwaldgebiete über, in Trockengebieten in vegetationsfreie Salztonebenen (Kelletat 1999, S. 160 f.).

Eine Form allerdings nur temporären Erosionsschutzes sind im Mittelmeerraum die nach Stürmen oft als organischer Strandwall (Abb. 647 f.) auf dem Sandstrand abgesetzten Polster von **Seegras** (*Posidonia oceanica*, Walter 1968, S. 886 f.; Schülke 1974). In dem hier gezeigten Beispiel hat sich bei einer nachfolgenden Überflutung und leichtem Wellenschlag das geringe Erosionsrelief aus zwei Rinnen mit dazwischenliegenden Rücken gebildet. Zuletzt ist ein kleines **Kliff** bei tieferem Wasserstand in die Ablagerung geschnitten worden, wobei der Wellenschlag, wie auch gegenwärtig, durch einen Saum schwimmender Blätter gedämpft wird. Nach deren Verrottung und mechanischer Zerstörung werden aus den übrig gebliebenen nadeligen Blattfaserstücken bis tennisballgroße, leicht abgeplattete, verfilzte Kugeln übrig bleiben, gleichsam als Modell für die ideale Ausbildung von Strandgeröllen (Abb. 650).

Die wenigen höheren Arten von Meerespflanzen wachsen im **Sublitoral,** das unter der Niedrigwassergrenze liegt und ständig vom Wasser bedeckt ist. So tragen sie, ebenso wie die Großalgen der Tangwälder (Walter 1968, S. 889 f.; Kelletat 1999, S. 168 f.), die allerdings nur auf steinigem Untergrund haften können, zur Abbremsung der Wellenbewegung und Erosionsminderung bei. Die Seegrasdecke von *Zostera marina* in Abb. 635, bei Ebbe auf dem nassen Strand oder **Eulitoral** (der vegetationsbezogenen Terminologie) freigelegt, wächst dort also nicht, sondern ist lediglich nach der letzten Flut als Treibsel zurückgelassen worden.

Lebendes Seegras und die bei Flut schwimmende Decke der vom letzten Sturm abgerissenen Pflanzenteile mindern an diesem Strand während des Sommers die Brandungsenergie. Ebenso tun dies ganzjährig die zahlreichen **Geschiebe,** die der Grundmoränendecke (Abb. 556, 578), in der das **Kliff** (Abb. 669 ff.) entstammen, durch die Brandung ausgewaschen worden sind und eine wellenbrechende Streu auf dem Strand bilden. So ist der Küstenabbruch, der an ungeschützten Lockermaterial-Steilküsten der Nordsee bis einige Meter pro Jahr betragen kann (Ehlers 1988, S. 188 ff.), hier so stark reduziert, dass der Klifffuß mit mehrjähriger, nicht mehr als gelegentliches Salzspray vertragender Vegetation besiedelt worden ist. In dieser Zeit ist das Kliff, das bei ständiger Unterschneidung steil wäre, durch Hangabtragung von oben und Aufschüttung am Fuß (Abb. 362 ff.) abgeschrägt worden.

▼ Abb. 635: Die Brandung bremsendes Seegras des Hochwasserbereichs bei Ebbe, inaktives Kliff in einer Grundmoräne; jütländische Westküste, Dänemark.

24. Küstenformen · Außensand, Sandwatt

Abb. 636: Außensand bei Ebbe; Japsand, schleswig-holsteinisches Wattenmeer, Nordsee.

Abb. 637: Durch Windbewegung im Flachwasser der Senke von Abb. 636 geschaffene Oszillationsrippeln.

Abb. 638: Von Prielen durchzogenes Sandwatt einer Plate zwischen zwei Tideströmen; Nordsee bei Dagebüll, Schleswig-Holstein.

Analog zur „glazialen Serie" hat Ahnert (2003, S. 158) den Begriff der **litoralen Serie** zur Beschreibung der regelmäßigen Formenabfolge sowohl an **Fels-Kliff-** als auch an **Lockermaterialküsten** eingeführt. An Letzteren gehören dazu der **Strandwall** unmittelbar über dem Niveau des jeweiligen Tidehochwassers und die ständig überflutete **Barre** unterhalb des Tideniedrigwassers. Abb. 636 zeigt links anscheinend einen solchen Strandwall *(beach ridge)* mit der dahinter liegenden flachen **Strandrinne** *(runnel)*. Allerdings liegen beide bei Flut voll unter Wasser, d. h. etwa 30 km von der Küste entfernt am Außenrand des Wattenmeers an der Seeseite des kleinsten von drei nur bei Ebbe sichtbaren **Außensanden**, dem Japsand. Entstanden und aufgehöht worden sind sie als **Lockermaterialriffe** im Übergang zum weniger tiefen Wattenmeer durch die Abbremsung der Orbitalbewegung bei halber Wellenlänge (Louis & Fischer 1969, S. 530; Kelletat 1999, S. 61) der auflaufenden großen Wellen der offenen Nordsee.

In gleicher Position sind zum Ende der Flandrischen Transgression vor etwa 6000 Jahren jene Sandriffe der südlichen Nordsee entstanden, die durch Dünenwachstum weiter aufgehöht und so zu lagestabilen **Barriere-Inseln** wurden (Ehlers 1988, S. 134 f.). Die Außensande werden allerdings noch etwa 20 m/Jahr bei 2 – 6 m Erosion an der Westseite landwärts verlagert. Die Brandung links zeichnet die sich mit verlagernde nächsttiefere Barre nach (s. Abb. 649)

Große Unterwasserrippeln quer zu der gerade trockengefallenen Mischform zwischen Strandwall und Riff bzw. Barre sind während des ablaufenden Wassers durch Überspülung von links weitgehend ausgelöscht worden, gliedern aber noch etwas den linken Rand der flachen Rinne mit ihrem geraden Spülsaum. Die bogenförmigen Vorsprünge und schmalen Spülsäume am rechten Rinnenrand zeichnen das letzte Überschwappen von Wellen von der Wattseite über die nächste flache Barre rechts nach.

Zu den in ihren Großformen relativ stabilen, in den Kleinformen sehr kurzlebigen Strukturen gehören die sich schon bei der nächsten Wasserstands- oder Strömungsänderung verändernden **Rippelformen** *(ripples)* am Boden der Rinne, in Abb. 637 in einem Detail gezeigt. Die vom Wind an der Wasseroberfläche erzeugten Wasserrippeln haben hier keine durch eine gerichtete Bewegung asymmetrischen **Transportrippeln**, sondern durch das hin- und herschwappende flache Wasser **Oszillationsrippeln** mit symmetrischen Hängen geschaffen. Bevor bei stehenden Wasser in den **Rippeltälern** dessen Schwebfracht abgesetzt wurde, sind bei anderer Wasserbewegung die **Rippelkämme** gespalten und die höheren danach flächig abgeschnitten worden. (Zur Formenvielfalt s. Ehlers 1988, S. 87, 143 f.)

Bei regelmäßigen Gezeiten mit einem Tidenhub von mindestens einem Meter, flachem Ausgangsrelief und verfügbarem Sediment bildet sich ein an die Küste anschließendes **Watt** *(tidal flats)* aus, wobei zur Küste hin die Korngröße abnimmt und wo bei jedem Kentern der Flut und damit kurzzeitigem Stillstand ein Teil des meist organischen Schwebstoffgehalts

24. Küstenformen · Strandwälle

als Schlick mit über 50 % Ton- und Schluffgehalt abgesetzt (Schlickwatt, *mud flats*) und zu Marsch wird (Abb. 658 f.). Seewärts werden bei stärkerer Wasserbewegung bereits die gröberen Partikel des Mischwatts (10 – 50 % Schluff und Ton) und schließlich, wie in Abb. 638, reines **Sandwatt** (*sand flats*) gebildet (Ehlers 1988, S. 65 ff.). Der Sand stammt weitgehend aus bei der Transgression aufgearbeiteten Glazialsedimenten.

Das Sandwatt, eine **Plate,** liegt zwischen zwei großen, mehrere Meter tiefen und auch bei Ebbe gefüllten **Tideströmen** mit Wassergeschwindigkeiten von über 1 m/s, während auf dem fast ebenen Watt das Wasser bei Flut kaum 50 cm/s bewegt wird (a. a. O. S. 33). Die das Sandwatt durchziehenden **Priele** (*tidal creeks*) sind kürzer und gestreckter als jene eines natürlichen Schlickwatts (a. a. O. S. 64 f.).

Die baumbestandenen Aufragungen im Hintergrund sind **Wurten**, d. h. künstlich zum Überflutungsschutz seit dem Mittelalter aufgehöhte Wohnhügel auf dem Marschland der großen Hallig Langeneß als einem der wenigen Reste eines während der holozänen Transgression aufgewachsenen Marschlands, das bis zu den großen Sturmfluten seit dem 11. und vor allem im 14. Jahrhundert nahezu das gesamte heutige Watt eingenommen hatte (Ehlers 1988, S. 20 f.).

Abb. 639 zeigt eine etwas abweichende Variante der litoralen Serie nach Ahnert (2003, S. 358) für eine Lockermaterialküste. Sie beginnt links mit der durch die Brecherzone markierten, leicht ansteigenden **Unterwasserschorre** als schiefer Ebene für die gegen die Schwerkraft auflaufende Brandung und endet rechts mit der **Hochschorre** zwar nicht an einem Sand-, sondern **Lockermaterialkliff** in pleistozänen fluvialen und solifluidalen Sedimenten unter einer Glacisabschrägung (*vgl.* Abb. 673). Sein Bewuchs und die helle Anwehung von Sand aus dem trockenen Strand deuten auf in letzter Zeit nur unbedeutenden Wellenangriff am Fuß.

Zum Vordergrund hin wird die durchgehende Hochschorre durch zwei prielartige, gezeitenabhängige **Strandrinnen** gegliedert, die am Fuß der Felsbastion mit der Unterwasserschorre verbunden sind. In ihnen sind fast horizontal gekappte, quer zur Brandungsrichtung stark aufgeschlitzte Reste einer **Abrasionsplattform** freigespült worden, die von einer ganz andersartigen, *älteren* Stranddynamik mit der litoralen Serie einer Fels-Kliffküste bei etwa gleichem Spiegelstand geschaffen und später zerstört wurden. An der Felsbastion hat Verwitterung im Spritzwasserbereich die Klüfte nachgezeichnet; die flechten-

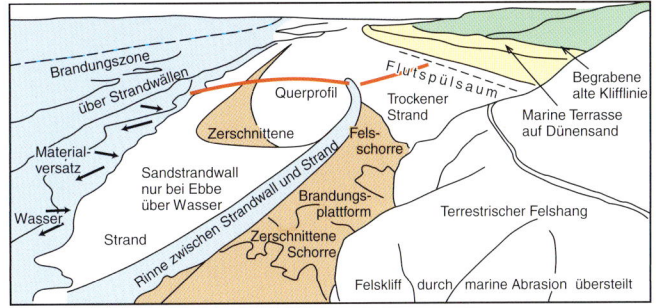

bewachsene Kluftfläche darüber ist Zeuge eines einstigen Wandabbruchs durch Brandung.

Abb. 641, bei extremem Niedrigwasser aufgenommen, zeigt die Fortsetzung der litoralen Serie im Bereich der **Gezeitenschorre** als eine Abfolge von mehreren flachen Barren oder **Sandriffen** (*longshore bar*). Bei Flut werden sie im Wechselspiel von auflaufender Brandung und dem zugehörigen Rückstrom als noch nicht verstandenes rhythmisches Phänomen geformt. Bei ablaufendem Wasser werden die Senken (*trough*) zwischen ihnen wie in Abb. 639, nur größer, zu prielartigen Rinnen.

▲▲ Abb. 639: Rezente Lockermaterial- und vorzeitliche Fels-Kliff-Ausprägung der Litoralen Serie; Halbinsel Cotentin, Normandie, Frankreich.

▲ Abb. 640: Erläuterungsskizze zu Abb. 639.

▼ Abb. 641: Abfolge von Sandbarren bei Ebbe, Persischer Golf, Südiran. Im Hintergrund die Kliffküste der Insel Hormuz.

24. Küstenformen · Ausgleichsküste, bewachsene Strandwälle

▲ Abb. 642: Küstenmarsch über einer Sanderfläche, einsedimentierte Vulkaninsel mit Kliffs und der Schotterstrand einer Ausgleichsküste; Dyrhólaey, Südisland.

▶ Abb. 643: Erläuterungsskizze zu Abb. 642.

▼ Abb. 644: Inaktive bewachsene Strandwälle über einem Schlickwatt; Knik Arm, Cook Inlet, Südalaska.

Abb. 642 zeigt eine für die Südküste Islands typische, hafenfeindliche **Ausgleichsküste** als *allgemeines Entwicklungsziel der Küstenumformung* (Louis & Fischer 1979, S. 547; Ahnert 2003, S. 384). Beim Einsetzen der glazialisostatischen Landhebung und gleichzeitigem Meeresspiegelanstieg schuf die Meeresbrandung zeitweilig ein heute von Hangschutt überdecktes Kliff am Fuß des **Stapi**, des subglazial bis zur Plateaukante aus Hyaloklastit aufgebauten Vulkans im Hintergrund (Abb. 18), dessen Plateaukante die Höhe des Inlandeises zur Ausbruchszeit nachzeichnet. Häufige nacheiszeitliche Eruptionen unter dem Eis des **Schildvulkans** (Abb. 18) Eyjafjallajökull (1616 m, im Bild) und besonders der Katla des rechts anschließenden Mýrdalsjökull und die dadurch ausgelösten Gletscherläufe (Abb. 523) schütteten eine **Sanderfläche** gegen das Meer vor und machten so schließlich auch die Insel Dyrhólaey (der Fotoposition) bis 1918 zum südlichsten Punkt Islands, bis ein weiterer Gletscherlauf 20 km östlich die Küste weiter vorschob (Schutzbach 1985, S. 149 f.). Die **Aschenhügel** im Mittelgrund rechts wurden in dieser Zeit aufgebaut. Zur Landnahmezeit im 9. Jahrhundert hatte sich auf dem länger nicht mehr überschwemmten Sander bereits die lössartige **Móhelladecke** (Abb. 523, 612) als Grundlage für die Landwirtschaft dieses Gebiets abgelagert.

Der Felsen Dyrhólaey, Rest einer wohl mittel-pleistozänen Decke aus wechsellagerndem, weichem, braun verwitterndem Hyaloklastit/Palagonit (Abb. 18) und schwarzer Basaltlava, wurde zum Fixpunkt für die nach Westen gerichtete **Küstenströmung**, durch welche die meerwärts vorrückenden Sanderschüttungen links davon in gerader Linie abgeschnitten worden sind.

Das Ufer wird von einem breiten, mehrere Meter hohen **Strandwall** aus plattigen Basalt-Strandgeröllen gebildet (wie in Abb. 649). Die hellen Bänder zeichnen mit kleineren Palagonitschottern auf kurzlebigen, schmalen **Aufsitzer-Strandwällen** die **Spülsäume** der letzten, jedes Mal weniger hoch auflaufenden Fluten nach. Die gegenwärtigen kleinen Schönwetterwellen mit nur wenig in die Tiefe reichender Orbitalbewegung werden erst unmittelbar an der Uferlinie zur schwachen Brandung.

Die flache **Strandrinne** hinter dem breiten Strandwall ist bereits von nicht mehr salztoleranten Pflanzen besiedelt und der dahinter ansteigende *ältere* Strandwall ist nur deshalb noch basaltgrau und unbewachsen, weil seine Schotter extrem wasserdurchlässig sind. Der innere Wall unterstreicht die noch weitergehende *glazialisostatische* Landhebung, die – zusammen mit der küstenwärtigen Neigung der Sanderfläche – einen Deichbau nicht nötig macht.

Auf junge Landhebung deuten auch die **inaktiven Strandwälle** in Abb. 644 hin, die im inneren Teil des von starken Gezeiten geprägten Mündungstrichters des Matanuska River liegen. Wie im Kleinen in Abb. 663 (im Hintergrund) ist eine steile Rampe im Wattenschlick ausgebildet, die bei Ebbe von Prielen entwässert wird. Darüber liegt die Abfolge von auch bei Flut längere Zeit nicht mehr durch die Brandung angegriffenen Strandwällen, die bereits durch eine dichte Tundrenvegetation stabilisiert worden sind. Statt Hebung – glazialeustatisch oder durch ein Erdbeben wie jenes starke von 1964 – könnte aber auch abnehmende Sturmintensität die Ursache dafür sein, dass bei Flut das Wasser nur noch in Längsrichtung in die flachen Strandrinnen eindringt. Die tieferen Rinnen bleiben trotz der Hochlage auch bei Ebbe gefüllt, da der Untergrund aus schwer durchlässigen Tonen eines spätglazialen Eisstausees besteht. Der geringe Überstau durch Brackwasser in den zum Aufnahmezeitpunkt trockengefallenen Teilen reicht noch für eine weitgehende Bewuchsverhinderung aus.

Auch Abb. 645 zeigt eine inaktive Küstenform. Am teilweise bewachsenen Fuß des **Kliffs** in einer pleistozänen Schwemmfächerschüttung kann heute eine außer bei Extremfluten hochwassersichere Autostraße geführt werden. Die bis an den Abbruch herangebauten Häuser sind nicht durch Kliffunterschneidung bedroht, sondern durch fluviale Erosion, die in den Steilabfall schluchtartige Rinnen einschneidet. Die Inaktivierung des Kliffs wird auch hier nicht durch Hebung, sondern allein durch die küstenparallele Strömung *(longshore drift)*, die Umlenkung der Wellenrichtung durch **Refraktion** in die Bucht und damit deren Auffüllung durch den mitgeführten Sand erfolgt sein (Kelletat 1999, S. 140 f.; Ahnert 2003, S. 370; Abb. 655), was letztlich bis zur Begradigung der Küstenlinie und zur Schaffung einer **Ausgleichsküste** führen wird (Ahnert 2003, S. 384).

▲ Abb. 645: Ausgleichsküste, durch Buhnen beeinflusster Strandversatz, inaktives Kliff; Lima, Peru.

Die parkenden Autos zeichnen die Grenze nach, bis zu der heute normalerweise die Flut reicht. Bei den geringen Gezeiten dieser Küste und einer über längere Zeit gleichmäßigen Dünung hat sich durch die immer wieder an denselben Stellen geradlinig auflaufenden **Translationswellen** der Brandung und die leichte Erosion beim parabelastförmigen Rückstrom selbstverstärkend eine Abfolge aus Strandhörnern *(beach cusps)* und dazwischenliegenden flachen Stranddellen (Ahnert 2003, S. 375) gebildet. Die Zickzacklinie darüber als Muster für den strandparallelen Materialversatz zeichnet das gleiche Geschehen bei etwas höherem Wasserstand nach.

Heute herrscht an diesem Küstenabschnitt nicht mehr Anlandung, sondern kräftige *Abtragung* durch die Technik des **Buhnenbaus,** die, wie in vielen Fällen seit dem 19. Jahrhundert (Ehlers 1988, S. 195 ff.) gerade zum Schutz der Küsten eingeführt worden war. In der irrigen Annahme, dass durch die Verlagerung von Sand durch die schräg auflaufenden und dann gerade zurücklaufenden Wellen der Strand erodiert würde, zusammen mit der strandparallelen Strömung *(longshore drift)* jenseits des Brandungsstreifens, wurden strömungsbremsende Buhnen *(groynes)* rechtwinklig zur Küste gebaut. Die vorderen, vermutlich älteren, sind bereits stark von der Brandung zerstört worden.

Abb. 646 zeigt im Detail die unbeabsichtigte Wirkungsweise einer Buhne. Auf der strömungszugewandten Seite wird durch auflaufendes Wasser der Strand aufgehöht, da der von links antransportierte Sand nicht weiter verlagert werden kann. Jenseits des Hindernisses aber fehlt dieser Sand und zusätzlich wird durch den Rückstrom Material meerwärts abgeführt. Entsprechend läuft die Brandungswelle noch bis zum Buhnenkopf als gerade Linie auf, erst als Wellenversteilung und dann als überkippender **Schwallbrecher,** der zum flach auslaufenden **Sturzbrecher** wird. Im linken, weil aufgehöhten Bereich läuft die Welle dann aber weniger hoch auf; der Strand ist breiter geworden. Doch rechts greift sie dafür weiter in den hier ständig schmaler werdenden Strand ein.

So erklärt sich in Abb. 645 der starke *Rücksprung* der Uferlinie hinter der langen Buhne und der geringere an der kurzen. Die von der Brandung stark abgetragene Buhne vorne hat keine negative Wirkung mehr. Im Großen wird die Abtragung im Strömungslee noch durch einen sich dort ausbildenden horizontalen, im Uhrzeigersinn erodierenden Wirbel verstärkt (Kelletat 1999, S. 82). Mit Sicherheit waren die vorderen Buhnen ursprünglich auch länger und sind lediglich zusammen mit dem besonders im hinteren Teil in seiner Breite stark geschrumpften Strand abgetragen worden. Dessen weitere Erosion könnte letztlich wieder das Kliff aktivieren.

▼ Abb. 646: Detailbild zum Strandversatz an einer Buhne, Cabourg, Normandie, Frankreich.

24. Küstenformen · Sturmflut-Strandwälle

▲ Abb. 647: Strandwallabfolge aus Basaltschottern in der Bucht einer Hochenergie-Gezeitenküste bei Ebbe; Halbinsel Snaefellsnes, Westisland.

Als Folge nacheiszeitlicher glazialisostatischer Hebung liegt die höchste Strandlinie auf der Halbinsel Snaefellsness in 80 m Höhe. Das Plateau im Hintergrund ist eine jüngere holozäne **Brandungsplattform** der *vorgerückten* Küste in altpleistozänen Vulkaniten und wird von einem jüngeren Lavastrom überlagert. Zwei tiefere Brandungsplattformen am Sporn (*promontory*) sind im zeitweiligen Gleichgewicht zwischen Landhebung und Meeresspiegelanstieg entstanden. An einer gesteinsbedingten Schwächezone hat sturmbedingt intensive Brandung mit Schottern als *Erosionswaffe* erst in der kurzen Zeit des jüngeren Holozäns die seitdem bereits zur Hälfte wieder mit Schottern verfüllte **Bucht** geschaffen. Das geringe Alter belegen die **Brandungspfeiler** (*stacks*), die eine Inlandeisüberfahrung nicht überstanden hätten. Der vordere ist aus einer harten Förderspaltenfüllung herauspräpariert worden.

Bei starkem Tidenhub und hohen Sturmflutwasserständen, verbunden mit dann auch sehr starkem Sog, hat sich ein steiler **Gezeitenstrand** bis zur etwa 15 m höheren, fast ebenen **Hochschorre** deutlich oberhalb des mittleren Tidehochwassers mit bereits leicht gegenläufigen Gefälle (*backshore*) entwickelt. Gerade außerhalb des Bildausschnitts belegen Fetzen eines stählernen Schiffsrumpfs die große Energie auflaufender Sturmwellen.

Höhere Flutstände löschen ältere Flutmarken aus. Erhaltene Spuren werden meerwärts *jünger*. Die letzte Flut lief bis zu den untersten Personen auf, die nächstältere warf den kleinen **Aufsitzer-Strandwall** (rote Person) auf, bei dessen Überspülung durch besonders starke Wellen ein für nördliche Küsten typischer Spülsaum aus **Treibholz** des borealen Nadelwalds zurückblieb (Kelletat 1999, S. 170). Darüber liegt dann noch ein weiterer schmaler Strandwall.

Abb. 648 zeigt einen zumindest zweiphasig geformten **Strandwall** (*beach ridge*), der von starken Winterstürmen mit der für Strandwälle typischen horizontalen Krone aufgeworfen wurde und der so hoch ist wie die äußerste Reichweite auflaufender Wellen. Die mit der auflaufenden Welle als Bodenfracht gegen die Schwerkraft hochbewegten Schotter werden im Moment des höchsten Wellenauflaufs abgesetzt, der größte Teil aber vom Sog des Rücklaufs wieder mitgenommen. Da aber nach dem *Hjulström-Diagramm* der Erodierbarkeit von Sedimenten (1935; s. Ahnert 2003, S. 194) zur Materialaufnahme eine höhere Geschwindigkeit als für den Transport nötig ist (Louis & Fischer 1979, S. 540), die höhere Fließgeschwindigkeit aber erst beim Ablauf unterhalb des Kronenniveaus erreicht wird, bleibt ein Teil liegen. Außerdem versickert sofort ein Teil des Wassers im Kies, wie auch das gesamte Wasser der großen Brecher, die Schotter über die Wallkrone schieben und so den Rückhang des Strandwalls aufgebaut haben. Bei einer weniger hoch auflaufenden, aber brandungsstarken Flut ist erst eine schmale Schorre mit schrägem Kliff in den großen Strandwall erodiert worden, auf der anschließend wiederum ein **Aufsitzer-Strandwall** aus größeren, hellen Schottern aufgebaut wurde.

Abb. 649 zeigt, dass derartige „ausgereifte" **Brandungsschotter** durch den bei jeder ausreichend starken Welle schiebenden Transport in wechselnder Richtung deutlich stärker abgeplattet, meist auch besser gerundet und geglättet sind als Flussschotter (Abb. 265). Nicht mehr vorwärts bewegte Schotter werden von der auflaufenden Brandung wie im Flussbett (Abb. 265) *dachziegelförmig* mit der Strömung gekippt, sodass ihre Schmalseiten leicht aufwärts und landwärts orientiert sind. Abgelagert wurden diese Schotter bei einem starken Wintersturm auf der im Sommer in Sand aufgehäuften **Gezeitenschorre**.

Die trotz Windstille bei Hochdruckwetter starke **Brandung** (*surf*) zeigt das Umkippen einer durch große Winddauer und Wirklänge (*fetch*) im offenen Atlantik entstandenen **Dünung**. Diese ist als in Windrichtung drehende, transversale Schwingungs- oder **Oszillationswelle** mit senkrecht stehender Kreis- oder Orbitalbewegung am Ort entstanden. Die Wellenform dagegen schreitet in Windrichtung bei großen Wellen mit 10 – 15 m/s fort. Die gerade Kammlinie des hintersten Brechers zeigt deutlich, dass auf **Dünungswellen** die unruhige Oberfläche der einstigen Windwelle ausgeglichen worden ist. Wegen ihrer großen Wellenlänge – bis mehrere 100 m – geschieht das *Abbremsen* der Welle in der Tiefe der halben Wellenlänge und die daraus resultierende Aufsteilung bereits in größerer Entfernung vor dem Strand. Durch den Druck des noch schnelleren hinteren Wellenteils wird die Wellenlänge verkürzt und dabei der Wellen-

▼ Abb. 648: Hoher Winterstrandwall; Kaspisches Meer bei Chalus, Nordiran.

kamm aufgehöht. Aus der Orbitalwelle wird eine mit steiler Hohlkehle vorschießende **Translationswelle** für Surfer, bis sie als **Sturzbrecher** *(plunging breaker)* um eine Lufttasche vornüber stürzt. Da die Wellen etwas schräg gegen den Strand auflaufen und so der rechte Teil bereits flacheres und stärker bremsendes Wasser erreicht hat, ist dieser Vorgang dort schon weiter fortgeschritten. Die beiden zuvor gebrochenen Wellen sind bereits zu **Schwallbrechern** *(spilling breaker)* geworden. Ihrem schäumenden **Wellenauflauf** *(swash)* folgt der durch Versickern und Reibung schwächere **Wellenrücklauf** *(backwash)*. Diese Unterströmung bremst das noch von Schaumresten bedeckte Wasser der nächsten Welle, sodass eine bis zur Uferlinie auflaufende niedrige **sekundäre Brandung** entsteht (Ahnert 2003, S. 369 ff.; Louis & Fischer 1969, S. 525).

Die *Schrägstellung* des Meeresspiegels gegen die offene See durch Gezeiten oder, wie in Abb. 650, in der *gezeitenfreien* Ostsee allein durch den Winddruck bewirkt das Auflaufen der Brandung und löst damit den wirksamsten geomorphologischen Vorgang der Wellenbewegung aus. Die dabei ausgebildete **litorale Serie** (Ahnert 2003, S. 357 f.) in Abb. 650 zeigt deutlich, dass sich je nach Wasserstand, Brandungsenergie und Zeitdauer ein eigener Strandwall unterschiedlicher Höhenlage und Korngröße formt. Bei mäßiger Brandung wird der unterste Strandwall vorne – durch das Wasser dunkel erscheinend – lediglich ohne Aufhöhung überspült und ist in seiner Fortsetzung sogar erodiert und durch eine Sandschorre ersetzt worden. Auf dem Anstieg zum oberen, von stärkerem Wellenschlag und Wasserstand aufgebauten groben Schotterwall liegt ein ausklingender kleiner Wall aus relativ feinem Material.

Auch beim Aufbau des oberen Walls reichte hier die Energie der auflaufenden Brandung *nicht* aus, um das in gestauchter Grundmoräne angelegte Kliff – nach Ausweis der perennierenden Sträucher bis zu dessen Fuß – in den letzten Jahren frisch zu unterschneiden. Direkter Wellenschlag greift lediglich ein wenig das Kreidekap im Hintergrund in kaum sichtbaren Brandungshöhlen an, aber immerhin wäre dort zu sehen, dass bis zu etwa 1,5 m Höhe durch Spritzwasser die Schmutztapete aus Moränenlehm abgewaschen ist. Dennoch hat es in den letzten Jahrhunderten hier aktiven **Kliffrückzug** gegeben. Reste einer slawischen Tempelanlage („Jaromarsburg"), 1168 von Dänen erobert, sind nämlich seitdem zur Hälfte durch den Abbruch des derzeit sogar mit kleinen Bäumen bewachsenen Kliffs in Zeiten stärkerer Winterstürme verloren gegangen, wahrscheinlich während des „Kleinen Eiszeitalters" bis zum 19. Jahrhundert. In der im Sommer meist nicht vorhandenen Brandung liegen **Findlinge**, die beim Kliffabbruch und Abtransport des Feinmaterials in die südlich anschließende Nehrung (Abb. 652, 655) liegen geblieben sind.

Die *Steilheit* des bei Ebbe freiliegenden nassen Strands in Abb. 651 ist nicht das Ergebnis von starkem Sog und Rückstrom durch Stürme, sondern lediglich des hier hohen **Tidenhubs** (Ahnert 2003, S. 361, 363). Da für die Akkumulation eines Strandwalls bei Sturm zumindest einige *Stunden* zur Verfügung stehen, bei Flut die Brandung den höchsten Bereich aber nur sehr kurz erreicht, ist hier normalerweise kein Strandwall, sondern lediglich der fast nur aus **Seetang** bestehende **Spülsaum** ausgebildet. Auch hier zeigt der Bewuchs des Kliffs anhand der aufgeforsteten Dünen, dass es längere Zeit nicht mehr angegriffen worden ist. Bei ablaufendem Wasser bleibt selbst der von der Brandung aufgeworfene leichte Tang liegen, weil die für den Transport nötige Geschwindigkeit des Ebbstroms bei ruhiger See erst in einiger Entfernung unterhalb der Uferlinie erreicht wird. Der Tang weist darauf hin, dass der Meeresboden *unterhalb* der Niedrigwasserlinie aus Fels besteht (s. Abb. 635), von dem ein Teil auch freiliegt. Die Küste ist hier also auch, wie in Abb. 639, 642 und 645, in ihrer jüngeren Geschichte *vorgerückt*.

▲▲ Abb. 649: Dünungsbrandung und Schotterstrand mit typisch plattigen Strandgeröllen; bei Tiznit, Südmarokko.

▲ Abb. 650: Fels- und Grundmoränenkliffküste mit litoraler Serie; Kap Arkona, Rügen, Nordostdeutschland.

▼ Abb. 651: Steiler Gezeitenstrand in einer Bucht mit großem Tidenhub bei Ebbe; bei Saint Malo, Bretagne, Westfrankreich.

24. Küstenformen · Lagune, geschlossene Nehrung

Abb. 652: Nehrung mit verlandender Lagune und Durchbruch zum Meer; Mardia Zerga, nordmarokkanische Atlantikküste.

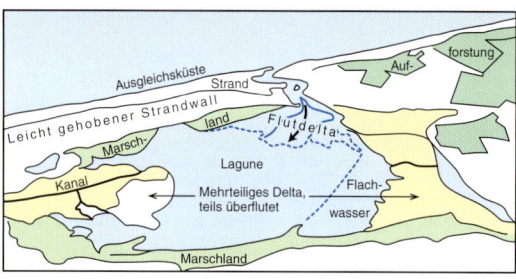

Abb. 653: Erläuterungsskizze zu Abb. 652.

Abb. 654: Durch Strandversatz vollständig abgeschlossener Strandsee; Küste des Indischen Ozeans nördlich Umshlanga, Südafrika.

Auf diese Weise hat in Abb. 652 eine Strömung von links eine Bucht fast vollständig vom offenen Meer abgeschnitten und zu einer strandparallelen **Lagune** umgewandelt. Auf der Nehrung hat sich mit den auch bei Windstille ständig auflaufenden Dünungsbrechern die **litorale Serie** einer Lockergesteinsküste ausgebildet (Ahnert 2003, S. 385; Abb. 650), vom hellen Sandstrand mit dunklem Spülsaum bis zum – blickwinkelbedingt – nicht sichtbaren Kliff in einer durch Felder und Nadelwaldaufforstung bedeckten **Küstendüne**, die durch den vom trockenen Strand durch tagsüber auflandige Winde ausgewehten Sand aufgebaut worden ist. Der Durchlass *(tidal inlet)* wird auch durch das vom Land – hier aus klimatischen Gründen allerdings nur im Winterhalbjahr – kommende Flußwasser offengehalten, vor allem aber durch die Gezeitenströmung. Deren Wasser dringt bei Flut durch den Auslauf in die Lagune ein und hat dort, durch Untiefen nachgezeichnet, im stehenden Wasser ein **Flutdelta** *(flood delta)* abgesetzt. Bei Ebbe wäre das entsprechende **Ebbedelta** *(ebb delta)* als zweite Form eines **Gezeitendeltas** auf der Schorre vor dem Mündungsbereich erkennbar (Ehlers 1988, S. 78 f.). Von der Landseite her wird die Lagune zusätzlich durch die **Deltas** (Abb. 294 f.) von zwei einmündenden Flüssen allmählich mit verdunstungsbedingter Salzkruste auf den nicht ständig wasserbedeckten Flächen verfüllt.

Im Auslauf sind zwei **Ästuarmäander** ausgebildet (Ahnert 2003, S. 365 f.). Anders als Flussmäander haben sie keine parallelen Ufer. Als Folge der mit der Tide wechselnden Strömungsrichtung liegen Prall- und Gleithang des schwächeren Ebbstroms an anderer Stelle als die des stärkeren Flutstroms. Die engste Stelle der Rinne liegt dort, wo sich deren Bahnen kreuzen. Der breiteste Bereich ist in diesem Fall sogar durch zwei Sandbänke unterbrochen. An der meerseitigen Mündung wird die Barriere in einer kleinen **Nehrungszunge** *(spit)* in Strömungsrichtung weitergebildet, sodass die Mündung nach rechts verschleppt worden ist.

In Abb. 654 haben nur schwacher Abfluss von der Landseite und geringer Tidenhub bei starkem küstenparallelen Sandversatz zu einem vollständiger Abschluss einer schmalen Flussmündung und zur zumindest vorübergehenden Schaffung eines **Strandsees** geführt. Fehlende Dünen auf dem Wall und die kleine Einbuchtung auf der Landseite sowie eine quer über den Wall laufende niedrige Erosionskante markieren allerdings ein gelegentliches **Überspülungsgebiet** *(washover area)*, in dem zeitweilig auch wieder ein Durchbruch entstehen könnte. Die Nehrung ist – insbesondere im Bereich der möglichen Durch-

Die Begradigung der Küstenlinie durch die überall vorhandene Küstenlängsströmung und damit ihre Umgestaltung zur Ausgleichsküste *(graded shoreline)* als strömungsmäßig günstigster Form kann durch die sedimentäre Auffüllung von Buchten geschehen, wie in Abb. 645, 647, oder durch den Aufbau von **Nehrungen** *(barrier beach)*. Letzterer kann bei stärkeren Gezeiten aus einem auf den Strand zugewanderten Sandriff (s. Abb. 636) erfolgen, wie sie als mehrere hundert km lange, schmale **freie** Nehrungen die Südostküste der USA oder als Nehrungsinseln die südliche Nordseeküste begleiten (Kelletat 1999, S. 154 ff.). Meist bei schwächeren Tiden bildet sich eine **landfeste** Nehrung (Ahnert 2003, S. 381 ff.) wie in den Abb. 652 – 655 dadurch, dass sich als Folge des küstenparallelen Sedimenttransports der *longshore drift* im Bereich einer zurückspringenden Küstenlinie ein Strandwall aus Trägheitsgründen unter Beibehaltung seiner strömungsbedingten Transportrichtung (Louis & Fischer 1979, S. 543 f.) horizontal verlängert und so eine Bucht letztlich (fast) vollständig absperren kann *(baymouth bar)*.

bruchsstelle – in typischer Weise und in Anpassung an die Tiefenlinien, nach denen sich auch die Brandungswellen einregeln, leicht *gekrümmt*, insbesondere im Bereich der möglichen Durchbruchstelle (Louis & Fischer 1979, S. 543).

An der Küste hat es aber seit Monaten keine Sturmflut gegeben, denn am Fuß des Dünenkliffs im Hintergrund ist eine Rampe aus jungem Dünensand aufgeweht worden. Die Dünenvegetation besteht hier nicht wie in gleicher Position an der Nordsee aus einer Strandhafergesellschaft, sondern aus dem großblättrigen tropischen Milchbusch *(Calvaria (Sideroxylon) inermis)*, der dichte, niedrige windgescherte Buschbestände bildet (Walter 1968, Bd. II, S. 216).

In Abb. 655 sorgt trotz nur geringer Tide die Menge des Wassers, die in jeweils etwas über 6 Stunden in die Lagune ein- oder ausströmt, für einen offenen Durchlass mit seinen typisch unregelmäßigen **Gezeitenmäandern** (Abb. 652). Der starke Ebbstrom hat links einen kleinen **Nehrungshaken** erzeugt. Der breite **Strand** entspricht dem von Abb. 642 und schließt unmittelbar links der landfest gewordenen Insel Dyrhólaey an. Dünen kann es hier auf der Nehrung nicht geben, weil sie aus bis zu 10 cm großen Basaltschottern aufgebaut ist. Die Grasdecke auf ihrer landwärtigen Seite zeigt aber auch, dass sie nur gelegentlich in ganzer Breite überschwemmt wird.

Das **Einschwenken** der Wellenkämme in die Mündungsbucht ist die Folge von **Refraktion** (Ahnert 2003, S. 370; Kelletat 1999, S. 139; Louis & Fischer 1979, S. 531). Der **schäumende Brecher** rechts hat, da er leicht schräg auf die Küste aufgelaufen ist, hinten bereits früher die seiner halben Wellenlänge entsprechende Wassertiefe auf der Schorre erreicht. Beim sukzessiven Abbremsen und noch höherer Geschwindigkeit der **Translationswelle** im noch tieferen Wasser wird die Welle zunehmend strandparallel gedreht. In gleicher Weise läuft die Welle, die bereits den Fuß des Brandungspfeilers erreicht hat, im tieferen Wasser der Mündung mit einer Drehbewegung in fast rechtem Winkel zur ursprünglichen Bewegungsrichtung auf den Schotterstrand am Klifffuß links zu. Kompliziert wird die Bewegung durch die teils schaumkronenfreien **Interferenzwellen** des gegenläufigen Ebbstroms.

Das strandparallel transportierte Sediment, das hier nicht mehr zum weiteren Aufbau der Nehrung beitragen kann, wird wie stets in solchen Fällen, in einem durch das Ebbdelta bedingten Bogen um den Felsen herumgeführt und trägt dann zur Ernährung des Strandes in Abb. 642 bei (Ehlers 1988, S. 88 ff.).

▲ Abb. 655: Steilküste, durch Nehrung abgeschlossene Bucht und Verbindung zum Meer; Dyrhólaey, Südisland.

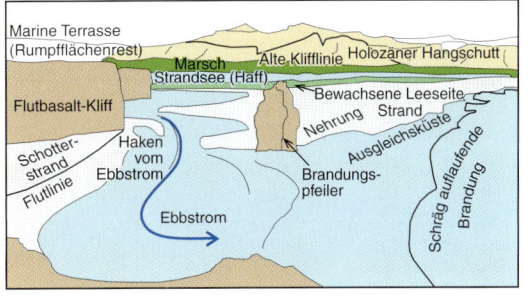

◂ Abb. 656: Erläuterungsskizze zu Abb. 655.

Der **Brandungspfeiler** und das anschließende **Kliff** – wie in Abb. 647 beide erst postglazial entstanden – sind wie auch dort das Ergebnis des in jüngerer Vergangenheit – wohl klimatisch bedingt – deutlich stärkeren Wellenangriffs, hier im heute zusätzlichen Schutz der Nehrung bei verringerter Wassertiefe.

Abb. 657 zeigt, dass ein **Strandsand** nicht nur aus Quarz bestehen muss. In diesem Fall liegen vor der Küste alte Korallenriffe, und die Kliffs, an denen abgetragen werden könnte, bestehen aus Kalkstein. Das einzige transportierbare Material sind Muschel- und Schneckenschalen und gelegentlich Korallenbruchstücke, die im Brandungsbereich zermahlen werden *(bioclastic sand)*. Da die Bruchstücke ein geringeres spezifisches Gewicht als Gesteinskörner haben, sind sie bei gleicher Wellenenergie entsprechend größer als z. B. Quarzkörner (Äquivalentdurchmesser).

▾ Abb. 657: Ausschließlich aus Muschel- und Schneckenbruchstücken bestehender Strandsand; Playa del Este bei Havanna, Nordkuba.

24. Küstenformen · Schlickwatt, Marsch

▲ Abb. 658: Aus Ton und organischem Material aufgebautes Schlickwatt mit Prielen; vor der Ostküste von Amrum, Nordsee, Schleswig-Holstein.

▼ Abb. 659: Natürliche Marschentstehung: Erläuterungsskizze zu Abb. 660.

▼▼ Abb. 660: Beschleunigte Marschbildung (Landgewinnung) durch Lahnungen, Grüppen und Gräben; Damm nach Rømø, Südjütland, Dänemark; Südseite 1971.

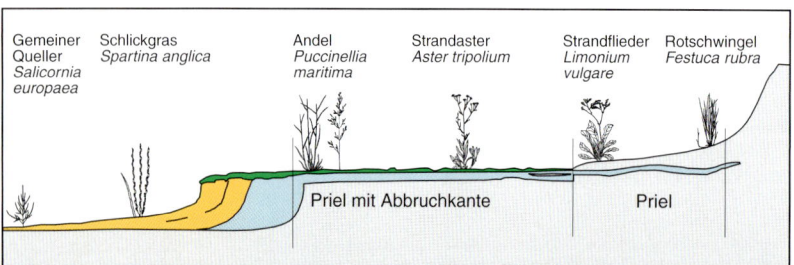

An **Flach- oder Seichtwasserküsten** (Louis & Fischer 1979, S. 555 ff.) schaffen hohe Mengen an überwiegend organischer Schwebfracht des küstennahen Meerwassers in Verbindung mit einem nicht zu geringen Tidenhub von über 1 m die Voraussetzungen für die Bildung eines **Schlickwatts** *(mud flats)* (Kelletat 1999, S. 158 ff., Ahnert 2003, S. 368 ff.; Ehlers 1988 S. 65 ff.). Bei noch höheren Strömungsgeschwindigkeiten und damit in den Außenbereichen des Wattenmeers werden Sandwatten wie in Abb. 638 gebildet. Die Tonfraktion wird nur beim *Kentern* der Flut, beim Übergang vom auflaufenden Wasser der Flut zum ablaufenden Wasser der Ebbe in flachem Wasser absinken. Noch mehr als bei gröberen Korngrößen (Abb. 648) gilt für die Tonfraktion, dass zur Wiederaufnahme eine **höhere** Fließgeschwindigkeit als zum Transport nötig ist. Diese wird aber erst erreicht, wenn bei Ebbe die **Wattflächen** *(tidal flats)* bereits trockengefallen sind und das Wasser mit steigender Geschwindigkeit in den **Prielen** *(tidal creeks)* abläuft. Anders als im Sandwatt sind diese im Schlickwatt stärker mäandrierend und stärker dendritisch verästelt und reichen bis dicht an die flachen, weitgehend lagestabilen Wattwasserscheiden heran.

Ausgedehnte Schlickwatten finden sich deshalb in den inneren Bereichen von Ästuaren und, wie in Abb. 658, auf der küstenzugewandten Leeseite von Inseln als **Rückseitenwatt**.

Fast am Höhepunkt der Ebbe führt hier in einigen Kilometern Entfernung vom ständig wasserführenden **Tief** zwischen den Inseln – auch als **Gatt** oder **Balje** bezeichnet – der Priel nur noch in der vom Ebbstrom erzeugten Tiefenlinie etwas Wasser. Im Vordergrund ist, wie bei einem Festlandsfluss, deutlich der Unterschied zwischen Prall- und Gleithang (Abb. 251) ausgeprägt. Während der höchsten Ablaufgeschwindigkeit beim tidebedingt stärksten Gefälle nahe dem Niedrigwasser sind große **Strömungsrippeln** am Boden des Priels gebildet und wegen des schnell sinkenden Wasserstands auch weitgehend bewahrt worden, bis auf den Bereich, in dem sich die Niedrigwasserrinne eingeschnitten hat.

Die Überflutung der Fläche war, nach Ausweis der zur Kamera gerichteten Steilseite der *asymmetrischen* Strömungsrippeln, vom Priel weg gerichtet. Mit dem fallenden Wasserspiegel im Priel wurden, wie in Abb. 283, neben anderen, der Wasserriss vorne in den Prallhang eingeschnitten. Der Halbkreis links davon ist die Abrissnische einer bereits verschwemmten Rutschung. Im Hintergrund hat das ablaufende Wasser zu Beginn die Oberkante des Prallhangs teilweise stark abgerundet. Nur die Großformen dieses Reliefs werden die nächste Flut überdauern.

Biogene Prozesse spielen bei der Schlicksedimentation eine wichtige Rolle. Von Muscheln und Wattwürmern wird Schweb mit dem Wasser eingestrudelt und der nicht organische Anteil als Pseudokot ausgeschieden. **Diatomeen** wandern für ihre Fotosynthese nach jeder Überschlickung an die neue Oberfläche und scheiden einen zähen, die Fläche vor Abspülung schützenden Schleimfilm aus. Zusätzlich durchlüftet die **Bioturbation** den Schlick und sorgt dafür, dass der schwarze, anaerobe und nach Schwefelwasserstoff riechende Profilteil des

Wattsediments erst in 20 – 30 cm Tiefe einsetzt (Ehlers 1988, S. 60 f.).

Der natürliche Prozess der **Aufschlickung** *(accretion)*, mit dem das Watt zur **Salzmarsch** wird, kann anthropogen beschleunigt werden: an der Nordsee bis in die Zeit nach dem 2. Weltkrieg für die Landgewinnung, in jüngerer Zeit nur noch für den Küstenschutz, wie in Abb. 660 auf der landwärtigen Südseite des Damms, der die Insel Rømø mit dem Festland verbindet. Durch quadratisch oder rechteckig angeordnete **Lahnungen** mit Wasserdurchlässen, hier aus Kiefernreisig zwischen eingeschlagenen Holzpfählen, werden strömungsberuhigte Felder geschaffen. In dem darin eingeschnittenen Gitter von Gräben mit auch bei Ebbe stehendem Wasser dient der ständige Überflutung vertragende Queller *(Salicornia europaea)* zusätzlich als Schlickfänger. Sind die Gräben aufgefüllt, werden damit die Beete oder **Grüppen** aufgehöht. Die natürliche landwärtige Abfolge aus **Quellerzone** mit zweimal täglicher Überflutung und **Andelzone** der *unteren* Salzwiese mit 150 bis 200 Überflutungen im Jahr (Abb. 659) wird so zu einem Nebeneinander, bis das Niveau der nächst-landwärtigen *oberen* Salzwiese mit ihrer **Rotschwingelzone** erreicht wird (Ende der Salzreihe). Bei nur noch einigen Dutzend Überflutungen pro Jahr bilden sie mit ihrem dichten Wurzelfilz einen *quasi-natürlichen* Schutz. Derartige Landgewinnung war und ist nur dort möglich, wo dies auch unter den natürlichen Strömungsbedingungen im Watt abgelaufen wäre.

Durch Strömungsveränderungen – meist durch Eingriffe in die bestehende Wattwasserzirkulation – kann die Salzmarsch auch erodiert werden. Abb. 661 zeigt das dabei entstehende **Marschenkliff** von meist nur einigen Dezimetern Höhe. Die Haupterosion geschieht bei noch auflaufendem Wasser, wenn die Brandung noch aktiv ist. Unterhalb des dichten Wurzelfilzes wird der Marschboden – der **Klei** – ausgewaschen; außerdem kann der noch mit Luft gefüllte Boden leicht aufschwimmen. Die unterspülten und bald herabhängenden Soden des von Schafen kurz abgefressenen, dadurch aber auch verdichteten Rasens werden vom anbrandenden Wasser mitgerissen. Als Zeugen kräftiger Brandung sind im Bild noch restlicher Schaum und einige **Tongerölle** von kurzer Lebensdauer erkennbar. In Extremfällen wird so der Rand der Salzmarsch über 2 m zurückverlegt (Ehlers 1988, S. 193 ff.; Walter 1968, II, S. 899 ff.).

Zusätzlich zur Unterschneidung hat hier die Brandung auch schon kurze Gassen in das Kliff geschnitten und auf kleinen Flächen den lebenden Teil der Rasendecke abgetragen. Vor dem Kliff setzt allerdings mit dem Aufwachsen von Queller und den Bülten des ursprünglich zum Küstenschutz aus England in die Niederlande eingeführten Spartgrases *(Spartina anglica)* bereits wieder eine neue Aufschlickung ein.

Abb. 662 zeigt ein Stück weniger stark angegriffenen **Brandungskliffs** in natürlich gewachsener Marsch am Rand einer Hallig (Ehlers 1988, S. 256 ff.) – in jener Marsch, die die flächenhaften Landverluste bis zum Ende des Mittelalters überdauert hat (s. Abb. 638). Die dichte, tief reichende und die Abtragung erschwerende Verfilzung unter dem kurz gefressenen Rasen ist an den ausgespülten Wurzeln erkennbar. Einzelne durch ihre Auflast kompaktierte Lagen von fast nur aus der Tonfraktion bestehendem **Klei** sind vom Wellenschlag als festere Wülste herausgearbeitet worden. Ausgewaschen worden sind dagegen die etwas gröberen **Sturmflutlagen,** mit denen auch zerbrochene Muschelschalen (**Schill**) über die jeweilige Salzwiesenfläche geschwemmt wurden.

▲ Abb. 661: Küstenabbruch auf der Watten- (hier Südseite) einer Barriereinsel; Baltrum, Niedersachsen.

▽ Abb. 662: Typisch lagig aufgebaute junge Marsch mit Muschelschalenfragmenten; Hallig Nordstrandischmoor, Nordsee, Schleswig-Holstein.

24. Küstenformen · Riaküste, Flussmarsch

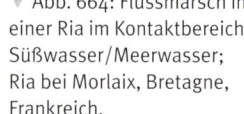

Abb. 663: Ria, ein durch den postglazialen Meeresspiegelanstieg „ertrunkene" und von Gezeiten beeinflusste Flussmündung; Ria Penzé, Bretagne, Frankreich (bei Ebbe).

Abb. 664: Flussmarsch in einer Ria im Kontaktbereich Süßwasser/Meerwasser; Ria bei Morlaix, Bretagne, Frankreich.

Bei dem erst vor knapp 6000 Jahren abgeschlossenen schnellen nacheiszeitlichen Meeresspiegelanstieg ist das Meer in unterschiedlichste Festlandsreliefs eingedrungen. Diese **untergetauchten Küsten** (*submerged coasts;* n. Valentin 1952; *s.* Abb. 637) werden von Kelletat (1999, S. 107 ff.) als Ingressionsküsten bezeichnet. Wegen der Kürze der Zeit oder in brandungsgeschützter Position konnten und können derartige *primary coasts* der englischen Terminologie meist nur wenig marin-erosiv verändert werden, dagegen eher durch marin beeinflusste Akkumulation wie die Abschnitte ertrunkener Flusstäler in Abb. 63, 664). Seit v. Richthofen (1885, S. 299 f.) werden sie nach einer nordspanischen Regionalbezeichnung als **Ria-Küsten** (Kelletat 1999, S. 111 f.) bezeichnet, im Englischen als **Ästuare** (*estuary,* Ahnert 2003, S. 365).

Holozäne **Aufschlickung** ist ein bedeutendes Wesensmerkmal. Die Bodenfracht des Flusses wird von der auflaufenden Flut gebremst und abgesetzt, während die Schwebfracht im Salzwasserkontakt ausflockt und durch die Netto-Sedimentzufuhr vom Meer bei jeder Flut ergänzt wird (*s.* Abb. 648, 658). Tidenhub und Aufschlickungshöhe werden durch den zeitweiligen Aufstau des Flusswassers noch erhöht, ebenso auch die Ebbstromgeschwindigkeit. Entweder haben relative Hebung oder eine ehemals stärkere Aufschlickung als heute die so aufgebaute **Flussmarsch** in Abb. 663 zu einer Flussterrasse (Abb. 341 ff.) gemacht, auf der auch ohne Eindeichung Felder bestellt werden können.

Als Folge des ständig wechselnden Wasserstandes fällt das Flussbett mit beiderseits steilen Rampen zum ebenen Boden unter dem schmalen Streifen des Niedrigwasserabflusses ab, allerdings nur der Form nach, nicht aber, was Prozess und Genese eines Sohlenkerbtals (Abb. 251) betrifft. Der Wellenschlag des ablaufenden Wassers hat unterhalb der bewachsenen, also stabilen Uferkante **Miniatur-Erosionsterrassen** geformt während das aus den Flussbetthängen bei Ebbe austretende Wasser Hangrunsen eingeschnitten hat. Beide werden bei der nächsten Flut ganz oder weitgehend ausgelöscht werden, anders als der durch die Tideströmung lediglich *abgerundete* **Prallhang** (*s.* Abb. 251 f.) oder vielleicht auch der – anders als auf dem Festland – vom Ebbstrom unterschnittene „Gleithang" gegenüber.

Abb. 664 zeigt einen Ria-Abschnitt bei Flut, in dem die Flussmarsch-Bildung durch Gräben (*s.* Abb. 660) auf der oberen **Aufschlickungsfläche** beschleunigt wird, die von einer niedrigen, allerdings schon wieder bewachsenen Erosionskante und der Rinne links am Fuß des Talhangs begrenzt ist. An ihrer Mündung liegt der Rest eines erst kürzlich – weil noch unbewachsenen – entstandenen Schwemmfächers auf dem nächsttieferen, davor bereits bewachsenen tieferen Marschniveau. Abgesessene Soden zeigen, dass diese Fläche jüngst – und zwar gerade wieder im Gleithangbereich – vom Gezeitenstrom unterschnitten worden ist. Der bis auf einen kleinen Abschnitt mit einmündenden, wohl permanenten Entwässerungsrinnen vom Hinterland durchschnittene Prallhangbereich gegenüber ist dagegen weitgehend bewachsen. Die Uferzerstörung könnte deshalb das Ergebnis einer oder weniger stärkerer Fluten durch Unterspülung gewesen sein.

24. Küstenformen · Beachrock

Am Fuß des bewachsenen und demnach derzeit inaktiven **Kliffs** in Abb. 665 war es dennoch kräftiger Strandsand*verlust,* der eine teils durch Unterspülung in Platten zerbrochene Bank harten Sandsteins freigelegt hat. Als **Beachrock** bezeichnet (Kelletat 1999, S. 163 ff. und 1998; Higgins in Fairbridge 1968, S. 70 ff.), kommt er (fast) nicht polwärts des sommerwarmen Mediterranklimas vor und ist in der Klassifikation von Louis & Fischer (1979, S. 633; s. Abb. 633) ein Kennzeichen der *subtropischen* Küstenzone. Die erste Beschreibung von 1835 stammt allerdings aus der *tropischen* Region des Indischen Ozeans.

▲ Abb. 665: Kalkversinterter Strandsandstein, *Beachrock,* mediterraner bis tropischer Küsten; Kap Likias, Kephallinia, Griechenland.

Beachrock ist anscheinend noch nie fossil gefunden worden, ist heute *überall in Zerstörung,* muss – da an die heutige Küstenlinie gebunden – holozän sein, ist aber bereits vor 3500 Jahren in Gräbern bei Athen verbaut worden. Alle gefundenen Vorkommen sind freigelegt, liegen also nicht mehr in ihrem damit unbekannten Bildungsmilieu. In dieser immer nur einige Zehner Meter breiten, geringmächtigen Gesteinsbank ist stets *dasselbe* Sediment (selten auch Felsbrocken, Fairbridge 1968, S. 66) wie am ihn umgebenden Strand zementiert. Die meist vorhandene unterschiedliche *Schichtung* ist oben und unten glatt abgeschnitten. Die unregelmäßige Oberfläche in Abb. 665 ist bereits eine brandungsbedingte Zerstörungsform.

In einer älteren Auffassung wird die Verkittung durch Calcit im Gezeitenbereich und dort im Kontakt zwischen Salz- und Süßwasser im Sand angenommen (u. a. Russell 1962).

Neuere Studien nehmen die Ausfällung von *Aragonit* (bei Kelletat als Hoch-Magnesium-Calcit bezeichnet) oberhalb des Gezeitenniveaus durch die *Verdunstung* von Spritzwasser an. Dies würde zwar das Vorkommen in warmen Klimaten erklären, würde aber in den meisten Fällen starke, anders nicht belegbare relative Höhenveränderungen zum Meeresspiegel voraussetzen. Andererseits spricht reiner Calcit als Bindemittel nicht unbedingt für die Mischwasser-Hypothese, weil der nur im Salzwasser gebildete Aragonit instabil ist und sich im Süßwassermilieu zu Calcit umwandelt (Higgins a. a. O.).

Möglicherweise eng verwandt mit Beachrock ist der ebenfalls kalkverfestigte Sand von Küstendünen, als **Äolianit** [*(a)eolianite*] oder äolischer Kalkarenit [*(a)eolian calcarenite*] bezeichnet (Fairbridge 1968, S. 188). Viel mächtiger als Beachrock sind in ihm in Abb. 666 eine obere, mit einem Haus bestandene und eine untere marine Terrasse ausgebildet. Der außerhalb der starken Brandung (Abb. 649) liegende, nicht mehr ständig nass gehaltene Sporn zeigt eingesandete, von noch gelegentlichem Wellenschlag rundgewaschene kleine Wannen und Löcher. Ihnen entspricht im durch Algenbewuchs dunklen Brandungsbereich das zackige Feinrelief aktiver **Bioerosion**, die bei gleicher Position auch im Beachrock die Regel ist (Kelletat 1999, S. 124 ff.; Abb. 55 f., 678, 680).

Besonders ausgeprägt ist der Äolianit an heute *semiariden* Küsten zwischen 15° und 45° geogr. Breite. Riffe unter dem Meeresspiegel sprechen für eine kaltzeitliche Formung bei tiefem Spiegelstand (Fairbridge 1968, S. 204, 653, 827). Demnach müsste in Küstendünen *pluvialzeitlich* einsickerndes Regenwasser Kalk (aus Staubniederschlag vom trockengefallenen Meeresboden?) eingeschwemmt haben, ohne jedoch die Konzentration wie in pedogenen Kalkkrusten zu erreichen (s. Abb. 410 ff.). Problematisch an der Salzspray- und Verdunstungshypothese wie für Beachrock ist die gleichmäßige Durchhärtung viele Meter mächtiger Sedimentkörper.

▼ Abb. 666: Durch Bioerosion und Abrasion angegriffenes Kliff in Äolianit; Atlantikküste, Südmarokko.

24. Küstenformen · Fjord, Schären

▲ Abb. 667: Fjord, ein stark übertieftes, meerwassergefülltes glaziales Trogtal; Lustrafjord, Südnorwegen.

▼ Abb. 668: Schären, glazialisostatisch auftauchende Rundhöcker einer eisüberformten Rumpffläche; Snaefellsnes, Westisland.

Der eindrucksvollste Typ einer **Ingressions**- oder **untergetauchten Küste** (Abb. 663) ist die der **Fjorde**. Sie tritt überall dort auf, wo der nacheiszeitliche Meeresspiegelanstieg in Gebirge mit kräftiger Trogtalvergletscherung eingedrungen ist, also in Skandinavien, an der Nordost- und Nordwestküste Nordamerikas und auf der Südhalbkugel in Südchile, Tasmanien und der Südinsel von Neuseeland. Der Lustrafjord in Abb. 667 ist der innerste nördliche Seitenarm des größten skandinavischen Fjords, des bis 180 km weit ins Binnenland eingreifenden Sognefjords mit Anschluss an die Eiskappe des Jostedalsbreen; daher auch die blaugrüne Wasserfarbe durch fein verteilte Gletschertrübe (Abb. 294).

Das steilwandige **Trogtal** (Abb. 498 ff., 537 ff.) ist im Laufe der mindestens drei skandinavischen Inlandvereisungen – und vermutlich schon älterer Gebirgsvergletscherungen – als Teil eines Eisstromnetzes (Abb. 474) in das jungtertiäre Talnetz einer **Altfläche** (u. a. Abb. 155 ff.) eingeschnitten worden, in das heutige Plateaufjell mit 1000 – 1300 m Höhe. Die Trogtalhänge im Bild sind also fast 1000 m hoch. Die Talflanken werden mangels Brandung kaum umgestaltet. Das Fjordufer ist deshalb nur an solchen Stellen wie dem erhaltenen Sporn links auf der „Gleithang"-Seite des einstigen Gletschers erreichbar. Der Eisschurf hat, wie auch in alpinen Trogtälern (Ehlers 1994; Abb. 499), **Übertiefungsbecken** geschaffen, die im Sognefjord bis 1245 m tief sind. Typisch ist allerdings für die meisten Fjorde ein Untiefenbereich an ihrem auf den kaltzeitlichen Meeresspiegel eingestellten Ende, weil dort entweder die Ausweitung zum Piedmontgletscher auf der norwegischen Strandflate – vermutlich einer endtertiären Rumpffläche (Kelletat 1999, S. 109) – erfolgte oder die Gletscherzunge im Meerwasser aufschwamm. In beiden Fällen erlahmte die Tiefenerosion und es bildete sich ein Gegengefälle aus.

Diese Schwellenbereiche gehören zu den Gebieten, die durch **Schären** (Kelletat 1999, S. 109) gekennzeichnet sind, die mit der *glazialisostatischen* Landhebung aber überall dort aus dem Meer herausgehoben werden, wo das Inlandeis eine tertiäre Altfläche zu **Rundhöckern** überarbeitet hatte (Abb. 534 f.). Die Schären in Abb. 668 am Nordrand der westisländischen Halbinsel Snæfellsness liegen in einem Gebiet, das am Südrand eines großen nach Westen gerichteten Inlandeisstroms lag. Mit ihrer etwa gleichen Höhe sind auch sie die stromlinienförmig überschliffenen, höheren und härteren Gesteinsbereiche einer jungtertiären **Rumpffläche** (Abb. 121 ff.), die in den älteren, ebenfalls tertiärzeitlichen Vulkaniten angelegt sind und deren weichere Gesteine vom Gletscher bevorzugt ausgeschürft wurden. Die höchste – frühholozäne – Küstenlinie liegt hier bei etwa 45 m (s. Abb. 642). Die Schären müssen also zur Zeit ihrer glazialen Überformung – bei allerdings über 100 m tieferem Meeresspiegel – bei noch fortschreitender Hebung weit unter dem heutigen Niveau gelegen haben.

24. Küstenformen · Steilküste, Brandungstor

Dramatischer als an lediglich überfluteten Ingressionsküsten sind die **Zerstörungformen** der felsigen Steilküsten wie in Abb. 669. Allerdings ist es wenig wahrscheinlich, dass der gesamte Abtrag bei der marinen Umgestaltung einer Schichtstufe (Abb. 161 ff.) in der kurzen Nacheiszeit seit maximal 6000 Jahren erfolgt ist (s. Abb. 677). Aufgrund der dafür nötigen schnellen Rückverlegung müsste bei jedem Meter Wandabbruch des etwa 100 m hohen Kliffs durch Unterschneidung in der Brandungshohlkehle (Abb. 676) statt der wenigen herabgebrochenen Blöcke – ohne erkennbare zugehörige Abrisskante – eine große, schnell von der Brandung aufgearbeitete **Kliffhalde** liegen.

Im Vergleich zu anderen Küstenabschnitten dürfte auf dem bewachsenen Sporn links, über dem durch einen grünen Algenstreifen markierten Tidehochwasserstand, der gleiche in einer Rinne herabgestürzte, nacheiszeitlich bewachsene **Periglazialschutt** (Abb. 454 ff.) erhalten geblieben sein, der auch unter der heutigen Oberfläche der tertiären **Rumpffläche** (Abb. 121 ff.) über dem Kliff liegt.

Die rezente **Lösungsverwitterung** an der Kreidewand hat, wie vorne links zu sehen ist, einzelne **Feuersteinknollen**, aus denen die dunklen Bänder im Kreidekalk bestehen, herausgelöst, ebenso wie die daraus geschliffenen Schotter der bogenförmigen **Gezeitenschorre**. Die durch die Refraktion bei stärkerem Seegang umgelenkten Wellen und fast senkrecht auftreffenden Brandungswellen (Abb. 655) haben auf ihr mehrere uferparallele **Spülsäume** hinterlassen.

Die die Kliffoberkante gliedernden Kerben sind primär keine abgeschnittenen Täler, sondern angeschnittene, freigespülte und heute als Abflussbahnen umgestaltete, tief reichende Schlotten (Abb. 50 ff.) der tertiärzeitlich sehr aktiven **Verkarstung** (Abb. 48 ff.). Aus zweien von ihnen ausgespülter Rotlehm oder Terra Rossa hat die Wand eingefärbt.

Anders als an der Flachwassersteilküste (Abb. 669; s. Abb. 681) bildet sich an der **Tiefwasserküste** vor dem Kliff in harten, leicht metamorphen Schichten erst dicht vor dem Steilufer die Brandung aus. So treffen die **Translationswellen** der Brandung (Abb. 649) ohne großen Reibungsverlust mit etwa sechsmal größerem Druck als die Orbitalwellen, aus denen sie entstanden sind, (Louis & Fischer 1979, S. 528) bei Sturm mit einem Druck von mehreren t/m² als **Aufprall**- oder **Reflexionsbrecher** auf die Felswand (Ahnert 2003, S. 371).

Dabei soll die Luft in den Felsklüften so stark komprimiert werden, dass der Gesteinsverband gelockert wird und der Sog des rückströmenden Wassers Felsbrocken herausreißen kann (Ahnert 2003, S. 380, 358). Kelletat (1999, S. 100) stellt der **Druckschlag-Hypothese** die der hauptsächlichen Abtragung mit Schottern als Erosionswaffen gegenüber. Der Boden der Bucht in einer Antiklinalstruktur (Bildmitte) zeigt aber einen unregelmäßig geklüfteten Anstieg (s. a. Abb. 639, 647 hinten) statt einer gleichmäßig ansteigenden glatten, durch Schotterabrasion geschaffenen Schorre (Abb. 681). Schotter fehlen auch in den Buchten dieser **Kliffreihenküste** (Ahnert 2003, S. 384).

Die seit dem mittleren Holozän hier – vermutlich seit der Eemwarmzeit *erneut* – angreifende Brandung hat neben der Felsbucht vorne eine Halbhöhle – durch Felsabbruch unterhalb des oberen Schichtpakets – sowie durch beiderseitigen Wellenangriff auf einen Sporn ein **Brandungstor** geschaffen.

▲ Abb. 669: Steilküste in standfestem, feuersteingebändertem Kreidekalk mit tiefen, freigespülten Karstschlotten; Etretat, Normandie, Frankreich.

▼ Abb. 670: Steilküste mit starker Gliederung durch Brandungserosion (Abrasion); bei Pomona, Diamantensperrgebiet, Südnamibia.

24. Küstenformen · Steilküste mit Rutschungen, Moränenkliff

Abb. 671: Steilküste mit Rutschungen; östlich Port en Bressin, Normandie, Frankreich.

Abb. 672: Gezeitenfreies Kliff in weichselzeitlicher Grundmoräne; Insel Poel, westliches Mecklenburg.

Die Ausgangssituation für die Kliffbildung in Abb. 671 war dieselbe wie in Abb. 669, mit dem Unterschied, dass das auch hier rund 100 m hohe Kliff unterhalb einer Rumpffläche in zum Teil mergeligen und damit wenig standfesten Jura-Schichten ausgeformt ist. So wurde hier die Brandung lediglich zum *Auslöser* für große **Rutschungen** (Abb. 371) als wichtigstem Abtragungsvorgang an diesem Kliff. Im Unterschied zu terrestrischen Rutschungen geht hier die Aufzehrung am Fuß durch die Brandung viel schneller als etwa durch einen erodierenden Fluss, mit der Folge häufiger Auslösung von **Sekundärrutschungen** in den älteren Schollen nach erneuter Übersteilung, was an frischen Abrissen vorne rechts und an isolierten Vegetationsfetzen erkennbar ist.

Am weniger von Rutschungen betroffenen Plateausporn hinten ist im oberen Teil noch ein durch „normale" Hangabtragung abgeschrägtes Profil *in situ* erhalten. Im Vordergrund ist ein entsprechender Hangprofilteil mit bewahrter Zertalung und Vegetationsdecke als **Translationsrutschung** (Abb. 375, 382) über 100 m weit hangabwärts geglitten, wobei die horizontale Schichtenlagerung und auch ein alter, voll bewachsener Haldenhang (links; Abb. 384) erhalten geblieben sind. An der wegen ihrer Steilheit und somit ihres häufigen Materialabbruchs kaum bewachsenen Abrisswand hat sich rechts schon wieder eine Schutthalde (Abb. 339, 531) gebildet; links (verdeckt) vermutlich deshalb nicht, weil dort im Bereich des vegetationsfreie Streifens mit chaotischer Felslagerung vor kurzer Zeit ein **Felssturz** niedergegangen ist (Abb. 366 ff.). Jenseits davon sind Partien des dünngebankten standfesten Kalks als **Rotationsrutschungen** abgegangen.

Die im vorderen Teil mächtigen, tonreichen Mergel sind unter dem seitdem wieder aufgewachsenen Baum- und Buschbestand breiartig abgerutscht und dabei weit gegen das Meer vorgerückt, wie das seither in der Rutschungsmasse angelegte aktive Kliff zeigt. Widerstandfähige, große Gesteinsbrocken sind nach dem Auswaschen der feinen Korngrößen durch die Sturmflutbrandung als **Kliffhalde** auf der **Schorre** liegen geblieben.

Das gegenüber Abb. 671 relativ unbedeutende **Kliff** ist eine junge, schnell gebildete Form, die hier eindeutig erstmalig mit dem Spiegelanstieg der Ostsee in weichselzeitlicher **Grundmoräne** (Abb. 556 ff.) gebildet worden ist. Nur wenige flache Brandungshöhlen, aber stattdessen glatte, steile Hangprofile unter einer überhängenden Rasenkante sprechen dafür, dass das Abwaschen von durchweichtem Mergel durch an der Wand hochschießende Brecher für die Abtragung bedeutender als Unterschneidung ist. Ebenso haben – durch Selbstverstärkung festgelegt – an immer denselben Stellen auflaufende Wellen, ähnlich wie bei der Bildung von Strandhörnern und -dellen (Abb. 645), eine Abfolge von Bastionen und Buchten geschaffen.

Sehr bedeutend ist der winterliche Abtrag an diesem Kliffabschnitt derzeit nicht, wie der nicht nur auf die Buchten beschränkte Bewuchs zeigt. Zur zunehmenden Reduzierung der Brandungswirkung dürfte, ebenso wie in Abb. 650, die mit dem Kliffabtrag immer breiter werdende **Lockermaterialschorre** (Louis & Fischer 1979, S. 534) und die beim Kliffrückgang angereicherten **Geschiebe** (Abb. 567 f.) der Grundmoräne beitragen.

Zu dem **Lockermaterialkliff** in Abb. 637 gehört nach dem Modell der **litoralen Serie** (Abb. 636; Ahnert 2003, S. 358) die ebenfalls sandige Schorre *(surf oder breaker zone)*. Diese nimmt bei Niedrigwasser (Ebbe) zwar den größten Teil des **nassen Strandes** ein, wird aber vom trockenen Strand

24. Küstenformen · Felschorre, exhumiert; Saumriffoberfläche

(beach) durch stark kluftparallel zerschnittene, ausgedehnte Reste einer **Felsschorre** in harten Metamorphiten getrennt (s. Abb. 639), deren Zerstörungsmuster durch die Wasserstreifen unter der dünnen Auflage der **Sandschorre** nachgezeichnet wird. Eine lockere, kaum gerundete Blockstreu auf dem Anstehenden belegt deren heute fortschreitende, die Strukturen nachzeichnende Zerstörung. Die für eine flächenbildende Überarbeitung nötigen Erosionswaffen (Kelletat 1999, S. 99) sind nur in geringer Menge im schmalen Sturmflut-Schotterstrandwall am Klifffuß vorhanden, dessen nur fleckenhaft zerrissene Vege-tationsdecke für eine rezent nur geringe Brandungsaktivität spricht.

Das zur **Abrasionsplattform** gehörende **Felskliff** muss jenseits des Lockermaterialkliffs unter der als Küstenvariante eines **Terrassenglacis'** (Abb. 343, 358) flach geneigten Rampe aus Periglazialschutt (s. Abb. 677) begraben liegen. Sie muss – bei Extrapolierung des Glacisgefälles –, bei kaltzeitlich tieferem Meeresspiegel auch über die Schorre bis jenseits der heutigen Niedrigwasserlinie gereicht haben. Die sich von der mindestens mitteltertiären Rumpffläche über denselben Metamorphiten wie auf der Schorre herabziehenden Hänge (s. Abb. 182) sind ihrer Neigung nach aufgrund von oben gesteuerten Hangprozessen und nicht durch Kliffbildung geschaffen worden, sind mithin also **Rumpfstufenhänge** des Jungtertiärs.

In diesen müssen sich Felskliff und zugehörige Felsplattform irgendwann im Altpleistozän eingeschnitten haben, als erstmals etwa das heutige Meeresspiegelniveau erreicht worden war. Diese Phase muss entweder recht *lang* gewesen sein – dagegen spricht aber die Wahrscheinlichkeit eines langzeitig gleichhohen Meeresspiegels – oder es muss eine Zeit viel aggressiverer Brandungstätigkeit als heute gewesen sein. Zu erklären wäre auch die nur sehr *geringe* seewärtige Neigung der alten Felsschorre, noch geringer als das minimale Gefälle der an den schwachen sommerlichen Sogstrom angepassten Sandschorre (Louis & Fischer 1979, S. 534, 542).

Eine mögliches Erklärungsmodell für diese Vorzeitform bieten die fast ebenen Felsflächen an manchen tropischen Küsten. Sie sollen durch *water-layer weathering* etwas über dem Niveau des mittleren Hochwassers entstanden sein, wenn in heißem Klima bei jeder Ebbe das sich bei starker *Verdunstung* schnell ausfällende Meersalz mit seinem Kristallwachstum den Fels sprengt (Kelletat 1999, S. 101 f., 125). Derartige an den Wasserspiegel gebundene **Salzsprengung** könnte auch die Ursache für die brei-te, ebene Plattform an der Oberfläche eines an das Ufer anschließenden, hier nicht mehr lebenden Korallenriffs (Kelletat 1999, S. 174 ff.) sein, eines **Saumriffs** *(fringing reef flat)*. Zusätzlich (oder hauptsächlich?) wird diese Riffoberfläche durch die **Bioerosion** flächig überarbeitet. Durch das Fressverhalten zahlreicher bohrender und lithophager Meerestiere, die von den unmittelbar unter der Gesteinsoberfläche geschützten sitzenden Algen leben, ist die Riffoberfläche in eine Abfolge scharfkantig umrandeter flacher Tidetümpel zerlegt worden (Kelletat 1999, S. 124 ff; u. a. 1989; Abb. 55 f., 678 ff.). Kalklösung kann für dieses oft als Verkarstungsformen angesehene Kleinrelief nicht die Ursache sein, da besonders warmes, oberflächennahes Meerwasser bereits *kalkübersättigt* ist (Kelletat 1999, S. 57, 126).

Abb. 673: Bucht mit exhumierter Felsschorre und rezenter Sandschorre bei Ebbe; Baie d'Escalgrain, Bretagne, Frankreich.

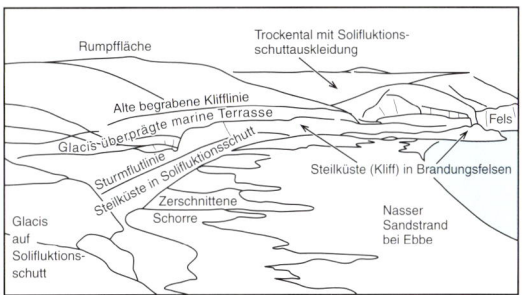

Abb. 674: Erläuterungsskizze zu Abb. 673.

Abb. 675: Horizontale Saumriffoberfläche mit Bioerosionsformen, Mtwara, Südtanzania.

24. Küstenformen · Brandungshohlkehle, exhumiert

▲ Abb. 676: Brandungshohlkehle in weichem Sandstein; südwestliches Victoria, Australien.

▼ Abb. 677: Exhumierte alte Brandungshohlkehle in Kieselschiefer, ausgekleidet mit altpleistozänem Solifluktionsschutt; Pointe de Dinan, Bretagne, Frankreich.

Die auffälligste „Arbeitsform" einer felsigen Steilküste ist die **Brandungshohlkehle**, in Abb. 676 in einem Kalksandstein ausgebildet. Als Großform hat die Brandung, ähnlich wie in Abb. 670, eine kleine Bucht geschaffen. Die bei Sturmflut durch das mittlerweile vorgegebene Relief an immer derselben Stelle mit der vollen Kraft einer Brandungs-Translationswelle angreifenden **Aufprallbrecher** (Louis & Fischer 1979, S. 529) haben in dem horizontal gelagerten Sedimentgestein eine Brandungshohlkehle im Übergang zu einer **Brandungshöhle** geschaffen. Rezent reichen Brandung und der Sog des Rückstroms aber offenbar nicht aus, die Blöcke zu zerkleinern und/oder aus der Halbhöhle zu entfernen, die durch Druckentlastung (Abb. 41) nach Entfernung des Widerlagers herabgebrochen sind.

Dass dies schon einige Zeit so ist, belegen der **Tangbewuchs** der Blöcke auf der Sandschorre, die Einschwemmung von Sand in die Hohlkehle sowie die noch scharfkantigen, vom Sporn links der Bucht herabgestürzten Blöcke. Andererseits muss es aber auch in der jüngeren Vergangenheit *extreme* Brandungsereignisse gegeben haben, durch die sie zum Absturz gebracht wurden, und die wohl auch das Herabbrechen der Halbhöhlendecke ausgelöst und ebenso den unteren Teil des Sporns rechts abgerissen haben. Da Schotter als Erosionswaffen im ufernahen Wasser fehlen und die Schorre mit Sand bedeckt ist, kann dies nur durch die in Abb. 680 angesprochene *Druckschlagerosion* passiert sein.

Die Abrundung oberhalb der Halbhöhle könnte auch durch hochgeschleuderte *schleifende* Sandkörner geschehen sein. Ihre Glättung unterscheidet sie von der raueren Wandfläche rechts davon, an der die **Salzverwitterung** des Brandungssprays härtere Partien herauspräpariert hat.

Am Sporn rechts ist im Eulitoral (Abb. 635) parallel zur Wasserlinie ein von der Halbhöhle abweichendes Profil entwickelt – derzeit nahe dem mittleren Tidehochwasser, wie der überflutete Tang anzeigt. Es ist in dieser Position, in Längsrichtung zu der bei Sturm auflaufenden Brandung, eher an diesen Wasserstand als an starken Wellenschlag angepasst. Der hier wirkende Abtragungsmechanismus dürfte **Bioerosion** sein (Abb. 678 ff.).

Während sich das gerade beschriebene Kliff noch in abgeschwächter Form weiterbildet, wird der felsige Fuß des **Kliffs** in Abb. 677 lediglich *exhumiert*. Die Situation entspricht der von Abb. 673. Dort wurde postuliert, dass die altpleistozäne Klifflinie unter Solifluktionsschutt begraben sein müsse. Auf dem brandungspolierten Fuß eines Kliffs in sehr hartem Kieselschiefer klebt hier ein Rest vom untersten Niveau des im Hintergrund das Kliff aufbauenden Sediments: ein Paket kleiner **Brandungsschotter**, überlagert von den Resten einer der Kliffneigung folgenden Decke eingeregelten **Solifluktionsschutts** (Abb. 432 f., 454 f.). Darüber folgt, wie die Geländeaufnahme ergab, noch ein weiterer, mindestens zweifacher Wechsel von Schottern und Solifluktionsschutt mit leichter seewärtiger Neigung. Die gesamte Abfolge wurde in einer oder mehreren Warmzeiten rot verwittert und durch das dabei gebildete Eisenoxid verkittet. Die jüngste Lage von Solifluktionsschutt *(head)* darüber (nicht sichtbar) ist im Holozän lediglich *bräunlich* verwittert.

Mit einer genauen stratigraphischen Aufnahme ließe sich bestimmen, in welcher Kaltzeit bei abgesenktem Meeresspiegel dieses Kliff bereits *fossilisiert* wurde. Erst mit dem holozänen Meeresspiegelanstieg erreichte die Brandung durch Aus-

räumung der Sedimentdecke an einem Lockermaterialkliff wieder das alt angelegte Felskliff – hier offensichtlich mit groben Schottern als wirksamer Erosionswaffe, die der vom alten Sediment entblößten Felsschorre aufliegen.

Das Kliff in Abb. 678 an der äußersten Südwestküste der isländischen Halbinsel Snæfelsnes ist in tertiärem Basalt ausgebildet, der in diesem Gebiet von der jüngeren Palagonitformation überdeckt ist (Schutzbach 1985, 112 f.). Insofern könnte die flach eingeschnittene **Brandungshohlkehle**, anders als im benachbarten Gebiet von Abb. 647, auch schon aus einer früheren Phase des Quartärs mit warmzeitlich etwa gleichhohem Meeresspiegel stammen. Sie und der glänzend polierte Fels in einem Streifen darüber sind zweifelsfrei das Ergebnis schleifenden Abtrags durch Brandung und **Abrasion** mit den entsprechenden Schottern als Erosionswaffen. Allerdings sollte der Fuß eines aktiven Kliffs im Niveau der durchschnittlichen Sturmbrandung liegen (Louis & Fischer 1979, S. 534).

Der obere Rand der Hohlkehle – dort wo die Brandungserosion bereits abklingt – ist aber mit einem grau erscheinenden Streifen von Seepocken *(Balanus)* besetzt. Sie können dort nur existieren, weil sie schon von jeder normalen Flut überspült werden, ebenso wie die sich mit der Untergrenze der Seepocken überschneidende Obergrenze verschiedener Tangarten, die auch nur unterhalb der Grenze des Mittleren Tidehochwassers existieren können (Walter 1968, S. 889 ff.).

Es ist aber auch diese vollständige Auskleidung der Hohlkehle mit festsitzenden, den Fels allerdings nicht angreifenden Makrophyten und Rankenfußkrebsen (anders als in Abb. 55), die eindeutig belegt, dass hier rezent *keine* weitere Kliffbildung geschieht. Ebenso zeigt der Tangbewuchs auf den gut gerundeten Blöcken aus unterschiedlichen Vulkaniten, dass diese Brandungsreliefform derzeit nicht weitergebildet wird. Als Brandungsschotter zu groß und nicht dicht genug liegend, dürften es eher aus einer letztglazialen Moränenüberdeckung herausgewaschene **Glazialgeschiebe** sein. Die Brandungshohlkehle ist also eine *Vorzeitform* – vielleicht erst wenige Jahrtausende alt – und wurde wahrscheinlich schon eine oder mehrere Warmzeiten zuvor erodiert. Denn im postglazialen Wechselspiel von glazialisostatischer Landhebung und eustatischem Meeresspiegelanstieg (Abb. 633) – und ohne abradierende Schotter (s. Abb. 647) – wäre bis zum Bewuchs nicht viel Zeit für die Abrasion gewesen.

Aus einem anderen Abschnitt der bretonischen Küste stammt der dichte Bewuchs von **Seepocken** und einzelnen Napfschnecken in Abb. 679. Entlang der durch Hydrolyse (Abb. 46) und möglicherweise auch *biogene* Prozesse (Abb. 688) geweiteten Klüfte hat sich eine Miesmuschelkolonie mit ihren Haft- oder Byssusfäden festgesetzt. Die Granitschorre, der sie in Kliffnähe aufsitzen, kann demnach *auch keine* rezent durch Abrasion weitergebildete Form sein.

Die Befunde von Abb. 639, 673 und 677 – 679 zeigen, dass ebenso wie im Binnenland auch bei der Ausgestaltung rezenter Küstenlinien mit **Vorzeitformen** zu rechnen ist.

▲ Abb. 678: Inaktive Brandungshohlkehle mit Tang- und Seepockenbesatz; bei Malarif, Westisland.

▼ Abb. 679: Kluftnetzorientierter Miesmuschel- und flächenhafter Seepockenbesatz auf einer inaktiven Schorre; Côte Sauvage, Bretagne, Frankreich.

24. Küstenformen · Schorre, unzerschnitten; Brandungsgasse

▲ Abb. 680: Durch Bioabrasion geschaffene Hohlkehle; Nordküste Dominikanische Republik.

▽ Abb. 681: Bildung eines Brechers auf einer inaktiven Kalkschorre; Etretat, Normandie, Frankreich.

▽▽ Abb. 682: Brecher in einer Brandungsgasse in Dünensandstein (Äolianit) mit Bioerosionsformen; westlich Tiznit, Südmarokko.

Das **Kalksteinkliff** in Abb. 680 zeigt die für (sub)-tropische Zonen typische Ausbildung eines Kalksteinkliffs mit einer stark zurückspringenden **Hohlkehle**. Anders als eng begrenzte Brandungshohlkehlen (Abb. 676) zeichnet sie, knapp unter Wasser begleitet von einem etwa gleich breiten Sockel (Kelletat 1999, S. 127), *durchgängig* den Küstenverlauf nach. Die *raue* Oberfläche in und über der Hohlkehle spricht gegen schleifenden Abtrag durch sedimentreiche Brandung. Die Hohlkehle liegt im *eulitoralen* Niveau der hier nur geringen Gezeitenschwankung (Abb. 635). Die Flutobergrenze wird durch den Rand des schwarzen Streifens von **Blaualgen** *(Cyanaophyceen)* nachgezeichnet; sie liegt unter einem weiteren, leicht rosa getönten Überzug mit zerfressener Oberkante unter dem grau verwitterten Kalkstein.

Zusammen mit den Näpfen und Graten darüber lange für Spritzwasserkarst gehalten (Abb. 55 f.), ist zumindest die Hohlkehle ausschließlich durch Bioerosion, genauer **Bioabrasion** entstanden (Kelletat 1999, S. 124 ff.; 1989). Die Abtragung von mitunter über 1 mm/Jahr geht auf das Konto von Schnecken, die die hauchdünne oberste Gesteinslage abraspeln, um sich von den darunter lebenden *endolithischen* Algen zu ernähren, die sich so vor Austrocknung bei Niedrigwasser schützen. Das Kleinrelief an der Felswand darüber mit gelegentlicher Benetzung durch Spritzwasser soll auf andere Schneckenarten zurückgehen, die hier aber wohl gegenwärtig nicht aktiv sind, sodass in den grauen Bereichen praktisch keine Bioabrasion mehr, in den hellen dagegen Salzverwitterung wirkt.

An zwei Stellen hat die biogene Unterschneidung offenbar vor längerer Zeit zu **Wandabbrüchen** geführt, da dort die Überhänge fehlen. Trotz der voranschreitenden beträchtlichen Abtragungsleistung der Schnecken seit dem Wiedererreichen dieses Spiegelstands vor etwa 6000 Jahren kann nur die Überformung des Kliffs holozän sein, nicht jedoch seine Erstanlage. Dabei muss offen bleiben, inwieweit Abrasion unter einem anderen warmzeitlichen Klimaregime oder sich addierende längere Zeiten von Bioerosion mit Wandabbruch den älteren Kliffabtrag bewirkt haben.

Ein Kliff ist zwar die auffälligere, letztlich jedoch nur *nebensächliche* Begleiterscheinung einer durch Abrasion verursachten Ausformung einer Schorre (Louis & Fischer 1979, S. 545). In Abb. 681 am Fuß des Kreidekliffs von Abb. 673 ist sie, anders als die stark zerfressene exhumierte Schorre in Abb. 673, noch flächig erhalten. Sie wird aber wohl gegenwärtig auch nicht mehr aktiv weitergebildet, denn offenbar läuft die Furchen bildende Nachzeichnung des **Kluftmusters** durch biogene oder andere Verwitterungsprozesse (s. Abb. 679) schneller ab als die bei jeder Kliffrückverlegung notwendige Anpassung der schiefen Ebene für und durch die Brandung (Louis & Fischer 1979, S. 530, 545).

Der kleine **Brecher** links demonstriert die Wirkung der Abbremsung einer Welle auf der leicht ansteigenden Schorre in Tiefe der halben Wellenlänge (Abb. 649; Louis & Fischer 1979, S. 530 f.; Ahnert 2003, S. 370). Die schräg auflaufende **Orbitalwelle** hat links schon früher zu flaches Wasser erreicht, wurde gebremst und ist als Brecher vornüber gekippt. Bei weiterem Vorrücken wird auch der noch bogenförmig zurückliegende Wellenabschnitt rechts zum Brecher abgebremst und so wird eine durchgehende **Translationswelle** strandparallel auflaufen.

24. Küstenformen · Junge Küstenhebung, Brandungstor

Der stark schäumende Brecher in Abb. 682 entstand beim Überkippen einer viel größeren Dünungswelle in einer **Brandungsgasse** in weichem **Äolianit** wie in Abb. 666. Im Niveau des auftreffenden Reflexionsbrechers (Abb. 670, 685) dürfte dies allein durch **Druckschlagerosion** (Abb. 670, 676) bewirkt worden sein, wenn in Klüften komprimierte Luft den Fels zerrüttet und der starke Sog gelockerte Partikel herausreißt. Da dabei aus dem Äolianit wieder Sand entsteht, fehlen an dieser Küste jegliche Schotter als effektive Erosionswaffen der Abrasion.

Das raue, sehr unregelmäßige **Kleinrelief** oberhalb des direkten Wellenangriffs dürfte auch hier das Ergebnis einer Kombination von Bioerosion und Salzsprengung infolge Kristallbildung des im warmariden Klima schnell verdunstenden Spritzwassers sein. Die zum Inneren der Brandungsgasse am höchsten aufsteigende schwarzbraune Färbung zeichnet den supralitoral regelmäßig benetzten Bereich mit starkem Blaualgenwachstum und vermutlich auch Schneckenbeweidung nach. Bei dieser relativen Wandstabilität schreitet die weitere Einschneidung der Gasse nur voran, wenn ein Wandteil über der sich eintiefenden Brandungshohlkehle an ihrem Boden durch *Unterschneidung* herabbricht.

Abb. 683 zeigt, wie in Abb. 647, eine glazialisostatisch **auftauchende Küste**, die zugleich durch die Brandung zerstört wird. Oberhalb des Kliffs ist eine **marine Terrasse**, also eine gehobene **Abrasionsplattform** und einstige Schorre sichtbar; sie ist wegen der Sondersituation der isländischen Küste nach dem Abschmelzen der dortigen Inlandeisdecke lediglich holozänen Alters. Im Zuge der weiteren Hebung wird gerade auch die nächsttiefere Abrasionsplattform zu einer Terrasse umgewandelt. Es sei denn, sie wird, wie im Hintergrund schon geschehen, zuvor an den neuen niedrigen Kliffs am Außenrand und in den bereits eingeschnittenen breiten **Brandungsgassen** vollständig von der Brandung aufgezehrt. Der Umstand, dass sich zuvor eine Brandungsplattform und nicht eine Rampe entwickelte, ist nur so erklärbar, dass bei gleichzeitiger Landhebung und einem lang anhaltenden Spiegelanstieg ein konstantes Abrasionsniveau bestanden hat. Über die unter Wasser neu entstehende **Schorre** werden durch die Gassen jene Schotter transportiert, die – noch im Niveau der inaktiven, gehobenen Schorre – das Kliff aus Basalt und Tuff angreifen.

An gut untersuchten Kliffs in paläozoischen Gesteinen Südenglands ist für die etwa 6000 Jahre holozänen Brandungsangriffs *keine* Rückverlegung nachweisbar (Ahnert 2003, S. 377). Trotz höherer Wellenenergie an der voll brandungsexponierten südnamibischen Küste ist es demnach wenig wahrscheinlich, dass sich das 58 m hohe **Brandungstor** in Abb. 685 (s. a. Abb. 670) in vergleichbarem Gestein erst nacheiszeitlich gebildet haben sollte. Das Dach des Bogenfelsens ist eine homogene Gesteinsbank. Deren flächige Unterseite belegt, dass das Tor durch das wahrscheinlich mehrfache Nachbrechen von weniger kompetenten Schichten nach oben gewachsen ist (s. Abb. 676). Auslöser dürfte der beiderseitige abrasive Durchbruch im Brandungsniveau eines Felsvorsprungs gewesen sein, der mauerartig eine Brandungsgasse auf der Betrachterseite begrenzte. Die weitere Entwicklung wurde durch das damit fehlende Widerlager für die hangenden Schichten und die entlang von Klüften wirksame Verwitterung gesteuert. Da keinerlei Hohlkehle als künftige Bruchstelle am Fuß des Bogens erkennbar ist, wird er eines Tages wohl nicht durch Brandung, sondern durch die Verwitterung der Deckplatte einstürzen.

Abb. 683: Glazialisostatisch gebildete, nur noch bei Sturmflut wasserbedeckte Schorre mit Kliff in Basalt; Snaefellsnes, Westisland.

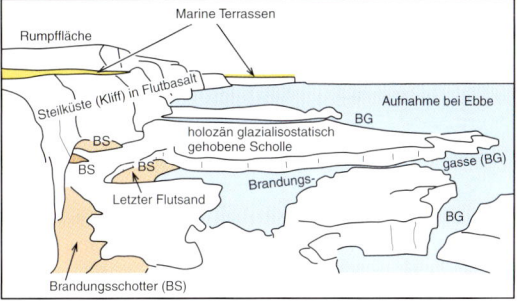

Abb. 684: Erläuterungsskizze zu Abb. 683.

Abb. 685: Durch Reflexionsbrecher und Nachbrechen geschaffenes Brandungstor; Bogenfels, Diamantensperrgebiet, Südnamibia.

24. Küstenformen · Marine Terrasse, gehobene Brandunghöhle

▲ Abb. 686: Marine Terrasse mit alter Bioabrasionshohlkehle; Ajuy, Fuerteventura, Spanien.

▼ Abb. 687: Stark gehobene quartäre Abfolge von Meeresterrassen; Bucht von Kato Zakros, Ostkreta, Griechenland.

Wie in Abb. 686 finden sich an praktisch allen Festgesteinsküsten ausgedehnte **Meeresterrassen** (Kelletat 1999, S. 182 ff., S. 183 ausführliche Literaturliste). Ausgehend von besonders gut entwickelten Terrassentreppen im Mittelmeerraum, deren marine Entstehung durch Reste von Strandwällen und marinen Fossilien belegt ist, wurde bereits Anfang des 20. Jahrhunderts ein Terrassenstandard entwickelt und, noch ohne die heute vorhandenen Kenntnisse zur Neotektonik, weltweit übertragen (Fairbridge 1968, S. 334). Die Abfolge von *Calabrien, Sicilien, Milazzo* für das Pleistozän und *Tyrrhen* (mit weiteren Zwischenniveaus) zwischen etwa 200 m und dem heutigen Meeresspiegel als Abfolge von warmzeitlichen Transgressionsmaxima hat sich jedoch als *unhaltbar* erwiesen. Gleiches gilt für die Zahl von nur vier oder fünf an die klassische Eiszeitgliederung angepassten glazialeustatischen Meeresspiegelschwankungen statt der aus der Isotopenanalyse von Tiefseebohrkernen etwa 20 nachgewiesenen Schwankungen (Kelletat 1999, S. 186, Ehlers 1996, S. 128 ff.). Hohe Terrassen können ihrem Fossilgehalt nach sowohl warm- als auch kaltzeitlich sein. Eindeutig glazialeustatische *Hochstände*, etwa für das Eem, bewegen sich im Bereich von wenigen Metern über dem heutigen Spiegelstand, mit seit dem Altpleistozän sinkender Tendenz. Alle höheren Meeresterrassen sind also tektonisch unterschiedlich stark gehobene Brandungsplattformen.

Vor dem Hintergrund einer noch höheren marinen Terrasse zeigt der Küstenvorsprung in Abb. 686 eine zwar stark gehobene, aber der guten Formerhaltung nach noch junge **Klifflinie** und **Schorre**. Die Hohlkehle dürfte laut Querprofil und gleichmäßiger Längserstreckung ein durch **Bioabrasion** geformtes Mittelwasserniveau nachzeichnen (s. Abb. 680). Die schmale Hohlkehle darunter könnte nach einer (erdbebenbedingt) plötzlichen Hebung eine Phase erneuter Bioerosion markieren, sie könnte aber ebenso durch postmarine Verwitterung, etwa entlang eines Sickerwasseraustritts, entstanden sein. Schorre und Kliff wurden in eine entlang der horizontalen Oberkante nachgezeichnete ältere Terrasse eingeschnitten und liegen ihrerseits über einem tieferen Niveau (rechts am Meer).

An der tektonisch sehr aktiven Küste von Kreta (Abb. 687) sind **Meeresterrassen** hoch herausgehoben und dabei verbogen worden. Die beiden jüngsten Terrassen im hinteren Teil der Bucht enden dementsprechend in auch zwei leicht unterschiedlich hohen aktiven Kliffs. Der zuvor ausgeräumte vordere Teil der Bucht ist in jüngster Zeit mit den Sedimenten der starken, anthropogen beschleunigten *Bodenerosion* (Abb. 609 ff.) verfüllt worden. Der strandparallele Materialversatz hat zur Verschleppung der Flussmündung nach rechts durch einen schmalen **Nehrungshaken** (Abb. 652, 655) geführt.

Die Bucht wird von einer gebietstypischen, über 100 m hohen, tektonisch in dieses Niveau gelangten Terrasse umrahmt, deren verkarstete Oberfläche wie das Zwischenniveau im Vordergrund von freigespülten **Karren** (s. Abb. 50) bedeckt ist. Als Folge quartärer Hangprozesse und ohne marine Fossilfunde lässt sich die ehemalige Zugehörigkeit zum Küstenformenschatz wie auch bei den nur noch abschnittsweise erhaltenen zwei Niveaus darüber lediglich daraus ableiten, dass sie als schmale *Verebnungsstreifen* lediglich auf der Küstenseite des Gebirges vorkommen. Das dritte, oberste Niveau über der im Zuge schneller Hebung fast ohne abschrägende Hangprozesse steil eingeschnittenen Schlucht (Abb. 241) greift allerdings bereits zum Niveau tertiärer intramontaner Becken (Abb. 128) im Hinterland durch. Bis auf die in der Reliefgeschichte generell *zählebigen* Verebnungen (Büdel 1977, S. 140 ff.) sind im Pleistozän alle Spuren mariner Formung überprägt worden. In Kalabrien sind sogar bis über 1000 m hoch gehobene altquartäre Terrassen (Kelletat 199, S. 183) Messmarken dafür, wie stark selbst in einem geologisch kurzen Zeitraum regionale **Hebungsprozesse** gewesen sein können.

Seit Beginn der Erforschung des äolischen Formenschatzes von Windrippeln und Dünen (zu äolischen Formung in Festgestein s. Abb. 777 ff.) hat es zahlreiche Klassifikationsansätze gegeben, diesen nach seinen Formen, Grundrissvarianten oder räumlich-zeitlichen Lagebeziehungen zu definieren (Mabbutt 1977; Besler 1992). Abweichend davon wird in diesem Kapitel der Ansatz verfolgt, die Akkumulations- und Erosionsformen im Sand sowie die Oberflächen, die durch aktiven Sandtransport gekennzeichnet sind, hinsichtlich der *Prozesse* und *Energieverhältnisse*, die zu ihrer Bildung geführt haben, klassifiziert vorzustellen. Im Baukastenprinzip werden dann diese Bildungsfaktoren verwendet, um zunächst Transportformen, dann einfache Akkumulations- und Erosionsoberflächen und -formen und schließlich komplexe, polygenetische Formen *morphogenetisch* zu erläutern. Dabei reicht die Zeitskala vom Augenblick des Geschehens bis zum Beginn des Quartärs zurück.

Bei der Reaktion einer aus beweglichen Partikeln bestehenden Oberfläche auf die hinwegströmende Luft sind mehrere Kraftvektoren und Transportprozesse beteiligt. Am Einzelkorn wirken die Kräfte von **Schub** (*push*; Wind zugewandte Seite) und **Sog** (*pull*; Wind abgewandte Seite), **Auftrieb** (*lift;* nach oben) und **Gravitation** (*gravity;* nach unten). Die Wirkung aller Kräfte hängt außer von der *Windstärke* vor allem von *Kornform* und *Korngröße* ab. So können plattige oder unregelmäßige Körner leichter vom Wind hochgerissen und mitgeführt werden als gleichschwere, aber runde Körner.

Bei den Transportmechanismen wird in der Literatur seit Bagnold (1941; z. B. Leser 1996, S. 159 ff; 2003, S. 308) unterschieden zwischen

▶ **Suspension** (*suspension*): kleine, leichte Partikel (Schluffgröße, Pflanzenhäcksel) bilden die Turbulenz der Luftteilchen nach und können bis in große Höhen und über große Entfernungen mitgerissen werden (Littmann et al. 1990);

▶ **Saltation** (*jump*): nahezu vertikales Hochreißen des Korns, Mitführung im Wind und allmähliches Absinken der Flugparabel bis zur Landung nach mehreren Zentimetern bis Dezimetern, dann Abprall desselben Korns oder Übertragung des Bewegungsimpulses auf ein oder mehrere weitere Körner und Fortsetzung des Prozesses; betrifft normalerweise Fein- und Mittelsand;

▶ **Reptation** (*creep*): große Körner (Grobsand, Feinkies), die zu schwer für Reptation sind, werden durch den Aufprall saltierender Körner langsam kriechend voranbewegt.

Alle drei Bewegungsarten wirken zusammen beim **Sandfegen**, das stets mit enormen zeitlichen und räumlichen turbulenzbedingten Geschwindigkeitsschwankungen erfolgt (Stengel 1992, S. 51). Ein Sandkorn kann dabei innerhalb von Sekundenbruchteilen kurze Windschübe von mehr als 12 – 18 m/s erfahren, wird also im Verlauf weniger Sekunden mit höchst unterschiedlicher Energie vorangetrieben. Deshalb ist es unrealistisch, **Standardsprungweiten** zu postulieren (Bagnold 1941, S. 149), die für Sandkörner einer bestimmten Größe bei einer gegebenen Windgeschwindigkeit zu gelten hätten, da es im realen, turbulenten Windfeld (außerhalb eines Windkanals) *keine* stetigen Windgeschwindigkeiten gibt.

Turbulenz und Windströmungsmuster sind direkt – in der Luft selbst – zu beobachten, sofern sie Schluff, Feinsand (Abb. 689), Pflanzenhäcksel, Rauch oder Driftschnee enthält, welche die Bewegung der Luftmoleküle nachzeichnen; indirekt kann die Bewegung durch Musterbildung auf Oberflächen aus äolisch bewegten Partikeln, die unmittelbar auf die Luftströmung reagieren, beobachtet werden und – anders als auf einer Wasseroberfläche – auch nach dem Ende der Luftbewegung erhalten bleiben. So zeichnet die in Abb. 688 abgebildete steile Dünenflanke das kreisförmig verwirbelte Muster der Bewegung einer **Trombe** (= Windhose) aus dunklen *Schwermineralen* im sonst einheitlich hellgelben Quarzsand nach. Es wird deutlich, dass auch auf einer homogenen Dünenflanke nicht einfach gleichmäßige, dem Gefälle entsprechende, sondern vielmehr stark turbulente Luftbewegungen herrschen.

Auch die **oberflächenparallele Windströmung** in Bodennähe, d. h. dort, wo die Interaktion zwischen agierendem Medium und beweglichem Material ja nur stattfinden kann, ist stets turbulent. Abb. 689 zeigt die grundsätzliche oberflächenparallele Turbulenz schon bei leichtem Sandfegen über einer Sandoberfläche im hyperariden Bereich (Wind weht auf den Betrachter zu), die durch die windparallelen, ständig hin- und her pendelnden Strömungsfäden nachgezeichnet wird.

▲ Abb. 688: Dünenflanke mit der durch Schwerminerale nachgezeichneten Bahn einer Trombe; Gréboun, zentrale Sahara, Nordniger.

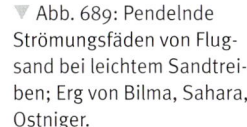

▼ Abb. 689: Pendelnde Strömungsfäden von Flugsand bei leichtem Sandtreiben; Erg von Bilma, Sahara, Ostniger.

25. Äolische Akkumulationsformen · Strömungsfäden, Windstreifung

▲ Abb. 690: Strömungsfäden über feuchtem Strandsand; Kniepsand, Amrum, Schleswig-Holstein.

▼ Abb. 691: Aktive Windstreifung im Rippelmuster der flachen Zunge einer Transversal- oder Querdüne; Ténéré, Sahara, Nordniger.

Zusätzlich zu den drei Transportprozessen Suspension, Saltation und Reptation (Abb. 688) wurde bei Makrobeobachtungen im Sandsturm von Stengel (1992, S. 61 ff.) noch einer *vierter* nachgewiesen: der Effekt **elektrostatischer Auf- und Umladung** der beteiligten Partikel. Die ständigen Korn-Korn-Kontakte in den **Saltationswolken** wie in Abb. 690 führen durch Reibung zu starker elektrostatischer Aufladung sowohl saltierender als auch reptierender Körner. Das kann z. B. bei Grobsand zu dem grotesken Verhalten führen, dass diese trotz des Bombardements der auftreffenden Saltationsfracht immer wieder *zurück* – also *windaufwärts* an ihren Ausgangsplatz hüpfen, bis sie schließlich infolge plötzlicher Umladung und damit Abstoßung mehrere Zentimeter vor- oder seitwärts hüpfen – rein mechanisch ist das nicht erklärbar.

Elektrostatische Aufladung und Abstoßung sind auch dafür verantwortlich, dass die Flugbahnen der Fein- und Mittelsandkörner in einer Saltationswolke *nicht*, wie in der Literatur angegeben (z. B. **Literaturangabe**), nur maximal 30 – 50 cm, sondern 2 – 3 m hoch reichen können. So macht auch die Wirkung der Elektrostatik die Berechnung von Standardsprungweiten (*s.* Abb. 688), aus denen dann die Rippelwellenlängen zu erklären seien, unrealistisch.

Auch bei Sandtreiben im Nebel und bei 100 % Luftfeuchtigkeit wie in Abb. 690 auf dem Kniepsand von Amrum, einem zu einer **Strandplate** gewordenen angelandeten Außensand (Abb. 636), ist die Wirkung der elektrostatischen Anziehungskräfte dieselbe (Stengel 192, S. 65 f.; Abb. 695). Insofern entsprechen auch die turbulenten, hin- und herpendelnden windparallelen Strömungsfäden des auf den Betrachter zutransportierten Feinsands völlig denen im hyperariden Klima von Abb. 689.

Entsprechend spiegelt jede aktuell vom Wind geformte Sandoberfläche, wie Abb. 691 und 692, diese Strömungsfäden in ihrem **Rippelmuster**. Ausschlaggebend für die *Art* des Musters ist, ob die *Transportenergie* des Windes für eine verfügbare Sandmenge ausreicht, über- oder unterschritten wird. So können Strömungsfäden *höherer* Windenergie mehr oder schwerere Sandkörner transportieren als benachbarte Fäden *geringerer* Windenergie (Stengel 1992, S. 86 ff.). Jede einsetzende Windströmung (in Abb. 691/692 von hinten) erzeugt sofort eine deutliche *Materialsortierung* auf der Sandoberfläche, in Abb. 691 bei 8 – 10 m/s in Bodennähe auf dem durch derartigen Sandtransport als Ganzes schnell vorrückenden, flachen randlichen Abschnitt einer Transversal- oder Querdüne. Dabei wird, in Reaktion auf das gegenwärtige Windregime, das Rippelmuster der *vorangegangenen* Sandwindphase durch eine neue, schmalere Streifung überprägt (Abb. 702 ff.), die in vorrückenden Zungen das ältere Muster überlagert.

Das Muster ist jeweils die Auswirkung unterschiedlicher **Strömungsfäden.** Solche mit *höherer* Energie bewirken in wenigen Sekunden eine *Verarmung* der Sandoberfläche durch Austrag der leichter transportierbaren Korngrößen. So bleiben nur die gröbsten Körner zurück, die vom jeweiligen Wind gerade nicht mehr transportiert werden können. Damit stehen in diesem windparallelen Streifen weniger Körner für die Rippelbildung zur Verfügung, sodass die Rippeln dort längere Abstände (= Wellenlängen) haben und grobkörniger sind. In Abb. 692 sind dies die Rippelstreifen mit dem stärkeren Schattenfall. Außerdem rücken diese Rippeln wegen ihrer relativ großen Wellenlänge und ihres groben Sandes nur relativ langsam windabwärts (nach links) vor (Abb. 694 Mitte).

Wo dagegen Strömungsfäden *geringerer* Energie auf die Sandoberfläche wirken, können nur relativ wenige Körner abgeführt werden, die

25. Äolische Akkumulationsformen · Strömungsfäden, Windstreifung

Oberfläche verarmt wesentlich *weniger* und besteht noch aus groben, mittleren und einigen feinen Korngrößen. Damit können sich Rippeln schon in *geringeren* Abständen bilden, sind daher niedriger und bestehen aus einem feineren Korngrößengemisch als die beiderseits benachbarten Streifen. Die Folge davon ist hier, dass die Rippeln wesentlich leichter umgelagert werden und schneller vorrücken können. So ist ihr Kammverlauf – jeweils oben und unten in Abb. 693/694 – leicht *parabelförmig* windabwärts gekrümmt (Wind von rechts). In Abb. 692 sind die feinkörnigen Streifen am geringeren Schattenfall und dem etwas verschwommenen Eindruck erkennbar. Die höheren grobkörnigen Rippeln haben dagegen einen umgekehrten, *barchanartigen* Grundriss (s. Abb. 699).

Das so entstandene Muster wird nach Stengel (1992, S. 86 ff.) als **Windstreifung** bezeichnet, als Ergebnis unterschiedlicher *Vorrückgeschwindigkeiten*, das durch anscheinend nur zwei Typen von Strömungsfäden verursacht wird. Es entsteht auf *jeder* aktiven Sandoberfläche. Die Wind- oder Rippelmusterstreifung ist daher eine ausgezeichnete Methode, um die Windströmungsrichtungen auf einer dreidimensionalen Düne im realen Gelände (und nicht nur im Windkanal) zu erfassen, ohne durch Windmessanlagen das gesamte Windfeld und die Dunenoberfläche selbst stören zu müssen.

Die *Lebensdauer* der windparallelen Rippelstreifen hängt von den herrschenden Windgeschwindigkeiten ab. Hohe Windgeschwindigkeiten mit ausgeprägter lateraler Differenzierung der Windenergie in den Strömungsfäden können zu stark verarmten, extrem groben Rippelstreifen führen, die entsprechend langlebig sind. Solche grobsandigen Rippelstraßen bedingen nämlich bei fortgesetztem Sandfegen eine Kettenreaktion, die ihr Überleben sichert: im Bereich der großen, an feinen Komponenten verarmten Rippelstreifen finden ankommende saltierende Körner *keine* feinkörnigen Äquivalente, sondern behalten ihren Bewegungsimpuls bei; die Akkumulation feinerer Körner wird dort also auch weiterhin verhindert. Je stärker und länger anhaltend der verursachende Sandsturm ist, desto größer ist die Wahrscheinlichkeit, dass sich Großrippelstraßen (Busche 1998, S. 212 f.) halten, im Extremfall sogar über Monate hinweg.

Die stark windgestreifte Sandoberfläche in Abb. 692 liegt im Vorland einer **Längsdüne**, die im Hintergrund links beginnt und nach vorne links zieht. Die recht grobe Windstreifung zeichnet die verursachende Hauptwindrichtung nach. Eine so stark ausgeprägte und daher langlebige Windstreifung ist zugleich ein Indikator für *längerfristig* herrschende Prozessabläufe und Windrichtungen; in diesem Fall ist sie ein deutliches Indiz dafür, dass die vorherrschenden Winde in einem leicht *spitzen* Winkel von der Dünenachse weg verlaufen. Diese immer wiederkehrende Beobachtung wird in der Längsdünendiskussion (Abb. 751 ff.) noch eine wichtige Rolle spielen.

▲ Abb. 692: Weitflächige Windstreifung des Rippelfeldes im Vorland einer Längsdüne; Tchigai, Sahara, Nordostniger.

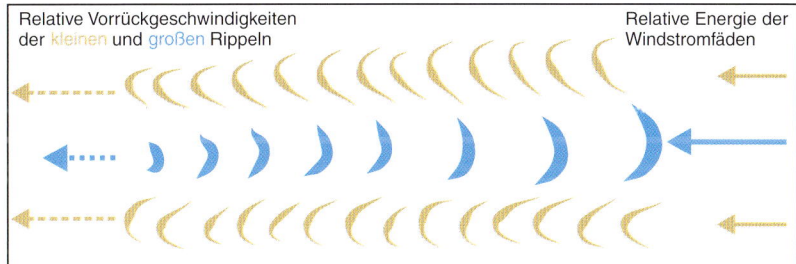

▲▲ Abb. 693: Windstreifung, parabelförmige und barchanoide Rippeltypen und Vorrückgeschwindigkeiten.

▲ Abb. 694: Detail einer windgestreiften Dünenoberfläche, Wind von rechts; Ténéré, Sahara, Ostniger.

▲ Abb. 695: Form und Verteilungsmuster feuchter Sandaggregate nach einem Sturm; Kniepsand, Amrum, Schleswig-Holstein.

▼ Abb. 696: An Grashalmen haftender und locker gelagerter feuchter Sand; Kniepsand, Amrum, Schleswig-Holstein.

Der äolische Transport von Sand bei Regen oder Schnee oder von nassem Sand auch unter trockenen Bedingungen ist kaum untersucht (zuerst an Strandsanden: De Ploey 1977, 1980; Stengel 1992, S. 66 ff.). Von Draga (1983) wurde der Zusammenhang zwischen „nassem" Sandtransport und der unerwartet raschen und starken Einsandung landeinwärts der Westküste von Sylt nach einer zum Küstenschutz durchgeführten Sandvorspülung des Strands erkannt. Der äolische Transport von zu größeren Aggregaten zusammengeballten Aschepartikeln unterschiedlichen Benetzungsgrades wurde in frischen Vulkanaschen beobachtet (Schumacher 1988).

Selbst bei Regen können Auswehung und Sandtransport stattfinden, wenn also die obersten Sandkornlagen nicht vollständig abgetrocknet sein können. Feuchte Sandkörner können aufgenommen werden, sofern sie als Folge der bei Wind ständig wirksamen Verdunstung nur noch mit einem dünnen Wassermeniskus mit ihrer Unterlage verbunden sind.

Bei Transportbeginn ballen sich die vom Untergrund abgelösten einzelnen feuchten Sandkörner oder – bei ausreichend starkem Wind – aus dem Verband herausgerissenen Aggregate aus mehreren zusammenhängenden Körnern sofort durch Adhäsion zu größeren Sandkornaggregaten zusammen. Da sie relativ schwer sind, werden sie vor allem durch *Reptation* (Abb. 688) am Boden transportiert. Anders als bei trockenem Sand geht der Bewegungsimpuls jedoch nicht vom Aufprall saltierender Einzelkörner aus, sondern von der *Schubwirkung* des Windes selbst auf die von den Aggregaten gebildeten Strömungshindernisse. Bei Windgeschwindigkeiten von mindestens 10 – 12 m/s konnten bei Regen auf den feinsandigen Strandplaten der Nordseeküste (Abb. 690) bis über 1 cm große bewegte Transportaggregate gefilmt werden. Sie bewegen sich durch rasches Rollen, teilweise sogar Hupfen in einer bodennahen Transportwolke bis Hunderte von Metern vorwärts (Stengel 1992, S. 66 f.).

An Hindernissen oder bei erhöhter Oberflächenrauigkeit bleiben die feuchten Sandbällchen sofort liegen bzw. „kleben". Aufgrund ihres hohen Wassergehaltes und daher leichten Verformbarkeit werden sie, wie in Abb. 695 geschehen, durch den über sie hinwegstreichenden Wind in Sekundenschnelle zu winzigen, *stromlinienförmig* begrenzten Körpern umgestaltet (s. Abb. 699). Die größeren von ihnen sind aus mehreren aufeinander geprallten Kügelchen entstanden. Die Grundrissform dieser „gelandeten" bis zentimetergroßen Sand-Wasser-Aggregate ähnelt einem gedrungenen „Minibarchan" (Abb. 725) mit flacherer Luvseite und leicht in Windrichtung (im Bild nach oben) verlängerten Flanken.

Hindernisse erniedrigen die Strömungsgeschwindigkeit und damit die Transportkraft des Windes, so dass die mit Wasser getränkten Sandaggregate aufgrund ihrer Haftfähigkeit sogar an lotrecht in die Windströmung ragenden Objekten wie, in Abb. 696, dem Kunststoff-Sandfangzaun und den darüber hängenden Halmen von Strandgras akkumuliert werden können. Da die solcherart äolisch akkumulierten Sand-Wasser-Aggregate die *Rauigkeit* der Oberfläche natürlich schlagartig erhöhen, kommt es häufig zu einer sehr raschen weiteren Akkumulation solcher nassen Sandklümpchen und damit zur Aufhöhung einer Oberfläche. In Abb. 696 wurde so die durch eine Windwalze vor dem Hindernis entstandene kleine Echodüne weiter aufgehört. Dabei wurden in typischer Weise nicht alle Hohlräume aufgefüllt. Wegen der dadurch geringeren Dichte der „nassen" Akkumulation sind dort Kaninchen und Mensch tiefer als in trocken abgelagertem Sand eingesunken und haben scharfrandige Fußspuren hinterlassen (s. a. Ehlers 1988, S. 149 f.).

In jüngerer Zeit wird dem Prozess des Sandtransports unter nassen Bedingungen mit Blick auf kalte Wüsten und periglaziale Milieus erstmals stärkere Bedeutung zugemessen (Seppälä 2004).

Auf der von der letzten Flut geglätteten, rippelfreien Sandwattfläche in Abb. 697 sind die **Anfangsstadien einer Barchanbildung** sichtbar. Aus der Strömungsfäden trockenen Sandes, die auf das Küstendünenkliff (Abb. 761) zuwehen, wird bei momentaner Überschreitung des Transportgleichgewichts jeweils ein Teil der Sandfracht als **Sandschleier** abgesetzt, oft nur für Sekunden. Bleibt er liegen, können auf der etwas raueren Oberfläche saltierende Körner weniger gut zurückfedern, sodass sich dort die nächste Sandlage absetzt. Selbstverstärkend wird sie in wenigen Minuten erst in der Breite des Strömungsfadens spindelförmig aufgehöht und wächst dann durch die Veränderung des Windfelds zu einem elliptischen flachen **Sandfleck** heran, der bei weiterem Sandnachschub zu einem etwas höheren halbmondförmigen **Barchanfleck** mit Hörnern wie im Hintergrund und in Abb. 698 umgeformt wird (Stengel 1992, 183 ff.). Mit der Menge des so akkumulierten Sandes erhöht sich die Wahrscheinlichkeit, dass die Form nicht von starken Strömungsfäden überstrichen und dabei sofort wieder aufgezehrt wird.

Mit wachsender Höhe beeinflusst ein Sandfleck die Windströmung auch durch einen wachsenden *Luv-Lee-Effekt*. Beim Auftreffen im Luv hat der Wind noch die größte Transportenergie. Dort wird deshalb die gerade entstandene Akkumulation kontinuierlich ausgezehrt *(deflatiert)*, indem die feinsten Körner der Saltationsfracht einverleibt werden. Der Luvbeginn wird so immer *grobkörniger*, auch dadurch, dass durch die Abbremsung des Windes die gröbsten Körner, die bis dorthin gerade noch mitgeführt werden konnten, ausfallen. Auf diese Weise liegt, wie auch in Abb. 698, im Frühstadium der höchste Bereich des Sandflecks nahe des Luvbeginns und über einem steilen **Deflationswall** (Stengel 1992, S. 189 f.), bei Ehlers (1988, S. 137) als *Akkumulationswall* bezeichnet. An dessen Fuß hat hier der letzte, schwächere Wind einen schmalen Saum von Feinsand abgelagert.

Durch die Bremswirkung des Sandflecks und die damit verbundene allmähliche Aufhöhung im Lee des Deflationswalls verschiebt sich der höchste Punkt sukzessive windabwärts. Durch fortgesetzte Akkumulation wird der Leewinkel immer steiler, bis der natürliche Ruhe- oder Böschungswinkel erreicht ist und sich ein **Rutschhang** *(slipface)* bildet. Aus dem Barchanfleck oder flachen Sandschild ist so ein **Barchanembryo** geworden, auf Strandflaten ebenso wie in der Wüste, in Abb. 699.

Der bei voll entwickelten Barchanen halbmond- oder sichelförmige Grundriss (Abb. 726 ff.) ist auch bei dem schon weiter entwickelten Exemplar von erst nur bis zu Ansätzen von windabwärts gerichteten **Hörnern** gediehen.

Sowohl auf dem Sandfleck in Abb. 698 als auch auf dem Barchanfleck in Abb. 699 haben sich **Windrippeln** (Stengel 2002a, S. 36 f.) gebildet, deren Abstände von den vorhandenen Korngrößen abhängt. Mit zunehmender Breite wird sich auch in diesen die Windstreifung (Abb. 692 f.) entwickeln.

Durch Deflation auf der Luv- und Akkumulation auf der Leeseite werden Sand- wie Barchanflecken bei Sandsturm bis um 2 m pro Stunde verlagert (Ehlers 1988, S. 154). Die Barchanflecken der Strandflate sind kurzlebige Formen, die bei der nächsten Sturmflut zerstört werden. Die von Horstgras bewachsene Vordüne im Hintergrund von Abb. 698 (s. Abb. 761) ist dagegen bereits eine relativ dauerhafte Form. Die weitere Entwicklung der Barchanflecken in Abb. 699 wird dagegen vom zukünftigen Sandangebot windaufwärts für die auf ihn treffenden Strömungsfäden abhängen. Der Sand unter dem von Autospuren durchfurchten Deflationspflaster (Besler 1992, S. 135 f.; Busche 1998, S. 143 ff.) wird nur zur Verfügung stehen, wenn die schützende Steinlage nach einem Starkregen oder – wahrscheinlicher – durch erneute Befahrung oder Baumaßnahmen zerstört wird.

▲ Abb. 697: Bei Sandüberschuss gebildete elliptische Sandflecken auf feuchtem Strandsand, Blick windabwärts; Kniepsand, Amrum, Schleswig-Holstein.

▲▲ Abb. 698: Junger Sandfleck mit noch steilem Luvbeginn und sanfter Leeabdachung, Wind von vorne rechts; Kniepsand, Amrum, Schleswig-Holstein.

▼ Abb. 699: Übergangsstadium von flachen Sandschilden zu Barchanembryos mit beginnender Ausbildung von seitlichen Hörnern und leewärtigem Rutschhang *(slipface)*.

25. Äolische Akkumulationsformen · Negative Sandbilanz: Sandfleckaufzehrung

▲ Abb. 700: Rippelfleck, entstanden aus einem Sandfleck bei sanduntersättigtem Wind, Blick windaufwärts; Ténéré, Sahara, Ostniger.

▼ Abb. 701: Luvseitige Aufzehrung eines Sandflecks in feuchtem Sand, Blick windabwärts; Kniepsand, Amrum.

Verändert sich die Sand/Wind-Bilanz zum *Negativen*, d. h. erhöht sich die Windenergie oder bleibt der Sandnachschub aus, werden die in den Abb. 679 – 699 gezeigten Formen *aufgezehrt*.

Die erhöhte Energie der weniger mit Sand beladenen Strömungsfäden macht sich, wie beim Aufbau von Sandflecken, wiederum zuerst am Luvbeginn bemerkbar, wie in Abb. 701. Die gegenüber Abb. 698 stärkere **Auswehung** hat den Deflationswall vollständig aufgezehrt. Der ursprünglich steile Anstieg ist nur noch aus der Gesamthöhe der Treppung abzuleiten, in der die Schichtung der durch Feuchtigkeit und Kapillarkräfte zusammengehaltenen Sandlagen im humiden Küstenmilieu von der Deflation durch Wind leicht von links nachgezeichnet worden ist. Von den beiden äußersten, noch nicht vollständig aufgezehrten Rippeln und den Enden der anschließenden Rippeln auf der Oberfläche des Sandflecks sind nur noch die **grobsandreichen Kämme** geblieben. Auf der umgebenden Fläche, der Anstiegskante rechts und dem schon rippelfreien „Plateau"bereich ist im feuchten Sand ein unregelmäßig streifiges **Korrasionsmuster** (s. Abb. 783) durch den leicht von rechts kommenden Wind eingefräst worden.

Als Folge der ausbleibenden Sandversorgung ist in Abb. 701 bereits der gesamte Sandfleck von der Deflation betroffen. Dabei sind zuerst die *feineren* Korngrößen ausgetragen worden: aus den Windrippeltälern, von den feineren Rippelstreifen (Abb. 691 ff.), die sich bereits auf dem großen Sandfleck gebildet hatten, und insgesamt – mit zunehmender Auswirkung zu dessen Lee-Ende hin – die in dieser Richtung feiner werdenden Korngrößen. Bis zum Ende des letzten Windereignisses ist so zwar noch die langgestreckt-elliptische Form erhalten geblieben. Im Vordergrund haben von den Windrippelkörpern aber nur noch die aus dem gröbsten Sand bestehenden **Kämme** isoliert überdauert, getrennt durch Streifen der rippellosen Sandtenne, auf der der Sandfleck aufgewachsen war. Der Sandfleck ist zu einem **Rippelfleck** umgestaltet worden (Stengel 1992, S. 199 f.), dessen ursprüngliche Gestalt im gröberen luvwärtigen Teil noch am besten erhalten ist. Der Rand wird dort, wie in Abb. 701, zwar auch nur noch von ausdünnenden Rippelkammspitzen gebildet, aber die grobkörnigen **Rippelstreifen** – durch den Schattenfall nachgezeichnet – sind noch mit in Leerichtung abnehmender Tendenz erhalten.

Auf der Basis des Zusammenhangs zwischen Windenergie und zeitlicher oder räumlicher Über- oder Unterschreitung der **Transportkapazität** können **Windrippeln** als Resultate und zugleich auch *Indikatoren* äolischer Prozesse eindeutig interpretiert werden. Dabei zeigt sich, dass, anders als bei den systembedingten Einschränkungen im Windkanal, in dem die meisten Rippelstudien gemacht worden sind (s. Stengel 1992, S. 71 ff.), fast alle Rippelflächen *polygenetischer* Natur, also mehrphasig gebildet worden sind.

Jede äolische Akkumulationsform überdauert nur dann, wenn die Windenergie nach ihrer Ablagerung entweder gleich bleibt oder geringer wird. Nimmt dagegen mit *höherer* Windgeschwindigkeit die Transportkapazität zu, können entweder *mehr kleine* Körner und/oder *größere* bzw. schwerere Körner bewegt werden, wie in den Abb. 700 – 701 sichtbar wird. Die Energiezunahme bewirkt also zuerst die Aufzehrung durch **Deflation**, dann die Bildung eines eigenen, an die neuen Windverhältnisse angepassten Formenschatzes. Von einem schwächeren Wind geformte Oberflächen können daher *nicht* erhalten bleiben.

Bei schwächer werdenden Wind können nur noch *weniger* und/oder *feinere* Körner transportiert werden. Beim Absetzen der gröberen Fracht entstehen dann neue Oberflächenformen, ohne dass die älteren, bei stärkerem Wind gebildeten ausgelöscht werden. Bei einem allmählich abklingenden oder einem schwachen Sandsturm nach einem stärkeren Sandwindereignis müssen also notwendigerweise immer **polygenetische Rippelmuster** entstehen.

Der in der sedimentologischen Literatur verfolgte Ansatz der Rippelanalyse nach dem Verhältnis von Wellenlänge zu Höhe – dem Rippelindex (*u. a.* Tanner 1967) – oder eventuell der Art der Kammkrümmungen wird der morphodynamischen Wirklichkeit und komplexen Genese von Rippelflächen nicht gerecht (zur Kritik s. Stengel 1992, S. 103 ff.).

Das scheinbar „typische", nahezu *monogenetisch* wirkende Rippelmuster einer Dünenoberfläche mit fast gleichmäßiger Körnung in Abb. 702 ist eher die *Ausnahme*. Nach aktivem kurzzeitigem Sandfegen von links, bei dem sich noch kaum ein Wechsel von Grob- und Feinsand-Rippelstreifen wie in Abb. 691 ff. entwickelt hatte, wurde der Wind schnell so schwach, dass lediglich auf den Kämmen ein filigranes Rippelnetz entstanden ist, während in den Rippeltälern etwas Feinstsand sedimentiert wurde. Unter Verbindung der Knicks und Gabelungen lassen sich aber auch in diesem ausgeglichenen Rippelmuster noch Reste einer älteren, etwas schräg nach links dazu verlaufenden Windstreifung erkennen.

Die Entwicklung der stärker polygenetischen Rippelfläche in Abb. 703 begann mit einem mittelstarken Wind von links. Das Muster von zehn im Bild senkrecht angeordneten mittelgroßen Rippeln, mit den Leehängen nach rechts, wird durch den Schattenfall des Meterstabs nachgezeichnet. Ein späterer, schwächerer Wind, mit leichter Linkstendenz von oben, hat diese Rippeln nicht voll auslöschen können. Bei geringerer Transportenergie ist aus *feineren* Korngrößen eine engständigere **neue Rippelgeneration** erzeugt worden, deren Kämme, mit nach unten gerichteten Leehängen, von links nach rechts die erste Generation queren und in Anpassung an diese kein völlig homogenes Muster bilden konnten.

In Abb. 705 werden die Unterschiede in der Transport-, Deflations- und Akkumulationsleistung aufeinander folgender Windereignisse noch deutlicher. Die großen, sehr grobkörnigen und stark asymmetrischen Rippeln – mit den Leehängen nach rechts oben – wurden durch einen lang anhaltenden oder sehr starken Wind verursacht, wobei feinere Korngrößen weitgehend aus dem ursprünglichen Korngrößengemisch entfernt wurden. Ein späterer, wesentlich schwächerer Wind – von links oben – hat mit seiner eigenen Saltationsfracht aus feinen Korngrößen die natürlich *stabil* gebliebene Großrippelmorphologie fast rechtwinklig dazu mit einer Generation kleiner, kurzwelliger Rippeln überkleidet, wobei auch die **Großrippeltäler** etwas aufgehöht und umgestaltet wurden.

◀ Abb. 702: Ausgeglichene, nur noch an Knicken der Rippelkämme erkennbare Windstreifung nach mehreren Tagen Formungsruhe; Ténéré, Sahara, Ostniger.

◀ Abb. 703: Zwei sich fast rechtwinklig überlagernde Rippelgenerationen; Ténéré, Sahara, Ostniger.

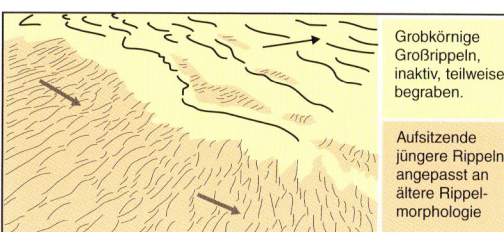

◀ Abb. 704: Erläuterungsskizze zu Abb. 705.

▼ Abb. 705: Überlagerung großer Starkwindrippeln durch eine Generation jüngerer, kleiner Rippeln eines schwachen Windes; Ténéré, Sahara, Ostniger.

25. Äolische Akkumulationsformen · Polygenetische Rippelfläche

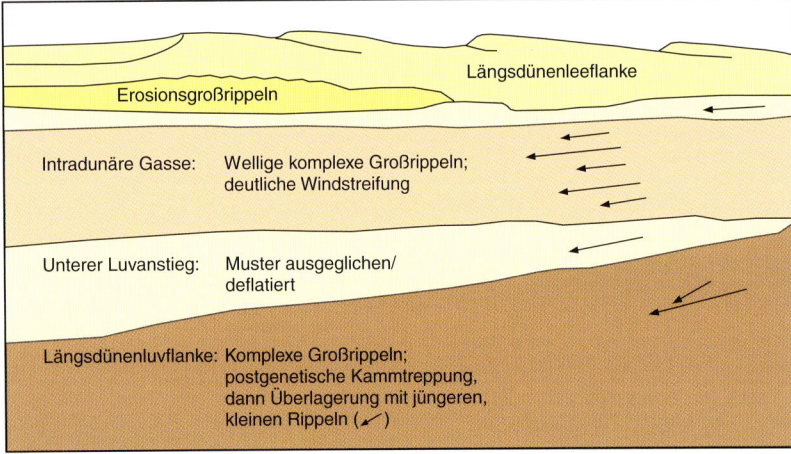

▲▲ Abb. 706: Komplexe Windrippellandschaft, Luv-unterhang einer Längsdüne; südliche Ténéré, Sahara, Ostniger.

▲ Abb. 707: Erläuterungs-skizze zu Abb. 706.

Abb. 706 zeigt die **Differenzierung einer Sandober-fläche** in Rippeln verschiedener Wellenlängen, Kammtreppung und -krümmung. Alle Rippeln sind *polygenetisch* und die verursachenden Winde kamen von rechts, von Osten. Die Vielfalt der Rippelmuster kann in parallele Streifen mit Rippeln ähnlichen Typs untergliedert werden (Abb. 707), also Wirkbereiche, in denen in windparallelen Zonen *unterschiedliche* Energie auf die Sandoberfläche übertragen wurde. Diese Zonen entsprechen natürlich auch der Topographie der Sandoberfläche, da sich am Anstieg zur diesseitigen Dünenflanke (ganz im Vordergrund) auch die Energie des Windes und damit die Korn-größendifferenzierung des Sandes und potenzielle Rippeldimensionen ändern.

Ganz im Vordergrund zeigt die **Kammtreppung** (Stengel 1992a, 101 ff.) der **Großrippeln,** dass sie bei abschwächendem Wind nicht mehr als Ganzes, sondern nur noch in einigen Kammabschnitten bewegt werden konnten. Erst danach wurden diese getreppten Großrippeln durch jüngere, *kurzwellige* Rippeln eines schwächeren Windes aus derselben Richtung überlagert. Im Tal zwischen der sanft abdachenden Dünenflanke vorne und dem nächsten Dünenzug im Bildhintergrund sind noch größere Großrippeln aber mit stark welligen, statt getreppten Kämmen zu sehen. Die Windenergie zur Bildungs- und Überprä-gungszeit dieser Großrippeln war *lokal* also noch stärker als bei den Rippeln im Vordergrund, muss aber *zeitgleich* mit deren Bildung erfolgt sein. An-dernfalls hätte der vordere Streifen in gleicher Weise überprägt worden sein müssen. Auch der hintere Bereich ist von denselben jüngeren kleinen Rippeln überlagert wie der vordere.

Ein weiterer Streifen sehr großer Rippeln, der sich unmittelbar am Fuß der **Längsdüne** im Hintergrund gebildet hat, ist auf der Dünenseite von Sand über-schüttet worden, der aus nordöstlicher Richtung über den Längsdünenkamm geweht und dann nach links verlagert worden ist (s. Abb. 736). **Rippelzerstörung** am Hang und Überschüttung am Unterhang geschehen auch durch die **Zungen** abgerutschten Sandes am windabgewandten Längsdünenhang. Ausgelöst wurden sie durch Sand, der dort, von der Rückseite her bis an die Kante aufgeweht, in lockerer und damit instabiler Lagerung abgesetzt worden war. Die ganze Längsdünenflanke wurde dabei wie der **Rutschhang** *(slipface)* eines Barchans (Abb. 729) geformt. Die Zungen können erst zum Ende des Windereignisses abgerutscht sein, das auch die Großrippeln geformt hat. Im Rippelmuster findet sich nämlich kein Hinweis auf eine Überprägung durch kleinere Rippeln aus nordöstlicher Richtung.

Der *Schlüssel* zur Interpretation von Rippelmustern liegt also darin, von den größten (ältesten) Rippeln voranschreitend zu den kleinsten (jüngsten) jede Rippelwellenlänge und die verursachende Windenergie separat zu interpretieren und dabei zu berücksichtigen, dass die Mikromorphologie bereits existierender Rippeln spätere Rippelgenerationen beeinflussen kann. Voraussetzungen und Beispiele komplexer, polygenetischer Rippelmuster werden bei Stengel (1992, S. 112 – 130) ausführlich diskutiert.

Mit Abb. 708 wird ein weiterer Prozess vorgestellt, der zur Bildung komplexer Windrippelmuster führt: die **Kappung** und Planierung von Windrippeln durch erhöhte Windenergie, die *nach* der Bildung der Rippeln wirkt. Der Vordergrund von Abb. 708 besteht aus großen, grobkörnigen Rippeln, deren Rippelkörper und Kämme oben merkwürdig *abgeflacht* sind und mit scharfen Kanten an die ehemaligen Rippelkörper stoßen. Die **Rippeltäler** in diesem Bereich sind am Schattenfall gut auszumachen, sind zum Teil aber deutlich schmaler als man es bei Rippeln dieser Größenordnung erwarten würde.

Die Rippeln sind sehr grobkörnig (bis zu Grobsand mit 2 mm Durchmesser) und wurden unter sehr starkem Wind von links gebildet. Wenn der Wind über einer bereits stark korngrößenverarmten Großrippelfläche weiter zunimmt und die Korngrößen dem nicht standhalten können, werden zunächst die Kämme, später die Rippelkörper *äolisch abgetragen*, regelrecht planiert (Stengel 1992, S. 131 – 150). Die groben Körner der Kämme und ein Teil des Materials aus den planierten Rippelkörpern finden in den ehemaligen Rippeltälern Platz, die dadurch immer enger und schlitzförmiger werden. Der Rest des Materials wird ausgetragen, wobei ein *Nettosandverlust* der äolisch gekappten Fläche stattfindet (s. a. Abb. 710/712; Stengel 1992; Busche & Stengel 1993, 200 f.).

▲ Abb. 708: Bei erhöhter Windenergie äolisch gekappte ältere Großrippeln am Fuß eines flachen Dünenrückens mit polygenetischen Rippeln und Windstreifung; Süd-Ténéré, Sahara, Ostniger.

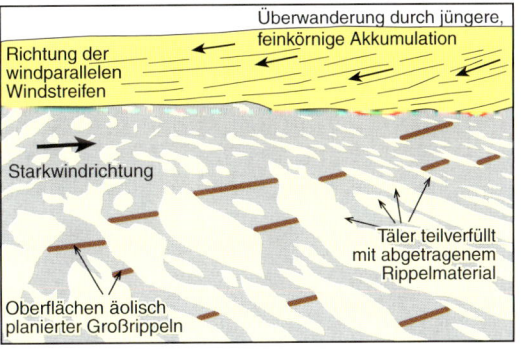

◀ Abb. 709: Erläuterungsskizze zu Abb. 708.

Im Hintergrund von Abb. 708 ist eine flache Sandakkumulation zu sehen, deren Oberfläche viel kleinere, feinkörnigere Rippeln trägt, also unter wesentlich *schwächerem* Wind geprägt wurde. Die Rippeln dort zeigen noch deutliche **Windstreifung** aus der Zeit ihrer Bildung durch Wind von rechts. Der flache Sandkörper hat dabei den hinteren Teil der gekappten Rippeln *überwandert* und begraben. Das bedeutet aber, dass der Wind so viel schwächer war, dass durch ihn der gekappte Rippelbereich nicht angegriffen werden konnte, weil er, wenn auch noch mit etwas feinerer Korngröße als in Abb. 712, durch eine dicht gepackte Grobsanddecke geschützt ist. Im Vordergrund dürfte lediglich die oberste Lage von Feinsand in den Rippeltälern aus dieser Phase stammen.

25. Äolische Akkumulationsformen · Rippelauslöschung

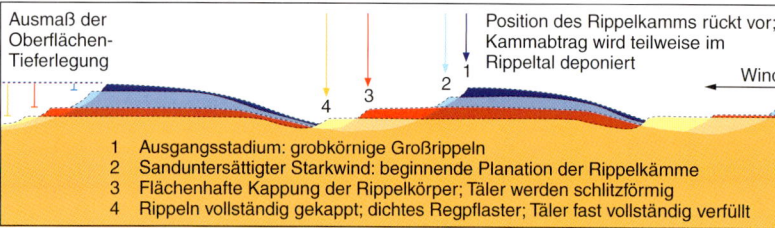

▲▲ Abb. 710: Fast vollständige Rippelauslöschung im intradunären Bereich zwischen Längsdünen; östliche Ténéré, Sahara, Ostniger.

▲ Abb. 711: Schema der äolischen Rippelkappung.

▼ Abb. 712: Durch starke Auswehung, Rippelkappung und Grobsandanreicherung gebildetes einlagiges Regpflaster mit fast ausgelöschtem Rippeltal; Ténéré, Sahara, Ostniger.

Geländebefunde und sedimentologische Untersuchungen belegen, dass es sich bei der Rippelkappung um einen rein äolischen Prozess unter Starkwindbedingungen und nicht etwa um das Resultat von Flächenspülung handelt (Stengel 1992, S. 131 ff, bes. 139–140). Entscheidend ist, dass der verursachende Wind sanduntersättigt ist, also genügend Energie hat, um mit seiner Saltationsfracht (a) Arbeit zu verrichten und (b) keine eigene Akkumulation zu verursachen.

Sedimentologische Voraussetzung für die Bildung gekappter Rippeln ist, dass die existierenden Rippeln bereits sehr grobkörnig sind; andernfalls würde eine Windzunahme zum flächenhaften Austrag aller Körner, dem Verschwinden aller Rippelmuster und zur Erniedrigung oder dem Verschwinden der Sandakkumulation führen.

Sind jedoch sehr grobkörnige Rippeln vorhanden, die dann meist auch recht groß sind – bei Wellenlängen von 50–100, sogar 200 cm, sofern das Korngrößenspektrum breit genug ist –, können die Körner vom erstarkten Wind nicht einfach ausgetragen werden. Stattdessen werden sie aus den exponierten Bereichen an Rippelkamm und -Luvhang durch Reptation unter dem Bombardement saltierender Körner in eines der geschützteren Rippeltäler befördert. Die Rippeln selbst werden also erniedrigt und planiert, die Täler zunehmend verfüllt. Sind die Rippelkämme abgetragen, werden die verbleibenden Rümpfe der Rippelkörper selbst angegriffen. Da deren Material unterhalb des Grobsandkammes selbst etwas weniger stark abgereichert ist (Stengel 1992, S. 142; Busche 1998, S. 218 f.), kann ein Teil davon ausgetragen werden; die gröbsten Körner werden jedoch wiederum in gerade noch sichtbaren Talresten deponiert.

Das morphologische Resultat zeigt Abb. 710. Die ehemaligen, grobkörnigen Großrippeln im intradunären Bereich zwischen zwei Längsdünen (ähnlich wie etwa im Mittelgrund von Abb. 706) sind durch zunehmende Windenergie und Sanduntersättigung zunächst an ihren Kämmen gekappt worden (ähnlich wie Abb. 709, Vordergrund); durch fortschreitende Kappung auch der Rippelkörper und Verfüllung der ehemaligen Rippeltäler ist eine fast vollständig ebene, äolisch planierte Grobsandfläche entstanden. Bei einer längeren Prozessdauer wären auch die letzten Schlitze durch Grobsand verfüllt worden. So ist, wie in Abb. 710, vom letzten schwachen Wind dort nur etwas Feinsand eingeweht worden.

Der Nettomaterialaustrag (nach Verfüllung der Rippeltäler) entspricht vermutlich mindestens 60–70 % des ehemaligen Sandvolumens der Großrippeln (Stengel 1992, 145). Die Rippelkappung ist gerade in Bereichen mit einem breiten Korngrößenspektrum und entsprechenden potenziellen Großrippeln ein enorm wichtiger Prozess nicht nur der Rippelmusterüberformung, sondern auch ein Indiz für flächenhaft wirksame äolische Abtragung, die bisher fast völlig übersehen worden ist (Busche & Stengel 1993).

Abb. 712 zeigt im Detail eine Variante fast vollständiger Rippelauslöschung (Busche 1998, S. 216 f.). Wie der abgeschobene Bereich zeigt, konnte selbst bei nur geringem Grobsandanteil ein ausreichend lange wirksamer sanduntersättigter Wind erst die Rippelkämme und dann die Gesamtfläche so stark erniedrigen, dass dennoch ein in typischer Weise einlagiges, dicht gepacktes und gegen weitere Auswehung resistentes Grobsand- oder Regpflaster entstanden ist. Im fast überwanderten Rippeltal liegt noch ein Rest des ursprünglichen Korngrößengemischs mit einigen darüber gerollten Grobsandkörnern frei.

Bei der Anwendung des Energie/Sand-Verhältnisses auf die Dünenbildung sind zwei Szenarien möglich: Entweder ist der Wind aus *rein dynamischen* Gründen lokal sandübersättigt, sodass freie Akkumulation (Bildung freier Dünen) stattfindet, oder der Wind trifft auf ein *konkretes Hindernis*, das die Geschwindigkeit lokal bremst, die Energie herabsetzt und hindernisgebundene Akkumulation ermöglicht (**gebundene Dünen**).

Gebundene Dünen umfassen Kleinformen wie **Sandschwänze** (Abb. 713 und 714), Einsandung von Hindernissen (Stufeneinsandung, z. B. Abb. 716, und Echodünen), echte Leedünen, die an Hindernissen ansetzen (Abb. 718, 719), sowie komplexe, aber dem Relief untergeordnete fluvio-äolische Mischformen wie Sandrampen (Abb. 720 – 724). Sandschwänze *(sand tails)* sind kleine bis mittelgroße Akkumulationen (Länge im Dezimeter- bis Meterbereich) im Lee isolierter Strömungshindernisse wie Büschen (Abb. 713, 714) oder Felsblöcken.

Vor dem Hindernis teilt sich die Windströmung und umströmt das Objekt dann von beiden Seiten. Im Lee des Hindernisses herrscht ein strömungsberuhigter Bereich, in dem sich langgestreckte, windabwärts niedriger werdende Akkumulationen bilden können (Hesp 1981). Ihre Langserstreckung endet, wo sich die Stromfäden wieder vereinigen und die dann *höhere* Energie keine Akkumulation mehr zulässt. Je größer der transportarme Bereich, desto größer, höher und länger kann die Akkumulation wachsen, hinter den großen Büschen in Abb. 713 stärker als hinter den niedrigen trockenen Sträuchern im Vordergrund oder hinter dem von Abb. 714. Mit der Zerstörung einer abgestorbenen Pflanze verschwindet auch der Sandschwanz, etwa jener hinter der Form in Abb. 714, von der nur noch die einstige tonige Umhüllung am Fuß den Grundriss markiert.

Der Sandschwanz davor besteht nämlich nicht aus Quarzsand, sondern aus äolisch transportierten, sandkorngroßen **Tonaggregaten** und Gipskristallen, die bei der Aufarbeitung aufgerollter Tonhäutchen (Abb. 305) oder an Trockenrisskanten (Abb. 308 ff.) aufgenommen worden sind. Trotz der völlig unterschiedlichen Oberflächentextur und Kohäsionsfähigkeit gleicht die Endform der aus normalem Sand, außer dass sich wegen der höheren Standfestigkeit eher ein scharfer Grat, wie sonst erst bei der Großform der Leedüne (Abb. 718) bildet.

Große Unterschiede zeigen sich erst bei *Durchfeuchtung*. Werden bei einem Regen, wie in Abb. 715, nur die obersten Millimeter durchtränkt, verfestigt sich die Oberfläche zu einer dünnen Kruste, in der sich beim Trocknen Risse bilden, an denen der Wind angreift und den nicht verbackenen Teil des Aggregatsands leicht ausweht. Bei längerem Regen können derartige Sandschwänze völlig breiartig zerfließen.

Typisch für Flächen mit Sandschwänzen ist, dass auf ihnen *Sandmangel* herrscht, im Normalfall von Abb. 713 wegen des Deflationspflasters (Abb. 699, 712), in Abb. 714 wegen der Kohäsion der tonig verbackenen Oberfläche, die nur zu einem kleinen Prozentsatz an Trockenrissen oder durch Viehtritt angreifbar wird.

▲▲ Abb. 713: Sandschwänze im Lee von Buschvegetation im Sandmangelgebiet der Küstenwüste; Diamantensperrgebiet, Südwestnamibia.

▲ Abb. 714: Vegetationsgebundener Sandschwanz aus sandkorngroßen Tonaggregaten und Gipskristallen bei Regen am Kevirrand; bei Qaswin, iranisches Hochland.

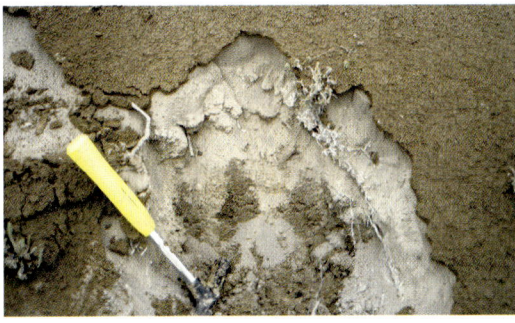

◀ Abb. 715: Schurf in einem oberflächlich durchfeuchteten Sandschwanz aus Tonaggregat-Sand.

25. Äolische Akkumulationsformen · Stufeneinsandung

▲ Abb. 716: Dünensandrampe im Lee einer Stufe; im Hintergrund Transversal- und Längsdünen in einem Flächenpass; Blick vom Plateau von Midjigatène nach Norden, Südsahara, Ostniger

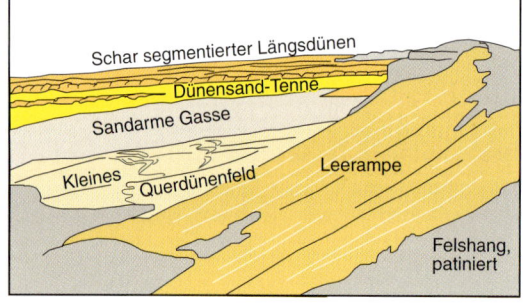

▶ Abb. 717: Erläuterungsskizze zu Abb. 716.

Die Akkumulation im Lee eines Hindernisses ist nicht nur von dessen Größe abhängig, sondern auch von der Sandversorgung. So hat die Akkumulation in Abb. 713/714, die eine echte Leedüne ist, mit den Sandschwänzen (Abb. 723, 724) gemeinsam, dass sie eine Form deutlichen *Sandmangels* ist. Das sie umgebende Steinpflaster auf einem frühholozänen Seeboden ist völlig sandfrei. Die **Dünen-** oder **Leerampe**, die auf der windabgewandten Seite einer **Schichtstufe** zu deren starker **Einsandung** geführt hat, ist dagegen eine bei *Sandüberschuss* entstandene Form. Östlich von ihr liegt der Westrand eines großen Ergs, aus dem gegenwärtig – wie aus allen alten saharischen Ergs – Sand mit dem Passatwind ausgeweht wird (Busche 1998, S. 251. Dadurch ist die Achterstufe des schmalen Plateaus bis zur Traufhöhe eingesandet worden. Der Sand wird von dort über die Hochfläche geweht und unterhalb der Trauf (Abb. 157) im windberuhigten Bereich abgesetzt. Gassen am Plateaurand bestimmen, wo der Sand stärksten durchgetrieben wird. Zwei solcher Bereiche sind hier erfasst, die durch einen beiderseits umströmten sandarmen Leebereich mit Fels- und Schuttausbissen getrennt sind.

Würde der Sand einfach an der Plateaukante, abhängig von Schwerkraft und innerer Reibung herabrutschen, würde dies in Zungen wie in Abb. 706 oder am Slipface eines Barchans (Abb. 730) bei einer Hangneigung um 30° geschehen. Hier liegen die Hangneigungen jedoch zwischen 20° und 25°; die hintere Profillinie zeichnet am Oberhang einen vorne nur angedeuteten Buckel als gegen die Schwerkraft gerichteter Akkumulationsform nach. Der von der Stufe herabwehende letzte Fallwind war so stark gewesen, dass etwa zuvor vorhandene Rippeln ausgelöscht worden sind. Am Unterrand wird der Sand beiderseits um den alten Hangprofilrest (s. Abb. 199) herumgeweht und endet dann am Stufenfuß wie hier vor dem Hindernis an einer scharfen Linie, jenseits der der Sand dann wie üblich in Strömungsfäden (Abb. 689, 690) über die Fläche geweht wird.

Das Plateau liegt am Südrand eines die Schichtstufe querenden, ost-west-gerichteten **Flächenpasses** (Abb. 128), durch den die lokale Passatwindrichtung nur wenig modifiziert wird. Im Mittelgrund ist die *Düsenströmung* so stark, dass dort der Sand nur durchtransportiert wird und der Felsboden freigeweht und korradiert ist (s. Abb. 777 ff.). Der Sandnachschub aus dem Erg ist jedoch so hoch, dass beiderseits davon Dünen bestehen können. Auf der Nordseite sind es sehr regelmäßig segmentierte und geradlinige *Längsdünen* (Abb. 735 ff.; Stengel 1922, S. 285), auf der Südseite ist ein Teil eines **Transversaldünenfeldes** (Abb. 730 ff.) aus luvseitig flach ansteigenden, gestreckten Stromlinienkörpern, die teils in vorspringenden Zungen, auffällig in zur Strömungsrichtung *verdrehten* Rutschungshängen enden, ebenso wie die **Längsdünensegmente** im Hintergrund (Abb. 737 ff.), die gleichfalls wie diese im *spitzen* Winkel zur Hauptwindrichtung verlaufen (Abb. 736; Stengel 1992, S. 253, 291).

Der *Standardauffassung* nach sind Transversaldünenkomplexe aus seitlich zusammengewachsenen *Barchanen* entstanden (z. B. McKee 1979, S. 9, 11 ff; *s. a.* Stengel 1992, S. 288; Abb. 730). Diese und andere Gemeinsamkeiten sprechen aber dafür, dass diese aus dicht gescharten *Längsdünen* hervorgegangen sind. Ein wichtiges Argument dafür ist, dass auch die Barchane Sandmangelformen sind, das dichte und volumenreiche Muster des Querdünenfeldes und die Gesamtsituation aber eine sehr gute Ernährung belegen (Stengel 1992, S. 268, 290).

Anders als die *Lee-Rampe*, die allein während des beteiligten *Sandvolumens* auch bei geänderter Hauptwindrichtung recht lange überlebensfähig wäre, könnte die Sandmangelform der typischen **Leedüne** (Besler 1987, S. 100) in Abb. 718 – in Anpassung an das gegenwärtige Passatregime mit charakteristisch symmetrischem Querprofil – bei gelegentlichen, vorzeitlich aber häufigen Südwestwinden leicht asymmetrisch umgeformt und verdreht werden. Typisch für die Leedüne sind ist auch der scharfe **Grat** und der in Windrichtung gestreckte, spitz auslaufende Grundriss, beide geschaffen durch die dort *konvergierende* Windströmung, die zuvor durch das Hindernis geteilt wurde, in dessen windberuhigtem Lee sie als **gebundene Düne** (*s.* Abb. 113) ansetzen konnte. Solche Hindernisse sind in einem Sandmangelgebiet wie hier eine notwendige Voraussetzung. In diesem Fall ist es ein kleiner **Inselberg** (Abb. 719) mit durch die Brandung des frühholozänen, pluvialzeitlichen Süßwassersees geschaffenen **Kliff**-Flanken (Busche 1998, S. 132 f.). Eine Längsdüne beginnt dagegen im sandübersättigten Umfeld aus rein dynamischen Gründen als freie Düne (*s.* Abb. 713) ohne eine solche Verankerung.

Eine Leedüne endet dort, wo ihre „Ernährung" durch den angelieferten Sand nicht mehr ausreicht und wo im Bereich der sich wieder vereinigenden und damit gekräftigten Windströmung der Sand vollständig aufgenommen und über die Fläche verweht werden kann. Nicht ins Bild einer einfachen Leedüne passt hier, dass der etwa 500 m lange Kamm zum Ende hin wellig wird und sich vor dessen Ende ein fast isolierter Dünenkörper bei dort offenbar abnehmender Transportleistung abgesetzt hat, die Leedüne also wächst.

Abb. 719 zeigt dieselbe Düne nicht nur in *Gegenrichtung*, sondern auch vier Jahre später. In dieser Zeit ist sie um einige hundert Meter weiter gewachsen, entweder als Folge verbesserten Sandnachschubs oder – wahrscheinlicher – wegen einer *schlechteren Windenergie-* und damit *Transportbilanz* (= geringere Windgeschwindigkeiten), wodurch eher Sandsättigung und Sedimentation einsetzen konnten. Weitere Veränderungen zeigten, dass die Leedüne mit ihrer verbesserten Ernährungslage Kennzeichen einer freien *Längsdüne* entwickelt hatte (Stengel 1992, S. 270 f.; Abb. 735 f.). Dafür, dass das Sandangebot nicht absolut gestiegen ist, sondern sich nur die Bilanz durch geringere mittlere Transportenergie verändert hatte, spricht, dass die freigewehte Umgebung weiterhin Sandmangel belegt.

Beim letzten Windereignis in Abb. 718 hatte ein starker Wind, der auch die gröbsten der hier insgesamt nur feinen Sandkörner aufnehmen konnte, das Rippelmuster durch Deflation ausgelöscht, außer im Großrippelbereich rechts unten. Nach einem schwächerem Wind ist in Abb. 719 ein monogenetisches Rippelmuster bewahrt worden.

▲ Abb. 718: Leedüne als Sandmangelform im Windschatten eines Plateaus; Ezerza, Ténéré, Sahara, Nordniger.

▼ Abb. 719: Ansatzbereich derselben Leedüne an einem Inselberg, in vier Jahren windabwärts gewachsen.

25. Äolische Akkumulationsformen · Sandrampen

▲ Abb. 720: Zerschnittene fluvioäolische Sandrampe an einem Inselgebirge; bei Aus, Südnamibia.

▶ Abb. 721: Erläuterungsskizze zu Abb. 722.

▼ Abb. 722: Vom Inselberghang fluvial abgeschnittene, junge fluvioäolische Sandrampe mit zweiphasiger junger, rein äolischer Übersandung; Sandkop, Südnamibia.

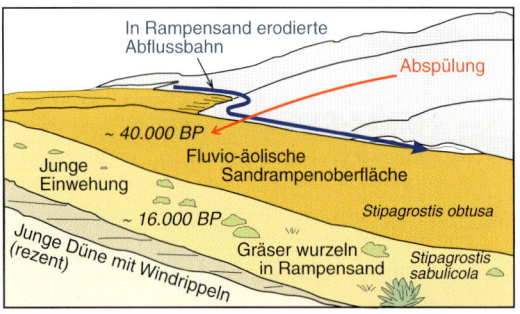

Als Ergebnis des *mehrfachen* Klimawandels im Quartär, der sich auch in *allen* Wüsten ausgewirkt hat, gibt es – vermutlich ebenfalls in allen Wüsten – eine überwiegend äolisch gebildete Reliefform an Stufen und Hängen, die bis vor kurzem kaum beachtet worden ist. Ihr für Südnamibia typisches Erscheinungsbild zeigt Abb. 720. Diese Sandrampe liegt dem Hang einer Stufe oder eines Inselbergs auf, kommt aber nur dort vor, wo in einer nicht überwiegend äolisch geprägten Landschaft ein Liefergebiet für äolischen Sand vorhanden war – in diesem Fall breite Flussbetten, deren Sand überwiegend das Ergebnis der fluvialen Abtragung und Aufbereitung des Saprolits der proterozoischen Tiefenverwitterung ist (Abb. 143, 178; Stengel 2002). Im Unterschied zu den Lee- oder Dünenrampen (Abb. 716) kommt sie lediglich auch in Lee-Position vor. In Südnamibia finden sich ihre *kleineren* Vertreter dort, wo Flugsand über einen Kamm oder Stufenrand hinabgeweht werden konnte. Die sandreichen Großformen, wie auf dieser Doppelseite, sind vor allem durch *Aufwehung* aus dem Vorland und damit luvseitig entstanden. Ihre Untersuchung (Busche 1998, S. 259 ff. in der zentralen Sahara; Bertram 2003 in Südnamibia) hat gezeigt, dass an ihrer Bildung von Anfang an auch *fluviale* Prozesse beteiligt waren. Ihr zeitliches Gegenstück in sandwindgeschützter Position sind stets Schwemmfächer. Zur Unterscheidung von den rein äolischen Leerampen werden sie als (**fluvio-äolische**) **Sandrampen** bezeichnet *(fluvio-(a)eolian sandramps)*, deren Gefälle, mit 6° – 8°, dem steilerer Schwemmfächer entspricht.

Ein Kennzeichen aller Sandrampen ist, wie in allen drei Beispielen sichtbar, dass sie durch fluviale Erosion mit Zuschusswasser von dem Hang, dem sie aufgelagert sind, abgeschnitten worden sind. Es handelt sich dabei keinesfalls um die Lücke einer durch äolische Verwirbelung und Auskolkung vor einem wandartig steilen Hindernis gebildeten Echodüne (Besler 1992, S. 101; als Kleinform Abb. 696, 800), sondern um fluviale Abflussbahnen mit dem entsprechenden Formenschatz wie an Prallhängen (Abb. 722/723, jeweils hinten) und – bei größeren Formen – mit dem Übergang zu Kerbtälern, die die Sandrampe zum Vorland hin durchschneiden, wie in Abb. 720.

Wiederum in gleicher Weise, in der zentralen Sahara wie in Südnamibia, gibt es **zwei Generationen** von Sandrampen. Die *jüngere*, zu der die in Abb. 722 gehört (Bertram 2003, S. 46 f.), geht ohne Bruch in die umgebende Fläche über; die *ältere* (Abb. 720, 723) ist unterschiedlich stark fluvial unterschnitten worden. Dort zeigt sich noch deutlicher als in ihrer Zertalung, dass auch das die jüngeren Rampen aufbauende Sediment als Folge *bodenbildender Prozesse* standfest ist. Auf der Rampe von Abb. 722 belegt nur noch diese *Standfestigkeit*, die auch das Graben tiefer Aufschlüsse erlaubt, die Bodenbildung, während das jüngste Sediment, der rein äolische Dünenkörper im Vordergrund, sofort nachrutschen würde. Unter diesem liegt ein älterer, schon etwas standfesterer Dünensandkörper, auf dem die Horste von *Sipagrostis sabulicola* wachsen. Dieser klingt auf der von dem niedrigeren *Stipagrostis obtusa*-Gras bestandenen, leicht unregelmäßigen Oberfläche der eigentlichen Sandrampe aus, in die dahinter die Abflussbahn – mit einem Hang in der Rampe, dem anderen im Fels – mit einer kleinen, hier nicht sichtbaren Terrasse eingeschnitten ist.

Nach Thermolumineszenz-Datierungen (Kleber 2002, S. 346; Wintle 1993) wurde der subrezente Dünensand um 16 000 v. h. akkumuliert, also etwa während des Hochglazials, die der jüngeren Sandrampe vor etwa 40 000 Jahren. Reste verfestigten Dünensands im Hangschutt belegen, dass die Sandrampen-

25. Äolische Akkumulationsformen · Sandrampen

akkumulation ursprünglich weiter hangauf reichte. Sie muss dort ohne Bruch ausgeglichen sein. Die Sandrampen sind nämlich dadurch entstanden, dass in wahrscheinlich jahreszeitlichem Wechsel nach Abflussereignissen bereitgestellter Sand die Hänge *hinaufgeweht* und in einer nachfolgenden Phase mit Starkregen, zusammen mit dem vom Felshang abgespülten Gruspartikeln wieder flächenhaft *abgeschwemmt* wurde. Auf diese Weise entstand ein teils als Wechsellagerung getrenntes Gemenge aus äolisch hangauf gewehtem Sand und abgeschwemmtem Sand-Grusgemisch. In diesem Fall setzte vor etwa 25 000 Jahren eine Phase der *Ökosystemstabilisierung* mit Vegetation und Bodenbildung ein, von der nur noch die unteren Profilabschnitte die anschließende Phase flächenhafter Profilkappung durch ein *Erosionsglacis* (Abb. 229) überdauerten, bevor die Flächenspülung durch die heute noch aktive linienhafte Randzerschneidung abgelöst wurde.

Im Gebiet der **älteren Sandrampe** von Abb. 723 wiederholte sich dieser Zyklus in den letzten 100 000 Jahren nach Ausweis der sedimentologischen Aufnahme an den fluvialen Anschnitten mindestens *zwölfmal* (Abb. 724). Die jüngste Entwicklung lief wie in Abb. 721 ab. Angeschnittene Linsen von abgeschwemmtem Hangschutt belegen murenförmigen Abfluss während der Starkregenereignisse (s. Abb. 290). Vollständige Paläobodenprofile haben in keinem Fall die Erosionsglacisphasen überdauert. Erhalten geblieben sind allerdings *verkalkte Wurzelröhren*

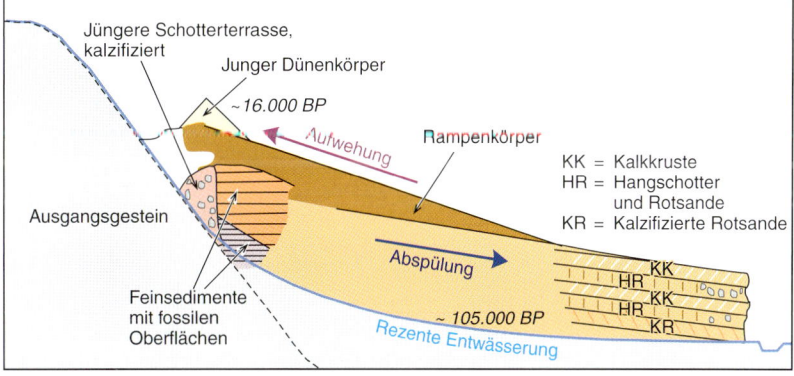

(Pseudomorphosen; Abb. 419) oder deren fluvial umgelagerte Bruchstücke. Bei kalkfreien Gesteinen im Einzugsgebiet kann, wie es bei pedogener Kalkkrustenbildung wohl fast der Normalfall ist (Abb. 410 f.), der bei der Bodenbildung verlagerte Kalk nur als trockene oder nasse Staubdeposition – mit Wind oder Regen – eingetragen worden sein.

Insgesamt konnte Bertram (2003, S. 103 f.) etwa 60 Prozess- und damit auch Klimawechsel im Altrampenprofil nachweisen – hier besonders akzentuiert, weil die Region in der Übergangszone von Sommer- und Winterniederschlägen liegt, die sich offenbar häufig pol- und äquatorwärts verschoben hat. In ähnlicher Weise dürfte auch die Entwicklung der saharischen Sandrampen abgelaufen sein (Busche 1998, S. 259 f.).

▲▲ Abb. 723: Im Fußbereich fluvial unterschnittene alte fluvio-äolische Sandrampe; bei Aus, Südnamibia.

▲ Abb. 724: Sedimentgliederung der Sandrampe von Abb. 723.

25. Äolische Akkumulationsformen · Barchane

▲ Abb. 725: Kleiner Barchan auf festem, sandfreiem Untergrund; Atacama, Chile.

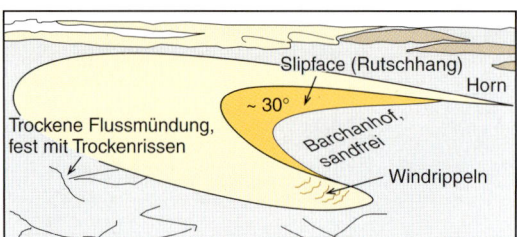

▶ Abb. 726: Erläuterungsskizze zu Abb. 725.

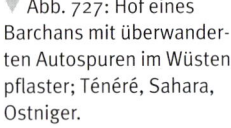

▼ Abb. 727: Hof eines Barchans mit überwanderten Autospuren im Wüstenpflaster; Ténéré, Sahara, Ostniger.

Barchane (turkmenisch; Besler 1992, S. 103 ff.) mit ihrem halbmond- bis sichelförmigen, windabwärts geöffneten Grundriss (Abb. 725; Wind von links oben) werden gemeinhin als *die* typische Dünenform angesehen. Dabei wird übersehen, dass diese freien Einzeldünen flächen- und volumenmäßig in den Sandgebieten der Erde nur eine höchst *unbedeutende* Rolle spielen, während z. B. Längsdünen (Abb. 735 ff.), Transversaldünen (Abb. 730 ff.) und vor allem die komplexen polygenetischen Dünen der Ergs (Abb. 741 ff.) klar dominieren.

Im Idealfall sind Barchane *perfekte Strömungskörper* mit einem sanften Anstieg ihrer Luvflanke um 10° – 15°. Auf ihr wird der Sand bei vertikaler Einengung der Strömung und der damit verbundenen Erhöhung der Windgeschwindigkeit durch Saltation (Abb. 688) aufwärts transportiert. Da die Transportenergie des Windes oft nicht ausreicht, um den Sand bis unmittelbar bis vor den Kamm zu transportieren wie in den Abb. 699 und 729, liegt im Normalfall der höchste Punkt im Längsprofil schon etwas davor, wie in den Abb. 725 und 728. Die steile Leeseite des Barchans ist als **Rutschhang** *(slipface)* ausgebildet, in dem der über die Düne transportierte Sand in schmalen **Zungen** herabgleitet (Abb. 730, 706), sobald sich eine wenige Zentimeter starke Schicht von locker gelagertem Sand vor dem Kamm abgelagert hat. Der abgerutschte Sand bleibt im natürlichen **Böschungs-** oder **Grenzneigungswinkel** *(natural angle of repose)* liegen, der je nach Sandkornrauigkeit und -sortierung zwischen 30° und 35°, bei lockerem Feinsand bei 33° liegt.

Die Anfangsstadien der Barchanbildung sind bereits in der Entwicklung vom Sand- zum Bachanfleck gezeigt worden (Abb. 697 – 699). Die bei jedem Barchan entwickelte sanfte Wölbung quer zum Wind, von den flachen seitlichen Flanken zum zentralen Mittelteil hin, ist bereits in diesem Stadium eines flachen Schildes ausgebildet. Seine Existenz führt zu einem *Selbstverstärkungseffekt:* der Wind, der den Mittelteil des jungen Barchans in Längsrichtung überströmt, wird dort wegen des leichten Anstiegs stärker gebremst als entlang der Flanken, hat im Mittelteil also geringere Energie bzw. Transportkraft. Er wird einen Teil seiner Saltationsfracht dort akkumulieren, wobei sich der Mittelteil weiter aufhöht, das Gegengefälle folglich stärker wird und den Prozess noch verstärkt. Gleichzeitig führt diese Aufhöhung des Zentralbereichs aber auch zu dem schon erwähnten vertikalen *Konvergieren* der Strömungslinien des Windes und mit diesem leichten Düseneffekt zur Zunahme der Transportkraft. Bei einem voll ausgebildeten Barchan herrscht daher ein *Gleichgewichtszustand* zwischen der Bremswirkung durch die Neigung der Luvflanke und der Zunahme der Transportkraft durch konvergierende Stromlinien aus demselben Grund. Das Barchanlängsprofil bleibt daher auch beim Transport erhalten.

An den Flanken der jungen Akkumulation wird die Windströmung dagegen weniger gebremst, die höhere Energie erlaubt schnelleren Transport des dort ohnehin geringeren Sandvolumens, sodass die

Flanken allmählich den Mittelteil überholen und windabwärts gerichtete, flache **Hörner** ausbilden (Abb. 725 und 728), zwischen denen der sandfreie **Barchanhof** liegt.

Abb. 728 zeigt mehrere aktive, leicht asymmetrische Barchane in der Küstenwüste Südwestnamibias (Windrichtung von links). Da die symmetrische Ausbildung die Folge eines nahezu *unimodalen* Windes ist, dürften sich hier gelegentliche Abweichungen ausgewirkt haben. Die farbliche Differenzierung in dunkelgraue Luvseiten und Außenflanken der Hörner und das hellbeigefarbige Slipface und Innenseiten der Hörner ist durch den Reichtum des Sandes an dunklen **Schwermineralen** bedingt. Aufgrund ihres höheren spezifischen Gewichts reichern sie sich überall dort an, wo ähnlich wie ein Grobsandpflaster bei höheren Windgeschwindigkeiten bzw. Transportraten die spezifische leichteren Quarzkörner noch mitgenommen werden können (s. a. Abb. 688). Dementsprechend überwiegt im strömungsärmeren Innenbereich die helle Quarzsandfarbe.

Die Sandfreiheit des Innenhofes (Abb. 725, 727) bedeutet allerdings nicht, dass dort kein Sandtransport stattfindet; vielmehr ist dies eine Zone enormer Turbulenz. Aus hochgewirbeltem Pflanzenhäcksel, der sich mitunter am Fuß des Rutschhangs ansammelt, konnte in dessen Lee die Ausbildung einer liegenden Luftwalze mit *hangaufwärts* bis zur Dünenhöhe gerichteter starker Drehbewegung beobachtet werden (Besler 1992, S. 104; 1997; Jäkel 1980). Sie trägt auch dazu bei, den Barchanhof sandfrei zu halten.

Ein Barchan wandert also genau *parallel* zur Windrichtung unter Beibehaltung seines sichelförmigen Grundrisses windabwärts. Damit lässt sich nur aus ihnen und Leedünen, im Unterschied zu Längsdünen (Abb. 735 f.), die *Hauptwindrichtung* ablesen. Die Hörner sind stets schneller als der Mittelteil mit dem Slipface, da im Randbereich dieser Querdüne weniger Material umgelagert werden muss. Barchane und aus ihnen hervorgegangene Transversaldünen (Abb. 730) sind die einzigen echten **Wanderdünen**, bei denen die gesamte Sandmenge durch Saltation und Rutschung umgewälzt wird. Ihre Geschwindigkeit sinkt mit steigendem Volumen: kleine Barchane mit 1 – 2 m Höhe können mehrere Meter pro Tag, solche mit 20 – 30 m hohem Slipface dagegen nur wenige Zehner Meter pro Jahr voranschreiten. Deshalb können kleine Barchane große *überwandern*, ähnlich den Querdünen in Abb. 730. Durch Sandtreiben kann aber 50 bis 100 Mal mehr Sand als durch die Barchanbewegung verfrachtet werden.

Da Barchane strömungsabhängig sind, führt jede mittelfristige Änderung der Windrichtung sofort zu einer Anpassung der Hornausrichtung und schließlich des gesamten Grundrisses. Barchane sind also nicht nur Indikatoren für *Sandmangel*, sondern auch für richtungskonstante Winde.

Abb. 729 zeigt von allen bisherigen Beispielen den größten Barchan, ebenfalls in der Küstenwüste des namibischen Diamantensperrgebietes. Zu sehen ist ein Barchanhorn (links) mit der typischen, durch angereicherte *Schwermineralle* dunkel gefärbten Außen- und der hellen Innenseite. Das Slipface ist höher als das Gebäude. Der volumenreiche Barchan hat sich schon seit mehreren Jahren auf das Gebäude zubewegt, wenn auch aufgrund seiner Größe nur langsam. Wenige Monate nach Aufnahme des Fotos hatte er es vollständig begraben; nach einigen Jahren wird das Gebäude auf der Luvseite des weitergewanderten Barchans wieder freiliegen.

Für die Praxis der **Dünenstabilisierung** oder den Schutz von Infrastruktur vor Wanderdünen (Busche et al. 1984) ergibt sich demnach: kleine Barchane sind zwar hochmobil und können Straßen, Landepisten etc. gefährden, sie geben aber den überwanderten Bereich bald wieder frei (s. **Spurenüberwanderung** in Abb. 727). Große Barchane sind dagegen wesentlich langsamer, sodass Zeit für Umgehungsmaßnahmen (z. B. Umgehungsstraßen) bleibt; die von ihnen bedeckten Bereiche oder Gebäude bleiben jedoch auf Jahre hinaus begraben.

▲ Abb. 728: Seitlich miteinander verwachsene Barchane; Diamantensperrgebiet, Südnamibia.

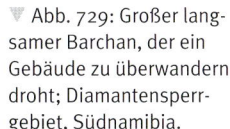

▼ Abb. 729: Großer langsamer Barchan, der ein Gebäude zu überwandern droht; Diamantensperrgebiet, Südnamibia.

25. Äolische Akkumulationsformen · Querdünen/Transversaldünen

▲ Abb. 730: Mehrere sich überlappende Quer- oder Transversaldünen mit aktiven Rutschhängen *(Slipfaces)*, teils ausgelöschte Windstreifung im Vorland; östlich Lüderitz, Südnamibia.

▲ Abb. 731: Übergangsform vom Längsdünensegment zu einer Transversaldüne; Sahara, Ostniger.

Transversaldünen *(transverse dunes)* oder **Querdünen** sind Anzeiger für lokalen oder regionalen *Sandüberschuss* (Wasson & Hyde 1983). Sie haben Kämme, die *in etwa* transversal (im 90°-Winkel) zum Wind verlaufen. Ähnlich wie Längsdünen werden auch Transversaldünen in Lehrbüchern auf Skizzen meist unbeholfen oder falsch dargestellt, nämlich mit gestreckten Kammverläufen, genau quer zum Wind (McKee 1979, S. 11 und in zahlreichen Lehrbüchern kopiert) und durchgehenden, windabwärts gerichteten *Slipfaces*. Ein solcher Kammverlauf wäre jedoch keineswegs stabil. Im normalen Windfeld gibt es weder bei Klein- (Windrippeln) noch bei Großformen (Dünen) quer zum Wind vollkommen gestreckte Kammverläufe; vielmehr haben die Kämme aus dynamischen Gründen immer leichte Vor- und Rücksprünge (s. a. Windstreifung bei Rippeln, Abb. 691 f. oder die Segmentierung echter, freier Längsdünen, Abb. 735 ff.).

Rücksprünge im Kammverlauf (windabwärts *bogenförmig geöffnet*) liegen immer dort, wo die Dünenkörper etwas höher, also volumenreicher und damit langsamer sind; daher korrelieren sie oft mit Bereichen, in denen *Slipfaces* ausgebildet sind. **Vorsprünge** im Kammverlauf (windabwärts *zungenförmig vorstoßend*) liegen immer dort, wo die Transversaldünenkörper etwas flacher, also volumenärmer sind und schneller vorrücken. Nur selten münden diese Vorsprünge in ein *Slipface* oder nur in ein sehr niedriges und haben stattdessen ein *konvexes Längsprofil*.

Abb. 730 zeigt küstennahe **Transversaldünen** in der südlichen Namib (Wind von links oben), die sich in Windrichtung überlappen. Von allen Dünentypen ist das *Sandvolumen* pro Flächeneinheit bei Transversaldünen am höchsten. Daher ist zwischen ihnen und auch im Vordergrund kein Untergrund sichtbar, sondern nur flachere Abschnitte weiterer Transversaldünen, die gerade von hinten *überwandert* werden. Die *hohe* Düne im Hintergrund ist aufgrund ihres Volumens *langsamer* als die im Mittelgrund. Ihr höchster Kammabschnitt ist gleichzeitig auch der am weitesten zurückgebliebene. Flachere Dünenabschnitte, deren Volumen schneller umgesetzt werden kann, rücken dagegen windabwärts vor, wie die flachen Hörner von Barchanen am rechten Ende der mittleren Düne.

Die Querdünenoberfläche im Vordergrund zeigt ausgeprägte, teilweise in Rippelauslöschung übergehende **Windstreifung** (Abb. 691 f.), die Slipfaces starke **Rutschzungenaktivität** mit einem Streifen von *Abrissnischen* am Oberrand, da das Bild unmittelbar nach starkem Sandfegen aufgenommen wurde.

Abb. 731 zeigt ein **Übergangsstadium** zwischen zwei Dünentypen, die jeder für sich Anzeiger eines bestimmten Windregimes und vor allem Sandbudgets sind. So können Transversaldünen (Anzeiger für Sandüberschuss) nicht nur aus Barchanen (Sandmangel) hervorgehen, sondern auch aus Längsdünen, die einem Gleichgewichtsregime entsprechen (s. Abb. 735 ff.; Stengel 1992, S. 255ff.; 1992a). Nehmen Längsdünen durch Überernährung an Volumen zu, entwickeln sich **transversaldünenartige Teilabschnitte,** die eigene Slipfaces ausbilden bzw. beginnen (Mitte links): eine dynamische Übergangsform zu Transversaldünen ist als Er-

25. Äolische Akkumulationsformen · Querdünen/Transversaldünen

gebnis erhöhter Sandzufuhr erreicht (Stengel 1992). Auslöser der veränderten Sandzufuhr können erhöhter Sandaustrag im Liefergebiet, etwa durch Dünenreaktivierung und/oder meteorologisch bedingte Veränderungen des Sand/Wind-Verhältnisses sein. Die Düne liegt auf einer vorzeitlich durch äolische Korrasion (Abb. 800 ff.) überprägten Rumpffläche, deren flache Wannen gegenwärtig an ihren leeseitigen Rändern durch Flugsand überdeckt sind.

Abb. 732 zeigt ein typisches **Transversaldünenfeld** aus recht gleichmäßig hohen Dünen, die sich in charakteristischer Weise *dachziegelartig* überlappen, ohne dass zwischen ihnen noch der Untergrund sichtbar wäre (Wind von links). Am Schattenfall zeigen sich die erwähnten zurückbleibenden, da *höheren* und volumenreicheren Kammabschnitte, oft mit Slipfaces auf ihrer Leeseite, in denen natürlich sehr viel Sand zwischengespeichert werden kann. Die dazwischenliegenden *flacheren* Kammabschnitte haben hingegen eine *konvexe*, zungenförmig vorrückende Morphologie und sind weitaus schneller, da volumenärmer als die Slipface-Bereiche.

Das vom Wind geschaffene, unregelmäßige Relief eines Querdünenfeldes beeinflusst *seinerseits* die Windströmung bremsend oder kanalisierend und sorgt für lokale Sandüber- oder Untersättigung des Windfeldes. So ist unterhalb der **Windgasse** mit ausgeprägter Rippelstreifung (vorne im Bild) das Slipface bereits durch Deflation deaktiviert und abgerundet worden. Unterhalb davon, wo zunächst wie vor allen Slipfaces Sandmangel herrschte, ist die ursprüngliche Übertiefung durch junge Einsandung mit noch frischem, *monogenetischem* Rippelmuster von links aufgehöht worden.

Abb. 734 verdeutlicht den morphodynamischen und räumlichen *Zusammenhang* zwischen einem **Sandüberschussgebiet mit Transversaldünen** und dem windabwärts (rechts im Bild) und seitlich (oben im Bild) anschließenden **Ausdünnen** des Sandangebots, wo sich dann nur noch **Barchane** als Anzeiger von *Sandmangel* bilden und halten können.

Die Barchane als nahezu perfekte Windströmungskörper zeigen die vorherrschende Windrichtung direkt an. Transversaldünen reagieren aufgrund des wesentlich höheren Sandvolumens, das in ihnen pro Flächeneinheit gespeichert ist, etwas langsamer und „toleranter" auf Änderungen des Windfeldes. Sie kön-

nen also etwa Änderungen der Richtung wesentlich besser „verkraften" als Barchane, die sich sofort, d. h. je nach Größe in wenigen Stunden oder Tagen mit ihrem gesamten Grundriss auf die neue Richtung einstellen.

Die scharfe Grenze des **Transversaldünenfeldes** im Vordergrund ist eine typische **Deflationskante**, wie sie für viele kleine Sandseen (Ergs) am *windzugewandten* Rand charakteristisch ist. Ein solcher Deflationsrand eines Ergs ist entsprechend grobkörniger als sein Zentralbereich und oft durch Deflationspflaster, häufig sogar durch das Fehlen echter Dünenmorphologie, stattdessen durch eine geneigte **Sandtenne** gekennzeichnet. Die Situation ähnelt dem des Deflationswalls am Luvbeginn von Sandflecken (Abb. 698, 701) sowie dem übersteilten Rand der Namib-Sandsee in Abb. 757/758.

▲ Abb. 732: Transversaldünenfeld; Désert du Thal, Nordrand des Tschadsees, Südostniger.

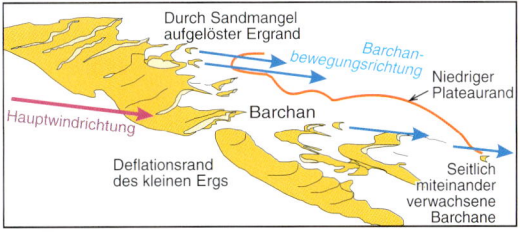

◀ Abb. 733: Erläuterungsskizze zu Abb. 734.

▼ Abb. 734: Kleines Transversaldünenfeld mit sich daraus ablösenden Barchanen; Sahara, Südalgerien.

25. Äolische Akkumulationsformen · Längsdünen

▲ Abb. 735: Längs- bzw. Longitudinaldünenzüge von der „Luv"-Seite aus gesehen, Wind im spitzen Winkel von links; Midjigatène, Sahara, Südostniger.

▼ Abb. 736: Grundrissdifferenzierung und Windrichtungen an einer segmentierten Längsdüne (n. Stengel 1992).

▼▼ Abb. 737: Segmentierte Längsdünen, Wind von rechts; Midjigatène, Sahara, Ostniger.

Längsdünen (longitudinal dunes) sind schmale (nur ca. 10 – 150 m breite), aber langgestreckte, leicht mäandrierende und von einigen hundert Metern bis über 120 km lange *freie* Dünenkörper auf unterschiedlichstem, aber weitgehend ebenen Untergrund. Sie sind parallel zueinander ausgerichtet und durch bis einige Kilometer breite interdüne Windgassen *(interdune areas)* voneinander getrennt. In den Abb. 735, 737 und in der Flächenpassregion von Abb. 716 liegen sie bei starkem Sandangebot vom Hinterland auf einer Sandfläche, in Abb. 728 – in Längsrichtung windaufwärts gesehen – auf einem Breitrücken- und Querwellen-Dünenrelief, dessen hohes Alter darauf liegende paläolithische Artefakte belegen. Umgerechnet auf das Sandvolumen pro Flächeneinheit *(equivalent sand thickness,* Wasson & Hyde 1983) ist das pro Flächeneinheit enthaltene Sandvolumen wesentlich geringer als jenes, das dort einmal transportiert wurde, oder als das von Transversaldünen.

Längsdünen sind der mit Abstand *häufigste* (Breed & Grow 1979), im Hinblick auf seine Genese und Dynamik jedoch am stärksten kontrovers diskutierte Dünentyp (kritische Theoriezusammenstellung bei Livingstone 1988). So sind sie mit hindernisgebundenen Leedünen gleichgesetzt worden oder aus der Verknüpfung von Barchanreihen durch einseitige Verlängerung ihrer Hörner abgeleitet worden (Bagnold 1941, Lancaster 1980, Kritik bei Tsoar 1984). Am meisten akzeptiert ist die Vorstellung, dass ihre große Längserstreckung und gleichmäßigen Abstände das Ergebnis windparalleler, paarweise gegeneinander rotierender **Wirbelroller** *(roller vortex flow)* in den unteren Luftschichten der Passatgebiete mit ihrer konstanten Windrichtung seien (Cooke et al. 1993, S. 383; Besler 1987: 426; Kritik bei Livingstone 1988).

Die Abb. 735 und 736 zeigen Scharen von für die südlich-zentrale Sahara typischen ONO-WSW-orientierten Längsdünen in einem Gebiet mit vorherrschenden NO-Passatwinden. Die Dünenlängsachsen verlaufen also im *spitzen* Winkel zur Hauptwindrichtung (Tsoar 1983; Stengel 1992, 224 ff., 1992a), ähnlich dem effizientesten Anstellwinkel eines Segelbootes zum Wind. Abb. 735 zeigt den Blick von Norden auf die NNW-gerichteten flacheren, als einfache Rampen angelegten Dünenflanken, Abb. 737 den von Süden, auf die SSE-gerichteten steileren und stärker gegliederten Dünenflanken. Die interdünaren Gassen sind deutlich breiter als die Längsdünen selbst. Die Längsdünen sind perlschnurartig in einzelne durch kleine, 8 – 10 m hohe Sättel oder Dünenpässe in bis 15 m hohe Buckel *(peaks)* gegliedert.

Bezogen auf den vorherrschenden Wind ist es daher angebracht, auch bei zumindest dieser Variante von Längsdünen von Luv- und Leeflanken zu sprechen. Entscheidend ist, dass der Neigungswinkel der Luvflanken *in Richtung des auftreffenden Windes*, also im *spitzen* Winkel zur Dünenachse, genau dem Gleichgewichtsprofil einer *Barchan-Luvflanke* entspricht; das Längsdünenquerprofil *senkrecht* zur Längsachse wäre dagegen viel zu steil, um stabil zu sein (Tsoar 1985, S. 56; Stengel 1992a, S. 226). Wind- und Längsdünenrichtung stimmen also *nicht* überein.

Die zugehörigen Prozessbereiche verdeutlicht Abb. 736: Der Wind trifft im *spitzen* Winkel auf die Düne auf und weht über die in Windrichtung sanft geneigte Luvflanke durch einen Sattel mit starker Windstreifung bis zum Kamm, wo er aus strömungsdynamischen Gründen parallel dazu abgelenkt wird (Tsoar 1983; Tsoar & Moller 1986; Stengel 1992a, S. 238). Durch die plötzliche Stromliniendivergenz am Kamm verliert er einen Teil seiner Sandfracht, der abschnittsweise auf der Leeseite in einem **primären Slipface** abgleitet. Der Wind ist jetzt

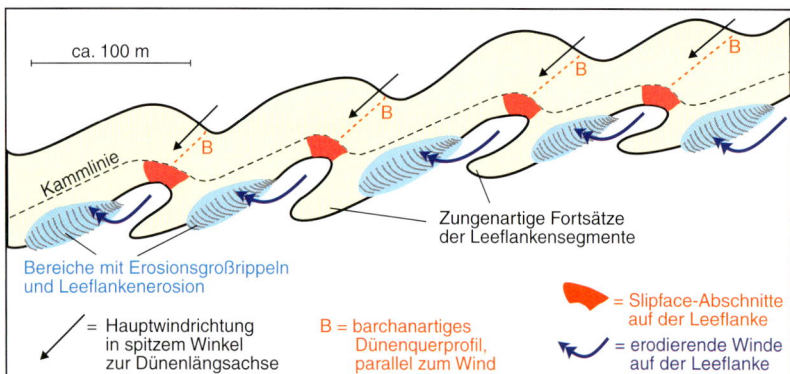

25. Äolische Akkumulationsformen · Längsdünen

sanduntersättigt und kann somit auf der Leeflanke erodieren (Tsoar 1983, S. 574), wobei die Erosionsintensität von der Windgeschwindigkeit abhängt (Stengel 1992): Bei besonders *hohen* Windgeschwindigkeiten deflatiert der vom Kamm kommende Wind nicht nur die oberen, sondern auch die unteren Leeflankenabschnitte. Er kann beim Umbiegen sogar eine Deflationswanne parallel zum Dünenfuß schaffen (Busche 1998, S. 238 f.). In den daran anschließenden Unterhang fräst er, *hangaufwärts* wehend, *windparallele* (!), mit fast senkrechtem Kammverlauf flankenaufwärts orientierte große **Erosionsgroßrippeln** mit symmetrischem Kammprofil (Stengel 1989, 1992, S. 253).

Der jetzt fast rechtwinkelig zur ursprünglichen Windrichtung gedrehte Wind weht den erodierten Sand Richtung Dünenlängsachse hinauf und baut jenseits davon ein zur Längsachse hin gerichtetes **sekundäres Slipface** auf. Ein Teil des Sandes wird leeflankenparallel transportiert und verursacht die Bildung kleiner, zungenartig in Längsdünenrichtung wachsender Fortsätze, über die der Wind mit der verbleibenden Sandfracht – jetzt wieder in der Richtung des an der Luvflanke ankommenden Windes – über die Dünengasse zur nächsten Längsdüne weht. Identifiziert wurde dieses komplizierte Muster durch die Beobachtung der Sandbewegung bei starkem Sandfegen, aus dem dabei entstandenen Rippelmuster und aus der Korngrößenverteilung auf Längsdünensegmenten (Stengel 1992, S. 224 – 261).

Trotz der intensitätsabhängigen Variationsbreite lassen sich in Abb. 737 die Sattelbereiche mit südgerichtetem Slipface, die groben Erosionsrippelbereiche, Sandzungen und Buckel mit steilem Abfall nach links identifizieren, hinter denen die vom Betrachter abgewandten sekundären Slipfaces liegen.

Abb. 738 zeigt den Blick auf die westlichen Enden zweier sehr stark segmentierter Längsdünen mit gestreckten Luvrampen und tiefen Passbereichen, die eine Querwelle im alten **Breitrückenrelief** (Busche 1998, S. 244 f.) queren. Bei zuletzt schwachen Winden ist das sekundäre Slipface des vordersten Segments abgerundet worden. Die schmale Zunge rechts zeigt die Windrichtung bei Starkwind, die breite Zunge links das Weiterwachsen bei schwächerem Sandwind.

Frisch sind die Formen dagegen auf der Leeseite des Segments in Abb. 739: rechts und links zwei Sattelbereiche mit noch erkennbaren Rutschzungen der Slipfaces, im Flankenbereich in der Mitte die hangaufwärts ziehenden Erosionsrippeln und die bei Starkwind weiterwachsende, hier keilförmige Zunge, hinter deren Kante das hier nur kleine sekundäre Slipface liegt.

Abb. 740 zeigt den Blick von einem besonders hohen Buckel auf einen tief eingesenkten Sattel, dahinter ein sehr niedriges Segment mit nur niedrigem sekundärem Slipface und vor dem nächsten Sattel ein besonders großes, fast rechtwinklig zur Hauptachse stehendes solches Slipface. Der sanfte Anstieg links dahinter zeichnet die Hauptwindrichtung schräg von links hinten nach.

▲▲ Abb. 738: Leeseitige Enden von zwei Längsdünen auf breiten Wellen eines Altdünenreliefs; Erg von Bilma, Sahara, Ostniger.

▲ Abb. 739: Äolische Prozessbereiche in einem Längsdünensegment, östliche Ténéré, Sahara, Ostniger.

▼ Abb. 740: Längsdünenschar mit in die Dünenachse gedrehten Slipfaces; westliche Ténéré, Sahara, Nordniger.

25. Äolische Akkumulationsformen · Polygenetische Dünentypen, Draa

Abb. 741: Komplexes Muster mehrerer Dünengenerationen; Namib-Erg, Südnamibia.

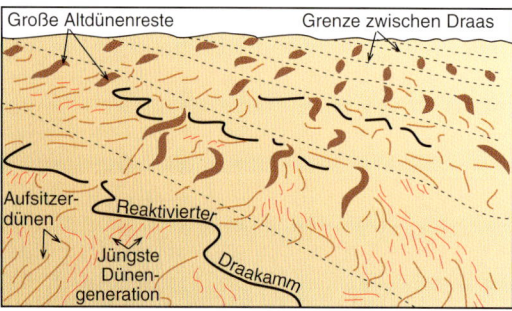

Abb. 742: Erläuterungsskizze zu Abb. 741.

Die bisher besprochenen drei Haupttypen freier Dünen können durch Änderungen der Wind-/Sandbilanz morphodynamisch weitgehend ineinander übergehen. Dabei können kleine Dünen große desselben Typs (etwa Barchane) überlagern. Nicht möglich ist aber, dass etwa rezente, aktive Barchane auf ebenfalls rezenten, aktiven Längsdünen oder Transversaldünen aufsitzen, weil die entsprechenden Dünentypen völlig unterschiedliche Sandbudgets zu ihrer Aufrechterhaltung erfordern. Ähnlich wie große Windrippeln können zwar große, volumenreiche Dünen *geänderte* Windbedingungen als *Dünenkörper*, nicht aber als aktiver *Dünentyp* eine Zeitlang (etwa Monate) überleben, bis sich ihre Oberflächenmorphologie den neuen Bedingungen angepasst hat und sie umgeformt sind. Zur Genese komplexer Dünentypen und -muster, wie sie für **Sandseen** typisch sind, ist es jedoch erforderlich, dass Dünen *Änderungen der Windrichtung oder -intensität dauerhaft* überleben, ohne zerstört oder erodiert zu werden.

Die Antwort liegt in der *Stabilisierung* von Dünenkörpern durch **Bodenbildung** während feuchterer – pluvialzeitlicher – Klimaphasen des Quartärs (s. Abb. 748, 751 – 756). Vegetation als stabilisierendes Element ist allein nicht ausreichend, da sie nur die Oberfläche, nicht aber den ganzen Dünenkörper dauerhaft festlegt. Dagegen kann eine durch *pedogenetische Prozesse stabilisierte* Düne geänderte Windbedingungen gut ertragen: (a) bei geänderter Windrichtung, aber gleicher Stärke (bezogen auf die Bedingungen, unter denen die erste Generation gebildet wurde) wird eine *zweite Dünengeneration desselben Typs* über die erste gelegt; (b) bei erhöhter Windstärke/Sanduntersättigung wird die alte Dünengeneration *teilweise erodiert*, ihre Reste bilden den Kern für neue Dünenmuster; (c) bei schwächerer Windstärke wird die alte Generation von neuen, kleineren Dünentypen *überlagert*.

Zwar müssen sich auch auf Sandseen die weltweiten Klimaschwankungen des Quartärs ausgewirkt haben. Dennoch wird dieses letztlich *klimagenetische* Prinzip in der Literatur zur Dünenklassifizierung selten berücksichtigt. Komplexe Dünen werden dort meist mit *multimodalen Winden* oder einem „Aufeinanderzuwandern" von Einzeldünen zur Entstehung von Dünengebirgen erklärt (Zeichnungen in McKee 1979, S. 10 – 16, bis hin zu modernen Lehrbüchern, Leser 2004, S. 313), was allein aus dynamischen Gründen nicht möglich ist.

Dagegen lassen sich die komplexen Dünenmuster von Abb. 741 und 743 und auch die Einzeldüne von Abb. 745 ohne weiteres in jeweils mehrere **zeitlich aufeinander folgende Bildungsphasen** unterschiedlicher Richtung und Sandbilanz auflösen, mit jeweils anschließender **Stabilisierung durch Bodenbildung**. Wiederum wie bei der Interpretation komplexer Rippelmuster gilt auch hier das Prinzip, vom Großen zum Kleinen schrittweise fortzufahren. Alle drei Fotos sind in der Namib-Sandsee (= Erg) aufgenommen worden (Monographie zum Namib-Erg: Besler 1980; zu Ergs allgemein: Besler 1992, 142 ff.).

Bei Abb. 741 gehören zur *ältesten* Generation die sehr großen, von links oben nach rechts unten verlaufenden langgestreckten Dünenzüge, die als **Draa** (pl. Draas; *draa dune*) bezeichnet werden. Ihre Oberflächenform ist – von den aufsitzenden jüngeren Dünen natürlich abgesehen – konvex *ohne* Slipfaces und vermutlich durch windparallele, äolische Erosion aus einer älteren, stabilen Sandakkumulation hervorgegangen (**Erosionsdünen**, *erosion dunes*; Mainguet 1982). Rezent sind nur die *Kämme* der Draas (re)aktiv(iert), daher die scharfgratigen, etwas welligen Kammverläufe (Livingstone z. B. 1989).

Die *nächstjüngere* Generation sind die vor allem im rechten Bildhintergrund erkennbaren, großen drachenrückenförmigen Einzeldünen, die auf den Draas mit Kammverläufen etwa von hinten nach vorne aufsitzen. Geländebefunde zeigen, dass auch sie unter einer dünnen (10–50 cm) Auflage reaktivierten Sandes *vollständig* durch Bodenbildung stabilisiert und teilweise stark erodiert sind. Eine Terminologie für diese „**Drachenrücken**" existiert nicht.

Die *noch jüngeren* Generationen sind **Vernetzungen** zwischen den älteren Dünen; sie bestehen aus deutlich kleineren, meist *transversaldünenartigen* (Bildvordergrund, Mitte) Dünenkörpern, die sich auf die vorhandene Altdünenmorphologie aufgelagert haben. Mobil sind nur die jüngsten dieser Dünen und die Kammbereiche der älteren Generationen.

In Abb. 743 sind wiederum die im Bild von links oben nach rechts unten verlaufenden, konvexen **Draas** die *älteste* Generation. Auf den vorderen beiden Draas aufsitzend ist auch hier die Generation der isolierten, deutlich über die Draas hinausragenden Drachenrücken ausgebildet. Es folgt eine *jüngere* Generation von gescharten **Längsdünen**, die jeweils auf den Draas beginnen und dann in die Dünengassen hineinziehen. Auch diese Dünengeneration ist bereits *vorzeitlich,* wie ihre etwas rundlich übersteilten Flanken belegen, deren Vegetation im überwehten Paläoboden wurzelt. Auf diesen netzartigen Längsdünen sitzen – etwa im Bildvordergrund links – wiederum *jüngere* und kleinere Dünen auf, die den getreppten Eindruck der älteren Dünenkämme bedingen. Die hellen Partien zwischen den vernetzten Dünen sind Ausbisse eines älteren, tiefgründig verwitterten und teilweise oberflächlich sekundär verkalkten äolischen Sandsteins (Tsondab-Sandstein; Abb. 384).

Abb. 745 zeigt eine komplexe Düne, deren scharfgratige Arme von einem zentralen Gipfel aus sternförmig in mehrere Richtungen weisen, eine **Sterndüne** (*star dune*). Erklärungsversuche für Sterndünen postulieren *multimodale* Windregimes, die zu verschiedenen Jahreszeiten jeweils unterschiedliche Arme formen, oder aber lokale, aufwärts gerichtete Windtromben (*s.* Abb. 688), die den Sand von allen Seiten zu einem Zentrum heransaugen müssten. Das erste Modell würde zu einem recht amorphen, da ständig umgeformten, niedrigen Dünenkörper führen; das zweite Modell bestenfalls zu einem lokalen Sandschild, aber nicht zu einer steilen, hochaufragenden Düne. Die zutreffende Erklärung ist auch bei Sterndünen eine **polygenetische** Bildung aus Dünenkörpern unterschiedlichen Alters, die bei ausreichender Größe und natürlich *pluvialzeitlich-pedogenetischer Stabilisierung* von jüngeren Winden nicht zerstört werden können, sondern als Hindernisse die Anlagerung jüngerer Dünenteile verursachen. Der

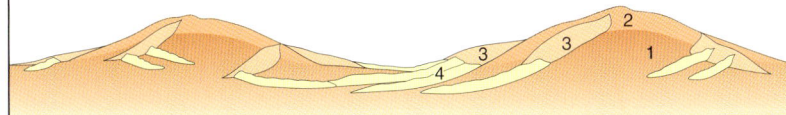

1 Draas im stark verwitterten Altdünensand
2 Aufsitzende Altdünenreste (stark verwittert), Kerne von Sterndünen
3 Aufsitzende jüngere Generation (verwittert), Arme der Sterndünen
4 Aufsitzende jüngste Dünen, netzartig (schwach verwittert)

Kern der Sterndüne von Abb. 745 besteht in einem „*Drachenrücken*", also einem erodierten Altdünenkörper (Kamm von links oben nach rechts unten, dort etwas umgebogen). Überlagert ist eine *jüngere,* etwas kleinere Altdüne mit Kamm von rechts oben nach links unten. Im Vordergrund sind beide Kammrichtungen lokal modifiziert, da hier das Altdünenfeld endet. Die *jüngsten* Dünen befinden sich vorne links: aus niedrigen *Transversaldünen* wachsen mehrere kleine lineare Dünenzungen (Achsen von hinten nach vorne) hervor. Außer der jüngsten Generation sind nur die exponierten Grate der ansonsten lagestabilen, bewachsenen Altdünen aktiv.

▲▲ Abb. 743: Netzförmiges Muster mehrerer Dünengenerationen; Namib-Erg, Südnamibia.

▲ Abb. 744: Querprofil zu Abb. 742.

▼ Abb. 745: Sterndüne; Namib-Erg, Südnamibia.

25. Äolische Akkumulationsformen · Rhourd, bewachsene Draa

Abb. 746: Alte, festliegende Ghourd (Riesendüne) mit mobilen Aufsitzerdünen; Sahara, Südalgerien.

Die Terminologie von **Megadünen** ist recht uneinheitlich. Die in Reihen angeordneten Großformen alter Ergs, wie in Abb. 741/743, werden allgemein als **Draa**, als Riesen- oder Megadünen bezeichnet, wo sie, später von jüngeren Dünengenerationen überlagert, über 100 km lange und bis über 200 m hohe **Sandrücken** bilden können. Die **Sterndüne** in Abb. 745 würde dagegen nach einem arabischen Wort für eine sehr große Düne als **Ghourd** (*rurd* gesprochen), bei Besler (1992, S. 145) auch als Stern-Draa bezeichnet. Beide werden als Formen beschrieben, die ausschließlich in **Ergs** vorkommen. Die Megadüne in Abb. 746 kommt aber als völlig *isolierte* Form auf fast sandfreiem Wüstenpflaster vor; andere treten voneinander getrennt in einzelner Reihe in Passatrichtung auf (Busche 1998, S. 249) und werden deshalb, nur unter Bezugnahme auf ihre Größe, auch als Ghourd bezeichnet, oft auch als **Sanddome** (s. Besler 1992, S. 146).

Es bleibt also offen, wie dieses **Sandmassiv** (*whaleback*) in Abb. 746 zu bezeichnen ist. Typisch für derartige isolierte Formen ist, wie hier, eine Höhe zwischen 100 und 150 m, eine Länge von 1–2 km bei in der heutigen – und mutmaßlich auch zur Bildungszeit herrschenden – Hauptwindrichtung. Luft- oder Satellitenbilder belegen, dass die ovalen bis rundlichen Ghourd-Dünen oft genau den Schnittpunkten zweier sich kreuzender, ehemaliger alter Draa-Systeme entsprechen, die bis auf die natürlich besonders volumenreichen Schnittpunkte weitgehend *aufgezehrt*, also in ihrer Anlage sehr alt sind. Insofern könnte es durchaus sein, dass sie einmal im Inneren eines nicht mehr vorhandenen Ergs gelegen haben. Die isolierten Formen ebenso wie jene innerhalb noch existenter Ergs sind *immobil*.

Einzig die kleinen 5–10 m hohen *transversalen* **Aufsitzerdünen** auf den Flanken dieser Riesendüne sind rezent und mobil. Ihre Kammrichtungen sind durch die an den steilen Altdünenflanken modifizierte Windrichtung beeinflusst. Sie als *komplexe Barchane* zu bezeichnen (Belser 1992, S. 146), passt zu ihrer Ausprägung auf dieser Düne nicht. Dass sie aber wie Barchane oder Transversaldünen als Ganzes bewegt werden können, belegen überwanderte und wieder freigegebene neolithische bis paläolithische Fundplätze (Gabriel 1986; Busche & Heistermann 1992) auf den Flanken der Draas, die sich dabei wegen ihrer durch Deflation grobkörnigeren Oberfläche wie eine feste Gesteinsunterlage verhalten. Die häufigen Fundplätze sind ein Beleg für das *hohe Alter* der Grundform.

Ein weiteres Merkmal des hohen Alters ist der *Bewuchs* von Draas und Ghourds mit Sträuchern und anderen verholzten Pflanzen bis hin zu Bäumen. Während Gras und Kräuter als Achab- oder Regenflora nach starken Niederschlägen kurzfristig auch auf mobilen Dünen auftreten können, brauchen Holzpflanzen größere Stabilität und ausreichende Nährstoffzufuhr und sind daher auf die roten

Abb. 747: Alte Draa mit Halbwüstenvegetation und aktivem, vegetationsfreien Kammbereich; Tsauchabtal, Namib-Erg, Südnamibia.

bis rotbraunen, tiefgründigen und bei einer Aufgrabung standfesten **Paläoböden** angewiesen, die unter dem hellen Dünensand mit seinem Regpflaster liegen. Erstaunlicherweise liegen steinzeitliche *Artefakte* jeden Alters, die ursprünglich auf oder im obersten Boden gelegen haben müssen, heute überall im Regpflaster *auf* der durchaus 10 – 20 cm starken Decke jungen Dünensandes, die die Paläoböden überlagert (Busche & Heistermann 1992; Busche 1998, S. 132 f., 268 f.). Sie müssen also auf noch unverstandene Weise durch den Sand hoch gewandert sein, ähnlich wie die Steine des Wüstenpflasters (Cooke 1970), aber ohne dass hier quellfähige Tone zur Verfügung gestanden hätten.

Abb. 747 zeigt das Ende eines **Draas** im Inneren der Namib; zugänglich ist er über das weit in ihn hineingreifende Tal des Tsauchab, vorne mit seiner Terrassenfläche (Abb. 299). Nur der von links oben nach rechts unten verlaufende Dünenkamm ist *reaktiviert* und mobil, der Dünenkörper selbst aufgrund seines Paläobodenkerns *lagestabil*. Die Grenze zwischen aktivem Grat und stabilem Dünenkörper verläuft etwa im obersten Zehntel der Dünenflanke, dort, wo der Flankenbewuchs (Holzpflanzen und perennierende Gräser) aufhört; die Grenze sinkt von unterhalb des Dünengipfels nach vorne in Richtung Trockental ab.

Die Abb. 748, 749 und 750 wurden in Südalgerien unter den einzigartigen Bedingungen eines tagelangen Frontdurchzugs mit Landregen und einzelnen Schauern aufgenommen (Busche 1998, S. 254 ff.). Die **Durchfeuchtung** ermöglichte eine 1 – 2 dm tief reichende, kurzfristige Stabilisierung der obersten, sonst natürlich hochmobilen Sandlagen. Die mit den Schauern einhergehenden Windböen sorgten für *sanduntersättigte*, also erosive Bedingungen, da aufgrund der Nässe nicht ausreichend Sand für die Sättigung des Windes zur Verfügung stand. Das Resultat sind Einblicke in die **Schichtung eines Altdünenkörpers**, von dem die obersten Sandlagen flächenhaft vom Wind, wie in Abb. 695 erklärt, abgetragen wurden.

Abb. 748 zeigt den am Fuß der **Sterndüne** (Abb. 745) freigelegten ältesten Kern mit seinem dunkelrotbraunen Paläoboden. Er wird von mehreren jüngeren, ebenfalls durch Bodenbildung stabilisierten Dünengenerationen überlagert. Abb. 749, an der gleichen Düne aufgenommen, zeigt unterschiedliche Bereiche äolischer Parallelschichtung in den Dünenteilarmen; dunklere Partien sind nicht schwermineral, sondern tonreicher, sodass die unterschiedlich stark verwitterten und vom Regensturm exponierten Dünenteile sichtbar werden. Abb. 750 zeigt im Detail, dass die interne Schichtung eines Altdünenteilarms von der rezenten Dünenmorphologie unabhängig ist. Die hellgelben Flecken im Hintergrund sind Reste der rezenten Auflage aus jungem Sand auf der Altdüne, die wegen zu großer Mächtigkeit beim Regensturm nicht ganz abgetragen werden konnten.

Wichtige Befunde zur *Längsdünendynamik* von Tsoar (1982) wurden übrigens nach einem Regensturm in der Negev-Wüste gewonnen, während dem auch die obersten Sandschichten abgetragen und so die interne Schichtung freigelegt wurde.

▲▲ Abb. 748: Durch Auswehung freigelegter Altdünenkern (dunkel) in bei einem Landregen stark durchfeuchteter Sterndüne; bei El Golea, Sahara, Südalgerien.

▲ Abb. 749: Als Folge der Regendurchfeuchtung sichtbare Schichtung einer Dünenflanke; gleicher Ort.

▼ Abb. 750: Bei Durchfeuchtung sichtbare Diskrepanz zwischen Dünenform und Sandschichtung; gleicher Ort.

25. Äolische Akkumulationsformen · Altdünen mit Verwitterung

▲▲ bb. 751: Bewachsene alte rotsandige Längsdünen; Kalahari, Südostnamibia.

▲ Abb. 752: Senkrechter Aufschluss in einer verwitterten Leedünenrampe; Schwarzrandplateau, Südnamibia.

▼ Abb. 753: Durch Überweidung reaktivierter Kamm einer alten Längsdüne; Kalahari, Südostnamibia.

Im ariden Klima ist eine Stabilisierung rezenter Dünen mittels *Durchfeuchtung* nur für kurze Zeit und bis in begrenzte Tiefe möglich. Auch *Graswuchs* kann durch die vergrößerte Rauigkeit der vom Wind überströmten Oberfläche Sandtransport nur kurzfristig verhindern – solange, bis die Grasstängel abgeweht oder abgefressen und die Wurzeln vertrocknet oder ebenfalls gefressen sind. Dauerhaft können Dünen nur durch **Bodenbildung** festgelegt werden, unter Bildung – oder auch dem zusätzlichen äolischen Eintrag – von Tonmineralen. Möglich war dies nur bei ausreichender Feuchtigkeit für die mit der Bodenbildung verbundenen biologischen Prozesse, einschließlich der Schaffung einer dauerhaft die Oberfläche stabilisierenden Vegetationsdecke. In großem Umfang war dies letztmals in allen Trockengebieten *pluvialzeitlich* im frühen bis mittleren Holozän möglich. Wegen guter Drainage und Durchlüftung im grobporenreichen Sand konnte die Bodenbildung schnell und tiefgründig wirksam werden. Die erhaltenen Profilabschnitte zeigen üblicherweise, wie in Abb. 752, eine gleichmäßige **Rotfärbung** wegen der die Sandkörner umhüllenden Fe_2O_3-(Eisenoxid-)Beläge (für die Sahara: Felix-Henningsen 1992; Völkel & Grunert 1990; für die Kalahari: Thomas & Shaw 1991; Eitel & Blümel 1997; Lancaster 1989).

Das Bild der für Halbwüstenverhältnisse dicht bewachsenen parallelen **Längsdünen** der namibischen Kalahari in Abb. 751 mit ihrer intensiven Rotverwitterung könnte auch aus der australischen Halbwüste stammen. Normalerweise ist – als Folge natürlicher und/oder anthropogener Einflüsse – der einstige humushaltige Oberboden nicht mehr vorhanden. Die ursprüngliche Dünenmorphologie ist mit Beginn der feuchtzeitlichen Überprägung *ausgeglichen* worden. Morphodynamisch ist sie durch die Bodenbildung vollständig **stabilisiert** worden.

Auch wenn der prozentuale *Tongehalt* in Paläodünen kaum ins Gewicht fällt, spielt er doch eine entscheidende Rolle für die **Standfestigkeit**. Bei einer Grabung in frischem Dünensand stellt sich sofort der natürliche Böschungswinkel ein. In Abb. 752 ist dagegen am Straßendurchstich durch eine Längsdüne eine standfeste Böschung erhalten geblieben. Das Profil ist, wie bei Altdünenböden häufig, *ohne* erkennbare Horizontierung, abgesehen von der verschlämmten Kruste des letzten Regens. Der verbackene Sand bricht entlang der steilen Grenzflächen des bei der Bodenbildung entstandenen *säuligen* Gefüges ab.

Abb. 753 verdeutlicht, wie durch rezente **Überweidung** und Vegetationszerstörung dieses Bodengefüge zerstört und die Längsdünen **mobilisiert** werden. Dabei werden zwar nur die obersten 10 oder 20 cm betroffen, vor allem durch Viehtritt, ohne dass sich in dem so gelockerten Substrat Viehgangeln bilden könnten (s. Abb. 609). Der Kern der verwitterten Längsdüne bleibt dabei *lagestabil*. Dennoch werden beträchtliche Sandmengen erneut dem Angriff des Windes ausgesetzt. Die **Reaktivierung** beginnt meist an den Kämmen, die ohnehin stärker windexponiert sind, oft gesuchtere Grasarten tragen und daher von den Weidetieren bevorzugt frequentiert werden. Weitere Gefährdungsbereiche sind niedrigere Sättel im Längsdünenverlauf, die nicht nur von den Weidetieren als Gassen benutzt und dabei zu regelrechten Hohlwegen (s. Abb. 625) umgeformt werden, die dann zu Windschneisen werden. In Abb. 753 hat der so mobilisierte Sand einen neuen teilmobilen

25. Äolische Akkumulationsformen · Zerstörte Altdünen

Dünenzug auf dem alten geschaffen. Noch ist die frische Sanddecke dünn, denn noch können im Paläoboden wurzelnde Pflanzen stellenweise überleben; sie werden allerdings bei Sandtreiben mechanisch angegriffen.

In Abb. 754 sind nach mehrjähriger Saheldürre und damit verbundener starker Überweidung der letzten Vegetationsreste nicht nur einzelne Dünenkämme, sondern große Teile des so genannten *Erg Ancien* remobilisiert worden. Bei nahezu unbegrenztem Sandangebot aus den leicht winderodierten Altdünen ist hier ein Bereich von auf breiter Front vorrückenden **neuen Transversaldünen** entstanden. Die Bäume im Vordergrund wurzeln noch im durch Deflation stark gekappten Boden. Die rote Bodenfarbe ist beim äolischen Transport noch weitgehend erhalten geblieben. Der graugebleichte Sand im Vordergrund stammt aus der äolischen Remobilisierung einer regenzeitlich überstauten Altdünendepression (frz. *mare*). Hinter den beiden embryonalen Transversaldünen vorne ist Sand im windberuhigten Lee einer Feldhecke abgesetzt worden.

Abb. 755 zeigt, dass der Kern solcher Altdünen wirklich aus kräftig entwickeltem Boden besteht. Der Körper einer Düne am Rand einer namibischen Pfanne (Abb. 302) erlitt zunächst einen durch Dürre bedingten Vegetationsverlust. Später wurde durch kräftige Winderosion der **standfeste Dünenkern** freigelegt. Die Windschneise vorne zeigt nicht nur das angeschnittene polyedrische Muster der ehemaligen Bodenbildung, sondern auch Reste einer *neolithischen* Besiedlung mit Stein- und Knochenartefakten – ein weiteres Indiz für die ehemalige Stabilität der Düne.

Deren Erosion besteht also nicht nur im Austrag von Lockermaterial der oberen Sandlagen durch Deflation, gekoppelt mit Viehtritt, sondern in der Freilegung des Dünenkerns selbst. Dass der Wind dabei sogar *schleifend-korrasiv* wie bei einem Festgestein (Abb. 777 ff.) gewirkt hat, liegt am höheren Tongehalt des sie aufbauenden Dünensandes im Bereich einer Tonpfanne (Abb. 714 f.). Anders als bei dem tonärmeren Dünenboden in Abb. 753 kann der Dünenkörper nicht durch Wiederaufnahme der alten Prozesse reaktiviert, sondern nur lagestabil erodiert werden und z. B. Material für die Neubildung von Sandschwänzen (Abb. 713) liefern.

Der Verwitterungsgrad von Altdünen zeigt sich aber nicht nur an ihrer Standfestigkeit, sondern auch an ihrer durch die pluvialzeitliche Bodenbildung verringerten *Permeabilität*. Einerseits ist auf dem langgestreckten Kamm in Abb. 756 wie in Abb. 753 wieder ein mobiler Dünenteil entstanden, auch noch mit Restvegetation, der außerhalb des Bildes durch Bepflanzung stabilisiert wird. Bei sommerlichen Monsunregen kann das jetzt nicht mehr von der Vegetation festgehaltene Wasser leicht in den lockeren Sand eindringen. Der Tongehalt des darunter noch erhaltenen Bodens verhindert aber die weitere Infiltration. Das Wasser tritt seitlich aus dem frischen Sand aus und hat ab dem Mittelhang zur Bildung von durch ihren streifenförmigen Graswuchs nachgezeichneten flachen **Erosionsrinnen** geführt, also zu echter fluvialer Zerschneidung einer Düne. Auf dem glacisförmig-fluvial ausgebildeten Dünenfuß (Abb. 228, 229) fördert die kolluviale Auflage (s. Abb. 618 f.) die Wasserspeicherfähigkeit und damit den Graswuchs.

▲ Abb. 754: Dünenneubildung im pluvialzeitlich stabilisierten Alten Erg während einer Dürreperiode im Sahel; bei Diffa, Sahel, Südostniger, 1987.

▼ Abb. 755: Winderodierte Altdüne mit Spuren neolithischer Siedlung; südlich Berseba, Südnamibia.

▼▼ Abb. 756: Durch Gullyerosion zerschnittene und im Kammbereich reaktivierte Altdüne; bei Abalak, Sahel, Zentralniger, 1986.

25. Äolische Akkumulationsformen · Ergrand

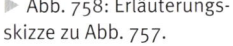

▲ Abb. 757: Äolisch und fluvial erodierter Steilrand des rot verwitterten Namib-Ergs; südlich Sesriem, Südnamibia.

▶ Abb. 758: Erläuterungsskizze zu Abb. 757.

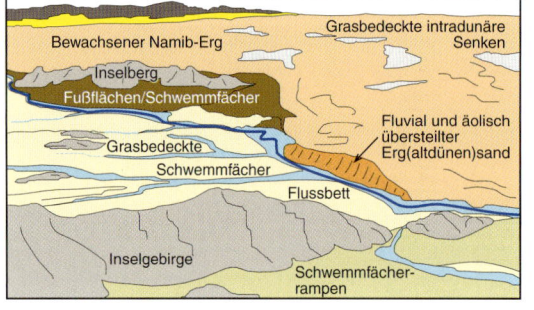

Folgen der **pedogenen Überprägung von Dünen** sind ihre Abtragungsresistenz, Lagestabilität und ein verringertes Infiltrationsvermögen. Für die Genese und Überformung einer polygenetischen, aus lagestabilen Dünengenerationen bestehenden Sandsee bedeutet dies, dass auch ein Erg als Folge lang anhaltender Morpho- und Pedogenese **stabile Ränder** hat. Natürlich kann die jüngste Generation einer Sandsee aus mobilen Dünenkörpern bestehen (Abb. 747). Die Grenzen eines Ergs liegen jedoch fest und verlaufen meist sehr scharf, wie es sich weltweit im Luft- oder Satellitenbild nachprüfen lässt (McKee 1979).

Das Schrägluftbild von Abb. 757 zeigt den aus geringer Höhe aufgenommenen östlichen Rand der Dünen-Namib mit Blickrichtung nach Südwesten. Auffallend ist die steile Neigung des Dünenrandes, der sich diagonal durch den Bildmittelgrund zieht. Im dynamischen Windfeld wäre er nur in Form eines Slipface stabil. Hier handelt es sich jedoch nicht um einen aktiven Rutschhang, sondern vielmehr um den *übersteilten* Rand der insgesamt etwa uhrglasförmig gewölbten Ergoberfläche (Aufsitzerdünen nicht mitgerechnet). Der Verlauf der Hauptabflusslinie am rechten Rand der durch ihre abgetrockneten *Grasdecke* hell erscheinenden **Flussterrassenfläche** zeigt, dass ein Teil der Übersteilung auf das Konto fluvialer Unterschneidung geht, was ohne die verwitterungsbedingte Standfestigkeit der Ergdünengenerationen unmöglich wäre.

Geländebeobachtungen zeigen, dass nahezu die gesamte ältere Schutt- und Schotterstreu der Schwemmfächerrampen und Terrassen intensiven **Windschliff** (Abb. 780 ff.) trägt. Die zugehörige Windrichtung wäre im Bild von links nach rechts, also genau auf den Ergrand zu. Verursacht werden diese kräftigen Winde durch die südnamibische Großen Randstufe (links außerhalb des Bildes; s. Abb. 188), die aufgrund ihres Höhenunterschiedes von rund 600 m jede Nacht heftige Fall- oder **katabatische Winde** ins Vorland entlässt. Dem Windschliff auf den Terrassenoberflächen entspricht am Ergrand eine intensive Ausblasung feiner Korngrößen Richtung Dünen-Namib, während das Randstufenvorland sandfrei bleibt und der Ergrand zunehmend auch äolisch übersteilt wird.

Die hellen Flecken auf der Ergoberfläche selbst sind äolisch angelegte Senken mit ebenfalls ungewöhnlich dichtem Graswuchs nach einer sehr guten Regenzeit.

Die scharf begrenzte Morphologie von Ergrändern und Dünengebieten im Allgemeinen ist letztlich durch das gleiche Phänomen bedingt, das auch bei Sandflecken zum Deflationswall und bei kleinen Dünenfeldern (Abb. 698 und 734) zur Deflationskante führt. Es ist der *relative Energieüberschuss* des auftreffenden Windes, der am Rand der rezenten oder fossilen Akkumulation noch die meiste Arbeit verrichten und daher erodieren kann.

Nach der Diskussion von Dünentypen und ihrer Morphodynamik sowie Altdünen und Ergs und ihrer Lagestabilität bleibt noch die Frage, wie es *überhaupt* zur Bildung eines Dünengebietes oder Ergs gekommen ist. Entscheidend ist dabei nicht nur die relative Sandübersättigung des lokalen oder regionalen Windfeldes, sondern konkret auch die *Höhe des Sandnachschubs* (s. Abb. 297). In der Literatur werden zwar Lieferquellen für Sand und Staub angegeben (z. B. Leser 2003, S. 313), es erfolgt aber nur selten eine gedankliche Umsetzung auf die morphodynamischen und paläoklimatischen Bedingungen der Ergbildung, oder – in ähnlichem Zusammenhang – der Bildung äolischer Sandsteine in der äolischen oder

25. Äolische Akkumulationsformen · Ergrand

sedimentologischen Literatur. Meist wird nämlich die Bildung eines Ergs bzw. äolischen Sandsteins auf *aride*, besser noch, hyperaride Bedingungen zurückgeführt.

Der Fehlschluss liegt jedoch auf der Hand: Damit flächenmäßig große und mächtige, überlebensfähige Dünen- und Sandakkumulationen wachsen können, muss ein anhaltend hoher Sandnachschub über lange Zeit gewährleistet sein. Ephemere Gerinnebetten im hyperariden Klima mit extrem seltenem, kurzem Wasser- und Sedimenttransport sind bereits nach kürzester Zeit ausgeweht oder durch die Bildung eines Deflationspflasters (Abb. 712, 772) vor weiterer Auswehung geschützt. Der Sandnachschub bleibt aus und die beginnende Sandakkumulation „verhungert" oder wird vom anhaltenden Wind wieder aufgelöst. Findet – oder besser: *fand*, da es sich ja durchweg um Vorzeitformen handelt – die Auswehung dagegen aus den trockengefallenen Betten saisonal fließender Flüsse mit ihrer wesentlich höheren, weil regelmäßigen Sedimentanlieferung statt, können volumenreiche, weitflächige Dünen aufgebaut werden.

Das aus niedriger Höhe aufgenommene Schrägluftbild in Abb. 759 verdeutlicht beispielhaft, wie es zur **Bildung eines kleinen Dünengebietes** kommen kann. Ein großes, von der oberen Bildmitte (Norden) nach links (Süden) fließendes Flusssystem mit einer Reihe Nebentäler ist in eine Plateau- und Beckenlandschaft aus dunkelgrauen Kalksteinen und Tonsteinen eingebettet. Die regionalen Gesteine sind also *sandfrei;* jegliche Sandzufuhr kann nur aus dem Flussbett stammen.

Das kleine, bewachsene, teils reaktivierte Dünengebiet liegt östlich des Hauptflusstals in einer weiten Talrandbucht zwischen zwei größeren Kalkplateaus. Die dichte Scharung der teilweise sich überlappenden Dünen, ihr unregelmäßiger Kammverlauf und die Asymmetrie der Dünenkörper zeigen, dass es sich um **Transversaldünen** handelt, die durch westliche (von links) wehende Winde entstanden sind – ein weiterer Hinweis auf die Herkunft des Sandes aus westlicher Richtung. Zum Zeitpunkt der Dünenbildung müssen also westliche Winde in der Lage gewesen sein, Sand aus dem während der Auswehung jeweils trockenen Flussbett auszutragen.

Das Taleinzugsgebiet in Südnamibia liegt gegenwärtig im Übergangsbereich zwischen winterlichen, zyklonalen Westwindregen und sommerlichen ITC-gesteuerten Zenitalregen und zeitigt nur episodischen bis ephemeren Abfluss. Sand bringende Winde aus

Abb. 759: Durch Sandauswehung aus einer Endpfanne gebildeter inaktiver kleiner Erg; Konkiep-Talweitung, Südnamibia.

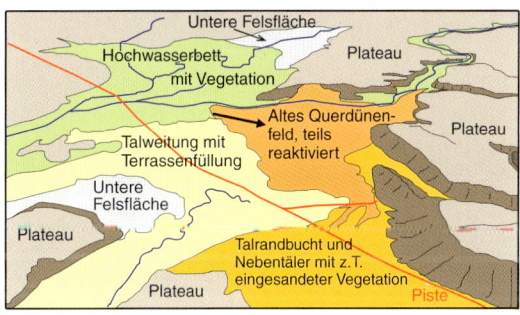

Abb. 760: Erläuterungsskizze zu Abb. 759.

Westen, die dabei jeweils auf ein trockenes Flussbett trafen, können nur in einer Zeit nahezu fehlender Winterregen, aber erhöhter, relativ regelmäßiger *Sommerregentätigkeit* geweht haben. Diese von heute abweichende Klimasituation kann aber erst nach der letzten Schwemmfächerbildungs- und Zerschneidungsphase an den Plateaurändern stattgefunden haben, denn der zur Piste ausklingende Dünensporn vorne zeigt keinerlei fluviale Zerschneidung vom Hang her.

Die größten **Ergs** der Erde, etwa in der Sahara oder in Zentralasien, liegen jeweils dort, wo große, weit gespannte Flusseinzugsgebiete ausreichend Material herbeiführen konnten. Wenn in ihnen zum frühquartären Beginn ihres Wachstums noch viel tertiär chemisch vorverwitterter Sandstein oder Granit – also Saprolit (Abb. 100 ff.) – vorhanden war oder in Südnamibia auch der schon proterozoische **Saprolit** (Abb. 143), bestanden optimale und in der tertiärquartären Reliefgeschichte auch *einmalige* Sandlieferungsbedingungen.

25. Äolische Akkumulationsformen · Küstendünen

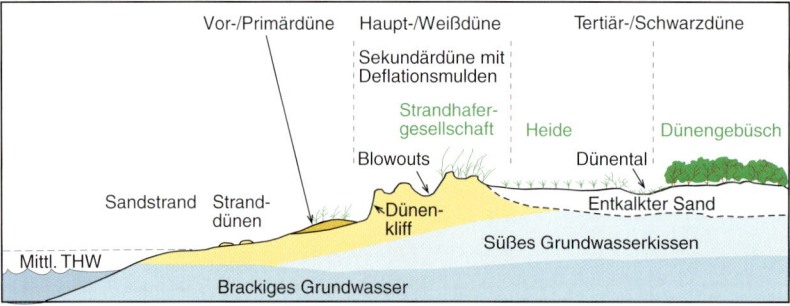

▲▲ Abb. 761: Junge Weißdünen vor und am Fuß eines Dünenkliffs; Kniepsand, Amrum, Nordsee.

▲ Abb. 762: Schema der Küstendünenbildung in den Mittelbreiten.

▼ Abb. 763: Frisch eingesandete Kupsten vor Küstendünen, auf freigewehtem Ortstein eines in älteren Dünen gebildeten Podsols; Dünengürtel am Westrand von Amrum, Nordsee.

Küstendünen kommen weltweit an zahlreichen Küsten und Stränden vor und unterliegen daher zahlreichen lokal- und regionalklimatischen Regimes. Gemeinsam ist in ihrem Milieu die gegenüber anderen Dünengebieten natürlich wesentlich *höhere Luftfeuchtigkeit*, die zusammen mit *salzigen Aerosolen* für eine stärkere Haftung der Sandpartikel untereinander sorgt. Ferner der mögliche Einfluss von Tidenhub, Wellen und Brandung auf die Dünenmorphologie, etwa durch die Bildung von **Dünenkliffs** in älteren Dünen und die zeitliche Dauer der äolischen Aktivität. So können etwa in den Mittelbreiten voll entwickelte Strandbarchane nur während der Sommermonate, bei geringerer Sturmhäufigkeit und stärkerer Austrocknung der Außensände entstehen. Die äolische Morphodynamik an Stränden und ihre Interaktion mit marinen Prozessen ist vor allem bei Ehlers (1988, S. 150 – 173) ausführlich beschrieben.

Liefergebiete für den Sand sind entweder marine Akkumulationen (marine Sandplaten, Außensände, Sandwatt, Hintergrund von Abb. 761) oder die Aufbereitung feinkörniger terrestrischer Sedimente (fluvial, häufig auch glazial, z. B. Schmelzwassersande), die aufgrund von *Transgressionen*, etwa durch den postglazialen Meeresspiegelanstieg seit der Flandrischen und Dünkirchen-Transgression (s. Abb. 633) oder durch tektonische Absenkung in den Interaktionsbereich zwischen litoralen und äolischen Prozessen geraten sind. *Klifferosion* in geeignetem Material durch Brandung, die auch das Material für den küstenparallelen Materialversatz und den Aufbau von Nehrungshaken bereitstellt (Abb. 645 f., 652 ff.), liefert auf diesem Weg auch den Sand, der Küstendünen aufbaut. Bei Ahnert (2003, S. 358; Abb. 636) ist der seewärts durch ein Kliff begrenzte Dünengürtel der landwärtigste Teil der *litoralen Serie* an Lockermaterialküsten.

Je nach Küstenkonfiguration treten Küstendünen daher auf breitem Saum *flächenhaft* (zwischen Außensand und Binnenland; Abb. 652, 654) oder nur *lokal*, in isolierten, durch Kliffabschnitte getrennten Küstenhöfen auf (s. Abb. 670 hinten). Auch bei Küstendünen ist letztlich die Menge des verfügbaren Sandes, bezogen auf Windenergie und lokale Topographie, ausschlaggebend für Größe, Typ und Überlebensfähigkeit. Aufgrund der höheren Feuchtigkeit sind Vegetation und Bodenbildung für Küstendünen allerdings bereits von Beginn an entscheidende Parameter; sie steuern Typ, Morphodynamik und Lebensdauer der Akkumulationen.

Abb. 761 zeigt junge, noch unbewachsene Dünen im Kontakt zwischen dem grauen **Außensand** (Bildhintergrund) und einer älteren Dünengeneration, die durch marine Erosion ein **Kliff** aufweist (Abb. 697, 764 hinten). Die jungen Dünen mit ihren scharfen, steilen Kämmen zeugen von der *feuchtigkeitsbedingten Kohäsion* der Sandkörner; unter normalen Bedingungen hätte sich längst ein flacherer Böschungswinkel eingestellt. Auswehungskanten wie rechts vorne sind häufig, wenn der Dünensand bei Regen durchtränkt und so zusätzlich verkittet wurde.

Abb. 762 zeigt die morphologische und pflanzliche **Sukzession** von Küstendünen. Auf einem Strand oder flachen Außensand (im Hintergrund von Abb. 764) bilden sich bei lokaler Sandübersättigung entweder die in Abb. 697/698 beschriebenen **Sandflecken** bis zum Strandbarchan *(beach barchan)* oder an kleinen Hindernissen erste Sandakkumulationen, die praktisch sofort bewachsen werden – in den Mittelbreiten bevorzugt von Strandhafer, der die äolische Überdeckung mit frischem Sand für seine Mineralzufuhr braucht. Durch Rückkopplung zwischen vegetationsbedingt erhöhter Rauigkeit und Sandaufhöhung entstehen **Kupsten** *(coppice dunes)* als vegetationsgesteuerte, zunächst isolierte Dünen, wie in Abb. 763 *(s. a.* Abb. 698 hinten). Aus diesen **Primärdünen** *(primary dunes)* können bei ausreichender Sandzufuhr als **Sekundärdünen** die voll entwickelten **Weißdünen** *(white dunes,* Abb. 761) erwachsen, die nicht mehr von Tidenhub und jahreszeitlicher Teilzerstörung bedroht sind.

Auf dem schon früher weiter binnenwärts gewehten Sand sind je nach Vegetationsbedeckung, Alter und damit auch Bodenbildung die unterschiedlich bezeichneten **Tertiärdünen** entstanden, die als *grüne Dünen* vorwiegend von Strandhafer bewachsen (Abb. 764, 765) sind, als *graue Dünen* schon unter Heidevegetation oder junger Aufforstung liegen (Abb. 765 hinten).

Aus der Überdeckung wikingerzeitlicher Siedlungsspuren ergibt sich, dass die Küstendünen der Nordsee erst seit dem *Mittelalter* durch landeinwärts gewanderte Parabeldünen aufgebaut wurden (Ehlers 1988, S. 24 f.), als Stürme und der weitere Meeresspiegelanstieg durch Küstenabbruch für hohen Sandnachschub sorgten. Der heutige Bewuchs entwickelte sich weitgehend erst seit dem 17. Jahrhundert. Kräftig entwickelte Podsole finden sich deshalb noch nicht *in,* sondern als freigewehte, holozän entstandene **Ortsteinlagen** (Kuntze et al. 1994, S. 148 f.) *unter* den Dünen, flächenhaft in Abb. 763 oder – mit sogar zwei übereinander liegenden, unterschiedlich alten Ortsteinhorizonten – in der **Ausblasungswanne** von Abb. 765.

In fast allen Fällen weisen grüne und graue Dünen zahlreiche, unregelmäßig verteilte, beckenförmige **Ausblasungswannen** *(blowouts)* mitten in der Vegetation auf (Abb. 764, 765). **Blowouts** entstehen durch windparallele und laterale *Auskolkung* kahler oder windkanalisierter Bereiche, ausgelöst durch kleinflächige, oft anthropogene Vegetationszerstörung. Die geringere Rauigkeit durch Vegetationsmangel ermöglicht weitere Auskolkung, weitere Vegetationszerstörung und fördert somit einen Selbstverstärkungseffekt; Blowouts wachsen also durch äolische Erosion *windabwärts.* Die Vegetationsnarbe wird am steil aufragenden Lee-Ende unterschnitten und zerstört (Abb. 765 links), während der Blowout vom flacheren Luv-Beginn her allmählich wieder zuwächst (rechts).

▲ Abb. 764: Bewachsene Küstendünen mit Deflationswannen *(Blowouts);* Westküste von Amrum, Nordsee.

▼ Abb. 765: Blowout mit zwei angeschnittenen Ortsteinhorizonten eines älteren Dünenkörpers; Westküste Amrum, Nordsee.

25. Äolische Akkumulationsformen · Lössdecken

▲▲ Abb. 766: Lössaufschluss an einem nach Osten gerichteten Hang, mit schräg zur heutigen Oberfläche verlaufenden Paläobodenlagen; Unterfranken.

▲ Abb. 767: Ausschnitt aus der Paläobodenfolge des Aufschlusses von Abb. 766.

▶ Abb. 768: Lösswand mit hellem Rohlöss zwischen den Tonanreicherungshorizonten (Bt) von zwei interglazialen Parabraunerden; Kraichgau, Baden-Württemberg.

Ginge es nach der Fläche, müsste der größte Teil des äolischen Kapitels dem **Lössmantel** der Erde gewidmet sein, der im Laufe der quartären Kaltzeiten – ältere Lösse sind nicht bekannt – etwa 10 % der Festlandsfläche als Staubablagerung überdeckt hat. Dem gegenüber bedecken alle großen Dünengebiete der Erde mit etwa 4 Millionen km² (Cooke & Warren 1993, S. 403) nur ein Sechstel jener Fläche, allerdings mit einem beträchtlich vielseitigeren Relief. Die meist nur wenige Meter bis Zehner Meter mächtigen Lössdecken wirken in erster Linie oberflächenerhöhend und reliefausgleichend, etwa auf den endtertiär zerschnittenen Rumpfflächen (Abb. 235 ff.). Reliefakzentuierung gibt es nur dort, wo mächtige Lössdecken, wie im chinesischen Lössplateau (Zhang 1980), fluvial zerschnitten worden sind (Abb. 243 f.)

Dass Löss bis weit ins 19. Jahrhundert, nach dem namengebenden Feinboden der Oberrheinebene, zu den fluvialen Ablagerungen der Überschwemmungsgebiete gerechnet wurde, ist verständlich. Denn so standfest der Löss in einer Aufschlusswand ist (Abb. 768, 769), so leicht wird er im durchnässten Zustand abgeschwemmt und bildet so den Hauptteil der anthropogenen *Auelehme* mitteleuropäischer Täler (Abb. 628 f.). Nach dem Franzosen Virlet d'Aoust (1857) war es erst v. Richthofen (1878), der mit der Kenntnis der chinesischen Lösse der äolischen Bildungshypothese zum Durchbruch verhalf (Pécsi & Richter 1996, S. 31 f.).

Allerdings macht kaltzeitlicher Staub als Produkt von *Frostverwitterung* (Abb. 38) oder ausgewehter *Gletschertrübe* des Inlandeises (Abb. 294, 489) als den wichtigsten Quellen allein noch keinen Löss aus. Lössdecken konnten sich als **Primärlöss** nur dort aufbauen, wo die Staubsedimentation langzeitig die Abspülung übertraf. Rezente Staubsedimentation im chinesischen Lössplateau bildet auch nicht das bekannte gelbbraune Sediment des **Rohlösses** der hier gezeigten Aufschlüsse, sondern wird sofort in die rezente Bodenbildung einbezogen. Zum standfesten Material und damit zu Löss ist der Staub erst durch diagenetische Umwandlungsprozesse und oft auch durch Umlagerung, dann als **Sekundärlöss,** geworden.

Eine ausgezeichnete Zusammenfassung zu fast allen Aspekten der interdisziplinären Lössforschung wurde von Pécsi & Richter (1994) vorgelegt. Schnellen Zugang zu den über 300 Seiten Text gibt eine ausführliche englische Zusammenfassung.

Löss kommt in Mitteleuropa nicht nur in der Bördenzone am Mittelgebirgsrand, sondern auch in allen südlich davon liegenden *Beckenlandschaften* vor. Die lössfreien Gebirgsumrahmungen waren als Region starker periglazialer Frostverwitterung neben den jahreszeitlich trockenen und ausgewehten Hochwasserbetten der periglazialen Flüsse eines der zentralen Liefergebiete. Über den *Schwermineralgehalt* der überwiegend aus Quarz in der Grobschluffraktion (10 – 50μ) bestehenden Lösse ließ sich nachweisen, dass der Staub jeweils aus der *engeren* Region stammt (u. a. Rösner 1989).

Die beiden Wände einer Baugrube in Abb. 766 mit schräg verlaufenden Horizonten geben einen Eindruck davon, wie über mehrere Akkumulationsphasen hinweg eine *Delle*, deren Rand die linke Wand im Quer- und die Rechte im Längsprofil abschnittsweise nachzeichnet, ein zuvor stärkeres Relief ausgeglichen hat. Rohlöss selbst hat *keine* Schichtung. Die scheinbare Schichtung, in Abb. 767 entlang des geputzten Profilteils dargestellt, ist eine **Horizontabfolge** als Ergebnis **periglazial** äolisch-sedimentärer, solifluidaler (Abb. 432 ff.) und fluvial-erosiver sowie *warmzeitlich* bodenbildender Prozesse ohne eine Lage, die noch *in situ* – an Ort und Stelle – wäre; in der vorgegebenen Hangposition nicht erstaunlich. Das dunkle Band besonders im nicht geputzten Wandteil fällt auf, weil es ein besonders toniger und damit besser die Feuchtigkeit haltender alter Bodenhorizont ist.

Jede der Farbschattierungen in Abb. 767, von oben her braun, schwarzbraun, hellbraun, rötlich, am Fuß wieder graubraun steht für die kaltzeitlich-solifluidal aufgearbeiteten Reste einer entkalkten, lehmigen interglazialen oder -stadialen **Bodenbildung**. Die „Steine" oben im Profil sind ebenfalls solifluidal umgelagerte **Lösskindeln,** bei der Bodenbildung in den unteren Profilabschnitten durch ausgefällten Kalk gebildete Konkretionen (s. Abb. 411).

Im noch mächtigeren Lössprofil einer aufgelassenen Ziegeleigrube in Abb. 768, das die hohe Standfestigkeit dieses Sediments zeigt, ist in horizontaler Lage der hellbeigefarbene Rohlöss in zwei mächtigen Horizonten bewahrt worden, unter- und überlagert von den ebenfalls stark ausgeprägten **Tonanreicherungshorizonten** (Bt) einer einstigen *Parabraunerde* (Kuntze et al. 1994), die wegen ihres dichten Gefüges jeweils als einziger Profilabschnitt die Abtragungsprozesse einer beginnenden neuen Kaltzeit überdauert haben, in der Regel auch unter Aufarbeitung ihrer oberen Abschnitte. Die diffuse Untergrenze entstand bei der Bodenbildung. Ein Problem ergibt sich daraus, dass jeder Bt als Horizont einer eindeutig *warmzeitlichen* Bodenbildung *ein* quartäres Interglazial repräsentieren sollte, ihre Zahl aber weit über die der bekannten Eiszeiten hinausgeht. Aber auch unterhalb der Brunhes-Matuyama-Grenze der letzten großen Magnetfeldumkehrung (Pésci & Richter 1996, S. 15 f.), die den Beginn des eigentlichen Eiszeitenpleistozäns markieren soll, kann es *mehr* als drei oder vier Bt-Horizonte geben (z. B. Busche et al. 1989, ≠S. 176).

Die vier Bt-Horizonte schräg übereinander, wieder in der Gefällsrichtung einer lössverfüllten Delle gelegen, wurden, wie die detaillierte Untersuchung zeigte (Rösner 1989, Dertingen II; *s. a.* Busche et al. 1989, S. 173 ff.), *alle* im *Eem-Interglazial* gebildet und sind dann zu verschiedenen Zeiten vom Oberhang in *Schollen* abgeglitten, wohl jeweils mit dem sommerlichen Wasserfilm zwischen Auftauboden und Dauerfrost. Dazwischen lagen jeweils Phasen, in denen frischer, also *würmzeitlicher* Löss abgesetzt, seinerseits solifluidal überarbeitet und wohl auch abgeschwemmt wurde. Die scharfen Obergrenzen der Bt-Horizonte stehen für Kappungsflächen, die scharfe Untergrenze des zweiten von oben zeichnet die Abscherung und Gleitfläche nach. Auf der zum Ende des Würms nur noch leicht geneigten, wiederum – wohl fluvial – gekappten Oberfläche der verfüllten Delle wurde ein letzter Löss mit relativ hohem *Flugsandanteil* abgelagert. Selbst reine Sandlagen scheinen in Lössprofilen nicht selten zu sein (Pésci & Richter 1996, S. 99 ff.). Das dünne Band im obersten Löss könnte eine Aschelage des spätpleistozänen Maarvulkanismus der Eifel sein. Der holozäne Boden, der sich aus dem Löss entwickelt hatte, war schon vor Anlage dieser Lössgrube durch Bodenerosion (Abb. 624) abgetragen worden.

Im Mittelgebirgsrelief haben sich die *mächtigsten* Losspakete hauptsächlich, wenn auch nicht ausschließlich (Goosens 1988) im *Lee* der auch kaltzeitlich dominierenden Westwinde abgelagert, vermutlich so wie heute verwehter Schnee. Schwer verständlich, denn Staub, der sich nur bei völliger Windstille absetzen kann, müsste in jeder Exposition eine *gleich*

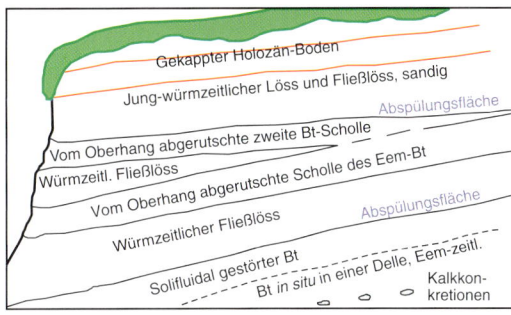

▲ Abb. 769: Bt-Horizonte unterschiedlicher Neigung, die die Reliefveränderung eines Tales während des Pleistozäns nachzeichnen; bei Dertingen, Unterfranken.

◀ Abb. 770 a: Aufschlussskizze zu Abb. 769.

▼ Abb. 770 b: Genese der Schichtenfolge in Abb. 769.

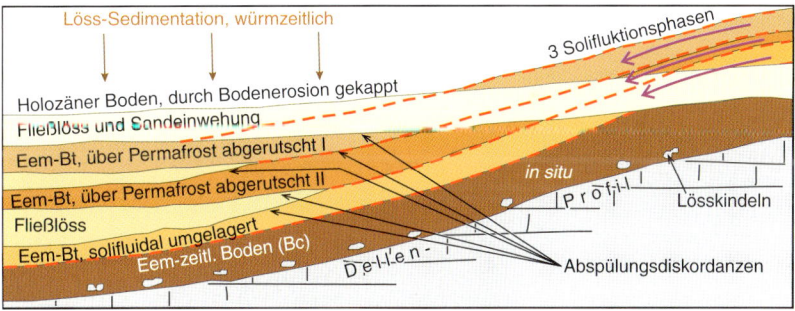

dicke Lage bilden, ebenso bei Regen ausgewaschener Staub. Allerdings könnte dieser Staub am Boden vom Regen verklebt, vom Wind in sandkorngroßen *Aggregaten* erodiert und dann, wie im Sandschwanzbeispiel der Abb. 114, bei einem Westwind-„Sand"-sturm über Kuppen geweht und in deren Lee als *Rampe*, wie der Sand in Abb. 716, abgesetzt worden sein. Bei anschließender Durchfeuchtung wären diese Aggregate spurlos zerfallen. Oder sollten die im Dünnschliff nachgewiesenen Aggregate (Pésci & Richter 1996, S. 96), nicht erst diagenetisch entstanden, sondern Überbleibsel solcher Löss„sand"-Transportphasen sein? Erklären würde dieser Transportmechanismus auch die sonst schwer verständliche Durchmischung von Löss (in Suspension) und Flugsand (durch Saltation transportiert; Abb. 688) in derselben Schicht. *(Den Anstoß zu dieser Überlegung gab der 2004 verstorbene Karl A. Habbe.)*

26. Äolische Erosionsformen · Deflation

▲ Abb. 771: Auswehung (Deflation) einer abgestorbenen großen Kupste (Nebkha); Sossusvlei, Namib-Erg, Südnamibia.

▶ Abb. 772: Durch Deflation der Sandfraktion zu einem Kiespflaster angereicherte gröbere Bestandteile einer fluvialen Akkumulation; Südnamibia.

▼ Abb. 773: Durch Deflation und Anreicherung der Grobsandfraktion gegen weitere Auswehung stabilisierte Regfläche; Ténéré, Nordniger.

Im vergangenen Kapitel wurde an äolischen *Akkumulationsformen* gezeigt, wie das Verhältnis von Windenergie und Sandnachschub die Prozesse von Sandtransport und Sandablagerung bis hin zur Windrippel- und Dünengenese und ihren Musterbildungen steuert. Derselbe Quotient aus verfügbarer Windenergie und der Menge des vorhandenen Transportmaterials lässt sich auch anwenden auf Prozesse der äolischen Abtragung durch **Deflation** *(deflation)*, den äolischer Austrag von Lockermaterial, und **Korrasion** *(aeolian abrasion)*, die schleifende Abtragung auf Festgestein oder verfestigtem Sedimentmaterial. Bei der Deflation werden locker im Verband liegende Körner, wie in Abb. 688 beschrieben, vom Wind aufgenommen.

Bei der *Korrasion* werden die Körner zwar ebenso durch Saltation bewegt, treffen jedoch mit hoher Geschwindigkeit auf eine feste Gesteinsunterlage, die nur dadurch nachgeben kann, dass Gesteinsbruchstücke beim Aufprall abplatzen, ein Prozess, der technisch im *Sandstrahlgebläse* nachgeahmt wird. Ein Beleg für die hohe Aufprallenergie ist die dichte Scharung von *Schlagmarken* auf bewegten Grobsandkörnern, die zu deren vollständiger Mattierung führt und ein diagnostisches Merkmal für die Identifizierung äolischer Sande ist (Pachur 1966).

Entscheidend bei beiden Prozessen ist die *Sanduntersättigung* bzw. der lokale oder zeitliche *Energieüberschuss* des Windes, wie er bei hohen Windgeschwindigkeiten gegeben ist. Nur dann hat eine Windströmung ausreichend Energie, um zusätzliches Lockermaterial aufnehmen oder mit der Transportfracht an Hindernissen sogar *schleifend* Arbeit verrichten zu können. Da in Lockersedimenten die Prozesse äolischer Akkumulation und Erosion meist gemeinsam auftreten, wurde die Wirkung von sanduntersättigtem Wind hoher Geschwindigkeit auf ein *Großrippelrelief*, nämlich die äolische Rippelkappung (Abb. 708 – 712) und die Bildung von *Blowouts* (Abb. 764, 765) bereits im vorigen Kapitel beschrieben.

Abb. 771 zeigt die Wirkung der Deflation auf ein in die Windströmung hineinragendes Hindernis, einer abgestorbenen **Kupstendüne** oder Nebkha (Besler 1992, S. 100), deren Sand beim Aufwachsen eines Nara-Gebüschs (*Acanthosicyos horrida;* im Hintergrund) von Wurzeln und Blättern aufgefangen wurde. Als Folge des relativ hohen Tongehalts im Dünensand des Vlei (Abb. 297 ff.) war die Kupstenoberfläche nach einem Regen oder einer Überschwemmung verkittet worden. An Trockenrissen im Scheitel hat der sanduntersättigte Wind angegriffen, den darunterliegenden Sand ausgeweht und bei nachbrechendem Rand eine Form von Blowout (Abb. 765) geschaffen. Im standfesten Randbereich ist, in einer Übergangsform zwischen Deflation und Korrasion, die kegelförmige Schichtung der Kupste nachgezeichnet worden.

Die Wirkung von Deflation auf hindernisfreie Flächen zeigt Abb. 772. Das dichte **Kiespflaster** ist nur genau *eine* Kornlage mächtig, weil bereits damit der Schutz vor weiterer Ausblasung gegeben ist; darunter liegt ein sandig-schluffiges Terrassensediment, das nur vereinzelte Grobsand- und Kieslagen enthält, die jedoch durch den überwiegend äolischen Austrag der feinen Korngrößen zu einem dichten Pflaster angereichert sind *(lag pavement)*.

Wesentlich unauffälliger, aber nicht weniger wirksam ist die Deflation in Abb. 772: eine scheinbar strukturlose, völlig ebene Sandfläche (Sandtenne) ist von einem dichten, homogenen Grobsandpflaster, einem Reg bedeckt. Alle vom Wind transportierbaren Korngrößen sind bereits abgeführt und das **Regpflas-**

26. Äolische Erosionsformen · Deflation

ter schützt die gekappte Altdünenfläche vor weiterem Austrag. Der Untergrund ist bei der **flächenhaften Deflation** auf noch ungeklärte Weise so verdichtet worden, dass die Autospuren kaum eingedrückt sind. Da Deflation meist flächenhaft auftritt und zunächst keine „dramatischen" eigenen Formen schafft, wird ihre Intensität und potenzielle Gefahr oft unterschätzt.

Das wahre räumliche und zeitliche Ausmaß flächenhafter Deflation wird erst dann deutlich, wenn sie an einzelnen, feststehenden Objekten abgelesen werden kann (Abb. 774 und 775). Abb. 775 zeigt zwei vertrocknete Pflanzen, deren Wurzelwerk erst in jüngster Zeit durch flächenhafte Erniedrigung der Dünenoberfläche völlig freigelegt wurde, denn die röhrenförmigen sandigen Hüllen um die Wurzeln (*Wurzelhöschen*), die die Pflanze zur Feuchtigkeitsregulierung im Boden aufgebaut hat, sind noch nicht vom Wind zerstört worden. Die bei 20 cm Tieferlegung angereicherten **Grobsandkörner** heben sich durch ihre graue Farbe vom bräunlichen Feinsand ab. Auf diese Weise sind Deflationsbereiche auf Dünen schon aus der Ferne erkennbar.

In Abb. 774 hat noch intensivere Deflation von über einem halben Meter die oberen Wurzeln eines Laubbaums (*Balanites*) auf einer Altdüne freigeweht. Durch Verwirbelung ist hier noch zusätzlich eine **Deflationsmulde** ausgeweht worden. Da in dem feinkörnigen Dünensand kaum Grobsand enthalten ist, beginnt die Pflasterbildung hier mit vertrockneten Kotballen von Ziegen und Schafen, die durch ihre Hufe das Bodengefüge zerstört und so die Deflation gefördert haben. Bei derart flächenhafter Deflation werden *enorme Sandmengen* ins äolische Transportsystem eingebracht und zu neuen Dünen werden, wie in Abb. 754: Die etwa 50 cm ablesbaren Austrags haben pro km² zu 500 000 km² remobilisierten Flugsand geführt.

Weniger dramatisch, aber im Hinblick auf den Verlust von mineral- und humusreichem Oberboden auf der einen und die unerwünschte Ablagerung von sterilem Flugsand auf anderen Flächen ist die Deflation, die auf den oft sandigen Böden Norddeutschlands abläuft (z. B. Hassenpflug 1998, 69 – 82). Zum einen geschieht dies bei Frühjahrsstürmen vor dem Aufkeimen der Saat, aber auch bei der Bodenbearbeitung, wie hier mit einer Scheibenegge. Der aufgenommene Sand kann sich nur so lange in der Windströmung halten, bis Hindernisse (größere Pflugfurchen, Flanken von Entwässerungsgräben, Baumreihen, Hecken, oder – flächenhaft – bereits gekeimtes Getreide) die Windenergie lokal erniedrigen. In den High Plains der USA waren bis zur Anwendung von Bodenschutzmaßnahmen (*Soil Conservation*) die Deflation und ihre Folgen insbesondere in der Dürreperiode der 1930er Jahre so verheerend, dass Region und Prozess mit dem Namen *Dust Bowl* ins amerikanische Bewusstsein eingegangen sind (Schmieder 1963, S. 258 ff.).

◀ Abb. 774: An freigewehten Wurzeln eines Laubbaums (*Balanites*) erkennbare Deflation einer Altdünenfläche; Sahel, nahe Tschadsee, Südostniger.

▼ Abb. 775: Durch Deflation flächenhaft erodierte Dünenoberfläche mit freigelegten Wurzeln eines Horstgrases; Namib-Erg, Südnamibia.

▼▼ Abb. 776: Bodenverwehung auf ausgetrockneter Sanderfläche; Brandenburg.

26. Äolische Erosionsformen · Windschliff

▲ Abb. 777: Flächenhafter Windschliff auf Dolomit; Diamantensperrgebiet, Südnamibia.

▶ Abb. 778: Feines Windziselierungsmuster auf Lösungsformen eines Kalksteinschotters; Tsauchab-Rivier, Namib-Erg, Südnamibia.

▼ Abb. 779: Windschliff-Kleinformen auf Kalkstein; Sahara, Südlibyen.

Während Deflation sich auf den Austrag von Lockermaterial beschränkt, bei dem Korn für Korn durch sanduntersättigten Wind in die Saltations-, Suspensions- und – seltener – Reptationsfracht aufgenommen wird, ist es bei **äolischer Korrasion** die Saltationsfracht selbst, die die Arbeit auf der Fels- oder Bodenoberfläche verrichtet. Für die Korrasion muss die Windenergie also noch wesentlich höher, der Wind noch stärker sanduntersättigt sein als bei der Deflation. Voraussetzung ist natürlich, dass der Wind eine Saltationsfracht und damit Erosionswaffen hat, dass also windaufwärts ausreichend deflatierbares Material vorhanden ist (in Kältewüsten auch Schnee- und Eiskristalle).

Im Folgenden wird der Formenschatz der äolischen Korrasion mit den zugrunde liegenden Prozessen, Intensitäten und Altersabfolgen im Gesamtrelief behandelt, von der Korrasion an Einzelobjekten bis zum großräumigen Windschliff in der klimamorphologischen Landschaftsentwicklung (*vgl.* für die Sahara Mainguet 1968, 1970; Hagedorn 1968, 1988; Busche & Stengel 1993; Bildbeispiele bei Busche 1998, 176 ff; für die windüberschliffene Felsnamib Kaiser 1926; Stengel 2000).

Der **Prozess** des Windschliffs besteht darin, dass die auftreffenden Körner der Saltationsfracht beim Aufprall ihren Bewegungsimpuls auf die Oberfläche des Hindernisses weitergeben; dadurch werden im Mikro- bis Molekularbereich Partikel aus der Hindernisoberfläche herausgeschlagen oder -gerissen *(chipping)*. Bei sehr feinkörnigem Gestein wie in Abb. 777 kann dies derartig geschehen, dass von der bearbeiteten Oberfläche bevorzugt die kurzen Wellenlängen des Lichts reflektiert werden. Bei direkter Beleuchtung reflektieren dann etwa der weiße Marmor der Montagne Bleue (zentrale Sahara, Busche 1998, S. 204) oder ein schwarzer Basalt (a. a. O. S. 154) wie der Dolomit in Abb. 777 in kräftigem Blau. An dieser Färbung lässt sich oft die Obergrenze des Windschliffs ablesen.

Die den Felsblock durchziehenden härteren Klüfte sind in einer ersten, wohl besser mit der Erosionswaffe Quarzsand ausgestatteten Phase in die Korrasion miteinbezogen gewesen. In der gegenwärtigen Phase kann es nicht allein das mechanische Schleifen gewesen sein, durch das die Oberfläche um einige cm tiefergelegt und die Klüfte dabei herauspräpariert wurden. Die fast gleichartige Herausarbeitung auf deren Luv- und Leeseite (Wind von links) und das Einsetzen schmaler Stromlinienrücken unmittelbar hinter dem Hindernis sprechen dafür, dass hier mit Hilfe kleinster Wirbel und der Änderung elektrischer Ladungsverhältnisse (s. Abb. 690) entweder *der Wind allein (electron plucking)* oder *mit Staub beladener* Wind als schleifendes Agens wirksam gewesen sind (Whitney & Dietrich 1973, Whitney 1983).

Jede transportbedingte Turbulenz bewirkt eine intensive Verwirbelung an der Hindernisoberfläche, sodass – mit der Lupe sichtbar – komplexe **Miniaturschliffformen** auf einem Hindernis entstehen können, was besonders gut auf relativ weichem Ton- oder Kalkstein erkennbar ist.

Abb. 778 zeigt solche feinen Krenulationen auf einem ebenfalls blau reflektierenden Kalksteinschotter, an dessen Oberfläche zuvor Miniaturkarstlösung bereits die Näpfe und die Kluft vorne geschaffen hatte. Darüber haben sich teils gestreckte, teils stark gewundene Kleinformen von unter 1 mm Breite als kleine Rücken mit abgerundetem Querprofil zwischen ebensolchen Rillen gebildet. Ebenso wie ähnliche, jedoch breitere Rillen auf Kalkstein, die durch ablaufendes Wasser entstanden sind (Abb. 48), werden auch sie in der Literatur als **Taurillen** bezeichnet (Besler 1992, S. 50, Bild 12). Dagegen spricht jedoch, dass sie zu schmal für die Größe ablaufender Wassertropfen sind und auch häufig, wie hier, gegen oder schräg zur Gefällsrichtung rinnenden Wassers verlaufen. Da sie, teils sogar horizontal orientiert, auch an Marmor- oder Kalksteinfelswänden oberhalb jeder Angriffsmöglichkeit für Flugsand vorkommen (Busche 1998, S. 204 ff.), bleibt nur, dass auch sie Formen nicht schleifender äolischer Abtragung sind. Ob es sich bei diesen unregelmäßigen Mikro-Oberflächenformen um Taurillen oder Windziselierung handelt, lässt sich außerdem leicht mit der Lupe entscheiden: *Lösung* hinterlässt stets eine *raue* und stumpfe, die *Windwirkung* dagegen eine glänzend *polierte* Oberfläche. Stärker abgerundet kommen die gleichen Mikroformen auch auf Quarz vor.

Auch die kleinen Rillen und Rücken auf der zuvor zerbrochenen Kalksteinfläche in Abb. 779 gehören in die polierte Kategorie. Sie ziehen sich ohne Rücksicht auf das Kleingefälle quer über die horizontal liegende Platte und über das im Kalksteinwindrelief ebenfalls häufige flach-muschelige Feinrelief, das also bereits zu einer älteren Phase gehört.

Je nach Gesteinstyp und Windschliffintensität kann die *Politur* auch hochglänzend sein wie auf dem tatsächlich völlig trockenen **Silcreteblock** (s. Abb. 398) von Abb. 780, allerdings – wie stets bei Silcrete – glasig beige und nicht blau reflektierend. Auch hier war der Windschliff, der die bis 20 cm langen **Kannelüren** (von rechts) eingefräst hat, nicht derselbe, der die Politur geschaffen hat. Wiederholt wurden nämlich Bruchstücke mit diesem Typ von Windschliff im Sediment der frühholozänen Mittelterrasse (Abb. 354) gefunden. Ebenso dürfte der die Kannelüren kappende flächige Windschliff auf der unteren Blockhälfte zu einer weiteren, nächstjüngeren vorzeitlichen Phase eines anderen Korrasionsregimes gehören. Mikroskop- und Härteuntersuchungen von windschliffpolierten Oberflächen zeigen, dass diese – so wie bei maschineller Gesteinspolitur – durch Mineralkornveränderungen um ein bis zwei Mohssche Grade (S. 16) *härter* werden. Besonders auffällig ist dies bei überschliffenem Tonstein.

Auch der **Silcreteblock** in Abb. 781 ist zweimal von Windschliff jeweils unterschiedlicher Intensität überprägt worden. In der ersten Phase hat sehr starker Windschliff von links vorne die Oberfläche dieses und umgebender Blöcke fast horizontal gekappt und flache Kannelüren eingeschnitten. In typischer Reaktion darauf hat sich in der nächsten Phase bei schwächerem Wind eine *schräg* gegen den Wind geneigte Rampe ausgebildet und die Oberfläche wurde anders bearbeitet, sodass sich ihr mattes Hellgrau deutlich von dem glänzenden – lediglich wieder aufpolierten – Beige des alten Windschliffs abhebt.

In Abb. 782 sind auf rauem Kalkstein große, teils in spitzen – als **Windstich** bezeichneten – Löchern endende Kannelüren mit dem „Sandstrahlgebläse" von rechts geschliffen worden, besonders stark im ansteigenden Bereich. Bruchstücke desselben Typs wurden auch hier im umgebenden *pluvialzeitlichen* Sediment gefunden. In einer jüngeren Phase mit Sandsturm von links, *entgegen* der heutigen Passatrichtung und somit wohl auch nicht rezent, entstand die horizontale, die Kannelüren abschneidende Schliffläche. Möglich war dies nur, wenn der Fels zwischenzeitlich bis zu dieser Höhe *einsedimentiert* worden war und der Prozess auf eine ebene Oberfläche einwirkte (Abb. 788; Busche 1998, S. 182).

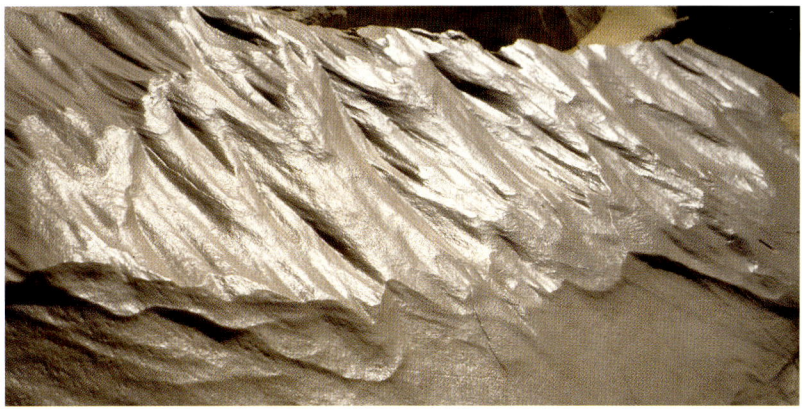

▲ Abb. 780: Glänzend polierte Windschliffkannelüren auf Silcrete; Plateau von Dibella, Sahara, Südostniger.

▼ Abb. 781: Zwei Generationen von Windschliff (flache Kannelüren und flächenhafte Korrasion) auf einem Silcrete-Block; Sahara, Nordostniger.

▼▼ Abb. 782: Von jüngerem Windschliff flächig abgeschnittene Kannelüren eines älteren Windschliffs auf Kalkstein; Toshka-Depression, Sahara, Südägypten.

26. Äolische Erosionsformen · Windschliff, Windkanter

▲ Abb. 783: Windschliff in einem Pflaster aus blasigem Basaltgeschiebe einer Grundmoräne zwischen Vulkanasche; Nordrand des Vatnajökull, Zentralisland.

▶ Abb. 784: Durch Sandtreiben bei wechselnden Windrichtungen entstandene Windkanter aus Doleritblöcken; Huab Rivier, Nordnamibia.

▼ Abb. 785: Letztglazialer Windschliff auf saalezeitlichen Geschieben; Fuß der Geschiebepyramide (1903) in Leipzig, Sachsen.

Windschliff ist, wie auch andere Erscheinungen des äolischen Formenschatzes, nicht auf warme oder kalte Wüstengebiete beschränkt, sondern kommt überall vor, wo Lockermaterial, ohne wesentlich durch Vegetation behindert zu werden, vom Wind aufgenommen und schleifend wirksam werden kann sowie ein entsprechend *hochenergetisches* Windregime existiert, wie an einem Sandstrandgebiet in Südisland (Abb. 789) oder im Periglazialklima des isländischen Hochlands (Abb. 783).

Nicht überall in der Landschaft sind großflächige, einheitliche Felsausbisse vorhanden, die Windschliffspuren tragen könnten. Doch fast in jedem Milieu sind kleinere Objekte wie Terrassenschotter (Abb. 788), Schuttblöcke (Abb. 784) oder Glazialgeschiebe (Abb. 783, 785) vorhanden, an denen die Schliffwirkung ablesbar ist. Relativ kleine Objekte werden allerdings leicht durch gelegentliche Spülprozesse, Frosthub oder auch Viehtritt gedreht, gekippt oder umgelagert, sodass der Wind *nacheinander* von verschiedenen Seiten angreifen und dabei in unterschiedlicher Richtung *Schrägflächen* schleifen kann, wie die der jüngeren Generation in Abb. 781. Sie enden oben in Schliffkanten, die stets *quer* zur sie bildenden Windrichtung stehen. Die bei der Verschneidung entstandene Form wird als **Windkanter** *(ventifact)* bezeichnet.

Die teils erst wenig entwickelten Windkanter in Abb. 783 stammen aus dem periglazial geprägten Gletschervorfeld des Vatnajökull-Inlandeises. Es sind Lokalgeschiebe aus einer blasenreichen Basaltvarietät. Angereichert wurden sie im Wechsel von Ausspülung und starker Deflation der feineren Moränenkorngrößen durch die Fall- oder katabatischen Winde von der benachbarten Gletscheroberfläche, die auch die Urheber der korrasiven Überprägung sind. Das korrasive Schleifmaterial liefert die **Vulkanasche** junger Eruptionen wie hier die der Hekla von 1980. In jüngster Zeit hat es hier aber keinen Windschliff gegeben, was durch das Deflationspflaster auf der Asche und die schon mehrjährige Pflanze im Vordergrund belegt ist, die bei Sandtreiben schnell zerstört worden wäre. Das blasige Gefüge des Basalts hat die schleifende Windströmung dahingehend beeinflusst, dass durch den von hinten kommenden Wind auf allen Blöcken, wie dem großen vorne, ein vielfach versetztes Muster schmaler Rücken mit einer auch hier durch den Windschliff veränderten *Farbe* und *Härte* erzeugt wurde, wie der Unterschied zur windgeschützten Bruchfläche vorne zeigt.

Abb. 784 zeigt sehr gut ausgebildete Windschliffflächen auf ehemals fast runden Saprolitblöcken (Abb. 111, 116) aus hartem Dolerit, die als *Kernsteine* aus dem Zersatz herauspräpariert worden waren. Da die Blöcke sehr schwer sind, müssten Windrichtungsänderungen für die Bildung jeder Fläche angenommen werden. Unter dem rezenten Flugsand liegt jedoch tertiärzeitlicher toniger Zersatz, in dem die Blöcke in leichter Hangposition bei pluvialzeitlicher Durchtränkung *verrutscht* sein können. Dafür spricht die uneinheitliche Orientierung der Grate und Flächen, die, nach Ausweis des Windrippelmusters, auch nicht zur heutigen Windrichtung passt. Außerdem sind alle Windkanter, meist in drei langen Zeiträumen – interpluvial überschliffen – heute dunkel patiniert. Sie sind somit *Vorzeitformen* aus Zeiten beträchtlich stärkerer Windaktivität und Korrasion.

Möglicherweise geht ihre Formung ähnlich weit zurück wie die windgeschliffenen **Glazialgeschiebe** (Abb. 567), die 1903 in die zur Ehre der Eiszeitforschung gebaute Geschiebepyramide in Leipzig eingebaut wurden. Die Geschiebe selbst sind in der vorletzten, der Saale-Eiszeit, in den Leipziger Raum gelangt (Eissmann 1987, 2000). Unterschiedlich stark überschliffen, meist mit nur einem Grat und demnach entweder um 180° oder eher gar nicht gedreht, wurden sie von Sandstürmen während des weichselzeitlichen *Periglazials* überformt und dabei durch Deflation, wie rezent in Abb. 783, in einer Steinsohle (Abb. 580, 585) angereichert. Die durch den Windschliff glänzende und zusätzlich gehärtete Oberfläche konnte von der holozänen Verwitterung noch nicht angegriffen werden.

Dass energiereicher, *sanduntersättigter* Wind Einzelobjekte überschleift, die in die Strömung ragen, scheint zunächst leichter erklärbar als die Beobachtung, dass auch *Flächen* horizontal überschliffen und dabei im Lauf der Zeit deutlich erniedrigt werden können (Abb. 786, 788). Auf ebener Strecke ist die Bremswirkung natürlich wesentlich geringer, sodass der hohe Energiezustand des Windes flächenhaft erhalten bleibt.

Abb. 786 zeigt einen derartigen rezenten **flächigen Windschliff** in tertiärzeitlich saprolitisiertem, grundwassergebleichtem, aber noch festem Siltstein (Busche & Stengel 1993; Busche 1998, S. 202); die Schleifrichtung kommt von unten links. Die Fläche ist entweder völlig glatt, wie im Hintergrund, oder bei etwas gestörtem Windfeld mit dem Sand, von dem noch etwas in einer Rinne liegt, in eine Unzahl kleiner *Facetten* geschliffen worden, von denen jede Kante zum neuen Angriffsbereich für die weitere Tieferlegung der Fläche wird.

Im Lee und damit im Schutz von Hindernissen wie den zahlreichen kleinen Mangankonkretionen, die ebenso wie das graue Muster dreidimensionaler Dendriten erst bei der Saprolitisierung entstanden sind, ist die Fläche weniger stark tiefergelegt worden und Siltstein dort in der Form von schmalen windparallelen *Stromlinienkörpern* erhalten geblieben, d.h. als *Kleinformen* von **Yardangs** (Abb. 792 ff.).

In Abb. 787 ist der gleiche Prozess viel schneller in feuchtem, unverbackenem Strandsand abgelaufen, mit dem Wind vom unteren Bildrand her. Hier sind es Muschelschalen, die für den *stumpfen* Luvbeginn sorgen und die langgestreckten Erosionsreste schützen – natürlich nur so lang, bis die Lage einer Muschel am Kopf des Miniatur-Yardangs, etwa durch Auskolkung oder beim Abtrocknen, verändert wird. Zur Bestätigung *flächenhaften* Abtrags zwischen den Stromlinienkörpern dient die graue Sandschicht in deren Bereich, die auf der freien Fläche bereits völlig abgetragen worden ist.

Wie groß die Intensität des Windschliffs in der jüngeren Vergangenheit war, zeigt in Abb. 788 einer von vielen völlig gekappten großen Sandsteinschottern einer Flussterrasse (s. Busche & Stengel 1993, S. 202 f.; Busche 1998, S. 182 f.), von dem nur noch eine wenige cm starke *Kalotte* im Sediment steckt. Die leichte Patinierung und das von Windschliff selbst nicht angegriffene Steinpflaster seiner Umgebung zeigt jedoch, dass auch hier die Entwicklung gegenwärtig zur Ruhe gekommen ist. Kleine und kurzzeitige Klima-Oszillationen gibt es auch in der Vollwüste.

▲ Abb. 786: Flächiger Windschliff mit Miniatur-Yardangs hinter Mangankonkretionen auf Siltsteinsaprolit; Kaouar-Stufe, Sahara, Ostniger.

◄ Abb. 787: Miniatur-„Pseudo"-Yardangs hinter Muscheln, bei flächenhaftem Abtrag von feuchtem Sand gebildet; Kniepsand, Amrum, Nordsee, Schleswig-Holstein.

▼ Abb. 788: Flächenhafte Kappung eines Sandsteinschotters durch Windschliff; Sahara, Nordniger.

26. Äolische Erosionsformen · Windstich

▲ Abb. 789: Gegen die vorherrschende Windrichtung orientierter Windstich und flächiger Windschliff an den Flanken von Basaltfelsen; Südküste Snaefellsnes, Westisland.

▶ Abb. 790: Windstich auf Siltsteinsaprolit, Nordostniger.

▼ Abb. 791: Rezenter Windstich und älterer flächiger Windschliff auf Doleritkernsteinen; Nautedam, Südnamibia.

Die Windschliffwirkung an steil geneigten Oberflächen wird aufgrund der zugehörigen Oberflächenkleinformen als **Windstich** bezeichnet (Abb. 789 – 791). Beim Aufprall auf ein steil geneigtes Hindernis wird zwar die Bewegungsenergie der aufprallenden Körner an die Oberfläche weitergegeben, die Körner selbst können aber nicht einfach windparallel weiterfliegen. Die **Korrasion** führt also zu einem fortschreitenden *in-die-Tiefe-Bohren* auf der windzugewandten Seite, mit relativ dazu gegen den Wind an Länge zunehmenden abgerundeten Zapfen.

Bild 789 zeigt Basaltfelsen eines jungen Lavastroms an einer stark windexponierten Küste, an der die jungholozäne starke Brandungserosion helle saure Vulkanite aufarbeiten konnte, die mit dem küstenparallelen Materialversatz (Abb. 645) in die nächste Bucht geschwemmt, dort am Strand von auflandigen Stürmen zu Küstendünen aus quarzfreiem Sand aufgeweht worden sind und zugleich Strömungshindernisse korrasiv angegriffen haben. Hier waren es die Ränder einer Spalte, die bei einer phreatomagmatischen Explosion (Abb. 26) in der Decke eines noch fließenden Lavastroms aufgerissen worden war.

In der so entstandenen Gasse konnte später mit dem *Düseneffekt* der komprimierten Strömungsfäden viel schleifendes Material die Wände überarbeiten. Der *bläulichgraue* Bereich und die abgerundeten Partien darin zeigen, dass der Windschliff bis über 2 m hoch wirksam ist. Der *Windstich* vorne links setzt auch erst hoch über dem Boden ein; unterhalb ist der Fels durch eine starke Strömung von links in die Gasse von Kannelüren und Glättung überprägt worden. Der dunkle Schleier auf dem Flugsand besteht aus ebenfalls als Schleifmittel wirkenden Basaltbruchstücken; der Schutt wurde durch Frost- und Salzverwitterung abgesprengt.

Abb. 790 zeigt einen Block aus gebleichtem, aber noch relativ festem Sandsteinsaprolit (s. Abb. 786) am Fuß einer Stufe, der auch erst jung, frühestens seit 4000 Jahren seit dem Ende der neolithischen Feuchtzeit (Baumhauer et al. 1989), von Sandstürmen angefressen worden sein kann. Die Hauptwindrichtung ist von links unten. Die windzugewandte Seite des Blocks ist durch tiefen Windstich in ein unregelmäßiges, zapfenartiges Kleinrelief aufgelöst worden. Am hinteren Ende des Blocks (zum oberen Bildrand hin), also auf der windgeschützteren Seite, ist noch die widerstandsfähigere eisenhaltige *Verwitterungsrinde*, die den Block einst vollständig überzog, noch erhalten und vom Windschliff als dünne, herausragende und leicht weiter abbrechende Kante freigeschliffen worden (Busche & Stengel 1993, S. 203).

Das ein derartiger Windstich auch in dem extrem harten und unverwitterten Material von doleritischen Kernsteinen (Abb. 111, 116) wie in Abb. 784 entstehen konnte, zeigt Abb. 791.

Korradierender Quarzsand steht wegen der Nähe zu sandführenden Rivierbetten ausreichend zur Verfügung. An den beiden vorne etwa senkrecht, dahinter waagerecht in Windrichtung geneigten Flächen geht der Windstich in kleine Kannelüren über. Die Frische dieser Korrasionsformen zeigt sich auch hier wieder in einer *bläulichen* Farbe, die *nicht* die des fast schwarzen Dolerits ist. Der kleine Block rechts und besonders die Flanke des großen dahinter sind dagegen nicht nur bräunlich-violett patiniert, sondern

zeigen darunter das aus kurzen Rücken bestehende Muster eines *älteren* Windschliffs. Dieser wirkte flächig und formte die ehemals rundlichen großen Kernsteine zu Windkantern um. Dies muss vor dem Zerfall des hinteren Blocks (am plausibelsten wäre feucht-winterliche Frostverwitterung) geschehen sein, da die dabei entstandenen Bruchflächen (im Gelände sichtbar) weder die Patina noch die Oberflächenstruktur des alten Windschliffs zeigen. Auch diese Korrasionsformen sind, wie in Abb. 784, ein Indiz dafür, dass es auch hier *mehr als eine* betont äolische Klimaphase gegeben hat, getrennt durch eine solche, die Patinierung und Verwitterungszerfall erlaubte.

In *Lockersedimenten* laufen die Prozesse von Windschliff und Windstich nicht nur schneller, sondern auch in einer anderen Dimension ab. Derartige Großformen aus pluvialzeitlichen Seesedimenten wurden zuerst von dem Asienforscher Sven Hedin mit einem uigurischen Wort als Yardangs bezeichnet. Heute wird der Begriff aber auch für in anstehendem Fels ausgebildete, langgestreckte Winderosionshöcker und -rücken verwendet (z.B. Hagedorn 1968, Busche & Stengel 1993; Stengel 2000). Trotz aller Formenvielfalt (Busche 1998, S. 184 ff.) ist allen Yardangs ein langgestreckt-tropfenförmiger Grundriss mit einem Stromlinienprofil gemein, dessen Steilseite, im Gegensatz etwa zu Barchanen, auf der Luvseite liegt. Das gängige Strömungsmodell, das auch die Genese erklären soll (etwa Besler 1992, S. 86) berücksichtigt nicht, dass sich bei diesen wegen ihres weichen Materials leicht umzugestaltenden Formen auch der Klimawandel des jüngeren Holozäns auf ihre Gestaltung und Weiterentwicklung ausgewirkt haben muss.

Alle Yardangs sind in bis ins frühe Holozän aufgebauten pluvialzeitlichen Sedimentkörpern angelegt: in Abb. 782 in einem diatomischen, aus Kieselalgenpanzern aufgebauten Süßwasserseesediment, in Abb. 783 in den schluffigen Ablagerungen einer Playa (Abb. 308 ff.). Am Anfang sollen eine vom Wind weiter ausgeräumte fluviale Zerschneidung oder Trockenrisse gestanden haben. Große Trockenrisse sind in tonarmen bis -freien (Diatomit)-Sedimenten nicht zu erwarten, und Wasserläufe, die in ein abflussloses Becken fließen, werden in dieser Richtung mangels tieferer Abflussbasis akkumulieren und gerade *nicht* einschneiden. So ist wohl an eine *primär-äolische Aufschlitzung* der Sedimente durch sanduntersättigten Wind anzunehmen.

Allen zumindest saharischen Yardangbecken ist gemeinsam, dass der größte Teil ihrer einstigen Sedimentfüllung bereits *ausgeräumt* und an Stelle der restlichen Yardangs – in Abb. 782 nur noch jene vier – in absehbarer Zeit allein eine Windkorrasionsfläche übrig bleiben wird. Weitgehend geschieht dies aber nicht durch eine formverkleinernde Weiterbildung der Stromlinienkörper, sondern durch deren **seitliche Unterschneidung** (Mittelgrund in Abb. 782 oder Abb. 795, 800), weil das Sandfegen nur noch einige dm hoch hinaufreicht. Da genug Schleifmaterial vorhanden ist, dürften *geringere* Windstärken als zur Bildungszeit der Grund sein. Die höheren Rückenteile zeigen zwar noch die ursprüngliche Korrasionsformung (Abb. 782 links); das Windschliffprofil dort wird allerdings heute durch Abwittern und von den Spuren seltener Regenfälle überprägt.

Am stärksten, wie auch im vorderen Diatomit-Yardang, ist die Unterschneidung des Ausgangsprofils an der *Stirnseite* (dort in der „Nase" noch im oberen Teil erhalten). Der Yardang in Abb. 793 ist einer von vielen, die so weit unterschnitten wurden, dass die Stirn abgebrochen ist und die Trümmer durch starke Wirbelbildung zwischen ihnen bei Sandsturm bald aufgezehrt werden.

▲ Abb. 792: Durch Windschliff geformte stromlinienförmige Yardangs aus Diatomit (Wind von links) als Reste eines durch Korrasion weitgehend ausgeräumten frühholozänen Seesediments; Depression von Kafra, Sahara, Ostniger.

▼ Abb. 793: Durch Unterschneidung abgebrochene Yardangstirn (vorne) und an den Flanken unterschnittener Yardang (Mitte) in schluffigem Sumpfsediment einer bereits weitgehend ausgewehten Depression; Toshka-Depression, Südägypten.

26. Äolische Erosionsformen · Yardangs, selektiver Windschliff

▲ Abb. 794: Inaktive Yardangs, verzahnt mit Felswindrelief; Sahara, Nordniger.

▼ Abb. 795: Herauspräparierung von Schichtung und Wurzelabdrücken durch selektiven Windschliff an der Flanke eines Yardangs; Toshka-Depression, Südägypten.

▼▼ Abb. 796: Schichtennachzeichnung durch selektiven Windschliff in gefaltetem Seesediment; Stufenvorlandsenke mit Strandlinien in der Ténéré, Sahara, Nordniger.

Yardangs aus Lockermaterial aus der Zeit *vor* dem jeweils letzten Pluvial der Trockengebiete kann es nicht geben, weil sie – soweit nicht ohnehin längst durch Korrasion aufgezehrt – bei erneuter Füllung der abflusslosen Becken aufgeweicht und zerstört worden sind. Allerdings gibt es zum Nachweis älterer Phasen starker Korrasion die entsprechenden Formen im Fels, als **Windhöcker**, weitgehend aber auch als Yardangs bezeichnet (s. Abb. 792).

Abb. 794 stammt aus dem Vorland einer *heterolithischen* Sandsteinschichtstufe (Abb. 164 f.), die in diesem Gebiet an der Wende Plio-/Pleistozän durch große breiartige *Rutschungen* (s. Abb. 378 f.; Busche 1998, S. 70 ff.) – im Hintergrund erahnbar – verändert wurde. Irgendwann nach dieser letzten intensivfeuchten Periode gab es mehr als eine Klimaphase, in der starker Windschliff im gesamten südlichen Vorland der Mangueni-Stufe ein **Fels-Windrelief** schuf (Abb. 800 ff.; Busche & Stengel 1993, S. 198). Dazu gehören die Fels-Yardangs im Hintergrund, die als kleine Plateaus mit unterschnittenen und eingesandeten Rändern als Folge späterer pluvialzeitlicher und äolisch-zerstörender Weiterbildung erkennbar sind.

Sie liegen in der **Subsequenzzone** der Stufe (Abb. 185) und wurden erstmals im Jungtertiär im Zuge der dortigen *Sandsteinverkarstung* übertieft (Abb. 95 ff., 803) und dann noch einmal um die Höhe der Fels-Yardangs, die nur einen kleinen Teil der Senke einnehmen, korrasiv weiter tiefer gelegt. Darin wurden im letzten, frühholozänen Pluvial *See- und Sumpfsedimente* abgelagert, die das Fels-Windrelief weitgehend begruben. Mit Beginn der post-neolithischen äolischen Phase wurde, wie in Abb. 792 f., der größte Teil dieses Sediments durch den Passat (von links) wieder ausgeräumt. Übrig geblieben sind große „weiche" jungholozäne Sandstein-Yardangs zwischen den *exhumierten* alten.

In jüngerer Zeit haben die Sandstürme, trotz genug verfügbaren Sandes, nur eine viel *geringere* Flankenunterschneidung als in Abb. 793 schaffen können. Selbst diese Partien werden gegenwärtig nicht mehr vom Wind, sondern von der Aufschlämmung durch die sehr seltenen Regen überprägt.

Abb. 795 wurde an der Flanke eines der Yardangs in Abb. 793 aufgenommen. Sie zeigt nicht nur, dass diese rezent *äolisch unterschnitten* wird, sondern auch, wie dies geschieht. Das Windrelief, das hier in die durch Wasser geformte *Schmutztapete* des Yardangs eingeschnitten worden ist, hat nicht, wie zur Bildungszeit der Yardangs, sämtliche Sedimentstrukturen im Strömungsprofil ausgeglichen. Vielmehr war und ist hier eine extrem **selektive äolische Abtragung** am Werk (Busche & Stengel 1993, S. 205; Busche 1998, S. 185). Durch sie wurden nicht nur feinste Korngrößenunterschiede in der Schichtung nachgezeichnet, sondern auch das filigrane Wurzelgeflecht der vermutlich aus Schilf bestehenden pluvialzeitlichen Sumpfvegetation freipräpariert. Diese Wurzelphänomene sind nicht, wie in Abb. 419/420, durch Kalk versintert und damit resistent, sondern bestehen lediglich aus schwach verfestigtem tonigen Schluff, der bei Berührung sofort zerbricht. Im angeschnittenen Sediment wären diese Formen nicht erkennbar.

In gleicher Weise hat der selektive Wind „schliff" auch die deformierte Feinblätterung des Diatomits in einer anderen Stufenfußdepression (s. Abb. 803) nachgezeichnet. Abgelagert worden war er als horizontal geschichteter Kieselalgenschlamm in einem Seebecken, von dem drei Uferlinien im braunen Steinpflaster des Hintergrunds, am Stufenfuß, zu erkennen sind (Baumhauer 1990, Busche 1998, S. 125 f.). Offensichtlich war in einer Austrocknungsphase ein Teil des Sediments ausgeräumt worden, was in der Beckensituation nur äolisch, also unter ariden Bedingungen möglich war. Bei erneutem Spiegelanstieg wurde der hier gezeigte Bereich infolge Durchfeuchtung auf dem geneigten Seeboden abgerutscht und infolge Kollision mit anderen abgeglittenen Partien gestaucht und *aufgepresst* und ist Teil des neuen, ebenen Seebodens geworden.

Die *vorletzte* Phase der jungholozänen Korrasion hat dann, wie üblich, den größten Teil des Seesediments ausgeräumt. In der *gegenwärtigen* Phase wirkt nur noch die Nachzeichnung auch feinster Festigkeitsunterschiede in dem sehr weichen Diatomit. Ähnlich wie bei der Windziselierung der Pseudo-Taurillen in Abb. 778 dürften auch hier kleinste Windwirbel und *elektrostatische* Prozesse eine kaum erst untersuchte Rolle spielen. Dicht am Boden bewegter schleifender Sand zerstört diese Feinstrukturen sofort. Von Schliff kann also nicht die Rede sein. Staub kommt wegen des überall vorhandenen Deflationspflasters – und weil hier auch die jüngste, staubige Diatomitfazies (Busche 1998, S. 115) fehlt – nicht in Frage, sodass eigentlich nur die bewegte Luft als formendes Agens wirksam sein kann.

Nachlassende Windenergie, die sich in einer Reduktion der Schleifleistung bemerkbar macht, zeigen auch Abb. 797 und das Detail in Abb. 798, hier allerdings in einem **Sandsteinwindrelief.** Gesteinsabhängig sind die Strömungskörper meist weniger perfekt als in weichen Sedimenten ausgebildet und mit Sicherheit sind sie, wie in Abb. 794 gezeigt, das Ergebnis mehrerer Perioden von gegenüber heute deutlich *stärkerer* Windkorrasionsleistung (Busche & Stengel 1993; Busche 1998, S. 189 ff.). Der Wind, der dieses Relief in einer strömungsgünstigen Senke *mehrphasig* geschaffen hat, kommt heute als Passat von rechts und korradiert in geringem Maße lediglich die deshalb weiß erscheinenden Partien des gebleichten Saprolits (wie Abb. 790).

Mehrere der Strömungskörper enden rechts wie links an senkrechten *Kluftflächenwänden*. Dagegen zeichnet der Sockel vor den beiden Akazien in Abb. 797 und 798 rechts noch die ursprüngliche **Fels-Yardang**form nach. Durch Windschliff von links, also durch einen vorzeitlichen Südwestwind, dessen Spuren nicht nur hier im Windrelief gefunden wurden, sind die Fels-Yardangs *unterschnitten* worden und die Stirne brachen ab, wie in Abb. 793. Beseitigt wurden die Trümmer durch lang andauernden Windschliff oder die Verwitterung im folgenden Pluvial.

Abb. 798 zeigt, dass der senkrechte Abbruch und der gesamte obere Teil des Felys-Yardangs bereits eine *alte Patina* über nicht äolischen Auswitterungsformen tragen. Die Fläche davor und die nicht völlig windexponierten Flankenteile der vorletzten Windschliffphase sind beige patiniert, werden also schon länger nicht mehr korradiert. Rezenter Windschliff überformt nur einen kleinen Teil der reliktischen Korrasionsform.

Abb. 799 ist ein weiteres Beispiel für nicht aride Windkorrasion, hier entfernt von Küste und Gletscher (Abb. 785, 789), aber ermöglicht durch die weichen Schichten des phreatomagmatisch-subglazial gebildeten **Hyaloklastits** (Abb. 18). An dieser über 50 m hohen Bergflanke hat der mit der Höhe schwächer werdende Windschiff oben die Schichtung nachgezeichnet, die darunter vollständig ausgelöscht wurde. Aus der Wand herauspräparierte Basaltstücke als Messmarken sind ein Beleg für junge flächige Korrasion. Die graue Patina und der vollständige Bewuchs der Umgebung zeigen jedoch, dass die Korrasion hier nicht mehr wirksam ist. Möglicherweise hatte eine Phase starker vulkanischer Ascheproduktion zeitweilig sehr viel scharfkantiges Schleifmittel geliefert, das dann bei extremen Stürmen dutzende Meter hoch den weichen Fels angreifen konnte.

▲▲ Abb. 797: Teilaktive Windhöcker (Fels-Yardangs) in einer Windgasse; Sara, Nordostniger.

▲ Abb. 798: Nur noch teilweise überschliffener Fels-Yardang aus dem Gebiet von Abb. 797.

▼ Abb. 799: Windschliff an einer Bergflanke aus weichem Hyaloklastit; Südisland.

26. Äolische Erosionsformen · Altes Windrelief

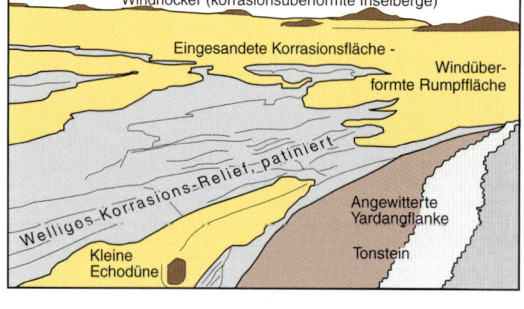

◀ Abb. 800: Inaktives, patiniertes oder schuttüberdecktes Windrelief; östliche Ténéré, Sahara, Ostniger.

▶ Abb. 801: Erläuterungsskizze zu Abb. 800.

▼ Abb. 802: Altes Windrelief mit Windstich und Kannelüren in massiver Eisenkruste an einem Plateaurand; Plateau von Termit, Sahara, Südostniger.

Der Begriff **Windrelief** wird üblicherweise für durch Korrasion in *Fels* angelegte Formen verwendet. Dabei kann es sich, wie in Abb. 797, um ein tatsächlich überwiegend äolisch geprägtes Fels-Yardangrelief handeln. Ausgedehnter sind Bereiche, in denen das aus dem Tertiär *vererbte* Altflächen- und Inselbergrelief (Abb. 121 ff., 131 ff.) seinen Charakter auf den ersten Blick weitgehend bewahrt hat, wie in Abb. 800. Allerdings sind, typisch für solche Regionen, die bis fast 100 m hohen **Inselberge** im Hintergrund bis zum Gipfel stromlinienförmig umgeschliffen worden (*s. a.* Busche 1998, S. 198 f.). Heute werden sie bestenfalls, wie in Abb. 797, nur auf den untersten Metern überschliffen. Ansonsten werden ihre Hänge durch patiniertes Steinpflaster und eingesandete fluviale Erosionsrinnen geprägt.

Auch der im Bild rechts gerade noch angeschnittene **Fels-Yardang** aus bunten Tonsteinen hat bereits als kleiner Inselberg existiert und ist somit kein Maß für eine generelle äolische Flächentieferlegung, durch die allerdings die Gasse in der Bildmitte entstanden ist. Trotz seiner nur geringen Höhe zeigt auch seine Oberfläche ein raues, nicht mehr äolisch überschliffenes Feinrelief. Ebenso wie in Abb. 793 sind seine Flanken stark unterschnitten worden (*s.* Busche 1998, S. 187) und sind heute permanent eingesandet, werden also nicht mehr geformt. Auch die typischen parallelen Riefen und das in flachen Querwellen ansteigende Relief der **Windgasse** im Tonstein werden derzeit nur „*aufpoliert*". Ihre durch die Korrasion deutlich härtere Oberfläche, wie in Abb. 780 beschrieben, ist patiniert, taucht außerdem auch hier wieder unter pluvialzeitlichem Sediment ab (s. Abb. 782) und ist im Hintergrund vielfach durch die Unterschneidung zerbrochen worden.

In Abb. 802, mit Hauptwindrichtung von links, ist einer der eindrucksvollsten **Windstich**- und **Kannelürenwindschliff**bereiche der zentralen Sahara – und damit wohl weltweit – ausgebildet (*s.* Busche 1998, S. 192 f.). Der kleine Felsen selbst wurde, wie viele andere beim Einschleifen von Windgassen, wie derjenigen gleich dahinter, aus einer extrem harten **Eisenkruste** des *Continental Terminal* (Abb. 95, 106) herausgeschliffen. Nur deshalb konnte der Windschliff aber auch mindestens ein Pluvial überdauern. In einer zweiten *schwächeren* Windschliffperiode wurde, wiederum wie heute im Lockermaterial (Abb. 793), der

26. Äolische Erosionsformen · Korrasionsüberprägtes Altrelief

Block im unteren Teil von vorne und von der Seite unterschnitten, sodass fast ein **Pilzfelsen** entstanden ist.

Das ganze Ensemble ist aber auch hier ein reines **Paläorelief**. Der Kannelürenblock links vorne ist irgendwann herabgebrochen und wurde als eines von vielen Bruchstücken um 90° zur heutigen Windrichtung verdreht. Auch liegt das Windrelief nicht, wie in Abb. 797, in einer heute noch strömungsgünstigen Senke, sondern in exponierter Lage unmittelbar am **Plateaurand** einer hohen Schichtstufe, für diesen Typ eines äolischen Reliefs in durchaus typischer Position (Busche 1998, S. 192 f.) und heute ohne jeglichen Sandtransport. Die hellen Flecken sind verschwemmter *Schluff*, der sich rezent nach Südsturm aus dem Sahel aus dem Trockennebel (frz. *brûme sèche*; Busche 1998, S. 174) absetzt. Zur Bildungszeit müssen in diesem Niveau *enorme* Windgeschwindigkeiten aufgetreten sein, die, wie für Abb. 716 beschrieben, Sand über eine Luvrampe auf und korradierend über das etwa 1 km breite Plateau hinweggetrieben sind. Heute gibt es davon im Vorland nur noch einige Sandrampen (Abb. 720 f.).

Dieses extreme Korrasionsrelief darf allerdings nicht dazu verführen, jedes Relief mit kräftigem Windschliff als äolisch angelegt zu deuten. Die breite **Stufenfußdepression** in Abb. 803 zeigt auf ihrer Rampe flächenhaften, *rezenten* Windschliff im dadurch seiner Patina beraubten, völlig weißen, grundwassergebleichten **Saprolit**, von fern leicht mit den pluvialzeitlichen Diatomiten (Abb. 792) der Region zu verwechseln. Das Profil in Abb. 704 zeigt jedoch, dass diese Stufenfußdepression endtertiär durch *Sandsteinkarstübertiefung* einer Subsequenzzone am Fuß einer ebenfalls völlig verkarsteten *Schichtstufe* entstanden ist und dass in ihr zumindest im letzten Pluvial ein von artesischem Grundwasser gespeister *Süßwassersee* bestanden hat (Baumhauer & Schulz 1984), der sich mit wiedereinsetzender Aridität über einen Brackwassersee zu einer Salztonpfanne (**Sebkha**) weiterentwickelte (Abb. 307), in der bis heute die Salinen von Seggedim betrieben werden. Der mit seinem Pedimentfuß im Depressionstiefsten stehende Inselberg der Skizze kommt so in anderen Depressionen weiter nördlich vor. Der frische Windschliff bewirkt hier im weichen Gestein lediglich eine geringe *traditionale Weiterbildung* (S. 13).

Ebenso tut er es auf der Rumpffläche in Abb. 805. Sicherlich auch hier nicht zum ersten Mal im Quartär, scheint der **flächenhafte Windschliff** (Busche 1998, S. 176 ff.) ohnehin flache *Spülscheiden* (Abb. 124) aus der Erbmasse einer oberflächennahen tertiären Verwitterungsbasisfläche (Abb. 116) weiter eingeebnet zu haben. Der Verlauf einstiger *Spülmulden* wird durch **Einsandungsstreifen** nachgezeichnet. Möglich ist die rezente Korrasion hier wie in Abb. 803 wieder nur wegen der starken tertiären *Saprolitisierung* (S. 29) des Gesteins.

▲▲ Abb. 803: Flächenhafter Windschliff in Saprolit an der Flanke einer Stufenfußdepression; Oase Seggedim, Nordostniger.

▲ Abb. 804: Profilskizze der nur windüberprägten Sandsteinkarstdepression.

▼ Abb. 805: Durch flächenhafte Korrasion überprägte Rumpffläche in saprolitisiertem Sandstein; westliche Ténéré, Nordniger.

26. Äolische Erosionsformen · Windrelieflandschaft

Abb. 806: Sandsteinwindrelief mit eingesandeten Windschliffgassen und einer Barchanherde; Borkou-Bergland, Nordtschad.

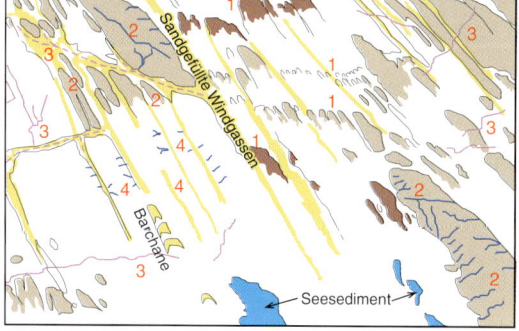

▶ **Abb. 807:** Erläuterungsskizze zu Abb. 806.

Die Bedeutung weitflächiger **Reliefgestaltung durch Korrasion** ist zuerst durch v. Richthofen (1886, S. 430 ff.) betont worden, allerdings mit der unrealistischen und dann auch vergessenen Annahme, dass Schichtstufen vom Windschliff unterminiert zurückwanderten. Das Augenmerk auf tatsächliches Windrelief richtete zuerst Kaiser (1926) für Teile der Namib (Abb. 810 ff.). 1968 waren es dann gleichzeitig zwei Arbeiten, die die größte zusammenhängende und in ihrer Art auf der Erde einmalige Windreliefregion, das Borkou-Bergland südlich des Tibesti-Gebirges, bekannt machten (Mainguet 1968, 1970; Verbreitungskarten 1972; Hagedorn 1968, 1971, 1974; zur Fortsetzung SW des Tibesti s. Busche & Stengel 1993).

Ein derartiges nur in der Sahara vorkommendes **Windrelief** zeigt einmal mehr deren seit dem Quartär klimatische und klimageomorphologische Sonderstellung unter allen Wüsten der Erde (Flohn 1963, 1964; Besler 1981, 1983). Es belegt außerdem Klimaphasen des Quartärs, in denen die äolische Dynamik, jedoch *nicht* die Aridität, beträchtlich stärker war

als heute. Das korrasiv geschaffene Windrelief ist eindeutig eine *Vorzeitform*. Ebenso wie und vermutlich *zeitgleich* mit den alten Ergs ist es seit dem Übergang zum Quartär und damit zu erstmals aridem Klima entstanden, mit teilweiser Reaktivierung in späteren Phasen wie im Holozän (Abb. 797). Die reliefumgestaltende Kraft dieser frühquartären Korrasion (wohl jünger als die saharischen Rutschungen; Abb. 378 ff.) war so stark, dass südwestlich des nordnigrischen Mangueni-Plateaus eine Schichtstufenlandschaft völlig zu einem Windrelief aufgelöst wurde, die im Windschattenbereich östlich davon noch komplett erhalten ist (Busche & Stengel 1993).

Das wichtigste Kennzeichen dieses korrasiven Reliefs in Abb. 806/808 ist die *parallele* Anordnung von einige Meter bis selten über 100 m breiter Felsrücken, zwischen denen meist schmalere Furchen oder Windgassen liegen. Abhängig von dem überformten Gestein und seinem Kluftmuster können Einzelformen ähnlich den Fels-Yardangs (Abb. 797) oder wie in Abb. 809 nur einige Zehner Meter lang sein. Die durch Korrasion erzeugte Längsstreifung erstreckt sich aber als Ganzes, wie das Satellitenbildmosaik zeigt (Busche & Stengel 1993, S. 198), teils über deutlich mehr als 100 km. Ebenfalls zeigt die Anordnung des Streifenmusters im Satellitenbild, dass das zentralsaharische Tibestigebirge als *Strömungshindernis* für den Passat ausschlaggebend für die Intensität und Richtung des Windschliffs war.

Das Muster der **Korrasionsrücken** und **Windgassen** wird bei Mainguet als *crêtes et couloirs* bezeichnet; in den nur acht Zeilen zum Paläowindrelief im umfangreichsten Lehrbuch zur *Desert Geomorphology* von Cooke et al. (1993, S. 412) fehlt ein entsprechender englischer Begriff. Akzentuiert wird das Muster durch die Überlagerung mit hellem Flugsand in den Windgassen als permanente, meist mehrere Meter mächtige Einsandung, die lediglich an ihrer Oberfläche bewegt wird. Dies zeigt, dass das Relief heute nur noch durchweht, aber *nicht* mehr flächenhaft korrasiv geformt wird. Dass tatsächlich auch nur wenig Sand bewegbar ist, zeigen in beiden Bildern die **Barchanreihen** auf Fels in Fortsetzung von **Couloirs**, die als Dünenformen ja Indikatoren für Sandmangel sind (s. Abb. 725 f.).

Diese Barchanreihen, die sich ja stets genau in Hauptwindrichtung bewegen, belegen auch, dass diese sich seit der Anlage des Windreliefs *nicht* verändert hat. *Längsdünen* würden sich nur mit einem Korrekturfaktor zur Rekonstruktion des Paläowindfelds

26. Äolische Erosionsformen · Windreliefslandschaft

eignen, da sie ja in spitzem Winkel zur Hauptwindrichtung orientiert sind (Abb. 735 f.) Wiederum geeignet sind jene bis Hunderte von Kilometern langen, erst in Satellitenbildern aufgefallenen Dünensandrücken wie im Mauretanischen Erg, denen dort die Längsdünen entsprechend verdreht aufsitzen (s. a. Abb. 740). Von Mainguet (1982, sind sie als **Erosionsdünen** *(dunes d'érosion)* bezeichnet worden, wie sie, eingefräst in ausgedehnte äolisch akkumulierte Sanddecken ohne jegliches Relief, durch aufliegende paläolithische Artefakte grob datiert, etwa östlich des Ergs von Murzuk vorkommen (Busche 1998, S. 246 f.).

Möglicherweise ist ihre Bildung *zeitgleich* und *prozessual* mit der Genese des Windreliefs verbunden, denn für beide wurden außer hohen Windgeschwindigkeiten gewaltige Mengen mobilen Sandes gebraucht, wie sie *nur einmal* in der jüngeren Reliefgeschichte verfügbar waren (Abb. 759). Dies war die Zeit des ersten ariditätsbedingten Rückgangs abtragbremsender Vegetation bei noch unbegrenzter Verfügbarkeit von Quarzsand aus tertiären Verwitterungsdecken, verbunden mit steigenden Windgeschwindigkeiten in Anpassung an die wachsenden Temperaturdifferenzen zwischen den vereisten Polen und den Tropen.

Der dunkle Farbton im Luftbild und die Nahaufnahme in Abb. 809 (s. a. Busche 1998, S. 196 ff.) zeigen, dass dieses Windrelief durchweg **patiniert** ist; nur an seinen Flanken ist es gelegentlich noch etwas korradiert (Abb. 798) oder die harte **Verwitterungsrinde** ist seitlich vom Windschliff unterschnitten worden (Abb. 793). Durch die Patina konservierte Muster von Rissen und ausgewitterten Klüften, die sich so erst *nach* der Korrasionsphase gebildet haben können, sind ein weiterer Beleg für das hohe Alter der Formen.

Die Luftbilder zeigen zwei unterschiedlich alte, durch Einsandung nachgezeichnete **Talgenerationen.** Die ältere ist, zerschnitten durch die jüngeren Windgassen und eindeutig älter als das Windrelief, nur noch abschnittsweise vorhanden. Die jüngere Generation besteht ausschließlich aus kurzen Gerinnen, die von den Flanken der Korrasionsrücken in die Couloirs als neu angelegte Abflussbasen hineinführen. In Abb. 806 vorne liegen letztpluviale **Seesedimente** im Windrelief.

Vergleiche mit benachbarten nicht windgeschliffenen Regionen belegen, dass das Windrelief aus einer Rumpfstufenlandschaft (Abb. 188) *ummodelliert* worden ist. Dabei wurden die alten **Dachflächen** (Abb. 171) unter Nacharbeitung lediglich jener Klüfte, die in Passatrichtung lagen, oder auch unabhängig davon, in windparallele Streifen zerlegt. Gegen den Wind gerichtete **Stufenstirne** wurden, wie bei Yardangs (Abb. 782), zu den stumpfen Luvanfängen der Rücken aufgelöst. Als etwas höher liegende, am wenigsten übersandete Bereiche deuten sie auf eine leichte korrasiv-flächenhafte Tieferlegung im Leebereich konvergierender Strömungsfäden hin (s. Abb. 718). Insgesamt hat die Korrasion aber, wie auch die Relikte des alten Talnetzes zeigen, aus der tertiären Reliefentwicklung vorgegebene Dachflächen (Abb. 171; bzw. Plateaus) und Stufen das Plateaurelief *lediglich* überformt, nicht aber etwa aus einem Bergland eine Fläche geschaffen. Die geradlinige Nachzeichnung von quer verlaufenden Störungen durch den Stufenrand (Abb. 808) belegt weiterhin, dass weder die Stufenbildung noch die Korrasion zu einer Stufenrückwanderung geführt haben (s. Abb. 339)

▲ Abb. 808: Zu Windrelief umgestaltete Sandstein-Rumpfstufe mit Bachanreihen; Borkou-Bergland, Nordtschad.

▼ Abb. 809: Patiniertes Sandsteinwindrelief auf dem Zwischenniveau einer Sandsteinkarstdepression; Tchigai, Nordostniger.

26. Äolische Erosionsformen · Korrasionswannen

▲ Abb. 810: Durch Korrasion und Deflation geschaffenes Wannen-Windrelief; Wannennamib, Diamantensperrgebiet, Südnamibia.

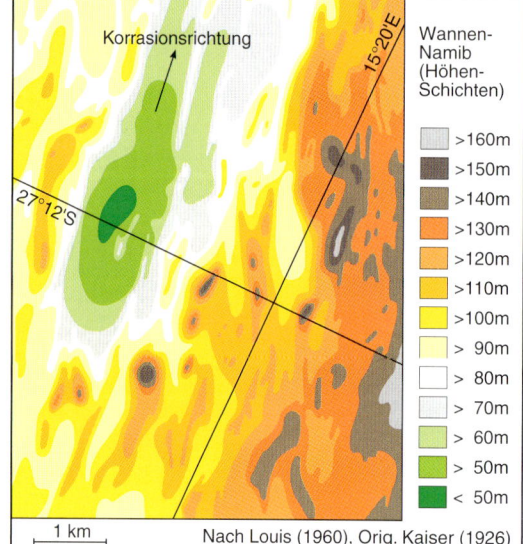

▶ Abb. 811: Ausschnitt aus einer Kartierung der Wannennamib (n. E. Kaiser 1926).

Die zweite, allerdings beträchtlich kleinere Region mit **Windkorrasionsrelief**, der von Kaiser (1926, S. 390 ff.) als **Wannennamib** bezeichnete Teil jener Wüstenregion, wurde lange als *die* typische äolische Abtragungslandschaft angesehen (Louis & Fischer 1979, S. 488, 493). Allerdings ist hier auch eine durch

▶ Abb. 812: Windschliff auf Blöcken am Boden einer der Wannen; Bodenrelikt unter dem herausgehobenen Block.

tertiärzeitliche Verwitterungs- und Abtragungsprozesse vorstrukturierte Landschaft *korrasiv überprägt* worden. Der tektonische Bau der Wannennamib ist zufälligerweise parallel zu der ihrerseits küstenparallelen Hauptwindrichtung orientiert, sodass der Wind in „richtiger" Richtung gelegene Strukturen nacharbeiten konnte. Das dichte Nebeneinander unterschiedlich verwitterungs- und abtragungsresistenter Gesteine war schon von der tertiären *Intensivverwitterung* nachgezeichnet worden, in den Dolomiten außerdem durch *Verkarstung* (Stengel 2000). So ist nicht auszuschließen, dass die Erstanlage der bis über 10 km langen Wannen (Abb. 811) die von langgestreckten *Poljen* (Abb. 68) war.

In Abb. 810 geht der Blick quer zu einem nur wenig eingesenkten Wannenabschnitt in Richtung Atlantikküste. Die Schliffrichtung ist von links, entsprechend sind die steilen Luvseiten der **Fels-Yardangs** nach links gerichtet. Der windüberschliffene Dolomit erscheint blau. Wie auch in allen anderen Bildern dieser Seite erklärt die Farbe sich aus der Veränderung des Brechungsindex' des auftreffenden weißen Lichts als Folge der Mikrogestaltung der Gesteinsoberflächen durch den Windschliff und die Verschiebung der ursprünglichen Gesteinsreflexion zum kurzwelligen Blau (Abb. 777). Die Farbe dient damit als *Indikator* für diejenigen Bereiche, die heute zumindest wieder *aufpoliert* werden, wie in Abb. 781 oder 800. Die Windhöcker können bis zu 60 m hoch sein und sind dann wahrscheinlich, wie für Abb. 800 erklärt, lediglich *überformte Inselberge*, hier im speziellen Fall Kegel eines alten Tropenkarsts (s. Abb. 79).

Kaiser nahm für die für ihn gegenwärtige Reliefbildung an, dass sie im Wechselspiel von chemischer Verwitterung am Beckenboden nach seltenen Regen und anschließender *Deflation* der Verwitterungsprodukte weiter eingetieft würden. Über dem

26. Äolische Erosionsformen · Korrasionswannen

Wannentiefsten ausstreichende, teils kalkversinterte Schwemmfächersedimente waren Indizien für eine nach deren Sedimentation noch fortlaufende Deflation. Der Ausschnitt vom Boden einer Wanne zeigt jedoch, dass von den dort eingeschwemmten großen Schottern einer, wie in Abb. 788, durch *Korrasion* zur Hälfte aufgezehrt worden ist und andere Sandsteine sowie die windschliffblauen Dolomitblöcke zu **Windkantern** (Abb. 784) umgeschliffen worden sind. Bedeutender ist aber, dass unter diesem Steinpflaster ein gekapptes *feuchtzeitliches* Bodenprofil erhalten ist.

Schutt- und bodenfrei ist dagegen die ebenfalls wieder blau geschliffene Felsrampe in Abb. 813. **Sandschwänze** (Abb. 713) vorne links belegen, dass das Sandfegen hier hangauf gerichtet ist. Wie am Boden ist es aber eindeutig Korrasion und nicht Deflation, die die Rampe geschaffen hat. Derartige **Korrasionsrampen** in Bereichen selbstverstärkenden Düseneffekts haben Plateauränder *abgeschrägt* und so die oft einzigen Passagen für Geländefahrzeuge geschaffen (Busche 1998, S. 180 f.). In jüngster Zeit wird aber auf dieser Rampe Sand nur *nicht* korradierend durchtransportiert, wie zahlreiche mehrjährige Pflanzen im Blau zeigen. Auch bei tatsächlichem Windschliff ist nur die Gasse selbst betroffen, nicht aber der strauchbestandene, dunkel patinierte Hang vorne oder die ebenfalls bewachsenen Fels-Yardangs im Hintergrund.

Korrasionsreliefs mit glatten Oberflächen und tief eingeschnittenen Riefen und **Kannelüren** wie in Abb. 780, 782 kommen in der Region nicht nur auf den Wannenrampen, sondern selbst auf Kuppen vor. Das Beispiel in Abb. 814 liegt im Übergang von einer Wanne zum rezent ebenfalls überschliffenen Fels-Yardangrelief im Hintergrund. Wie alle derartigen Vorkommen, ebenso wie die in der Sahara (Abb. 782, 800, 802; Busche 1998, S. 190 f.; Busche & Stengel 1993) handelt es sich auch hier wieder nur um eine aufpolierte, aber *nicht* korrasiv weitergeformte *Vorzeitform*. Wie in Abb. 800 ist die Dolomitplatte vielfach zerbrochen worden. Die beiden großen Bruchstücke vorne rechts sind zum Korrasionsmuster der Hauptplatte versetzt und beim *Abrutschen* nach links etwas tiefer gelegt worden. Geschehen konnte das nur, wenn zuvor die Verwitterung die entsprechenden Sprünge erzeugt hatte. In Küstennähe und im Übergangsgebiet zwischen Sommer- und Winterregen mit klimaschwankungsbedingten Verschiebungen (s. Abb. 720 ff.) könnte durchaus feucht-winterliche *Frostsprengung* die Ursache gewesen sein, während durchweichter Boden dann das Verrutschen auslöste.

Die *wissenschaftsgeschichtliche* Bedeutung der Wannennamib liegt darin, dass hier erstmals die reliefprägende Leistung äolischer Prozesse nachgewiesen wurde. Sie ist aber, wie die Bilder eindeutig belegen, kein Deflations-, sondern ein *Korrasionsrelief*. Es ist ebenso ein äolisch angelegtes *Altrelief* und, wie die von Kaiser beschriebene Schotterkalkkruste (s. 423 ff.) über beckentiefsten Bereichen belegt, in mindestens einer späteren Korrasionsphase *weitergeformt* worden; dennoch ist sie heute aber nur noch ein „Windschliffmuseum". Formenschatz und relative Alterstellung stimmen mit dem des saharischen Korrasionsreliefs überein. Der einzige Unterschied, die Wannenform, ist lediglich die korrasive Überprägung eines *präquartären* Reliefs. Damit ist die Wannennamib, ebenso wie etwa die durch Paläoböden ermöglichte Generationenabfolge im Namib-Erg, ein Hinweis darauf, dass die Trockengebietsentwicklung einer Region der Südhalbkugel wohl doch weitgehend *identisch* mit jener der Sahara abgelaufen ist.

▲ Abb. 813: Von Windschliff geformter Anstieg in Längsrichtung aus einer Wanne, Wind von links; Wannennamib.

▼ Abb. 814: Reaktivierter Flächen- und Kannelürenwindschliff auf einer seit der Erstanlage zerbrochenen Platte; Wannennamib.

Literatur

Abele, G. (1974): Bergstürze in den Alpen – ihre Verbreitung, Morphogenese und Folgeerscheinungen. – Wissenschaftl. Alpenvereinshefte 25, 230 S.

Abele, G. (1992): Landforms and climate on the western slope of the Andes. – Zeitschrift für Geomorphologie, Suppl.-Bd. 84, S. 1–11.

Ahnert, F. (1989, ed.): Landforms and landform evolution in West Germany. Published in connection with the Second International Conference on Geomorphology, Frankfurt a.M., September 3–9, 1989. – Catena Supplement 15, 347 S.

Ahnert, F. (2003): Einführung in die Geomorphologie. – Eugen Ulmer, Stuttgart, 400 S. (3. Aufl.; 1. Aufl. 1996, 2. überarb. Aufl. 1999)

Bagnold, R.A. (1941): The physics of blown sand and desert dunes. – London, 265 S.

Bakker, J.P, Müller H.J., Jungerius, P.D. & H. Porrenga (1957): Zur Granitverwitterung und Methodik der Inselbergforschung in Surinam. – Tagungsberichte und Abhandlungen des Dt. Geographentags Würzburg, S. 122–131.

Barsch, D. (1977): Eine Abschätzung von Schuttproduktion und Schutt-Transport im Bereich aktiver Blockgletscher der Schweizer Alpen. – Zeitschrift für Geomorphologie, Suppl.-Bd. 28, S. 148–160.

Baulig, H. (1956): Vocabulaire Franco-Anglo-Allemand de Géomorphologie. – Publications de la Faculté des Lettres de Strasbourg IV, 229 S.

Baumhauer, R., Busche, D. & B. Sponholz (1989): Reliefgeschichte und Paläoklima des saharischen Ost-Niger. – Geographische Rundschau 41 (9), S. 493–499.

Bayerisches Landesvermessungsamt (1968, Hrsg.): Topographischer Atlas Bayern. Paul-List Verlag München, 329 S.

Baumhauer, R. & E. Schulz (1984): The Holocene Lake of Séguedine, Kaouar, NE-Niger. – Palaeoecology of Africa 16, S. 282–290.

Beck, N. (1977): Fußflächen im unteren Nahegebiet als Glieder der quartären Reliefentwicklung im nördlichen Rheinhessen. – Mainzer Geogr. Studien 11, Festschrift zum 41. Deutschen Geographentag in Mainz, S. 261–266.

Benda, L. (1995, Hrsg.): Das Quartär Deutschlands. – Borntraeger, Berlin, Stuttgart, 408 S.

Bertram, S. (2003): Late Quaternary sand ramps in southwestern Namibia. Nature, origin and palaeoclimatological significance. – Diss., Fakultät für Geowissenschaften Würzburg (elektronisch publiziert, Universitätsbibliothek Würzburg) 116 S. + Anh.

Besler, H. (1980): Die Dünen-Namib. Entstehung und Dynamik eines Ergs. – Stuttgarter Geogr. Studien 96, 208 S.

Besler, H. (1981): Der Ostjet als Ursache verstärkter Aridität in der Sahara. – Geographische Rundschau 33, S. 163–166.

Besler, H. (1983): Der Wind als Erzeuger von Wüsten. – Geowissenschaften in unserer Zeit 1, S. 109–114.

Besler, H. (1987): Entstehung und Dynamik von Dünen in warmen Wüsten. – Geographische Rundschau 39 (7–8), S. 422–428.

Besler, H. (1992): Geomorphologie der ariden Gebiete. – Erträge der Forschung Bd. 280, Wissenschaftl. Buchgesellschaft Darmstadt, 189 S. u. Bildteil.

Besler, H. (1997): Eine Wanderdüne als Soliton? Physikal. Blätter 53, S. 983–985. *Zur Antwort und als Beispiel für eine wissenschaftliche Diskussion s. Livingstone (2005).*

Blume, H. & K.H. Barth (1973): Schichtstufenrelief und Rumpfflächen in den südlichen Appalachenplateaus von Tennessee. – Die Erde 104, S. 294–313.

Blume, H. (1971): Probleme der Schichtstufenlandschaft. – Wissenschaftliche Buchgesellschaft Darmstadt, Erträge der Forschung 5, 117 S. (2. unv. Aufl. 1987)

Blume, H. (1978): USA. Eine geographische Landeskunde. Band I: Der Großraum in strukturellem Wandel. – Wissenschaftliche Buchgesellschaft Darmstadt, 346 S.

Blume, H. (1991): Das Relief der Erde: Ein Bildatlas. – Enke, Stuttgart, 140 S.

Blümel, W.D. (1981): Pedologische und geomorphologische Aspekte der Kalkkrustenbildung in Südwestafrika und Südostspanien. – Karlsruher Geographische Hefte 10, 227 S.

Blümel, W.D. (1991): Kalkkrusten – ihre genetischen Beziehungen zu Bodenbildung und äolischer Sedimentation. – Geomethodica 16, S. 169–197.

Boldt, K. (1997): Entwicklung von Schichtstufenlandschaften durch restriktive Flächenbildung – das Beispiel der fränkischen Hassbergstufe und ihres westlichen Vorlandes. – Petermanns Geogr. Mitteilungen 141, S. 263–278.

Boldt, K. (1998): Das Modell der restriktiven Flächenbildung – ein Ansatz zur Erfassung der Regeln der Landschaftsgenese im Bereich wechselnd widerständiger Sedimentgesteine. – Zeitschrift für Geomorphologie 42, N.F., S. 21–37.

Boldt, K. (2001): Känozoische Geomorphogenese im nordöstlichen Mainfranken. – Würzburger Geogr. Arbeiten 96, 405 S.

Bork, H.-R. & Y. Li (2002): 3200 Jahre Reliefentwicklung im Lössplateau Nordchinas – das Fallbeispiel Zhongzuimao. – Petermanns Geogr. Mitteilungen 146 (2), S. 80–85.

Bork, H.-R., Bork, H., Dalchow, C., Faust, B., Piorr, H-P. & Th. Schatz (1998): Landschaftsentwicklung in Mitteleuropa: Wirkungen des Menschen auf Landschaften. – Klett-Perthes, Gotha, 328 S.

Boulton, G.S. (1986): A paradigm shift in glaciology? – Nature 322, 18 S.

Breed, C.S. & T. Grow (1979): Morphology and distribution of dunes in sand seas observed by remote sensing. – In: McKee, E.D. (1979, ed.): A study of global sand seas. – U.S. Geological Survey Professional Paper 1052, S. 253–302.

Bremer, H (2002): Reliefgenerationen in den feuchten Tropen. – Petermanns Geogr. Mitteilungen 146 (2), S. 26–33.

Bremer, H. (1965): Ayers Rock, ein Beispiel für klimagenetische

Geomorphologie. – Zeitschrift für Geomorphologie 9, N.F., S. 249–284.

Bremer, H. (1971): Flüsse, Flächen und Stufenbildung in den feuchten Tropen. – Würzburger Geogr. Arbeiten 35, 194 S.

Bremer, H. (1972): Flussarbeit, Flächen- und Stufenbildung in den feuchten Tropen. – Zeitschrift für Geomorphologie, Suppl.-Bd. 14, S. 21–38.

Bremer, H. (1975): Intramontane Ebenen, Prozesse der Flächenbildung. – Zeitschrift für Geomorphologie, Suppl.-Bd. 23, S. 26–48.

Bremer, H. (1989): Allgemeine Geomorphologie. Methodik – Grundvorstellungen – Ausblick auf den Landschaftshaushalt. – Borntraeger, Berlin, Stuttgart, 450 S.

Bremer, H. (1993): Etchplanation, review and comments of Büdel's model. – Zeitschrift für Geomorphologie, Suppl.-Bd. 92, S. 189–200.

Bremer, H. (1995): Böden und Relief in den Tropen: Grundvorstellungen und Datenbank. – Relief-Boden, Paläoklima 11, 324 S.

Bremer, H. (1999): Die Tropen. Geographische Synthese einer fremden Welt im Umbruch. – Borntraeger, Stuttgart, 428 S.

Bremer, H. (2004): Water movement, landform and soil structures in the humid tropics. – Zeitschrift für Geomorphologie, Suppl.-Bd. 136, S. 135–172.

Bremer, H., Schnütgen, A. & H. Späth (1981): Zur Morphogenese in den feuchten Tropen. Verwitterung und Reliefbildung am Beispiel von Sri Lanka. – Relief, Boden, Paläoklima 1, Borntraeger, Berlin, Stuttgart, 296 S.

Briem, E. (1977): Beiträge zur Genese und Morphodynamik des ariden Formenschatzes unter besonderer Berücksichtigung des Problems der Flächenbildung (aufgezeigt am Beispiel der Sandschwemmebenen in der östlichen zentralen Sahara). – Berliner Geogr. Arbeiten 26, 89 S.

Brosche, K.-U. (1968): Struktur- und Skulpturformen im nördlichen und nordwestlichen Harzvorland. – Göttinger Geogr. Abhandlungen 45, 236 S.

Brunotte, E., Immendorf, R. & R. Schlimm (1994): Die Naturlandschaft und ihre Umgestaltung durch den Menschen. Erläuterungen zur Hochschulexkursionskarte Köln und Umgebung. – Kölner Geogr. Arbeiten 63, 124 S.

Büdel, J. (1953): Die periglazialmorphologischen Wirkungen des Eiszeitklimas auf der ganzen Erde. – Erdkunde 7, S. 249–266

Büdel, J. (1965): Die Relieftypen der Flächenspülzone Südindiens am Ostabfall Dekkans gegen Madras. – Colloquium Geographicum 8, 100 S.

Büdel, J. (1970): Der Begriff „Tal". – Tübinger Geographische Studien 34, S. 31–34. *Festschrift für H. Wilhelmy.*

Büdel, J. (1970): Pedimente, Rumpfflächen und Rücklandsteilhänge, deren aktive und passive Rückverlegung in verschiedenen Klimaten. – Zeitschrift für Geomorphologie 14, N.F., S. 1–57.

Büdel, J. (1977): Klima-Geomorphologie. – Borntraeger, Berlin, Stuttgart, 304 S. (2. Aufl. 1981 mit nur geringen Textänderungen bei gleichem Umbruch). *Alle im Text für die 1. Aufl. angegebenen Seitenzahlen gelten auch für die 2. Aufl.*

Büdel, J. (1982): Climatic Geomorphology. – Translated by Lenore Fischer and Detlef Busche – Princeton University Press, 443 S. *(Gegenüber der deutschen Fassung (1977) in Zusammenarbeit mit dem Autor erweitert.)*

Büdel, J. (1986): Tropische Relieftypen Süd-Indiens. – Aus dem Nachlass bearbeitet und herausgegeben von Detlef Busche. – Relief, Boden, Paläoklima 4 (Studien zur tropischen Reliefbildung), Borntraeger, Berlin, Stuttgart, S. 1–84

Buf, S., Boju-Duval, V., de Chapral, O., Rognon, P., Gabriel, O. & A. Bennacef (1971): Les grès du Paléozoique inférieur du Sahara. – Publications de l'Institut Français de Petrol 18, 464 S.

Busche D. (1973): Die Entstehung von Pedimenten und ihre Überformung, untersucht an Beispielen aus dem Tibesti-Gebirge, République du Tchad. – Berliner Geogr. Abhandlungen 18, 130 S.

Busche, D. (1983): Silcrete in der zentralen Sahara (Murzuk-Becken, Djado-Plateau und Kaouar; Süd-Libyen und Nord-Niger). – Zeitschrift für Geomorphologie, Suppl.-Bd. 48, S. 35–49.

Busche D. (1990): Geomorphologische Karte von Iran 1: 2,5 Mill. – Tübinger Atlas des Vorderen Orients (TAVO), A III 3, 2 Blätter. – Unter Mitarbeit von Reza Sarvati und Jörg Grunert.

Busche, D. (1998): Die zentrale Sahara. Oberflächenformen im Wandel. – Perthes, Gotha, 284 S.

Busche, D. (1999): Tal und Fläche in Unterfranken: Vom Pleichachtal zum Maintal bei Dettelbach. – In: Schliephake, K. & W. Pinkwart (Hrsg.): Geographische Exkursionen in Franken und benachbarten Regionen, gewidmet Ulrich Glaser. – Würzburger Geogr. Manuskripte 50, S. 103–128.

Busche, D. (2001): Early Quaternary landslides of the Sahara and their significance for geomorphic and climatic history. – Journal of Arid Environments 49, S. 429–448.

Busche, D. (2002): Literaturempfehlungen: Reliefgeschichte. – Petermanns Geogr. Mitteilungen 146 (2), S. 64–67. *(Themenheft Reliefgeschichte.)*

Busche, D., Draga, M. & H. Hagedorn (1984): Les sables éoliens. Modelés et dynamique. La menace éolienne et son contrôle. – Deutsche Gesellschaft für Technische Zusammenarbeit (GTZ), Eschborn. Schriftenreihe der GTZ 162, 770 S.

Busche, D., Grunert, J. & H. Hagedorn (1979): Der westliche Schichtstufenrand des Murzuk-Beckens (zentrale Sahara) als Beispiel für das Gefügemuster des ariden Formenschatzes. – Festschrift zum 42. Deutschen Geographentag Göttingen, S. 43–63.

Busche, D., Hagedorn, H. & R. Kurz (1989): Field Trip C5. The Franconian Main River Valley and Scarpland Region. – In: Seuffert, O. (ed.): Manual of field trips in and around Germany. 2nd Internat. Conference on Geomorphology. – Geoöko-Forum 1, S. 143–179.

Busche, D. & C. Heistermann (1992): Wechselbeziehungen zwischen geomorphologischer und prähistorischer Forschung in der Sahara von Ost-Niger. – Würzburger Geogr. Arbeiten 84, S. 169–200.

Busche, D., Sarvati, R. & U. Siefker (2002): Kuh-e-Namak: Reliefgeschichte eines Salzdoms im abflusslosen zentraliranischen Hochland. – Petermanns Geogr. Mitteilungen 146 (2), S. 68–77.

Busche, D. & B. Sponholz (1989): Karsterscheinungen in nichtkarbonatischen Gesteinen der Republik Niger. – Würzburger Geogr. Arbeiten 69, S. 9–43.

Busche, D. & B. Sponholz (1990): Silikatkarst in der südlichen Sahara. – Einflussgröße für das Grundwasser? – Zentralblatt für Geologie und Paläontologie 4, Teil 1, S. 425.

Busche, D. & B. Sponholz (1992): Morphological and micromorphological aspects of the sandstone karst of eastern Niger. – Proceedings, 2nd International Conference on Geomorphology,

Frankfurt 1989. – Zeitschrift für Geomorphologie, N.F., Suppl.-Bd. 85, S. 1–18.
Busche, D. & I. Stengel (1993): Rezente und vorzeitliche äolische Abtragung in der Sahara von Ostniger. – Petermanns Geogr. Mitteilungen 137, S. 195–218.
Bussemer, S. , Gärtner, P. & N. Schlaak (1993): Neue Erkenntnisse zur Beziehung von Relief und geologischem Bau der südlichen baltischen Endmoräne nach Untersuchungen auf der Neuenhagener Oderinsel. – Petermanns Geogr. Mitteilungen 137, S. 227–239.
Butcher, D. (1976): Exploring our National Parks and Monuments. – Gambit, Boston, 373 S. (7. Aufl. oder neuere Auflagen)
Cooke, R. (1970): Stone pavements in deserts. – Annals, Association of American Geographers 34, S. 560–577.
Cooke, R., Warren, A. & A. Goudie (1993): Desert Geomorphology. – UCL Press Ltd., London, 526 S.
Cotton, C.A. (1947): Climatic accidents in landscape making. – Wellington, 353 S.
Davis, W.M. (1899): The geographical cycle. – Geographical Journal 2, S. 481–504.
Davis, W.M. (1912): Die erklärende Beschreibung der Landformen (deutsche Übersetzung von A. Rühl), – Teubner, Leipzig, 565 S.
De Ploey, J. (1977): Some experimental data on slopewash and wind action with reference to Quaternary morphogenesis in Belgium. – Earth Surface Processes 2, S. 101–115.
De Ploey, J. (1980): Some field measurements and experimental data on wind-blown sands. – In: De Boodt, M. & D. Gabriels (Hrsg.): Assessment of erosion. – New York. S. 541–552.
Degn, C. & U. Muuß (1966): Topographischer Atlas Schleswig-Holstein. – Karl Wachholtz Verlag, Neumünster, 226 S. (3. überarb. u. erw. Aufl.)
Derbyshire, E. (1973, ed.): Climatic geomorphology. – Macmillan Press, London, Basingstoke, 296 S.
Draga, M. (1983): Eolian activity as a consequence of beach nourishment – observations at Westerland (Sylt), German North Sea coast. – Zeitschrift für Geomorphologie, N.F., Suppl.-Bd. 45, S. 303–319.
Ehlers, J. (1988): The Morphodynamics of the Wadden Sea. – A. A. Balkema, Rotterdam, Brookfield, 397 S.
Ehlers, J. (1994): Allgemeine und historische Quartärgeologie. – Enke, Stuttgart, 358 S.
Ehlers, J. (1996): Quaternary and Glacial Geology. – Translated by P. L. Gibbard (from: Allgemeine und historische Quartärgeologie). – John Wiley & Sons, Chichester etc., 578 S. *(Gegenüber der deutschen Fassung erweitert.)*
Eissmann, L. (1997): Die ältesten Berge Sachsens oder die morphologische Beharrlichkeit geologischer Strukturen. – Altenburger Naturwiss. Forschungen 10, 56 S.
Eissmann, L. (2000): Die Erde hat Gedächtnis. 50 Millionen Jahre im Spiegel deutscher Tagebaue. – Sax-Verlag, Beucha, 144 S.
Eiszeitforschung (1987): Mitteilungen der Naturforschenden Gesellschaft Luzern, Sonderband 29, 314 S.
Eitel, B. & W.D. Blümel (1997): Pans and dunes in the southwestern Kalahari (Namibia): Geomorphology and evidence for Quaternary paleoclimates. Zeitschrift für Geomorphologie, N. F., Suppl.-Bd. 111, S. 73–95.
Eitel, B. (1994): Kalkreiche Decksedimente und Kalkkrustengenerationen in Namibia: Zur Frage der Herkunft und Mobilisierung des Calciumkarbonats. – Stuttgarter Geogr. Studien 123, 193 S.
Eitel, B. (1999): Bodengeographie. – Geographisches Seminar, Westermann, Braunschweig, 244 S.
Embelton, C. & Ch. King (1968): Glacial and periglacial geomorphology. – Edward Arnold, London, 608 S.
Embelton, C. & Ch. King (1975): Glacial geomorphology. – Edward Arnold, London, 573 S.
Ergenzinger, P. (1965): Morphologische Untersuchungen im Einzugsgebiet der Ilz (Bayerischer Wald). – Berliner Geogr. Abhandlungen 2, 48 S.
FAO (2002): World Reference Base for Soil Resources. – World Soil Resources Report 84, Rom, 100 S.
Fairbridge, R.W. (1968, ed.): The Encyclopedia of Geomorphology. – Reinhold, New York, Amsterdam, London, 1295 S.
Faure, H. (1966): Reconnaissance géologique des formations sédimentaires post-paléozoiques du Niger oriental. – Mémoires du B.R.G.M. 47, 630 S.
Felix-Henningsen, P. (1990): Die mesozoisch-tertiäre Verwitterungsrinde im Rheinischen Schiefergebirge. – Relief, Boden, Paläoklima 6, Borntraeger, Berlin, Stuttgart, 192 S.
Felix-Henningsen, P. (1992): Frühholozäne Feuchtzeitböden auf Altdünen der Ténéré und des Tchigai-Berglandes, Ost-Niger. – Würzburger Geogr. Arbeiten 84, S. 97–129.
Flohn, H. (1963/65): Warum ist die Sahara trocken? – Zeitschrift für Meteorologie 17, S. 316–320. – Nachdruck in: Mensching, H. (1982, Hrsg.): Physische Geographie der Trockengebiete, Wiss. Buchgesellschaft, Darmstadt, S. 55–69.
Flohn, H. (1964): Über die Ursachen der Aridität in Nordost-Afrika. – Würzburger Geogr. Arbeiten 12, S. 23–41. *Festschrift für J. Büdel.*
Frakes, L.A., Crowell, J.C. & J.I. Skytus (1992): Climate modes of the Phanerozoic. The history of the earth's climate over the past 600 million years. – Cambridge Univ. Press, 274 S.
Fredén, C. (1994, ed.): National Atlas of Sweden. Volume 12: Geology. – Almquist & Witzell International, Stockholm, 208 S.
Fryberger, S. G. (1979): Dune forms and wind regime. – In: McKee, E.D. (1979, Hrsg.): A study of global sand seas. – U.S. Geological Survey Professional Paper 1052, S. 134–169.
Gabriel, B. (1986): Die östliche libysche Wüste im Jungquartär. – Berliner Geogr. Studien 19, 219 S.
Galan, C. & J. Lagarde (1988): Morphologie et évolution de cavernes et formes superficielles dans les quartzites du Roraima. – Karstologia 11–12, S. 49–60.
Garner, H. F. (1974): The origin of landscapes. A synthesis of geomorphology. – Oxford University Press, New York, 734 S.
Gavrilovic, Duđan (1982): Die Naturbrücken – ein Phänomen des Fluviokarsts. – Würzburger Geogr. Arbeiten 56, S. 125–130. *Festschrift für J. Hövermann.*
Gellert, J. F. (1975): 100 Jahre Glazialtheorie und das quartäre Erdbild von heute. – Petermanns Geogr. Mitteilungen 119, S. 241–252. – *Nachdruck in:* Liedtke, H. (1990, Hrsg.): Eiszeitforschung, Wiss. Buchgesellschaft, Darmstadt, S. 3–26.
Gerlach, R. (1990): Flussdynamik des Mains unter dem Einfluss des Menschen seit dem Spätmittelalter. – Forschungen zur Deutschen Landeskunde 234, 247 S.
Geyer, G. (2003): Geologie von Unterfranken und angrenzenden Regionen. Perthes, Gotha, 588 S.

Gile, L.H., Peterson F. F & R. B. Grossmann (1966): Morphological and genetic sequences of carbonate accumulation in desert soils. – Soil Science 101, S. 347–360.

Girod, M. (1971): Le massif volcanique de l'Atakor (Hoggar, Sahara algérien). Étude pétrographique, structurale et volcanologique. – C.N.R.S., 154 S.

Goossens, D. (1988): The effect of surface curvature on the deposition of loess: a physical model. – Catena 15 (2), S. 179–194.

Goudie, A.S. & A.G. Parker (1998): Experimental simulation of rapid rock block disintegration by sodium chloride in a foggy coastal desert. – Journal of Arid Environments 40, S. 347–355.

Gripp, K. (1938): Endmoränen. – Comptes Rendus du Congrès International de Géographie, Amsterdam, Tôme 2, Section 2a, S. 215–228

Gripp, K. (1964): Erdgeschichte von Schleswig-Holstein. – Neumünster, 411 S. u. 57 Tafeln.

Grunert, J. (1983): Geomorphologie der Schichtstufen am Westrand des Murzuk-Beckens (Zentrale Sahara). – Relief, Boden, Paläoklima 2, Borntraeger, Berlin, Stuttgart, 271 S.

Gwinner, M. (1978): Geologie der Alpen. – Schweizerbart, Stuttgart, 480 S.

Hagedorn, H. (1967): Beobachtungen an Inselbergen im westlichen Tibesti-Vorland. – Berliner Geogr. Abhandlungen 5, S. 17–22.

Hagedorn, H. (1968): Über äolische Abtragung und Formung in der Südost-Sahara. – Erdkunde 22, S. 257–269.

Hagedorn, H. (1971): Untersuchungen über Relieftypen arider Räume an Beispielen aus dem Tibesti-Gebirge und seiner Umgebung. – Zeitschrift für Geomorphologie, N.F., Suppl.-Bd. 11, 251 S.

Hagedorn, H. (1974): Gegenwärtige äolische Abtragungsprozesse in der Zentral-Sahara. Abhandlungen der Akademie der Wissenschaften, Göttingen, Math.-Phys. Klasse III, Folge 29, S. 230–240.

Hagedorn, H. (1988): Äolische Abtragungsformen im Massif von Termit (NE-Niger). – Würzburger Geogr. Arbeiten 69, S. 277–288.

Harris, A. G. & E. Tuttle (1975): Geology of National Parks. – Kendall/Hunt Publishing Company, Dubuque/Iowa, 554 S.

Hassenpflug, W. (1998): Bodenerosion durch Wind. – In: Richter, G. (Hrsg.): Bodenerosion. Analyse und Bilanz eines Umweltproblems. – Wiss. Buchgesellschaft, Darmstadt, S. 69–82.

Hesemann, J. (1975): Kristalline Geschiebe der nordischen Vereisungen. – Krefeld, Geologisches Landesamt Nordrhein-Westfalen, 267 S.

Hesp, P. A. (1981): The formation of shadow dunes. – Journal of Sedimentary Petrology 51 (1), S. 101–111.

Holmes, C. D. (1947): Kames. – American Journal of Science 245, S. 240–249.

Horton, R.E. (1945): Erosional development of streams and their drainage basins, hydrophysical approach to quantitative morphology. – Bulletin, Geological Society of America 56, S. 275–370.

Hövermann, J. (1965): Eine geomorphologische Forschungsstation in Bardai/Tibesti-Gebirge. – Zeitschrift für Geomorphologie 9, N. F., 131 S.

Jackson, D. et al. (1983): Höhlen. – Der Planet Erde. Time-Life Books B.V., Amsterdam, 176 S.

Jäger, H. (1994): Einführung in die Umweltgeschichte. – Wiss. Buchgesellschaft, Darmstadt, 245 S.

Jäkel, D. (1980): Die Bildung von Barchanen in Faya Largeau/Rep. du Tchad. – Zeitschrift für Geomorphologie 24, N.F., S. 141–159.

Johnson, D. (1932): Rock fans of arid regions. – American Journal of Science 74, 5th series, S. 389–420.

Jones, C., Mahrwald, N. & C. Luo (2003): The role of easterly waves on African desert dust transport. – Journal of Climate 16 (22), S. 3617–3628.

Junge, F. W. & L. Eissmann (2003): Südafrika – Mitteleuropa: Analoge Zeugenschaft zweier großer Eiszeitalter unserer Erde. – Mauritania (Altenburg) 18, S. 346–386.

Kaiser, E. (1923): Kaolinisierung und Verkieselung als Verwitterungsvorgänge in der Namib Südwestafrikas. – Zeitschrift für Kristallographie und Kristallgeometrie 58, S. 125–146.

Kaiser, E. (1926): Die Diamantenwüste Südwestafrikas. – 2 Bd., Reimer, Berlin, 321 bzw. 533 S.

Kaiser, K.H. (1972): Der känozoische Vulkanismus im Tibesti-Gebirge. – Berliner Geogr. Abhandlungen 16, S. 9–33.

Karte, J. (1979): Räumliche Abgrenzung und regionale Differenzierung des Periglaziärs. – Bochumer Geogr. Arbeiten 35, 211 S.

Kayser, K. (1949): Die morphologischen Untersuchungen an der Großen Randstufe an der Ostseite Südafrikas. – In: Obst, E. & K. Kayser: Die Große Randstufe an der Ostseite Südafrikas und ihr Vorland. – Sonderveröffentlichung der Geogr. Gesellschaft Hannover 3, S. 85–249.

Keilhack, K. (1883): Beobachtungen an isländischen Gletschern und norddeutschen Diluvialablagerungen. – Jahrbuch der Königlich Preußischen Geologischen Landesanstalt und Bergakademie zu Berlin, S. 159–176.

Kelletat, D. (1984): Deltaforschung. Verbreitung, Morphologie, Entstehung und Ökologie von Deltas. – Erträge der Forschung 214, Wiss. Buchgesellschaft, Darmstadt, 158 S.

Kelletat, D. (1989): Biogene Küstenformung. Abriss eines lange vernachlässigten Forschungsfeldes. – Die Geowissenschaften 7 (4), S. 91–97.

Kelletat, D. (1998): Beachrock (sensu stricto). Anmerkungen aus geomorphologischer Sicht. – Kieler Geogr. Arbeiten 97, S. 205–224. Festschrift für H. Klug.

Kelletat, D. (1999): Physische Geographie der Meere und Küsten. Eine Einführung. – Teubner Studienbücher der Geographie, Teubner, Stuttgart, 258 S. (2. überarb. u. erw. Aufl.)

Kelletat, D. (2002): Meeresspiegelschwankungen. – Stichwort in: Lexikon der Geographie, Bd. 2, Spektrum Akademischer Verlag, Heidelberg, Berlin, S. 365 ff.

Kelletat, D. (2003, Hrsg.): Neue Ergebnisse der Küsten- und Meeresforschung. 21. Jahrestagung des Arbeitskreises Geographie der Meere und Küsten, 1. und 2. Mai 2003, Essen. – Essener Geogr. Arbeiten 35, 205 S.

Kempf, J. & D. Busche (2002): Modelling environmental history in Central Namibia since the Late Tertiary. – Petermanns Geogr. Mitteilungen 146 (2), S. 8–15.

Kempf, J. & K. Boldt (2002): Periglaziäre Lagen im mainfränkischen Keuperbergland. Topo- und Chronosequenzen in den südlichen Hassbergen als Resultate morphodynamischer Variabilität durch strukturelle und klimatische Einflussgrößen. – Geologische Blätter von Nordost-Bayern 52, S. 1–42.

Kempf, J. (2000): Klimageomorphologische Studien in Zentral-Namibia: ein Beitrag zur Morpho-, Pedo- und Ökogenese.

Diss. Fakultät für Geowissenschaften Würzburg (elektronisch publiziert, Universitätsbibliothek Würzburg), 613 S. u. Anhang.

King, C.A.M. (1972): Beaches and Coasts. – Arnold, London, 570 S. (2nd Edition).

King, L.C. (1967): The Morphology of the Earth. Oliver & Boyd, Edinburgh, 726 S.

Kleber, A. (2002): Thermolumineszenz-Datierung. – Stichwort in: Lexikon der Geographie, Bd. 3, Spektrum-Verlag Heidelberg, Berlin, 346 S.

Klitzsch, E. (1970): Die Strukturgeschichte der Zentralsahara. – Geologische Rundschau 59, S. 459–527.

Kuhle, M. (1991): Glazialmorphologie. – Wiss. Buchgesellschaft, Darmstadt, 213 S.

Kuntze, H. Röschmann, G. & G. Schwerdtfeger (1994): Bodenkunde. – Ulmer, Stuttgart, 426 S. (5. überarb. u. erw. Aufl.)

Kurz, R. (1988): Untersuchungen zur ältest- bis mittelpleistozänen Terrassen- und Sedimententwicklung im Mittelmaintal. – Würzburger Geogr. Arbeiten 72, 239 S.

Lamplugh, G.W. (1902): Calcrete. – Geological Magazine 9, 75 S.

Lancaster, I. N. (1989): Late Quaternary palaeoenvironments of the southwestern Kalahari. – Palaeogeography, Palaeoclimatology, Palaeoecology 70, S. 367–376.

Lancaster, N. (1985): Variations in wind velocity and sand transport on the windward flank of desert sand dunes. – Sedimentology 32, S. 581–593.

Langford-Smith, T. (1978, ed.): Silcrete in Australia. – Armidale, University of New South Wales, 304 S.

Lawson, A. C. (1915): The epigene profiles of the desert. – University of California Publication, Geology Bulletin IX, S. 23–48.

Leopold, L. B., Wolman, M.G. & J. P. Miller (1964): Fluvial processes in geomorphology. – W. H. Freeman and Company, San Francisco, 522 S.

Leser, H. (1998): Geomorphologie. – Das Geographische Seminar, Westermann, Braunschweig, 213 S. (8. Aufl.; 1. Aufl. 1993)

Leser, H. (2003): Geomorphologie. – Das Geographische Seminar, Westermann, 423 S. (8. Aufl.)

Lexikon der Geographie (2002). *s.* Meusbeurger, P. (2002, Hrsg.)

Liedtke, H. (1975): Die nordischen Vereisungen in Mitteleuropa. Erläuterung zu einer farbigen Übersichtskarte im Maßstab 1 : 1 000 000. – Forschungen zur Deutschen Landeskunde 204, 160 S.

Liedtke, H. (1990): Abluale Abspülung und Sedimentation in Nordwestdeutschland während der Weichsel-(Würm-)Eiszeit. – In: Liedtke, H. (Hrsg.): Eiszeitforschung. – Wiss. Buchgesellschaft, Darmstadt, S. 261–269.

Liedtke, H. (1990, Hrsg.): Eiszeitforschung. – Wiss. Buchgesellschaft, Darmstadt, 354 S.

Linton, D.L. (1955) The problem of tors. Geographical Journal 121, S. 470–487.

Littmann, T., Steinrücke, J. & F. Gasse (1990): African mineral aerosol deposition in West Germany 1987–1989: characteristics, origin and transport mechanisms. – Geoökodynamik 11, S. 163–189.

Livingstone, I. (1988): New models for the formation of linear sand dunes. – Geography 73, S. 105–115.

Livingstone, I. (1989): Monitoring surface change on a Namib linear dune. – Earth Surface Processes and Landforms 14, S. 317–332.

Livingstone, I., Wiggs, G.F.S. & M. Baddock (2005): Barchan dunes: why they cannot be treated as "solitons" or "solitary waves". – Earth Surface Processes and Landforms 30, S. 255–257.

Louis, H. & K. Fischer (1979): Allgemeine Geomorphologie. – Walter de Gruyter, Berlin, New York, 815 S. (4. überarb. u. erw. Aufl.)

Lozán, J. L., Graßl, H. & P. Hupfer (1998, Hrsg.): Warnsignal Klima. – Wissenschaftliche Auswertungen, GEO, Hamburg, 463 S.

Mabbutt, J.A. (1961): „Basal surface" or „weathering front". – Proceedings of the Geological Association 72, S. 357–358.

Mabbutt, J.A. (1977): Desert landforms. An introduction to systematic geomorphology. Vol 2. – MIT Press, Cambridge, 340 S.

Mainguet, M. (1968). Le Borkou. Aspects d'un modelé éolien. – Annales de Géographie 77, S. 296–322.

Mainguet, M. (1970): Un étonnant paysage: les cannelures gréseuses du Bembéché (Nord du Tchad). – Annales de Géographie 79, S. 58–66.

Mainguet, M. (1972): Le modelé des grés. – Institut Géographique National (IGN) Paris, Vol. 1, 227 S.

Mainguet, M. (1982): Les dunes d'érosion: Signification morphodynamique et climatique de leur existence. – Würzburger Geogr. Arbeiten 56, S. 79–93.

Marcinek, J. (1984): Gletscher der Erde. – Edition, Leipzig, 214 S. – Als Lizenzausgabe 1985: Verlag Harry Deutsch, Thun, Frankfurt.

Mark, H. (2005): Karstmorphologie – eine Einführung. – Geographische Rundschau 57 (6), S. 4–10. *(Themenheft Karst und Karstlandschaften.)*

Matthes, F. E. (1900): Glacial sculpture of the Bighorn Mountains, Wyoming. – U.S. Geological Survey, Annual Report 2, S. 167–190.

McGee, W.J. (1897): Sheetflood erosion. – Bulletin, Geological Society of America 8, S. 87–112.

McKee, E.D. (1979, ed.): A study of global sand seas. – U.S. Geological Survey Professional Paper 1052, 429 S.

Mensching, H. (1973): Pediment und Glacis, ihre Morphogenese und Einordnung in das System der klimatischen Geomorphologie aufgrund von Beobachtungen im Trockengebiet Nordamerikas (USA und Nordmexiko). – Zeitschrift für Geomorphologie, N.F., Suppl.-Bd. 17, S. 133–155.

Mensching, H. (1990): Desertifikation: ein weltweites Problem der ökologischen Verwüstung in den Trockengebieten der Erde. – Wiss. Buchgesellschaft, Darmstadt, 170 S.

Meusburger, P. et al. (2002, Hrsg.): Lexikon der Geographie – 4 Bd., Spektrum Akademischer Verlag, Heidelberg, Berlin.

Middleton, N. & D. Thomas (1997, eds.): World Atlas of Desertification. – United Nations Environment Programme, Arnold, London, 182 S. (2nd edition; 1. Aufl. 1992)

Mortensen, H. & J. Hövermann (1957): Filmaufnahmen der Schotterbewegungen im Wildbach. – Petermanns Geogr. Mitteilungen, Ergänzungsheft 262, S. 43–52. *Festschrift für A. Machatschek.*

Mortensen, H. (1949): Rumpffläche – Stufenlandschaft – Alternierende Abtragung. – Petermanns Geogr. Mitteilungen 93, S. 1–14.

Mortensen, H. (1954/55): Die „quasinatürliche" Oberflächenformung als Forschungsproblem. – Zeitschrift der Universität Greifswald 4, Math.-Nat. Reihe 6/7, S. 625–628.

Murawski, H. & W. Meyer (1998): Geologisches Wörterbuch. – Enke-Verlag, Stuttgart, 278 S. (10. überarb. u. erw. Aufl.)

National Atlas of Sweden (1994) *s.* Fredén, C. (1994)

Netterberg, F. (1980): Geology of southern African calcretes: 1. Terminology, description, macrofeatures and classification. – Transactions of the Geological Society of South Africa 83, S. 255–283.

Nicolas, A. (1995): Die ozeanischen Rücken. Gebirge unter dem Meer. – Springer-Verlag Berlin, Heidelberg, 200 S. *Französ. Originalausgabe 1990: Les montagnes sous la mer.*

Obenauf, K. P. (1971): Die Enneris Gonoa, Toudoufou, Oudingeur und Nemagayesko im nordwestlichen Tibesti. Beobachtungen zu Formen und Formung in den Tälern eines ariden Gebirges. – Berliner Geogr. Abhandlungen 12, 70 S.

Oeschger, H. (1987): Die Ursachen der Eiszeiten und die Möglichkeiten der Klimabeeinflussung durch den Menschen. – Sonderband Eiszeitforschung, Mitteilungen der Naturforschenden Gesellschaft Luzern 29, S. 51–76.

Ollier, C. (1969): Weathering. – Edinburgh, 304 S.

Overbeck, F. (1975): Botanisch-geologische Moorkunde unter Berücksichtigung der Moore Nordwestdeutschlands als Quellen zur Vegetations-, Klima- und Siedlungsgeschichte. – Karl Wachholtz Verlag, Neumünster, 719 S.

Pécsi, M. & G. Richter (1996): Löss. Herkunft – Gliederung – Landschaften. – Zeitschrift für Geomorphologie, Suppl.-Bd. 98, 391 S.

Penck, A. & E. Brückner (1901/1909): Die Alpen im Eiszeitalter, 2 Bd., Tauchnitz, Leipzig, 1199 S.

Penck, A. (1919): Die Gipfelflur der Alpen. – Sitzungsberichte der Preuss. Akademie der Wissenschaften (Berlin) 17, S. 256.

Penck, W. (1924): Die morphologische Analyse. – Geographische Abhandlungen 2, 283 S.

Pettijohn, F.J., Potter, P.E. & R. Siever (1987): Sand and sandstone. – Berlin, Heidelberg, London, New York, 553 S. (2. Aufl.)

Pfeffer, K. (1978): Karstmorphologie. – Erträge der Forschung 79, Wiss. Buchgesellschaft, Darmstadt, 131 S.

Pfeffer, K.-H. (1986): Die Oberflächenformung der nördlichen Frankenalb zwischen Pegnitz und Vils. – Zeitschrift für Geomorphologie, Suppl.-Bd. 59, S. 67–85.

Pfeffer, K.-H. (2005). Mediterraner Karst und tropischer Karst. Geographische Rundschau 57, Heft 6, S. 12–18. (Themenheft Karst und Karstlandschaften.)

Prasad, G. (1985): Das frühtertiäre Bauxit-Ereignis. – Geowissenschaften in unserer Zeit 3, S. 73–104.

Prest, V. K. (1983): Canada's heritage of glacial features. – Geological Survey of Canada, Miscellaneous Report 28, 119 S.

Reheis, M. C. (1999): Pluvial lake shorelines and Pleistocene climate of the western Great Basin. – Quaternary Research 52 (2), S. 196–205.

Reheis, M. C., Sana-Wojeicki, A.M., Reynolds, R.L., Redpenning, E.A. & M.D. Mifflin (2002): Pliocene to Middle Pleistocene lakes in the western Great Basin; ages and connections. – Smithonian Contributions to the Earth Scienes 33, S. 53–108.

Reinke, J. & R. Löser (2000): Zur Geologie der Friedländer Großen Wiese und der Brohmer Berge. – Neubrandenburger Geologische Beiträge 1, S. 46–59.

Reinke, J. (2003): Rühlower Os. – Tagungsband und Exkursionsführer, 70. Tagung Arbeitsgemeinschaft Norddeutscher Geologen, 10.–13. Juni 2003, Neubrandenburg, Exkursion A2, S. 112–113. Landesamt für Umwelt, Naturschutz und Geologie Mecklenburg-Vorpommern, 18273 Güstrow.

Richter, G. (1998, Hrsg.): Bodenerosion: Analyse und Bilanz eines Umweltproblems. – Wiss. Buchgesellschaft, Darmstadt, 264 S.

Richthofen, F. v. (1886): Führer für Forschungsreisende. – *Unveränderter Nachdruck:* Stäblein, G. (1983, Hrsg.). – Reimer Taschenbücher, Berlin, 734 S.

Rognon, P. (1967): Le massif d'Atakor et ses bordures (Sahara Central). – C.N.R.S., Paris, 559 S.

Rohdenburg, H. (1970): Morphodynamische Aktivitäts- und Stabilitätszeiten statt Pluvial- und Interpluvialzeiten. – Eiszeitalter und Gegenwart 21, S. 81–96.

Rohdenburg, H. (1971): Einführung in die klimagenetische Geomorphologie anhand eines Systems von Modellvorstellungen am Beispiel des fluvialen Abtragungsreliefs. – Gießen, 350 S.

Rösner, U. (1990): Die mainfränkische Lössprovinz – Sedimentologische, pedologische und morphodynamische Prozesse der Lössbildung während des Pleistozäns in Mainfranken. – Erlanger Geogr. Arbeiten 51, 306 S.

Scheffer, F. & P. Schachtschabel (1992): Lehrbuch der Bodenkunde. – Enke, Stuttgart, 491 S. (13. Aufl. durchgesehen von P. Schachtschabel, H.-P. Blume, G. Brümmer, K.-H. Hartge und U. Schwertmann)

Scheffer, F. & P. Schachtschabel (2002): Lehrbuch der Bodenkunde. – Elsevier, Spektrum Akademischer Verlag, 593 S. (15. Aufl.)

Schirmer, W. (1983): Symposium „Franken": Ergebnisse zur holozänen Talentwicklung und Ausblick. – Geologisches Jahrbuch A 71, S. 335–370.

Schlesinger, W. H. (1985): The formation of caliche in soils of the Mojave Desert, California. – Geochimica et Cosmochimica Acta 49, S. 57–66.

Schmidt, K. & R. Walter (1990): Erdgeschichte. – Walter de Gruyter, Berlin, New York, 307 S. (4. überarb. u. erw. Aufl.)

Schmieder, O. (1963): Die Neue Welt, Teil II, Nordamerika. – Keysersche Verlagsbuchhandlung, München, Heidelberg, 548 S.

Schmincke, H.-U. (2000): Vulkanismus. – Wiss. Buchgesellschaft, Darmstadt, 263 S. (2. Aufl.)

Schülke, H. (1974): Morphologie comparative de quelques types de cimetières littoraux de plantes marines. – Révue de Geómorphologie Dynamique, S. 49–92.

Schumacher, R. (1988): Aschenaggregate in vulkaniklastischen Transportsystemen. – Diss. Universität Bochum, 152 S.

Schumm, S.A. (1962): Erosion on miniature pediments in Badlands Nat. Monument, South Dakota. – Bulletin, Geological Society of America 73, S. 719–724.

Schunke, E. (1979): Das vulkanische, glaziäre und periglaziäre Gefügemuster der Oberflächenformen Islands. – In: Hagedorn, J., Hövermann, J. & H.-J. Nitz (Hrsg.): Gefügemuster der Erdoberfläche – die genetische Analyse von Reliefkomplexen und Siedlungsräumen. Festschrift des 42. Deutschen Geographentages, Göttingen, S. 125–151.

Schutzbach, W. (1985): Island. Feuerinsel am Polarkreis. – Dümmler-Verlag, Bonn, 272 S. (3. Aufl.)

Schwarzbach, M. (1993): Das Klima der Vorzeit. Eine Einführung in die Paläoklimatologie. – Enke-Verlag, Stuttgart, 360 S. (5. Aufl.; 1. Aufl. 1960)

Scotese, Ch. R. (k.A.): Paläogeographische Zeitscheibenkarten der gesamten Erdgeschichte – Internet: www.scotese.com

Semmel, A. (1985): Periglazialmorphologie. – Erträge der Forschung 231, Wiss. Buchgesellschaft, Darmstadt, 116 S.

Semmel, A. (1996): Geomorphologie der Bundesrepublik Deutschland. Grundzüge, Forschungsstand, aktuelle Fragen, erörtert an ausgewählten Landschaften. – Erdkundliches Wissen 30, Steiner, Stuttgart, 199 S. (8. Aufl.)

Seppälä, M. (2004): The wind as a geomorphic agent in cold climates. – Cambridge University Press, 368 S.

Seuffert, O. (1970): Die Reliefentwicklung der Grabenregion Sardiniens. Ein Beitrag zur Frage der Entstehung von Fußflächen und Fußflächensystemen. – Würzburger Geogr. Arbeiten 24, 129 S.

Sharp, R. P. (1957): Geomorphology of Cima Dome, Mojave Desert, Calif. – Bulletin, Geological Society of America 68, S. 273–290.

Short, N. M. & R. W. Blair (1986, eds.): Geomorphology from space. A global overview of regional landforms. – NASA Scientific and Technical Information Branch, NASA SP-486, 717 S.

Skowronek, A. (1978): Untersuchungen zur Terra Rossa in S-Spanien – ein regionalpedologischer Vergleich. – Würzburger Geogr. Arbeiten 47, 272 S.

Skowronek, A. (1987): Böden als Indikator klimagesteuerter Landformung in der zentralen Sahara. – Relief, Boden, Paläoklima 5, Borntraeger, Berlin, Stuttgart, 184 S.

Späth, H. (1981): Bodenbildung und Reliefentwicklung in Sri Lanka. – In: Bremer,H., Schnütgen, A. & H. Späth (Hrsg.): Zur Morphogenese in den feuchten Tropen – Relief, Boden, Paläoklima 1, Borntraeger, Berlin, Stuttgart, S. 185–238.

Spönemann, J. (1966): Geomorphologische Untersuchungen an Schichtkämmen des Niedersächsischen Berglandes. – Göttinger Geograph. Abhandlungen 36, 167 S.

Sponholz, B. (1989): Karsterscheinungen in nichtkarbonatischen Gesteinen der östlichen Republik Niger. – Würzburger Geogr. Arbeiten 75, 265 S.

Sponholz, B. (1994): Phénomènes karstiques dans les roches silicieuses au Niger oriental. – Karstologia 23, S. 23–32.

Spreitzer, H. (1960): Hangformung und Asymmetrie der Bergrücken in den Alpen und im Taurus. – Zeitschrift für Geomorphologie, N.F., Suppl.-Bd. 1, S. 211–236.

Stäblein, G. (1968): Reliefgenerationen der Vorderpfalz. – Würzburger Geogr. Arbeiten 23, 191 S.

Stäblein, G. (1970): Grobsedimentanalyse als Arbeitsmethode der genetischen Morphologie. – Würzburger Geogr. Arbeiten 27, 208 S.

Stäblein, G. (1972): Zur Frage geomorphologischer Spuren arider Klimaphasen im Oberrheingebiet. – Zeitschrift für Geomorphologie, N.F., Suppl.-Bd. 15, S. 66–86.

Stäblein, G. (1973): Rezente und fossile Spuren der Morphodynamik in Gebirgsrandzonen des Kastilischen Scheidegebirges. – Zeitschrift für Geomorphologie, N.F., Suppl.-Bd. 17, S. 177–194.

Stanley, S. (2001): Historische Geologie. – Spektrum-Verlag Heidelberg, Berlin, 710 S. (2. Aufl.)

Stein, W. (1981): Berechnung des quartären Ausraums unterhalb der 300 ft.-Isohypse im immerfeuchten SW und wechselfeuchten SE der Insel Sri Lanka. – In: Bremer,H., Schnütgen, A. & H. Späth (Hrsg.): Zur Morphogenese in den feuchten Tropen – Relief, Boden, Paläoklima 1, Borntraeger, Berlin, Stuttgart, S. 289–296.

Stengel, I. (1992): Zur äolischen Morphodynamik von Dünen und Sandoberflächen. – Würzburger Geogr. Arbeiten 83, 363 S.

Stengel, I. (1999): Landscape evolution of the Gross Brukkaros inselberg area (southern Namibia) – geomorphological, sedimentological and morphotectonical interpretation of Landsat Thematic Mapper data. – Petermanns Geogr. Mitteilungen 143, S. 491–503.

Stengel, I. (2000): TM-Satellitenbildinterpretation von Diamond Area N° 1/Wannen-Namib (Südnamibia) – klimatische und prozessmorphologische Differenzierung eines ariden Küstenabschnitts. – Geoöko XXI, S. 137–140 u. hintere Umschlagklappe.

Stengel, I. (2001): Fossil landslides in the Schwarzrand, Huib and Huns escarpment areas – a contribution to the Quaternary morphostratigraphy of southern Namibia. – Palaeoecology of Africa 27, S. 221–238.

Stengel, I. (2002): Alte Verwitterung – junge Folgen: Reliefgenese in Südnamibia. – Petermanns Geogr. Mitteilungen 146 (2), S. 16–23.

Stengel, I. (2002a): Windrippel. – Stichwort in: Lexikon der Geographie, Spektrum-Verlag.

Stengel, I. & D. Busche (1989): Windrippeln als Indikatoren für Sandtransport und Dünendynamik am Beispiel von Längsdünen in der Ténéré (Rép. Niger). – Zeitschrift für Geomorphologie, N.F., Suppl.-Bd. 74, S. 13–32.

Stengel, I. & D. Busche (2002): Namibia's oldest inselbergs – exhumed landforms of a Late Proterozoic etchplain. – In: Yang, X. (ed.): Advances in geomorphological and palaeoclimatological research on desert and alpine environments in Asia and Africa. – China Ocean Press, Beijing, S. 121–143. (Dedicated to Prof. Dr. Jürgen Hövermann on the occasion of his 80th birthday.)

Stephan, H.-J. (1995): Schleswig-Holstein. – In: Benda, L. (Hrsg.): Das Quartär Deutschlands, Borntraeger, Berlin, Stuttgart, S. 1–13.

Strahler, A.N. (1957): Quantitative analysis of watershed geomorphology. – Transactions of the American Geophysical Union 38, S. 913–920.

Succow, M. & H. Joosten (2001, Hrsg.): Landschaftsökologische Moorkunde. – E. Schweizerbart'sche Verlagsbuchhandlung, Stuttgart, 622 S. (2. überab. Aufl.)

Suess, E. (1885): Das Antlitz der Erde, Wien.

Sugden, D. E. & B. S. John (1977): Glaciers and landscape. A geomorphological approach. – Edward Arnold, London, 376 S.

Tanner, W. F. (1967): Ripple mark indices and their uses. – Sedimentology 9, 89–104.

Thomas, D. S. G. & P. Shaw (1991): The Kalahari environment. – Cambridge University Press, Cambridge, 298 S.

Thomas, M. F. (1994): Geomorphology in the Tropics. A study of weathering and denudation in low latitudes. – Wiley, Chichester, 482 S.

Thorarinsson, S. (1962): L'érosion éolienne en Islande à la lumière des études téphrochronologiques. – Revue de Géomorphologie dynamique 13, S. 107–124.

Thornbury, W. D. (1965): Regional Geomorphology of the United States. John Wiley & Sons, New York, London, Sidney, 609 S.

Tricart, J. & A. Cailleux (1989): Le modelé des régions sèches – 2 Bd. – SEDES, Paris. *Erweiterung der schwer erreichbaren Fassung von 1960.*

Tricart, J., Raynal, R. & J. Besançon (1972): Cônes rocheux, pédiments, glacis. – Annales de Géographie 443, S. 1–24.

Troll, K. (1924): Die jungglazialen Schotterfluren im Umkreis der deutschen Alpen. – Forschungen zur deutschen Landes- und Volkskunde 24 (4), S. 158–265.

Tsoar, H. & J. T. Moller, (1986): Deflection of sand movement on a sinuous longitudinal (seif) dune: use of fluorescent dye as a tracer. – Sedimentary Geology 36, S. 25–39.

Tsoar, H. (1985): Profile analysis of sand dunes and their steady state signification. – Geografiska Annaler 67 (1/2), S. 47–60.

Valentin, H. (1952): Die Küsten der Erde. Beiträge zur allgemeinen und regionalen Küstenmorphologie. – Petermanns Geogr. Mitteilungen, Erg. H. 246. (2. Aufl.)

Valentin, H. (1972): Eine Klassifikation der Küstenklassifikationen. – Göttinger Geogr. Abhandlungen 60, S. 355–374.

Valentin, H. (1979): Ein System der zonalen Küstenmorphologie. Zeitschrift für Geomorphologie 23, N. F., S. 113–131.

Van Husen, D. (1979): Verbreitung, Ursachen und Füllung glazial übertiefter Talabschnitte an Beispielen in den Ostalpen. – Eiszeitalter und Gegenwart 29, S. 9–22. – *Nachdruck in:* Liedtke, H. (1990, Hrsg.): Eiszeitforschung, Wiss. Buchgesellschaft, Darmstadt, S. 203–219.

Venzke, J. F, (1986): Bodentypen und Bodenvergesellschaftungen in Island. – Catena 13, S. 181–195.

Venzke, J. F. (1984): Desertifikationsbedingende geodynamische Prozesse und daraus resultierende Raumstrukturen in Island. – 44. Deutscher Geographentag Münster 24.–28. Mai 1983. Tagungsbericht und wissenschaftliche Abhandlungen. – Franz Steiner Verlag, Wiesbaden, Stuttgart, S. 328–337.

Vincent, P. M. (1963): Les volcans tertiaires et quaternaires du Tibesti occidental et central (Sahara du Tchad). – Mémoires du B.R.G.M. 23, 307 S.

Völkel, J. & J. Grunert (1990): To the problem of dune formation and dune weathering during the Late Pleistocene and Holocene in the southern Sahara and the Sahel. – Zeitschrift für Geomorphologie 34 (1), N. F., S. 1–17.

Völkel, J. (1995): Periglaziale Deckschichten und Böden im Bayerischen Wald und seinen Randgebieten als geogene Grundlagen landschaftsökologischer Forschung im Bereich naturnaher Waldstandorte. – Zeitschrift für Geomorphologie 96, 301 S.

Völkel, J., Leopold, M., Mahr, A. & Th. Raab (2002): Zur Bedeutung kaltzeitlicher Hangsedimente in zentraleuropäischen Mittelgebirgslandschaften und zu Fragen der Terminologie. – Petermanns Geogr. Mitteilungen 146 (2), S. 50–59.

Wagner, G. (1950): Einführung in die Erd- und Landschaftsgeschichte mit besonderer Berücksichtigung Süddeutschlands. – Rau, Öhringen, 864 S. (2. Aufl.)

Wahnschaffe, F. (1901): Die Ursachen der Oberflächengestaltung des Norddeutschen Flachlandes. – Engelhorn, Stuttgart, 258 S. (2. Aufl.)

Ward, J.D. (1987): The Cenozoic succession in the Kuiseb Valley, central Namib Desert. – Windhoek, Geological Survey Memoir 9, 124 S.

Washburn, A.L. (1973): Periglacial processes and environments. – Arnold, London, 320 S.

Wasson, R.J. & R. Hyde (1983): Factors determining desert dune type. – Nature 304, S. 337–339.

Watson, A. (1979): Gypsum crusts in deserts. – Journal of Arid Environments 2, S. 3–20.

Weise, O. R. (1983): Das Periglazial. – Borntraeger, Berlin, Stuttgart, 199 S.

Wiegand, J., Frey, M., Haus, N. & I. Karmann (2004): Zeitschrift der Deutschen Geologischen Gesellschaft 155, S. 61–90.

Wilhelm, F. (1975): Schnee- und Gletscherkunde. – Lehrbuch der Allgemeinen Geographie Bd. 3, de Gruyter, Berlin, 414 S.

Wilhelmy, H. (1958): Klimamorphologie der Massengesteine. – Westermann, Braunschweig, 238 S. (2. Aufl. 1981)

Wilhelmy, H. (2002): Geomorphologie in Stichworten. II. Exogene Dynamik. – Borntraeger, Berlin, Stuttgart, 203 S. (6. überarb. Aufl. von B. Bauer und H. Fischer)

Williams, P.W. (1997, ed.): Tropical and Subtropical Karst – essays dedicated to the memory of Marjorie Sweeting. – Zeitschrift für Geomorphologie, Suppl.-Bd. 108, 107 S.

Wintle, A. G. (1993): Luminescence dating aeolian sands: an overview. – In: Pye, K. (ed.): The Dynamics and Environmental Context of Eolian Sedimentary Systems. – Geological Society Spec. Publ. 72, London, S. 49–58.

Wirthmann, A. (1999): Geomorphology of the Tropics. Translated by Detlef Busche. – Springer, Berlin, Heidelberg, 314 S. *(Gegenüber der deutschen Fassung erweitert.)*

Wirthmann, A. (1987): Geomorphologie der Tropen. – Erträge der Forschung 248, Wiss. Buchgesellschaft, Darmstadt, 222 S. (2. Aufl. 1994)

Woldstedt, P. (1958): Das Eiszeitalter. Grundlinien einer Geologie des Quartärs – Bd. 2, Enke, Stuttgart, 438 S. (2. Aufl.)

Woldstedt, P. (1961): Das Eiszeitalter. Grundlinien einer Geologie des Quartärs – Bd. 1, Enke, Stuttgart, 374 S. (2. Aufl.)

Woldstedt, P. (1965): Das Eiszeitalter. Grundlinien einer Geologie des Quartärs – Bd. 3, Enke, Stuttgart, 328 S. (2. Aufl.)

Wopfner, H. (1978): Silcretes of northern South Australia and adjacent regions. – In: Langford-Smith, T. (ed.): Silcrete in Australia. – Armidale, University of New South Wales, S. 93–142.

World Atlas of Desertification s. Middleton & Thomas (1997, eds.).

Wray, R.A.L. (1997): A global review of solutional weathering forms on quartz sandstones. – Earth-Science Reviews 42, S. 137–160.

Wright, H.E. & D.G. Frey (1965, eds.): The Quaternary of the United States. A review volume for the VII congress of the International Association for Quaternary Research. – Princeton Univ. Press, Princeton/New Jersey, 922 S.

Yatsu, E. (1988): The Nature of Weathering. An Introduction. – Sozosha, Tokyo, 624 S.

Zhang, Z. (1980): Löss in China. – Geojournal 4 (6), S. 525–540.

Bildquellen

Bertram, Silke: 720, 723.
Büdel, Julius: 460.
Hagedorn, Horst: 465, 467, 469.
Kempf, Jürgen: 15, 65, 93, 670, 685, 810, 812, 813.
May, Jan-Hendrik: 293.
Müller, Johannes: 75, 79, 117, 243, 245.
Siefker, Ulf: 84, 498, 540, 667, 686.
Stengel, Ingrid: 17, 51, 97, 102, 154, 195, 206, 297, 327, 347, 365, 398, 437, 438, 517, 619, 645, 676, 689, 691, 692, 697, 698, 700–702, 705, 706, 708, 716, 718, 722, 725, 727–730, 741, 743, 745, 746, 753, 757, 759, 761, 763, 764–773, 777, 780, 781, 786, 790, 814.
Busche, Detlef: alle Übrigen.

Grafikvorlagen

Breunig, Julia: Abb. 500, 503, 512, 516, 519, 520, 523, 538, 569, 602, 621, 623, 640, 643, 674, 681, 684.
Weber, Winfried: Abb. 3, 7; beide Geographisches Institut, Universität Würzburg.
Kempf, Jürgen: alle Übrigen.

Register

Regionalregister

> Die Zahlen verweisen auf **Abbildungen**, nicht auf Seiten, außer den mit „S." beginnenden Verweisen auf Kap. 1. Ortsnamen beziehen sich auf die jeweilige Umgebung. Aufgeführt sind auch Orte, die lediglich im Text erwähnt werden.

Abisko, Nordschweden 510
Agadem-Plateau, Ostniger 106, 382
Ägypten, Süd- 782, 793
Ahlenmoor, Nordniedersachsen 606
Ai-Ais, Südnamibia 265
Akureyri, Nordisland 524, 543
Alamut-Tal, Elburs-Gebirge, Nordiran 277, 374
Alpheios, Peleponnes, Griechenland 609
Alaska 256, 504, 527, 528, 530, 599, 644
 – Süd- 527, 528, 530, 504, 531
Alberta 232, 389, 435, 436, 444, 502, 544, 545, 598
Algerien, Süd- 43, 98, 146, 160, 305, 319, 699, 734, 746, 756, 748–750
Almindingen, Bornholm, Schweden 595
Alpen 155, 393, 396, 443, 489, 493–496, 539, 542
Alpenvorland, Bayern 551–555
 – Österreich 549
Alt Mor, Schottland 274
Alftafjörður, Nordisland 292
Altiplano, Anden S. 20
Amrum, Nordsee 658, 690, 695–698, 701, 761–765, 787
Anchorage, Alaska 599
Andenostseite, Argentinien 293
Anti-Atlas, Südmarokko 610
Appalachen, USA S. 14, S. 22, S. 24 f.
Arches National Park, Utah 120, 370
Argentinien 263
Arkansas S. 17
Arizona 20, 149, 150, 166, 190, 233, 339, 369, 392
Arkona, Kap, Rügen, Nordostdeutschland 650
Atacama, Nordchile 206, 437, 438, 725
Augrabies Falls, Südafrika 312
Auob Rivier, Südnamibia 405
Aus, Südnamibia 720, 722, 723
Australien, Süd- 102, 398, 390, 619, 676
Ayers Rock , Zentralaustralien 134

Badlands National Park, South Dakota 257
Baie d'Escalgrain, Bretagne, Frankreich 673
Baltischer Eisstausee, Ostseebecken 544
Baltrum, Nordsee 661
Banff, Rocky Mountains, Alberta, Kanada 544, 545
Bardai, Tibesti, Nordtschad 221, 223
Bayerischer Wald, Bayern 455
Bear River, Great Salt Lake, Utah 254
Berseba, Südnamibia 755
Big Hole, Kimberley, Südafrika 108
Bilma, Erg von, Ostniger 99, 688, 706, 738
Blöndudalur, Nordisland 376
Blutkuppe, Südnamibia 42
Borkou-Bergland, Nordtschad 806, 808
Bornholm, Schweden 534, 595
Bosnien 342
Bow River, Rocky Mountains, Alberta 544, 545, 598
Brandberg, Zentralnamibia 125, 416
Brandenburg 559, 565, 776
Breiðamerjökull, Südisland 517, 525, 529
Brenner Pass, Alpen S. 26
Bretagne, Frankreich 46, 651, 679, 663, 664, 673
British Columbia 546
Brukkaros, Südnamibia 133, 302, 397, 411, 412, 417, 418, 421, 426
Bryce Canyon National Park, Utah 189

Cabourg, Normandie, Frankreich 664
Cairn Gorm, Schottland 441, 442, 532, 537
Canyonlands National Park, Utah 39, 41, 198, 201, 325, 326
Cap Rhir, Marokko 55, 56
Cape Cross, Nordnamibia 430
Cartagena, Südostspanien 50
Cauvery Falls, Südindien 312
Chalus, Kaspisches Meer, Nordiran 648
Chalus-Tal, Elbursgebirge, Nordiran 343
Chile, Nord- 154, 206, 260, 306, 437, 438, 725
 – Zentral- 260
China, Süd- 75, 117, 243, 245
 – Zentral- 243, 245
Chocolate Hills, Bohol, Phillipinen 79
Clare, County, Irland 51
Clay Belt, Ontario/Quebec, Kanada 544
Colorado, USA 199
Colorado-Plateau 20
Columbia Icefield, Rocky Mountains, Alberta 502
Cook Inlet, Alaska 644
Cordilleran Ice Sheet 544
Côte Sauvage, Bretagne, Frankreich 46, 679
Cotentin, Normandie, Frankreich 639
County Clare, Irland 51

Dagebüll, Schleswig-Holstein 638
Damara-Schiefer, Zentralnamibia 332, 335
Dänemark 460, 474, 564, 591, 588, 589, 630–632, 635, 660
Dartmoor, Südengland 264
Désert du Thal, Südostniger 732
Dettifoss, Südisland 372
Deutschland 54, 58, 60, 65, 83, 84, 104, 115. 118. 120, 147. 153. 171–173, 182, 183, 230, 235, 236–240, 270–1273. 282, 296, 328, 352, 354–1361, 368, 373, 399, 400, 401, 446, 454–459, 461, 551–559, 561, 562, 565, 566, 571, 578–587, 590, 592–594, 600, 602, 604–608, 624, 625, 626–629, 636, 638, 658, 661, 662, 690, 695, 696–698, 690, 761–769, 776, 785, 787
 – Nord- s. Norddeutschland
 – Ost- s. Ostdeutschland
 – Süd- s. Süddeutschland
Devils Playground, Australien 102
Diamantensperrgebiet, Südnamibia 670, 685, 713, 728, 729, 777, 810–814
Dibella-Plateau, Sahara, Südostniger 780
Dissilak-Stufe, Nordostniger S. 27, 167
Djado-Plateau, Nordostniger 176, 380
Dominikanische Republik 80, 81, 103, 663
Draatal, Südmarokko 228
Drakensberge, Südafrika 100, 396, 618
Dümmer, Nordniedersachsen 607
Dyrhólaey, Südisland 642, 655

Eastern Ghats, Südindien 186
Ehi Ouarek, Nordostniger 97
El Torcal, Südostspanien 63
Elbsandsteingebirge, Sachsen 118, 352
Elbursgebirge, Nordiran 247, 317, 385
 – Südrand, Zentraliran 152, 388
Eldgjá-Spalte, Südisland 17, 29
Elephant Mountain, Madurai, Südindien 137
England 264, 274, 346, 377, 441, 442, 532, 537
Etretat, Normandie, Frankreich 669, 681
Etschtal, Südtirol, Norditalien 536
Ezerza, Ténéré, Ostniger 718, 719

Feegletscher, Südschweiz 515
Finnland, Nord- 464
 – Süd 535, 560, 568, 569, 577, 603
Fish River Canyon, Südnamibia 327, 337
Fish-River-Gebiet, Südnamibia 350, 351
Fontainebleau, Nordfrankreich 94
Frankenala 84
Frankreich 46, 94, 283, 462, 639, 646, 651, 663, 664, 669, 671, 673, 679, 681

Gäufläche, Unterfranken 236
Georgia, USa 105, 617
Ghats, Eastern, Südindien 186
 – Western, Südindien 371
Ghom, iranisches Hochland 86–91
Giants' Playground, Südnamibia 116
Glacier Bay, Südalaska 504, 530
Glacier National Park, Montana 531
Glen Roy, Schottland 346
Golden Gate Highlands Park, Südafrika 47, 366
Goosenecks, San Juan River, Utah 323
Gran Canaria, Spanien 686
Grand Canyon National Park, Arizona 339, 392
Grant Tetons, Wyoming/Idaho 158, 345
Great Basin, Nevada 203, 215, 286, 288
Great Escarpment, Zentralnamibia S. 24, 188
Great Plains (Northern), Montana 313
Grey Cliffs, Colorado-Plateau, Utah 191
Griechenland 126, 205, 275, 609, 665, 687
Grönland 474
Gross-Brukkaros, Südnamibia s. Brukkaros
Große Randstufe, Namibia S. 24, 188

Hamada al Homra, Nordlibyen 164
Harrisburg Peneplain, östliche USA 331
Harz, Niedersachsen 600
Hausruck, Alpenvorland, Oberösterreich 549
Havanna, Kuba 567
Hoggar, Südalgerien S. 27, 146, 160, 319
Hoher Atlas, Marokko 64
Hope Slide, British Columbia 363
Hormuz, Persischer Golf, Südiran 641
Huab Rivier, Südnamibia 784
Huns Plateau, Südnamibia 327
Huns Rivier, Südnamibia 347
Hunsberge, Südnamibia 193, 195
Hüttener Berge, Schleswig-Holstein 562

Indien, Süd- S. 18, 5, 109, 110, 113, 114, 127, 137, 141, 186, 312, 371
Inntal, Österreich 548
Iran S. 25, 11, 33, 68, 69, 86–91, 128, 130, 152, 196, 208, 211, 219, 227, 229, 247, 277, 284, 303, 308, 310, 311, 317, 321, 343, 362, 364, 374, 383, 385, 391, 609, 616, 622, 641, 648,
 – Nord- 86–91, 229, 277, 284, 303, 343, 374, 616, 622, 648, 714
 – Nordost- 391
 – Nordwest- 11
 – Süd- 68, 69, 196, 310, 321, 364, 609, 641
 – West- 128, 130, 383
 – Zentral- 33, 208, 211, 219, 227, 363, 308
Irland 51
Island 17, 18, 23, 25, 26, 28–30, 37, 38, 234, 241, 249, 253, 262, 278, 279, 280, 281, 285, 290, 292, 341, 365, 372, 375, 390, 432-434, 439, 450–452, 463, 466, 470–472, 476, 478, 482, 485, 488, 505-509, 511, 514, 517, 522–526, 529, 543, 612–614, 642, 647, 650, 655, 668, 678, 683, 783, 789, 799
 – Nord- 23, 26, 253, 292, 365, 376, 466, 542, 543
 – Ost- 390
 – Süd- 13, 17, 18, 25, 29, 38, 244, 278,

Regionalregister

280, 290, 372, 439, 451, 452, 478, 476, 482, 485, 505–509, 511, 514, 517, 518, 522, 523, 525, 526, 529, 612, 613, 614, 642, 655, 650, 799
– West- 647, 668, 683, 789
– Zentral- 30, 67, 77, 78. 234, 241, 249, 262, 279, 281, 285, 341, 424, 432, 433, 463, 470, 471, 472
Italien 220, 634

Jackson Hole, Wyoming 345
Japsand, Nordsee 636
Jasper, Rocky Mountains, Alberta 436
Jixian, Shanxi, Zentralchina 243, 245
Jos-Plateau, Nigeria S. 24
Jütland, Nord-, Dänemark 589
– Süd-, Dänemark 630–564, 591, 632, 635, 660

Kalahari, Südostnamibia 752, 753
Kaldidalur, Südisland 18
Kanada, West- 242, 363, 389, 435. 436. 444. 465, 467, 469, 502, 544–546, 598
Kanadischer Schild S. 23, 10
Kaouar-Stufe, Ostniger 393, 786
Kap Arkona, Rügen, Nordostdeutschland 650
Kap Likias, Kephallinia, Griechenland 665
Kap Rhir, Südmarokko 55, 56
Kap-Provinz, Südafrika 101
Karpfenkliff, Namib, Zentralnamibia 332–335, 419, 420
Karrasberge, Südnamibia 179
Kaspisches Meer, Iran 648
Kato Zakros, Ostkreta 687
Kephallinia, Griechenland 205, 665
Kermanshar, Zagros, Westiran 128, 130
Keuperstufe, Steigerwald, Unterfranken 171, 172, 182–185, 356
Keuperstufe, Württemberg 373
Khorixas, Zentralnamibia 212
Kimberley, Südafrika 108
Kniepsand, Amrum, Nordsee 690, 695, 696, 697, 698, 701, 761–765, 787
Konkiep-Tal, Südnamibia 759
Korinth, Peloponnes, Griechenland 126
Krafla, Nordisland 23, 37
Kraichgau, Württemberg 768
Kreta 275, 687
Kroatien 70, 72, 82
Krossájökull, Südisland 478
Krossá-Tal, Südisland 278, 280
Kuba 57, 67, 77, 78, 657
Kuisebtal, Südnamibia 415
Küstenmeseta, Marokko 61
Kviárjökull, Südisland 521

Lake Agassiz (spätglazial), Zentral-Nordamerika 518, 544
Lake Louise, Alberta 389
Lake Manyara, Nordtanzania 15
Landeskrone, Sachsen 147
Landmannalaugar, Zentralisland 30, 249, 262, 279, 281, 285, 341, 432, 470, 471, 472
Leipzig, Sachsen 785
Leipziger Bucht, Sachsen 581, 583, 584, 593
Libyen, Nord- 164, 779
Lima, Pera 645

Lüneburger Heide, Niedersachsen 566
Lut-Becken, Zentraliran 208

Mackenzie Delta, Nordwestkanada 467, 469
Madurai, Südindien 113, 114
Mahaballipuram, Südindien S. 18, 6
Mc Donnell Mts, Inneraustralien S. 25
Maintal, Unterfranken 354–361
Malarif, Westisland 678
Maligne Canyon, Alberta 242
Malojapass, Schweiz S. 26
Marienthal, Südnamibia 407
Marokko, Nord- 61, 73, 251, 376, 620, 652
– Süd- 55, 56, 64, 228, 330, 610, 611, 649, 666, 682
Mecklenburg 558, 573, 561, 592, 597, 672
Mesa Verde, Colorado 199
Messak Mellet, Nordniger 175, 378
Midjigatène-Plateau, Ostniger 716, 735, 737
Mississippi-Delta, USA 298
Mitteleuropa, Küstenlinie S. 26, 12
Mittelfranken 84
Mittlerer Atlas, Südmarokko 330, 611
Møn, Dänemark 588
Montagne Bleue, Nordniger 777
Mont aux Sources, Drakensberge, Südafrika 156
Montana 313, 531
Monument Valley, Arizona 149, 151, 166, 369
Moon Hills, Südchina 75
Morsádalur, Südisland 518
Mtvara, Südtanzania 675
Murzukbecken, Südlibyen S. 24
Münsterland, Norddeutschland 585
Myvatn, Nordisland 26

Namib-Erg 741, 743, 745, 747, 757, 771, 775
Namib-Ostrand, Südnamibia 384
Namib-Wüste 297, 299, 291, 332, 335, 384, 413, 414, s. a. Namib-Erg
Namibia 40, 42, 48, 49, 74, 116, 124, 125, 133–135, 140, 143, 145, 163, 178, 179, 181, 188, 193, 195, 212, 217, 224, 225, 250, 265, 266-269, 302, 304, 327, 347, 350, 351, 367, 381, 384, 394, 395, 397, 402, 404–425, 427–431, 615, 670, 685, 713, 720, 722, 723, 728, 729, 730, 741, 743, 745, 747, 752, 753, 755, 771, 775, 777, 778, 784, 791, 810–814
– Nord- 394, 402, 416, 422, 430, 431, 615
– Süd- 42, 48, 74, 106, 133, 135, 140, 143, 145, 161, 163, 178, 179, 193, 195, 217, 224, 225, 250, 265, 266, 267, 269, 297, 297, 299, 301, 302, 327, 347, 350, 351, 381, 384, 397, 404, 407, 408, 409, 411, 412–414, 417, 418, 421, 424, 426, 429, 521, 670, 685, 713, 729, 730, 741, 743, 745, 747, 752, 753, 757, 759 771, 772, 775, 777, 778, 791, 810–814
– Zentral- 49, 124, 125, 134, 188, 212, 332, 335, 409, 410, 419, 420, 423, 427, 428
Neckartal bei Rottweil, Württemberg 328

Neretvatal, Bosnien 342
Neuengland, USA S. 22, 9
Nevada 203, 215, 286, 288
Neyriz, Südiran 310
Niagara-Fälle, Ontario/New York State 312
Niederrhein, Norddeutschland 235, 457, 579, 585, 586, 587
Niedersachsen, Nord- 270–273, 458, 580, 582, 586, 587, 590, 594, 604, 605, 606, 607, 608
Niger-, Nord 97, 167, 175, 176, 378, 380, 688, 691, 694, 700, 702, 703, 705, 708, 710, 712, 718, 719, 727, 739, 740, 773, 788, 749, 777, 796, 800, 805
– Nordost- 307, 692, 781, 790, 797, 798, 803, 809
– Ost 95, 99, 106, 382, 393, 688, 706, 716, 718, 719, 731, 735, 737, 738, 780, 786, 792, 802
– Süd- 315, 349, 732, 738, 754, 774
Nigertal, Südniger 349
Nilgiri Mountains, Südindien 127, 141
Noitgedacht, Kimberley, Südafrika 491
Norddeutschland 52, 153, 235, 270–273, 282, 296, 368, 399, 457, 458, 459, 461, 556–559, 561, 562, 565, 566, 570, 571, 578, 579, 580, 585, 590, 592, 597, 600, 602, 604, 636, 638, 650, 658, 661, 662, 690, 695, 696, 697, 690, 701, 761–765, 776, 787
Nordkapp, Norwegen 448
Nordstrandischmoor 662
Normandie 283, 639, 669, 671, 681
North Downs, Südengland 377
Norwegen 448, 667

Oberrheingraben 230
Oderbruch, Ostdeutschland 566
Omaruru-Mündung, Nordnamibia 431
Oranje River, Südafrika 312
– Südnamibia 224, 225, 268, 269
Oranje-Tal Südnamibia/Südafrika 161, 163
Oschatz, Sachsen, Ostdeutschland 567
Ostafrikanischer Graben 15
Ostalpen S. 21
Ostdeutschland 118, 147, 352, 400, 401, 567, 573, 581, 583, 584, 593, 785
Österreich 155, 443, 489, 493, 494, 495, 496, 539, 542, 548, 549
Ostfriesland, Niedersachsen 605, 608
Ötztal, Alpen, Österreich 443, 494, 496, 539
Outjo, Nordnamibia 402

Padasjoki, Südfinnland 577
Palghat Gap, Südindien 109, 110
Pasterze, Alpen, Österreich 489
Persischer Golf, Südiran 641
Pera 645
Petrified Forest National Park, Arizona 190, 233
Peyto Lake, Rocky Mountains, Alberta 294
Philippinen 79
Piedmont, Georgia S. 14, 105, 617
Playa del Este, Havanna, Kuba 657
Playa Larga, Kuba 57
Plitvicer Seen, Südkroatien 70, 72
Poel, westliches Mecklenburg 672

Pofadder, nördliches Südafrika 136
Pointe de Dinan, Bretagne, Frankreich
Polen, Süd- 447, 627, 627
Pomona, Südnamibia 670
Port en Bressin, Normandie, Frankreich 671

Qaswin, Nordiran 714

Randstufe, Namibia 188, 312, 332
Rasmussenland, Ostgrönland 474
Rehoboth, Zentralnamibia 124, 409, 410, 423, 427, 428
Rheintalgraben, Südwestdeutschland 230
Rhön, Süddeutschland S. 29, 115, 236, 446
Rhônegletscher, Schweiz 481, 484, 487, 490, 499, 501
Richtersveld, Südafrika 209, 210, 276
Riesengebirge, Schlesien, Südpolen 627
Ridge and Valley Province, östliche USA 331
Rocky Mountains, Kanada 444, 502, 544, 545, 598
Rocky Mountains, westliche USA S. 25
Rocky Mountain Trench, Westkanada S. 25
Rømø, Nordsee 660
Rooirand, Südnamibia 178
Rosenthaler Staffel, Mecklenburg-Vorpommern 566
Rote Kuppe, Bethanie, Südnamibia 143
Rüdersdorf, Brandenburg 567
Rühlow, Mecklenburg-Vorpommern 573

Sachsen 118, 352, 581, 583, 584, 593, 785
Saghand, Zentraliran
Sahara S. 29, 21, 43, 95, 97-99, 106, 146, 160, 164, 167, 175, 176, 221, 223, 305, 307, 319, 378, 380, 382, 393, 688, 692, 694, 699, 700, 702, 703, 705, 706, 708, 710, 712, 716-719, 727, 734, 735, 737–739, 740, 746, 748–750, 773, 779, 780–782, 786, 788, 792, 794, 796, 797, 798, 800, 802, 803, 805, 806, 808, 809
Sahel, Südniger 315, 349, 702, 738, 754, 774, 756
Salar de Atacama, Chile 154, 306
Samaria-Schlucht, Südkreta 275
Sardinien, Italien 220, 634
Sauerland, Norddeutschland 52
Schlesien 447, 527
Schleswig-Holstein 368, 556, 557, 562, 570, 571, 578, 602, 658, 690, 695, 696, 697, 698, 701, 761–765, 787
Schneekoppe, Tschechien/Polen 148, 627
Schooley Peneplain, östliche USA 331
Schottland
Schwäbische Alb, Süddeutschland 65
Schwanberg, unterfränkische Keuperstufe, Süddeutschland 171–173, 356, 625, 626
Schwarzrand-Plateau, Südnamibia 181, 367
Schwarzrandstufe, Südnamibia 143–145
Schweden 510, 534, 574, 595
Schweiz 481, 484, 487, 490, 498, 499, 501, 515, 540
Seggedim, Nordostniger 307, 803

Sachregister

Seine-Tal, Nordfrankreich 462
Sesriem, Namib-Erg, Südnamibia 413, 414, 757
Seymarreh, südliches Zagrosgebirge, Iran 364
Shiraz, Südiran 68, 69
Shir-Kuh Gebirge, Zentraliran 33, 211
Skaftafell, Südisland 38, 482, 488, 506, 507, 508, 511, 514
Skeiðarárjökull, Südisland 522, 523
Slunj, Kroatien 82
Snaefellsnes, Westisland 647, 668, 683, 789
Sossusvlei, Südnamibia 297, 299, 301, 304, 771
South Dakota, USA 257
Spanien 686
– Süd- 50, 63
Spessart, Süddeutschland 104, 238, 454
Spitzbergen, Dänemark S. 16, 460, 562
Spitzkoppe, Zentralnamibia 134
Sprengisandur, Zentralisland 234, 463
Springbok, Südafrika 121, 123, 214, 215
St. Malo, Bretagne, Frankreich 651
Steigerwald, Unterfranken 171–173, 182, 183, 185, 356, 625, 626
Stubaital, Alpen, Österreich 542
Südafrika S. 16, 47, 92, 94, 100, 101, 108, 121, 123, 131, 136, 156, 161, 170, 209, 210, 214, 215, 268, 269, 276, 312, 366, 396, 618, 654
Süddeutschland 54, 58, 60, 65, 83, 84, 104, 115, 171–173, 182, 183, 185, 230, 232, 236, 237–240, 259, 328, 354–361, 373, 446, 454–456, 551–555, 560, 568, 569, 624, 625, 626, 629, 766–769
Südtirol, Italien 536
Sunset Craters, Arizona 20
Swaziland 11, 246
Swinafell, Südisland 485

Taleghan Tal, Elburs Gebirge, Nordiran 229, 284, 622
Tamilnad-Fläche, Südindien S. 27
Tampere, Finnland 535
Tanzania S. 29, 15, 675
Tassili n'Ajjer, Südalgerien S. 27, 43, 98
Tauern, Alpen, Österreich 493, 495
Tchigai, Nordostniger 809
Ténéré, Nordniger 691, 694, 700, 702, 703, 705, 708, 710, 712, 718, 719, 727, 739, 740, 773, 796, 800, 805
Termit-Plateau, Südostniger 95, 802
Teutoburger Wald, Norddeutschland 153
Thingvallavatn, Südisland 25
Thingvellir, Südisland 13
Thompson-River, British Columbia, Kanada 546
Thorisjökull, Westisland 478
Thorsá-Tal, Zentralisland 241
Thorsmörk, Südisland 439, 505
Thüringer Wald, Thüringen 628
Tianz Laowuchang, Südchina 117
Tibesti-Gebirge, Nordtschad 21, 321, 806
Tibet S. 20
Tonto Platform, Grand Canyon, Arizona, USA 339
Toshka-Depression, Südägypten 782, 793
Trou au Natron, Tibesti-Gebirge 21
Tsauchab-Rivier, Südnamibia 299, 417, 778, 747
Tsondab-Sandstein, Südnamibia 384, 743
Tschad, Nord- 21, 117, 221, 223, 321, 806, 808
Tumaub Mountains, Südnamibia 145
Tungnafellsjökull, Südisland 290, 509, 526
Twyfelfontein, Nordwestnamibia 394
Umshlanga, Südafrika 654
Unterfranken 58, 60, 83, 232, 236, 237, 239, 240, 259, 456, 624, 629, 766, 767, 769
Uppsala, Mittelschweden 574

USA, Westliche 20, 35, 36, 39, 41 105, 149, 150, 158, 166, 189-191, 198, 199, 201, 203, 215, 233, 234, 254, 256, 257, 286, 288, 313, 323, 325, 326, 339, 345, 369, 370, 392, 504, 527, 528, 530, 531, 599, 617, 644
Utah 39, 41, 189, 191, 198, 201, 254, 323, 325, 326, 370

Valle de Viñales, Westkuba 67, 77, 78
Vatnajökull, Nordseite, Zentralisland 783
– Südisland 476, 523
Vatnsdalur, Nordisland 37, 365
Vicksburg, Südafrika 170
Viti-Krater, Krafla, Nordisland 37
Vogelsberg, Hessen S. 29

Weißrandstufe, Südnamibia 404
Wellen, nördliches Niedersachsen 259–262
Western Cape, Südafrika 92, 94
Western Ghats, Südindien 186, 371
Whistler Mountain, Rocky Mountains, Alberta 435
Windsheimer Bucht, Unterfranken 54
Wyoming/Idaho 35, 36, 158, 345

Yazd, Zentraliran 219
Yellowstone National Park, Wyoming 35, 36,
Yukon River, Alaska, USA 256

Zagros-Gebirge, Nordwestiran S. 25, 11
– Südiran 68, 69, 196, 609
– Westiran 383
– Vorland, Südiran 321
– Zentraliran 227, 363
Zarishogte Pass, Südnamibia 408
Zobten, Schlesien, Südpolen 447
Zwenkau bei Leipzig, Sachsen 400, 401

Sachregister

Die Zahlen verweisen auf **Abbildungen**, nicht auf Seiten, außer den mit „S." beginnenden Verweisen auf Kap. 1. **Fettgedruckte** Zahlen bedeuten, dass es sich um das Hauptthema der jeweiligen Abbildung oder des zugehörigen Textes handelt. Bei fremdsprachigen Begriffen *(kursiv)* ist nur der Ort der ersten Erwähnung angegeben.

Aa-Lava 20
A-Terrasse (= Aufschüttungsterrasse) 354, 356
Abfluss, bordvoll 277
– kompressiv (eines Gletschers)
– schießend 241, 271, 272
– turbulent 244, 270-273
Abflussdynamik 265 –**269**, 270–273
Abflussereignis **270–273**
Abflusslinien, anastomosierend **278, 279**
abflussloses Becken 203, 215, 288, 289, 306–311, 803
Abkommen (eines Flusses in Trockengebieten) 297
Ablagerung, temporär 260
ablation area (= Zehrgebiet) 474
Ablationsgebiet eines Gletschers (= Zehrgebiet) 476, 478, 479, 483, 485, 488, 469, 505, 506, 518, 522, 527, 529
Ablationshohlformen 471
Ablationsmoräne 290, 482, **488**, 505, 508, 522, 556
Ablationsnäpfe 484, 485
Ablationsschutt 488
Abluation, ablual 458, 556, **566**
abrasion, (a)eolian 777
Abrasion 126
– glazial 51, 483, **489–491**, 496, 499, 534, 535, 668
– marin 670, 673, 675–678, 685–687
Abrasionsplattform (Schorre) 639, 673, **675**, 679, **681**, 683, 686
– gehoben 683
Abri **43, 44**, 92, 134, 170, 335, 370, 403
Abridach 170, 366
Abrisskante, Rutschungs- 371, 374–376, 378-380
Abrissnische, Bergsturz- 362, 363, 364, 365
Abrissspalte 372, 373
Abscherungsprofil (bei Rutschungen) 371, 374, 375
Abschiebung 126
Abschuppung **42**, 45
Abschmelzanreicherung 487
Absetzmoräne **526**, 552, 556, **578**, 581, 585
Abtorfung 607
Abtragungsböschung (= Hang) 362
Abtragungsgeschwindigkeiten S. 27
accelerated erosion 609
accidents, climatic S. 14
Accumulation area (= Nährgebiet e. Gletschers) 474
Achterstufe 164
Achterstufenzerschneidung 178
Ackerrain 624

Ackerterrassen, erodiert 610
active layer (= Auftauboden) 448
aeolianite 666
Aggregatmodell (für Lössablagerung) 769
Akkordanz S. 30, 145, 149, 151, 154, 157, 181, 184, 191, 193, 195, 196, 198, 239, 337, 339, 390
Akkordanzfläche 145, 184, 191, 221, 222, 315
Akkordanzstufe 193, 195
Akkumulation 273, 274, 275
Akkumulationsterrasse 252, 260, 262, 265, 281, 325, 345, 346, 347, 349, 352, 356, 356, 358, 413, 521
Akkumulationswall (Sandfleck) 698
Aklé 732
Aktivitätszeit S. 13
Aktualismus S. 11, 562
Alas (pl. Alasse) 460, 467
Albüberdeckung, lehmige S. 29
allochthon (von außen zugeführt) 375
alluvial fan s. Schwemmfächer
Altdüne 251, 774
– im Erg rezent überprägt 741–747
– Aufschluss 752
– exhumiert 748
– überweidet 754, 756
Altdünensand, reaktiviert 753, **754–756**
Alterit 30, *s. a.* Saprolit
Alter der Reliefbildung 3
altes Windrelief 800, 802, 806–814
Altfläche 77, 79, 147, 148, 152, 156, 157, 158, 160, 238, 257, 330, 522, 627
– pleistozän eisüberformt 158, 435, 439, 441, 442, 540 543, 667
Altmoränenlandschaft 566
Altrelief, korrasionsüberprägt 803–815
Altreliefs in Gebirgen **155–160**, 627
Altschnee 290
Altwasser 254, 256
anabranches 276
anastomosierendes Flussbett 154, 249, 260, 272, 276, 277, **278**, 279, 280, 285, 294, 345, 356, 506, 507, 522, 523
anastomozing river s. anastomosierendes Flussbett
Andelgraszone (Marsch) 658, 659
angle of repose 725
Anhydrit 54
Anpassungsmäänder 327
antezedentes Tal 312, 330, 337, 339, 352
antithetisches Abkippen (einer Rutschung) 371–373
Antiklinale 152, 198
Antiklinalhang **196, 198**, 364
antithetische Rutschung 372
Anzapfung **271,** 331
Äolianit 666, 682
äolische Akkumulationsformen 239, 240, **688–770**
äolische Erosionsformen **771–814**
äolische Einebnung (in Sand) 710–712
aper, ausgeapert 476, 478
arch 370
Aragonitverkittung, instabil 665

Sachregister

aride Rutschungen 378–382
arider Zyklus S. 14
Aschenlage, inlandeisgestaucht 589
Aschenlagen in Móhella (Island) **614**
Aschenvulkan 17, **20**, 21, 642
Ästuarmäander 652
asymmetrisches Tal **239**, 240
– tektonisch bedingt 317, 339
Atlantikum 70
atlantischer Küstentyp 633
Aue s. Talaue
Auelehm 259, 352, 354, 356, 361, **628**, **629**, 766
Auenrinne 359
Auenterrasse **359**, 361
Auffrieren von Steinen 433
Aufhöhung, kolluvial 624, 628, 629
Aufprallbrecher 670, 676
Aufpressungsleisten, Grundmoränen- 510, **525**
Aufpressungs-Os 573
Aufschlickung (Watt) 658, 660, 663, 664
Aufschluss, Altdüne 752
– Deflation 585, 594, 765, 772, 796
– Eisstausee 548, 581–583
– fluvial 208, 220, 246, 335, 351, 358, 361, 414, 416–421
– Geologie 126, 153
– Geschiebedecksand, pleistozän 459, 479, 580
– Gipskruste 430, 431
– glazial, rezent 481, 487, 508, 526
– glazifluvial, glazial deformiert, pleistozän, Inlandvereisung 590–593
– glazi-fluvial, pleistozän, alpin 753–755
– glazi-fluvial, pleistozän, Inlandvereisung 270, 291, 368, 546, 571, 577, 579–582, 584, 590–593
– glazifluvial, Toteis-Bruchtektonik **594**
– Grundmoränen-, pleistozän, Inlandvereisung 459, 578–581, 587, 590, 591
– Hangschutt 395–397
– Intensivverwitterung 100–108, 110, 111,113, 115, 122, 210, 212, 213, 246
– Kalkkruste 335, 403, 408–412, 414– 421, 422– 429
– Karst 50, 78, 81, 87
– Kernsteine 100, 101, 111
– Löss 766–770
– Marsch 662
– Moor 604, 605
– pleistozän-glazial 270, 368, 546, 548, 553–555, 567, 571, 577, 578–594
– rezent periglazial 465
– Rutschungsbasis 382
– Wölbacker 632
Aufschotterung 274, 275
Aufsitzerdüne 741, 743, 746
Aufsitzerinselberg 151, 158, 201, 312
Aufsitzerstrandwall 642, 647
aufsteigende Bewegungsbahn (in Gletschereis) 485, 505, 506, 508
Auftauboden, sommerlich-periglazialer 448
– pleistozäner 448, 457–459
Auftrieb (äolisch) 688
Aufwärtswandern (bei Steinpflasterbildung) 302

– (von Artefakten in Dünensand) 746
Augensteinflur 155
Ausblasungswanne (Küstendünen) **764**, 765
Ausdehnungsbrekzie **409**, 410
Ausgangsrumpffläche S. 22, 75, 117, 119, 149–152, 162, 164, 167, 173, 201, 337, 339, 383
Ausgleichsküste 528, **642**, 645, 647, 652– **655**
Auslassgletscher 290, 439, **476, 478**, 479, 502, 505, 509, 511, 522, 523, 543
Ausliegerinselberg 97, 141, 166, 167, 188
Ausschmelzmoräne 526, 556, 578
Außensand **636**, 690, 761, 764
Außensaumformen einer Eisrandlage 521
Ausspülung (von Schuttdecken) 393– 395, 442, 443, 446, 447
Auswehung (von Ackerboden) 776
ausweichendes Umfließen (bei Antezedenz) 339
autochthon (*in situ*, an Ort und Stelle entstanden) 375
Autozyklen der Karstausfällung 407
azonaler Inselberg 131,136, 137

*b*ackshore 647
backwash 649
badlands 189, 190, 205, 233, 257
Bajada 164, 195, 203, 283, 286, 288,
Balje 658
Bänderton 548, 574, 578, **581–583**
Bänderung (von Gletschereis/Firn) 478, 481, 483, 484
bankfull stage 262, 277
Barchan **725–729**, 734, 806, 808
– Miniaturform 695
– seitlich verwachsen 728
Barchanembryo **699**
Barchanfleck 697, 698
Barchangenese **697–699**
Barchanhof **727–729**
Barchanreihe 806, 807
Barchanwanderung 699, **729**
Barre, Barriere (aus Kalksinter) 35, 70, 71
– fluvial 264, 266, 267, 284
– marin 636, 639, **641**
Barrenverlagerung, fluvial 266
– marin 636
barrier beach 652
Barriereinsel 636, 652
Basalgrundmoräne 556
Basalt, brandungspoliert 678
– windgeschliffen 783, 789
Basaltkliff, marin 647, 655, 678, 683
Basaltlagen 186, 647
Basaltlavastrom 26, 330
Basaltsäulen 13, 115, 241, 372, 396, 678
basement 143, 161, 163, 337, 339
basin and Range-Relief 203, 215
Basislage, Basisschutt 454, 455
Bastionen 385, 390, 391, 444
Baumkirchener Bänderton 548
Bauxit-Event, eozänes S. 16, S. 28
baymouth bar 652
beach barchan 761
beach cusps 645

beach riff 636
beach ridge 648
Beachrock, *beachrock* **665**, 666
Becken, abflusslos/endorheisch 203, 215, 288, 289, 306–311, 803
– intramontanes 11, 68, 69, **128**, 130, 133, 141, 164, 317, 319, 544, 809 (mit Windrelief)
– tektonisch angelegt 229
bedeckter Karst 50, 82
bedload (s. Bodenfracht) 270
belt of no erosion 190, **233**
Bergsturz **362–365**
– Kleinform 270
– rezent **362**, 363
Bergsturzblöcke auf Moräne 510
beschleunigte Erosion und Sedimentation 609
Bettform 260, 262, 264, 266, 267
bibergesteuerte Verlandung 598
Biberwiese 598
Binnendüne, spätglazial 587
Bioabrasion s. Bioerosion
Bioerosion, marine 55, 56, 666, 675 676, **678–680**, 682, 686
biogene Wattprozesse 658
Biokarst s. Bioerosion
Blaualgenbewuchs 109
– eu- und supralitoral 680, 682
Blaualgenstreifen 137, 366
Blaueis 483
Blaureflexion (von Windschliff) 777, 778, 784, 789, 791, 810, 812–814
Blockfließmassen, periglaziale 443
Blockgletscher **443**, 444
Blockinselberg 135
Blockmeer 446
Blockpackung 567
Blockpseudogletscher 443
Blockschollenbewegung (Gletscher) 479, 494, 509
Blockschollenrutschung (= Rotationsrutschung) 371 ff.
Blockstrom 446, 447
Blowouts (dt. u. engl.; Küstendünen) **764**, 765
blowout 764
– in Kupste 771
Bodenabspülung 447, 624
Bodenbildung, holozän 454, 455, **456**, 459
– pluvialzeitlich, auf Altdünen 741–747
Bodenerosion 58, 64, 113, 185, 211, 232, 238, 245, 253, 275, 278, 280, 341, 383, 439, 447, 459, **609–614**, 624, 687
– flächenhaft 624, 687
Bodenfracht 262, 265, 267, 270–275
Bodensediment 113, **687**
Bodenverwehung, Mitteleuropa 776
Bodenwasserstrom, deszendent (Kalkkrustenbildung) 403, 406, 410
Bohnerz 155
bordvoller Abfluss 277
Bornhardt 137, 147
Bortensander 522
*bottomset bed*s 296
braided channel/river 249, **276–280**, 506, 522, 523
Brandenburger Stadium 556
Braunkohle, glazial aufgeschuppt 590

Brauntorf 604
Brandung 55, 633, 642, 645–647, **649**, 652, 655, 666, 670, 681, 682, 685
– sekundäre 649
Brandungssog 533, 647, 651
Brandungsgasse **682**, 683
Brandungshöhle 676
Brandungshohlkehle 46, 676 (s. a. 680)
– exhumiert **677**, 678
– gehoben **686**
– in Eis 529
Brandungsplattform 244, s. Schorre
– gehoben 647
Brandungspfeiler 46, 647, 655
Brandungsschotter 635, 648, 677, 647–**649, 650**
– fossil 677
Brandungstor 670, **685**
Braunerde 565
Braunkohlenquarzit 400
breaker 649
breaker zone 673
Brecher, Aufprall-/Reflexions- 670, 682, 685
– Sturz 646, **649**
– Schwall- 646, 649
– schäumender, 649, 655
Brecherentstehung 639, 681
Breitrückendünen 738, 743
Breittal 332, 334
Breitterrasse S. 29, 352, 354, 356, 404, 405, 411, 539
brick laterite 110
Bröckellöcher 45
Brodelboden, Aufschluss **457, 458**
brousse tigrée 315
Bruchlinienstufe 158, 189, 345
Bruchscholle 13, 15, 158, 230, 310
Bruchstufe 158, 345
Bruchtektonik, Kleinform 594
brume sèche (= Trockennebel) 802
Bt-Horizont (in Lössprofilen) 766–769
Bubnoff-Einheiten S. 27, S. 28
Bucht 645, 647, 651, 655, 665, 669, 670, 673, 677, 680, 687
– verlandete 655, 687
Buckelfluren 377
Buhnen, Fluss- 256
– Küsten- 645, 646
buhnenbedingter Küstenabtrag 646
Bulten 603
– und Schlenken 600
Buntsandstein S. 19

Calrete, Calcrete s. Kalkkrusten
Calais-Transgression 633
caliche (= Kalkkruste) 402
calving (= Kalben e. Gletschers) 529
Canyon 317, 379, 392
carapace (frz. = Kruste) 398
chemische Intensivverwitterung s. Intensivverwitterung; s. a. Inselberge, Kernsteine, Rumpffläche, Saprolit, Silikatkarst
Chevrons, *chevrons* 193, 196, 221
chipping 777
cirque (= Kar) 493
clay Pan 302
clay plug 256, 273
climatic accidents S. 14

Sachregister

coalescent fan 283, 286
Continental Terminal (Nordafrika) 95, 106, 315, 319, 801
Cockpitkarst **80**
Cockpitkarst, außertropisch **82**
cone karst 79
convolutions 457, 458
couloir, Couloir 806, 808
coppice dune 763
crêtes et couloirs 806
crevasses 179
cuirasse (frz.) 398

Dachglacis 228, 229
Dachfläche (Schicht- und Rumpfstufenrelief) S. 23, 149, 151, 167, **171**, 175, 192–195, 221, 806, 808
Dachflächenzerschneidung S. 25
Dachziegelschichtung, fluvial **265**, 267, 347
– marin 649
Dallol 315
Dammbruch **272**
Dammbruchverheilung **273**
Dammuferfluss 254, 255, 273
Dammufersee 254
Dascht 211, 219, 308
Dauerfrostboden 435, s. Permafrost
Davis W. M. S. 14, S. 31, 2
debris flow 290
 – *in transit* 203
 – *slide* 382
 – *slope* 384
Decke, Überschiebungs- 385
Deckelkalkkruste 335
Deckenschotter **553**
Deckschichten, pleistozän-periglazial 393, 454, **455**, 456
Deckschutt 455
Deflation 585, 612, 700, 701, 714, 763–765, **771–776**
 – und Dünenbildung 759
 – strukturnachzeichnend, selektiv 585, 592, 594, 771, **795, 796**, 799
Deflationsmulde 774
Deflationspflaster 699
Deflationsrippeln 739
Deflationskante eines Erg 734, 757, 758
Deflationswall (Sandfleck) 698
Deformation, plastisch/spröd, glazialtektonisch 591
De Geer-Moränen 512
Dehydratationsrisse 463
Dekompositionssphäre S. 29, 118
Delle 171, **235**, 354
 – anthropogen 624
Delle-Muldentalübergang 237
Dellenprofil, lössverfüllt 766, 769
Dellenrelief **236**
Delta 71, 254, **294–296**, 515, 652
 – Ebb- 652
 – Flut- 652
 – Gezeiten- 652
 – Kleinform 296
Deltakante 294, 296
Deltaschichtung 295
Deltaschüttung im Flussbett 266
Deltaschwemmkegel 294
Deltastirn 294–296
dendritisches Abflussmuster 196, 221, 283, 286 438

– Talnetz 313, 315, 321
Depergelation 469
depositional end moraine (Satzendmoräne)
Desertifikation 609, 610
desert pavement s. Wüstenpflaster
deszentente Bodenwasserbewegung 403, 410, 411
Depression, endorheïsch 203, 289, 306–311
Desilifizierung 110
Desquamation **41**
Detersion 483, **490**, 493, 509, 534, 535
Detraktion 483, 489, 509, 534
Devensian 532
Diagonalstufe 164
Diamiktit 485
Diapir 52, 86, 198
Diatomeenrasen (Watt) 658
Diatomit 589, 792
Dichtetrennung 458, 459
Diffluenz (eines Gletschers) 532
Dinarischer Karst (Begriff) 68
Dipolcharakter der Wassermoleküle 290
Diskordanz S. 21, 578, 580, 581, 582, 584–586
distal (= gebirgsrandfern) 282, 284, 286, 308, 310
divergierende Verwitterung und Abtragung, S. 19, S. 28 5, **109**, 125, 131, 167, 170, 175, 182, 188, 214, 286, 312, 388
divergierende Verwitterung und Abtragung, bodenintern 120
Dolerit 100, 116, 781
Doline, Einsturz- **58**, **91**, 245
 – Lösungs- 57, **63, 64**
 – Salz- **87, 89**
Dolinenfeld **61**
Dolinenverfüllung 58, 60, 61
Doppelte Einebungsfläche S. 27, 116, 118, 120
Draa 297, 741, 743, 747
 – Dünengitter 743
Drachenrückendüne 741–745
Drainagespülung 448, 451
Dreiecksbucht 181
Dreischichttonminerale 232, 301, 303–305
Drifttheorie 567
Dropstone, *dropstone* 529, 545
Druckentlastung **41**, 45, 109, 120, 134, 137, 140, 363, 365, 368, 369, 370, 375, 489, 534, 578, 676
Druckschlagerosion (Brandung) 670, 676, **682**, 685
Druckschmelzpunkt 487, 534, 552
Druckstrom der Brandung 533
Drumlin, alpin pleistozän 552
 – Genese 552
 – Inlandvereisung 514, **565**
 – rezent 511
Dryas, jüngere 557, 567
Düne 166, 297, 299, 301, 718, 719, **725–765**
 – bewachsen 741, 743, 745, 747, 751–757; s. a. Küstendünen
 – Drachenrücken- 741, 745
 – durchfeuchtet 748–750
 – Echo- 176, 696, 722, 800
 – Erosions- 743

– gebundene 713–715, 718, 719
– freie (Begriff) 713, 718
– Küsten- 634, 654, **761–765**, 697–698
– Kupsten- 765, **755**
– Längs- s. Längsdüne
– Longitudinal- s. Längsdüne
– partiell reaktiviert, 753–756
– polygenetisch 741–747
– Primär- **762**, 762
– Quer s. Querdüne, Transversaldüne
– Sekundär- **762**, 761
– Stern- 745
– Tertiär- **762**, 764
Dünenfeld 732, 734
– jung 759
Dünengasse 743, 753
Dünengenerationen 741, 743, 745, 750
Dünengenese 297
Dünengitter 743
Dünenkamm 299, 719, 741, 743, 745, 747, 750
Dünenkern (*standfest durch Paläoboden*) 752, 755
Dünenkliff 654, 761, 764
Dünenrampe (= Leerampe) 716, 727
Dünenremobilisierung, anthropogen 753–756
Dünensandliefergebiet 759
Dünensandschichtung **748–750**
Dünenstabilisierung, anthropogen 729
 – durch pluvialzeitliche Bodenbildung 741–750
Dünenvegetation 654
Dünenwall 634
dunes d'érosion 806
Dünkirchen-Transgression 633
Dünung, Dünungswelle 649
Durchbruch (von Mäanderschlinge, Uferdamm) 254, 256, 271, 272
Durchbruchstal 130, 152, 181, 310, 312, 319, **330**, 352
durchfeuchtete Dünen 748–750
Durchlaufsee 347
Durchströmungsmoor 597
Durchtränkungsfließen 290
duricrusts 398
Düsenströmung (äolisch) 716
dust bowl 609, 776
Dwyka-Inlandvereisung (Karbon) S. 14 ff., S. 19, 491
Dynamik, endo- und exogene S. 10

*e*arth *hummocks* (Thufur) 466
Ebbdelta 652
Ebbe 635, 636, 638, 639, 641, 644, 651, 658, 673
Echodüne 176, 696, 722, 800
– Kleinform 696
edaphische Trockenheit S. 19, 109, 131
Eem-Warmzeit 556
Endmoräne 478
Einkieselung **398–401**
– hydrothermal 133
Einsandung, äolisch 164, 176, 225, 378, 380, 792, 800, 805, 808, 809 (ohne Dünengebiete)
Einschneidung von oben her (eines Flusses) 312, 319, 331, 352
Einschwenken von Wellenkämmen 655
Einsinkausguss = *load cast* 458, 459

Einsturzdoline **58**, **91**, 245
– Salzkarst **91**
Einsturzschlucht (*Piping*-Phänomen) 245
Einzugsgebiet 285, 313, 315, 317, 321
Eis, stagnierend 479, 485
Eisbänderung **481**, 483, **484**
– von Firn 478
Eisberge 527, **529**, 530
Eisbruch 478, **479**, 496, 499, 505
Eisbewegungsrichtungen 535
Eisenausfällungsringe 101
Eisenkruste 95, 106, 186, 315, 319, 349, 371, 382, 399, 802
Eisenkrustenkarst 95, 319, 399
Eisenoxid-Bänderung 458
Eisfarbe 483, 484, 529, 530
Eiskappe 18, 278, 439, 474, 478, 642
Eiskarren 508
Eiskeil, epigenetisch/syngenetisch 584
Eiskeilnetz **460, 463**, 467, 469
Eiskeilpseudomorphose 458, **461, 462**, 584
Eislinse 465
Eisrandlage, jungglazial-alpin 499, **549–552**
Eisrinde 408, 443, 446, **456**
Eisrindeneffekt S. 13, 352, 354, 456
– am Hang 389
Eisschichtung **481**, 483, 484, 505, 506, 508
Eisschurf s. Abrasion, glazial
Eisschurffläche 441
Eis, Segregations- 465, 469
Eisspaltenaufpressung 525
Eisspaltenpolygone **460, 463** 467, 469
Eisstausee 515, 518, **544–548**, 574, 644
– Aufschlüsse 548, **581–583**
Eisstauseebecken, pleistozän **544**
Eisstauseesediment 545, 546
Eisstauseeterrassen 518, 546
Eisstromnetz 155, 278, **474**
Eisstrommuster, dendritisch 474
Eiszeitenquartär S. 15
Eiszerfallsrelief, rezent **510**, 527, 556, 558
Ektropische Zone retardierter Talbildung S. 11
Electron plucking 778
elektrostatische Aufladung (*Flugsand*) 690
Elsterzeitliche Rinnen S. 29
end moraine (= Endmoräne) 506
Endmoräne 290, 478, 493, 494, **505**, 507, 509, 518, 522, 537, 560
– Ablations- 290, 505
– alpin, pleistozän 549, 550
– eisüberfahren 514
– Jahres- 506
– Kleinform 493, 494, 306
– prä-weichselzeitlich 566
– schuttreich 514
Endmoränenstaffel **509**, 514
endogene Dynamik S. 12
endogene Rohform S. 21, 8
endolithische Algen 55
endorheïscher Abfluss 297, 299
endorheïsches Becken 203, 215, 288, 289, 306–311, 803
Endpfanne 288, **297–302**, 757, 759, 771
– geflutet 297
Endokarst (Begriff) 95

Sachregister 351

Endrumpf S. 14, S 21, S. 22
Endsee 297
englaziales Sediment, *englacial sediment* 529
Enteisung, subaerisch/unterirdisch 557
Entkalkungsschlotten 555
Entkalkungsverbraunung 555, 587
Entwässerung, subglazial 498, 505, 508
ephemeral stream 267
eolianite 666
ephemere Abflussbahnen 257, 310
ephemerer See 297
epigenetisches Durchbruchstal 152, 181, 330,
epigenetisches Tal 152, 181, 315, 319, 321, 323–330, 332, 337, 339, 339
episodischer Abfluss 288
equivalent sand thickness 735
Erbinselberg **131**, **133**, **134–137**, **141**, **148**
Erdbülten 466
Erdknospen 450, 541
Erdpyramiden 545
– Kleinform (durch Bodenerosion) 617
Erg 297, 299, 301, 735, 736, **741**, **743**
Erggenese 759, 806/807
Ergrandgenese 757
Erosion, linienhafte S. 14
Erosion, rückschreitende s. rückschreitende Erosion
Erosionsbasis Meeresspiegel S. 26
Erosionsbasis, lokale 141, 282, 317, 319
Erosionsdüne 806
Erosionsterrasse in Lockersediment 251, 260
Erosionsterrasse s. Felsterrasse, fluvial
Erosionszyklus (W. M. Davis) S. 14, 2
Erratika 567
esker – Os 570
Eulitoral **635**, 676, 678, 680
Eustasie, Glazial- **633**, 678
eutrophes Niedermoor 595
Exaration 494, 496, 498, 499, 501, 509, 516, 531, 532, 535, 537, 540, 552, 565, 667
exhumierter Inselberg **143–145**
exhumiertes Tal **332–336**
exogene Dynamik S. 11
Exokarst (Begriff) 95
exorheïsch 215, 310
extending flow 479
Exzessive Flächenbildung, Zone der S. 18, S. 27
exzessive Talbildung S. 11, 1, 352

Falten, Glazialtektonik **589–593**
Faltengebirge S. 20, 1
Faltung in Glazialsediment 591, 592
Fanger 230
Fanglomerat 185, 220, 228, 230, 413, **416–418**
fanhead trench **282**
Fastebene S. 14
fault-line scarp (überformte Bruchstufe) 158, 189, 345
feedback, positive 272, 273
Feinerdebeet, kryoturbat **448–452**
Feinerdekern, kryoturbat **448–451**
Feinkiesmantel, kryoturbat **448–452**
Feinserir 710, 712

Felsausbisse, Pediment 209, 211
Felsenmeer **446**
Felsfächer (*Rock Fan*) **213**, **214**
– Kleinform 208
Felsflussbett 269
Felsgravuren, prähistorisch 394
Felskliff, holozän reaktiviert 639, 669, 670, 673
Fels-Kliffküste 636, 639, 642
Felsrelief, pleistozän eisüberformt 346, 345
Felssohlenterrasse s. Felsterrasse, fluvial
Felssturz 106, 170, 201, **366–369**, 671, 676
Felsterrasse, fluvial 89, 191, 221, 260, 265, 278. 280, 325, 326, 332, 337, 339, 352, 439
– marin 55, 647, 655, 665, 683, 686, 687
Felsyardangs (= Windhöcker) 794, **797**, 798, 800, 802, 809, 819
ferralitische Verwitterung 110
Ferricrete, *Ferricrete* 398, *s.* Eisenkruste
fetch 649
Feuerstein 578, 669
figuration périglaciaire 448
Filterspülung 448, 542
Findling 51, 567, 650
fingertip channel 321
fining upwards 304
fins (freistehende Sandsteinmauern) 120, 370
Firn 290, 479, 484
First (einer Stufe) 167
Fjord **667**
Flächenbildung s. Rumpffläche
Flächenbildung, jungtertiäre S. 30
Flächenbildung, selektive S. 23
Flächenbildung, restriktive S. 30, 184, 186, 319, 331
Flächenbildungsklima S. 28
Flächenbildung, Zone exzessiver S. 18, S. 27
Flächeninsel S. 25
Flächenpass S. 25, 69, **128**, 130, 172, 179, 181, 219, 222, 716, 803
Flächenreste 257
– Karst 66
Flächenspülung 302
Flächenstreifen S. 28, **127**, 331, 352, 366
Flächentieferlegungsrate, jungtertiäre S. 27
Flächentreppe **156**, 133, 186, 188, 366
Flachküste 642
Flachmuldental S. 29
Flachwasserküste 658
Flachmuldental 124
Flachpolygone 460
Flandrische Transgression 633, 761
Flankenunterschneidung (Yardangs) 793, 795
Flexur 15
Fließerdedecke 432
Fließerdeloben 437, 441, **442**
Fließerdestufen 433, 439
Fließmoräne **482**
Fließwülste 442
floating bog 599
floodplain 345 s. Talaue
flow till 482, 526

Flugsand, spätglazial, Inlandvereisung 585
Fluss, perennierend 262, 263
– Salzwasser- 87
Flussaue s. Talaue
Flussbett 28, 266, 267, 271, 272, 274–281, 285, 357
– Fels- 269
– Schotter- 262, 263, 279
Flussbettdynamik **270–273**
Flussbettgliederung 265, 274
Flussdelta 254, **294**, **296**, 515, 652
Flussgefälle 257
Flusskiesel 349-351, 428
Flusslauf, mäandrierend 251, 254, 256, 257, 259
– pendelnd 250
Flussmarsch 663, 664
Flussmündung 181, 280, 284, 313, 315, 319, 321, 325, 327, 759; *s. a.* Flussdelta
– ertrunken (Ria) 663, 664
– verschleppte 652, 655, 687
Flussnetzentwicklung **315–321**
Flussnetzhierarchie 313, 321
Flussschotter 265, 274, 275, 346, 347, 414, 417, 428, 553-555, 577
Flusssedimente, kalkzementiert **413–421**, 422, 423
Flussterrasse, Akkumulations- 228, 244, 250-252, 260, 262, 265, 281, 297, 341, 345, 346, 347, 349, 352, 356, 356, 358, 413-415, 419, 521, 757, 759
– arid 57, 759
– eisenverbacken 349
– Erosions-, in Lockermaterial 251
– Erosions- s. Flussterrasse, Fels-
– Fels- 89, 90, 260, 265, 278. 280, 325, 326, 332, 335, 337, 339, 352, 439
– glazifluvial 345, 346, 521, 542, 341, 345, 346, 553–555
– glazifluvial, kalkverbacken 553–555
– holozän 244, **359–361**
– kalkversintert 332, 335, 342, 405, 407, 411, **413–421**, 553-555
– Kleinformen 273
– Salzkarst 89
Flussterrassen **341–361**
Flussterrassenabfolge 347, 350, **352**, **354**, 356
Flussterrassenfläche, abgeschrägt s. Flussterrassenglacis
– horizontal 342, 345, 346
Flussterrassenglacis 65, 163, 250, 257, 315, 341, **343**, 350, 352, 354, 356, **358**, 415, 546
Flussterrassenkante 341–343
Flussterrassenkörper (Sediment im Aufschluss) 342, 343
Flussterrassenkonvergenz 341, 521
Flussterrassensediment 347
Flussterrassentreppe 227, 342–347, 350, 352, 354, 356, 521
Flusstrübe 270
Flussverbau 354, 356
Flutbasaltdecke 13, 17, 23, 25, 186, 241, 292, 390, 522
Flutdelta 652
fluted moraine 511
fluviale Aufschlüsse 208, 220, 246, 335, 351, 358, 361, 414, 416–421

fluvioglazial s. glazifluvial (fluvioglacial ist die im Englischen üblichere Form)
fluvio-(a)eolian sand ramp **720–724**
fluvio-äolische Sandrampe **720–724**
free face 166, 191, **201**, 378, 384, 392
friction cracks 490
foreset beds (Delta) 294, 295
Formgrößen-Existenzdauer-Regel S. 20
Fossil, fossil (Begriffsklärung) 1 24
Frontstufe 164
frost crack polygons, seasonal 463
frost creep 432, 454
frost wedging 38
Frostbodenfließen 432
Frosthügel **464–469**
Frosthub 433
Frostkriechen 432, 454
Frostmusterboden **448–453**
Frostschutt, freigespült, pleistozän-periglazial 610, 611
– pleistozän 58, 64, 388, 391, 392, 396, 454, 456, 627, 446, 447
– pleistozän-periglazial subtropisch 64, 247, 388, 390–397, 611, 613
– rezent, holozän 30, **38**, 249, 292, 383, 389, 390, 432, 439, 442, 443, 446, 450–453, 444, 472, 493, 494, 502, 508
Frostschutthalde 389, 493, 494, 498
Frostschutthang 17, 30, 249, 432, 436, 444, 472, 389, 390
Frostschuttkegel **389**, 390
Frostschuttzone 448
Frostsortierung **448–452**
Frostspalten 460
Frostspaltenmakropolygone 463
Frostsprengung 38, 247, 290, 341, 343, 383, 389, 390–397, 446, 470, 474, 493, 494
Frostverwitterung = Frostsprengung
Frostverwitterungsrelief 474, 494, 496
Frostwechsel 435, 470
frost wedging = Frostsprengung
Fumarole 37
Fußfläche 15
– arid/semiarid s. Pediment
– Begriffserklärung 204
– nicht-arid 182, 230–
– s. Glacis, Flussterrassenglacis

Gangquarz, verwittert 113, 114
Gangquarzschotter 350/351, 415
Gatt, Seegatt 658
Gäufläche 236
Gebirgsrand 86, 158, 206, 211, 212, 215, 227, 286, 288, 317, 345
Gebirgsrelief, eisstrom(netz)überformt 155, 444, 345, 474, 495, 496, 498, 499, 502,
– pleistozän inlandeisüberformt 441
Gebirgszertalung **155**, 158, 317
gebundene Solifluktion s. Solifluktion, gebundene
geköpftes Tal (sogenanntes) S. 26, 172, 176, 178, 179, 313, 356
gekritztes Geschiebe **492**
gelifluction lobe 439
Gelifluktion, *gelifluction*, Gelisolifluktion s. Solifluktion
Gelisolifluktion, Leistungsfähigkeit 442
geographic cycle of erosion S. 14, 147
geologische Aufschlüsse 126, 153

Sachregister

geologische Orgeln 555, 669
Geomorphologie, klimagenetische S. 11, S. 13
geomorphologische Ära S. 15
geomorphologische Gesteinshärte S. 18, S. 23
geomorphologische Zonen, Entwicklung S. 12, 4
Gerinnenetz, anastomosierend 277–282
Germaniglazial 556
Geschiebe (= fluviales Geröll) 265
– gekritztes **492**
– glazial, rezent 433, 435, 487, 492, 507, 509, 518, 525, 526
– pleistozän **567, 568**, 578, 635, 650, 672, 678
– windkorradiert 785
Geschiebebedecksand, Aufschlüsse 459, 461, 579, 580
Geschiebelehm 557, 587
Geschiebemergel 557, **578**, 579, 580, 581, 587, **588**, 590
Gesteinshärte, absolute/geologische 182, 199 s. Akkordanz
– geomorphologische S. 18, S. 23, 182, 183, 186, 189, 191
Gesteinshärteunterschiede, Inwertsetzung S. 30
Gesteinslösung und Saprolitisierung S. 29
getreppter Hang, strukturabhängig 390
– Stufenhang, strukturunabhängig **182**, 185, 186
Gewässerdichte 319
Gewässernetz, kluftnetzangepasst S. 23, 10, 319, 327
Geyserit 35
Gezeitenmäander 638, 652, 655
Gezeitendelta 652
Gezeitenschorre 649, 669
Gezeitenstrand 647, 651
Gezeitenstrom 652, 655
Gezeitenwirkung, schwach 652, 654, 655
– stark 635, 638, 641, 651, 658, 660–664, 673
Ghourddüne **746, 756**
– fluvial zerschnitten 756
Gipfelflur 75, 79, **155**, 189, 284, 540
Gipfelplateau, pleistozän eisbedeckt 158
Gibbsit 110
Gipshöhle 52
Gipshut **52**, 84
Gipskarst 52, 54
Gipskruste, fossil 431
– rezent 430
Gipskrustenaufschlüsse **430, 431**
glacial outwash (s. Glazifluvial) 345
glacial stairway 531
Glacis, Flussterrassen- s. Flussterrassenglacis
– getreppt **228**
– pleistozän-periglazial 3 56, 358
– Talboden- 65, 257, 315
– zerschnitten 228, **229**, 260, 402, 415
glacis d'accumulation (= Schwemmfächer) 282
– *d'épandage* (= Schwemmfächer) 228
– *d'érosion* 64, 228, **229**, 260, 402, 415
Glacisbildung am Altdünenfuß 756
Glatthang 247, 249, **435**, 502

– salzinduzierter 437, 438
Glazial-/Interglazialzyklus S. 13
glazial, pleistozän 270, 368, 546, 548, 553–555, 567, 571, 577, 578–594
– rezent 481, 487, 508, 526
glazialer Zyklus S. 14
glaziale Serie 549
Glazialformen **474–556**
Glazialgeschiebe, Inlandvereisung 38, 515, 60, **567, 568**, 569, 650
– rezent 133, 187, 192, 507, 509, 518, 525, 526
Glazialisostasie 244, 522, 535, 547, **633**, 642, 647, 678
Glazialsee 531, 515, 517, 518, 532
Glazialsedimentation unter Wasser 529, 574
Glazialtektonik, Inlandvereisung 585, **588–594**
Glazialtheorie 567
Glazialübertiefung S. 31, 531, 532, 537, 540, 667
glaziär s. glazial, rezent
glazifluvial, Inlandvereisung 270, 291, 368, 457, 461, 462, 560, 561, **570–577**, 580, 581, 584, 590–593
– gestaucht 590–593
– pleistozän-alpin 553–555
glazifluviale Aufschüsse, glazial deformiert, pleistozän, Inlandvereisung 590–593
– pleistozän, Inlandvereisung 270, 291, 368, 546, 571, 577, 579, 582, 584, 590–593
– Schotter 38, 508, **554, 555**
– Terrasse 521, 542, 341, 345, 346, 542
glazifluvialer Aufschluss, Toteis-Bruchtektonik 594
glazigene Prozesse 474 *(Begriff)*
glazigenes Kerbtal 496
Gleithang 251–254, 260, 270, 276, 326, 337, 346, 352, 359
– eines Priels 658
– eines Ria-Flusses 663, 664
Gleitmäander 326
Gletscher, kalbend **527, 530**
– kalter 493
– Kar- 493, 494
– temperierter / warmer 479, 485, 487, 509
– vorrückend 479, 505
Gletscherbruch 479
Gletschereis 481–484, 487, 506, 529, 530
– ausgeapert 474, 476, 478, **484**, 485
– schuttreich 508
– stagnierend 479, 485, 506
Gletschereisrelief 479, 483, 505
Gletscherkonfluenz 474, 496, 527
Gletscherkorn **482**, 483
Gletscherlauf *(Jökulhlaup, isländ.)* 523, 642
Gletschermilch 294, 489, 544
Gletschermühle 269, **536**
Gletscherschliff, exhumiert 491
– pleistozän 51, 534
– rezent 483, 489, 490
Gletscherschrammen 491, 567
Gletscherspalten 478, 479, **483**, 505, 507
Gletschertor 479, 498, **508**, 518, 522
Gletschertrübe 294, 489, 544
Gletschertorsander 521

Gletscherursprungsmulde 474
Gletschervorfeld 496, **507**
Gletscherzunge 476, 496, 502, **506**, 507, 522
– ohne Endmoräne **506**
– schuttbegraben 498, 502
– vorrückend 479, **505**
Gnamma 94
Gondawana S. 15
Gondwana-Rumpffläche S. 29
gooseneck 232
gorge (engl., frz. = Schlucht) 337, 339
Grabenbruch **13**, 204, 310
– in Lockergestein 368
Grabenrand (tektonisch) 13, **15, 230**
Grabenrand-Glacis 230
graded shoreline 652
Gramadullas 332–336
Granit, intensivverwittert **101, 105**
Granitgebirge 199
Granitinselberg 131, 134, 135, 137, 140, 141, 148
– arid 146
Granitkarren 92, 134
Granitlösungsformen 125, **90–94**, 134
Granittempel, geringe Verwitterung S. 18, 6
Granitverwitterung 42, 34
Grat 155
Graudüne 762
Graulehm 149
gravitative Massenbewegungen 362, s. Bergstürze, Felsstürze, Rutschungen, Solifluktion
Greisenstadium S. 14
Grenzneigungswinkel (von Dünensand) 725
Grenzhorizont (in Hochmooren) 604
Grobsandpflaster (durch Deflation = Reg) 710, 712, 772, 773
Grobschuttbeet, kryoturbat 448–453
Großdünen 741, 743, 745, 746, 747
Großkar, pleistozän 495
Großrippeln 705, 706, 708
– fluvial 267
Großrippeltal 705
Grundblöcke 446, s. Kernsteine
Grundhöcker 118, 131
Grundhöckerrelief 510, 534
Grundmoräne, alpin, rezent ausgetaut 496, 498, 502
– glazialtektonisch deformiert 579, 590–593
– austauend 485, 486, 556, 558
– im Eis (= Untermoräne) **487**, 489, **508**, 529
– in Klamm 242
– kuppig, rezente Kleinform **510**, 525
– pleistozän, Inlandvereisung 368, 459, 524, 543, **556–560, 578–581**, 585, 587, 590, 591, 635
– blockreich **578**
– entkalkt 587
– gestaucht 585, 590, 591
– in Kreide gepresst **588**
– sandig 585
– rezent, holozän, pleistozäne Inlandvereisung 18, 478, 487, 489, 498, 505, 525, 526, 543
Grundmoränenkliff 635, 650, **672**
Grundmoränenschutt 492, 518

Grundmoränensee 565
Grundmoräne-Sander-Übergang, Aufschluss, Inlandvereisung 579
Grundwalze 270–273
Grundwasserabfluss 317
Grundwasserbleichung (in Saprolit) 790, 794, 798, 803
Grundwassercalcrete s. Kalkkruste, Grundwasser
Grüppen 660
Grus 42, 178, 209
gypcrete (= Gipskruste) 430, 431
Gullybildung 245, **615–620**, 756

Haff 655
Hakenschlagen, solifluidales 454, 459
Halbgraben 15, 317, 345
Halbhöhle **43**, 342, 403 (s. a. Tafoni)
Haldenhang 166, 191, 201, 212, 243, 335, 368, 378, 380, **384**, 392, 406, 671
– mit Kalkkruste 406
– Modell 384
– rezent entstanden 546
Haldenhangstufe **201**
Hallig 638, 662
Hamada 167, s. a. Steinpflaster
Hämatit 50
Hang, Schichtunabhängigkeit 153, 154, **383, 384**, 385, 392, 397
Hangabtragung, solifluidal 285
Hänge **362–397**
Hängetal 531
Hängekarren 78
Hangformung 153, 154, 337, 339, 341, 343
– arid 154
– periglazial, rezent 249, 285, 432, 434, 436, 444, 452
– pleistozän-periglazial 235–240
– spätglazial 440, 447
Hangfußeffekt, zentrifugaler 137, 141
– zentripetaler 28, 141
Hanggenerationen 396
Hangknick 384
Hangmoor 600
Hangmulde 396
Hangpedimentation S. 28
Hangprofil, sigmoidal 82, 86, 97, 140, 141, 143, 170, 172, 193, **201**, 211, 23, 341, 358, 378, 385, 438, 436, 444, 496, 543,
Hangprofile (zu allgm. f. einzelne Auflistung); s. a. Hangtreppung
Hangprofilgenerationen 196, 199, 244, **385–388** s. a. Unterhangverstielung, s. a. 396.
Hangrillen 223
Hangrinnen 392
Hangrückverlegung 339, s. Stufenrückverlegung
Hangrunsen 154, 208, 233, 341, 378, 395
Hangschutt 396
– auf Gletschereis 479, 496
– grobblockig 367, 393, 394
– kalkversintert 408
– patiniert (arid) 366, 367, 371, 378, 380, 384, 385 392, 393, 394, 397
– rezent 89, 390
Hangschuttaufschlüsse 395–397
Hangschuttblöcke 367
Hangschuttdecke 191, 217, 219, 247, 341, 381, **392–395**, 397, 537, 543

Sachregister

– ausgespült 393–395
– pleistozän-periglazial 247
– rezent-periglazial 249
– zerschnitten 191, 199, 201, 317, 339, **392**, 397
Hangschuttgeschichte 391–397
Hangtreppung in Löss 243
Hangtreppung s. Stufenhangtreppung
– solifluidal **432**, **433**, **439**, **443**
– strukturangepasst 181, 193, 195, 390
– strukturunabhängig 86, 175, 176, 183, 184, 201, 186–190, 356, 539
– tektonisch 230
Hangverschneidung 128, 155, 186, 317, 337, 339
Härte, geomorphologische S. 18 ff.
Härteskala nach Mohs S. 18
Härtlingsinselberg 133, 151, 160
Hartrinden 43, 819
Hatformet bakke (dän.) 564
Haupterosionsbasis S. 20
Hauptgäufläche S. 24
Hauptzonen der Küstenformung, klimatische 633
Hauptlage (Deckschutt) 455
head 677
headwall (= Karrückwand) 493
headward erosion (= rückschreitende Erosion) 270–273
Heterolithische Schichtstufe S. 22
s. a. Schichtstufe, heterolithische
High-center polygons 460, **469**
historisch-genetische Geomorphologie S. 31
Hjulström-Diagramm 648, 658
Hochacker 630–632
Hochenergieküste s. Küste, Hochenergie-
Hochgebirge S. 20, 155, 345, 158, 444,
Hochmoor 149, **600**, 603–607
– trockengelegt 604
Hochmoorbasis, Bohrkern 602
Hochpolygone 460
Hochschorre 639, 647
Hochwasserbett 28, 228, 254, 260, 262, 264, 272, 278, 284, 315, 323, 352, 511
Hochwasserfolgen 254, 256, 265, **274**, **275**
Höhenstufung (von Reliefformen) 436, 443
Höhle, Gips- 54
– Granit- 92, 93
– Kalksteinkarst- 83
– Sandsteinkarst- 97, **98**, **99**
Höhlenlehm 54, 61
Hohlkehle, durch Bodenerosion **614**
– Brandungs- 678
– durch Wandverwitterung 420
Hohlkehle (marine Bioerosion) 676, 680
Hohlweg **625**
Holz, verkieselt 190, 233
homolithische Schichtstufe S. 24
s. a. Schichtstufe, homolithische
hoodoos 545
horn (= Karling) 474
Hornito 29
Hotspot *(hot spot)* 13
Hungerbrunnen 65
Huthügel 564
Hyaloklastit (neuere Bez. von Palagonit) 18, 244, 278, 280, 642, 799
Hydratation 40, 46
Hydratationsrinde von Feuerstein 578

Hydrolyse 46
hydrothermale Kalksinterausfällung **36**
– Sinterkegel 33
– Verwitterung **30**, **32**, 160, 249, 262, 281
Hydrothermalformen **30–37**, 285

ice cap 477
icefield 474
ice-stream network 474
ice wedge polygons **460**
Ignimbrit 21
imbricated bedding **265**
Immerfeuchte Tropen, Flächenbildungsklima der S. 26
Impakt (von Regentropfen) 232
Injektionseis 467
Ingressionsküste 663, 667
Inlandeis 18, 51, 474
Inlandvereisung, Karbon S. 19, 7
Innenmoräne 529
Insel, einsedimentiert 642
Inselberg S. 16, S. 29, 63, 75, 92, 109, 125, **131–148**, 161, 163, 176, 214, 302, 307, 627, 719, 757,
– auf Altflächen 160
– arid 97, 146, 176, 319
– Aufsitzer- 151, 158, 201, 381
– Ausliger- 97, 141, 166, 167, 188
– azonaler 131, s. Inselberg, Erb-
– Block- 125, s. Tor
– ektropisch 146–149
– Erb- **131**, 133, 134–137, 141, 146, 148
– exhumiert 143–**145**, 178
– gesteinsbedingt **133**, 151, 160
– Granit- 131, 134, 135, 137, 140, 141, 148
– mit Bodendecke 141
– Mittelbreiten 147, 148
– Plateau- 136
– Sandsteinkarst- 97
– Schild- 123, **125**
– semiarid 133, 135, 136, 140, 143, 145, 161, 163, 188
– tektonisch 311
– Typen 131–137
– zonaler 131, s. Inselberg, Ausliger-
– zu Windhöcker umgestaltet 800
Inselbergflanke 5, 134, 137, 388
Inselbergfuß **140**
Inselberghang unter Frostschutz 388
Inselbergebiete 123, 127, 128, 141, 757
– exhumiert 145, 178
Inselbergwindrelief 800
Insolationsverwitterung 40
Intensivverwitterung s. a. Inselberge, Kernsteine, Rumpffläche, Saprolit, Silikatkarst
– Aufschlüsse 100–108, 110, 111,113, 115, 122, 210, 212, 213, 246
– chemisch 100–**120**
– präkambrisch/proterozoisch S. 24, S. 27, 143, 178, 395, 720
– tertiär humid-außertropisch S. 27, S. 29, 10, 104, 105, 115, 116, 119, 120, 352, 446, 454, 455, 554, 568
– tertiär, heute semiarid / arid S. 25, S. 29, 100, 101, 102, 106, 108, 111, 120, 121, 122, 160, 210–212, 351, 370, 385, 396

– tropisch (rezent?) 103, 109–113, 141
– selektive S. 21
Interferenzwellen, marin 655
Interflow, *interflow* 79, 245, 317, 319, 321, 405, 615
intermittierender Abfluss, *intermittent runoff* 260
intermontane basins S. 25
Interpluvial 286, 288
Interpluvialzeiten S. 17
interstitial ice 443 (s. Eisrinde)
intramontane Ebene s. intramontanes Becken
intramontanes Becken S. 23, 11, 68, 69, **128**, 130, 133, 141, 164, 302, 317, 319, 544, 501, 544, 809 (mit Windrelief)
– tektonisch angelegt 229
Intraplateaubecken S. 23
isostatic rebound 535
Isostasie, Glazial- 244, 522, 535, 547, 633, 642
isovolumetrische Verwitterung S. 29, **101**, 104, 105, 122
involutions 457–459

Jahresschichtun, von Gletschereis 481, 483, **484**, 505, 506, 508
– von Bänderton 548, 583
Jahres(end)moränen 506, 511, 512
Jökulhlaup (isländ. Gletscherlauf) 523
Jugendstadium S. 12
Jungpliozäner Klimawandel S. 30
Jungtertiäre Flächenbildung S. 30

kalbender Gletscher **527**, **530**
Kalkhöhle 83
Kalkkruste (Calcrete) 121, 228, 265, 332, 335, 381, **402–429**
– äolischer Eintrag 406
– Autozyklen 407
– Bildungsklima 402, 405
– biogen-exhalativ 421
– gesteinssprengend 408, 409, 410, 426
– Grundwasser- **402**, **404**, 405, 408, 413–420
– mit Kalkkrustengeröllen 228, 422, 423
– Kiesel/Schotter umhüllend 347, 423, 424, 427, 428
– als Kluftfüllung 408, 409, 410
– Kluftweitung **408**, **409**, 410
– konglomeratisch 413
– konkretionär 411, 412, 424
– laminar 408, 410, 412, 424, 425, 428
– nodulär 411, 412
– pedogen 121, 122, 124, 403, 406, 408, 409, **410**–412, 419, 420, 422–427, 429
– phreatisch 416 (s. Kalkkruste, Grundwasser-)
– Reliefpositionen **402–407**
– Typen, Nahaufnahmen **422–429**; s. a. 347, 419
– Volumenvergrößerung 408–410, 413/ 414, 420, 423
– zellulär 421
Kalkkrustenauflösung 332, **427–429**
Kalkkrustenaufschlüsse 121, 335, 403, 408–412, 414–421, 422–429
Kalkkrustengenerationen 402, 407, 422–424, 428
Kalkkrustenkarst 402, 427, 428
Kalkkrustenstufe 402, 404

Kalkkrustenterrasse, fluvial 1 33, 405, 407, 413–420
– fluvial, Alpenvorland 553–555
Kalklösung, Kleinformen 48–51, 57, 63, 78, 81, 670
– strukturnachzeichnend 419, 420
Kalkpseudomorphosen 347, 419, 724
Kalksättigung von Meerwasser 675, 680
Kalkschutt 64
Kalksinter 33, 70–74, 405, 412, 421
– hydrothermal 33, **36**
– tropisch 78
Kalksinterbarriere **70**, **72**
Kalksteinkliff 650, 669, 680
kalkversinterte fluviale Terrasse, Alpenvorland 553, 554
– fluviolimnische Akkumulation 419–421
– Schotterterrasse 133, 347, 405, 407, **413–418**
Kältewüste 524, 612
Kaltzeit (Def.) 553
Kame, Kame-Terrasse, holozän 517
- Inlandvereisung 576
Kamekomplex 517
Kamenitza 94
Kammeis **432**, **448**, **465**
Kammeisgleiten 448
Kammtreppung (von Rippeln) 706
Kammpass 149
Kannelürenwindschliff **780–782**, 800, 802
Kaolinit S. 17, S. 29, 30, 104, 110, 122, 160
Kar 470, **474**, 493–496, 499, 539, 540
Karboden 493–495
Karling 155, 474, 494, 496, 501, 540
Karren 49, **50**, 57, 63, 67, 687
– Eis- 508
– hängend 78
– Kleinformen 48
– Rillen- 50
– Rinnen- 48, 63
– Steinsalz- 88
– Tropenkarst- 57, **78**, 81
Karrenfeld, brandungsüberschliffen 55
– eisüberschliffen 51
Kartreppe 531
Karverwitterung, interglazial 493
Karrückwand 441, 493, 494
Karschwelle 494
Karst 48–99, 325, 237, 555
– bedeckter / unbedeckter (Begriff) 50
– Bio-, marin 55, **56**, 666, **678**, **679**, 682
– dinarischer *(Begriff)* 68
– Eisenkrusten- 95, 319, 399
– Endo- u. Exo- 95 *(Begriff)*
– nicht karbonatischer **86–99**
– Peridotit- 92
– Sandstein- 95–99, 117, 170, 803
– Silikat- **92–99**, 125, 319
– subterraner (= Endokarst) 54, 81, 83, 91, 97–99
Karstaufschlüsse **50**, **78**, **81**, **87**
Karstebene 75
Karstinselberg, Sandstein- 97
Karstplateau, Sandstein- 95, 319
Karstplombierung durch Auelehm 629
Karströhren, Salzkarst 91
Karstschlotte S. 29, 428, 555, 669
– in Kalkkruste 427, 428

Sachregister

Karsttürme 77
Karstwannen, korrasiv überprägt 810
Karstwasseraustritt 65
Karstwassersystem, phreatisch 52, 64, 83, 99
– vados 75, 77, 83, 99
Kartreppe 531
Kaskadenzone 312
Kastental 152, 163, 236, 247, 250, **278– 281**, 315, 347, 352, 354, 356, 405, 407
katabatischer Wind 757
Katastrophentheorie S. 11
Kavitation 312
Kavitationskorrasion 531, 535
Kegelkarst 79
Keltenwall 626
Kerbenprofil (im Gipskarst) 54
Kerbensprung 615, **616**
Kerbsohlental s. Sohlenkerbtal
Kerbtal 89, 186, 208, 229, 233, **247**, 249, 257, 286, 288, 308, 313, 317, 323, 337, 339, 362, 385, 436, 439, 609
– in Eis 479, 502, 505, 508
– glazigen 498
– in Sandrampe 720
Kernsteinaufschlüsse **100, 101, 111**
Kernsteine 39, **100**, 115, 116, 135, 264, 396, 426, 446, 568, 791
– durchgewittert 101
– als Flussgerölle 263
– freigespült 111
– als Geschiebe 568
– umgelagert 264
– als Windkanter 784, 791
kettle and kame topography 576
Kevir **308–311**
Keviralter 311
Kevirsee 311
Kieselkrusten 395, **398–401**
Kieselsinter 35
Kiespflaster, deflationsbedingt 772
Klamm **242**, 531
– exhumiert **242**
Klei 661, 662
Kleine Eiszeit 463, 502, 506
Kleinform als Modell: Abflussereignis 270–273
– Delta 296
– dendritisches Talnetz 283, 615
– Eisstausee 518
– Endmoräne 493, 494
– Grabenbruchtektonik 594
– kuppige Grundmoräne **510**, 525
– Inselberglandschaft 488
– Karst 48, 60, 73
– Murkegel **291**
– Pediment 208
– *Rock Fan* 208
– Schwemmfächer 273, 282, **283**
– Tektonik 594
– Yardangs 786, 787
Kleinkatastrophe 275, 366
Kliff s. a. Steilküste
– Dünen- 299, 639, 654, 761, 697
– Eisstausee- 518
– Grundmoränen- 635, 650, **672**
– durch Hangprozesse überformt 634, 645
– Lockermaterial- 308, 335, 645, 671–673
– marin, Basalt- 647, 655, 678, 683

– Fels-, aktiv 205, 588, 639, 647, 655, **669–678**, 680, 683, 685, 687
– Fels-, exhumiert 677
– Fels-, inaktiv 522, 639, 642, 665
– Fels-, Vorzeitform 673, 677, 678, 680, 686, 687
– Lockermaterial-, aktiv
– Lockermaterial-, inaktiv 635, 639, 645
– Seegras- 634
– Marschen- **661, 662**
– pluvialzeitlicher See (Sahara) 719
– Solifluktionsschutt- 673, 677
Kliffbildung, marin, altpleistozän 673, 677, 687
Kliffhalde 669, 671
Klima- und Reliefdifferenzierung, quartäre S. 15
Klimageschichte 4
Kliffreihenküste 670
Kliffrückzug 650
klimagenetische Geomorphologie S. 11, S. 13
Klimageomorphologie S. 12
Klimageschichte S. 15
klimamorphologische Zonen S. 12, 1
Klimawandel als Normalfall S. 14
Klimawandel, jungpliozän S. 30
Klimazonierung, quartäre S. 17
Klinge 236
Kluftbelag, Kalkkrusten- 429
Kluftgitter 46
Kluftnachzeichnung durch Verwitterung und Abtragung 10, 17, 51, 63, 100, 101, 116, 119, 120, 189, 319, 326, 327, 681
Kluftnetz 46, 189, 681
– eulitoral ausgewittert 679, 681
kluftnetzangepasstes Gewässernetz S. 21, **10**, 319, 326, 327
Knickpunkt *(Knickpoint)* 205, 384
Kolk, Fels- 242, **268, 269**, 312
– in Lockermaterial 251, 264, 265, 266, 272
Kolluvium 63, 111, 113, 247, **618**, 620
kompressiver Abfluss (eines Gletschers) 479
Konfluenz (von Gletschern) 496, 527, 528, 531
Konfluenzstufe 242, 496, 499
Kongelifluktion s. Solifluktion
Kongelitraktion 463
Kongeliturbation 466
Konglomerat 349–351, 414
– kalkversintert 414
Konglomeratverwitterung 351
Konkretionen, Kalk- 411, 412, 424
konsequente Entwässerung 185, 196
Kontinentanordnung, Oberkarbon S. 19
Kontraktion (Trockenrissbildung) 303–305
Kontraktionsrisse (Eiskeilnetzbildung) 460
Konvergenz, Pediment- 206, 209, **217**, 219
Korrasion (äolisch) 731, 755, **800–819**
Korrasion (Begriff) 771
– partielle 792, 797, 798, 809
Korrasionsrippeln (auf Leeflanken von Längsdünen) 736, 737, 739

korrasionsüberprägtes Altrelief 731, **803–805**
Korrasionswannen 731, **810–814**
korrelates Sediment 310
Krater, eisgefüllt 476
Kraterreihe 23
Kratersee 37
Kreidekliff mit Feuersteinbänderung 669
Krusten **398–431**
Krustendeformation durch Eisauflast 633
Kryoplanation 435
kryostatischer Druck 467
Kryoturbationsformen, letztglazial **457–459**
– pleistozän, **457–459**, 580
– rezent und holozän 448–452
Kryoturbationstaschen 458
kuh (pers. für Berg) 308
Kuppenalb 84
kuppige Grundmoräne, Kleinform 510
Kupste (Küstendünen) 297, 763, 767
– ausgeweht 771
Kupstendüne 755, 763, 771
Küste, aufgebaut 633, 641, 652, 654, 655, 660–662
– aufgetaucht 633, 644, **683**, 686, 687
– Definition 633
– Fels-Kliff- 636, 642, 647, 651, 655, 669
– Vorzeitform 639
– fluvial gestaltet 663, 664
– Gezeitenwirkung, schwache 652, 654, 655
– starke 635, 638, 641, 642, 651, 658, 660–664, 673
– glazial-erosiv 667, 668
– als Grenzsaum 633
– Hochenergie- (starke Brandung) 647, 655, 669, 670, 673, 677, 682, 683
– Ingressions- 663, 664, 667
– Lockermaterial- 634–**636**, 644, 645
– phytogen (mit)gestaltet 633–635
– potamogen 642
– Schwemmland- 642
– Steil- 205, 655, 665, **661, 669**, 670, **671**, 676
– Tiefwasser- 647, 670
– Typen 633
– untergetaucht 663, 664, 667, 668
– vorgerückt 633, 642, 647, 651, 652, 654, 655, 658, 660–662
– vulkanisch 647, 683
– zerstört, anorganisch 118, 635, 645, 669–677, 682
– organisch 55, 56, 66, 678, 682
– zurückgewichen 118, 635. 639, 645, 647, 665, 666, 669–671, 677. 682. 683, 685
Küstendüne 634, 654, **761–765**, 697, 698
– bewachsen 761–765
Küstendünenvegetation 761–765
Küstenformen **633–687**
Küstenhebung, junge 683
Küstenklassifikationen 633
Küstenlänge 633
Küstenlängsströmung 639, 642, 645, 652, 655
Küstenlinie 390
– Mitteleuropa 15
– miozäne, Deutschland S. 26

Laacher-See-Asche, in Hauptlage 455
Lackabzug (Torfprofil) 605
Lagergang 116
lag pavement 772
Lagune 652
Lahar 290
Lahnungen 660
Land-Degradation *(land degradation)* 609
Landgewinnung 660
Landhebung, glazialisostatisch 647, 668, 683
– quartär 687
Landsenkung durch Abtorfung **608**
Längsdüne 690, 692, 706, 710, 716, **735–740**
– bewachsen **751–753**
– im Erg 741–745
– segmentiert 716, 725, 737
– teilremobilisiert 753
Längsdünendynamik 736
Längsdünenenden 738
Längsdünenfeld 735, 737
lapiés (engl., frz. = Karren) 50
Lapilli 29
Lateralerosion (= seitliche Erosion) 211, 214, 215, 244, 247, 341
Lateral moraine (= Seitenmoräne) 502
Lateralterrassen, holozän **359–361**
Laterit 84, 106, 109, 110, 398 (s. a. Eisenkrusten)
Lateritplateau 1 86, 319, 371
Latosol 103, 105, 106, 112
Lauenburger Ton 547
Laufverkürzung 254
Lavagang, brandungserodiert 647
Lavaschollen 20
Lavaseeboden 23
Lavastrom, erstarrt **26**, 330, 647
Lavatunnel 23, 29
Lawinenbahn 531, 540
Leedüne **718, 719**
Leeeinsandung 716, 796
Leerrampe (= Dünenrampe) 716, 727
Lehmige Albüberdeckung S. 29
levée, levy 254, 256
Liang-Relief **243**
lift (äolisch) 688
limon des palmeraies 228
Linearerosion *(linear erosion)* (= Taleinschneidung) 321
linienhafte Erosion S. 14, S. 23
Litorale Serie **636**, 639, 650, 671–673
load casts 458, 459
Loch (schottisch: See) 537
Loch Lommond Readvance (spätglazialer Gletschervorstoß) 346, 441
Lockermaterialkliff 635, 639, 650, 677
Lockermaterialküste 634–636, 644
Lockermaterialriff 636, 641
lodgement till 526, 552
lokale Erosionsbasis 141, 282, 317
Lokalmoräne 578
longitudinal dune 735
Longitudinaldüne s. Längsdüne
longshore drift 645
Löss 455
Löss, in Deckschichten 455
– in Island 612–615
– verschlämmt 232
Lössaufschlüsse **766–770**

Sachregister

lössbedingte Reliefveränderung 354, 766, 769
Lössbrunnen 245
Lössdecke 227, 235–237, 239, 240, 243, 245, 354, 456, **766–770**
Lössgenerationen 766–769
Lösslehm 60
Lössschlucht **243**, 245
Lösungsdoline, Kalk- 57, 61, **63, 64**
– Salz- **87**, 89
Lösungsabfuhr, subterrane S. 27, S. 29, 105, 127
Lösungsformen, Granit- **92–94**
– Kalkstein **48–99**, 143, 669, s. Karst
– Salz- **86–91**
– Sandstein- **95–99**, 124
Lösungsnäpfe, -schalen (Gipskarst) 54
Lösungsrinnen, Sandstein- 134
Louis-Küstenklassifikation 533
low-center polygons 460, 467
Luftkisseneffekt (Bergsturz) 365
Luvhang, ausgeblasen 698, 701
– Dünen 699, 725, 728, 731, 732, 738
Luvseitenerosion, Sandfleck 698, 701

Maar 151
Mäander, eingeschnitten **321–328**, 337
– festgelegt **257**
– freie **251, 252**, 254, 256, 257, 469
– Tal- **323–327**, 337
Mäanderabschnürung 259
Mäanderebene 254
Mäanderhals 253, 254, 259, 323, 329, 337
Mäanderschlinge 253, 254, 256, **259**
Mäandersee 254, 256
Mäandersehne 251
Mäandersporn 253, 323, 328, 337
Makro-/Mikrosolifluktion 448
Mangroveküste **633**
marine Terrasse 57, 126, 673, 683, 686, 687
Marsch 642
– Fluss- 664
Marscherosion 661, 662
Marschaufschluss **662**
Marschbodenschichtung **662**
Marschenkliff 661, **662**
Marschenverlust, mittelalterlich 638, 662
matrixgestütztes Sediment 347, 413, 414
maturity S. 14
Meander core (= Umlaufberg) 323
Mechanische Gesteinshärte S. 16
mechanische Verwitterung **38–42**
medial moraine (= Mittelmoräne) 528
melt-out till (= Ausschmelzmoräne) 526
Meeresspiegel als Erosionsbasis S. 26
Meeresspiegel, Schrägstellung 649
Meeresspiegelschwankungen, glazialeustatisch 636, 647, 673, 686, 687
Meeresterrasse 57, 126, 637, 683, **686, 687**
Megadünen 741–748
Mesa 136, 166, 149, 164, 166, 176, 181, 228
Mesodünen 741, 743
Mesoform 214
mesozoisch-tertiäre Verwitterungsrinde S. 15, S. 29, 104
Messinische Salinitätskrise S. 17
Metamorphit 46

Milazzo (quartäres Meeresterrassenniveau) 686
Miniaturwindschliff 777, 778
Miozäne Ausgangsrumpffläche S. 24
Mittelatlantischer Rücken 13
Mittelgebirgshochmoor 149, 600, 627
Mittellage (in periglaz. Deckschichten) 455
Mittelmoräne 474, 476, 496, 506, 522, 532, **527**
– *surge*-deformiert 533
Mittelmoränenrelief, parallelstreifig 527
Mittelterrasse 354, 356
Mittelwasserbett 260, 262, 276, 277
Modelle s. Kleinformen
Mogotes 77
Mohssche Gesteinshärte S. 18
Moldlöss 612
Móhella (island. Löss) 523, 642
Móhella-Erosion (Island) **612–614**
Mollisol, pleistozän 457–459, 460, 461
Molluskenschalensand 657
Monadnock 147
Monoklinalstufe 149, 193, 195
Mooraufschlüsse **604, 605**
Moor 29, 148, 464, **595–608**
Moräne, Ablations- 290, 482, **488**, 508
– allgemein 485
– End- 478
– Grund- s. Grundmoräne (mit Differenzierung)
– Mittel- 474, 476, 527, 532, 533
– Ober- 476, 498, 502
– Satzend- 505, 507, 509, 510, 567
– Seiten- 476, 502, 505, 528
– Sohl- 578
– sublakustrin 576
– überfahrene 511
– Ufer- 478
– Unter- 485, 487
Moränenstausee 515
moraine, fluted 511
morphologische Lage S. 18
morphologische Diskordanz 359
morphologische Stabilitätszeit 210
Morphostratigraphie 553
Mudde 601, 602
mudflow 290
mudflats 658
Mudflow-Terrasse, kalkversintert 416
mudslide 382
multimodales Windregime (komplexe Dünenbildung) 745
multiple slide 374
Mündungsstufe 279
Mündungswinkel 243, 319, 321
Muldental 89, 229, 237, 238, 243, 244, 247, 249, 257, 313, 332, **383**, 385
– präglazial 495, 498
Mure, Murgang 274, **290–294**, 390, 391, 444, 475, 723
Murfächer 293
Murkegel **290–294**, 390
– Kleinform 291
Mylonitisierung 38

Nährgebiet 474–478
Nachschüttsand 580
Nadeleis (= Kammeis) 456

Nagelfluh S. 21, 554
Nahtrinne 256, 359
namak siah/sefid (pers. f. Salzkrustentypen) 308
nasse Dünen **748–750**
Nebka 771
negative Sandbilanz 700, 701, **708–712**, 739
Nehrung **652–655**, 686
– Schotter-, 655
Niedermoor 26, **597**, 598
Niedertaulandschaft, rezent 510
– pleistozän 556, 558, 562, 565
Niederterrasse 228, 260, 262, 352, 356
Niedrigwasserbett 244, 260, 262, 274, 276–278, 315, 325, 511
nivation hollow 470
Nivationsformen 17, 249, 341, **70–473**, 539
Nivelation 128, 141
normal cycle of erosion S. 14
Normalzyklus der Erosion (n. W. M. Davis) 2
Nunatak 474, 476, 496, 527
– pleistozän 155, 495, 540

Oberkreide-Transgression S. 15, 84, 95
Obermoräne 476, 479, 498, 502, 510, 526, 527
Obsidianquellkuppe 30
old age S. 14
ombrogenes Hochmoor 595, 600–607
Ombro-soligenes Hochmoor 600
Opferkessel **94**, 125
Orbitalbewegung (einer Welle) 639, 642, **649**, 681
Orgeln, geologische 669
Oriçanga 94
Ortstein, durch Deflation freigelegt 763, 765
Os **570–573**
– gespalten 573
– subaquatisch, Inlandvereisung 574
Osgraben 572
Osgrube, -auge, Inlandvereisung 573
Ostafrikanischer Graben 15
Ostseestadien, spätglazial 535
Oszillationsrippeln, Sandwatt 637
Oszillationswelle 649
outlet glacier 476
outwash plain 522, 561
oxbow lake 254
Ozeanischer Rücken 13

Pahoehoe-Lavastrom 23
Palagonit (=Hyaloklastit) 18, 244, 278, 280, 799
Paläoboden 50, 65, 67, 77, 100, 105, 106, 121, 122, 206, 209, 395, 396, 397, 399, 406, 411, 419, 427, 428, 430, 431, 587, 812 (*s. a.* Terra Rossa)
– in Dünen 746–748, 751–756
– in Löss 766–769
Paläo-Cockpitkarst 82
Paläoklimatologie S. 14, S. 16
Paläo-Reliefinfluenz 498
– marine 639, 673, 677–679
Paläo-Turmkarst 84, 85
Paläo-Windrelief 800, 802, 806–819
Pals(e) **464**, 465

Palsenmoor 464
Pangäa S. 15, S. 19
Parabeldüne 586
Parabraunerde (in Löss) 768, 769
parallelstreifiges Mittelmoränenrelief 527
partielle Korrasion (äolisch) 792, 797, 798, 809
Paternosterseen 531
Patina, Patinierung (arid) 40–43, 106, 176, 221, 226, 286, 288, 317, 337, 339, 362, 366, 367, 370, 371, 378, 380, 381, 384, 385, 392, 394, 397, 491, 806–809
– nicht-aride Gebiete 389, 490
patterned ground 448–453
Pazifischer Küstentyp 633
peatlands 595
Pedimentschuttauflage 220
Pediment 15, 128, 164, 178, 182, **203–231**, 250, 286, 288, 313, 315, 317, 325, 378, 384, 402
– Begriffserklärung 204
– mit Paläoboden 206, 209, 211, 228
– saprolitunterlagert 209–214
– Typusregion 203
– unzerschnitten 206
– Vergleich mit Flussterrassenglacis 343
– zerschnitten 126, 178, 221, 223, 228
Pedimentation, Hang- S. 28
Pedimentation, Prozesserklärung S. 28, 203, 204, 215
Pedimentation, Talboden- S. 28
pediment dome 209, **224, 225**, 225
Pedimentinsel, distale 221
Pedimentkleinformen 208
Pedimentkonvergenz 206, 209, **217**, 219
Pedimentmodell 204
Pedimentprofil 205, 223
Pedimentscheitelrelief 224, 225
Pedimentschild s. *Pediment dome*
Pedimentsockel (unter Schwemmfächerauflage) 286, 308
Pediplain 203, 224
pedogene Kalkkruste s. Kalkkruste, pedogen
– Dünenüberprägung 746–759
Peneplain S. 14, 147
perennierender Fluss 262, 263
– Schnee 478
Pergelisolifluktion s. Solifluktion
Peridotitkarst 92
periglacial (= Periglazial) 432
périglaciaire (= Periglazial) 432
periglaziär 432 s. Periglazialformen, rezent
periglazial, Begriffserklärung 432
Periglazialaufschluss, rezent 465
periglazial- pleistozän **454–459**, 461–462
Periglazialschutt, pleistozän 669
periglaziale Formung, pleistozän 230, 235–240, 264, 359
Periglazialformen **432–473**
– rezent 432–436, 439, 444, 450–453, 464–469
Periglazialschutt, rezent 432, 433, 435, 442
periodischer Abfluss 260
Permafrost, kontinuierlich 448, 456, 460
– pleistozän 235, 446, 566

Sachregister

– spätglazial 562
– rezent 443, 444, 457–469
– sporadisch/diskontinuierlich 443, 444, 463–466
permafrost 435
Permokarbone Eiszeit S. 19
Pfuhl 559
Phonolith 38
phreatisches Karstwassersystem 52, 64, 83, 99
Phreatomagmatismus 20, 26, 29, 133, 151, 160, 244, 789
phytogen (mit)gestaltete Küsten 633–635
Piedmontgletscher 527
Piedmonttreppe S. 22
pillow lava 18
Pilzfelsen 802
Pinedale Glaciation 345
Pingo 467–469, 557
– *open-system/closed system* 467–469
Pisolith 106
piping (Suffosion) 92, 245, **246**, 615
Planschwirkung 232
Plateau 145, 149, **164**, 166, 176, 181, 186, 188, 191, 199, 221, 257, 302, 380, 381, 727, 759, 802; *s. a.* Rumpffläche
Plateauinselberg **136**, 156
Plateaurand 167, 802
– mit Windrelief 802
Plateaurandbucht **175**, 313, 381
Plateaugletscher 476
Plateauvergletscherung 158
Plateauzerschneidung 152, 178
Plattentektonik 13–17
Playa 215, 288, **308–311**, 430, 725
– ausgeweht 793
Playasediment, pluvialzeitlich (als Yardangs) 793, 794
pleistozäne Inlandeis-Glazialformen 556–594
Plinthit 110
plunge pool 74, 615
plunging breaker 649
pluvial, pluvialzeitlich 45, 154, 215, 265, 311, 286, 288, 297, 307, 310, 367, 380, 399, 420, 421, 792, 793
pluvialzeitliche Bodenbildung in Dünen 741–747, 751–756
pluvialzeitliches Playasediment 793–795
– Seesediment 718, 719, 792–796, 803
Podifläche 69, 82
Podsol auf Binnendüne 586
point bar (Uferwall im Gleithangbereich) 254, 359)
Polje S. 25, **68**, 69, 77, 130
– Sandsteinkarst- 95
Poljesee 68
polygenetische Rippelfläche **706**, 708
polygons, low-center 460, 467
– *high-center* 460, 469
Pommersche Eisrandlage 556, 570
Ponor **67**, 89
pools and riffles (Kolk- und Barrenabfolge) 251, 264, 265, **276**
Porenwasserdruck 371
porenwasserdruckbedingte Deformation unter Eis 592
positive Sandbilanz (Normalsituation bei Akkumulation; nur Einzelfälle aufgeführt) 697–699

positive feedback 272, 273
positive Selbstverstärkung 272, 273
pothole (= Gletschermühle) 536
Potklei (holländ.) 547
prähistorische Wälle 626
Prallhang 251–254, 260, **270**, 276, 282, 326, 337, 345, 346, 352, 354, 359, 511, 514
– eines Priels 658
– eines Ria-Flusses 663, 664
präkambrische chemische Vorverwitterung S. 27
Priel 283, **638**, 658
Primärdüne 762, 763
Primärlöss 766, 768
Primärmoor 595
Primärrumpf S. 20, S. 26, S. 28, S. 30 f., 79, 84–86, 106, 152, 155
Profundation 128, 141
Profilversteilung (eines Hanges) 313
promontory 647
protalus rampart (Schneeschuttwall) 472
proterozoischer Saprolit 143, 145, 167, 178, 366, 381, 759
Prozessgefüge S. 12
prozessorientierter Ansatz S. 31
Prozessresponssysteme S. 13
proximal (= gebirgsrandnah) 282, 284, 286, 308
Pseudoblockstrom 446
Pseudogeröll 113
Pseudokarst 92, 245, 246
Pseudomorphosen, Kalk- 347, 419, 724
Pseudokrater/-vulkan 17, **26**, 28
Pultscholle 157
push (Schub; äolisch) 688

Qanat 211
quartäre Klima- und Reliefdifferenzierung S. 15
Quarzit (= Silcrete) 398
Quarzkiesel 349–351, 404, 415, 423, 427, 428
Quarzschotterstreu s. Restschotter u. Quarzkiesel
Quarzverwitterung, chemisch 113, **114**
quasinatürliche Aufschlickung 660
– Reliefveränderung S. 13, 275, **609–632**, 754, 756, 776
– - Mitteleuropa S. 13, **624–632**
Quelle 37
– heiss 33, 35
– Karst- 65
Quellerosion 339, 367
Quellerzone (Watt) 660
Quellkuppe 21, **30**
Quellmulde 234
Quellsinterterrasse, inaktiv 73
Quelltrichter 13
Querdünen 297, 716, **730–734**
– als Aufsitzerdünen 741, 742, 745
Querdünenfeld **732**, 734
Querwülste (im Blockgletscher) 444

Radialspalten, Gletschereis- 479, 485, **505**, 506
Rampen 161, 163, 312
Raña 230
Randspalte, bei Kryoturbation 448
Randschwelle 312, 337

Randsenke 137, 140, 146
randtropische Zone exzessiver Flächenbildung S. 27
Ranne 361
Rasenhügel, periglazial **465**
red-yellow podzolic soil 105
reef (Schichtkamm) 149, 151, 154
Reflexionsbrecher 670, 682, 685
Refraktion, Wellen- 645, **655**, 681
Reg 710, 712, 772, **773**
Regelation 487, 534
Regenerationszyklus (Moorwachstum) 603, 604
Regenstreifen (Blaualgenstreifen) 137
Regentropfeneindrücke 233
Regolith, *regolith* S. 29
Reifestadium S. 14
Reihenterrassen (= Lateralterrassen) **359**, 361
Rekurrenzflächen (Hochmoor) 604
Reliefakzentuierung durch Toteis 557
Reliefgenerationen (Auswahl) S. 29, 68, 84, 86, 141, 145, 155, 163, 164, 175, 182, 199, 221, 227–229, 257, 315, 319, 328, 332, 352, 354, 356, 806, 807, 810–819
reliefübergeordnete/reliefuntergeordnete Vergletscherung (Begriff) 476
Reliefsphäre S. 11
Reliefumkehr 572, 576
Reliktschotter s. Restschotter
Reptation **688**, 695, 710
Residualhalde 446
Residualtondecke 87, 91
Restriktive Flächenbildung S. 30, **184–186**, 319, 331, 366
Restschotter 349–351, 411, 427, 428, 554
– „Recycling" **350**, 351
Restschotterstreu 350, 351, 403, 411, 415
Rhizom, verkalkt 335, 419
Ria 663, **664**
Riedel 243, 385
Riesendünen 741–748
riffle 264
riffles and pools 251, 264, 276
Rift 15
rifting (Plattentektonik) 13–17
Rillenkarren 50
Rillenspülung 470
Rinnen, elsterglazial S. 31
Rinnen, Hang- 392
Rinnenkarren 48, 63
Rinnensee 559
Rippelauslöschung 708–712
Rippelfläche, monogenetisch 698, 702, **719**, 732
– polygenetisch **702–708** (u. a.)
– mit Windstreifung **691–694**, 702, 730
Rippelfleck 700
Rippelgenerationen 702–706
Rippelkappung 708–712, 739
Rippeln, äolisch 301
– isoliert 700, 701
– fluvial 267
– durch Deflation isoliert **700**, 701
– marin 636, **637**
– Oszillations-, marin 637
– als Prozessindikatoren 702

– Transport-, marin 637
Rippelstraße 691
Rippelstreifen **691–694**, 700, 706
Rippeltäler 702, 705, **708**, 710
ripples, marin 637
Rippelzerstörung durch Rutschzungen 706
roche pourrie
roche moutonnée (Rundhöcker) 489, 534, 535
rock Fan, 213, 214
– Kleinform 208
rock glacier 443, 444
rofbard (isländ.) 612, 614
Rohform, endogene S. 21
Rohlöss 768, 769
Rollstein 536
Rollsteinflut 567
Rostfleckigkeit, Grundmoräne 579
Rotationsrutschung (= Rutschung, synthetisch) 371, 374, **378**–380, 616, 671
rotational slide = Rotationsrutschung
Rückverlegungshalt eines Gletschers 521
Rotlehm, eingeschwemmt 454
Rotlehmdecke S. 28 f., 141
Rotlehmkragen 128, 141
Rotschwingelzone (Salzmarsch) 660
Rotverwitterung, Dünensand 751–753, 757
– rezent 103
– tertiär 103, 105, 106, 108, 111, 113, 246, 395
Rückhang (eines Schichtkamms) 150, 151, 153, 157
Rückschmelzrate von Inlandeis 562
Rückschreitende Erosion 60, **270–273**, 283, 312, 317, 319, 331, 499, 615, 616
Rückseitenwatt 658
Rückseitenzerschneidung 178, 313
Rückverwitterung (einer Wand) 47, 335, 339
Rumpffläche S. 20, 61, 77, 111, 116, **121–131**, 134, 137, 146, 152, 161, 163, 186, 188, 199, 241, 669, 805
– eisüberformt S. 23, 522, 524
– Kleinform in Salz 86
– Mittelbreiten 147, 236, 328, 669
– mit Saprolit **121**
– mit Verwitterungsbasisfläche **123**, 669
– zertalt 145, 152, 250, 313, 315, 321, 323, 328, 327, 337, 339, 404, 806, 808
Rumpfstufe S. 24, **188**, 367, 404, 406, 673; *s. a.* Schichtstufe (als häufige Variante der Rumpfstufe)
– zu Windrelief umgeformt 806, 808
Rumpfstufentreppung 178, 188
Rumpftreppe S. 22, 9, 86, **156**, 158, 319
Rundhöcker **489**, 499
– ertrunken 668
– pleistozän **534**–536
Rundhöckerrelief auf Karboden 493–495
runnel 636
Runsen 245, 390, 435, 436, 438, 504, 537, 540, 622
Rutschhang, Dünensand 699, 706, 725, 727, 728–731, 738–741
Rutschung 199, 270, **371–382**, 537, 671 (*s. a.* Schollenrutschung)

Sachregister

Rutschung, antithetisch 372
– heute arid 164, 175, 199, **378–382**, 794
– durch Bodenerosion 618, 622
– breiartig 671, 794
– Küsten- 671
– pluvialzeitlich, in Seesediment 796
– Rotations- = Rutschung, synthetisch = Blockschollenrutschung
– synthetisch 371, 374, **378–380**, 671
– Translations- 375, 382
Rutschungsharnisch 374, 378, 380
Rutschungsauslösung 371
Rutschungsschollen 371, 378, 380, 381
– Kleinformen 270–273
Rutschungszunge 374
– äolisch 706, **730**, 736

Saaleeiszeit 566
Säbelwuchs 373
Sackung (von Torf) 608
Salar **306**
Salinitätskrise, messinische S. 17
Saltation, *saltation* (äolisch) 688
Saltationswolke 690
Salzausblühung 86, 87, 254, 306, 308, 416
Salzdiapir 52, 86
Salzdoline 87
Salzdom **86, 87,** 198
Salzkarren 88
Salzkarst **86–91**
Salzkarsttal **89**
Salzkruste 306, 307
Salzlagerstätten S. 19
Salzlösung 87, 88
Salzpolygone 308
Salzreihe (Marsch) 658, 659
Salzspiegel 86
Salztonebene 309
Salztonpfanne 21, 288, **306–310**, 803
Salztonschichten 154
Salztonschichtrippen **154**
Salztonschollen 306–308
Salzverwitterung, marine 46, 675, 676, 680, 682
Salzwasserfluss 87
Salzwiese (Marsch) 662
Sammelprofil 343
Sand, feucht, windtransportiert 695, **696,** 701
– Molluskenschalen- 657
– Schwermineral- 688
Sandaggregate, feucht 695
Sandbank, fluvial 277
– marin 638
Sandbilanz, positiv 679–**699** (Normalsituation bei Akkumulation, nur Einzelfälle aufgeführt)
– negativ **700, 701,** 708, 712, 739
Sandeinwehung 105
Sander **522, 523,** 551
– überflossen **523**
Sandfangzaun 696
Sandfegen 689, 690
Sanderfläche, holozän, inaktiv 642
– Inlandvereisung **561**
– trocken **522**
Sandertal **561**
Sandflächen, rippelfrei, äolisch 688, 690, 697, 698, 700, 710, 716, 718

Sandflächenstabilisierung durch Deflation **772, 773**
Sandfleck 697, 698
Sandfleckaufzehrung **700, 701**
Sandkeil 462, 463
Sandkornaggregate 695, 696
Sandmangelgebiet (äolisch) 718, 719, **725–730**
Sandlieferung (für Dünen-/Erggenese) 297, 759
Sandrampe, fluvio-äolisch 351, **720–724**
Sandrücken, -dom 746
Sandrippelgenerationen **702–706**
Sandschleier 697
Sandschwanz, äolisch 304, **713–715**
– fluvial 266
– äolisch, aus Tonaggregaten **714, 715**
– beregnet 714, 715
Sandschwemmebene 221, 319, **223**
Sandsee 297, 299, 301, 735, 736, **741, 743**
Sandsteinkarst **95–99**, 117, 164, 170, 307, 399, 803
Sandsteinkarsthöhle **98, 99**
Sandsteintürme **117, 119**, 166, 189
Sandsteinwindrelief, inaktiv **806–809**
Sandstrahlgebläse-Windschliff 780–782, 788
Sandtenne 734, 773
Sandtransport, äolischer 688, 689, 690
– bei feuchtem Sand 690, 695, 696, 698, 701
Sandtreiben 689, 690
Sandur (isländ.) 522
Sandwatt 283, **638**, 761, 764, 697, 698
sand wedge 462
Sandzungen (am *Slipface*) 706
Saprolit S. 29, 30, 95, **100–122**, 160, 167, 178, 213, 246, 266, 332, 367, 381, 382, 385, 395, 396, 404, 426, 428, 786, 790, 803, 805
– grundwassergebleicht 786, 790, 798, 803, 805
– hydrothermal 30, 32, 249, 492
– unter Pediment **209–212**
– proterozoisch 143, 145, 167, 178, 366, 381, 759
– unter *Rock Fan* **213, 214**
Saprolitausspülung 117, 119, 120
Saprolitstufe 167
Satzendmoräne, rezent 505, **507,** 509, 510
– Inlandvereisung 560, 562, **567**
scarp (Abrisskante einer Rutschung) 374, 375, 378, 380
Schären 535, **668**
Schattenverwitterung 41, 370, 420
Scheitelgraben 13
Scherflächen, in Glazialsediment 589–592, 594
– Gletschereis- 479, 484, 485, 487
Scherspannung 371
Schichtanpassung s. Akkordanz
Schichtdeformation durch Rutschung 382
Schichtkammlandschaft S. 24
Schichtenkappung 126, 332, 335, 383–385, 395, 397
– Pediment- **217**
Schichtköpfe 383
Schichtfläche 364, 383
Schichtflut 205, 225

Schichtkämme **149–154,** 157, 364
– strukturunabhängig 153
schichtnachzeichnende Deflation 771
Schichtrampe 151
Schichtrippen s. Schichtkämme
Schichtrippe, homolithisch **170,** 189, 313, 406
– umlaufend 198
Schichtrippenlandschaft 152
Schichtstufe, heterolithisch (aus wechselnd widerständigen Schichten aufgebaut) S. 22, 164, 166, **167,** 182, 185, 191, 199, 201, 217, 313, 328, 356, 367, 378, 380, 381, 393, 394, 404, 699, 794
– homolithisch (aus einheitlich widerständigen Schichten aufgebaut) S. 22, 170, 176, 181, 186, 193, 195, 366, 716
– marin umgestaltet 669, 671
– windkorradiert 806, 807
Schichtstufenlandschaft S. 24, S. 30
Schichtstufenlandschaft, zentralsaharisch S. 29
Schichtstufenzertalung, syngenetisch 313
Schicht- und Rumpfstufen S. 24, S. 30
Schichtversatz 126
Schieferberge 143, 415
schießender Abfluss 271
Schildinselberg 123, **125,** 131
Schildkrötenpanzer 43
Schildvulkan 13, **18,** 642
– Aufschluss 21
Schilf-Niedermoor **597**
Schilfsumpfsediment 347, 349
Schill 662
Schlackenkrater 23, 29
Schlagmarken (auf Grobsandkörnern, äolisch) 771
Schlammstromterrasse 347, 413, 416
Schlamm „vulkan" 37
Schlauchsander 561
Schleifmaterial (im Gletschereis) 489
Schlenke 603
Schlenken- und Bultenmosaik 603
Schlickwatt 644, **658,** 660
Schliffbord 498, 522, 539
Schliffkante, glaziale 491
Schlotfüllung 30
Schlucht 241, 244, 278, 280, 312, 326, 332, 339, 341, 327, 413
– Kleinform 271–273, 283, 397
– Subrosions- 245
– Salzkarst- 89
Schluckloch 58, 59, **67**
Schluff 290
Schluffaggregate (im Löss) 239/240
Schmelzmetamorphose 482
Schmelzschalen 471, 484
Schmelztuff 21
Schmelzwasserabflussbahn, aktiv 496, 498, 501, 506, 508, 511, 514, 515, 521, 522, 523, 526
– spätglazial 550, 560
– trockengefallen **507,** 509, 514
Schmelzwasserausspülung (Nivation) 471
Schmelzwassersand, pleistozän 578, 580
– pleistozän, Toteis-Bruchtektonik 594
Schmelzwasserschlucht 485

Schmelzwassersediment, glazial deformiert, Inlandvereisung 590–594
– pleistozän, alpin 553–555
– Inlandvereisung 270, 291, 368, 546, 571, 577, 579–582, 584, 590–593
Schmelzwasserterrasse, spätglazial 542
Schmutztapete 189, 419, 548
Schneeflecken 470, 471, 472, 478
Schneegrenze 493
Schneegrenzbestimmung 494
Schneeschmelzerosion 612
Schneeschuttwall 472
Schollenrutschung **374–382**
– einfach 375, 378, 380
– mehrfache 374
Schonen-Vulkanismus 589
Schorre 55, 244, 299, 518, 633, 635, 636, 639, 649–651, **671–673, 681,** 683, 686
– Fels- 681, 683
– gehoben 244, **683, 686**
– exhumiert 639, 673
– geringe Neigung 673
– Gezeiten- 649, 669, 673
– Sand- 650, 651, **673**
– Hoch- 639, 647
– Lockermaterial- 639, 672
– Unterwasser- 639
Schotter, Brandungs- 635, 648, 677, 647, **649, 650**
– glazifluvial 38, 508
– pleistozän, Inlandvereisung 577
– alpin 553–555
– Fluss- 265, 274, 275, 346, 347, 414, 417, 428, 553–555, 577
– windschliffgekappt 788, 812
Schotteranalyse 350
Schotterebene 345
Schotterbank, fluvial 244, 260, 262, 274, 277, 284, 501, 523
Schotterflussbett 262, 263, 279
Schotterkappung (korrasiv) 788, 812
Schotternehrung 655
Schotterstrand 642, 655, 669, 677
Schotterterrasse, kalkversintert 405, 407, 413, 414, 415
Schrumpfung, bei Tontrocknung 304
– von Torf 608
Schub (äolisch) 688, 698
Schüttungsrichtungen, unterschiedliche 279
Schutt, Bergsturz- 363, 364
Schuttauflage Pediment- 220
Schuttdecke, pleistozän-periglazial 454–456, 673, 677
Schutthalde 265, 339, 531, 537, 671
– bewachsen 540
Schuttkegel 335, 368, 369, 389, 531
Schuttstrom 382
Schwallbrecher 646, **649**
Schwarztorf 604, 605, 607
Schwarztorf-Weißtorf-Grenze 604
Schwarzweißgrenze 470, 471, 493
Schweb(fracht) 254, 256, 259, 260, 265, 267, 270–273, 304
Schwellenregion S. 21
Schwellenwerte flächenhafter Abtragung S. 23
Schwemmfächer 17, 21, 128, 164, 178, 190, 203, 215, 217, 219, 262, 272, 273,

358 Sachregister

280–284, 286, 288, 293, 299, 308, 310, 427, 521,
– Kleinformen 60, 73, 190, 208, 272, 273, **282, 283**, 308
– konvergierend, 21, 219, 281
– Talboden– 279, **280, 281**
– teilbewachsen 278, 280, 281, 284
– zerschnitten 262, **284**
Schwemmfächergenerationen 286, **288**, 289
Schwemmfächersaum *(Bajada)* 164, 195, 203, 215, 286, 288
– Kleinform 283
Schwemmfächerschutt 220, 416, 417
Schwemmfächerterrasse 282, 284–289
– kalkversintert 417, 418
schwemmfächerüberdecktes Pediment 215, 286, 288
Schwemmfächerwölbung 279, 280
Schwemmfächerzerschneidung 282
Schwemmflächen **282–311**
Schwemmhalde 296
Schwemmkegel **285**, 540
Schwemmlandküste 642
Schwerestrom 96
Schwerminerale, äolisch transportiert **688**, 725, 727
Schwermineralsand 688
Schwingrasenbildung **599**
Schwingungswelle 649
scree slope (Frostschutthang) 389
seamounts 18
Sebkha 306–310, 803
Sedimentfahne (im See) 294
Sedimentfalle 378, 380
See 294, 506, 511, 515, 521, 524, 529, 531, 532, 544, 559, 595, 597, 598, 599
– Eisstau-, pleistozän 515, 518, **544–548**
– Polje- 68
– temporärer, 297, 311
– Toteis-, rezent 506, 511, 521,
– spätglazial 524, 559, 573
– Zungenbecken- 515, 517, 529
Seebecken, pluvialzeitlich 718, 719, 782–796, 803
Seegrasanschwemmung **634**
Seegrasbewuchs 635
Seentreppe 71, 531, 532
Seepocken 678, 679
Seesediment, arid-pluvialzeitlich 792, 806
– gestaucht 796
Seeterrasse 307, 518
Seetang 651, 676, **678**
Seeufer 26, 254, 294
Segmentgliederung einer Längsdüne 735–740
Segregationseis 465, 467–469
Seichtwasserküste 658
Seitenmoräne 474, 476, 502, 505, 527, 528
Seitenmoränendecke (auf Trogtalflanke) 498, 498
seitliche Erosion 244, 247, 270–273, 286, 341
Sekundärdüne 762, 764
Sekundärlöss 766
Sekundärmoor 595
Sekundärrutschung 671
Selbstverstärkung, positive 272, 273

Selbstzerstörung (Permafrost) 460, 464
selektive Flächenbildung S. 21
selektive Intensivverwitterung S. 21
selektive Korrasion, strukturnachzeichnend 585, 592, 594, 771, **795, 796, 799**
selektive Tieferlegung 152, 164, 166, 176, 193
selektive Verwitterung 46
Sérac, séracs (pl., frz.) 483, 499
Serir 450
Sesquioxide 110
shatter marks 490
Sichelbrüche, glaziale **490**
Sicilien (quartäres Meeresterrassenniveau) 686
sigmoidaler Hang s. Hangprofil, sigmoidal
Silcrete 5, 351, 393, 395, **398–401**, 780, 781
sill 116
Silt s. Schluff
Silifizierung = Silcrete
Silifizierung von Calcrete 335
Silikatkarren 92
Silikatkarst **92–99**, 125, 319
Siltsteinsaprolit, weiß gebleicht 786
sinkhole 57
Sinter, Kiesel- 35
Sinterausfällung s. Kalksinter
Sinterbarriere **70, 72**
Sinterbildung, hydrothermal 33–36
Sinterrassen 33
Skulpturformen S. 28
Slipface, *slipface* 699, 706 725, 727, 728–731, 738–741
slump s. Rotationsrutschung 371 ff.
Smektit 301
snout (Gletscherstirn/-zunge) 505
Sockelbildner (einer Schichtstufe) 167
Sog (äolisch) 688
– Sogstrom der Brandung 633, 647, 651
Sohlenkerbtal 89, 247, **251**, 286, 319, 321, 332, 343, 352, 354, 405, 407, 499, 501
– aktiv **249**, 278–281, 313
Sohlmoräne 578
soil erosion 609
Solifluktion 375, 556
– amorphe **432**, 435, 436, 447, 504
– differenzierte 30, **433**, 437, 439–442, 452
– gebundene 234, 436, **439**–441, 451, 613
– gehemmte 433, 439 441
– Leistungsfähigkeit der 442
– in Löss, 766, 767, 769
– periglazial rezent 30, 235, 249, 262, 285, **432–443**, 451, 470
– pleistozän allg. 264, 354, 356, 677
– salzinduzierte **437**, 438
Solifluktionslobus 441, **442**
Solifluktionsschuttdecke, erosiv freigelegt 25, 524, 610–613, 627
– pleistozän 454, 455, 627, 677
– rezent 435, 436
– rotverwittert 677
– zerschnitten 341, 436
Solifluktionsterrassen, -terrassetten 432, 433, **439**

Söll, pleistozän, Inlandvereisung **557**, 558
sorted circles (= Steinringe) 448–451
Spaltennetz (eines Gletschers) 478
– radial 478
Spartgras (im Watt) 661
Speiloch 65
spilling breaker 649
spit 652
*Splash*wirkung 232
Spornhals (eines Talmäanders) 323, 328, 337
spring sapping (= Quellerosion) 339, 367
Spritzwasserkarst (sog.) 55, **56**, 666, 682
Spüldenudation 199, 384, 396
Spülmulde S. 27, 124
Spülmulden-/Spülscheidenrelief, korrasiv eingeebnet 805
Spülsaum 636, 642, 645, 666, **651**, 669 672
Spülscheide S. 27, 124
Spülsockel 128, 130
Spurenüberwanderung (durch Barchane) 699, 727
Stabilitätszeit, anthropogen gestört 609
– morphologische S. 13, 210
stack 647
Staffelbruch 15, 126, 230
stagnierendes Eis 479, 485, 506, 556, 557, **562**, 570
Stalagmiten 83
Stalaktiten 81, 83, 99
Standardsprungweiten (von Sandkörnern) 688, 690
Standfestigkeit (von Altdünensand) 722, 751–756
Stapi (subglazialer Vulkan) **18**, 642
star dune 745
Staubeckenabsätze 548, 549, 581–583
Staubeintrag (bei Kalkkrustenbildung) 406, 410, 416, 418–420, 430
Staubferntransport 80
Staubhaut, salzverbackene **437**
Stauchendmoräne, rezent/holozän **511**, 518
Stauchendmoränenwälle, pleistozän, Inlandvereisung **562–564**
– Aufschluss 585
Steilküste 205, 650, 655, 665, **661, 669**, 670, **671**, 676
Steilwand 384, 392
– Stufen- 166, 191, 201, 378
Steinkohlenflöze S. 19
Steinpflaster, arid/semiarid 40, 167, 215, 217, 228, 250, 286, 302, 308, 317, 337, 339, 350, 351, 411, 412, 418, 429–431, 463, 610, 611, 697
Steinpflaster, periglazial 18, **433**, 435, 439, 441, 456, 463, 505, 540, 543, 610, 611
– pleistozän-periglazial 585
Steinringe **448**, 450, 451
Steinschlagrinne 389, 390, 444
Steinsohle, pleistozän äolisch, Inlandvereisung 580, 585
Steinstreifen, solifluidale **452**
steinzeitliche Artefakte auf Dünensand 738, 746
step (= Terrassette) 439
Sterndüne 297, 743, **745**, 746, 748, 748

Stirnhang (eines Schichtkamms) 150, 153, 154
Störung, tektonisch 247, 288
Stoßkuppe 21
Stoßseite (eisdynamisch) 534, 552
stoßweise Wasserführung 260
stream number (Flusszahl einer Verzweigungshierarchie) 321
Strand bei Niedrigwasser 634, 635, 639,
Strand, nasser 633, 642, **651, 673**
– Sand- 634, 645, **651**, 665, 687
– Schotter- 642, **647**, 655
– trockener 633, 642, 647
Stranddellen 645
Strandgerölle 635, **649**, 650
Strandhörner 645
strandhornähnliche Bastionen 672
Strandlinien, pluvialzeitliches Seebecken 642, 647, 796
Strandplate 690, 695
Strandplattform, gehoben 55, 647
Strandrinne 636, 639, 642
Strandsee **644**, 654
Strandversetzung, -versatz 642, **645, 646**, 652
Strandwall 518, 636, 639, **641**, 644, **648**, 652, 672, 761, 764
– Aufsitzer- 642, 648, 650
– bewachsen 644
– fehlender 651
– gehoben **655**
– Schotter- 647, **648**, 673
– Sand- 636, **639**
strath (Flächenstreifen) S. 24, 331
Stratovulkan 21, 221, 306, 476
Streckhang 161, 163
Stricklava 25
Stromschnelle 269, 270–273, 352
Stromspaltung 276, 294
Stromstrich 251, 262, 270, 276, 277, 326, 511
Strömungsfäden, äolisch **689, 690**, 697
Strömungsmuster, fluvial 266, 267
Strömungsrippeln im Watt 658
Strömungsteilung 277
Strudeltopf **268, 269**, 536
strukturangepasste Form (Auswahl) S. 30, 13, 17, 21, 133, 149, 151, 152, 154, 157–160, 191, 193–198, 230, 319, 325, 326, 337, 339
Strukturboden 448–453
Strukturkappung 126, s. a. Rumpffläche
strukturnachzeichnende Deflation 594, **795, 796**
– Kalklösung 419, 420
Stufe, Stufen S. 24, **161–202**, s. a. Schichtstufe, Rumpfstufe
– Calcrete- 402
– heterolithisch 178
– homolithisch 176, 186
– Kalkkrusten- 402, 404
– Silcrete- 398
Stufenbildner 167, 168, 170, 171, 175, 199, 367, 371, 381
Stufenbildung S. 26, S. 30
Stufenbuchtenabfluss 182, 183
Stufeneinsandung 351, **716**
Stufenfußdepression, abflusslos 307, 794, 803
Stufenhang, ungetreppt **199**

Sachregister

Stufenhangabfluss, divergierend/konvergierend 182, 183
Stufenhangtreppung; s. a. Hangtreppung
– akkordant 184, 191
– strukturangepasst 181, 184, 193, 195
– strukturunabhängig, in „weichem" Gestein 86, 178, 189, 190
– – in „hartem" Gestein 175, 176, **186–188**, 221, 201, 332
– – in wechselnd widerstandfähigen Schichten 181, 185, 191, 356
Stufen-Leeeinsandung 716, 796
Stufensporntreppung 182, 183
Stufenpass S. 24, **176, 178**, 179, 331, 356
Stufenrain 624
Stufenrandbucht 178, 182, 199
Stufenrückverlegung S. 24, S. 26, 167, 172, 189, 191, 313, 366, 384, 809
– durch Rutschung 175
– durch Windschliff 806
Stufensteilwand 166, 191, **201**
Stufenstirn, korrasiv zerschnitten 806, 808
Stufenüberformung durch Windschliff 800, 802, 806, 808
Stufenvorlandsenke 185, 307, 803
Sturmflutsedimentlage (in Klei) 662
Sturzbrecher 646, **649,**
Sturzdenudation 241
Sturzhalde 201, 384
subaerische Enteisung 557
suballuvial bench 203
subaquatisches Os, Inlandvereisung 574
Sublimation 484
– Kammeisbildung 465
subglaziale Entwässerung 498, 506, 508
subglazialer Vulkan *(Stapi)* **18,** 642
subkutane Rückwärtsdenudation 109
Sublitoral 635
subnivaler Bereich 435
subsequente Entwässerung 185
Subsequenzfurche 184, **185**, 195, 218, 332
Substrat (als Grundlage für Bodenbildung) 383, 455, 456
subterrane Erosion *(Piping)* 245, **246**
– Lösungsabfuhr 105, 127
subterraner Karst (= Endokarst) 54, 81, 83, 91, 97–99
Suffosionsschlucht 245
Sumpferz 95, 106, 315
Sumpfsediment, pluvialzeitlich 794, 795
subglacial flowage 525
– *flow till* 482
Suspended load (s. Schweb) 270
Suspension, äolisch 688
– fluvial 232
suspension 688
Supralitoral 55
Sumpferz 315
Sumpfsediment, pluvialzeitlich, kalkversintert 419, 420, 421
super(im)position 330
surf 649
– *zone* 673
Surge, Gletscher- 522
Surge-Mittelmoräne 522
surimposition 330
swallow hole 67
swash 649

syngenetisch 126
Synklinale 152
symmiktes Sediment 582
synthetische Rutschung *s.* Rutschung, synthetisch

Tafelvulkan 18
Tafoni 44, **45**, 394, 687
Tageswarven 548, **583**
Tal; *s. a.* Sohlenkerbtal, Kastental, Kerbtal, Muldental, Schlucht, Talboden
– epigenetisch *s.* epigenetisches Tal
– exhumiert **332–336**
– geköpftes (sog.) S. 26, 178, 356
– Salzkarst- **89**
– Trocken- **65**, 237, 240, 328
Talasymmetrie, klimatisch bedingt 239, 240
– tektonisch 317
Talaue 17, 253, 256, 361, 628, 629
Talbildung, pleistozäne S. 31
Talbildung, tertiäre S. 26
Talboden 17, 228, 247, **251–281**, 270–273, 299, 341, 345, 501, 540
Talbodengefälle 257
Talbodenglacis 65, 257, 315; *s. a.* Flussterrassenglacis
Talbodengliederung 260, 262
Talbodenpedimentation S. 26
Talbodenschwemmfächer **278, 279**
Taldichte 321
Talformen 232–250
Talgenerationen im Windrelief 806, 808
Talgeschichte 312–361
Talgletscher 474, 476
Talik *(pl. Taliki)* 465, 467
Talmäander **321–328**, 337
Talnetz 313, 319, 321, 325
– dendritisch 313, 315, 321
– Kluftnetzanpassung 319, 326, 327
Talnetzentwicklung 315–321
Talnetzverdichtung, arid 321
Talrandstufe 201, 284, 335, 349, 384, 404, 406
Talsohle 247, 249
Talwasserscheide 331, 385
talus (cone) (= Hangschutt, Schuttkegel) 389
Talweg 233
Tang (persisch für Schlucht) 364, 385
Tang, See- 651, 676, **678**
Tangwald 635
Taschenboden 458
Taurillen (sog.) 48, 778, 779
Tauschwund, bei Kryoturbationsformen 448
Tektonik (Auswahl) **10,** 13, 15, 17, 23, 51, 86, 100, 101, 116, 119, 120, 126, 152, 154, 157, 158, 160, 193, 195, 196, 198, 203, 208, 230 319, 326, 327, 339, 345, 364, 370, 383, 385
– Glazial- **588–594**
Temperaturentwicklung, Mittelbreiten S. 17, 5
temporäre Ablagerung 60
Tephra 26, 241
Tephrochronologie 612, 614
Terra rossa (Kalksteinroterde) **50**, 65, 67, 77, 427, 428
Tertiärdüne 762, 764

Terrasse; *s. a.* Flussterrasse
– See-, arid-pluvialzeitlich 518
– marin 57, 673, 683, 686, 687
Terrassensediment *s.* Flussterrassensediment
Terrassentreppe *s.* Flussterrassentreppe
Thermokarst **460**, 467, 469
Thermoluminszenz-(TL-) Datierung 723
Thixotropie 290
Thufur **465**
Tidal inlet 652
Tidestrom 638
Tidenhub; *s. a.* Küste mit starker, Küste mit schwacher Gezeitenwirkung
– hoher 647, 651
Tief (Seegatt, Balje) 658
Tiefenlinie 206, 217, 219
Tiefenverwitterung *s.* Intensivverwitterung; *s. a.* Inselberge, Kernsteine, Rumpffläche, Saprolit, Silikatkarst
Tieferlegungsniveaus *s.* Stufenhangtreppung
Tieffrost, periodisch/episodisch 460
Tiefwasserküste 647, 670
Tilkensprung 615
Tobel 200, 317
Toma-Landschaft (Bergsturz) 365
Ton, hydrothermal gebildet 37
Tonaggregate, äolisch transportiert 714, 715
Tonaggregat-Sandschwanz 714
Tonanreicherungshorizont (Bt) 767–769
Tongehalt von Altdünensand 752, 755
Tongeröll (im Watt) 661
Tonquellung/-schrumpfung 303
Tonpartikel 303
Tonpfanne 215, 288, 299, 301, 302, 755
Tonsprengung 40
Tonstein (Rutschungen) 376, 377–380
topple (= abkippende Rutschung) 371–373
topset beds (Delta) 295, 296
Tor 111, 116, 131, **135**
Torell, Otto (Inlandeistheorie) 522
Torf 154, 584, 604, **606**
Torfabbau **607**
Torfaufschluss **605**
Torfmoos *(Sphagnum)* 603
Torfmudde 599
Torfprofil 605
Torfsoden 606, 607
Torrente 275
Tosbecken 74, 615
Toteis 368, 443, 498, 502, 515
Toteisloch, pleistozän 368, 557, 549, 557, 558
– rezent 506, 517, 521
Toteisrelief, pleistozän 549, 557, 558
– Akzentuierung 557, 558
Toteisrinne, pleistozän, Inlandvereisung 559, 573
Toteissackung, Aufschluss 594
Toteissee, rezent 506, 510, 511
– spätglazial, Inlandvereisung 524, 559, 573
Tower karst 75
Trachytfelswand 44
Traditionspediment 217

traditionale Weiterbildung S. 13, S. 22, S. 27, 218, 232, 681
Transfluenz 496
Transfluenzpass 474
Translationsrutschung 375, 382, 671
Translationswelle 645, 646, **649**, 655, 670, 681
Transportenergieregel (äolisch) 691, 702
Transportenergiebilanz (äolisch) 691–719, 725–740
Transporttrippeln, marin 637
transverse dune 730
Transversaldünen 716, **730–734**, 743, 745
– als Aufsitzerdünen 741, 742, 745
– Neubildung 754
Transversaldünenfeld 730, **732, 734**, 759
Transversaldünenzunge 691
Trappdecken 186
Trauf 157, 167, 172, 178, 185, 191, 199
Traufschichtstufe **157,** 170
Travertin 36
Treibholz 648
Trockendelta 297
Trockenheit, edaphische S. 19
Trockenrisse 32, **301–305**, 232, 725
Trockental, karstbedingt 58, **65**, 235, 237, 240, 328
– glazifluvial 507, 551
Trogfläche 352
Trogkante 499, 539, 540, 543
Trogschulter 278, 280, 439, 499, **539**, 540
Trogtal 17, 496, **498–502**, 523, 537–543
– alpiner Typ 496, 498
– getrepptes **499,** 500
– isländischer Typ 278, 390, 478, 479
– pleistozänes **537–543**
Trogtalabschluss steilwandiger 499
Trogtalprofil, Genese 496
Trogtalsee 537, 544
Trogtalübertiefung, erste alpine 515
Trog(tal)wand 389, 496, 498, **504**, 518
Trombenspur 688
Trompetentälchen 521, 551, 561
Tropen, wechselfeuchte S. 13
Tropenkarst 57, **75–81**
– ektropisch **84, 85**
Tropfenboden 458
Tropfsteine, Fledermausurin- 99
– Karbonat- 81, **83**
– Kiesel- 99
tropoide Alterde S. 16, S. 20, S. 29
trough (valley) (= Trogtal) 496
Tundrentorfhügel 464
turbidity current (= Trübestrom) 296
Turbulenz 232
Turmkarst **75, 77**
Tyrrhen (quartäres Meeresterrassenniveau) 686

***U**-shaped valley* (= Trogtal) 496
Überfahrung (durch Eiszunge) 511
Übergangsform Barchan-Querdüne 728, **731**
Übergangskegel, glazifluvial 521, 551
Übergangkonkavität 143, 201, 205, 223, 384
Übergangskonvexität 384
Überkonsolidierung von Grundmoräne 578

Sachregister

Übersättigungsfließen, klinotropes 432
Überschiebungsstirn 385
Übertiefung (glazial) 499, 505, 507, 509, 531, 537, 667
Überweidung (von Altdünen) 753–756
Ufer 633
Uferabbruch 270
Uferlinie 633
Ufermoräne 478, 502, 505
Uferwall 254, 256, **274**, 292, 293, 326
Umfließen, ausweichendes (bei Antezedenz) 339
Umfließungsrinne (glazial) 506, 507, 551, 560
Umlaufberg 323, **328**
umlaufendes Streichen 198
Umlaufsee 254, 256
Umlauftal **328**
unbedeckter Karst 50
underfit stream 253, 278
uniformitarianism S. 11
unimodale Windrichtung 728
untergetauchte Küste 663, 664, 667
unterirdische Enteisung 557
Unterhangverteilung 233, 247, 285, 317
Untermoräne 479, **487**, 508, 529
Unternagungs(hohl)kehle 493
Unterschneidung, fluvial 244, 252, 257, 270, 283, 341, 372, 416, 723
– durch Korrasion 792, **793**
Unterwasserschorre 639
Urstromtal, Modell 278
Uvala 80

vadose Grundwasserzone 408
vadoses Karstwassersystem 75, 77, 83, 99
Valentin-Küstenklassifikation 633
Varven *s.* Warven
Verbraunung 555, 587, 411
Verebnung, Stufenhang- 182, 185, 186
verformbarer Untergrund (unter Inlandeis) 592
Vergletscherung, reliefüber-/untergeordnet (Begriff) 476
verkalkte Wurzelgänge 419, 420
verkieseltes Holz 190, 233
Verlandung eines Sees 515
Verlandung, durch Biber **598**
Verlandungszonen 26, **595**, 598, 599
Vertikalterrasse 359
Versatzdenudation, langsame **435**
Versumpfungsmoor 595
verwilderter Fluss 249, 276, 343; *s. a.* anastomosierendes Flussbett
Verwitterung 38–47
– arid 40–43, 45, 47, 809, 814
– Frost *s.* Frostschutt
– hydrothermal 30, 32, 33, 37
– mechanisch 38–42, *s. a.* Frostschutt
– selektiv 46
– strukturnachzeichnend 46, 190, 390
Verwitterungsbasis **108**, 115
Verwitterungsbasisfläche S. 27, **116**, 140, 146, 209–211, 213, 214, 351, 396
– freigelegt **116**
– glazial überformt 535
– korrasiv überformt **805**

Verwitterungsdecke, mesozoisch-tertiäre S. 15, S. 29, 104
Verwitterungsfront *s.* Verwitterungsbasisfläche
Verwitterungshohlkehle 342, 416, 417, *s. a.* Abri
Verwitterungsintensität, abnehmende S. 25
Verwitterungsrinde, arid in Zerstörung 43, 809
– mesozoisch-tertiäre S. 15, S. 29, 104
Verzahnung von Glazialsedimenten 579
verzweigter Flusslauf 260, **276**
Viehgangeln 252, 253, 342, 346, 375, 376, 396, **609**, 610, 620
Vlei 297, **299, 301**, 757, 759
Vollformenkarst (Begriff) 75
Volumenvergrößerung, durch Frost 448
– bei Kalkkrustenbildung 408–410, 413/414, 420, 423
Vordüne 761
Vorflutniveau 271
vorgerückte Küste 639, 642, 645, 651
Vorlandtieferlegung 175, 182
Vorschüttsand 579
Vorstoßbänderton 581
Vorstrand 633
Vorzeitformen (Küste) 639, 673, 677–679
Vulkan, pleistozän, subglazial *(Stapi)* 18, 642, 799
Vulkanasche **29**, 614, 783
– in Eis/Glazialsediment 479, 290, 488, 505, 508, 529, 589, 783
Vulkanausbruch, subglazial 522, *s. a.* Hyaloklastit
Vulkanismus 13, 17, **18–37**, 100, 133, 151, 186, 244, 390, 397; 476, 488, 523, 589, 614, 642, 783, 789, 799; *s. a.* Hydrothermalformen
Vulkankomplex, rezent **23**
Vulkankrater, eisgefüllt 476
Vulkanschlotruine **30**, 151, 160, 249, 397
Vulkantypen 18–21

Wabenschneemuster 471
Wabenverwitterung **47**, 394
Waldkante 624
Wall, prähistorisch **626**
Walm **170**, 171, 172, 195, 201, 217, 366
Walmschichtstufe **170**
Wandabbruch 366, **368–370**, 339
Wanderschuttdecke 432, 436, 446, 447, 627
Wanderwegerosion **627**
Wandgletscher 479, **496**
Wandschlucht 474
Wandverwitterung 47, 335, 339
warm-based glacier 487
Warthestadium 566, 587
Warven 515, **548**, 581–583
Warvenchronologie 548, 583
Wasserdampfaustritte 32
Wasserdampfexplosion 26, 28
Wasserfall 17, 71, 72, 133, 141, 242, 312, 372, 531

– Kleinform 271, 272
Wasserfallstufe, glazialüberformt 499, 531
Wasserrisse *(Gullies)* 245, **615–620**, 622, 756
– in Altdüne 756
Wasserscheide 170, 173, 178, 313, 317, 321,
– Tal- 331
Wasserwalze 271
water gap 331
water-layer weathering 674
Watt, Mangroven- 633
– Sand- 283, **638**, 697, 698, 761, 764
– Schlick- 644, **658**, 660
Wattgliederung 638
waxing slope 384
Weichboden (= Mollisol) **457–459**
Weichsel-Hauptvereisung 556, 566
Weißdüne 761, 762
Weißtorf 606, 607
Welle, Dünungs- 649
– Oszillations- 649
– Schwingungs- 649
– Translations- 646
– versteilt 646
Wellenauf- und Rücklauf 649
Wellenbrecher (Buhne) 645, 646
whaleback (glazial) 535
Whaleback-Inselberg 109, 137
weathering front S. 27
wechselfeuchte Tropen S. 13
Widerlager (bei Rutschungen) 371, 374, 378, 380
Wiesenmäander 252
Windenergiebilanz 691–719, 725–740
Winderosion *s.* Korrasion
wind gap 331
Windgasse 732, 789, 800, 806–809, 813
Windhöcker (Felsyardangs) 794, **797**, 798, 800, 802, 809, 819
– Großformen, inaktiv 800
– teilaktiv 797, 798
Windkanter 225, 585, **783–785**, 812
window 370
Windregime, unimodales 725–729
– multimodales 745
Windrelief, rezent 792, 793, 797, 802, 803, 805, 806–809
– Vorzeitformen 794, 797, 798, 782, 785, 800, 802, **806–819**
Windrippeln 301, 689, 691, 692, 694, 700, 701, **702–712**, 713, 722, 725, 732, 740; *s. a.* Rippeln
Windschliff 106, 225, 301, 759, **780–788**, 803, 805, 810–814
– alt, reaktiviert **810–814**
– flächig 777, 781, **786–788**, 803, 805, 809, 813, 814
– nicht arid 783, 789, 799
– selektiv 585, 592–594, 771, **795**, **796**, 799
Windschliffgenerationen **781**, 782, 794, 797
Windschliffkannelüren 780–782, 802, 814
Windschliffkleinformen **778, 779**
Windschliffpolitur 777, 780, 785, 819

Windstich **789–791, 802**
Windstreifung (in Windrippelflächen) **691–694**, 702, 708, 730
Windziselierung **778, 779**
Winterstrand 677
Wirtgestein 410
Wölbacker **630–632**
– Aufschluss 631, 632
Wollsäcke 100, 102, **135, 140**; *s. a.* Kernsteine
Wurzelfreilegung durch Deflation **774, 775**
Würgeboden **457, 459**
Wurt 638
Wurzelhöschen 775
Wurzelfilz 613, 614
Wurzellängung, solifluidal **434, 439**, 613
Wurzelphänomene (versinterte Wurzelgänge) 335, 347, 419, 420, 421
Wurzelsprengung 39
Wüstenpflaster *s.* Steinpflaster, arid/semiarid
Wüstenlack *s.* Patina (arid)

Yardangs, Fels- (= Windhöcker) 794, **797**, 798, 800, 802, 809, 819
– Kleinformen **786, 787**
– Lockergesteins- **792–795**
Yardangstirn, abgebrochen **793**, 798
youth S. 12

zelluläre Kruste 349, 421
Zehrgebiet, Gletscher- 478, 479, 485, 506, 527,529
zentrifugaler Hangfußeffekt 109, 137, 137, 141
zentripetaler Hangfußeffekt 128, 141
Zerrungsspalte **13, 17**
Zersatz, hydrothermal 37, 249
Zersatzabspülung 111
Zersatzausspülung 117, 119
Zersatzdecke S. 27
zerstörte Küste 635, 639, 647, 650, 665, 666
Zeugenberg 166, 167
Zickzackbewegung des Strandversatzes 645, 646
zonaler Inselberg 97, 111, 166, 167, 188; *s. a.* Inselberg, Auslieger-
Zone exzessiver Flächenbildung S. 18, S. 27
Zugspannung 374
Zungenbecken, Inlandvereisung 565, **566**
Zungenbeckensee 294, 515, 517, 529, 565, 566
Zungenbeckenverlandung 294, 515
Zuschusswasser 120, 128, 214
Zwangsmäander **321–328**, 337
Zwischenwasserabfluss *(interflow)* 245, 317, 319
Zwischentalscheide 317
zyklische Reliefbildung, quartär S. 31
Zyklus, arider S. 14
Zyklus, geographischer S. 12
Zyklus, glazialer S. 14
Zyklus, Glazial-/Interglazial- S. 15
Zylinderkrümmung (einer Rutschungsbahn) 271